应用型本科高校系列教材·化学化工类

物理化学

第2版

主　编　葛秀涛
副主编　冯　剑　章守权
编　委　张丽惠　孙开莲
王　澍　过家好

中国科学技术大学出版社

内 容 简 介

本书贯彻了在物理学基础上讲授物理化学并在其上构筑化学大厦的基本思想，内容包括：绪论、热力学第一定律、热力学第二定律（含多组分体系热力学）、相平衡、化学平衡、统计热力学、界面现象、化学动力学、电化学、胶体化学。

为便于学习与教学，每章开头有设疑、教学目的与要求，结尾有本章小结、本章习题。本书所用的量和单位全部采用中华人民共和国国家标准 GB 3100—93、GB 3101—93 和 GB 3102—93。

本书可作为高等院校应用化学、化学、化工、材料、医药、食品、生物、能源、农林、轻工、环保等专业的教材，亦可作为其他相关专业和企业相关人员的参考用书。

图书在版编目(CIP)数据

物理化学/葛秀涛主编. —2 版. —合肥：中国科学技术大学出版社，2019. 12(2024. 8 重印)
ISBN 978-7-312-04782-4

Ⅰ. 物…　Ⅱ. 葛…　Ⅲ. 物理化学—高等学校—教材　Ⅳ. O64

中国版本图书馆 CIP 数据核字(2019)第 178248 号

出版　中国科学技术大学出版社
安徽省合肥市金寨路 96 号，230026
http://press.ustc.edu.cn
https://zgkxjsdxcbs.tmall.com
印刷　合肥市宏基印刷有限公司
发行　中国科学技术大学出版社
经销　全国新华书店
开本　787 mm×1092 mm　1/16
印张　38.25
字数　1004 千
版次　2014 年 8 月第 1 版　2019 年 12 月第 2 版
印次　2024 年 8 月第 3 次印刷
定价　72.00 元

再版前言

物理化学是化学、化工和材料类专业本科生的一门重要基础课。目前国内有数本使用广泛、影响深远的优秀教材,然而这些物理化学教材的编著单位多为重点大学,编写过程中考虑到各自面向的受众群体,内容既深且广,不太适合以培养应用型本科人才为目标的相关院校使用。因此,由中国科学技术大学出版社召集,滁州学院葛秀涛教授牵头,组织滁州学院冯剑教授、章守权副教授、孙开莲副教授和张丽惠教授以及安徽科技学院过家好教授、黄山学院王澍副教授,编写了这本适用于应用型本科的物理化学教科书。

本书在编写过程中,始终贯彻"够用、能用"原则。考虑到应用型本科生需具备一定的理论素养,所学的基础知识要能为后续专业课程服务,并注重与"生产生活、高新产业、学科前沿、尖端科技和就业、考研"相联系,专业课中不涉及的基础理论知识可以不讲或者少讲,基础理论知识"够用"就行,本书对微观阐释内容做了较大压缩,尽管这样做使得本书显得不够现代,但却更加贴近教学实际。为了保证知识间的内在逻辑性,本书在编写过程中参照了教育部高等学校化学类专业教学指导分委员会编制的《高等学校化学类专业指导性专业规范》中物理化学课程的设定内容。另外,为避免重复,还充分考虑了"气体、热力学和分子动理论"与普通物理学的关联。为了帮助本科生加深对物理化学的理解,"能用"物理化学知识理解专业知识和解决实际问题,本书添加了大量应用实例,这些实例有的与生产生活相关,有的与高新产业、学科前沿、尖端科技相关。这样做,既可以培养学生对基础理论知识的应用能力,也可以提高学生的学习热情,同时还不会给学生带来额外的负担。

在本书的内容方面,编者只是将知识进行重新整理和组合,并加上自己三十多年来对物理化学的感悟。在编写过程中,编者参考了大量国内外优秀教材和文献资料，在此对有关作者表示感谢。

受编者水平所限，加之时间仓促，书中不可避免存在一些问题和错误，恳请读者批评指正。

本书在第1版的基础上增加了一些最新的习题及其解答，修订了第1版中的一些错误，使内容更加成熟，体系更加完善。

编　者

2019年5月26日

目　录

绪　论

【教学目的与要求】

了解物理化学的建立背景与基本内容、物理化学的特点与学习物理化学的目的以及物理化学的学习方法和应用型高校物理化学课程的讲授内容。适时温习数学、物理学和哲学、逻辑学相关知识。

为了使读者对物理化学有一个概括性的了解，绪论部分主要介绍物理化学的建立、内容与任务；物理化学的特点与功用；物理化学的学习方法与应用型高校物理化学的授课提纲。

0.1　物理化学的建立、内容与任务

众所周知，科学是研究物质本质和规律的知识体系，其功能有三：一是认识世界，二是改造世界，三是创造世界。具体有社会科学（哲学、经济学、法学、教育学、文学、历史学、艺术）和自然科学（理学、工学、农学、医学、管理学）之分。自然科学又有数学、物理学、化学、生物学、化学工程、材料科学等一级学科。这就像一棵大树，有干有枝，枝又生枝。作为自然科学的化学是在分子与超分子层面上研究物质组成、结构、性质、用途、变化的科学。作为自然科学的物理学是研究物质运动的科学，包括力学、热学、电学、光学等。这两门学科之间密切相关——化学变化常伴有热、光、电、体积、压力等变化。反过来，热、光、电、体积、压力等又常制约着化学变化的发生与发展。从 170 万年前火的发现与利用（$C+O_2 = CO_2$），到公元前 12000 年～公元前 3500 年新石器时代的陶器制造（$SiO_2+Al_2O_3+Fe_2O_3+CaCO_3+MgO \xrightarrow{800℃} 70\%SiO_2+10\%Al_2O_3+10\%Fe_2O_3+CaO+MgO$），再到之后的公元前 3500 年～公元前 500 年铜器时代孔雀石受热分解成红色铜（$Cu_2(OH)_2CO_3 \xrightarrow{加热} Cu+H_2O+O_2+CO_2$），公元前 500 年～公元 1900 年铁器时代铁矿石被炭不完全燃烧生成的一氧化碳还原为金属铁（$Fe_3O_4+4CO \xrightarrow{加热} 3Fe+4CO_2$）以及其他形形色色的化学变化，无不如此。

最早注意到这些联系并首次提出“物理化学”（Physical Chemistry）名称的是 18 世纪中叶的俄国科学家罗蒙诺索夫（М. В. Ломонóсов）（图 0-1）。随着 1840 年盖斯（G. H. Hess）定律、1843～1850 年焦耳（J. P. Joule）、迈耶尔（J. R. von Mayer）以及亥姆霍兹（H. V. Helmholtz）的能量守恒与转化定律、1865 年克劳修斯（R. J. E. Clausius）的热力学第二定律、1877 年奥地利玻尔兹曼（L. E. Boltzmann）的 $S=k\ln\Omega$、1873～1878 年吉布斯（J. W. Gibbs）的化学势与相律及 1884 年荷兰范特霍夫（J. H. Van't Hoff，获 1901 年诺贝尔化学奖）的化学平衡和化学动力学等知识的建立与发展，1887 年德国科学家奥斯特瓦尔德（F. W. Ostwald，获 1909 年诺贝

尔化学奖)在莱比锡大学开设“物理化学”讲座，并与范特霍夫在同年8月创办《物理化学》杂志(奥斯特瓦尔德与范特霍夫和以电解质溶液理论方面成就获1903年诺贝尔化学奖的德国科学家阿累尼乌斯(S. A. Arrhenius)并称物理化学“三巨头”，见图0-1)，标志了物理化学的建立。

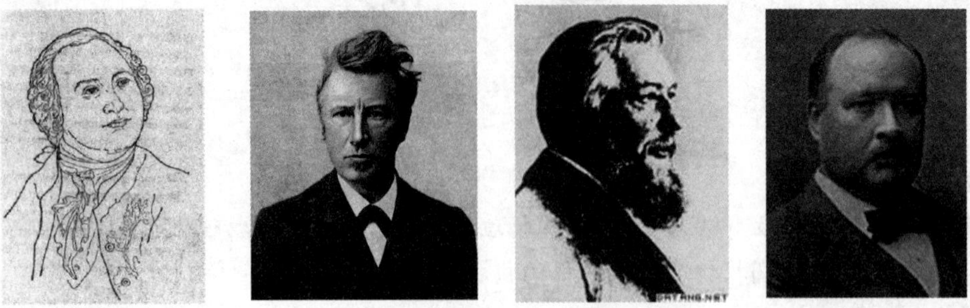

罗蒙诺索夫 (1711~1765)　　范特霍夫 (1852～1911)　　奥斯特瓦尔德 (1853～1932)　　阿累尼乌斯 (1859～1927)

图0-1　物理化学的奠基者

因此，我们可以说“物理化学是从物理学与化学之间的联系入手，运用物理学的原理和方法研究化学变化本质和规律的学科”。

随着1888年法国勒夏特列(Le Chatelier)的平衡移动原理、1907年路易斯(G. N. Lewis)的逸度与活度、1923～1927年热力学第三定律、1929年昂萨格(L. Lars Onsager)和1945年普里戈金(I. Prigogine)的非平衡态热力学、1986年李远哲对分子反应动态学等知识的充实及近现代探测微观世界仪器设备的发明制造和使用，物理化学历经100多年，其内容主要体现在“化学热力学”“化学动力学”与“物质结构”三大方面。

1. 化学热力学——化学变化的能量、方向与限度

一个变化在指定条件下，能否朝着预定的方向进行？若能，其限度与能量怎样？外界条件的浓度、压力、温度等对能量、方向与限度有什么影响？化学热力学是门古老而成熟的学科，待开拓与探索的领域是各体系在不同条件下对热力学性质(如细胞生长过程的热力学曲线)的精确测定、非平衡态化学热力学和设计新反应等。对能量综合利用、节能减排，回答生命起源，解决地质成矿，开发新反应等理论和实际问题能产生重大影响。

2. 化学动力学——化学变化的速率与机理

一个化学反应速率怎样？由反应物到产物的细节究竟如何？外界因素如浓度、压力、温度、催化剂、光等对反应速率有什么影响？怎样才能使反应沿着人们需要的方向进行？化学动力学已经有100多年的历史，其前沿是用新方法新技术准确测定各种极端条件(超高压、超低压、超高温、超低温)下一些反应的速率常数，对大气、燃烧、石油、生化等复杂反应体系进行计算机模拟处理，对“势能面”的精确计算和对“过渡态”的探测以及分子反应动态学等。这一学科的主要任务是阐明反应本质，人们有可能从根本上解决各种化学问题，为控制、选择与开发各种化学过程，为提出新工艺、制造新产品提供依据，具有直接或潜在的经济效益。如研究自由基反应动力学，使燃烧效率提高5%，一年可带给全世界直接经济效益数千亿元。

3. 物质结构——物质性能与结构间的内在关联

物质为什么具有这样或那样的性质？化学热力学和化学动力学的本质是什么？物质的结构是怎样决定物质的性质的？根据研究此类问题的方法与手段，对物质结构的研究又分为结构化学与量子化学。研究前沿是生物、特效药物大分子、各种功能材料的结构与化学键，揭示生命现象、药物疗效、功能材料的本质，在分子水平上对结构、化学键进行设计与施工等。

0.2　物理化学的特点与功用

由前述可知，物理化学是研究化学变化本质与规律的科学，其特点是除涉及较多的微分、积分、微分方程和力学、热学、电学、光学等数理知识外，很多概念、原理、公式的理解、形成与推导还需具备一定深度的哲学与逻辑学素养，是一门具有一定挑战性和较高美誉度的课程。

如《自然科学学科发展战略调研报告·物理化学卷》指出："……实践已充分证明'凡是具有较好物理化学素养的大学本科毕业生，适应能力强，后劲足。由于有较好的理论基础，他们容易触类旁通、自学深造，能较快适应工作的变动，开辟新的研究阵地，从而有可能站在国际科技发展的前沿'；物理化学造诣精深的学者，其思路宽阔，探索深入，在各交叉学科之间，常能碰撞出新的思想火花，创造出超人的科研成果，而且这种趋势还在增强；据统计，自诺贝尔奖设立以来，获化学奖科学家共 131 位，其中有 84 位是物理化学领域的研究人员。近 90 年来化学科学中最热门的课题和最引人注目的成就 60%以上集中在物理化学领域。物理化学具有旺盛的生命力和广阔的发展前景。"

物理化学以其根基的坚实性、典型的交叉性和理论思维的哲学性，支撑并引领着整个化学营垒。它具有对其他化学学科的辅助作用，对观察问题时透过现象认识本质的引伸作用和对拓展思维、创新知识的指导作用，是构建 21 世纪化学大厦的基石。与无机化学、有机化学、分析化学及化学工程等学科共同为人类提供食物、穿衣、住房材料，并担负着征服疾病、改善健康、增强国防、控制并保护赖以生存的环境的使命(没有化学，世界人口的一半——约 30 亿人早已饿死，平均寿命缩短 25 岁)。

"物理化学"是培养化学、化工、材料、能源、冶金、地质、环保、轻工、造纸和热工等专业学生逻辑思维与空间想象力的一门重要的核心课程，也是化学、化工、材料等专业研究生入学的必考课。

我们学习物理化学的目的，主要是掌握物理化学内容，培养逻辑思维与空间想象力，提高用物理化学观点和方法看待化学化工问题的能力，为后续课程学习、化学化工生产、考研和科学研究奠定坚实基础：

① 物理化学是无机化学、有机化学、分析化学和化工原理、化学工艺学、化学反应工程、化工热力学、化工分离工程、精细化学品化学、材料化学、材料科学基础、无机材料合成等课程的基础与纽带。

② 物理化学是设计新反应、改进旧工艺、确定最佳反应条件、提高产品产量与质量的定量基础。如在合成高效低毒农药、抗癌药物(紫杉醇)、防衰老药物以及合成氨、硫酸中，在石油化工、精细化工等领域，都必须首先用物理化学解决有关反应的能量、方向、限度及速率和机理等问题。

③ 物理化学是获取知识、提升素质、培养能力及就业、考研和科学研究的保障。

0.3 物理化学的学习方法与应用型高校物理化学的授课提纲

基于物理化学“涉及数理知识多、概念抽象、原理深奥、公式使用条件严密”的事实，初学物理化学者在适当温习数学、物理学和哲学、逻辑学相关知识的同时，应注意把握以下六个环节。

① 预习(除了及时自修下节课的相关内容外，听课时还可集中精力于某一细节，掌握学习主动权)。

② 听课(物理化学内容严谨、逻辑性强，一旦缺课就不易衔接上)。

③ 笔记(可使注意力更加集中，再说课堂上也不可能对所有的内容完全理解)。

④ 习题(预习后自做相关习题，课后做老师布置的作业，每章结束后做全部习题)。

⑤ 复习(课后及时消化吸收，每章结束后及时总结回顾；注重重点公式的物理意义和使用条件及章节之间的来龙去脉；平时不积压问题，考前再全面系统复习，建立“知识框架”)。

⑥ 实验(除充分理解用物理学原理与方法研究化学变化本质与规律获取相关知识外，更重要的是能培养实践与创新能力。例如，测饱和蒸气压由$\frac{\mathrm{d}\ln\left(\frac{p}{p^{\ominus}}\right)}{\mathrm{d}T}=\frac{\Delta H_{\mathrm{m}}}{RT^2}$求物质摩尔汽化焓变$\Delta H_{\mathrm{m}}$；测一定量物质燃烧前后温度变化求物质摩尔反应焓变；测不同浓度熔融样品不同时间的温度绘制温度—组成相图；用阿贝折射仪测折射率绘制双液系沸点—组成相图；测电导率求乙酸乙酯皂化反应速率常数和活化能；测电池电动势求化学反应$\Delta_{\mathrm{r}}G_{\mathrm{m}}$，$\Delta_{\mathrm{r}}S_{\mathrm{m}}$，$\Delta_{\mathrm{r}}H_{\mathrm{m}}$；用分光光度计测吸光度计算$Fe(SCN)^{2+}$，$Fe^{3+}$，$SCN^-$浓度，求反应$Fe^{3+}+SCN^- \longrightarrow Fe(SCN)^{2+}$平衡常数$K^{\ominus}$；用分光光度计测溶液亚甲基蓝浓度$w_{始}$和$w_{平}$，由$S_{比}=2.45\times10^6\frac{(w_{始}-w_{平})V_{溶液}}{W}$求活性炭比表面积；用旋光仪测旋光度求蔗糖转化反应速率常数和活化能等)。

教育部高等学校教学指导委员会专业规范指出：“物理化学中的结构化学应是化学本科、应用化学本科专业必修，化学工程与工艺、无机非金属材料工程、制药工程等化工类与近化学类专业选修”，至于开设形式、程度与时段则由各高校根据培养目标与规格自行决断。据此，应用型高校物理化学课程的讲授内容如表0-1所示。

表0-1 应用型高校物理化学课程的讲授内容

章名	节名		讲授内容
绪论	0.1	物理化学的建立、内容与任务	1887年德国奥斯特瓦尔德与范特霍夫创办《物理化学》杂志。物理化学是从物理学与化学之间的联系入手，运用物理学的原理和方法研究化学变化本质和规律的科学；化学热力学——能量、方向、限度，化学动力学——速率、机理，物质结构——物质性能与结构间的内在关联

续表

章　名	节　名	讲授内容
绪论	0.2　物理化学的特点与功用	涉及较多微分、积分、微分方程和力学、热学、电学、光学等数理知识，很多概念、原理、公式的理解、形成与推导需足够的哲学与逻辑学修养。物理化学有一定挑战性和较高美誉度。掌握物理化学内容，培养逻辑思维与空间想象力，提高用物理化学观点和方法看待化学化工问题的能力，为后续课程学习、化学化工生产、考研和科学研究奠定坚实基础
	0.3　物理化学的学习方法与应用型高校物理化学的授课提纲	预习、听课、记笔记、做习题、复习、做实验；化学本科、应用化学本科专业讲授化学热力学、化学动力学
热力学第一定律	1.1　热力学概论	热力学的威力与局限 热力学基本概念——体系与环境、状态与状态函数、过程与途径(可逆、不可逆)
	1.2　热力学第一定律的建立及其数学表达式	建立 封闭体系热力学第一定律数学表达式：$dU=\delta Q+\delta W$ (热和功，物理学：$\delta W_e=-p_e dV$) 内能——内能概念：$U=f(T)$
	1.3　功的计算	$W_e=-\int_1^2 p_e dV$ 恒容、$p_e=\text{const}$、可逆、理想气体等温过程、理想气体绝热过程
	1.4　焓	焓的定义 $H=U+pV$ ΔH 与 Q_p 的关系　$\delta Q_p=dH,\Delta H=Q_p$ 条件：定压、无非体积功、封闭体系
	1.5　热的计算与营养配餐及节能减排	简单状态变化 Q_p 的计算：$C_p=\left(\frac{\partial H}{\partial T}\right)_p, Q_p=\Delta H=\int_1^2 nC_{p,m}dT$ 相变热：$Q_p=\Delta H=n\Delta_v H_m$ 定义：$\xi=\frac{n_{B(\xi)}-n_{B(0)}}{\nu_B}$ 化学反应热——热化学：测定 $\Delta_r H_m=\frac{\Delta_r H}{\xi}=\frac{Q_p}{\xi}=\frac{Q_V+\Delta n_{(gas)}RT}{\xi}$ 计算 $\Delta_r H_m\approx\Delta_r H_m^{\ominus}=\sum_B \nu_B H_{B,m}^{\ominus}=\sum_{B'}\nu_{B'}\Delta_f H_{B',m}^{\ominus}$ 与 T 的关系：$\frac{d(\Delta_r H_m^{\ominus})}{dT}=\Delta C_p$ 节能减排与营养配餐
	1.6　焦耳-汤姆孙效应与冰箱和空调工艺中的节流膨胀	焦耳-汤姆孙(Joule-Thomson)效应 $\mu_{J\text{-}T}$ 实际气体的$\Delta U,\Delta H$
	1.7　非等温反应与燃料最高燃烧温度估算及火箭推进剂	燃料最高燃烧温度估算 火箭推进剂

续表

章名	节名	讲授内容
热力学第二定律	2.1 热力学第二定律的建立及其数学表达式	建立 表达式 $\mathrm{d}S\begin{cases} >\dfrac{\delta Q}{T_{源}} & \text{能发生(不可逆)}\\ =\dfrac{\delta Q}{T} & \text{能发生(可逆)}\\ <\dfrac{\delta Q}{T_{源}} & \text{不可能发生}\end{cases}$ 熵判据 $\Delta S_{w'\leqslant 0}(总)\begin{cases}>0 & \text{自发的(不可逆)}\\ =0 & \text{自发的(可逆)}\\ <0 & \text{不可能}\end{cases}$ 自发方向:$S_{小}\rightarrow S_{大}$ 限度:S 达最大值
	2.2 熵变计算与熵判据应用	简单状态变化: 定温 $\Delta S=\dfrac{Q_R}{T}$;变温(定压无非体积功) $$\Delta S=\int_{T_1}^{T_2}\frac{nC_{p,\mathrm{m}}\mathrm{d}T}{T}$$ 相变化: 可逆相变$\left(\Delta S=\dfrac{\Delta H}{T}\right)$;不可逆相变(设计成可逆途径求) 化学变化: $\Delta_r S_m^{\ominus}=\sum_B \nu_B S_{B,m}^{\ominus}$ 与 $\Delta_r S_m$ 有一定关系
	2.3 吉布斯自由能和亥姆霍兹自由能	G 定义:$G=H-TS$,$-\mathrm{d}G_{T,p}\begin{cases}>-\delta W' & \text{能发生(不可逆)}\\ =-\delta W' & \text{能发生(可逆)}\\ <-\delta W' & \text{不可能发生}\end{cases}$ G 判据:$\mathrm{d}G_{T,p}\begin{cases}<0 & \text{自发的(不可逆、可逆)}\\ <0 & \text{自发的(可逆)}\\ >0 & \text{非自发的(不可逆、可逆)}\end{cases}$ 自发方向 $G_{大}\rightarrow G_{小}$,限度 G 达最小值 $\left(\dfrac{\partial G}{\partial \xi}\right)_{T,p}=0$
	2.4 ΔG 计算与吉布斯自由能判据应用	简单状态变化:$\Delta G=\Delta H-\Delta(TS)$,$\Delta G=\Delta H-T\Delta S$ 相变化:可逆相变($\Delta G=0$);不可逆相变(设计成可逆途径求) 化学变化:$\Delta_r G_m^{\ominus}=\sum_B \nu_B G_{B,m}^{\ominus}=\sum_{B'}\nu_{B'}\Delta_f G_{B',m}^{\ominus}=\Delta_r H_m^{\ominus}-T\Delta_r S_m^{\ominus}$ 与 $\Delta_r G_m$ 有一定关系
	2.5 热力学函数间重要关系式	基本方程式:$\mathrm{d}G=-S\mathrm{d}T+V\mathrm{d}p$ 麦克斯韦(J. C. Maxwell)关系式:$\left(\dfrac{\partial S}{\partial p}\right)_T=-\left(\dfrac{\partial V}{\partial T}\right)_p$ 函数间重要关系式的应用:$\left[\dfrac{\partial\left(\dfrac{\Delta G}{T}\right)}{\partial T}\right]_p=-\dfrac{\Delta H}{T^2}$
	2.6 非平衡态热力学与耗散结构	$\mathrm{d}S=\mathrm{d}S_e+\mathrm{d}S_i$ ($\mathrm{d}S_i$ 体系内部不可逆因素产生的,称为熵产生,永不为负) $\mathrm{d}S_e=\dfrac{\delta Q}{T_{源}}+\sum_B S_{B,m}\mathrm{d}n_B+k\sum_i p_i\ln p_i$(称为熵流,可正、可负、可为零)

续表

章　名	节　名	讲授内容
热力学第二定律	2.7　多组分体系热力学	偏摩尔量：定义 $Z_B=\left(\frac{\partial Z}{\partial n_B}\right)_{T,p,n_c}$；$Z=\sum_B n_B Z_B$；$\sum_B n_B dZ_B=0$ 化学势：$\mu_B=\left(\frac{\partial G}{\partial n_B}\right)_{T,p,n_j}$，由 μ_B 可求其他偏摩尔量 μ_B 是决定物质传递方向和限度的状态函数 $dG=-SdT+Vdp+\sum_B \nu_B\mu_B$ 表达式：气体 $\mu_B=\mu^{\ominus}_{B(T)}+RT\ln\left(\frac{p_B}{p^{\ominus}}\right)$；纯液体、纯固体；溶液（理想溶液、非理想溶液） 依数性和分配定律
相平衡	3.1　相律	$f=C-\Phi+2-b$ 适用于平衡体系，$C=S-R-R'$ （指导绘制、分析和应用相图）
	3.2　单组分体系的相平衡	$\frac{dp}{dT}=\frac{\Delta S_m}{\Delta V_m}=\frac{\Delta H_m}{T\Delta V_m}$；$\frac{d\left(\frac{p}{p^{\ominus}}\right)}{dT}=\frac{\Delta H_m}{T\Delta V_m}$ 单组分体系相图和超临界流体 （冰点与三相点，超临界点）
	3.3　二组分体系的相图	二组分完全互溶双液系： 理液的 T-$x(y)$ 相图 非理液的 T-$x(y)$ 相图（无、有最低或最高恒沸点） 完全互溶双液系 T-$x(y)$ 相图的应用——精馏原理 二组分固液平衡相图： 生成简单低共熔物的（水—盐体系、合金体系） 生成化合物的（稳定、不稳定化合物） 点、线、面含义，步冷曲线，杠杆规则计算；恒沸点与恒沸物
	3.4　三组分体系的相图及其应用	略
化学平衡	4.1　计算化学反应方向与限度的范特霍夫定温式	$\left(\frac{\partial G}{\partial \xi}\right)_{T,p}=\sum_B \nu_B\mu_B \begin{cases}<0 & 自发的\\ =0 & 限度\\ >0 & 不可能\end{cases}$ 注意 $\left(\frac{\partial G}{\partial \xi}\right)_{T,p}$ 与 $\Delta_r G^{\ominus}_m$，$\Delta_r G_m$ 的区别和联系
	4.2　化学反应限度的量度——$K^{\ominus}$	定义：$K^{\ominus}=\exp\left(-\frac{\Delta_r G^{\ominus}_m}{RT}\right)$ $K^{\ominus}$ 的定义与具体表达式（K_p，K_C，K_a 等） 理论：$\Delta_r G^{\ominus}_m=\sum_{B'} \nu_{B'}\Delta_f H^{\ominus}_{B',m}=\Delta_r H^{\ominus}_m-T\Delta_r S^{\ominus}_m$ 代入 $K^{\ominus}$ 实验：浓度比、压力比⇒$K^{\ominus}$ 应用：求平衡转化率、最大产率、平衡组成
	4.3　外界因素对化学平衡的影响	温度的影响：$\frac{d\ln K^{\ominus}}{dT}=\frac{\Delta_r H^{\ominus}_m}{RT^2}$ 压力、惰性气体的影响

续表

章名	节名	讲授内容
统计热力学	5.1　概论	统计热力学任务、假设　统计方法
	5.2　玻尔兹曼统计和配分函数及其与热力学函数间关系	最概然分布 Ω_m $A_{定}=-kT\ln q^N$ $A_{离域}=-kT\ln\frac{q^N}{N!}$ $q=q_t q_r q_v q_e q_n$ $q_t=\left(\frac{2\pi mkT}{h^2}\right)^{\frac{3}{2}}V$ $q_r=\frac{8\pi^2 IkT}{\sigma h^2}$
	5.3　应用实例	理想气体的热力学性质：$p=kTN\left(\frac{\partial\ln q}{\partial V}\right)_T=\frac{NkT}{V}=\frac{nRT}{V}$ $S^{\ominus}_{O_2,m}$的计算 晶体热容
界面现象	6.1　界面与表面	相与相间密切接触的过渡区 $10^{-9}\sim10^{-8}$m，分子有剩余力
	6.2　表面功、比表面吉布斯自由能或表面张力	同时考虑 p、A 对体系影响时比表面吉布斯自由能 $dG=-SdT+Vdp+\sum_B \nu_B\mu_B+\gamma dA$ $\gamma=\left(\frac{\partial G}{\partial A}\right)_{T,p,n}=\left(\frac{\partial G_{表}}{\partial A}\right)_{T,p,n}$ 表面张力：垂直作用在单位长度边界上且与表面平行或相切的紧缩力 $G_{表}=\gamma A_{表}$ $\gamma\downarrow$，$A\downarrow$ 自发
	6.3　弯曲表面现象	弯曲表面下的附加压力——拉普拉斯(P. S. Laplace)方程　$\Delta p=\frac{2\gamma}{R'}$ 弯曲表面上的蒸气压——开尔文(Lord Kelvin)方程　$RT\ln\left(\frac{p_g}{p_0}\right)=\frac{2\gamma M}{R'\rho}$
	6.4　固体表面的吸附现象	气体在固体表面上的吸附 $\theta=\frac{ap}{1+ap}$ $\theta=\frac{\Gamma}{\Gamma_\infty}\ \left(\Gamma=\frac{V}{W},\Gamma_\infty=\frac{V}{W}\right)$ 朗格缪尔(I. Langmuir)吸附等温式 $\frac{p}{V}=\frac{1}{V_\infty a}+\frac{p}{V_\infty}$ $A_{比}=\frac{V_\infty}{0.0224}\times\frac{6.626\times10^{23}S_{截}}{m}$ 液体在固体表面上的吸附——杨氏(Thomas Young)润湿方程 固体表面在电解质溶液中对正、负离子的吸附——双电层
	6.5　溶液表面的吸附现象——吉布斯吸附等温式	$\Gamma=-\frac{C}{RT}\cdot\frac{d\gamma}{dC}$　　$\Gamma=\frac{n_B^{表}-\frac{n_A^{表}n_B}{n_A}}{A}$
	6.6　表面活性剂及其作用	特点与分类；胶束和临界胶束浓度；HLB值；应用(在医药、农药、纺织、采矿、石油、食品和民用洗涤等领域的应用)

续表

章　名	节　名	讲 授 内 容
化学动力学	7.1　反应速率的定义与测定	定义：$r=\frac{dC_B}{\nu_B dt}$（恒容） 测定
	7.2　浓度对化学反应速率的影响	反应速率微分方程： 建立 $aA+dD\longrightarrow$产物 $-\frac{dC_A}{adt}=kC_A^{\alpha}C_D^{\beta}$；$n$ 和 k 化学动力学方程： 一级反应：$aA\longrightarrow$产物，$-\frac{dC_A}{adt}=kC_A$，$\ln\frac{C_{A,0}}{C_A}=akt$ 二级反应：$aA\longrightarrow$产物，$-\frac{dC_A}{adt}=kC_A{}^2$，$\frac{1}{C_A}-\frac{1}{C_{A,0}}=akt$
	7.3　温度对反应速率的影响	阿累尼乌斯公式（阿氏公式）的微分式和积分式： $\frac{d\ln k}{dT}=\frac{E_a}{RT^2}$，$\ln\left(\frac{k_2}{k_1}\right)=\frac{E_a(T_2-T_1)}{RT_1T_2}$ $\ln k=-\frac{E_a}{RT}+B$，$k=A\exp\left(-\frac{E_a}{RT}\right)$ 阿氏公式的适用范围：基元反应和绝大多数非基元反应： E_a的物理意义： 基元反应：$E^*-E_{平}$ 非基元反应：基元反应活化能的代数和 $E_{a,正}-E_{a,逆}=\Delta_r H_m^{\ominus}-\sum_B \nu_B RT$
	7.4　复合反应和近似处理法	复合反应：对行、平行、连串 近似处理法：速控法，稳态法
	7.5　反应机理的确定	步骤：实验测定反应速率微分方程、E_a，拟反应机理，推求微分方程和 E_a 例证
	7.6　催化剂对反应速率的影响	催化反应的基本特征： $-\frac{dC_A}{dt}=\frac{ka_A p_A}{1+a_A p_A}$ $r=\frac{dC_p}{dt}=\frac{k_2 C_{E,0} C_S}{K_M+C_S}$
	7.7　基元反应速率理论	碰撞理论 过渡状态理论： 理想气体反应：$k=\frac{RT}{Lh}\left(\frac{p^{\ominus}}{RT}\right)^{(1-n)}\cdot\exp\left(\frac{\Delta_r S_{m,\neq}^{\ominus}}{R}\right)\cdot e^n\cdot\exp\left(\frac{-E_a}{RT}\right)$ 理想液体、稀液：$k=\frac{RT}{Lh}(C^{\ominus})^{(1-n)}\exp\left(\frac{\Delta_r S_{m,\neq}^{\ominus}}{R}\right)\cdot e\cdot\exp\left(-\frac{E_a}{RT}\right)$
	7.8　溶液中的化学反应	溶剂对反应的影响（笼效应、溶剂化、极性、催化作用、介电常数、黏度等） 原盐效应：$\lg\left(\frac{k}{k_0}\right)=2Z_A Z_B A\sqrt{I}$
	7.9　光化学反应	在光的作用下，靠吸收光能供给活化能进行的反应称光化学反应 $\Phi=\frac{r}{I_a}=\frac{k_2}{k_2+k_3[A_2]}$

续表

章名	节名	讲授内容
电化学	8.1 电解质溶液	电解质溶液导电机理和法拉第(M. Faraday)定律: 导电机理:$10^{-9}\sim10^{-8}$ m界面——电极反应 溶液中阴、阳离子定向迁移 法拉第定律 $q=F\left\|\frac{\nu_e}{\nu_B}\right\|\frac{W_B}{M_B}$ 电解质溶液导电能力的量度: $G=\frac{1}{R},\kappa=\frac{1}{\rho}\ \left(\kappa=G\cdot\frac{l}{A}\right),\Lambda_m=\frac{\kappa}{C_B}$ Λ_m与C_B的关系——$C_B\downarrow,\Lambda_m\uparrow$ Λ_m^∞的计算 G的测量与κ、Λ_m的计算 Λ_m^∞的计算 电导测定的应用:K_{sp}等 强电解质溶液理论简介:$a_B=\gamma_\pm^\nu(\nu_+^{+}\nu_-^{-})\left(\frac{m_B}{m^\ominus}\right)^\nu$,离子强度,德拜-休克尔(P. Debye-E. Huckel)离子互吸理论,电导理论
	8.2 可逆电池电动势及其应用	可逆电池的条件和可逆电极的种类(金属、微溶盐、氧化—还原电极) 电池符号及其与电池反应的互译: E的测量 E的能斯特(W. H. Nernst)方程:$E=E^\ominus-\frac{RT}{ZF}\ln\prod_B a_B^{\nu_B}$($p$不大时) E的计算 E的应用: 求热力学函数变化值: $\Delta_r G_m=-ZFE$ $\Delta_r H_m=-ZFE+ZFT\left(\frac{\partial E}{\partial T}\right)_p$ $\Delta_r S_m=ZF\left(\frac{\partial E}{\partial T}\right)_p$ 求$\gamma_\pm$ 求pH,$K^\ominus$,K_{sp},$K_{稳}$等
	8.3 不可逆电极过程	极化($j\neq0,\varphi'\neq\varphi$): 极化产生的原因——浓度差、电化学 ($\varphi'_{阴}<\varphi_{阴},\varphi'_{阳}>\varphi_{阳}$) 极化的定量研究——极化曲线和超电势 ($\eta_{阴}=\varphi_{阴}-\varphi'_{阴},\eta_{阳}=\varphi'_{阳}-\varphi_{阳}$) 极化对原电池$V_{端}$ ($V_{端}=\varphi'_{阴}-\varphi'_{阳}=E-\eta_{阴}-\eta_{阳}$) 电解池$V_{分}$的影响 ($V_{分}=\varphi'_{阳}-\varphi'_{阴}=E+\eta_{阴}+\eta_{阳}$) 电解时的电极反应: 阴极反应——$\varphi'_{阴}$大者先还原 阳极反应——$\varphi'_{阳}$小者先氧化 化学电源 电化学合成 金属腐蚀与防护

续表

章　名	节　名	讲授内容
胶体化学	9.1　分散体系的分类及其特征	分类 溶胶(分散相粒子大小为 1～100 nm),高分散性、多相性、聚结不稳定性
	9.2　溶胶的制备与净化	制备:小分子、原子→溶胶←大颗粒 净化:去掉多余的电解质和杂质
	9.3　溶胶的性质	光学性质:丁达尔(J. Tyndall)效应——$I\propto\frac{1}{\lambda^4}$ 动力学性质:布朗(R. Brownian)运动 电学性质(电动电势 ζ、电泳)
	9.4　溶胶的稳定和聚沉	稳定:$U_{斥}\uparrow$,$U_{吸}\downarrow$ 方法:C_m,$Z\uparrow$,溶剂化层,较多的高分子 聚沉:$U_{斥}\downarrow$,$U_{吸}\uparrow$ 方法:C 远离 C_m,$Z\downarrow$,破坏溶剂化层,较少的高分子

本章练习

简答题

简述物理化学的内容、特点、学习方法和学习物理化学的用途。

第1章　热力学第一定律

【设疑】

热力学第一定律主要用于各种过程(加热或冷却、压缩或膨胀、蒸发或冷凝、代谢、反应等)的能量(热量、功)计算。

[1]　一个人每天消耗14 000 kJ能量,需要怎样的营养配餐?一天代谢产热10 460 kJ,若人体产热不散失,体温将升高到78.4 ℃,为保持37 ℃体温需蒸发多少水?

[2]　将浴池水(一定的水量、水温)升温到国家规定的40~50 ℃之间需多少燃料(木材、煤、天然气、热蒸汽)?

[3]　如何将这一理论用于节能减排、低碳能源(CH_4、可燃冰)、废热回收(热交换、废热蒸汽发电等)?

[4]　如何进行燃料评价?

[5]　如何分析食品营养与食谱配餐。

[6]　如何在冰箱和空调工艺中应用节流膨胀?

[7]　如何估算燃料最高燃烧温度与筛选火箭推进剂?

【教学目的与要求】

[1]　了解热力学的威力与局限。

[2]　准确理解体系与环境、状态与状态函数、过程与途径等热力学基本概念。掌握封闭体系热力学第一定律 $dU=\delta Q+\delta W$ 及过程能量 Q,W 与状态函数的区别,体积功计算公式 $\delta W_e=-p_e dV$ 和理想气体内能仅是温度函数 $U=f(T)$ 等重要结论。

[3]　掌握焓定义 $H=U+pV$ 和公式 $\Delta H=Q_p$ 或 $dH=\delta Q_p$ 的适用条件与焓变ΔH的物理意义。

[4]　掌握封闭体系、定压、无非体积功下过程热的计算,重点理解并掌握反应进度ξ,化学反应热的意义、定义、测定、计算及 $\Delta_r H_m=\dfrac{\Delta_r H}{\xi}=\dfrac{Q_p}{\xi}=\dfrac{Q_V+\Delta n_{(g)}}{\xi}\approx\Delta_r H_m^{\ominus}=\sum_B \nu_B H_{B,m}^{\ominus}=\sum_{B'}\nu_B \Delta_f H_{B,m}^{\ominus}$ 和 $\dfrac{d(\Delta_r H_m^{\ominus})}{dT}=\Delta C_p$。

[5]　理解并掌握热力学第一定律在食品营养与食谱配餐、燃料评价、节能减排、低碳能源(CH_4、可燃冰)与废热回收(热交换、废热蒸气发电等)等方面的应用?

[6]　了解焦耳-汤姆孙效应及节流膨胀在冰箱和空调工业中的应用,掌握非等温反应最高燃烧温度估算和火箭推进剂筛选的理论根据。

1.1　热力学概论

本节介绍热力学的威力、局限及热力学基本概念。

1.1.1 热力学的威力与局限

1.1.1.1 威力

热力学用于化学构成了物理化学的重要内容之一——化学热力学。化学热力学主要解决化学变化(包括与其伴生的简单状态变化和相变化)的能量(功和热)、方向与限度。其依据是由人类一百多年实践归纳总结出的热力学第一定律和热力学第二定律以及由此而演绎出的大量结论,所给出的信息具有高度的普遍性和绝对的可靠性。

当今世界三分之一的粮食产量直接来源于施用化学肥料的增产,其中的重要反应为

$$N_2+3H_2 \longrightarrow 2NH_3$$

以 $Fe—Al_2O_3—K_2O$ 为催化剂,在 773K、3×10^7 Pa 下,由热力学第一定律可算出此温度和压力下的能量(热)为 $-104\ kJ\cdot mol^{-1}$。即在合成塔内每发生一个单位反应(1 mol N_2 和 3 mol H_2 完全反应生成 2 mol NH_3)必放出 104 kJ 热。为维持体系 773 K 的催化剂活性温度(673~773 K),工艺上需用原料气进行热交换来降温。否则,体系温度一旦高于催化剂的活性温度,将会造成难以弥补的损失。

再如,用廉价易得的石墨生产高附加值的金刚石

$$C_{(石墨)} \longrightarrow C_{(金刚石)}$$

历史上,人们在当时所能达到的实验条件下,花费了大量人力、物力进行试制,结果皆以失败告终。直到热力学第二定律建立后,方知此反应在常温下若向右自发进行,需 $p\geqslant1.5\times10^9$ Pa。显然在当时是不可能实现的。如今为加速反应,人们用 Ni—Ge 催化,在 1 800 K、6×10^9 Pa 下已实现了金刚石的工业化合成。由此不难理解为什么在含 1%~2%的石墨、150~200 km 深处的地幔经火山爆发等地壳运动而形成的区域易发现天然金刚石。

高炉炼铁中的化学反应

$$Fe_3O_{4\,(s)}+4CO_{(g)} \longrightarrow 3Fe_{(s)}+4CO_{2\,(g)}$$

不仅使人类步入铁器时代,而且还一直支撑着当今世界的物质文明。历史上,人们曾因高炉废气中含有的大量 CO 而投入巨资加高冶炼高炉的高度来增加 CO 与矿石之间的接触时间以降低高炉废气中的 CO 含量。可是,事与愿违,高炉废气中的 CO 含量依然如故。后来,通过热力学第二定律知,该反应存在一定的限度,高炉废气中含有一定量 CO 是不可避免的。

以上三例,无不充分显示了热力学预见性的巨大威力。

1.1.1.2 局限性

由物理学知,热力学处理问题时,只考虑体系始终状态的宏观性质和过程进行的条件,而不考虑状态内部物质的微观结构与过程的速率和机理。因而,从热力学我们只知其然而不知其所以然;只知可能性而不知现实性。不过,前者可由化学统计热力学(从物质微观结构出发——不仅知其然,而且知其所以然),后者可由化学动力学(专门研究速率与机理)予以弥补。

1.1.2 热力学基本概念

为了使热力学的一些基本定律能用数学形式表达和处理,必须先了解体系与环境、状态与

状态函数、过程与途径等概念。这些概念十分重要，要想学好物理化学，需准确理解它们的含义，并在今后的学习中逐渐加深对它们的理解。但由于这部分内容在物理学中已接触过，这里我们只是有重点地提一下。

1.1.2.1 体系与环境

体系是指人为划分出的研究对象，环境是指与体系密切相关的部分。但有以下两点需注意：

① 体系与环境是为了明确研究对象，人为地加以区分的，它们之间可以有实际的界面，也可以是虚构界面。

如，建造“冷库”（−29～−23 ℃），需购一定功率的制冷机几台？这就要算出墙内壁（这时是实际界面）以外部分的环境单位时间内传递到体系内的热量 Q。又如，人工降雨需研究“云层”是否具备增雨条件，这时的云与其他云间的界面则是虚构的。

② 根据体系与环境间物质和能量交换的情况，体系分为敞开体系、封闭体系和孤立体系。但这并非是体系本身有什么本质的不同，只是为了研究问题的方便。根据体系与环境间的关系而划分的。如果一保温瓶中装上了热水，并用软木塞塞好时，可以认为体系与环境间无物质和能量交换，是孤立体系；若软木塞保温性能不好，与瓶内有热交换，则是封闭体系了；若去掉塞子就是敞开体系了。由此可见，同样是一瓶水，根据它与环境有无能量、物质交换可以分属孤立体系、封闭体系和敞开体系，至于选择何种体系，应根据我们研究问题的需要和方便而定。

1.1.2.2 状态与状态函数

1. 状态

当体系选定后，该体系所有的客观物理量（温度、压力、体积等）的综合表现称为状态。如风、雨、热、寒就是天气的不同状态。对状态了解得愈透彻，在生产活动中所能获得的自由就愈大。比如对天气不同状态的了解，可使我们在出门前只要听听天气预报——温度多高、风力多大——就知道该穿戴些什么。

当描述状态的所有宏观物理量不随时间而变时，我们就称该状态为热力学平衡态，它包括：热平衡——体系内无绝热壁存在时，各处温度相等；力平衡——体系内无刚性壁存在时，各处压力相等；质平衡——体系各处组成和数量不随时间而变，即体系处于化学平衡和相平衡。以后若不特别说明，本书所讲状态都是指这种热力学平衡态。

2. 状态函数

用来描述状态的物理量称为状态函数或状态性质或状态变数。这些不同名称之间并无任何本质的区别，有时是人为的原因，有时是为了测量和观察时的方便。

状态函数许许多多，但是有实际意义的状态函数却是有限的。在这种许许多多状态函数中，并非都是独立的，描述一个状态往往无需确定所有的状态函数。根据相律，对任意给定量的封闭体系，其状态可用任意两个独立变量完全确定。如给定量的封闭体系内的理想气体，其状态可用 p,V,T 中的任两个确定（$pV=nRT$）。

（1）状态函数的分类

为今后使用方便，通常将状态函数分为容量性质的状态函数和强度性质的状态函数。前者与体系物质的量成正比，具有加和性，如体积 V、内能 U、焓 H、熵 S、吉布斯自由能 G 等；后者与体系物质的量无关，不具有加和性，如浓度、温度、压力、V_m、U_m、H_m、S_m、G_m 等。

(2) 状态函数的特点

状态函数在热力学中非常重要和有用,其特点有以下两点。

① 状态函数是状态的单值函数,与过去的历史无关;

② 状态函数的改变量仅取决于体系的始终态,而与变化的具体方式无关。

从数学上来看,状态函数是全微分函数。若 $Z=f(x,y)$,则

$$dZ=\left(\frac{\partial Z}{\partial x}\right)_y dx+\left(\frac{\partial Z}{\partial y}\right)_x dy$$

如一定量封闭体系的内能 V 可表示为温度、压力的函数 $V=f(T,p)$,其全微分为

$$dV=\left(\frac{\partial V}{\partial T}\right)_p dT+\left(\frac{\partial V}{\partial p}\right)_T dp$$

全微分 dZ 的积分值,仅决定于体系的始终态:

$$\Delta Z=\int_1^2 dZ=Z_2-Z_1$$

凡是状态函数都必具有上述两个特征,凡是具有上述特征之一的物理量必是状态函数。

1.1.2.3　过程与途径

1. 过程

体系状态的任意变化叫过程。完整地描述一个过程,需指明体系的始终状态和过程进行时的条件。据发生变化的条件,过程常冠以不同的名称。若过程发生时 T 恒定不变,则该过程就叫恒温过程。$T_1=T_2=T_{环}=T=\text{constant}$($T$ 可有微小变化),则该过程就叫等温过程。恒温和等温统称为定温。

p 恒定不变,则该过程就叫恒压过程。$p_1=p_2=p_{外}=p=\text{constant}$($p$ 可有微小变化),则该过程就叫等压过程。

恒压和等压统称为定压。V 恒定不变,则该过程就叫恒容过程。$Q=0$,则为绝热过程。绝热过程是系统在和外界无热量交换的条件下进行的过程。实现绝热过程有两种情况:

① 用绝热材料制成绝热壁,把系统与外界隔开,就可以近似地实现这一过程;

② 使过程快速进行,系统来不及与外界进行显著的热量交换,例如,内燃机中热气体的突然膨胀,柴油机或压缩机中空气的压缩,声波中气体的压缩(稠密)和膨胀(稀疏)等都可近似视为绝热过程。

2. 途径

途径是指完成一个过程所经历的具体方式。完成一个过程可以是一步也可以是多步,如某理想气体的等温过程如图 1-1 所示。

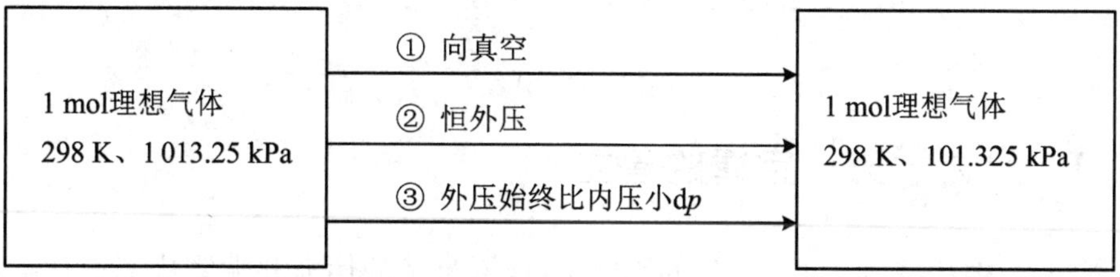

图 1-1　完成一等温过程的方式

至少有三条途径：

① 向真空膨胀；

② 恒外压膨胀；

③ 在外压始终比内压小 dp 下膨胀。

一定条件下，过程是唯一的，途径则是多种多样的。但各种途径从本质上来看只有可逆与不可逆之分。可逆途径是指过程以某种方式进行时，体系自始至终无限接近平衡态，且发生之后循其反向逆转，在体系复原的同时，环境亦能复原；不可逆途径是指过程以某种方式进行时，体系至少有一些时间段处于非平衡态，且发生之后循其反向逆转，在体系复原的同时，环境不能复原。过程以可逆方式进行时体系对外做功最大、消耗环境功最小，但速率无限慢、需时无限长。因此，可逆途径是假想的科学抽象，实际发生的过程都是以不可逆方式完成的，但在特定条件下可使其无限趋于可逆。如上述外压始终比内压小 dp 的膨胀和物质在其相变点的相变化以及可逆电池在无限小电动势差时的充放电等。

引入可逆途径的重要意义在于：

① 一些重要的热力学函数变化值，如ΔS,ΔG 等，往往必须借助于可逆途径中的其他物理量来求(图 1-2)，如

$$\Delta S = \int_1^2 \frac{\delta Q_R}{T}$$

② 利用可逆途径可以判断实际发生过程的效率高低，从而为提高实际过程的效率提供理论依据。

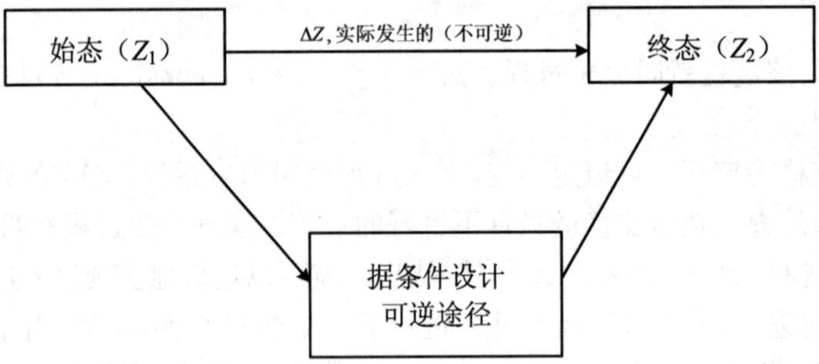

图 1-2 可逆途径的设计

1.2 热力学第一定律的建立及其数学表达式

1.2.1 热力学第一定律的建立

众所周知，人类社会约有 350 万年的历史了，征服自然的伟大开端要从 170 万年前的火的发现和热能的利用算起。在漫长的岁月里，人类祖先对热的利用仅限于取暖、煮熟食物等。随着时代的变迁，为满足发展生产所需的动力，人们开始挖空心思地去设计形形色色的可以对外输出动力的机器。所设计的机器可分为两类：一类是利用热能对外做功，约于 1768 年制成这一

类机器(效率 3%～5%),并广泛用于航海、火车和纺织工业,促进了西方英、法等资本主义国家的发展;另一类是不需要外界供给能量,又不损耗体系等能量而能连续对外做功。结果,第二种机器花费了一百多年也没制成,并于 1840 年在目前科学界公认的热力学第一定律奠基人焦耳、迈耶尔、亥姆霍兹各自独立地发现能量守恒与转换定律即热力学第一定律后,最终被宣判了死刑。于是人们把这种不需要外界供给能量,又不损耗体系的能量而能连续对外做功的机器称为第一类永动机(图 1-3)。

焦耳
(1818~1889)

迈耶尔
(1830~1895)

亥姆霍兹
(1821~1894)

图 1-3　热力学第一定律奠基人

可见,热力学第一定律是自然界普遍遵循的能量守恒与转换定律在热力学体系中的具体形式。

为利用人类从百余年实践中归纳出的热力学第一定律定量地解决实际问题,必须建立其数学表达式。

1.2.2　热力学第一定律的数学表达式

当封闭体系与环境交换的能量为热 Q 和功 W,内能改变量为 $\Delta U=U_2-U_1$ 时,由能量守恒与转换定律知,三者关系为

$$\Delta U = Q + W \quad 或 \quad dU = \delta Q + \delta W \tag{1-1}$$

这就是封闭体系热力学第一定律的数学表达式,适用于无明显质量交换的化学变化和物理变化。对核变化,因质量亏损 Δm 大而不适用($\Delta U=\Delta mc^2$,ΔU 大)。

下面对该式涉及的热、功和内能作进一步的讨论。

1.2.2.1　热和功

1. 热

体系与环境间由温差而交换的能量,用 Q 表示。体系从环境吸热为正 $Q>0$,体系向环境放热为负 $Q<0$。具体有显热(简单状态变化)、潜热(相变化)和化学反应热(化学变化)之分,单位是 J 或 kJ。

2. 功

除热以外,体系与环境交换的能量统称为功,用 W 表示。

(1) 功的符号

体系对外做功为负,$W<0$;体系接受功为正,$W>0$,单位是 J 或 kJ。

(2) 功的分类

功具体分为体积功(热力学)、表面功(表面现象)、电功(电化学)等。

通常将除体积以外的功统称为非体积功或其他功,用W'表示,则

$$W = W_e + W'$$

或

$$\delta W = \delta W_e + \delta W'(\text{物理学中 } \delta W_e = -p_e\,dV)$$

需指出的是,以上讲的热(Q)和功(W)都是和途径有关的物理量,没有过程就没有热和功,热和功都不是状态函数。如果说体系本身具有多少热或功是没有意义的,这就如"雨"是下雨过程中出现的现象,当雨落到地面后,我们再说地面积水里有多少"雨"就没有意义了。

1.2.2.2 内能

1. 内能概念

体系内部的能量之和称之为内能,用符号U表示。

从微观角度看,内能是指体系内部所有的能量之和,包括分子的平动能、转动能、振动能及原子中的电子能、原子核能及原子间和分子间相互作用的势能等。

从宏观角度看,内能是体系本身的性质,只与体系状态有关,是体系的状态函数,可用反证法予以证明。

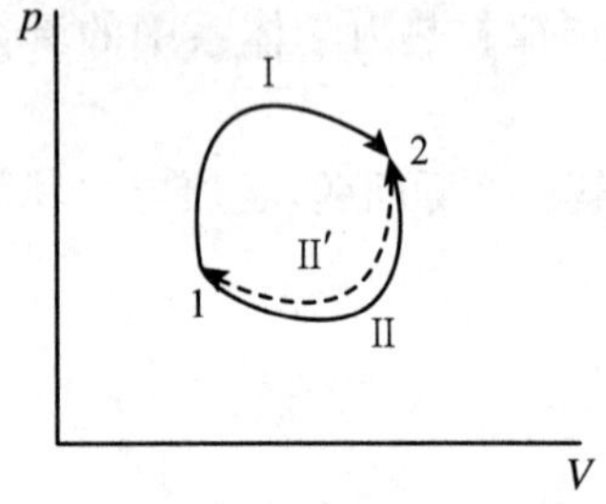

图 1-4 体系状态循环图

假设 内能不是状态函数,如图 1-4 所示。

推理 则某体系从始态 1 到终态 2,$\Delta U_{\mathrm{I}} \neq \Delta U_{\mathrm{II}}$。

若$\Delta U_{\mathrm{I}} > \Delta U_{\mathrm{II}}$,那么使体系从 1 沿途经 Ⅰ 到 2,再沿 Ⅱ 的逆途径 Ⅱ′回到 1,循环一周,体系复原,但

$$\Delta U = \Delta U_{\mathrm{I}} + (-\Delta U_{\mathrm{II}}) = \Delta U_{\mathrm{I}} - \Delta U_{\mathrm{II}} > 0$$

凭空获得能量,违反热力学第一定律。

结论 原假设是错误的,所以U是状态函数。

由于体系内部质点运动方式及其相互作用极其复杂,U绝对值与地理高度一样无法确定,但这并不妨碍内能的实际应用,因体系状态变化时,我们只需知ΔU就行了,而无需知U的绝对值,U是状态函数,所以ΔU仅与体系始终态有关,而与变化的途径无关。

从数学角度看,对给定量封闭体系,U可以表示为

$$U = f(T,V)$$

当体系状态发生了微小变化时,U的变化为全微分

$$dU = \left(\frac{\partial U}{\partial T}\right)_V dT + \left(\frac{\partial U}{\partial V}\right)_T dV$$

2. 理想气体的内能——盖·吕萨克-焦耳实验

1843 年,盖·吕萨克(Joseph Louis Gay. Lussac)和焦耳设计了如下实验(图 1-5)。

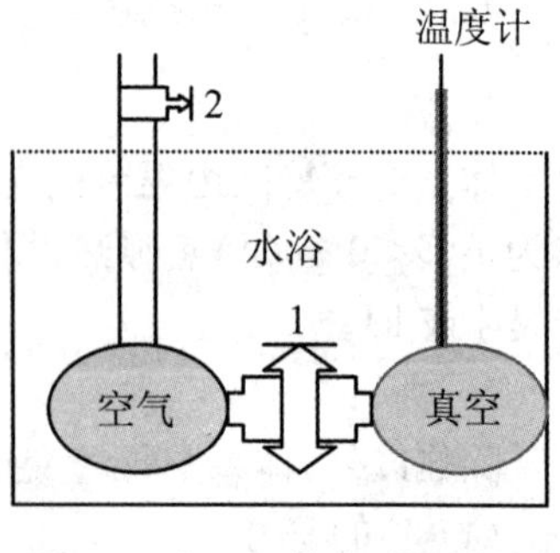

图 1-5 盖·吕萨克-焦耳实验

操作:先抽空,将"2"关死,再关"1"→打开"2"充入一定压力(<1 013 250 Pa)的空气→浸入水浴并固定好→打开"1"(气体向真空膨胀,该条件下的空气可视为理想气体)。

现象:体系达平衡后,温度计温度不变。

结果：$Q=0$（体系—空气与环境—水浴间没有热量传递）

$$W=0 \qquad (p_{外}=0)$$

$$\Delta U=Q+W=0$$

说明理想气体向真空膨胀前后温度不变，内能也不变，即理想气体的内能仅仅是温度的函数，即

$$U=f(T) \tag{1-2}$$

从数学角度还可予以更深刻的讨论，对给定量的封闭体系，内能 $U=f(T,V)$，则

$$\mathrm{d}U=\left(\frac{\partial U}{\partial T}\right)_V \mathrm{d}T+\left(\frac{\partial U}{\partial V}\right)_T \mathrm{d}V$$

实验中温度恒定，体积改变，即 $\mathrm{d}T=0, \mathrm{d}V\neq 0$，则

$$0=\left(\frac{\partial U}{\partial T}\right)_V \cdot 0+\left(\frac{\partial U}{\partial V}\right)_T \mathrm{d}V$$

$$\left(\frac{\partial U}{\partial T}\right)_T \mathrm{d}V=0$$

$$\mathrm{d}V\neq 0$$

$$\left(\frac{\partial U}{\partial V}\right)_T=0$$

说明：在温度恒定不变的条件下，改变体积理想气体内能不变，同理可有

$$\left(\frac{\partial U}{\partial p}\right)_T=0$$

故，理想气体内能仅是温度函数，而与体积、压力无关。进一步的证明见热力学第二定律。

1.3 功的计算

热力学第一定律主要解决过程能量的计算问题，这个能量一是功、二是热。本节先介绍功的计算，主要是体积功的计算。

1.3.1 计算通式

由物理学知

$$\delta W_e=-p_e\mathrm{d}V$$

膨胀：$\mathrm{d}V>0, W_e<0$。

压缩：$\mathrm{d}V<0, W_e>0$。

对有限过程，两边作定积分，有

$$W_e=-\int_{V_1}^{V_2} p_e\mathrm{d}V \tag{1-3}$$

1. 恒容过程

$$\mathrm{d}V=0, W_e=0$$

2. 向真空膨胀

$$p_e=0, W_e=0$$

3. 恒压、等压、恒外压和内外压始终相差 $\mathrm{d}p$ 的可逆过程

(1) 恒压、等压、恒外压

$$W_{\mathrm{e}}=-\int_{V_1}^{V_2}p_{\mathrm{e}}\mathrm{d}V=-p_{\mathrm{e}}(V_2-V_1)$$

理想气体等温过程：$V_2=\dfrac{nRT_2}{p_2}$，$V_1=\dfrac{nRT_1}{p_1}$，$T_1=T_2=T_{环}=T$ 时

$$W_{\mathrm{e}}=-\int_{V_1}^{V_2}p_{\mathrm{e}}\mathrm{d}V=-p_{\mathrm{e}}(V_2-V_1)=-p_{\mathrm{e}}(V_2-V_1)$$

$$=-nRT\left(\frac{p_{\mathrm{e}}}{p_2}-\frac{p_{\mathrm{e}}}{p_1}\right)$$

(2) 内外压始终相差 $\mathrm{d}p$ 的可逆过程

$$W_{\mathrm{e}}=-\int_{V_1}^{V_2}p_{\mathrm{e}}\mathrm{d}V=-\int_1^2(p\pm\mathrm{d}p)\mathrm{d}V$$

忽略二阶无穷小量$\int_1^2\mathrm{d}p\mathrm{d}V$时

$$W_{\mathrm{e}}=-\int_{V_1}^{V_2}p\mathrm{d}V$$

理想气体等温可逆过程

$$W_{\mathrm{e}}=-\int_{V_1}^{V_2}p_{\mathrm{e}}\mathrm{d}V=-\int_{V_1}^{V_2}(p\pm\mathrm{d}p)\mathrm{d}V$$

$$=-\int_{V_1}^{V_2}p\mathrm{d}V=-\int_{V_1}^{V_2}\frac{nRT}{V}\mathrm{d}V=-nRT\ln\left(\frac{V_2}{V_1}\right)$$

4. 理想气体绝热过程

由于 $\mathrm{d}U=\delta Q+\delta W$，$\delta Q=0$，$\mathrm{d}U=\delta W$，$W=\Delta U$，因此，绝热功还可通过 ΔU 来求。

对理想气体来说

$$\mathrm{d}U=C_V\mathrm{d}T=nC_{V,\mathrm{m}}\mathrm{d}T$$

则

$$W=\Delta U=nC_{V,\mathrm{m}}\Delta T=nC_{V,\mathrm{m}}(T_2-T_1)$$

求出 T_2（绝热膨胀 T_2 变小，绝热压缩 T_2 变大）代入，可求得理想气体绝热过程中的功。

(1) 恒外压时

$$nC_{V,\mathrm{m}}(T_2-T_1)=-p_2(V_2-V_1)$$

$$nC_{V,\mathrm{m}}(T_2-T_1)=-p_2\left(\frac{nRT_2}{p_2}-\frac{nRT_1}{p_1}\right)$$

$$C_{V,\mathrm{m}}(T_2-T_1)=p_2\left(\frac{RT_1}{p_1}-\frac{RT_2}{p_2}\right)$$

由此，可求出 T_2。

(2) 内外压始终相差 $\mathrm{d}p$ 的可逆

理想气体绝热膨胀或绝热压缩的 T_2 可通过绝热过程方程式来求：

$$\mathrm{d}U=-p_{\mathrm{e}}\mathrm{d}V+\delta W' \qquad (\delta W'=0,p_{\mathrm{e}}=p\pm\mathrm{d}p)$$

$$\mathrm{d}U=-p\mathrm{d}V$$

即

$$nC_{V,\mathrm{m}}\mathrm{d}T=-\left(\frac{nRT}{V}\right)\mathrm{d}V$$

分离变量积分

$$C_{V,\mathrm{m}}\ln\left(\frac{T_2}{T_1}\right)=-R\ln\left(\frac{V_2}{V_1}\right)$$

$$C_{V,\mathrm{m}}\ln\left(\frac{T_2}{T_1}\right)=R\ln\left(\frac{V_1}{V_2}\right)$$

由于理想气体的 $C_{p,\mathrm{m}}-C_{V,\mathrm{m}}=nR$，令$\frac{C_p}{C_V}=\gamma$(热容比)，则

$$\frac{R}{C_{V,\mathrm{m}}}=\gamma-1$$

$$\ln\left(\frac{T_2}{T_1}\right)=(\gamma-1)\ln\left(\frac{V_1}{V_2}\right)$$

$$T_1(V_1)^{\gamma-1}=T_2(V_2)^{\gamma-1}$$

由 T_1,V_1,V_2 可求内外压始终相差 $\mathrm{d}p$ 绝热膨胀或绝热压缩后的 T_2，代入

$$W=\Delta U=nC_{V,\mathrm{m}}(T_2-T_1)$$

可求内外压始终相差 $\mathrm{d}p$ 绝热膨胀功或绝热压缩功，则

$$TV^{\gamma-1}=\text{常数}$$

代入$\frac{pV}{nR}=T$，有

$$pV^{\gamma}=\text{常数}$$

$$W_{\mathrm{e}}=-\int_{V_1}^{V_2}p\mathrm{d}V=-\int_{V_1}^{V_2}\frac{K}{V^{\gamma}}\mathrm{d}V=-\left[\frac{K}{(1-\gamma)V^{\gamma-1}}\right]_{V_1}^{V_2}$$

$$=-\frac{K}{1-\gamma}\left(\frac{1}{V_2^{\gamma-1}}-\frac{1}{V_1^{\gamma-1}}\right)$$

$$p_1V_1^{\gamma}=p_2V_2^{\gamma}$$

$$W=-\frac{1}{1-\gamma}\left(\frac{p_2V_2^{\gamma}}{V_2^{\gamma-1}}-\frac{p_1V_1^{\gamma}}{V_1^{\gamma-1}}\right)=\frac{p_2V_2-p_1V_1}{\gamma-1}$$

$$=\frac{nR(T_2-T_1)}{\gamma-1}$$

$$\frac{nR}{C_V}=\gamma-1$$

$$W=C_V(T_2-T_1)$$

将$\frac{nRT}{p}=V$ 代入，有

$$p\left(\frac{nRT}{p}\right)^{\gamma}=\text{常数}$$

$$p^{1-\gamma}T^{\gamma}=\text{常数}$$

与前两式共称为绝热方程。

1.3.2 计算示例

【例 1-1】 如图 1-6 所示，1 mol 理想气体在 298 K 下，由 10×101 325 Pa，通过以下三种途径膨胀：

(1) 向真空膨胀；

(2) 恒 101 325 Pa 膨胀；

(3) 外压始终比内压小 dp 下膨胀到终态 101 325 Pa。

求各途径体系与环境交换的功并讨论其可逆性。

解

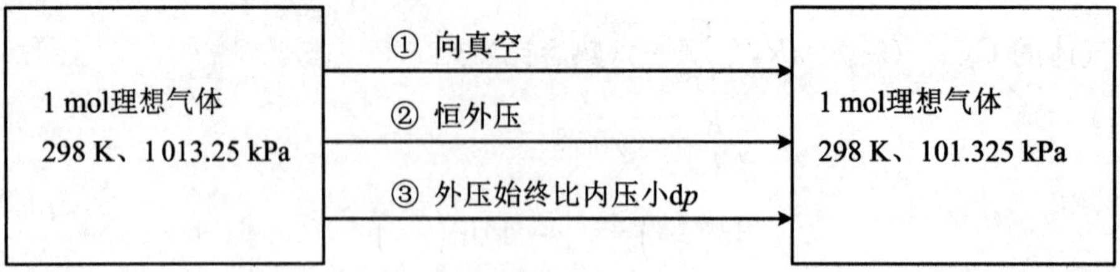

图 1-6

(1) $p_e=0, W_e=-p_e\mathrm{d}V=0$

(2)
$$\begin{aligned}W_e&=-p_e\mathrm{d}V=-p_e(V_2-V_1)\\&=-nRT\left(\frac{p_2}{p_2}-\frac{p_2}{p_1}\right)=-nRT\left(1-\frac{1}{10}\right)\\&=-1\times 8.314\times 298(1-0.1)=-2\,229.8\ (\mathrm{J})\end{aligned}$$

(3)
$$\begin{aligned}W_e&=-\int_{V_1}^{V_2}p_e\mathrm{d}V=-\int_{V_1}^{V_2}(p-\mathrm{d}p)\mathrm{d}V\\&=-\int_{V_1}^{V_2}p\mathrm{d}V=-\int_{V_1}^{V_2}\left(\frac{nRT}{V}\right)\mathrm{d}V\\&=-nRT\ln\left(\frac{V_2}{V_1}\right)=-nRT\ln\left(\frac{p_1}{p_2}\right)\\&=-nRT\ln\left(10\times\frac{101\,325}{101\,325}\right)\\&=-1\times 8.324\times 298\ln 10=-5\,704.8\ (\mathrm{J})\end{aligned}$$

可见，功确实是一个与途径有关的物理量，不是状态函数。

按可逆、不可逆定义，过程(3)是可逆的，过程(1)、(2)均是不可逆。因过程(3)发生时体系自始至终无限接近平衡状态、且发生之后循环反向逆转，在体系复原的同时，环境亦能复原。证明如下。

在 $p_e=p-\mathrm{d}p$ 下膨胀，对外做功为

$$\begin{aligned}W_e&=-\int_{V_1}^{V_2}p_e\mathrm{d}V=-\int_{V_1}^{V_2}(p-\mathrm{d}p)\mathrm{d}V\\&=-nRT\ln\left(\frac{p_1}{p_2}\right)=-1\times 8.314\times 298\ln 10\\&=-5\,704.8\ (\mathrm{J})\end{aligned}$$

循环反向逆转，即在外压 p_e 始终比 p 大 dp 下压缩，使(1 mol、298 K、101 325 Pa 理想气体) $\xrightarrow{p_e=p+\mathrm{d}p}$ (1 mol，298 K，1 013 250 Pa 理想气体)体系复原，此时，环境消耗的功

$$\begin{aligned}W_e&=-\int_{V_1}^{V_2}p_e\mathrm{d}V=-\int_{V_1}^{V_2}(p+\mathrm{d}p)\mathrm{d}V\\&=-nRT\ln\left(\frac{101\,325}{1\,013\,250}\right)\\&=5\,704.8\ (\mathrm{J})\end{aligned}$$

功值恰好与原来体积膨胀过程所做的功相等，符号相反。在体系复原的同时，环境亦能复原(因环境中没有留下任何影响)。

过程(1)、(2)是不可逆，因在 $p_e=101\,325$ Pa 或 $p_e=0$ 条件下发生之后，循环反向逆转在体系复原的同时，环境不能复原。

如过程(2)发生后环境得功

$$\begin{aligned}W_e&=\int -p_e\mathrm{d}V=-p_e(V_2-V_1)\\&=-nRT\left(1-\frac{1}{10}\right)\\&=-2\,229.8\ (\mathrm{J})\end{aligned}$$

反向逆转：

$$(1\ \mathrm{mol},298\ \mathrm{K},101\,325\ \mathrm{Pa}\ 理想气体)\xrightarrow{p_e=1\,013\,250\ \mathrm{Pa}}(1\ \mathrm{mol},298\ \mathrm{K},1\,013\,250\ \mathrm{Pa}\ 理想气体)$$

体系复原时，环境至少耗功

$$\begin{aligned}W_e&=-p_e(V_2-V_1)\\&=-1\,013\,250nRT\left(\frac{1}{1\,013\,250}-\frac{1}{101\,325}\right)\\&=-nRT(1-10)\\&=22\,298\ (\mathrm{J})\end{aligned}$$

远大于所得 2 229.8 J，即在体系复原的同时，环境净失功

$$2\,229.8+(-22\,298)=-20\,068.4\ (\mathrm{J})$$

再如过程(3)发生后，环境得功

$$W_e=p_e(V_2-V_1)=0$$

循其反向运转，体系复原时，环境至少消耗−22 298 J 功，即是体系复原的同时，环境净失功为

$$0+(-22\,298)=-22\,298\ (\mathrm{J})$$

【例 1-2】 求 373 K，101 325 Pa 下 1 mol 水汽化为水蒸气时，体系与环境交换的功。

解

$$1\ \mathrm{mol}\ H_2O_{(l)}\xrightarrow{373\ \mathrm{K},101\,325\ \mathrm{Pa}}1\ \mathrm{mol}\ H_2O_{(g)}$$

$$\begin{aligned}W_e&=\int -p_e\mathrm{d}V=-p_e(V_2-V_1)\\&=-p(V_{H_2O_{(g)}}-V_{H_2O_{(l)}})\\&=-pV_{H_2O_{(g)}}\approx n_{H_2O_{(g)}}RT\\&=-1\times 8.314\times 373=-3.10\ (\mathrm{kJ})\end{aligned}$$

【例 1-3】 求 298 K，101 325 Pa 下，1 mol $H_{2(g)}$ 与 0.5 mol O_2 定全反应生成 1 mol H_2O 时体系与环境间交换的功。

解　$H_{2(g)}+\frac{1}{2}O_{2(l)}\longrightarrow H_2O_{(l)}$

$$W_e=-p_e(V_2-V_1)=-p(V_{H_2O_{(l)}}-V_{H_{2(g)}}-V_{O_{2(g)}})\approx(n_{H_2}+n_{O_2})RT$$

$$=\left(1+\frac{1}{2}\right)\times 8.314\times 298=3.72\ (\mathrm{kJ})\quad（是体系自然而然接受的）$$

【例 1-4】 273 K，1 MPa 时，取 10.0 $\mathrm{dm^3}$ 某单原子理想气体由经过：

(1) 内外压始终相差 $\mathrm{d}p$ 绝热膨胀；

(2) $p_e=0.1$ MPa 绝热膨胀。

分别计算终态体积和所做的功$\left(C_{V,\mathrm{m}}=\frac{3}{2}R\right)$。

解 $$n=\frac{pV}{RT}=\frac{1\times10^6\times10.0\times10^{-3}}{8.314\times273}=4.41\,(\mathrm{mol})$$

内外压始终相差 $\mathrm{d}p$ 等温膨胀,终态体积

$$V_2=\frac{nRT_2}{p_2}=\frac{p_1V_1}{RT_1}\cdot\frac{RT_2}{p_2}=\frac{p_1V_1}{p_2}=\frac{1\times10.0}{0.1}=100\,(\mathrm{dm^3})$$

(1) 内外压始终相差 $\mathrm{d}p$ 绝热膨胀

$$pV^\gamma=\text{常数}$$

$$p_1V_1^\gamma=p_2V_2^\gamma,\gamma=\frac{C_{p,\mathrm{m}}}{C_{V,n}}=\frac{\frac{3}{2}R+R}{\frac{3}{2}R}=\frac{5}{3}$$

$$V_2=\left(\frac{p_1}{p_2}\right)^{1/\gamma}V_1=\left(\frac{1}{0.1}\right)^{3/5}\times10.0=39.8\,(\mathrm{dm^3})$$

$$T_2=\frac{p_2V_2}{nR}=\frac{10^5\times39.8\times10^{-3}}{4.41\times8.314}=108.6\,(\mathrm{K})$$

所以

$$W=C_V(T_2-T_1)=4.41\times\frac{3}{2}\times8.314(108.6-273)=-9.04\,(\mathrm{kJ})$$

(2) 对抗恒定外压 $p_e=0.1$ MPa 绝热膨胀

$$\Delta U=W$$

$$nC_{V,\mathrm{m}}(T_2-T_1)=-p_2\left(\frac{nRT_2}{p_2}-\frac{nRT_1}{p_1}\right)$$

$$\frac{3}{2}nR(T_2-273)=-nR\left(\frac{0.1T_2}{0.1}-\frac{0.1\times273}{1}\right)$$

$$V_2=\frac{nRT}{p_2}=\frac{4.41\times8.314\times175}{10^5}=64.16(\mathrm{dm^3})$$

$$T_2=175\,(\mathrm{K})$$

$$W=C_V(T_2-T_1)=4.41\times\frac{3}{2}\times8.314(175-273)=-5.39\,(\mathrm{kJ})$$

体系从相同始态出发,膨胀到压力相同的终态,但由于过程不同,做的功不一样,终态的温度就不同,体积不同。

【例 1-5】 推导卡诺热机效率公式 $\eta=\frac{T_1-T_2}{T_1}$。

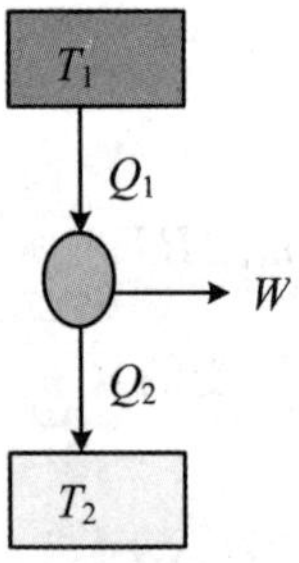

图 1-7 卡诺热机原理

1824 年法国年轻的工程师卡诺(N. L. Sadi Carnot)设计热机原理如图 1-7 所示。

从高温热源(T_1)吸热 Q_1,经过一循环对外做功 W,另一部分热 Q_2 放到低温热源(T_2)处。研究成果在其去世 20 年后的 1848 年被世人所认识。为热机效率提高指明了方向,对热力学理论发展起到了重要的推动作用。

如图 1-8 所示,若循环是卡诺循环,则由四个可逆途径构成。则其效率

$$\eta=-\frac{W}{Q_1}=\frac{Q_1+Q_2}{Q_1}=\frac{T_1-T_2}{T_1}$$

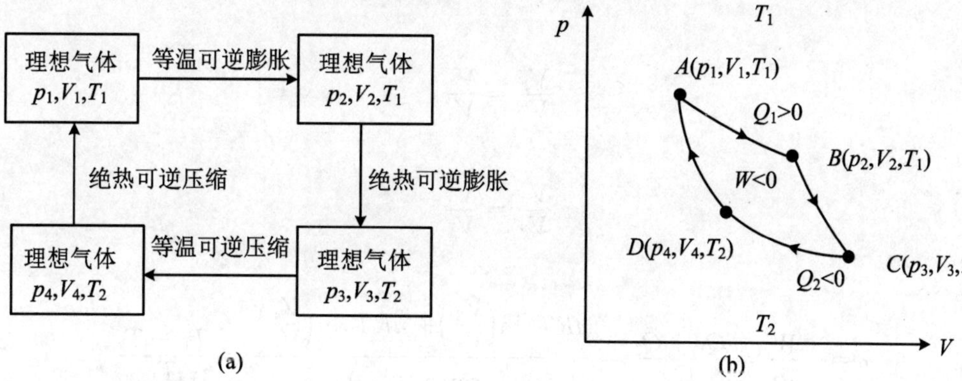

图 1-8　卡诺循环

为最大，现推证如下：

$A\to B$：

$$\Delta U_1=0,Q_1=-W_1=nRT_1\ln\left(\frac{V_2}{V_1}\right)$$

$B\to C$：

$$Q'=0,W'=\Delta U'=nC_{V,\mathrm{m}}(T_2-T_1)$$

$C\to D$：

$$\Delta U_2=0,Q_2=-W_2=nRT_2\ln\left(\frac{V_4}{V_3}\right)$$

$D\to A$：

$$Q''=0,W''=\Delta U''=nC_{V,\mathrm{m}}(T_1-T_2)$$

整个循环中$\Delta U=0$，$W=Q=Q_1+Q_2$（体系吸收的净热），而体系做的净功

$$\begin{aligned}W&=W_1+W'+W_2+W''\\&=-nRT_1\ln\left(\frac{V_2}{V_1}\right)-nC_{V,\mathrm{m}}(T_2-T_1)-nRT_2\ln\left(\frac{V_4}{V_3}\right)-nC_{V,\mathrm{m}}(T_1-T_2)\\&=-nRT_1\ln\left(\frac{V_2}{V_1}\right)-nRT_2\ln\left(\frac{V_4}{V_3}\right)\end{aligned}$$

$$\eta=-\frac{W}{Q_1}$$

$$\eta=-\frac{W}{Q_1}=\frac{nRT_1\ln\left(\frac{V_2}{V_1}\right)+nRT_2\ln\left(\frac{V_4}{V_3}\right)}{nRT_1\ln\left(\frac{V_2}{V_1}\right)}$$

将 $T_1(V_1)^{\gamma-1}=T_2(V_2)^{\gamma-1}$用于 $B\to C$，有

$$C_{V,\mathrm{m}}\ln\left(\frac{T_2}{T_1}\right)=-R\ln\left(\frac{V_3}{V_2}\right)$$

用于 $D\to A$ 有

$$C_{V,\mathrm{m}}\ln\left(\frac{T_1}{T_2}\right)=-R\ln\left(\frac{V_1}{V_4}\right)$$

则

$$-R\ln\left(\frac{V_3}{V_2}\right)=R\ln\left(\frac{V_1}{V_4}\right)$$

有

$$\frac{V_2}{V_3}=\frac{V_1}{V_4}$$

即

$$\frac{V_4}{V_3}=\frac{V_1}{V_2}$$

那么

$$\eta=-\frac{W}{Q_1}=\frac{Q_1+Q_2}{Q_1}=\frac{nRT_1\ln\left(\frac{V_2}{V_1}\right)+nRT_2\ln\left(\frac{V_4}{V_3}\right)}{nRT_1\ln\left(\frac{V_2}{V_1}\right)}=\frac{T_1-T_2}{T_1}$$

在相同 T_1 与 T_2 间，实际热机效率(原始热机 3%～5%，现代蒸汽机 25%～30%，内燃机≤40%，喷气发动机 50%～60%)都小于此值，因为可逆途径是一种最经济的理想途径——付出最大，需求最小。

【例 1-6】 某内燃机用汽油燃烧时，最高热源可达 2 273 K，废气(fume)即冷源温度为 303 K。若热机实际效率只有 30%，问可否通过技术革新提高其效率?

解 最大效率

$$\eta=\frac{T_1-T_2}{T_1}=\frac{2\,273-303}{2\,273}=86.67\%$$

远大于 30%的实际效率。因此，可以通过技术革新提高该热机的效率。

此外，由

$$\frac{Q_1+Q_2}{Q_1}=\frac{T_1-T_2}{T_1}$$

可得

$$\frac{Q_1}{T_1}+\frac{Q_2}{T_2}=0$$

这是一个重要的关系式。据此热力学第二定律引出了熵，这是卡诺始料未及的。

【例 1-7】 试验用的一门大炮炮筒长 3.66 m，内膛直径为 0.152 m，炮弹质量为 45.4 kg，击发后火药爆燃完全时炮弹已被推行 0.98 m，速度为 311 $\mathrm{m\cdot s^{-1}}$，这时膛内气体压强为 2.43×10^8 Pa。设此后膛内气体做绝热膨胀，直到炮弹出口，求：

(1) 在绝热膨胀过程中气体对炮弹做的功；

(2) 炮弹的膛口速度(不计摩擦)。

解 (1) 炮筒内火药爆燃后，气体绝热膨胀，应用绝热过程方程 $p_2V_2^r=p_1V_1^r$，得炮弹出膛前瞬间炮膛内气体压强

$$p_2=p_1\left(\frac{V_1}{V_2}\right)^r$$

式中，$p_1=2.43\times10^8$ Pa，$V_1=\frac{l_1\pi D^2}{4}$，$V_2=\frac{l_2\pi D^2}{4}$，$\gamma=1.2$，所以

$$p_2=p_1\left(\frac{l_1}{l_2}\right)^r=2.43\times10^8\left(\frac{0.98}{3.66}\right)^{1.2}\approx0.50\times10^8(\mathrm{Pa})$$

绝热膨胀过程中气体对炮弹做功为

$$W_e = -\int_{V_1}^{V_2} p\mathrm{d}V = -\int_{V_1}^{V_2} \frac{K}{V^\gamma}\mathrm{d}V = -\left[\frac{K}{(1-\gamma)V^{\gamma-1}}\right]_{V_1}^{V_2} = -\frac{K}{1-\gamma}\left(\frac{1}{V_2^{\gamma-1}} - \frac{1}{V_1^{\gamma-1}}\right)$$

$$p_1V_1^\gamma = p_2V_2^\gamma$$

$$W = -\frac{1}{1-\gamma}\left(\frac{p_2V_2^\gamma}{V_2^{\gamma-1}} - \frac{p_1V_1^\gamma}{V_1^{\gamma-1}}\right) = \frac{p_2V_2 - p_1V_1}{\gamma-1}$$

$$= \frac{p_2\left(\frac{\pi D^2 l_2}{4}\right) - p_1\left(\frac{\pi D^2 l_1}{4}\right)}{\gamma-1}$$

$$= \frac{\pi D^2}{4(\gamma-1)}(p_2l_2 - p_1l_1)$$

$$= \frac{3.14\times 0.152^2}{4(1.2-1)}(0.5\times 3.66 - 2.43\times 0.98)\times 10^8$$

$$= -5\ 000\ (\mathrm{kJ})$$

(2) 设炮弹出膛速度为 u_2,则由动能定理

$$W = \frac{1}{2}mu_2^2 - \frac{1}{2}mu_1^2$$

$$u_2 = \left(\frac{2W}{m} + u_1^2\right)^{\frac{1}{2}} = \left(\frac{2\times 5.00\times 10^6}{45.4} + 311^2\right)^{\frac{1}{2}} = 563\ (\mathrm{m\cdot s^{-1}})$$

众所周知,热力学第一定律主要是用来求过程的功和热(能量)。功的计算主要是 $W_e = -\int_{V_1}^{V_2} p_e\mathrm{d}V$,大家都已掌握。现在应该介绍热 Q 的计算了,不过,热的计算要比功的计算复杂得多。至此,严格说来我们只具备求理想气体简单状态变化过程的热 $Q(=W)$的能力,对其他过程我们还解决不了。那么,如何才能方便地求出过程的热,尤其是定压无非体积功条件下体系与环境间交换的 Q_p 呢?为此需先介绍一个新的状态函数——焓。

1.4 焓

热与途径有关,但若将 $\mathrm{d}U=\delta Q-p_e\mathrm{d}V+\delta W'$ 用于恒容($\mathrm{d}V=0$)无非体积功($\delta W'=0$)条件下发生的过程时,有

$$\mathrm{d}U=\delta Q_V$$

两边积分,有$\Delta U=Q_V$(δQ_V,Q_V叫恒容热)。

可见,热虽不是状态函数,也不是状态函数改变量,但在恒容无非体积功这一特定条件下,恒容热在数值上与内能改变量相等。这就给该条件下化学反应热的计算带来了便利。但遗憾的是,大多数化学变化是在定压、无非体积功条件下进行的。那么该条件下的化学反应热的计算是否有同样便利的公式呢?

1.4.1 焓的定义

热力学第一定律

$$dU = \delta Q - p_e dV + \delta W'$$

在定压($p_1 = p_2 = p_e = p =$常数)无非体积功($\delta W' = 0$)条件下,演绎为

$$\delta Q_p = dU + p dV$$

$$\delta Q_p = d(U + pV)$$

意味着,在定压无非体积功条件下体系与环境交换的热,等于 $d(U+pV)$。为书写方便,用 H 表示($U+pV$),即

$$H \equiv U + pV$$

并将其称为焓。

1.4.2 焓变ΔH与定压热Q_p的关系

由焓定义有

$$\delta Q_p = dH \tag{1-4a}$$

两边积分,得

$$Q_p = \Delta H \tag{1-4b}$$

在定压无非体积功条件下,体系与环境交换的热等于焓变。

说明:

(1) 焓 H 是在内能 U 基础上,为了方便求定压无非体积功条件下体系与环境交换的热而新引入的一个状态函数。当体系处于内外压力相同的环境中时,焓是体系的总能量。因此,状态一定 H 值一定。故对任意变化过程都有焓变

$$\Delta H = H_2 - H_1 = \Delta U + \Delta(pV) \text{(无任何限制条件)}$$

(2) 式 $\delta Q_p = dH$ 或 $Q_p = \Delta H$ 仅适用于封闭体系定压无非体积功过程。

对封闭体系定压有非体积功的过程,体系与环境交换的热等于焓变与非体积功之和:

$$\Delta U = Q_p + [-p(V_2 - V_1) + W']$$

$$U_2 - U_1 = Q_p - p(V_2 - V_1) + W'$$

$$(U_2 + p_2V_2) - (U_1 + p_1V_1) = Q_p + W'$$

$$\Delta H = Q_p + W'$$

(3) $\delta Q_p = dH$ 或 $Q_p = \Delta H$ 仅是数值上的相等,性质与意义完全不同,绝不能误认为 Q_p 也是状态函数,更不能说只有定压无非体积功过程才有ΔH,其他过程没有ΔH。事实上,只要状态发生变化就有ΔH 与之相联,只不过不一定等于 Q_p 罢了。

(4) 由于 U 绝对值无法确定,故 H 的绝对值也无法确知;又由于理想气体的 $U = f(T)$ 与体积、压力无关,故理想气体的 H 也仅是 T 的函数,而与体积、压力无关。可推证如下:

$$H = U + pV$$

$$\left(\frac{\partial H}{\partial V}\right)_T = \left(\frac{\partial U}{\partial V}\right)_T + \left[\frac{\partial (pV)}{\partial V}\right]_T = 0 + \left[\frac{\partial (nRT)}{\partial V}\right]_T = 0$$

$$\left(\frac{\partial H}{\partial p}\right)_T = \left(\frac{\partial H}{\partial p}\right)_T + \left[\frac{\partial (nRT)}{\partial p}\right]_T = 0$$

所以,理想气体的 $H = f(T)$。

1.5　热的计算与营养配餐及节能减排

主要介绍封闭体系内定压无非体积功条件下热的计算，关键公式是

$$Q_p = \Delta H$$

1.5.1　简单状态变化过程的 Q_p 的计算

为了求简单状态变化过程的 Q_p，需先定义一个新的状态函数——定压热容 C_p。

1.5.1.1　定压热容 C_p

1. 定义

定压热容定义为

$$C_p \equiv \left(\frac{\partial H}{\partial T}\right)_p$$

单位是 $\mathrm{J\cdot K^{-1}}$，是体系容量性质的状态函数，其物理意义为定压下，体系总能量 H 随 T 的变化率。在封闭体系定压无非体积功下，数值上等于温度改变一度时，体系与环境间变换的热

$$\mathrm{d}H = \delta Q_p$$

$$C_p \equiv \left(\frac{\partial H}{\partial T}\right)_p = \frac{\delta Q_p}{\mathrm{d}T}$$

$$C_p = \frac{\delta Q_p}{\mathrm{d}T}$$

作为导出公式，与定压摩尔热容 $C_{p,\mathrm{m}}$ 的关系为 $C_p = nC_{p,\mathrm{m}}$。同法，我们还可定义定容热容

$$C_V \equiv \left(\frac{\partial U}{\partial T}\right)_V$$

与定容摩尔热容 $C_{V,\mathrm{m}}$ 的关系为 $C_V = nC_{V,\mathrm{m}}$。由于 U 包括平动、转动、振动、电子和核的能量，$C_V = C_{V,\mathrm{t}} + C_{V,\mathrm{r}} + C_{V,\mathrm{v}} + C_{V,\mathrm{e}} + C_{V,\mathrm{n}}$。由于电子和核能级间距较大，在常温状态下都处于基态，难以引起跃迁，对 C_V 无贡献。对于单原子分子来说，只有平动，$C_{V,\mathrm{m}} = \frac{3}{2}R$。而双原子分子（平动＋转动）的 $C_{V,\mathrm{m}} = \frac{5}{2}R$。

需注意现在几乎所有物理化学书都是用过程量定义状态函数 $C_p \equiv \frac{\partial Q_p}{\mathrm{d}T}$，这容易引起前后矛盾，因 $\frac{\partial Q_p}{\mathrm{d}T} = \left(\frac{\partial H}{\partial T}\right)_p$ 与 $\partial Q_p = \mathrm{d}H$ 本质上一样，左边是过程量，右边是状态函数改变量。若采用偏导数 $C_p \equiv \left(\frac{\partial H}{\partial T}\right)_p$ 直接定义即可避免这种矛盾。

2. C_p 与 C_V 有一定关系

据定义

$$C_p - C_V = \left(\frac{\partial H}{\partial T}\right)_p - \left(\frac{\partial U}{\partial T}\right)_V = \left[\frac{\partial\,(U + pV)}{\partial T}\right]_p - \left(\frac{\partial U}{\partial T}\right)_V = \left(\frac{\partial U}{\partial T}\right)_p + p\left(\frac{\partial V}{\partial T}\right)_p - \left(\frac{\partial U}{\partial T}\right)_V$$

由于$U=f(T\cdot V)$，则

$$dU=\left(\frac{\partial U}{\partial T}\right)_V dT+\left(\frac{\partial U}{\partial V}\right)_T dV$$

定压下，两边同除以 dT，得

$$\left(\frac{\partial U}{\partial T}\right)_p=\left(\frac{\partial U}{\partial T}\right)_V+\left(\frac{\partial U}{\partial V}\right)_T\left(\frac{\partial V}{\partial T}\right)_p$$

即

$$\left(\frac{\partial U}{\partial T}\right)_p-\left(\frac{\partial U}{\partial T}\right)_V=\left(\frac{\partial U}{\partial V}\right)_T\left(\frac{\partial V}{\partial T}\right)_p$$

则

$$C_p-C_V=p\left(\frac{\partial V}{\partial T}\right)_p+\left(\frac{\partial U}{\partial V}\right)_T\left(\frac{\partial V}{\partial T}\right)_p$$

即

$$C_p-C_V=\left[\left(\frac{\partial U}{\partial V}\right)_T+p\right]\left(\frac{\partial V}{\partial T}\right)_p$$

对理想气体

$$\left(\frac{\partial U}{\partial V}\right)_T=0$$

$$V=\frac{nRT}{p}$$

$$\left(\frac{\partial V}{\partial T}\right)_p=\frac{nR}{p}$$

$$C_p-C_V=(0+p)\frac{nR}{p}=nR$$

即

$$C_p-C_V=nR$$

或

$$nC_{p,\mathrm{m}}-nC_{V,\mathrm{m}}=nR$$

即

$$C_{p,\mathrm{m}}-C_{V,\mathrm{m}}=R$$

3. C_p与 T 的关系

由于$C_p=nC_{p,\mathrm{m}}$，加之定压比恒容易实现，通常给出的多是$C_{p,\mathrm{m}}$与 T 的关系。具体形式主要有

$$C_{p,\mathrm{m}}=a+bT+cT^2$$

和

$$C_{p,\mathrm{m}}=a+bT+\frac{c'}{T^2}$$

单位是$\mathrm{J\cdot k^{-1}\cdot mol^{-1}}$。$a,b,c,c'$是经验常数，随物质、状态和温度范围而变，可查本书附录或相关手册确定。为减少误差，实际使用中应尽可能使用同一来源的实验测定值。

1.5.1.2 Q_p计算通式

封闭体系定压下的简单状态变化，由$C_p\equiv\left(\frac{\partial H}{\partial T}\right)_p$，得

$$\Delta H = \int_{T_1}^{T_2} C_p \mathrm{d}T = \int_{T_1}^{T_2} n C_{p,\mathrm{m}} \mathrm{d}T$$

若又无非体积功能，$Q_p = \Delta H$

$$Q_p = \Delta H = \int_{T_1}^{T_2} n C_{p,\mathrm{m}} \mathrm{d}T \tag{1-5}$$

条件：封闭体系、定压、无非体积功、简单状态变化。

同理：封闭体系定容无非体积功下的简单状态变化的

$$Q_V = \Delta U = \int_{T_1}^{T_2} C_V \mathrm{d}T = \int_{T_1}^{T_2} n C_{V,\mathrm{m}} \mathrm{d}T$$

【例1-8】　2 mol O_2 在 101.325 kPa 下定压加热，从 300 K 升温至 1 000 K，求所吸收的热及 ΔU，ΔH 和 W。

解　这是一个封闭体系内发生的定压无非体积功简单状态变化

$$\begin{aligned} Q = Q_p = \Delta H &= \int_{T_1}^{T_2} n C_{p,\mathrm{m}} \mathrm{d}T \\ &= 2\int_{300}^{1\,000} \left(31.5 + 3.39 \times 10^{-3} T - 3.77 \times 10^{5} \frac{1}{T^2}\right) \mathrm{d}T \\ &= 454\ (\mathrm{kJ}) \end{aligned}$$

$$W = W_e = -\int_{V_1}^{V_2} p_e \mathrm{d}V = -p_e (V_2 - V_1)$$

即

$$W = -p\left(\frac{nRT_2}{p_2} - \frac{nRT_1}{p_1}\right)$$

$$p_1 = p_2 = p_e = p$$

$$W = -nR(T_2 - T_1) = -2 \times 8.314(1\,000 - 300) = -11.64\ (\mathrm{kJ})$$

$$\Delta U = Q + W = 45.4 - 11.64 \approx 33.8\ (\mathrm{kJ})$$

【例1-9】　如图 1-9 所示，将标准状况下体积流量 2 000 $\mathrm{dm^3 \cdot min^{-1}}$、摩尔分数为 0.10 的甲烷空气流，从 20 ℃加热到 300 ℃。求加热功率应为多少千瓦？已知 $C_{p,\mathrm{CH_4},\mathrm{m}} = (19.88 + 5.02 \times 10^{-2} T + 1.27 \times 10^{-5} T^2 - 9.98 \times 10^{-9} T^3)(\mathrm{J \cdot mol^{-1} \cdot K^{-1}})$，293～298 K 的 $C_{p,\mathrm{air},\mathrm{m}} = 29.05\ \mathrm{J \cdot mol^{-1} \cdot K^{-1}}$，298～573 K 的 $C_{p,\mathrm{air},\mathrm{m}} = 29.71\ \mathrm{J \cdot mol^{-1} \cdot K^{-1}}$。

解

图 1-9

每分钟总物质的量

$$n = \frac{2\,000}{22.4} = 89.3\ (\mathrm{mol})$$

则

$$n_{\mathrm{CH_4}} = 0.1 \times 89.3 = 8.93\ (\mathrm{mol})$$

$$n_{\mathrm{air}} = 0.9 \times 89.3 = 80.4\ (\mathrm{mol})$$

$$Q_p = \Delta H = \int_{293}^{573} (n_{CH_4} C_{p,CH_4,m} dT + n_{air} C_{p,air} dT)$$
$$= \int_{293}^{573} 8.93(19.88 + 5.02 \times 10^{-2} T + 1.27 \times 10^{-5} T^2 - 9.98 \times 10^{-9} T^3) dT$$
$$+ \int_{293}^{298} 80.4 \times 29.05 dT + \int_{298}^{573} 80.4 \times 29.71 dT$$
$$= 107\,963.7 + 11\,678 + 656\,667 = 776\,308.7 \ (\mathrm{J \cdot min^{-1}})$$

则

$$\frac{776\,308.7}{60 \times 1\,000} = 12.94 \ (\mathrm{kW})$$

【例 1-10】 如图 1-10 所示,某厂有一条输送 90 ℃热水的管道,由于保温不良,热水输送到使用单位时,水温降为 70 ℃,试计算水降温过程的热损失(大气温度为 298 K)。

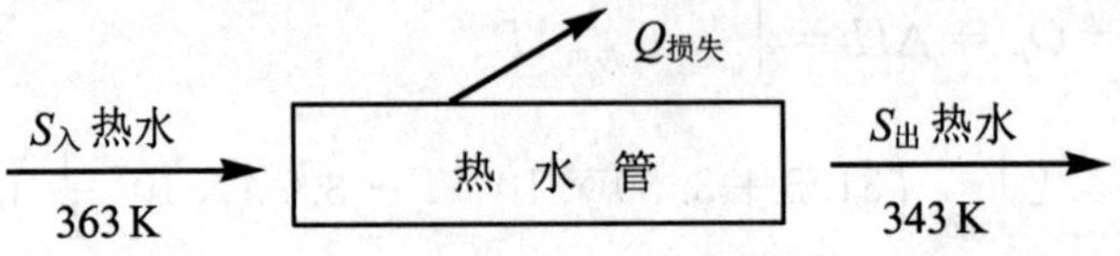

图 1-10

解 以 1 kg 水为计算基准(按封闭系统考察),热损失为

$$Q_{损失} = \Delta H_{热水} = \int_{T_1}^{T_2} C_p dT = C_p(T_2 - T_1)$$
$$= 4.18 \times (343 - 363) = -83.63 \ (\mathrm{kJ \cdot kg^{-1}})$$

1.5.2 相变热的计算

封闭体系定压无非体积功条件下,相变化时体系与环境间交换的热

$$Q_p = \Delta_\alpha^\beta H$$

【例 1-11】 如图 1-11 所示,求 1 mol $H_2O_{(l)}$ 在 263 K,101.325 kPa 下凝固时所放出的热。已知水 $H_2O_{(l)}$ 在 101.325 kPa,273 K 下的凝固热为 $-6\,020 \ \mathrm{J \cdot mol^{-1}}$,$H_2O_{(l)}$ 和 $H_2O_{(s)}$ 的 $C_{p,m}$ 分别是 $75.3 \ \mathrm{J \cdot K^{-1} \cdot mol^{-1}}$ 和 $37.6 \ \mathrm{J \cdot K^{-1} \cdot mol^{-1}}$。

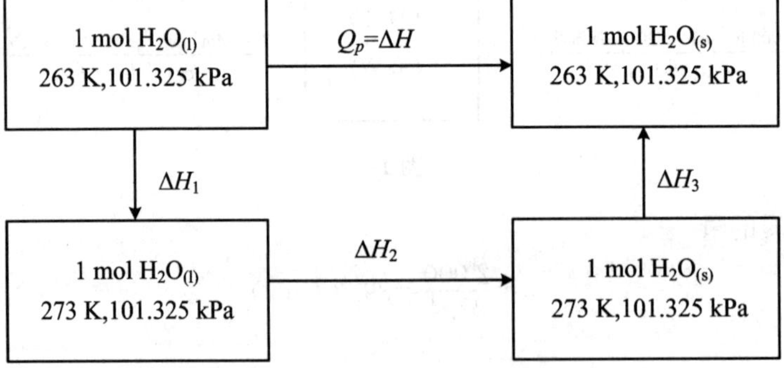

图 1-11

解　$Q_p=\Delta H=\Delta H_1+\Delta H_2+\Delta H_3$

$$=n\,C_{p,\mathrm{m},\mathrm{H_2O_{(l)}}}(273-263)+1\times(-6\,020)+n\,C_{p,\mathrm{m},\mathrm{H_2O_{(s)}}}(263-273)$$

$$=1\times75.3(273-263)+1\times(-6\,020)+1\times37.6(263-273)$$

$$=-5\,643\ (\mathrm{J})$$

【例 1-12】　如图 1-12 所示，设某单位锅炉在一定大气压下，每小时能把 400 kg，298 K 水变成 413 K 水蒸气（用以加热浴室冷水）。问：每小时需提供多少热量？为了提供这些热量需多少煤（计算时假定锅炉不散热，煤的燃烧为 3 933 $\mathrm{kJ\cdot mol^{-1}}$）？已知 373 K，101. 325 kPa 下水的汽化热为 40. 63 $\mathrm{kJ\cdot mol^{-1}}$，$C_{p,\mathrm{m},\mathrm{H_2O_{(l)}}}=75.3\ \mathrm{J\cdot K^{-1}\cdot mol^{-1}}$，$C_{p,\mathrm{m},\mathrm{H_2O_{(g)}}}=(30.1+11.3\times10^{-3}\ T)\ \mathrm{J\cdot K^{-1}\cdot mol^{-1}}$。

解　$Q_p=\Delta H=\Delta H_1+\Delta H_2+\Delta H_3$

$$=\int_{298}^{373}n\,C_{p,\mathrm{m},\mathrm{H_2O_{(l)}}}\mathrm{d}T+\Delta H_\mathrm{m}+\int_{373}^{413}n\,C_{p,\mathrm{m},\mathrm{H_2O_{(s)}}}\mathrm{d}T$$

$$=\frac{4\times10^5}{18}\left[75.3(373-298)+40\,630+\int_{373}^{413}(30.1+11.3\times10^{-3}T)\mathrm{d}T\right]$$

$$=\frac{4\times10^5}{18}(5\,647.5+40\,630+177.636)$$

$$=\frac{4\times10^5}{18}\times46\,454.86=1\,032\,330\ (\mathrm{kJ})$$

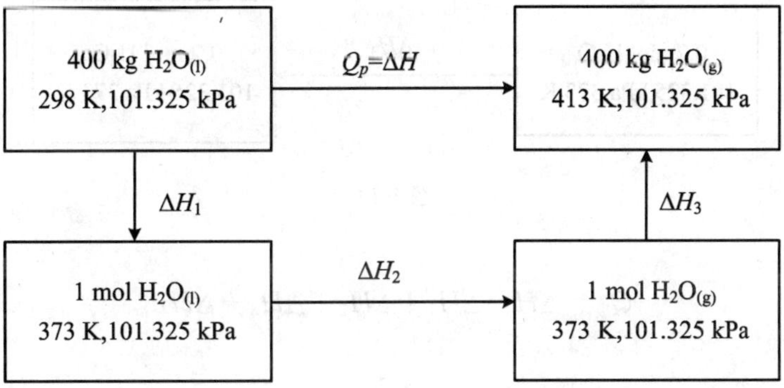

图 1-12

每小时耗煤：

$$\frac{1\,032\,330}{393.3}\times12\times10^{-3}=31.5\ (\mathrm{kg})$$

【例 1-13】　如图 1-13 所示，甲醇蒸气离开合成设备时的温度为 450 ℃，经废热锅炉冷却，废热锅炉产生 0. 45 MPa 饱和蒸汽。已知进水温度为 20 ℃、压力为 0. 45 MPa，进料水与甲醇的物质的量比为 0. 2。假设锅炉是绝热操作，求甲醇的出口温度。已知 300～450 ℃ 的 $C_{p,\mathrm{CH_3OH_{(g)}},\mathrm{m}}=(19.05+9.15\times10^{-2}\ T)\ \mathrm{J\cdot mol^{-1}\cdot K^{-1}}$。373 K，101. 325 kPa 下水的汽化热为 40. 63 $\mathrm{kJ\cdot mol^{-1}}$，$C_{p,\mathrm{m},\mathrm{H_2O_{(l)}}}=75.3\ \mathrm{J\cdot K^{-1}\cdot mol^{-1}}$，$C_{p,\mathrm{m},\mathrm{H_2O_{(g)}}}=30.1+11.3\times10^{-3}T$。

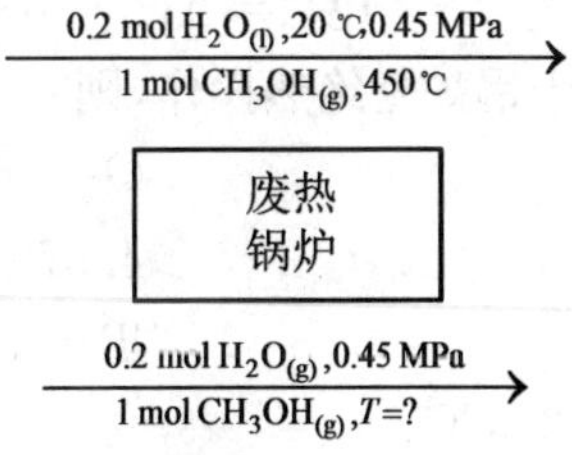

图 1-13

解　过程如图 1-14 所示，对 1 mol $\mathrm{CH_3OH_{(g)}}$：

$$Q_{放}=\Delta H=\int_{723}^{T}n_{\mathrm{CH_3OH_{(g)}}}C_{p,\mathrm{CH_3OH_{(g)}},\mathrm{m}}\mathrm{d}T$$

$$= \int_{723}^{T} (19.05 + 9.15 \times 10^{-2} T) \mathrm{d}T$$

$$= 19.05(T - 723) + \frac{1}{2} \times 9.15 \times 10^{-2} (T^2 - 723^2)$$

$$= 4.575 \times 10^{-2} T^2 + 19.05 T - 37\,688 \text{ (J)}$$

先求 0.45 MPa 饱和蒸汽的温度：

$$\ln\left(\frac{0.45 \times 10^6}{101\,325}\right) = \frac{40\,630}{8.314} \times \left(\frac{T - 373}{373T}\right)$$

$$T = 421 \text{ K}$$

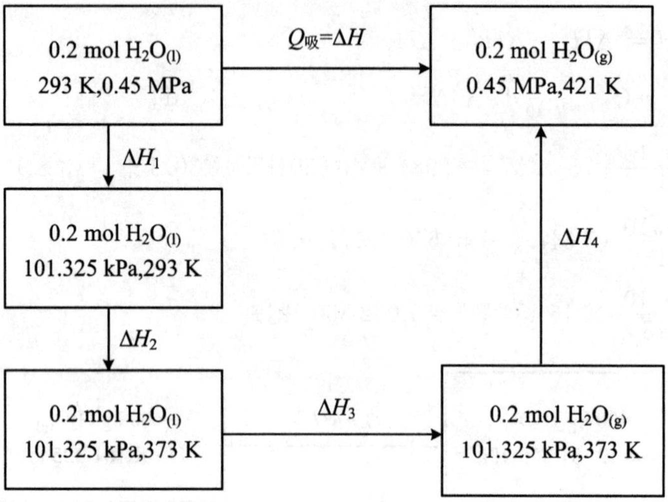

图 1-14

对 0.2 mol $H_2O_{(l)}$：

$$Q_{吸} = \Delta H = \Delta H_1 + \Delta H_2 + \Delta H_3 + \Delta H_4$$

而

$$\Delta H_1 \approx 0$$

$$\Delta H_2 = \int_{293}^{373} n_{H_2O_{(l)}} C_{p,H_2O_{(l)},m} \mathrm{d}T = 0.2 \times 75.3(373 - 293) = 1\,204.8 \text{ (J)}$$

$$\Delta H_3 = n_{H_2O} \Delta_{H_2O_{(l)}}^{H_2O_{(g)}} H_m = 0.2 \times 40\,630 = 8\,126 \text{ (J)}$$

$$\Delta H_4 = \int_{373}^{421} n_{H_2O_{(g)}} C_{p,H_2O_{(g)},m} \mathrm{d}T = 0.2 \int_{373}^{421} (30.1 + 11.3 \times 10^{-3} T) \mathrm{d}T$$

$$= 2\,932.7 \text{ (J)}$$

$$Q_{吸} = \Delta H = 0 + 1\,204.8 + 8\,126 + 2\,932.7 = 12\,263.5 \text{ (J)}$$

由于锅炉是绝热操作，则

$$Q_{放} + Q_{吸} = 0$$

$$4.575 \times 10^{-2} T^2 + 19.05 T - 37\,688 + 12\,263.5 = 0$$

$$T = 566 \text{ K}$$

即 293 ℃。

【例 1-14】 为回收窑尾废气余热，节能减排，现代干法水泥生产多采用四级旋风预热工艺。图 1-15 所示为 0.5 kg，40 ℃生料喂入预热器，其与 1 000 ℃的 1 kg 窑尾废气进行热交换，生料与气体的热容之比为0.95(干物料1.058 kJ·kg^{-1}·K^{-1})，出预热器生料温度为T_m，气体温度为T_g，求生料与气体之间进行最大限度热交换后所能达到的温度。

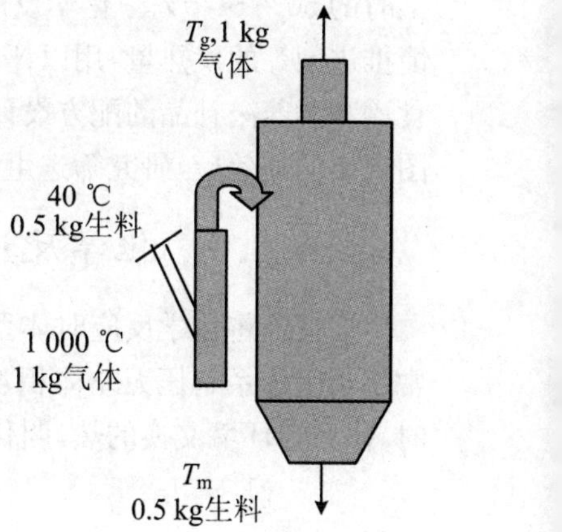

图 1-15

解　最大限度热交换后达极限温度时

$$T_m = T_g = T$$

$$(T - 313) \times 0.5 \times 0.95 = (1\,273 - T) \times 1$$

$$T = 963\ \text{K}$$

即690 ℃。

【例1-15】　某化工厂有高温工艺气体需要进行降温，由1 000 ℃降到380 ℃。高温气体(NH_3)的流量为5 160 m^3·t^{-1}(标准状况)，今用废热锅炉机组回收余热，流程如图1-16所示。已知通过蒸汽透平回收到的实际功为283 kW·h·t^{-1}(NH_3)。忽略工艺气体降温过程压力的变化，工艺气体的定压热容为36 J·mol^{-1}·K^{-1}，废热锅炉的热损失忽略不计。求废热锅炉机回收的热量(1 W·h=3 600 J)。

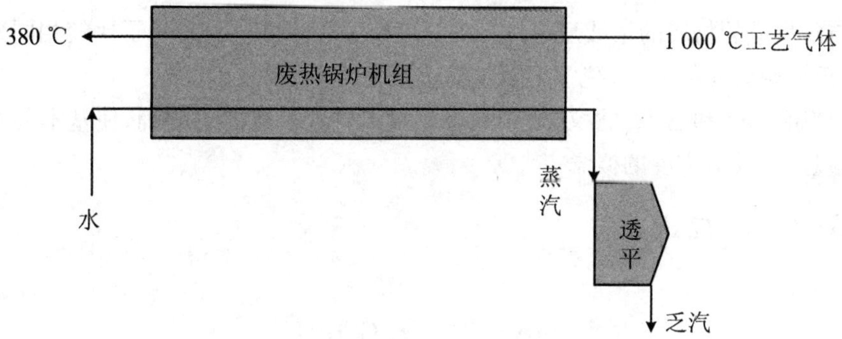

图 1-16

解　每吨氨工艺气体物质的量为

$$n = \frac{5\,160}{22.4} = 230.4\ (\text{kmol})$$

压力变化不考虑

$$\Delta H = n C_{p,\text{m}} \Delta T = 230.4 \times 36 \times (653 - 1\,273)$$
$$= -5.14 \times 10^6 (\text{kJ}) = -1\,428\ (\text{kW}\cdot\text{h})$$

由于通过蒸汽透平回收到的实际功为283 kW·h，废热锅炉机组的热损失忽略不计，因此工艺气体降温过程中锅炉回收的热量是

$$1\,428 - 283 = 1\,145\ (\text{kW}\cdot\text{h})$$

即1 146×3 600=4 125.6 (kJ)。

1.5.3　化学反应热效应的求算——热化学

化学反应热效应的求算对实际工作意义重大：计算S，G等重要热力函数改变量$\Delta_r S$，$\Delta_r G$，对选择工艺流程和机械设备、确定生产操作指标、估算产物转化率等实际生产来说必不可少的。有资料表明，在化工工艺设计中，查找、挑选和推算物性数据的工时约占30%，流程模拟计算占工时的50%～70%。化学反应热效应的求算可用来计算石油、天然气、燃料油、液化石油气、火箭推进剂等的发热量，用以评价燃料优劣；可用来计算食品、营养学中营养成分的发热量，指导食谱和营养滋补品的配方设计；可由布入生物活动小空间的热电偶所示功率随时间变化的热谱图求出的热效应，研究筛选生物的活性和抗癌新药物。

1.5.3.1 化学反应热的定义

广义上将化学反应时体系与环境交换的热都称为反应热。不过为便于比较，在物理化学中常将封闭体系定压无非体积功条件下进行的化学反应，在反应终态温度和反应始态温度相同时，体系与环境交换的热，叫化学反应热效应。对

$$aA+dD \longrightarrow gG+hH$$

意指

$$\underset{(n_{A_{(0)}}+n_{D_{(0)}}+n_{G_{(0)}}+n_{H_{(0)}})}{\text{反应始态}} \xrightarrow{\text{定压无非体积功}} \underset{(n_A+n_D+n_G+n_H)}{\text{反应终态}}$$

$$Q_p=\Delta_r H=H_2-H_1$$

由于 $\Delta_r H$ 与已反应的物质的量或反应进行的程度有关，实际应用上，为了比较相同条件下不同反应的化学反应热效应的大小，统一用摩尔反应焓变 $\Delta_r H_m$ 来表示。

为确切理解 $\Delta_r H$ 和 $\Delta_r H_m$ 含义，现引入可将基本概念表述的更明确，使基本公式推证更规范化的物理量——反应进度的概念。

1.5.3.2 反应进度

对化学反应

$$aA+dD \longrightarrow gG+qH$$

比利时热力学家德·唐德(De Donder)在20世纪初定义

$$\xi=\frac{n_{B_{(\xi)}}-n_{B_{(0)}}}{\nu_B} \tag{1-6}$$

式中，$n_{B_{(\xi)}}$ 为反应进行到 ξ 时体系中B的物质的量；$n_{B(0)}$ 为 反应未进行时体系中B的物质的量；ν_B 为物质B前的计量系数，无量纲，对反应物取负值，对产物取正值，即

$$\nu_A=-a, \nu_D=-d, \nu_G=g, \nu_H=h$$

说明：ξ 单位是摩尔，值与B的选择无关，即

$$\xi=\frac{n_{A_{(\xi)}}-n_{A_{(0)}}}{-a}=\frac{n_{D_{(\xi)}}-n_{D_{(0)}}}{-d}=\frac{n_{G_{(\xi)}}-n_{G_{(0)}}}{g}$$

$$=\frac{n_{A_{(\xi)}}-n_{A_{(0)}}}{h}$$

若将1 mol N_2 与2 mol H_2 混合气通过合成塔，经多次循环后有0.5 mol NH_3 生成时，其 ξ 为

$$N_{2(g)}+3H_{2(g)}=\!=\!=2NH_{3(g)}$$

$t=0$，$n_{N_{2(0)}}=1\ \text{mol}$，$n_{H_{2(0)}}=2\ \text{mol}$，$n_{HN_{3(0)}}=0$；

$t=t$，$n_{N_{2(\xi)}}=0.75\ \text{mol}$，$n_{H_{2(\xi)}}=1.25\ \text{mol}$，$n_{NH_{3(\xi)}}=0.5\ \text{mol}$。

NH_3：

$$\xi=\frac{n_{NH_3(\xi)}-n_{NH_3(0)}}{\nu_{NH_3}}=\frac{0.5-0}{2}=0.25\ (\text{mol})$$

H_2：

$$\xi=\frac{n_{H_2(\xi)}-n_{H_2(0)}}{\nu_{H_2}}=\frac{1.25-2}{(-3)}=0.25\ (\text{mol})$$

N_2：

$$\xi=\frac{n_{N_2(\xi)}-n_{N_2(0)}}{\nu_{N_2}}=\frac{0.75-1}{(-1)}=0.25\ (\text{mol})$$

$$\Delta_r H=H_{(\xi_2)}-H_{(\xi_1)}$$

$\Delta_r H_m$ 为 $\xi=1$ mol，按化学反应方程式进行一个单位反应的 $\Delta_r H$。对

$$aA+dD\longrightarrow gG+qH$$

就是定温、定压下反应始态中有 a mol A 和 d mol D 完全反应，反应终态中有 g mol G 和 h mol H 生成了。二者关系为

$$\xi : \Delta_r H = 1 : \Delta_r H_m$$

$$\Delta_r H_m = \frac{\Delta_r H}{\xi}$$

不管体系反应进度是多少，$\Delta_r H_m$ 均表示了单位反应的定压反应热的大小。在定温、定压和反应方程式书写形式确定后即为一定值。

对理想气体、理想溶液和各相均是纯物质的复相反应

$$\Delta_r H = \sum_B \nu_B H_{B,m} \qquad (H_{B,m}\ \text{为摩尔焓值})$$

对分子间有作用力的化学反应，一般书写为

$$\Delta_r H_m = \sum_B \nu_B \overline{H}_B$$

$\overline{H}_B$ 为偏摩尔焓值，与分子间作用力大小有关，是 1 mol B 在混合体系中所表现出的焓值（待热力学第二定律介绍）。

1.5.3.3　化学反应热的实验测定

由氧弹卡计测出的是 Q_V，那么如何由 Q_V 求 $\Delta_r H_m$ 呢？这是要在这里深入讨论的。由 $\Delta_r H$ 可求 $\Delta_r H_m\left(=\dfrac{\Delta_r H}{\xi}\right)$，而封闭体系定压无非体积功下 $\Delta_r H$ 数值上等于 Q_p。因此，若能找出 Q_p 与 Q_V 的关系，问题也就解决了（图 1-17）。为此，设

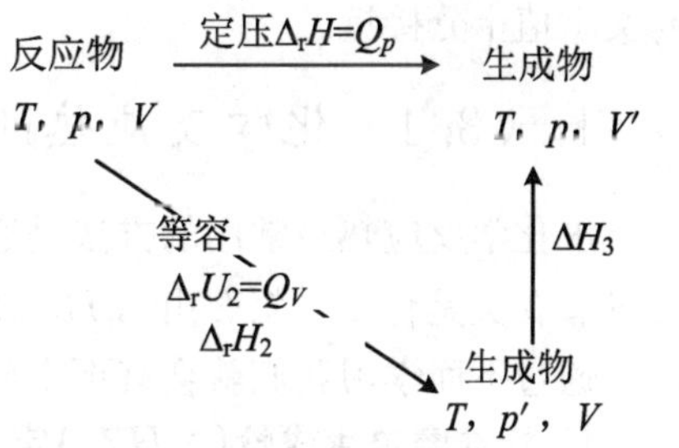

图 1-17

$$\begin{aligned}\Delta_r H &= \Delta_r H_2 + \Delta H_3\\ &= \Delta_r U_2 + \Delta(pV)_2 + \Delta U_3 + \Delta(pV)_3\\ &= Q_V + (p'V - pV) + (pV' - p'V) + \Delta U_3\\ &= Q_V + (pV' - pV) + \Delta U_3\end{aligned}$$

即 $Q_p=Q_V+p(V'-V)+\Delta U_3$。

1. 理想气体反应

理想气体生成物 $(T,p',V)\rightarrow$ 理想气体生成物 (T,p,V')，由于理想气体 $U=f(T)$，则

$$\Delta U_3 = 0$$
$$p(V'-V) = \Delta n_{(g)}RT$$
$$Q_p = Q_V + \Delta n_{(g)}RT$$
$$\Delta_r H_m = \frac{\Delta_r H}{\xi} = \frac{Q_p}{\xi} = \frac{Q_V + \Delta n_{(g)}RT}{\xi}$$

2. 凝聚相反应

液、固的 $p(V'-V)\approx 0$，$\Delta U_3 \ll Q_V$，$Q_p \approx Q_V$，有

$$\Delta_r H_m = \frac{\Delta_r H}{\xi} = \frac{Q_p}{\xi} = \frac{Q_V}{\xi}$$

3. 有理想气体参加的复相反应

$$\Delta U_3 = \Delta U_{3,\text{理气}} + \Delta U_{3,\text{凝}} = 0 + \Delta U_{3,\text{凝}} \ll Q_V$$
$$p(V'-V) = p(V'-V)_{\text{理气}} + p(V'-V)_{\text{凝}} \approx \Delta n_{(g)}RT$$

则

$$Q_p \approx Q_V + \Delta n_{(g)}RT$$
$$\Delta_r H_m = \frac{\Delta_r H}{\xi} = \frac{Q_p}{\xi} = \frac{Q_V + \Delta n_{(g)}RT}{\xi} \tag{1-7}$$

【例 1-16】 将 0.500 0 g 正庚烷置于弹式量热计中，充入氧气使其完全燃烧后，测得 $Q_V = -24.034$ kJ。反应温度为 298 K，求正庚烷反应的 $\Delta_r H_m$。

解 $C_7H_{16\,(l)} + 11O_{2\,(g)} = 7CO_{2\,(g)} + 8H_2O_{(l)}$

$\frac{0.5}{100}$ mol $\quad \frac{11\times 0.5}{100}$ mol $\quad \frac{7\times 0.5}{100}$ mol

$$\Delta_r H = Q_p \approx Q_V + \Delta n_{(g)}RT$$
$$= -24\,034 + \left(\frac{7\times 0.5}{100} - \frac{11\times 0.5}{100}\right)\times 8.314\times 298$$
$$= -24.086\ (\text{kJ})$$
$$\xi = \frac{n_{C_7H_{16}(l)(\xi)} - n_{C_7H_{16}(l)(0)}}{\nu_{C_7H_{16}(l)}} = \frac{0-0.005}{-1} = 5\times 10^{-3}\ (\text{mol})$$
$$\Delta_r H_m = \frac{\Delta_r H}{\xi} = -\frac{24.086}{5\times 10^{-3}} = -4\,817.2\ (\text{kJ}\cdot\text{mol}^{-1})$$

与文献值十分接近。

1.5.3.4 化学反应热的计算

求化学反应热最常用的方法是通过 $\Delta_f H^{\ominus}_{B,m}$（或 $\Delta_c H^{\ominus}_{B,m}$）等热化学数据计算。那么各物质的 $\Delta_f H^{\ominus}_{B,m}$ 含义是什么？怎么由 $\Delta_f H^{\ominus}_{B,m}$ 来求 $\Delta_r H_m$？

通过下面学习我们就会有更本质和更深入的认识。

1. 标准摩尔生成焓（$\Delta_f H^{\ominus}_{B,m}$）定义与求法

f 为 formation，m 为 molar，$\ominus$ 为 standard 的意思，是标准态的符号，物质形态不同，标准态“$\ominus$”含义不同，当物质 B 是气体时，“$\ominus$”指任意温度下，压力为 $p^{\ominus}$ 下的纯理想气体；B 是液、固体时，“$\ominus$”指任意温度下，所受压力为 $p^{\ominus}$ 的纯液体或纯固体。当物质处在溶液态时的标准态的含义将在热力学第二定律中介绍。

为了理解 $\Delta_f H^{\ominus}_{B,m}$，需确切理解 $\Delta_r H^{\ominus}_m$，由前可知，$\Delta_r H_m$ 是指

$$\begin{matrix} aA & + & dD & \xrightarrow{T,p} & gG & + & hH \\ (a\ \text{mol A}) & & (d\ \text{mol D}) & & (g\ \text{mol G}) & & (h\ \text{mol H}) \end{matrix}$$

$$\Delta_r H_m = \sum_B \nu_B \bar{H}_B \left(\text{对理气、理液，各物质均处纯态时}\ \Delta_r H_m = \sum_B \nu_B H_{B,m}\right)$$

$\bar{H}_B$为1 mol物质B在T,p多组分体系中(特殊情况，反应始态只有a mol A和d mol D，反应终态只有g mol G和h mol H)所表现出的焓值，与T,p和分子间作用力有关。当参加反应的物质B均处在各自标准时，其焓值称为标准摩尔焓值，用$H^{\ominus}_{B,m}$表示，仅与T有关。

那么，当参加化学反应的各物质均处在各自标准态而进行了一个单位反应($\xi=1$ mol)时，即

$$\begin{matrix} aA & + & dD & = & gG & + & hH \\ (a\ \text{mol A}) & & (d\ \text{mol D}) & & (g\ \text{mol G}) & & (h\ \text{mol H}) \\ (\text{标态},T,p^{\ominus}) & & (\text{标态},T,p^{\ominus}) & & (\text{标态},T,p^{\ominus}) & & (\text{标态},T,p^{\ominus}) \end{matrix}$$

的$\Delta_r H_m$，称为该反应的标准摩尔反应焓变，用$\Delta_r H^{\ominus}_m$表示：

$$\Delta_r H^{\ominus}_m = \sum_B \nu_B H^{\ominus}_{B,m}$$

当各自处于标准态的所有反应物均是稳定态纯单质、生成处于标准态的产物仅有一种物质且物质的量为1 mol时，则该反应的$\Delta_r H^{\ominus}_m$，就定义为该物质的标准摩尔生成焓$\Delta_f H^{\ominus}_{B,m}$，如

$$\begin{matrix} C_{(\text{石墨})} & + & O_{2(g)} & = & CO_{2(g)} \\ (1\ \text{mol}) & & (1\ \text{mol}) & & (1\ \text{mol}) \\ (\text{标态},T,p^{\ominus}) & & (\text{标态},T,p^{\ominus}) & & (\text{标态},T,p^{\ominus}) \end{matrix}$$

的标准摩尔焓变是$-393.5\ \text{kJ}\cdot\text{mol}^{-1}$，由定义，该值就是$CO_{2(g)}$的$\Delta_f H^{\ominus}_{B,m}$，即

$$\Delta_f H^{\ominus}_{CO_{2(g)},m} = -393.5\ \text{kJ}^{-1}\cdot\text{mol}$$

由上述知，常见物质的$\Delta_f H^{\ominus}_{B,m}$是由实验测定，然后通过标准化处理、结合定义求出的，即

$$Q_V \longrightarrow Q_p \longrightarrow \Delta_r H \longrightarrow \Delta_r H_m \longrightarrow \Delta_r H^{\ominus}_m \longrightarrow \Delta_f H^{\ominus}_{B,m}(\text{列表备查})$$

2. 由$\Delta_f H^{\ominus}_{B,m}$求化学反应公式的推证

此处采用稳定态单质在反应物和生成物中可能出现的四种特殊情况来推求由$\Delta_f H^{\ominus}_{B,m}$计算$\Delta_r H^{\ominus}_m$的一般性结论——古典归纳推理法。

(1) 稳定态单质出现在反应物中的化学反应

$$CO_{(g)} + \frac{1}{2}O_{2(g)} = CO_{2(g)}$$

$$\Delta_r H^{\ominus}_m - \sum_B \nu_B H^{\ominus}_{B,m} = H^{\ominus}_{CO_{2(g)},m} - H^{\ominus}_{CO_{(g)},m} - \frac{1}{2}H^{\ominus}_{O_{2(g)},m}$$

$H^{\ominus}_{B,m}$绝对值无法确知，寻求其与$\Delta_f H^{\ominus}_{B,m}$的关系，对CO

$$C_{(\text{石墨})} + \frac{1}{2}O_2 \longrightarrow CO$$

由定义

$$\Delta_f H^{\ominus}_{CO_{(g)},m} = H^{\ominus}_{CO_{(g)},m} - H^{\ominus}_{C_{(\text{石墨})},m} - \frac{1}{2}H^{\ominus}_{O_{2(g)},m}$$

$$H^{\ominus}_{CO_{(g)},m} = \Delta_f H^{\ominus}_{CO_{(g)},m} + H^{\ominus}_{C_{(\text{石墨})},m} + \frac{1}{2}H^{\ominus}_{O_{2(g)},m}$$

对CO_2

$$C_{(\text{石墨})} + O_2 = CO_2$$

$$\Delta_f H^{\ominus}_{CO_{2(g)},m} = H^{\ominus}_{CO_{2(g)},m} - H^{\ominus}_{C_{(石墨)},m} - H^{\ominus}_{O_{2(g)},m}$$

则

$$H^{\ominus}_{CO_{2(g)},m} = \Delta_f H^{\ominus}_{CO_{2(g)},m} + H^{\ominus}_{C_{(石墨)},m} + H^{\ominus}_{O_{2(g)},m}$$

代入得

$$\Delta_r H^{\ominus}_m = (\Delta_r H^{\ominus}_{CO_{2(g)},m} + H^{\ominus}_{C_{(石墨)},m} + H^{\ominus}_{O_{2(g)},m})$$
$$-\left(\Delta_r H^{\ominus}_{CO_{(g)},m} + H^{\ominus}_{C_{(石墨)},m} + \frac{1}{2} H^{\ominus}_{O_{2(g)},m}\right) - \frac{1}{2} H^{\ominus}_{O_{2(g)},m}$$
$$\Delta_r H^{\ominus}_m = \Delta_f H^{\ominus}_{CO_{2(g)},m} - \Delta_f H^{\ominus}_{CO_{(g)},m}$$

(2) 稳定态单质出现在生成物中的化学反应

对

$$Fe_3O_{4(s)} + 4CO_{(g)} = 3Fe_{(s)} + 4CO_{2(g)}$$

同法

$$\Delta_r H^{\ominus}_m = \sum_B \nu_B H^{\ominus}_{B,m} = 3H^{\ominus}_{Fe_{(s)},m} + 4H^{\ominus}_{CO_{2(g)},m} - H^{\ominus}_{Fe_3O_{4(s)},m} - 4H^{\ominus}_{CO_{(g)},m}$$
$$= 3H^{\ominus}_{Fe_{(s)},m} + 4(\Delta_f H^{\ominus}_{CO_{2(g)},m} + H^{\ominus}_{C_{(石墨)},m} + H^{\ominus}_{O_{2(g)},m}) - (\Delta_f H^{\ominus}_{Fe_3O_{4(s)},m} + 3H^{\ominus}_{Fe_{(s)},m} + 2H^{\ominus}_{O_{2(g)},m})$$
$$-4\left(\Delta_f H^{\ominus}_{CO_{(s)},m} + H^{\ominus}_{C_{(石墨)},m} + \frac{1}{2} H^{\ominus}_{O_{2(g)},m}\right)$$

即

$$\Delta_r H^{\ominus}_m = 4\Delta_f H^{\ominus}_{CO_{2(g)},m} - \Delta_f H^{\ominus}_{Fe_3O_{4(s)},m} - 4\Delta_f H^{\ominus}_{CO_{(g)},m}$$

(3) 稳定态单质在反应物和生成物中均出现的化学反应

对

$$CuO_{(s)} + H_{2(g)} = Cu_{(s)} + H_2O_{(l)}$$
$$\Delta_r H^{\ominus}_m = \sum_B \nu_B H^{\ominus}_{B,m}$$
$$= H^{\ominus}_{Cu_{(s)},m} + H^{\ominus}_{H_2O_{(l)},m} - H^{\ominus}_{CuO_{(s)},m} - H^{\ominus}_{H_{2(g)},m}$$
$$= H^{\ominus}_{Cu_{(s)},m} + \left(\Delta_f H^{\ominus}_{H_2O_{(l)},m} + H^{\ominus}_{H_{2(g)},m} + \frac{1}{2} H^{\ominus}_{O_{2(g)},m}\right)$$
$$-\left(\Delta_f H^{\ominus}_{CuO_{(s)},m} + H^{\ominus}_{Cu_{(s)},m} + \frac{1}{2} H^{\ominus}_{O_{2(g)},m}\right) - H^{\ominus}_{H_{2(g)},m}$$
$$\Delta_r H^{\ominus}_m = \Delta_f H^{\ominus}_{H_2O_{(l)},m} - \Delta_f H^{\ominus}_{CuO_{(s)},m}$$

(4) 稳定态单质在反应物和生成物中均不出现的化学反应

$$3C_2H_{2(g)} = C_6H_{6(l)}$$

有

$$\Delta_r H^{\ominus}_m = \sum_B \nu_B H^{\ominus}_{B,m} = H^{\ominus}_{C_6H_{6(l)}} - 3H^{\ominus}_{C_2H_{2(g)},m}$$
$$= (\Delta_f H^{\ominus}_{C_6H_{6(l)},m} + 6H^{\ominus}_{C_{(石墨)},m} + 3H^{\ominus}_{H_{2(g)},m}) - 3(\Delta_f H^{\ominus}_{C_2H_{2(s)},m} + 2H^{\ominus}_{C_{(石墨)},m} + H^{\ominus}_{H_{2(g)},m})$$
$$\Delta_r H^{\ominus}_m = \Delta_f H^{\ominus}_{C_6H_{6(l)},m} - 3\Delta_f H^{\ominus}_{C_2H_{2(s)},m}$$

通过对上述稳定态单质在反应物和生成物中可能出现的四种类型的化学反应 $\Delta_r H^{\ominus}_m$ 与 $\Delta_f H^{\ominus}_{B,m}$ 的实际例子进行研究，不难发现，不管反应式中是否出现稳定态纯单质，也不管处在反应式的哪边，由 $\Delta_f H^{\ominus}_{B,m}$ 计算 $\Delta_r H^{\ominus}_m$ 的公式中均不再出现稳定态纯单质项，故由 $\Delta_f H^{\ominus}_{B,m}$ 计算 $\Delta_r H^{\ominus}_m$ 的通式应是

$$\Delta_r H_m^{\ominus} = \sum_B \nu_B H_{B,m}^{\ominus} = \sum_{B'} \nu_B \, \Delta_f H_{B,m}^{\ominus}$$

B′不包括稳定态纯单质项。原因是化学反应只变革分子，而不变革原子。因此，人为规定稳定态纯单质的焓值为零或标准摩尔生成焓为零均是多余的！因为根本用不着。

需指出的是：由 $\Delta_f H_{B,m}^{\ominus}$ 求出的是 $\Delta_r H_m^{\ominus}$，而我们讲的化学反应热是指 $\Delta_r H_m$，二者表示如图 1-18 所示。

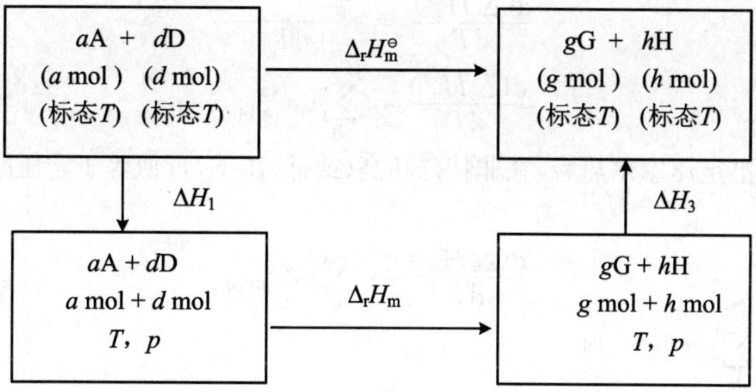

图 1-18

压力对 H 的影响将在热力学第二定律中学习：

$$dH = TdS + Vdp$$

$$\left(\frac{\partial II}{\partial p}\right)_T = T\left(\frac{\partial S}{\partial p}\right)_T + V$$

而

$$\left(\frac{\partial S}{\partial p}\right)_T = -\left(\frac{\partial V}{\partial T}\right)_p$$

$$\left(\frac{\partial H}{\partial p}\right)_T = V - T\left(\frac{\partial V}{\partial T}\right)_p$$

不过，在非特殊高压（如海洋、地壳深处）或超低压下皆可忽略改变压力对焓的影响。加之混合焓变极小可忽略，通常有

$$\Delta_r H_m \approx \Delta_r H_m^{\ominus} = \sum_B \nu_B H_{B,m}^{\ominus} = \sum_{B'} \nu_B \, \Delta_f H_{B,m}^{\ominus} \tag{1-8}$$

大多数有机物，因分子结构较复杂，其 $\Delta_f H_{B,m}^{\ominus}$ 不易获得。数据表中列出的多是 $\Delta_c H_{B,m}^{\ominus}$，通式为 $\Delta_r H_m^{\ominus} = -\sum_D \nu_B \, \Delta_c H_{B,m}^{\ominus}$，此处不再详述。

1.5.3.5　化学反应热与温度的关系——基尔霍夫定律

一般手册或书籍上所列的 $\Delta_f H_{B,m}^{\ominus}$（或 $\Delta_c H_{B,m}^{\ominus}$）大多是指 298 K 的。对于常温下化学反应可以近似地使用，引入的误差一般不会太大。但许多化工生产中的反应是在高温下进行的，温度的影响就不得不考虑了。因此，从实际需要出发，必须研究反应热与 T 的关系。

设有一化学反应

$$aA + dD = gG + hH$$

其

$$\Delta_r H_m^{\ominus} = \sum_B \nu_B H_{B,m}^{\ominus}$$

当 T 变化时，$\Delta_r H_m^\ominus$ 的变化率为

$$\frac{d(\Delta_r H_m^\ominus)}{dT} = \frac{d\left(\sum_B \nu_B H_{B,m}^\ominus\right)}{dT}$$

即

$$\frac{d(\Delta_r H_m^\ominus)}{dT} = \frac{\sum_B \nu_B dH_{B,m}^\ominus}{dT}$$

$$\frac{d(\Delta_r H_m^\ominus)}{dT} = \sum_B \nu_B C_{p,B,m}^\ominus$$

$C_{p,B,m}^\ominus$ 叫物质的标准定压摩尔热容，在非特殊超高（或低）压下，近似等于定压摩尔热容 $C_{p,B,m}$。

那么

$$\frac{d(\Delta_r H_m^\ominus)}{dT} = \sum_B \nu_B C_{p,B,m}^\ominus$$

习惯用 ΔC_p 替代 $\sum_B \nu_B C_{p,B,m}^\ominus$，则

$$\frac{d(\Delta_r H_m^\ominus)}{dT} = \Delta C_p \tag{1-9}$$

这就是基尔霍夫定律公式。由此可求不同温度下的化学热效应。

1. 当 ΔC_p = constant 时

（1）不定积分

$$\int d(\Delta_r H_m^\ominus) = \int \Delta C_p dT$$

$$\Delta_r H_m^\ominus = \Delta C_p T + \Delta H_0$$

ΔH_0 为积分常数，可由已知温度（298 K）下的 $\Delta_r H_m$ 和 ΔC_p 求出。

（2）定积分

$$\int d(\Delta_r H_m^\ominus) = \int_{T_1}^{T_2} \Delta C_p dT$$

$$\Delta_r H_{m,T_2}^\ominus = \Delta_r H_{m,T_1}^\ominus + \Delta C_p (T_2 - T_1)$$

2. 当 $\Delta C_p = \Delta a + \Delta bT + \Delta cT^2$ 时

（1）不定积分

$$\int d(\Delta_r H_m^\ominus) = \int (\Delta a + \Delta bT + \Delta cT^2) dT$$

$$\Delta_r H_m^\ominus = (\Delta a)T + \frac{1}{2}(\Delta b)T^2 + \frac{1}{3}(\Delta c)T^3 + \Delta H_0$$

（2）定积分

$$\int d(\Delta_r H_m^\ominus) = \int_{T_1}^{T_2} (\Delta a + \Delta bT + \Delta cT^2) dT$$

$$\Delta_r H_{m,T_2}^\ominus = \Delta_r H_{m,T_1}^\ominus + (\Delta a)(T_2 - T_1) + \frac{1}{2}(\Delta b)({T_2}^2 - {T_1}^2) + \frac{1}{3}(\Delta c)(T_2^3 - T_1^3)$$

【例 1-17】 已知合成氨反应

$$N_{2(g)}+3H_{2(g)}=\!=\!=2NH_{3(g)}$$

298 K 下的 $\Delta_r H_m^{\ominus}=-92.22\ \mathrm{kJ\cdot mol^{-1}}$,

$$C_{p,m,N_{2(g)}}=27.32+6.226\times10^{-3}T-0.9502\times10^{-6}T^2$$

$$C_{p,m,H_{2(g)}}=26.88+4.347\times10^{-3}T-0.3265\times10^{-6}T^2$$

$$C_{p,m,NH_{3(g)}}=25.895+32.998\times10^{-3}T-3.046\times10^{-6}T^2$$

求 773 K 时的 $\Delta_r H_m^{\ominus}$。

解 $\dfrac{d(\Delta_r H_m^{\ominus})}{dT}=\Delta C_p$ 不定积分

$$\int d(\Delta_r H_m^{\ominus})=\int(\Delta a+\Delta bT+\Delta cT^2)dT$$

$$\Delta_r H_m^{\ominus}=(\Delta a)T+\frac{1}{2}(\Delta b)T^2+\frac{1}{3}(\Delta c)T^3+\Delta H_0$$

将

$$\Delta a=2a_{NH_{3(g)}}-a_{N_{2(g)}}-3a_{H_{2(g)}}$$

$$=2\times25.895-1\times27.323\times26.88=-53.1$$

$$\Delta b=0.5474\times10^{-3}$$

$$\Delta c=-4.162\times10^{-6}$$

和 $\Delta_r H_{m(298\,K)}^{\ominus}=-92.22\ \mathrm{kJ\cdot mol^{-1}}$一并代入,可求得

$$\Delta H_0=-78\,790\ \mathrm{J\cdot mol^{-1}}$$

则

$$\Delta_r H_m^{\ominus}=-78\,790-53.1T+\frac{1}{2}\times0.5474\times10^{-3}T^2-\frac{1}{3}\times4.162\times10^{-6}\ T^3$$

$T=773$ K 时

$$\Delta_r H_{m(773\,K)}^{\ominus}=-104.122\ (\mathrm{kJ\cdot mol^{-1}})$$

或定积分

$$\int d(\Delta_r H_m^{\ominus})=\int_{298}^{773}(\Delta a+\Delta bT+\Delta cT^2)dT$$

$$\Delta_r H_{m(773\,K)}^{\ominus}=\Delta_r H_{m(298\,K)}^{\ominus}+(\Delta a)(773-298)+\frac{1}{2}(\Delta b)(773^2-298^2)+\frac{1}{3}(\Delta c)(773^3-298^3)$$

$$=-104.122\ (\mathrm{kJ\cdot mol^{-1}})$$

需要指出的是,以上讨论的内容,仅在没有相变的温度范围内适用。当在温度变化范围内有相变时,由于 $C_{p,m}=f(T)$不是连续函数(在相变点的温度时 $C_{p,m}\to\infty$),此时最安全的解决方法是利用状态函数改变量只取决于体系始终态而与变化途径无关的性质,画出框图来求解。

如已知 $H_{2(g)}+\frac{1}{2}O_{2(g)}=\!=\!=H_2O_{(l)}$ 在 298 K 下的 $\Delta_r H_m^{\ominus}=-285.838\ \mathrm{kJ\cdot mol^{-1}}$,373 K 下水的汽化热为 40.63 kJ · mol $^{-1}$,求此反应在 423 K 下的反应热。

由于从 298~423 K 范围内,$H_2O_{(l)}$ 在 373 K 下汽化,那么基尔霍夫定律公式就不能直接积分,最安全的方法是设计如图 1-19 所示过程来求解:

$$\Delta_r H_{m(423\,K)}^{\ominus}=\Delta H_1+\Delta_r H_{m(298\,K)}^{\ominus}+\Delta H_2+\Delta H_3+\Delta H_4$$

$$= \int_{423}^{298}\left(1\times C_{p,m,H_2(g)}+\frac{1}{2}C_{p,m,O_2(g)}\right)dT+(-285\,838)$$

$$+\int_{298}^{373}1\times C_{p,m,H_2O(l)}\,dT+1\times 40\,630+\int_{373}^{423}1\times C_{p,m,H_2O(g)}\,dT$$

$$=-243.499\ (kJ\cdot mol^{-1})$$

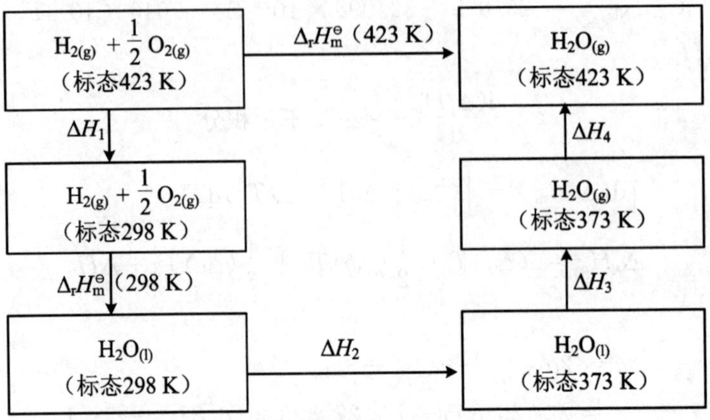

图 1-19

1.5.3.6　化学反应热效应应用举例

1. 在化工能量衡算中的应用

【例 1-18】 某化肥厂生产半水煤气，其组成为：CO_2 9%，CO 33%，H_2 36%，N_2 21.5%，CH_4 0.5%。如图 1-20 所示，进变换炉时，$\frac{n_{H_2O(g)}}{n_{CO}}=6$，温度为 653.15 K。设 CO 的反应转化率为 85%，试计算变换炉出口的气体温度。

图 1-20

已知 $CO+H_2O_{(g)}$═══CO_2+H_2 的 $\Delta_r H_{m(298.15\,K)}=-41.198\ kJ\cdot mol^{-1}$ 以及不同温度区间各物质的定压摩尔热容(表 1-1)。

表 1-1

组　分	$C_{p,B,m}(kJ\cdot kmol^{-1}\cdot K^{-1})$ (298.15～653.15 K)	$C_{p,B,m}(kJ\cdot kmol^{-1}\cdot K^{-1})$ (298.15～753.15 K)
CO_2	43.5	44.72
CO	30.10	30.10
H_2	29.27	29.27

续表

组　分	$C_{p,\mathrm{B,m}}$(kJ·kmol^{-1}·K^{-1}) (298.15～653.15 K)	$C_{p,\mathrm{B,m}}$(kJ·kmol^{-1}·K^{-1}) (298.15～753.15 K)
N_2	29.89	29.89
H_2O	35.04	35.59
CH_4	45.34	48.17

解 (1) 物料衡算：

见表1-2。

表 1-2

组　分	变换前各组分物质的量(kmol)	变换后各组分物质的量(kmol)
CO_2	9	(9+0.85×33=)37.05
CO	33	(33×(1−0.85)=)4.95
H_2	36	(36+0.85×33=)64.05
N_2	21.5	21.5
H_2O	(33×6=)198	(198−0.85×33=)169.95
CH_4	0.5	0.5

(2) 能量衡算

设变换炉与外界无热交换，炉内近似定压，过程见图1-21。

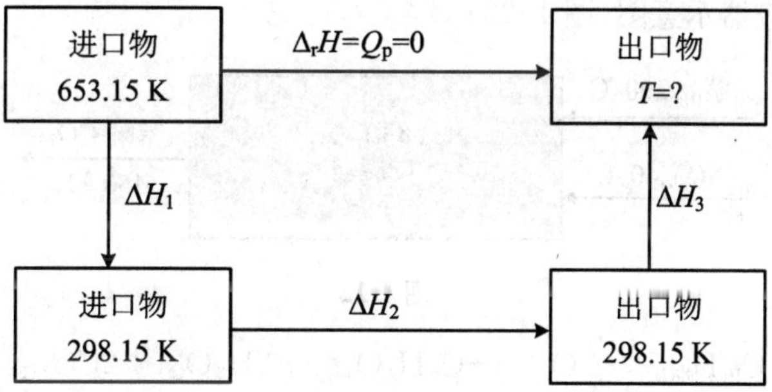

图 1-21

$$\Delta_r H = \Delta H_1 + \Delta H_2 + \Delta H_3 = Q_p = 0$$

$$\begin{aligned}\Delta H_1 &= \int_{653.15}^{298.15}(n_{\mathrm{CO_2}}C_{p,\mathrm{CO_2,m}} + n_{\mathrm{CO}}C_{p,\mathrm{CO,m}} + n_{\mathrm{H_2}}C_{p,\mathrm{H_2,m}} + n_{\mathrm{N_2}}C_{p,\mathrm{N_2,m}} \\ &\quad + n_{\mathrm{H_2O}}C_{p,\mathrm{H_2O,m}} + n_{\mathrm{CH_4}}C_{p,\mathrm{CH_4,m}})\mathrm{d}T \\ &= (9\times 43.5 + 33\times 30.10 + 36\times 29.27 + 21.5\times 29.89 \\ &\quad + 198\times 35.04 + 0.5\times 45.34)(298.15 - 653.15) \\ &= -3.56\times 10^6(\mathrm{kJ})\end{aligned}$$

$$\Delta H_2 = 33\times 85\%\times 1\,000\times(-41.198) = -1.156\times 10^6(\mathrm{kJ})$$

$$\Delta H_3 = \int_{298.15}^{T}(n_{\mathrm{CO_2}}C_{p,\mathrm{CO_2,m}} + n_{\mathrm{CO}}C_{p,\mathrm{CO,m}} + n_{\mathrm{H_2}}C_{p,\mathrm{H_2,m}} + n_{\mathrm{N_2}}C_{p,\mathrm{N_2,m}}$$

$$+ n_{H_2O}C_{p,H_2O,m} + n_{CH_4}C_{p,CH_4,m})dT$$
$$= (37.05 \times 44.72 + 4.95 \times 30.10 + 64.05 \times 29.27 + 21.5 \times 29.89 + 169.95 \times 35.59 + 0.5 \times 48.17)(T - 298.15)$$
$$= 1.04 \times 10^4 (T - 298.15)$$

则

$$-3.56 \times 10^6 + (-1.156 \times 10^6) + 1.04 \times 10^4 (T - 298.15) = 0$$
$$T = 751.8\ K$$

【例 1-19】 将萘用空气氧化制苯酐。萘是液体进料，温度为 200 ℃，空气进料 40 ℃。如果反应在 450 ℃进行，问需向反应器提供或移出多少热量？已知

$$C_{10}H_{8(l)} + \frac{9}{2}O_2 \longrightarrow C_8H_4O_{3(g)} + 2H_2O_{(g)} + 2CO_{2(g)}$$

反应器的进料和出料的组成衡算求得如表 1-3 所示（忽略副反应）。

表 1-3

组　分	进　料		出　料	
	体积分数	物质的量(mol)	体积分数	物质的量(mol)
萘$_{(l)}$		1.0		
$O_{2(g)}$	21%	10.5	11.8%	6.0
$N_{2(g)}$	79%	39.6	78.2%	39.6
苯酐$_{(g)}$			2.0%	1.0
$CO_{2(g)}$			4.0%	2.0
$H_2O_{(g)}$			4.0%	2.0

解　(1) 画出反应器示意图(图 1-22)。

图 1-22

$$C_{10}H_{8(l)} + \frac{9}{2}O_2 \longrightarrow C_8H_4O_{3(g)} + 2H_2O_{(g)} + 2CO_{2(g)}$$

(2) 查出有关组分的 $C_{p,B,m}$ 和 $\Delta_f H_{B,m}^{\ominus}$（表 1-4）。

表 1-4

组　分	进　料 $C_{p,B,m}(J \cdot mol^{-1} \cdot K^{-1})$	出　料 $C_{p,B,m}(J \cdot mol^{-1} \cdot K^{-1})$	$\Delta_f H_{B,m}^{\ominus}(kJ \cdot mol^{-1})$
萘$_{(l)}$	215.6		87.3
$O_{2(g)}$	29.39	31.23	
$N_{2(g)}$	29.13	29.85	
苯酐$_{(g)}$		22.92	−383.0
$CO_{2(g)}$		44.46	−394.0
$H_2O_{(g)}$		35.49	−242.0

(3) 能量衡算：

如图 1-23 所示。

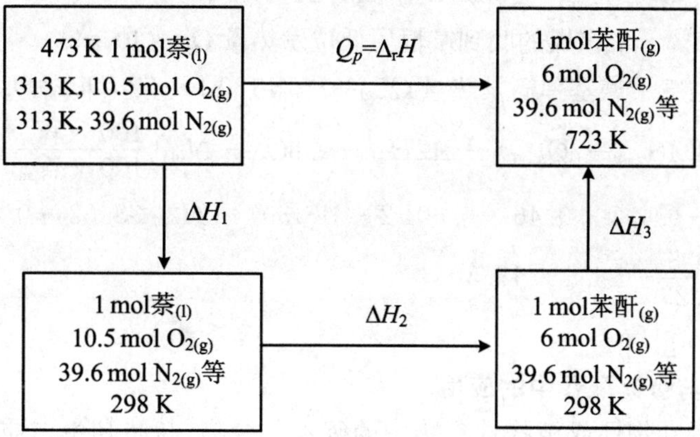

图 1-23

$$\begin{aligned}\Delta H_1 &= \int_{473}^{298} n_{萘_{(l)}} C_{p,萘_{(l)},m}\mathrm{d}T + \int_{313}^{298}(n_{O_2}C_{p,O_2,m} + n_{N_2}C_{p,N_2,m})\mathrm{d}T \\ &= 1\times 215.6(298-473) + (10.5\times 29.39 + 39.6\times 29.13)(298-313) \\ &= -37\,730 + (-21\,932.145) = -59.662\ (\mathrm{kJ})\end{aligned}$$

$$\begin{aligned}\Delta H_2 &= 1\times\sum_{B}\nu_B\Delta_f H^{\ominus}_{B,m} = 1\times(-1\times 87.3 + 1\times(-383) + 2\times(-394) + 2\times(-242.0)) \\ &= -1\,742.3\ (\mathrm{kJ})\end{aligned}$$

$$\begin{aligned}\Delta H_3 &= \int_{298}^{723}(n_{O_2}C_{p,O_2,m} + n_{N_2}C_{p,N_2,m} + n_{苯酐_{(g)}}C_{p,苯酐_{(g)},m} + n_{CO_2}C_{p,CO_2,m} + n_{H_2O}C_{p,H_2O,m})\mathrm{d}T \\ &= (6\times 31.23 + 39.6\times 29.85 + 1\times 22.92 + 2\times 44.46 + 2\times 35.49)(723-298) \\ &= 659.710\ (\mathrm{kJ})\end{aligned}$$

$$Q_p = \Delta H = \Delta H_1 + \Delta H_2 + \Delta H_3 = -59.662 - 1742.3 + 659.710 = -1\,142.25\ (\mathrm{kJ})$$

需移出 1 142.25 kJ 的热量。

2. 在燃料评价中的应用

在煤炭购销合同中，以氧弹式热量计测得的煤的收到基恒压低位发热量 $Q_{p,\mathrm{ar}}$ 计价，可最大限度保护企业利益。实际测量中，常据能量守恒关系测出空气干燥基煤样在氧弹内燃烧成 $CO_{2(g)}$，$H_2SO_{4(aq)}$，$HNO_{3(aq)}$，H_2O 和固态灰分的弹筒发热量 $Q_{b,\mathrm{ad}}$，由下式求出煤的收到基恒压低位发热量($\mathrm{J\cdot g^{-1}}$)。

$$Q_{p,\mathrm{ar}} = [Q_{b,\mathrm{ad}} - (94.1S_{t,\mathrm{ad}} + \alpha Q_{b,\mathrm{ad}}) - 212H_{\mathrm{ad}} - 0.8O_{\mathrm{ad}} - N_{\mathrm{ad}}]\frac{100 - W_{\mathrm{ar}}}{100 - W_{\mathrm{ad}}} - 24.4W_{\mathrm{ar}}$$

式中，(1) $S_{t,\mathrm{ad}} = 1.6\left(\dfrac{C\cdot V}{m} - \dfrac{\alpha Q_{b,\mathrm{ad}}}{60}\right)$是由弹筒洗液测得煤的含硫量(质量分数百分比)；94.1 为空气干燥基煤样中每 1%硫的校正值(单位 J)；C,V 分别是滴定弹筒洗液所用 NaOH 溶液的物质的量浓度($\mathrm{mol\cdot L^{-1}}$)和体积(mL)；m 是空气干燥基煤的质量(单位 g)；α 是硝酸生成热校正系数：$Q_{b,\mathrm{ad}} \leqslant 16.7\ \mathrm{MJ\cdot kg^{-1}}$，$\alpha = 0.00\,10$；$16.7\ \mathrm{MJ\cdot kg^{-1}} < Q_{b,\mathrm{ad}} \leqslant 25.1\ \mathrm{MJ\cdot kg^{-1}}$，$\alpha = 0.001\,2$，$Q_{b,\mathrm{ad}} > 25.10\ \mathrm{MJ\cdot kg^{-1}}$，$\alpha = 0.001\,6$。

(2) H_{ad}，O_{ad}，N_{ad}，W_{ad}分别是空气干燥基氢、氧、氮和水的质量分数(百分比)；W_{ar}是收到基

水的质量分数(百分比)。

【例 1-20】 已知某煤的空气干燥基弹筒发热量 $Q_{b,ad}=-18\ 130\ J\cdot g^{-1}$,弹筒洗液含硫量 $S_{t,ad}=0.46\%$,空气干燥基 $H_{ad}=3.62\%$,$O_{ad}=11.24\%$,$N_{ad}=0.93\%$、$W_{ad}=16.23\%$,收到基水质量分数 $W_{ar}=18.5\%$。求该煤的收到基恒压低位发热量 $Q_{p,ar}(J\cdot g^{-1})$。

解 据测定的空气干燥基弹筒发热量 $Q_{b,ad}=-18\ 130\ J\cdot g^{-1}$,知 $\alpha=0.001\ 2$,则

$$
\begin{aligned}
Q_{p,ar}&=[Q_{b,ad}-(94.1S_{t,ad}+\alpha Q_{b,ad})-212H_{ad}-0.8O_{ad}-N_{ad}]\frac{100-W_{ar}}{100-W_{ad}}-24.4M_{ar}\\
&=[-18\ 130-(94.1\times0.46-0.001\ 2\times18\ 130)-212\times3.62-0.8\times11.24-0.93]\\
&\quad\times\frac{100-18.5}{100-16.23}-24.4\times18.5\\
&=-18\ 867\ (J\cdot g^{-1})
\end{aligned}
$$

3. 在食品营养与食谱配餐中的应用

人类通过食用的动物性或植物性食物中的碳水化合物、脂肪和蛋白质在体内燃烧放出能量,一部分在酶作用下满足合成细胞组成物质如蛋白质、核酸、多糖三磷酸腺苷 ATP、脂肪等所需的化学功;一部分用于各种生理活动(如维持细胞内外 K^+、Na^+、葡萄糖等物质在不同浓度下的渗透做功,维持体内血液循环心肌不断收缩要做功,维持神经信号传递要做电功)和在生产劳动、体育锻炼、行走等时必须做的机械功;一部分直接转化为热以维持人体的正常体温。不过,用于体内做功的部分能量最后也转化为热散发于体内,然后再通过血液循环带到身体表面,借助辐射、传导和水分蒸发等向外散发。

【例 1-21】 已知每克碳水化合物(糖和淀粉等)完全燃烧放出的能量为 17.15 kJ,每克动物性脂肪完全燃烧放出的能量为 39.5 kJ,每克蛋白质完全燃烧放出的能量为 23.64 kJ。由于食物在人体消化道内不能完全被消化吸收,且蛋白质燃烧的产物除 H_2O、CO_2外,还有尿素、尿酸、肌酐等含氮物质通过尿液排出体外,每克蛋白质在体内产生的这些含氮物质如在体外氧弹中继续完全氧化,还可产生 5.44 kJ 的热量。若按成人碳水化合物占总能量供给量的 65%、脂肪占 20%、蛋白质占 15%,吸收率分别为 98%,95%,92%,测算一个每天需补充 12 800 kJ 热量食物的人,摄入的碳水化合物、脂肪和蛋白质各应是多少?

解 依题意

(1) 摄入的碳水化合物

$$\frac{12\ 800\times65\%}{17.15\times98\%}=485\ (g)$$

(2) 摄入的脂肪

$$\frac{12\ 800\times20\%}{39.5\times95\%}=68\ (g)$$

(3) 摄入的蛋白质

$$\frac{12\ 800\times15\%}{(23.64-5.44)\times92\%}=115\ (g)$$

【例 1-22】 通过代谢作用,人体平均每天产热 10 460 kJ。

(1) 假定人体是一个隔离系统,其比热与水一样。试问一个体重 60 kg,身高为 175 cm 的成人在一天内体温要升高多少?

(2) 人实际上是一个开放系统,18~45 岁成人体表面积与身高和体重的数值关系为

$$体表面积(m^2)=0.006\ 59(m^2\cdot cm^{-1})\times身高(cm)+0.012\ 6(m^2\cdot kg^{-1})$$

$\times$体重(kg) $-$ 0.160 3 (m^2)

若某成人的体表散热系数是 150 $kJ\cdot m^{-2}\cdot h^{-1}$，求每天通过体表散失的热量。若剩余热量全部靠水的蒸发，试问此人每天需要蒸发多少水体温才能维持不变？已知 310 K 时水的蒸发热为 2 406 $kJ\cdot kg^{-1}$（假定身体的比热和水相同）。

解　(1) 体温升高：

$$10\,460=60\times 4.184(T-310)$$
$$T=351.6\ (\mathrm{K})$$

升高了 41.6 ℃。

(2) 体表面积 $=0.006\,59\times 175+0.012\,6\times 60-0.160\,3=1.75\ (\mathrm{m^2})$。

需散热 $=150\times 1.75\times 24=6\,300\ (\mathrm{kJ})$

$$需要饮水=\frac{10\,460-6\,300}{2\,406}=1.7\ (\mathrm{kg})$$

4. 在生物活性研究与抗癌新药物筛选中的应用

生物为构建自身、维系生命、繁衍后代、扩大种群，要进行新陈代谢活动。代谢活动过程中会不断释放出能量。生物群体量大，代谢活动旺盛，释放热量就多；群体量小，释放热量就少。释放热量与生物群体数量成正相关。

依此，研究者常在生物活动的小空间布下多个热电偶，将热电偶感知的因生物活动产生的热量转变为功率输出 H。热输出功率对时间的变化曲线即为热谱图（H-t）。由热谱图可得知生物的活动信息。例如，图 1-24 所示的就是用微量量热法测得人宫颈癌传代细胞及癌细胞与螺旋藻活性物质相互作用的曲线Ⅰ、曲线Ⅱ。

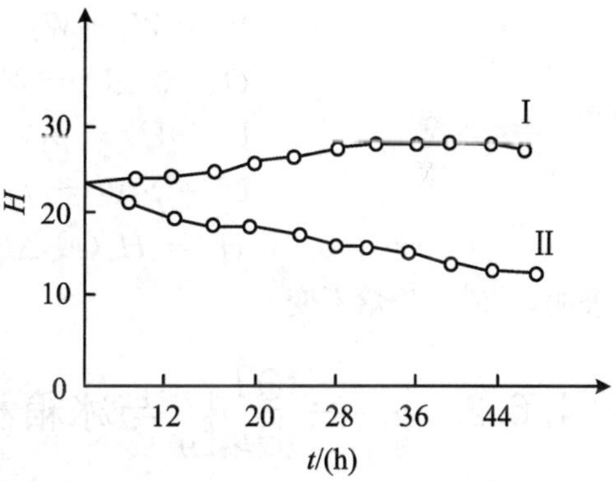

图 1-24　宫颈癌细胞热谱图

可以看出，曲线Ⅰ表示随时间变化热输出功率呈上升趋势，表明人宫颈癌传代细胞繁殖很快。曲线Ⅱ所示的热输出功率呈下降趋势，表明癌细胞死亡数增多。说明螺旋藻活性物质对人宫颈癌传代细胞有明显的抑制和杀伤作用。

1.6　焦耳-汤姆孙效应与冰箱和空调工艺中的节流膨胀

为克服 1843 年焦耳实验中存在的水浴热容大于气体热容导致测温不准以及开启活塞时产生的湍流现象。1852 年焦耳和汤姆孙（即开尔文男爵）改将温度计直接插入带绝热壁的系统中，并用多孔塞替代活塞，精确观察到气体膨胀所发生的温度变化。此变化不仅为冰箱和空调工业奠定了理论基础，而且使我们对实际气体 U，H 等的性质有了更进一步的认识。

1.6.1 焦耳-汤姆孙效应

如图 1-25 所示,实验用一个多孔塞将绝热圆筒分成两部分。实验时将左方活塞徐徐推进,维持压力 p_1,把体积为 V_1 的气体经过多孔塞流入右方,同时右方活塞被徐徐推出,维持压力位 p_2,推出的气体体积为 V_2,$p_1 > p_2$。实验结果发现,气体流经多孔塞后温度改变了。这一现象称为焦耳-汤姆孙效应(又叫节流过程)。

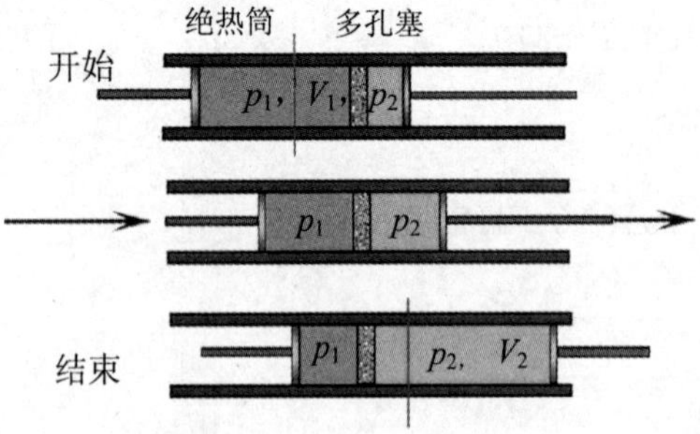

图 1-25　焦耳-汤姆孙实验

当节流过程处于稳态时,设在 p_1, T_1 时某一定量气体所占的体积为 V_1,经过节流过程,膨胀到较低的压力 p_2 以后体积为 V_2。

在左方,环境对气体做的功为

$$W_1 = -p_1\Delta V = -p_1(0 - V_1) = p_1V_1$$

这部分气体在右方对环境做的功为

$$W_2 = -p_2\Delta V = -p_2(V_2 - 0) = -p_2V_2$$
$$W = W_1 + W_2 = p_1V_1 - p_2V_2$$
$$Q = 0, \Delta U = W$$
$$U_2 - U_1 = p_1V_1 - p_2V_2$$
$$U_2 + p_2V_2 = p_1V_1 + U_1$$
$$H_2 = H_1 (\text{或 } \Delta H = 0)$$

这表明,节流过程焓不变。

1.6.2 $\mu_{\text{J-T}} = \left(\frac{\partial T}{\partial p}\right)_H$ 与冰箱和空调工业的节流膨胀

$\mu_{\text{J-T}} = \left(\frac{\partial T}{\partial p}\right)_H$ 表示节流过程实验后气体的温度随压力的变化率:μ 为正值的流体经节流膨胀后温度降低(冰箱和空调工业制冷的理论基础);μ 为负值的流体经节流膨胀后温度上升;$\mu = 0$ 经节流膨胀后温度不变。因

$$H = H(T, p)$$
$$\mathrm{d}H = \left(\frac{\partial H}{\partial T}\right)_p \mathrm{d}T + \left(\frac{\partial H}{\partial p}\right)_T \mathrm{d}p$$

经焦耳-汤姆孙节流过程后,$\mathrm{d}H = 0$,有

$$\left(\frac{\partial T}{\partial p}\right)_H = -\frac{\left(\frac{\partial H}{\partial p}\right)_T}{\left(\frac{\partial H}{\partial T}\right)_p}$$

即

$$\mu_{\text{J-T}} = \left(\frac{\partial T}{\partial p}\right)_H = -\frac{1}{C_p}\left[\frac{\partial(U + pV)}{\partial p}\right]_T = -\frac{1}{C_p}\left\{\left(\frac{\partial U}{\partial p}\right)_T + \left[\frac{\partial(pV)}{\partial p}\right]_T\right\}$$

对

1. 理想气体

由于$\left(\frac{\partial U}{\partial p}\right)_T=0$，$\left[\frac{\partial (pV)}{\partial p}\right]_T=0$，则 $\mu_{J\text{-}T}=0$。

就是说，无论是焦耳实验还是焦耳-汤姆孙实验，只要气体是理想气体，其膨胀前后的温度肯定是不会改变的。

2. 实际气体(流体)

由于$-\frac{1}{C_p}\left(\frac{\partial U}{\partial p}\right)_T>0$，而$-\frac{1}{C_p}\left[\frac{\partial (pV)}{\partial p}\right]_T$既可能是正值也可能是负值。如图 1-26 中的 H_2 和 CH_4 的(2)段，$\left[\frac{\partial (pV)}{p}\right]_T>0$，$-\frac{1}{C_p}\left[\frac{\partial (pV)}{\partial p}\right]_T$ 为负，$\mu_{J\text{-}T}>0$，$\mu_{J\text{-}T}<0$，$\mu_{J\text{-}T}=0$，即可能制冷也可能制热(图 1-26)。

只有 CH_4 的 (1)段，$\left[\frac{\partial (pV)}{p}\right]_T<0$，$-\frac{1}{C_p}\left[\frac{\partial (pV)}{\partial p}\right]_T$，$\mu>0$，节流膨胀温度才降低。

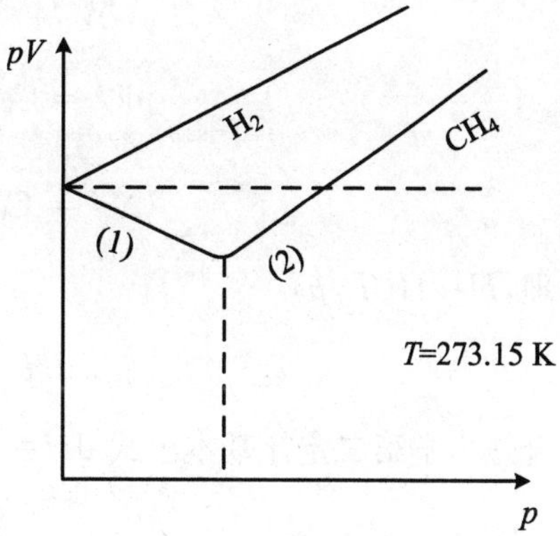

图 1-26　实际气体的 pV-p 示意图

冰箱和空调的工艺流程上必须用 $\mu_{J\text{-}T}>0$ 的制冷剂(R600a)异丁烷、氨等通过毛细管节流膨胀的装置(图 1-27)。

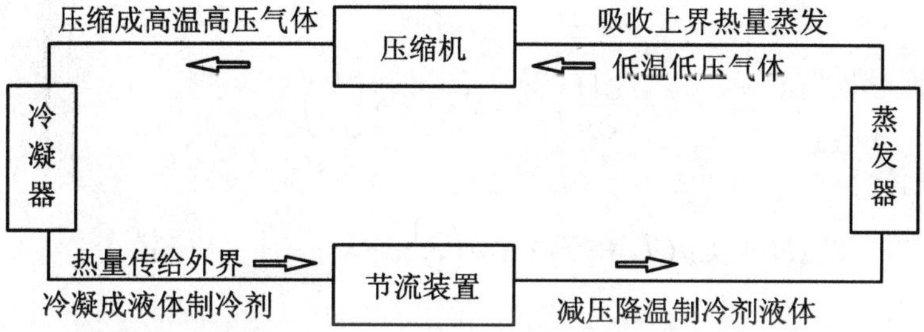

图 1-27

1.6.3 实际气体的 ΔU，ΔH

因 $U=U(T,V)$，有

$$dU=\left(\frac{\partial U}{\partial p}\right)_V dT+\left(\frac{\partial U}{\partial V}\right)_T dV$$

$$\left(\frac{\partial U}{\partial T}\right)_V=C_V$$

$$\left(\frac{\partial U}{\partial V}\right)_T=?$$

结合热力学第二定律基本公式 $dU=TdS-pdV$，有

$$\left(\frac{\partial U}{\partial V}\right)_T=T\left(\frac{\partial S}{\partial V}\right)_T-p$$

而

$$\left(\frac{\partial S}{\partial V}\right)_T=\left(\frac{\partial p}{\partial T}\right)_V$$

则

$$\left(\frac{\partial U}{\partial V}\right)_T = T\left(\frac{\partial p}{\partial T}\right)_V - p$$

对范德瓦尔斯(van der Waals)气体,有

$$\left(\frac{\partial U}{\partial V}\right)_T = T\left(\frac{\partial p}{\partial T}\right)_V - p = \frac{a}{V_m^2}$$

$$dU = C_V dT + \frac{a}{V_m^2} dV$$

$$\Delta U = C_V(T_2 - T_1) + a\left(\frac{1}{V_{m,1}} - \frac{1}{V_{m,2}}\right)$$

同理,$H=H(T,p)$

$$dH = \left(\frac{\partial H}{\partial T}\right)_p dT + \left(\frac{\partial H}{\partial p}\right)_T dp$$

结合热力学第二定律基本公式 $dH=TdS+Vdp$,得

$$\left(\frac{\partial H}{\partial p}\right)_T = T\left(\frac{\partial S}{\partial p}\right)_T + V$$

而

$$\left(\frac{\partial S}{\partial p}\right)_T = -\left(\frac{\partial V}{\partial T}\right)_p$$

则

$$\left(\frac{\partial H}{\partial p}\right)_T = V - T\left(\frac{\partial V}{\partial T}\right)_p$$

对范德瓦尔斯气体

$$\Delta H = C_V(T_2 - T_1) + a\left(\frac{1}{V_{m,1}} - \frac{1}{V_{m,2}}\right) + \Delta(pV_m)$$

1.7　非等温反应与燃料最高燃烧温度估算及火箭推进剂

实际工作中往往需对燃烧和爆炸所能达到的最高温度进行估算。如高炉风口理论燃烧温度是炼铁喷吹操作的重要参考(占钢铁企业总能耗的 60%);火箭燃料温度越高,推力就越大等。因为此类燃烧速度快,所以估算燃烧最高温度和火箭推力时均假设反应是绝热的。

【例 1-23】 求 1 mol 甲烷在 298.15 K,标准气压下与过量 100%的空气混合燃烧所能达到的最高温度。

解　设燃烧所能达到的最高温度为 T,依题意,其物料与能量衡算式为

$$CH_{4(g)}(1\ mol) + 2O_{2(g)}(2\ mol), N_{2(g)}\left(2\times\frac{0.78}{0.21}\ mol\right) \xrightarrow[\Delta_r H_m]{Q=0,\ p} CO_{2(g)} + 2H_2O_{(g)}, N_{2(g)}(8\ mol)\quad (T, p)$$

$$\Delta_r H^{\ominus}_{m,298.15\ K}(298.15\ K, p) \searrow \qquad \nearrow \Delta_r H^{\ominus}_m$$

$$CO_{2(g)} + 2H_2O_{(g)}, N_{2(g)}(8\ mol)$$
$$(298.15\ K, p)$$

$$\Delta_r H^{\ominus}_{m,298.15\,K} + \Delta_r H^{\ominus}_m = \Delta_r H_m = 0$$

$$-904\,494 + 333.94T + 29.73\times10^{-3}T^2 = 0$$

$$T = 2\,256\ (K)$$

同法可估算出酒精、CS_2、汽油和木材的最高燃烧温度分别为 1 453 K,3 218 K,1 473 K 和 1 273～1 450 K。由于反应不完全、副反应、非完全绝热等因素,实际反应所能达到的最高温度要低些,但估算结果还是有很高参考价值的。

【例 1-24】 求常用动力火箭中的如下反应:

(1) $H_{2(g)} + \frac{1}{2}O_{2(g)} = H_2O_{(g)}$;

(2) $CH_3OH_{(l)} + \frac{3}{2}O_{2(g)} = CO_{2(g)} + 2H_2O_{(g)}$;

(3) $H_{2(g)} + F_{2(g)} = 2HF_{(g)}$。

在 298 K 时每千克产物燃烧产生的推力$\left(\frac{\Delta_r H^{\ominus}_m}{M_{产物}}\right)$。

解

(1) $\frac{\Delta_r H^{\ominus}_m}{M_{产物}} = -\frac{241.83}{0.018} = -13\,435\ (kJ\cdot kg^{-1})$;

(2) $\frac{\Delta_r H^{\ominus}_m}{M_{产物}} = -\frac{638.5}{0.080} = -7\,981.6\ (kJ\cdot kg^{-1})$;

(3) $\frac{\Delta_r H^{\ominus}_m}{M_{产物}} = -\frac{537.2}{0.020} = -13\,430\ (kJ\cdot kg^{-1})$。

早期火箭推进剂多用煤油+液氧(阿波罗 11 号的土星五号),后用偏二甲肼($C_2H_8N_2$)/四氧化二氮(如 N_2H_4 为 19 400 $kJ\cdot kg^{-1}$ 发热量虽大,但毒性大,火箭发射时有大量红棕色烟雾)。现新型火箭一般用液氢/液氧,产物是水(燃烧形成高温高压气体,从喷口喷出,产生巨大推力而把运载火箭送上了太空)。原因是液氢放热最多、比冲最高,燃烧产物又是摩尔质量不大且无毒的小分子,在化学火箭推进剂研究中占有重要位置(喷射速度可达 4 200 m/s)。目前只有美、俄、法、中、日五国掌握这种特殊的低温技术。我国发射"神舟"用的长征 2F 火箭用的就是液氢/液氧推进剂(神九火箭推进剂重达 446 t,火箭自身未加时重 44 t),用此种推进剂的火箭发射时常有泡沫和冰块从外壳上掉落。

用固体推进剂的火箭发射时有明亮浓烈火焰产生,我国返回式制动发动机、同步通信卫星发动机用的就是固体推进剂。固体氧化剂、可燃物(金属粉)、催化剂(高能炸药)和黏结剂是固体推进剂的四大组分,如"HTPB/AP/Al"固体推进剂就是"纳米(50～100 nm)铝粉(Al)、端羟基聚异丁基烯黏结剂(HTPB)、NH_4ClO_4(AP)固体氧化剂"。

开发"大推力、低成本、无污染"火箭推进剂是航天领域的重要发展方向。

本 章 小 结

1. 热力学概论

(1) 高度的普遍性和绝对的可靠性;

（2）基本概念（状态函数特点、可逆途径）。

2. 热力学第一定律的建立与其数学表达式

（1）封闭体系；

（2）$\Delta U=Q+W$ 或 $dU=\delta Q+\delta W$；

（3）理想气体 $U=f(T)$。

3. 功的计算

$$W_e=-\int_{V_1}^{V_2}p_e dV$$

4. 焓

（1）$H\equiv U+pV$；

（2）封闭体系定压无非体积功条件下，体系与环境交换的热等于焓变：

$$\delta Q_p=dH, Q_p=\Delta H$$

（3）封闭体系定压有非体积功条件下，体系与环境交换的热等于焓变与非体积功之和：

$$\Delta U=Q_p+[-p(V_2-V_1)+W']$$

$$U_2-U_1=Q_p-p(V_2-V_1)+W'$$

$$(U_2+p_2V_2)-(U_1+p_1V_1)=Q_p+W'$$

$$\Delta H=Q_p+W'$$

5. 热的计算

（1）$C_p\equiv\left(\frac{\partial H}{\partial T}\right)_p$；

$C_V\equiv\left(\frac{\partial U}{\partial T}\right)_V$。

（2）简单状态变化过程的 Q_p 的计算：

$$Q_p=\Delta H=\int_1^2 nC_{p,m}dT$$

条件：封闭体系、定压、无非体积功能、简单状态变化。

（3）相变热的计算：$Q_p=\Delta_\alpha^\beta H$。

条件：封闭体系、定压、无非体积功。

（4）化学反应热的求算——热化学。

$$\Delta_r H_m=\frac{\Delta_r H_m}{\xi}=\frac{Q_p}{\xi}=\frac{Q_V+\Delta n_{(g)}RT}{\xi}$$

$$\approx\Delta_r H_m^\ominus=\sum_B\nu_B H_{B,m}^\ominus=\sum_{B'}\nu_B\,\Delta_f H_{B,m}^\ominus$$

（5）$\frac{d(\Delta_r H_m^\ominus)}{dT}=\Delta C_p$。

6. 焦耳-汤姆孙效应与冰箱和空调工业中的制冷

$$\mu_{J\text{-}T}=\left(\frac{\partial T}{\partial p}\right)_H=-\frac{1}{C_p}\left[\frac{\partial(U+pV)}{\partial p}\right]_T=-\frac{1}{C_p}\left\{\left(\frac{\partial U}{\partial p}\right)_T+\left[\frac{\partial(pV)}{\partial p}\right]_T\right\}>0\text{(制冷)}$$

冰箱和空调的工艺流程上需用 $\mu_{J\text{-}T}>0$ 的制冷剂（R600a）异丁烷、氨等通过毛细管节流膨胀的装置。

7. 非等温反应与燃料最高燃烧温度估算及火箭推进剂

实际工作中往往需对燃烧和爆炸所能达到的最高温度进行估算。如高炉风口理论燃烧温度是炼铁喷吹操作的重要参考(占钢铁企业总能耗的 60%);火箭燃料温度越高,推力就越大等。因为此类燃烧速度快,估算燃烧最高温度和火箭推力时均假设反应是绝热的。

$$\Delta_r H = Q_p \xrightarrow{\text{绝热}} = 0$$

$$\frac{\Delta_r H_m}{M_B}$$

1 mol 甲烷在 298.15 K,标准气压下与过量 100%的空气混合燃烧所能达到的最高温度 2 256 K。酒精、CS_2、汽油和木材的最高燃烧温度分别为 1 453 K,3 218 K,1 473 K 和 1 273～1 450 K。

由于反应不完全、副反应、非完全绝热等因素,实际反应所能达到的最高温度要低些,但估算结果还是有很高参考价值的。

本 章 练 习

一、选择题

1. 对于内能是体系状态的单值函数概念,错误理解是(　　)。
   A. 体系处于一定的状态,具有一定的内能
   B. 对应于某一状态,内能只能有一个数值不能有两个以上的数值
   C. 状态发生变化,内能也一定跟着变化
   D. 对应于一个内能值,可以有多个状态
2. 热力学第一定律的数学表达式 $\Delta U=Q+W$ 只能适用于(　　)。
   A. 理想气体　　B. 封闭体系　　C. 孤立体系　　D. 敞开体系
3. 化学热力学中,下面哪一项不是体系热力学能(　　)。
   A. 分子的动能　　B. 分子内部的能量
   C. 分子间的相互作用位能　　D. 体系整体运动的动能
4. 夏天将室内冰箱的门打开,接通电源并紧闭门窗,室内温度将(　　)。
   A. 降低　　B. 升高
   C. 不确定　　D. 可能升高或降低
5. 下列说法正确的是(　　)。
   A. 因 $\Delta H=Q_p$,所以只有等压过程才有 ΔH
   B. $\Delta H=Q_p$,所以 Q_p 也具有状态函数的性质
   C. $\Delta H=Q_p$ 只适用于等压不做非体积功的封闭体系
   D. $\Delta H=Q_p$ 适用于任何体系
6. 反应 $2S_{(s)}+3O_{2(g)}=\!=\!=2SO_{3(g)}$ 的热效应为 $\Delta_r II_m$,则(　　)。
   A. $\Delta_r H_m$ 是 $S_{(s)}$ 的摩尔生成焓
   B. $\Delta_r H_m$ 是 $S_{(s)}$ 的摩尔燃烧焓
   C. $\Delta_r H_m/2$ 是 $SO_{3(g)}$ 的摩尔生成焓

D. $\Delta_r H_m/2$ 不是 $S_{(s)}$ 的摩尔燃烧焓

7. 有一绝热真空容器，通过活塞与大气相隔，当活塞打开时，空气冲入容器，当内外压力相等时，关闭活塞，测量容器内温度，则该温度与外界温度相比（　　）。

A. 比外界高　　B. 比外界低　　C. 与外界一样　　D. 无法确定

8. 有一高压钢瓶，打开阀门后气体喷出钢瓶外，当内、外的压力相等时，关闭阀门，这时钢瓶内的温度与外界温度相比（　　）。

A. 比外界高　　B. 比外界低　　C. 与外界一样　　D. 无法确定

9. 在恒容下有一定量的理想气体，当温度升高时，其热力学能将（　　）。

A. 降低　　B. 升高　　C. 不变　　D. 无法确定

10. 液态苯在一绝热刚性的氧弹中燃烧，其化学反应为 $C_6H_{6(l)}+7.5O_{2(g)}=\!=\!=6CO_{2(g)}+3H_2O_{(g)}$，则下面表达准确的是（　　）。

A. $\Delta H=0, W=0, \Delta U=0$　　B. $\Delta H>0, W=0, \Delta U=0$

C. $\Delta H=0, W=0, Q=0$　　D. $\Delta H<0, W=0, \Delta U=0$

二、填空题

1. 系统处于平衡态的四个条件分别是系统内必须达到________平衡、________平衡、________平衡和________平衡。

2. 理想气体绝热向真空膨胀后，气体的温度________（升高、降低或不变）；而范德瓦尔斯气体如发生上述过程，气体的温度________（升高、降低或不变）。

3. 实际气体的 $\mu=\left(\frac{\partial T}{\partial P}\right)_H<0$，经节流膨胀后该气体的温度将________（升高、降低或不变）。

4. 如题图 1-1 所示，在一具有导热器的容器上部装有一可移动的活塞；当在容器中同时放入锌块及盐酸令其发生化学反应，则以锌块与盐酸为系统时，Q ________ 0，W ________ 0，ΔU ________ 0（选填＞、＝或＜）。

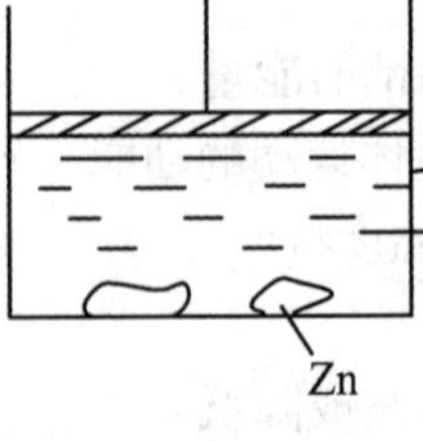

题图 1-1

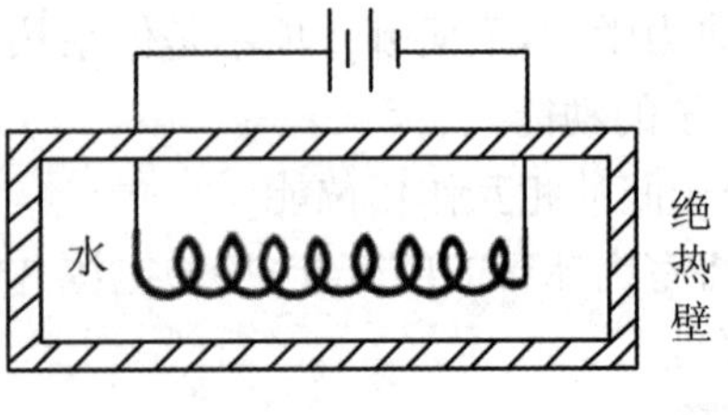

题图 1-2

5. 如题图 1-2 所示，将一电热丝浸入水中，通以电流，试问：

A. 以水为系统，Q ________ 0，W ________ 0，ΔU ________ 0；

B. 以电热丝为系统，Q ________ 0，W ________ 0，ΔU ________ 0；

C. 以电热丝和水为系统，Q ________ 0，W ________ 0，ΔU ________ 0；

D. 以电热丝、电源、水及其他一切有关的部分为系统，Q ________ 0，W ________ 0，ΔU ________ 0。

6. 理想气体从同一始态出发分别经过绝热可逆膨胀过程(1)和绝热不可逆膨胀(2)达到相

同的体积，两个过程中所做的功大小关系 W_1________W_2；终态温度高低 $T_{1终}$________$T_{2终}$，终态压力大小 $P_{1终}$________$P_{2终}$（填<，>，=）。

7. 判断题表 1-1 所示过程中的 $Q, W, \Delta U, \Delta H$ 各量是正(+)、负(−)还是零(0)？

题表 1-1

过　程	Q	W	ΔU	ΔH
理想气体自由膨胀				
理想气体等温可逆压缩				
理想气体绝热可逆压缩				
理想气体焦耳-汤姆孙节流过程				
$H_2O_{(l), 373\,K, p^\ominus} \longrightarrow H_2O_{(g), 373\,K, p^\ominus}$				
恒容绝热容器内反应：$H_{2(g)} + O_{2(g)} \longrightarrow 2H_2O_{(l)}$				
恒容绝热容器内反应：$H_{2(g)} + Cl_{2(g)} \longrightarrow 2HCl_{(g)}$				
常压下：苯$_{(s)}, p^\ominus, T_{fus} \longrightarrow$ 苯$_{(l)}, p^\ominus, T_{fus}$				

三、简答题

1. 什么是过程？可逆过程的主要特征为何？

2. 在炎热的夏天，封闭门窗，打开工作的冰箱的冷冻室门，能否降低室内空气的温度？

3. 什么是状态函数？有哪些特征？恒容摩尔热容 $C_{V,m}$ 和恒压摩尔热容 $C_{p,m}$ 是不是状态函数？

4. 气体节流膨胀过程有哪些特征？实际气体经节流过程（焦耳-汤姆孙实验）和理想气体经节流膨胀过程（焦耳实验）温度分别如何变化？做功情况呢？

5. 如题图 1-3 气体 p-V 图所示，由始态 A 经过等温可逆膨胀或绝热可逆膨胀过程到达两个不同的终点 B 和 C，指出哪条曲线为等温可逆过程，哪条曲线为绝热可逆过程。试通过分别求证曲线的斜率 $\left(\frac{\partial p}{\partial V}\right)_T$ 得出以上结论。

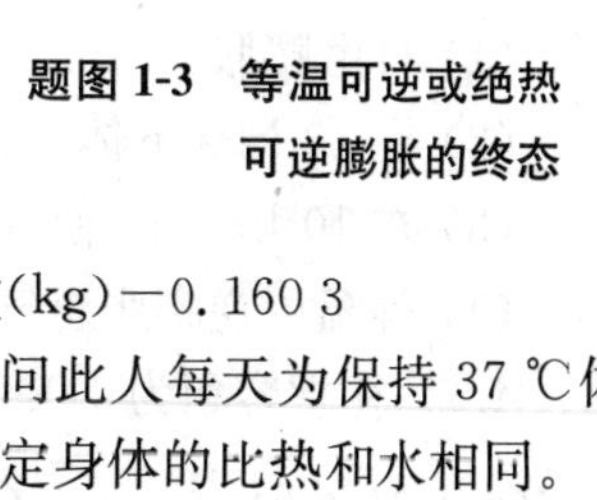

题图 1-3　等温可逆或绝热可逆膨胀的终态

6. 某人一天需要消耗 14 000 kJ 能量，需怎样的营养配餐才能达到平衡？一天代谢产热 10 460 kJ，若人体不散失热量，温度将升高到 73.4 ℃。人体实际上是一个开放系统，每天通过体表散热是 150 kJ・m^{-2}。已知一个体重 60 kg、身高 175 cm 的成人体表面积与身高和体重的关系如下：

$$\text{体表面积(m}^2) = 0.006\,59 \times \text{身高(cm)} + 0.012\,6 \times \text{体重(kg)} - 0.160\,3$$

求每天通过体表散失的热量。若剩余热量全部靠水的蒸发排出，试问此人每天为保持 37 ℃体温需蒸发多少水？已知 310 K 时水的蒸发热为 2 406 kJ・kg^{-1}。假定身体的比热和水相同。

7. 将浴室池水（水量、水温）升温到国家规定的 40～50 ℃之间需多少燃料（木材、煤、天然气、热蒸汽）？

8. 食品营养与食谱配餐的原理是什么？

9. 简述在冰箱和空调工艺中的节流膨胀。

10. 如何估算燃料最高燃烧温度与筛选火箭推进剂?

四、判断题

1. 热力系统的边界可以是固定的,也可以是移动的;可以是实际存在的,也可以是假想的。 ( )

2. 热力学第一定律的数学表达式 $\Delta U=Q+W$ 只适用于封闭体系。 ( )

3. 因为 $Q_p=\Delta H, Q_V=\Delta U$,焓与热力学能是状态函数,所以 Q_p 与 Q_V 也是状态函数。 ( )

4. 公式 $dU=nC_{V,m}dT$ 对一定量的理想气体的任何 p,V,T 过程均适用。 ( )

5. 物质的量为 n 的理想气体,由 T_1,p_1 绝热不可逆膨胀到 T_2,p_2,该过程的焓变化 $\Delta H=n\int_{T_1}^{T_2}C_{p,m}dT$。 ( )

6. 当热由体系传给环境时,体系的焓一定减少($H=U+pV$);体系温度升高,体系的内能一定增大。 ( )

7. 理想气体的 C_p, C_V 值与气体的温度无关,则它们的差值也与温度无关。 ( )

8. 状态改变后,状态函数一定都改变;状态函数改变,状态一定改变。 ( )

9. $C_{p,m}$ 总是大于 $C_{V,m}$。 ( )

10. $\Delta_c H^{\ominus}_{m,C_{(石墨)}}=\Delta_f H^{\ominus}_{m,CO_{2(g)}}$。 ( )

五、计算题

1. 如果一个系统从环境吸收了 40 J 的热,而系统的热力学能却增加了 200 J,问系统从环境得到了多少功?如果该系统在膨胀过程中对环境做了 10 kJ 的功,同时吸收了 28 kJ 的热,求系统的热力学能变化值。

2. 宇航员穿着良好绝热的宇宙服在月球表面探险,在这一活动中,每千克体重每小时大约产生 4.2 kJ 的热。如果这些热量都保留在体内的话,1 小时后体温增加多少?假定身体的比热和水相同。

3. 在 300 K 时,有 1 mol 理想气体从始态 100 kPa 的压力开始,分别在等温条件下经历如下三个不同过程,分别求算各过程的 $Q, W, \Delta U, \Delta H$。

(1) 自由膨胀;

(2) 在 10 kPa 下体积胀大 1 dm^3;

(3) 在 10 kPa 下,使气体膨胀到终态压力也等于 10 kPa;

(4) 等温可逆膨胀至气体压力为 10 kPa。

4. 某礼堂容积为 1 000 m^3,室温为 283 K,压强为 101 325 Pa,欲使其温度升至 293 K,需吸热多少?设空气 $C_{p,m}=\frac{7}{2}R$,如室温由 293 K 降至 283 K,当室外温度为 273 K 时,问需导出多少热?

5. 如果每次呼吸将 1 L 空气吸入肺内,并在肺中和体温 310 K 达到平衡,压力仍保持不变。

假定空气的初始温度为 293 K，压力为 101.325 kPa，试计算空气焓的增加。呼吸速率大约为每分钟 30 次，一天中由于呼吸要失去多少热？空气的比热大约为 29.288 $J \cdot mol^{-1} \cdot K^{-1}$。

6. 1 mol 单原子理想气体，从初态 273 K，200 kPa，分别通过两个途径，膨胀到终态 323 K，100 kPa：

(1) 先等压加热至 323 K，再等温可逆膨胀至 100 kPa；

(2) 先等温可逆膨胀至 100 kPa，再等压加热至 323 K。

请分别计算两个途径的 Q，W，ΔU 和 ΔH，试比较两种结果有何不同，说明原因。

7. 设有压力为 100 kPa、温度为 293 K 的理想气体 3 dm^3，在等压下加热，直到最后温度为 353 K。计算过程中的 W，ΔU，ΔH 和 Q，已知该气体的等压摩尔热容 $C_{p,m}=(27.28+3.26\times 10^{-3}T)\ J \cdot mol^{-1} \cdot K^{-1}$.

8. 1 mol 单原子理想气体，始态为 200 kPa，11.2 dm^3，经 pT=常数的可逆过程压缩到终态 400 kPa。已知 $C_{V,m}=3/2R$，求：

(1) 终态的体积和温度；

(2) ΔU 和 ΔH；

(3) 所做的功。

9. 1 mol 理想气体 $N_{2(g)}$ 在 298 K 和 100 kPa 压力下，经绝热可逆膨胀过程压缩到 5 dm^3，试计算：

(1) $N_{2(g)}$ 的最终温度；

(2) $N_{2(g)}$ 的最后压力；

(3) 需做多少功。

10. 在 298 K 时，有一定量的单原子理想气体（$C_{V,m}=1.5R$），从始态 2 000 kPa 及 20 dm^3 经下列不同过程，膨胀到终态压力为 100 kPa，求各过程的 ΔU，ΔH，Q 及 W：

(1) 等温可逆膨胀；

(2) 绝热可逆膨胀；

(3) 以 $\gamma=1.3$ 的多方过程可逆膨胀。

11. 在水的正常沸点（373.15 K，101.325 kPa），有 2 mol $H_2O_{(l)}$ 变为同温、同压的 $H_2O_{(g)}$，已知水的摩尔汽化焓变值为 $\Delta_{vap}H_m=40.7\ kJ \cdot mol^{-1}$，请计算该变化的 W，Q，ΔU，ΔH 的值各为多少。

12. 蒸汽锅炉中连续不断地注入 20 ℃的水，将其加热并蒸发成 180 ℃，饱和蒸气压为 1.003 MPa 的水蒸气。求每生产 1 kg 水蒸气所需要的热量。已知：水（$H_2O_{(l)}$）在 100 ℃的摩尔蒸发焓为 $\Delta_{vap}H_m^{\ominus}=40.668\ kJ \cdot mol^{-1}$，水的平均摩尔定压热容为 $\overline{C}_{p,m}=75.32\ J \cdot mol^{-1} \cdot K^{-1}$，水蒸气（$H_2O_{(g)}$）的摩尔定压热容与温度的函数关系为：$C_{p,m}=29.16+14.49\times 10^{-3}T-2.002\times 10^{-6}T^2$。

13. 在 291 K 和 100 kPa 下，将 1 mol Zn(s)溶于足量稀盐酸中，置换出 1 mol $H_{2(g)}$，并放热 152 kJ。若以 Zn 和盐酸为系统，求该反应所做的功及系统热力学能的变化。设气体为理想气体。

14. 在 1 200 K、100 kPa 压力下，有 1 mol $CaCO_3$ 完全分解为 $CaO_{(s)}$ 和 $CO_{2(g)}$，吸热 180 kJ，计算过程的 W，ΔU，ΔH 和 Q。设气体为理想气体。

15. 0.500 g 正庚烷放在氧弹量热计中，如燃烧后温度升高 2.94 K，若量热计本身以及其附件的热容量为 8.177 $kJ \cdot K^{-1}$，计算 298 K 时正庚烷的摩尔燃烧焓。量热计的平均温度为 298 K。

16. 在 298.15 K 及 100 kPa 压力时，设环丙烷、石墨及氢气的燃烧焓 $\Delta_c H^{\ominus}_{m(298.15\,K)}$ 分别为 $-2\,092\ kJ \cdot mol^{-1}$，$1\,393.8\ kJ \cdot mol^{-1}$ 及 $285.84\ kJ \cdot mol^{-1}$。若已知丙烯 $C_3H_{6(g)}$ 的标准摩尔生成焓为 $\Delta_f H^{\ominus}_{m(298.15\,K)} = 20.50\ kJ \cdot mol^{-1}$，试求：

(1) 环丙烷的标准摩尔生成焓 $\Delta_f H^{\ominus}_{m(298.15\,K)}$；

(2) 环丙烷异构化变为丙烯的摩尔反应焓变值 $\Delta_r H^{\ominus}_{m(298.15\,K)}$。

17. 求 $CaC_{2(s)} + 2H_2O_{(l)} \longrightarrow Ca(OH)_{2(s)} + C_2H_{2(g)}$ 的 $\Delta H^{\ominus}_m$，已知 $CaC_{2(s)}$，$H_2O_{(l)}$，$Ca(OH)_{2(s)}$ 和 $CO_{2(g)}$ 的标准摩尔生成热分别是 $-58.99\ kJ \cdot mol^{-1}$，$-284.93\ kJ \cdot mol^{-1}$，$-987.42\ kJ \cdot mol^{-1}$ 和 $-393.05\ kJ \cdot mol^{-1}$，$C_2H_{2(g)}$ 的标准摩尔燃烧热为 $-1\,299.55\ kJ \cdot mol^{-1}$。

18. 反应 $H_{2(g)} + \frac{1}{2}O_{2(g)} \longrightarrow H_2O_{(l)}$ 在 298 K 和标准压力下的摩尔反应焓变 $\Delta_r H^{\ominus}_{m(298\,K)} = -285.84\ kJ \cdot mol^{-1}$。试计算该反应发生在 800 K 时的摩尔反应焓变 $\Delta_r H^{\ominus}_{m(800\,K)}$。已知 $H_2O_{(l)}$ 在 373 K 和标准压力下的摩尔蒸发焓 $\Delta_{vap} H^{\ominus}_{m(373\,K)} = 40.65\ kJ \cdot mol^{-1}$，涉及的物质的热容与温度之间的关系式如下：

$$C_{p,m,H_{2(g)}} = 29.07\ J \cdot mol^{-1} \cdot K^{-1} + (8.36 \times 10^{-4}\ J \cdot mol^{-1} \cdot K^{-2})T$$

$$C_{p,m,O_{2(g)}} = 36.16\ J \cdot mol^{-1} \cdot K^{-1} + (8.45 \times 10^{-4}\ J \cdot mol^{-1} \cdot K^{-2})T$$

$$C_{p,m,H_2O_{(g)}} = 30.00\ J \cdot mol^{-1} \cdot K^{-1} + (10.7 \times 10^{-3}\ J \cdot mol^{-1} \cdot K^{-2})T$$

19. 某一热机的低温热源温度为 313 K，若高温热源温度分别如下：

(1) 373 K（大气压下水的沸点）；

(2) 538 K（在压力为 5.0×10^6 Pa 下水的沸点）。

分别计算该热机的理论转换系数。

20. 在 298 K 和 100 kPa 的条件下，用乙炔与压缩空气混合生成氧炔焰，用来切割金属。试粗略估计这种火焰能达到的最高温度。设空气中 $O_{2(g)}$ 的物质的量分数为 0.2，在 298 K 时的热力学数据见题表 1-2（设 $C_{p,m}$ 与温度无关）。

题表 1-2

物　质	$\Delta_f H^{\ominus}_m (kJ \cdot mol^{-1})$	$C_{p,m}(J \cdot K^{-1} \cdot mol^{-1})$
$CO_{2(g)}$	−393.51	37.1
$H_2O_{(g)}$	−241.82	33.58
$C_2H_{2(g)}$	226.7	43.93
$N_{2(g)}$	0	29.12

六、证明题

1. 从 $U = H - pV$ 出发，分别求证：

(1) $\left(\frac{\partial U}{\partial T}\right)_p = C_p - p\left(\frac{\partial V}{\partial T}\right)_p$；

(2) $\left(\frac{\partial U}{\partial V}\right)_p = C_p\left(\frac{\partial T}{\partial V}\right)_p - p$。

2. 证明：$C_p - C_V = -\left(\frac{\partial p}{\partial T}\right)_V \left[\left(\frac{\partial H}{\partial p}\right)_T - V\right]$。

第 2 章　热力学第二定律

【设疑】

[1] 世间万事万物变化(宇宙演化、沧海桑田、生老病死、花开花落、风雨雷电、朝代更替、化学变化)的规律为何?

[2] 第二类永动机与第一类永动机的区别为何? 二者对人类的意义何在?

[3] 在物理、化学、生态、人类、社会、哲学、医学、管理等各领域的实际工作中,如何理解并利用普里戈金熵理论构筑各类耗散结构态?

[4] 热射病、高山病、潜水病、浴室病的病因为何? 如何避免?

[5] 化工生产中吸收单元操作的理论依据是什么?

[6] 如何让饺子煮不破?

[7] 下雪天如何防止路面结冰?

[8] 汽车防冻液为什么能防冻?

[9] 如何配制等渗输液和等渗饮料? 其意义何在?

[10] 如何用反渗透法淡化海水?

【教学目的与要求】

[1] 了解热力学第二定律建立的时代背景,掌握热力学第二定律的数学表达方式及其功能

$$\mathrm{d}S\begin{cases} > \dfrac{\delta Q_R}{T_{源}} \\ = \dfrac{\delta Q_R}{T_{源}} \\ < \dfrac{\delta Q_R}{T_{源}} \end{cases}$$

$$\mathrm{d}S = \mathrm{d_i}S + \frac{\delta Q}{T_{源}} + \sum_{\mathrm{B}} S_{\mathrm{B,m}}\mathrm{d}n_{\mathrm{B}} + k\sum_{1}^{n} p_{\mathrm{i}}\ln p_{\mathrm{i}}$$

理解各项意义与耗散态的形成。

[2] 掌握 ΔS 的计算和熵判据应用。

[3] 熟练掌握定温过程 ΔG 的计算和吉布斯自由能判据的应用。

[4] 了解偏摩尔量的提出背景、化学势的功用及不同形态物质的表达式。

对化学反应,我们主要关心三方面问题:一是能量(功、热),二是方向与限度,三是速率与机理。方向与限度意指在一定条件下能否按指定的方向进行? 若能,是自发的吗? 若是,限度怎样(图 2-1)?

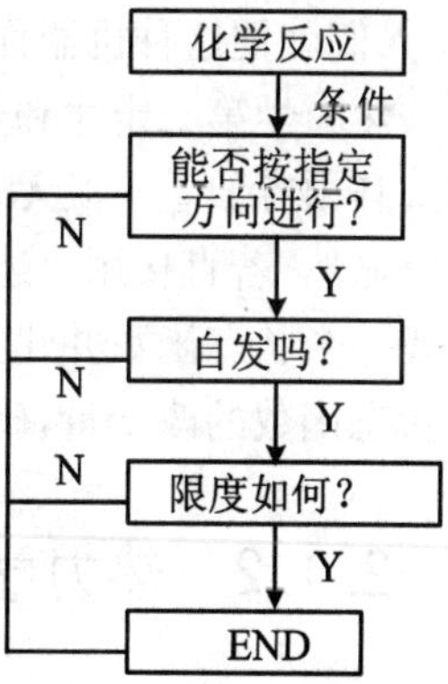

图 2-1

这是热力学第二定律要解决的核心问题。具体如:

$$C + O_2 \xlongequal{\quad} CO_2$$

$$H_2 + \frac{1}{2}O_2 = H_2O$$

$$Cu_2(OH)_2CO_3 = Cu + H_2O + O_{2(g)} + CO_{2(g)}$$

$$Fe_3O_{4(s)} + 4CO_{(g)} = 3Fe(s) + 4CO_{2(g)}$$

$$N_2 + 3H_2 = 2NH_3$$

等化学反应进行的方向与限度如何确定？还有世界处于永恒的运动变化之中，如地壳的沧海桑田，人的生老病死，植物的枯荣，政权的更替。世间万事万物变化的根本规律究竟为何？本章将予以回答。

2.1 热力学第二定律的建立及其数学表达式

2.1.1 热力学第二定律的建立

1842 年热力学第一定律建立后，人们对制造无需任何燃料而能连续对外做功的第一类永动机不再幻想，并深刻认识到第一类永动机永远造不成！同时亦将其作为真理予以接受。受此启发，人们又进一步推想：是不是所有不违背热力学第一定律的过程都能实现呢？

比如，从单一热源取热将其全部变为功而无其他变化的过程。此过程若能实现，我们就可设计出如图 2-2 所示的机器。

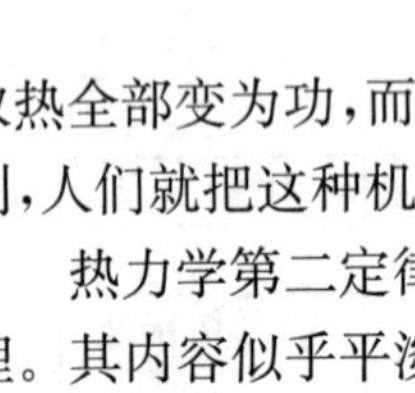

图 2-2

从单一热源(T_1)取热 Q，经过一循环($\Delta U=0$)全部变动为功 W。能量守恒，不违背热力学第一定律。这样的机器一旦造成，能量将取之不竭，亦再无能源危机之说，因海洋、大气、大地均可作为单一热源使用。有人计算过，使海水温度降低 1 ℃放出的热，若能用这种机器全部转变为功，即可使现代社会用 50 万年之久。然而，无数次设计、实验无一例外地都失败了。事实又一次迫使人们不得不放弃这种从单一热源取热全部变为功而无其他变化的热机的设计工作。并从中认识到，这种“从单一热源取热全部变为功，而无其他变化的机器”与第一类永动机一样，也是永远造不成的！为便于区别，人们就把这种机器称为第二类永动机，所得结论称为热力学第二定律。

热力学第二定律和热力学第一定律一样，都是从无数次失败教训中归纳总结出的普遍真理。其内容似乎平淡无奇，但却包含着深刻的意义，因为很多问题的处理都要用到这一结论。

显然，若直接用上述热力学第二定律的文学表达判断过程的方向与限度是不方便的。为此须找一个状态函数并建立其相应的数学表达方式，以便能像热力学第一定律那样，通过计算某一状态函数的改变量，确定其过程的能量那样，来确定过程的方向与限度。

2.1.2 热力学第二定律的数学表达式

为了找到一个状态函数并建立其相应的数学表达式，以便通过计算该状态函数的改变量就能判定过程的方向与限度。有必要先研究一下我们看到的、听到的、感觉到的和接触到的一些熟知其自发方向和限度的可以自动进行的过程如水流、热传导等具有什么样的特征？

2.1.2.1　可自动发生的过程的特征

可自动发生的过程是指在一定条件下，无需非体积功帮忙即能自动发生的过程，如表 2-1 所示。

表 2-1　可自动发生过程的判据

过　程	自发方向	限　度	量 度
水　流	$h_{高} \to h_{低}$	$\Delta h=0$	$\frac{\partial h}{\partial t}=0$
热传导	$T_{高} \to T_{低}$	$\Delta T=0$	$\frac{\partial T}{\partial t}=0$
气体扩散	$p_{高} \to p_{低}$	$\Delta p=0$	$\frac{\partial p}{\partial t}=0$
……	……	……	……

需注意：

(1) 关于其特征，有的书认为是"任其自然，无需外力(功、热)帮忙而能进行的过程叫可自动进行的过程"。加热有的是改变方向，有的是提高速率，有的是二者兼有，如

$$CaCO_{3(s)} \xrightarrow{\Delta} CaO_{(s)} + CO_{2(g)}$$

在 10 1325 Pa，1 173 K 可向右自动进行；$H_2O_{(l)}$ 在 373 K，101 325 Pa 吸热下变成 $H_2O_{(g)}$。

(2) 还有的书认为，其特征为"无需外功帮忙，可自动进行的过程叫自发的过程"，而如

$$H_{2(g)} + \frac{1}{2}O_{2(g)} \longrightarrow H_2O_{(l)}$$

是公认的自发的化学反应，反应进行时会自然而然地接受环境的体积功。

可见，此两种说法均是不符合实际的。

现在，我们来看看可自动发生的过程有什么特征。

1. 水流

如图 2-3 所示，假设有 m 千克水从高 h_1 处流到低 h_2 处($h_2=0$)，环境得到 mgh_1 的热(势能全部变为热)。欲使 m 千克水重新回到高 h_1 处，可用水泵抽回，此时，环境至少要耗掉 mgh_1 的功。

结果：体系(高低水位)复原，环境得到 mgh_1 热，失 mgh_1 功，环境能否复原就看 mgh_1 热能否全部变为等量的 mgh_1 功了。由热力学第二定律知，这是不可能的！

说明：水流的方式，即途径是不可逆的。

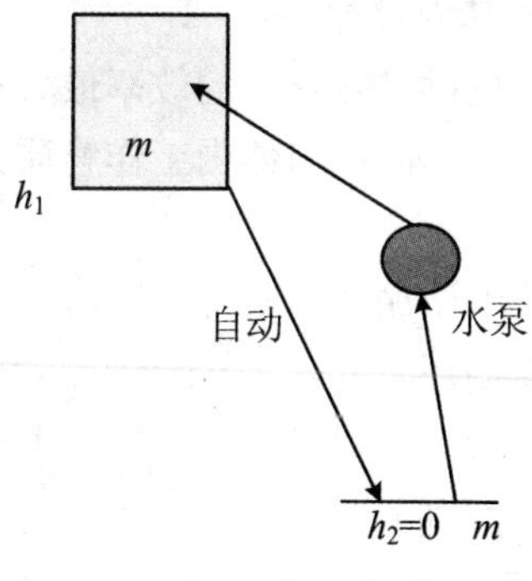

图 2-3

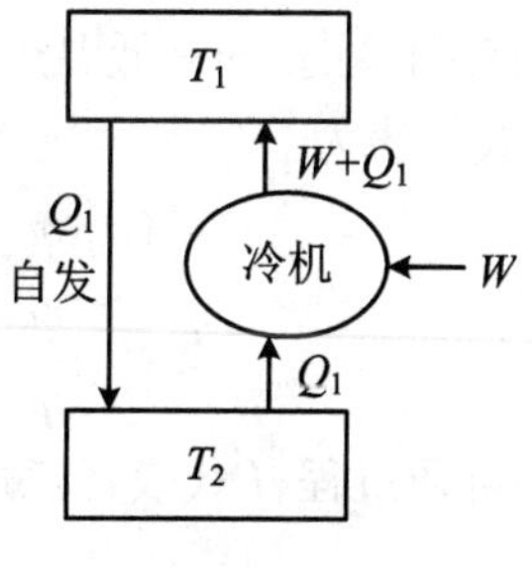

图 2-4

2. 热传导

如图 2-4 所示，设有 Q_1 热从 T_1 源流到 T_2 源。若使 Q_1 热再回到 T_1 源，可用制冷机从 T_2 处取 Q_1，环境耗 W 功来实现。此时，T_1 源共得$(W+Q_1)$热，为使 T_1 源复原，现从其取 W 热给环境。

结果：体系(两个热源)复原，环境失 W 功，得 W 热。由于未引起其他变化，W 热不可能全部变为功，即环境未复原。

说明：热传导也是不可逆的。

从上可以看出，自动发生的过程进行之后。使体系复原时，环境能否复原，都取决于从单一热源取热能否变为等量功而无其他变化！由热力学第二定律知这是不可能的。因而，所有自动发生的过程，必是不可逆的。这是自发的过程的一个最重要的特征。此外，自动发生的过程都具有一定的方向和限度。自发过程无需耗环境非体积功而能自动进行，如加以控制还可对外做功如水力发电、火力发电等。

由此克劳修斯首先意识到，要寻求一状态函数并建立其相应的数学表达式，以便由此算出该状态函数变的数值(大于 0，小于 0，等于 0)，判断过程的方向与限度，就得重新发掘卡诺的研究工作。因为自动发生的过程其途径不可逆，归根结底是由于热功转换的不可逆造成的。

2.1.2.2　卡诺定理及其推广

1. 卡诺热机的效率

由物理学知，1824 年法国工程师卡诺设计的热机的效率

$$\eta=-\frac{W}{Q_1}=\frac{T_1-T_2}{T_1}$$

由于卡诺循环 $\Delta U=0$

$$-W=Q=Q_1+Q_2 \qquad (Q_2<0)$$

则

$$\eta=\frac{Q_1+Q_2}{Q_1}=\frac{T_1-T_2}{T_1}$$

2. 卡诺定理

我们知道，卡诺热机是由一特殊循环构成的，且工作物质为理想气体。这就必然带来两个问题：一是在两个不同温度热源间工作的热机中，卡诺热机的效率是否为最大？二是卡诺热机的效率是否与工作物质有关？

为此，卡诺在导出 η 公式后，又提出了著名的卡诺定理，其内容如下：

(1) 所有工作在相同高低温热源之间的热机，以卡诺热机(可逆热机)的效率最大；

(2) 所有工作在相同高低温热源之间的可逆热机的效率相等，而与体内工作物质无关。

用数学式可表为

$$\eta_R\begin{cases} >\eta_I & \text{(能发生的不可逆，非卡诺循环)} \\ =\eta_I & \text{(能发生的可逆，卡诺循环)} \\ <\eta_I & \text{(不可能发生)} \end{cases}$$

式中 R 代表可逆过程、I 代表任意过程(可能可逆，也可能不可逆)，且

$$\eta_R=\frac{Q_1+Q_2}{Q_1}=\frac{T_1-T_2}{T_1}$$

$$\eta_I = \frac{Q_1 + Q_2}{Q_1}$$

这是推导熵(S)函数的重要关系式，具有重要的实际意义和理论价值。

可用逻辑推理的反证法予以证明。

如图 2-5 所示，假设：$\eta_R < \eta_I$，由热力学第一定律知

$$Q_2' = Q_1 - W_I$$

$$Q_2 = Q_1 - W_R$$

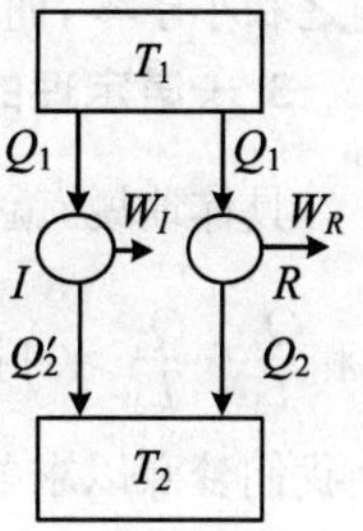

图 2-5

由于 $\eta_I > \eta_R$，即

$$-\frac{W_I}{Q_1} > -\frac{W_R}{Q_1}$$

$$-W_I > -W_R$$

即

$$W_R - W_I > 0 \qquad (W_I \text{ 负值比 } W_R \text{ 负值大})$$

推理：

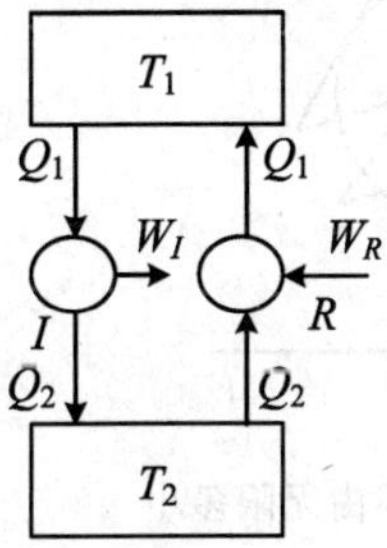

图 2-6

如图 2-6 所示，两机联合，使复合机循环一周(以 I 热机带动 R 热机)，I 热机从 T_1 源吸 Q_1，对外做 W_I 功，放出 $Q_2 = Q_1 - W_I$ 热到 T_2 源。现取 W_I 中的一部分功 W_R 使 R 热机逆转，并从 T_2 源取 Q_2 热，使其放到 T_1 源。最后高温热源 T_1 得到$(Q_1 - W_I + W_R)$ 热。为使高温热源 T_1 复原，将$(W_R - W_I)$热取出给环境。

结果：体系(两机)复原；环境得$(W_R - W_I)$热全部变为等量的$(W_R - W_I)$功，而无其他变化。由热力学第二定律知，这是不可能的。故原命题不成立！

只能是 $\eta_R > \eta_I$ 和 $\eta_R = \eta_I$ 正确！

则

$$\frac{T_1 - T_2}{T_1}\begin{cases} > \dfrac{Q_1 + Q_2}{Q_1} \\ = \dfrac{Q_1 + Q_2}{Q_1} \\ < \dfrac{Q_1 + Q_2}{Q_1} \end{cases}$$

克劳修斯改写成

$$1 - \frac{T_2}{T_1}\begin{cases} > 1 + \dfrac{Q_2}{Q_1} \\ = 1 + \dfrac{Q_2}{Q_1} \\ < 1 + \dfrac{Q_2}{Q_1} \end{cases}$$

即

$$\frac{Q_1}{T_1} + \frac{Q_2}{T_2}\begin{cases} < 0 & \text{(能发生的不可逆，非卡诺循环)} \\ = 0 & \text{(能发生的可逆，卡诺循环)} \\ > 0 & \text{(不可能)} \end{cases}$$

式中，$\frac{Q}{T}$是体系与环境交换的热Q与热源温度即环境温度$T_{环}$之比，称为途径“热温熵”，对可逆途径可用体系T替代($T=T_{环}\pm dT$)。

该式表明：在卡诺循环中两个热源的热温熵之和等于零；在非卡诺循环中两个热源的热温熵之和小于零，而大于零是不可能的。

3. 卡诺定理的推广

具体地说，就是将卡诺循环$\left(\frac{Q_1}{T_1}+\frac{Q_2}{T_2}=0\right)$推广到任意可逆循环，将非卡诺循环$\left(\frac{Q_1}{T_1}+\frac{Q_2}{T_2}<0\right.$ 和 $\left.\frac{Q_1}{T_1}+\frac{Q_2}{T_2}>0\right)$推广到任意不可逆循环。为此需借助于图 2-7、图 2-8 和图 2-9，并可导出一个我们梦寐以求的状态函数——熵以及熵变和途径热温熵的关系。

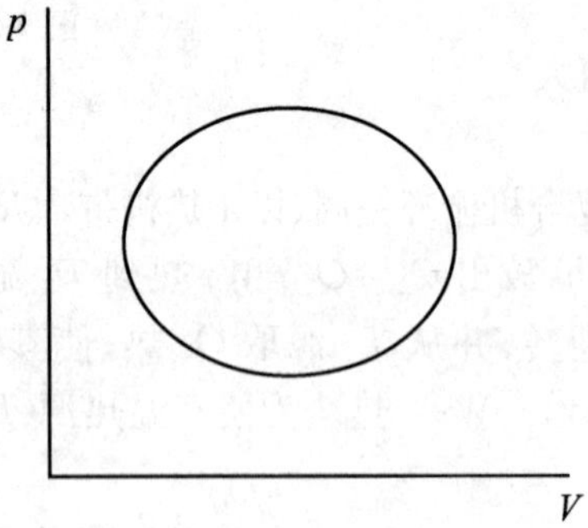

图 2-7 任意可逆循环(曲线)

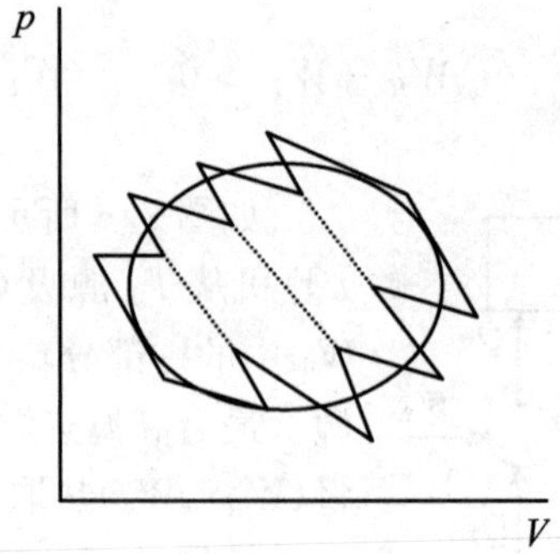

图 2-8 任意可逆循环由无限多小卡诺循环之和替代

将卡诺循环$\left(\frac{Q_1}{T_1}+\frac{Q_2}{T_2}=0\right)$推广到任意可逆循环需作一定的数学处理：即要说明图 2-7 等价于图 2-8，为此需借助于图 2-9。

先说明任意可逆循环(图 2-7)与图 2-9(即走曲线与走折线一样)等价。考虑图 2-9 中的P，M两点，只要能说明走曲线PM与走折线$PIFM$的功、热相等就行了。

为此将P，M两点放大，其中PI与FM为可逆绝热线，IF为等温线。

当把P点作为始态、M点作为终态考虑时(图 2-10)，有

$$\Delta U_{P\to M(曲线)}=\Delta U_{P\to I\to F\to M(折线)}$$

而

$$W_{P\to I\to F\to M}=W_{P\to I}+W_{I\to F}+W_{F\to M}\xrightarrow{折线很多时}W_{P\to M}$$

由$\Delta U=Q+W$知

$$Q_{P\to I\to F\to M}=Q_{P\to M}$$

故，图 2-7 等价于图 2-9。

用一系列绝热线(虚线)即可将图 2-9 变为图 2-8。因图中每一个小四边形均可构成一个小卡诺循环，在相邻的两个小卡诺循环中，体系经过的虚线既是前一个小卡诺循环的绝热可逆膨胀线又是后一个小卡诺循环的绝热可逆压缩线，功、热相消，图 2-8 等价于图 2-9。则图 2-7 恒等于图 2-8，即任意可逆循环可由无限多个小卡诺循环之和替代。由于每个小卡诺循环都有

$$\frac{Q_1}{T_1}+\frac{Q_2}{T_2}=0$$

则无数个小卡诺循环热温熵之和也必等于零。即

$$\frac{\delta Q_1}{T_1}+\frac{\delta Q_2}{T_2}+\frac{\delta Q_3}{T_3}+\frac{\delta Q_4}{T_4}+\cdots=0$$

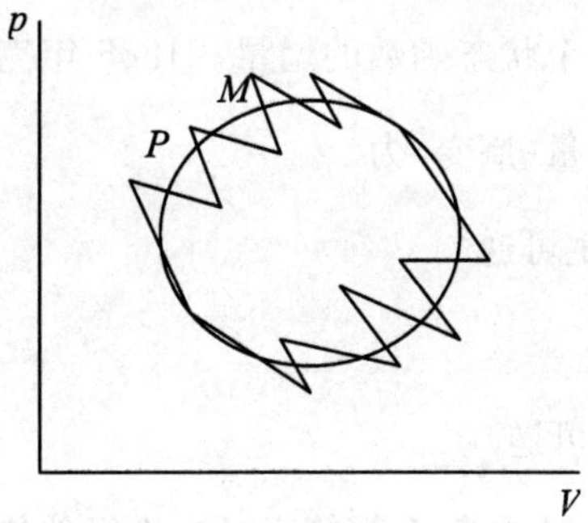

图 2-9　任意可逆循环(折线)

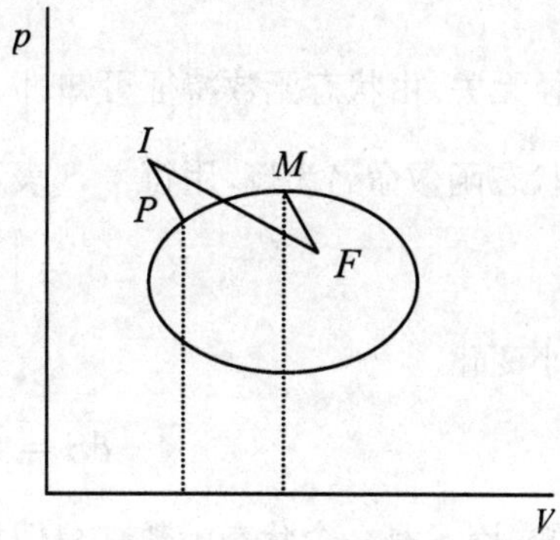

图 2-10　任意可逆循环折线图的 P,M 放大点

"δQ"表示无限小途径吸收或放出的微量热。用加和号或用循环积分可将上式简化为

$$\sum\left(\frac{\delta Q}{T}\right)_R$$

或

$$\oint\frac{\delta Q_R}{T}=0\qquad(\text{能发生的可逆})$$

即任意可逆循环的热温熵之和等于零。

同理,将非卡诺循环$\left(\frac{Q_1}{T_1}+\frac{Q_2}{T_2}<0\text{ 和}\frac{Q_1}{T_1}+\frac{Q_2}{T_2}>0\right)$推广到任意不可逆循环有

$$\sum\left(\frac{\delta Q_{IR}}{T_{\text{源}}}\right)<0\qquad(\text{能发生的不可逆})$$

和

$$\sum\left(\frac{\delta Q_{IR}}{T_{\text{源}}}\right)>0\qquad(\text{不可能发生})$$

即任意不可逆循环的热温熵之和只能小于零,而大于零是不可能的。

2.1.2.3　可逆途径热温熵与熵函数的引出和熵变的定义

任意可逆循环可以看成是由状态 1 沿 R_1 到状态 2 和由状态 2 沿 R_2 的逆过程 R_2' 到状态 1 构成的(图 2-11)。

由于是任意可逆循环,则$\oint\frac{\delta Q_R}{T}=0$。据积分性质,可有

$$\int_1^2\left(\frac{\delta Q_R}{T}\right)_{R_1}+\int_2^1\left(\frac{\delta Q_R}{T}\right)_{R_2'}=0$$

移项

$$\int_1^2\left(\frac{\delta Q_R}{T}\right)_{R_1}=-\int_2^1\left(\frac{\delta Q_R}{T}\right)_{R_2'}$$

即

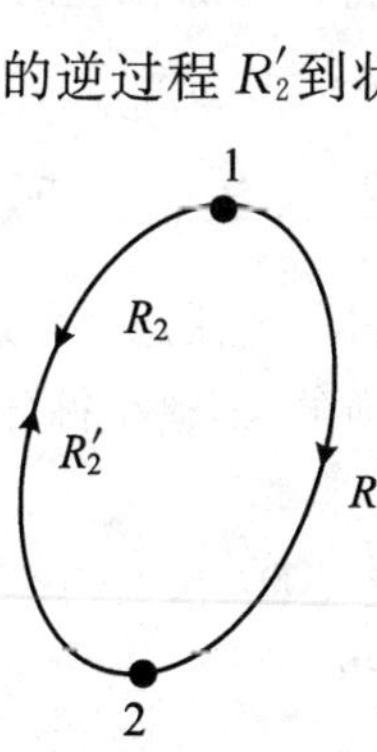

图 2-11　任意可逆循环

$$\int_1^2 \left(\frac{\delta Q_R}{T}\right)_{R_1} = \int_1^2 \left(\frac{\delta Q_R}{T}\right)_{R_2}$$

意指:在相同始终态间的两个可逆途径的热温熵之和相等。即$\int_1^2 \frac{\delta Q_R}{T}$只与始终态有关,而与变化的途径无关。由状态函数特征可知,$\int_1^2 \frac{\delta Q_R}{T}$必对应于一个状态函数的增量。1865年克劳修斯把这个状态函数命名为熵,用符号S表示,并定义其改变量(熵变)为

$$\Delta S = \int_1^2 \frac{\delta Q_R}{T} \qquad \text{(能发生可逆)}$$

对无限小变化

$$\mathrm{d}S = \frac{\delta Q_R}{T} \qquad \text{(能发生可逆)}$$

由上可知,熵S是一个状态函数。故任意变化过程的熵变在数值上都等于可逆途径的热温熵之和,即

$$\Delta S = \int_1^2 \mathrm{d}S = \int_1^2 \frac{\delta Q_R}{T}$$

单位是$\mathrm{J \cdot K^{-1}}$。熵是体系混乱度Ω的量度,1887年玻尔兹曼导出

$$S = k\ln\Omega$$

体系越混乱(无序),S值就越大;越有序,S就越小。$S=k\ln\Omega$的重要意义在于:

(1) 表达了熵的微观本质。Ω是系数的微观状态数,系统的无序性越大,Ω就越大,从而熵也相应越大。例如,在相同的温度和压力条件下的1 mol H_2O,Ω(气)$>\Omega$(液)$>\Omega$(固),相应地,S_m(气)$>S_m$(液)$>S_m$(固)。因此,熵是系统内无序性(混乱程度)的量度,从微观看,熵具有统计意义。

(2) 沟通了系统的热力学性质与微观运动状态之间的关系,是联系热力学和统计力学的极重要的桥梁,奠定了统计热力学的基础,由$S=k\ln\Omega$可推出熵与配分函数的关系,并进一步导出其他热力学函数的统计表达式。

(3) $S=k\ln\Omega$虽是系统的U,V,N一定且处于平衡态的条件下导出的,但由于Ω对非平衡态也有意义,因此,该式也适用于非平衡系统。孤立系统从非平衡态向平衡态变化,在微观上就是Ω最大,直到某一最大值,在宏观上就是S增大,也达到一最大值。因此,$S=k\ln\Omega$能说明孤立系统熵增加原理的本质,孤立系统总是自发向微观状态数增大的方向变化,直到Ω达最大为止。

2.1.2.4 不可逆途径热温熵与熵变的关系

将一个任意不可逆循环"1→2→1"看成是1→2和2→1构成(图2-12),只要其中有一步是不可逆的,则整个循环为不可逆循环。假设$(1\to 2)_{IR}$为不可逆途径,$(1\to 2)_{R'}$是可逆的。则由

$$\sum \frac{\delta Q_{IR}}{T_{源}} < 0$$

可拆成

$$\sum \left(\frac{\delta Q_{IR}}{T_{源}}\right)_{IR} + \sum \left(\frac{\delta Q_R}{T}\right)_{R'} < 0$$

移项

$$\sum\left(\frac{\delta Q_{IR}}{T_{源}}\right)_{IR} < -\int_2^1\left(\frac{\delta Q_R}{T}\right)_{R'}$$

即

$$\sum\left(\frac{\delta Q_{IR}}{T_{源}}\right)_{IR} < \int_1^2\left(\frac{\delta Q_R}{T}\right)_R = \Delta S$$

则

$$\Delta S > \sum\left(\frac{\delta Q_{IR}}{T_{源}}\right)_{IR} \quad （能发生不可逆）$$

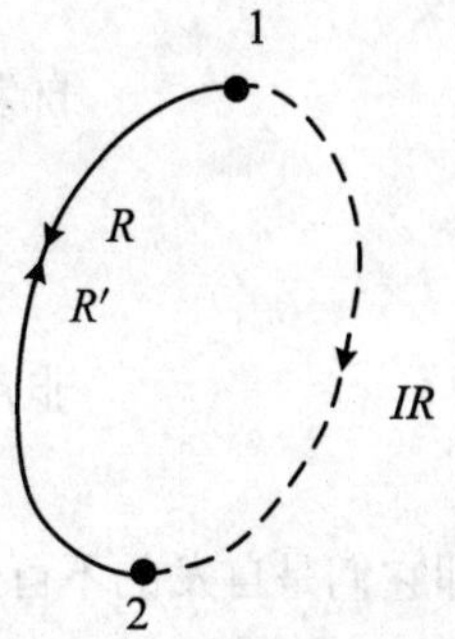

图 2-12　任意不可逆循环

无限小变化

$$dS > \frac{\delta Q_{IR}}{T_{源}} \quad （能发生不可逆）$$

同理

$$\sum\left(\frac{\delta Q_{IR}}{T_{源}}\right) > 0$$

可得

$$dS < \frac{\delta Q_{IR}}{T_{源}} \quad （不可能发生）$$

可见，在相同始终态间进行的不可逆途径和可逆途径的热温熵之和是不同的。不可逆途径的热温熵之和小于熵变，而可逆途径的热温熵之和等于熵变。而熵变小于实际过程的热温熵之和是不可能发生。

2.1.2.5　封闭体系热力学第二定律的数学表达式

经过以上周密的逻辑推理，我们终于找到一个重要的热力学状态函数熵 S，并建立了相应的数学表达式

$$dS\begin{cases} > \dfrac{\delta Q}{T_{源}} & （能发生的不可逆） \\ = \dfrac{\delta Q}{T_{源}} & （能发生的可逆） \\ < \dfrac{\delta Q}{T_{源}} & （不可能发生） \end{cases} \tag{2-1}$$

依此数学表达式，只要算出体系的熵变和此实际过程进行时的热温熵之和，就可确知此过程能否发生，即是否讳背热力学第二定律（大于、等于零均能发生，小于零不可能发生）。这远比用文字表达来判断方便得多。

2.1.2.6　过程自发方向与限度的熵判据

由上可知，用热力学第二定律数学表达式，可方便地判断一过程能否发生，以及过程进行的方式（可逆或不可逆）。而我们最关心的是过程的自发方向与限度，即一过程在外界不供给非体积功的情况下能否自动进行？若能，其限度又是如何？

我们认为：一过程方向是否自发，它是由体系内在性质决定的。若在指定条件下不需环境消耗非体积功就能朝着预定的方向进行，就是自发的；若在指定条件下需要消耗非体积功才能朝着预定的方向进行，就是非自发的。至于采取什么方式（可逆或不可逆）进行，那完全是人为的。因此，在相邻的两个状态之间进行的过程不外乎有四种：

$$
\text{自发的}\begin{cases}\text{不可逆，如 } H_{2(g)}+\frac{1}{2}O_{2(g)}\xrightarrow{\text{爆鸣气或实际放电}}H_2O_{(l)}\\ \text{可逆，如 } H_{2(g)}+\frac{1}{2}O_{2(g)}\xrightarrow{\text{可逆放电}}H_2O_{(l)}\end{cases}
$$

$$
\text{非自发的}\begin{cases}\text{不可逆，如 } H_2O_{(l)}\xrightarrow{\text{实际电解}}H_{2(g)}+\frac{1}{2}O_{2(g)}\\ \text{可逆，如 } H_2O_{(l)}\xrightarrow{\text{可逆电解}}H_{2(g)}+\frac{1}{2}O_{2(g)}\end{cases}
$$

即它们是自发的不可逆、自发的可逆以及非自发的不可逆和非自发的可逆。

$$H_{2(g)}+\frac{1}{2}O_{2(g)}\longrightarrow H_2O_{(l)}$$

本质上说，始→终是自发的。具体发生时，可以是自发的不可逆——爆鸣气的爆鸣反应、氢氧电池不可逆放电做功；也可以是自发的可逆——氢氧电池在可逆工作条件下对外做电功，但

$$H_2O_{(l)}\longrightarrow H_{2(g)}+\frac{1}{2}O_{2(g)}$$

本质上是非自发的（只有在环境供给电功条件下才能朝指定的方向进行）。可以是非自发的不可逆（以一定速度的电解），也可以是非自发的可逆（在外压仅比氢氧电池电动势大无穷小量的理想情况下电解）。

显然，若用热力学第二定律数学表达式判断过程的自发方向与限度，必须设法确知环境是否对体系做了非体积功。若无需环境供给非体积功，由数学式算出是能发生的，那么它不是自发的不可逆就是自发的可逆。

对孤立体系，由于体系与环境间无物质、能量交换，发生的必是自发的。此时，热力学第二定律数学表达式变为

$$
dS\begin{cases}>0 & \text{（自发的不可逆）}\\ =0 & \text{（自发的可逆）}\\ <0 & \text{（不可能发生）}\end{cases}
$$

自发方向与限度的熵判据为：

条件	自发方向	限度
孤立体系	$S_{小}\longrightarrow S_{大}$	S 达该条件下最大

可用图 2-13 表示。

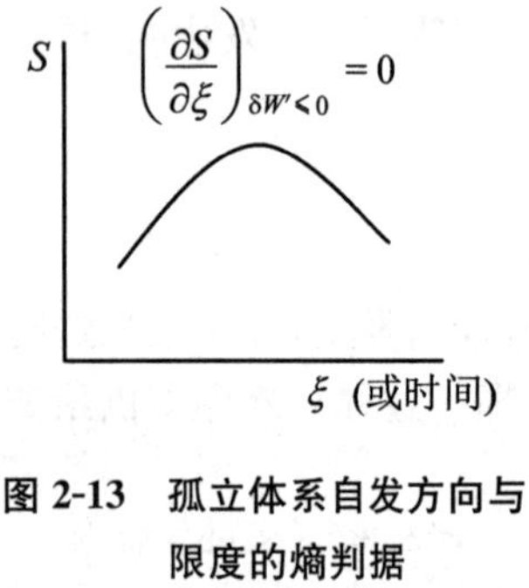

图 2-13 孤立体系自发方向与限度的熵判据

亦即，孤立体系的熵永不减少——熵增原理。

对封闭体系，在确保无环境非体积功帮忙时，我们可将环境与体系合在一起，此时，热力学第二定律数学式变为

$$
dS-\frac{\delta Q}{T_{源}}\begin{cases}>0\\ =0\\ <0\end{cases}
$$

定义 $dS_{环}=-\frac{\delta Q}{T_{源}}$（设环境是热库，其温度不因吸放热而变），有

$$
dS_{总}=dS+dS_{环}\begin{cases}>0 & \text{（自发的不可逆）}\\ =0 & \text{（自发的可逆）}\\ <0 & \text{（不可能发生）}\end{cases}\tag{2-2}
$$

自发方向与限度的熵判据为：

条件	自发方向	限度
无环境非体积功帮忙	$S_{小} \longrightarrow S_{大}$	S 达该条件下最大值

可用图 2-14 表示。

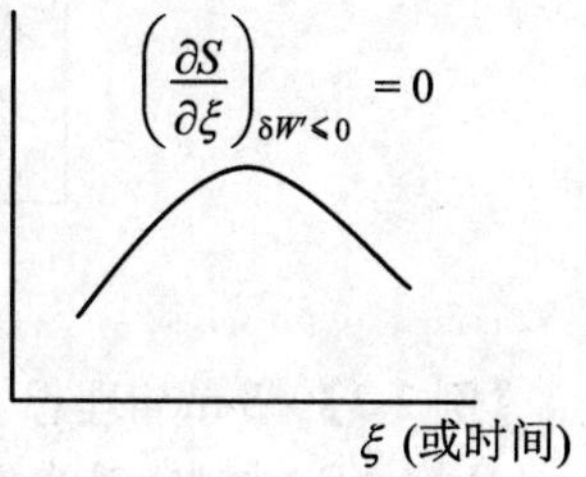

图 2-14　封闭体系自发方向与限度的熵判据

注意：

① 过程终点平衡态即“限度”在外界条件不变时，内部不可能有任何宏观过程进行，与可逆过程是两个完全不同的概念，量度也应不同：化学反应的限度，量度为 $\left(\frac{\partial S}{\partial \xi}\right)_{\delta W'\leqslant 0}=0$，$S$ 达该条件下最大值；可逆过程，量度为 $\mathrm{d}S_{总}=0$。

② 自发的过程与自发过程不是一回事。前者可能是自发的不可逆过程也可能是自发的可逆过程，而后者只可能是自发的不可逆过程。

2.2　熵变计算与熵判据应用

公式

$$\Delta S=\int_1^2 \frac{\delta Q_R}{T}$$

适用于封闭体系内发生的任意变化。

2.2.1　简单状态变化

2.2.1.1　定温

公式

$$\Delta S=\int_1^2 \frac{\delta Q_R}{T}=\frac{1}{T}\int_1^2 \delta Q_R=\frac{Q_R}{T}$$

对理想气体的等温过程

$$\delta Q_R=\mathrm{d}U-\delta W=p\mathrm{d}V=\left(\frac{nRT}{V}\right)\mathrm{d}V$$

$$\Delta S=\frac{1}{T}\int_1^2\left(\frac{nRT}{V}\right)\mathrm{d}V=nR\ln\frac{V_2}{V_1}=nR\ln\frac{p_1}{p_2}$$

【例 2-1】　如图 2-15 所示，设有体积为 V 的绝热容器，中间以隔板将其分成体积为 V_A 和 V_B 两部分，分别盛以 n_A 摩尔理想气体 A 与 n_B 摩尔理想气体 B，而且 T，p 相等。当抽去隔板后两气体在定温定压下混合，求 ΔS，并判断自发性。

解　这是一个孤立体系

$$\Delta S_A=n_A R\ln\left(\frac{V}{V_A}\right)=-n_A R\ln x_A$$

$$\Delta S_B = -n_B R\ln x_B$$

$$\Delta S = \Delta S_A + \Delta S_B = -R(n_A\ln x_A + n_B\ln x_B)$$

因为 $x_A<1, x_B<1$,所以 $\Delta S>0$,自发的不可逆。

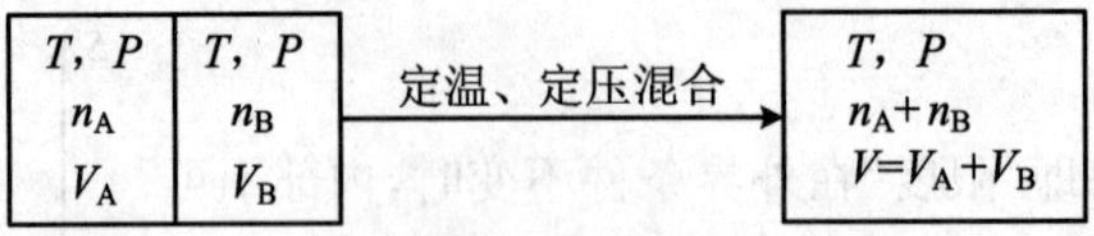

图 2-15

【例 2-2】 5 mol 理想气体由 298 K,1 013 250 Pa 分别按以下途径膨胀到 298 K,101 325 Pa。计算 ΔS,并判断其自发性。

(1) 在 $p_e=p-dp$ 下膨胀;

(2) 自由膨胀;

(3) 反抗恒外压 $p^{\ominus}$ 膨胀。

解 这是一个封闭体系

(1)
$$\Delta S = nR\ln\left(\frac{V_2}{V_1}\right) = nR\ln\left(\frac{p_1}{p_2}\right) = 5\times 8.314\ln\left(\frac{1\,013\,250}{101\,325}\right) = 95.72\ (\text{J}\cdot\text{K}^{-1})$$

$$\Delta S_{环} = -\frac{Q}{T_{环}} = -5\times 8.314\ln\left(\frac{1\,013\,250}{101\,325}\right) = -95.72\ (\text{J}\cdot\text{K}^{-1})$$

$$\Delta S_{总} = \Delta S + \Delta S_{环} = 95.72 + (-95.72) = 0 \qquad (自发的可逆)$$

(2) 体系始终态相同,$\Delta S = 95.72\ \text{J}\cdot\text{K}^{-1}$。

$$\Delta S_{环} = -\frac{Q}{T_{环}} = 0$$

$$\Delta S_{总} = \Delta S + \Delta S_{环} = 95.72 + 0 = 95.72\ (\text{J}\cdot\text{K}^{-1}) > 0 \qquad (自发的不可逆)$$

(3) 体系始终态相同,$\Delta S = 95.72\ \text{J}\cdot\text{K}^{-1}$。

$$\Delta S_{环} = -\frac{Q}{T_{环}} = -p_e\left(\frac{V_2 - V_1}{T_{环}}\right) = -nR\left(1 - \frac{p_2}{p_1}\right) = -5\times 8.314\left(1 - \frac{101\,325}{1\,013\,250}\right) = -37.41\ (\text{J}\cdot\text{K}^{-1})$$

$$\Delta S_{总} = \Delta S + \Delta S_{环} = 95.72 + (-37.41) = 58.31\ (\text{J}\cdot\text{K}^{-1}) > 0 \qquad (自发的不可逆)$$

2.2.1.2 定压变温

在始态→终态间设计一条定压无非体积功的简单状态变化的可逆途径时

$$\delta Q_R = \delta Q_p = dH = C_p dT = nC_{p,m}dT$$

则

$$\Delta S = \int_1^2 \frac{\delta Q_R}{T} = \int_1^2 nC_{p,m}\frac{dT}{T}$$

适用于封闭体系、定压、无非体积功、简单状态变化的可逆途径。

【例 2-3】 已知 $C_{p,m,CO_{2(g)}}=32.22+22.18\times10^{-3}T-3.49\times10^{-6}T^2$，将 2 mol 273 K $CO_{2(g)}$ 放在 373 K 恒温器中加热，试求 $CO_{2(g)}$ 的 ΔS，并判据其自发性。

解
$$\Delta S=\int_1^2 nC_{p,m}\frac{dT}{T}$$
$$=2\int_{273}^{373}(32.32+22.18\times10^{-3}T-3.49\times10^{-6}T^2)\frac{dT}{T}$$
$$=24.3\ (J\cdot K^{-1})$$
$$Q_{实}=Q_p=n\int_{273}^{373}C_{p,m}dT$$
$$=2\int_{273}^{373}(32.32+22.18\times10^{-3}T-3.49\times10^{-6}T^2)dT$$
$$=7\,803.2\ (J)$$
$$\Delta S_{环}=-\frac{Q_{实}}{T_{环}}=-\frac{7\,803.2}{373}=-20.92\ (J\cdot K^{-1})$$
$$\Delta S_{总}=\Delta S+\Delta S_{环}$$
$$=24.3-20.92=3.38\ (J\cdot K^{-1})>0\qquad（自发的不可逆）$$

2.2.1.3　理想气体 p,V,T 均变

在始、终间设计一条无非体积功的可逆过程，有

$$\Delta S=\int_1^2\frac{\delta Q_R}{T}=\int_1^2\frac{dU+pdV}{T}=\int_1^2\frac{\left[C_V dT+\left(\frac{nRT}{V}\right)dV\right]}{T}$$
$$=\int_1^2 nC_{V,m}\frac{dT}{T}+\int_1^2\frac{nR}{V}dV$$
$$\Delta S=n\cdot C_{V,m}\ln\left(\frac{T_2}{T_1}\right)+n\cdot R\ln\left(\frac{V_2}{V_1}\right)$$

结合 $\frac{p_1V_1}{T_1}=\frac{p_2V_2}{T_2}$ 还可导出求此类过程 ΔS 的其他形式，如

$$\Delta S=nC_{p,m}\ln\left(\frac{T_2}{T_1}\right)+nR\ln\left(\frac{p_1}{p_2}\right)$$
$$\Delta S=nC_{V,m}\ln\left(\frac{p_2}{p_1}\right)+nC_{p,m}\ln\left(\frac{V_2}{V_1}\right)$$

2.2.2　相变化

仅讨论纯物质在定温、定压，无非体积功下的相变，具体分为可逆相变与不可逆相变。

2.2.2.1　可逆相变

在两相平衡的定温、定压下的相变，如

$$(373\ K,101\,325\ Pa)\quad H_2O_{(l)}\longrightarrow(373\ K,101\,325\ Pa)\quad H_2O_{(g)}$$
$$(273\ K,101\,325\ Pa)\quad H_2O_{(l)}\longrightarrow(273\ K,101\,325\ Pa)\quad H_2O_{(s)}$$

$$\Delta S=\int_1^2\frac{\delta Q_R}{T}=\frac{Q_R}{T}=\frac{\Delta H}{T}=\frac{n\Delta_\alpha^\beta H_m}{T}$$

【例 2-4】 1 mol $H_2O_{(l)}$ 在 273 K，一个标准气压下变成 $H_2O_{(s)}$。已知该条件下，$\Delta H_m=-6\,020\ J\cdot mol^{-1}$，求 ΔS 并判断过程的自发性。

解

$$\Delta S=\int_1^2\frac{\delta Q_R}{T}=\frac{n\Delta_\alpha^\beta H_m}{T}=\frac{1\times(-6\,020)}{273}=-22.05\ (J\cdot K^{-1})$$

$$\Delta S_{环}=-\frac{Q_{实}}{T_{源}}=-\frac{1\times(-6\,020)}{273}=22.05\ (J\cdot K^{-1})$$

$$\Delta S_{总}=\Delta S+\Delta S_{环}=-22.05+22.05=0\qquad(自发的可逆)$$

2.2.2.2 不可逆相变

非两相平衡条件下的相变，如 $H_2O_{(l)}$ 在 101 325 Pa，263 K 下的凝固及 $H_2O_{(l)}$ 在 101 325 Pa，383 K 下的汽化等。在始终态间常设计一条假想的可逆途径来计算不可逆相变的熵变。

【例 2-5】 1 mol $H_2O_{(l)}$ 在 101 325 Pa，263 K 下凝固为 263 K，101 325 Pa 下 $H_2O_{(s)}$，求 ΔS 并判断过程自发性（已知 273 K，101 325 Pa 下，水的 $\Delta H_m=-6\,020\ J\cdot mol^{-1}$，$C_{p,m,H_2O_{(s)}}=37.6\ J\cdot K^{-1}\cdot mol^{-1}$，$C_{p,m,H_2O_{(l)}}=75.3\ J\cdot K^{-1}\cdot mol^{-1}$）。

解 过程如图 2-16 所示。

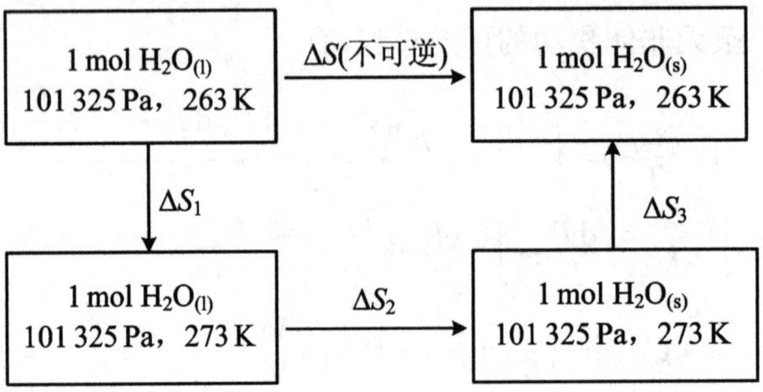

图 2-16

$$\begin{aligned}\Delta S&=\Delta S_1+\Delta S_2+\Delta S_3\\&=\int_{263}^{273}nC_{p,m,H_2O_{(l)}}\frac{dT}{T}+\frac{n\Delta H_m}{273}+\int_{273}^{263}nC_{p,m,H_2O_{(s)}}\frac{dT}{T}\\&=1\times75.3\ln\left(\frac{273}{263}\right)+1\times\frac{-6\,020}{273}+1\times37.6\ln\left(\frac{263}{273}\right)\\&=-20.64\ (J\cdot K^{-1})\end{aligned}$$

$$\begin{aligned}Q_{实}&=Q_p=\Delta H=\Delta H_1+\Delta H_2+\Delta H_3\\&=nC_{p,m,H_2O_{(l)}}(273-263)+1\times(-6\,020)+nC_{p,m,H_2O_{(s)}}(263-273)\\&=1\times75.3(273-263)+1\times(-6\,020)+1\times37.6(263-273)\\&=-5\,643\ (J)\end{aligned}$$

$$\begin{aligned}\Delta S_{环}&=-\frac{Q_{实}}{T_{源}}=-\left(\frac{-5\,643}{263}\right)\\&=21.46\ (J\cdot K^{-1})\end{aligned}$$

$$\Delta S_{总}=\Delta S+\Delta S_{环}=-20.64+21.46=0.82\ (J\cdot K^{-1})>0\qquad(自发的不可逆)$$

2.2.3　化学变化

如图 2-17 所示，任意化学反应直接进行，几乎都是不可逆的，不能用 $\Delta S=\int_1^2\frac{\delta Q_R}{T}$ 求 ΔS。但对布置在可逆装置(如可逆原电池)中的等温反应，$\Delta S=\int_1^2\frac{\delta Q_R}{T}=\frac{Q_R}{T}$ 适用。此时，只要求出 Q_R 再除以 T 即可求得该化学反应的 ΔS。如 298 K，101 325 Pa 下，测出 $H_{2(g)}+\frac{1}{2}O_{2(g)}\longrightarrow H_2O_{(l)}$ 在可逆原电池中进行时，放热 48.62 kJ，则

$$\Delta S=\int_1^2\frac{\delta Q_R}{T}=\frac{Q_R}{T}=-\frac{48\,620}{298}=-163\ (\mathrm{J\cdot K^{-1}})$$

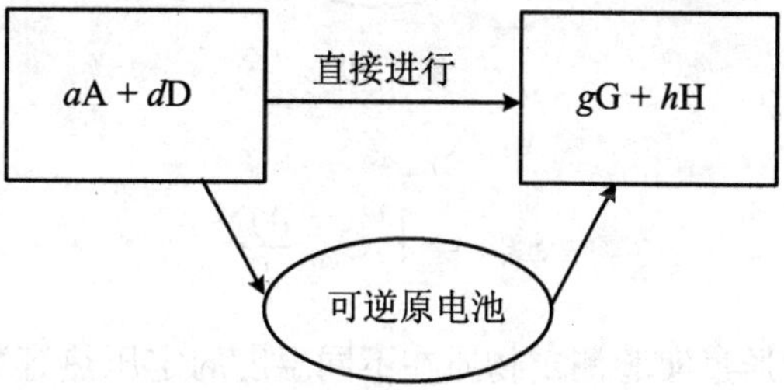

图 2-17

但像这样能设计成可逆原电池的反应并不多见。因此，化学反应 ΔS 最普遍的计算方法还是按下述思路来求。

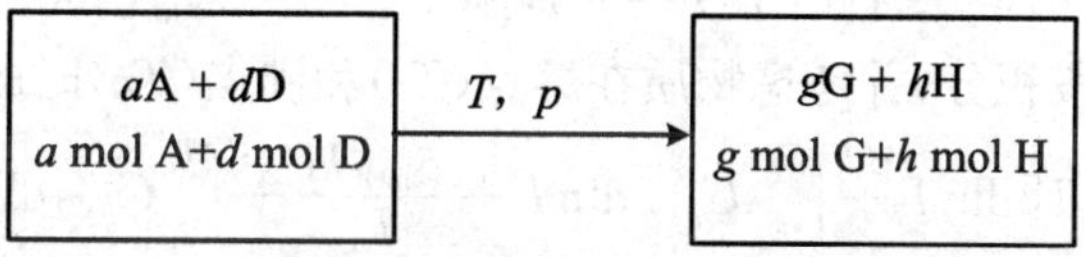

图 2-18

如图 2-18 所示反应，仿照求 $\Delta_r H_m$ 法，先求标准摩尔反应熵变 $\Delta_r S_m^{\ominus}=\sum_B \nu_B S_{B,m}^{\ominus}$。$\Delta_r S_m^{\ominus}$，意指

$$\begin{array}{cccc} aA\quad + & dD\quad = & gG\quad + & hH \\ (a\ \mathrm{mol\ A}) & (d\ \mathrm{mol\ D}) & (g\ \mathrm{mol\ G}) & (h\ \mathrm{mol\ H}) \\ (\text{标态},T,p^{\ominus}) & (\text{标态},T,p^{\ominus}) & (\text{标态},T,p^{\ominus}) & (\text{标态},T,p^{\ominus}) \end{array}$$

$$\Delta_r S_m=\sum_B \nu_B \bar{S}_B$$

$S_{B,m}^{\ominus}$ 是物质 B 的标准摩尔熵值，可由热力学第三定律求之。

2.2.3.1　热力学第三定律

20 世纪初 Plank 由大量实验总结出：绝对零度下，任何纯物质的完美晶体的熵值为零，即 $S_{(0\,K)}=0$。

纯物质、完美晶体，是指晶格中粒子(分子、原子或离子)的排列方式只有一种，没有缺陷和错位的理想单晶，由于 $\Omega=1$，则 $S=k\ln\Omega=0$。

2.2.3.2 标准摩尔熵 $S_{B,m}^{\ominus}$

有了热力学第三定律后，就可求出任何纯物质在标准态 $T,p^{\ominus}$下的熵值(图 2-19)：

$$\Delta_r S_m = S_{B,m}^{\ominus} - S_{(0\,K)} = \int_0^T C_{p,m}\frac{dT}{T}$$

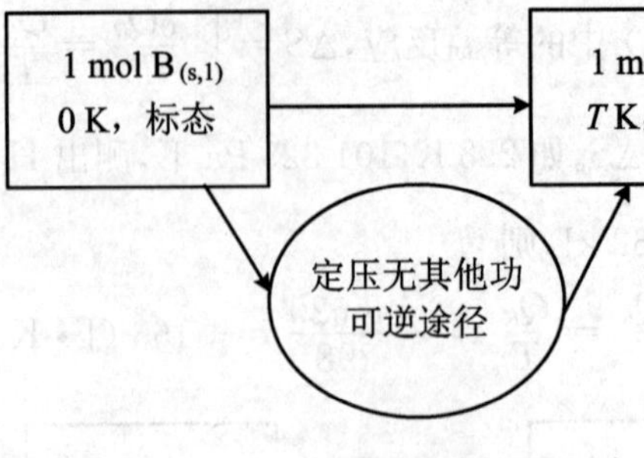

图 2-19

则

$$S_{B,m}^{\ominus} = \int_0^T C_{p,m}\frac{dT}{T}$$

物质B的标准摩尔熵可以通过实验测定物质在不同温度的定压热容数据，然后以$\frac{C_p}{T}$为纵坐标，T为横坐标，或者以C_p为纵坐标，$\ln T$为横坐标，图解积分求得。如果物质B在$p^{\ominus}$，298.15 K下是气体，涉及的相变化为

$$B_{(s)}(0\,K) \longrightarrow B_{(s)}(T_f) \rightleftharpoons B_{(l)}(T_f)$$
$$\longrightarrow B_{(l)}(T_b) \rightleftharpoons B_{(g)}(T_b) \longrightarrow B_{(g)}(298.15\,K)$$

由于C_p不连续，必须分段积分，并考虑物质在熔点(T_f)和沸点(T_b)时的相变化的熵变。有

$$S_{B,m}^{\ominus} = \int_0^{16\,K}\alpha T^3\,d\ln T + \int_{16\,K}^{T_f}C_{p(s)}\,d\ln T + \frac{\Delta_{melt}H}{T_f} + \int_{T_f}^{T_b}C_{p(l)}\,d\ln T + \frac{\Delta_{vap}H}{T_b}$$
$$+\int_{T_b}^{298.15\,K}C_{p(g)}\,d\ln T + \int_{p^*}^{p^{\ominus}}\left[\left(\frac{\partial V}{\partial T}\right)_p - \frac{R}{p}\right]dp$$

式中，第一项中的αT^3是德拜热容公式，积分上限16 K表示目前能准确测量的热容大约只能达到这样低的温度；最后一项是气体非理想性的修正(p^*是气体呈理想行为的极低压力值)。表2-2给出的是$HCl_{(g)}$在101.325 kPa标准下从0 K到298.15 K各阶段的熵变。

表 2-2　101.325 kPa 标准下 $HCl_{(g)}$ 从 0 K 到 298.15 K 各阶段的熵变

温度变化范围或相变温度(K)	熵值来源	$\Delta S_m^{\ominus}$(J · K^{-1} · mol^{-1})
0～16.00	德拜热容公式计算	1.28
16.00～98.36	$C_{p,HCl_{(s,1)}}$ 对 $\ln T$ 作图	29.54
98.36	$HCl_{(s,1)} \rightarrow HCl_{(s,2)}$	12.09
98.36～158.91	$C_{p,HCl(s,2)}$ 对 $\ln T$ 作图	21.13
158.91	$HCl_{(s,2)} \rightarrow HCl_{(l)}$	12.55
158.91～188.07	$C_{p,HCl(l)}$ 对 $\ln T$ 作图	9.87

续表

温度变化范围或相变温度(K)	熵值来源	$\Delta S_m^\ominus(\mathrm{J\cdot K^{-1}\cdot mol^{-1}})$
188.07	$HCl_{(l)} \rightarrow HCl_{(g)}$	85.86
188.07～298.15	$C_{p,HCl_{(g)}}$ 对 $\ln T$ 作图	13.47
298.15	$p^\ominus$ 的实际气体修正到 $p^\ominus$ 的理想气体标准态	0.84

依此，$HCl_{(g)}$ 在 298.15 K，101.325 kPa 下的标准摩尔熵为 $S^\ominus_{HCl_{(g)},m} = 186.61\ \mathrm{J\cdot K^{-1}\cdot mol^{-1}}$。常见物质在 298 K 下的 $S^\ominus_{B,m}$ 均列表备查。

2.2.3.3　化学反应 $\Delta_r S_m^\ominus$ 的计算

$$\Delta_r S_m^\ominus = \sum_B \nu_B S^\ominus_{B,m}$$

【例 2-6】 298 K 葡萄糖的细胞呼吸作用可用以下反应表示。

$$C_6H_{12}O_{6(s)} + 6O_{2(g)} \longrightarrow 6CO_{2(g)} + 6H_2O_{(g)}$$

求其熵变，并判断自发性（已知 $\Delta_r H_m^\ominus = -2\,801\ \mathrm{kJ\cdot K^{-1}\cdot mol^{-1}}$）。

解

$$\Delta_r S_m \approx \Delta_r S_m^\ominus = \sum_B \nu_B S^\ominus_{B,m} = 1\,282 + 420 - 212 - 1\,230 = 260\ (\mathrm{J\cdot K^{-1}\cdot mol^{-1}})$$

$$\Delta_r S = 260\ \mathrm{J\cdot K^{-1}}$$

$$\Delta S_{环} = -\frac{Q_{实}}{T_{源}} = -1 \times \frac{\Delta_r H_m}{T} \approx -1 \times \frac{\Delta_r H_m^\ominus}{T}$$

$$= -\left(\frac{-2\,801\,000}{298}\right) = 9\,399\ (\mathrm{J\cdot K^{-1}})$$

$$\Delta S_{总} = \Delta S + \Delta S_{环}$$

$$= 260 + 9\,399 = 9\,659\ (\mathrm{J\cdot K^{-1}}) > 0$$

是自发的不可逆，但在 298 K 时并不能发觉反应的进行（不涉及速率）。

需指出的是：$\Delta_r S_m$ 与 $\Delta_r S_m^\ominus$ 不是一回事，关系如图 2-20 所示。

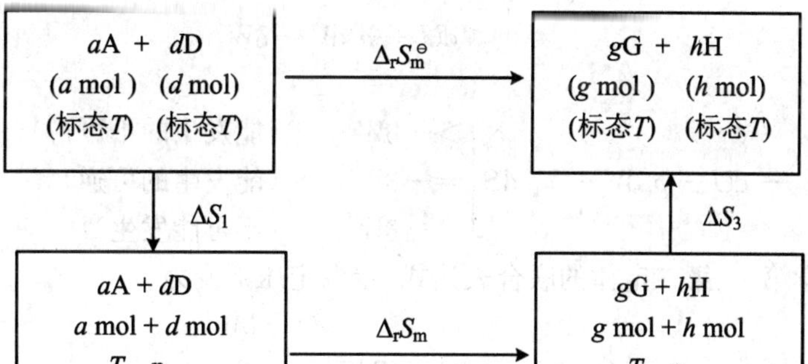

图 2-20

$$\Delta_r S_m^\ominus = \Delta S_1 + \Delta_r S_m + \Delta S_2$$

$$\Delta_r S_m = \Delta_r S_m^\ominus - \Delta S_1 - \Delta S_2$$

定温定压下混合

$$\Delta S_{混合} = -R\sum_{B} n_B \ln x_B$$

后文将知，改变压力($p^{\ominus} \to p$)的熵变为

$$-\int_{p^{\ominus}}^{p} \left(\frac{\partial V}{\partial T}\right)_p \mathrm{d}p$$

2.3 吉布斯自由能和亥姆霍兹自由能

由前文知，孤立体系的自发方向是 $S_{小} \to S_{大}$，限度为 S 达该条件下最大。封闭体系在无非体积功帮忙时，自发方向是 $S_{小} \to S_{大}$，限度也是 S 达该条件下的最大值

$$\mathrm{d}S_{总} = \mathrm{d}S + \mathrm{d}S_{环} \begin{cases} > 0 & \text{(自发的不可逆)} \\ = 0 & \text{(自发的可逆)} \\ < 0 & \text{(不可能发生)} \end{cases}$$

需同时计算 $\mathrm{d}S$ 和 $\mathrm{d}S_{环}$，且只有在环境不消耗非体积功时方适用。考虑到实际上科研和化工生产中大多数化学反应都是在定温定压下(如敞口设备在大气压下)进行的，人们在熵 S 的基础上又定义了吉布斯自由能(G)，以便更方便地判断这个特定条件下过程的自发方向与限度。

我们知道，封闭体系热力学第二定律数学表达式为

$$\mathrm{d}S \begin{cases} > \dfrac{\delta Q}{T_{源}} \\ = \dfrac{\delta Q}{T_{源}} \\ < \dfrac{\delta Q}{T_{源}} \end{cases}$$

若将第一定律 $\delta Q = \mathrm{d}U + p_{外}\mathrm{d}V - \delta W'$ 代入，应有

$$T_{源}\mathrm{d}S \begin{cases} > \mathrm{d}U + p_e\mathrm{d}V - \delta W' \\ = \mathrm{d}U + p_e\mathrm{d}V - \delta W' \\ < \mathrm{d}U + p_e\mathrm{d}V - \delta W' \end{cases}$$

移项

$$-\mathrm{d}U - p_e\mathrm{d}V + T_{源}\mathrm{d}S \begin{cases} > -\delta W' & \text{(能发生的不可逆)} \\ = -\delta W' & \text{(能发生的可逆)} \\ < -\delta W' & \text{(不可能发生)} \end{cases}$$

上式常称为热力学第一、第二定律的联合表达式，定温定压下变为

$$-\mathrm{d}U - p\mathrm{d}V + T\mathrm{d}S \begin{cases} > -\delta W' \\ = -\delta W' \\ < -\delta W' \end{cases}$$

即

$$-\mathrm{d}(U + pV - TS) \begin{cases} > -\delta W' & \text{(能发生的不可逆)} \\ = -\delta W' & \text{(能发生的可逆)} \\ < -\delta W' & \text{(不可能发生)} \end{cases}$$

该式是定温定压下热力学第二定律的数学表达式。为了书写方便，1875 年吉布斯定义

$$U + pV - TS \equiv G$$

即

$$G \equiv H - TS$$

称为吉布斯自由能，则

$$-\mathrm{d}G_{T,p}\begin{cases} > -\delta W' \\ = -\delta W' \\ < -\delta W' \end{cases}$$

亦即

$$-\mathrm{d}G_{T,p}\begin{cases} > -\delta W' & \text{能发生的不可逆(自发的、非自发的)} \\ = -\delta W' & \text{能发生的可逆(自发的、非自发的)} \\ < -\delta W' & \text{不可能发生} \end{cases}$$

说明：

（1）定温、定压下，G 改变值 $-\mathrm{d}G_{T,p}$ 为一定值

$$\text{始态} \longrightarrow \text{终态}$$

若该变化是自发的化学反应，如 $H_{2(g)} + \frac{1}{2}O_{2(g)} \longrightarrow H_2O_{(l)}$，$-\mathrm{d}G_{T,p}$ 的物理意义可叙述如下：

当反应布置在可逆原电池中进行时，则 $-\mathrm{d}G_{T,p}$ 等于对外所做的最大非体积功（$-\mathrm{d}G_{T,p} = -\delta W'$）；当布置在不可逆电池中进行，则 $-\mathrm{d}G_{T,p}$ 大于所做的非体积功（$-\mathrm{d}G_{T,p} > -\delta W'$）；而 $-\mathrm{d}G_{T,p} < -\delta W'$ 是不可能的。

（2）吉布斯自由能 G 是为判断定温、定压下非孤立体系中过程自发方向与限度，在熵 S 基础上引入的一新的状态函数。因而状态一定，G 值必一定。故对任意变化（简单状态变化，相变化，化学变化）都有吉布斯自由能变

$$\Delta G = G_2 - G_1 = \Delta H - \Delta(TS)$$

无任何限制条件。

（3）该式与第二定律数学表达式本质上一样，即只能判据定温、定压下过程能否发生。若用于判断过程的自发方向与限度还需作下面细致的逻辑推理。

具体思路是将能发生的 $-\mathrm{d}G_{T,p} > -\delta W'$ 和 $-\mathrm{d}G_{T,p} = -\delta W'$ 分别与 $-\delta W'$ 可能大于零、小于零和等于零三种情况组合。

① $-\mathrm{d}G_{T,p} > -\delta W'$。

a. $-\delta W' > 0$　　（体系对外做非体积功）

$$-\mathrm{d}G_{T,p} > -\delta W' > 0$$

$$-\mathrm{d}G_{T,p} > 0$$

$$\mathrm{d}G_{T,p} < 0$$

自发的不可逆，即不可逆对外做非体积功，如氢氧电池的不可逆放电做功。

条件	自发方向	限度
定温、定压	$G_{大} \rightarrow G_{小}$	G 达最小值

b. $-\delta W' = 0$

$$-\mathrm{d}G_{T,p} > -\delta W' = 0$$

$$-\mathrm{d}G_{T,p} > 0$$

$$\mathrm{d}G_{T,p} < 0$$

自发的不可逆，如爆鸣气爆鸣反应。

条件	自发方向	限度
定温、定压	$G_{大} \rightarrow G_{小}$	G 达最小值

c. $-\delta W'<0$　（非自发）

$$-\mathrm{d}G_{T,p} > -\delta W' < 0$$

如 $a>b$，$a<0$，如图 2-21 所示。

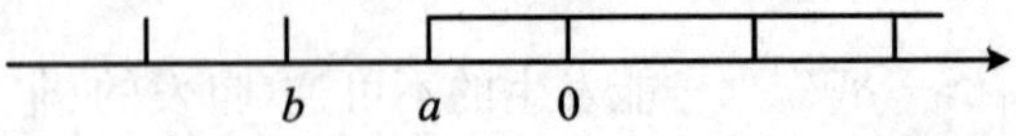

图 2-21

则 $a<0$，即 $-\mathrm{d}G_{T,p}<0$。

$$\mathrm{d}G_{T,p} > 0$$

非自发的不可逆（如以不可逆方式电解水）。

② $-\mathrm{d}G_{T,p}=-\delta W'$。

a. $-\delta W'>0$　（体系对外做非体积功）

$$-\mathrm{d}G_{T,p} = -\delta W' > 0$$

$$-\mathrm{d}G_{T,p} > 0$$

$$\mathrm{d}G_{T,p} < 0$$

自发的可逆，如氢氧电池的可逆放电。

条件	自发方向	限度
定温、定压	$G_{大} \rightarrow G_{小}$	G 达最小值

b. $-\delta W'=0$

$$-\mathrm{d}G_{T,p} = -\delta W' = 0$$

$$-\mathrm{d}G_{T,p} = 0$$

$$\mathrm{d}G_{T,p} = 0$$

自发的可逆，如 373 K，101 325 Pa 下水的汽化。

c. $-\delta W'<0$　（非自发）

$$-\mathrm{d}G_{T,p} = -\delta W' < 0$$

$$-\mathrm{d}G_{T,p} < 0$$

$$\mathrm{d}G_{T,p} > 0$$

非自发的可逆，如外压仅比氢氧电池电动势大 $\mathrm{d}E$ 时，以可逆方式电解水的变化。

综上所述有：

$$\mathrm{d}G_{T,p}\begin{cases} <0 & \text{自发的（不可逆、可逆）} \\ =0 & \text{自发的（可逆）} \\ >0 & \text{非自发的（不可逆、可逆）} \end{cases} \tag{2-3}$$

得吉布斯自由能判据：

条件	自发方向	限度
定温、定压	$G_{大} \rightarrow G_{小}$	G 达该条件下的最小值

可用图 2-22 表示。

同理，热力学第一、第二定律的联合表达式在定温、定容下变为

$$-\mathrm{d}U+T\mathrm{d}S\begin{cases}>-\delta W'\\=-\delta W'\\<-\delta W'\end{cases}$$

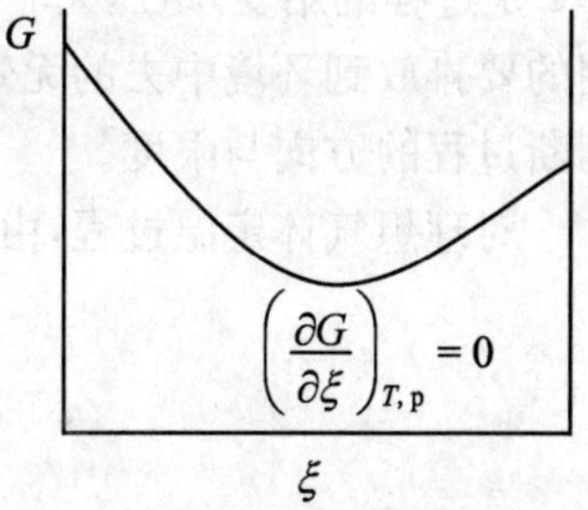

图 2-22　定温、定压下的吉布斯自由能判据

即

$$-\mathrm{d}(U-TS)\begin{cases}>-\delta W' & （能发生的不可逆）\\=-\delta W' & （能发生的可逆）\\<-\delta W' & （不可能发生）\end{cases}$$

为了书写方便，亥姆霍兹定义

$$A\equiv U-TS$$

称为亥姆霍兹自由能，是状态函数，具有容量性质，则

$$-\mathrm{d}A_{T,V}\begin{cases}>-\delta W'\\=-\delta W'\\<-\delta W'\end{cases}$$

亦即

$$-\mathrm{d}A_{T,V}\begin{cases}>-\delta W' & 能发生的不可逆（自发的、非自发的）\\=-\delta W' & 能发生的可逆（自发的、非自发的）\\<-\delta W' & 不可能发生\end{cases}$$

同法有亥姆霍兹自由能判据：

$$\mathrm{d}A_{T,V}\begin{cases}<0 & 自发的（不可逆、可逆）\\=0 & 自发的（可逆）\\>0 & 非自发的（不可逆、可逆）\end{cases}$$

条件	自发方向	限度
定温、定压	$A_{大}\rightarrow A_{小}$	A 达该条件下的最小值

可用图 2-23 来表示。

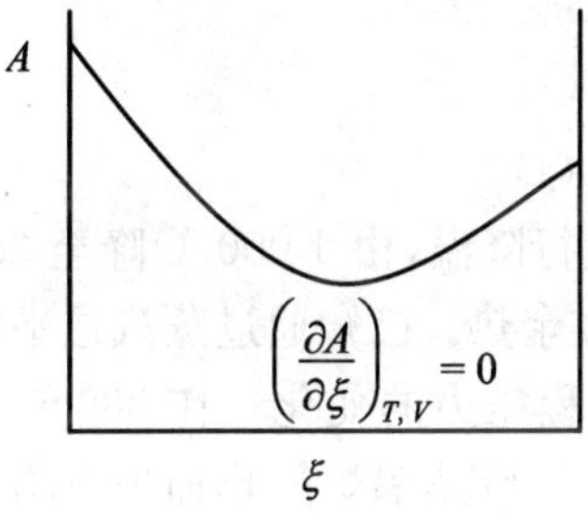

图 2-23　定温定容下的亥姆霍兹自由能判据

从处理相平衡和化学平衡等工程应用问题的角度说，A 似乎不如 G 那样有用，但在表达化学统计热力学中的宏观物理量与分子微观参数之间的相互关系上却很重要。

2.4　ΔG 计算与吉布斯自由能判据应用

吉布斯自由能是一个十分重要的状态函数，它的改变量 ΔG 是最常见的定温、定压条件下过程方向与限度的判据。在相平衡、化学平衡、界面现象、电化学各章中都要用到。

由

$$\Delta G=\Delta H-\Delta(TS)$$

定温、定压的 ΔG

$$\Delta G = \Delta H - T\Delta S$$

ΔH 是过程的焓变，定压无非体积功时过程的总能量变化值；$T_0\Delta S$（T_0 为环境温度）是不能利用的要排放到环境中去的无效能；ΔG 为过程的吉布斯自由能变，是定温、定压时的变化值，能判断过程的方向与限度。

对理想气体定温过程，由于

$$\Delta H = 0$$

$$\Delta S = nR\ln\left(\frac{V_2}{V_1}\right)$$

则

$$\Delta G = 0 - nRT\ln\left(\frac{V_2}{V_1}\right) = nRT\ln\left(\frac{p_2}{p_1}\right)$$

2.4.1 简单状态变化

【例 2-7】 1 mol 理想气体在 298 K，1 013 250 Pa 下，反抗 101 325 Pa 压力膨胀到 101 325 Pa 终态，求 ΔG。

解 这是一个定温、变压过程

$$\Delta G = \Delta H - T\Delta S$$

$$\Delta H = 0$$

$$\Delta S = nR\ln\left(\frac{V_2}{V_1}\right)$$

$$\Delta G = 0 - nRT\ln\left(\frac{V_2}{V_1}\right) = nRT\ln\left(\frac{p_2}{p_1}\right)$$

$$= -1 \times 8.314 \times 298\ln 10 = -5\ 704\ (\text{J})$$

【例 2-8】 如图 2-24 所示，某化工厂有高温工艺气体需要进行降温，由 1 000 ℃降至 380 ℃，高温气体流量为 5 160 $m^3 \cdot h^{-1}$（NH_3），今用废热锅炉机组回收余热。已知通过蒸汽透平回收到的实际功为 283 $kW \cdot h \cdot t^{-1}$（NH_3）。忽略工艺气体降温过程压力的变化。在 380 ℃与 1 000 ℃之间该工艺气体的平均比定压热容为 36 $kJ \cdot kmol^{-1} \cdot K^{-1}$，废热锅炉的热损失忽略不计。大气温度为 30 ℃。试求此工艺气体降温过程锅炉回收的热量和排放到环境中去的无效能及 ΔG。

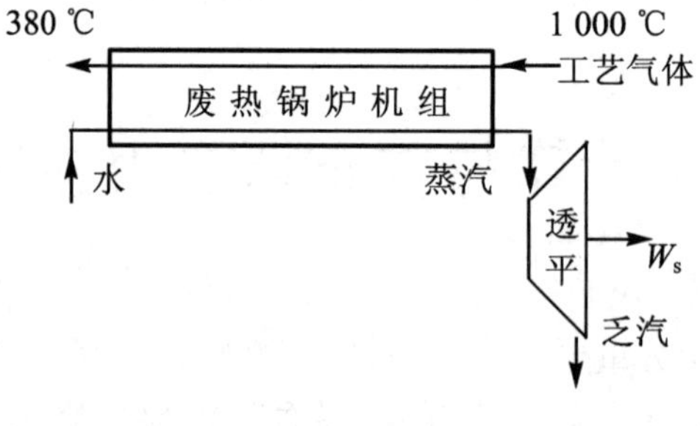

图 2-24

解 计算取每吨氨为基准。

(1) 每吨氨的工艺气体物质的量为

$$n=\frac{5\,160}{22.4\times10^{-3}}=230.4\ (\text{kmol})$$

不考虑压力变化，则

$$\Delta H=nC_p(T_2-T_1)=230.4\times36\times(380-1\,000)$$
$$=-5.14\times10^6\ \text{kJ}=-1\,428\ (\text{kW}\cdot\text{h})$$

废热锅炉机组的热损失忽略不计，因此工艺气体降温过程的焓变就是锅炉回收的热量。

$$T_0\Delta S=T_0nC_p\ln\left(\frac{T_2}{T_1}\right)=303\times230.4\times36\ln\left(\frac{380+273}{1\,000+273}\right)$$
$$=-1.68\times10^6(\text{kJ})=-466\ (\text{kW}\cdot\text{h})$$

因此

$$\Delta G=-1\,428+466=-962\ (\text{kW}\cdot\text{h})$$

由上述计算可知，工艺气体降温过程放出的总热量为 1 428 $\text{kW}\cdot\text{h}\cdot\text{t}^{-1}(NH_3)$。其中，466 $\text{kW}\cdot\text{h}\cdot\text{t}^{-1}(NH_3)$不能利用，是要排放到环境中去的无效能，余下 962 $\text{kW}\cdot\text{h}\cdot\text{t}^{-1}(NH_3)$是吉布斯自由能。

【例 2-9】 300.2 K，1 mol 理想气体从 1 013.25 kPa 等温可逆膨胀到 101.325 kPa，求过程的 $Q,W,\Delta U,\Delta H,\Delta S,\Delta A$ 和 ΔG。

解　由于理想气体的内能与焓仅是温度的函数，在等温过程中

$$\Delta U=0,\Delta H=0$$

$$W=-nRT\ln\left(\frac{p_1}{p_2}\right)=1\times8.314\times300.2\ln\left(\frac{1\,013.25}{101.325}\right)=-5\,747.97\ (\text{J})$$

$$Q=\Delta U-W=5\,747.97\ (\text{J})$$

$$\Delta S=nR\ln\left(\frac{p_1}{p_2}\right)=1\times8.314\ln\left(\frac{1\,013.25}{101.325}\right)=19.15\ (\text{J}\cdot\text{K}^{-1})$$

$$\Delta A=\Delta U-T\Delta S=0-T\Delta S=-300.2\times19.15=-5\,747.97\ (\text{J})$$

$$\Delta G=\Delta H-T\Delta S=0-T\Delta S=-300.2\times19.15=-5\,747.97\ (\text{J})$$

2.4.2　相变化

仅讨论纯物质在定温、定压下，无非体积功的相变化。

2.4.2.1　可逆相变

由于可逆相变的 $\Delta S=\dfrac{\Delta H}{T}$，则 $\Delta G=\Delta H-T\Delta S=\Delta H-T\left(\dfrac{\Delta H}{T}\right)=0$，自发的可逆。

例如，1 mol $H_2O_{(l)}$在 273 K，101 325 Pa 下变成 $H_2O_{(s)}$的 $\Delta G=0$；1 mol $H_2O_{(l)}$在 373 K，101 325 Pa下变成 $H_2O_{(g)}$的 $\Delta G=0$。

2.4.2.2　不可逆相变化

在始终态间，要设计一条可逆途径进行有关计算。

【例 2-10】 1 mol $H_2O_{(l)}$在 101 325 Pa，263 K 下凝固为 263 K，101 325 Pa 下的 $H_2O_{(s)}$。计算 ΔG 并判断过程的自发性。已知 273 K，101 325 Pa 下，水的 $\Delta H_m=-6\,020\ \text{J}\cdot\text{mol}^{-1}$，

$C_{p,\mathrm{m},\mathrm{H_2O_{(s)}}}=37.6\ \mathrm{J\cdot K^{-1}\cdot mol^{-1}}$，$C_{p,\mathrm{m},\mathrm{H_2O_{(l)}}}=75.3\ \mathrm{J\cdot K^{-1}\cdot mol^{-1}}$。

解 途径如图 2-25 所示。

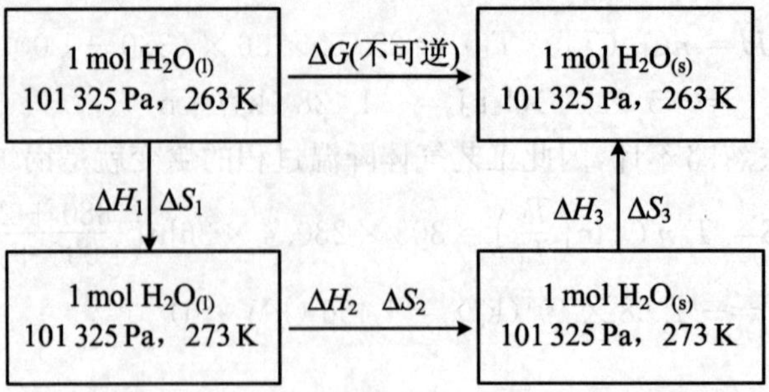

图 2-25

$$
\begin{aligned}
\Delta H &= \Delta H_1+\Delta H_2+\Delta H_3\\
&= nC_{p,\mathrm{m},\mathrm{H_2O_{(l)}}}(273-263)+1\times(-6\,020)+nC_{p,\mathrm{m},\mathrm{H_2O_{(s)}}}(263-273)\\
&= 1\times 75.3\times(273-263)+1\times(-6\,020)+1\times 37.6\times(263-273)\\
&= -5\,643\ (\mathrm{J})
\end{aligned}
$$

$$
\begin{aligned}
\Delta S &= \Delta S_1+\Delta S_2+\Delta S_3\\
&= \int_{263}^{273} nC_{p,\mathrm{m},\mathrm{H_2O_{(l)}}}\frac{\mathrm{d}T}{T}+\frac{n\Delta H_\mathrm{m}}{273}+\int_{273}^{263} nC_{p,\mathrm{m},\mathrm{H_2O_{(s)}}}\frac{\mathrm{d}T}{T}\\
&= 1\times 75.3\ln\left(\frac{273}{263}\right)+1\times\frac{(-6\,020)}{273}+1\times 37.6\ln\left(\frac{263}{273}\right)\\
&= -20.64\ (\mathrm{J\cdot K^{-1}})
\end{aligned}
$$

则

$$
\begin{aligned}
\Delta G &= \Delta H - T\Delta S = -5\,643-263(-20.64)\\
&= -201.68\ (\mathrm{J}) < 0
\end{aligned}
$$

定温、定压下，是自发的不可逆。

2.4.3 化学变化

如图 2-26 所示，对任意变化，有

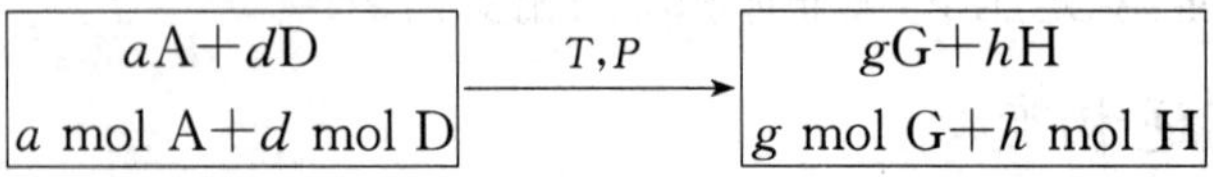

图 2-26

$$\Delta_\mathrm{r}G_\mathrm{m}=\sum_\mathrm{B}\nu_\mathrm{B}\overline{G}_\mathrm{B}$$

$\overline{G}_\mathrm{B}$ 是 1 mol B 在定温、定压下的混合体系中所具有的吉布斯自由能。仿照求 $\Delta_\mathrm{r}H_\mathrm{m}$，$\Delta_\mathrm{r}S_\mathrm{m}$ 的方法，先求标准摩尔反应吉布斯自由能变 $\Delta_\mathrm{r}G_\mathrm{m}^{\ominus}$，$\Delta_\mathrm{r}G_\mathrm{m}^{\ominus}$ 意指

$a\mathrm{A}$	+	$d\mathrm{D}$	=	$g\mathrm{G}$	+	$h\mathrm{H}$
(a mol A)		(d mol D)		(g mol G)		(h mol H)
(标态，$T,p^{\ominus}$)		(标态，$T,p^{\ominus}$)		(标态，$T,p^{\ominus}$)		(标态，$T,p^{\ominus}$)

$$\Delta_\mathrm{r}G_\mathrm{m}^{\ominus}=\sum_\mathrm{B}\nu_\mathrm{B}G_{\mathrm{B,m}}^{\ominus}$$

$G^{\ominus}_{B,m}$为标准态下物质B的摩尔吉布斯自由能，绝对值亦不可求。但将$\Delta G=\Delta H-T\Delta S$用于定温定压标准态的化学反应则有

$$\Delta_r G^{\ominus}_m=\Delta_r H^{\ominus}_m-T\Delta_r S^{\ominus}_m$$

将

$$\Delta_r H^{\ominus}_m=\sum_{B'}\nu_B\Delta_f H^{\ominus}_{B,m} \text{ 与 } \Delta_r S^{\ominus}_m=\sum_B \nu_B S^{\ominus}_{B,m}$$

代入即可求出$\Delta_r G^{\ominus}_m$。但最常用的还是仿照不知$H^{\ominus}_{B,m}$绝对值定义$\Delta_f H^{\ominus}_{B,m}$的方法，引入标准摩尔生成吉布斯自由能$\Delta_f G^{\ominus}_{B,m}$。

2.4.3.1　标准摩尔生成吉布斯自由能$\Delta_f G^{\ominus}_{B,m}$的定义

由各自处于标准态下的稳定态纯单质生成处于标准态下的1 mol物质的标准摩尔吉布斯自由能变，定义为该物质的标准摩尔生成吉布斯自由能，用$\Delta_f G^{\ominus}_{B,m}$表示。如

$$\underset{\substack{(1\text{ mol})\\(\text{标态},T,p^{\ominus})}}{C_{(\text{石墨})}}+\underset{\substack{(1\text{ mol})\\(\text{标态},T,p^{\ominus})}}{O_{2(g)}}=\!=\!=\underset{\substack{(1\text{ mol})\\(\text{标态},T,p^{\ominus})}}{CO_{2(g)}}$$

该反应的$\Delta_r G^{\ominus}_m$就是$\Delta_f G^{\ominus}_{B,m}$。常见物质的$\Delta_f G^{\ominus}_{B,m}$在附录中列表备查。

2.4.3.2　由$\Delta_f G^{\ominus}_{B,m}$求$\Delta_r G^{\ominus}_m$公式的推导

仿照$\Delta_r H^{\ominus}_m=\sum_B \nu_B H^{\ominus}_{B,m}=\sum_{B'}\nu_B\,\Delta_f H^{\ominus}_{B,m}$的求法。

(1) 稳定态单质出现在反应物中的化学反应

$$CO_{(g)}+\frac{1}{2}O_{2(g)}=\!=\!=CO_{2(g)}$$

$$\Delta_r G^{\ominus}_m=\sum_B \nu_B G^{\ominus}_{B,m}=G^{\ominus}_{CO_{2(g)},m}-G^{\ominus}_{CO_{(g)},m}-\frac{1}{2}G^{\ominus}_{O_{2(g)},m}$$

$G^{\ominus}_{B,m}$绝对值无法确知，寻求其与$\Delta_r G^{\ominus}_m$的关系。

对CO，有

$$C_{(\text{石墨})}+\frac{1}{2}O_2\longrightarrow CO$$

由定义

$$\Delta_f G^{\ominus}_{CO_{(g)},m}=G^{\ominus}_{CO_{(g)},m}-G^{\ominus}_{C_{(\text{石墨})},m}-\frac{1}{2}G^{\ominus}_{O_{2(g)},m}$$

$$G^{\ominus}_{CO_{(g)},m}=\Delta_f G^{\ominus}_{CO_{(g)},m}+G^{\ominus}_{C_{(\text{石墨})},m}+\frac{1}{2}G^{\ominus}_{O_{2(g)},m}$$

对CO_2

$$C_{(\text{石墨})}+O_2=\!=\!=CO_2$$

$$\Delta_f G^{\ominus}_{CO_{2(g)},m}=G^{\ominus}_{CO_{2(g)},m}-G^{\ominus}_{C_{(\text{石墨})},m}-G^{\ominus}_{O_{2(g)},m}$$

则

$$G^{\ominus}_{CO_{2(g)},m}=\Delta_f G^{\ominus}_{CO_{2(g)},m}+G^{\ominus}_{C_{(\text{石墨})},m}+G^{\ominus}_{O_{2(g)},m}$$

代入得

$$\Delta_r G^{\ominus}_m=(\Delta_f G^{\ominus}_{CO_{2(g)},m}+G^{\ominus}_{C_{(\text{石墨})},m}+G^{\ominus}_{O_{2(g)},m})$$

$$-(\Delta_f G^{\ominus}_{CO_{(g)},m}+G^{\ominus}_{C_{(石墨)},m}+\frac{1}{2}G^{\ominus}_{O_{2(g)},m})-\frac{1}{2}G^{\ominus}_{O_{2(g)},m}$$

$$\Delta_r G^{\ominus}_m=\Delta_f G^{\ominus}_{CO_{2(g)},m}-\Delta_f G^{\ominus}_{CO_{(g)},m}$$

(2) 稳定态单质出现在生成物中的化学反应

对反应

$$Fe_3O_{4(s)}+4CO_{(g)}=\!=\!=3Fe_{(s)}+4CO_{2(g)}$$

同法

$$\begin{aligned}\Delta_r G^{\ominus}_m&=\sum_B \nu_B G^{\ominus}_{B,m}\\&=3G^{\ominus}_{Fe_{(s)},m}+4G^{\ominus}_{CO_{2(g)},m}-G^{\ominus}_{Fe_3O_{4(s)},m}-4G^{\ominus}_{CO_{(g)},m}\\&=3G^{\ominus}_{Fe_{(s)},m}+4(\Delta_f G^{\ominus}_{CO_{2(g)},m}+G^{\ominus}_{C_{(石墨)},m}+G^{\ominus}_{O_{2(g)},m})\\&\quad-(\Delta_f G^{\ominus}_{Fe_3O_{4(s)},m}+3G^{\ominus}_{Fe_{(s)},m}+2G^{\ominus}_{O_{2(g)},m})\\&\quad-4\left(\Delta_f G^{\ominus}_{CO_{(s)},m}+G^{\ominus}_{C_{(石墨)},m}+\frac{1}{2}G^{\ominus}_{O_{2(g)},m}\right)\end{aligned}$$

即

$$\Delta_r G^{\ominus}_m=4\Delta_f G^{\ominus}_{CO_{2(g)},m}-\Delta_f G^{\ominus}_{Fe_3O_{4(s)},m}-4\Delta_f G^{\ominus}_{CO_{(g)},m}$$

(3) 稳定态单质在反应物和生成物中的均出现的化学反应

对反应

$$CuO_{(s)}+H_{2(g)}=\!=\!=Cu_{(s)}+H_2O_{(l)}$$

$$\begin{aligned}\Delta_r G^{\ominus}_m&=\sum_B \nu_B G^{\ominus}_{B,m}\\&=G^{\ominus}_{Cu_{(s)},m}+G^{\ominus}_{H_2O_{(l)},m}-G^{\ominus}_{CuO_{(s)},m}-G^{\ominus}_{H_{2(g)},m}\\&=G^{\ominus}_{Cu_{(s)},m}+\left(\Delta_f G^{\ominus}_{H_2O_{(l)},m}+G^{\ominus}_{H_{2(g)},m}+\frac{1}{2}G^{\ominus}_{O_{2(g)},m}\right)\\&\quad-\left(\Delta_f G^{\ominus}_{CuO_{(s)},m}+G^{\ominus}_{Cu_{(s)},m}+\frac{1}{2}G^{\ominus}_{O_{2(g)},m}\right)-G^{\ominus}_{H_{2(g)},m}\end{aligned}$$

$$\Delta_r G^{\ominus}_m=\Delta_f G^{\ominus}_{H_2O_{(l)},m}+\Delta_f G^{\ominus}_{CuO_{(s)},m}$$

(4) 稳定态单质在反应物和生成物中均不出现的化学反应

$$3C_2H_{2(g)}=\!=\!=C_6H_{6(l)}$$

$$\begin{aligned}\Delta_r G^{\ominus}_m&=\sum_B \nu_B G^{\ominus}_{B,m}=G^{\ominus}_{C_6H_{6(l)}}-3H^{\ominus}_{C_2H_{2(g)},m}\\&=(\Delta_f G^{\ominus}_{C_6H_{6(l)},m}+6G^{\ominus}_{C_{(石墨)},m}+3G^{\ominus}_{H_{2(g)},m})-3(\Delta_f G^{\ominus}_{C_2H_{2(s)},m}+2G^{\ominus}_{C_{(石墨)},m}+G^{\ominus}_{H_{2(g)},m})\end{aligned}$$

$$\Delta_r G^{\ominus}_m=\Delta_f G^{\ominus}_{C_6H_{6(l)},m}-3\Delta_f G^{\ominus}_{C_2H_{2(s)},m}$$

通过上述稳定态单质在反应物和生成物中可能出现的四种类型的化学反应 $\Delta_r G^{\ominus}_m$ 与 $\Delta_f G^{\ominus}_{B,m}$ 的实际例子的研究，不难发现，不管反应式中是否出现稳定态纯单质，也不管处在反应式的哪边，由 $\Delta_f G^{\ominus}_{B,m}$ 计算 $\Delta_r G^{\ominus}_m$ 公式中均不再出现稳定态纯单质项。故由 $\Delta_f G^{\ominus}_{B,m}$ 计算 $\Delta_r G^{\ominus}_m$ 的通式应是：

$$\Delta_r G^{\ominus}_m=\sum_B \nu_B G^{\ominus}_{B,m}=\sum_{B'} \nu_B\,\Delta_f G^{\ominus}_{B,m} \tag{2-4}$$

B′不包括稳定态纯单质项。原因是化学反应只变革分子，而不变革原子。因而，人为规定稳定态纯单质的吉布斯自由能值为零或标准摩尔生成吉布斯自由能为零均是多余的！因为根本用不着。

【例 2-11】　由 $\Delta_f G_{B,m}^{\ominus}$ 计算 298 K 下葡萄糖细胞呼吸作用

$$C_6H_{12}O_{6(s)} + 6O_{2(g)} \longrightarrow 6CO_{2(g)} + 6H_2O_{(g)}$$

的 $\Delta_r G_m^{\ominus}$。

解

$$\begin{aligned}\Delta_r G_m^{\ominus} &= \sum_{B'} \nu_B \Delta_f G_{B,m}^{\ominus} = -1 \times \Delta_f G_{C_6H_{12}O_{6(s)},m}^{\ominus} + 6\Delta_f G_{CO_{2(g)},m}^{\ominus} + 6\Delta_f G_{H_2O_{(g)},m}^{\ominus} \\ &= -1 \times (-632.37) + 6 \times (-394.384) + 6 \times (-237.191) \\ &= -3\,157.08\ (\mathrm{kJ \cdot mol^{-1}})\end{aligned}$$

需指出的是 $\Delta_r G_m$ 与 $\Delta_r G_m^{\ominus}$ 有一定的关系，对理想气体反应

$$\Delta_r G_m = \Delta_r G_m^{\ominus} + RT\ln \prod_B \left(\frac{p_B}{p^{\ominus}}\right)^{\nu_B}$$

温度、压力以及书写形式一定时，$\Delta_r G_m$ 为一定值。

2.5　热力学函数间重要关系式

借助 p,V,T，热力学第一定律在内能 U 基础上定义了焓 $H(H \equiv U + pV)$，热力学第二定律在熵 S 基础上定义了吉布斯自由能 $G(G \equiv H - TS)$ 和亥姆霍兹自由能 $A(A \equiv U - TS)$，解决了特定条件下的能量衡算、方向与限度判据等现实问题。但涉及 U,H,S 等随 V 或 p 等变化，如 1.2 节热力学第一定律的建立与其数学表达式中“内能 U 与 V 的关系”，1.5 节热的计算中“$\Delta_r H_m^{\ominus}$ 与 $\Delta_r H_m$ 的关系”，1.6 节焦耳-汤姆孙效应与制冷工业中的 $\mu_{B,(J\text{-}T)}$ 系数，2.2 节熵变计算与熵判据应用中“气体熵非理想性修正”及“$\Delta_r S_m$ 与 $\Delta_r S_m^{\ominus}$ 关系”等问题，需进一步介绍它们之间的基本关系、特性关系和麦克斯韦关系式等。

2.5.1　基本公式

将

$$\delta Q \begin{cases} < T_{源} dS \\ = T_{源} dS \\ > T_{源} dS \end{cases}$$

和

$$dU = \delta Q - p_e dV + \delta W'$$

相加，得

$$dU \begin{cases} < T_{源} dS - p_e dV + \delta W' \\ = T_{源} dS - p_e dV + \delta W' \\ > T_{源} dS - p_e dV + \delta W' \end{cases}$$

对化学反应可理解为如图 2-27 所示过程。

若过程可逆

$$T_{源} = T \pm dT$$

$$p_e = p \pm dp$$

则

$$dU = TdS - pdV + \delta W_R{}'$$

式中,TdS 为体系与环境交换的热,pdV 为体系与环境交换的体积功,$\delta W_R{}'$是体系与环境交换的可逆非体积功。

适用条件:封闭体系内发生的任意可逆途径,且各项皆有明确的物理意义。

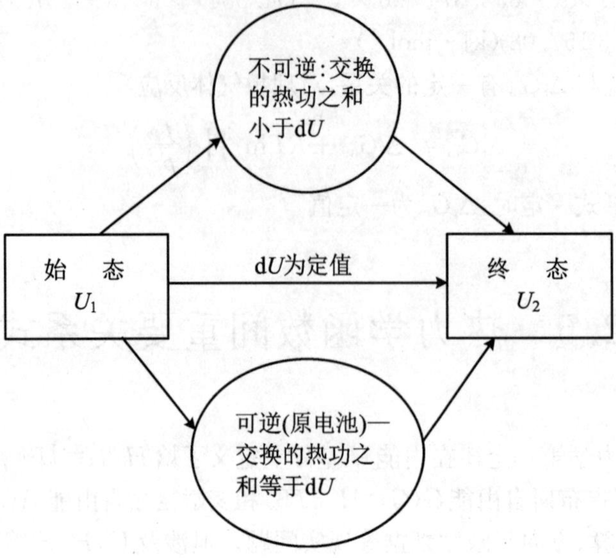

图 2-27

若只考虑外压力对体系始终态的影响(即不考虑表面张力、电场力、磁场力、重力场力等的影响),有

$$dU = TdS - pdV \tag{2-5}$$

适用条件:只受外压力影响的封闭体系内的任意可逆途径,且各项有明确的物理意义(TdS 为交换的可逆热,pdV 为交换的可逆体积功),具体是可逆简单状态变化、可逆相变化和可逆化学变化。但对双变量体系的单纯 p,V,T 变化(即简单状态变化)的不可逆途径亦适用,不过各项已无具体的物理意义了。

结合 $H=U+pV$,有

$$dH = TdS + Vdp \tag{2-6}$$

结合 $A=U-TS$,有

$$dA = -SdT - pdV \tag{2-7}$$

结合 $G=H-TS$,有

$$dG = -SdT + Vdp \tag{2-8}$$

$dU=TdS-pdV$ 是根本,$dG=-SdT+Vdp$ 最重要(要记住),由它们可了解压力 p 对 S,H,G 的影响。

从公式(2-5)、公式(2-6)可导出

$$T = \left(\frac{\partial U}{\partial S}\right)_V = \left(\frac{\partial H}{\partial S}\right)_p$$

从公式(2-5)、公式(2-7)可导出

$$p=\left(\frac{\partial U}{\partial V}\right)_S=-\left(\frac{\partial A}{\partial V}\right)_T$$

从公式(2-6)、公式(2-8)可导出

$$V=\left(\frac{\partial H}{\partial p}\right)_S=\left(\frac{\partial G}{\partial p}\right)_T$$

从公式(2-7)、公式(2-8)可导出

$$S=-\left(\frac{\partial A}{\partial T}\right)_V=-\left(\frac{\partial G}{\partial T}\right)_p$$

2.5.2　特性函数

1869 年马休(Massieu)指出：对于 U,H,S,A,G 等热力学函数，只要其独立变量选择合适，就可以从一个已知的热力学函数求得所有其他热力学函数，从而可以把一个热力学体系的平衡性质完全确定下来。这个已知函数就称为特性函数，所选择的独立变量就称为该特性函数的特征变量。经验表明，任意给定量的封闭体系，其状态可用任意两个独立变量完全确定。对于 U，H,A,G，常用的特征变量为

$$U=U(S,V)$$
$$H=H(S,p)$$
$$A=A(T,V)$$
$$G=G(T,p)$$

例如，从特性函数 G 及其特征变量 T,p 的关系，即从 $\mathrm{d}G=-S\mathrm{d}T+V\mathrm{d}p$ 得 $V=\left(\frac{\partial G}{\partial p}\right)_T$ 和 $S=-\left(\frac{\partial G}{\partial T}\right)_p$，可求 A,H,U 等表达式。

$$A=U-TS=(U+pV)-TS-pV=G-pV=G-p\left(\frac{\partial G}{\partial p}\right)_T$$

$$H=G+TS=G-T\left(\frac{\partial G}{\partial T}\right)_p$$

$$U=H-pV=G-T\left(\frac{\partial G}{\partial T}\right)_p-pV$$

2.5.3　麦克斯韦关系式

由高等数学知，若全微分函数 Z 的独立变量是 x,y，则

$$\mathrm{d}Z=\left(\frac{\partial Z}{\partial x}\right)_y\mathrm{d}x+\left(\frac{\partial Z}{\partial y}\right)_x\mathrm{d}y=M\mathrm{d}x+N\mathrm{d}y$$

且二阶偏导数与求导次序无关

$$\left(\frac{\partial Z}{\partial y\partial x}\right)_x=\left(\frac{\partial Z}{\partial x\partial y}\right)_y$$

即

$$\left(\frac{\partial M}{\partial y}\right)_x=\left(\frac{\partial N}{\partial x}\right)_y$$

热力学函数是状态函数,数学上具有全微分性质,将上述关系式用于 $dU=TdS-pdV$,得

$$\left(\frac{\partial T}{\partial V}\right)_S=-\left(\frac{\partial p}{\partial S}\right)_V$$

用于 $dH=TdS+Vdp$,得

$$\left(\frac{\partial T}{\partial p}\right)_S=\left(\frac{\partial V}{\partial S}\right)_p$$

用于 $dA=-SdT-pdV$,得

$$\left(\frac{\partial S}{\partial V}\right)_T=\left(\frac{\partial p}{\partial T}\right)_V \tag{2-9}$$

用于 $dG=-SdT+Vdp$,得

$$\left(\frac{\partial S}{\partial p}\right)_T=-\left(\frac{\partial V}{\partial T}\right)_p \tag{2-10}$$

利用该关系式可用实验可测的偏微商替代那些不易直接测定的偏微商。但并不是所有情况都那么有用,包含等熵条件的就是一个不好用的。因为等熵条件不仅实现困难,而且计算也不方便。

2.5.4 函数间重要关系式的应用

1. U 随 V 的变化

已知基本公式 $dU=TdS-pdV$,等温下对 V 求偏微分

$$\left(\frac{\partial U}{\partial V}\right)_T=T\left(\frac{\partial S}{\partial V}\right)_T-p$$

$\left(\frac{\partial S}{\partial V}\right)_T$ 不易测定,根据麦克斯韦关系式 $\left(\frac{\partial S}{\partial V}\right)_T=\left(\frac{\partial p}{\partial T}\right)_V$,有

$$\left(\frac{\partial U}{\partial V}\right)_T=T\left(\frac{\partial p}{\partial T}\right)_V-p$$

只要知道气体的状态方程,就可得到 $\left(\frac{\partial U}{\partial V}\right)_T$ 值,即等温条件下内能随体积的变化值。

【例 2-12】 证明理想气体的热力学能只是温度的函数。

解 已知理想气体的状态方程为 $pV=nRT$,则

$$\left(\frac{\partial p}{\partial T}\right)_V=\frac{nR}{V}$$

那么

$$\begin{aligned}\left(\frac{\partial U}{\partial V}\right)_T&=T\left(\frac{\partial P}{\partial T}\right)_V-p\\&=T\cdot\frac{nR}{V}-p\\&=0\end{aligned}$$

所以理想气体的内能只是温度的函数。

【例 2-13】 求范德瓦尔斯气体从 p_1,V_1,T_1 变化 p_2,V_2,T_2 的 ΔU。

解 $U=U(T,V)$

$$dU=\left(\frac{\partial U}{\partial T}\right)_V dT+\left(\frac{\partial U}{\partial V}\right)_T dV$$

两边积分

$$\Delta U=\int_{T_1}^{T_2}C_V\mathrm{d}T+\int_1^2\left(T\left(\frac{\partial p}{\partial T}\right)_V-p\right)\mathrm{d}V$$

对范德瓦尔斯气体

$$\left(p+\frac{a}{V_{\mathrm{m}}^2}\right)(V_{\mathrm{m}}-b)=RT$$

$$p=\frac{RT}{V_{\mathrm{m}}-b}-\frac{a}{V_{\mathrm{m}}^2}$$

$$\left(\frac{\partial p}{\partial T}\right)_V=\frac{R}{V_{\mathrm{m}}-b}$$

则

$$\begin{aligned}\Delta U&=\int_{T_1}^{T_2}C_V\mathrm{d}T+\int_1^2\left[T\frac{R}{V_{\mathrm{m}}-b}-\left(\frac{RT}{V_{\mathrm{m}}-b}-\frac{a}{V_{\mathrm{m}}^2}\right)\right]\mathrm{d}V\\&=\int_{1\,T_1}^{2\,T_2}C_V\mathrm{d}T+\int_1^2\frac{a}{V_{\mathrm{m}}^2}\mathrm{d}V\end{aligned}$$

若 C_V 与 T 无关

$$\Delta U=C_V(T_2-T_1)+na\left(\frac{1}{V_{m,1}}-\frac{1}{V_{m,2}}\right)$$

2. H 随 p 的变化

已知基本公式 $dH=TdS+Vdp$，等温下对 p 求偏微分

$$\left(\frac{\partial H}{\partial p}\right)_T=T\left(\frac{\partial S}{\partial p}\right)_T+V$$

$\left(\frac{\partial S}{\partial p}\right)_T$ 不易测定，根据麦克斯韦关系式 $\left(\frac{\partial S}{\partial p}\right)_T=-\left(\frac{\partial V}{\partial T}\right)_p$，有

$$\left(\frac{\partial H}{\partial p}\right)_T=V-T\left(\frac{\partial V}{\partial T}\right)_p$$

只要知道气体的状态方程，就可得到 $\left(\frac{\partial H}{\partial p}\right)_T$ 值，即等温条件下焓随压力的变化值。

【例 2-14】 证明理想气体的焓只是温度的函数。

解　已知理想气体的状态方程为 $pV=nRT$，则 $\left(\frac{\partial V}{\partial T}\right)_p=\frac{nR}{p}$，那么

$$\left(\frac{\partial H}{\partial p}\right)_T=V-T\left(\frac{\partial V}{\partial T}\right)_p=V-T\frac{nR}{p}=0$$

所以理想气体的焓只是温度的函数。

【例 2-15】 求服从 $p(V-nb)=nRT$ 状态方程的实际气体从 p_1,V_1,T_1 变为化 p_2,V_2,T_2 的 ΔH。

解　$H=H(T,p)$

$$\mathrm{d}H=\left(\frac{\partial H}{\partial T}\right)_p\mathrm{d}T+\left(\frac{\partial H}{\partial p}\right)_T\mathrm{d}p$$

两边积分

$$\Delta H=\int_{T_1}^{T_2}C_p\mathrm{d}T+\int_{P_1}^{P_2}\left(V-T\left(\frac{\partial V}{\partial T}\right)_p\right)\mathrm{d}p$$

由 $p(V-nb)=nRT$，$V=\frac{nRT}{p}+nb$，$\left(\frac{\partial V}{\partial T}\right)_p=\frac{nR}{p}$ 得

$$\Delta H=\int_{T_1}^{T_2} C_p \mathrm{d}T+\int_{p_1}^{p_2}\left[\left(\frac{nRT}{p}+nb\right)-T\frac{nR}{p}\right]\mathrm{d}p$$
$$=C_p(T_2-T_1)+nb(p_2-p_1)$$

【例 2-16】 已知合成氨反应 $N_{2(g)}+3H_{2(g)}\longrightarrow 2NH_{3(g)}$ 在 773 K 下的 $\Delta_r H_m^{\ominus}=-104.122$ kJ · mol^{-1}。计算 773 K，3×10^7 Pa 下的 $\Delta_r H_m$。

解 $\Delta_r H_m^{\ominus}$ 与 $\Delta_r H_m$ 的关系如图 2-28 所示。

$$\Delta_r H_m^{\ominus}=\Delta H_1+\Delta_r H_m+\Delta H_2$$
$$\Delta_r H_m=\Delta_r H_m^{\ominus}-\Delta H_1-\Delta H_2$$

忽略混合焓变时，依 $\left(\frac{\partial H}{\partial p}\right)_T=V-T\left(\frac{\partial V}{\partial T}\right)_p$，有

$$\Delta H_1=\int_{p^{\ominus}}^{300p^{\ominus}}\left\{\left[V_{N_2}-T\left(\frac{\partial V_{N_2}}{\partial T}\right)_p\right]+\left[V_{H_2}-T\left(\frac{\partial V_{H_2}}{\partial T}\right)_p\right]\right\}\mathrm{d}p$$

$$\Delta H_2=-\int_{p^{\ominus}}^{300p^{\ominus}}\left[V_{NH_3}-T\left(\frac{\partial V_{NH_3}}{\partial T}\right)_p\right]\mathrm{d}p$$

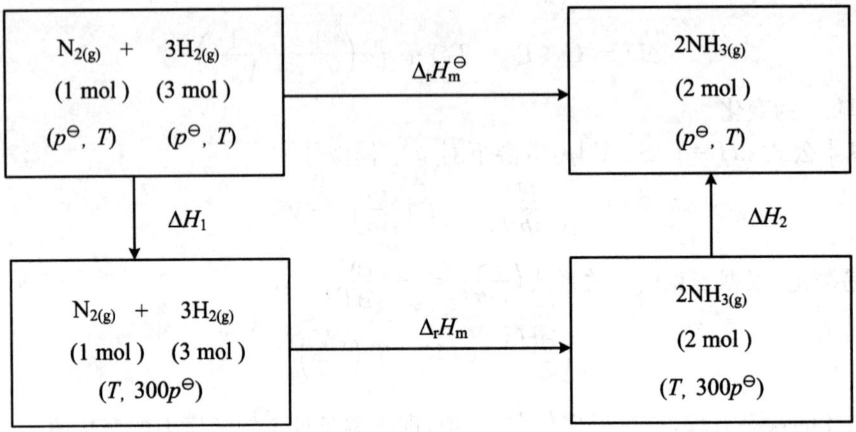

图 2-28

则

$$\Delta_r H_m=\Delta_r H_m^{\ominus}-\int_{p^{\ominus}}^{300p^{\ominus}}\left\{\left[V_{N_2}-T\left(\frac{\partial V_{N_2}}{\partial T}\right)_p\right]+\left[V_{H_2}-T\left(\frac{\partial V_{H_2}}{\partial T}\right)_p\right]\right\}\mathrm{d}p$$
$$+\int_{p^{\ominus}}^{300p^{\ominus}}\left[V_{NH_3}-T\left(\frac{\partial V_{NH_3}}{\partial T}\right)_p\right]\mathrm{d}p$$

即

$$\Delta_r H_m=\Delta_r H_m^{\ominus}+\int_{p^{\ominus}}^{300p^{\ominus}}\left[\sum_B \nu_B V_{B,m}-T\sum_B\left(\frac{\partial V_B}{\partial T}\right)_p\right]\mathrm{d}p$$

$$=\Delta_r H_m^{\ominus}+\int_{p^{\ominus}}^{300p^{\ominus}}\left\{(2V_{NH_3,m}-V_{N_2(g),m}-3V_{H_2,m})\right.$$
$$\left.-T\left[\left(2\frac{\partial V_{NH_3,m}}{\partial T}\right)_p+\left(\frac{\partial V_{N_2(g),m}}{\partial T}\right)_p+3\left(\frac{\partial V_{H_2,m}}{\partial T}\right)_p\right]\right\}\mathrm{d}p$$

【例 2-17】 计算服从 $p(V-nb)=nRT$ 状态方程的实际气体的 $\mu_{B,(J\text{-}T)}=\left(\frac{\partial T}{\partial p}\right)_H$。

解　$H=H(T,p)$

$$\mathrm{d}H=\left(\frac{\partial H}{\partial T}\right)_p\mathrm{d}T+\left(\frac{\partial H}{\partial p}\right)_T\mathrm{d}p$$

用于实际气体的节流膨胀过程有

$$\left(\frac{\partial T}{\partial p}\right)_H=-\frac{\left(\frac{\partial H}{\partial p}\right)_T}{\left(\frac{\partial H}{\partial T}\right)_p}$$

即

$$\mu_{\mathrm{B,(J\text{-}T)}}=\left(\frac{\partial T}{\partial p}\right)_H=-\frac{\left(\frac{\partial H}{\partial p}\right)_T}{C_p}$$

在"1.6 节焦耳-汤姆孙效应与制冷工业"中，利用 $H=U+pV$ 得

$$\mu_{\mathrm{J\text{-}T}}=\left(\frac{\partial T}{\partial p}\right)_H=\left[-\frac{1}{C_p}\left(\frac{\partial U}{\partial p}\right)_T\right]+\left[-\frac{1}{C_p}\left(\frac{\partial (pV)}{\partial p}\right)_T\right]$$

利用 $\mathrm{d}H=T\mathrm{d}S+V\mathrm{d}p$，有

$$\left(\frac{\partial H}{\partial p}\right)_T=T\left(\frac{\partial S}{\partial p}\right)_T+V$$

而

$$\left(\frac{\partial S}{\partial p}\right)_T=-\left(\frac{\partial V}{\partial T}\right)_p$$

则

$$\left(\frac{\partial H}{\partial p}\right)_T=V-T\left(\frac{\partial V}{\partial T}\right)_p$$

代入

$$\mu_{\mathrm{B,(J\text{-}T)}}=\left(\frac{\partial T}{\partial p}\right)_H=-\frac{\left(\frac{\partial H}{\partial p}\right)_T}{C_p}$$

得

$$\mu_{\mathrm{B,(J\text{-}T)}}=-\frac{V-T\left(\frac{\partial V}{\partial T}\right)_p}{C_p}=\frac{1}{C_p}\left[T\left(\frac{\partial V}{\partial T}\right)_p-V\right]$$

即

$$\mu_{\mathrm{B,(J\text{-}T)}}=\frac{1}{C_p}\left[T\left(\frac{\partial V}{\partial T}\right)_p-V\right]$$

对服从 $p(V-nb)=nRT$ 状态方程的实际气体

$$V=\frac{nRT}{p}+nb$$

$$\left(\frac{\partial V}{\partial T}\right)_p=\frac{nR}{p}$$

$$\mu_{\mathrm{B,(J\text{-}T)}}=\frac{1}{C_p}\left[T\frac{nR}{p}-\left(\frac{nRT}{p}+nb\right)\right]=-\frac{nb}{C_p}<0$$

能制冷。

3. S 随 p 的变化

麦克斯韦关系式直接给出了 S 随 p 的变化

$$\left(\frac{\partial S}{\partial p}\right)_T = -\left(\frac{\partial V}{\partial T}\right)_p$$

依此

$$\Delta S = -\int_1^2 \left(\frac{\partial V}{\partial T}\right)_p \mathrm{d}p$$

对理想气体，$V=\dfrac{nRT}{p}$，$\left(\dfrac{\partial V}{\partial T}\right)_p=\dfrac{nR}{p}$，有

$$\Delta S = -\int_1^2 \left(\frac{\partial V}{\partial T}\right)_p \mathrm{d}p = -\int_1^2 \frac{nR}{p}\mathrm{d}p = -nR\ln\left(\frac{p_2}{p_1}\right)$$

即

$$\Delta S = nR\ln\left(\frac{p_1}{p_2}\right)$$

【例 2-18】 如图 2-29 所示，已知 1 mol $HCl_{(g)}$ 气体在 $p^{\ominus}$，298.15 K 条件下的熵为 185.77 $J\cdot K^{-1}\cdot mol^{-1}$，求其标准摩尔熵 $S^{\ominus}_{HCl_{(g)},m}$。

解 取 $p^*=0$

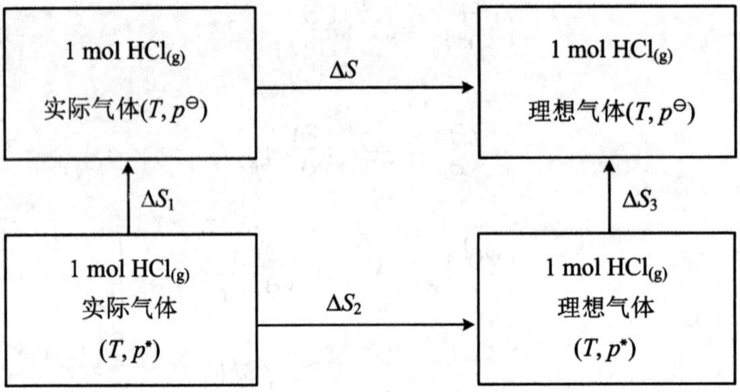

图 2-29

$$\Delta S = S^{\ominus}_{HCl_{(g)},m} - 185.77\ (J\cdot K^{-1}\cdot mol^{-1}) = \Delta S_1 + \Delta S_2 + \Delta S_3$$

$$\Delta S_1 = -\int_{p^{\ominus}}^{p^*} \left(\frac{\partial V}{\partial T}\right)_p \mathrm{d}p$$

$$\Delta S_2 = 0$$

$$\Delta S_1 = -\int_{p^*}^{p^{\ominus}} \left(\frac{\partial V}{\partial T}\right)_p \mathrm{d}p = -\int_{p^*}^{p^{\ominus}} \frac{R}{p}\mathrm{d}p$$

则

$$S^{\ominus}_{HCl_{(g)},m} = 185.77 - \int_{p^{\ominus}}^{p^*} \left(\frac{\partial V}{\partial T}\right)_p \mathrm{d}p - \int_{p^*}^{p^{\ominus}} \frac{R}{p}\mathrm{d}p$$

$$= 185.77 + \int_{p^*}^{p^{\ominus}} \left[\left(\frac{\partial V}{\partial T}\right)_p - \frac{R}{p}\right]\mathrm{d}p$$

若 $HCl_{(g)}$ 气体服从贝特洛(Bertherlot)方程

$$pV = nRT\left[1 + \frac{9pT_c}{128p_cT}\left(1 - 6\frac{T_c^2}{T^2}\right)^2\right]$$

则

$$\left(\frac{\partial V}{\partial T}\right)_p = \frac{R}{p}\left(1+\frac{27}{32}\cdot\frac{pT_c^3}{p_c T^3}\right)$$

$$S^{\ominus}_{HCl_{(g)},m} = 185.77 + \int_{p^*}^{p^{\ominus}} \frac{27}{32}R\,\frac{T_c^3}{p_c T^3}\mathrm{d}p$$

$$S^{\ominus}_{HCl_{(g)},m} = 185.77 + \frac{27}{32}\,\frac{T_c^3}{p_c T^3}R(101\,325-0)$$

$$S^{\ominus}_{HCl_{(g)},m} = 185.77 + \frac{27}{32}\,\frac{T_c^3}{p_c T^3}\times 8.314\times 101\,325$$

4. G 随温度与压力的变化

(1) G 随温度的变化——吉布斯-亥姆霍兹方程

吉布斯-亥姆霍兹方程

$$\left[\frac{\partial\left(\frac{\Delta G}{T}\right)}{\partial T}\right]_p = -\frac{\Delta H}{T^2}$$

在化学平衡与电化学中有重要应用，现推导如下。

由 $\mathrm{d}G=-S\mathrm{d}T+V\mathrm{d}p$，有

$$\left(\frac{\partial G}{\partial T}\right)_p = -S$$

$$\left[\frac{\partial(\Delta G)}{\partial T}\right]_p = \left(\frac{\partial G_2}{\partial T}\right)_p - \left(\frac{\partial G_1}{\partial T}\right)_p = -S_2-(-S_1)$$

即

$$\left[\frac{\partial(\Delta G)}{\partial T}\right]_p = -\Delta S$$

据 $G=H-TS$，定温下

$$\Delta G = \Delta H - T\Delta S$$

则

$$\frac{\Delta G-\Delta H}{T} = -\Delta S$$

有

$$\left[\frac{\partial(\Delta G)}{\partial T}\right]_p = \frac{\Delta G-\Delta H}{T}$$

上式两边同乘以 $\frac{1}{T}$，有

$$\frac{1}{T}\left[\frac{\partial(\Delta G)}{\partial T}\right]_p = \frac{\Delta G-\Delta H}{T^2}$$

展开并移项，得

$$\frac{1}{T}\left[\frac{\partial(\Delta G)}{\partial T}\right]_p - \frac{\Delta G}{T^2} = \frac{\Delta H}{T^2}$$

而

$$\left[\frac{\partial\left(\frac{\Delta G}{T}\right)}{\partial T}\right]_p = \frac{T\left[\frac{\partial(\Delta G)}{\partial T}\right]_p - \Delta G}{T^2}$$

即

$$\left[\frac{\partial\left(\frac{\Delta G}{T}\right)}{\partial T}\right]_p = \frac{\left[\frac{\partial(\Delta G)}{\partial T}\right]_p}{T} - \frac{\Delta G}{T^2}$$

得

$$\left[\frac{\partial\left(\frac{\Delta G}{T}\right)}{\partial T}\right]_p = -\frac{\Delta H}{T^2} \tag{2-11}$$

(2) G 随压力的变化

由 $\mathrm{d}G=-S\mathrm{d}T+V\mathrm{d}p$，得

$$\left(\frac{\partial G}{\partial p}\right)_T = V$$

$$\left[\frac{\partial(\Delta G)}{\partial p}\right]_T = \left(\frac{\partial G_2}{\partial p}\right)_T - \left(\frac{\partial G_1}{\partial p}\right)_V = V_2 - V_1 = \Delta V$$

$$\Delta G_2 = \Delta G_1 + \int_{p_1}^{p_2} \Delta V \mathrm{d}p$$

知道 ΔV 与 p 的关系，即可求出定温是不同压力条件下的 ΔG。

【例 2-19】 如图 2-30 所示，计算 1 mol 298 K，101. 325 kPa 的水蒸气变成同温同压下的 $H_2O_{(l)}$ 的 ΔG，并判断过程的自发性。已知该温度下 $H_2O_{(l)}$ 的饱和蒸汽压为 3. 168 kPa，$V_{H_2O_{(l)},m}=0.018\ \mathrm{dm^3\cdot mol^{-1}}$。

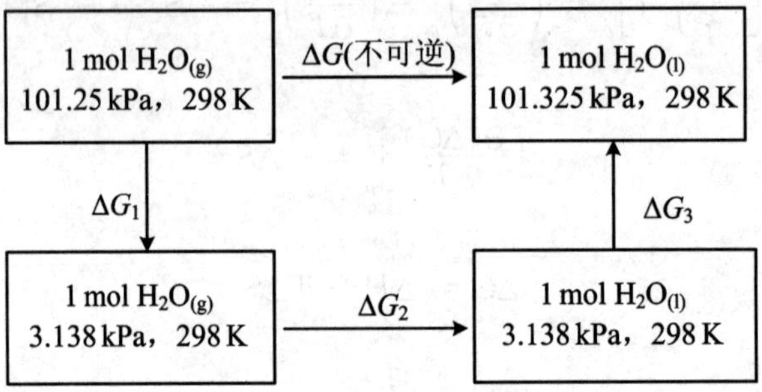

图 2-30

解

$$\Delta G_1 = \int_1^2 V\mathrm{d}p = nRT\ln\left(\frac{p_2}{p_1}\right)$$

$$= 1\times 8.314\times 298\ln\left(\frac{3.168}{101.325}\right) = -8\,586\ (\mathrm{J})$$

$$\Delta G_2 = 0$$

$$\Delta G_3 = \int_1^2 V\mathrm{d}p = nV_m(p_2 - p_1)$$

$$= 1\times 0.018\times 10^{-3}(101.325 - 3.168)\times 10^{-3}$$

$$= 1.8\ (\mathrm{J})$$

$$\Delta G = \Delta G_1 + \Delta G_2 + \Delta G_3 = -8\,586 + 0 + 1.8$$

$$= -8\,584\ (\mathrm{J}) < 0$$

自发的不可逆。

【例 2-20】 已知在 298 K，101. 325 kPa 下

$$C_{(石墨)} \longrightarrow C_{(金刚石)}$$

反应的 $\Delta_r G_m^{\ominus}=2\,845\ \text{J}\cdot\text{mol}^{-1}$，试问反应压力增至多大上述反应方能自发进行。已知石墨和金刚石的摩尔体积分别为 5.33 cm^3 和 3.42 cm^3。

解　在 298 K，101.325 kPa 下，$\Delta G_1=\Delta_r G_m^{\ominus}=2\,845\ \text{J}\cdot\text{mol}^{-1}>0$，只能改变压力至$\Delta G_2<0$，反应方能向右进行。

对凝聚态复相反应，可以近似认为 ΔV 不随压力变化，有

$$\Delta G_2=\Delta_r G_m^{\ominus}+(V_{C_{(\text{金刚石})},m}-V_{C_{(\text{石墨})},m})(p-p^{\ominus})$$

$$=2\,845+(3.42-3.55)\times10^{-6}(p-101\,325)<0$$

$$p>1.5\times10^{9}\ \text{Pa}(15\,000\ \text{个大气压})。$$

5. 蒸气压 p 随外压 P 的变化

如图 2-31 所示，一定温度下，液体在其压力 p^* 下达平衡时，此温度为液体的沸点，外压 P_1 等于蒸气压 p^*。当外压增加为 $P_2=p$ 时，蒸气压为 p。

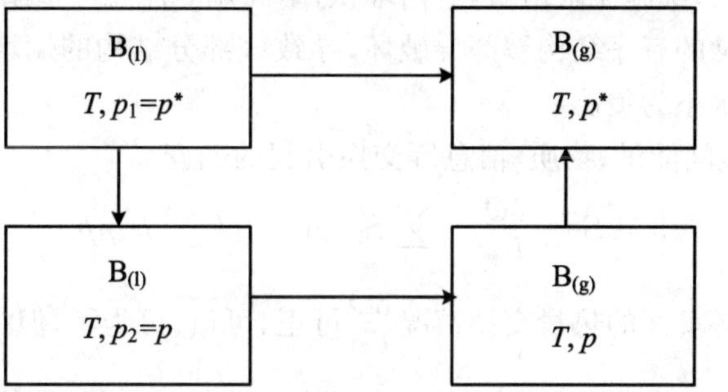

图 2-31

平衡时(T,p^*)

$$G_{B_{(l)},m}=G_{B_{(g)},m}$$

新平衡时(T,p)

$$G_{B_{(l)},m}+dG_{B_{(l)},m}=G_{B_{(g)},m}+dG_{B_{(g)},m}$$

则

$$dG_{B_{(l)},m}=dG_{B_{(g)},m}$$

由 $dG=-SdT+Vdp$，有

$$dG_{m,(l)}=-S_{m,(l)}dT+V_{m,(l)}dp=V_{m,(l)}dp$$

$$dG_{m,(g)}=-S_{m,(g)}dT+V_{m,(g)}dp=V_{m,(g)}dp$$

则

$$V_{m,(l)}dp=V_{m,(g)}dp$$

$$\int_{p_1}^{p_2}V_{B_{(l)},m}dp=\int_{p^*}^{p}V_{B_{(g)},m}dp$$

蒸气作理想气体，将 $V_{B_{(g)},m}=\dfrac{RT}{p}$ 代入积分得

$$V_{B_{(l)},m}(p_2-p_1)=RT\ln\left(\frac{p}{p^*}\right)$$

由于 $p_2>p_1$，必然 $p>p^*$，即增加外压会使液体的蒸气压升高。

2.6 非平衡态热力学与耗散结构

非平衡态热力学，是相对在实际生产过程中曾经发挥并将继续发挥重要作用的平衡态热力学而言的。其主要是研究有能量、物质、信息等交换的敞开系统的热力学行为。

对有能量、物质、信息等交换的生物体、社会领域等任一敞开体系，1977 年诺贝尔化学奖得主普里戈金认为

$$dS = d_iS + d_eS$$

式中，d_iS 是体系内部不可逆因素如“热传导、体液扩散、代谢反应、细胞癌变(基因过度扩增，并可钻到健康组织中生长，细胞无限增殖，蛋白堆积，呈高熵无序态)、情绪过激(大喜、大怒、大哀、大乐——功能分子正常的有序结构被部分破坏，导致该部分结构的熵增加)、违法乱纪”等产生的熵变，称为熵产生，永不为负。

d_eS 是体系与环境间能量、物质、信息等交换引起的熵变

$$d_eS = \frac{\delta Q}{T_{源}} + \sum_B S_{B,m}dn_B + k\sum_i p_i \ln p_i \tag{2-11}$$

称为熵流。依体系与环境间的热量交换情况$\frac{\delta Q}{T_{源}}$可正、可负、可为零，但一般希望其值为负，如夏季的防暑降温等。$\sum_B S_{B,m}dn_B < 0$，摄入体内的是糖、蛋白质、脂肪等低熵物质，排出体外的是 H_2O、CO_2 等高熵分子。事件概率 p_i 的不确定，信息交流熵为负$\left(k\sum_i p_i \ln p_i < 0\right)$。

就是说，当能量、物质、信息等负熵流 d_eS 不足以抵消系统熵产生 d_iS 时，该敞开系统的 $dS>0$，系统的不可逆因素将主宰过程趋向 S 极大而达极限；当能量、物质、信息等交流引入的负熵流 d_eS 足以抵消系统熵产生 d_iS 时，$dS\approx0$，系统可能会自发地由原来的无序或较低有序转变为时空或功能有序或较高有序的状态，即耗散结构。耗散结构最具活力与战斗力。形成的条件为“系统是开放的且远离平衡态，系统内不同要素之间的作用是非线性的，系统某种参数涨落并突变”。

2.7 多组分体系热力学

严格说来，到现在为止，我们还无力直接求多组分体系热力系函数的变化量。回忆：对简单状态变化(单纯 p,V,T 变化)，涉及的总是纯物质或两种理想的气体；相变化只涉及纯物质的相变化；对涉及多组分的化学反应，如图 2-32 所示，始终态不可避免会涉及非纯物质的多组分体系，求热力学函数变化量时，有

$$\Delta_r H_m = \sum_B \nu_B \bar{H}_B$$

$$\Delta_r S_m = \sum_B \nu_B \bar{S}_B$$

$$\Delta_r G_m = \sum_B \nu_B \bar{G}_B$$

$\bar{H}_B,\bar{S}_B,\bar{G}_B$ 为 1 mol 物质 B 在多组分体系中的摩尔量。由于分子间作用力的存在，使得其与纯态不等。之前，为克服此障碍，我们总是采用所谓的“标准态”处理法，即先求 $\Delta_r H_m^{\ominus},\Delta_r S_m^{\ominus},\Delta_r G_m^{\ominus}$，然后再通过寻求与相应热力学函数 $\Delta_r H_m,\Delta_r S_m,\Delta_r G_m$ 之间的关系来解决。

由于科研、生产中处理的问题大多是多组分混合体系，且多数过程在进行的同时，各组分物质的量亦会发生变化（如敞开体系、封闭体系中的相变化、化学变化等）。为了获得直接求这种多组分体系过程的热力系函数变化值的能力，人们又引入了偏摩尔量，并在偏摩尔量的基础上又定义了应用更为广泛的化学势（μ_B）。

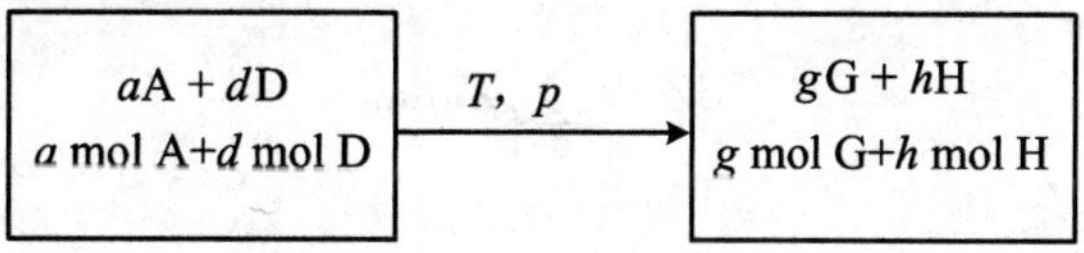

图 2-32

2.7.1　偏摩尔量

2.7.1.1　偏摩尔量的定义

由于分子间作用力的存在，使得热力学第一、二定律涉及的容量性质 V,U,H,S,G（笼统地用 Z 表示）与纯态时不一样，即

纯态时

$$Z = \sum_B n_B Z^*_{B,m} \qquad (有简单加和性)$$

混合体系

$$Z \neq \sum_B n_B Z^*_{B,m} \qquad (无简单加和性)$$

$Z^*_{B,m}$ 是 1 mol 物质 B 在纯态（用符号“ * ”表示）时具有的容量性质的数值。如体积 V，在 298 K，101 325 Pa 下，$V^*_{H_2O_{(l)},m}=18.09\ cm^3\cdot mol^{-1}$，$V^*_{C_2H_5OH_{(l)},m}=58.35\ cm^3\cdot mol^{-1}$，各 0.5 mol 混合后，$V\neq 0.5\times 18.09+0.5\times 58.35=38.25\ cm^3$，而是 $V=37.2\ cm^3$。

从微观角度来看，混合体系中 $H_2O_{(l)}$ 与 $C_2H_5OH_{(l)}$ 分子间作用力与纯 $H_2O_{(l)}$ 或纯 $C_2H_5OH_{(l)}$ 不同，使得 1 mol $H_2O_{(l)}$ 或 1 mol $C_2H_5OH_{(l)}$ 在混合体系中所体现出的性质（与本性、浓度、T、p 有关）与纯态时不一样。从而造成多组分混合体系容量性质无简单加和性。使得均相多组分体系中任一容量性质 Z，在没有外力场和表面效应时，除了与 T,p 有关外，还取决于体系中各组分的量 $n_1,n_2,\cdots,n_K$，即

$$Z = f(T,p,n_1,n_2,\cdots,n_K)$$

当 $T,p,n_1,n_2,\cdots,n_K$ 都有微小变化时

$$dZ = \left(\frac{\partial Z}{\partial T}\right)_{p,n} dT + \left(\frac{\partial Z}{\partial p}\right)_{T,n} dp + \sum_{B=1}^{K}\left(\frac{\partial Z}{\partial n_B}\right)_{T,p,n_j} dn_B$$

$n=n_1+n_2+\cdots+n_K$，n_j 是除 n_B 外都固定不变；第一项是 p,n 不变，Z 对 T 的偏微分；第二项是 T,n 不变，Z 对 p 的偏微分；第三项求和号是在 T,p,n_j 不变时，Z 对任一物质的物质的量 n_B 的

偏微分之和。其中$\left(\frac{\partial Z}{\partial n_B}\right)_{T,p,n_j}$表示体系在$T$,$p$,浓度($n_j$)均保持恒定时,由于B组分物质的量改变$dn_B$引起$Z$的变化率,亦是体系中组分B在所处混合条件下$Z$的摩尔量。为了与纯态时物质的摩尔量相区别,人们将此多组分混合体系中用偏导数表示的摩尔量,称为偏摩尔量,并用符号$\bar{Z}_B$表示,即

$$\bar{Z}_B = \left(\frac{\partial Z}{\partial n_B}\right)_{T,p,n_j} \tag{2-12}$$

$$dZ = -SdT + Vdp + \sum_B \bar{Z}_{B,m} dn_B$$

定温、定压下

$$dZ = \sum_{B=1}^{K} \bar{Z}_B dn_B$$

将$\bar{Z}_B$具体化,可有

$$\bar{V}_B = \left(\frac{\partial V}{\partial n_B}\right)_{T,p,n_j} \quad (偏摩尔体积)$$

$$\bar{H}_B = \left(\frac{\partial H}{\partial n_B}\right)_{T,p,n_j} \quad (偏摩尔焓)$$

$$\bar{S}_B = \left(\frac{\partial S}{\partial n_B}\right)_{T,p,n_j} \quad (偏摩尔熵)$$

$$\bar{A}_B = \left(\frac{\partial A}{\partial n_B}\right)_{T,p,n_j} \quad (偏摩尔亥姆霍兹自由能)$$

$$\bar{G}_B = \left(\frac{\partial G}{\partial n_B}\right)_{T,p,n_j} \quad (偏摩尔吉布斯自由能)$$

说明:

① 只有均相体系容量性质在温度、压力、浓度不变下,Z对n_B的偏导数才叫偏摩尔量$\bar{Z}_B$。因此,测定$\bar{Z}_B$时必须保持在温度、压力、浓度不变的情况下进行(一定量体系中加无限小量dn_B浓度可保持不变),不同温度、压力、浓度,$\bar{Z}_B$为不同的数值。

② 纯物质体系的偏摩尔量就是摩尔量

$$\bar{Z}_B = \left(\frac{\partial Z}{\partial n_B}\right)_{T,p,n_j} = \left[\frac{\partial (n_B Z^*_{B,m})}{\partial n_B}\right]_{T,p,n_j} = Z^*_{B,m}$$

③ $\bar{Z}_B$是强度性质的状态函数,与体系的数量无关。

2.7.1.2 偏摩尔量的集合公式

设某多组分混合体系$n_A + n_D + \cdots$的形成过程如图2-33所示。

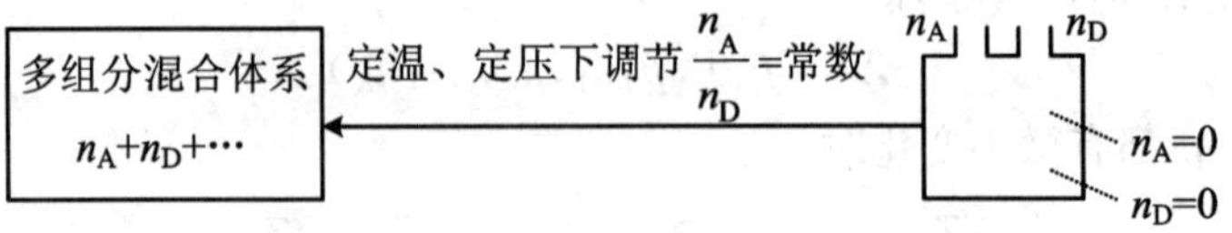

图 2-33

若在定温、定压下，保持各物质同比例增加$\left(\frac{n_A}{n_D}=\text{常数}\right)$，多组分混合体系浓度不变，则各物质的偏摩尔$\bar{Z}_A$，$\bar{Z}_D$为常数。对A+D构成的二组分体系，有

$$\int_0^Z dZ = \int_0^{n_A} \bar{Z}_A dn_A + \int_0^{n_D} \bar{Z}_D dn_D$$

$$Z = n_A \bar{Z}_A + n_D \bar{Z}_D$$

均相多组分体系中，任一容量性质等于各组分的偏摩尔量与相应的物质的量乘积之和。此结论称为偏摩尔量的集合公式，通式为

$$Z = \sum_B n_B \bar{Z}_B$$

有

$$V = \sum_B n_B \bar{V}_B$$

$$H = \sum_B n_B \bar{H}_B$$

$$S = \sum_B n_B \bar{S}_B$$

$$G = \sum_B n_B \bar{G}_B$$

比如，之前讲的0.5 mol $C_2H_5OH_{(l)}$与0.5 mol $H_5O_{(l)}$混合体系，实验测得298 K，$p^\ominus$下$x_B=0.5$的溶液的$\bar{V}_{H_2O_{(l)}}=17.0\ cm^3 \cdot mol^{-1}$，$\bar{V}_{C_2H_5OH_{(l)}}=57.4\ cm^3 \cdot mol^{-1}$。

由集合公式有

$$V = n_{H_2O}\bar{V}_{H_2O_{(l)}} + n_{C_2H_5OH}\bar{V}_{C_2H_5OH}$$
$$= 0.5\times17.0 + 0.5\times57.4 = 37.2\ (cm^3)$$

与实验一致。

因此，只要能测出一定浓度下的$\bar{Z}_B$，就可直接求出多组分混合体系中各容量性质值，进而可直接求出多组分混合体系变化过程的热力学函数的改变量。如化学反应

$$aA + dD = gG + gH$$

$$\Delta_r H_m = \sum_B \nu_B \bar{H}_B$$

$$\Delta_r S_m = \sum_B \nu_B \bar{S}_B$$

$$\Delta_r G_m = \sum_B \nu_D \bar{G}_B$$

若定温、定压下，未能保持各物质的同比例增加$\left(\frac{n_A}{n_D}\neq\text{常数}\right)$，多组分混合体系浓度将发生变化，由此也引起各物质的偏摩尔$\bar{Z}_A$，$\bar{Z}_D$的改变。此时，对A+D构成的二组分体系的容量性质的变化可通过微分$Z=\sum_B n_B \bar{Z}_B$获得

$$dZ = n_A d\bar{Z}_A + \bar{Z}_A dn_A + n_D d\bar{Z}_D + \bar{Z}_D dn_D$$

与$dZ=\sum_{B=1}^{K}\bar{Z}_B dn_B$即$dZ=\bar{Z}_A dn_A + \bar{Z}_D dn_D$比较，得

$$n_A d\bar{Z}_A + n_D d\bar{Z}_D = 0$$

这就叫吉布斯-杜亥姆(Gibbs-Duhem)方程。表明了因体系组成的微小改变而引起的偏摩尔量

的变化时，它们之间必须满足的关系。

2.7.2 化学势

2.7.2.1 化学势的定义

在以上所介绍的偏摩尔量中，有一偏摩尔量$\bar{G}_B$最重要。为此，1876年吉布斯将其定义为化学势，并用符号μ_B表示，即

$$\mu_B=\left(\frac{\partial G}{\partial n_B}\right)_{T,p,n_j(j\neq B)} \tag{2-13}$$

说明：

① 有了$\mu_B(\bar{G}_B)$后，其他各偏摩尔量皆可通过一定关系求出

$$\mu_B=\bar{G}_B=f(T,p,n_j)$$

$$\bar{S}_B=-\left(\frac{\partial \bar{G}_B}{\partial T}\right)_p$$

$$\bar{V}_B=\left(\frac{\partial \bar{G}_B}{\partial p}\right)_T$$

$\bar{G}_B=\bar{H}_B-T\bar{S}_B$，求$\bar{H}_B$。

$\bar{H}_B=\bar{U}_B+p\bar{V}_B$，求$\bar{U}_B$。

② μ_B是决定物质传递方向与限度的强度性质的状态函数，广泛用于判断组成变化的封闭体系和敞开体系内发生的化学变化与相变化的方向和限度。因对只受外压影响的均相多组分体系$G=f(T,p,n_1,n_2,\cdots,n_K)$的全微分为

$$\mathrm{d}G=\left(\frac{\partial G}{\partial T}\right)_{p,n}\mathrm{d}T+\left(\frac{\partial G}{\partial p}\right)_{T,n}\mathrm{d}p+\sum_{B=1}^{K}\left(\frac{\partial G}{\partial n_B}\right)_{T,p,n_j}\mathrm{d}n_B$$

由于

$$\left(\frac{\partial G}{\partial T}\right)_{p,n}=-S$$

$$\left(\frac{\partial G}{\partial p}\right)_{T,n}=V$$

结合

$$\mu_B=\left(\frac{\partial G}{\partial n_B}\right)_{T,p,n_j(j\neq B)}$$

有

$$\mathrm{d}G=-S\mathrm{d}T+V\mathrm{d}p+\sum_{B=1}^{K}\mu_B\mathrm{d}n_B \tag{2-14}$$

结合$G=H-TS$

$$\mathrm{d}H=V\mathrm{d}p+T\mathrm{d}S+\sum_{B=1}^{K}\mu_B\mathrm{d}n_B$$

结合$H=U+pV$

$$\mathrm{d}U=T\mathrm{d}S-p\mathrm{d}V+\sum_{B=1}^{K}\mu_B\mathrm{d}n_B$$

结合 $A=U-TS$

$$dA=-SdT-pdV+\sum_{B=1}^{K}\mu_B dn_B$$

适用于“只受外压力(无电场力、表面张力等)影响的任意体系内的任意变化，但只有封闭体系中的可逆变化各项才具有明确的物理意义”。

定温、定压条件下，上式变为

$$dG_{T,p}=\sum_{B=1}^{K}\mu_B dn_B\begin{cases}<0 & (\text{自发的不可逆})\\ =0 & (\text{自发的可逆})\\ >0 & (\text{不可能发生})\end{cases}\tag{2-15}$$

$\sum_{B=1}^{K}\mu_B dn_B$ 是研究相变化，化学变化方向与限度的一个最常用的关系式，在物理化学中占有极为重要的地位。现讨论对相变化方向与限度的判断问题。

对相变化用 G 判断时，自发方向是 $G_{大}\rightarrow G_{小}$，限度是 G 达最小值，那么用 μ_B 会怎样呢？

如图 2-34 所示相变。

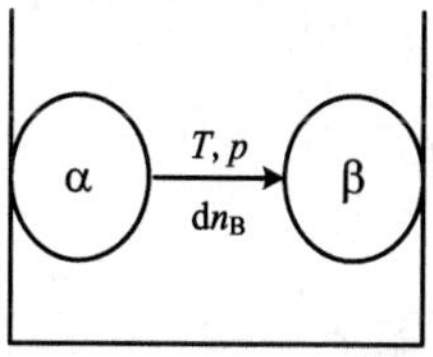

图 2-34

$$dG_{T,p}=dG^{\alpha}_{T,p}+dG^{\beta}_{T,p}=\sum_{\alpha}\mu_B dn_B+\sum_{\beta}\mu_B dn_B$$

只考虑有 dn_B物质从 α 相转到 β 相时

$$dG_{T,p}=\mu^{\alpha}_B dn^{\alpha}_B+\mu^{\beta}_B dn^{\beta}_B$$

因为

$$-dn^{\alpha}_B=dn^{\beta}_B=dn_B$$

则

$$dG_{T,p}=-\mu^{\alpha}_B dn_B+\mu^{\beta}_B dn_B$$

即

$$dG_{T,p}=(\mu^{\beta}_B-\mu^{\alpha}_B)dn_{\beta}\begin{cases}<0,\mu^{\beta}_B<\mu^{\alpha}_B & (\text{自发的不可逆})\\ =0,\mu^{\beta}_B=\mu^{\alpha}_B & (\text{自发的可逆})\\ >0,\mu^{\beta}_B>\mu^{\alpha}_B & (\text{不可能发生})\end{cases}$$

即化学势高的可自动向低的传递，而从化学势低的向高的传递不可能发生(无非体积功帮忙时)，在两相中化学势相等时，可以发生自发的可逆如 373 K，$p^{\ominus}$，$H_2O_{(l)}\Leftrightarrow H_2O_{(g)}$。这样，用 μ_B 就判断了自发的方向。那么限度可否用 μ_B判断呢？回答是肯定的，但需借助于 ξ 概念。将

$$\xi=\frac{n_{B_{(\xi)}}-n_{B_{(0)}}}{\nu_B}$$

用于相变化时，对于

$$H_2O_{(l)}=\!=\!=H_2O_{(g)}$$

$\nu_{H_2O_{(l)}}=-1$，$\nu_{H_2O_{(g)}}=1$，即 $\alpha\rightarrow\beta$，$\nu_{\alpha}=-1$，$\nu_{\beta}=1$，则

$$dG_{T,p}=\sum_{B=1}^{K}\mu_B dn_B=\sum_{B=1}^{K}\nu_B\mu_B d\xi$$

有

$$\left(\frac{\partial G}{\partial \xi}\right)_{T,p}=\sum_{B=1}^{K}\nu_B\mu_B=\mu^{\beta}_B-\mu^{\alpha}_B\begin{cases}<0,\mu^{\beta}_B<\mu^{\alpha}_B & (\text{自发的不可逆})\\ =0,\mu^{\beta}_B=\mu^{\alpha}_B & (\text{自发的可逆})\\ >0,\mu^{\beta}_B>\mu^{\alpha}_B & (\text{不可能发生})\end{cases}$$

综合得，在只考虑外压力的影响时，相变化

$$\alpha \rightarrow \beta$$

只有 $\mu_B^\alpha > \mu_B^\beta$是自发的，当进行到两相中化学势相等时，过程即达限度；若 $\mu_B^\alpha < \mu_B^\beta$，则不可能发生；若 $\mu_B^\alpha = \mu^\beta$，可发生自发的可逆。

化学变化中的应用将在“化学平衡”部分介绍。

2.7.2.2 化学势表达式

$$\text{物质 B}\begin{cases}\text{气体（理想气体、实际气体）}\\ \text{纯液体、纯固体}\\ \text{溶液（理想溶液、非理想液溶液（稀溶液、浓溶液））}\end{cases}$$

由化学势定义

$$\mu_B = \left(\frac{\partial G}{\partial n_B}\right)_{T,p,n_j(j\neq B)}$$

对纯物质来说

$$\mu_B = \left[\frac{\partial(n_B G_{B,m}^*)}{\partial n_B}\right]_{T,p,n_j} = G_{B,m}^*$$

则

$$d\mu_B = dG_{B,m}^* = -S_{B,m}^* dT + V_{B,m}^* dp$$

定温下

$$d\mu_B = V_{B,m}^* dp$$

对定温下 n 固定不变的多组分混合体系 $\mu_B = \bar{G}_B$

$$d\mu_B = \bar{V}_B dp$$

本质上说，解此微分方程求出 μ_B特解，就应是 μ_B与温度、压力、浓度关系的表达式。

1. 气体的化学势表达式

积分上限为研究的状态，积分下限为该形态物质的标准态。

(1) 理想气体化学势表达式

对纯理想气体

$$\int_{\mu_B^\ominus}^{\mu_B} d\mu_B = \int_{p^\ominus}^{p} V_{B,m}^* dp$$

将 $V_{B,m}^* = \dfrac{RT}{p}$代入

$$\mu_B = \mu_{B(T)}^\ominus + RT\ln\left(\frac{p_B}{p^\ominus}\right) \tag{2-16}$$

对混合理想气体（中间有一半透膜，容许 A，D 的任一物质通过，如图 2-35 所示），达平衡时任一物质在两边的化学势相等。

$$\mu_B = \mu_{B(左)} = \mu_{B(右)} = \mu_{B(g,T)}^\ominus + RT\ln\left(\frac{p_B}{p^\ominus}\right)$$

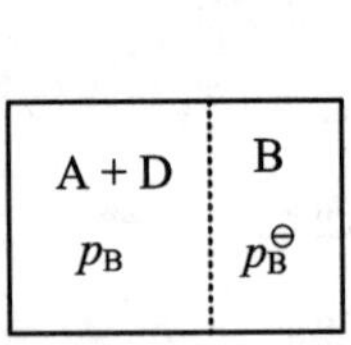

图 2-35

即

$$\mu_B = \mu_{B(T)}^\ominus + RT\ln\left(\frac{p_B}{p^\ominus}\right)$$

(2) 实际气体的化学势表达式

实际气体不服从 $pV_m = RT$，若由实际气体遵循的方程代入 $d\mu_B = V_{B,m}^*$

dp 积分所得的化学势表达式将十分复杂。为了保持化学势表达式的简洁形式，1901 年路易斯引入逸度 f 概念，定义

$$f = \gamma p$$

γ 称为逸度系数，相当于压力的相正因子，无量纲。可据对比状态原理——在相同的对比温度 $\theta=\dfrac{T}{T_c}$ 与对比压力 $\pi=\dfrac{p}{p_c}$ 下，逸度系数 γ 相同，查牛顿图获得。依此，实际气体的化学势表达式为

$$\mu_B = \mu^{\ominus}_{B(g,T)} + RT\ln\left(\frac{\gamma_B p_B}{p^{\ominus}}\right)$$

2. 纯液体、纯固体的化学势表达

选外压为 101 325 Pa 下的纯液体、纯固体为标准态

$$\int_{\mu_B^{\ominus}}^{\mu_B} d\mu_B = \int_{p^{\ominus}}^{p} V^*_{B,m} dp$$

$$\mu_B = \mu^{\ominus}_{B(T)} + \int_{p^{\ominus}}^{p} V^*_{B,m} dp$$

3. 溶液中物质的化学势表达式

定温条件下

$$d\mu_B = \bar{V}_B dp$$

解此微分方程，寻求 μ_B 与温度、压力及浓度表达式行不通（难以建立 $\bar{V}_B$ 与浓度的关系）。一般是据相平衡条件，借助于拉乌尔（Raoult）定律和亨利（Henry）定律（或吉布斯-杜亥姆方程）推导。

(1) 拉乌尔定律和亨利定律

① 拉乌尔定律。

1887 年，拉乌尔从实验中总结出：一定温度下，非电解质稀溶液的溶剂 A 蒸气压等于纯溶剂的蒸气压和溶液中溶剂的物质的量分数的乘积。即

$$p_A = p_A^* x_A$$

与非电解质的挥发与否无关，因是 p_A 而非 p；强调稀溶液，说明 D 分子少，A 在稀溶液中所处的环境与在纯态时相差不大（只是单位体积中 A 分子数目少了些）。浓度大时，A 所处的环境与在纯态相差太大，此时，算出的 p_A 与实际值差别不可忽略（图 2-36）。

图 2-36

② 亨利定律。

1803 年，亨利由实际得出稀溶液的另一规律：一定温度下，稀溶液上方溶质的蒸气压与它在溶液中的浓度成正比或气体在液体中的溶解度与该气体的压力成正比，即

$$p_D = k_x x_D$$

说明：

a. k_x 叫亨利常数，与 T，p 及溶剂和溶质性质有关，一般忽略 p 对 k_x 的影响。若以相同的分压比较，k_x 越小，x_B 越大。因此，k_x 可作为吸收气体所用溶剂的选择依据。这一定律在化工生产中有广泛应用，如合成氨原料气中有 H_2，N_2 和 CO_2 等，由于 CO_2 在水中的 $k_{x,CO_2}=1.67\times10^8$ Pa，而 H_2 是 7.12×10^9 Pa，N_2 是 8.68×10^9 Pa（298 K），依此法可用水洗法将 CO_2 除去。这是化工生产中“吸收” 操作的理论基础。

b. 实际使用中，若溶液浓度用 m_D 和 C_D 表示时，亨利定律还可表示为

$$p_D = k_m m_D$$

或

$$p_D = k_c C_D$$

注意：

$$k_x \neq k_m \neq k_c$$

* 对 A+D 二组分体系

$$x_D = \frac{n_D}{n_A + n_D} \xrightarrow{\text{分子分母同乘以}\frac{1}{W_A}} \frac{\frac{n_D}{W_A}}{\frac{1}{M_A} + \frac{n_D}{W_A}}$$

$$= \frac{m_D}{\frac{1}{M_A} + m_D}$$

$$x_D = \frac{n_D}{n_A + n_D} \xrightarrow{\text{分子分母同乘以}\frac{1}{V}} \frac{\frac{n_D}{V}}{\frac{V\rho - n_D M_D}{VM_A} + \frac{n_D}{V}}$$

$$= \frac{C_D}{\frac{\rho - C_D M_D}{M_A} + C_D}$$

对稀溶液，$C_D \to 0, m_D \to 0, \rho \to \rho_0$

$$x_D = M_A\, m_D = \frac{M_A}{\rho_0} C_D = w_D \frac{M_A}{M_D}$$

则

$$p_D = k_x x_D = k_x M_A m_D = \frac{k_x M_A}{\rho_0} C_D$$

可见

$$k_m = k_x M_A$$

$$k_c = \frac{k_x M_A}{\rho_0}$$

$$k_x = \frac{1}{M_A} k_m = \frac{\rho_0}{M_A} k_c$$

c. 溶质 D 在气、液相形态相同。

【例 2-21】 胜利油田向油井注水(一采 15%伴生气，二采注水压出 15%，三采靠科学技术约占 70%)，对水质要求之一是含氧量不超过 1 mg·dm^{-3}。设黄河的水温为 293 K，空气中氧的体积分数为 21%，氧气在水中溶解时的亨利常数为 4.06×10^{9} Pa，问：

(1) 293 K 时黄河水作为油井用水，水质是否合格？

(2) 若不合格，可采用真空脱氧进行净化。已知脱氧塔内气相中含氧的体积的分数为 35%，则此真空脱氧塔的压力应为多少？

解 (1) $p_{O_2} = k_{O_2} \cdot x_{O_2}$，设 1 升水中含 O_2 的质量是 W_{O_2} 克

有

$$21\% \times 101\,325 = \frac{4.06 \times 10^9 \times \frac{W_{O_2}}{32}}{\frac{W_{O_2}}{32} + \frac{1\,000}{18}}$$

$$W_{O_2} = 9.30 \times 10^{-3}\,(\mathrm{g}) = 9.30\,(\mathrm{mg})$$

不合格。

(2)
$$35\% \times p = 4.06 \times 10^9 \frac{\frac{10^{-3}}{32}}{\frac{10^{-3}}{32} + \frac{1\,000}{18}}$$

$$p = 6.53\ \mathrm{kPa}$$

【例 2-22】 中学化学教科书中有"1 体积水仅能溶解约 1 体积 CO_2"的说法，如何理解？

解　标准状况（273 K，$p^{\ominus}$）下，设 1 体积水约 1 000 g，可溶解 CO_2的物质的量是 n_{CO_2}。由 $p_D = k_x x_D$有

$$101\,325 = 1.44 \times 10^6 \times \frac{n_{CO_2}}{n_{CO_2} + \frac{1\,000}{18}}$$

$$n_{CO_2} = 3.39 \times 10^{-2}\,(\mathrm{mol})$$

其体积为

$$V_{CO_2} = \frac{n_{CO_2} RT}{p} = \frac{3.39 \times 10^{-2} \times 8.314 \times 273}{101\,325}$$
$$= 7.5 \times 10^{-4}\,(\mathrm{m}^3)$$
$$= 0.75\,(\mathrm{L})$$

同法可算出 1 L 水可溶解 2.18×10^{-2} L 的 CO、7.13×10^{-2} L 的 O_2、1.93×10^{-2} L 的 H_2、1.58×10^{-2} L 的 N_2。

依此，亦可理解为什么冬季在浴室洗澡时间长了会有窒息头痛感以及在深海工作的人必须缓慢地从海底回到海平面。前者是因为浴室内温度高，水的饱和蒸气压高、氧气分压低于室外（如大气压力为 101.325 kPa 时，若浴室 40 ℃，$p_{H_2O} = 0.702\,8\,p^{\ominus}$，$p_{O_2} = 0.194\,7p^{\ominus}$。室外10 ℃，$p_{H_2O} = 0.001\,8p^{\ominus}$，$p_{O_2} = 0.200\,1p^{\ominus}$）。$p_{O_2}$分压从 $0.200\,1\,p^{\ominus}$降到 $0.194\,7p^{\ominus}$，O_2在人体血液中含量降低，人体原先的供氧平衡发生变化，临床就有窒息头痛感。后者是因为人在深海处受到较大的压力，N_2 在血液中的溶解度比在陆地上正常压力时大许多倍，如果潜水员迅速从海底回到海面上来，原先在高压时溶解在血液中的 N_2 就从血液中析出，可能形成血栓，得潜水病，轻则眩晕，重则死亡。

(2) 理想溶液中各组分的化学势表达式

$$\mu_B = f\,(T, p, 浓度)$$

理想溶液中分子间作用力变化不大，任一组分在全部组成范围内均遵守拉乌尔定律。浓度常用 x_B表示

$$\mu_{B_{(l)}} = \mu_{B_{(g)}} = \mu^{\ominus}_{B_{(g,T)}} + RT\ln\left(\frac{p_B}{p^{\ominus}}\right)$$

将 $p_B = p_B^* x_B$代入，并去掉脚标"l""g"，有

$$\mu_B = \mu^{\ominus}_{B_{(g,T)}} + RT\ln\left(\frac{p_B^* x_B}{p^{\ominus}}\right)$$

即

$$\mu_B = \mu^{\ominus}_{B_{(g,T)}} + RT\ln\left(\frac{p_B^*}{p^{\ominus}}\right) + RT\ln x_B$$

或

$$\mu_B = \mu^*_{B_{(T,p)}} + RT\ln x_B$$

式中，$\mu^*_{B_{(T,p)}} = \mu^{\ominus}_{B_{(g,T)}} + RT\ln\left(\frac{p_B^*}{p^{\ominus}}\right)$（$p_B^*$ 与 T,p 有关），是与溶液温度、压力相同时，纯组分 B 所具有的化学势值。与纯组分在 $T,p^{\ominus}$ 标准态下的化学势 $\mu^{\ominus}_{B_{(T,p^{\ominus})}}$ 关系为

$$\begin{array}{ccc} \text{纯液体} & \longrightarrow & \text{纯液体} \\ (T,p) & & (T,p^{\ominus}) \end{array}$$

温度恒定：$d\mu_B^* = V^*_{B,m}dp$

$$\int_{\mu^{\ominus}_{B_{(T,p^{\ominus})}}}^{\mu_B} d\mu_B^* = \int_{p^{\ominus}}^{p} V^*_{B,m}dp$$

$$\mu^*_{B_{(T,p)}} = \mu^{\ominus}_{B_{(T,p^{\ominus})}} + \int_{p^{\ominus}}^{p} V^*_{B,m}dp$$

因此，理想溶液中任一组分 B 的化学势表达式应是

$$\mu_B = \mu^*_{B_{(T,p^{\ominus})}} + \int_{p^{\ominus}}^{p} V^*_{B,m}dp + RT\ln x_B$$

p 不大时，$\int_{p^{\ominus}}^{p} V^*_{B,m}dp \approx 0$

$$\mu_B = \mu^{\ominus}_{B_{(T)}} + RT\ln x_B$$

【例 2-23】 298 K 下，将 1 mol 纯苯转移到苯的摩尔分数为 0.2 的大量苯和甲苯的溶液中去，计算此过程的 ΔG。

解

$$\begin{aligned} \Delta G &= \bar{G}_{苯} - G_{m,苯} \\ &= (\mu^*_{苯(T,p)} + RT\ln x_{苯}) - \mu^*_{苯(T,p)} \\ &= RT\ln x_{苯} \\ &= 8.314 \times 298\ln 0.2 \\ &= -3.99\ (\text{kJ} \cdot \text{mol}^{-1}) \end{aligned}$$

（3）非理想溶液中物质的化学势表达式

① 稀溶液中溶剂与溶质的化学势表达式。

溶剂 A：遵守拉乌尔定律。那么溶剂 A 的化学势表达式应是

$$\mu_A = \mu^{\ominus}_{A_{(T,p^{\ominus})}} + RT\ln x_A + \int_{p^{\ominus}}^{p} V^*_{A,m}dp$$

p 不大时，

$$\int_{p^{\ominus}}^{p} V^*_{A,m}dp \approx 0$$

$$\mu_A = \mu^{\ominus}_{A_{(T)}} + RT\ln x_A$$

溶质 D：溶质遵守亨利定律，一定 T,p 下稀溶液与理想蒸气达平衡时，D 在两相化学势相等。

$$\mu_{D_{(l)}} = \mu_{D_{(g)}} = \mu^{\ominus}_{D_{(g,T)}} + RT\ln\left(\frac{p_D}{p^{\ominus}}\right)$$

用 $p_D = k_c \cdot C_D$ 代入并去掉“l”“g”时

$$\mu_{\mathrm{D}}=\mu^{\ominus}_{\mathrm{D(g},T)}+RT\ln\left(\frac{k_{\mathrm{c}}C_{\mathrm{D}}}{p^{\ominus}}\right)$$

即

$$\begin{aligned}\mu_{\mathrm{D}}&=\mu^{\ominus}_{\mathrm{D(g},T)}+RT\ln\left(\frac{k_{\mathrm{c}}C^{\ominus}}{p^{\ominus}}\times\frac{C_{\mathrm{D}}}{C^{\ominus}}\right)\\&=\mu^{\ominus}_{\mathrm{D(g},T)}+RT\ln\left(\frac{k_{\mathrm{c}}C^{\ominus}}{p^{\ominus}}\right)+RT\ln\left(\frac{C_{\mathrm{D}}}{C^{\ominus}}\right)\end{aligned}$$

或

$$\mu_{\mathrm{D}}=\mu^{\triangle}_{\mathrm{D,C}_{(T,p)}}+RT\ln\left(\frac{C_{\mathrm{D}}}{C^{\ominus}}\right)$$

式中，$\mu^{\triangle}_{\mathrm{D,C}_{(T,p)}}=\mu^{\ominus}_{\mathrm{D(g},T)}+RT\ln\left(\frac{k_{\mathrm{c}}C}{p^{\ominus}}\right)$，是 T,p 下，当 $C_{\mathrm{D}}\rightarrow 1\ \mathrm{mol\cdot m^{-3}}$ 时（或 $C_{\mathrm{D}}\rightarrow 1\ \mathrm{mol\cdot L^{-1}}$ 时），仍服从亨利定律的假想状态的化学势，称为参考态化学势（见图 2-37 中的符号“Δ”）。

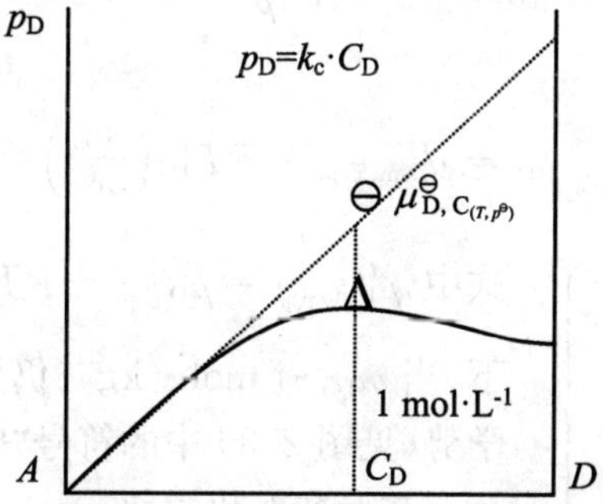

图 2-37 用体积摩尔浓度表示时的溶质标准态

参考态化学势与标准态化学势 $\mu^{\ominus}_{\mathrm{B,C}_{(T,p^{\ominus})}}$（见图 2-37 中的符号“⊖”）的关系如图 2-38 所示。

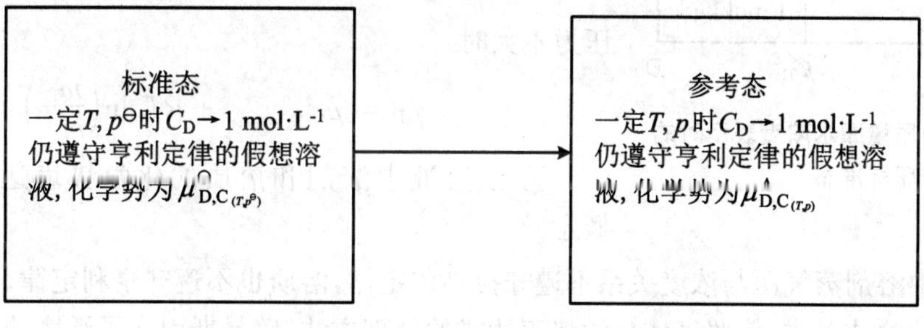

图 2-38

由

$$\mathrm{d}\mu_{\mathrm{D}}=\bar{V}_{\mathrm{D}}\mathrm{d}p$$

$$\int_{\mu^{\ominus}_{\mathrm{D,C}_{(T,p^{\ominus})}}}^{\mu^{\triangle}_{\mathrm{D,C}_{(T,p)}}}\mathrm{d}\mu_{\mathrm{D}}=\int_{p^{\ominus}}^{p}\bar{V}^{\ominus}_{\mathrm{D,C}}\mathrm{d}p$$

$$\mu^{\triangle}_{\mathrm{D,C}_{(T,p)}}=\mu^{\ominus}_{\mathrm{D,C}_{(T,p^{\ominus})}}+\int_{p^{\ominus}}^{p}\bar{V}^{\ominus}_{\mathrm{D,C}}\mathrm{d}p$$

则

$$\mu_{\rm D} = \mu^{\ominus}_{{\rm D,C}(T,p^{\ominus})} + \int_{p^{\ominus}}^{p} \bar{V}^{\ominus}_{\rm D,C}\,{\rm d}p + RT\ln\left(\frac{C_{\rm D}}{C^{\ominus}}\right)$$

压力不大时

$$\mu_{\rm D} = \mu^{\ominus}_{{\rm D,C}(T,p^{\ominus})} + RT\ln\left(\frac{C_{\rm D}}{C^{\ominus}}\right)$$

选(SI)$C^{\ominus}\rightarrow 1\ \text{mol}\cdot\text{m}^{-3}$时,$C_{\rm D}$单位用 $\text{mol}\cdot\text{m}^{-3}$。

选(非 SI)$C^{\ominus}\rightarrow 1\ \text{mol}\cdot\text{L}^{-1}$时,$C_{\rm D}$单位用 $\text{mol}\cdot\text{L}^{-1}$。

若亨利定律用 $p_{\rm D}=k_{\rm m}m_{\rm D}$代入

$$\begin{aligned}\mu_{\rm D} &= \mu^{\ominus}_{{\rm D}({\rm g},T)} + RT\ln\left(\frac{k_{\rm m}m_{\rm D}}{p^{\ominus}}\right)\\ &= \mu^{\ominus}_{{\rm D}({\rm g},T)} + RT\ln\left(\frac{k_{\rm m}m^{\ominus}}{p^{\ominus}}\cdot\frac{m_{\rm D}}{m^{\ominus}}\right)\\ &= \mu^{\ominus}_{{\rm D}({\rm g},T)} + RT\ln\left(\frac{k_{\rm m}m^{\ominus}}{p^{\ominus}}\right) + RT\ln\left(\frac{m_{\rm D}}{m^{\ominus}}\right)\end{aligned}$$

或

$$\mu_{\rm D} = \mu^{\rm O}_{{\rm D,m}(T,p)} + RT\ln\left(\frac{m_{\rm D}}{m^{\ominus}}\right)$$

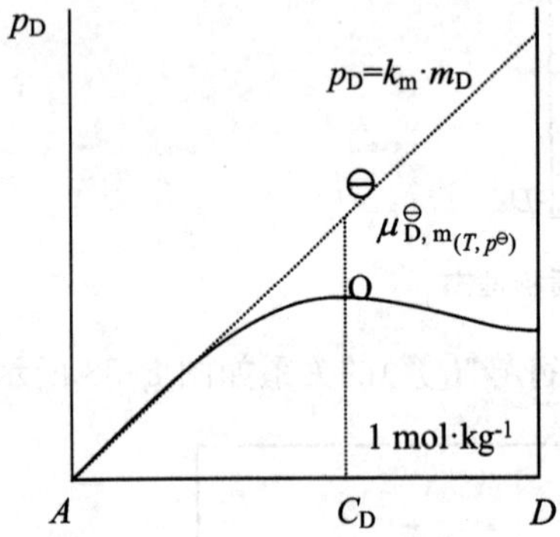

图 2-39 用质量摩尔浓度表示时的溶质标准态

式中,$\mu^{\rm O}_{{\rm D,m}(T,p)} = \mu^{\ominus}_{{\rm D}({\rm g},T)} + RT\ln\left(\frac{k_{\rm m}m^{\ominus}}{p^{\ominus}}\right)$,是一定温度、压力下,当 $m_{\rm D}\rightarrow 1\ \text{mol}\cdot\text{kg}^{-1}$ 仍服从亨利定律的假想状态的化学势(见图 2-39 中的符号"O")。

与标准态化学势 $\mu^{\ominus}_{{\rm B,C}(T,p^{\ominus})}$(见图 2-39 中的符号"⊖")的关系为

$$\mu_{\rm D} = \mu^{\ominus}_{{\rm D,m}(T,p^{\ominus})} + RT\ln\left(\frac{m_{\rm D}}{m^{\ominus}}\right) + \int_{p^{\ominus}}^{p} \bar{V}^{\ominus}_{\rm D,m}\,{\rm d}p$$

压力不大时

$$\mu_{\rm D} = \mu^{\ominus}_{{\rm D,m}(T,p^{\ominus})} + RT\ \ln\left(\frac{m_{\rm D}}{m^{\ominus}}\right)$$

② 浓溶液中溶剂和溶质的化学势表达式及浓度的概念。

浓溶液中溶剂蒸气压与浓度关系不遵守拉乌尔定律,溶质也不遵守亨利定律。为了保持化学势表达式的简洁形式,依照气体化学势表达式的处理方法,路易斯引入了活度的概念。

对溶剂 A,有

$$p_{\rm A} = p_{\rm A}^{*}\,x_{\rm A}\gamma_{\rm A}$$

$$x_{\rm A}\gamma_{\rm A} = a_{\rm A}$$

$\gamma_{\rm A}$为活度系数,$a_{\rm A}$为活度(可用蒸气压法、电动势法等测出)。则

$$\mu_{\rm A} = \mu^{\ominus}_{{\rm A}(T,p^{\ominus})} + RT\ \ln x_{\rm A}\gamma_{\rm A} + \int_{p^{\ominus}}^{p} V^{*}_{\rm A,m}\,{\rm d}p$$

p 不大时

$$\mu_{\rm A} = \mu^{\ominus}_{{\rm A}(T,p^{\ominus})} + RT\ln a_{\rm A}$$

对溶剂 D,$p_{\rm D}=k_{\rm c}C_{\rm D}\gamma_{\rm D,C}$时,有

$$\mu_D = \mu^{\ominus}_{D,C_{(T,p^{\ominus})}} + RT\ \ln\left(\frac{C_D\gamma_{D,C}}{C^{\ominus}}\right) + \int_{p^{\ominus}}^{p} \bar{V}^{\ominus}_{D,C}\mathrm{d}p$$

忽略 p 影响时

$$\mu_D = \mu^{\ominus}_{D,C_{(T,p^{\ominus})}} + RT\ln\left(\frac{C_D\gamma_{D,C}}{C^{\ominus}}\right)$$

$$a_D = \frac{C_D\ \gamma_{D,C}}{C^{\ominus}}$$

$p_D = k_m \cdot m_D \cdot \gamma_{D,m}$时，有

$$\mu_D = \mu^{\ominus}_{D_{(T,p^{\ominus})},m} + RT\ \ln\left(\frac{m_D\gamma_{D,m}}{m^{\ominus}}\right) + \int_{p^{\ominus}}^{p} \bar{V}^{\ominus}_{D,m}\mathrm{d}p$$

忽略 p 影响时

$$\mu_D = \mu^{\ominus}_{B,D_{(T,p^{\ominus})},m} + RT\ \ln a_D$$

$$a_D = \frac{\gamma_{D,m}m_D}{m^{\ominus}}$$

2.7.3 理想溶液通性、稀溶液依数性与分配定律

2.7.3.1 理想溶液通性

1. 混合前后总体积不变 $\Delta_{mix}V = 0$

$$\mathrm{d}\mu_B = -\bar{S}_B\mathrm{d}T + \bar{V}_B\mathrm{d}p$$

$$\left(\frac{\partial\mu_B}{\partial p}\right)_{T,n} = \bar{V}_B$$

将 $\mu_B = \mu^*_{B(T,p)} + RT\ln x_B$代入

$$\bar{V}_B = \left(\frac{\mu^*_{B(T,p)} + RT\ln x_B}{\partial p}\right)_{T,n} = V^*_{B,m}$$

理想溶液中任一组分的偏摩尔体积等于该组分纯态时的摩尔体积。则

$$\Delta_{mix}V = \sum_B n_B\bar{V}_B - \sum_B n_B V^*_{B,m}$$

$$= \sum_B n_B V^*_{B,m} - \sum_B n_B V^*_{B,m} = 0$$

2. 混合吉布斯自由能为负 $\Delta_{mix}G < 0$

由于

$$\bar{G}_B = \mu_B = \mu^*_{B(T,p)} + RT\ln x_B$$

则

$$\Delta_{mix}G = \sum_B n_B\bar{G}_B - \sum_B n_B G^*_{B,m}$$

$$= \sum_B n_B\mu_B - \sum_B n_B\mu^*_{B_{(T,p)}}$$

$$= \sum_B n_B(\mu^*_{B_{(T,p)}} + RT\ln x_B) - \sum_B n_B\mu^*_{B_{(T,p)}}$$

$$= RT\sum_B n_B\ln x_B$$

$$\Delta_{mix}G = RT\sum_B n_B \ln x_B$$

由于 $x_B<1$，则 $\Delta_{mix}G<0$。

3. 混合熵为正 $\Delta_{mix}S>0$

$$d\mu_B = -\bar{S}_B dT + \bar{V}_B dp$$

$$\left(\frac{\partial \mu_B}{\partial T}\right)_{p,n} = -\bar{S}_B$$

将 $\mu_B = \mu^*_{B(T,p)} + RT\ln x_B$ 代入

$$\bar{S}_B = -\left[\frac{\partial(\mu^*_{B(T,p)} + RT\ln x_B)}{\partial T}\right]_{p,n}$$

$$= -\left(\frac{\partial \mu^*_{B(T,p)}}{\partial T}\right)_{p,n} - R\ln x_B$$

$$= S^*_{B,m} - R\ln x_B$$

则

$$\Delta_{mix}S = \sum_B n_B \bar{S}_B - \sum_B n_B S^*_{B,m}$$

$$= \sum_B n_B (S^*_{B,m} - R\ln x_B) - \sum_B n_B S^*_{B,m}$$

$$= \sum_B n_B S^*_{B,m} - R\sum_B n_B \ln x_B - \sum_B n_B S^*_{B,m}$$

$$= -R\sum_B n_B \ln x_B$$

$$\Delta_{mix}S = -R\sum_B n_B \ln x_B$$

由于 $x_B<1$，则 $\Delta_{mix}S>0$。

4. 混合时无热效应 $\Delta_{mix}H=0$

因

$$\Delta_{mix}G = \Delta_{mix}H - T\Delta_{mix}S$$

将 $\Delta_{mix}G = RT\sum_B n_B \ln x_B$，$\Delta_{mix}S = -R\sum_B n_B \ln x_B$ 代入，得

$$RT\sum_B n_B \ln x_B = \Delta_{mix}H - T\left(-R\sum_B n_B \ln x_B\right)$$

则

$$\Delta_{mix}H = 0$$

【例 2-24】 在 300 K 下，1 mol 对二甲苯与 2 mol 间二甲苯形成理想溶液，计算 $\Delta_{mix}V$，$\Delta_{mix}H$，$\Delta_{mix}S$ 和 $\Delta_{mix}G$。

解 $\Delta_{mix}V = 0$

$\Delta_{mix}H = 0$

$$\Delta_{mix}S = -R\sum_B n_B \ln x_B = -8.314\left(1\times\ln\frac{1}{3} + 2\times\ln\frac{2}{3}\right) = 15.9\ (\text{J}\cdot\text{K}^{-1})$$

$$\Delta_{mix}G = RT\sum_B n_B \ln x_B = 8.314\times 300\left(1\times\ln\frac{1}{3} + 2\times\ln\frac{2}{3}\right) = -4\,763\ (\text{J})$$

2.7.3.2 稀溶液依数性

依数性是指稀溶液的凝固点下降、沸点升高、渗透压等，当指定溶剂的类型和数量后，只取

决于所含溶质粒子的数目，而与溶质的本性无关的性质。产生依数性的根本原因是溶液的蒸气压较纯溶剂低。

为简化数学处理，本节讨论的溶质均是非挥发性的且不溶于固体溶剂。

1. 凝固点下降

纯溶剂和溶液的蒸气压与凝固点的关系见图 2-40。

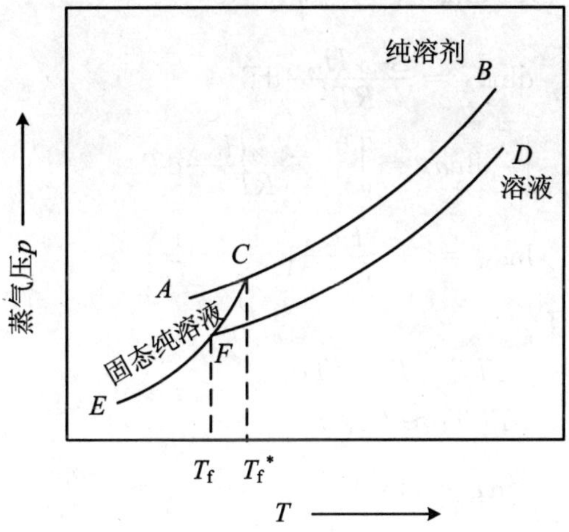

图 2-40　纯溶剂(溶液)蒸气压与凝固点的关系

图 2-40 中溶液蒸气压 FD 线位于纯溶剂 AB 线之下，分别与固态纯溶剂蒸气压线 EC 线相交于 F 与 C 点。F 点对应的温度 T_f 是溶液的凝固点，C 点对应的温度 T_f^* 是溶剂的凝固点，且 $T_f<T_f^*$，具体关系推导如图 2-41 所示。

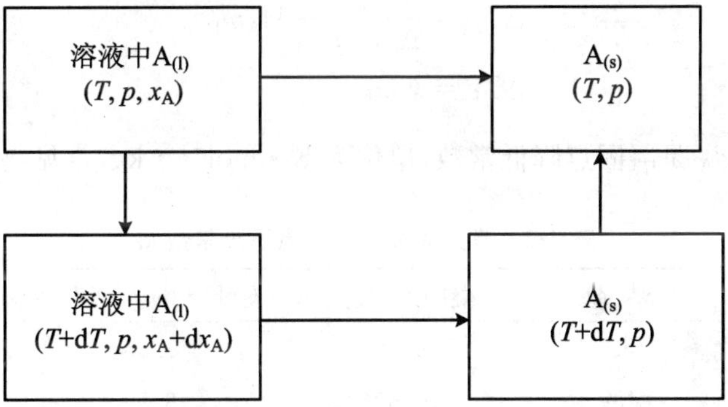

图 2-41

平衡时(T,p)

$$\mu_{A_{(l,\,solution)}} = \mu_{A_{(s)}}$$

新平衡时$(T+dT,p)$

$$\mu_{A_{(solution)}} + d\mu_{A_{(solution)}} = \mu_{A_{(s)}} + d\mu_{A_{(s)}}$$

则

$$d\mu_{A_{(solution)}} = d\mu_{A_{(s)}}$$

对 1 mol 纯物质 A，$\mu_A = G_{A,m}^*$，有

$$d\mu_{A_{(s)}} = dG_{m,(s)} = -S_{m,(s)}dT + V_{m,(s)}dp = -S_{m,(s)}dT$$

$$d\mu_{A_{(solution)}} = d(\mu_{A_{(l)}}^* + RT\ln a_A) = -S_{m,(l)}dT + RTd\ln a_A$$

则

$$-S_{A_{(l)},m}dT + RTd\ln a_A = -S_{A_{(s)},m}dT$$

$$RTd\ln a_A = (S_{A_{(l)},m} - S_{A_{(s)},m})dT$$

$$RTd\ln a_A = \frac{\Delta_{熔化}H_{m,A}}{T}dT$$

$$d\ln a_A = \frac{\Delta_{熔化}H_{m,A}}{RT^2}dT$$

$$\int_1^{x_A} d\ln a_A = \int_{T_f^*}^{T_f} \frac{\Delta_{熔化}H_{m,A}^*}{RT^2}dT$$

$$\ln a_A = \frac{\Delta_{熔化}H_{m,A}^*}{R}\left(\frac{1}{T_f^*} - \frac{1}{T_f}\right)$$

对稀溶液 $\gamma_A = 1, a_A = x_A$，有

$$\Delta T_f = T_f^* - T_f$$

$$T_f^* T_f \approx (T_f^*)^2$$

$$\ln x_A = \ln(1 - x_D) \approx -x_D \approx -\frac{n_D}{n_A}$$

$$-\frac{n_D}{n_A} = \frac{\Delta_{熔化}H_{m,A}^*}{R}\left[-\frac{\Delta T_f}{(T_f^*)^2}\right]$$

$$\Delta T_f = \frac{R(T_f^*)^2}{\Delta_{熔化}H_{m,A}} \cdot \frac{n_D}{W_A \cdot M_A^{-1}}$$

即

$$\Delta T_f = \frac{R(T_f^*)^2}{\Delta_{熔化}H_{m,A}}M_A m_D$$

$$\Delta T_f = k_f m_D$$

式中，$k_f = \dfrac{R(T_f^*)^2}{\Delta_{熔化}H_{m,A}}M_A$ 是凝固点降低常数，单位为 $K \cdot mol^{-1} \cdot kg$，常见物质的 k_f 见表 2-3。

表 2-3 常见物质的凝固点下降常数 k_f

溶 剂	凝固点(℃)	$k_f(K \cdot mol^{-1} \cdot kg)$
水	0.00	1.86
醋酸	16.60	3.90
苯	5.53	5.10
环己烷	6.55	20.2

凝固点降低效应是抗冻剂产业的理论基础。由于乙二醇的凝固点为－13.2 ℃、沸点为197 ℃，密度为 1.115 5 g · cm^{-3}(20 ℃)，与等体积水和适量硼砂、对硝基苯甲酸等防腐、防垢剂混合成的防冻液的凝固点为－36.7 ℃。且化学稳定性高，水从混合中析出是淤泥状而非块状冰，在抗冻剂领域有广泛应用。如果水中不加抗冻剂，水结冰时体积膨胀 11%，产生的力(－22 ℃时高达 206 800 kPa)足以使金属散热泵甚至金属发动机破裂。

【例 2-25】 冬天，在汽车散热器的水中注入一定量的乙二醇可防止水的冻结。如在 2 L 水中注入 2 L 乙二醇，求这种溶液的凝固点。

解

$$m_{乙二醇} = \frac{2\,000 \times 1.115\,5}{62} \times \frac{1\,000}{2\,000 \times 1.00} = 17.99\ (\text{mol} \cdot \text{kg}^{-1})$$

$$\Delta T_f = k_f m_B = 1.86 \times 17.99 = 33.5\ ℃$$

即此溶液的凝固点为－33.5 ℃。

2. 沸点升高

纯溶剂和溶液的蒸气压与沸点的关系见图 2-42。

图 2-42 中纯溶剂 AB 线位于溶液蒸气压 CD 线之上，在大气压力 $p^{\ominus}$ 下对应的沸点分别是 T_b^* 和 T_b，且 $T_b > T_b^*$。具体关系推导如下：

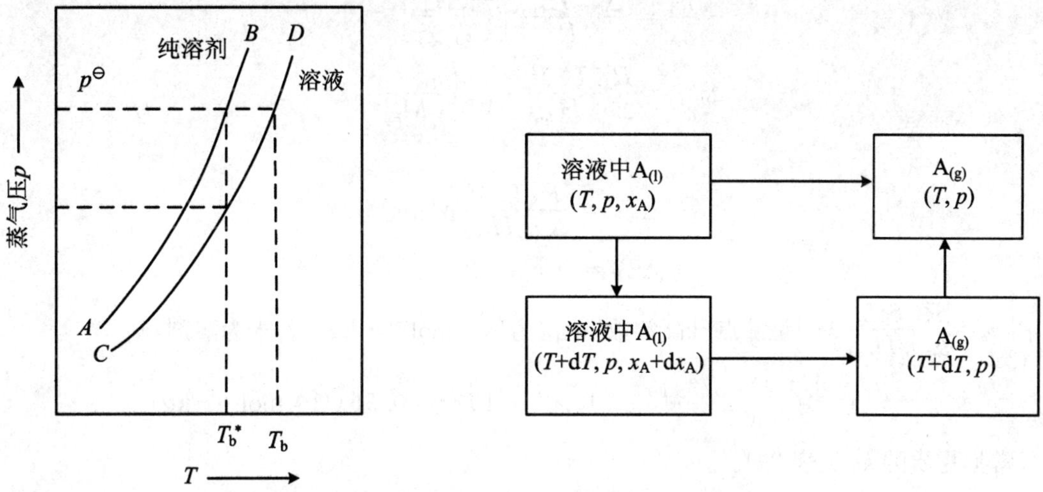

图 2-42　纯溶剂(溶液)蒸气压与沸点的关系

平衡时(T, p)

$$\mu_{A_{(l,\,solution)}} = \mu_{A_{(g)}}$$

新平衡时$(T+dT, p)$

$$\mu_{A_{(solution)}} + d\mu_{A_{(solution)}} = \mu_{A_{(g)}} + d\mu_{A_{(g)}}$$

则

$$d\mu_{A_{(solution)}} = d\mu_{A_{(g)}}$$

对 1 mol 纯物质 A，$\mu_A = G_{A,m}^*$，有

$$d\mu_{A_{(g)}} = dG_{m,(g)} = -S_{m,(g)}dT + V_{m,(g)}dp = -S_{m(g)}dT$$

$$d\mu_{A_{(solution)}} = d(\mu_{A_{(l)}}^* + RT\ln a_A) = -S_{m,(l)}dT + RT d\ln a_A$$

则

$$-S_{A_{(l)},m}dT + RT d\ln a_A = -S_{A_{(g)},m}dT$$

$$RT d\ln a_A = [S_{A_{(l)},m} - S_{A_{(g)},m}]dT$$

$$RT d\ln a_A = -\frac{\Delta_{汽化}H_{m,A}}{T}dT$$

$$d\ln a_A = -\frac{\Delta_{汽化}H_{m,A}}{RT^2}dT$$

$$\int_1^{x_A} \mathrm{d}\ln a_A = -\int_{T_b^*}^{T_b} \frac{\Delta_{汽化} H_{m,A}^*}{RT^2}\mathrm{d}T$$

$$\ln a_A = \frac{\Delta_{汽化} H_{m,A}^*}{R}\left(\frac{1}{T_b} - \frac{1}{T_b^*}\right)$$

对稀溶液 $\gamma_A=1, a_A=x_A$，有

$$\Delta T_b = T_b - T_b^*$$

$$T_b^* T_b \approx (T_b^*)^2$$

$$\ln x_A = \ln(1-x_D) \approx -x_D \approx -\frac{n_D}{n_A}$$

$$-\frac{n_B}{n_A} = \frac{\Delta_{汽化} H_{m,A}^*}{R}\left[\frac{-\Delta T_b}{(T_b^*)^2}\right]$$

$$\Delta T_f = \frac{R(T_b^*)^2}{\Delta_{汽化} H_{m,A}} \cdot \frac{n_D}{W_A \cdot M_A^{-1}}$$

即

$$\Delta T_b = \frac{R(T_b^*)^2}{\Delta_{汽化} H_{m,A}} M_A m_D$$

$$\Delta T_b = k_b m_D$$

式中，$k_b=\frac{R(T_b^*)^2}{\Delta_{汽化} H_{m,A}} M_A$ 是沸点升高常数，单位为 $K \cdot mol^{-1} \cdot kg$。若水为溶剂，则

$$k_b = \frac{8.314 \times 373.15^2}{40\,710} \times 18.02 \times 10^{-3} = 0.51\,(K \cdot mol^{-1} \cdot kg)$$

常见物质的 k_b 见表 2-4。

表 2-4 常见物质的沸点升高常数 k_b

溶　剂	正常沸点(℃)	k_b($K \cdot mol^{-1} \cdot kg$)
水	100.00	0.51
甲醇	64.51	0.83
乙醇	78.33	1.19
三氯甲烷	61.20	3.85

【例 2-26】 北方边境某汽车连因故急需 20 kg 汽车防冻液，但目前只有 12 kg 乙二醇，现查知水的 $k_f=1.86\ K \cdot mol^{-1} \cdot kg$，水的沸点升高常数 $k_b=0.51\ K \cdot mol^{-1} \cdot kg$。环境最低温度为−30 ℃。请你完成临时汽车防冻液配置的任务，并计算该汽车防冻液的沸点。

解 (1) 据 $\Delta T_f = k_f m_D$ 求降低 30 ℃防冻液的浓度

$$m_{乙二醇} = \frac{30}{1.86} = 16.13\,(mol \cdot kg^{-1})$$

$$m_{乙二醇} = \frac{n_{乙二醇}}{W_{H_2O}}$$

$$16.13 = \frac{\dfrac{W_{乙二醇}}{62.07 \times 10^{-3}}}{20 - W_{乙二醇}}$$

$$W_{乙二醇} = 10\,(kg)$$

取 10 kg 乙二醇加 10 kg 水即可。

(2) $\Delta T_b = k_b m_D$

$$\Delta T_b = 0.51 \times 16.13 = 8.2\,(\text{K})$$

因

$$\Delta T_b = T_b - T_b^*$$
$$8.2 = T_b - 373.15$$
$$T_b = 381.4\,(\text{K})$$

即 108 ℃。

以上说的浓度是不解离或聚合的情况。事实上，对 m_{NaCl} 的 NaCl 溶液，公式中的 $m_D = 2m_{\text{NaCl}}$。对质量摩尔浓度为 $m_{苯甲酸}$ 的苯甲酸在苯中的 $m_D = \frac{1}{2} m_{苯甲酸}$（苯甲酸在苯中形成二聚体）。

【例 2-27】 作为粗略计算，可以把海水当做由 0.5 mol·kg⁻¹ 的 NaCl 和 0.05 mol·kg⁻¹ 的 $MgSO_4$ 组成的溶液，请估计海水的正常沸点。

解
$$m_B = 2 \times 0.5 + 2 \times 0.05 = 1.10\,(\text{mol}\cdot\text{kg}^{-1})$$
$$\Delta T_b = k_b m_B$$
$$\Delta T_b = 0.51 \times 1.10 = 0.56\,(\text{K})$$
$$0.56 = T_b - 373.2$$
$$T_b = 373.8\,(\text{K})$$

海水的沸点比纯水升高了 0.56 ℃。

3. 渗透压

渗透压是稀溶液最为重要的依数性。当有一仅允许溶剂（如水）通过的半透膜将溶剂与溶液隔开（图 2-43），由于溶液的蒸气压较纯溶剂低，纯溶剂的化学势 $\mu^*_{A(T,p_0)}$ 大于溶液中溶剂的化学势 $\mu_A = \mu^*_{A(T,p_0)} + RT\ln x_A$，溶剂（A）将自左向右渗透，结果使溶液的液柱上升，产生液柱压力差 h，如图 2-43(a) 所示。如果事先在溶液上方加一压力阻止溶剂通过半透膜，如图 2-43(b) 所示，则我们把阻止溶剂通过半透膜所需的压力 $p - p_0 \equiv \Pi$ 称为渗透压。

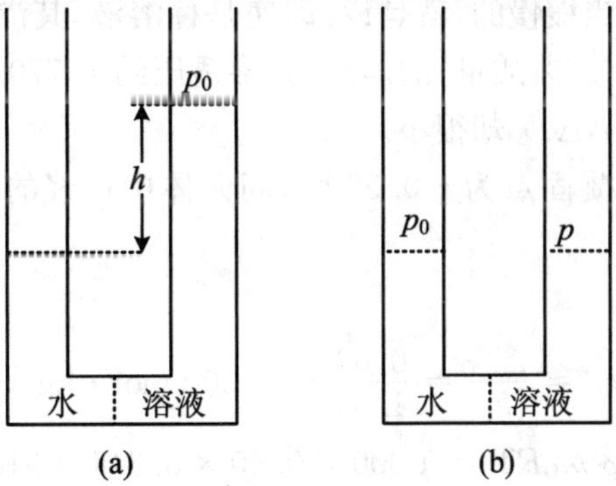

图 2-43　渗透压示意图

由于在压力 p_0 下，纯溶剂的化学势为 $\mu^*_{A(T,p_0)}$，溶液中溶剂的化学势为 $\mu_A = \mu^*_{A(T,p_0)} + RT\ln x_A$。那么在 p 下溶剂与溶液达平衡时，溶液中溶剂的化学势必等于纯溶剂在 p_0 时的化学势（压力增加溶液中溶剂的蒸气压增大）。

$$\mu_{A(T,p)} = \mu^*_{A(T,p_0)}$$

而

$$\mu_{A(T,p)} = \mu_A + \int_{p_0}^{p} \bar{V}_A \mathrm{d}p = \mu^*_{A(T,p_0)} + RT\ln x_A + \int_{p_0}^{p} \bar{V}_A \mathrm{d}p$$

则

$$-RT\ln x_A = \int_{p_0}^{p} \bar{V}_A \mathrm{d}p$$

由于$\bar{V}_A$是溶剂的偏摩尔体积，因溶液的压缩性很小，可以认为$\bar{V}_A$与压力无关，得

$$-RT\ln x_A = \bar{V}_A(p - p_0)$$

即

$$-RT\ln x_A = \bar{V}_A \Pi$$

因

$$-\ln x_A = -\ln(1 - x_D) \approx x_D \approx \frac{n_D}{n_A}$$

则

$$RT\frac{n_D}{n_A} = \Pi \bar{V}_A$$

而

$$n_A \bar{V}_A = V_A \approx V$$

则

$$\Pi V = n_D RT$$

即

$$\Pi = C_D RT$$

对稀溶液

$$m_D = \frac{C_D}{\rho_0}$$

由于饱和蒸气压随外压的变化率很小，而化学势是用组分的饱和蒸气压来度量的，因此，溶剂化学势随外压的增加是相当缓慢的，就是说，即使是稀溶液，其渗透压也是一个很大的数值。如浓度为 0.3 mol·L^{-1}(或 0.9%质量)的体液，其渗透压约为 770 kPa，相当于 77 m 水柱产生的静压力，而此种溶液的 ΔT_f，ΔT_b 却很小。

【例 2-28】 人的血浆的凝固点为−0.56 ℃，问人体中血浆的渗透压为多少(人的体温为 37 ℃)?

解 设血浆浓度为 m_B

$$m_D = \frac{\Delta T_f}{k_f} = \frac{0.56}{1.86} = 0.30\ (\mathrm{mol \cdot kg^{-1}})$$

$$\Pi = C_D RT = \rho_0 m_D RT = 1\,000 \times 0.30 \times 8.314 \times 310 = 770\ (\mathrm{kPa})$$

在 37 ℃时人体血浆的渗透压为 770 kPa。

渗透压有很多应用。如废水(或海水)的反渗透净化(或淡化)、等渗输液和饮料的配制等。

当纯水与废水(或海水)以半透膜(只允许水通过)隔开时，在废水(或海水)一方施加的外压大于纯水与废水(或海水)之间的渗透压，使废水(或海水)的水向纯水相渗透，以此从废水(或海水)中获得纯水(或淡水)。

【例 2-29】 海水中含有大量盐，所以在 298 K 时的蒸气压为 0.306 kPa，而同温下纯水的饱

和蒸气压是 0.316 7 kPa。计算从海水中提取 1 mol H_2O 所需的最小非体积功。

解　海水中的水($p_A=0.306$ kPa)$\xrightarrow{T,p}$纯水($p_A^*=0.316\,7$ Pa)

一定温度、压力下

$$\Delta G_{T,p}=W_R{}'$$

$$\begin{aligned}\Delta G_{m(T,p)}&=\mu_{H_2O}^*-\mu_{H_2O}(\text{海水})\\&=\mu_{H_2O}^*-(\mu_{H_2O}^*+RT\ln x_{H_2O})\\&=-RT\ln x_{H_2O}\end{aligned}$$

由 $p_A=p_A^*x_A$，有

$$\Delta G_{m(T,p)}=-RT\ln x_{H_2O}=-RT\ln\left(\frac{p_{H_2O}}{p_{H_2O}^*}\right)$$

$$=-8.314\times298\ln\frac{0.306}{0.316\,7}=82.26\ (\text{J}\cdot\text{mol}^{-1})$$

这种从海水中分离出淡水的方法是个反渗透过程。用反渗透法从海水中得到 1 mol 淡水耗功 82.26 J，而用蒸馏法从海水中得到 1 mol 淡水消耗的功是 41 840 J，用冷冻法使纯水结冰，得 1 mol 淡水的冷冻耗功 5 858 J。可见，用反渗透法获取淡水是最经济的，关键在于如何制得高强度、耐高压、不堵塞又不让离子通过的半透膜。

渗透压在动、植物体内极为重要，它是调节动、植物细胞内外水分及可渗透溶质的一个重要因素，在养分的分布与运输方面也起着重要作用。动、植物的细胞膜起着半透膜的作用，当细胞外部液体中溶质的浓度大于细胞内部液体的浓度时，细胞将失去液体而收缩，盐碱地土壤中含盐分多导致植物枯萎死亡就是这个原因(一般植物细胞液的渗透压在 405～2 026 kPa)。当细胞外部液体中溶质的浓度小于细胞内部液体的浓度时，则液体进入细胞而导致细胞破裂。只有等渗溶液与细胞接触才能维持细胞的正常活动。人类血液的渗透压在正常体温时平均为 770 kPa，变化范围仅在 710～860 kPa，超出这个范围就是病理状态。对人体静脉注射的葡萄糖溶液必须是 0.3 mol·L^{-1}、注射的 NaCl 生理盐水必须是 0.15 mol·L^{-1}的(一个 NaCl 电离为 Na^+ 与 Cl^- 两个质点)。人体通过肾脏调节维持血液正常的渗透压，当体内水量增加，血液的渗透压降低时，肾脏就排出稀薄的尿。当摄入盐类物质过多，血液的渗透压升高时，肾脏就排出浓缩的尿。人在生病发烧时，血液中失去大量水，渗透压升高，以致肾脏完全不能排出水分，病人即发生不尿症。

【例 2-30】　人在正常体温时血液(胃液、肠液、胆汁和脊髓液)的渗透压大致为 770 kPa。给人体作静脉注射时必须使用等渗溶液，才能使血液细胞不因发生渗透而破裂。试问静脉注射液中溶解物质的总浓度应是多少？

解　对稀溶液 $\Pi=C_DRT$

$$C_D=\frac{770\times10^3}{8.314\times310}=298.8\ (\text{mol}\cdot\text{m}^{-3})\approx0.3\ (\text{mol}\cdot\text{L}^{-1})$$

溶液中溶解的物质的总浓度为 0.3 mol·L^{-1}非电解质或 0.15 mol·L^{-1}电解质如 NaCl 时，与血液中的血浆为等渗溶液。

2.7.3.3 分配定律与萃取

1. 分配定律

定温、定压下,物质B溶解在两个同时存在的互不相溶的液体α,β中达到平衡时,B在两相中的浓度之比等于常数$\frac{a_B^\alpha}{a_B^\beta}=K$或$\frac{C_B^\alpha}{C_B^\beta}=K$。因平衡时

$$\mu_B^\alpha=\mu_B^\beta$$

而

$$\mu_B=\mu_{B(T,p)}^{*}+RT\ln a_B$$

则

$$\mu_{B(T,p)}^{*\alpha}+RT\ln a_B^\alpha=\mu_{B(T,p)}^{*\beta}+RT\ln a_B^\beta$$

$$\frac{a_B^\alpha}{a_B^\beta}=K$$

式中,$K=\exp\left(\frac{\mu_{B(T,p)}^{*\beta}-\mu_{B(T,p)}^{*\alpha}}{RT}\right)$,称为分配系数,与温度、压力、溶质及溶剂有关。对稀溶液$\gamma_{B,C}=1$,$a_B=\frac{C_B}{C}$,有

$$\frac{C_B^\alpha}{C_B^\beta}=K$$

C_B为B在两溶剂中分子形态相同的浓度。

表2-5所示是291 K、$p^\ominus$下,I_2在H_2O层(10 mL)与CS_2层(10 mL)的浓度与分配系数。

表2-5 I_2在H_2O和CS_2中的分配

$C_{I_2}^{CS_2}$(g·dm^{-3})	$C_{I_2}^{H_2O}$(g·dm^{-3})	$\frac{C_{I_2}^{CS_2}}{C_{I_2}^{H_2O}}=K$
0.076	0.0017	410
4.1	0.010	410
6.6	0.016	410
12.9	0.032	400

由表可见,稀溶液中分配系数K为常数。

2. 萃取

用一种与溶液不相混溶的溶剂,从溶液中分离出某种溶质的操作称为萃取。萃取是高附加值产品和有效成分提取、精制、分析检测的重要手段,在生产和科学研究中有重要应用。利用分配定律可计算萃取效率。

若溶液V中有溶质质量为W_0,每次用新鲜溶剂的体积为V_A萃取n次,最后原溶液中残余溶质为

$$W_n=W_0\left(\frac{KV}{KV+V_A}\right)^n$$

由此不仅可计算为使某一定量溶液中溶质降到某一程度,需用一定体积的萃取剂萃取多少次才能达到,而且可以证明,当萃取剂数量有限时,分若干次萃取的效率要比一次萃取的高。

萃取剂有 nV_A，一次萃取，剩余的溶质

$$W_1 = W_0 \cdot \frac{KV}{KV + nV_A}$$

每次用 V_A 萃取 n 次，剩余的溶质

$$W_n = W_0 \left(\frac{KV}{KV + V_A}\right)^n$$

能证明

$$W_n < W_1$$

即

$$W_0 \left(\frac{KV}{KV + V_A}\right)^n < W_0 \cdot \frac{KV}{KV + nV_A}$$

即

$$\left(\frac{KV + V_A}{KV}\right)^n > \frac{KV + nV_A}{KV}$$

$$\left(1 + \frac{V_A}{KV}\right)^n > 1 + \frac{nV_A}{KV}$$

即可。

依二项式定理

$$\left(1 + \frac{V_A}{KV}\right)^n = 1 + \frac{nV_A}{KV} + \frac{n(n-1)}{2!}\left(\frac{V_A}{KV}\right)^2 + \cdots > 1 + \frac{nV_A}{KV}$$

所以，多次萃取效率高！

本 章 小 结

1. 热力学第二定律的建立与其数学表达式

$$dS \begin{cases} > \dfrac{\delta Q}{T_{源}} & 能发生的(不可逆) \\ = \dfrac{\delta Q}{T_{源}} & 能发生的(可逆) \\ < \dfrac{\delta Q}{T_{源}} & 不可能发生 \end{cases}$$

孤立体系熵判据：

$$dS \begin{cases} > 0 & 自发的(不可逆) \\ = 0 & 自发的(可逆) \\ < 0 & (不可逆) \end{cases}$$

条件	自发方向	限度
孤立体系	$S_{小} \rightarrow S_{大}$	S 达该条件下最大值

封闭体系熵判据（$\delta W' \leqslant 0$）：

$$dS_{总} = dS + dS_{环}\begin{cases} >0 & 自发的(不可逆) \\ =0 & 自发的(可逆) \\ <0 & 不可能发生 \end{cases}$$

条件	自发方向	限度
无环境非体积功帮忙	$S_{小} \rightarrow S_{大}$	S 达该条件下最大值

2. 熵变计算与熵判据应用

$$\Delta S = \int_1^2 \frac{\delta Q_R}{T}$$

(1) 简单状态变化

定温 $\Delta S = \frac{Q_R}{T} \rightarrow$ 理想气体等温过程 $\rightarrow \Delta S = nR\ln\left(\frac{V_2}{V_1}\right) = nR\ln\left(\frac{p_1}{p_2}\right)$。

定压、变温：

$$\Delta S = \int_1^2 nC_{p,m}\frac{dT}{T}$$

(2) 相变化(定温定压)

可逆相变：

$$\Delta S = \frac{Q_R}{T} = \frac{\Delta H}{T} = \frac{n\Delta_\alpha^\beta H_m}{T}$$

不可逆相变：

设计可逆途径。

(3) 化学变化

$$\Delta_r S_m = \sum_B \nu_B \bar{S}_B$$

热力学第三定律(绝对零度下，任何纯物质的完美晶体的熵值为零)：

$$\Delta_r S_m^{\ominus} = \sum_B \nu_B S_{B,m}^{\ominus}$$

3. 吉布斯自由能和亥姆霍兹自由能

(1) 吉布斯自由能

① 吉布斯自由能定义：

$$G \equiv H - TS$$

② 定温定压下热力学第二定律数学表达式：

$$-dG_{T,p}\begin{cases} >-\delta W' & 能发生的不可逆(自发的、非自发的) \\ =-\delta W' & 能发生的可逆(自发的、非自发的) \\ <-\delta W' & 不可能发生 \end{cases}$$

③ 吉布斯自由能判据：

$$dG_{T,p}\begin{cases} <0 & 自发的(不可逆、可逆) \\ =0 & 自发的(可逆) \\ >0 & 非自发的(不可逆、可逆) \end{cases}$$

条件	自发方向	限度
定温、定压	$G_{大} \rightarrow G_{小}$	G 达该条件下的最小值

4. 亥姆霍兹自由能

(1) 亥姆霍兹自由能定义

$$A \equiv U - TS$$

(2) 定温、定容下热力学第二定律数学表达式

$$-\mathrm{d}A_{T,V}\begin{cases} > -\delta W' & \text{能发生的不可逆(自发的、非自发的)} \\ = -\delta W' & \text{能发生的可逆(自发的、非自发的)} \\ < -\delta W' & \text{不可能发生} \end{cases}$$

(3) 亥姆霍兹自由能判据

$$\mathrm{d}A_{T,V}\begin{cases} > 0 & \text{自发的(不可逆、可逆)} \\ = 0 & \text{自发的(可逆)} \\ < 0 & \text{非自发的(不可逆、可逆)} \end{cases}$$

条件	自发方向	限度
定温、定容	$A_{大} \rightarrow A_{小}$	A 达该条件下的最小值

5. ΔG 计算与吉布斯自由能判据应用

由

$$\Delta G = \Delta H - \Delta(TS)$$

定温下

$$\Delta G = \Delta H - T\Delta S$$

(1) 简单状态变化

理想气体定温过程$\rightarrow \Delta G = -nRT\ln\left(\dfrac{V_2}{V_1}\right) = nR\ln\left(\dfrac{p_1}{p_2}\right)$。

(2) 相变化(定温、定压)

可逆相变:

$$\Delta G = \Delta H - T\Delta S = \Delta H - T\left(\frac{\Delta H}{T}\right) = 0$$

不可逆相变:

设计可逆途径先求 ΔH,ΔS,代入 $\Delta G = \Delta H - T\Delta S$ 求 ΔG。

(3) 化学变化

$$\Delta_r G_m = \sum_B \nu_B \bar{G}_B$$

$$\Delta_r G_m^{\ominus} = \Delta_r H_m^{\ominus} - T\Delta_r S_m^{\ominus}$$

$$\Delta_r G_m^{\ominus} = \sum_B \nu_B G_{B,m}^{\ominus} = \sum_{B'} \nu_B \, \Delta_f G_{B,m}^{\ominus}$$

对理想气体反应:

$$\Delta_r G_m = \Delta_r G_m^{\ominus} + RT\ln\prod_B \left(\frac{p_B}{p^{\ominus}}\right)^{\nu_B}$$

6. 热力学函数间重要关系式

(1) 基本公式

$$\mathrm{d}U = T\mathrm{d}S - p\mathrm{d}V$$

$$\mathrm{d}H = T\mathrm{d}S + V\mathrm{d}p$$

$$\mathrm{d}A = -S\mathrm{d}T - p\mathrm{d}V$$

$$dG = -SdT + Vdp$$

适用条件：只受外压力影响的封闭体系内的任意可逆途径，且各项有明确的物理意义（TdS 称为交换的可逆热，pdV 称为交换的可逆体积功）。

（2）麦克斯韦关系式

$$\left(\frac{\partial T}{\partial V}\right)_S = -\left(\frac{\partial p}{\partial S}\right)_V$$

$$\left(\frac{\partial T}{\partial p}\right)_S = \left(\frac{\partial V}{\partial S}\right)_p$$

$$\left(\frac{\partial S}{\partial V}\right)_T = \left(\frac{\partial p}{\partial T}\right)_V$$

$$\left(\frac{\partial S}{\partial p}\right)_T = -\left(\frac{\partial V}{\partial T}\right)_p$$

（3）函数间重要关系式的应用

① U 随 V 的变化

$$\left(\frac{\partial U}{\partial V}\right)_T = T\left(\frac{\partial p}{\partial T}\right)_V - p$$

② H 随 p 的变化

$$\left(\frac{\partial H}{\partial p}\right)_T = V - T\left(\frac{\partial V}{\partial T}\right)_p$$

③ S 随 p 的变化

$$\left(\frac{\partial S}{\partial p}\right)_T = -\left(\frac{\partial V}{\partial T}\right)_p$$

④ 吉布斯-亥姆霍兹方程

$$\left[\frac{\partial\left(\frac{\Delta G}{T}\right)}{\partial T}\right]_p = -\frac{\Delta H}{T^2}$$

7. 非平衡态热力学与耗散结构

$$dS = dS_i + dS_e$$

dS_i 是体系内部不可逆因素产生的熵变，永不为负。

$dS_e = \dfrac{\delta Q}{T_{源}} + \sum\limits_B S_{B,m} dn_B + k\sum\limits_i p_i \ln p_i$ 是体系与环境间能量、物质、信息等交换引起的熵变，可正、可负、可为零。

敞开体系熵判据：负熵流 dS_e 不足以抵消熵产生 dS_i 时，$dS>0$，系统不可逆因素将主宰过程趋向 S 极大达限度；负熵流 dS_e 足以抵消熵产生 dS_i 时，$dS\approx 0$，系统可能会自发的由原来的无序或较低有序转变为时空或功能有序或较高有序的状态，即耗散结构。耗散结构最具活力与战斗力。形成的条件为“系统是开放的且远离平衡态，系统内不同要素之间的作用是非线性的，系统某种参数涨落并突变”。

8. 多组分体系热力学

（1）偏摩尔量

$$\bar{Z}_B = \left(\frac{\partial Z}{\partial n_B}\right)_{T,p,n_j}$$

$$Z = \sum_B n_B \bar{Z}_B$$

(2) 化学势

$$\mu_B = \left(\frac{\partial G}{\partial n_B}\right)_{T,p,n_j(j\neq B)}$$

$$dG = -SdT + Vdp + \sum_{B=1}\mu_B dn_B$$

$$dH = Vdp + TdS + \sum_{B=1}\mu_B dn_B$$

$$dU = TdS - pdV + \sum_{B=1}\mu_B dn_B$$

$$dA = -SdT - pdV + \sum_{B=1}\mu_B dn_B$$

适用于"只受外压力(无电场力、表面张力等)影响的任意体系内的任意变化,但只有封闭体系中的可逆变化各项才具有明确的物理意义"。

定温、定压下

$$dG_{T,p} = \sum_{B=1}\mu_B dn_B \begin{cases} <0 & (\text{自发的不可逆}) \\ =0 & (\text{自发的可逆}) \\ >0 & (\text{不可能发生}) \end{cases}$$

$$\mu_B = \mu_B^{\ominus} + RT\ln a_B$$

气体:

$$\mu_B = \mu_{B(g)}^{\ominus} + RT\ln\left(\frac{p_B}{p^{\ominus}}\right)$$

$$\mu_B = \mu_{B(g)}^{\ominus} + RT\ln\left(\frac{\gamma_B p_B}{p^{\ominus}}\right)$$

纯液体、纯固体:

$$\mu_B = \mu_B^{\ominus} + \int_{p^{\ominus}}^{p} V_{B,m}^{*} dp$$

理想溶液:

$$\mu_B = \mu_{B(T,p^{\ominus})}^{*} + RT\ln x_B = \mu_{B(T,p^{\ominus})}^{\ominus} + \int_{p^{\ominus}}^{p} V_{B,m}^{*} dp + RT\ln x_B$$

溶液:

$$\mu_B = \mu_{A(T,p^{\ominus})}^{\ominus} + \int_{p^{\ominus}}^{p} V_{A,m}^{*} dp + RT\ln\gamma_A x_A$$

$$\mu_D = \mu_{D,C(T,p^{\ominus})}^{\ominus} + \int_{p^{\ominus}}^{p} \overline{V}_{D,C}^{\ominus} dp + RT\ln\left(\frac{\gamma_{B,C} C_D}{C^{\ominus}}\right)$$

$$\mu_D = \mu_{D(T,p^{\ominus}),m}^{\ominus} + \int_{p^{\ominus}}^{p} V_{D,m}^{\ominus} dp + RT\ln\left(\frac{\gamma_{B,m} m_D}{m^{\ominus}}\right)$$

稀溶液 $\gamma_A = 1, \gamma_{B,C} = \gamma_{B,m} \approx 1$。

(3) 理想溶液通性、稀溶液依数性与分配定律

理想溶液通性:

$$\Delta_{mix}V = 0, \Delta_{mix}H = 0$$

$$\Delta_{mix}S = -R\sum_B n_B \ln x_B$$

$$\Delta_{mix}G = RT\sum_B n_B \ln x_B$$

稀溶液依数性:

$$\Delta T_f = k_f m_D, \Delta T_b = k_b m_D, \Pi = C_D RT$$
$$C_D = \rho_0 m_D$$

分配定律：

$$\frac{C_B^\alpha}{C_B^\beta} = K$$

本章练习

一、选择题

1. 在同一高温热源与同一低温热源间工作的可逆热机其效率为 η_R，不可逆热机效率为 η_{IR}，则二者关系为(　　)。

A. $\eta_R = \eta_{IR}$　　B. $\eta_R < \eta_{IR}$　　C. $\eta_R > \eta_{IR}$　　D. 不能确定

2. 一可逆热机与另一不可逆热机在其他条件都相同的情况下，燃烧等量的燃料，则可逆热机牵引的列车行走的距离(　　)。

A. 较长　　B. 较短　　C. 一样　　D. 不一定

3. 将 0.8 mol N_2 和 0.2 mol O_2 混合后(假定均为理想气体)，$\Delta S_{总}$ 为(　　)。

A. 0.42 $J \cdot K^{-1}$　　B. 0.84 $J \cdot K^{-1}$　　C. −4.16 $J \cdot K^{-1}$　　D. 4.16 $J \cdot K^{-1}$

4. 下列过程中体系的熵减小的是(　　)。

A. 理气的等温膨胀　　B. 水在其正常沸点汽化

C. 在 273.2 K 常压下水结成冰　　D. 在高温下，$CaCO_{3(s)} \longrightarrow CaO_{(s)} + CO_{2(g)}$

5. 25 ℃时，将 11.2 L O_2 与 11.2 L N_2 混合成 11.2 L 的混合气体，该过程(　　)。

A. $\Delta S > 0, \Delta G < 0$　　B. $\Delta S < 0, \Delta G < 0$

C. $\Delta S = 0, \Delta G = 0$　　D. $\Delta S = 0, \Delta G < 0$

6. 1 mol 10 kPa、323 K 某单原子理想气体反抗 20 kPa 冷却压缩至温度为 283 K，则(　　)。

A. $\Delta S = 0$、$\Delta H = 0$　　B. $\Delta S > 0$、$\Delta H < 0$

C. $\Delta S < 0$、$\Delta H < 0$　　D. $\Delta S > 0$、$\Delta U > 0$

7. 拉乌尔定律适用于(　　)。

A. 理想溶液　　B. 稀溶液中的溶剂及溶质

C. 稀溶液中的溶质　　D. 非理想溶液中的溶剂

8. 下述方法中，对消灭蚂蝗比较有效的是(　　)。

A. 击打　　B. 刀割　　C. 晾晒　　D. 撒盐

二、填空题

1. 298 K 气相反应 $CO(g) + \frac{1}{2}O_2(g) = CO_2(g)$，该反应的 ΔS ________ 0，ΔU ________

ΔH，ΔG ________ ΔA。

2. 熵是系统________的度量。当物质由它的固态变到液态，再变到气态时，它的熵值应是________的。

3. 由 $dU = TdS - pdV$ 得：

$$\left(\frac{\partial S}{\partial p}\right)_T = -\left(\frac{\partial V}{\partial T}\right)_p$$

理想气体的________。

4. 糖可以顺利溶解在水中，说明固体糖的化学势较糖水中的糖的化学势________。

5. 理想溶液中各组分遵循____________；稀溶液中的溶质和溶剂分别遵循____________和________。

6. 判断题表 2-1 所示过程中的 Q，W，ΔU，ΔH，ΔS，ΔA 和 ΔG 各量是正(+)、负(−)还是零(0)？

题表 2-1

过　程	Q	W	ΔU	ΔH	ΔS	ΔA	ΔG
理想气体自由膨胀							
理想气体等温可逆压缩							
理想气体绝热可逆压缩							
理想气体焦耳-汤姆孙节流过程							
$H_2O_{(l),373\,K,p^\ominus} \longrightarrow H_2O_{(g),373\,K,p^\ominus}$							
恒容绝热容器内反应：$H_{2(g)} + Cl_{2(g)} \longrightarrow 2HCl_{(g)}$							
苯$_{(s),p^\ominus,T_{fus}}$ $\longrightarrow$ 苯$_{(l),p^\ominus,T_{fus}}$							

三、简答题

1. 世间万事万物变化(宇宙演化、沧海桑田、生老病死、花开花落、风雨雷电、朝代更替、化学变化)的规律为何？

2. 在物理、化学、生态、人类、社会、哲学、医学、管理等各领域的实际工作中，如何理解并利用普里戈金熵理论构筑各类耗散结构态？

3. 热射病、高山病、潜水病、浴室病的病因为何？如何避免？

4. 如何让饺子煮不破？

5. 冬季建筑施工时，为什么在浇注混凝土时要加一些氯化钙？

6. 下雪天如何防止路面结冰？

7. 汽车防冻液为什么能防冻？

8. 如何配制等渗输液和等渗饮料？其意义何在？

9. 如何用反渗透法淡化海水？

10. 在 298 K、101.325 kPa 时，反应 $H_2O_{(l)} \longrightarrow H_{2(g)} + \frac{1}{2}O_{2(g)}$ 的 $\Delta_r G_m > 0$，说明该反应不能自发进行。但在实验室中常用电解水的方法制备氢气，二者有无矛盾？

11. 北方人冬天吃冻梨前,需将冻梨放入凉水中浸泡,过一段时间后冻梨内部解冻了,但表面却结了一层薄冰(或者从冰箱里拿出冻肉,放凉水里解冻表面也是有一层薄冰)。试解释原因。

四、判断题

1. 不可逆过程一定是自发的,而自发过程一定是不可逆的。 ( )
2. 凡熵增加过程都是自发过程。 ( )
3. C_p 恒大于 C_V。 ( )
4. 体系达平衡时,熵值最大,吉布斯自由能最小。 ( )
5. 偏摩尔量就是化学势。 ( )
6. 某系统从始态经一个绝热不可逆过程到达终态,为了计算某些热力学函数的变量,可以设计一个绝热可逆过程,从同一始态出发达到同一终态。 ( )
7. 在绝热系统中,发生一个不可逆过程从状态Ⅰ到状态Ⅱ,不论用什么方法,系统再也回不到原来状态了。 ( )
8. 真实气体绝热节流膨胀中,$Q=0$,$\Delta H=0$,温度可能升高,也可能下降。 ( )
9. 溶液的化学势等于溶液中各组分的化学势之和。 ( )
10. 二组分理想溶液的总蒸气压大于任意组分的蒸气分压。 ( )
11. 在 298 K 时,0.01 mol · kg^{-1} 糖水的渗透压与 0.01 mol · kg^{-1} 食盐水的渗透压相等。 ( )
12. 在同一稀溶液中组分 B 的浓度可用 x_B,m_B,c_B 表示,其标准态的选择不同,则相应的化学势也不同。 ( )
13. 对于纯组分,化学势就等于摩尔自由能。 ( )

五、计算题

1. 求以下过程的熵度:

(1) 1 mol $O_{2(g)}$ 在 298 K 等温膨胀至体积为原来的 10 倍;

(2) 2 mol $He_{(g)}$ 在 101.325 kPa 下由 300 K 加热到 900 K。

2. 有 5 mol $He_{(g)}$,可看作理想气体,已知其 $C_{V,m}=1.5R$,从始态 273 K、100 kPa,变到终态 298 K、1 000 kPa,计算该过程的熵变。

3. 有一绝热箱子,中间用绝热隔板把箱子的容积一分为二,一边放 1 mol 300 K、100 kPa 的单原子理想气体 $Ar_{(g)}$,另一边放 2 mol 400 K、200 kPa 的双原子理想气体 $N_{2(g)}$。若把绝热隔板抽去,让两种气体混合达平衡,求混合过程的熵变。

4. 在一个绝热容器中,装有 1.0 kg 298 K 的 $H_2O_{(l)}$,现投入 0.15 kg 冰 $H_2O_{(s)}$,计算该过程的熵变。已知 $H_2O_{(s)}$ 的熔化焓为 333.4 J · g^{-1},$H_2O_{(l)}$ 平均比热容为 4.184 J · K^{-1} · g^{-1}。

5. 保持压力为标准压力,计算丙酮蒸气在 1 000 K 时的标准摩尔熵值。已知在 298 K 时丙酮蒸气的标准摩尔熵值 $S^{\ominus}_{m(298K)}=294.9\ J\cdot mol^{-1}\cdot K^{-1}$,在 273~1 500 K 的温度区间内,丙酮蒸气的定压摩尔热容 $C_{p,m}$ 与温度的关系式为

$$C_{p,m}=22.47+201.8\times10^{-3}T-63.5\times10^{-6}T^2$$

6. 计算下述催化加氢反应在 298 K 和标准压力下的熵变：

$$C_2H_{2(g)} + 2H_{2(g)} \longrightarrow C_2H_{6(g)}$$

已知 $C_2H_{2(g)}$，$H_{2(g)}$，$C_2H_{6(g)}$ 在 298 K 和标准压力下的标准摩尔熵分别为：$200.8\ J \cdot K^{-1} \cdot mol^{-1}$，$130.6\ J \cdot K^{-1} \cdot mol^{-1}$ 和 $229.5\ J \cdot K^{-1} \cdot mol^{-1}$.

7. 将 1 mol 苯 $C_6H_{6(l)}$ 在正常沸点 353 K 和 101.3 kPa 压力下，向真空蒸发为同温、同压的蒸气，已知在该条件下，苯的摩尔汽化焓为 $\Delta_{vap}H_m = 30.77\ kJ \cdot mol^{-1}$，设气体为理想气体。试求：

(1) 该过程的 Q 和 W；

(2) 苯的摩尔汽化熵 $\Delta_{vap}S_m$ 和摩尔汽化吉布斯自由能 $\Delta_{vap}G_m$；

(3) 环境的熵变 $\Delta S_{环}$；

(4) 使用哪种判据可以判别上述过程的自发性？判别之。

8. 用合适的判据证明：

(1) 在 373 K 和 200 kPa 压力下，$H_2O_{(l)}$ 比 $H_2O_{(g)}$ 更稳定；

(2) 在 263 K 和 100 kPa 压力下，$H_2O_{(s)}$ 比 $H_2O_{(l)}$ 更稳定。

9. 在标准压力和 298 K 时，计算如下反应的 $\Delta_r G_m^{\ominus}(298\ K)$，从所得数值判断反应的可能性：

(1) $CH_{4(g)} + \frac{1}{2} O_{2(g)} \longrightarrow CH_3OH_{(l)}$；

(2) $C_{(石墨)} + 2H_{2(g)} + \frac{1}{2} O_{2(g)} \longrightarrow CH_3OH_{(l)}$。

已知各种物质在 298 K 时的 $S_m^{\ominus}$，$\Delta_f H_m^{\ominus}$ 和 $\Delta_f G_m^{\ominus}$ 如题表 2-2 所示。

题表 2-2　各物质的热力学数据

物　质	$S_m^{\ominus}(J \cdot mol^{-1} \cdot K^{-1})$	$\Delta_f H_m^{\ominus}(kJ \cdot mol^{-1})$	$\Delta_f G_m^{\ominus}(kJ \cdot mol^{-1})$
$CH_{4(g)}$	186.264	−74.81	−50.72
$O_{2(g)}$	205.138	0	0
$CH_3OH_{(l)}$	126.8	−238.66	−166.27
$C_{(石墨)}$	5.740	0	0
$CO_{2(g)}$	213.74	−393.509	−394.59
$CO_{(g)}$	197.674	−110.525	−137.168
$H_{2(g)}$	130.684	0	0

10. 在 298 K 和 100 kPa 压力下，已知 $C_{(金刚石)}$ 和 $C_{(石墨)}$ 的摩尔熵、摩尔燃烧焓和密度分别如题表 2-3 所列。

题表 2-3　各物质的热力学数据

物　质	$S_m^{\ominus}(J \cdot K^{-1} \cdot mol^{-1})$	$\Delta_c H_m^{\ominus}(kJ \cdot mol^{-1})$	$\rho(kg \cdot m^{-3})$
$C_{(金刚石)}$	2.45	−395.40	3 513
$C_{(石墨)}$	5.71	−393.51	2 260

试求：(1) 在 298 K 及 100 kPa 下，$C_{(石墨)} \longrightarrow C_{(金刚石)}$ 的 $\Delta_{trs}G_m^{\ominus}$；

(2) 在 298 K 及 100 kPa 时，哪个晶体更为稳定？

(3) 增加压力能否使不稳定晶体向稳定晶体转化？如有可能，至少要加多大压力，才能实现这种转化？

11. 有 2 mol 理想气体，从始态 300 K，20 dm^3，经下列不同过程等温膨胀至 50 dm^3，计算各过程的 $Q, W, \Delta U, \Delta H, \Delta S$ 和 ΔS_{iso}。

(1) 可逆膨胀；

(2) 真空膨胀；

(3) 对抗恒外压 100 kPa 膨胀。

12. 将 1 mol O_2 从始态 298 K，100 kPa 的始态，绝热可逆压缩到 600 kPa。求该气体的终态温度和该过程的 $Q, W, \Delta U, \Delta H, \Delta A, \Delta G, \Delta S$ 和 ΔS_{iso}。已知 $S^{\ominus}_{O_2,m}=205.14\ J\cdot mol^{-1}\cdot K^{-1}$。

13. 有 1 mol 甲苯 $CH_3C_6H_{5(l)}$ 在其沸点 383 K 时蒸发为气体，计算该过程的 $Q, W, \Delta U, \Delta H, \Delta S, \Delta A$ 和 ΔG，并判断该蒸发过程的可逆性。已知在该温度下，甲苯的汽化热为 362 $kJ\cdot kg^{-1}$。

14. 某实际气体的状态方程为 $pV_m=RT+\alpha p$，式中 α 为常数。设有 1 mol 该气体，在温度为 T 的等温条件下，由 p_1 可逆地变到 p_2。试写出 $Q, W, \Delta U, \Delta H, \Delta S, \Delta A$ 及 ΔG 的计算表达式。

15. 在 600 K，100 kPa 压力下，生石膏的脱水反应为 $CaSO_4\cdot 2H_2O_{(s)}\longrightarrow CaSO_{4(s)}+2H_2O_{(g)}$，试计算反应进度为 1 mol 时的 $Q, W, \Delta U_m, \Delta H_m, \Delta S_m, \Delta A_m$ 及 ΔG_m。各物质在 298 K、100 kPa 的热力学数据如题表 2-4 所示（设物质的 $C_{p,m}$ 不随温度而变化）。

题表 2-4 各物质在 298 K、100 kPa 的热力学数据

物 质	$S^{\ominus}_m$ ($J\cdot mol^{-1}\cdot K^{-1}$)	$\Delta_f H^{\ominus}_{B,m}$ ($kJ\cdot mol^{-1}$)	$C_{p,m}$ ($J\cdot mol^{-1}\cdot K^{-1}$)
$CaSO_4\cdot 2H_2O_{(s)}$	193.97	−2021.12	186.20
$CaSO_{4(s)}$	106.70	−1432.68	99.60
$H_2O_{(g)}$	188.83	−241.82	33.58

16. 在 298 K 和大气压力下，甲醇(B)在物质的量分数为 0.30 的水溶液中，水(A)和甲醇(B)的偏摩尔体积分别为 $\overline{V}_{H_2O}=17.765\ cm^3\cdot mol^{-1}$，$\overline{V}_{CH_3OH}=38.6325\ cm^3\cdot mol^{-1}$。

已知在该条件下，甲醇和水的摩尔体积分别为 $V_{m,CH_3OH}=40.722\ cm^3\cdot mol^{-1}$，$V_{m,H_2O}=18.068\ cm^3\cdot mol^{-1}$。现在需要配制上述水溶液 1 000 cm^3，试求：

(1) 需要的纯水和纯甲醇的体积；

(2) 混合前后体积的变化值。

17. 在 298 K 和标准大气压力下，某酒窖中存有酒 10.0 m^3，其中含乙醇的质量分数为 0.96。今欲加水调制含乙醇的质量分数为 0.56 的酒(56°)，试计算：

(1) 应加入水的体积；

(2) 加水后，得到的含乙醇的质量分数为 0.56 的酒的体积。

已知该条件下，纯水的密度为 999.1 $kg\cdot m^{-3}$，水和乙醇在不同浓度下的偏摩尔体积如题表 2-5 所示。

题表 2-5 不同浓度下的偏摩尔体积

$w_{C_2H_5OH}$	$\overline{V_{m,H_2O}}$ ($\times10^{-6}\ m^3\cdot mol^{-1}$)	$\overline{V_{m,C_2H_5OH}}$ ($\times10^{-6}\ m^3\cdot mol^{-1}$)
0.96	14.61	58.01
0.56	17.11	56.58

18. 在 298 K 和标准大气压力下，溶液 $NaCl_{(s)}$(B)溶于 1.0 kg $H_2O_{(l)}$(A)中，所得溶液的体积 V(cm^3)与溶入 $NaCl_{(s)}$(B)的物质的量 n_B 之间的关系式为

$$V = 1001.38 + 16.625n_B + 1.774n_B^{\frac{3}{2}} + 0.119n_B^2$$

试求：

(1) $H_2O_{(l)}$ 和 NaCl 的偏摩尔体积与溶入 $NaCl_{(s)}$(B)的物质的量 n_B 之间的关系；

(2) n_B＝0.5 mol 时，$H_2O_{(l)}$ 和 NaCl 的偏摩尔体积；

(3) 在无限稀释时，$H_2O_{(l)}$ 和 NaCl 的偏摩尔体积。

19. 在 413 K 时，纯 $C_6H_5Cl_{(l)}$ 和纯 $C_6H_5Br_{(l)}$ 的蒸气压分别为 125.24 kPa 和 66.10 kPa。假定两种液体形成某理想液态混合物，在 101.33 kPa 和 413 K 时沸腾，试求：

(1) 沸腾时理想液态混合物的组成 x_A 和 x_B；

(2) 沸腾时液面上蒸汽的组成 y_A 和 y_B。

A 代表 C_6H_5Cl，B 代表 C_6H_5Br。

20. 在 288 K 时，1 mol $NaOH_{(s)}$ 溶在 4.559 mol 的纯水中所成溶液的蒸气压为 596.5 Pa，在该温度下，纯水的蒸气压为 1 705 Pa。试求：

(1) 溶液中水的活度；

(2) 在溶液和在纯水中，水的化学势的差值。

21. 在 300 K 时，液态 A 的蒸气压为 37.33 kPa，液态 B 的蒸气压为 22.66 kPa，当 2 mol A 与 2 mol B 混合后，液面上的总蒸气压为 50.66 kPa，在蒸气中 A 的摩尔分数为 0.60。假定蒸气为理想气体，试求：

(1) 溶液中 A 和 B 的活度；

(2) 溶液中 A 和 B 的活度系数；

(3) 混合过程的吉布斯自由能变化值 $\Delta_{mix}G^{re}$；

(4) 如果溶液是理想的，求混合过程的吉布斯自由能变化值 $\Delta_{mix}G^{id}$。

22. 293 K 时，$HCl_{(g)}$ 溶于 $C_6H_{6(l)}$ 中，形成理想的稀溶液。当达到气—液平衡时，液相中 HCl 的物质的量分数为 0.038 5，气相中 $C_6H_{6(g)}$ 的物质的量分数为 0.095。已知 293 K 时，C_6H_6 的饱和蒸气压为 10.01 kPa。试求：

(1) 气—液平衡时，气相的总压；

(2) 293 K 时，$HCl_{(g)}$ 在苯溶液中的亨利系数 $k_{x,B}$。

23. 润滑油用丙烷处理以除去沥青物质。分析结果表明，经处理的润滑油中仍含有质量比值为 0.057% 的丙烷。试问：这样低的丙烷含量是否允许存在？换言之，在储罐中丙烷的蒸气压是否会形成爆炸性的丙烷—空气混合物？已知丙烷在空气中的爆炸极限是 2.4～9.5(体积比值)，丙烷在 24 ℃的蒸气压为 1 013.25 kPa，润滑油的质量摩尔质量近似于 0.3 kg·mol^{-1}，总压为 101.325 kPa。

24. 在 1 000 K，103 325 kPa 下，有一金属 A 和 B 的混合溶液，其中金属 A 的物质的量 n_A ＝5 000 mol，金属 B 的物质的量 n_B＝40 mol。已知该溶液的吉布斯自由能与温度和物质的量的关系为 $G = n_A G_{m,A} + n_B G_{m,B} - 0.057\,74 n_A^2 + 7.950 n_B^3 + 2.385T$。若将此溶液与炉渣混合，设炉渣可视为理想溶液，其中含 B 的摩尔分数为 x_B＝0.001，试求：

(1) 金属液中的 B 的活度；

(2) 金属液中的 B 的活度因子；

(3) 这种炉渣能够将合金中的B除去一部分。

25. 在293 K时，乙醚的蒸气压为58.95 kPa，今在0.1 kg乙醚中，溶入某非挥发性有机物质0.01 kg，乙醚的蒸气压降低到56.79 kPa，试求该有机物质的摩尔质量。

26. 262.5 K时，在1.0 kg水中溶解3.30 mol的$KCl_{(s)}$形成饱和溶液，在该温度下饱和溶液与冰平衡共存。若以纯水为标准态，试计算饱和溶液中水的活度和活度系数。已知水的摩尔熔化焓变为$\Delta_{fus}H_m = 601\ J\cdot mol^{-1}$。

27. 设某一新合成的有机物R，其中含碳、氢和氧的质量分数分别为：$w_C = 0.632$，$w_H = 0.088$，$w_O = 0.280$。今将0.070 2 g该有机化合物溶于0.804 g樟脑中，实验测得其凝固点降低了15.3 ℃，请确定该有机物的化学式。已知其凝固点降低常数为$k_f = 40.0\ K\cdot mol^{-1}\cdot kg$（由于樟脑的凝固点降低常数较大，虽然溶质的用量较少，但凝固点降低值仍较大，相对于沸点升高的实验，其准确度较高）。

28. 某水溶液含有非挥发性溶质，在271.65 K时凝固。试求：

(1) 该溶液的正常沸点；

(2) 在298 K时的蒸气压，已知该温度时纯水的蒸气压为3.178 kPa；

(3) 在298 K时的渗透压，假设溶液是稀溶液。

29. 在300 K时，将葡萄糖($C_6H_{12}O_6$)溶于水中，得葡萄糖的质量分数为0.044的溶液。试求：

(1) 该溶液的渗透压；

(2) 若用葡萄糖不能透过的半透膜将溶液和纯水隔开，试问在溶液一方需要多高的水柱才能使之平衡（设这时溶液的密度为$1.015\times10^3\ kg\cdot m^{-3}$）。

30. 在293 K时，浓度为$0.1\ mol\cdot dm^{-3}$的$NH_{3(g)}$的$H_2O_{(l)}$溶液，其上方的$NH_{3(g)}$的蒸气压为0.886 6 kPa；浓度为$0.1\ mol\cdot dm^{-3}$的$NH_{3(g)}$的$CHCl_{3(l)}$溶液，其上方的$NH_{3(g)}$的蒸气压为4.43 kPa。求$NH_{3(g)}$在$CHCl_{3(l)}$和$H_2O_{(l)}$两个液相间的分配系数。

31. 在1.0 dm^3水中含有某物质100 g，在298 K时，用1.0 dm^3乙醚萃取一次，可得该物质66.7 g。试求：

(1) 该物质在水和乙醚之间得分配系数；

(2) 用1.0 dm^3乙醚分10次萃取，能萃取出的该物质的质量。

六、证明题

1. 求证$\left(\frac{\partial U}{\partial V}\right)_T = T\left(\frac{\partial p}{\partial T}\right)_V - p$，并由此证明理想气体的$U$只是温度的函数。

2. 已知某实际气体状态方程为$pV_m = RT + bp$，求证该气体等温过程的$\Delta H = nb(p_2 - p_1)$。

3. 对理想气体，求证：$\dfrac{\left(\frac{\partial U}{\partial V}\right)_S\left(\frac{\partial H}{\partial p}\right)_S}{\left(\frac{\partial U}{\partial S}\right)_V} = -nR$。

4. 对于范德瓦尔斯气体$\left(p + \frac{n^2a}{V^2}\right)(V_m - nb) = nRT$，求证：$\left(\frac{\partial U}{\partial V}\right) = \frac{a}{V_m^2}$。

5. 试证明：$C_p - C_V = T\left(\frac{\partial p}{\partial T}\right)_V\left(\frac{\partial V}{\partial T}\right)_p$。

6. 焦耳-汤姆孙系数表达式$\mu = \left(\frac{\partial T}{\partial p}\right)_H$，证明理想气体经过焦耳-汤姆孙实验后$\Delta T = 0$，$\Delta U = 0$。

第3章 相 平 衡

【设疑】

[1] 冰川和雪崩的缘由为何?

[2] 滑冰运动员要创造好的成绩,其冰刀面积有何讲究?

[3] 住在北极的爱斯基摩人如何获取淡水资源?

[4] 如何实现化工生产过程中的分离和提纯?

[5] 为什么环卫工人在处理积雪时,一般都会在雪地上撒盐?

[6] 若乙醇的含量小于 95.57%,无论如何精馏,都得不到无水乙醇,这是为什么?

[7] 如何利用海盐制备试剂级氯化钠?

【教学目的与要求】

[1] 明确相、组分数、独立反应方程式、独立浓度关系式数、自由度数等概念。

[2] 了解相律公式 $f=C-\Phi+2-b$ 的推导过程并能用其说明相图中各点、线、面的意义和自由度数。

[3] 了解克拉贝龙-克劳修斯(Clapeyron-Clausius)方程$\dfrac{\mathrm{d}\ln\left(\dfrac{p}{p^{\ominus}}\right)}{\mathrm{d}T}=\dfrac{\Delta H_{\mathrm{m}}}{RT^2}$的推导过程,并掌握其应用。

[4] 掌握杠杆规则的应用。

[5] 了解典型相图的绘制、分析和应用。

相平衡是相变化的限度,是化学热力学研究的主要对象。内容有相平衡体系共同遵守的普遍规律——相律和描述相平衡体系状态(相态、各相组成和数量)随温度、压力、组成变化而变化的几何图形——相图。

多相系统相平衡的研究有着重要的实际意义。例如,研究金属冶炼过程中相的变化,根据相变进而研究金属的成分、结构和性能之间的关系。各种天然的或人工合成的熔盐体系(主要是硅酸盐如水泥、陶瓷、炉渣、耐火黏土、石英岩等);天然的盐类(如岩盐、盐湖盐等)以及一些工业合成产品,都是重要的多相系统。开发并利用属于多相系统的天然资源,用适当的方法如溶解、蒸馏、结晶、萃取、凝结等从各种天然资源和反应产物中分离出所需要的成分,在这些过程中都需要有关相平衡的知识。它是化学、化工、冶金、建筑材料、耐火材料、陶瓷、玻璃以及其他工程材料科学的理论基础,对这些领域的科研和生产有着重要的指导意义。

3.1 相 律

相律是著名的美国科学家吉布斯于 1876 年推出的一条普遍规律。它揭示了相平衡体系中

相数 Φ、组分数 C、自由度 f 及外界因素如温度、压力以及其他因素的定量关系，在相平衡研究中具有广泛的应用，是物理化学中最具有普遍性的规律之一。

3.1.1 相律表达式中涉及的几个概念

3.1.1.1 相数

相平衡体系中化学性质和物理性质完全均匀部分称为相，相与相之间有一明显的物理界面，越过此界面，性质就有一突变，体系中相的数目用符号 Φ 表示。

气体：通常压力下无限混合，所以体系中的气体只能有一个气相，即 $\Phi=1$。

液体：不同液体据互溶度程度分为完全互溶（$\Phi=1$，如 C_6H_6—C_6H_5—CH_3，C_2H_5OH—H_2O，HNO_3—H_2O）、部分互溶（$\Phi=2$，$\Phi=3$ 等）。

固体：一种固体物质就有一个相（固溶体除外，它与液体溶液相似是一相）。

3.1.1.2 组分数

1. 物种数

多相系统在达到平衡时包含的化学物质的数目称为物种数，用符号 S 表示。

2. 独立化学反应方程式数 R

给定的物质间存在多个化学反应，某些化学反应可由其他反应组合而成。所谓的独立反应就是给定的反应不能再由其他反应组合，这个反应式数量为独立反应方程式数（R）。对于物质数较少的体系，R 可由常识和自身经验直接推定。如含有 N_2、H_2 和 NH_3 三个物种的体系，在常温常压下它们之间不可能存在化学反应，则 $R=0$。但在高温高压（如 500 ℃，300×10^5 Pa）下，由于反应 $N_2+3H_2 \xlongequal{} 2NH_3$ 的存在，$R=1$。

【例 3-1】 求一定温度下 $NH_4Cl_{(s)}$，$HCl_{(g)}$，$NH_{3(g)}$ 三种物质间的独立反应数。

解 由于存在

$$NH_4Cl_{(s)} \xlongequal{} HCl_{(g)}+NH_{3(g)}$$

所以为独立化学反应，即 $R=1$。

3. 独立浓度关系式数 R'

平衡时在同一相中几种物质的浓度或分压始终保持的特定关系数，如 $NH_4Cl_{(s)}$ 在真空容器中分解达平衡时

$$NH_4Cl_{(s)} \xlongequal{} HCl_{(g)}+NH_{3(g)}$$

$C_{HCl_{(g)}}=C_{NH_{3(g)}}$，$R'=1$（只在同相中才可能存在此关系）。

对于含有离子的水溶液，体系必须满足电中性条件，因此，还有电中性约束，$R'=1$。

4. 组分数

在平衡体系所处的条件下，能够确保各物种的组成所至少需要的独立物种数称为组分数，用符号 C 来表示，有

$$C=S-R-R'$$

介绍组分数 C 的用途主要有三：一是只要用 C 个物质放在容器中去，在一定条件下就可以产生出 S 个物质来；二是用来命名相平衡体系，$C=1$ 叫单组分数体系，$C=2$ 叫二组分体系；三是用来计算相平衡体系的自由度 f。

3.1.1.3 自由度 f

在相平衡体系相数不变的前提下可以独立改变的强度变量(温度、压力、组成)的数目称为该体系的“自由度”,用符号 f 表示。

如在一定范围内,$H_2O_{(l)} \Leftrightarrow H_2O_{(g)}$ 在两相平衡条件下,改变温度,则压力必等于该温度下的饱和蒸气压而不能任意指定(如 $T=373.15$ K,则 p 必等于 101 325 Pa)。同样,改变压力,温度也必随之而变,否则,就会破坏两相平衡这一大前提。亦就是说,水与水汽相平衡时,能够独立改变的强度变量只可能有一个,即 $f=1$。

显然,f 值与 C、Φ、温度、压力等因素有关。下面就来推导其间关系,以便从理论上算出一个给定相平衡体系的 f。

3.1.2 相律公式的推导

现考虑一个多组分、多相平衡系统。体系有 S 种物质,相数为 Φ。环境对系统的影响仅通过传热和做体积功体现,换言之,即环境影响因素仅有温度(T)和压力(p)。

3.1.2.1 强度变量总数

设体系有 S 种物质,并分布在 Φ 个相中。在一定温度和压力下,每个相的强度变量数为($S+2$)个,Φ 个相共有 $\Phi(S+2)$ 个强度变量。

3.1.2.2 强度变量间关系式数

1. 据平衡条件

各相温度相等,即 $T^{\alpha}=T^{\beta}=\cdots=T^{\Phi}$,方程数为($\Phi-1$)个。

各相压力相等,即 $p^{\alpha}=p^{\beta}=\cdots=p^{\Phi}$,有($\Phi-1$)个方程。

任一物质在各相化学势(是温度、压力、浓度的函数)相等。

$$\mu_1^{\alpha}=\mu_1^{\beta}=\cdots=\mu_1^{\Phi}$$
$$\mu_2^{\alpha}=\mu_2^{\beta}=\cdots=\mu_2^{\Phi}$$
$$\cdots$$
$$\mu_S^{\alpha}=\mu_S^{\beta}=\cdots=\mu_S^{\Phi}$$

有($\Phi-1$)S 个。

2. 每相中各物质的量分数之和等于 1

$$x_1^{\alpha}+x_2^{\alpha}+\cdots+x_S^{\alpha}=1$$
$$x_1^{\beta}+x_2^{\beta}+\cdots+x_S^{\beta}=1$$
$$\cdots$$
$$x_1^{\Phi}+x_2^{\Phi}+\cdots+x_S^{\Phi}=1$$

有 Φ 个。

3. 独立化学反应方程式数 R 个

有一个化学反应 $\sum_{B}\nu_B\mu_B=0$,就有一个 $K^{\ominus}$ 将各强度变量相联系。

4. 其他限制条件数 b 个

b 为指定的温度、压力和平衡体系中同一物质在不同相的浓度间的特定关系个数(如完全

互溶双液系的恒沸点 $x_B=y_B,b=1$）。限制越多，自由就越少。因而

$$f=\Phi(S+2)-[(\Phi-1)+(\Phi-1)+(\Phi-1)S+\Phi+R+R'+b]$$

$$f=S-R-\Phi+2-R'-b$$

结合

$$S-R-R'=C$$

得

$$f=C-\Phi+2-b \tag{3-1}$$

这就是著名的吉布斯相律公式。可计算已知 C,Φ,b 体系的 f。由此可知，限制条件数越多自由度 f 就越少。如 $H_2O_{(l)}\Leftrightarrow H_2O_{(g)}$ 两相平衡，由公式可方便地算出 f 值，如下：

$$C=S-R-R'=1-0-0=1$$

$$\Phi=2$$

$$f=C-\Phi+2-b=1-2+2-0=1$$

若是在 $p^{\ominus}$ 下保证体系两相平衡 $H_2O_{(l)}\Leftrightarrow H_2O_{(g)}$，则 $\Phi=2,C=1,b=1,f=1-2+2-1=0$。

再如，$NH_4Cl_{(S)}$ 放入真空容器中分解达平衡时，$NH_4Cl_{(s)}=NH_{3(g)}+HCl_{(g)}$。则 $\Phi=2,C=S-R-R'=3-1-1=1,f=C-\Phi+2-b=1-2+2-0=1$（温度、压力、$y_{NH_3}$ 或 y_{HCl} 中任一个）。

注意：

① 该表达式只适用于受温度、压力影响的平衡体系，对非平衡体系不适用；对同时受电场、磁场、重力场或需考虑渗透压力、表面张力影响的体系需重新修正（2 变为 n）。

② 由此式得出的结论是定性的，即知 C,Φ,b 代入公式算出 f 后，只意味着 f 个强度变量确定后，平衡体系中所有强度变量都可通过相互关系确定了，但并不意味所有容量性质函数也能确定。若需确定体系状态的所有容量性质还需结合杜亥姆定理——给定量封闭体系，其状态可由任两个独立变量完全确定（$f=1$ 时，还需一个容量性质或一个强度性质函数；$f=0$ 时，需两个独立的容量性质函数；$f\geqslant 2$ 时，需两个强度性质定量）。

③ 推导时，曾假设每相都存在 S 种物质。实际情况并非完全如此，如 NaCl 水溶液，就很难想象气相中存在 NaCl 分子，但这并不妨碍相律公式的正确性。因从推导过程来看，若在某一种中少了一个物种数，则总变量数少 1（$\Phi(S+2)-1$），相应地化学势相等的关系也少 1（$(\Phi-1)S-1$），结果算 f 时，前后抵消了。

④ 由此公式可确定体系最大自由度和最大相数。

据 $f=C-\Phi+2-b$，当 C 一定时，Φ,b 值越小，f 就越大。b 据条件而定，$\Phi=1$（至少），$f_{max}=(C+1)-b$；$\Phi=C-f+2-b$，C 一定时，f,b 值越小，Φ 越大。b 据条件而定，$f=0$ 时，$\Phi_{max}=(C+2)-b$。

【例 3-2】 $CuSO_4$ 与 H_2O 可生成 $CuSO_4\cdot H_2O_{(s)}$，$CuSO_4\cdot 3H_2O_{(s)}$，$CuSO_4\cdot 5H_2O_{(s)}$ 三种水合物，一定压力下与 $CuSO_4$ 水溶液及冰共存的含水盐最多有几种？在一定温度下与水蒸气平衡的含水盐最多有几种？

解 $f=0,b=1,\Phi_{max}=2+2-1=3$。

Φ_{CuSO_4} 水溶液一相，冰是一相，最多可有一种含水盐。

$f=0,b=1,\Phi_{max}=2+2-1=3$。

水蒸气一相，有两种含水盐。

【例 3-3】 一学生不慎将汞撒落于桌面，为此需用过量硫黄粉清除残留汞。试用相律论证能完全除之。

解 该体系存在

$$Hg_{(l)}+S_{(s)}=\!=\!=HgS_{(s)}$$

三种物质($S=3$)间,有一化学反应 $R=1$。同时,$R'=0$,则组分数 $C=S-R-R'=3-1-0=2$。在 298 K,101.325 kPa 下,当 $f=0$ 时,体系的最大相数 $\Phi_{max}=(C+2)-b=2+2-2=2$,该体系最多只能两相共存。因此,只要硫黄粉过量,残留汞就能除尽。因为平衡必须存在三相,因此,该体系存在化学反应,但达不到平衡。

⑤ 我们学习相律公式的主要目的是指导绘制、分析与应用相图。

3.2 单组分体系的相平衡

3.2.1 克拉贝龙方程

热力学变量间关系既可用函数形式表达,也可用几何图形即相图表达。对单组分体系即纯物质体系,由于 $C=1$,系统至少有一相 $\Phi=1$、限制条件数 $b=0$,依 $f=C-\Phi+2-b$,$f_{max}=1-\Phi+2-b=3-\Phi-b=3-1-0=2$,即单组分体系状态与 T,p 间的关系可用 p-T 平面图描绘;而当体系自由度为零即 $f=0$、限制条件数 $b=0$ 时,体系最大相数 $\Phi_{max}=C+2-b-f=1+2-0-0=3$,意指单组分体系 p-T 图中存在一个固—液—气三相平衡点;而当体系限制条件数为零 $b=0$、处于两相平衡($\Phi=2$)时,自由度 $f=1$,p-T 图中应有三条两相平衡线,即液—气、固—气、固—液,且 T、p 中只有一个可独立改变,其间关系可由克拉贝龙方程定量描述。基于克拉贝龙方程在单组分相图两相平衡和实际生产、科研、生活中的重要应用,本章在介绍单组分体系相图之前,先来学习纯物质两相平衡时温度、压力间所遵循的克拉贝龙方程。

由第 2 章知,一定温度、压力下体系处于相平衡

$$B_{(\alpha)}=\!=\!=B_{(\beta)}$$

任一物质 B 在各相中的化学势相等,即 $\mu_B^\alpha=\mu_B^\beta$。当温度和压力发生微小改变时,系统仍处于平衡,即在 $T+dT$,$p+dp$,有

$$\mu_B^\alpha+d\mu_B^\alpha=\mu_B^\beta+d\mu_B^\beta$$

则有

$$d\mu_B^\alpha = d\mu_B^\beta$$

对纯物质任一组分,μ_B 是 T,p 的函数,化学势 μ_B 微分

$$d\mu_B=-S_m dT+V_m dp$$

该式对每相都适用

$$-S_m^\alpha dT+V_m^\alpha dp=-S_m^\beta dT+V_m^\beta dp$$

移项整理,得

$$(S_m^\beta-S_m^\alpha)dT=(V_m^\beta-V_m^\alpha)dp$$

有

$$\frac{dp}{dT}=\frac{S_m^\beta-S_m^\alpha}{V_m^\beta-V_m^\alpha}$$

$$\frac{dp}{dT}=\frac{\Delta S_m}{\Delta V_m}$$

因为过程是可逆的

$$\Delta S_m=\frac{Q_R}{T}=\frac{\Delta H_m}{T}$$

其中 ΔH_m 为物质B从α(相)→β(相)的摩尔相变焓,代入得

$$\frac{dp}{dT}=\frac{\Delta H_m}{T\Delta V_m} \tag{3-2}$$

上式就是克拉贝龙方程,其定量描述了物质饱和蒸气压与温度间的关系。具体用于纯物质的两相平衡时,常有如下讨论。

1. 固—液平衡

考虑冰—水平衡系统,冰的熔化焓 $\Delta H_m>0$。熔化时体积变小,即 $\Delta V_m=V_{m(l)}-V_{m(s)}<0$,利用克拉贝龙方程,有

$$\frac{dp}{dT}=\frac{\Delta H_m}{T\Delta V_m}<0$$

当压力 p 升高时,$dT<0$,冰的熔点下降。

【例 3-4】 冰溪的厚度为400 m,密度是0.916 8 g·cm^{-3},水的密度0.999 8 g·cm^{-3}。计算此冰溪底部冰的熔点。若冰溪的温度为−0.20 ℃,问此冰溪能否向山下移动?

解

$$H_2O_{(s)}\longrightarrow H_2O_{(l)}$$

$$\Delta H_m=6\,003\ \mathrm{J\cdot mol^{-1}}$$

$$\Delta V_m=\left(\frac{18}{0.999\,8}-\frac{18}{0.916\,8}\right)\times10^{-6}\ \mathrm{m^3}$$

$$\int_{p^\ominus}^{p}dp=\int_{T_1}^{T_2}\frac{\Delta H_m dT}{\Delta V_m T}$$

$$p=p^\ominus+\frac{\Delta H_m}{\Delta V_m}\ln\frac{T_2}{T_1}$$

$$916.8\times9.8\times400=101\,325+\frac{6\,003}{\left(\frac{18}{0.999\,8}-\frac{18}{0.916\,8}\right)\times10^{-6}}\ln\left(\frac{T_2}{273.15}\right)$$

$$T_2=272.89\ \mathrm{K}$$

即−0.26 ℃。冰溪的温度−0.20 ℃高于冰溪底部冰的熔点−0.26 ℃,有冰熔为水,因此冰溪可以向山下移动。

冰川和雪崩即缘于上因。因冰川、雪、冰越积越深,位于底部的冰雪所承受的压力越来越大,部分冰层会熔成水,冰山、雪山就会下滑,从而产生冰川和雪崩。这些都是缘于 $\Delta V_m=V_水-V_冰<0$。若 $\Delta V_m=V_水-V_冰>0$,就没有冰川和雪崩了,冰和雪就会越积越高。不难想象,冰川和雪崩亦维持了世界平衡。

此外,滑冰运动员要创造好的成绩也离不开此原理的指导。因为压力升高,冰点下降,此时与冰刀接触的少许冰就会熔成水,润滑冰刀,有利于创造好的运动成绩。通常,体重60~70 kg,产生1.1×10^8~1.6×10^8 Pa压力(对应−15~−10 ℃)是合适的。

【例 3-5】 一个体重60 kg的运动员,其冰刀与冰接触面长7.62 cm,宽0.002 45 cm,施于冰上的压力是

$$\frac{60\times 9.8\times 10^4}{2\times 7.62\times 0.002\,45}=1.58\times 10^8(\text{Pa})$$

依

$$p=p^{\ominus}+\frac{\Delta H_m}{\Delta V_m}\ln\left(\frac{T_2}{T_1}\right)$$

有

$$1.58\times 10^8=101\,325+\frac{6\,003}{\left(\frac{18}{0.999\,8}-\frac{18}{0.916\,8}\right)\times 10^{-6}}\ln\left(\frac{T_2}{273.15}\right)$$

$$T_2=262.17\ (\text{K})$$

即-10.98 ℃。

由此可知，若冰刀磨得太锋利，p 过大，冰点小于-15 ℃，会使冰的硬度不够。若冰刀磨得太钝，p 小，冰点大于-10 ℃，会使冰的硬度过大。这两种情况下，均不易创造好的滑冰成绩，更不可能拿到奥运金牌。

2. 气—液(固)平衡

由于气相物质的摩尔体积远大于固、液相的摩尔体积，当假设气相为理想气体时。有

$$\Delta V_m\approx V_m\approx \frac{RT}{p}$$

克拉贝龙方程变为

$$\frac{dp}{dT}=\frac{p\Delta H_m}{RT^2}$$

即

$$\frac{dp}{p}=\frac{\Delta H_m}{RT^2}dT$$

即

$$\frac{d\left(\frac{p}{p^{\ominus}}\right)}{\frac{p}{p^{\ominus}}}=\frac{\Delta H_m}{RT^2}dT$$

即

$$\frac{d\ln\left(\frac{p}{p^{\ominus}}\right)}{dT}=\frac{\Delta H_m}{RT^2}\qquad(3\text{-}3)$$

式(3-3)称为克拉贝龙-克劳修斯方程。

若 ΔH_m 为常数，作不定积分，有

$$\int d\ln\left(\frac{p}{p^{\ominus}}\right)=\int\frac{\Delta H_m}{RT^2}dT$$

$$\ln\left(\frac{p}{p^{\ominus}}\right)=-\frac{\Delta H_m}{RT}+B\qquad(B\text{ 为积分常数})$$

该式表明 $\ln\left(\frac{p}{p^{\ominus}}\right)$ 与 $\frac{1}{T}$ 为线性关系，实验测得不同温度下的饱和蒸气压可以利用该关系计算摩尔汽化焓。

若 ΔH_m 为常数，作定积分，有

$$\int_{p_1}^{p_2} \mathrm{d}\ln\left(\frac{p}{p^{\ominus}}\right) = \int_{T_1}^{T_2} \frac{\Delta H_m}{RT^2}\mathrm{d}T$$

$$\ln\left(\frac{p_2}{p_1}\right) = \frac{\Delta H_m(T_2 - T_1)}{RT_1T_2}$$

【例 3-6】 家用压力锅的蒸气压最高容许值为 2.33×10^5 Pa，试问锅内水汽的最高温度为多少？

解 $p_1 = 1.013\times10^5$ Pa，$T_1 = 373$ K，$p_2 = 2.33\times10^5$ Pa，$T_2 = ?$

$\Delta H_m = 40.6\ \mathrm{kJ\cdot mol^{-1}}$

$$\ln\left(\frac{2.33\times10^5}{1.013\times10^5}\right) = \frac{40\,600(T_2 - 373.15)}{8.314\times373.15T_2}$$

$T_2 = 398$ (K)

即 125 ℃。

由于大多数细菌孢子会在 120 ℃死亡，因而用于医疗器械和实验装置的高压消毒锅耐压值也与家用压力锅耐压值相近。

【例 3-7】 世界卫生组织规定，汞蒸气在 1 $\mathrm{m^3}$空气中最高允许含量为 10^{-5} g。若汞在 303 K 的空气中与其蒸气呈平衡。问汞在空气中的含量是否超过所规定的最高允许值。已知汞在 298 K 时的蒸气压为 0.160 Pa，汞的 $\Delta H_m^{\ominus} = 60.688\ \mathrm{kJ\cdot mol^{-1}}$。

解 已知 $T_1 = 298$ K，$p_1 = 0.160$ Pa，$\Delta H_m^{\ominus} = 60.688\ \mathrm{kJ\cdot mol^{-1}}$，则

$$\ln\left(\frac{p_2}{1.013\times10^5}\right) = \frac{60\,688\times(303-298)}{8.314\times298\times303}$$

$p_2 = 0.364$ (Pa)

由

$$pV = \frac{W}{M}RT$$

得

$$W = \frac{pVM}{RT} = \frac{0.364\times1\times200.6\times10^{-3}}{8.314\times303} = 0.029\ (\mathrm{g})$$

超出最大允许值的 2 900 倍。

【例 3-8】 结霜后的早晨冷而干燥，在−5 ℃下，当大气中的水蒸气分压降至 266.6 Pa 时，霜会变为水蒸气吗？若要使霜存在，水蒸气的分压要有多大？已知水的三相点为 273.16 K，611 Pa，水的 $\Delta_{vap}H_{m,273\,K} = 45.05\ \mathrm{kJ\cdot mol^{-1}}$，$\Delta_{fus}H_{m,273\,K} = 6.01\ \mathrm{kJ\cdot mol^{-1}}$，并假设水蒸气为理想气体，$\Delta_{vap}H_m$ 和 $\Delta_{fus}H_m$ 为常数。

解 这是一个等温等压过程，判断该过程的方向性可用 ΔG 判据。由于该过程为不可逆相变，应设计可逆过程，要用到−5 ℃时固体水（冰）的饱和蒸气压。根据已知条件中的摩尔蒸发焓 $\Delta_{vap}H_m$ 和摩尔熔化焓 $\Delta_{fus}H_m$可求出摩尔升华焓 $\Delta_{sub}H_m$，再根据三相点和克拉贝龙-克劳修斯方程求−5 ℃冰的饱和蒸气压。

(1) $\Delta_{sub}H_m = \Delta_{vap}H_m + \Delta_{fus}H_m = 51.06\ (\mathrm{kJ\cdot mol^{-1}})$

(2) 根据三相点和克拉贝龙-克劳修斯方程，计算−5 ℃时冰的饱和蒸气压 p_2：

$$\ln\left(\frac{p_2}{611}\right) = \frac{51\,060}{8.314}\times\left(\frac{1}{273.16} - \frac{1}{268.15}\right)$$

$p_2 = 401.4$ (Pa)

(3) 为判断"-5 ℃,266.6 Pa 下,霜会不会变为水蒸气"设计如图 3-1 所示过程:

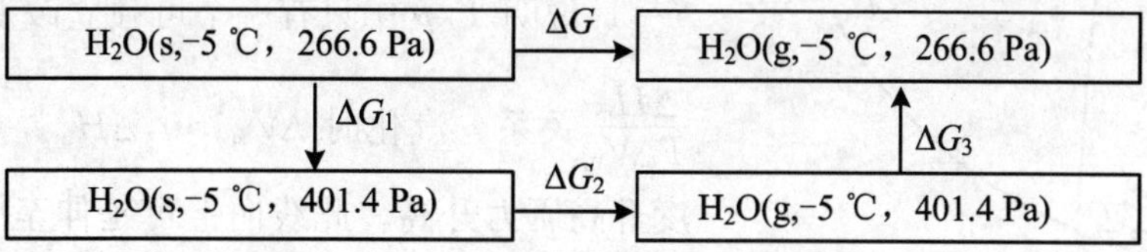

图 3-1

$$\Delta G = \Delta G_1 + \Delta G_2 + \Delta G_3 \approx \Delta G_3 = nRT\ln\left(\frac{266.6}{401.4}\right) < 0$$

所以霜会变为水蒸气。

当 $\Delta G=\Delta G_1+\Delta G_2+\Delta G_3\approx\Delta G_3=nRT\ln\left(\frac{p}{401.4}\right)>0$ 时,即当水蒸气的压力 $p>401.4$ Pa 时,可以使霜存在。

3.2.2 单组分体系相图和超临界流体

3.2.2.1 水的相图

1. 相图绘制

在一抽空的容器中,注入纯水,改变温度和压力并观察相变化的情况。表 3-1 列出由实验测得的水的相平衡数据。

表 3-1 水的相平衡数据

温度(℃)	体系的饱和蒸气压(Pa)		平衡时的压力(Pa)
	$H_2O_{(l)} \Leftrightarrow H_2O_{(g)}$	$H_2O_{(s)} \Leftrightarrow H_2O_{(g)}$	$H_2O_{(s)} \Leftrightarrow H_2O_{(l)}$
-20	—	103.4	2.00×10^8
-15	182.4	165.2	1.60×10^8
-10	25.7	259.4	1.30×10^8
-5	421.5	398.2	6.40×10^7
0.01	610.62		
20	2.3×10^3		
40	7.4×10^3		
100	101 325	610.62	610.62
200	1.6×10^6		
300	8.6×10^6		
374	2.2×10^7		

将表 3-1 所示的数据描绘在压力—温度图即 $p-T$ 图上,得到水的相图(图 3-2)。

2. 相图分析

水的相图上有三条线、三个面和一个点。

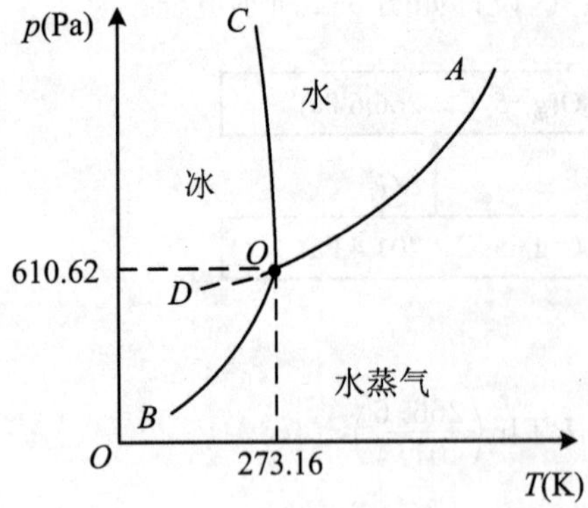

图 3-2 水的相图

OA 线是 H_2O 的气—液平衡，相数 $\Phi=2$，自由度 $f=1$，说明 T、p 中只有一个可独立改变，且满足 $\frac{dp}{dT}=\frac{\Delta H_m}{T\Delta V_m}$ 关系。汽化时 $\Delta V_m>0$，$\Delta H_m>0$，则 $\frac{dp}{dT}>0$，温度升高压力升高。此线向上可延伸至临界点（674 K，2.2×10^7 Pa）。在此临界点以上无论加多大压力气体都不会液化。OB 线是水的固—气平衡线，$\Phi=2$，$f=1$，升华时 $\Delta V_m>0$，$\Delta H_m>0$，则 $\frac{dp}{dT}>0$，斜率为正。此线原则上可向下延伸至 0 K 附近。OC 线是水的固—液平衡线，$\Phi=2$，$f=1$，融化 $\Delta V_m<0$，$\Delta H_m>0$，则 $\frac{dp}{dT}<0$，斜率为负，此线不可无限向上延伸，因超过 2.03×10^8 Pa 时会出现冰的 6 种新晶型，相图变得极为复杂。OD 虚线是 AO 的延长线，为过冷水的饱和蒸气压曲线。

AOB 以下区域为气相区，AOC 区域为液相区，COB 左侧区域为固相区。相数 $\Phi=1$，自由度 $f=2$，说明 T、p 均可独立改变。

O 点为水的三相点，体系处于气液固三相共存，$\Phi=3$，$f=0$，温度为 0.01 ℃，压力 610.62 Pa。水的三相点与水的冰点不同，二者虽然都是三相平衡，但冰点的三相平衡为"溶液（被空气饱和）$\rightleftharpoons H_2O_{(s)} \rightleftharpoons H_2O_{(l)}$（空气）"。外压为 101.325 kPa，水的冰点的温度是 0℃。

因为当空气被视为一种组分时，$C=2$，$f=2-3+2-0=1$，体系有一个自由度。压力改变，冰点必随之改变。水的冰点比三相点的温度低的原因有二。一是压力从 610.62 Pa 升高到 101 325 Pa，冰点将下降 0.007 48 ℃$\left(\frac{dp}{dT}=\frac{\Delta H_m}{T\Delta V_m}\right)$；二是被空气饱和的水溶液的浓度为 0.001 3 $mol\cdot kg^{-1}$，将使溶液冰点降低 0.002 41 ℃（$\Delta T_f=K_f m_B=1.855\times0.001\,3=0.002\,41$ ℃）。

3. 相图应用

相图是蒸发、干燥、升华、结晶及气体液化等化工单元操作的重要依据，在科研和生产实践中经常遇到。如由湿物料通过真空或冷冻干燥获得干物料的过程如图 3-3 所示。

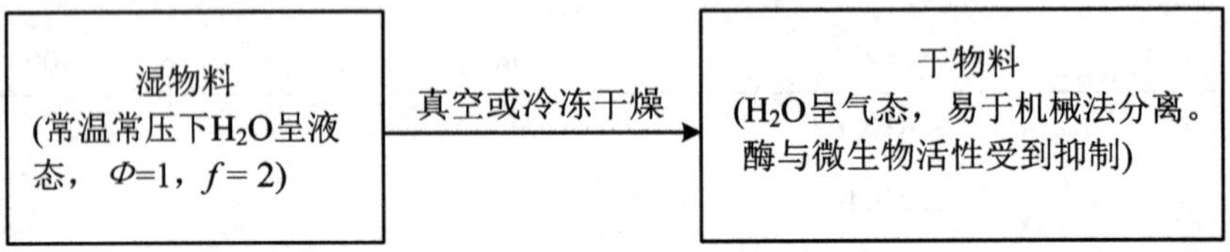

图 3-3

通常，真空干燥的温度为 37～82 ℃、压力为 294～667 Pa，冷冻干燥的温度为 0～4 ℃、压力为 132～266 Pa。

3.2.2.2 二氧化碳的相图

二氧化碳（CO_2）相图见图 3-4。

由图 3-4 可知：

① 常压（$p^{\ominus}$）下，CO_2 只有在 194.7 K 以下才能以固态存在，大于 194.7 K 就以气态存在。

② 常温、高压(大于 517.77 kPa)下，CO_2以液态形式存在。二氧化碳灭火器钢瓶中的 CO_2应呈液态(20 ℃、20$p^{\ominus}$)，当液态 CO_2从钢瓶喷筒喷到空气中时，压力骤降至 $p^{\ominus}$，液态 CO_2迅速绝热汽化，对外做功，温度下降，当温度降至 194.7 K 以下，部分液态 CO_2变成干冰 $CO_{2(s)}$覆盖在燃烧物上升华吸收(23.18 kJ · mol^{-1})，在隔绝空气的同时降低燃烧物温度。使用时不能触及喷筒，以免冻伤。此外，二氧化碳灭火器不含水分，不损坏物品，常用于扑灭电器、精密仪器、图书、档案文件的火灾。但不能扑灭 K，Na，Mg 等活泼金属的火灾，因为

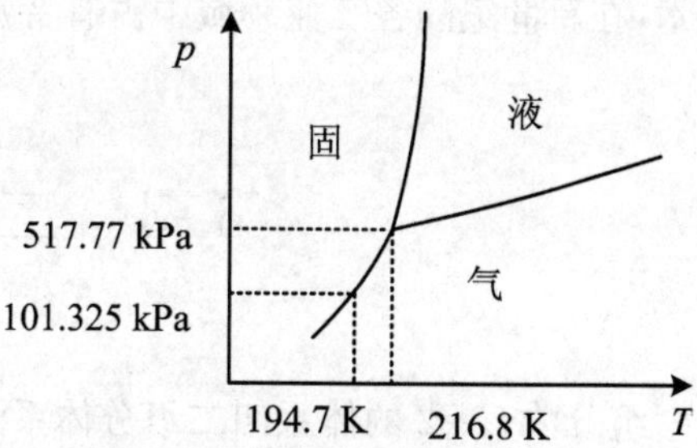

图 3-4 二氧化碳的 p-T 图

$$Mg + CO_2 \longrightarrow MgO + C$$
$$Na + O_2 \longrightarrow Na_2O_2$$
$$Na_2O_2 + CO_2 \longrightarrow Na_2CO_3 + O_2$$

会导致火势更猛。

3.2.2.3 超临界流体

图 3-4 中的二氧化碳相图没有绘制到临界点，包含临界点的相图如图 3-5 所示。

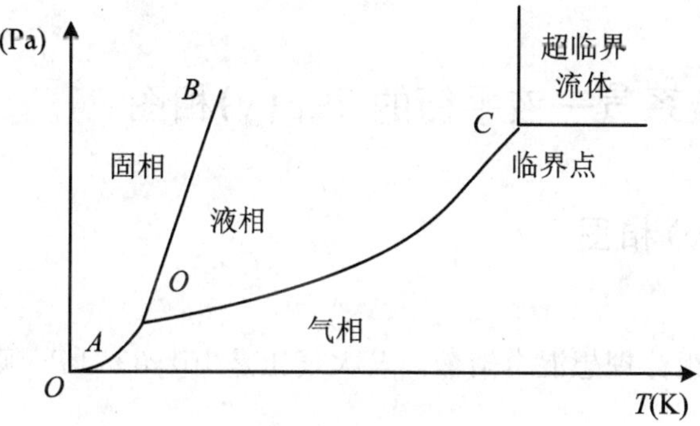

图 3-5 二氧化碳相图

超临界流体是温度、压力均处于临界点(CO_2的 $T_c = 364.2$ K、$p_c = 7.28$ MPa，超临界水 $T_c = 647.5$ K、$p_c = 22.12$ MPa)以上的流体。超临界流体多种物理化学性质介于气体和液体之间，并兼具两者的优点。超临界流体的密度与液体接近，黏度比液体小、扩散系数比液体大，介电常数随压力急剧变化。它的溶解度对温度、压力的变化很敏感，特别是在临界状态附近，温度、压力微小变化会导致溶质的溶解度发生几个数量级的突变，超临界流体正是利用了这一特性，通过对温度、压力的调控来进行物质的分离。如烟草脱尼古丁、从咖啡中提取咖啡因等。

此外，超临界水与空气、O_2、N_2、CO_2完全互溶，673 K，25 MPa 以上可以和一些有机物均相混合。当超临界水中同时溶有 O_2和有机物时，后者可以迅速被氧化成小分子。超临界流体亦是性能极佳的溶剂。因为挥发性有机物在传统化学工业中被广泛用作溶剂，它们不仅价高，而且大都有毒且易燃，其溶剂残留及废弃物处理困难，对环境造成了严重污染。若采用含水溶剂，虽能减少污染，但因水的溶解能力有限，使其应用范围受到限制，同时产生的大量污水亦会增加环境的负担。采用无毒无污染的溶剂代替挥发性有机溶剂已成为绿色化学的重要研究方向。超临界流体和压缩性气体作为溶剂使用为分离科学与技术开辟了新的途径，由此发展而形成的超临界流体萃取技术已在化工、食品、生物、医药、材料和环保等领域中得到广泛应用。

超临界流体萃取(supercritical fluid extraction，简写为 SFE)是一种崭新的分离物质的方法，SFE 技术是“提取分离科学中具有划时代意义的进步”，是目前正在迅速发展着的高新绿色

技术,在新世纪的各工业领域中占有特殊的重要地位。

3.3 二组分体系的相图

组分数 $C=2$ 的体系叫二组分体系。据相律 $f=2-\Phi+2-b=2-\Phi+2-b$,当指定限制条件 $b=0$、相数 $\Phi=1$ 时,体系最大自由度 $f_{max}=2-1+2-0=3$。依此,要完整描述二组分体系的状态与压力、温度组成间的关系需使用压力—温度—组成的三维立体图。当 $b=0$,自由度 $f=0$ 时,体系最大相数 $\Phi_{max}=4$,在压力—温度—组成图中应有一个四相平衡点。

为方便和实用,通常都是在固定一个变量下($b=1$)研究二组分体系(工业上单元操作绝大多数是在定压下进行的)。此时,$f=2-\Phi+2-1=3-\Phi$。当 $\Phi=1$ 时,最大自由度 $f_{max}=2$,可用温度—组成图描述。当 $f=0$ 时,最大相数 $\Phi_{max}=3$,温度—组成图上应有一个三相平衡共存点。

二组分体系相图繁多,包括双液系(完全互溶双液系、部分互溶双液系、不互溶双液系)、固液体系(简单的低共熔混合物、有化合物生成的体系等)。本章我们只介绍最常见的典型相图,具体地说就是两组分完全互溶双液系的气—液平衡相图和两组分固相完全不互溶、液相完全互溶的固—液平衡相图等。

3.3.1 二组分完全互溶双液系气—液平衡的 T-$x(y)$ 相图

3.3.1.1 理想溶液的 T-$x(y)$ 相图

1. 相图绘制

考虑一定压力下,由 A 和 D 组成的二组分理想混合溶液。若大气压是 101.325 kPa,则沸点的蒸气总压应等于 101.325 kPa:

$$p = p_A + p_D$$

即

$$p = p_A^*(1 - x_D) + p_D^* x_D$$

整理得

$$p = p_A^* + (p_D^* - p_A^*)x_D$$

$p=101.325$ kPa 时,不同温度下的 p_A^*,p_D^* 可查表确知,以此可求出液相组成 x_D。相互平衡的气相组成可由道尔顿分压定律 $y_D=\dfrac{p_D^* x_D}{p}$ 来计算。

表 3-2 给出了甲苯(A)—苯(D)完全互溶双液系在 101.325 kPa 不同温度下相互平衡的液—气组成。

表 3-2 甲苯(A)—苯(D)双液系的沸点与组成(101.325 kPa)

T(℃)	x_D	y_D
110.2	0	0
105.2	0.1	0.219
101.1	0.2	0.384
97.5	0.3	0.514
94.3	0.4	0.621
91.4	0.5	0.711
88.7	0.6	0.787
86.2	0.7	0.852
83.9	0.8	0.909
81.7	0.9	0.957
79.7	1	1

将表 3-2 数据绘在 T-$x(y)$图上，即得 T-$x(y)$相图(图 3-6)。

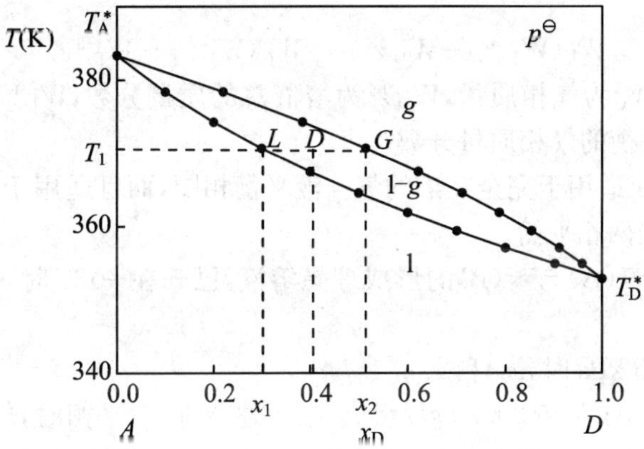

图 3-6 甲苯(A)—苯(D)的 T-$x(y)$相图

2. 对理想溶液 T-$x(y)$相图的认识

(1) 气相线在液相线之上

原因是易挥发组分在气相中的浓度大于它在相互平衡的液相中的浓度，即 $y_D > x_D$。

$$y_D = \frac{p_D^* x_D}{p}$$

$$p_D^* > p \qquad (p_A^* < p < p_D^*)$$

(2) 气相线以上为单气区，液相线以下为单液区

相数 $\Phi=1$，自由度 $f=2$，意指温度 T 和组成 x_D(或 y_D)均可独立改变。

(3) "眼睛区"为气液两相平衡区

相数 $\Phi=2$，$f=1$，意指温度 T 和组成 x_D(或 y_D)只可能有一个独立改变，如温度一定时，x_D 或 y_D 即可由图读出。两相的相对数量还可由下面介绍的"杠杆规则"求出。

(4) 相互平衡的两相的相对数量的求算——杠杆规则

相互平衡两相的组成可由相图读出,相对数量可由杠杆规则确定。那么,何为杠杆规则呢?

设体系总物质的量为 n,总组成为 x_D;相互平衡的气相点为 G,组成为 y_D,物质的量为 n_G;相互平衡的液相点为 L,组成为 x_D^L,物质的量为 n_L,由质量守恒定律有

$$nx_D = n_L \cdot x_D^L + n_G \cdot y_D$$
$$n = n_G + n_L$$

整理有

$$n_L(x_D - x_D^L) = n_G(y_D - x_D)$$

如图 3-7 所示。

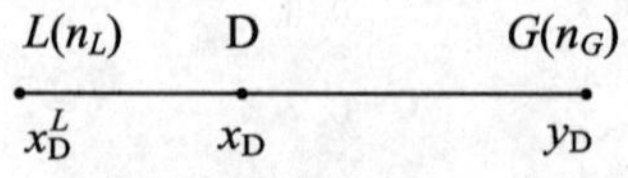

图 3-7 杠杆规则示意图

力×力矩=力臂

此类现象的术语叫杠杆规则。

两点说明:

① 杠杆规则与溶液浓度表示无关,其浓度与物质量所用单位一致。用质量分数表示时,其形式为

$$W_L(W_D\% - W_D^L\%) = W_G(W_D^G\% - W_D\%)$$

式中,W_L为液相质量,W_G为气相质量,$W_D\%$为溶液总的质量分数,$W_D^L\%$为相互平衡的液相质量分数,$W_D^G\%$为相互平衡的气相质量分数。

② “杠杆规则”不仅适用于完全互溶的气—液平衡相图,而且适用于其他相图上的汽—液、液—液、固—液、固—固两相平衡。

【例 3-9】 假设甲苯(A)与苯(B)的形成理想溶液,已知在 90 ℃时,$p_A^* = 54.22$ kPa,$p_B^* = 136.11$ kPa。求:

(1) 90 ℃、101.325 kPa 时,x_L 和 x_G;

(2) 若溶液由 100.0 gA 和 200.0 gB 组成,在上述条件下,平衡时,气相的量(n_G,W_G)和液相的量(n_L,W_L)各为多少?

解 温度、压力恒定,由相律 $f=2-2+2-2=0$,知,平衡时,气、液两相的组成必为固定值,与体系的物系点无关。

根据

$$x_L = x_B = \frac{p - p_A^*}{p_B^* - p_A^*} = 0.575\,2$$

$$x_G = y_B = \frac{p_B^* x_B}{p_A^* + (p_B^* - p_A^*)x_B} = 0.772\,7$$

计算结果说明,易挥发组分 B 向空气转移。

(2) $M_A = 0.092\,14\ \text{kg}\cdot\text{mol}^{-1}$,$M_B = 0.078\,11\ \text{kg}\cdot\text{mol}^{-1}$。

$$n_{总} = \frac{0.1}{0.092\,14} + \frac{0.2}{0.078\,11} = 3.645\ (\text{mol})$$

物系点:$x_B - \dfrac{n_B}{n_{总}} - 0.702\,5$ 处在 x_B 和 y_B 之间。

根据杠杆规则

$$\frac{n_L}{n_G}=\frac{x_G-x_{总}}{x_{总}-x_L} \quad (n_L=1.296\ \text{mol}, n_G=2.349\ \text{mol})$$

$$W_L=n_L\times M_L=1.296\times(0.5752\times78.11+0.4248\times92.14)=109.0\ (\text{g})$$

$$W_G=191.0\ (\text{g})$$

3.3.1.2 非理想溶液的 T-$x(y)$ 相图

实际溶液与理想溶液总有偏差，若 A+D 形成溶液时，A—D 作用小于 A—A 和 D—D 作用，发生解离时分子间作用力变小，单位体积内逸到气相中的分子数目就多，其蒸气压较理想气体混合物要大，为正偏差体系。那么在相同大气压下，其沸点必降低，如氯仿—苯体系；若 A+D 形成溶液时，A—D 作用大于 A—A 和 D—D 作用，如发生缔合，分子间作用力变大，单位体积内逸到气相中的分子数就少，其蒸气压较理想气体混合物要小，为负偏差体系。在相同大气压下，其沸点必上升，如乙醇—苯、四氯化碳—苯体系。据沸点降低和上升的多少，常将非理想溶液的 T-$x(y)$ 相图分成三类来讨论。

1. 无恒沸点的非理想溶液 T-$x(y)$ 相图

蒸气压偏差较小，混合体系蒸气压介于两个纯组分蒸气压之间，其沸点也在两个纯组分沸点之间，如水—甲醇体系(图 3-8)。

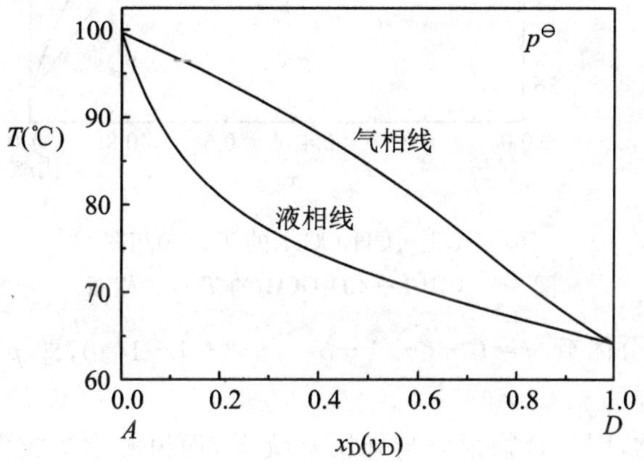

图 3-8 水—甲醇体系的 T-$x(y)$ 相图

2. 有最低恒沸点的非理想溶液 T-$x(y)$ 相图

混合体系正偏差较大，体系的蒸气压大于挥发性人的纯组分(假设为 D 组分)蒸气压，混合物存在有一最低沸点 C，叫最低恒沸点，此处 $x_D=y_D$ 对应的混合物叫最低恒沸混合物，如水—乙醇，苯—乙醇体系。H_2O—C_2H_5OH 在 $p^{\ominus}$ 下，最低恒沸温度是 78.13 ℃，组成(乙醇质量分数)为 95.57%，如图 3-9(a)所示。

3. 有最高恒沸点的非理想溶液 T-$x(y)$ 相图

混合体系负偏差较大，体系蒸气压小于挥发性小的纯组分(假设为 A 组分)蒸气压，混合物存在有一最高沸点 C'，叫最高恒沸点，此处 $x_D=y_D$ 对应的混合物叫最高恒沸混合物，如 $CHCl_3$—CH_3OCH_3，H_2O—HNO_3，H_2O—HCl 体系等，如图 3-9(b)所示。H_2O—HNO_3 体系的最高恒沸点是 120.651 ℃，组成为 68%(质量分数)。

有最低、最高恒沸点的非理想溶液 T-$x(y)$ 相图上均有一极值点($x_D=y_D$)，在此点 $C=S-$

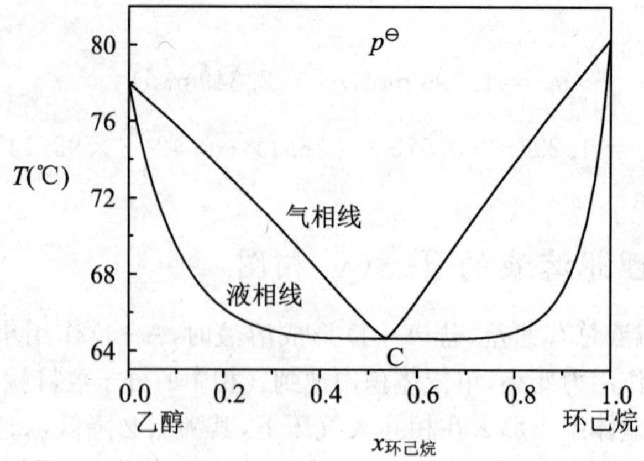

(a) 乙醇—环己烷的 T-$x(y)$ 相图

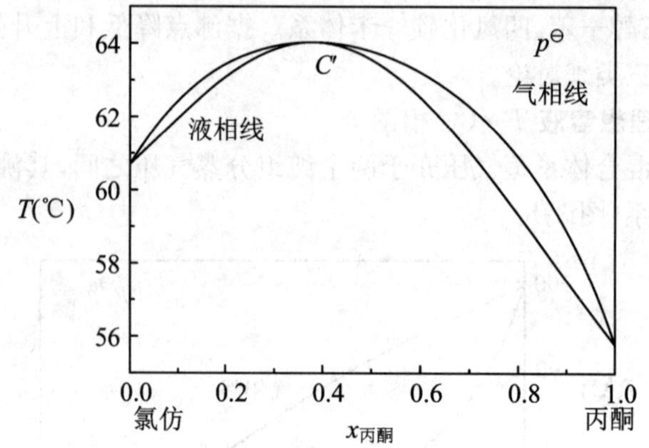

(b) $CHCl_3$—CH_3OCH_3 的 T-$x(y)$ 相图

图 3-9　$CHCl_3$—CH_3OCH_3 的 T-$x(y)$ 相图

$R=2-0=2$，仍是二组分体系，$f=C-\Phi+1-b=2-2+1-1=0$，即 p 固定时，恒沸点的温度和组成都是恒定不变的。

恒沸物不是化合物，因化合物组成与外压 p 无关，而恒沸物组成则与 p 有关，如 H_2O—C_2H_5OH体系：

$p=101.325$ kPa 时：为 78.13 ℃，95.57%；

$p=12.05$ kPa 时：为 33.35 ℃，99.5%；

$p=143.4$ kPa 时：为 87.12 ℃，95.35%。

3.3.1.3　完全互溶双液系 T-$x(y)$ 相图的应用——精馏

欲将两种完全互溶的液体分离提纯，且两种液体的沸点差别较大时，在有机化学实验和化工生产中用常压蒸馏法或精馏法。

精馏是多次简单蒸馏的组合。精馏塔底部是加热区，温度最高；塔顶温度最低。精馏结果：塔顶冷凝收集的是低沸点组分，高沸点组分则留在塔底。

如图 3-10 所示，从塔的中间 O 点进料，此时温度为 T_3，液、气相组成分别为 x_3 和 y_3，浓度为 x_3 的液体沿着塔板流下至温度更高（T_4）的塔板，液相的 D 组分浓度减小，而 A 组分浓度增加，物料继续下流，直至塔底，此时液相主要是高沸点的 A 组分。

另一方面，组成为 y_3 的蒸气，上升到温度较低(T_2)的上层塔板，与之平衡的气相D组分浓度为更高的 y_2，继续升高直至塔顶，则气相中主要是低沸点的D组分。

当存在最低恒沸物时，塔顶为恒沸物，而塔底产品与进入精馏塔的物料组成有关，当组成小于最低恒沸组成，塔底为A；当进塔组成大于恒沸组成，则塔底为D组分。由此可知，实验室中使用的酒精为什么多为95.57%(质量分数)。原因就是由淀粉发得的乙醇水溶液经蒸发处理后，所得的粗产品一般其浓度在30%(质量分数)左右，在 $p^{\ominus}$ 下精馏时，因存在最低恒沸点(组成在95.57%的左侧)，塔顶所得的是95.57%的最低恒沸物而不是纯 C_2H_5OH。

只有用分子筛、化学干燥剂或其他特殊方式除水，才能进一步获得纯乙醇，但要比95.57%酒精贵得多。因而有人试图用10%酒精精馏获取100%乙醇是不可能的。

顺便指出，医用消毒酒精为含75%的 C_2H_5OH，此时，C_2H_5OH 渗透力最强，只有在此渗透力下 C_2H_5OH 才可通过细菌的细胞膜进入细菌内部将其杀死。

当存在最高恒沸物时，塔底为恒沸物，进料组成小于最高恒沸组成时塔顶为A，进料组成大于恒沸组成，则塔顶为D组分。如 $H_2O—HNO_3$ 在 $p^{\ominus}$ 下，最高恒沸物中含 HNO_3 的质量分数为68%，$H_2O—HCl$ 在 $p^{\ominus}$ 下最高恒沸物中含HCl的质量分数是20.24%。故实验室中常用的硝酸为68%，盐酸为20.24%。

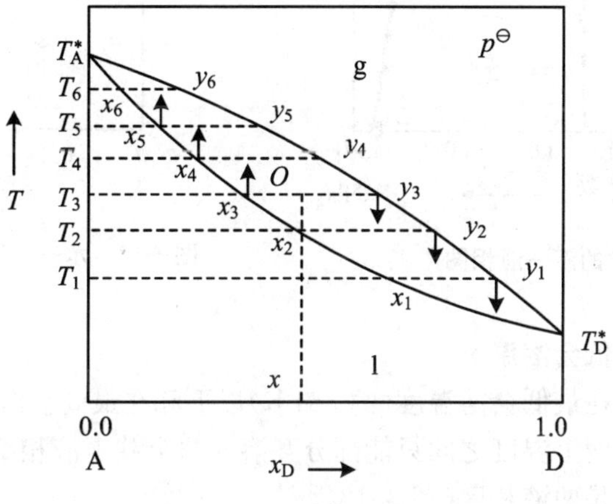

图3-10 精馏过程示意图

3.3.2 二组分部分互溶和完全不互溶双液系相图

3.3.2.1 二组分部分互溶

对于一些正偏差特别大的体系，两种组分分子A和B间吸引作用较小，以致低温下两种组分不能互相溶解，出现部分互溶的两个液相。升温有助于提高两相中两组分的彼此溶解度。

1. 具有最高会溶温度

体系在常温下只能部分互溶，分为两层。如图3-11所示，下层是水中饱和了苯胺，溶解度情况如图3-11中左半支所示；上层是苯胺中饱和了的水，溶解度如图3-11中右半支所示。升高温度，彼此的溶解度都增加。到达 B 点，界面消失，成为单一液相。B 点温度称为最高临界会溶温度。温度高于 T_B 时，水和苯胺可无限混溶。

帽形区外，溶液为单一液相，帽形区内，溶液分为两个液相。在373 K时，两层的组成分别

为 A' 和 A''，称为共轭相，A' 和 A'' 称为共轭配对点，A' 和 A'' 的连线称之为连接线。A_n 是共轭层组成的平均值。所有平均值的连线与平衡曲线的交点为临界会溶温度。会溶温度的高低反映了一对液体间的互溶能力，可以用来选择合适的萃取剂。

2. 具有最低会溶温度

具有最低会溶温度的水—三乙基胺体系的溶解度图如图 3-12 所示。该体系存在一个最低会溶温度 T_B，在 T_B 温度（约为 291.2 K）以下，两者可以任意比例互溶，升高温度，互溶度下降，出现分层。T_B 以下是单一液相区，以上是平衡的两个液相区。

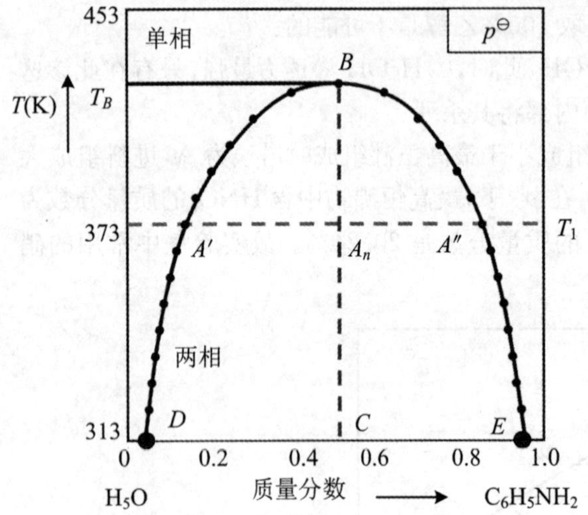

图 3-11 水—苯胺的液—液相图

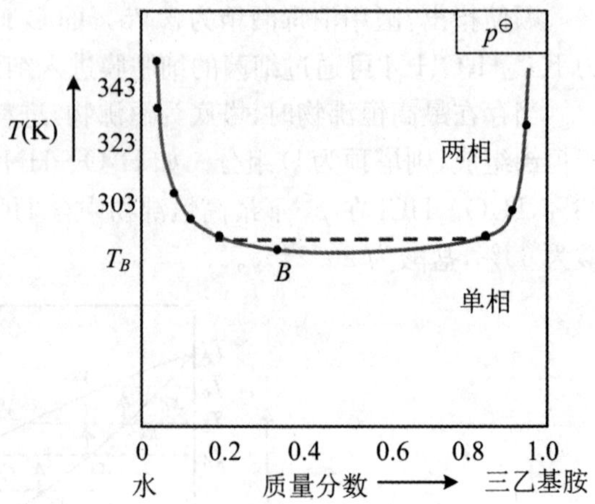

图 3-12 水—三乙基胺的液—液相图

3. 同时具有最高、最低会溶温度

对于水和烟碱系统，在最低会溶温度（约 334 K）以下和在最高会溶温度（约 481 K）以上，两液体可完全互溶，而在这两个温度之间只能部分互溶。两个共轭液相组成曲线形成一个完全封闭的溶度曲线，曲线之内是两液相区（图 3-13）。

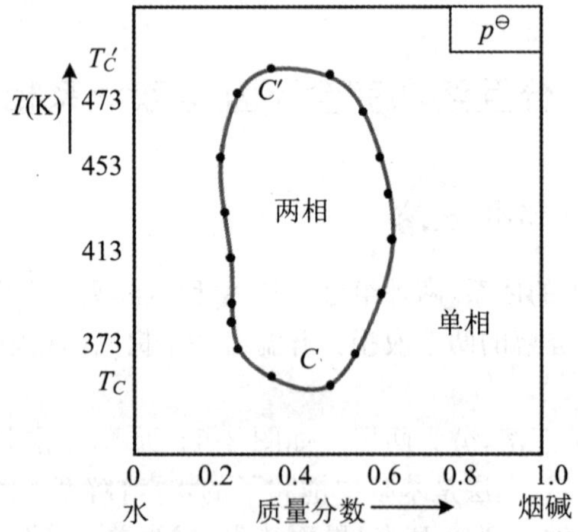

图 3-13 水和烟碱的液—液相图

3.3.2.2 完全不互溶双液系—水蒸气蒸馏

如果A,B两种液体彼此互溶程度极小,以致可忽略不计。则A与B共存时,各组分的蒸气压与单独存在时一样,液面上的总蒸气压等于两纯组分饱和蒸气压之和,即

$$p = p_A^* + p_B^*$$

当两种液体共存时,不管其相对数量如何,其总蒸气压恒大于任一组分的蒸气压,而沸点则恒低于任一组分的沸点。

水—溴苯体系两者互溶程度极小,而密度相差极大,很容易通过蒸馏分离。图3-14是蒸气压随温度变化的曲线。由该图可见,在溴苯中通入水汽后,双液系的沸点比两个纯净物的沸点都低,很容易蒸馏。由于溴苯的摩尔质量大,蒸出的混合物中溴苯含量并不低。

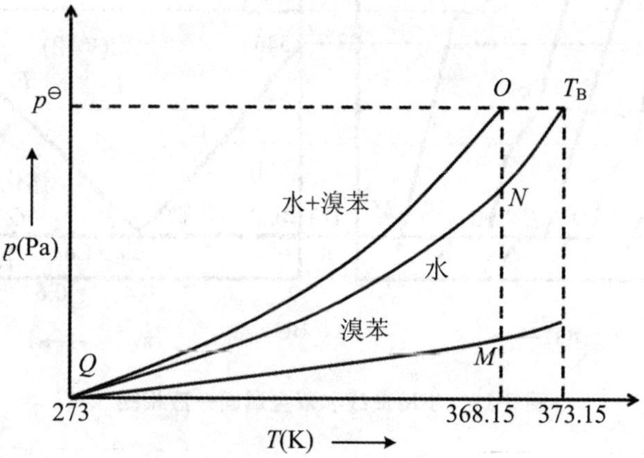

图3-14 水—溴苯体系的蒸气压

馏出物中A和B两组分的质量比计算如下:

$$p_A^* = p y_A = \frac{n_A}{n_A + n_B}$$

$$p_B^* = p y_B = \frac{n_B}{n_A + n_B}$$

其中 p 为系统总压力。两式相除,得

$$\frac{p_B^*}{p_A^*} = \frac{n_B}{n_A} = \frac{\dfrac{m_B}{M_B}}{\dfrac{m_A}{M_A}}$$

或

$$\frac{m_B}{m_A} = \frac{p_B^*}{p_A^*} \cdot \frac{M_B}{M_A}$$

对于水(A)—溴苯(B)体系,尽管溴苯的饱和蒸气压比水的小,但溴苯的摩尔质量比水大,溜出物中溴苯量不容小视。

3.3.3 二组分固—液平衡相图

固液平衡是结晶分离的基础。压力对固液平衡影响较小,通常结晶分离一般是在大气压力

下进行，因而只需介绍温度—组成相图。

3.3.3.1 固相不互溶且无化合物形成的二组分系统

1. 热分析法

热分析法是相图绘制的常用方法之一，它是将样品升温至熔融状态，再缓慢冷却，记录温度—时间的变化曲线（步冷曲线）。从该步冷曲线上出现的转折点、水平线，找出相变时的温度与相应的组成。

以 Bi—Cd 体系为例，五种不同浓度的（Cd 质量百分比）样品绘制出五条步冷曲线：$a=0\%$，$b=20\%$，$c=40\%$，$d=70\%$，$e=100\%$（图 3-15）。

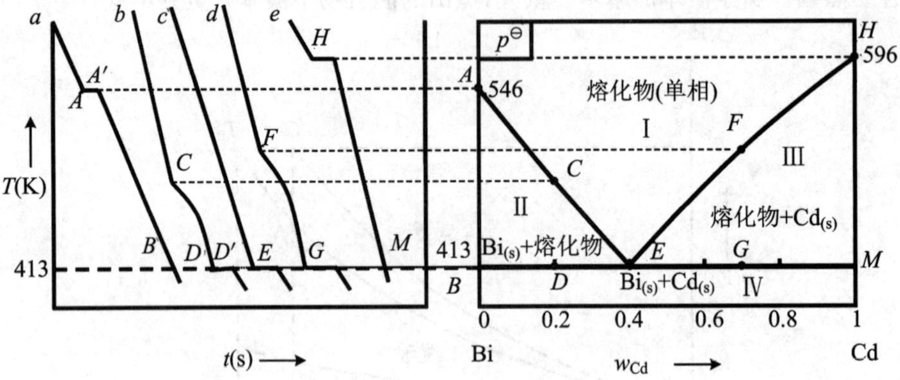

图 3-15 步冷曲线和双金属固—液相图

（1）相图绘制

a 为纯 Bi 步冷曲线。273 ℃以前温度均匀下降，到 273 ℃点时析出 $Bi_{(s)}$，此时，$Bi_{(s)}$ 和其熔体两相共存，即 $\Phi=2$，自由度 $f=1-2+2-1=0$。温度保持在 273 ℃不变，直到 $Bi_{(l)}$ 全部凝固，此过程步冷曲线出现平台；之后温度又开始下降（单相 $Bi_{(s)}$，$\Phi=1$，$f=1$）。

e 是 Cd 的步冷曲线。与 a 相似，H 点温度是 323 ℃。

b 是含 Cd 20%的步冷曲线。第一拐点前，温度均匀下降（$\Phi=1$，$f=2-1+2-(1+1)=1$，组成固定，温度可下降）；达拐点时，析出 $Bi_{(s)}$，此时 $\Phi=2$，$f=2-2+2-1=1$（温度或溶液组成可变）；达平台时，$Bi_{(s)}$、$Cd_{(s)}$ 固体都析出，$\Phi=3$，$f=0$，温度不变，出现平台，再到液相全部消失，$\Phi=2$，$f=1$，温度又下降。

d 是含 Cd 为 70%的步冷曲线，与 b 相似，达到拐点时析出 $Cd_{(s)}$

c 是含 Cd 为 40%的 Bi+Cd 混合熔体的步冷曲线，形状与 a，e 相似，无拐点，只有平台。冷到平台时 Bi+Cd 同时析出，$\Phi=3$，$f=2-3+2-1=0$。此组成的混合物称为最低共熔物。

将上述五条步冷曲线的拐点、平台的温度及相应组成，绘在温度—组成图上，即得 Bi—Cd 体系的相图（图 3-15）。

（2）相图分析

① 线

EA 线是 Bi 的凝固点曲线，$\Phi=2$，$f=1$。

EH 线是 Cd 的凝固点曲线，$\Phi=2$，$f=1$。

E 水平线是 $Bi_{(s)} \Leftrightarrow Cd_{(s)} \Leftrightarrow$ 熔体（40%），$\Phi=3$，$f=0$。

② 面

Ⅰ为单熔体区，$\Phi=1$，$f=2$。

Ⅱ为 $Bi_{(s)}$ ⇔熔体，$\Phi=2$，$f=1$。

Ⅲ为 $Cd_{(s)}$ ⇔熔体，$\Phi=2$，$f=1$。

Ⅳ为 $Bi_{(s)}$ ⇔ $Cd_{(s)}$，$\Phi=2$，$f=1$。

③ 点

E 点是最低共熔点，含 Cd 40%，温度为 140 ℃时，各组分全部熔化，其他组成时全部熔化的温度均高于此值。

Sn—Pb 体系，Sn 的熔点是 232 ℃，Pb 熔点 328 ℃。最低共熔组成锡质量分数 0.619，制作的焊锡的最低共熔温度仅 181 ℃。

2. 溶解度法

溶解度法是常温下一种组分是液体时的常用绘制方法，现以 H_2O—$(NH_4)_2SO_4$ 为例。

(1) 相图绘制

实验测出不同温度下与固相共存的溶液组成(纯水冷到 0 ℃有冰析出，当将盐溶于水时，冰点将下降，使溶液冷到 0 ℃以下某个温度时才析出冰，体系呈冰和溶液两相平衡；当盐在水中的浓度较大时，溶液冷却析出的固体是盐而不是冰，此时体系呈盐(s)和饱和溶液的两相平衡)(表 3-3)。

表 3-3 不同温度下 H_2O—$(NH_4)_2SO_4$ 的固液平衡

温 度(℃)	$W_{(NH_4)_2SO_4}$ (质量)	状 态
−5.45	16.7%	溶液＋冰
−11	28.6%	溶液＋冰
−18	37.5%	溶液＋冰
−19.05	38.4%	溶液＋冰＋$(NH_4)_2SO_{4(s)}$
0	41.4%	溶液＋$(NH_4)_2SO_{4(s)}$
10	42.2%	溶液＋$(NH_4)_2SO_{4(s)}$
40	43.8%	溶液＋$(NH_4)_2SO_{4(s)}$
80	48.8%	溶液＋$(NH_4)_2SO_{4(s)}$
100	50.8%	溶液＋$(NH_4)_2SO_{4(s)}$
108.9(沸点)	51.8%	溶液＋$(NH_4)_2SO_{4(s)}$

由此可作出 H_2O—$(NH_4)_2SO_4$ 的相图，如图 3-16 所示。

(2) 相图分析

① 线：

EN 线是 $(NH_4)_2SO_4$ 溶解度曲线，$\Phi=2$，$f=1$。

EL 线是水溶液的冰点线，$\Phi=2$，$f=1$。

BEC 线是冰⇔溶液(*E* 点)⇔$(NH_4)_2SO_{4(s)}$，$\Phi=3$，$f=0$。

② 面：

Ⅰ为溶液，$\Phi=1$，$f=2$。

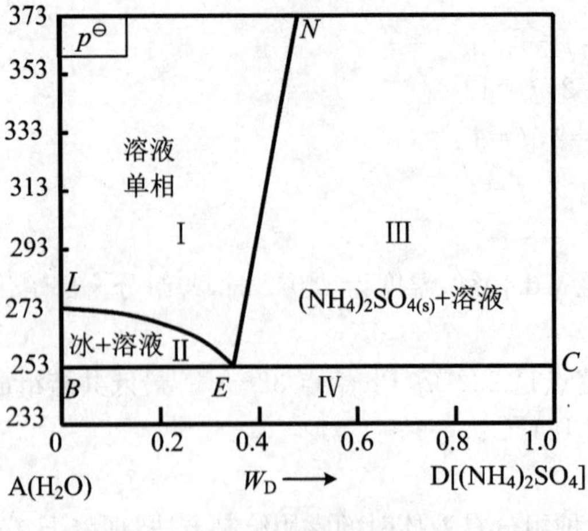

图 3-16 H_2O—$(NH_4)_2SO_4$的固—液相图

Ⅱ为冰+溶液，$\Phi=2$，$f=1$。

Ⅲ为$(NH_4)_2SO_{4(s)}$+溶液，$\Phi=2$，$f=1$。

Ⅳ为冰+$(NH_4)_2SO_{4(s)}$，$\Phi=2$，$f=1$。

③ 点：

E点，溶液⇔冰⇔$(NH_4)_2SO_{4(s)}$三相平衡共存，$\Phi=3$，$f=0$。它是最低共熔点，在此温度和浓度时，两种固体可同时熔化，且熔化的温度最低，其他组成时，两种固体都熔化的温度均高于此组成固体混合物的熔化温度。

(3) 相图应用

① 具有最低共熔物的水—盐体系可用作冷冻剂：

当盐、冰和水溶液三相平衡共存时，$f=0$，体系的温度、浓度都不变。如上述H_2O—$(NH_4)_2SO_4$体系的最低共熔点温度为－19.05 ℃，含$(NH_4)_2SO_4$的质量分数为38.4%，若以这一浓度配制饱和溶液并使其与冰、盐共存，即可保持－19.05 ℃不变。

NaCl+H_2O体系，$NaCl_{(s)}$、溶液、冰三相平衡共存时，含NaCl%(质量)为23.3%时，可维持在－21.1 ℃。$CaCl_2$+H_2O体系，$CaCl_{2(s)}$、溶液、冰三相平衡共存，含$CaCl_2$为32%(质量)时，可维持－55 ℃不变。

在化工生产中，需要低温冷冻时，常采用这类盐水体系作冷冻剂。

② 结晶法提纯盐类：

如用30%$(NH_4)_2SO_4$溶液提纯$(NH_4)_2SO_4$晶体。该体系的相图可指导我们如何正确操作。

由相图知，单纯将30% $(NH_4)_2SO_4$溶液冷却得不到$(NH_4)_2SO_4$晶体。因首先析出的是冰而不是盐，若继续降温达低共熔温度－19.05 ℃时，析出的又是冰和$(NH_4)_2SO_4$固体。正确的操作是将溶液蒸发浓缩或加入待提纯的硫酸铵粗盐使其溶液浓度超过38.4%，即在最低共熔点的右边时再冷却。若溶液浓度为60%冷到10 ℃，由“杠杆规则”可算出析出$(NH_4)_2SO_4$晶体的质量：

$$W_{母液}(60\%-42\%)=W_{盐}(100\%-60\%)$$

若$W_{溶液}=100$ kg，则

$$(100-W_{盐})(60\%-42\%)=W_{盐}(100\%-60\%)$$

$$W_{盐} = 31\ (\text{kg})$$

近 69 kg 母液可循环再用。此外，由相图还可确定相同条件下能析盐晶体的最大量

$$(100 - W_{盐})(60\% - 38.4\%) = W_{盐}(100\% - 60\%)$$

$$W_{盐} = 35.1\ (\text{kg})$$

3.3.3.2 有化合物生成的固相不互溶二组分系统

有些二组分(A 与 D)体系，两组分间还可生成一种或几种化合物。据化合物稳定性的不同，又分为生成稳定化合物和生成不稳定化合物两类。

1. 生成稳定化合物

这种化合物，与 A，D 相同，具有一定的熔点，加热到熔点温度时熔化所生成的液相组成与固相化合物组成相同。

CuCl(A)与 $FeCl_3$(D)即属此例。x_D＝0.5 时，生成化合物 CuCl · $FeCl_3$ 即 $CuFeCl_4$，熔点是 326 ℃，其温度—组成图如图 3-17 所示。

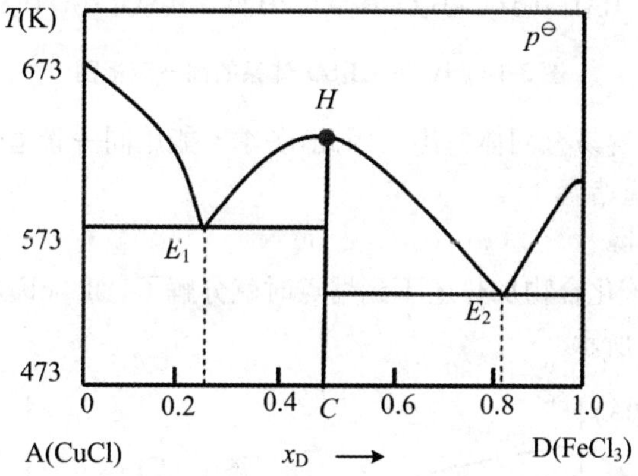

图 3-17 CuCl—$FeCl_3$ 的固—液相图

图 3-17 所示相图可看成是由两个简单低共熔化合物相图(即 CuCl—$CuFeCl_4$ 相图和 $CuFeCl_3$—$FeCl_3$ 相图)拼合而成的。如由 CuCl＋$FeCl_3$ 混合体系分离提纯 $FeCl_3$，必须设法使其组成大于 x_{E_2} 再冷却。

有的二组分还可以生成两种以上稳定化合物，如 H_2O 和 H_2SO_4 可形成 $H_2SO_4 \cdot H_2O$，$H_2SO_4 \cdot 2H_2O$，$H_2SO_4 \cdot 4H_2O$ 三种稳定化合物，其温度—组成图如图 3-18 所示。

图 3-18 所示的相图可看成是由 4 个简单低共熔相图拼成的。其中各个区域的相态为：Ⅰ为溶液，Ⅱ为 $H_2O_{(s)}$＋溶液，Ⅲ为 $H_2SO_4 \cdot 4H_2O_{(s)}$＋溶液，Ⅳ为 $H_2SO_4 \cdot 4H_2O_{(s)}$＋溶液，Ⅴ为 $H_2SO_4 \cdot 2H_2O_{(s)}$＋溶液，Ⅵ为 $H_2SO_4 \cdot 2H_2O_{(s)}$＋溶液，Ⅶ～Ⅷ为 $H_2SO_4 \cdot H_2O_{(s)}$＋溶液，Ⅸ为 H_2SO_4(s)＋溶液，Ⅹ为 $H_2O_{(s)}$＋$H_2SO_4 \cdot 4H_2O_{(s)}$，Ⅺ为 $H_2SO_4 \cdot 4H_2O_{(s)}$＋$H_2SO_4 \cdot 2H_2O_{(s)}$，Ⅻ为 $H_2SO_4 \cdot 2H_2O_{(s)}$＋$H_2SO_4 \cdot H_2O_{(s)}$，XIII为 $H_2SO_4 \cdot H_2O_{(s)}$＋$H_2SO_{4(s)}$。

从图 3-18 可以看出：

① 浓硫酸 98%，结晶温度很低只有 0.25 ℃，作为产品输出易结晶出 H_2SO_4 固体堵塞管道。而浓度为 92.5%(俗称 93%酸)硫酸因其凝固点是 238.2K(－35 ℃)左右，作为产品输送安全，不会遇到堵塞管道的问题。

② 90%左右的硫酸的凝固点随浓度变化较大，93%酸为－35 ℃，而 91%酸为－17.3 ℃，

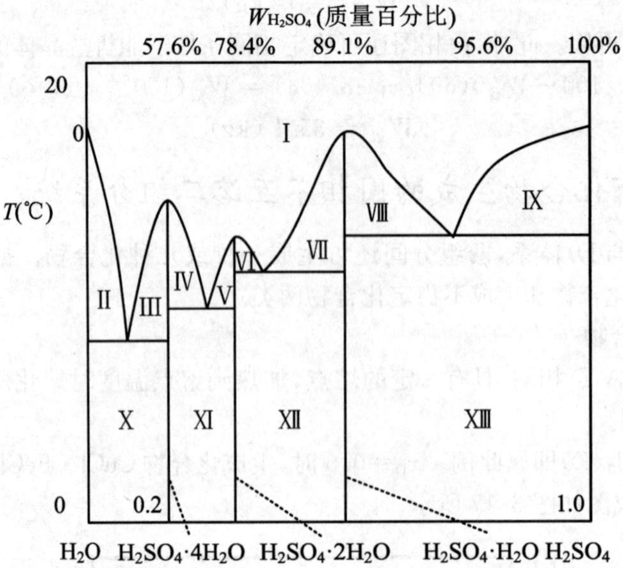

图 3-18 H_2O—H_2SO_4体系的固—液相图

89%酸为 4 ℃,在冬季很容易有固体析出。因此,冬季不能用同一管道输出不同浓度的硫酸,以免因浓度改变而引起管道堵塞。

2. 生成不稳定化合物

不稳定化合物是指该化合物加热还不到熔点时就分解了,如 CuF_2(A)和 $CaCl_2$(D)体系,其温度—组成图如图 3-19 所示。

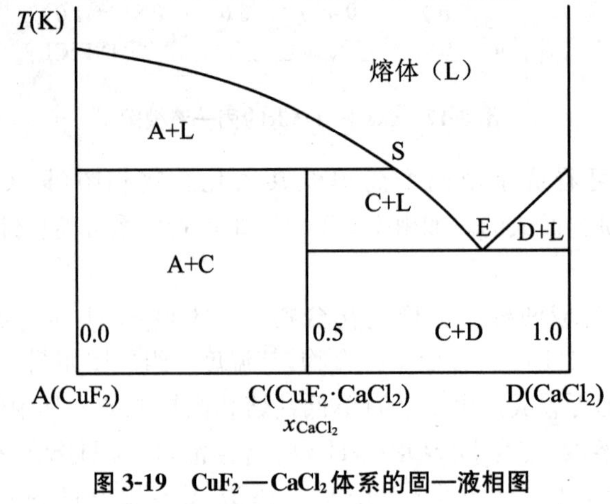

图 3-19 CuF_2—$CaCl_2$体系的固—液相图

组成小于 x_E 的都有可能生成不稳定化合物 $CuF_2\cdot CaCl_2$,其熔点应在 800℃以上,但加热到 737 ℃时就会分解,发生

$$CuF_2\cdot CaCl_2 \longrightarrow CuF_{2(s)} + \text{熔体(组成为 S)}$$

系统处于三相平衡,$\Phi=3$,$f=0$。

【例 3-10】 NaCl 和水可生成水合物 $NaCl\cdot 2H_2O$,各物质在固相完全不互溶,水合物在 −9 ℃分解为 NaCl 与质量分数为 27%的水溶液,NaCl 与水的低共熔温度为 −21.1 ℃,溶液组成为 23.3%(质量分数)的 NaCl。

(1) 请画出 NaCl—H_2O 体系的温度—组成固—液相图，并将各相区的组分数、相态、自由度数列出；

(2) 爱斯基摩人根据季节的变换，从海水中取出淡水，根据相图分析其科学道理。如能从海水中取出淡水，试计算 1 000 kg 海水能取出淡水的最大量是多少(已知海水的组成为含 NaCl 2.5%(质量分数))？

解 (1) 找出关键的点和线，然后根据基本相图连接点和线(表 3-4、图 3-20)。

表 3-4

相 区	相 态	Φ	f
1	溶液	1	2
2	$H_2O_{(s)}$ +溶液	2	1
3	$H_2O_{(s)}$ + $NaCl\cdot 2H_2O_{(s)}$	2	1
4	$NaCl\cdot 2H_2O_{(s)}$ +溶液	2	1
5	$NaCl_{(s)}$ +溶液	2	1
6	$NaCl\cdot 2H_2O_{(s)}$ + $NaCl_{(s)}$	2	1

关键点：纯水冰点 273 K，低共熔点 252 K，$NaCl\cdot 2H_2O$ 转熔温度 264 K。

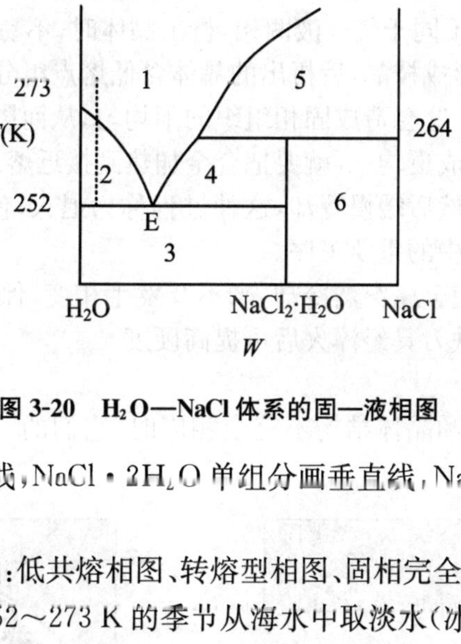

图 3-20 H_2O—NaCl 体系的固—液相图

关键线：低共熔点的二相线，$NaCl\cdot 2H_2O$ 单组分画垂直线，$NaCl\cdot 2H_2O$ 在 264 K 转熔平衡水平线。

根据基本相图连接点及线：低共熔相图、转熔型相图、固相完全不互溶相图(图 3-20)。

(2) 爱斯基摩人在气温 252～273 K 的季节从海水中取淡水(冰)，因为图中的“2”取 $H_2O_{(s)}$ 与溶液共存。根据杠杆原理，冰最大析出量是：

$$W_{H_2O_{(s)}}(2.5\%-0\%)=(1000-W_{H_2O_{(s)}})(23.3\%-2.5\%)$$

$$W_{H_2O_{(s)}}=893\,(\text{kg})$$

3.3.3.3 液、固相完全互溶系统

1. 无最低点或最高点

两个组分在固态和液态时能彼此按任意比例互溶而不生成化合物，也没有低共熔点，称为完全互溶固溶体。Au—Ag，Cu—Ni，Co—Ni 体系都属于这种类型。

以 Au—Ag 相图(图 3-21)为例，梭形区之上是熔化物(液)单相区，之下是固体溶液(简称

固溶体)单相区,梭形区内是固—液两相共存,上面是液相组成线,下面是固相组成线。

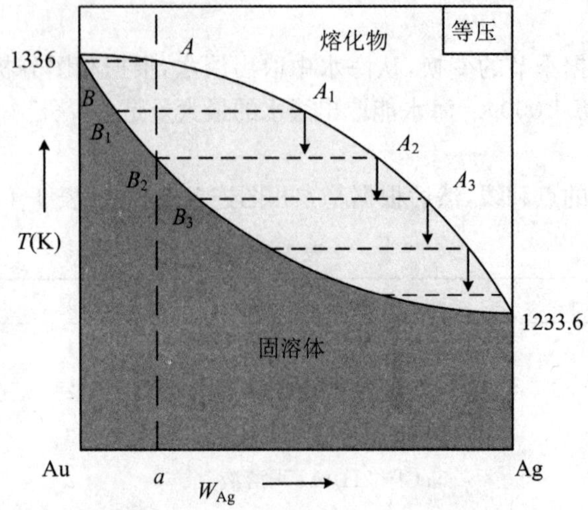

图 3-21 Au—Ag 体系的固液相图

当物系从 A 点冷却,进入两相区,析出组成为 B 的固溶体。因为 Au 的熔点比 Ag 高,固相中含 Au 较多,液相中含 Ag 较多。继续冷却,液相组成沿 AA_1 线变化,固相组成沿 BB_1 线变化,在 B_2 点对应的温度以下,液相消失。

枝晶偏析:固—液两相不同于气—液两相,析出晶体时,不易与熔化物建立平衡,较早析出的晶体含高熔点组分较多,形成枝晶,后析出的晶体含低熔点组分较多,填充在最早析出的枝晶之间,此现象称为枝晶偏析。这会造成固相组织的不均匀,从而影响合金的性能。

为了使固相合金内部组成更均一,就要把合金加热到接近熔点的温度,保持一定时间,使内部组分充分扩散,趋于均一,然后缓慢冷却,这种过程称为退火,使组分充分扩散来消除枝晶偏析。这是金属工件制造工艺中的重要工序。

在金属热处理过程中,使金属突然冷却,来不及发生相变,保持高温时的结构状态,这种工序称为淬火。例如,某些钢铁刀具经淬火后可提高硬度。

2. 有最低点或最高点

当两种组分的粒子大小和晶体结构不完全相同时,它们的 T-x 图上会出现最低点或最高点(图 3-22)。

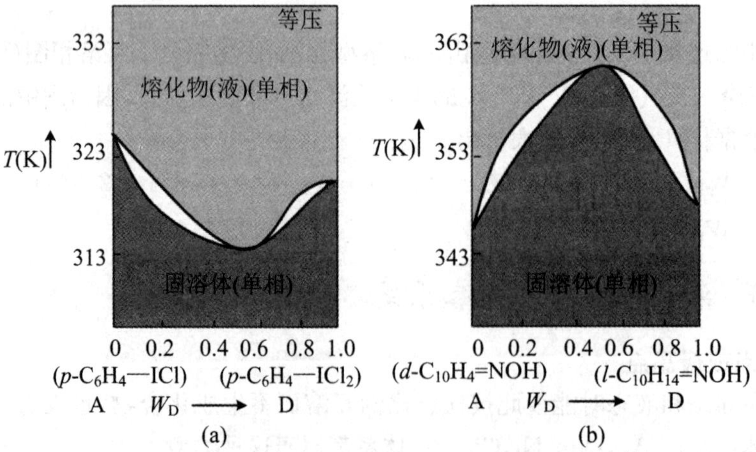

图 3-22 有最低点(a)或最高点(b)的完全互溶固溶体相图

例如，Na_2CO_3—K_2CO_3，KCl—KBr，Cu—Au 等体系会出现最低点。出现最高点的体系较少。

3.3.3.4 有低共熔点的固相部分互溶的二组分系统

两个组分在液态可无限混溶，而在固态只能部分互溶，形成类似于部分互溶双液系的帽形区。在帽形区外，是固溶体单相，在帽形区内，是两种固溶体两相共存。

图 3-23 所示的是 KNO_3—$TiNO_3$ 的相图。从该相图可以看出有一低共熔点 E。在相图上有三个单相区：即

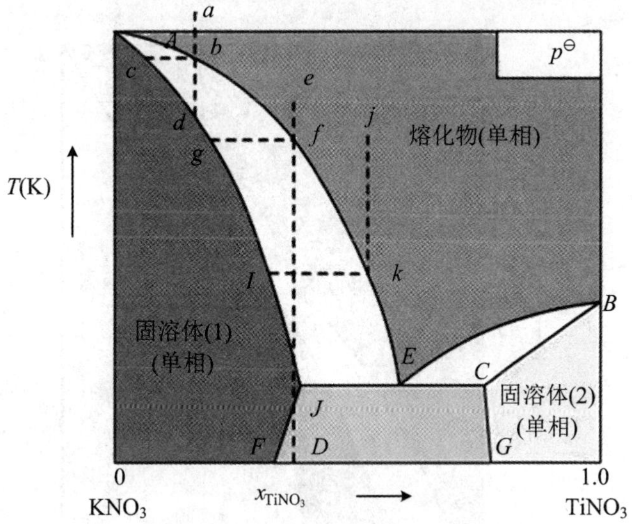

图 3-23 KNO_3—$TiNO_3$ 的相图

① AEB 线以上区为熔化物(L)；

② AJF 以左区为固溶体(1)；

③ BCG 以右区为固溶体(2)。

有三个两相区：

① AEJ 区为熔化物 L＋固溶体(1)；

② BEC 区为熔化物 L＋固溶体(2)；

③ $FJECG$ 区为固溶体(1)＋固溶体(2)。

AE，BE 是液相组成线；AJ，BC 是固溶体组成线；JEC 线为三相共存线，即(1)、(2)和组成为 E 的熔化物(液)三相共存，E 点为(1)、(2)的低共熔点。两个固溶体彼此互溶的程度从 JF 和 CG 线上读出。

相图中的三条步冷曲线预示的相变化为：

① 从 a 点开始冷却，到 b 点有组成为 C 的固溶体(1)析出，继续冷却至 d 以下，全部凝固为固溶体(1)；

② 从 e 点开始冷却，依次出现的物质为熔化物(液)L、L＋固溶体(1)、固溶体(1)、固溶体(1)＋固溶体(2)；

③ 从 j 点开始，则依次出现的物质为：L、L＋(1)、(1)＋(2)＋L(组成为 E)、(1)＋(2)。有转熔温度。

图 3-24 所示的图为 Hg—Cd 相图，该相图上有三个单相区：

① *BCA* 线以左区为熔化物 L；

② *ADF* 区为固溶体(1)；

③ *BEG* 以右为固溶体(2)。

有三个两相区：

① *BCE* 区为熔化物 L＋固溶体(2)区；

② *ACD* 区为熔化物 L＋固溶体(1)；

③ *FDEG* 区为固溶体(1)＋固溶体(2)，因这种平衡组成曲线实验较难测定，故用虚线表示。

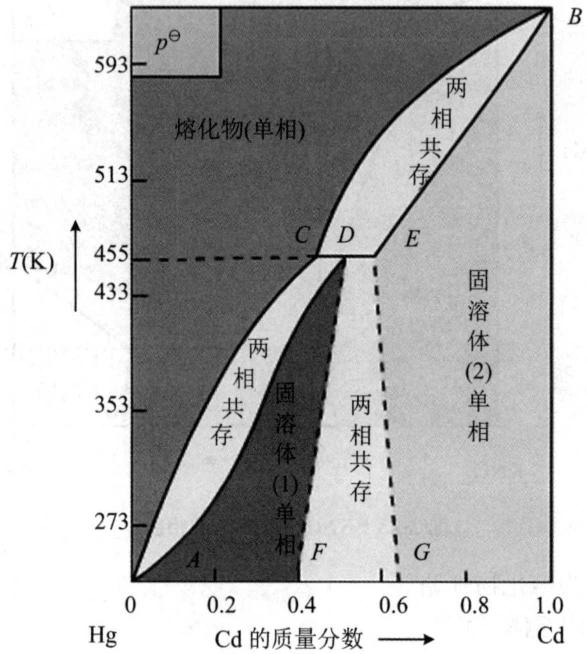

图 3-24　Hg—Cd 的相图

CDE 是一条三相线，它由熔化物(液)(组成为 C)、固溶体(1)(组成为 D)、固溶体(2)(组成为 E)三相共存。*CDE* 对应的温度称为转熔温度，温度升到 455 K 时，固溶体 1 消失，转化为组成为 C 的熔化物(液)和组成为 E 的固溶体(2)。

3.4　三组分体系的相图及其应用

对于 $C=3$ 的体系叫三组分体系。组分间无化学反应、无其他限制条件时，据相律 $f=3-\Phi+2-0$。当 $\Phi=1$ 时，$f=4$。当 $\Phi=1$ 时，且定压和定温($b=2$)时，$f=2$，可用平面图形表示。常用等边三角形坐标表示法，两个自由度均为组成变化。

根据图 3-25 所示的三组分体系的成分表示法，在等边三角形上，沿反时针方向标出三个顶点，三个顶点 *A*,*B*,*C* 表示纯组分 A,B,C，三条边上的点是相应两个组分的质量分数。三角形内任一点都代表三组分体系。

通过三角形内任一点 O，引平行于各边的平行线，在各边上的截距就代表对应顶点组分的含量，即 a' 代表 A 在 O 中的含量，同理，b'，c' 分别代表 B 和 C 在 O 点代表的物系中的含量。显然 $a'+b'+c'=a+b+c=1$。

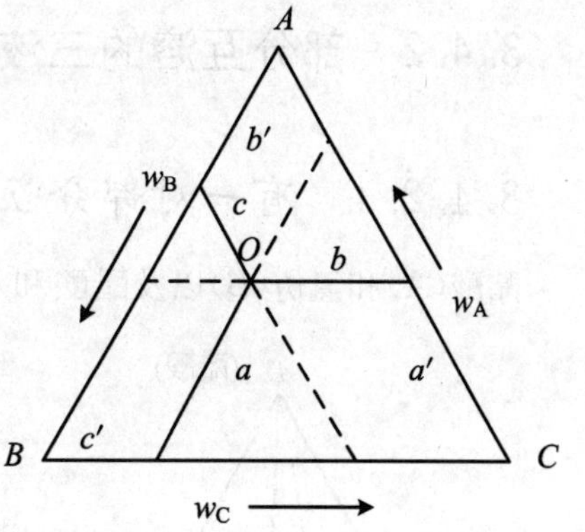

图 3-25 三组分体系组成表示法

3.4.1 等边三角形表示法的特点

① 等含量规则。

在平行于底边的任意一条线上，所有代表物系的点中，含顶角组分的质量分数相等，例如，图 3-26 中的 d，e，f 物系点，含 A 的质量分数相同。

② 在通过顶点的任一条线上，其余两组分之比相等。例如，AD 线上，$c''/b''=c'/b'$。

③ 通过顶点的任一条线上，离顶点越近，代表顶点组分的含量越多；越远，含量越少。例如，AD 线上，D' 中含 A 多，D 中含 A 少。

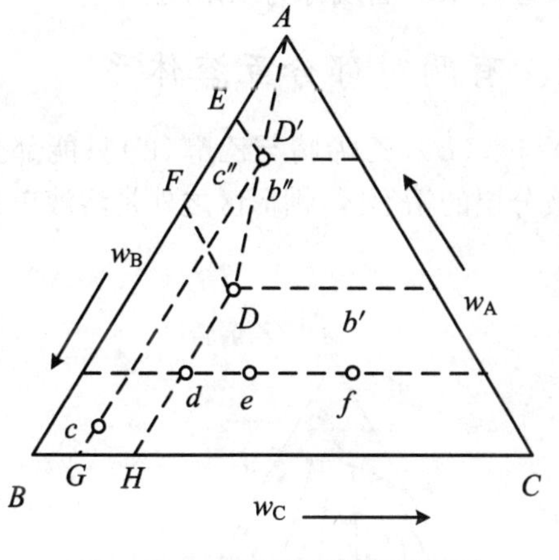

图 3-26 三组分体系等含量规则

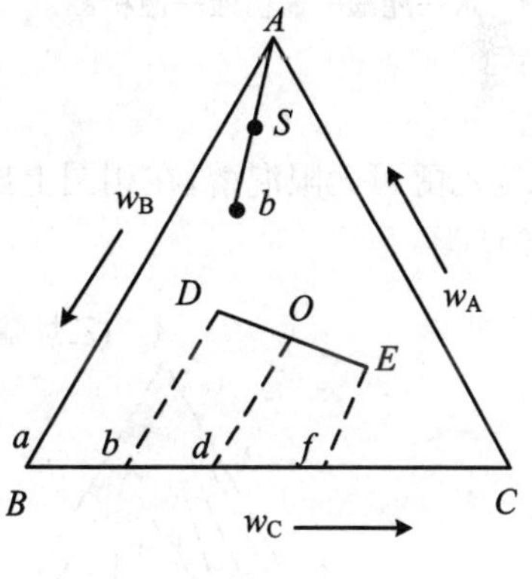

图 3-27 三组分体系杠杆规则

④ 代表两个三个组分体系的是 D 点和 E 点，混合成新体系的物系点 O 必定落在 DE 连线上。哪个物系点含量多，O 点就靠近那个物系点。O 点的位置可用杠杆规则求算。用 m_D，m_E 分别代表 D 和 E 的质量，则有

$$m_D \cdot OD = m_E \cdot OE$$

⑤ 由三个三组分体系 D，E，F 混合而成的新体系的物系点，落在这三点组成三角形的重心位置，即 H 点。

先用杠杆规则求出 D，E 混合后新体系的物系点 G，再用杠杆规则求 G，F 混合后的新体系物系点 H，H 即为 DEF 的重心。

⑥ 设 S 为三组分液相体系，当 S 中析出 A 组分，剩余液相组成沿 AS 延长线变化，设到达 b。析出 A 的质量可以用杠杆规则求算

$$m_A \cdot AS = m_B \cdot bS$$

若在 b 中加入 A 组分，物系点向定点 A 移动(图 3-27)。

3.4.2 部分互溶的三液体体系

3.4.2.1 有一对部分互溶体系

醋酸(A)和氯仿(B)以及醋酸和水(C)都能无限混溶，但氯仿和水只能部分互溶。在它们组成的三组分体系相图上出现一个帽形区，在 a 和 b 之间，溶液分为两层，一层是醋酸存在下，水在氯仿中的饱和液，如一系列 a 点所示；另一层是氯仿在水中的饱和液，如一系列 b 点所示。这对溶液称为共轭溶液(图 3-28)。

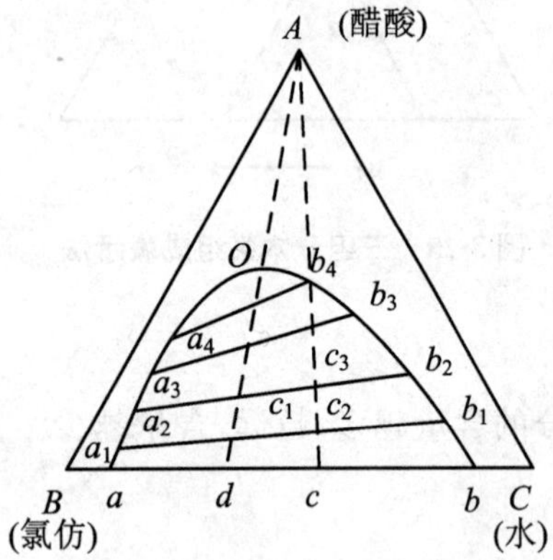

图 3-28 水—醋酸—氯仿液—液相图

在物系点为 c 的体系中加入醋酸，物系点向 A 移动，到达 c_1 时，对应的两相组成为 a_1 和 b_1。由于醋酸在两层中含量不等，所以连接线 a_1b_1 不一定与底边平行。继续加醋酸，使 B，C 两组分互溶度增加，连接线缩短，最后缩为一点，O 点称为等温会溶点，这时两层溶液界面消失，成单相。组成帽形区的 aOb 曲线称为双结线。

3.4.2.2 有两对部分互溶体系

乙烯腈(A)与水(B)，乙烯腈与乙醇(C)只能部分互溶，而水与乙醇可无限混溶，在相图上出现了两个溶液分层的帽形区，帽形区之外是溶液单相区(图 3-29)。

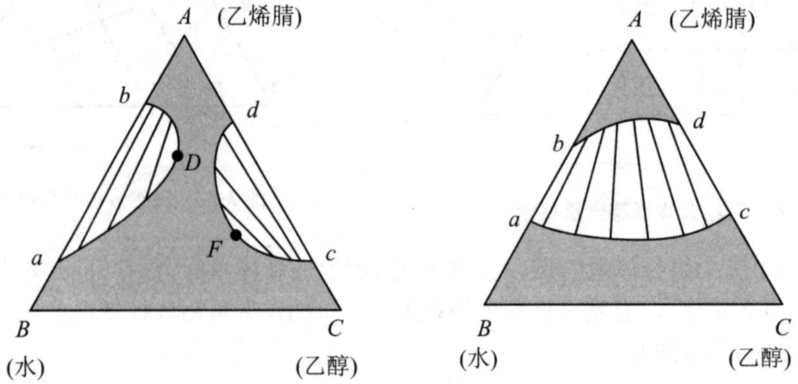

图 3-29 水—乙醇—乙烯—乙烯腈液—液相图

帽形区的大小会随温度的上升而缩小。当降低温度时，帽形区扩大，甚至发生叠合。如图 3-30 所示的右图的中部区域是两相区，是由原来的两个帽形区叠合而成。中部区以上或以下，是溶液单相区，两个区中 A 含量不等。

3.4.2.3 有三对部分互溶体系

乙烯腈(A)—水(B)—乙醚(C)彼此都只能部分互溶，因此，正三角形相图上有三个溶液分层的两相区。在帽形区以外，是完全互溶单相区。降低温度，三个帽形区扩大以至重叠。靠近顶点的三小块是单相区，包含边长的三小块是三组分彼此部分互溶的两相区，中间 EDF 围成区域是三个彼此不互溶溶液的三相区，这三个溶液的组成分别由 D,E,F 三点表示。在等温、等压下，D,E,F 三相的浓度有定值，因为 $f=C-\Phi=0$。

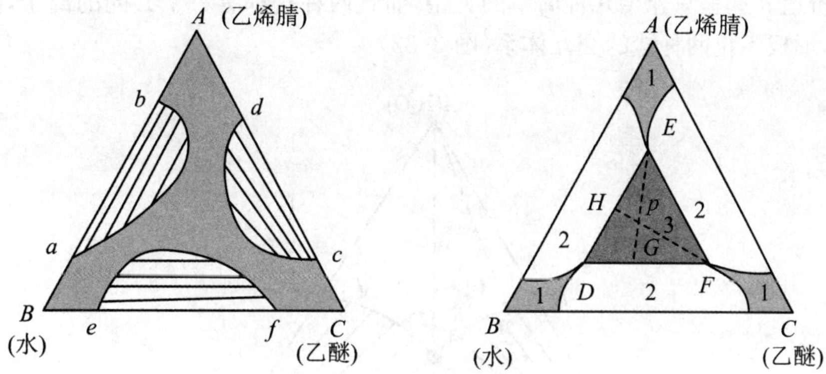

图 3-30 乙烯腈—水—乙醚液—液相图

3.4.3 萃取原理

对沸点靠近或有共沸现象的液体混合物，不太容易使用蒸馏或精馏分离，可以用萃取的方法分离，如对芳烃和烷烃的分离，常用二乙二醇醚为萃取剂。

在相图 3-31 上可见，A(芳烃)与 B(烷烃)完全互溶，A(芳烃)与 S(萃取剂)也能互溶，而烷烃与萃取剂互溶程度很小。所以一般根据分配系数选择合适的萃取剂。

将组成为 F 的 A 和 B 的混合物装入分液漏斗，加入萃取剂 S，摇动，物系点沿 FS 线移动，设到达 O 点(根据加入 S 的量，由杠杆规则计算)，静置分层。萃取相的组成为 y，蒸去 S，物系点沿 Sy 移动，直到 G 点，这时含芳烃量比 F 点明显提高。萃余相组成为 x，蒸去 S，物系点沿 Sx 移动，到达 H 点，含烷烃比 F 点高。

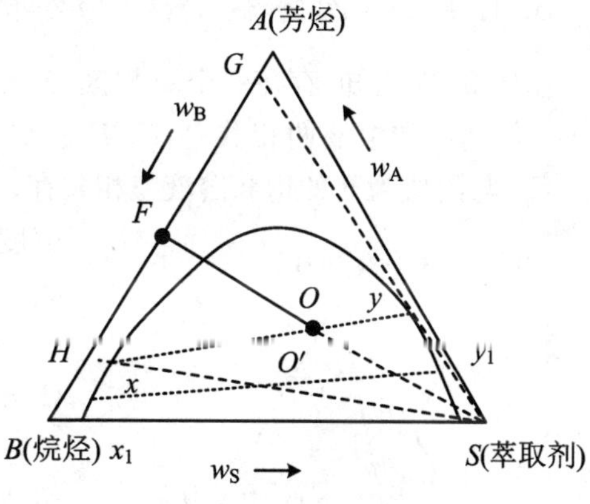

图 3-31 萃取过程示意图

二次萃取：在萃余相 x 中再加入萃取剂，物系点沿 xS 方向移动，设到达 O'，再摇动分层，萃取相组成为 y_1，蒸去萃取剂，芳烃含量更高。余相组成为 x_1，含烷烃则更多。重复多次，可得纯的芳烃和烷烃。

萃取塔：工业上，萃取是在塔中进行。塔内有多层筛板，萃取剂从塔顶加入，混合原料在塔下部输入。依靠比重不同，在上升与下降过程中充分混合，反复萃取。最后，芳烃不断溶解在萃取剂中，作为萃取相在塔底排出，脱除芳烃的烷烃作为萃余相从塔顶流出。

3.4.4 三组分水盐体系

两个固体与水构成的三组分水盐体系相图很多，很复杂，但在盐类的重结晶、提纯、分离等方面有实用价值。这里只介绍几种简单的类型，而且两种盐都有一个共同的离子，防止由于离子交互作用，形成不止两种盐的交互体系(图 3-32)。

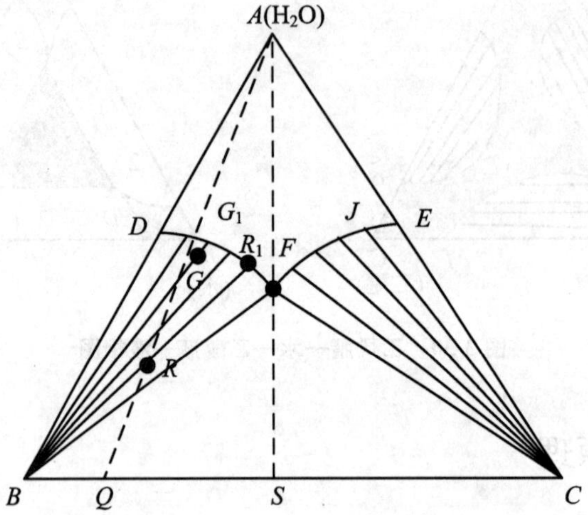

图 3-32 从溶液中析出纯 C 和 B 的相图

3.4.4.1 固体盐 B,C 与水的体系

由图 3-32 可知，存在一个单相区——*ADFE* 是不饱和溶液单相区；两个两相区——*BDF* 是 $B_{(s)}$ 与其饱和溶液两相共存，*CEF* 是 $C_{(s)}$ 与其饱和溶液两相共存；一个三相区——*BFC* 是 $B_{(s)}$，$C_{(s)}$ 与组成为 F 的饱和溶液三相共存。两条特殊线——*DF* 是 B 在含有 C 的水溶液中的溶解度曲线，*EF* 线是 C 在含有 B 的水溶液中的溶解度曲线。一个三相点——*F* 是三相点，它是饱和溶液、$B_{(s)}$、$C_{(s)}$ 三相共存，$f=0$。另外，相图上给出的 B 与 *DF* 以及 C 与 *EF* 的若干连线称为连接线。

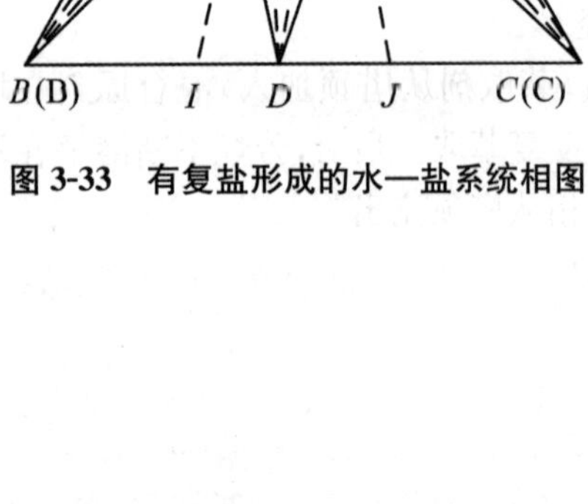

图 3-33 有复盐形成的水—盐系统相图

以下结合相图，讨论如果 B 和 C 两种盐类的混合物组成为 *Q* 点，如何将它们分离出来。

应先加水，使物系点沿 *QA* 方向移动，进入 *BDF* 区 *R* 点，$C_{(s)}$ 全部溶解，余下的是纯 $B_{(s)}$，过滤，烘干，就得到纯的 $B_{(S)}$。其中 *R* 点尽可能靠近 *BF* 线，这可得到尽可能多的纯 $B_{(s)}$。加入水的合适的量以及能得到 $B_{(s)}$ 的量都可以利用杠杆规则求算。如果 *Q* 点在 *AS* 线右边，用这种方法只能得到纯 $C_{(s)}$。

3.4.4.2 有复盐形成的水盐系统

当B,C两种盐可以生成稳定的复盐D,则相图如图3-33所示。由该相图可以看出体系存在一个*AEFGH*围成的不饱和溶液单相区,*BEF*,*DFG*和*CGH*三个两相区,*BFD*,*DGC*两个三相区,*EF*,*FG*,*GH*三条溶解度曲线以及*F*和*G*两个三相点。

如果用*AD*连线将相图一分为二,则变为两个二盐一水体系。

3.4.4.3 有水合物生成的体系

组分B与(水)A可形成水合物D(图3-34)。对*ADC*范围内讨论与以前相同,只是D表示水合物组成,*E*点是$D_{(s)}$在纯水中的饱和溶解度,当加入$C_{(s)}$时,溶解度沿*EF*线变化。其中*BDC*区是$B_{(s)}$,$D_{(s)}$和$C_{(s)}$的三固相共存区。属于这种体系的有Na_2SO_4—NaCl—$10H_2O$,水合物为大苏打($Na_2SO_4 \cdot 10H_2O$)。

为加深三元系相图的理解和掌握,最后以$NaNO_3$—KNO_3—H_2O为例介绍利用不同温度相图来分离物质。

图3-35将298 K和373 K时的相图叠合在一个图上。由该相图可见,升高温度,不饱和区扩大,即两种盐的溶解度增加。

① 设混合物中含KNO_3较多,物系点为x。在298 K时,加水溶解,物系点沿xA线向A移动,当进入*MDB*区时,$NaNO_3$全部溶解,剩下的固体为KNO_3。如有泥沙等不溶杂质,可将饱和溶液加热到373 K,这时在线$M'D'$之上,KNO_3也全部溶解,趁热过滤,将滤液冷却可得纯KNO_3。

② 设混合物中含$NaNO_3$较多,物系点为x'。加少量水,并升温至373 K,使物系点移至W,略高于$D'C$线,趁热过滤,得$NaNO_3$和组成为D′的饱和溶液。在D′溶液中加水并冷却至298 K,使物系点到达y点,略高于*BD*线,过滤得$KNO_{3(s)}$和组成为D的饱和溶液。在D中加组成为x'的粗盐,使物系点到达W,如此物系点在$WD'yD$之间循环,就可把混合盐分开。

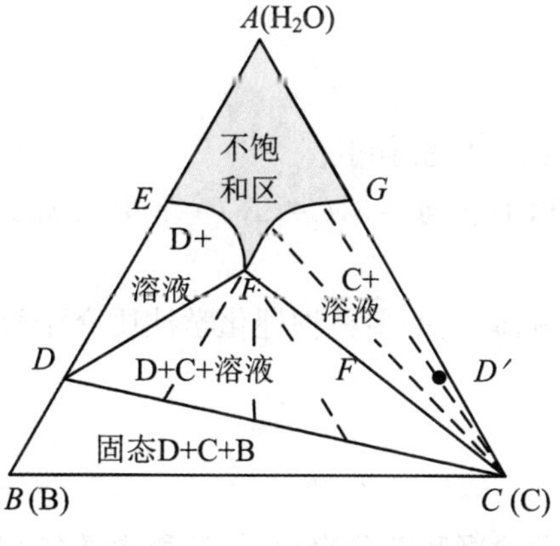

图3-34 有水合物生成的体系的相图

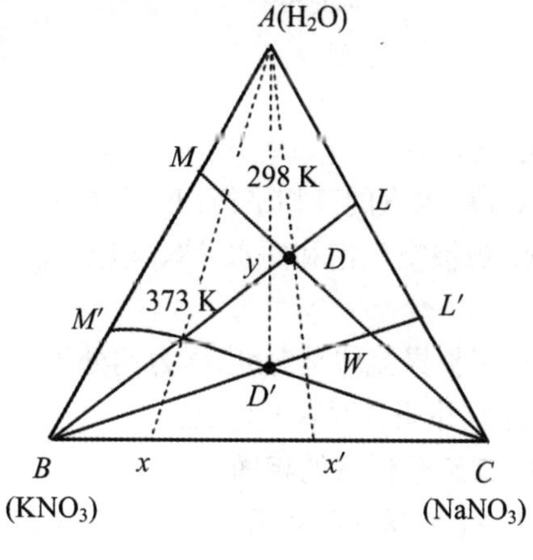

图3-35 KNO_3—$NaNO_3$—H_2O相图

本章小结

1. 吉布斯相律

$f=C-\Phi+2-b$，其中 $C=S-R-R'$。

2. 单组分的体系的相平衡与超临界流体

（1）单组分两相平衡温度与压力的关系

克拉贝龙方程：

$$\frac{\mathrm{d}p}{\mathrm{d}T}=\frac{\Delta S_{\mathrm{m}}}{\Delta V_{\mathrm{m}}}=\frac{\Delta H_{\mathrm{m}}}{T\Delta V_{\mathrm{m}}}$$

克拉贝龙-克劳修斯方程：

$$\frac{\mathrm{d}\ln\left(\frac{p}{p^{\ominus}}\right)}{\mathrm{d}T}=\frac{\Delta H_{\mathrm{m}}}{RT^2}$$

（2）单组分的体系的相图与超临界流体（图 3-36）

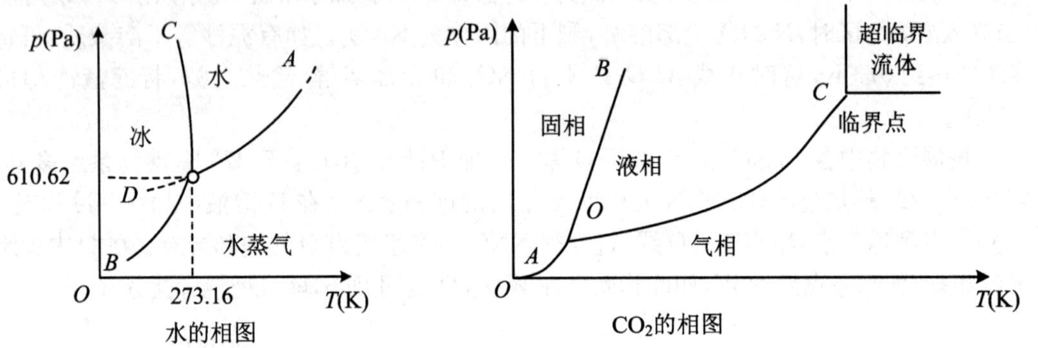

图 3-36

① 三相点

水、冰、水汽的三相平衡：$\Phi=3$，$C=1$，$f=0$，610.62 Pa，273.16 K。

冰点：被空气饱和的水、冰、气（空气＋水汽）的三相平衡，$\Phi=3$，$C=2$，$f=1$，101.325 kPa，273.15 K。

② 超临界流体是温度、压力均处于临界点以上的流体，它的多种物理化学性质介于气体和液体之间，并兼具两者的优点。

3. 二组分体系的相图

（1）完全互溶双液系

① 精馏原理：将待分离的原始溶液反复多次地部分冷凝和部分汽化，最后所得蒸气相可接近易挥发组分，液相可接近难挥发组分（图 3-37）。

②“杠杆规则”：

力×力矩＝力臂（适用于气—液、固—液、固—固的两相平衡）（图 3-38）

$$n_{\mathrm{L}}(x_{\mathrm{D}}-x_{\mathrm{D}}^{\mathrm{L}})=n_{\mathrm{G}}(y_{\mathrm{D}}-x_{\mathrm{D}})；\ W_{\mathrm{L}}(W_{\mathrm{D}}\%-W_{\mathrm{D}}^{\mathrm{L}}\%)=W_{\mathrm{G}}(W_{\mathrm{D}}^{\mathrm{G}}\%-W_{\mathrm{D}}\%)$$

③ 有最低、最高恒沸点的非理想溶液 T-$x(y)$相图上均有一极值点($x_B=y_B$),在此点 $C=S-R-R'=2-0-0=2$,仍是二组分体系,$f=C-\Phi+2-b=2-2+2-2=0$,即压力固定时,恒沸点的温度和组成都是恒定不变的。

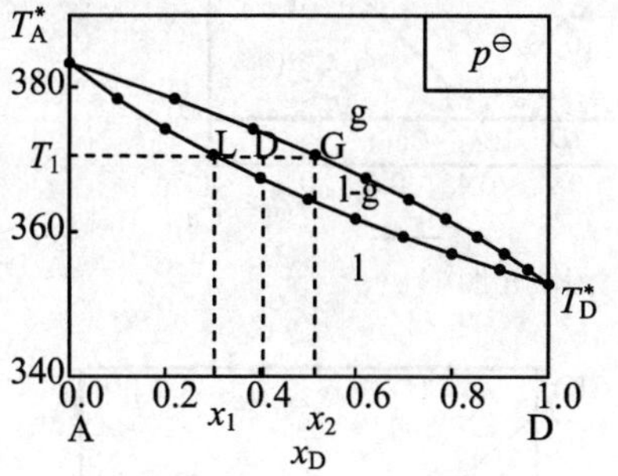

甲苯(A)—苯(D)的T-$x(y)$相图

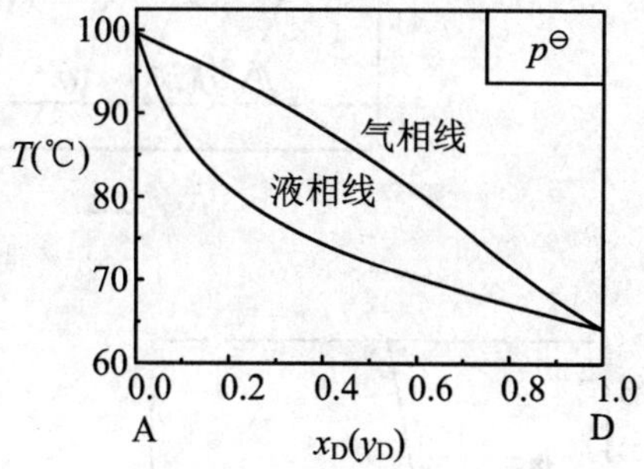

水—甲醇体系T-$x(y)$相图

(可将A, B完全分离。塔顶:组分D;塔底:组分A)

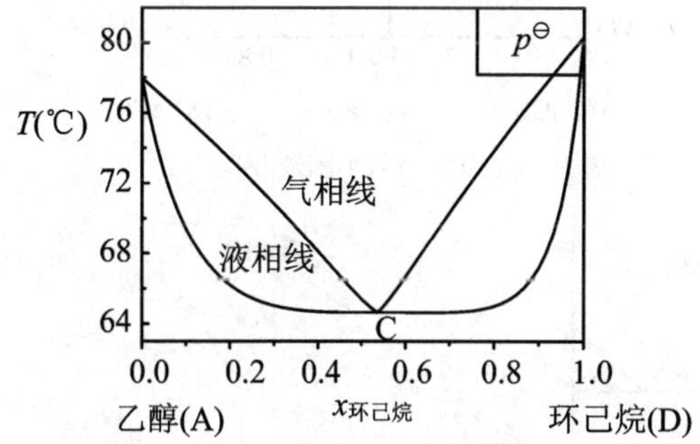

乙醇—环己烷T-$x(y)$相图

(0~x_C 塔顶:最低恒沸物C;塔底:组分A;
x_C~1.0 塔顶:最低恒沸物;塔底:组分D)

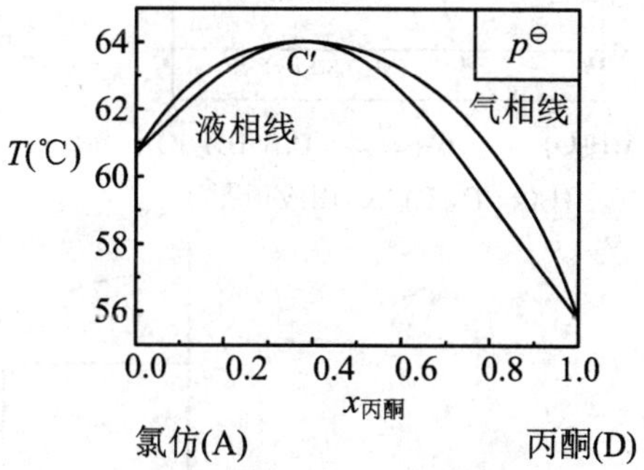

$CHCl_3$—CH_3OCH_3 T-$x(y)$相图

(0~$x_{C'}$ 塔顶:组分A;塔底:最高恒沸物C′;
$x_{C'}$~1.0 塔顶:最高恒沸物;塔底:组分D)

图 3-37

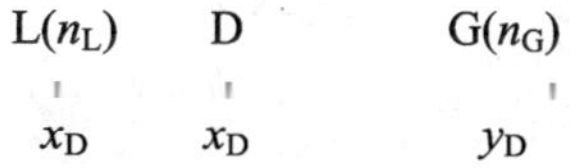

图 3-38

④ 恒沸物不是化合物。因化合物组成与外压 p 无关,而恒沸物组成则与 p 有关。如 H_2O—C_2H_5OH 体系 $p=101.325$ kPa,78.15 ℃,95.57%;$p=12.05$ kPa,33.35 ℃,99.5%;$p=143.4$ kPa,87.12 ℃,95.35%。

(2) 二组分固—液平衡相图

如图 3-39 所示。

① 最低共熔点:(三相平衡:$\Phi=3$,$f=0$)保险丝、冷冻剂。

② 金属、盐、水的精制提纯。

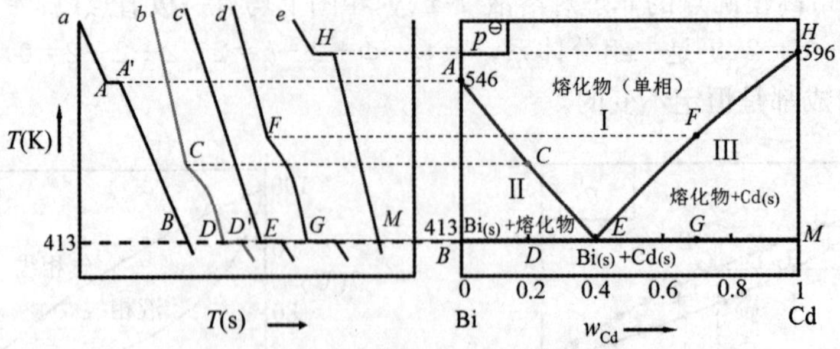

步冷曲线和双金属固液相图

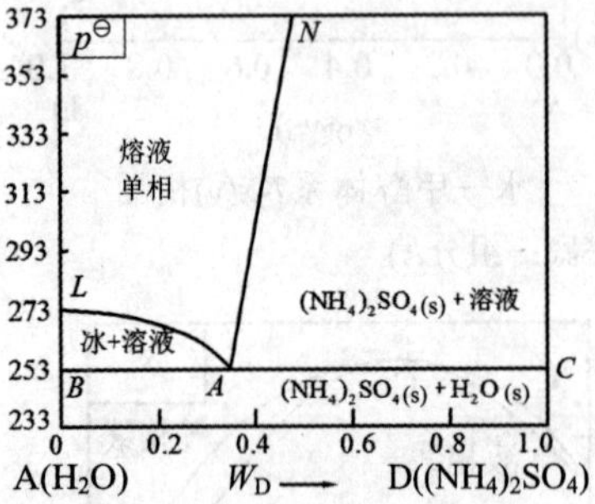

H_2O—$(NH_4)_2SO_4$固液相图

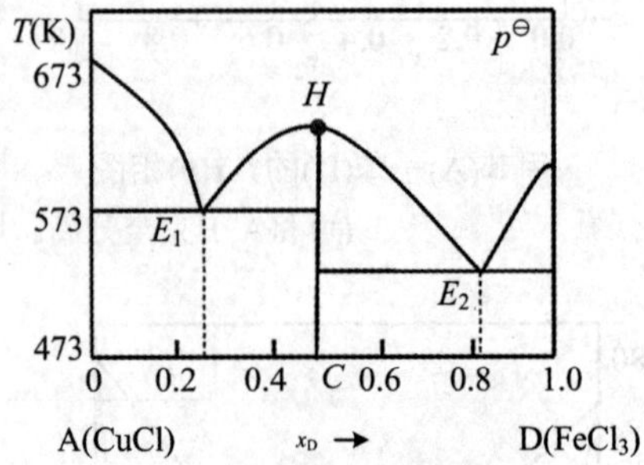

CuCl—$FeCl_3$固液相图

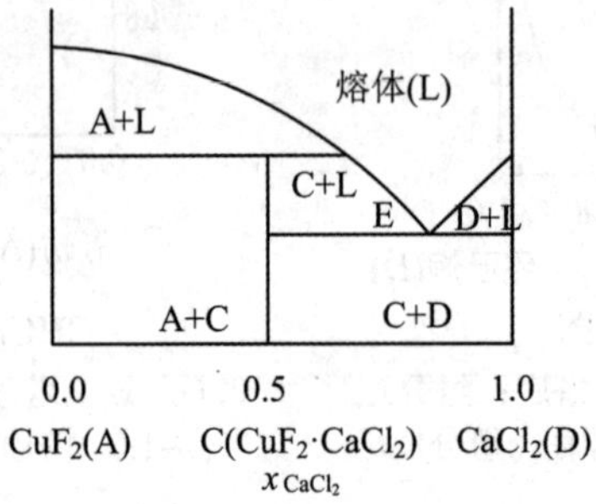

CuF_2—$CaCl_2$体系固液相图

图 3-39

4. 三组分体系的相图及其应用

如图 3-40 所示。

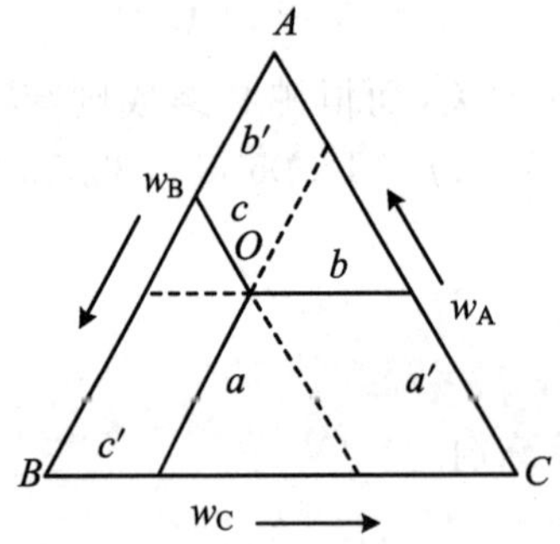

三组分体系组成表示法

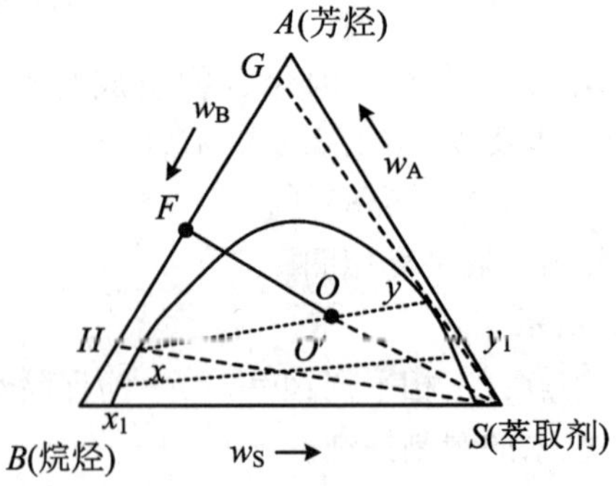

萃取原理(芳烃—烷烃—二乙二醇醚萃取剂)

图 3-40

本 章 练 习

一、选择题

1. $NH_4HS_{(s)}$和任意量的$NH_{3(g)}$和$H_2S_{(g)}$达平衡时有(　　)。

A. $C=2,\Phi=2,f=2$　　B. $C=1,\Phi=2,f=1$

C. $C=1,\Phi=3,f=2$　　D. $C=1,\Phi=2,f=3$

2. 硫酸与水可形成$H_2SO_4 \cdot H_2O_{(s)}$，$H_2SO_4 \cdot 2H_2O_{(s)}$，$H_2SO_4 \cdot 4H_2O_{(s)}$三种水合物，问在101 325 Pa的压力下，能与硫酸水溶液及冰平衡共存的硫酸水合物最多可有(　　)种。

A. 3种　　B. 2种

C. 1种　　D. 不可能有硫酸水合物与之平衡共存

3. 某系统存在任意量的$C_{(s)}$，$H_2O_{(g)}$，$CO_{(g)}$，$CO_{2(g)}$，$H_{2(g)}$五种物质，相互建立了下述三个平衡：

$$H_2O_{(g)}+C_{(s)} \rightleftharpoons H_{2(g)}+CO_{(g)}$$
$$CO_{2(g)}+H_{2(g)} \rightleftharpoons H_2O_{(g)}+CO_{(g)}$$
$$CO_{2(g)}+C(s) \rightleftharpoons 2CO_{(g)}$$

则该系统的独立组分数C为(　　)。

A. 3　　B. 2　　C. 1　　D. 4

4. 在101 325 Pa的压力下，I_2在液态水和CCl_4中达到分配平衡(无固态碘存在)，则该体系的自由度(　　)。

A. $f=0$　　B. $f=1$　　C. $f=2$　　D. $f=3$

5. 在含有$C_{(s)}$，$H_2O_{(g)}$，$CO_{(g)}$，$CO_{2(g)}$，$H_{2(g)}$五个物种的平衡体系中，独立组分数C为(　　)。

A. 3　　B. 2　　C. 1　　D. 4

6. 二元合金处于低共熔温度时物系的自由度f为(　　)。

A. 0　　B. 1　　C. 2　　D. 3

7. 对于恒沸混合物，下列说法中错误的是(　　)。

A. 不具有确定组成　　B. 平衡时气相和液相组成相同

C. 其沸点随外压的改变而改变　　D. 与化合物一样具有确定组成

二、填空题

1. 有水、苯以及苯甲酸，若任意指定温度及水中苯甲酸的浓度，则体系中可共存的相数最多为________，理由是________。

2. 含有$CaCO_{3(s)}$，$CaO_{(s)}$，$CO_{2(g)}$的体系与$CO_{2(g)}$和$N_{2(g)}$的混合物达渗透平衡，则体系的组分数$C=$________，相数$\Phi=$________，自由度数$f=$________。

3. 298 K时，A、B和C彼此不发生化学反应，三者所组成的溶液与固相A和由B和C组成的气相同时平衡，则该体系的自由度 f 为________，平衡共存的最大相数 Φ 为________，在恒温条件下如果向溶液中加组分 A，则体系的压力将________，若向溶液中加入 B，则体系的压力将________。

4. 在三相点的附近的蒸发热和熔化热分别为 $45\ kJ \cdot mol^{-1}$ 和 $6\ kJ \cdot mol^{-1}$，则此时冰的升华热为________。

5. 通过精馏，二组分理想液态混合物可得到________，而具有恒沸点的二组分真实液态混合物可得到________。

三、简答题

1. 甲、乙、丙三个小孩共吃一支冰棒，三人约定：

(1) 各吃质量的三分之一；

(2) 只准吸，不准咬；

(3) 按年龄由小到大的顺序先后吃。

结果，乙认为这只冰棒没有放糖，甲则认为这冰棒非常甜，丙认为他俩看法太绝对化，这是为什么？

2. 青藏高原的大气压为 65.8 kPa，为什么在青藏高原用一般的电饭锅不能将生米煮成熟饭？

3. 由水蒸气变成液态水是否一定要经过两相平衡态？是否还有其他途径？

4. 能否用市售的 60°的烈性白酒，通过多次蒸馏后得到无水乙醇？

5. 在电解铝的工业生产过程中加入冰晶石的原因是什么？

6. 冰的熔点随压力增大而降低，对吗？为什么？

7. 请说明水的三相点和水的冰点有什么区别？

8. 固态硫有两种不同晶型，即斜方硫、单斜硫。问斜方硫、单斜硫、液态硫和气态硫四种聚集状态能否稳定共存？为什么？

四、判断题

1. 在一给定的系统中，物种数可以因分析问题的角度的不同而不同，但独立组分是一个确定的数。 (　　)

2. 单组分系统的物种数一定等于 1。 (　　)

3. 在一个密闭的容器中，装满了 373.2 K 的水，一点空隙也不留，这时水的蒸气压等于零。 (　　)

4. 相图中的点都是代表系统状态的点。 (　　)

5. 小水滴与水气混在一起成雾状，因为它们都有相同的化学组成和性质，所以是一个相。 (　　)

6. 单组分系统的相图中两相平衡线都可以用克拉贝龙方程定量描述。 (　　)

7. 在相图中总可以利用杠杆规则计算两相平衡时的两相的相对的量。 (　　)

8. 对于二元互溶液系，通过精馏方法总可以得到两个纯组分。 (　　)

9. 二元液系中，若 A 组分对拉乌尔定律产生正偏差，那么 B 组分必定对拉乌尔定律产生负

偏差。（　）

10. 恒沸物的组成不变。（　）

11. 纯水在三相点和冰点时，都是三相共存，根据相律，这两点的自由度都应该等于零。（　）

12. 三组分系统最多同时存在 5 个相。（　）

13. 描绘固液相变的冷却曲线上出现温度平台对应着液相组成不变。（　）

五、计算题

1. 指出下列相平衡系统中的物种数 S，独立的化学反应数 R，浓度关系数 R'，组分数 C，相数 Φ 以及自由度 f：

(1) $NH_4HS_{(s)}$ 部分分解为 $NH_{3(g)}$ 和 $H_2S_{(g)}$ 达到平衡；

(2) $NH_4HS_{(s)}$ 和任意量的 $NH_{3(g)}$ 和 $H_2S_{(g)}$ 达到平衡；

(3) $NaHCO_{3(s)}$ 部分分解为 $Na_2CO_{3(s)}$，$H_2O_{(g)}$ 及 $CO_{2(g)}$ 达到平衡；

(4) $CaCO_{3(s)}$ 部分分解为 $CaO_{(s)}$ 和 $CO_{2(g)}$ 达到平衡；

(5) 蔗糖水溶液与纯水以只允许水透过的半透膜隔开并达到平衡；

(6) $CH_{4(g)}$ 与 $H_2O_{(g)}$ 反应，部分转化为 $CO_{(g)}$，$CO_{2(g)}$ 和 $H_{2(g)}$ 达到平衡。

2. 已知 $Na_2CO_{3(s)}$ 和 $H_2O_{(l)}$ 可以生成如下三种水合物：$Na_2CO_3 \cdot H_2O_{(s)}$，$Na_2CO_3 \cdot 7H_2O_{(s)}$ 和 $Na_2CO_3 \cdot 10H_2O_{(s)}$，试求：

(1) 在标准大气压力下，与 Na_2CO_3 水溶液和冰平衡共存的水合盐的最大数量；

(2) 在 298 K 时，与水蒸气平衡共存的水合盐的最大数量。

3. 乙酸乙酯是合成的重要试剂，它的蒸气压与温度的关系为：$\ln\left(\frac{p}{p^{\ominus}}\right)=-\frac{5\,960}{T}+C$，此试剂在正常沸点 181 ℃时部分分解，但在 70 ℃时稳定。问：

(1) 在 70 ℃时减压蒸馏提纯，压力最多是多少？

(2) 该试剂的摩尔汽化热是多少？

4. 通常在大气压为 101.3 kPa 时，水的沸点为 373 K，而在海拔很高的高原上，当大气压力降为 66.9 kPa 时，这时水的沸点是多少？已知水的标准摩尔汽化焓为 40.67 $kJ \cdot mol^{-1}$，并设其与温度无关。

5. 某种溜冰鞋下面冰刀与冰的接触面为：长 7.62 cm，宽 2.45×10^{-3} cm。若某运动员的体重为 60 kg，试求：

(1) 运动员施加于冰面的总压力；

(2) 在该压力下冰的熔点。

已知冰的摩尔熔化焓为 6.01 $kJ \cdot mol^{-1}$，冰的正常熔点为 273 K，冰和水的密度分别为 920 和 1 000 $kg \cdot m^{-3}$。

6. 固体 CO_2 的饱和蒸气压与温度的关系为：$\lg\left(\frac{p}{p^{\ominus}}\right)=-\frac{1\,353}{T}+11.957$。已知其熔化焓 $\Delta_{fus}H_m^*=8\,326\ J \cdot mol^{-1}$，三相点温度为 -56.6 ℃，求：

(1) 三相点的压力；

(2) 在 100 kPa 下 CO_2 能否以液态存在？

(3) 找出液体 CO_2 的饱和蒸气压与温度的关系式。

7. 固态苯的饱和蒸气压与温度的关系为

$$\lg\left(\frac{p}{p^{\ominus}}\right)=11.971-\frac{2\,310}{T}$$

液态苯的饱和蒸气压与温度的关系为

$$\lg\left(\frac{p}{p^{\ominus}}\right)=10.087-\frac{1\,784}{T}$$

试计算苯的三相点的温度和压力以及三相点的熔化热和熵。

8. 在 298 K 时，纯水的饱和蒸气压为 3 167.4 Pa。若在外压为 101.3 kPa 的空气中，水的饱和蒸气压为多少？空气在水中溶解的影响可忽略不计。

9. 固态氨和液态氨的饱和蒸气压与温度的关系分别为

$$\ln\left(\frac{p}{p^{\ominus}}\right)=27.92-\frac{3\,754}{T}$$

$$\ln\left(\frac{p}{p^{\ominus}}\right)=24.38-\frac{3\,063}{T}$$

试求：

(1) 氨的三相点的温度与压力；

(2) 氨的汽化热、升华热和熔化热。

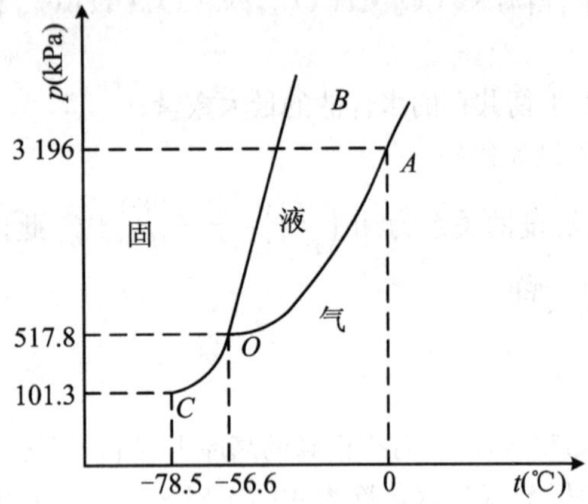

题图 3-1

10. 如题图 3-1 是 CO_2 的相图，试根据该图回答下列问题：

(1) 把 CO_2 在 273 K 下液化需要多大的压力？

(2) 将钢瓶中的液体 CO_2 向空气中喷出，其大部分成为气体，一部分成为固体（干冰），最终也成为气体，无液体，试解释此现象；

(3) 指出 CO_2 相图与 H_2O 相图的最大区别在哪里。

11. 根据碳的相图（题图 3-2），回答下列问题：

(1) 曲线 OA，OB，OC 分别代表什么意义？

(2) 指出 O 点的含义；

(3) 碳在常温、常压下的稳定状态是什么？

(4) 在 2 000 K 时，增加压力，使石墨转变为金刚石是一个放热反应，试从相图判断两者的摩尔体积哪个大？

12. 一冰溪的厚度为 400 m，其密度为 0.916 8 g・cm^{-3}。试计算此冰溪底部冰的熔点。设此时冰溪的温度为 −0.20 ℃，此时冰溪是否向山下滑动？

13. 根据题图 3-3(a)，题图 3-3(b)回答下列问题：

(1) 指出题图 3-3(a)中，K 点所代表的系统的总组成、平衡相数及平衡相的组成；

(2)将组成 $x_{甲醇}=0.33$ 的甲醇水溶液进行一次简单蒸馏，加热到 85 ℃时停止蒸馏，问馏出液的组成及残液的组成。馏出液的组成与液相比发生了什么变化？通过这样一次简单蒸馏是否能将甲醇与水分开？

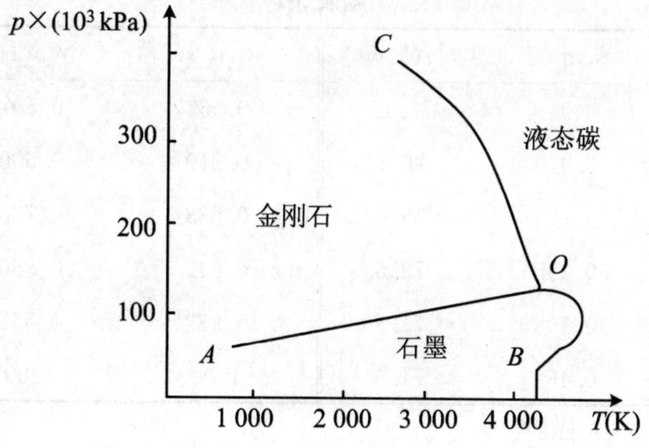

题图 3-2

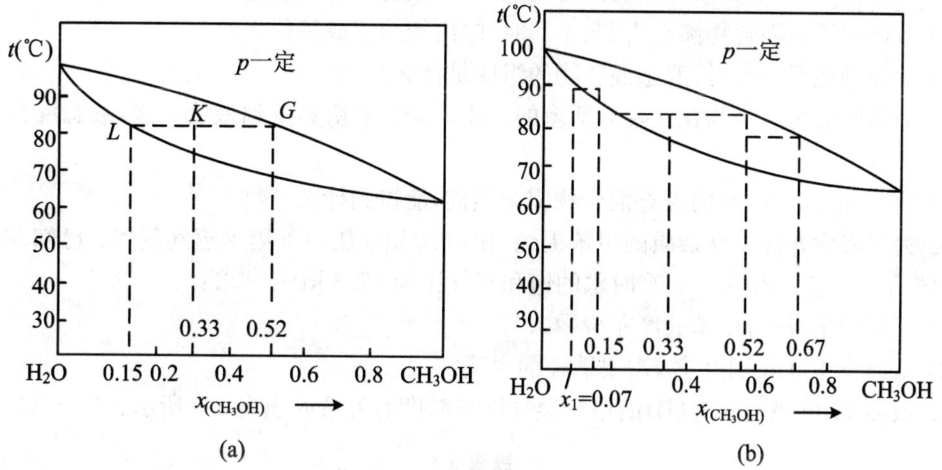

题图 3-3

(3) 将(2)所得的残液再次加热到 91 ℃,问所得的残液的组成为何?与(2)中所得的馏出液相比发生了什么变化?若将甲醇水溶液完全分离,要采取什么步骤?

14. 101.325 kPa 下水(A)—醋酸(B)系统的气—液平衡数据如题表 3-1 所示。

题表 3-1

t(℃)	100	102.1	104.4	107.5	113.8	118.1
x_B	0	0.300	0.500	0.700	0.900	1.000
y_B	0	0.185	0.374	0.575	0.833	1.000

(1) 画出气—液平衡的温度—组成图;

(2) 在图上找出组成为 $x_B=0.800$ 的气相的泡点;

(3) 在图上找出组成为 $y_B=0.800$ 的液相的露点;

(4) 105.0 ℃时气—液平衡两相的组成是多少?

(5) 9 kg 水与 30 kg 醋酸组成的系统在 105.0 ℃达到平衡时,气—液两相的质量各为多少?

15. 在 101 325 Pa 下蒸馏时,乙醇—乙酸乙酯体系如题表 3-2 所示数据:

题表 3-2

$x_{C_2H_5OH}$	$y_{C_2H_5OH}$	t(℃)	$x_{C_2H_5OH}$	$y_{C_2H_5OH}$	t(℃)
0	0	77.15	0.563	0.507	72.0
0.025	0.070	76.7	0.710	0.600	72.8
0.100	0.164	75.0	0.833	0.735	74.2
0.240	0.295	72.6	0.942	0.880	76.4
0.360	0.398	71.8	0.982	0.965	77.7
0.462	0.462	71.6	1.00	1.00	78.3

注：x 为液相组成，y 为气相组成。

(1) 根据上列数据绘制出此体系二组分沸点—组成图；

(2) 将 $x_{C_2H_5OH}=0.80$ 放入液态混合物蒸馏时，最初馏出物的组成是什么？

(3) 蒸馏到液态混合物沸点为 75.1 ℃时，馏出物的组成是什么？

(4) 蒸馏到最后一滴时，液态混合物的组成是什么？

(5) 如果此液态混合物在一带有活塞的密闭容器中平衡蒸发到最后一滴，液态混合物的组成是什么？

(6) 将 $x_{C_2H_5OH}=0.80$ 的液态混合物完全蒸馏，能得到什么产物？

16. 为了将含非挥发性杂质的甲苯提纯，在 86.0 kPa 压力下用水蒸气蒸馏。已知在此压力下该系统的共沸点为 80 ℃，80 ℃时水的饱和蒸气压为 47.3 kPa，试求：

(1) 气相的组成(含甲苯的摩尔分数)；

(2) 欲蒸出 100 kg 纯甲苯，需要消耗的水蒸气。

17. 液体 H_2O(A)，CCl_4(B)的饱和蒸气压与温度的关系如题表 3-3 所示。

题表 3-3

t(℃)	40	50	60	70	80	90
P_A(kPa)	7.38	12.33	19.92	31.16	47.34	70.10
P_B(kPa)	28.8	42.3	60.1	82.9	112.4	149.6

两液体成完全不互溶系统，要求：

(1) 绘出 H_2O—CCl_4 系统气、液、固三相平衡时气相中 H_2O，CCl_4 的蒸气分压对温度的关系曲线；

(2) 从图中找出系统在外压 101.325 kPa 下的共沸点；

(3) 某组成为 y_B(含 CCl_4 的摩尔分数)的 H_2O—CCl_4 气体混合物在 101.325 kPa 下恒压冷却到 80 ℃时，开始凝结出液体水，求此混合气体的组成；

(4) 上述气体混合物继续冷却到 70 ℃时，气相组成为何？

(5) 上述气体混合物继续冷却到多少度时，CCl_4 也凝结成液体，此时气相组成如何？

18. 已知 CaF_2—$CaCl_2$ 相图(题图 3-4)，欲从 CaF_2—$CaCl_2$ 系统中得到化合物 $CaF_2 \cdot CaCl_2$ 的纯粹结晶。试述应采取什么措施和步骤。

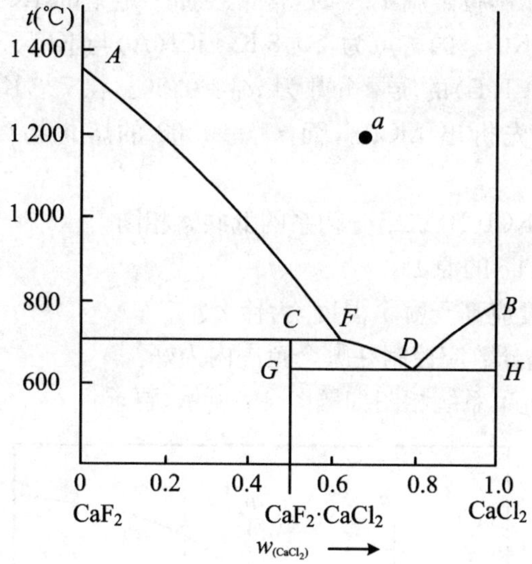

题图 3-4

19. Na 和 K 的正常熔点分别为 98 ℃和 65 ℃，两者能形成不稳定的固态化合物 NaK，在 10 ℃下分解成纯固态 Na 和含 60%(摩尔分数)K 的熔化液。低共熔点为−5 ℃，低共熔液中含 75%(摩尔分数)K。根据上述数据，画出 Na—K 体系的熔点—组成图，并指出图中各部分存在的平衡相。画出含 40%(摩尔分数)K 和 55%(摩尔分数)K 熔化液的步冷曲线。

20. 利用下列数据，粗略地绘制出 Mg—Cu 二组分凝聚系统相图，并标出各区的稳定相。Mg 与 Cu 的熔点分别为 648 ℃和 1 085 ℃，两者可形成两种稳定化合物 Mg_2Cu，$MgCu_2$，其熔点依次为 580 ℃和 800 ℃。两种金属与两种化合物四者之间可形成三种低共熔混合物。低共熔混合物的组成 $w_{(Cu)}$ 及低共熔点对应为：35%，380 ℃，；66%，560 ℃以及 90.6%，680 ℃。

21. Zn(A)与 Mg(B)形成的二组分低共熔相图具有两个低共熔点，一个含 Mg 的质量分数为 0.032，温度为 641 K，另一个含 Mg 的质量分数为 0.49，温度为 620 K，在系统的熔液组成曲线上有一个最高点，含 Mg 的质量分数为 0.157，温度为 863 K。已知 Zn(s)和 Mg(s)的熔点分别为 692 K 和 924 K，要求：

(1) 试画出 Zn(A)与 Mg(B)形成的二组分低共熔相图，并分析各区的相态和自由度；

(2) 分别用相律说明，含 Mg 的质量分数为 0.80 和 0.30 的熔化物，在从 973 K 冷却到 373 K 过程中的相变和自由度的变化；

(3) 分别画出含 Mg 的质量分数为 0.80，0.49 和 0.30 的熔化物从 973 K 冷却到 573 K 过程中的步冷曲线。

22. 在大气压下，$NaCl_{(s)}$ 与水组成的二组分系统在 252 K 时有一个低共熔点，此时 $H_2O_{(s)}$，$NaCl\cdot 2H_2O_{(s)}$ 和质量分数为 0.223 的 NaCl 水溶液三相共存。264 K 时，不稳定化合物 $NaCl\cdot 2H_2O_{(s)}$ 分解为 $NaCl_{(s)}$ 和质量分数为 0.27 的 NaCl 水溶液。已知 $NaCl_{(s)}$ 在水中的溶解度受温度的影响不大，温度升高溶解度略有增加。要求：

(1) 试绘制 $NaCl_{(s)}$ 与水组成的二组分系统的相图，并分析各部分的相态；

(2) 在冰—水平衡体系中加入 $NaCl_{(s)}$ 作制冷剂可获得最低温度是多少？

(3) 北极居民能根据季节的变换从海水中取出谈水，根据相图分析其科学道理。如能从海水中取谈水，试计算 1 000 kg 海水能取出淡水的最大量是多少？已知海水含 2.5%NaCl(质量分数)。

23. 电解熔融的 $LiCl_{(s)}$ 制备金属 $Li_{(s)}$ 时，常常要加一定量的 $KCl_{(s)}$，这样可节约电能。已知 $LiCl_{(s)}$ 的熔点为 878 K，$KCl_{(s)}$ 的熔点为 1 048 K，LiCl(A)与 KCl(B)组成的二组分物系的低共熔点为 629 K，这时含 KCl(B)的质量分数为 $w_B=0.50$。在 723 K 时，KCl(B)含量为 $w_B=0.38$ 的熔化物冷却时，首先析出 $LiCl_{(s)}$，而 $w_B=0.63$ 的熔化物冷却时，首先析出 $KCl_{(s)}$。要求：

(1) 绘出 LiCl(A)与 KCl(B)二组分物系的低共熔相图；

(2) 简述加一定量 $KCl_{(s)}$ 的原因；

(3) 电解槽的操作温度应高于哪个温度，为什么？

(4) $KCl_{(s)}$ 加入的质量分数应控制在哪个范围内为好？

24. 已知 A—B 二元凝聚系统相图如题图 3-5 所示，要求：

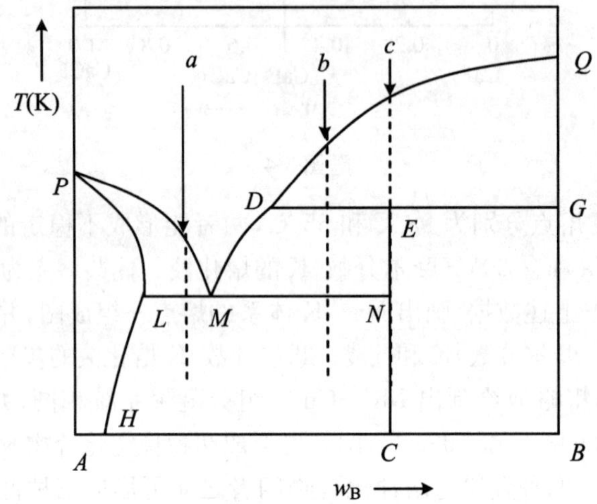

题图 3-5

(1) 标出图中各相区的稳定相；

(2) 指出图中自由度为零的部位及其所发生的相平衡关系；

(3) 绘出状态点为 a,b,c 时三个样品的冷却曲线，并注明各阶段的相变化。

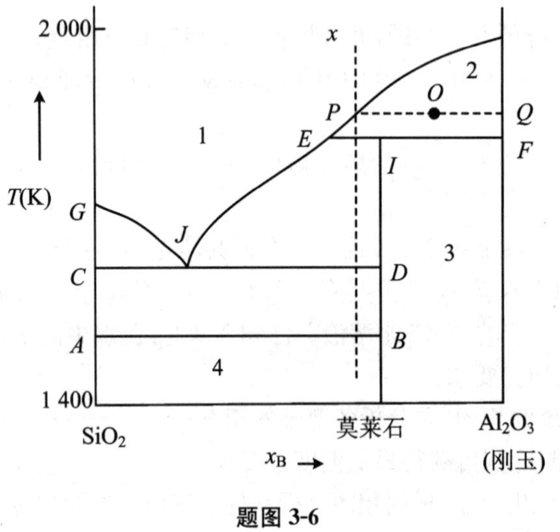

题图 3-6

25. 题图 3-6 所示是 SiO_2—Al_2O_3 体系在高温区间的相图，本相图在耐火材料工业上具有重要意义，在高温下，SiO_2 有白硅石和磷石英两种变体，AB 是这两种变体的转晶线，AB 线之上为白硅石，之下为磷石英，要求：

(1) 写出各个区的相数、自由度。

(2) 当系统点落在 O 点时，液相的物质的量与固相的物质的量之比等于哪两条线段之比？

(3) 画出系统 X 冷却时的步冷曲线，并注明冷却过程中系统相态及自由度的变化。

26. 题图 3-7 所示为 NaCl—$(NH_4)_2SO_4$—H_2O 在 298 K,101.325 kPa 时的相图。现有 NaCl 和$(NH_4)_2SO_4$ 混合盐 100 g,其中$(NH_4)_2SO_4$ 质量分数为 25%,物系点相当于图中 f 点,利用相图计算,可以最多提纯得到多少克 NaCl 晶体?(在 298 K 时,NaCl 和$(NH_4)_2SO_4$ 溶解度为 36.2 g 和 76.9 g)

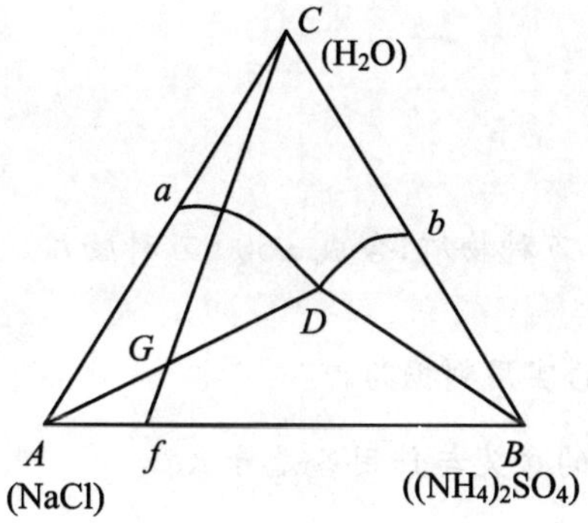

题图 3-7

27. 根据题图 3-8 所示的$(NH_4)_2SO_4$—Li_2SO_4—H_2O 三组分系统在 298 K 时的相图,要求:

(1) 指出各区域存在的相和条件自由度;

(2) 若将组成相当于 x,y,z 点所代表的物系,在 298 K 时等温蒸发,最先析出哪种盐的晶体?并写出复盐和水合盐的分子式。

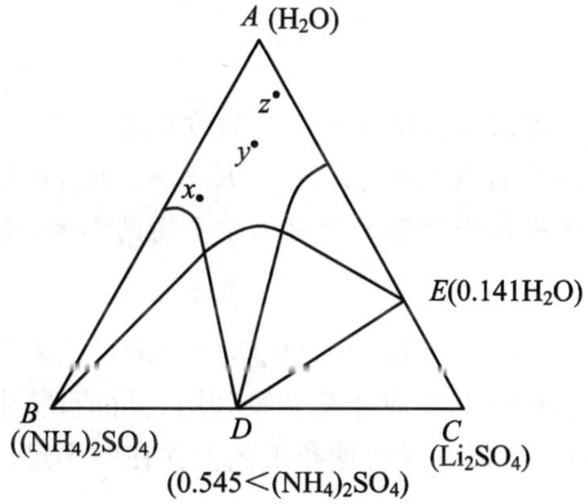

题图 3-8

第4章　化学平衡

【设疑】

[1] 人类目前已认知4 500万种物质，合成3 500万种物质。请问人类认知和合成这些物质的根本目的是什么？

[2] 化学反应方向与限度的实用判据为何？

[3] $\left(\frac{\partial G}{\partial \xi}\right)_{T,p}$与$\Delta_r G$，$\Delta_r G_m$的含义与作用各是什么？

[4] 室温下人们所佩带的金、银饰品是否会被氧化变色？

[5] 请论证"用过量硫黄粉清除不慎撒落在实验台和地面残留汞"操作的科学性，并以此消除"有化学反应必有化学平衡"的误解！

[6] 工业安全：为何$\Delta_f G^{\ominus}_{B,m}$正值大的化合物必须谨慎处理和储存？

[7] "一位澳大利亚总理在施政方针中宣布，他计划用大量存在于近海天然气矿中的甲烷生产工业产品醋酸（$CH_{4(g)}+CO_{2(g)}$═══$CH_3COOH_{(g)}$），后来该总理又宣布发现了该反应的新的高效催化剂；反对派领袖则主张将甲烷转化为酒精（$2CH_{4(g)}+H_2O_{(g)}$═══$C_2H_5OH_{(g)}+2H_{2(g)}$）。"他们的论点是否科学？

【教学目的与要求】

[1] 理解并运用范特霍夫定温式判断化学反应的方向与限度。

[2] 掌握量度化学反应限度的$K^{\ominus}$的定义（$K^{\ominus}_p$、$K^{\ominus}_f$，K'_p，K_a，$K^{\ominus}_{c/C}$等）、求算和应用。

[3] 掌握温度、压力、惰性气体等外界因素对化学平衡的影响，重点是涉及范特霍夫定压方程的有关计算。

化学反应的平衡状态简称为化学平衡，它是化学反应进行的限度。只有一定条件下限度深（即平衡转化率或最大产率大）的化学反应才有开发利用之价值；将生产中的实际转化率或产率与平衡转化率或最大产率比较，可以发现管理和工艺上存在的不足。为选择最佳反应条件提供理论依据。

4.1　计算化学反应方向与限度的范特霍夫定温式

引入化学势后，对只受外压力影响的体系，定温、定压下吉布斯自由能改变$dG_{T,p}$可用$\sum_B \mu_B dn_B$替代。其重要应用就是用其判断相变化和化学变化的方向与限度。第2章我们用其研究了相变化的方向与限度，本章就来介绍其在化学变化方向与限度方面的应用。

众所周知，对只受外压力影响的体系

$$\mathrm{d}G = -S\mathrm{d}T + V\mathrm{d}p + \sum_{\mathrm{B}} \mu_{\mathrm{B}} \mathrm{d}n_{\mathrm{B}}$$

即

$$\mathrm{d}G = -S\mathrm{d}T + V\mathrm{d}p + \sum_{\mathrm{B}} \nu_{\mathrm{B}} \mu_{\mathrm{B}} \mathrm{d}\xi$$

定温、定压下

$$\mathrm{d}G_{T,p} = \sum_{\mathrm{B}} \nu_{\mathrm{B}} \mu_{\mathrm{B}} \mathrm{d}\xi$$

即

$$\left(\frac{\partial G}{\partial \xi}\right)_{T,p} = \sum_{\mathrm{B}} \nu_{\mathrm{B}} \mu_{\mathrm{B}} \tag{4-1}$$

式(4-1)中的$\left(\frac{\partial G}{\partial \xi}\right)_{T,p}$是定温、定压下体系吉布斯自由能 G 随反应进度 ξ 的变化率。对化学反应($a\mathrm{A}+d\mathrm{D} = g\mathrm{G}+h\mathrm{H}$)来说,$\left(\frac{\partial G}{\partial \xi}\right)_{T,p}$ 比 $\Delta_{\mathrm{r}}G$,$\Delta_{\mathrm{r}}G_{\mathrm{m}}$ 更能刻画化学反应的方向与限度,$\left(\frac{\partial G}{\partial \xi}\right)_{T,p}$与 $\Delta_{\mathrm{r}}G$、$\Delta_{\mathrm{r}}G_{\mathrm{m}}$的含义见图 4-1。

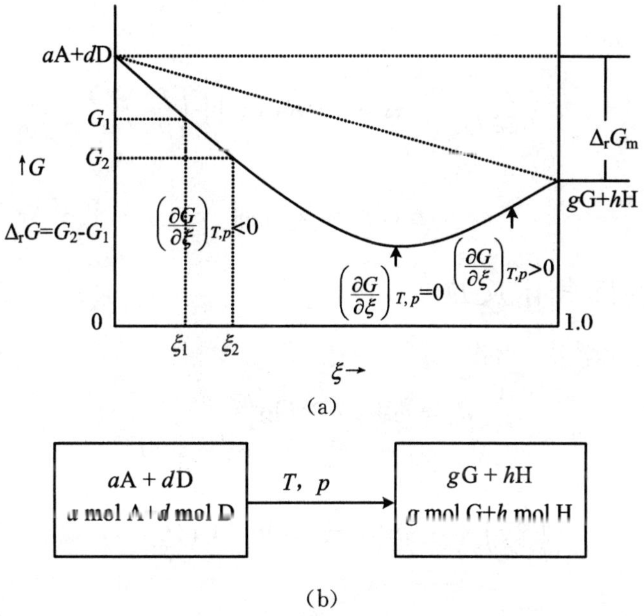

图 4-1 G 与 ξ 间的关系

$\Delta_{\mathrm{r}}G=G_2-G_1=G(\xi_2)-G(\xi_1)$,$\Delta_{\mathrm{r}}G_{\mathrm{m}}$意指定 T,p 下 a mol A 与 d mol D 按上述计量方程完全反应生成 g mol G 与 h mol H 的吉布斯自由能改变量。

$\left(\frac{\partial G}{\partial \xi}\right)_{T,p}$是 G-ξ 曲线上任一反应进度时的曲线斜率。当 $\xi_1=0$,$\xi_2=1$ mol 且能保持各物质浓度不变时,$\left(\frac{\partial G}{\partial \xi}\right)_{T,p}$与 $\Delta_{\mathrm{r}}G$ 及 $\Delta_{\mathrm{r}}G_{\mathrm{m}}$数值上相等。这就是一些书中混用的本质原因。因定温、定压下,$G_{大}\rightarrow G_{小}$自发,G 达最小值即达限度,用何物理量表达?就自发方向而言,用 $\Delta_{\mathrm{r}}G$、$\Delta_{\mathrm{r}}G_{\mathrm{m}}$未尝不可(一般都是这样处理的)。但就比较而言,用$\left(\frac{\partial G}{\partial \xi}\right)_{T,p}$似乎更简便些,因$\left(\frac{\partial G}{\partial \xi}\right)_{T,p}$是一个

点，而其他需两点比较。此外，$\left(\frac{\partial G}{\partial \xi}\right)_{T,p}=0$ 就是限度。若用 $\Delta_r G$，从某种意义上来看，只有 $\xi_1=\xi_e$，$\xi_2=\xi_e$ 时，$\Delta_r G=0$，而 $\Delta_r G_m$ 不可能为零。因此，化学反应的通式应是

$$\left(\frac{\partial G}{\partial \xi}\right)_{T,p}=\sum_B \nu_B \mu_B \begin{cases} <0 & \text{(自发的不可逆)} \\ =0 & \text{(限度)} \\ >0 & \text{(不可能发生)} \end{cases}$$

4.1.1 气相反应

气相反应分理想气体反应和实际气体反应，将相应形态物质的化学势的表达式代入式(4-1)即得相应的范特霍夫定温式。

4.1.1.1 理想气体反应

前已证明，对于理想气体的化学势可写作

$$\mu_B=\mu_{B(T)}^{\ominus}+RT\ln\left(\frac{p_B}{p^{\ominus}}\right)$$

将其代入通式(4-1)，有

$$\left(\frac{\partial G}{\partial \xi}\right)_{T,p}=\Delta_r G_m^{\ominus}+RT\ln \prod_B \left(\frac{p_B}{p^{\ominus}}\right)^{\nu_B}$$

式中

$$\Delta_r G_m^{\ominus}=\sum_B \nu_B \mu_B^{\ominus}$$

4.1.1.2 实际气体反应

对于实际气体的化学势可写作

$$\mu_B=\mu_{B(T)}^{\ominus}+RT\ln\left(\frac{\gamma_B p_B}{p^{\ominus}}\right)$$

将其代入通式(4-1)，有

$$\left(\frac{\partial G}{\partial \xi}\right)_{T,p}=\Delta_r G_m^{\ominus}+RT\ln \prod_B \left(\frac{\gamma_B p_B}{p^{\ominus}}\right)^{\nu_B}$$

4.1.2 复相反应

分有 n 种理想气体与 $(s-n)$ 种纯液体、纯固体的复相反应以及纯凝聚态物质间的复相反应两种情况。

4.1.2.1 有 n 种理想气体和 $(s-n)$ 种纯液体、纯固体的复相反应

将 $\mu_B=\mu_{B(T)}^{\ominus}+RT\ln\left(\frac{p_B}{p^{\ominus}}\right)$ 和 $\mu_B=\mu_{B(T)}^{\ominus}+\int_{p^0}^{p} V_{B,m}^{*}\mathrm{d}p$ 代入通式(4-1)，有

$$\left(\frac{\partial G}{\partial \xi}\right)_{T,p}=\Delta_r G_m^{\ominus}+RT\ln\prod_{B=1}^{n}\left(\frac{p_B}{p^{\ominus}}\right)^{\nu_B}+\int_{p^{\ominus}}^{p}\sum_{B=n+1}^{S}\nu_B V_{B,m}^{*}\mathrm{d}p$$

p 不大时

$$\left(\frac{\partial G}{\partial \xi}\right)_{T,p}=\Delta_r G_m^{\ominus}+RT\ln\prod_{B=1}^{n}\left(\frac{p_B}{p^{\ominus}}\right)^{\nu_B}$$

4.1.2.2 纯凝聚态物质间的复相反应

将 $\mu_B=\mu_{B(T)}^{\ominus}+\int_{p^0}^{p}V_{B,m}^{*}\mathrm{d}p$ 代入通式(4-1),有

$$\left(\frac{\partial G}{\partial \xi}\right)_{T,p}=\Delta_r G_m^{\ominus}+\int_{p^{\ominus}}^{p}\sum_B \nu_B V_{B,m}^{*}\mathrm{d}p$$

G 对 ξ 是条直线,即体系的吉布斯自由能与反应进度 ξ 无关。只要某条件下的 $\left(\frac{\partial G}{\partial \xi}\right)_{T,p}$ 为负,反应就可进行到底。

4.1.3 溶液中的化学反应

一般分为理想溶液和非理想溶液中的化学反应。

4.1.3.1 理想溶液中的化学反应

将 $\mu_B=\mu_{B(T,p^{\ominus})}^{\ominus}+\int_{p^{\ominus}}^{p}V_{B,m}^{*}\mathrm{d}p+RT\ln x_B$ 代入通式(4-1),有

$$\left(\frac{\partial G}{\partial \xi}\right)_{T,p}=\Delta_r G_m^{\ominus}+RT\ln\prod_B x_B^{\nu_B}+\int_{p^{\ominus}}^{p}\sum_B \nu_B V_{B,m}^{*}\mathrm{d}p$$

p 不大时

$$\left(\frac{\partial G}{\partial \xi}\right)_{T,p}=\Delta_r G_m^{\ominus}+RT\ln\prod_B x_B^{\nu_B}$$

4.1.3.2 非理想溶液(稀溶液或浓溶液)中化学反应(溶剂不参加反应)

当浓度用 C_B 表示时,将 $\mu_B=\mu_{B,C(T,p^{\ominus})}^{\ominus}+RT\ln\frac{C_B\gamma_{B,C}}{C^{\ominus}}+\int_{p^{\ominus}}^{p}\overline{V}_{B,C}\mathrm{d}p$ 代入通式(4-1),有

$$\left(\frac{\partial G}{\partial \xi}\right)_{T,p}=\Delta_r G_m^{\ominus}+RT\ln\prod_B\left(\frac{C_B\gamma_{B,C}}{C^{\ominus}}\right)^{\nu_B}+\int_{p^{\ominus}}^{p}\sum_B \nu_B\overline{V}_{B,C}\mathrm{d}p$$

p 不大时

$$\left(\frac{\partial G}{\partial \xi}\right)_{T,p}=\Delta_r G_m^{\ominus}+RT\ln\prod_B\left(\frac{C_B\gamma_{B,C}}{C^{\ominus}}\right)^{\nu_B}$$

当浓度用 m_B 表示时,将 $\mu_B=\mu_{B,m(T,p^{\ominus})}^{\ominus}+RT\ln\frac{m_B\gamma_{B,m}}{m^{\ominus}}+\int_{p^{\ominus}}^{p}\overline{V}_{B,m}\mathrm{d}p$ 代入通式(4-1),有

$$\left(\frac{\partial G}{\partial \xi}\right)_{T,p}=\Delta_r G_m^{\ominus}+RT\ln\prod_B\left(\frac{m_B\gamma_{B,m}}{m^{\ominus}}\right)^{\nu_B}+\int_{p^{\ominus}}^{p}\sum_B \nu_B\overline{V}_{B,m}\mathrm{d}p$$

p 不大时

$$\left(\frac{\partial G}{\partial \xi}\right)_{T,p}=\Delta_r G_m^{\ominus}+RT\ln\prod_B\left(\frac{m_B\gamma_{B,m}}{m^{\ominus}}\right)^{\nu_B}$$

【例 4-1】 已知 $\Delta_f G_{m,Au_2O_{3(s)}}^{\ominus}=54.141\ \mathrm{kJ\cdot mol^{-1}}$,$\Delta_f G_{m,Ag_2O_{(s)}}^{\ominus}=-1\,084\ \mathrm{kJ\cdot mol^{-1}}$。请问室温下,人们所佩带的金、银饰品会否被空气中的氧腐蚀?

解 (1) $\frac{3}{2}O_{2(g)}+2Au_{(s)}═══Au_2O_{3(s)}$

$$\left(\frac{\partial G}{\partial \xi}\right)_{T,p}=54\,410+8.314\times 298\ln\left(\frac{0.21p^{\ominus}}{p^{\ominus}}\right)^{-\frac{3}{2}}=60.21\ (\mathrm{kJ\cdot mol^{-1}})>0$$

金(Au)饰品不会被空气中的氧氧化。

(2) $\frac{1}{2}O_{2(g)}+2Ag_{(s)}═══Ag_2O_{(s)}$

$$\left(\frac{\partial G}{\partial \xi}\right)_{T,p}=-10\,840+8.314\times 298\ln\left(\frac{0.21p^{\ominus}}{p^{\ominus}}\right)^{-\frac{1}{2}}=-8.91\ (\mathrm{kJ\cdot mol^{-1}})<0$$

银(Ag)饰品会被空气中的氧氧化。

【例 4-2】 一学生不慎将汞撒在桌子和地面上，于是，他用过量的硫黄粉来清除残留的汞。请从热力学角度论证硫黄粉能否将汞清除干净。有人怀疑在 298 K，101.325 kPa 时，单纯利用上述反应不能完全将汞完全清除掉，理由是化学反应总归要达到平衡，这种看法对吗？

解

反应 $Hg_{(l)}+S_{(s)}═══HgS_{(s)}$ 的

$$\Delta_r H_m^{\ominus}=\sum_B \nu_B \Delta_f H_{B,m}^{\ominus}=-58.16\ (\mathrm{kJ\cdot mol^{-1}})$$

$$\Delta_r S_m^{\ominus}=\sum_B \nu_B S_{B,m}^{\ominus}=-25.78\ (\mathrm{J\cdot K^{-1}\cdot mol^{-1}})$$

则

$$\Delta_r G_m^{\ominus}=\Delta_r H_m^{\ominus}-T\Delta_r S_m^{\ominus}=-50.35\ (\mathrm{kJ\cdot mol^{-1}})$$

$$\left(\frac{\partial G}{\partial \xi}\right)_{T,p}=\Delta_r G_m^{\ominus}+\int_{p^{\ominus}}^{p}\sum_B \nu_B V_{B,m}^{*}\mathrm{d}p=-50.35\ (\mathrm{kJ\cdot mol^{-1}})$$

$\left(\frac{\partial G}{\partial \xi}\right)_{T,p}=-50.35\ \mathrm{kJ\cdot mol^{-1}}$永不为零，反应永远达不到化学平衡，反应将一直进行到反应物之一(如硫过量时的汞)被彻底清除尽为止。不能误认为化学平衡常数 $K^{\ominus}=4.79\times 10^{8}$很大，就认为汞基本不能清除。因为$\left(\frac{\partial G}{\partial \xi}\right)_{T,p}\neq 0$，无化学平衡存在，也就没有 $K^{\ominus}$。

总之，纯物质间的化学反应没有化学平衡可言。依此应消除“有化学反应必有化学平衡”的错误认识。

【例 4-3】 在 298 K，101.325 kPa 下，已知 $C_{(金刚石)}$和 $C_{(石墨)}$的摩尔熵、摩尔燃烧焓和密度分别如表 4-1 所示。

表 4-1

物　质	$S_{B,m}(\mathrm{J\cdot K^{-1}\cdot mol^{-1}})$	$\Delta_c H_{B,m}(\mathrm{kJ\cdot mol^{-1}})$	$\rho(\mathrm{kg\cdot m^{-3}})$
$C_{(金刚石)}$	2.45	−395.40	3 513
$C_{(石墨)}$	5.71	−393.51	2 260

试判断 298 K 下石墨转化为金刚石

$$C_{(石墨)}\longrightarrow C_{(金刚石)}$$

所需的最低压力。

解 $\Delta_r H_m^{\ominus}=\Delta_c H_{C(石墨),m}^{\ominus}-\Delta_c H_{C(金刚石),m}^{\ominus}$

$=-393.51-(-395.40)=1.89\times10^3(J\cdot mol^{-1})$

$\Delta_r S_m^{\ominus}=S_{C(金刚石),m}^{\ominus}-S_{(石墨),m}^{\ominus}=2.45-5.71=-3.26\ (J\cdot mol^{-1}\cdot K^{-1})$

$\Delta_{trs}G_m^{\ominus}=\Delta_r H_m^{\ominus}-T\Delta_r S_m^{\ominus}$

$=1.89\times10^3-(-3.26)\times298=2.86\times10^3(J\cdot mol^{-1})$

$$\left(\frac{\partial G}{\partial \xi}\right)_{T,p}=\Delta_r G_m^{\ominus}+\int_{p^{\ominus}}^{p}\sum_B \nu_B V_{B,m}^{*}\mathrm{d}p$$

$$=2\,860+\left(\frac{12\times10^{-3}}{3\,513}-\frac{12\times10^{-3}}{2\,260}\right)(p-101\,325)\leqslant0$$

$p\geqslant1.81\times10^9(Pa)$

要想在298 K的温度下使石墨转化为金刚石,压力至少要增加至1.81×10^9 Pa以上。

4.2 化学反应限度的量度——$K^{\ominus}$

4.2.1 化学反应平衡常数的定义与不同类型化学平衡常数的表达式

4.2.1.1 化学反应平衡常数的定义

对化学反应$0=\sum_B \nu_B\mu_B$,国际理论与应用化学学会及国家标准定义

$$K^{\ominus}\equiv\exp\left[\frac{-\sum_B \nu_B\mu_B^{\ominus}}{RT}\right]$$

由于

$$\Delta_r G_m^{\ominus}=\sum_B \nu_B\mu_B^{\ominus}$$

则

$$K^{\ominus}\equiv\exp\left(\frac{-\Delta_r G_m^{\ominus}}{RT}\right)\tag{4-2}$$

4.2.1.2 不同类型化学反应平衡常数表达式

$K^{\ominus}$的具体表达式,可有相应反应的定温式达平衡时$\left(\frac{\partial G}{\partial \xi}\right)_{T,p}=0$,求出$\Delta_r G_m^{\ominus}$与平衡浓度间关系,代入定义式(4-2)推出。

1. 气相反应

(1) 理想气体反应

$\left(\frac{\partial G}{\partial \xi}\right)_{T,p}=0$时,有

$$0=\Delta_r G_m^{\ominus}+RT\ln\prod_B\left(\frac{p_B}{p^{\ominus}}\right)^{\nu_B}$$

则

$$\Delta_r G_m^{\ominus} = -RT\ln\prod_B\left(\frac{p_B}{p^{\ominus}}\right)^{\nu_B}$$

代入式(4-2)$K^{\ominus}$的定义式,得

$$K^{\ominus} = \prod_B\left(\frac{p_B}{p^{\ominus}}\right)^{\nu_B}$$

对化学反应

$$aA + dD \xlongequal{\quad} gG + hH$$

$$K^{\ominus} = \frac{\left(\frac{p_G}{p^{\ominus}}\right)^g\left(\frac{p_H}{p^{\ominus}}\right)^h}{\left(\frac{p_A}{p^{\ominus}}\right)^a\left(\frac{p_D}{p^{\ominus}}\right)^d}$$

对

$$N_2 + 3H_2 \xlongequal{\quad} 2NH_3$$

$$K^{\ominus} = \frac{\left(\frac{p_{NH_3}}{p^{\ominus}}\right)^2}{\frac{p_{N_2}}{p^{\ominus}}\left(\frac{p_{H_2}}{p^{\ominus}}\right)^3}$$

由于 $p_B = C_BRT$,则

$$\begin{aligned}K^{\ominus} &= \prod_B\left(\frac{p_B}{p^{\ominus}}\right)^{\nu_B}\\ &= \prod_B(p_B)^{\nu_B}\ (p^{\ominus})^{-\sum\limits_B\nu_B} = K_p\ (p^{\ominus})^{-\sum\limits_B\nu_B}\\ &= \prod_B\left(\frac{C_BRT}{p^{\ominus}}\right)^{\nu_B} = \prod_B(C_B)^{\nu_B}\ \left(\frac{RT}{p^{\ominus}}\right)^{\sum\limits_B\nu_B} = K_C\left(\frac{RT}{p^{\ominus}}\right)^{\sum\limits_B\nu_B}\end{aligned}$$

$K^{\ominus}$,K_p,K_C 的相互关系为:

$$K^{\ominus} = \prod_B\left(\frac{p_B}{p^{\ominus}}\right)^{\nu_B} = K_p\ (p^{\ominus})^{-\sum\limits_B\nu_B} = K_C\ \left(\frac{RT}{p^{\ominus}}\right)^{\sum\limits_B\nu_B}$$

事实上涉及理想气体反应的一些化学平衡问题,只需 $K^{\ominus}$ 再结合相关知识就足够了,而无需非引入易引起混乱的 K_p 与 K_C 等常数。

(2) 实际气体反应

反应达平衡时$\left(\frac{\partial G}{\partial \xi}\right)_{T,p}=0$,相应的定温式变为

$$0 = \Delta_r G_m^{\ominus} + RT\ln\prod_B\left(\gamma_B\frac{p_B}{p^{\ominus}}\right)^{\nu_B}$$

$\Delta_r G_m^{\ominus}$ 与平衡浓度间的关系为 $\Delta_r G_m^{\ominus} = -RT\ln\prod\limits_B\left(\gamma_B\frac{p_B}{p^{\ominus}}\right)^{\nu_B}$ 代入式(4-2)得

$$K^{\ominus} = \prod_B\left(\gamma_B\frac{p_B}{p^{\ominus}}\right)^{\nu_B} = K_f^{\ominus}$$

2. 复相反应

有 n 种理想气体和$(s-n)$种纯液体,纯固体参加的复相反应达平衡时$\left(\frac{\partial G}{\partial \xi}\right)_{T,p}=0$,相应的定温式变为

$$0=\Delta_r G_m^{\ominus}+RT\ \ln\prod_{B=1}^{n}\left(\frac{p_B}{p^{\ominus}}\right)^{\nu_B}+\int_{p^{\ominus}}^{p}\sum_{B=n+1}^{S}\nu_B V_{B,m}^{*}dp$$

$\Delta_r G_m^{\ominus}$与平衡浓度间的关系为

$$\Delta_r G_m^{\ominus}=-RT\ln\prod_{B=1}^{n}\left(\frac{p_B}{p^{\ominus}}\right)^{\nu_B}-\int_{p^{\ominus}}^{p}\sum_{B=n+1}^{S}\nu_B V_{B,m}^{*}dp$$

代入式(4-2)得

$$K^{\ominus}=\prod_{B=1}^{n}\left(\frac{p_B}{p^{\ominus}}\right)^{\nu_B}\ \exp\left(\frac{1}{RT}\int_{p^{\ominus}}^{p}\sum_{B=n+1}^{S}\nu_B V_{B,m}^{*}dp\right)$$

整理有

$$\frac{K^{\ominus}}{\exp\left(\frac{1}{RT}\int_{p^{\ominus}}^{p}\sum_{B=n+1}^{S}\nu_B V_{B,m}^{*}dp\right)}=\prod_{B=1}^{n}\left(\frac{p_B}{p^{\ominus}}\right)^{\nu_B}=K'_p$$

$$K'_p=\prod_{B=1}^{n}\left(\frac{p_B}{p^{\ominus}}\right)^{\nu_B}$$

K'_p与温度和压力有关。p不大时，$K'_p=\prod_{B=1}^{n}\left(\frac{p_B}{p^{\ominus}}\right)^{\nu_B}=K^{\ominus}$仅与温度有关。

3. 溶液中的化学反应(溶剂不参加反应)

(1) 理想溶液中的化学反应

一定温度、压力下反应达平衡时$\left(\frac{\partial G}{\partial \xi}\right)_{T,p}=0$，相应的定温式变为

$$0=\Delta_r G_m^{\ominus}+RT\ln\prod_B x_B{}^{\nu_B}+\int_{p^{\ominus}}^{p}\sum_B\nu_B V_{B,m}^{*}dp$$

$\Delta_r G_m^{\ominus}$与平衡浓度间的关系为

$$\Delta_r G_m^{\ominus}=-RT\ln\prod_B x_B{}^{\nu_B}-\int_{p^{\ominus}}^{p}\sum_B\nu_B V_{B,m}^{*}dp$$

代入式(4-2)得

$$K^{\ominus}=\prod_B x_B{}^{\nu_B}\ \exp\left(\frac{1}{RT}\int_{p^{\ominus}}^{p}\sum_B\nu_B V_{B,m}^{*}dp\right)$$

整理有

$$\frac{K^{\ominus}}{\exp\left(\frac{1}{RT}\int_{p^{\ominus}}^{p}\sum_B\nu_B V_{B,m}^{*}dp\right)}=\prod_B x_B{}^{\nu_B}=K_x$$

K_x与温度、压力有关，当压力不大时

$$K_x=\prod_B x_B{}^{\nu_B}=K^{\ominus}$$

(2) 非理想溶液中化学反应

当溶液浓度用C_B表示的反应在一定温度、压力达平衡时$\left(\frac{\partial G}{\partial \xi}\right)_{T,p}=0$，相应的定温式变为

$$0=\Delta_r G_m^{\ominus}+RT\ln\prod_B\left(\frac{C_B\gamma_{B,C}}{C^{\ominus}}\right)^{\nu_B}+\int_{p^{\ominus}}^{p}\sum_B\nu_B\,\overline{V}_{B,C}^{\ominus}\ dp$$

$\Delta_r G_m^{\ominus}$与平衡浓度间的关系为

$$\Delta_r G_m^{\ominus}=-RT\ln\prod_B\left(\frac{C_B\gamma_{B,C}}{C^{\ominus}}\right)^{\nu_B}-\int_{p^{\ominus}}^{p}\sum_B\nu_B\,\overline{V}_{B,C}^{\ominus}\ dp$$

代入式(4-2)，有

$$K^{\ominus}=\prod_{B}\left(\frac{C_B\gamma_{B,C}}{C^{\ominus}}\right)^{\nu_B}\exp\left(\frac{1}{RT}\int_{p^{\ominus}}^{p}\sum_{B}\nu_B\,\overline{V}_{B,C}^{\ominus}\,dp\right)$$

整理得

$$\frac{K^{\ominus}}{\exp\left(\frac{1}{RT}\int_{p^{\ominus}}^{p}\sum_{B}\nu_B\,\overline{V}_{B,C}^{\ominus}dp\right)}=\prod_{B}\left(\frac{C_B\gamma_{B,C}}{C^{\ominus}}\right)^{\nu_B}=K_a$$

压力不大时

$$K_a=\prod_{B}\left(\frac{C_B\gamma_{B,C}}{C^{\ominus}}\right)^{\nu_B}=K^{\ominus}$$

当溶液为稀溶液($\gamma_{B,C}\approx1$)时，有

$$K_{C/C^{\ominus}}^{\ominus}=\prod_{B}\left(\frac{C_B}{C^{\ominus}}\right)^{\nu_B}=\prod_{B}(C_B)^{\nu_B}\left(\frac{1}{C^{\ominus}}\right)^{\sum_{B}\nu_B}$$

$$\prod_{B}C_B^{\nu_B}=K_c$$

$K_{C/C^{\ominus}}^{\ominus}$可引申为酸碱电离平衡常数$K_a$，$K_b$，盐的水解常数$K_h$，水的电离常数$K_w$以及难溶盐的溶度积常数$K_{sp}$等。如$K_{sp,AgCl_{(s)}}$

$$AgCl_{(s)}=\!=\!=Ag^{+}_{(aq)}+Cl^{-}_{(aq)}$$

极稀时

$$K_{C/C^{\ominus}}^{\ominus}=\frac{C_{Ag^{+}_{(aq)}}}{C^{\ominus}}\frac{C_{Cl^{-}_{(aq)}}}{C^{\ominus}}=K_{sp,AgCl_{(s)}}$$

当溶液浓度用m_B表示的反应在一定温度、压力达平衡时$\left(\frac{\partial G}{\partial\xi}\right)_{T,p}=0$，相应的定温式变为

$$0=\Delta_r G_m^{\ominus}+RT\ln\prod_{B}\left(\frac{m_B\gamma_{B,m}}{m^{\ominus}}\right)^{\nu_B}+\int_{p^{\ominus}}^{p}\sum_{B}\nu_B\,\overline{V}_{B,m}^{\ominus}\,dp$$

$\Delta_r G_m^{\ominus}$与平衡浓度间的关系为

$$\Delta_r G_m^{\ominus}=-RT\ln\prod_{B}\left(\frac{m_B\gamma_{B,m}}{m^{\ominus}}\right)^{\nu_B}-\int_{p^{\ominus}}^{p}\sum_{B}\nu_B\,\overline{V}_{B,m}^{\ominus}dp$$

代入式(4-2)，有

$$K^{\ominus}=\prod_{B}\left(\frac{m_B\gamma_{B,m}}{m^{\ominus}}\right)^{\nu_B}\exp\left(\frac{1}{RT}\int_{p^{\ominus}}^{p}\sum_{B}\nu_B\,\overline{V}_{B,m}^{\ominus}\,dp\right)$$

整理得

$$\frac{K^{\ominus}}{\exp\left(\frac{1}{RT}\int_{p^{\ominus}}^{p}\sum_{B}\nu_B\,\overline{V}_{B,m}^{\ominus}\,dp\right)}=\prod_{B}\left(\frac{m_B\gamma_{B,m}}{m^{\ominus}}\right)^{\nu_B}=K_a$$

压力不大时

$$K_a=\prod_{B}\left(\frac{m_B\gamma_{B,m}}{m^{\ominus}}\right)^{\nu_B}=K^{\ominus}$$

当溶液为稀溶液($\gamma_{B,m}\approx1$)时，有

$$K_{m/m^{\ominus}}^{\ominus}=\prod_{B}\left(\frac{m_B}{m^{\ominus}}\right)^{\nu_B}=\prod_{B}m_B^{\nu_B}\left(\frac{1}{m^{\ominus}}\right)^{\sum_{B}\nu_B}$$

$$\prod_{B}m_B^{\nu_B}=K_m$$

4.2.1.3 $K^{\ominus}$的特征

化学反应的标准平衡常数 $K^{\ominus}$为无量纲纯数，仅与温度 T 有关。

4.2.2 $K^{\ominus}$的求算

4.2.2.1 理论计算

求出反应的标准摩尔吉布斯自由能

$$\Delta_r G_m^{\ominus} = \sum_B \nu_B G_{B,m}^{\ominus} = \sum_{B'} \nu_B \Delta_f G_{B,m}^{\ominus} = \Delta_r H_m^{\ominus} - T\Delta_r S_m^{\ominus}$$

代入标准平衡常数 $K^{\ominus}$的定义式(4-2)

$$K^{\ominus} = \exp\left(-\frac{\Delta_r G_m^{\ominus}}{RT}\right)$$

即可求出 $K^{\ominus}$。

【例 4-4】 已知合成氨反应 $N_{2(g)} + 3H_{2(g)} \longrightarrow 2NH_{3(g)}$在 298 K 下的 $\Delta_f G_{NH_3(g),m}^{\ominus} = -16.64$ kJ · mol^{-1}，求此反应在常温下的 $K^{\ominus}$。

解 由于

$$\Delta_r G_m^{\ominus} = \sum_{B'} \nu_B \Delta_f G_{B,m}^{\ominus} = -2 \times 16.64 = -33.28\ (\text{kJ} \cdot \text{mol}^{-1})$$

则

$$K^{\ominus} = \exp\left(-\frac{-33\,280}{8.314 \times 298}\right)$$

$$K^{\ominus} = 6.81 \times 10^5$$

4.2.2.2 实验求解

当 Fe^{3+}离子与浓度很低的 SCN^-离子(一般应小于 5×10^{-3} mol · dm^{-3})反应时，只进行如下反应

$$Fe^{3+} + [SCN]^- \rightleftharpoons [Fe(SCN)]^{2+}$$

根据朗伯-比尔定律，溶液吸光度 A 与溶液中$[Fe(SCN)]^{2+}$络离子浓度成正比

$$A = \lg\left(\frac{I_0}{I}\right) = KLC_{[Fe(SCN)]^{2+}}$$

式中，A 为吸光度，K 为常数，L 为液层厚度。借助于分光光度计测定溶液的吸光度，可计算出平衡时$[Fe(SCN)]^{2+}$络离子的浓度以及 Fe^{3+}离子和 SCN^-离子的浓度，代入

$$K^{\ominus} = \frac{\dfrac{C_{[Fe(SCN)]^{2+}}}{C^{\ominus}}}{\dfrac{C_{Fe^{3+}}}{C^{\ominus}} \cdot \dfrac{C_{[SCN]^-}}{C^{\ominus}}}$$

可求出溶液中化学反应的平衡常数 $K^{\ominus}$。

4.2.3 平衡常数($K^{\ominus}$)的应用——求平衡转化率、最大产率及平衡组成

化学平衡常数 $K^{\ominus}$的重要应用就是求反应的平衡转化率、最大产率和平衡组成。因为用平

衡转化率和最大产率与实际转化率、实际产率比较，可发现生产工艺和管理上存在的问题。求平衡组成可确定产品的纯度，为提高产品产量、质量、降低成本提供理论依据：

$$\text{平衡转化率}=\frac{\text{平衡时已转化的某种原料量}}{\text{某种原料的投产量}}\times 100\%$$

$$\text{最大产量}=\frac{\text{反应达平衡时某产品量}}{\text{按化学反应方程式的产品量}}\times 100\%$$

这些都是最大值，实际生产中只能接近而不可达到。

【例 4-5】 在 1 000 K，1.5 $p^{\ominus}$ 下，由 2 mol 乙烷裂解成乙烯

$$C_2H_{6(g)} \longrightarrow C_2H_{4(g)} + H_{2(g)}$$

已知此条件下的 $K^{\ominus}=0.898$。求该反应的平衡转化率、最大产率和平衡组成。

解

$$C_2H_{6(g)} \longrightarrow C_2H_{4(g)} + H_{2(g)}$$

$$t=0 \qquad 2 \qquad 0 \qquad 0$$

$$t=t \qquad 2-x \qquad x \qquad x$$

$$n_{总}=2+x$$

$$K^{\ominus}=\frac{\dfrac{p_{C_2H_{4(g)}}}{p^{\ominus}}\dfrac{p_{H_2}}{p^{\ominus}}}{\dfrac{p_{C_2H_{6(g)}}}{p^{\ominus}}}=\frac{\left(\dfrac{x}{2+x}\cdot\dfrac{p}{p^{\ominus}}\right)^2}{\dfrac{2-x}{2+x}\cdot\dfrac{p}{p^{\ominus}}}$$

$$K^{\ominus}=\frac{x^2}{4-x^2}\times\frac{p}{p^{\ominus}}$$

$$0.898=\frac{x^2}{4-x^2}\cdot\frac{1.59p^{\ominus}}{p^{\ominus}}$$

$$x=1.22\ (\text{mol})$$

则

$$\text{平衡转化率}=\frac{1.22}{2}\times 100\%=61\%$$

$$\text{最大产率}=\frac{1.22}{2}\times 100\%=61\%$$

平衡组成：

$$y_{C_2H_4}=y_{H_2}=\frac{1.22}{2+1.22}=37.9\%$$

$$y_{C_2H_6}=\frac{2-x}{2+x}=\frac{2-1.22}{2+1.22}=24.2\%$$

【例 4-6】 一位澳大利亚总理在施政方针中宣布，他计划用大量存在于近海天然气矿中的甲烷生产工业产品醋酸，拟利用的化学反应为

$$CH_{4(g)} + CO_{2(g)} \longrightarrow CH_3COOH_{(g)}$$

后来该总理又宣布发现了该反应的新的高效催化剂。而反对派的领袖则提出反对意见，并主张将甲烷转化为酒精

$$2CH_{4(g)} + H_2O_{(g)} \longrightarrow C_2H_5OH_{(g)} + 2H_{2(g)}$$

试对二人主张作一科学决策。

解 (1) 总理的主张的反应

$$CH_{4(g)} + CO_{2(g)} \longrightarrow CH_3COOH_{(g)}$$

的 $\Delta_r G_m^{\ominus}=-1\times(-50.794)+(-1\times(-394.384))+1\times(-381.6)=63.578\ (\mathrm{kJ\cdot mol^{-1}})$ 工艺上可以使

$$\left(\frac{\partial G}{\partial \xi}\right)_{T,p}=\Delta_r G_m^{\ominus}+RT\ln\left[\frac{\dfrac{p_{CH_3COOH_{(g)}}}{p^{\ominus}}}{\dfrac{p_{CH_{4(g)}}}{p^{\ominus}}\dfrac{p_{CO_{2(g)}}}{p^{\ominus}}}\right]<0$$

平衡常数

$$K^{\ominus}=\exp\left(-\frac{\Delta_r G_m^{\ominus}}{RT}\right)$$
$$=\exp\left(-\frac{63\,578}{8.314\times 298}\right)=7.16\times 10^{-12}$$

太小，平衡转化率低！

(2) 反对派领袖的主张

$$2CH_{4(g)}+H_2O_{(g)}=\!=\!=C_2H_5OH_{(g)}+2H_{2(g)}$$

的 $\Delta_r G_m^{\ominus}=-2(-50.794)+(-1\times(-228.597))+1\times(-168.6)=161.585\ (\mathrm{kJ\cdot mol^{-1}})$

$$K^{\ominus}=\exp\left(-\frac{161\,585}{8.314\times 298}\right)=4.7\times 10^{-29}$$

更小，平衡转化率更低！可见，一个比一个能吹。

4.3　外界因素对化学平衡的影响

影响化学平衡的因素主要有温度、压力、惰性气体或惰性溶剂。由化学反应的范特霍夫定温式 $\left(\frac{\partial G}{\partial \xi}\right)_{T,p}=\sum_B \nu_B\mu_B$，对理想气体反应

$$\left(\frac{\partial G}{\partial \xi}\right)_{T,p}=\Delta_r G_m^{\ominus}+RT\ln\prod_B\left(\frac{p_B}{p^{\ominus}}\right)^{\nu_B}$$

对稀溶液中的化学反应

$$\left(\frac{\partial G}{\partial \xi}\right)_{T,p}=\Delta_r G_m^{\ominus}+RT\ln\prod_B\left(\frac{C_B}{C^{\ominus}}\right)^{\nu_B}+\int_{p^{\ominus}}^{p}\sum_B \nu_B\,\overline{V}_{B,C}\,\mathrm{d}p$$

知，一定温度下，浓度、压力、惰性气体或惰性溶剂不会改变 $K^{\ominus}$ 值，它们是通过影响相应定温表达式中除 $K^{\ominus}$ 有关项外其余各项的数值 $\left[\text{对理想气体反应就是 } RT\ln\prod_B\left(\frac{p_B}{p^{\ominus}}\right)^{\nu_B}\right]$，使 $\left(\frac{\partial G}{\partial \xi}\right)_{T,p}$ 数值与符号发生变化，从而影响化学平衡的。而温度的影响则是通过改变 $K^{\ominus}$ 值来最终改变 $\left(\frac{\partial G}{\partial \xi}\right)_{T,p}$ 数值与符号来影响化学平衡的。

本节的重点是用范特霍夫等压方程讨论温度 T 对 $K^{\ominus}$ 的影响。而浓度、压力、惰性气体或惰性溶剂等因素对化学平衡的影响主要介绍的是对理想气体化学反应平衡的影响。先进行定性研究，后进行定量计算。

4.3.1 温度对化学平衡的影响

4.3.1.1 范特霍夫等压方程

在学习热力学第二定律热力学函数间重要关系式时

$$\left[\frac{\partial\left(\frac{\Delta G}{T}\right)}{\partial T}\right]_p=-\frac{\Delta H}{T^2}$$

用于各物质均处于标准态的单位化学反应时

$$\left[\frac{\partial\left(\frac{\Delta_r G_m^\ominus}{T}\right)}{\partial T}\right]_p=-\frac{\Delta_r H_m^\ominus}{T^2}$$

将 $\Delta_r G_m^\ominus=-RT\ln K^\ominus$ 代入，有

$$-\frac{R\mathrm{d}\ln K^\ominus}{\mathrm{d}T}=-\frac{\Delta_r H_m^\ominus}{T^2}$$

即

$$\frac{\mathrm{d}\ln K^\ominus}{\mathrm{d}T}=\frac{\Delta_r H_m^\ominus}{RT^2}\text{（定压方程式）} \tag{4-3}$$

4.3.1.2 定性讨论

由式(4-3)范特霍夫等压方程知，对放热反应来说 $\Delta_r H_m^\ominus<0$，$\frac{\mathrm{d}\ln K^\ominus}{\mathrm{d}T}<0$，升高温度 T 时，反应的平衡常数 $K^\ominus$ 变小，平衡向反应物方向移动，对正反应不利；对吸热反应来说 $\Delta_r H_m^\ominus>0$，$\frac{\mathrm{d}\ln K^\ominus}{\mathrm{d}T}>0$，升高温度 T 时，反应的平衡常数 $K^\ominus$ 变大，平衡向产物方向移动，对正反应有利，即升高温度平衡向吸热方向进行。

4.3.1.3 定量讨论（仅讨论 $\Delta_r H_m^\ominus$ 为常数的情况）

为定量讨论温度对化学平衡的影响，现将式(4-3)表示的范特霍夫等压方程进行积分。

定积分

$$\int_1^2\mathrm{d}\ln K^\ominus=\int_1^2\frac{\Delta_r H_m^\ominus}{RT^2}\mathrm{d}T$$

有

$$\ln\left(\frac{K_2^\ominus}{K_1^\ominus}\right)=\frac{\Delta_r H_m^\ominus}{R}\times\frac{(T_2-T_1)}{T_2T_1}$$

不定积分

$$\int\mathrm{d}\ln K^\ominus=\int\frac{\Delta_r H_m^\ominus}{RT^2}\mathrm{d}T$$

有

$$\ln K^\ominus=-\frac{\Delta_r H_m^\ominus}{RT}+B\text{（积分常数）}$$

【例 4-7】 2-丙醇的热分解反应

$$(CH_3)_2CHOH_{(g)} \rightleftharpoons (CH_3)_2CO_{(g)} + H_{2(g)}$$

457.4 K 时，$K^{\ominus}=0.36$。298 K 时，标准摩尔反应焓变 $\Delta_r H_m^{\ominus}=6.15\times10^4\ \mathrm{J\cdot mol^{-1}}$，且 $\Delta C_p\approx0$。

(1) 导出 $\ln K^{\ominus}=f(T)$；

(2) 求 500 K 的 $K^{\ominus}$。

解

(1) 将 $K^{\ominus}=0.36$，$\Delta_r H_m^{\ominus}=6.15\times10^4\ \mathrm{J\cdot mol^{-1}}$代入范特霍夫等压方程的不定积分

$$\ln 0.36=-\frac{6.15\times10^4}{8.314\times457.4}+B$$

求得积分常数 $B=15.15$，则

$$\ln K^{\ominus}=-\frac{7.40\times10^3}{T}+15.15$$

(2) 将 $T=500$ K 代入

$$\ln K^{\ominus}=-\frac{7.40\times10^3}{500}+15.15$$

或直接利用范特霍夫等压方程的定积分式 $\ln\left(\frac{K_2^{\ominus}}{K_1^{\ominus}}\right)=\frac{\Delta_r H_m^{\ominus}}{R}\cdot\frac{T_2-T_1}{T_2T_1}$，即

$$\ln\left(\frac{K_{500\,\mathrm{K}}^{\ominus}}{0.36}\right)=\frac{6.15\times10^4}{8.314}\times\frac{500-457.4}{500\times457.4}$$

解得

$$K^{\ominus}=1.42$$

吸热反应，温度 T 从 457.4 K 升高到 500 K，标准平衡常数 $K^{\ominus}$ 相应从 0.36 升高到 1.42。化学平衡向吸热方向移动。

4.3.2 压力和浓度及惰性气体或惰性溶剂对化学平衡的影响

4.3.2.1 压力的影响

1. 对理想气体反应

$$K^{\ominus}=\prod_B\left(\frac{p_B}{p^{\ominus}}\right)^{\nu_B}$$

将 $p_B=x_B p$ 代入

$$K^{\ominus}=\prod_B x_B^{\nu_B}\left(\frac{p}{p^{\ominus}}\right)^{\sum_B \nu_B}$$

对 $\sum_B \nu_B=0$ 的化学反应，压力 p 对平衡无影响。对 $\sum_B \nu_B>0$ 的化学反应，压力 p 升高，$\prod_B x_B^{\nu_B}$ 下降，平衡向左移动。对 $\sum_B \nu_B<0$ 的化学反应，压力 p 升高，$\prod_B x_B^{\nu_B}$ 变大，平衡向右即向生成产物的方向移动。

【例 4-8】 已知乙苯脱氢制苯乙烯的反应

$$C_6H_5\text{-}C_2H_{5(g)} \rightleftharpoons C_6H_5\text{-}C_2H_{3(g)}+H_{2(g)}$$

在 900 K 时的 $K^{\ominus}=1.49$。求反应体系的总压 p 分别为 $p^{\ominus}$ 和 $0.1p^{\ominus}$ 时乙苯的平衡转化率。

解 该反应的 $\sum_B \nu_B=2-1=1>0$，总压 p 下降，平衡将向右进行。

$$C_6H_5\text{-}C_2H_{5(g)} \rightleftharpoons C_6H_5\text{-}C_2H_{3(g)} + H_{2(g)}$$

$t=0$	1	0	0
$t=t$	$1-x$	x	x

$n_{总}=1+x$

$$K^{\ominus}=\frac{\frac{p_{C_6H_5\text{-}C_2H_{3(g)}}}{p^{\ominus}}\cdot\frac{p_{H_2}}{p^{\ominus}}}{\frac{p_{C_6H_5\text{-}C_2H_{5(g)}}}{p^{\ominus}}}$$

即

$$K^{\ominus}=\frac{\left(\frac{x}{1+x}\cdot\frac{p}{p^{\ominus}}\right)^2}{\frac{1-x}{1+x}\cdot\frac{p}{p^{\ominus}}}$$

即

$$K^{\ominus}=\frac{x^2}{(1-x^2)}\cdot\frac{p}{p^{\ominus}}$$

当 $p=p^{\ominus}$ 时

$$1.49=\frac{x^2}{1-x^2}\cdot\frac{p^{\ominus}}{p^{\ominus}}$$

$$x=0.774$$

平衡转化率为 77.4%。

当 $p=0.1p^{\ominus}$ 时

$$1.49=\frac{x^2}{1-x^2}\cdot\frac{0.1p^{\ominus}}{p^{\ominus}}$$

$$x=0.968$$

平衡转化率为 96.8%。

说明减压操作有利于乙苯平衡转化率的提高。

2. 对凝聚相反应的影响

由于纯凝聚相物质间转化不存在化学平衡，因而外界因素对此类反应无化学平衡影响可言。

对有 n 种理想气体和 $(s-n)$ 种纯液体、纯固体的复相反应，压力 p 对平衡的影响，对

$$\frac{K^{\ominus}}{\exp\left(\frac{1}{RT}\int_{p^{\ominus}}^{p}\sum_{B=n+1}^{S}\nu_B V_{B,m}^{*}\,dp\right)}=\prod_{B=1}^{n}\left(\frac{p_B}{p^{\ominus}}\right)^{\nu_B}=K'_p$$

两边取对数并在温度 T 恒定下对 p 求导，得

$$\left(\frac{\partial \ln K'_p}{\partial p}\right)_T=-\frac{\sum_{B=n+1}^{S}\nu_B V_{B,m}^{*}}{RT}$$

若 $\sum_{B=n+1}^{S}\nu_B V_{B,m}^{*}>0$，增加压力对正向反应不利。若 $\sum_{B=n+1}^{S}\nu_B V_{B,m}^{*}<0$，增加压力对正向反应有利。

对理想溶液中的化学反应

$$\frac{K^{\ominus}}{\exp\left[\dfrac{\int_{p^{\ominus}}^{p}\sum_{B}^{S}\nu_B V_{B,m}^{*}\mathrm{d}p}{RT}\right]}=\prod_{B}^{n}x_B^{\nu_B}\equiv K_x$$

两边取对数并在温度 T 恒定下对 p 求导，得

$$\left(\frac{\partial \ln K_x}{\partial p}\right)_T=-\frac{\sum_{B}^{S}\nu_B V_{B,m}^{*}}{RT}$$

若 $\sum_{B}\nu_B V_{B,m}^{*}>0$，增加压力对正向反应不利。若 $\sum_{B}\nu_B V_{B,m}^{*}<0$，增加压力对正向反应有利。

对非理想溶液中的化学反应

$$\frac{K^{\ominus}}{\exp\left[\dfrac{\int_{p^{\ominus}}^{p}\sum_{B}^{S}\nu_B \bar{V}_{B,C}^{\ominus}\mathrm{d}p}{RT}\right]}=\prod_{B}^{n}\left(\frac{\gamma_{B,C}C_B}{C^{\ominus}}\right)^{\nu_B}\equiv K_a$$

两边取对数并在温度 T 恒定下对 p 求导，得

$$\left(\frac{\partial \ln K_a}{\partial p}\right)_T=-\frac{\sum_{B}^{S}\nu_B \bar{V}_{B,C}^{\ominus}}{RT}$$

若 $\sum_{B}^{S}\nu_B \bar{V}_{B,C}^{\ominus}>0$，增加压力对正向反应不利。若 $\sum_{B}^{S}\nu_B \bar{V}_{B,C}^{\ominus}<0$，增加压力对正向反应有利。

4.3.2.2 惰性气体对平衡的影响

惰性气体指不参加反应的气体，与总压一样，不影响 $K^{\ominus}$ 值，但影响平衡组成。在实际生产过程中，原料气中常混有不参加反应的惰性气体，如合成氨原料气中常有 Ar、CH_4 等气体。在 SO_2 转化反应中，需要的是 O_2，而通入的是空气，多余的 N_2 不参加反应就成为反应体系中的惰性气体了。其对平衡的影响，可通过

$$K^{\ominus}=\prod_{B}\left(\frac{p_B}{p^{\ominus}}\right)^{\nu_B}$$

将 $p_B=\dfrac{n_B}{n_{总}}p$ 代入，得到

$$K^{\ominus}=\prod_{B}n_B{}^{\nu_B}\left(\frac{p}{n_{总}p^{\ominus}}\right)^{\sum_{B}\nu_B}$$

进行讨论。因温度、压力一定时，$K^{\ominus}$ 为定值。

对 $\sum_{B}\nu_B=0$ 的理想气体反应，$n_{总}$（含惰性气体）不影响平衡。对 $\sum_{B}\nu_B>0$ 的理想气体反应，$n_{总}$（含惰性气体）升高，$\left(\dfrac{p}{n_{总}p^{\ominus}}\right)^{\sum_{B}\nu_B}$ 必下降，$\prod_{B}n_B^{\nu_B}$ 变大，平衡向右进行；对 $\sum_{B}\nu_B<0$ 的理想气体反应，$n_{总}$（含惰性气体）升高，$\left(\dfrac{p}{n_{总}p^{\ominus}}\right)^{\sum_{B}\nu_B}$ 必上升，$\prod_{B}n_B^{\nu_B}$ 变小，平衡向左进行。如 $N_2+3H_2 \Longrightarrow 2NH_3$，$\sum_{B}\nu_B=2-3=-1<0$，$n_{总}$ 升高即 Ar、CH_4 积累对 NH_3 产率的提高不利，实际生

产中需定时放空。

【例 4-9】 反应

$$C_6H_5-C_2H_{5(g)} = C_6H_5-C_2H_{3(g)} + H_{2(g)}$$

在 900 K 时 $K^{\ominus}=1.49$，求此温度下体系总压为 $p^{\ominus}$、原料气物质的量比 $n_{乙苯}:n_{H_2O_{(g)}}=1:10$的平衡转化率。

解 $C_6H_5-C_2H_{5(g)} = C_6H_5-C_2H_{3(g)} + H_{2(g)}$；$H_2O_{(g)}$

$t=0$	1	0	0	10
$t=t$	$1-x$	x	x	10

$$n_{总}=11+x$$

$$K^{\ominus}=\frac{n_{C_6H_5-C_2H_{3(g)}}n_{H_{2(g)}}}{n_{C_6H_5-C_2H_{5(g)}}}\cdot\frac{p}{n_{总}p^{\ominus}}$$

$$1.49=\frac{x^2}{1-x}\cdot\frac{p^{\ominus}}{(11+x)p^{\ominus}}$$

$$x=0.949$$

$$平衡转化率=\frac{0.949}{1}\times100\%=94.9\%$$

与减压至 $0.1p^{\ominus}$ 的平衡转化率基本相当，但比减压经济得多。

本 章 小 结

1. 化学反应方向与限度判据的实用公式——范特霍夫定温式

$$\left(\frac{\partial G}{\partial\xi}\right)_{T,p}=\sum_B\nu_B\mu_B\begin{cases}<0 & (自发的不可逆)\\ =0 & (限度)\\ >0 & (不可能发生)\end{cases}$$

$\left(\frac{\partial G}{\partial\xi}\right)_{T,p}$ 比 Δ_rG、Δ_rG_m 更能刻画化学反应的方向与限度。

2. 化学反应限度的量度——$K^{\ominus}$

(1) $K^{\ominus}\equiv\exp\left(-\frac{\Delta_rG_m^{\ominus}}{RT}\right)$

$$\Delta_rG_m^{\ominus}=\sum_B\nu_B G_{B,m}^{\ominus}=\sum_{B'}\nu_B\,\Delta_fG_{B,m}^{\ominus}=\Delta_rH_m^{\ominus}-T\Delta_rS_m^{\ominus}$$

(2) 无量纲，仅与温度 T 有关。

3. 外界因素对化学平衡的影响

(1) T 的影响

$$\frac{d\ln K^{\ominus}}{dT}=\frac{\Delta_rH_m^{\ominus}}{RT^2}$$

$$\ln\left(\frac{K_2^{\ominus}}{K_1^{\ominus}}\right)=\frac{\Delta_rH_m^{\ominus}}{R}\cdot\frac{(T_2-T_1)}{T_2T_1}$$

$$\ln K^{\ominus}=-\frac{\Delta_rH_m^{\ominus}}{RT}+B$$

(2) p 的影响

$$K^{\ominus}=\prod_{B} x_{B}^{\nu_{B}}\left(\frac{p}{p^{\ominus}}\right)^{\sum_{B}\nu_{B}}$$

(3) 惰性气体的影响

$$K^{\ominus}=\prod_{B} n_{B}^{\nu_{B}}\left(\frac{p}{n_{总}p^{\ominus}}\right)^{\sum_{B}\nu_{B}}$$

本章练习

一、选择题

1. 今有反应 $CaCO_{3(s)}=CaO_{(s)}+CO_{2(g)}$ 在一定温度下达到平衡，现在不改变温度和 CO_2 的分压力，也不改变 $CaO_{(s)}$ 颗粒的大小，只降低 $CaCO_{3(s)}$ 颗粒的直径，增加分散度，则平衡将(　　)。

A. 向左移动　　B. 向右移动　　C. 不发生移动　　D. 无法判断

2. 某反应 $A_{(g)}═══Y_{(g)}+Z_{(g)}$ 的 $\Delta_r G_m^{\ominus}$ 与温度的关系为 $\Delta_r G_m^{\ominus}=(-45\,000+110T)\ J\cdot mol^{-1}$，在标准压力下，要防止该反应发生，温度必须(　　)。

A. 高于 136 ℃　　B. 低于 184 ℃　　C. 高于 184 ℃　　D. 低于 136 ℃

3. 在一定温度下，一定量的 $PCl_{5(g)}$ 在某种条件下的离解度为 α，欲使 α 增加则需采用(　　)。

A. 增加压力使体积缩小一倍

B. 保持体积不变，通入 N_2 使压力增加一倍

C. 保持压力不变，通入 N_2 使体积增加一倍

D. 保持体积不变，通入 Cl_2 使压力增加一倍

4. 在刚性密闭容器中，有下列理想气体反应达平衡 $A_{(g)}+B_{(g)}\rightleftharpoons C_{(g)}$，若在恒温条件下加入一定量惰性气体，则平衡将(　　)。

A. 向右移动　　B. 向左移动　　C. 不移动　　D. 无法确定

5. 恒压下，加入惰性气体后，对下列反应能增大其平衡转化率的是(　　)。

A. $NH_{3(g)}═══\frac{1}{2}N_{2(g)}+\frac{3}{2}H_{2(g)}$

B. $\frac{1}{2}N_{2(g)}+\frac{3}{2}H_{2(g)}═══NH_{3(g)}$

C. $CO_{2(g)}+H_{2(g)}═══CO_{(g)}+H_2O_{(g)}$

D. $C_2H_5OH_{(l)}+CH_3COOH_{(l)}═══CH_3COOC_2H_{5(l)}+H_2O_{(l)}$

6. 放热反应 $2NO_{(g)}+O_{2(g)}═══2NO_{2(g)}$ 达平衡后，若分别采取：① 增加压力；② 减少 NO_2 的分压；③ 增加 O_2 分压；④ 升高温度；⑤ 加入催化剂，能使平衡向产物方向移动的是(　　)。

A. ①②③　　B. ②③④　　C. ③④⑤　　D. ①②⑤

7. 某次会议上对于 KHF_2 这一化合物是否潮解发生争论，兰州工厂的 A 说不易潮解，长沙工厂的 B 说易潮解，你认为说法正确的是(　　)。

A. 二人都对　　B. 二人都不对　　C. B 对，A 不对　　D. A 对，B 不对

8. 在一定温度下，一定量的$PCl_{5(g)}$在某种条件下的离解度为α，欲使α增加则需采用(　　)。
A. 增加压力使体积缩小一倍
B. 保持体积不变，通入N_2气使压力增加一倍
C. 保持压力不变，通入N_2气使体积增加一倍
D. 保持体积不变，通入Cl_2气使压力增加一倍

二、填空题

1. 已知等温等压下化学反应：$aA+bB$══$yY+zZ$，则该反应的平衡条件若用化学势表示应为________。

2. 反应$2NO_{(g)}+O_{2(g)}$══$2NO_{2(g)}$是放热的，当反应在某温度、压力下达平衡时，若使平衡向右移动。则应采取的措施是________或________。

3. 影响任意一个化学反应的标准平衡常数值的因素为________。

4. 反应$C_{(s)}+H_2O_{(g)}=CO_{(g)}+H_{2(g)}$，在400 ℃时达到平衡，$\Delta_r H_m=133.5\ kJ\cdot mol^{-1}$，为使平衡向右移动，可采取的措施有________________________________(两点以上)。

5. 在一定T,p下，反应$A_{(g)}$══$Y_{(g)}+Z_{(g)}$，达平衡时解离度为α_1，当加入惰性气体而保持T,p不变时，解离度为α_2，则α_2 ________ α_1，这是因为________。

6. $NH_4Cl_{(s)}$分解反应$NH_4Cl_{(s)}$══$NH_{3(g)}+HCl_{(g)}$在700 K时分解压力为600 kPa，那么该反应的标准平衡常数$K^{\ominus}=$________。(体系中气体视为理想气体)

7. 化学平衡的化学势判据是$\sum_B \nu_B\mu_B=$________，其适用条件是________。

8. 温度对化学反应平衡常数影响很大，在恒压下，它们的定量关系是：__________。当________时，升高温度对反应进行有利；当________时，升高温度对反应进行不利。

三、简答题

1. 对于复分解反应，如有沉淀、气体或水生成，则容易进行到底，试以化学平衡理论解释。

2. 标准平衡常数与标准反应吉布斯自由能的关系：$\Delta_r G_m^{\ominus}=-RT\ln K^{\ominus}$，那么，为什么反应的平衡态与标准态是不相同的？

3. 对于计量系数$\sum_B \nu_B=0$的理想气体化学反应，哪些因素变化不改变平衡点？

4. 在封闭均相体系中，为什么存在一个平衡点？

5. 在催化反应中，加催化剂能够提高反应速率，为什么？

6. 在等温、等压下，一个化学反应之所以能自发进行，是由于反应物的化学势总和大于产物的化学势总和，那么为什么反应总不能一直进行，而会达到平衡态？

7. 对于理想气体反应、真实气体反应、有纯液体或纯固体参加的理想气体反应，$K^{\ominus}$是否都是温度的函数？

8. 什么因素在决定着不同反应体系的反应程度(限度)？

9. 某一反应究竟可完成多少，能否从理论上加以预测？

10. 外界条件，如温度、压力、惰性气体对反应的限度有什么影响？

四、判断题

1. 对于反应 $C_{(s)}+H_2O_{(g)}=\!=\!=CO_{(g)}+H_{2(g)}$，增大总压有利于反应向正反应方向进行。 (　　)

2. 由于 $\Delta_r G_m^{\ominus}=-RT\ln K^{\ominus}$，其中 $K^{\ominus}$ 为平衡常数，因此 $\Delta_r G_m^{\ominus}$ 是化学反应平衡时的吉布斯自由能变。 (　　)

3. 化学反应 $\left(\frac{\partial G}{\partial \xi}\right)_{T,p}$ 越大，则自发反应趋势越强，反应进行得越快。 (　　)

4. 标准平衡常数的数值不仅与方程式的写法有关，而且还与标准态的选择有关。 (　　)

5. 因 $K^{\ominus}=f(T)$，所以对于理想气体的化学反应；当温度一定时，其平衡组成也一定的。 (　　)

6. 一个已达平衡的化学反应，只有当标准平衡常数改变时，平衡才会移动。 (　　)

7. 在一定温度和压力下，某反应的 $\left(\frac{\partial G}{\partial \xi}\right)_{T,p}>0$，所以要寻找合适的催化剂，使反应得以进行。 (　　)

8. 某一反应的平衡常数是一个不变的常数。 (　　)

9. 反应 $CO_{(g)}+H_2O_{(g)}\rightleftharpoons CO_{2(g)}+H_{2(g)}$，因为反应前后气体分子数相等，所以无论压力如何变化，对平衡均无影响。 (　　)

10. 在恒定的温度和压力下，某化学反应的 $\Delta_r G_m$ 就是在一定量的系统中进行 1 mol 的化学反应时产物与反应物之间的吉布斯自由能的差值。 (　　)

五、计算题

1. 世界卫生组织规定，汞蒸气在 1 m^3 空气中最高允许含量为 10^{-5} g，要求：

(1) 在 303 K，在空气中的汞与其蒸气呈平衡态，计算空气中汞的含量是否超过所规定的最高允许含量；

(2) 学生由于使用汞时违反操作规程，将汞撒在桌上及地面上，故使用过量的硫黄粉来清除残留的汞。试从热力学角度论证能否清除尽。

已知汞在 298 K 的蒸气压为 0.160 Pa，摩尔汽化热 $\Delta H_m^{\ominus}=60.688\ \text{kJ}\cdot\text{mol}^{-1}$。反应 $Hg_{(l)}+S_{(cr)}=\!=\!=HgS_{(s)}$ 的 $\Delta_r H_m^{\ominus}=\sum_B \nu_B\Delta_f H_{B,m}^{\ominus}=-58.16\ \text{kJ}\cdot\text{mol}^{-1}$；$\Delta_r S_{B,m}^{\ominus}=\sum_B \nu_B S_{B,m}^{\ominus}=-25.78\ \text{kJ}\cdot\text{mol}^{-1}$。

2. 银可能受到 $H_2S_{(g)}$ 腐蚀而发生反应：$H_2S_{(g)}+2Ag_{(s)}=\!=\!=Ag_2S_{(s)}+H_{2(g)}$，在 298 K，$p^{\ominus}$ 下，将 Ag 放在等体积比的 H_2 和 H_2S 混合气体中，问：

(1) 能否发生腐蚀；

(2) 在混合气体中，$H_2S_{(g)}$ 的百分数小于多少时才不会发生腐蚀。已知在 298 K 时，$Ag_2S_{(s)}$ 和 $H_2S_{(g)}$ 的 $\Delta_f G_m$ 分别为 $-40.26\ \text{kJ}\cdot\text{mol}^{-1}$ 和 $-33.02\ \text{kJ}\cdot\text{mol}^{-1}$。

3. $Ni_{(s)}$ 和 $CO_{(g)}$ 能生成 $Ni(CO)_4$ 反应为：$Ni_{(s)}+4CO_{(g)}=\!=\!=Ni(CO)_{4(g)}$，$Ni(CO)_4$ 对人体有害，若在 150 ℃时，将含有 $CO_{(g)}$ 体积分数为 0.005 的混合气通过 Ni 表面，欲使 $Ni(CO)_4$ 的体积百分数 $<1\times10^{-9}$，求混合气的允许最大总压 p。已知反应 150 ℃时 $K^{\ominus}=2.0\times10^{-6}$（$p^{\ominus}=$

100 kPa)。

4. 某些冶金厂和化工厂排出的废气中含有毒性气体 SO_2，SO_2 在一定条件下可氧化为 SO_3，并进一步与水蒸汽结合生成酸雾或酸雨，造成对农田、森林、建筑物以及人体的伤害。已知：$SO_{2(g)}$ 和 $SO_{3(g)}$ 在 298.15 K 时的 $\Delta_f G_m^{\ominus}$ 分别为 $-300.37\ kJ \cdot mol^{-1}$ 和 $-370.42\ kJ \cdot mol^{-1}$；298.15 K 时，空气中 $O_{2(g)}$，$SO_{2(g)}$，$SO_{3(g)}$ 的浓度分别为 $8.00\ mol \cdot m^{-3}$，$2.00\times10^{-4}\ mol \cdot m^{-3}$，$2.00\times10^{-6}\ mol \cdot m^{-3}$，反应能否自动发生?

5. 气相反应 $CO_{(g)}+2H_{2(g)}$ ══ $CH_3OH_{(l)}$，已知其标准摩尔吉布斯生成自由能与温度的关系式为 $\Delta_r G_m^{\ominus}=(-90.625+0.221T)\ kJ \cdot mol^{-1}$，若要使平衡常数 $K^{\ominus}>1$，则温度应控制在多少为宜?

6. 乙醇气相脱水可制备乙烯，其反应为：$C_2H_5OH_{(g)}$ ══ $C_2H_{4(g)}+H_2O_{(g)}$，已知 298 K 时有如题表 4-1 所示数据。

题表 4-1

物 质	$\Delta_f H_{B,m}^{\ominus}(kJ \cdot mol^{-1})$	$S_{B,m}^{\ominus}(J \cdot mol^{-1} \cdot K^{-1})$
$C_2H_5OH_{(g)}$	-235.3	282.0
$C_2H_{4(g)}$	52.3	219.5
$H_2O_{(g)}$	-241.8	188.7

(1) 求 298 K 下，上述反应的 $\Delta_r G_m^{\ominus}$ 和 $K^{\ominus}$；

(2) 设反应的 $\Delta_r H_m^{\ominus}$ 不随温度变化，求 633 K 下的 $K^{\ominus}$。

7. 已知 25 ℃时有如题表 4-2 所示数据。

题表 4-2

物 质	$\Delta_f H_{B,m}^{\ominus}(kJ \cdot mol^{-1})$	$S_{B,m}^{\ominus}(J \cdot mol^{-1} \cdot K^{-1})$	$\Delta_f G_{B,m}^{\ominus}(kJ \cdot mol^{-1})$
$CO_{(g)}$	-110.52	197.67	-137.17
$H_{2(g)}$		130.68	
$CH_3OH_{(g)}$	-200.7	239.8	-162.0

试求：(1) 反应 $CO_{(g)}+2H_{2(g)}$ ══ $CH_3OH_{(g)}$ 在 25 ℃时的 $\Delta_r H_m^{\ominus}$，$\Delta_r G_m^{\ominus}$，$\Delta_r S_m^{\ominus}$ 及 $K^{\ominus}$；

(2) 反应的 $\Delta_r H_m^{\ominus}$ 不随温度变化，求 300 ℃下的 $K^{\ominus}$。

8. 已知反应 $C_{(s)}+CO_{2(g)}$ ══ $2CO_{(g)}$ 的标准摩尔反应吉布斯自由能变与温度的关系为

$$\Delta_r G_m^{\ominus} = 124\,892 - 55T\lg T + 0.026\,15T^2\ (J)$$

求在总压 101.325 kPa，1 200 K 时，平衡混合气体中 $CO_{(g)}$ 的物质的量分数。

9. 已知反应 $MCO_{3(s)}$ ══ $MO_{(s)}+CO_{2(g)}$（M 为某金属）有关数据如题表 4-3 所示。

题表 4-3

物 质	$\Delta_f H_{m,B,298\,K}^{\ominus}(kJ \cdot mol^{-1})$	$S_{m,B,298\,K}^{\ominus}(J \cdot K^{-1} \cdot mol^{-1})$	$C_{p,m,B,T}(J \cdot K^{-1} \cdot mol^{-1})$
$MCO_{3(s)}$	-500	167.4	108.6
$MO_{(s)}$	-29.00	121.4	68.40
$CO_{2(g)}$	-393.5	213.0	40.20

$C_{p,\mathrm{m,B},T}$可近似取$C_{p,\mathrm{m,B},298\,\mathrm{K}}$的值($p^{\ominus}=100$ kPa),要求:

(1) 该反应 $\Delta_r G_m^{\ominus}(T)$与 T 的关系;

(2) 该系统温度为 127 ℃,总压力为 101 325 Pa,CO_2 的物质的量分数为 $y_{CO_2}=0.01$,系统中 $MCO_{3(s)}$能否分解为 $MO_{(s)}$和 $CO_{2(g)}$?

(3) 为防止 $MCO_{3(s)}$在上述系统中分解,则系统温度应低于多少?

10. 已知以下反应的 $K^{\ominus}$与 T 的关系:

$$Fe_3O_{4(s)}+H_{2(g)}=\!=\!=3FeO_{(s)}+H_2O_{(g)}$$

$$\lg K^{\ominus}=-\frac{3\,378}{T}+3.648$$

$$FeO_{(s)}+H_{2(g)}=\!=\!=Fe_{(s)}+H_2O_{(g)}$$

$$\lg K^{\ominus}=-\frac{748}{T}+0.578$$

(1) 写出下列反应的 $K^{\ominus}$与 T 的关系式:

$$Fe_3O_{4(s)}+4H_{2(g)}=\!=\!=3FeO_{(s)}+4H_2O_{(g)}$$

(2) 写出在 800 ℃下,(1)中反应达平衡时的气相组成;

(3) 求(1)中反应在 800 ℃下的 $\Delta_r H_m^{\ominus}$ 及 $\Delta_r S_m^{\ominus}$。

11. 120 ℃时发生反应:$FeO_{(s)}+CO_{(g)}=\!=\!=Fe_{(s)}+CO_{2(g)}$,试问还原 1 mol FeO 需要多少 CO。已知同温度下:

(1) $$2CO_{2(g)}=\!=\!=2CO_{(g)}+O_{2(g)}$$

$$K^{\ominus}=1.4\times10^{-12}$$

(2) $$2FeO_{(s)}=\!=\!=2Fe_{(s)}+O_{2(g)}$$

$$K^{\ominus}=2.47\times10^{-13}$$

12. N_2O_4 能微量解离成 NO_2,若 N_2O_4 与 NO_2 均为理想气体,证明 N_2O_4 的解离度 α 与压力的平方根成反比。

13. 有以下化学反应

$$2NaHCO_3 =\!=\!= Na_2CO_{3(s)}+H_2O_{(g)}+CO_{2(g)} \quad (1)$$

$$CuSO_4\cdot5H_2O_{(s)} =\!=\!= CuSO_4\cdot3H_2O_{(s)}+2H_2O_{(g)} \quad (2)$$

已知 50 ℃时,反应(1)、反应(2)的分解压力分别为 $p_1=3.999$ kPa,$p_2=6.052\,8$ kPa。试计算由 $NaHCO_3$,Na_2CO_3,$CuSO_4\cdot5H_2O_{(s)}$,$CuSO_4\cdot3H_2O$ 固体物质组成的体系,在 50 ℃时的平衡压力是多少。

14. 工业上用乙苯脱氢制苯乙烯:

$$C_6H_5C_2H_{5(g)}=\!=\!=C_6H_5C_2H_{3(g)}+H_{2(g)}$$

若反应在 900 K 下进行,其 $K^{\ominus}=1.49$。试分别计算在下述情况下乙苯的平衡转化率:

(1) 反应的压力为 100 kPa;

(2) 反应的压力为 10 kPa;

(3) 反应的压力为 100 kPa,且加入水蒸气,使乙苯与水蒸气物质的量之比为 1∶10。

15. 石灰窑中石灰的反应为:

$$CaCO_{3(s)}=\!=\!=CaO_{(s)}+CO_{2(g)}$$

欲使石灰石能以一定速率分解为石灰，分解压力最小应达到大气压力，此时，所对应的平衡温度称为分解温度。设分解反应的 $\Delta C_p=0$，试求 $CaCO_3$ 的分解温度。

16. (1) 在 1 120 ℃下用 H_2 还原 $FeO_{(s)}$，平衡混合物中 H_2 的摩尔分数为 0.54。求 $FeO_{(s)}$ 的分解压(已知同温度下反应：$2H_2O_{(g)}=2H_{2(g)}+O_{2(g)}$ 的 $K^{\ominus}=3.4\times10^{-13}$。

(2) 在炼铁炉中，氧化铁按如下反应还原：

$$FeO_{(s)}+CO_{(g)}=Fe_{(s)}+CO_{2(g)}$$

求 1 120 ℃下，还原 1 mol $FeO_{(s)}$ 需要多少 $CO_{(g)}$。已知同温度下反应：$2CO_{2(g)}=2CO_{(g)}+O_{2(g)}$ 的 $K^{\ominus}=1.4\times10^{-12}$。

17. 在 1 500 K，$p^{\ominus}$下，分别求在该温度下反应

(1) $H_2O_{(g)}=H_{2(g)}+\frac{1}{2}O_{2(g)}$，水蒸气的离解度为 2.21×10^{-4}；

(2) $CO_{2(g)}=CO_{(g)}+\frac{1}{2}O_{2(g)}$，$CO_2$ 的离解度为 4.8×10^{-4}；

(3) $CO_{(g)}+H_2O_{(g)}=CO_{2(g)}+H_{2(g)}$ 的平衡常数。

18. 半导体工业为了获得氧含量不大于 1×10^{-6} 的高纯氢，在 298 K，$p^{\ominus}$下让电解水得到的氢气(99.5% H_2，0.5%O_2)通过催化剂，因发生反应 $2H_{2(g)}+O_{2(g)}=2H_2O_{(g)}$ 而消耗氧，已知气态水的 $\Delta_f G_m^{\ominus}=-228.59\ kJ\cdot mol^{-1}$。反应后氢气的纯度能否达到要求？

19. 乙烯气体与水在塔内发生催化加成，生成乙醇水溶液，试求该反应的平衡常数。已知反应方程 $C_2H_{4(g)}+H_2O_{(l)}=C_2H_5OH_{(aq)}$，25 ℃时，乙醇处于纯态的饱和蒸气压为 7 599 Pa，处于上述假想态时，平衡分压为 533 Pa。

20. 将 6%(物质的量分数)的 $SO_{2(g)}$、12%的 $O_{2(g)}$ 与惰性气体混合，在 100 kPa 下进行反应，试问在什么温度下，反应达到平衡时有 80%的 $SO_{2(g)}$ 转化为 $SO_{3(g)}$？已知在 298 K 时，$\Delta_r H_m^{\ominus}=-98.86\ kJ\cdot mol^{-1}$，$\Delta_r S_m^{\ominus}=-94.03\ J\cdot K^{-1}\cdot mol^{-1}$。

21. 设在某一温度下，有一定量的 $PCl_{5(g)}$ 在标准压力 $p^{\ominus}$ 下的体积为 1 dm^3，在该情况下 $PCl_{5(g)}$ 的离解度设为 50%，用计算说明在下列几种情况下，$PCl_{5(g)}$ 的离解度是增大还是减小：

(1) 使气体的总压力减小，直到体积增大到 2 dm^3；

(2) 通入氮气，使体积增大到 2 dm^3，而压力仍为 101.325 kPa；

(3) 通入氮气，使压力增大到 202.65 kPa，而体积仍为 1 dm^3；

(4) 通入氯气，使压力增大到 202.65 kPa，而体积仍为 1 dm^3。

22. 在真空的容器中放入固态的 $NH_4HS_{(s)}$，于 25 ℃下分解为 $NH_{3(g)}$ 和 $H_2S_{(g)}$，平衡时容器内的压力为 66.66 kPa，要求：

(1) 当放入 $NH_4HS_{(s)}$ 时容器中已有 39.99 kPa 的 $H_2S_{(g)}$，求平衡时容器中的压力；

(2) 容器中原有 6.666 kPa 的 $NH_{3(g)}$，需加多大压力的 $H_2S_{(g)}$，才能形成固体 $NH_4HS_{(s)}$？

23. 445 ℃时，反应：$H_{2(g)}+I_{2(g)}=2HI_{(g)}$ 的标准平衡常数为 50.1。取 5.3 mol I_2 与 7.94 mol H_2，使之发生反应，计算平衡时产生的 HI 的量。

24. 已知 298 K 时，反应 $H_{2(g)}+\frac{1}{2}O_{2(g)}=H_2O_{(g)}$ 的 $\Delta_r G_m^{\ominus}=-228.5\ kJ\cdot mol^{-1}$。298 K 时水的饱和蒸气压力为 3.166 3 kPa，水的密度为 997 $kg\cdot m^{-3}$，求 298 K 时反应 $H_{2(g)}+\frac{1}{2}O_{2(g)}$

$\!=\!=\!=H_2O_{(l)}$ 的 $\Delta_r G_m$。

25. 1 000 K 时，反应 $C_{(s)}+2H_{2(g)}\!=\!=\!=CH_{4(g)}$ 的 $\Delta_r G_m^{\ominus}=19\ 397\ J\cdot mol^{-1}$，现有与碳反应的气体，其中含有(体积比)$CH_{4(g)}$ 10%，$H_{2(g)}$ 80%，$N_{2(g)}$ 10%。试问：

(1) $T=1\ 000$ K，$p=101.325$ kPa 时，甲烷能否形成吗？

(2) 在(1)的条件下，压力需增加到多少时，上述合成甲烷的反应才能够进行？

26. CO_2 在高温时按下式分解 $2CO_2\!=\!=\!=2CO+O_2$，在 1 000 K，$p^{\ominus}$时解离度为 2.0×10^{-7}，1 400 K 时为 1.27×10^{-4}，设所给温度内反应热效应不随温度而改变，则在 1 000 K 时反应的 $\Delta_r G_m^{\ominus}$ 和 $\Delta_r S_m^{\ominus}$ 各为多少？

第5章 统计热力学

【设疑】

[1] 如何利用系统微观性质获得宏观热力学性质?

[2] 如何利用统计力学推导理想气体状态方程?

[3] 如何解释理想气体定容热容与温度关系?

【教学目的与要求】

[1] 理解宏观状态和微观状态、宏观性质和微观性质的关系。

[2] 理解等概率假设和统计热力学系统分类等基本概念。

[3] 理解最概然分布和平衡分布,理解独立子系统的玻尔兹曼分布及其适用条件。

[4] 理解分子配分函数及其物理意义,掌握平动、转动、振动子配分函数的计算。

[5] 掌握热力学性质与配分函数的关系,能熟练计算理想气体系统的热力学性质。

5.1 概　　论

5.1.1 统计热力学任务

热力学是在长期实验基础上总结出的几个经验定律发展而来。热力学第零定律给出了温度的定义;热力学第一定律引入了热力学能概念,以此表达能量转化守恒定律;热力学第二定律引入了熵函数;热力学第三定律进一步引入熵的零点规定,以便能计算绝对熵。化学热力学就是利用温度、热力学能、熵等状态函数的变化及依赖关系来解决热力学过程的能量变化、方向和限度等问题。热力学给出的结论具有高度的普遍性和绝对的可靠性。

热力学给出了任意系统宏观性质变化的依赖关系,但在应用到具体系统时还需要结合该系统的实验数据或热力学模型。经典热力学框架并不包含实际系统热力学函数的计算式及其依赖关系。经典热力学不考虑组成系统的物质的微观结构,不能给出宏观性质与微观性质间的联系,也不能对热力学基本定律给出深入的解释,只知其然而不知其所以然。

统计热力学正是针对经典热力学存在的不足而专门从物质的微观性质——如质量 m、核间距 r、振动频率 ν 等出发,利用统计力学的理论和方法,通过配分函数计算 A,S,U,H,G,p,C_V 等宏观性质的,它是宏观性质和微观性质间联系的桥梁。

统计热力学考虑的对象是组成宏观系统的大量原子、分子或离子等粒子。这些粒子的数量极其巨大,无法通过求解描述该系统的力学方程来获取其宏观性质,而需要利用统计手段。参与统计的粒子数量越大则物理量的统计偏差就越小。

统计热力学是平衡态统计力学的重要组成部分，在化学化工领域有着重要应用的统计热力学常被称为分子热力学。

5.1.2 统计热力学基本概念

5.1.2.1 微观状态

宏观系统由大量微观粒子组成，描述微观粒子运动本质上需要量子力学。系统的微观状态（或量子态）可以通过描述系统的波函数来表示，波函数与粒子坐标、自旋等有关。通过薛定谔方程获得的波函数是系统能量算符的本征态，因此，系统的每个微观状态都对应于一个分立的能量，该能量所对应的微观状态可称之为能态。相同的能量构成一个能级，一个能级对应的微观状态数为该能级的简并度。正是由于波函数与能量间的对应关系，系统的微观状态也可以使用能态或能级来描述。值得注意的是，微观状态数与能态数相等，但两者间并不存在一一对应关系。

宏观体系的微观粒子数量极大，对于任意给定的宏观状态都有大量不同的微观状态与之对应。举个简单例子来说明两者间的对应关系，设由两个没有相互作用的同种粒子组成一个体积为 V 的孤立系统，粒子的能级非简并（即一个能级对于一个量子态），其能级为 $\varepsilon_i = i\varepsilon$，其中 i 为正整数，ε 为单位能量。如果系统的总能量 U 为 5ε，则两个粒子仅可占据 $\{\varepsilon_2, \varepsilon_3\}$ 或 $\{\varepsilon_1, \varepsilon_4\}$。如果这两个粒子不可分辨，交换两个粒子不产生新的状态，则这个宏观状态 (N, V, U) 对应 2 个微观状态；如两个粒子可分辨，则微观状态为 4 个。粒子数越大，则同一宏观状态对应的微观状态越多。微观状态的数目与宏观状态的 N，V 和 U 有关，它是 N，V 和 U 的函数。指定宏观状态 N，V 和 U，则该宏观状态就确定了，其他状态量可以通过热力学原理计算出来。而知道了微观粒子能量分布，也就确定了系统的微观状态，其微观状态对应的宏观状态也就确定了。为了获得极大数量微观状态组成的宏观系统的性质，需要借助统计力学手段。虽然随着现代计算技术的发展，人们已经能够利用分子模拟手段对几万个甚至更多粒子组成的系统进行求解来获得该系统的热力学性质。但在一些物理量的统计中依然会用到统计力学的手段。

5.1.2.2 统计热力学系统

为方便研究统计热力学，通常根据热力学系统内微观粒子之间相互作用的强弱和粒子的可辨性将相应的系统分为“独立子系统和相依子系统”以及“定域子系统和离域子系统”。

1. 独立于系统和相依于系统

独立子系统——组成系统粒了间相互作用微小而可以忽略。理想气体和理想晶体是典型的独立子系统，稀薄的实际气体也可以近似看做是独立子系统。

N 个独立子系统的总热力学能表达为

$$U = \sum_{i=1}^{N} n_i \varepsilon_i \tag{5-1}$$

式中，ε_i 为能级，n_i 为分布于 ε_i 能级的粒子数。

对于封闭或孤立系统，还存在总粒子数限制，即

$$N = \sum_i n_i \tag{5-2}$$

相依子系统（或非独立子系统）——组成系统粒子间的相互作用较大而不可忽略，系统的总

能量不再是粒子自身能量之和。例如，液体和高压低温下的真实气体都是相依子系统。

2. 定域子系统和离域子系统

依据粒子是否可以辨别可以将系统分为定域子系统和离域子系统。

定域子系统（或定位系统）——组成系统的粒子的位置固定或者在小范围内运动，同种粒子间可以区别，如晶体。

离域子系统（或非定位系统）——组成系统的粒子的位置不固定，可以在大范围内运动，使得同种粒子无法区分，如实际气体和液体。

独立和相依及定域和离域是两种不同的概念，两者组合可以形成独立定域子系统、独立离域子系统、相依定域子系统和相依离域子系统共四类系统。

5.1.2.3 等概率假设

1. 概率

概率又称概然率或概率等，它是指任意事件集合中某一事件发生的机会。概率常用符号 p 表示。

若肯定某件事 x 必然发生，则出现该事件的概率 $p(x)=1$。例如，投掷一个各个面上都有数字 3 的不规则小方块，那么每次投掷时都得到答案 3，而决不会出现 4。绝不会发生事件的概率为 0，如投掷这个小方块出现 4 的概率为 $p(4)=0$。数学概率的取值范围是 $0\leqslant p(x)\leqslant 1$。

2. 等概率假设

由极大数目（如 $N\sim 10^{24}$）的粒子组成的宏观系统，其微观状态瞬息万变，各个微观状态出现的概率有多大？这是统计热力学的根本问题之一。1868 年，玻尔兹曼大胆地提出了一个统计力学基本假定。

处于热力学平衡态的孤立系统（N,U,V 恒定），任何一种可能出现的微观状态都具有相同的概率。

如果一孤立系统的粒子数为 N，它的总微观状态数为 Ω，该值又称为热力学概率，则每个微观状态出现的概率是

$$p_1 = p_2 = \cdots = p_\Omega = \frac{1}{\Omega}$$

这就是等概率假设。等概率假设虽不能用别的原理直接证明，但由它推出的一切结果都是正确的，不与现有理论矛盾且符合经验事实。

5.2 玻尔兹曼统计和配分函数及其与热力学函数间关系

5.2.1 玻尔兹曼分布

5.2.1.1 最概然分布

考虑一个由 N 个独立定域粒子组成的宏观孤立系统，该系统粒子的能级为 $\varepsilon_1,\varepsilon_2,\varepsilon_3,\cdots$，每

个能级的简并度为 $g_1, g_2, g_3, \cdots$，处在 $\varepsilon_1, \varepsilon_2, \varepsilon_3, \cdots$ 能级的粒子数的一种分布是 $n_1, n_2, n_3, \cdots$，对于这个特定的分布可以方便地求出其微观状态数，即 N 个粒子在这些能级上的具体分布。

从 N 个粒子中任意抽取 n_1 个粒子放入 ε_1 能级的有 $C_N^{n_1}$ 种选法。考虑到该能级的能态数目为 g_1，设每个能态对于占据的粒子数是没有要求的，即每个粒子占据 ε_1 能级有 g_1 种可能，因此 n_1 个粒子占据 ε_1 能级的方式数为 $g_1^{n_1}$。所以从 N 个粒子抽取 n_1 个粒子占据简并度为 g_1 的 ε_1 能级的方式总数为 $C_N^{n_1} g_1^{n_1}$。从剩余的 $N-n_1$ 个粒子中抽取 n_2 个粒子占据简并度为 g_2 的 ε_2 的方式总数为 $C_{N-n_1}^{n_2} g_2^{n_2}$。以此类推，上面指定分布的微观状态数为

$$
\begin{aligned}
\Omega_D &= (g_1^{n_1} \cdot C_N^{n_1})(g_2^{n_2} \cdot C_{N-n_1}^{n_2})\cdots \\
&= g_1^{n_1} \cdot \frac{N!}{n_1!(N-n_1)!} \cdot g_2^{n_2} \cdot \frac{(N-n_1)!}{n_2!(N-n_1-n_2)!}\cdots \\
&= g_1^{n_1} \cdot g_2^{n_2} \cdots \frac{N!}{n_1!n_2!\cdots} \\
&= N! \prod_i \left(\frac{g_i^{n_i}}{n_i!}\right)
\end{aligned}
$$

对于其他分布类型，也有同样的关系，如

$$\Omega_{D'} = N! \prod_i \left(\frac{g_i^{n_i'}}{n_i'!}\right)$$

这样，该宏观系统的总微观状态数为

$$\Omega = \sum_D \Omega_D = N! \sum_D \prod_i \left(\frac{g_i^{n_i}}{n_i!}\right)$$

对于离域子系统，由于彼此不可分辨，粒子互换位置不产生新的微观状态，离域子系的每种分布类型只决定一个微观状态。例如，三个定域子排列的微观状态数为 3！＝6，而 3 个离域子排列的微观状态数仅为 1。这相当于 3 个不同颜色的球放在 3 个固定位置上，各排出 6 个花样，而 3 个大小和颜色等完全一样不可区别的球，在 3 个位置上只能排出一种花样。

将这一结果应用于 N 个离域子组成的系统，$N!$ 个微观状态实际上没有区别，只能算一个，因此

$$\Omega_D = \prod_i \left(\frac{g_i^{n_i}}{n_i!}\right)$$

$$\Omega = \sum_D \prod_i \left(\frac{g_i^{n_i}}{n_i!}\right)$$

以上公式均仅适用于 N,U 和 V 恒定的孤立系统。因当 N,U 和 V 3 个参量确定后，不但 Ω 有定数，而且组成系统的每个粒子的能级和简并度也都是被确定了。

每一种具体分布的微观状态数 Ω_D 并不相等，但其中必有一种分布类型的微观状态数最大，这个最大数可用 Ω_m 表示。根据等概率假设，Ω 种微观状态数出现的概率相等，均为 $\frac{1}{\Omega}$，因此，最大分布的概率 $\frac{\Omega_m}{\Omega}$ 也是最大的。当系统中粒子足够多时，可用 Ω_m 代替 Ω，即 $\ln\Omega_m \approx \ln\Omega$。这就是最概然分布近似，该方法也叫摘取最大项法。

玻尔兹曼统计的首要任务就是求出在满足粒子数 $N = \sum_i n_i$、能量 $U = \sum_i n_i \varepsilon_i$ 的约束条件下，分布在最概然能级 ε_i 上的最概然分布数 n_i。使

$$\frac{\partial \ln \Omega_D}{\partial n_i} = 0$$

将 $\ln\Omega_D$ 对 n_i 求微分

$$\mathrm{d}\ln\Omega_D = \left(\frac{\partial \ln \Omega_D}{\partial n_1}\right)\mathrm{d}n_1 + \left(\frac{\partial \ln \Omega_D}{\partial n_2}\right)\mathrm{d}n_2 + \cdots$$

分别对式(5-2)和式(5-1)求微分，有

$$\mathrm{d}n_1 + \mathrm{d}n_2 + \cdots = \mathrm{d}N = 0$$

$$\varepsilon_1 \mathrm{d}n_1 + \varepsilon_2 \mathrm{d}n_2 + \cdots = \mathrm{d}U = 0$$

利用拉格朗日(J. L. Lagrange)待定乘数法，将上面两式依次乘以 α 和 β 因子与前面 $\mathrm{d}\ln\Omega_D$ 式加和有

$$\mathrm{d}\ln\Omega_D = \left(\frac{\partial \ln \Omega_D}{\partial n_1} + \alpha + \beta\varepsilon_1\right)\mathrm{d}n_1 + \left(\frac{\partial \ln \Omega_D}{\partial n_2} + \alpha + \beta\varepsilon_2\right)\mathrm{d}n_2 + \cdots$$

当 Ω_D 达最大值时，$\mathrm{d}\ln\Omega_D=0$，必有

$$\left(\frac{\partial \ln \Omega_D}{\partial n_1} + \alpha + \beta\varepsilon_1\right) = 0$$

$$\left(\frac{\partial \ln \Omega_D}{\partial n_2} + \alpha + \beta\varepsilon_2\right) = 0$$

$$\cdots$$

即 Ω_D 为极大值 Ω_m 的全部 n_i 的数值必须满足

$$\frac{\partial \ln \Omega_\mathrm{m}}{\partial n_i} + \alpha + \beta\varepsilon_i = 0 \qquad (i = 1,2,\cdots)$$

这里

$$\ln\Omega_\mathrm{m} = \ln N! + \sum_i n_i \ln g_i - \sum_i \ln n_i!$$

利用斯特林(J. Stirling)公式

$$\ln N! = N\ln N - N$$

有

$$\ln\Omega_\mathrm{m} = N\ln N - N + \sum_i n_i \ln g_i - \sum_i (n_i \ln n_i - n_i)$$

两边对 n_i 求极值

$$\frac{\partial \ln \Omega_\mathrm{m}}{\partial n_i} = \ln g_i - \ln n_i$$

将前式代入，有

$$\ln g_i - \ln n_i + \alpha + \beta\varepsilon_i = 0$$

得

$$n_i = g_i \mathrm{e}^{\alpha+\beta\varepsilon_i} = g_i \mathrm{e}^{\alpha} \cdot \mathrm{e}^{\beta\varepsilon_i}$$

因为

$$\sum_i n_i = \mathrm{e}^{\alpha} \sum_i g_i \mathrm{e}^{\beta\varepsilon_i} = N$$

则

$$\mathrm{e}^{\alpha} = \frac{N}{\sum_i g_i \mathrm{e}^{\beta\varepsilon_i}}$$

因此，最概然分布为

$$n_i = N\frac{g_i e^{\beta\varepsilon_i}}{\sum_i g_i e^{\beta\varepsilon_i}}$$

利用玻尔兹曼熵公式可以将此处的 β 求出

$$S = k\ln\Omega_m = k\ln N!\prod_i\left(\frac{g_i^{n_i}}{n_i!}\right)$$

式中，k 是玻尔兹曼常数。

$$\begin{aligned}
S &= k\left[N\ln N - N + \sum_i n_i\ln g_i - \sum_i(n_i\ln n_i - n_i)\right]\\
&= k\left[N\ln N + \sum_i n_i\ln\left(\frac{g_i}{n_i}\right)\right]\\
&= k\left[N\ln N + \sum_i n_i\left(\ln\sum_i g_i e^{\beta\varepsilon_i} - \ln N - \beta\varepsilon_i\right)\right]\\
&= kN\ln\sum_i g_i e^{\beta\varepsilon_i} - k\beta U
\end{aligned}$$

在 N 和 V 恒定条件下，将 S 对 U 求偏导，有

$$\begin{aligned}
\left(\frac{\partial S}{\partial U}\right)_{V,N} &= kN\frac{\partial\ln\sum_i g_i e^{\beta\varepsilon_i}}{\partial\beta}\frac{\partial\beta}{\partial U} - kU\frac{\partial\beta}{\partial U} - k\beta\\
&= k\left(N\frac{\partial}{\partial\beta}\ln\sum_i g_i e^{\beta\varepsilon_i} - U\right)\frac{\partial\beta}{\partial U} - k\beta\\
&= k\left(N\frac{\sum_i g_i e^{\beta\varepsilon_i}\varepsilon_i}{\sum_i g_i e^{\beta\varepsilon_i}} - U\right)\frac{\partial\beta}{\partial U} - k\beta\\
&= k\left(\sum_i n_i\varepsilon_i - U\right)\frac{\partial\beta}{\partial U} - k\beta\\
&= -k\beta
\end{aligned}$$

由经典热力学知

$$\left(\frac{\partial S}{\partial U}\right)_{V,N} = \frac{1}{T}$$

故有

$$\beta = -\frac{1}{kT}$$

则

$$S = kN\ln\sum_i g_i e^{-\frac{\varepsilon_i}{kT}} + \frac{U}{T} \tag{5-3}$$

$$n_i = \frac{Ng_i e^{-\varepsilon_i/kT}}{\sum_i g_i e^{-\varepsilon_i/kT}} \tag{5-4}$$

n_i是最概然能级分布数，该表达式称为玻尔兹曼分布公式或玻尔兹曼分布定律。它表明：在一个平衡系统中，分布在能级 ε_i 上的粒子数（或能级 ε_i 的能级分布数）n_i 与该能级的简并度 g_i 和相应的玻尔兹曼因子 $e^{-\varepsilon_i/kT}$ 的乘积成正比。凡符合这个关系式的分布都称为玻尔兹曼分布，也就是最概然分布。

对于离域子系统，虽然 $\Omega_D=\prod_i\left(\frac{g_i^{n_i}}{n_i!}\right)$，但玻尔兹曼分布公式对它完全适用，因为定域子系的 Ω_D 中虽多了 $N!$，但 $\frac{\partial \ln N!}{\partial n_i}=0$ 时，这个常数消去了。

5.2.1.2 最概然分布说明

前面讨论玻尔兹曼分布时使用概然微观状态数 Ω_m 代替系统总的微观状态数 Ω，其正确性可以通过具体实例证实。设定域子系统的粒子数为 $N\sim10^{24}$，分布在同一能级的两个不同量子态上，每个粒子数有两种选择，系统总的微观状态数为 $\Omega=2^N$。

最概然分布是每个量子态各占据 $\frac{N}{2}$ 个粒子，因此，最概然分布为

$$\Omega_m=\Omega\left(\frac{N}{2}\right)=\frac{N!}{\frac{N}{2}!\cdot\frac{N}{2}!}\cong\sqrt{\frac{2}{\pi N}}\cdot\Omega$$

因此，

$$\frac{\ln\Omega_m}{\ln\Omega}=1+\frac{1}{2N}\left(1-\frac{\ln\pi}{\ln2}-\ln N\right)=1-2.8\times10^{-23}\cong1$$

上式右侧的数值是带入 $N=10^{24}$ 计算出的结果。由此可见，当 N 很大时，有 $\ln\Omega_m\cong\ln\Omega$。根据 $\Omega_m=\Omega\left(\frac{N}{2}\right)$ 和 $\Omega=2^N$，表 5-1 给出了不同粒子数计算出 Ω_m 和 Ω 间的关系。

表 5-1 粒子数 N 与 Ω_m 和 Ω 的关系

N	Ω_m	Ω	Ω_m/Ω	$\ln\Omega_m/\ln\Omega$
2	2.000	4.000	5.000×10^{-1}	0.500
10	2.520×10^{2}	1.024×10^{2}	2.46×10^{-1}	0.798
100	1.012×10^{29}	1.268×10^{30}	7.98×10^{-2}	0.964
1 000	2.074×10^{299}	1.072×10^{301}	2.52×10^{-2}	0.995
10 000	$1.592\times10^{3\,008}$	$1.995\times10^{3\,010}$	7.98×10^{-3}	0.999

以上结果不但证实用 $\ln\Omega_m$ 代替 $\ln\Omega$ 处理方法是可行的，而且粒子数 N 越大，$\ln\Omega_m$ 与 $\ln\Omega$ 越接近，以 $\ln\Omega_m$ 代替 $\ln\Omega$ 产生的误差越小。尽管如此，从表 5-1 知 $\frac{\Omega_m}{\Omega}$ 随粒子数越大值越小，最概然分布只占总分布的比例极小。如对于上例，最概然分布的概率为

$$p_m=\frac{\Omega_m}{\Omega}=\sqrt{\frac{2}{\pi N}}\approx8\times10^{-13}$$

通过这个计算可以看出，即便对于最概然分布，它出现的概率也是非常微小的。如何理解最概然分布可以代表了一切分布？图 5-1 给出了两种粒子数下不同分布的微观状态比例，由此可以看出两个信息，一是随着粒子数增加最概然分布占有的比例越小；二是在最概然分布峰宽越窄，有更多的分布接近于最概然分布。处于平衡系统的平衡分布越来越接近于最概然分布，极大数量粒子系统的最概然分布就是平衡分布（图 5-1）。

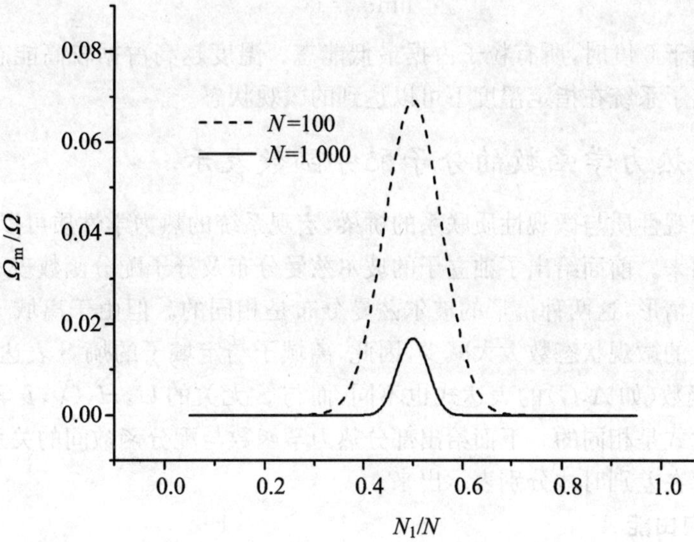

图 5-1　两种粒子数的不同分布微观状态比

5.2.2　分子配分函数及其与热力学函数间关系

5.2.2.1　分子配分函数

前面已经获得了玻尔兹曼分布表达式为

$$n_i = \frac{Ng_i e^{-\varepsilon_i/kT}}{\sum_i g_i e^{-\varepsilon_i/kT}}$$

将上式稍微整理得下式

$$\frac{n_i}{N} = \frac{g_i e^{-\varepsilon_i/kT}}{\sum_i g_i e^{-\varepsilon_i/kT}}$$

左侧表示分布在 ε_i 能级的粒子数 n_i 占总粒子数的比例，这个比例与该能级大小、该能级的简并度（能级的量子态数）以及体系温度有关。上式右侧分母在统计热力学中占有重要地位，定义

$$q = \sum_i g_i e^{-\varepsilon_i/kT} \tag{5-5}$$

式中，q 称之为分子配分函数或配分函数，与系统粒子的微观状态有关。分子配分函数对所有可及的能级求和，求和项 $g_i e^{-\varepsilon_i/kT}$ 可以理解为指定温度下 ε_i 能级的有效状态数。

分子配分函数的物理意义还可以通过两个不同能级粒子分布数之比反映

$$\frac{n_i}{n_j} = \frac{g_i e^{-\varepsilon_i/kT}}{g_j e^{-\varepsilon_j/kT}}$$

即两个能级上的粒子分布数比等于配分函数求和式的相应项之比。一般情况下，能级越高占据的粒子数越少。配分函数与温度有关，两个温度极限情况下有

$$\lim_{T\to 0} q = g_0$$

$$\lim_{T\to\infty} q = \infty$$

当体系温度趋于0度时，所有粒子占据最低能态。温度越高占据较高能态的概率就越大。分子配分函数给出了系统在指定温度下可以达到的微观状态。

5.2.2.2 热力学函数的分子配分函数表示

配分函数是宏观性质与微观性质联系的桥梁，宏观系统的热力学性质可以使用描述该系统的配分函数计算出来。前面给出了独立子的玻尔兹曼分布及分子配分函数表示，独立子系统存在定域和离域两种情形，这两种情形的玻尔兹曼分布是相同的。但由于离域子不可分辨，其微观状态数比定域子的微观状态数大大减少，因此，离域子与定域子的熵 S 表达式有差别。但凡与 S 有关热力学函数(如 A,G)的表达式也不同，而与 S 无关的 U,H,C_V,p 等函数，定域子和离域子系统的表达式是相同的。下面给出部分热力学函数与配分函数间的关系式，仅在定域子与离域子系统间存在差别时才分别表示出来。

1. 亥姆霍兹自由能 A

由式(5-3) $\left(S = kN\ln\sum_i g_i e^{-\frac{\varepsilon_i}{kT}} + \frac{U}{T}\right)$结合式(5-5)$\left(q = \sum_i g_i e^{-\varepsilon_i/kT}\right)$，对一个粒子数为 N 的独立定域子系统

$$S_{定} = k\ln q^N + \frac{U}{T}$$

对定域子系统

$$\begin{aligned} A &= U - TS = U - T\left(kN\ln q + \frac{U}{T}\right) \\ &= U - TkN\ln q - U = -kTN\ln q \end{aligned}$$

即

$$A_{定} = -kT\ln q^N \tag{5-6}$$

对一个粒子数为 N 的独立离域子系 $S_{离域} = k\ln\frac{q^N}{N!} + \frac{U}{T}$，则

$$\begin{aligned} A &= U - TS = U - T\left[k\ln\left(\frac{q^N}{N!}\right) - \frac{U}{T}\right] \\ &= U - Tk\ln\frac{q^N}{N!} - U = -kTN\ln\left(\frac{q^N}{N!}\right) \end{aligned}$$

即

$$A_{离域} = -kT\ln\left(\frac{q^N}{N!}\right) \tag{5-7}$$

2. 熵 S

由热力学基本方程

$$dA = -SdT - pdV$$

则

$$S = -\left(\frac{\partial A}{\partial T}\right)_V$$

由独立定域子系 $S = -\left[\frac{\partial(-kT\ln q^N)}{\partial T}\right]_V$，得

$$S_{定} = k\ln q^N + kNT\left(\frac{\partial \ln q}{\partial T}\right)_V$$

由独立离域子系 $S=-\left[\dfrac{\partial\left(-kT\ln\dfrac{q^N}{N!}\right)}{\partial T}\right]_V$，得

$$S_{离域} = k\ln\frac{q^N}{N!} + kNT\left(\frac{\partial \ln q}{\partial T}\right)_V$$

3. 热力学能 U

$$U=A+TS$$

独立定域子系统

$$\begin{aligned}U&=-kT\ln q^N + T\left[k\ln q^N + kNT\left(\frac{\partial \ln q}{\partial T}\right)_V\right]\\&=-kT\ln q^N + kT\ln q^N + kNT^2\left(\frac{\partial \ln q}{\partial T}\right)_V\end{aligned}$$

即

$$U = kT^2N\left(\frac{\partial \ln q}{\partial T}\right)_{N,V}$$

独立离域子系统

$$\begin{aligned}U&=-kT\ln\frac{q^N}{N!} + T\left[k\ln\frac{q^N}{N!} + kNT\left(\frac{\partial \ln q}{\partial T}\right)_V\right]\\&=-kT\ln\frac{q^N}{N!} + kT\ln\frac{q^N}{N!} + kNT^2\left(\frac{\partial \ln q}{\partial T}\right)_V\end{aligned}$$

即

$$U = kT^2N\left(\frac{\partial \ln q}{\partial T}\right)_{N,V}$$

可见独立定域子系统、离域子系统的 U 相同。

4. 焓 H

由热力学基本方程 $\mathrm{d}A=-S\mathrm{d}T-p\mathrm{d}V$，得到压力计算式为

$$p=-\left(\frac{\partial A}{\partial V}\right)_{T,N}=-\left[\frac{\partial(-kT\ln q^N)}{\partial V}\right]_{T,N}=kTN\left(\frac{\partial \ln q}{\partial V}\right)_T$$

或

$$p=-\left(\frac{\partial A}{\partial V}\right)_{T,N}=-\left[\frac{\partial\left(-kT\ln\dfrac{q^N}{N!}\right)}{\partial V}\right]_{T,N}=kTN\left(\frac{\partial \ln q}{\partial V}\right)_T$$

据焓的定义式 $H=U+pV$，将热力学能和压力表达式代入，有

$$H = kT^2N\left(\frac{\partial \ln q}{\partial T}\right)_V + kTNV\left(\frac{\partial \ln q}{\partial V}\right)_T$$

5. 吉布斯自由能 G

由吉布斯自由能定义 $G=H-TS$，代入 H 和 S 表达式，得

$$G_{定} = kT^2N\left(\frac{\partial \ln q}{\partial T}\right)_V + kTNV\left(\frac{\partial \ln q}{\partial V}\right)_T - T\left[k\ln q^N + kNT\left(\frac{\partial \ln q}{\partial T}\right)_V\right]$$

整理得

$$G_{定} =-kT\ln q^N + kTNV\left(\frac{\partial \ln q}{\partial V}\right)_T$$

离域子系统的表达式为

$$G_{离域} = kT^2N\left(\frac{\partial \ln q}{\partial T}\right)_V + kTNV\left(\frac{\partial \ln q}{\partial V}\right)_T - T\left[k\ln\frac{q^N}{N!} + kNT\left(\frac{\partial \ln q}{\partial T}\right)_V\right]$$

$$G_{离域} = -kT\ln\frac{q^N}{N!} + kTNV\left(\frac{\partial \ln q}{\partial V}\right)_T$$

6. 定容热容 C_V

利用定容热容的定义式，有

$$C_V = \left(\frac{\partial U}{\partial T}\right)_V = \left\{\frac{\partial\left[kNT^2\left(\frac{\partial \ln q}{\partial T}\right)_V\right]}{\partial T}\right\}_V$$

最终表达式为

$$C_V = 2kNT\left(\frac{\partial \ln q}{\partial T}\right)_V + kNT^2\left(\frac{\partial^2 \ln q}{\partial T^2}\right)_V$$

由上列公式可见，U，H 和 C_V 的表达式在定域系统和离域系统中是一样的；而在 A，S 和 G 的表达式中，定域子系统少了与 $\frac{1}{N!}$ 有关的常数项，而这些在计算函数的变化值时是可以互相消去的。

5.2.3 分子配分函数的计算

独立子系统的微观粒子可能具有核、电子、平动、转动和振动等多种运动。这些运动的能级差别巨大，因此，可以近似认为这些不同的运动形式彼此独立。粒子的能量是这些不同运动能量之和，因此，粒子的能量 ε_i 和简并度 g_i 与各种运动的能量及相应简并度的关系为

$$\varepsilon_i = \varepsilon_{t,i} + \varepsilon_{r,i} + \varepsilon_{v,i} + \varepsilon_{e,i} + \varepsilon_{n,i}$$

$$g_i = g_{t,i} \cdot g_{r,i} \cdot g_{v,i} \cdot g_{e,i} \cdot g_{n,i}$$

代入分子配分函数定义式有

$$\begin{aligned} q &= \sum_i g_i e^{-\varepsilon_i/kT} = \sum_i (g_{t,i}g_{r,i}g_{v,i}g_{e,i}g_{n,i})\exp\left(-\frac{\varepsilon_{t,i}+\varepsilon_{r,i}+\varepsilon_{v,i}+\varepsilon_{e,i}+\varepsilon_{n,i}}{kT}\right) \\ &= \sum_i g_{t,i}\exp\left(-\frac{\varepsilon_{t,i}}{kT}\right)\cdot\sum_i g_{r,i}\exp\left(-\frac{\varepsilon_{r,i}}{kT}\right)\cdot\sum_i g_{v,i}\exp\left(-\frac{\varepsilon_{v,i}}{kT}\right) \\ &\quad\cdot\sum_i g_{e,i}\exp\left(-\frac{\varepsilon_{e,i}}{kT}\right)\cdot\sum_i g_{n,i}\exp\left(-\frac{\varepsilon_{n,i}}{kT}\right) \end{aligned}$$

令

$$q_t = \sum_i g_{t,i}\exp\left(-\frac{\varepsilon_{t,i}}{kT}\right)$$

$$q_r = \sum_i g_{r,i}\exp\left(-\frac{\varepsilon_{r,i}}{kT}\right)$$

$$q_v = \sum_i g_{v,i}\exp\left(-\frac{\varepsilon_{v,i}}{kT}\right)$$

$$q_e = \sum_i g_{e,i}\exp\left(-\frac{\varepsilon_{e,i}}{kT}\right)$$

$$q_n = \sum_i g_{n,i}\exp\left(-\frac{\varepsilon_{n,i}}{kT}\right)$$

它们分别是分子平动配分函数 q_t，分子转动配分函数 q_r，分子振动配分函数 q_v，电子配分函数 q_e 和原子核配分函数 q_n。

因此，分子配分函数可以表示为

$$q = q_t q_r q_v q_e q_n$$

即分子配分函数可以分离为不同运动形式配分函数的乘积，它称为配分函数的析因子性质。平动之外的运动一般也称之为内部运动，因此，分子配分函数也可以记为

$$q = q_t q_{in}$$

其中，$q_{in} = q_r q_v q_e q_n$ 为内配分函数。

宏观系统的热力学性质可用配分函数获取，所以用统计力学原理计算热力学函数时，关键问题在于计算粒子的配分函数。而粒子的配分函数由粒子的内部结构和运动状态决定，它是直接关联系统宏观性质和粒子微观结构与微观运动的桥梁。

5.2.3.1　原子核与电子配分函数

1. 原子核配分函数

原子核由质子和中子组成，质子和中子又进一步由夸克组成。组成原子核粒子存在轨道和自旋运动，其耦合的总角动量表现为原子核自旋。因为原子核的能级间隔相差很大，除了核反应外，在通常的物理和化学过程中，原子核总是处于基态，所以

$$q_n = g_{n,0} \exp\left(-\frac{\varepsilon_{n,0}}{kT}\right)$$

规定核基态能量 $\varepsilon_{n,0} = 0$，则

$$q_n = g_{n,0}$$

由于核自旋的磁矩很小，所以自旋方向不同的各态之间差别不显著。若核自旋量子数为 s_n，则原子核自旋相对于空间某固定轴可取 $2s_n + 1$ 个不同取向，所以

$$q_n = g_{n,0} = (2s_n + 1)$$

对于多原子分子，总的核配分函数等于各个原子配分函数的连乘积

$$q_n = \prod_j (2s_{n,j} + 1)$$

其中 $s_{n,j}$ 为第 j 个核的核自旋量子数。

在一般的物理和化学过程中不涉及原子核自旋变化，q_n 保持不变，而在计算热力学函数 ΔS，ΔG 等时，q_n 的影响也消除了，因此，核自旋配分函数一般不予考虑。

2. 电子配分函数

电子配分函数是指组成体系分子或原子的电子轨道或自旋运动的配分函数。

$$\begin{aligned} q_e &= \sum_i g_{e,i} \exp\left(-\frac{\varepsilon_{e,i}}{kT}\right) \\ &= g_{e,0} \exp\left(-\frac{\varepsilon_{e,0}}{kT}\right) + g_{e,1} \exp\left(-\frac{\varepsilon_{e,1}}{kT}\right) + \cdots + g_{e,j} \exp\left(-\frac{\varepsilon_{e,j}}{kT}\right) + \cdots \\ &= g_{e,0} \exp\left(-\frac{\varepsilon_{e,0}}{kT}\right)\left(1 + \frac{g_{e,1}}{g_{e,0}} \exp\left(-\frac{\varepsilon_{e,1} - \varepsilon_{e,0}}{kT}\right) + \frac{g_{e,2}}{g_{e,0}} \exp\left(-\frac{\varepsilon_{e,2} - \varepsilon_{e,0}}{kT}\right) + \cdots\right) \end{aligned}$$

电子的能级间隔一般较大，从基态到第一激发态，每个电子所需要的能量约为几个电子伏特，约相当于 400 kJ · mol^{-1}。若 $\frac{\Delta\varepsilon}{kT} > 5$，则

$$T < \frac{\Delta\varepsilon}{5k} = \frac{N_A\Delta\varepsilon}{5R} = \frac{\Delta U_m}{5R} \approx 9\ 622\ K$$

该结果表明只要体系温度在 9 622 K 以下，分子中的电子一般都不会被激发，因此，在一般温度下电子都处于基态，即

$$q_e = g_{e,0}\exp\left(-\frac{\varepsilon_{e,0}}{kT}\right)$$

当规定 $\varepsilon_{e,0}=0$ 时，$q_e=g_{e,0}$。

由于电子运动包括轨道和自旋两种形式，所以不仅需要考虑两种运动的耦合，对于自旋运动还需要考虑泡利(Pauli)不相容原理，因此较为复杂，可参考结构化学课程中的原子和分子光谱相关内容。一般而言，对于亚层充满的单原子分子有 $g_{e,0}=1$；亚层只有一个电子的 H，Li，Na 等 $g_{e,0}=2$；对于 F，Cl，Br 等 $g_{e,0}=4$。对于大多数双原子分子由于电子完全配对故 $g_{e,0}=1$(表 5-2)。

表 5-2　部分原子的电子组态和简并度

原　子	电子组态	简并度 $g_{e,0}$
H	$1s^1$	2
He	$1s^2$	1
Li	$1s^2 2s^1$	2
C	$1s^2 2s^2 2p^2$	1
N	$1s^2 2s^2 1p^3$	4
O	$1s^2 2s^2 2p^4$	5
F	$1s^2 2s^2 2p^1$	4
Cl	$1s^2 2s^2 2p^6 3s^2 3p^5$	4

5.2.3.2　平动配分函数

在体积为 $V=a\times b\times c$ 的长方形势箱中运动的质量为 m 的粒子的平动能表达式为

$$\varepsilon_t = \frac{h^2}{8m}\left(\frac{n_x^2}{a^2}+\frac{n_y^2}{b^2}+\frac{n_z^2}{c^2}\right)$$

其中 n_x, n_y, n_z 分别为粒子在 x, y, z 三个方向上的平动量子数，它们的值只能取 1，2，3，…等正整数。

代入平动配分函数式中，有

$$q_t = \sum g_{t,j}\exp\left(-\frac{\varepsilon_{t,j}}{kT}\right) = \sum_{n_x=1}^{\infty}\sum_{n_y=1}^{\infty}\sum_{n_z=1}^{\infty}\exp\left[-\frac{h^2}{8mkT}\left(\frac{n_x^2}{a^2}+\frac{n_y^2}{b^2}+\frac{n_z^2}{c^2}\right)\right]$$

上式右侧是按照配分函数的量子态求和给出的。平动三个方向独立，平动配分函数可以写成三个分量乘积，故

$$q_t = \sum_{n_x=1}^{\infty}\exp\left(-\frac{h^2}{8mkT}\cdot\frac{n_x^2}{a^2}\right)\cdot\sum_{n_y=1}^{\infty}\exp\left(-\frac{h^2}{8mkT}\cdot\frac{n_y^2}{b^2}\right)\cdot\sum_{n_z=1}^{\infty}\exp\left(-\frac{h^2}{8mkT}\cdot\frac{n_z^2}{c^2}\right)$$
$$= q_{t,x}\cdot q_{t,y}\cdot q_{t,z}$$

上式最后分别是三个方向的平动配分函数，其形式相同。以下仅对 x 维给出求解过程，其他类推。

$$q_{t,x}=\sum_{n_x=1}^{\infty}\exp\left(-\frac{h^2}{8mkT}\cdot\frac{n_x^2}{a^2}\right)$$

上式是关于 $\sum f(n)$ 的求和运算。如果 $f(n)$ 变化非常缓慢，则该求和可以使用积分代替。如果每项贡献非常小，即 $\frac{|f(n+1)-f(n)|}{|f(n)|}\ll 1$，则

$$\sum_{0}^{\infty}f(n)\approx\sum_{1}^{\infty}f(n)\approx\int_0^{\infty}f(n)\mathrm{d}n\approx\int_1^{\infty}f(n)\mathrm{d}n$$

可以验证，x 维平动配分函数求和可用积分代替

$$q_{t,x}=\int_0^{\infty}\exp\left(-\frac{h^2}{8mkT}\cdot\frac{n_x^2}{a^2}\right)\mathrm{d}n_x$$

应用积分公式

$$\int_0^{\infty}\mathrm{e}^{-\lambda^2x^2}\mathrm{d}x=\frac{1}{2}\frac{\sqrt{\pi}}{\lambda}$$

得

$$q_{t,x}=\left(\frac{2\pi mkT}{h^2}\right)^{\frac{1}{2}}a$$

同理可得

$$q_{t,y}=\left(\frac{2\pi mkT}{h^2}\right)^{\frac{1}{2}}b$$

$$q_{t,z}=\left(\frac{2\pi mkT}{h^2}\right)^{\frac{1}{2}}c$$

于是

$$q_t=\left(\frac{2\pi mkT}{h^2}\right)^{\frac{3}{2}}abc=\left(\frac{2\pi mkT}{h^2}\right)^{\frac{3}{2}}V$$

该式就是三维平动子的配分函数计算公式。适用于单原子、双原子和多原子平动子。由该式可看出平动配分函数与体积成正比，同时还与粒子质量和系统温度有关。

【例 5-1】　计算 298.15 K 时，$N_{2(g)}$ 的平动配分函数。

解　$q_t=\left(\frac{2\pi mkT}{h^2}\right)^{\frac{3}{2}}V$

$$=\left[\frac{2\times 3.14\times\frac{28}{6.02\times 10^{23}}\times 1.38\times 10^{-23}\times 298.15}{(6.626\times 10^{-34})^2}\right]^{\frac{3}{2}}\times\frac{8.314\times 298.15}{101\,325}$$

$=3.50\times 10^{30}$

可见，粒子的平动能虽小，而平动配分函数却非常大，因此，它对于熵等热力学量贡献很大。

5.2.3.3　转动与振动配分函数

1. 转动配分函数

单原子分子不存在转动无转动配分函数，异核双原子分了、同核双原了分子和线性多原子分子的转动配分函数有类似的形式，而非线性多原子分子的配分函数表示式则较为复杂。首先考虑异核双原子分子。

将双原子分子看作原子质量分别为 m_1 和 m_2，两原子的核间距 r 不变的刚性振子。该刚性

转子的折合质量为

$$\mu = \frac{m_1 m_2}{m_1 + m_2}$$

转动惯量为

$$I = \mu r^2$$

线性刚性转子的转动能为

$$\varepsilon_r = \frac{J(J+1)h^2}{8\pi^2 I}$$

式中,J 为转动量子数,J 值可取 0,1,2,…等自然数。因为转动角动量在空间取向的量子化效应,每个 J 值在 z 轴上的投影共有$(2J+1)$个角动量分量,或者说,转动角动量在空间有 $2J+1$ 个取向,所以转动能级是简并的,其简并度 $g_j = 2J+1$。

由此可得转动配分函数为

$$q_r = \sum g_{r,j} \exp\left(-\frac{\varepsilon_{r,j}}{kT}\right) = \sum_{J=0}^{\infty}(2J+1)\exp\left[-\frac{J(J+1)h^2}{8\pi^2 IkT}\right]$$

令

$$\frac{h^2}{8\pi^2 Ik} = \Theta_r$$

Θ_r 具有温度量纲,称为转动特征温度。则

$$q_r = \sum_{J=0}^{\infty}(2J+1)\exp\left[-\frac{J(J+1)\Theta_r}{T}\right]$$

由于常温下大多数气体分子的转动能级的间隔很小,上述求和也可改为积分,即

$$q_r = \int_0^{\infty}(2J+1)\exp\left[-\frac{J(J+1)\Theta_r}{T}\right]\mathrm{d}J$$

令 $x = J(J+1)$,则 $\mathrm{d}x = (2J+1)\mathrm{d}J$,带入上式有

$$q_r = \int_0^{\infty} \mathrm{e}^{-\frac{x\Theta_r}{T}}\mathrm{d}x = \frac{T}{\Theta_r}$$

表 5-3 中给出了几种典型气体双原子分子处于基态时的特征温度。由此可见,除 H_2(及其同位素)之外,气体双原子分子的特征温度远低于实际温度。

表 5-3 典型双原子分子的转动特征温度

气 体	H_2	N_2	O_2	Cl_2	HCl	CO
Θ_r(K)	85.4	2.86	2.07	0.35	15.2	2.77

【例 5-2】 CO 的 $\Theta_r = 2.76$ K,求 300 K 和 1 000 K 时的 q_r。

解 300 K 时,$q_r = \frac{300}{2.766} = 108.5$,1 000 K 时,$q_r = \frac{1\,000}{2.766} = 361.5$。

对于同核双原子分子,如 $N_{2(g)}$,$H_{2(g)}$,两个原子是不可区分的,当分子绕垂直于化学键的轴旋转 180°时,又回到了原来的状态。因此,同核双原子分子转动配分函数需要对异核配分函数除以对称数 σ(同核为 2、异核为 1)。因此,双原子转动配分函数通式为

$$q_r = \frac{T}{\sigma\Theta_r}$$

上式可用于 $\Theta_r \ll T$ 的情形。当 Θ_r 较 T 小得不多时,由它求得的 q_r 误差较大,通常用 Mulholland 经验式

$$q_r = \frac{T}{\Theta_r}\left[1+\frac{1}{3}\left(\frac{\Theta_r}{T}\right)+\frac{1}{15}\left(\frac{\Theta_r}{T}\right)^2+\frac{1}{315}\left(\frac{\Theta_r}{T}\right)^3+\cdots\right]$$

当 $\Theta_r > T$ 时，一般只能直接求和

$$q_r = 1+3\exp\left(-2\frac{\Theta_r}{T}\right)+5\exp\left(-6\frac{\Theta_r}{T}\right)+7\exp\left(-12\frac{\Theta_r}{T}\right)+\cdots$$

对称数 σ 是一个分子绕主轴旋转 360°时同种原子不可区分的分子取向重复的次数，如 CO_2，NH_3，CH_3Cl，C_6H_6 的对称数依次是 2，3，3 和 12。

线型多原子分子，如 CO_2，它也只有转动惯量完全相同的两个有效主轴，它的转动配分函数相同，为

$$q_r = \frac{8\pi^2 IkT}{\sigma h^2}$$

非线型多原子分子，例如，NH_3 有 3 个有效转动主轴，可导出其转动配分函数为

$$q_r = \frac{8\pi^2}{\sigma}\left(\frac{2\pi kT}{h^2}\right)^{\frac{3}{2}}(I_x, I_y, I_z)^{\frac{1}{2}}$$

其中 I_x，I_y 和 I_z 分别为三个主轴上的转动惯量，其计算式为

$$I_x \equiv I_{xx} = \sum_j m_j[(y_i-y_0)^2+(z_i-z_0)^2]$$

$$I_y \equiv I_{yy} = \sum_j m_j[(x_i-x_0)^2+(z_i-z_0)^2]$$

$$I_z \equiv I_{zz} = \sum_j m_j[(y_i-y_0)^2+(x_i-x_0)^2]$$

其中 x_0，y_0 和 z_0 为质心坐标。

上面的转动适用于刚性分子，大多数有机分子除了分子作为整体的转动，还包括分子内转动，如乙烷分子上两个甲基相对 C—C 键的分子内转动。分子内转动的配分函数比较复杂，本章不予介绍。

2. 振动配分函数

双原子分子的振动可视为线型谐振子的振动，量子力学可以解出一维谐振子的振动能为

$$\varepsilon_v = \left(v+\frac{1}{2}\right)h\nu$$

其中 v 为振动量子数，可取 0，1，2，3 等自然数。一维谐振子的振动能也是量子化的。基态振动能为 $\varepsilon_0 = \frac{h\nu}{2}$，不为 0，称之为零点能。一维谐振子的能级是非简并的，即 $g_v = 1$。

振动配分函数为

$$q_v = \sum_{v=0}^{\infty} e^{-\varepsilon_v/kT} = \sum_{v=0}^{\infty} e^{-\left(v+\frac{1}{2}\right)h\nu/kT} = e^{-h\nu/2kT}\sum_{v=0}^{\infty} e^{-vh\nu/kT}$$

$$= e^{-\Theta_v/2T}\sum_{v=0}^{\infty} e^{-v\Theta_v/T}$$

其中 $\Theta_v = \frac{h\nu}{k}$，称为振动特征温度，是一个与分子振动频率有关的特性常数。不同物质的特性温度可由光谱数据获得。表 5-4 给出了部分双原子分子的振动特征温度，均高于室温，很多甚至高达几千 K。上式求和项为等比级数，利用级数和很容易写出以下结果

$$q_v = \frac{e^{-\Theta_v/2T}}{1-e^{-\Theta_v/T}}$$

一维谐振子的基态能量是不为 0 常数，它与温度无关，可以并入分子的基态能量，因此，可记 $\varepsilon_v(0)=0$，则

$$q_v=\frac{1}{1-e^{-\Theta_v/T}}$$

表 5-4 部分双原子分子的 Θ_v 和 q_v

分　子	Θ_v	q_v(300 K)	q_v(1 000 K)
H_2	5 987	1.000	1.002
O_2	2 239	1.000	1.019
N_2	3 352	1.000	1.036
Cl_2	798	1.075	1.816
I_2	307	1.556	3.773
CO	3 084	1.000	1.046
D_2	4 308	1.000	1.014

对于由 M 个原子构成的多原子分子，如果分子是线型的则拥有 $3M-5$ 个简正振动模式，是非线型则为 $3M-6$ 个简正振动模式。每个振动模式相当于一个一维谐振子的振动，不同简正振动模式相互独立。据此，对于多原子分子，其振动配分函数可以写为

$$q_v=\prod_{i=1}^{3M-5(6)}q_{v(i)}=\prod_{i=1}^{3M-5(6)}\left(\frac{e^{-\Theta_{v,i}/2T}}{1-e^{-\Theta_{v,i}/T}}\right)=\prod_{i=1}^{s}\left(\frac{1}{1-e^{-\Theta_{v,i}/T}}\right)$$

其中连乘符号上面的记号 s 对于线型和非线型分别为 $3M-5$ 和 $3M-6$。右侧最后一项是将振动基态选作能量零点。

【例 5-3】 N_2 分子的振动特征温度为 3 352 K，计算 1 000 K 时 N_2 的振动配分函数。

解

$$q_v=\frac{1}{1-e^{-\Theta_v/T}}=\frac{1}{1-e^{\frac{-3\,352}{1\,000}}}\approx 1.036$$

【例 5-4】 H_2O 分子的振动频率(波数) $\tilde{\nu}_1=3\,652\ \mathrm{cm^{-1}}$，$\tilde{\nu}_2=1\,595\ \mathrm{cm^{-1}}$，$\tilde{\nu}_3=3\,756\ \mathrm{cm^{-1}}$。请分别计算 400 K 时的振动配分函数。

解

$$q_v=\frac{1}{1-e^{-\Theta_v/T}}$$

$$\Theta_v=\frac{h\nu}{k}=\frac{hc\tilde{\nu}}{k}=4.801\times10^{-11}\,c\tilde{v}$$

$$\Theta_{v,1}=5\,256\ \mathrm{K}$$

$$\Theta_{v,2}=2\,296\ \mathrm{K}$$

$$\Theta_{v,3}=5\,406\ \mathrm{K}$$

$$q_{v,1}=1.000$$

$$q_{v,2}=1.003$$

$$q_{v,3}=1.000$$

$$q_v=1.000\times1.003\times1.000=1.003$$

5.3 应用实例

5.3.1 理想气体的热力学性质

5.3.1.1 压力 p

理想气体是独立离域子系统。单原子分子的配分函数仅存在平动，电子运动两种，对于多原子分子则还包括转动和振动配分函数。这些配分函数仅平动与体积有关。对于粒子数为 N，体积为 V 的理想气体系统，其配分函数为

$$q = q_t q_{in} = \left(\frac{2\pi mkT}{h^2}\right)^{\frac{3}{2}} V q_{in}$$

代入压力计算式

$$p = kTN\left(\frac{\partial \ln q}{\partial V}\right)_T = \frac{NkT}{V} = \frac{nRT}{V}$$

上式就是理想气体状态方程，其中 n 为摩尔数。

5.3.1.2 热力学内能

理想气体的热力学能可以通过式 $U = kT^2 N\left(\frac{\partial \ln q}{\partial T}\right)_{N,V}$ 计算，即

$$\begin{aligned} U &= kT^2 N\left(\frac{\partial \ln q}{\partial T}\right)_{N,V} \\ &= kT^2 N\left(\frac{\partial \ln q_t}{\partial T}\right)_{N,V} + kT^2 N\left(\frac{\partial \ln q_r}{\partial T}\right)_{N,V} + kT^2 N\left(\frac{\partial \ln q_v}{\partial T}\right)_{N,V} + kT^2 N\left(\frac{\partial \ln q_e}{\partial T}\right)_{N,V} \\ &= U_t + U_r + U_v + U_e \end{aligned}$$

其中 U_t，U_r，U_v 和 U_e 分别是平动、转动、振动和电子运动的热力学能贡献。

1. 平动 U_t

$$\begin{aligned} U_t &= kT^2 N\left(\frac{\partial \ln q_t}{\partial T}\right)_{N,V} = kT^2 N\left[\frac{\partial \ln \left(\frac{2\pi mkT}{h^2}\right)^{\frac{3}{2}} V}{\partial T}\right]_{N,V} = \frac{3}{2}NkT \\ &= \frac{3}{2}nRT \end{aligned}$$

由上面可以看出，每个粒子平动能贡献为 $\frac{3kT}{2}$。而平动有三个运动自由度，这三个自由度间彼此独立，因此，粒子在一个自由度上对平动能的贡献为

$$\varepsilon = \frac{1}{2}kT$$

与能量均分定理吻合。

2. 转动 U_r

(1) 双原子分子

大多数分子的特征温度远小于室温，因此，在系统温度 T 不太低的情况下

$$U_r = kT^2N\left(\frac{\partial \ln q_r}{\partial T}\right)_{N,V} = kT^2N\left(\frac{\partial \ln \frac{T}{\sigma\Theta_r}}{\partial T}\right)_{N,V} = NkT$$

$$= nRT$$

双原子分子有两个转动自由度，上式可以看出每个自由度的贡献与平动自由度相同，也符合能量均分定理。

(2) 多原子分子

多原子线性分子的转动与双原子分子相同有两个自由度，转动配分函数表达式与双原子分子相同，因此，热力学能的转动贡献与双原子相同。多原子非线性分子的转动有三个自由度，有

$$U_r = \frac{3}{2}NkT = \frac{3}{2}nRT$$

3. 振动 U_v

(1) 双原子分子

将振动配分函数表达式代入，得

$$U_v = kT^2N\left(\frac{\partial \ln q_v}{\partial T}\right)_{N,V} = kT^2N\left[\frac{\partial \ln\left(\frac{e^{-\Theta_v/2T}}{1-e^{-\Theta_v/T}}\right)}{\partial T}\right]_{N,V} = \frac{Nh\nu}{2} + \frac{Nk\Theta_v}{e^{\Theta_v/T}-1}$$

如果令振动基态为能量零点，则

$$U_v = \frac{Nk\Theta_v}{e^{\Theta_v/T}-1}$$

室温下，对于大多数分子有 $\Theta_v \gg T$，因此，

$$U_v \approx 0$$

当温度比振动特征温度大得多时，则

$$U_v = NkT = nRT$$

(2) 多原子分子

根据多原子分子的振动配分函数式

$$q_v = \prod_{i=1}^{3M-5(6)} q_{v(i)} = \prod_{i=1}^{3M-5(6)}\left(\frac{1}{1-e^{-\Theta_{v,i}/T}}\right)$$

其中 5 对应于线型分子，6 对应于非线型分子。可以得到振动的热力学能贡献为

$$U_v = \sum_{i=1}^{3M-5(6)}\left(\frac{Nk\Theta_{v,i}}{e^{\Theta_{v,i}/T}-1}\right)$$

4. 电子 U_e

$$U_e = kT^2N\left(\frac{\partial \ln q_e}{\partial T}\right)_{N,V} = kT^2N\left[\frac{\partial}{\partial T}\ln(g_{e,0}e^{-\varepsilon_{e,0}/kT} + g_{e,1}e^{-\varepsilon_{e,1}/kT} + \cdots)\right]_{N,V}$$

$$= \frac{N}{q_e}(g_{e,0}\varepsilon_{e,0}e^{-\varepsilon_{e,0}/kT} + g_{e,1}\varepsilon_{e,1}e^{-\varepsilon_{e,1}/kT} + \cdots)$$

对于大多数分子的基态能级非简并，当第一激发态能级与基态能级相差较大时，上式第二项及以后各项都可以忽略，有

$$U_e \approx N\varepsilon_{e,0}$$

将基态电子能级选作能量 0 点，则

$$U_e \approx 0$$

一些分子，如 NO，第一激发态能级与基态能级接近，上面的近似不适用。

5.3.1.3　定容热容

利用定容热容定义式，可以将划分为平动、转动、振动和电子运动的贡献和。

1. 平动贡献

$$C_{V,t} = \left(\frac{\partial U_t}{\partial T}\right)_{N,V} = \frac{3}{2}Nk = \frac{3}{2}nR$$

2. 转动贡献

$$C_{V,r} = \left(\frac{\partial U_r}{\partial T}\right)_{N,V} = Nk = nR \qquad \text{（双原子和线性多原子分子）}$$

$$C_{V,r} = \left(\frac{\partial U_r}{\partial T}\right)_{N,V} = \frac{3}{2}Nk = \frac{3}{2}nR \qquad \text{（非线性多原子分子）}$$

3. 振动贡献

双原子分子

$$C_{V,v} = \left(\frac{\partial U_v}{\partial T}\right)_{N,V} = \left[\frac{\partial}{\partial T}\left(\frac{Nk\Theta_v}{e^{\Theta_v/T}-1}\right)\right]_{N,V}$$

$$= Nk\left(\frac{\Theta_v}{T}\right)^2 \frac{e^{\Theta_v/T}}{(e^{\Theta_v/T}-1)^2}$$

多原子分子

$$C_{V,v} = Nk\sum_{i=1}^{3M-5(6)}\left(\frac{\Theta_{v,i}}{T}\right)^2 \frac{e^{\Theta_{v,i}/T}}{(e^{\Theta_{v,i}/T}-1)^2}$$

大多数情况下，电子处于基态，电子运动对热容贡献可以不予考虑。

【例 5-5】　计算 1 mol 的 $^{35}Cl_2$ 在 298.15 K 时的 C_V，其中振动波数为 $\tilde{v}=559.7\ cm^{-1}$。

解

$$C_{V,t} = \frac{3}{2}R = 12.472\ (J \cdot K^{-1} \cdot mol^{-1})$$

$$C_{V,r} = R = 8.314\ (J \cdot K^{-1} \cdot mol^{-1})$$

$$\frac{\Theta_v}{T} = \frac{h\nu}{kT} = \frac{hc\tilde{v}}{kT}$$

$$= \frac{6.6261\times10^{-34}(J\cdot s)\times2.9979\times10^{10}(cm\cdot s^{-1})\times559.7\ (cm^{-1})}{1.3807\times10^{-23}(J\cdot K^{-1})\times298.15\ (K)} = 2.701$$

$$C_{V,v} = R\left(\frac{\Theta_v}{T}\right)^2 \frac{e^{\Theta_v/T}}{(e^{\Theta_v/T}-1)^2} = 4.680\ (J\cdot K^{-1}\cdot mol^{-1})$$

电子贡献可以忽略，因而总热容为

$$C_V = C_{V,t} + C_{V,r} + C_{V,v} = 25.466\ (J\cdot K^{-1}\cdot mol^{-1})$$

5.3.1.4　熵

理想气体是离域子系统，其熵表达式为

$$S = k\ln\frac{q^N}{N!} + kNT\left(\frac{\partial \ln q}{\partial T}\right)_V$$

其中 $q=q_t q_r q_v q_e$。熵的贡献是四种运动的和，即

$$S_t = k\ln\frac{q_t^N}{N!} + kNT\left(\frac{\partial \ln q_t}{\partial T}\right)_V$$

$$S_r = k\ln q_r^N + kNT\left(\frac{\partial \ln q_r}{\partial T}\right)_V$$

$$S_v = k\ln q_v^N + kNT\left(\frac{\partial \ln q_v}{\partial T}\right)_V$$

$$S_e = k\ln q_e^N + kNT\left(\frac{\partial \ln q_e}{\partial T}\right)_V$$

离域子的分子不可分辨校正是由于粒子的平动对微观状态的影响造成的，因而校正项 $N!$ 置于平动中。

1. 平动熵

$$S_t = k\ln\left[V\left(\frac{2\pi mkT}{h^2}\right)^{\frac{3}{2}}\right]^N - k\ln N! + NkT\left[\frac{\partial \ln V\left(\frac{2\pi mkT}{h^2}\right)^{\frac{3}{2}}}{\partial T}\right]_V$$

$$= Nk\left\{\ln\left[\left(\frac{2\pi mkT}{h^2}\right)^{\frac{3}{2}}V\right] - \ln N + \frac{5}{2}\right\}$$

对 1 mol 理想气体，上式也可以改写为

$$S_{t,m} = R\left(\frac{5}{2}\ln T + \frac{3}{2}\ln M_r - \ln p + 10.362\right)$$

其中 M_r 为气体分子的相对摩尔质量，p 为压力，单位为 Pa。该公式称为沙克尔-特鲁得(Sackur-Tetrode)公式。

【例 5-6】 计算 298.15 K 时氙 $Xe_{(g)}$ 的摩尔熵。

解 Xe 的 $M_r=131$，已知 $T=298.15$ K，$p=101\,325$ Pa。

$$S_{m,t}^{\ominus} = R\left(\frac{5}{2}\ln 298.15 + \frac{3}{2}\ln 131 - \ln 101\,325 + 10.362\right)$$

$$= 20.394R = 169.55\ (\text{J}\cdot\text{K}^{-1}\cdot\text{mol}^{-1})$$

计算结果与文献值 $S_{m,t}^{\ominus}=169.55\ \text{J}\cdot\text{K}^{-1}\cdot\text{mol}^{-1}$，非常吻合。

2. 转动熵

对于双原子分子和线型多原子分子，转动熵有

$$S_r = Nk\ln\left(\frac{T}{\sigma\Theta_r}\right) + NkT\left[\frac{\partial \ln\left(\frac{T}{\sigma\Theta_r}\right)}{\partial T}\right]$$

$$= Nk\ln\left(\frac{T}{\sigma\Theta_r}\right) + Nk$$

$$= Nk\left[\ln\left(\frac{IT}{\sigma}\right) + 105.525\right]$$

上式最后一项是将转动特征温度定义式代入并重新组合得到的结果。

1 mol 理想气体转动熵贡献为

$$S_{r,m} = R\left[\ln\left(\frac{IT}{\sigma}\right) + 105.525\right]$$

【例 5-7】 计算 $N_{2(g)}$ 和 $CO_{(g)}$ 在 298.15 K 时的摩尔转动熵。已知转动惯量 $I_{N_2}=1.394\times 10^{-46}\ \text{kg}\cdot\text{m}^2$，$I_{CO}=1.449\times 10^{-46}\ \text{kg}\cdot\text{m}^2$。

解　$N_{2\,(g)}$：

$$S_{m,r}=R\left[\ln\left(\frac{298.15\times1.394\times10^{-46}}{2}\right)+105.525\right]$$
$$=R(-100.582+105.525)$$
$$=4.943R=41.096\ (J\cdot K^{-1}\cdot mol^{-1})$$

$CO_{(g)}$：

$$S_{m,r}=R\left[\ln\left(\frac{298.15\times1.449\times10^{-46}}{1}\right)+105.525\right]$$
$$=R(-99.850+105.525)$$
$$=5.675R=47.182\ (J\cdot K^{-1}\cdot mol^{-1})$$

对于多原子非线性分子，有

$$S_r=Nk\left\{\frac{3}{2}\ln T+\frac{1}{2}\ln(I_xI_yI_z)-\ln\sigma+\ln\left[\frac{8\pi^2}{\sigma}\left(\frac{2\pi kT}{h^2}\right)^{\frac{3}{2}}\right]+\frac{3}{2}\right\}$$

对于 1 mol 理想气体，将有关常数代入得

$$S_{r,m}=R\left[\frac{3}{2}\ln T+\frac{1}{2}\ln(I_xI_yI_z)-\ln\sigma+158.860\right]$$

【例 5-8】　已知 $H_2O_{(g)}$ 的转动惯量 $I_1=1.024\times10^{-47}\ kg\cdot m^2$，$I_2=2.947\times10^{-47}\ kg\cdot m^2$，$I_3=1.921\times10^{-47}\ kg\cdot m^2$，求 298.15 K 时 $H_2O_{(g)}$ 的摩尔振动熵。

解　$H_2O_{(g)}$ 分子的对称数 $\sigma=2$，将已知数据代入

$$S_{m,r}=R\left[\frac{3}{2}\ln298.15+\frac{1}{2}\ln(1.024\times2.947\times1.921\times10^{-47\times3})-\ln2+\ln158.860\right]$$
$$=5.26R=43.732\ (J\cdot K^{-1}\cdot mol)$$

由上可见，分子转动对系统熵值的贡献不小，决不能忽视。

3. 振动熵

对于双原子分子，转动熵是

$$S_v=k\ln\left(\frac{1}{1-e^{-\Theta_v/T}}\right)^N+NkT\left[\frac{\partial}{\partial T}\ln\left(\frac{1}{1-e^{-\Theta_v/T}}\right)\right]_{V,N}$$
$$Nk\ln(1-e^{-\Theta_v/T})+Nk\left(\frac{\Theta_v}{T}\right)\frac{1}{e^{-\Theta_v/T}-1}$$

【例 5-9】　计算 300 K 时，$Cl_{2\,(g)}$ 的摩尔振动熵。已知 $Cl_{2\,(g)}$ 的振动熵波数 $\tilde{v}=565\ cm^{-1}$。

解

$$\nu=\tilde{v}c=565\times10^2\times2.998\times10^8=1.694\times10^{10}\ (s^{-1})$$
$$\frac{\Theta_v}{T}=\frac{h\nu}{kT}=\frac{6.626\times10^{-34}\times1.694\times10^{10}}{1.38\times10^{-23}\times300}=2.711$$
$$S_{v,m}=R\left[\ln(-e^{-\Theta_v/T})^{-1}+\left(\frac{\Theta_v}{T}\right)(e^{-\Theta_v/T}-1)^{-1}\right]$$
$$=R[\ln(-e^{-2.711})^{-1}+2.711\ (e^{2.711}-1)^{-1}]$$
$$=0.1241R=1.032\ (J\cdot K^{-1}\cdot mol^{-1})$$

对于多原子分子，有

$$S_v=Nk\sum_{i=1}^{3M-5(6)}\left[\ln(1-e^{-\Theta_{v,i}/T})+Nk\left(\frac{\Theta_{v,i}}{T}\right)\frac{1}{e^{-\Theta_{v,i}/T}-1}\right]$$
$$=S_{v,1}+S_{v,2}+\cdots$$

$$= \sum_{i=1}^{3M-5(6)} S_{v,i}$$

【例 5-10】 已知 $H_2O_{(g)}$ 的振动频率（波数）$\tilde{v}_1 = 3\,652\ cm^{-1}$，$\tilde{v}_2 = 1\,595\ cm^{-1}$，$\tilde{v}_3 = 3\,756\ cm^{-1}$，求 298.15 K 时 $H_2O_{(g)}$ 的摩尔振动熵。

解
$$q_{v,1} = 1.000, q_{v,2} = 1.003, q_{v,3} = 1.000$$
$$S_{m,v} = S_{v,1} + S_{v,2} + S_{v,3} = 0$$

4. 电子运动熵

由于电子的能级间隔 $\Delta\varepsilon$ 很大，在一般化学反应温度下，绝大多数分子或原子中的电子总处于基态，因此，当规定 $\varepsilon_{e,0} = 0$ 时，

$$S_e = Nk\ln(2J_0 + 1) = nR\ln(2J_0 + 1)$$

若基态与激发态能级差别不大时，则还要考虑激发态的贡献。

5.3.2 晶体的热容

晶体包括金属晶体、离子晶体、共价晶体和分子晶体等多种形式，构成晶体的原子、分子和离子等在空间有序排列，且只能在晶格振动，而不会发生平动和转动等情形。经典理论将原子振动看做简谐振子，处于晶格点的原子独立地在 x, y, z 三个方向振动，每个粒子能量既有动能项也有弹性势能项。根据能量均分定理，一个粒子具有 $3kT$ 能量，包含 1 mol 粒子的晶体热力学能为 $3RT$，摩尔定容热容为

$$C_{V,m} = 3R = 24.9\ (J \cdot K^{-1} \cdot mol^{-1})$$

这个结果与杜隆-珀蒂（Dulong-Petit）定律是一致的，但它与实际情况不符，实际晶体的 $C_{V,m}$ 与温度有关。实际晶体温度越低热容越小，金刚石和铍等晶体 $C_{V,m}$ 仅在高温情况下接近于 $3R$，而过渡金属 $C_{V,m}$ 在高温下则超过 $3R$，显然经典理论无法解决晶体热容问题。

5.3.2.1 爱因斯坦模型

1907 年爱因斯坦利用量子论解释了晶体的热容。他假设处于晶体点阵中的 N 个粒子在平衡位置附近做热振动，该热振动为仅具有一种频率的简谐振动，每个粒子的三个方向简谐振动彼此独立。对于热力学能和 C_V 的表达式仅需将上节对于 N 个双原子分子（一维谐振子）的公式中的中的 N 置换为 $3N$ 即可，即

$$U = \frac{3}{2}Nk + \frac{3Nk\Theta_v}{e^{\Theta_v/T} - 1}$$

$$C_V = 3Nk\left(\frac{\Theta_v}{T}\right)^2 \frac{e^{\Theta_v/T}}{(e^{\Theta_v/T} - 1)^2}$$

由于这里仅考虑振动贡献，因而为方便起见忽略表示振动贡献的下标。摩尔定容热容为

$$C_{V,m} = 3R\left(\frac{h\nu}{kT}\right)^2 \frac{e^{h\nu/kT}}{(e^{h\nu/kT} - 1)^2}$$

上式为晶体 C_V 的爱因斯坦方程。它给出了 C_V 与温度间的关系，温度趋于 0 K 时 C_V 趋于 $0\ J \cdot K^{-1} \cdot mol^{-1}$，在温度足够高时 C_V 趋于 $3R$（图 5-2）。

5.3.2.2 德拜模型

爱因斯坦方程预示的 C_V 值在低温区域存在较大偏差，这主要是由于振动具有相同频率造

成的。1912 年德拜(P. Debye)对此进行了修正，他假设晶体的频率谱可以类似用一个弹性连续介质的(声波)频率谱表示。如果该弹性体为边长为 a,b 和 c 的长方体，处于每一边的波为驻波，所允许的波长为半波长的整数倍。该体系的热力学能和热容的表达式分别为

$$U=\frac{1}{2}\sum_{i=1}^{3N}h\nu_i+\sum_{i=1}^{3N}\left(\frac{h\nu_i}{e^{h\nu_i/kT}-1}\right)$$

$$C_V=k\sum_{i=1}^{3N}\left(\frac{h\nu_i}{kT}\right)^2\left[\frac{e^{h\nu_i/kT}}{(e^{h\nu_i/kT}-1)^2}\right]$$

德拜利用晶体振动频率由 0 到最大频率 $v_{\max}$ 的连续分布将上面的热力学能求和式变为积分形式，进而获得热容的积分式为

$$C_V=9Nk\left[4\left(\frac{T}{\Theta_D}\right)^3\int_0^{\Theta_D/T}\frac{x^3}{e^x-1}dx-\left(\frac{\Theta_D}{T}\right)\frac{1}{e^{\Theta_D/T}-1}\right]$$

其中 $\Theta_D=h\nu_{\max}/k$ 为德拜温度。温度很低时，该式近似为

$$C_V=\frac{12\pi^4Nk}{5}\left(\frac{T}{\Theta_D}\right)^3$$

上式就是低温下 C_V 的德拜 T^3 定律。

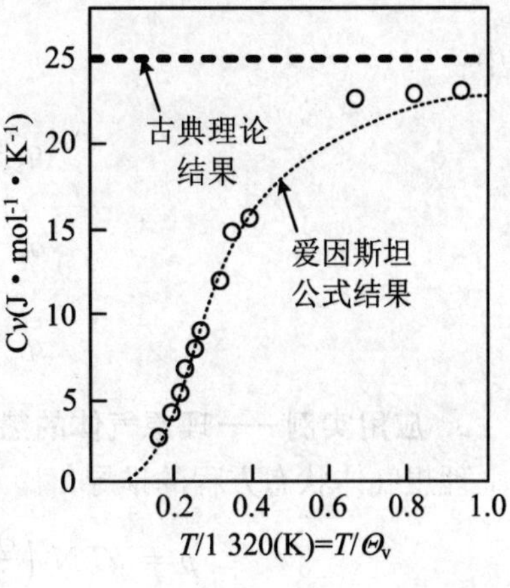

图 5-2　金刚石热容与温度关系，其中曲线为爱因斯坦公式拟合结果

本 章 小 结

1. 概论

微观状态需要由量子力学描述，一个宏观状态由大量微观状态与之对应。统计力学系统根据有无相互作用分为独立子系统和相依子系统，根据粒子是否分辨分为定域子系统和离域子系统。处于热力学平衡态的孤立系统，任何一种可能出现的微观状态都具有相同的概率。

2. 玻尔兹曼统计和配分函数及其与热力学函数间关系

① 微观状态数最大的分布为最概然分布，处于平衡系统的平衡分布就是最概然分布。独立子系统 ε_i 能级的玻尔兹曼分布为

$$n_i=\frac{Ng_ie^{-\varepsilon_i/kT}}{\sum_i g_ie^{-\varepsilon_i/kT}}$$

② 分子配分函数定义为

$$q=\sum_i g_ie^{-\varepsilon_i/kT}$$

③ $A_{定}=-kT\ln q^N$，$A_{离域}=-kT\ln\dfrac{q^N}{N!}$。

④ 离域子系统的平动熵表达式

$$S_t=k\ln\frac{q_t^N}{N!}+kNT\left(\frac{\partial\ln q_t}{\partial T}\right)_V$$

⑤ 分子配分函数的析因子性质

$$q = q_t q_r q_v q_e q_n$$

其中

$$q_t = \left(\frac{2\pi mkT}{h^2}\right)^{\frac{3}{2}} V$$

$$q_r = \frac{8\pi^2 IkT}{\sigma h^2} \quad (\text{线性分子})$$

$$q_v = \frac{1}{1 - e^{-\Theta_v/T}}$$

3. 应用实例——理想气体的热力学性质

理想气体状态方程的推导

$$p = kTN\left(\frac{\partial \ln q}{\partial V}\right)_T = \frac{NkT}{V} = \frac{nRT}{V}$$

$$U_t = \frac{3}{2}NkT = \frac{3}{2}nRT$$

$$U_r = NkT = nRT \quad (\text{双原子分子})$$

$$U_r = \frac{3}{2}NkT = \frac{3}{2}nRT \quad (\text{多原子分子})$$

$$C_{V,t} = \frac{3}{2}Nk = \frac{3}{2}nR$$

$$C_{V,r} = Nk = nR \quad (\text{双原子和多原子线性分子})$$

$$C_{V,r} = \frac{3}{2}Nk = \frac{3}{2}nR \quad (\text{非线性多原子分子})$$

本章练习

一、选择题

1. 统计系统常按组成体系的粒子是否可分辨而分为定域子体系或离域子体系，以下说法正确的是(　　)。

A. 气体和晶体都属于定域子系统

B. 气体和晶体都属于离域子系统

C. 气体属于定域子系统，晶体属于离域子系统

D. 气体属于离域子系统，晶体属于定域子系统

2. 真实气体在统计中属于(　　)。

A. 可分辨的独立粒子系统　　B. 定域的相依粒子系统

C. 不可分辨的相依粒子系统　　D. 离域的独立粒子系统

3. 关于独立粒子系统，其主要特征是(　　)。

A. 宏观变量 N,V,U 为定值　　B. 体系总能量 $U = \sum n_i \varepsilon_i$

C. 体系不存在势能　D. 遵守玻尔兹曼定理 $S=k\ln\Omega$

4. 下列各体系中属于独立粒子体系的是(　　)。

A. 绝对零度的晶体　B. 理想液体混合物

C. 纯气体　D. 理想气体的混合物

5. 宏观参量 U,V,N 为定值的热力学体系,下面说法中正确的是(　　)。

A. 粒子能级 $\varepsilon_1,\varepsilon_2,\cdots$一定,但简并度 $g_1,g_2,\cdots$及总微观状态数 Ω 不确定

B. 粒子能级 $\varepsilon_1,\varepsilon_2,\cdots$不定,但简并度 $g_1,g_2,\cdots$及总微观状态数 Ω 均确定

C. 粒子能级 $\varepsilon_1,\varepsilon_2,\cdots$及简并度确定,而总微观状态数 Ω 不定

D. 粒子能级 $\varepsilon_1,\varepsilon_2,\cdots$简并度 $g_1,g_2,\cdots$及总微观状态数 Ω 均确定

6. 在一个平衡的孤立体系中,微观状态数最多的分布出现的概率最大,是建立在(　　)。

A. 等概率假设上　B. 粒子在能级 ε_i 上的存在没有限制

C. 粒子之间没有相互作用　D. 粒子是彼此可以区别的

7. 在宏观状态参量(N,V,U)确定的热力学平衡体系中,下面说法中错误的是(　　)。

A. 微观状态总数 Ω 有确定值　B. 只有一种确定的微观状态

C. 粒子能级 ε_i 有确定的能值　D. 最概然分布可代表平衡分布

8. 在统计热力学中，等概率假设的正确叙述为(　　)

A. N,V,U 给定的体系中，每一个可能的微观状态出现的概率相同

B. N,V,U 给定的体系中，每一种分布有相同的概率

C. N,V,T 给定的体系中，每一种分布有相同的概率

D. N,V,P 给定的体系中，每一个微观态具有相同的概率

9. 二组分理想气体混合物要使其自发分离为两种纯物质，从热力学第二定律知道这是绝对不可能的，而从统计热力学的角度看这种自发分离(　　)。

A. 概率为零　B. 概率很小，可以认为是零

C. 有一个相当大的概率　D. 有不确定的概率

10. 宏观体系的微观状态是由(　　)。

A. 体系的温度、压力等性质描述的状态

B. 体系中各个粒子的温度、压力所描述的状态

C. 体系中各个粒子的本征函数和本征值描述的状态

D. 体系的最概然分布所描述的状态

11. 一体系中有 4 个可别粒子,许可能级为 $\varepsilon_1=0,\varepsilon_2=\omega,\varepsilon_3=2\omega,\varepsilon_4=3\omega$。当体系的总能量为 2ω 时,且各能级的简并度为 $g_1=2,g_2=3,g_3=4$,计算体系的微观状态数为(　　)。

A. 6　B. 10　C. 96　D. 312

12. 体系中有 3 个可别粒子,它们在 $\varepsilon_0=0,\varepsilon_1=\varepsilon,\varepsilon_2=2\varepsilon$ 和 $\varepsilon_3=3\varepsilon$ 能级间分布,如各能级差均为 ε,则体系的能量为 3ε 时,其微观状态数为(　　)。

A. 4　B. 6　C. 10　D. 12

13. 玻尔兹曼统计认为粒子的最概然分布也是平衡分布,这是因为(　　)。

A. 体系平衡时，其微观状态辗转于最概然分布的起伏波动中

B. 最概然分布随体系粒子数 N 的增大出现的概率也增大

C. 最概然分布对应的微观状态数 t_{m} 等于 Ω(总)

D. 概率最大的分布是均匀分布

14. 下面关于玻尔兹曼统计的不定因子 α 和 β 的描述,不对的是(　　)。

A. 对(N,U,V)确定的热力学平衡体系,α 和 β 有确定值

B. α 和 β 的值由 $\sum N_i$ 和 $\sum N_i\varepsilon_i = U$ 来确定

C. 对于任何两个达到热平衡的孤立粒子体系,β 值趋于一致

D. 任何两个粒子数相同的孤立粒子体系,α 值趋于一致

15. 经典统计力学的能量均分原理指出,在分子动能的表达式中,每个平方项对分子总能量的贡献都是(　　)。

A. kT　　B. 对平动及转动是$(1/2)kT$,对振动是 kT

C. $(1/2)kT$　　D. $(3/2)kT$

16. 各种运动形式的配分函数中与压力有关的是(　　)。

A. 电子配分函数 q_e　　B. 转动配分函数 q_r

C. 振动配分函数 q_v　　D. 平动配分函数 q_t

17. 关于振动特征温度 Θ_v 的描述,不正确的是(　　)。

A. Θ_v 是物质的一个重要性质

B. 具有温度的量纲

C. 分子处于激发态的百分数越小,则 Θ_v 越高

D. 分子处于激发态的百分数越小,则 Θ_v 越低

18. 粒子的配分函数 Q 表示的是(　　)。

A. 1个粒子的玻兹曼因子

B. 对1个粒子的玻兹曼因子取和

C. 对1个粒子的所有能级的玻兹曼因子取和

D. 对1个粒子的所有能级的简并度与玻兹曼因子的乘积取和

19. 气体向真空膨胀,体积增大,引起(　　)。

A. 平动能级间隔变小,能级上的分子数改变,微观状态数增大,熵增大

B. 平动能级间隔增大,能级上的分子数不变,微观状态数增大,熵增大

C. 平动能级间隔不变,能级上的分子数改变,微观状态数增大,熵增大

D. 平动能级间隔增大,能级上的分子数不变,微观状态数增大,熵增大

20. 处于平衡态的体系中,若能级 j 的能量高于能级 i 的能量,两个能级上的粒子数之比(　　)。

A. $n_j/n_i>1$　　B. $n_j/n_i<1$

C. $n_j/n_i=1$　　D. n_j/n_i的值不确定

21. 在很高的温度下,PH_3 气体的定容热容 C_V是(　　)。

A. $3R/2$　　B. $3R$　　C. $6R$　　D. $9R$

二、填空题

1. 玻尔兹曼公式 $S=k\ln\Omega$ 中的 k 的单位是________。

2. 按组成系统粒子间相互作用是否可以忽略,统计系统分为________系统和________系统。

3. 依据粒子是否可以辨别可以将系统分为________系统和________系统。

4. 分子配分函数的数学定义式为________。

5. 粒子不可分辨系统的亥姆霍兹自由能与分子配分函数表达式为________。

6. 对于 HCl 分子，测得两种特征温度 4 140 K 和 15.2 K，其中 4 140 K 为 HCl 的________特征温度，15.2 K 为 HCl 的________特征温度。

7. 核自旋、电子、振动、转动和平动中，最低能量不为 0 的运动有________。

8. 设若吸附在吸附剂表面的氩，可以在吸附剂表面上自由移动，则平动有________个自由度。

三、简答题

1. 为什么说由大量粒子构成的宏观系统，其平衡分布就是最概然分布？

2. 单原子分子配分函数可分离成哪几种配分函数的乘积？写出各配分函数的表达式(可不考虑核配分函数)。

三、判断题

1. N,V,U 确定的系统，低能级的微观状态出现的概率大，高能级出现的概率小。（　）

2. N,V,U 确定的系统的玻尔兹曼分布定律导出是建立在粒子必须是不可分辨的这一基础之上。（　）

3. 最概然分布就是平衡分布。（　）

4. 分子配分函数 q 是对体系中一个粒子的所有可能状态的玻兹曼因子求和。（　）

5. 分子配分函数 q 中任两项之比等于在该两能级上最概然分布的粒子数之比。（　）

6. 通过分子配分函数 q 来计算体系热力学函数时，对 Helmolholtz 自由能，吉布斯自由能和熵的表达式无可辨与不可辨的区别。（　）

7. 通过分子配分函数 q 来计算体系热力学函数时，对内能、焓、热容的表达式有可辨与不可辨的区别。（　）

8. 一般双原子气体的转动特征温度很低，振动特征温度很高。（　）

9. 分子的转动惯量越大，转动特征温度越高。（　）

10. 分子的振动频率越大，振动特征温度越高。（　）

四、计算题

1. 当热力学体系的熵 S 增加 $0.418\ \text{J}\cdot\text{K}^{-1}$ 时，体系的微观状态数增加了多少？用 $\Delta\Omega/\Omega_1$ 表示。

2. 一绝热容器有隔板分成两个部分，分别盛温度、压力相等的 2/3 摩尔甲烷和 1/3 摩尔氢气，抽去隔板，使气体混合，设两者皆为理想气体，要求：

(1) 计算 $\Delta S_{混合}$ 及终态与始态的热力学机率之比 Ω_2/Ω_1；

(2) 若将 Ω_2 当作 1，试问甲烷全部集中在左边 $2V$ 中，同时氢气全部集中在右边的 V 中的概率有多大？

3. 某气体的第一激发态比基态能量高 $400\ \text{kJ}\cdot\text{mol}^{-1}$，试计算：

(1) 在 300 K 时，第一激发态分子所占的百分数是多少；

(2) 若要使第一激发态分子数占 10%，需多高温度？

4. 某分子的两个能级是：$\varepsilon_1=6.1\times10^{-21}$ J，$\varepsilon_2=8.4\times10^{-21}$ J，相应的简并度为 $g_1=3$，$g_2=5$。试求：当 $T=300$ K 和 $T=3\,000$ K 时，由此分子组成的体系中两个能级上粒子数之比是多少？

5. 某一分子集合在 100 K 温度下处于平衡时，最低的 3 个能级能量分别为 0，2.05×10^{-22} J 和 4.10×10^{-22} J，简并度分别为 1，3，5。计算 3 个能级的相对分布数 $N_0:N_1:N_2$。

6. 在 1 000 K 下，HBr 分子在 $U=2$，$J=5$，电子在基态的数目与 $U=1$，$J=2$，电子在基态的分子数目之比是多少？已知 HBr 分子的 $\Theta_v=3\,700$ K，$\Theta_r=12.1$ K。

7. 设某理想气体 A，分子的最低能级是非简并的，取分子的基态为能量零点，第一激发态能量为 ε，简并度为 2，忽略更高能级，要求：

(1) 写出 A 分子配分函数 q 的表达式；

(2) 设 $\varepsilon=kT$，求相邻两能级上粒子数之比；

(3)当 $T=298.15$ K 时，若 $\varepsilon=kT$，试计算 1 mol 该气体的平均能量。

8. 将 N_2 在电弧中加热，通过从光谱观察到处于振动第一激发态的分子数与基态分子数之比 $N_{v=1}/N_{v=0}=0.26$，已知 N_2 的基本振动频率 $\nu=6.99\times10^{13}\ \mathrm{s^{-1}}$。试求：

(1) 体系的温度；

(2) 计算振动能量在总能量(包括平动、转动、振动能)中所占的百分比。

9. 若氩(Ar)可看作理想气体，相对分子量为 40，取分子的基态(设其简并度为 1)作为能量零点，第一激发态(设其简并度为 2)与基态能量的差为 ε，忽略更高能级。要求：

(1) 写出氩分子配分函数表达式；

(2) 设 $\varepsilon=5\,kT$，求在第一激发态能级上的分子数占总分子数的百分比；

(3) 设 Ar 的核与电子基态为能量零点且简并度均等于 1。计算 1 mol Ar 在 298.15 K，1 $p^{\ominus}$下的统计熵值。

10. 有 N 个质量为 m 的单原子分子，在温度 T 时，容积为 V 中的平动运动的配分函数 q_t 由下式表示：

$$q_t=\frac{1}{N!}\times\left[\frac{(2\pi mk_{\mathrm{B}}T)^{\frac{3}{2}}V}{h^3}\right]^N$$

式中，k 为玻尔兹曼常数，h 为普朗克常数，试求以压力 p 和温度 T 的函数表示的化学势及摩尔熵。

11. 若某单原子理想气体的配分函数 $q=g_{n,0}\exp\left(-\frac{\varepsilon_{n,0}}{kT}\right)g_{\mathrm{e},0}\exp\left(-\frac{\varepsilon_{e,0}}{kT}\right)\cdot\left(\frac{2\pi mkT}{h^2}\right)^{\frac{3}{2}}V$，试导出压力 p 和内能 U 的表达式以及理想气体的状态方程。

12. 已知 CO_2 分子的 4 个简正振动频率分别是：$\nu_1=1\,337\ \mathrm{cm^{-1}}$，$\nu_2=667\ \mathrm{cm^{-1}}$，$\nu_3=667\ \mathrm{cm^{-1}}$，$\nu_2=2\,349\ \mathrm{cm^{-1}}$，试求 CO_2 气体在 198.15 K 时的标准摩尔振动熵。

13. N_2 分子中两原子间的距离为 1.093×10^{-10} m，振动频率为 $7.075\times10^{13}\ \mathrm{s^{-1}}$，若室温下 N_2 在边长为 0.1 m 的立方容器中运动，试估算平动、转动和振动基态与第一激发态能级间隔的数量级(以 kT 表示)。

14. 已知气体 I_2 相邻振动能级的能值差 $\Delta\varepsilon=0.426\times10^{-20}$ J，试求 300 K 时 I_2 分子的振动特征温度 Θ_v 及 q_v 和 q_v^0。

15. HBr 分子的核间平均距离 $r=1.414\times10^{-8}$ cm，试求：

(1) HBr 的转动特征温度 Θ_r；

(2) 在 298.15 K 时，HBr 分子占据转动量子数 $J=1$ 能级上的分子数在总分子数中所占百分比；

(3) 在 298.15 K，$1p^{\ominus}$ 下，HBr 理想气体的摩尔转动熵。

16. 试求 $NO_{(g)}$ 在 298.15 K，$p^{\ominus}$ 下的标准摩尔熵。已知：NO 的 $\Theta_r=2.42K$，$\Theta_v=2\,690$ K，电子基态与第一激发态的简并度均为 2，两能级之差为 2.473×10^{-21} J。

17. 已知 F_2 分子的转动特征温度 $\Theta_r=1.24$ K，振动特征温度 $\Theta_v=1\,284$ K，求氟气在 25 ℃，$p^{\ominus}$ 时的摩尔熵值。

18. 双原子分子 Cl_2 的 $\Theta_v=801.3$ K。要求：

(1) 用统计热力学方法计算 1 mol $Cl_{2(g)}$ 在 323.15 K 时的 $C_{V,m}$；

(2) 用能量均分原理计算出 $C_{V,m}$；

(3) 试问这两种方法计算出的数值为何相差较大？

19. N_2 与 CO 的分子量非常相近，转动惯量的差别也极小，在 298.15 K 时，两者的振动与电子运动均基本上处于最低能级，但是 N_2 的标准摩尔熵为 191.6 $J\cdot K^{-1}\cdot mol^{-1}$，而 CO 却为 197.6 $J\cdot K^{-1}\cdot mol^{-1}$，试分析产生差别的原因。

20. 在 298.15 K 和标准压力下，将 1 mol $O_{2(g)}$ 放在体积为 V 的容器中。试计算：

(1) 氧气分子的平动平动配分函数 q_t；

(2) 氧气分子的转动平动配分函数 q_r（已知 O_2 的核间距 $r-1.207\times10^{-10}$ m）；

(3) 氧气分子的电子平动配分函数 q_e，电子基态的 $g_{e,0}=3$，基态能量 $\varepsilon_{e,0}=0$，忽略电子激发态项的及核与振动配分函数的贡献；

(4) 氧气分子的标准摩尔熵值。

模拟试卷(期中)

________学年度第________学期期中考试试卷

________专业(本)________级《物理化学》(上)(时间120分钟)

题号	一	二	三	四	五	六	七	八	总分
分值	20	10	10	10	10	40			100
得分									

一、选择题(每小题1分,共20分)

1. 若将人作为一个体系,则该体系为(   )。
   A. 孤立体系   B. 封闭体系   C. 敞开体系   D. 无法确定
2. 在下列诸过程中属于可逆过程的是(   )。
   A. 在101.33 kPa,273 K下,冰熔化为$H_2O_{(l)}$
   B. 无摩擦的准静态膨胀过程
   C. 实际热机的循环过程
   D. $H_2O_{(l)373\,K,101.33\,kPa} \longrightarrow H_2O_{(g)383\,K,101.33\,kPa}$
3. 下列说法正确的是(   )。
   A. 因$\Delta H=Q_p$,所以只有等压过程才有ΔH
   B. $\Delta H=Q_p$,所以Q_p也具有状态函数的性质
   C. $\Delta H=Q_p$只适用于等压不做非体积功的封闭体系
   D. $\Delta H=Q_p$适用于任何体系
4. 下列过程中体系的熵减小的是(   )。
   A. 理气的等温膨胀   B. 水在其正常沸点汽化
   C. 在273.2 K常压下水结成冰   D. 在高温下,$CaCO_{3(s)} \longrightarrow CaO_{(s)}+CO_{2(g)}$
5. 1 mol 10 kPa 323 K某单原子理想气体反抗20 kPa,冷却压缩至温度为283 K,则(   )。
   A. $\Delta S=0,\Delta H=0$ B. $\Delta S>0,\Delta H<0$
   C. $\Delta S<0,\Delta H<0$ D. $\Delta S>0,\Delta U>0$
6. 下述方法中,哪一种对杀灭蚂蝗比较有效(   )。
   A. 击打   B. 刀割   C. 晾晒   D. 撒盐
7. 气态氦(视为理想气体)自0 ℃,5×10^5 Pa,10 dm^3的始态,经一绝热可逆过程变至25 dm^3,已知始态$S_{m,273\,K,He}=124\ J\cdot K^{-1}\cdot mol^{-1}$,则该过程(   )。
   A. $\Delta A=28\,378$ J   B. $\Delta A=-3\,429$ J

C. $\Delta G=28\ 378$ J　　D. $\Delta G=30\ 664$ J

E. $\Delta S=0$

8. 反应 $2S(s)+3O_2(g)═══2SO_3(g)$ 的热效应为 $\Delta_r H_m$,则(　　)。

A. $\Delta_r H_m$ 是 $S_{(s)}$ 的摩尔生成焓

B. $\Delta_r H_m$ 是 $S_{(s)}$ 的摩尔燃烧焓

C. $\Delta_r H_m/2$ 是 $SO_{3(g)}$ 的摩尔生成焓

D. $\Delta_r H_m/2$ 不是 $S_{(s)}$ 的摩尔燃烧焓

9. 在 323 K 时,液态水的饱和蒸气压为 7 375.4 Pa,相变过程 $H_2O_{(l)}═══H_2O_{(g)}$ 的标准吉氏自由能变化表示为 $RT\ln\left(\dfrac{101\ 325}{7\ 375.4}\right)=\Delta_f G_m^{\ominus}(H_2O,g)-\Delta_f G_{m,H_2O_{(l)}}^{\ominus}=\Delta_{vap}G_m^{\ominus}$。则必须假定(　　)。

A. 忽略温度对 $H_2O_{(l)}$ 的影响,气体视为理想气体

B. 忽略温度对 $\Delta_f G_{m,H_2O_{(g)}}^{\ominus}$,$\Delta_f G_{m,H_2O_{(l)}}^{\ominus}$ 的影响

C. 忽略压力对 $\Delta_{vap}H_m^{\ominus}$ 的影响

D. 忽略压力对 $H_2O_{(l)}$ 的 $G_{m,H_2O_{(l)}}$ 影响

10. 拉乌尔定律适用于(　　)。

A. 理想溶液　　B. 稀溶液中的溶剂及溶质

C. 稀溶液中的溶质　　D. 非理想溶液中的溶剂

11. 已知苯的 $\lg p$-$1/T$ 的图中,其直线斜率为 -1.767×10^3,则苯的摩尔蒸发热为(　　)。

A. 33.83 $J\cdot mol^{-1}$　　B. 33.83 $kJ\cdot mol^{-1}$

C. 14.29 $J\cdot mol^{-1}$　　D. 14.29 $kJ\cdot mol^{-1}$

12. 在抽空的密闭容器中加热 $NH_4Cl_{(s)}$,有一部分分解成 $NH_{3(g)}$ 和 $HCl_{(g)}$,当系统平衡时,其组分数和自由度是(　　)。

A. $C=1,f=1$　　B. $C=2,f=2$

C. $C=3,f=3$　　D. $C=2,f=1$

13. 在双组分体系 T-x 图上,若有一极小点,则该点(　　)。

A. 叫最低恒沸混合物

B. 叫最高恒沸混合物

C. 所对应的组成在任何情况下都不发生变化

D. 在该点气液两相的量相同

14. 用热分析法测得 A 和 B 混合物的步冷曲线数据如下:

组成(B 的质量分数)	0.00	0.10	0.13	0.70	1.00
第一转折点(℃)	−47.9	−50	−52.8	−4	13.3
水平段温度(℃)	—	−52.8	−52.8	−52.8	—

此体系最多可平衡共存(　　)相。

A. 1　　B. 2　　C. 3　　D. 4

15. 如题图期中-1 所示,C 点叫临界溶解温度。在 C 点以上(　　)。

A. 存在两相　　B. $f=0$　　C. $f=1$　　D. $f=2$

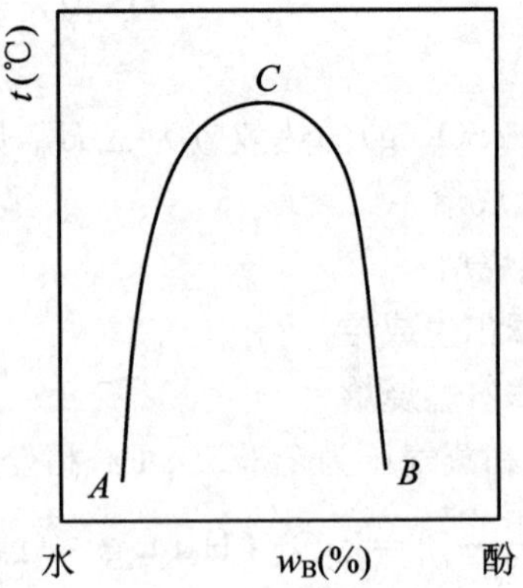

题图 期中-1

16. 在一定温度压力下,对于一个化学反应,能用以判断其反应方向的是(　　)。

A. $\Delta_r G_m^{\ominus}$　　B. $K^{\ominus}$　　C. $\Delta_r G_m$　　D. $\Delta_r H_m$

17. T,p 恒定,化学反应若严格遵循体系的"摩尔吉布斯自由能(G)-反应进度(ξ)"的曲线进行,则该反应最终处于(　　)。

A. 曲线的最低点　　B. 最低点与起点或终点之间的某一侧

C. 曲线上的每一点　　D. 曲线以外某点进行着热力学可逆过程

18. 反应 $LaCl_{3(s)} + H_2O_{(g)} \longrightarrow LaOCl_{(s)} + 2HCl_{(g)}$ 在 804 K 和 733 K 时 $K^{\ominus}$ 分别为 0.63 和 0.125,估计反应的 $\Delta_r H_m^{\ominus}$ 为(　　)。

A. 20.5 kJ·mol^{-1}　　B. 111.5 kJ·mol^{-1}

C. 101.3 kJ·mol^{-1}　　D. 26.68 kJ·mol^{-1}

19. 对于气相反应 $CO_{2(g)} + H_{2(g)} = H_2O_{(g)} + CO_{(g)}$,已知 $\Delta_r G_m^{\ominus} = 2\,414 - 0.432\,6 T\ln T$,则在 100 K 时有(　　)。

A. $\Delta_r S_m^{\ominus} = -2.425$ J·K^{-1}·mol^{-1}　　B. $\Delta_r S_m^{\ominus} = 2.425$ J·K^{-1}·mol^{-1}

C. $\Delta_r H_m^{\ominus} = 2\,457$ J·mol^{-1}　　D. $\Delta_r H_m^{\ominus} = -2\,457$ J·mol^{-1}

E. $\Delta_r A_m^{\ominus} = -2\,215$ J·mol^{-1}

20. 关于配分函数,下面叙述不正确的是(　　)。

A. q 是一个粒子所有可能量子态的波尔兹曼因子之和

B. 并不是所有的配分函数都无量纲

C. 只有在独立子体系中体系的配分函数可表示为粒子配分函数之积

D. 平动配分函数与体积有关

二、判断题(每小题 1 分,共 10 分)

1. 因为 $Q_p = \Delta H, Q_V = \Delta U$,焓与热力学能是状态函数,所以 Q_p 和 Q_V 也是状态函数。(　　)

2. 理想气体的 C_p, C_V 值与气体的温度有关,则它们的差值也与温度有关。(　　)

3. 状态改变后,状态函数一定都改变;状态函数改变,状态一定改变。(　　)

4. 因为 $\Delta S > \frac{Q_{IR}}{T}$,所以体系由状态 A 经不同的不可逆过程达到终态 B,其熵的改变值各不

相同。( )

5. 体系达平衡,熵值最大,吉布斯自由能最小。( )

6. 偏摩尔量就是化学势。( )

7. 偏摩尔量因为与浓度有关,因此它不是一个强度性质。( )

8. 纯水在三相点和冰点时,都是三相共存,根据相律,这两点的自由度都应该为零。( )

9. 因 $K=f(T)$,所以对于理想气体的化学反应,当温度一定时,其平衡组成也一定的。( )

10. 一个已达平衡的化学反应,只有当平衡常数改变时,平衡才会移动。( )

三、填空题(每空 1 分,共 10 分)

1. 实际气体的 $\mu=\left(\frac{\partial T}{\partial P}\right)_H<0$,经节流膨胀后该气体的温度将________。

2. 理想气体从同一始台态出发分别经过绝热可逆膨胀过程(1)和绝热不可逆过程(2)达到相同的体积,两个过程中所做的功大小关系 W_1 ________ W_2;终态温度高低 $T_{1终}$ ________ $T_{2终}$;终态压力大小 $p_{1终}$ ________ $p_{2终}$(填<,>,=)。

3. 热力学第二定律的表达式________________________。

4. 理想溶液中各组分遵循________;稀溶液中的溶质和溶剂分别遵循________________________。

5. 水在三相点的附近的蒸发热和熔化热分别为 45 kJ·mol^{-1}和 6 kJ·mol^{-1},则此时冰的升华热为________。

6. 通过精馏,二组分理想液态混合物可得到________;而具有恒沸点的二组分真实液态混合物可得到________。

四、简答题(每小题 5 分,共 10 分)

1. 如何让饺子煮不破?为什么?

2. 下雪天如何防止路面结冰?其道理为何?

五、证明题(每小题 5 分,共 10 分)

1. 证明:$\left(\frac{\partial U}{\partial V}\right)_p=C_p\left(\frac{\partial T}{\partial V}\right)_p-p$。

2. 已知某实际气体状态方程为 $pV_m=RT+bp$($b=2.67\times10^{-5}$ m^3·mol^{-1}),证明:$\Delta H=nb(p_2-p_1)$。

六、计算题(每题 10 分,共 40 分)

1. 水在正常沸点为 373 K 的摩尔汽化焓 $\Delta_{vap}H_m=40.6$ kJ·mol^{-1},今将 373 K,$p^\ominus$下 1 mol

液态水向真空等温蒸发为同温同压的水蒸气(设为理想气体)：

(1) 计算该过程中水作的功 W 和 ΔU 及吸收的热量 Q；

(2) 求水的 ΔS 和 ΔG；

(3) 求环境的熵变；

(4) 使用哪种判据可以判别上述过程的自发性？判别之。

2. 世界卫生组织规定，汞蒸气在 1 m^3 空气中最高允许含量为 10^{-5} g。问：

(1) 303 K 时，在空气中的汞与其蒸气呈平衡，计算空气中汞的含量是否超过所规定的最高允许含量；

(2) 学生由于使用汞时违反操作规程，将汞撒在桌上及地面上，为此使用过量的硫黄粉来清除残留的汞。试从热力学角度论证能否清除尽。

已知汞在 298 K 的蒸气压为 0.160 Pa，摩尔汽化热 $\Delta H_m^{\ominus} = 60.688\ kJ \cdot mol^{-1}$。反应 $Hg_{(l)} + S_{(cr)} = HgS_{(s)}$ 的 $\Delta_r H_m^{\ominus} = \sum_{B'} \nu_B \Delta_f H_{B,m}^{\ominus} = -58.16\ kJ \cdot mol^{-1}$；$\Delta r S_m^{\ominus} = \sum_{B'} \nu_B S_{B,m}^{\ominus} = -25.78\ kJ \cdot mol^{-1}$。

3. NaCl 和水可生成水合物 $NaCl \cdot 2H_2O$，各物质在固相完全不互溶，水合物在 -9 ℃分解为 NaCl 与质量分数为 27％的水溶液，NaCl 与水之低共熔温度为 -21.1 ℃，溶液组成为23.3％(质量分数)的 NaCl，其相图如题图期中-2 所示，要求：

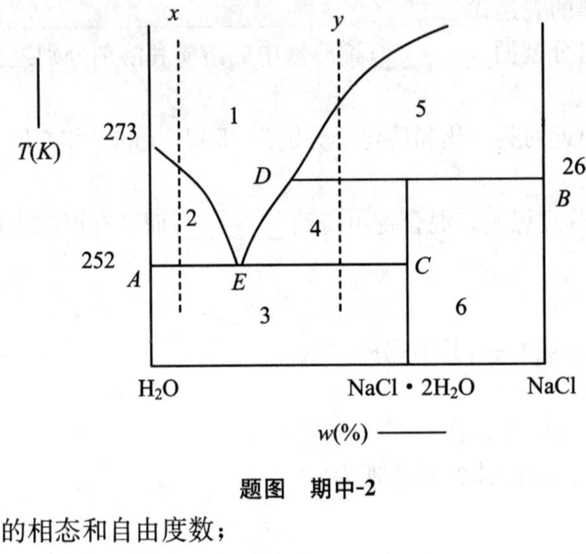

题图 期中-2

(1) 列出各相区的相态和自由度数；

(2) 图中 AC, BD 线代表哪些相平衡共存；

(3) 画出 x, y 点的步冷曲线；

(4) 北极居民根据季节变换，可从海水中取出淡水，根据相图分析其科学道理。如能从海水中取淡水，试计算 100 kg 海水能取出淡水的最大质量是多少？已知海水的组成为含 NaCl 2.5％(质量分数)。

4. 373 K 时，水的表面张力为 0.058 9 $N \cdot m^{-1}$，密度为 958.4 $kg \cdot m^{-3}$，问直径为 100 nm 的气泡内(即球形凹面上)，在 373 K 时的水蒸气压力为多少？在 101.325 kPa 的外压下，能否从 373 K 的水中蒸发出直径为 100 nm 的气泡？

第6章 界面现象

【设疑】

[1] 为什么液滴总是自动呈球状？

[2] 为什么60%～70%的石油（“三采”）必须靠科学技术手段开采？

[3] 血管“气塞”、螺旋桨“气蚀”、毛细现象的原因为何？

[4] 硅胶干燥剂干燥样品的原理为何？

[5] 人工降雨（雪）的原理是什么？沸石为何能防止暴沸？锄地保墒的科学道理为何？

[6] 液体过热、过冷及溶液过饱和现象的原因为何？

[7] 为什么棉质的衣服或纸张等在潮湿的春天会变得湿漉漉的？

[8] 为什么在一定温度、压力下，物理吸附都是放热过程？

【教学目的与要求】

[1] 掌握比表面吉布斯自由能或表面张力的概念。

[2] 理解并掌握拉普拉斯和开尔文方程，并能用其解释过冷、过热、过饱和等界面现象。

[3] 理解物理吸附与化学吸附，掌握朗格缪尔吸附等温式及比表面积的测定。

[4] 了解溶液表面吸附及吉布斯吸附等温式。

[5] 了解各类表面活性剂。

6.1 界面与表面

6.1.1.1 界面与表面现象

界面现象属化学、物理、材料、生物、信息之间的边缘学科，是当今材料科学、生命科学和信息科学三大科学技术前沿领域的桥梁。在天空云雾形成与驱散、人工降雨、织物染色、太阳能的利用与转换、消烟除尘、食品加工、药剂的研制与生产、生物膜的结构与功能、人工器官的研制与应用等领域有着广泛的应用。

界面现象主要在分子、原子尺度上研究界面上发生的化学变化及其与化学变化伴生的物理变化的本质和规律。在物理化学中起承上（热力学第一定律、热力学第二定律、化学平衡、相平衡和统计热力学）启下（化学动力学、电化学和胶体化学）的作用。主要内容为界面与表面、表面功和比表面吉布斯自由能或表面张力、弯曲表面现象、固体和溶液表面的吸附现象等。

体系内物理、化学性质均匀的部分称为相，相与相间密切接触的过渡区（10^{-9}～10^{-8} m）称为界面（interface）。按接触相的聚集状态，通常存在液—气、液—液、液—固、固—气和固—固相界面。因气体可以完全互溶,因此不形成气—气界面。习惯上称液—气、固—气界面分别为液体表面和固体表面。表面(surface)是指物体与真空或自身蒸气的接触面。二者广泛存在于自然界中,大地、海洋与大气之间存在界面,一切有形的实体都为界面所包裹。可以毫不夸张地说,我们眼睛所见的大部分都是界面。不过,这还只是自然界中的一部分——宏观界面。自然界中还存在着大量的微观界面,例如,生物体内存在着细胞膜及生物膜等多种多样肉眼看不到的界面。许多生命现象的重要过程如能量转换、细胞识别、免疫激素和药物的作用、物质转运等都离不开生物膜的功能,而所有这些过程都是在生物膜的界面上发生的。凡是在界面或表面上发生的一切物理和化学现象统称界面现象或表面现象。如纯液体表面积自动缩小(水滴呈现球形)——弯曲表面现象;固体表面吸附——气体在固体表面上吸附,溶液中正、负离子在固体表面吸附;溶液表面的吸附等。

6.1.2 界面与表面现象产生的原因

为什么会出现这些界面现象呢?根本原因是处在过渡区的分子(或离子、原子)与体相分子(或离子、原子)的受力不同。现以图 6-1 给出的气—液界面为例:体相内任何一个分子受周围邻近相同分子的作用力是对称的,各个方向的力彼此抵消,合力为零,分子在液体内部移动不需要做功。但处于表面层的分子,它的下方受到邻近液体分子的引力,上方受到气体分子的引力。由于气体分子间的作用力小于液体分子间的作用力,所以表面层分子所受的力是不对称的,合力指向液体内部。在气—液界面上的分子受到指向液体内部的拉力,液体表面都有自动缩小的趋势。

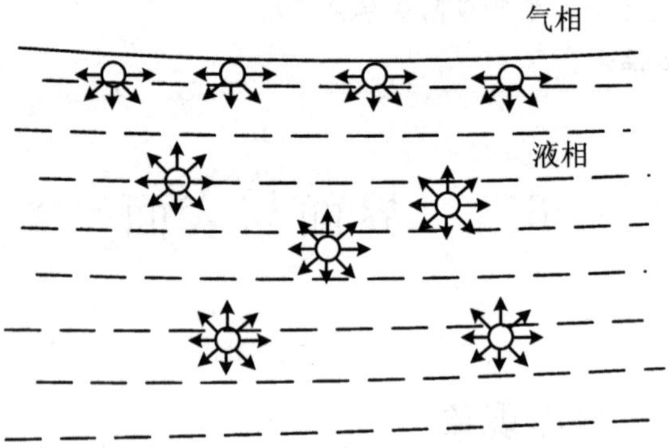

图 6-1 表面分子与内部分子受力不同

当单位体系具有的面积较小时,由于表面或界面分子数目极少,考虑与否对体系性质皆无影响(如之前几章皆无需考虑)。但当单位体系具有的面积很大时,即当物质分散度很大时(5 nm 时表面原子占 80%),界面层分子所占比例较大,界面现象也就显得尤为突出。如具有巨大相界面的体系如乳状液、泡沫、溶胶及毛细体系等,界面特性将不可忽略,同时随着分散度的增加,这种影响会越来越显著。就需考虑表面积对体系性质如蒸气压、溶解度、沸点、冰点、吸附力、反应速率等的影响。即只有单位体系具有的面积非常大时,界面现象才能达到可以觉察的程度。

6.1.3 比表面积

单位体系即单位质量或单位体积物质的表面积，称为比表面积(specific surface area)或分散度(degree of disperation)，用粒子总表面积 A 与其总质量 m(或其总体积 V)的比值来表示：

$$A_{比}=\frac{A}{m}$$

式中，$A_{比}$ 为比表面积($m^2\cdot kg^{-1}$)；A 为表面积；m 为质量。或

$$A_{比}=\frac{A}{V}$$

式中，$A_{比}$ 为比表面(m^{-1})；A 为面积；V 为体积。

对于边长为 l 的立方体颗粒，其比表面积计算如下：

$$A_{比}=\frac{A}{V}=\frac{6l^2}{l^3}=\frac{6}{l}$$

$$A_{比}=\frac{A}{m}=\frac{6l^2}{\rho l^3}=\frac{6}{\rho l}$$

对于半径为 r 的球体粉状物质、球体数为 n 的比表面积 $A_{比}$ 表示为

$$A_{比}=\frac{A}{m}=\frac{A}{\rho V}=\frac{n\cdot 4\pi r^2}{\rho n\cdot \frac{4}{3}\pi r^3}=\frac{3}{\rho r}$$

凝聚相物质的表面积大小和分散程度有关，物质的分散程度越高，表面积越大。例如，将一个体积为 10^{-6} m^3的立方体分割成边长为 10^{-9} m 的小立方体时，其表面积增加一千万倍。表 6-1 列出了物体随分割程度的增加，其比表面积的变化情况。

表 6-1 10^{-6} m^3的物体分割为小立方体时比表面的变化

立方体边长 l(m)	微粒数(个)	总表面积 A(m^2)	比表面积 A_v(m^{-1})
10^{-2}	1	6×10^{-4}	6×10^{2}
10^{-3}	10^{3}	6×10^{-3}	6×10^{3}
10^{-4}	10^{6}	6×10^{-2}	6×10^{4}
10^{-5}	10^{9}	6×10^{-1}	6×10^{5}
10^{-6}	10^{13}	6×10^{0}	6×10^{6}
10^{-7}	10^{15}	6×10^{1}	6×10^{7}
10^{-8}	10^{18}	6×10^{2}	6×10^{8}
10^{-9}	10^{21}	6×10^{3}	6×10^{9}

由此可见，对于一定体积的物体，被分割成愈小的粒子，其比表面就愈大，系统的分散度愈高。

【例 6-1】 把 2×10^{-3} kg 汞分散成直径为 4.00×10^{-8} m 的球状粒子，求其表面积和比表面积(已知汞的密度 $\rho=13.6\times10^3$ $kg\cdot m^{-3}$)。

解 (1) 汞的总体积

$$V = \frac{m}{\rho} = \frac{2 \times 10^{-3}}{13.6 \times 10^{3}} = 1.47 \times 10^{-7}\ (\mathrm{m}^3)$$

(2) 汞分散后的总粒子数

$$n = \frac{V}{\frac{4}{3}\pi r^3} = \frac{1.47 \times 10^{-7}}{\frac{4}{3} \times 3.14 \times \left(\frac{4}{2} \times 10^{-8}\right)^3} = 4.39 \times 10^{15}$$

(3) 分散后的总面积

$$A = n \cdot 4\pi r^2 = 4.39 \times 10^{15} \times 4 \times 3.14 \times \left(\frac{4}{2} \times 10^{-8}\right)^2 = 22.1\ (\mathrm{m}^2)$$

(4) 比表面积

$$A_{比} = \frac{A}{V} = \frac{22.1}{1.47 \times 10^{-7}} = 1.50 \times 10^{8}\ (\mathrm{m}^{-1})$$

$$A_{比} = \frac{A}{m} = \frac{22.1}{0.002} = 1.11 \times 10^{4}\ (\mathrm{m}^2 \cdot \mathrm{kg}^{-1})$$

6.2 表面功、比表面吉布斯自由能或表面张力

6.2.1 表面功

我们知道,处在表面层分子受到指向内部拉力的作用。显然,若扩大表面积,就必须克服此拉力消耗外功(如石头破碎,面粉生产)。此外功就是热力学第一定律中说的非体积功中的一种,称为表面功。在定温、定压及组成恒定下,可逆地使面积增加 $\mathrm{d}A$ 所需的表面功,可表示为

$$\delta W_{\mathrm{r}} = \gamma \mathrm{d}A$$

对于一个明显的过程,$A_1 \to A_2$,则

$$W_{\mathrm{r}} = \int_{A_1}^{A_2} \gamma \mathrm{d}A$$

式中,γ 是比例常数,它在数值上等于在温度、压力及组成恒定的条件下,增加单位表面积时对系统所做的可逆非体积功。

同时,根据热力学第二定律,在恒温、恒压条件下,可逆非体积功等于系统的吉布斯自由能变

$$\mathrm{d}G_{T,p,n} = \delta W_{\mathrm{r}}$$

亦即

$$\mathrm{d}G_{T,p,n} = \gamma \mathrm{d}A = \delta W_{\mathrm{r}}$$

6.2.2 比表面吉布斯自由能

至此,对同时考虑外压力和面积对体系吉布斯自由能影响时,热力学函数间关系式为

$$\mathrm{d}G = -S\mathrm{d}T + V\mathrm{d}p + \gamma \mathrm{d}A + \sum_{\mathrm{B}} \mu_{\mathrm{B}} \mathrm{d}n_{\mathrm{B}}$$

该式适用于同时考虑外压力和表面积 A 对体系影响的任意体系内的任意过程。同样,亦只有封闭体系可逆途径中的各项才有明确的物理意义。

在温度、压力及组成恒定下,由该式变为

$$dG_{T,p} = \gamma dA$$

或

$$\gamma = \left(\frac{\partial G}{\partial A}\right)_{T,p,n}$$

由于一个高度分散的体系总的吉布斯自由能,可以认为是体相吉布斯自由能(内部吉布斯自由能)$G_{体}$和表面吉布斯自由能 $G_{表}$之和,即

$$G_{总} = G_{体} + G_{表}$$

$G_{体}$是所有物质均处在体相内部时的吉布斯自由能,在温度、压力和组成恒定下不变;$G_{表}$是表面层中比相同数量内部分子多出的吉布斯自由能,则

$$\gamma = \left(\frac{\partial G}{\partial A}\right)_{T,p,n} = \left(\frac{\partial G_{表}}{\partial A}\right)_{T,p,n} \tag{6-1}$$

γ 是单位表面层中比相同数量内部分子多出的吉布斯自由能,称为比表面吉布斯自由能。亦是在温度、压力及组成恒定下,增加单位表面积时,引起体系吉布斯自由能即表面吉布斯自出能的增量,是由环境耗的功转变来的,单位是 $J \cdot m^{-2}$,是对面积和能量而言的。

结合 $G=H-TS, H=U+pV, A=U-TS$ 有

$$dU = TdS - pdV + \gamma dA + \sum_B \mu_B dn_B$$

$$dH = TdS + Vdp + \gamma dA + \sum_B \mu_B dn_B$$

$$dA = -SdT - pdV + \gamma dA + \sum_B \mu_B dn_B$$

则

$$\gamma = \left(\frac{\partial U}{\partial A}\right)_{S,V,n} = \left(\frac{\partial H}{\partial A}\right)_{S,p,n} = \left(\frac{\partial A}{\partial A}\right)_{T,V,n} = \left(\frac{\partial G}{\partial A}\right)_{T,p,n}$$

上式定义的 γ 称为广义比表面吉布斯自由能。一般情况下,γ 是指狭义比表面吉布斯自由能,即 $\gamma=\left(\frac{\partial G}{\partial A}\right)_{T,p,n}=\left(\frac{\partial G_{表}}{\partial A}\right)_{T,p,n}$。

【例 6-2】 水的比表面吉布斯自由能在 298.15 K 时为 $71.97\times10^{-3}\ J\cdot m^{-2}$,试求 298.15 K,101 325 Pa 下,可逆增大水的表面积 $1\times10^{-4}\ m^2$时,环境所需做的功,并求系统的 ΔG。

解

$$\delta W_r = \gamma dA$$

$$W_r = \int_{A_1}^{A_2} \gamma dA = \gamma(A_2 - A_1)$$

$$= 71.97\times10^{-3}\times1\times10^{-4} = 71.97\times10^{-7}(J)$$

$$\Delta G = W_r = 71.97\times10^{-7}(J)$$

或

$$\Delta G = \gamma\Delta A = 71.97\times10^{-3}\times1\times10^{-4} = 71.97\times10^{-7}(J)$$

6.2.3 表面张力

对于比表面吉布斯自由能 γ 的物理意义,也可以从另外一个角度来理解。早在表面吉布斯

自由能的概念提出之前一个世纪，就有人提出了表面张力的概念。液膜自动缩成球形以及毛细现象等，都使人们确信有一种作用在液体表面的力。如图 6-2 所示，在一个金属框上装有可以滑动的金属丝，如丝的长度为 l，将此丝固定后蘸上肥皂液，然后再缓慢地（即可逆地）将金属框在力 F 的作用下移动距离 dx，使肥皂膜的表面积增加了 dA。因为液膜具有正反两个表面，所以共增加面积为 $dA=2l\cdot dx$。在此过程中，环境对液膜所作的表面功为

$$\delta W_r = F dx$$

该能量储存于液膜表面成为表面吉布斯自由能，即

$$\delta W_r = F dx = \gamma dA = \gamma \cdot 2l dx$$

则

$$\gamma = \frac{F}{2l} = \frac{\text{力}}{\text{总长度}} \qquad (\text{N}\cdot\text{m}^{-1}\ \text{或}\ \text{J}\cdot\text{m}^{-2})$$

因液膜有正反两个表面，相当于总长度为 $2l$。可见，比表面吉布斯自由能 γ 在数值上等于在液体表面上垂直作用于单位长度线段上的表面紧缩力，故 γ 又称为表面张力(surface tension)。

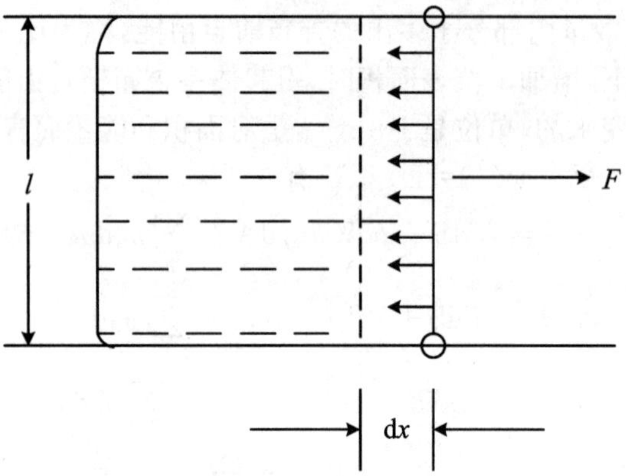

图 6-2 做表面功示意图

下面的例子也将有助于表面张力概念的建立。如图 6-3 所示，把一个系有细线圈的金属环在肥皂水中浸一下，然后取出，这时金属环中便有液膜形成，它很像一张拉紧了的橡皮膜，细线圈则保持着最初的偶然形状，如图 6-3(a)所示。若用烧热的针刺破线圈内的液膜，由于细线圈上任一点两边的作用力不再平衡，则立即弹开而呈圆形，如图 6-3(b)所示。因为周长一定时，圆面积为最大，细线圈张成圆形，正说明表面张力作用的结果使外圈肥皂膜的面积收缩至最小。

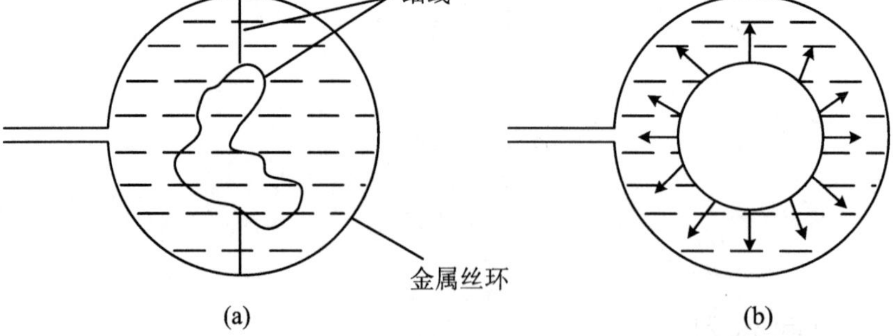

图 6-3 表面张力的作用

上述两个实验现象显示出液体表面上处处都存在着一种使液体绷紧的力，即表面张力。对于平面液面来说，表面张力的方向与液面平行；对于曲面来说，表面张力的方向与液面的切线方向一致。图6-2及图6-3中箭头所指方向即液膜表面张力的方向。可以看出，比表面吉布斯自由能和表面张力是分别用热力学和力学的方法讨论同一个表面现象时所采用的物理量，是同一现象的两种不同表达方式，虽然被赋予的物理意义不同，但它们是完全等价的，具有等价的量纲和相同的数值。

6.2.4 影响γ的主要因素

物质的γ是系统重要的热力学性质，是物质的一种特性，是强度性质，其数值主要与物质种类、共存另一相物质的性质以及温度等因素有关，现分述如下。

6.2.4.1 与物质的本性有关

γ是液体分子间作用力的结果，因此与分子的键型有关，从表6-2列出的一些物质的表面张力数据可见，不同化学键γ大小的顺序为

$$\gamma_{金属键}>\gamma_{离子键}>\gamma_{极性共价键}>\gamma_{非极性共价键}$$

表6-2 某些物质的γ

金属键			离子键			极性共价键			非极性共价键		
物质	T (K)	γ ($10^{-3}N\cdot m^{-1}$)	物质	T (K)	γ ($10^{-3}N\cdot m^{-1}$)	物质	T (K)	γ ($10^{-3}N\cdot m^{-1}$)	物质	T (K)	γ ($10^{-3}N\cdot m^{-1}$)
Fe	1 833	1 880	NaCl	1 273	98	H_2O	293	72.75	甲醇	293	22.50
Cu	1 403	1 268	KCl	1 173	90	Cl_2	243	25.4	氯仿	298	26.67
Zn	692	768	$BaCl_2$	1 235	96	O_2	90	13.2	硝基甲烷	293	32.66
Mg	973	500	$CaCl_2$	1 045	77	N_2	90	6.6	甲苯	293	28.52

6.2.4.2 与所接触邻相的性质有关

由于不同分子间作用力并不相同，所以同一液体的γ因不同接触相而异。表6-3是水和汞在常温下与不同相接触时γ的数据。

表6-3 水与汞的γ与接触相的关系(20 ℃)

液体	接触相	γ($10^{-3}N\cdot m^{-1}$)	液体	接触相	γ($10^{-3}N\cdot m^{-1}$)
水	水蒸气	72.88	汞	汞蒸气	486.5
	正庚烷	50.2		水	415
	四氯化碳	45.0		乙醇	389
	苯	35.0		正己烷	378
	乙酸乙酯	6.8		正庚烷	378
	正丁醇	1.8		苯	357

6.2.4.3　γ 与温度的关系

根据实验得出，大多数液体的 γ 在上升到距临界温度约 30 ℃之前都是随温度上升而线性下降的，即 γ 的温度系数 $\left(\frac{\partial\gamma}{\partial T}\right)_{p,A}=-\left(\frac{\partial S}{\partial A}\right)_{T,p}<0$。图 6-4 显示出一系列液体 γ 随温度变化的情况。这些物质的 γ 从不到 1 $mN\cdot m^{-1}$（液氨）到 70 $mN\cdot m^{-1}$（水）左右，上下相差几十倍，而 γ 随温度的变化都显示负斜率的线性关系。各线斜率差别不大，最大斜率与最小斜率之比小于 2。

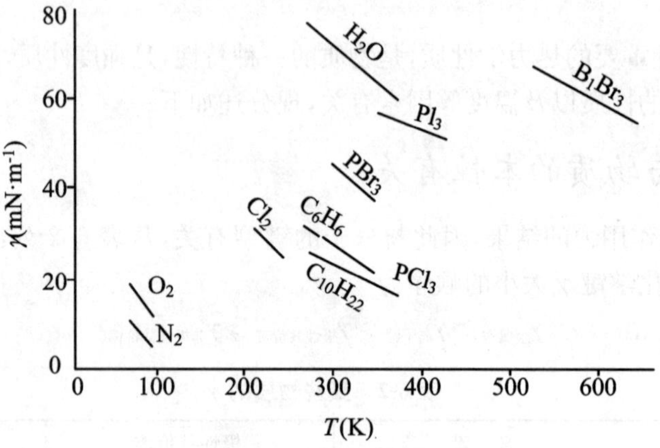

图 6-4　γ 随温度的变化

γ 随温度上升而降低是可以理解的，这是因为一方面当温度升高时液体的体积膨胀，分子间距离增大，液相内部分子对表面层分子的作用力减弱；另一方面随着温度升高使气相蒸气压增大、气相密度增大，使气相分子对液体表面层分子的作用力增大，这些都使液体的表面张力降低。当温度达到临界温度时，液体与其蒸气的密度相同，γ 降为零。表 6-4 列出了某些液体的 γ 与温度的关系。

表 6-4　某些液体的 γ 与温度的关系

液体	$\gamma(10^{-3}N\cdot m^{-1})$	T(K)	$\frac{d\gamma}{dT}$	液体	$\gamma(10^{-3}N\cdot m^{-1})$	T(K)	$\frac{d\gamma}{dT}$
液 He	0.308	2.5	−0.07	正辛烷	21.80	293	−0.10
液 N_2	9.71	75	−0.23	Na	191	376	−0.10
乙醇	22.75	293	−0.086	Ag	910	1373	−0.184
水	72.88	293	−0.138	Cu	1 550	1 808	−0.31
$NaNO_3$	116.6	581	−0.050	Fe	1 880	1 808	−0.43
苯	28.88	293	−0.130				

实验还表明有少数物质如 Cd，Cu 及其合金，钢铁及某些硅酸盐等液态物质的 γ 却随温度的升高而增大。这可能与其表面结构状况的改变有关。

6.2.4.4 γ 与压力的关系

气相的压力对液体 γ 的影响要比温度对液体 γ 的影响复杂得多。虽然从理论上可以导出 $\left(\frac{\partial \gamma}{\partial p}\right)_{T,A}=\left(\frac{\partial V}{\partial A}\right)_{T,p}$，根据此关系式应该可以考察压力对液体 γ 的影响，但实际上 $\left(\frac{\partial V}{\partial A}\right)_{T,p}$ 不易测定，并且测定 $\left(\frac{\partial \gamma}{\partial p}\right)_{T,A}$ 也难以实现，因此，难以定量地讨论压力对液体表面张力的影响。一般是压力增大，γ 将下降。但液体 γ 随气相压力变化并不太大，气相压力增加 10 个标准压力，液体的 γ 仅下降约 1 mN・m^{-1}。例如，在 100 kPa 下，水和四氯化碳的 γ 分别为 72.8 mN・m^{-1} 和 25.8 mN・m^{-1}，而在 1 000 kPa 时分别为 71.8 mN・m^{-1} 和 25.8 mN・m^{-1}。

6.2.5 表面吉布斯自由能与 γ 的关系

在之前的章节中，我们研究一个系统的热力学性质如吉布斯自由能 G 时，认为 G 只是温度、压力和组分的函数，而忽略了表面大小对它的影响。当系统是一个很大的连续相的时候，这种忽略是可以的，并不会影响所得的结论。但对高度分散的体系而言，因具有很大的比表面积，表面吉布斯自由能的值相当可观，不但不容忽视，甚至会对系统热力学性质起着决定性的作用。例如，水在 101 325 Pa 下，温度超过 373 K 而不沸腾；液态金属冷却到正常的凝固温度时不结晶等现象，都是由于物质的表面性质所导致的结果。因此，了解表面现象的基本规律是很重要的。

大家知道，一个高度分散体系的总吉布斯自由能 $G=G_{体}+G_{表}$，其中

$$G_{表}=\gamma A \tag{6-2}$$

当体系的温度、压力和组成及总量不变时，$G_{体}$ 为一常数，体系的吉布斯自由能的变化仅决定于表面吉布斯自由能的变化。即

$$dG=dG_{表}=d(\gamma A)=\gamma dA+Ad\gamma$$

此式为表面变化的方向提供了一个热力学准则，由它可以得出一些重要的结论。

1. 当 γ 一定时

$$dG=\gamma dA$$

由此可见，只有当 $dA<0$ 时，dG 才小于零。这就是说，只有缩小表面积，才能降低系统的表面吉布斯自由能，使系统趋于稳定状态，所以缩小表面积的过程是自发过程。例如，钢液中的小气泡合并成大气泡，结晶时固相中的小晶粒合并成大晶粒都是缩小表面积的过程，所以能够自动进行。

2. 当 A 一定（即分散度不变）时

$$dG=Ad\gamma$$

若要 $dG<0$，则必须 $d\gamma<0$。也就是说，γ 减小的过程是自发过程，所以系统总是力图通过降低 γ 以达到降低表面吉布斯自由能，使之趋向稳定。这就是固体和液体物质表面具有吸附作用的原因。

3. γ 和 A 均有可能变化

系统可通过降低 γ 和缩小表面积以降低其表面吉布斯自由能，使系统趋于稳定状态。如润湿现象就是这种情况。

6.3 弯曲表面现象

众所周知,大面积的水面看起来总是平坦的,而一些小面积的液面却都是曲面。如滴定管或毛细管中的液面,气泡、露珠的液面等。为什么细管中的液面,气泡、露珠的液面是曲面?弯曲液面有些什么性质和现象?或者说,液面弯曲将对体系的性质产生什么影响?这些都是本节将要讨论的基本问题,也是界面现象中十分重要的问题。日常生活中常见的毛巾会吸水、湿土块干燥时会裂缝以及实验中的过冷和工业装置中的暴沸等现象都与液面或界面弯曲有关。

6.3.1 弯曲表面下的附加压力——拉普拉斯方程

在一水平界面层处,液面内外两侧的压力是平衡、相等的。但弯曲液面内外两侧的压力就不相同,存在压力差。为分析弯曲液面两侧存在压力差的原因,首先按图 6-5 所示来规定平面、凹面和凸面。

图 6-5 平面、凹面、凸面的规定

其受力情况分别对应于图 6-6(a)、图 6-6(b)和图 6-6(c)。

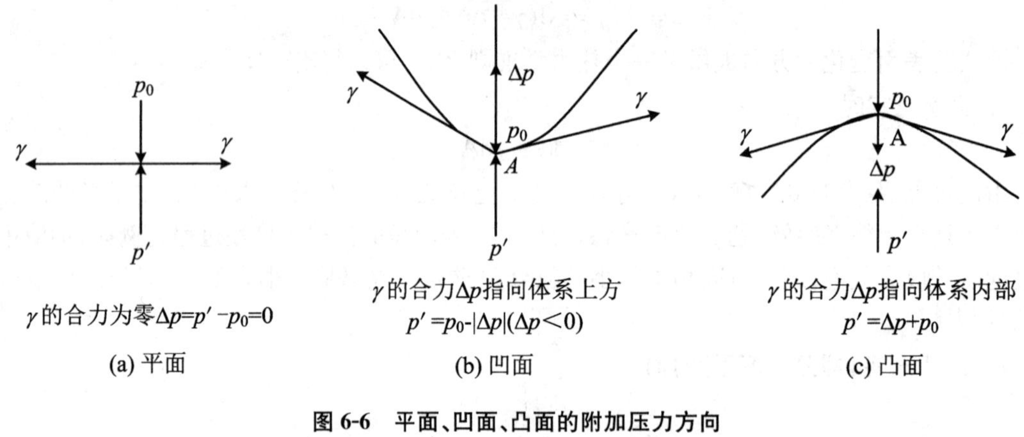

图 6-6 平面、凹面、凸面的附加压力方向

在图 6-6(a)平面中,表面分子虽然受力不均匀,产生了表面张力,但是在任意指定的某边界上的任意一点 A 的周围,表面张力大小相等,方向相反,相互抵消,没有附加压力的存在;在图 6-6(b)凹面中,由于代表表面张力的切线不在一个平面内,无法对消,于是产生了一个指向圆心的合力,所有合力的加和称为附加压力,用 Δp 表示。由于 Δp 作用的方向与外压力 p_0 压力对凹面的作用方向相反,所以在凹面上的净作用力为 $p'=p_0-|\Delta p|$;在图 6-6(c)凸面中,代

表表面张力的切线也不在一个平面上，无法对消，产生了一个指向球心的合力。球面上的每一点都会产生这种力，这种力的加和称为附加压力，用 Δp 表示。力的方向指向曲面圆心，与外压力 p_0 方向一致，所以球面上受到的总的压力为 $p'=\Delta p+p_0$。

图 6-7 给出了验证附加压力存在的实验装置。在一吹肥皂泡用的吹管顶端接上一气压计。肥皂泡形成之后将吹管关闭，自气压计可观察到达平衡时管内实际压力比管外大。当一肥皂泡半径为 2 mm 时，管内压力大约比管外大 1 mm 水柱（1 mm 水柱＝9.81 Pa）。这一现象可解释为肥皂膜有自发减小其表面积的倾向，而收缩使其内部压力增大，当内部压力足以抵消其收缩作用时，则处于平衡。

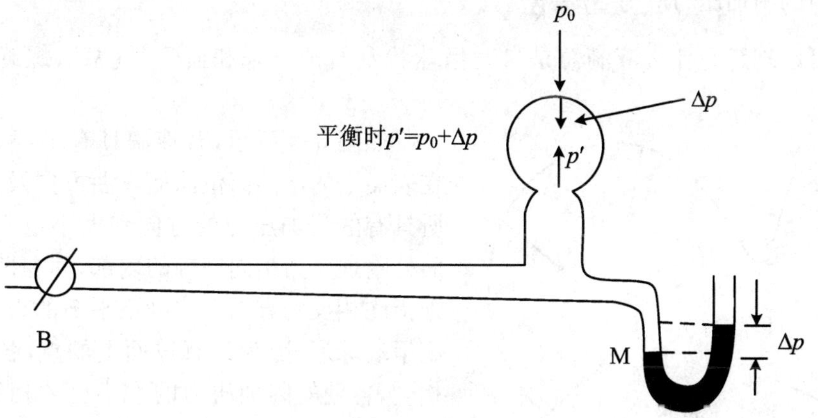

图 6-7　验证附加压力实验装置

附加压力的大小究竟与哪些因素有关？拉普拉斯方程给出了其与表面张力和曲率半径之间的定量关系。为了简便起见，我们只考虑特殊曲面，即球面，球面上曲率半径处处相等，都等于球面的半径。

如图 6-8 所示，毛细管内充满液体，管端悬有一个半径为 R' 的球状液滴。

定温、定压和组成不变的情况下，可逆推动活塞，使液滴体积增加 dV，面积相应在地增加 dA。则环境对体系做功为 $p'dV$，体系对环境做功为 $p_0 dV$，体系净得功为 $p'dV-p_0 dV=\Delta p dV$，全部转变为表面吉布斯自由能，即

$$\Delta p dV=\gamma dA$$

这里

$$V=\frac{4}{3}\pi R'$$

$$dV=4\pi R'^2 dR'$$

$$A=4\pi R'^2$$

$$dA=8\pi R' dR'$$

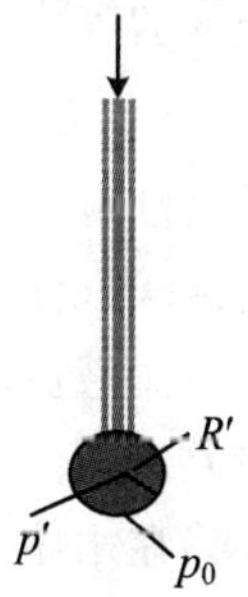

图 6-8　弯曲液面所产生的附加压力

则

$$\Delta p=\frac{2\gamma}{R'} \tag{6-3}$$

式(6-3)称为拉普拉斯方程。由此可知：

① 附加压力 Δp 与液体的表面张力成正比，表面张力越小，附加压力越小，如果没有表面张力，也就不存在附加压力。

② 附加压力 Δp 与曲率半径 R' 成反比，即液滴越小，所产生的附加压力越显著，液滴内部压力越大。

③ 对于平面液面，$R'\to\infty$，$\Delta p=0$，没有附加压力；为了体现附加压力的方向，对凸液面 $R'>0$，$\Delta p>0$ 为正值，指向液体；对凹液面 $R'<0$，$\Delta p<0$ 为负值，指向气体。总之，附加压力的方向总是指向曲面的球心。

④ 对于由液膜构成的气泡，例如肥皂泡，因为有内、外两个表面，均产生指向球心的附加压力，所以泡内的附加压力应为 $\Delta p=\frac{4\gamma}{R'}$。

依此，可以理解为什么液滴总是自动呈球状及石油三采和血管"气塞"、螺旋桨"气蚀"等现象。

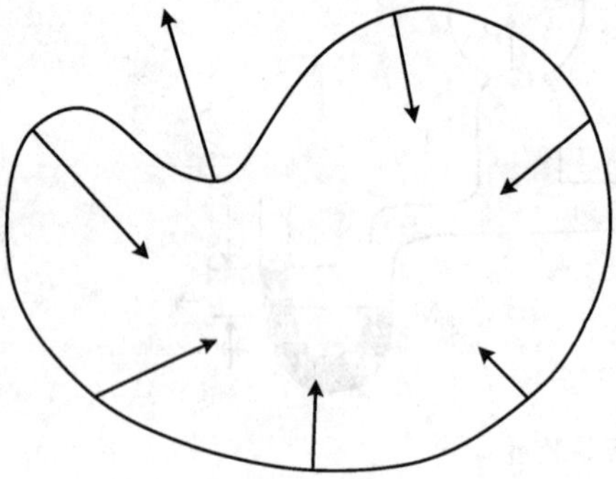

图 6-9 不规则液滴上的附加压力

如图 6-9 所示，若液滴具有不规则的形状，则在表面上的不同部位曲面弯曲方向及其曲率不同，所具有的附加压力的方向和大小也不同。在凸液面处附加压力指向液滴的内部，而在凹液面的部位则指向相反的方向。这种不平衡的力，必会迫使液滴呈现球形，因为只有球面上的点，各点的曲率才相同，各处的附加压力的大小也才相等，液滴才能稳定存在。同理，分散在水中的油滴或气泡也是如此。

石油"一采"约 15%伴生气，接下来的 15%通过人工注水或注气即所谓"二采"获得，还有 60%～70%原油要靠科学技术手段即所谓的"三采"获取。原因是原油在沙岩毛细管中形成凸液面，$R'>0$，$\Delta p=\frac{2\gamma}{R'}>0$。如 298 K，$\gamma=79\times10^{-3}\ \mathrm{N\cdot m^{-1}}$，$R'=10^{-8}$ m，如果用注水的方法，加水的压力必须达到(大于)$\Delta p=158\times10^{5}$ Pa 才能将原油从毛细管中压出，这很难办到。因此，通过添加表面活性剂使 γ 下降、Δp 变小，以此降低开采难度，不失为一种有效的方法。

护士给病人注射各种针剂药物，必须设法除去液体药物中的小气泡。否则会在血管中产生附加压力与血液流动方向相反的气泡，只有当外加压力达到一定程度，血液才能流动，这将增大血流的阻力。

螺旋桨在水中快速运转产生无数曲率半径极小的气泡，气泡液膜内产生极大的附加压力，在此压力下气泡以极高的速度收缩和破裂并作用于机件，会使其破损而报废!

⑤ 毛细现象。毛细管中的液体是上升还是下降，上升或下降多少，主要取决于毛细管和液体的性质。如将玻璃毛细管插入汞中，管内汞的液面会下降；将玻璃毛细管插入水中，管内水的液面会上升，如图 6-10 所示。

由于汞的表面张力大，不能润湿玻璃毛细管表面，因此，汞在管内呈凸面。原来汞平面上受的外压力 p_0 处处相等，但在管内 A 点处形成了凸面，产生了附加压力 Δp。Δp 的方向是向下的(指向曲面圆心)，这样 A 点处的液面比管外液面多了一个向下的附加压力，破坏了原来的平衡。为求新的平衡，管内液面下降，直到下降液柱产生的净压力等于附加压力时，又达到新的平

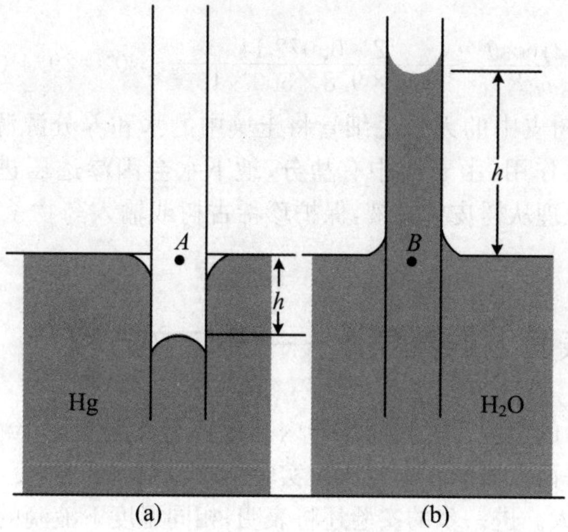

图 6-10 液体在毛细管中的上升或下降

衡，这时

$$\Delta p=\frac{2\gamma}{R'}=(\rho_{(g)}-\rho_{(l)})gh\approx-\rho_{(l)}gh$$

式中，$\rho_{(l)}$和$\rho_{(g)}$分别表示$Hg_{(l)}$及其蒸气的密度。由于气体密度与液体密度相比时可以忽略，所以留下一个负号表示管中液面是下降的。g是重力加速度，h是下降的液柱高度。

在图 6-10(b)中，水能润湿毛细管表面，在B点处形成凹面，产生了向上(指向曲面圆心)的附加压力，使B点处的压力比平面上其他地方的压力小。为寻求新的平衡，管内液面上升，直到上升液柱的净压力等于附加压力时，又达成新的平衡，这时

$$\Delta p=\frac{2\gamma}{R'}=(\rho_{(g)}-\rho_{(l)})gh\approx-\rho_{(l)}gh$$

对凹面$R'<0$，h为正值，表示液柱高度是上升的。

毛细管中曲面的曲率半径R'可以从毛细管半径求得。最简单的情况是凸面或凹面是半个球面，则曲率半径就等于毛细管半径，$R'=R$。但在一般情况下，可以用两者之间的几何关系求取，如图 6-11 所示。设R是毛细管半径，一般是已知的。R'是凹面的曲率半径，AB是凹面在A点处液体的表面张力，它与管壁(固—液界面)之间的夹角θ称为接触角。接触角可以用实验测定。用平面几何的关系，可以证明R与R'之间的夹角也等于θ，所以

$$\frac{R}{R'}=\cos\theta$$

或

$$R'=\frac{R}{\cos\theta}$$

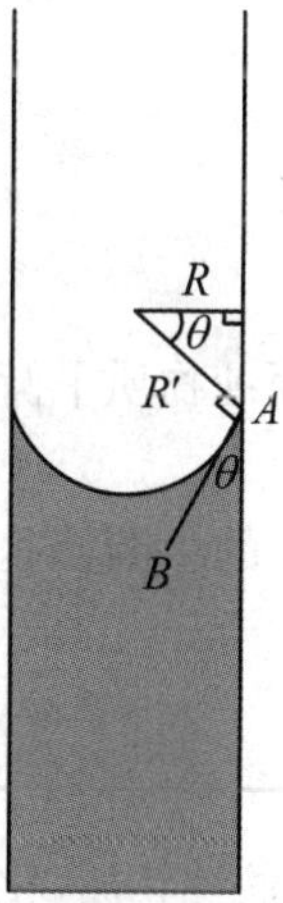

图 6-11 曲率半径与毛细管半径的关系

可以根据毛细管半径预测液面可能上升的高度。

【例 6-3】 已知 298 K 时水的表面张力为 0.072 14 $N\cdot m^{-1}$，密度为 1 000 $kg\cdot m^{-3}$，重力加速度为 9.8 $m\cdot s^{-2}$。将半径为 500 nm 的洁净玻璃毛细管插入水中，求管中液面上升的

高度。

解 $$h=\frac{2\gamma\cos\theta}{\rho gR}=\frac{2\times0.07214}{1000\times9.8\times500\times10^{-9}}\cos0°=29.4\ (\mathrm{m})$$

参天大树正是依靠树皮中的无数毛细管将土壤中的水和养分源源不断地输送到树冠（当然，渗透压也起到了重要作用，由于树中有盐分，地下水会因渗透压进入树内，通过毛细管上升）。人们也可以用此原理从树皮中输液，保护珍稀古树或输入药物杀灭药液无法喷洒到的高大树木树冠上的害虫。

6.3.2 弯曲表面上的蒸气压——开尔文方程

先观察图 6-12 所示的实验。一封闭容器内存放若干大液滴和小液滴，定温下观察一段时间发现，小液滴逐渐消失而大液滴逐渐变大。实验结果表明，相同温度下，小液滴的饱和蒸气压比大液滴的饱和蒸气压大。进一步的实验还将表明，相同温度下液滴的饱和蒸气压比平液面的高。这是因为液体被分散为小液滴后将受到附加压力的作用，其平衡蒸气压也将发生变化。

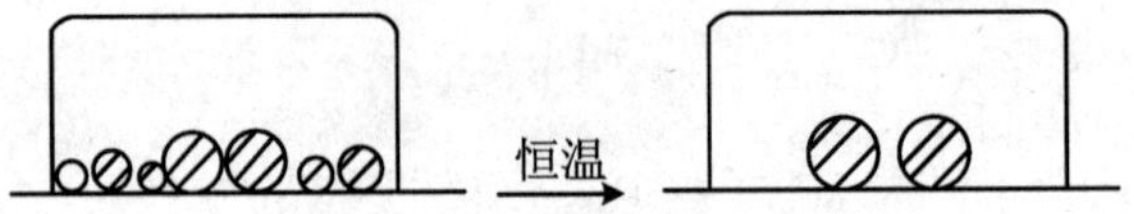

图 6-12 弯曲液面的蒸气压

下面导出弯曲液面平衡蒸气压与液体表面张力和曲率半径的关系。定温（T）、定压（p_0）下设计如图 6-13 所示的热力学过程。

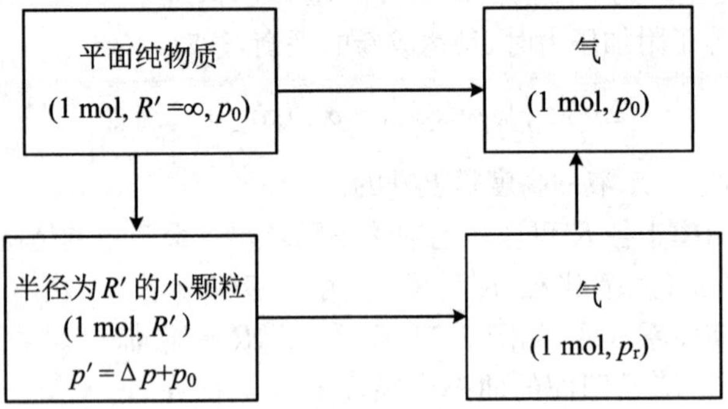

图 6-13

平面纯物质平衡时

$$\mu_{\mathrm{B(凝)}}=\mu_{\mathrm{B(g)}}$$

半径为R'的小颗粒达平衡时

$$\mu_{\mathrm{B(凝)}}+\mathrm{d}\mu_{\mathrm{B(凝)}}=\mu_{\mathrm{B(g)}}+\mathrm{d}\mu_{\mathrm{B(g)}}$$

有

$$\mathrm{d}\mu_{\mathrm{B(凝)}}=\mathrm{d}\mu_{\mathrm{B(g)}}$$

对 1 mol 的纯物质，化学势等于其摩尔吉布斯自由能，则

$$\mathrm{d}\mu_{\mathrm{B(凝)}}=\mathrm{d}G_{\mathrm{m(凝)}}=-S_{\mathrm{m(凝)}}\mathrm{d}T+V_{\mathrm{m(凝)}}\mathrm{d}p=V_{\mathrm{m(凝)}}\mathrm{d}p$$
$$\mathrm{d}\mu_{\mathrm{B(g)}}=\mathrm{d}G_{\mathrm{m(g)}}=-S_{\mathrm{m(g)}}\mathrm{d}T+V_{\mathrm{m(g)}}\mathrm{d}p=V_{\mathrm{m(g)}}\mathrm{d}p$$

有

$$V_{m(凝)}\,dp = V_{m(g)}\,dp$$

若纯物质的V_m不随压力变化，蒸气视为理想气体，则

$$V_{m(凝)}\int_{p_0}^{p'} dp = \int_{p_0}^{p_r}\left(\frac{RT}{p}\right)dp$$

$$V_{m(凝)}\Delta p = RT\ln\left(\frac{p_r}{p_0}\right)$$

将$\Delta p=\frac{2\gamma}{R'}$，$V_{m(凝)}=\frac{M}{\rho}$代入，得

$$\ln\left(\frac{p_r}{p_0}\right)=\frac{2M\gamma}{RT\rho R'} \tag{6-4}$$

这就是弯曲表面上的蒸气压p_r与γ和曲率半径R'间的定量关系，称为开尔文方程。用此式可解释许多自然现象。

1. T，p_0，γ一定时，R'越小，p_r与p_0差别越大

(1) 对于凸液面即液滴，因$R'>0$，则$p_r>p_0$，即微小液滴的平衡蒸气压将大于平液面的平衡蒸气压。且随分散度增加或曲率半径减小，弯曲液面与平面液面蒸气压的这种差异就越明显。对于液滴水，应用式(6-4)计算的结果列于表6-5中。

表6-5 298.15 K水的平衡蒸气压随液滴半径的变化

液滴半径R'(m)	∞	10^{-6}	10^{-7}	10^{-8}	10^{-9}
p_r(kPa)	3.167	3.170	3.200	3.517	9.038

由表6-5所列数据可见，当液滴半径小于10^{-7} m时，蒸气压的变化就十分显著了。依此可解释人们在对流层中实施的人工降雨的科学依据(图6-14)。

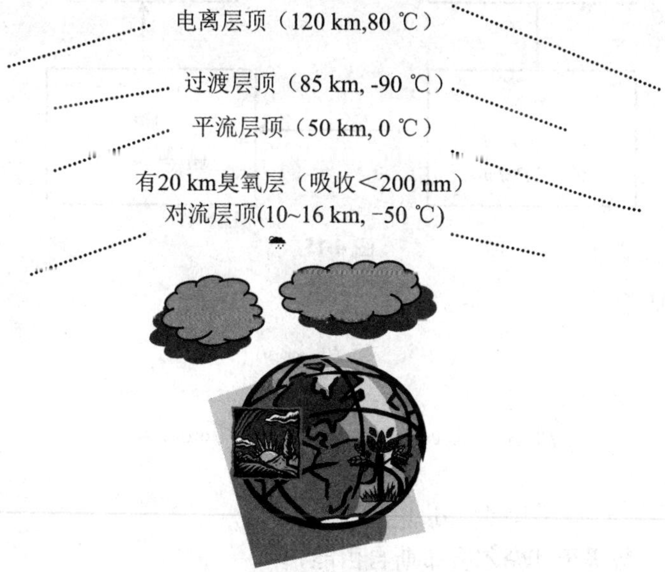

图6-14 人工降雨示意图

对流层乌云中水的饱和蒸气压$p_{H_2O}=3\,299$ Pa，虽远高于同温下平面液体水的饱和蒸气压

(如 293.15 K 时水的 $p_0=2\ 333$ Pa)，但仍远小于新形成的小水滴(如 $R'=10^{-8}$ m)所需的蒸气压(如 $p_r=3\ 517$ Pa)，故而下不了雨。不过，当过饱和蒸气云层中存在一些凝结核心(如灰尘、AgI、干冰等)，新形成的水滴半径较大些(如 $R'=10^{-6}$ m)时，就能降低生成水滴所需的过饱和程度，实现人工降雨。因当 $R'=10^{-6}$ m 时，$p_r=3\ 170$ Pa，小于云中水的饱和蒸气压 $p_{H_2O}=3\ 299$ Pa，就易于形成水滴，而后靠重力作用就形成雨了。

(2) 对于凹液面，如毛细管内润湿性液体表面，因 $R'<0$，则 $p_r<p_0$，即凹液面的平衡蒸气压将小于平液面的平衡蒸气压。就是说，在一定温度下，蒸气虽对平液面未达饱和，但对管内凹面液体已呈过饱和，此蒸气在毛细管内就会凝结成液体。所以在烧制陶瓷、砖、瓦时要小心。因为生坯中有很多毛细管，水在其中呈凹面，水蒸气易在其中凝结。若将未干燥到一定程度的生坯送入窑中烧制，产品就会成批报废！此外，植物依靠土壤中的毛细管吸取地下水分，如果土壤被压实了，毛细管与地表相通，就会把地下水分白白地蒸发掉，不久就会使植物枯萎。所以必须把地表锄松，切断地表的毛细管，保护地下水避免被蒸发以供植物慢慢使用。而地表松土中的毛细管又可以使大气中的水气在管中凝聚，增加土壤水分，这就是锄地保墒的道理。硅胶作为一种干燥剂，具有很大的比表面，利用它的多孔性可自动吸附空气中的水蒸气并在毛细管内发生凝结达到干燥样品、空气等，这就是硅胶干燥样品的原理。又如水泥地面在冬天易冻裂也与其中存在毛细管凝结后的水有关。水蒸气在植物叶子气孔口的凹形弯液面上冷凝可以在相对湿度小于 100%时发生，于是形成露水，这对于干旱地区植物的生长是十分重要的。

(3) $R'=\infty$，$p_r=p_0$。

2. 微小颗粒的溶解度与熔点——开尔文方程的其他形式

微小颗粒具有较大的溶解度，如图 6-15 所示的定温、定压下热力学过程。

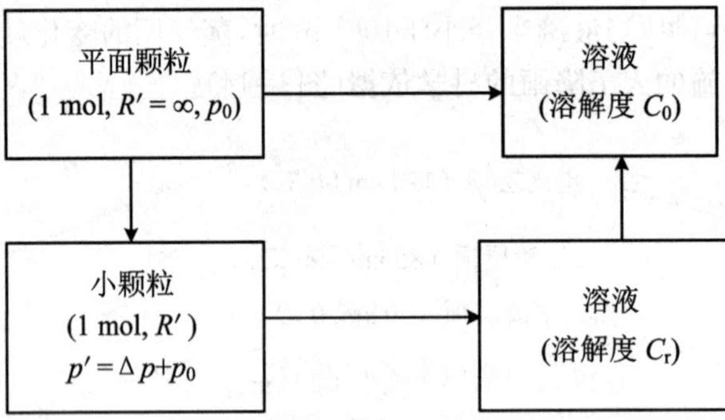

图 6-15

平面颗粒平衡时

$$\mu_{B(s)}=\mu_{B(solution)}$$

小颗粒达新平衡时

$$\mu_{B(s)}+d\mu_{B(s)}=\mu_{B(solution)}+d\mu_{B(solution)}$$

有

$$d\mu_{B(s)}=d\mu_{B(solution)}$$

对 1 mol 纯物质，化学势等于其摩尔吉布斯自由能，有

$$d\mu_{B(s)}=dG_{m(s)}=-S_{m(s)}dT+V_{m(s)}dp=V_{m(s)}dp$$

$$d\mu_{B(solution)}=d\left[\mu^{\ominus}_{B,C(T,p^{\ominus})}+RT\ln\left(\frac{C_B}{C^{\ominus}}\right)\right]=RT\,d\ln\left(\frac{C_B}{C^{\ominus}}\right)$$

$$V_{m(s)}\,dp = RT\,d\ln\left(\frac{C_B}{C^{\ominus}}\right)$$

若纯物质的 V_m 不随压力变化

$$V_{m(s)}\int_{p_0}^{p'} dp = \int_{C_0}^{C_r} RT\,d\ln\left(\frac{C_B}{C^{\ominus}}\right)$$

$$RT\ln\left(\frac{C_r}{C_o}\right) = \frac{2\gamma M}{R'\rho}$$

一定温度下，R,γ,C_0,M,ρ 为常数，R' 越小，C_r 越大。因而小晶体具有较大的溶解度。如 CaF_2 微粒，303 K 下，$R'=150$ nm 时，溶解度可增加 18%（$C_r/C_0=118\%$）。沉淀的陈化，采用延长保温时间使原来大小不均匀的结晶中小晶体逐渐溶解，大晶体不断成长。制剂学中，将难溶药物微粉化，以提高药物生物利用度，降低药物用量（口服灰黄霉，在同样疗效下，2.6 μm 的用量仅是 10 μm 的一半）。

微小颗粒具有较低的熔点，如图 6-16 所示为定温、定压下的热力学过程。

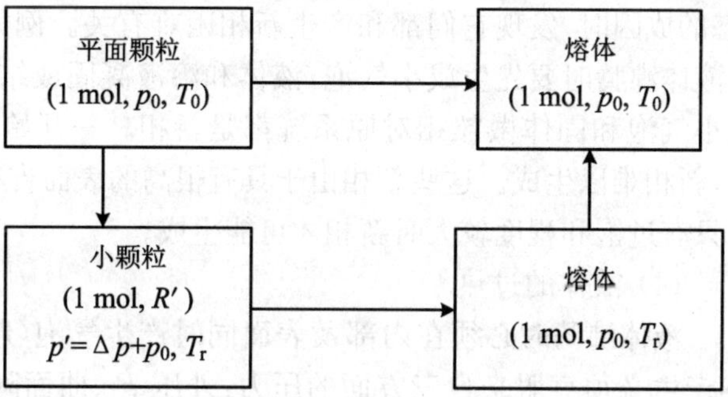

图 6-16

平面颗粒平衡时

$$\mu_{B(s)} = \mu_{B(l)}$$

小颗粒达新平衡时

$$\mu_{B(s)} + d\mu_{B(s)} = \mu_{B(l)} + d\mu_{B(l)}$$

有

$$d\mu_{B(s)} = d\mu_{B(l)}$$

对 1 mol 纯物质，化学势等于其摩尔吉布斯自由能，有

$$d\mu_{B(s)} = dG_{m(s)} = -S_{m(s)}\,dT + V_{m(s)}\,dp$$

$$d\mu_{B(l)} = dG_{m(l)} = -S_{m(l)}\,dT + V_{m(l)}\,dp = -S_{m(l)}\,dT$$

则

$$-S_{m(s)}\,dT + V_{m(s)}\,dp = -S_{m(l)}\,dT$$

即

$$\frac{dT}{dp} = \frac{V_{m(s)}}{S_{m(s)} - S_{m(l)}}$$

$$\frac{dT}{dp} = \frac{TM}{\rho\Delta H_{m(l\to s)}}$$

$$\int_{T_0}^{T_r}\frac{dT}{T} = \int_{p_0}^{p'}\frac{M}{\rho\Delta H_{m(l\to s)}}dp$$

$$\ln\left(\frac{T_r}{T_0}\right)=-\frac{2\gamma_{(s-l)}M}{R'\rho\Delta H_{m(l\to s)}}$$

式中，$\Delta H_{m(s\to l)}>0$，$\gamma_{(s\to l)}$，M，ρ，R'均为正值。R'越小，T_r越小于T_0，如CaF_2的$R'=10^{-7}$ m 的颗粒与$R'=10^{-5}$ m 颗粒的熔点相差约 30 ℃。

3. 开尔文方程对过热液体和过冷液体及过饱和溶液的解释

在化工生产和实验中常遇到过热液体、过冷液体和过饱和溶液等，若不加注意有时会造成危害。所谓过热液体，就是温度超过相应外压下的沸点而不沸腾的液体。过冷液体，就是按相平衡条件温度低于凝固点而不凝固的液体，例如，在$p^{\ominus}$，263 K 存在的水。过饱和溶液是在一定温度、压力下，溶质浓度超过此条件下的溶解度而不析出溶质结晶的溶液。

这些过热、过冷和过饱和状态，都是热力学上不稳定的系统，称为亚稳状态，即不是真正的平衡状态。当条件稍加变化，亚稳状态就受到破坏。亚稳状态虽然是不稳定的，但有时也能长期存在。例如，打铁淬火，把铁加热到一定温度使铁达到某种需要的结构，然后将其迅速放入水或油中冷却，这种结构在低温下虽然不是处于真正的平衡，但结构却不易转变。

分析这些亚稳状态的成因时，发现它们都和产生新相困难有关。例如，蒸气冷凝时要先生成小液滴(人工降雨)，液体沸腾时要先生成小气泡，液体和溶液凝固或结晶时要先生成固体微粒等。这样的小液滴、小气泡和固体微粒相对原系统都是新相。一开始它们的曲率半径都很小，界面两侧压差很大，新相难以生成。这些新相由于具有很高的表面吉布斯自由能，即使生成了也随即被破坏，所以只有过饱和程度较大时新相才可能生成。

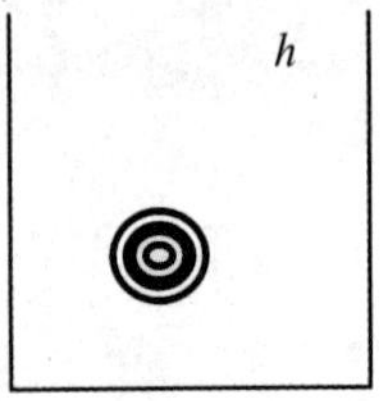

图 6-17

(1) 液体的过热

液体沸腾时必须在内部及表面同时产生气泡(新相)。液体内部气泡的产生必须克服来自三方面的压力：外压p_0、曲面附加压力Δp和液柱产生的静压力ρgh(图 6-17)，即$p_{总}=p_0+\Delta p+\rho gh$，这三者以附加压力最为重要。如在$h=0.02$ m 处形成的气泡所承受的压力

$$p_{总}\geqslant p_0+\Delta p+\rho gh=p_0+\frac{2\gamma}{R'}+\rho gh$$

$T=373$ K 条件下，$\gamma=58.85\times10^{-3}$ N·m^{-1}，$\rho=958.1$ kg·m^{-3}，$R'=10^{-8}$ m 时，有

$$\begin{aligned}p_{总}&\geqslant 101\,325+\frac{2\times58.85\times10^{-3}}{10^{-8}}+958.1\times9.8\times0.02\\&=101\,325+117.7\times10^5+187.8\\&=118.7\times10^5\text{(Pa)}\end{aligned}$$

由开尔文方程$\ln\left(\frac{p_r}{p_0}\right)=\frac{2M\gamma}{RT\rho R'}$可算出 373 K 时，小气泡内水的蒸气压仅为 94.35 kPa，远小于气泡存在时所需克服的压力。故若使小气泡存在并逸出必须继续加热，使小气泡内水蒸气的压力等于或超过它应克服的压力。因$T\uparrow$，$\gamma\downarrow$，$\rho\downarrow$，$p_{总}=p_0+\frac{2\gamma}{R'}+\rho gh$下降。此时液体的温度必然高于该液体的正常沸点，即使液体过热。实际操作中，为降低过热程度，通常在液体中放入沸石、素烧瓷片或一端封闭的毛细管。

(2) 液体的过冷

$$液体\longrightarrow小颗粒(p_r 大，T_r 低)\longrightarrow固体$$

液体过冷的原因是新生成的微小晶体的饱和蒸气压大于普通晶体，导致其有比较低的熔点T_r，正常凝固点的稳定T_0相对于小颗粒的T_r来说太大，为此，若要小颗粒生成并存在只有降低

温度。所以液体的凝固常常发生在正常凝固点以下，一些过冷液体的黏度随温度降低而迅速增大，使分子运动阻力增加，影响结晶的规则排列，致使生成非结晶的玻璃体状态物质。对纯水，有时过冷至−40 ℃仍呈液态。为防止液体过冷，常加入预先制备的“晶种”作为新相的中心，可使液体迅速地结晶。

(3) 过饱和溶液

$$溶液\longrightarrow小颗粒(p_r\ 大,C_r\ 大)\longrightarrow固体$$

溶液过饱和的原因是新生成的微小晶体的饱和蒸气压大于普通晶体，导致其有较大的溶解度。通常的饱和溶液对于小颗粒来说是不饱和的，若要析出固体小颗粒，就需进一步蒸发浓缩，使溶液浓度进一步加大，直至析出固体颗粒。那么，这种浓度的溶液就是过饱和的，称为过饱和溶液。

在定量分析和实际生产中的结晶操作中，为避免生成细小晶粒，不利于过滤或洗涤，以至影响产品质量，总是在结晶器中先投入已知质量的小“晶种”或采用使溶液过冷等方法，破坏亚稳状态而使结晶析出。

6.4　固体表面的吸附现象

6.4.1　气体在固体表面上的吸附

6.4.1.1　固体表面的特点与吸附概念

1. 固体表面的特点

(1) 固体表面的粗糙性

液体分子是易动的，这使液体表面易于波动，可自动弥补因外界因素产生的表面形变，因而在静止状态下，呈光滑均匀的表面。然而固体分子几乎是不可动的，固体的表面难以变形，保持着它在表面形成时的形态，表现出表面凸凹不平。即使经过抛光的，肉眼看上去十分光滑的表面，若将其放大1 000倍，也会看到沿加工方向出现的沟槽和裂纹，在高倍显微镜下观察光滑的粗糙表面，其形貌恰似起伏的山峦或波涛汹涌的大海(图6-18)。

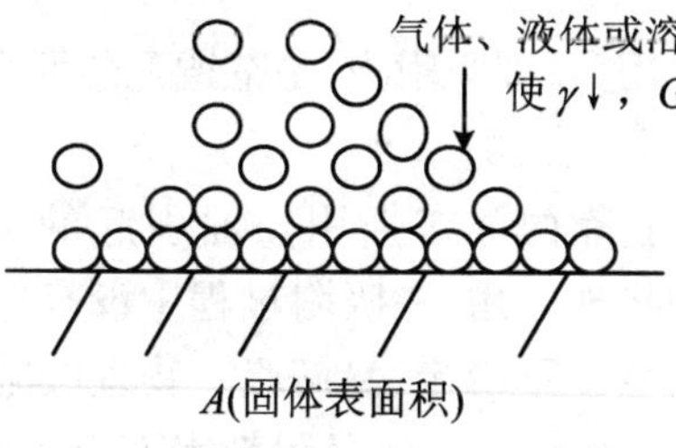

图6-18

(2) 固体表面的不完整性

据组成固体的质点(原子、离子或分子)排列的有序程度，固体分为晶体和非晶体两类。非晶体中质点是杂乱无章的。在晶体中,质点以有序的空间晶格排列,是由少数质点组成的重复单元(晶胞)组成。对理想的晶体,在温度一定时,晶胞大小和组成是相同的。

实验证明:几乎所有的晶体及其表面都会因为多种原因而呈现不完整性。晶体表面的不完整性主要有表面点缺陷、面缺陷、线缺陷(或位错)、非化学比等。上述各种缺陷并非独立存在,而是相伴发生的。例如,位错常常以综合形式出现。这种位错恰似地壳上的岩层在地球运动中产生的位错,正如岩层位错产生巨大能量将以"地震形式"释放出来一样,结晶位错产生的能量不均匀分布终究也会以一定的形式体现出来,如在界面上发生的吸附、催化作用等等。

(3) 固体表面的不均匀性

若将固体表面近似地看成一个平面,固体表面对吸附分子的作用能不仅与其对表面的垂直距离有关,而且常随水平位置不同而不同,即在距离相同的不同表面对吸附分子的作用能不同。这是表面粗糙和不完整性导致的必然结果。

2. 吸附概念

固体表面的吸附是固体表面张力存在所引起的一种普遍存在的现象。因为固体不能像液体那样通过改变表面形状、缩小表面积以降低表面能,但可利用表面分子的剩余力场来捕捉气相或液相中的分子,从而降低表面能以达到相对稳定的状态。

(1) 吸附剂、吸附质与吸附量

具有吸附能力的物质叫吸附剂,被吸附的物质叫吸附质。一定条件下的单位质量吸附剂 m,吸附吸附质的最多物质的量(对气体来说,还用 0 ℃、$p^{\ominus}$下占有的体积)称为吸附量,用 Γ 表示,即

$$\Gamma = \frac{n}{m} \qquad (\text{单位 mol}\cdot\text{kg}^{-1})$$

或

$$\Gamma = \frac{V}{m} \qquad (\text{单位 m}^3\cdot\text{kg}^{-1})$$

影响吸附量的因素有吸附剂和吸附质的本性、温度及达到吸附平衡时吸附质的压力或浓度等。

(2) 吸附热

由于在给定温度和压力下,固体表面发生的吸附是自发进行的,因此 $\Delta G<0$。当吸附质分子被吸附到固体表面后,分子运动的自由度减少,且 $\Delta S<0$。由 $\Delta G=\Delta H-T\Delta S$ 知,吸附热 $\Delta H<0$。这是衡量吸附强弱的一个重要参数,可用热量计来测之。

(3) 吸附分类

常根据吸附剂与吸附质分子间作用力(即吸附力)是范德瓦尔斯力还是化学键力不同,把吸附分为物理吸附和化学吸附两类。

固体表面与被吸附分子之间由于范德瓦尔斯引力而引起的吸附是物理吸附(physical adsorption)。这类吸附的实质是一种物理作用,在吸附过程中没有电子转移,没有化学键的生成与破坏,没有原子重排等,被吸附的分子不稳定、易解吸。物理吸附无选择性,吸附可以是单分子层也可以是多分子层,任何吸附质都能在任何吸附剂表面上吸附,只是吸附量有所不同。吸附热在数值上与气体的液化热相近($-8\sim-40\ \text{kJ}\cdot\text{mol}^{-1}$)。而化学吸附(chemical adsorption)类似于化学反应,吸附后吸附质分子与吸附剂表面分子之间形成了化学键,吸附具有选择性,总是单分子层的,且已被吸附的吸附质分子比较稳定、不易解吸。吸附热与化学反应

热差不多是同一个数量级(−400～−40 kJ·mol^{-1})。表6-6列出了两种吸附的差异。

表6-6 物理吸附和化学吸附的差别

吸附参数	物理吸附	化学吸附
吸附力	范德瓦尔斯力	化学键力
吸附选择性	无选择性	有选择性
吸附层	单分子层或多分子层	单分子层
吸附稳定性	不稳定,易解吸	比较稳定,不易解吸
吸附热(kJ·mol^{-1})	近于液化热(−40～−8)	近于反应热(−400～−40)

实验可以直接证明物理吸附和化学吸附的存在。例如,可以通过吸收光谱来观察吸附后的状态,在紫外、可见及红外光谱区,若出现新的特征吸收带,就是存在化学吸附的标志。物理吸附只能给原吸附分子的特征吸收带来某些位移或者在强度上有所改变,而不会产生新的特征谱带。

物理吸附和化学吸附并不是绝对分开的,往往相伴发生。一般来说,物理吸附是化学吸附的前奏,如果没有物理吸附,许多化学吸附将变得极慢,实际上不能发生。

6.4.1.2 吸附等温式

反映吸附量Γ、温度T和吸附分压p三者之间关系的曲线称为吸附曲线。实际工作中,为了不同的研究目的,在吸附量Γ、温度T、吸附分压p三个参数中,常恒定其中某个参数,考查其他两个参数之间的关系。如:

若T=常数,则$\Gamma=f(p)$,称为吸附等温线(adsorption isotherm);

若p=常数,则$\Gamma=f(T)$,称为吸附等压线(adsorption isobar);

若Γ=常数,则$p=f(T)$,称为吸附等量线(adsorption isostere)。

其中,$\Gamma=f(p)$最常用。朗格缪尔、布鲁诺(S. Brunauer)、埃麦特(Emmet)、泰勒(E. Teller)等先后建立了$\Gamma=f(p)$之间的定量方程即吸附等温式。布鲁诺等根据大量的气体吸附实验结果,将气体吸附的$\Gamma=f(p)$关系分为5种类型。

图6-19给出了气体吸附的5种$\Gamma=f(p)$关系,其纵坐标为吸附量,横坐标是$\dfrac{p}{p_0}$(p_0是实验条件下吸附质的饱和蒸气压)。根据五种吸附$\Gamma=f(p)$关系可知,吸附量均随吸附质压力增加而增加。

Ⅰ类吸附较常见,也是比较重要的吸附类型,通常认为是单分子层吸附。化学吸附通常是单分子层吸附,一般在远低于$\dfrac{p^*}{p_0}$(p^*为气体的临界压力)时,固体表面就吸满了单层分子,即使压力再增大,吸附量也不再增加,即吸附达到饱和。−183 ℃氮在活性炭上的吸附和0 ℃时氯乙烷在木炭上的吸附均属于Ⅰ类吸附。

Ⅱ类和Ⅴ类吸附是多分子层吸附,其中Ⅱ类称为S形吸附等温线。这种类型的吸附,在低压时形成单分子层,随着压力的增加,开始产生多分子层吸附。图6-19中的B点是低压下曲线的拐点,研究认为这时吸满了单分子层,这就是用B点法计算比表面的依据。−195 ℃氮在铁催化剂上的吸附属于Ⅱ类吸附。

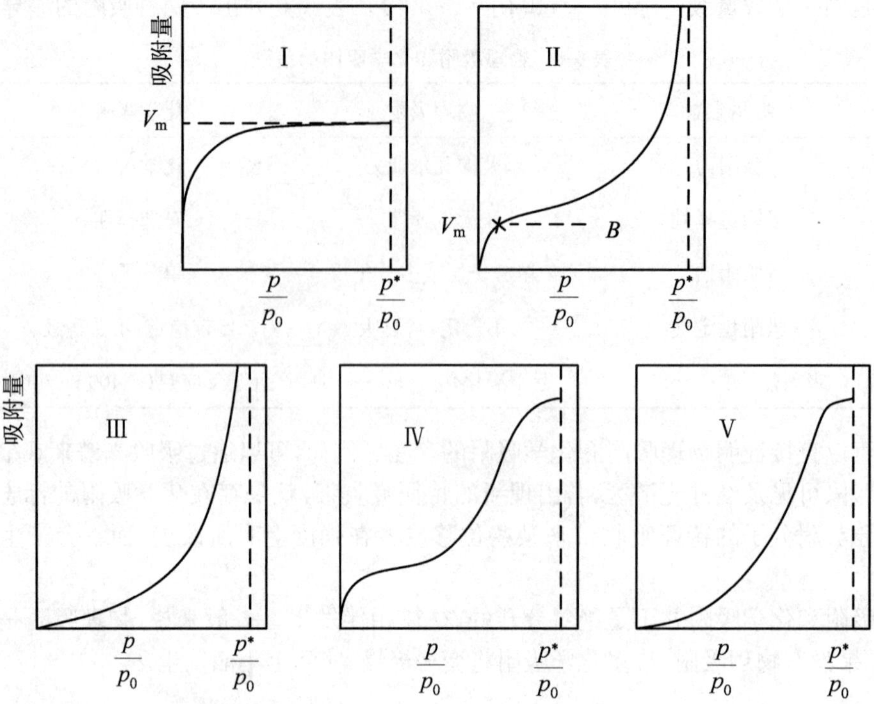

图 6-19 气体吸附等温线的 5 种基本类型

Ⅲ类吸附等温线比较少见。从曲线可以看出，一开始就是多分子层吸附，79 ℃溴在硅胶上的吸附属于Ⅲ类吸附。

Ⅱ类和Ⅲ类的吸附等温线，当压力接近于$\frac{p^*}{p_0}$时，曲线趋于纵轴平行线的渐近线。这表明在固体粉末样品的颗粒间产生了吸附质的凝聚，所以当压力接近于$\frac{p^*}{p_0}$时，吸附层趋于无限厚，吸附量趋于无穷大。

Ⅳ类吸附等温线表明在低压下形成单分子层，然后随着压力的增加，由于吸附剂的孔结构中产生毛细凝聚，所以吸附量急剧增大，直到吸附剂的毛细孔装满吸附质后，吸附达到饱和。50 ℃时苯在 Fe_2O_3 凝胶上的吸附属于Ⅳ类吸附。

Ⅴ类吸附等温线表明在低压下就形成多分子层吸附，然后随着压力增加，开始出现毛细凝聚。它与Ⅳ类吸附等温线一样，在较高压力下吸附量趋于极限值。所以Ⅳ类和Ⅴ类吸附等温线反映了多孔性吸附剂的孔结构。100 ℃时水蒸气在活性炭上的吸附则属于Ⅴ类吸附。

因此，研究 $\Gamma=f(p)$关系，可以得到一些有关吸附剂表面性质、孔的分布以及吸附质与吸附剂相互作用等方面的信息。

1. 朗格缪尔吸附等温式

朗格缪尔在 1916 年第一个发表了关于气体在固体表面上吸附的理论，并推导出了他的吸附等温式，其基本假设主要有四点。

① 吸附剂表面是均匀的，表面上各吸附位置的能量相同。

② 气体在固体表面上的吸附是单分子层的。因此只有当气体分子碰到固体的空白表面时才能被吸附，如果碰到已被吸附的气体分子上则不发生吸附。后者的碰撞是弹性碰撞，前者是

非弹性碰撞。

③ 被吸附的分子间无相互作用力。被吸附分子脱附时，不受邻近吸附分子的影响。

④ 吸附平衡是动态平衡。

如以 θ 代表表面被覆盖的分数，即表面覆盖率(coverage)，则 $1-\theta$ 就表示表面尚未被覆盖的分数。气体的吸附速率与气体的压力成正比，由于只有当气体碰撞到空白表面部分时才可能被吸附，即又与 $(1-\theta)N$（N 是吸附空位总数）成正比，所以，吸附速率 r_a 为

$$r_a = k_a p(1-\theta)N$$

被吸附的分子脱离表面重新回到气相中的解吸速率（或脱附速率）与 θN 成正比，即解吸速率（或脱附速率）r_d 为

$$r_d = k_d \theta N$$

式中，k_a，k_d 都是比例系数。在常温下达平衡时，吸附速率等于解吸速率，所以

$$k_a p(1-\theta)N = k_d \theta N$$

或写作

$$\theta = \frac{k_a p}{k_d + k_a p}$$

如令 $k_a/k_d = a$，则得

$$\theta = \frac{ap}{1+ap} \tag{6-5}$$

式中，a 为吸附系数(adsorption coefficient)，代表了固体表面吸附气体能力的强弱，与吸附剂、吸附质本性及温度有关。θ 与 p 的关系见图 6-20。

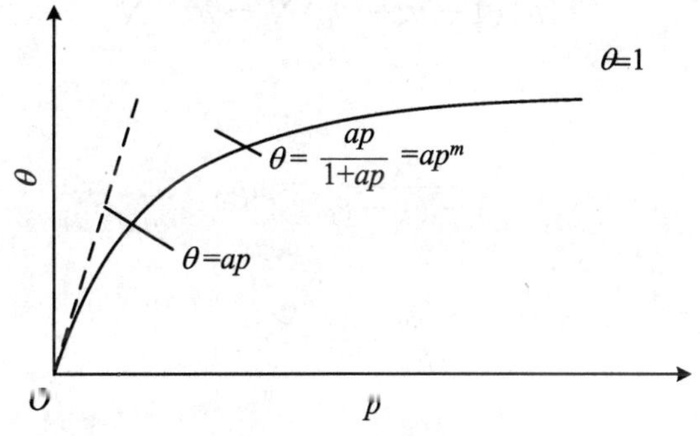

图 6-20 朗格缪尔吸附等温式的示意图

当压力足够低或吸附很弱时，ap 远小于 1，则 $\theta \approx ap$，即 θ 与 p 呈线性关系；当压力足够高或吸附很强时，ap 远大于 1，则 $\theta \approx 1$，即 θ 与 p 无关；当压力适中时，θ 用式(6-4)表示，即 $\theta \propto p^m$，m 介于 0→1 之间。

若以 Γ_∞ 代表当表面上吸满单分子层时的饱和吸附量，V_∞ 代表吸满单分子层时的气体在标准状况下占有的体积，V 代表压力为 p 时实际吸附的气体在标准状况下占有的体积。则表面覆盖度 $\theta = \dfrac{\Gamma}{\Gamma_\infty} = \dfrac{\frac{V}{m}}{\frac{V_\infty}{m}} = \dfrac{V}{V_\infty}$，代入式(6-5)后，有

$$V = V_\infty \frac{ap}{1+ap}$$

上式重排后得

$$\frac{p}{V}=\frac{1}{V_{\infty}a}+\frac{p}{V_{\infty}}$$

这是朗格缪尔公式的另一种写法。若以$\frac{p}{V}$对 p 作图，则应得一直线，从直线的斜率和截距可求得吸附系数 a 和 V_{∞}，进而求得吸附剂的固体比表面积 $A_{比}$。固体比表面是粉末状固体或多孔固体的一个重要性质，对于固体催化剂来说，比表面的数值也很重要，它有助于了解催化剂的性能(多相催化反应是在催化剂微孔的表面上进行的，催化剂的表面状态和孔结构可以影响反应的活化能、速率甚至反应的级数)

$$A_{比}=\frac{V_{\infty}}{0.0224}\times\frac{6.626\times10^{23}S_{截}}{m}$$

式中，$S_{截}$ 为被吸附分子的横截面积。

若气相中含有 A，B 两种气体，且均能被吸附，或被吸附的 A 分子在表面上发生反应后生成的产物 B 也能被吸附，这些都可以认为是混合吸附。在混合吸附中，在同一个表面上的吸附，各占一个吸附中心，此时

A 分子的吸附速率：

$$r_{a}=k_{a}p_{A}(1-\theta_{A}-\theta_{B})N$$

A 分子的解吸速率：

$$r_{d}=k_{d}\theta_{A}N$$

A 分子达到吸附平衡时，吸附速率等于解吸速率，所以

$$k_{a}p_{A}(1-\theta_{A}-\theta_{B})N=k_{d}\theta_{A}N$$

如令$\frac{k_{a}}{k_{d}}=a$，则得

$$\frac{\theta_{A}}{1-\theta_{A}-\theta_{B}}=ap_{A}$$

同理，B 分子达到吸附平衡时

$$\frac{\theta_{B}}{1-\theta_{A}-\theta_{B}}=a'p_{B}$$

两式联立求解，得

$$\theta_{A}=\frac{ap_{A}}{1+ap_{A}+a'p_{B}}$$

$$\theta_{B}=\frac{a'p_{B}}{1+ap_{A}+a'p_{B}}$$

可以看出，p_{B} 增加使 θ_{A} 变小，即气体 B 的存在可使气体 A 的吸附受到阻抑。同理，气体 A 的吸附也要妨碍气体 B 的吸附。此外，对多种气体的吸附，如分压为 p_{B} 的第 B 组分的气体，其朗格缪尔吸附等温式的一般形式应为

$$\theta_{B}=\frac{a_{B}p_{B}}{1+\sum_{B}a_{B}p_{B}}$$

朗格缪尔等温式是一个理想的吸附公式，它代表了在均匀表面上，吸附分子彼此没有作用，并且吸附是单分子层情况下吸附达平衡时的规律性。它在吸附理论中所起的作用类似于气体运动理论中的理想气体定律。人们往往以朗格缪尔公式作为一个最基本公式，先考虑理想情

况，找出某些规律性，然后针对具体系统对这些规律再予以修正或补充。

2. BET 吸附等温式

大多数固体对气体的吸附为物理吸附，物理吸附基本上都是多分子层吸附。朗格缪尔吸附等温式较好地解释了图 6-19 中Ⅰ类吸附等温线。但朗格缪尔吸附模型过于简单，是一个理想吸附模型，完全符合这一模型的情况不多。大部分物理吸附是多分子层的，因此该理论对图 6-19 中的Ⅱ～Ⅴ类吸附等温线都不能解释。在朗格缪尔吸附理论的基础上，1938 年布鲁诺、埃麦特和泰勒三人提出了多分子层的吸附理论(theory of adsorption of polymolecular layer)，简称 BET 吸附理论。这一理论将朗格缪尔的方法推广到多分子层吸附，并且该理论保留了朗格缪尔理论中关于表面是均匀的、被吸附的分子之间无相互作用力等假设，并认为：

① 固体对气体的吸附是多分子层的，朗格缪尔公式可应用于每一吸附层。

② 第一层的吸附是固体表面对气体分子的吸附，而其他各层吸附则发生在相同的分子之间，这两种吸附是完全不同的，因此这两种过程的热效应也不同，除第一层以外，其他各层的吸附热都相同，等于该气体的凝聚热，而第一层的吸附热有不同的值。

③ 吸附与解吸都只发生在最外层的表面，如图 6-21 所示。

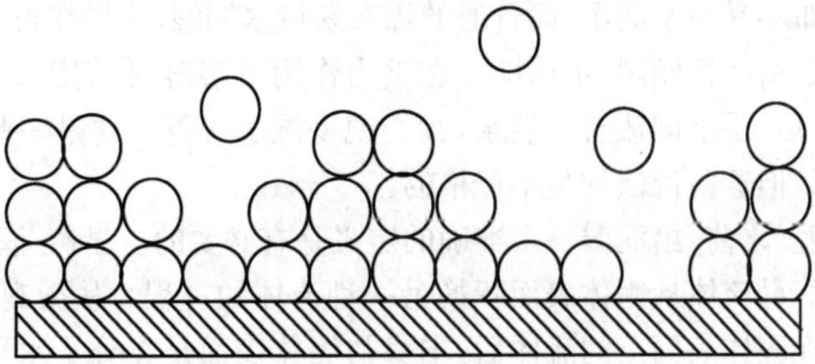

图 6-21 多分子层吸附示意图

根据以上假设，他们推导出多分子层吸附等温式

$$V = V_\infty \frac{C \cdot p}{(p_0 - p)\left[1 + (C-1)\dfrac{p}{p_0}\right]}$$

该式即称为 BET 吸附等温式(BET adsorption isotherm equation)，由于其中包括两个常数 C 和 V_∞，所以又称为 BET 的二常数公式。式中，V 为在吸附平衡压力 p 时的吸附量，V_∞ 代表在固体表面上铺满单分子层时所需气体的体积，p_0 为实验温度下气体的饱和蒸气压，C 是和吸附热与凝聚热之差有关的常数，$\dfrac{p}{p_0}$ 称为吸附比压。

BET 公式适用于单分子层及多分子层吸附。实验表明，BET 公式能较好地描述图 6-19 中Ⅰ～Ⅲ类三种吸附等温线，是研究物理吸附时应用最多的公式。BET 公式最主要的应用是测量固体的比表面。虽然测定比表面的方法很多，但 BET 法操作简单，数据可靠，直到目前仍被公认为是最经典的方法。在应用时，要把 BET 公式线性化为

$$\frac{p}{V(p_0 - p)} = \frac{1}{V_\infty C} + \frac{C-1}{V_\infty C} \cdot \frac{p}{p_0} \tag{6-6}$$

以 $\dfrac{p}{V(p_0-p)}$ 对 $\dfrac{p}{p_0}$ 作图应得到一条直线，直线的截距为 $\dfrac{1}{V_\infty C}$，斜率为 $\dfrac{C-1}{V_\infty C}$。因此

$$V_\infty = \frac{1}{截距 + 斜率}$$

等温线的公式很多，以上我们只介绍了两种吸附等温式。各公式的应用范围和使用对象各不相同，具体工作时可参阅相关专著，具体情况具体分析。

6.4.2 液体在固体表面上的吸附——润湿

润湿是在日常生活和生产实际中最常见的现象之一，如洗涤、矿物浮选、印染、油漆的生产和使用、焊接、黏结、注水采油、防水及抗黏结涂层等。

在所有这些应用领域中，液体对固体表面的润湿性能均起着极重要的作用。实际上，润湿的规律是这些应用的理论基础。因此，研究润湿现象有极其重要的实际意义。从理论上，润湿现象为研究固体表面(特别是低能表面)自由能、固—液界面自由能和吸附在固—液界面上的分子的状态提供了方便的途径。这种种原因促进了有关润湿现象的理论研究，而且已取得了一些非常有意义的成果。

6.4.2.1 润湿分类

大家知道，防雨布不易被水润湿，而普通的棉布易被水润湿；水能在玻璃上展开，而汞不能；水在荷叶上呈水珠状，荷叶稍倾斜，水珠即可在重力作用下滚落，我们因此说水不润湿荷叶；我们将手在水中浸过之后，手上即沾有一层水，我们说手湿了等等。这是一些人们最熟悉的关于润湿与不润湿的例子，但这些说法均是不严格的。

在科学地讨论润湿之前，给润湿一个准确的定义是有必要的。显然，润湿是一种界面现象。从宏观来说，润湿是一种流体从固体表面置换另一种流体的过程。从微观角度来看，润湿固体的流体，在置换原来在固体表面上的流体后，本身与固体表面是在分子水平上的接触。最常见的润湿现象是一种液体从固体表面置换空气，如水在玻璃表面置换空气而展开。

在日常生活或工农业生产中，有时需要液—固间润湿性很好，有时则相反。例如纸张，不同使用场合，要求水对其润湿性能不同。如滤纸，要求水对其润湿性好；包装水泥用的牛皮纸袋，则因水泥需要防水，要求水对其不润湿；写字用的稿纸或练习本，要求墨与纸有适当的润湿性，若不润湿，字是“立”在纸面上的，一抹就掉，若过分润湿，写到纸上的字，立即扩散开，字也就不可辨认了。

研究润湿现象，目的是了解液体对固体润湿的规律，从而按人们的要求改变液体对固体的润湿性。又因为润湿现象是固体表面结构与性质、液体的性质以及固—液界面分子间相互作用等微观特性的宏观结果，因此，研究润湿现象也可为不易得到的表面性质提供信息。1930 年 Osterhof 和 Bartell 把润湿现象分为沾湿(adhesion 或黏附)、浸湿(immersion 或浸润)和铺展(spreading)三类。

1. 沾湿

在定温、定压下的沾湿过程中，消失了单位液体表面和固体表面，产生了单位液—固界面。过程的表面吉布斯自由能变化为

$$\Delta G_{沾,T,p} = \gamma_{(l-s)} - \gamma_{(s-g)} - \gamma_{(l-g)} < 0$$

$\Delta G_{沾(T,p)}$越负，液体越能润湿固体，液—固结合得越牢。式中，$\gamma_{(l-s)}$，$\gamma_{(s-g)}$和$\gamma_{(l-g)}$分别为单位面积液—固、固—气和液—气的表面张力(或表面吉布斯自由能)。农药喷雾能否有效地附着在植物枝叶上，雨滴会不会沾在衣服上，皆与沾湿过程能否自动进行有关(图 6-22)。

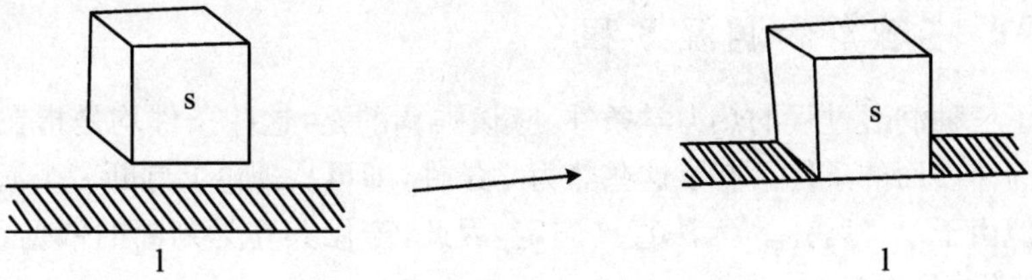

图 6-22　沾湿过程

2. 浸湿

在定温、定压下的浸湿过程中，消失了单位面积的气—固表面，产生了单位面积的液—固界面。过程的表面自由能变化值

$$\Delta G_{浸,T,p} = \gamma_{(l-s)} - \gamma_{(s-g)} \leqslant 0$$

$\Delta G_{浸,T,p}$是液体在固体表面取代气体能力的一种量度。只有 $\Delta G_{浸,T,p}$小于或等于零，液体才能浸湿固体(图 6-23)。

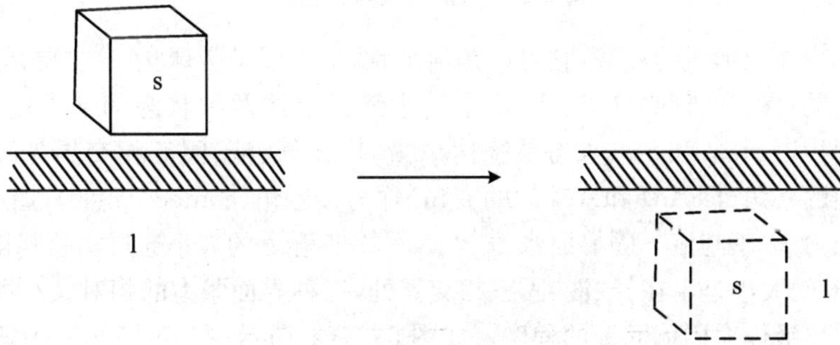

图 6-23　浸湿过程

3. 铺展

当液体滴到固体表面上后，新生的固—液在取代固—气的同时，液—气界面也扩大了同样的面积。

如图 6-24 所示，在定温、定压下的铺展过程中，单位面积的液—固界面取代了单位面积的气—固界面并产生了单位面积的气—液界面。过程的表面自由能变化值为

$$\Delta G_{铺,T,p} = \gamma_{(l-s)} + \gamma_{(l-g)} - \gamma_{(s-g)} \leqslant 0$$

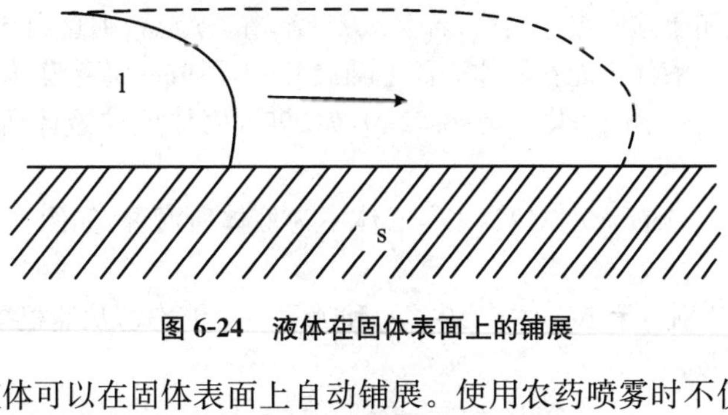

图 6-24　液体在固体表面上的铺展

当 $\Delta G_{铺,T,p} \leqslant 0$ 时，液体可以在固体表面上自动铺展。使用农药喷雾时不仅要求农药能附着于植物的叶枝上，而且要求能自动铺展，且覆盖的面积越大越好。

实际应用中，由于固体表面张力测定的困难性。研究润湿时均需借助于接触角 θ 。

6.4.2.2 接触角和润湿方程

上面讨论了三种润湿过程的热力学条件，应该强调的是，这些条件均是指在无外力作用下液体自动润湿固体表面的条件。有了这些热力学条件，即可从理论上判断一个润湿过程是否能够自发进行。但由于$\gamma_{(s-g)}$，$\gamma_{(s-l)}$无法直接测定，因此，若用其作为判断的依据，还必须用可测量接触角θ来替代(图 6-25)。

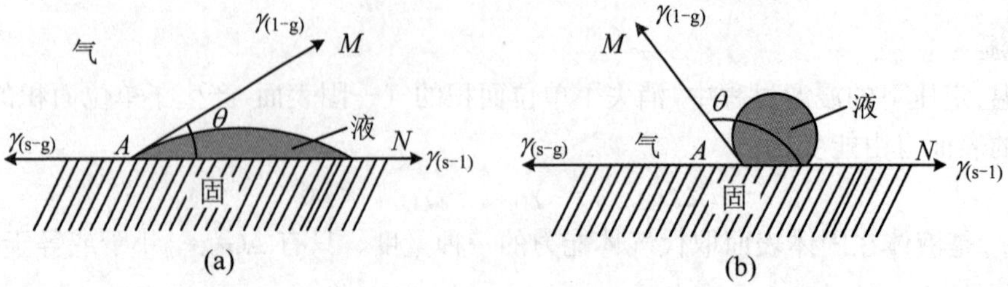

图 6-25 液滴形状与接触角

液体在固体表面上形成的液滴，它可以是扁平状，也可以是圆球状，这主要是由各种界面张力的大小来决定的，图 6-25(a)、6-25(b)所示的水滴是上述两种状态例子中比较典型的。以AM和AN分别代表$\gamma_{(l-g)}$和$\gamma_{(l-s)}$，当系统达平衡时，在气、液、固三相交界处，液—气界面与液—固界面之间的夹角(即AM和AN间的夹角)称为接触角(contact angle)，用θ表示，它实际是液—气表面张力$\gamma_{(l-g)}$与液—固界面张力$\gamma_{(l-s)}$间的夹角，θ的大小通过实验测得(可参阅有关文献)。接触角θ的大小是由在气、液、固三相交界处，三种界面张力的相对大小所决定的，从接触角的数值可看出液体对固体润湿的程度。如图 6-25(a)所示，在A点处三种表面张力相互作用，$\gamma_{(s-g)}$力图使液滴沿NA表面铺开，而$\gamma_{(l-g)}$和$\gamma_{(l-s)}$则力图使液滴收缩。达到平衡时有下列关系：

$$\gamma_{(s-g)} = \gamma_{(l-s)} + \gamma_{(l-g)}\cos\theta$$

或

$$\cos\theta = \frac{\gamma_{(s-g)} - \gamma_{(l-s)}}{\gamma_{(l-g)}}$$

该式最早是由托马斯·杨提出来的，故称为杨氏润湿方程。从该式可以得到如下结论：

① 若$\gamma_{(s-g)} - \gamma_{(l-s)} = \gamma_{(l-g)}$，则$\cos\theta = 1$，$\theta = 0°$，这时是完全润湿的情况。在毛细管中上升的液面呈凹型半球状就属于这一类。当然，若$\gamma_{(s-g)} - \gamma_{(l-s)} > \gamma_{(l-g)}$，则直到$\theta = 0°$仍然没有达到平衡，公式不适用，但此时液体仍能在固体表面上铺展开来，形成一层薄膜，如水在洁净玻璃表面。

② 若$\gamma_{(s-g)} - \gamma_{(l-s)} < \gamma_{(l-g)}$，则$1 > \cos\theta > 0$，$\theta < 90°$，固体能被液体所润湿，如图 6-25(a)所示。

③ 若$\gamma_{(s-g)} < \gamma_{(l-s)}$，则$\cos\theta < 0$，$\theta > 90°$，固体不为液体所润湿，如图 6-25(b)所示。如水银滴在玻璃上。

用$\cos\theta$和$\gamma_{(l-g)}$分别表示$\Delta G_{沾,T,p}$，$\Delta G_{浸,T,p}$和$\Delta G_{铺,T,p}$的公式，从而根据θ和$\gamma_{(l-g)}$的实验测定值来计算这三个参数。

$$\Delta G_{沾,T,p} = -\gamma_{(l-g)}(1 + \cos\theta)$$
$$\Delta G_{浸,T,p} = -\gamma_{(l-g)}\cos\theta$$
$$\Delta G_{铺,T,p} = \gamma_{(l-g)}(1 - \cos\theta)$$

从上面的讨论可以看出，对同一对液体和固体，在不同的润湿过程中，其润湿条件是不同的。如对于浸湿过程，$\theta=90°$完全可作为润湿和不润湿的界限：$\theta<90°$，可润湿；$\theta>90°$，则不润湿。但对于铺展，则这个界限不适用。在解决实际的润湿问题时，应首先分清楚它是哪一类型，然后才可对其进行正确的判断。

6.4.2.3 表面张力的测定方法

测定表面张力的方法很多，如毛细管上升法、最大气泡压力法、吊环法/吊片法、滴重法（滴体积法）、振荡射流法、旋滴法等。这里只介绍前两种常用方法的原理。

1. 毛细管上升法

受附加压力的作用，插入液体的毛细管中液体会上升（或下降），若液体可以润湿毛细管壁，液体在管中形成凹液面并沿管上升到一定高度 h，使毛细管中液柱的静压力 ρgh 与附加压力 Δp 相平衡，如图 6-26 所示。设半径为 R 的毛细管内液面与管壁间的夹角即接触角为 θ，弯曲液面的曲率半径 $R'=\dfrac{R}{\cos\theta}$，由力学原理得

$$\Delta p=\frac{2\gamma}{R'}=\frac{2\gamma\cos\theta}{R}=(\rho_{(l)}-\rho_{(g)})gh=\Delta\rho gh$$

整理得

$$\gamma=\frac{\Delta\rho ghR}{2\cos\theta}$$

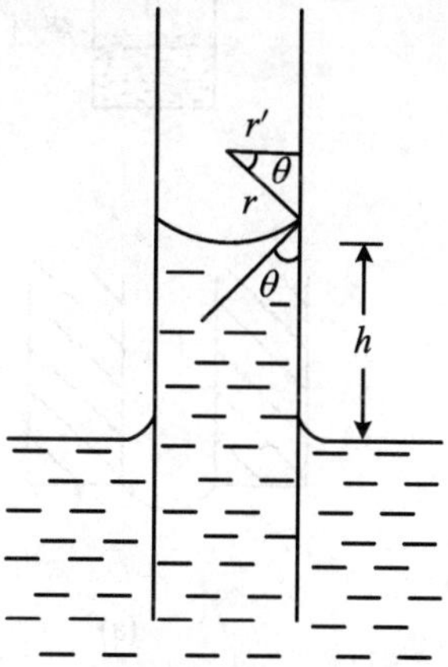

图 6-26 毛细管上升法测表面张力

式中，$\Delta\rho$ 为液气两相物质的密度差，因气相密度远小于液相，可取 $\Delta\rho\approx\rho_{(l)}$。

2. 最大气泡压力法

测量装置如图 6-27 所示。测定时将毛细管口刚好触及液面，使毛细管插入测定管待测液表面，液柱上升一定高度。当滴液漏斗向下滴液时，体系压力增加，与大气压力产生压力差 Δp，液柱下降，以液泡逸出毛细管口呈半球状（此时气泡的曲率半径最小并等于毛细管半径）时压力差最大，如图 6-28 所示。

$$\Delta p_m=p_{\text{体系}}-p_{\text{大气}}=\frac{2\gamma}{R}=\rho g\Delta h_{\text{U形管}}$$

实验时，用已知表面张力的纯水标定，再测定不同浓度样品溶液的表面张力 $\gamma_{\text{样品}}$：

$$\Delta p_{H_2O}=\frac{2\gamma_{H_2O}}{R}=\rho_{H_2O}g\Delta h_{H_2O}$$

$$\Delta p_{\text{样品}}=\frac{2\gamma_{\text{样品}}}{R}=\rho_{\text{样品}}g\Delta h_{\text{样品}}$$

$$\gamma_{\text{样品}}=\frac{\Delta p_{\text{样品}}}{\Delta p_{H_2O}}\gamma_{H_2O}$$

部分药物与辅料粉末与水的接触角见表 6-7。

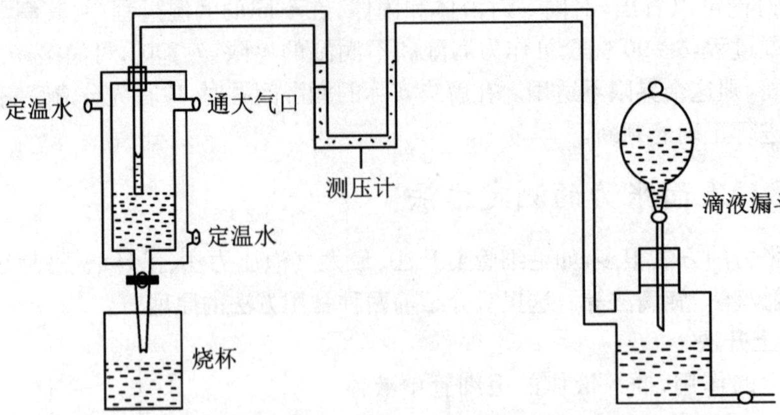

图 6-27 最大气泡压力法装置图

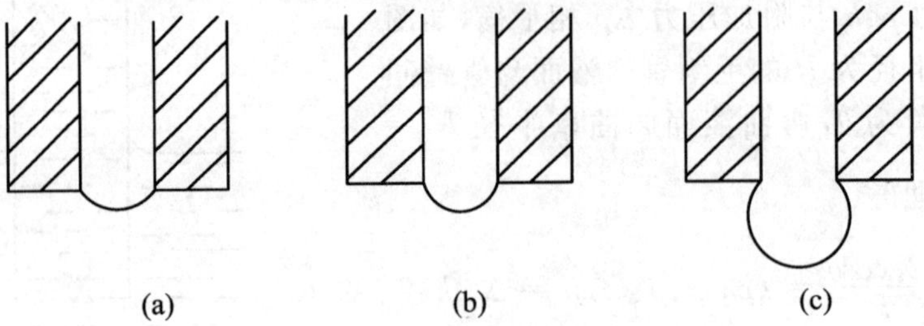

图 6-28 气泡的形成过程

表 6-7 部分药物与辅料粉末与水的接触角

物质	θ	物质	θ
氯霉素	59°	安定	83°
茶碱	48°	咖啡因	43°
吲哚美辛	90°	泼尼松	63°
非那西丁	78°	硬脂肪酸铝	120°
地高辛	49°	水杨酸	103°
巴比妥	70°	碳酸钙	58°

6.4.3 固体表面在电解质溶液中对正、负离子的吸附

固体表面在电解质溶液中的吸附，比气体在固体表面上的吸附复杂得多。基于此种原因，此处仅简单介绍对电解质溶液中正、负离子的吸附形成扩散双电层结构的情况。

我们知道，固体表面分子处于力的不饱和态，具有高的$G_{表}$。由$G_{表}=\gamma A_{表}$，将会自动吸附溶液中的离子使γ降低。显然，能使γ降低最多者将优先被吸附。吸附正离子或负离子后，固体表面就带上了该种离子的电荷，带电后的固体表面又靠静电力，从溶液中吸附等电量的反号离子，这些反号离子由于热运动和静电力的共同作用，在固体与溶液界面层（$10^{-9}\sim10^{-7}$ m）或表面，呈扩散双电层结构，其示意图见图 6-29。

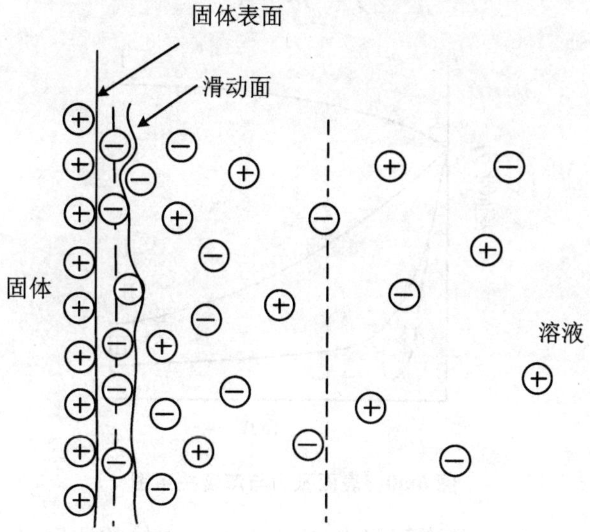

图 6-29 固体表面的扩散双电层结构

电极(金属/溶液)界面和胶体颗粒即胶粒表面都具有这种双电层结构。需指出的是,固体表面因吸附离子带电,仅是固体表面带电的原因之一。事实上,固体表面除吸附带电外,还可以靠电离和晶格取代等带电,这些都是 γ 降低的自发过程。

6.5 溶液表面的吸附现象——吉布斯吸附等温式

溶液表面层与体相浓度不等的现象,称为溶液表面的吸附现象。

6.5.1 溶液表面吸附的概念

1. 正吸附和负吸附

我们知道,一定温度和压力下,纯液体靠 A 降低,来使 $G_{表}$ 下降。表面积不能缩小的固体,靠吸附气体或溶液中离子等物质来降低 $G_{表}$。而溶液降低 $G_{表}$(A 一定)的途径则是靠自行调节溶质在表面层中的浓度来降低 $G_{表}$:

若溶质溶入后 γ 减小,则溶质会自动从本体富集到表层,增加表层浓度,使溶液表面张力降低的更多些,发生正吸附;若溶质溶入后 γ 增大,则表面层溶质会自动离开表面进入本体,发生负吸附。

2. 水溶液 γ 与 C 的关系

水溶液表面张力与浓度的关系大致有以下三种情况(图 6-30)。

第一种类型,如图 6-30 所示的曲线Ⅰ。这类曲线是溶液的表面张力随溶液浓度的增加而略有上升。这类溶液的溶质包括多数无机盐(如 $NaCl$、NH_4Cl)、不挥发性酸、碱以及含多个—OH基团的有机物,如蔗糖、甘露醇等。此类物质称为非表面活性物质。由图 6-30 的曲线Ⅰ可见,此类溶液的表面张力与溶液的浓度有线性关系

$$\gamma = \gamma_0 + kC$$

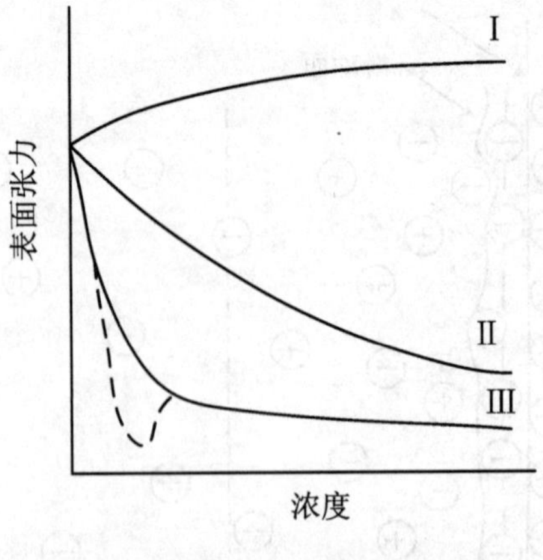

图 6-30 表面张力与浓度关系图

式中，γ,γ_0 分别表示溶液和纯水的表面张力；C 表示溶液本体的浓度；k 为系数。图 6-31 所示的是 $NaCl—H_2O$ 的 γ-C 实验结果。

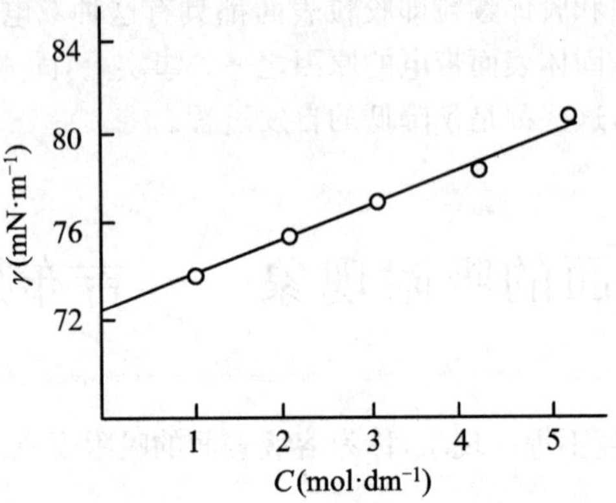

图 6-31 20 ℃时 $NaCl—H_2O$ 的 γ-C 关系

无机盐类电解质之所以能增加水的表面张力，是因为无机电解质在水中电离成离子，带电离子与极性水分子发生强烈的作用，使离子水化。实际上这类溶质的加入，使溶液体相内部粒子之间的相互作用比纯水还要强，因而将溶液体相中的粒子移到表面更难。或者说这类溶质处于表面会使表面吉布斯自由能更高。于是这类溶质更倾向于液体内部，结果在体相内的浓度大于表面。

第二种类型，如图 6-30 所示的曲线Ⅱ。这类溶质的加入会使水的表面张力下降，随着浓度增加，表面张力下降更多，但不是直线关系。属于这种类型的溶质有大多数低分子量的极性有机物，如短链的有机脂肪酸、醇、醛、酯、胺及其衍生物等。其表面张力与浓度之间的关系可用希士科夫斯基(Szyszkowski)提出的经验公式来描述

$$\frac{\gamma_0 - \gamma}{\gamma_0} = b\ln\left(\frac{\frac{C}{C^{\ominus}}}{a} + 1\right)$$

式中，γ,γ_0 分别表示溶液和纯水的表面张力；C 表示溶液本体的浓度；$C^{\ominus}$ 为标准态，即 $C^{\ominus}=1\ \mathrm{mol\cdot dm^{-3}}$；$a$ 为溶质的特征经验常数，对不同溶质值不同；b 为有机化合物同系物的特征经验

常数,对有机化合物同系物有大致相同的值。

第三种类型,如图 6-30 中的曲线Ⅲ。加入少量的溶质就能显著地降低水的表面张力。在很小的浓度范围内,溶液的表面张力急剧下降,然后 γ-C 曲线很快趋于水平线,即再增加溶液的浓度,溶液的表面张力变化不大。有时在水平线的转折处出现最小值,如图 6-30 中的虚线所示,这是由于杂质的影响。这类物质均为两亲物质,既含有亲水的极性基团,也含有憎水的非极性基团。非极性基团一般是多于 8 个碳的长碳氢链。极性基团则种类很多,如—OH,—COO^-,—$CONH_2$,—OSO_3^-,—NH_3^+ 等。属于这类物质的有肥皂、油酸钠、八碳以上直链有机酸的碱金属盐、烷基苯磺酸钠、高级脂肪酸等。第三类物质因其表面活性特别强,又称为表面活性剂。

6.5.2 吉布斯吸附等温式

一定温度和压力下,溶液表面层的吸附量 Γ 与 γ 及浓度间的关系可用吉布斯吸附等温式定量描述

$$\Gamma = -\frac{C}{RT} \cdot \frac{d\gamma}{dc} \tag{6-7}$$

式(6-7)中,C 为溶质在溶液本体中的浓度(单位是 $mol \cdot m^{-3}$),γ 为表面张力,单位是 $J \cdot m^{-2}$,Γ 是单位面积的表面层所含溶质的物质的量与溶液本体同量溶剂所含溶质的物质的量的差值。

若用 $n_A^{表}$ 表示表面层中溶剂物质的量,$n_B^{表}$ 为 $n_A^{表}$ 中所含的溶质 B 的物质的量,溶液本体 n_A 中含的溶质为 n_B,与表层同量本体溶剂 $n_A^{表}$ 中含的溶质的物质的量为 x,则

$$n_A : n_B = n_A^{表} : x$$

$$x = \frac{n_A^{表} n_B}{n_A}$$

溶液表面层的吸附量为

$$\Gamma = \frac{n_B^{表} - \dfrac{n_A^{表} n_B}{n_A}}{A}$$

此式适用于理想溶液和稀溶液,对浓溶液需用 a 代替 C。

由此可说明 γ 与 C 的实验曲线:$\frac{d\gamma}{dC} > 0$,$\Gamma < 0$,负吸附;$\frac{d\gamma}{dC} < 0$,$\Gamma > 0$,正吸附。

6.6 表面活性剂及其作用

在许多工业部门,表面活性剂(surfactant,也有人称表面活性物质)是不可缺少的助剂。其优点是用量少、收获大。第二次世界大战以后,随着石油工业的发展,兴起了合成表面活性剂工业,进一步扩大了它在各个领域中的应用。如今,表面活性剂已在民用洗涤、石油、纺织、农药、医药、冶金、采矿、机械、建筑、造船、航空、食品、造纸等各个领域中得到应用。

中国的表面活性剂生产始于 20 世纪 50 年代末期。目前,表面活性剂、原料和中间体生产企业有 1 300 余家。1996 年国内市场上有 1 256 种表面活性剂,其中阴离子型表面活性剂 346

种，非离子型表面活性剂579种，阳离子型表面活性剂232种，两性离子型表面活性剂99种。国内万吨级规模表面活性剂工厂有20多个。在产量方面，1990年31.8万吨，1998年80.5万吨，2005年120万吨。已初步建立阴离子型表面活性剂、阳离子型表面活性剂、非离子型表面活性剂和两性离子型表面活性剂四大类型表面活性剂的生产体系，年均增长率6%～7%。我国的表面活性剂产业虽然在研究开发、生产及应用方面已有了很大发展，但与发达国家相比，仍有很大差距，无论是表面活性剂的品种、数量、质量还是复配技术、应用技术，都难以满足人们日益提高的生活需求和工业发展的需要。

表面活性剂有两个重要的性质：一是在各种界面上的定向吸附，另一个是在溶液内部能形成胶束(micelle)。前一种性质是许多表面活性剂用作乳化剂、起泡剂、润湿剂的根据，后一种性质是表面活性剂常有增溶作用的原因。

6.6.1　表面活性剂的特点

如前所述，表面活性剂是这样一类物质——它在加入很少量时便能大大降低溶剂(一般指水)的表面张力(如图6-30中的曲线Ⅲ所示)，改变系统的界面组成和结构，从而产生润湿和反润湿、乳化或破乳、起泡或消泡以及增溶等一系列作用，以达到实际应用要求。

表面活性剂分子结构特点是具有不对称性。整个分子可以分成两部分，一部分是亲油的(lipophilic)非极性基团，称为疏水基(hydrophobic group，或憎水基、亲油基)；另一部分是极性基团，称为亲水基(hydrophilic group，或憎油基)。因此，表面活性剂分子被称为两亲分子(amphiphilic molecule)。表面活性剂的这种结构特点使它溶于水后，亲水基受到水分子的吸引，而疏水基受到水分子的排斥。为了克服这种不稳定状态，就只有占据到溶液的表面，将疏水基伸向气相，亲水基伸入水中，如图6-32所示。例如，肥皂的主要成分脂肪酸盐就是人类较早使用的表面活性剂，它的疏水基是碳氢链，亲水基是羧酸钠($—COO^- \cdot Na^+$)；而洗衣粉(烷基苯磺酸钠)的亲水基是磺酸钠($—SO_3^- \cdot Na^+$)，如图6-33和图6-34所示。

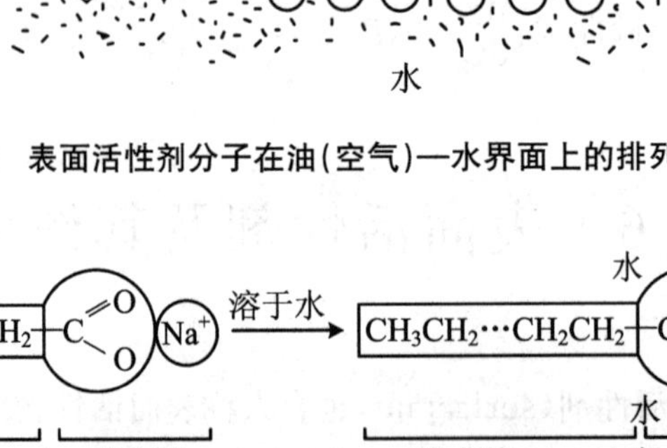

图6-32　表面活性剂分子在油(空气)—水界面上的排列示意图

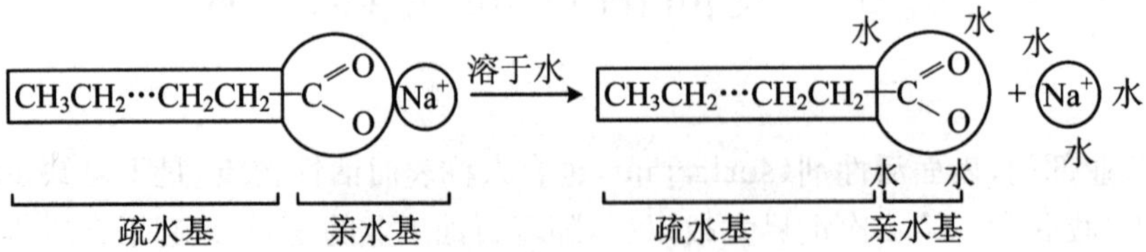

图6-33　肥皂的疏水基与亲水基示意图

亲水基有很多种，而实际能做亲水基原料的只有较少的几种，能做疏水基原料的就更少。从某种意义上来讲，表面活性剂的研制就是寻找价格低廉、货源充足而又有较好理化性能的疏水基和亲水基原料。

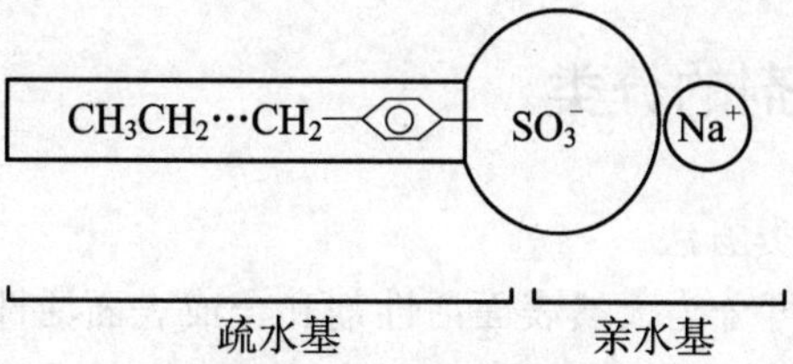

图 6-34　洗衣粉有效成分(十二至十四烷基苯磺酸钠)的疏水基与亲水基示意图

亲水基(如羧基等)常连接在表面活性剂分子疏水基的一端(或中间)。作为特殊用途,有时也用甘油、山梨醇、季戊四醇等多元醇的基团做亲水基。疏水基多来自天然动植物油脂和合成化工原料,它们的化学结构很相似,只是碳原子数和端基结构不同。表 6-8 列出的是具有代表性的亲水基和疏水基。

表 6-8　表面活性剂的主要疏水基和亲水基

疏水基原子团		亲水基原子团	
石蜡烃基	R—	磺酸基	$—SO_3^-$
烷基苯基	$R—C_6H_4—$	硫酸酯基	$—O—SO_3^-$
烷基酚基	$R—C_6H_4—O—$	氰基	—CN
脂肪酸基	$R—COO^-$	羧基	$—COO^-$
脂肪酰胺基	R—CONH—	酰胺基	$—C(=O)—NH—$
脂肪醇基	R—O—	羟基	—OH
脂肪胺基	R—NH—	巯基	—SH
马来酸烷基酯基	R OOC CH $R—OOC—CH_2$	磷酸基	$—P(=O)(O^-)O^-$
烷基酮基	$R—COCH_2—$	卤基	—Cl、—Br 等
氧乙烯基	$—CH_2—CH_2—O—$		

注:R 为石蜡烃链,碳原子数为 8～18。

虽然表面活性剂分子结构的特点是两亲分子,但并不是所有具有两亲结构的分子都是表面活性剂,例如,甲酸、乙酸、丙酸、丁酸都具有两亲结构,但并不是表面活性剂,而只是具有表面活性而已。只有分子中疏水部分长度足够的两亲分子才会显示出表面活性剂的特性。对于正构烷基来说,碳链长度一般为 8～18。多数表面活性剂的疏水链呈长链状,故形象的把疏水基叫作“尾巴”,把亲水基叫作“头”。这样的分子结构使此种分子具有一部分可溶于水而另一部分易自水中逃离的双重性质。因此,此种分子就会在水溶液体系中(包括表面、界面)相对于水介质而采取独特的定向排列,并形成一定的组织结构。这种情况发生于表面活性剂溶液体系,即表现为两种重要的基本性质:溶液表面的吸附与溶液内部的胶团形成。

6.6.2 表面活性剂的分类

表面活性剂有不同的分类方法。

① 按表面活性剂来源,可分为天然表面活性剂和合成表面活性剂。

② 按表面活性剂分子量大小,可分为高分子表面活性剂($M>10\,000$)、中分子表面活性剂($M>1\,000\sim10\,000$ 之间)和低分子表面活性剂($M<1\,000$)。

③ 按表面活性剂性质,可分为离子型表面活性剂(阴离子型表面活性剂、阳离子型表面活性剂和两性离子型表面活性剂)、非离子型表面活性剂、高分子表面活性剂和特殊表面活性剂。

④ 按表面活性剂用途,可分为乳化剂、渗透剂、增溶剂、分散剂、起泡剂、柔软剂、均染剂、洗涤剂、抗静电剂等。

6.6.3 表面活性剂简介

6.6.3.1 离子型表面活性剂

1. 阴离子型表面活性剂

阴离子型表面活性剂按亲水基不同可分为羧酸盐(RCOOM)、硫酸酯盐($ROSO_3M$)、磺酸盐(RSO_3M)、膦酸酯盐($ROPO_3M_2$)和脂肪酰—肽缩合物(R^1CONHR^2COOH)5 种类型,式中,M 为 Na^+,K^+,NH_4^+ 等阳离子,磺酸盐分子中 R 包括芳基、烃基。其中以烷基苯磺酸钠的产量最大,它们是合成洗涤剂的重要成分之一。肥皂便属此类,即脂肪酸钠,是最古老的表面活性剂,现仍大量地应用。阴离子型表面活性剂一般具有良好的渗透、润湿、乳化、分散、增溶、起泡、去污等性质,其水溶液一般呈中性或碱性。

2. 阳离子型表面活性剂

阳离子型表面活性剂主要有脂肪胺盐(伯胺盐、仲胺盐、叔胺盐和季胺盐)、烷基咪唑盐、烷基吡啶盐、β-羟基胺和磷化合物等。此类表面活性剂中,绝大部分是含氮的化合物,即胺的衍生物。简单的胺的盐酸盐或乙酸盐可在酸性介质中用作乳化、分散、润湿剂,也常用作浮选机以及增水剂。当 $pH>7$ 时,自由胺易析出,从而失去表面活性。季胺盐类表面活性剂除具有表面活性外,其水溶液还有很强的杀菌能力,常用作消毒剂、灭菌剂。同时,由于阳离子型表面活性剂在水溶液中荷正电,易通过静电吸附作用吸附于通常荷负电的物体上,吸附于固体粒子表面,常用作矿物浮选剂;吸附于织物表面,用作柔软剂和抗静电剂。

3. 两性离子型表面活性剂

这类表面活性剂在酸性介质中显示阳离子型表面活性剂的性质;在碱性介质中呈现阴离子型表面活性剂性质;在中性介质中显示非离子型表面活性剂性质。其阳离子部分都是由胺盐或季胺盐作为亲水基,而阴离子部分可以是羧酸盐、硫酸酯盐、磺酸盐和膦酸酯盐等,主要包括羧酸盐型、甜菜碱型、磺酸盐型、硫酸酯盐型、咪唑啉盐型、膦酸酯盐型和氧化铵型。两性表面活性剂突出的特点是在相当宽的 pH 范围内都有良好的表面活性,而且它与阴离子型表面活性剂、阳离子型表面活性剂、非离子型表面活性剂均能兼容,还具有良好的乳化性、分散性、生物降解性、润湿性、发泡性以及较强的杀菌作用。两性离子型表面活性剂易溶于水,在较浓的酸、碱中,甚至在无机盐的浓溶液中也能溶解，也不易与碱土金属离子及其他一些有色金属离子起作用。常用作杀菌剂、防蚀剂、油漆分散剂、纤维柔软剂和抗静电剂，特别是用于婴儿用香波、洗发香波中。

6.6.3.2 非离子型表面活性剂

非离子型表面活性剂在水溶液中不电离，其亲水基主要是醚基和羟基。这类表面活性剂主要包括聚乙二醇型(脂肪醇聚氧乙烯酸、脂肪酸聚氧乙烯酯、烷基苯酚聚氧乙烯醚、聚氧乙烯烷基胺、聚氧乙烯烷基酰醇胺)、多元醇型(甘油脂肪酸酯、季戊四醇脂肪酸酯、蔗糖或葡萄糖脂肪酸酯、山梨醇脂肪酸酯(司盘)、失水山梨醇脂肪酸酯和多元醇酯聚氧乙烯醚)、聚醚型、烷基醇酰胺型和烷基苷型(烷基单苷和烷基糖苷)。这类表面活性剂在溶液中以分子状态存在，不易受强电解质无机盐类存在的影响，也不易受酸、碱的影响，稳定性好；与其他类型表面活性剂的相容性好，能很好地混合使用；在水和有机溶剂中皆有不同程度的溶解性能，但随温度的升高溶解性能降低。

非离子型表面活性剂大多具有良好的乳化、润湿、渗透性能及起泡、洗涤、稳泡、抗静电等作用，且毒性小。特别是烷基糖苷(简称 APG)，是新一代性能优良的非离子型表面活性剂，不但表面活性高，去污能力强，而且无毒、无刺激性，生物降解性好，适应范围宽，被誉为新一代“绿色产品”。非离子型表面活性剂广泛用作纺织业、化妆品、食品、药物等的乳化剂、消泡剂、增稠剂、杀菌剂、洗涤剂和润湿剂。

6.6.3.3 特殊类型表面活性剂

这类表面活性剂包括氟表面活性剂、硅表面活性剂、含硼表面活性剂、高分子表面活性剂、冠醚大环化合物表面活性剂和生物表面活性剂等。

1. 氟表面活性剂

氟表面活性剂如全氟羧酸盐($C_nF_{2n+1}COOM$)、全氟辛酸钾($CF_3(CF_2)_6COOK$)、全氟癸基磺酸钠($CF_3(CF_2)_8CF_2SO_3Na$)等，具有“三高”和“二增”特性，“三高”即高表面活性、高耐热稳定性、高化学惰性，“二增”是它既增水又增油。它可使水溶液的表面张力降至 20 $mN \cdot m^{-1}$ 甚至 12 $mN \cdot m^{-1}$，而且需要的浓度很小。通常的表面活性剂应用浓度为 0.1%～1%，能降低水溶液表面张力至 30～35 $mN \cdot m^{-1}$，而氟表面活性剂需用量只有 0.005%～0.1%，即可使水溶液的表面张力降至 20 $mN \cdot m^{-1}$以下。其缺点是溶解度很小，制备困难。氟表面活性剂已大量用于镀铬时防铬酸雾、灭火剂及消泡剂。

2. 硅表面活性剂

硅表面活性剂也分为阴离子型、阳离子型和非离子型。它除具有二氧化硅的耐高温、耐气候变化、无毒、无腐蚀及生理惰性等特点外，还具有仅次于氟表面活性剂的高表面活性，可使水溶液的表面张力降至 18～20 $mN \cdot m^{-1}$。同时具有良好的乳化、分散、润湿、抗静电、消泡、稳泡等性能。已用作灭火剂、润滑油稳定剂、消泡和稳泡剂等。

3. 含硼表面活性剂

含硼表面活性剂是近年来开发的新型特殊表面活性剂，一般为非离子型，但在碱性介质中转变为阴离子型。它们可以是油溶性的，也可以是水溶性产物，毒性低，有优良的表面活性，主要用作润滑油的稳定剂、极压剂、分散剂和乳化剂。

4. 冠醚类表面活性剂

冠醚类表面活性剂是近年来开发比较活跃的一类新型表面活性剂，在环状聚环氧乙烷链上引入亲油的烷基、烷基酰氨基、烷基羧酸基和烷基聚醚基等，由于其化学结构特殊，在金属离子萃取、相转移催化剂和离子选择性电极等方面显示出良好的应用前景。

5. 生物表面活性剂

生物表面活性剂是一定条件下培养的微生物，在其代谢过程中分泌产生的一些具有一定表面活性的代谢产物。

6. 高分子表面活性剂

高分子表面活性剂包括合成高分子表面活性剂和天然高分子表面活性剂两大类。天然高分子表面活性剂主要包括藻酸钠、纤维素衍生物、腐殖酸钠、富里酸钠、果胶酸钠、明胶、蛋白质和树脂等。合成高分子表面活性剂根据带亲水基团性质分成阳离子型、阴离子型、两性离子型和非离子型四种。高分子表面活性剂在起泡力、渗透力、乳化性、润湿能力和降低界面张力能力方面比小分子表面活性剂差，但是高分子表面活性剂在分散性、絮凝性、吸附性、增黏性、成膜性和稳泡性方面比小分子表面活性剂好得多，而且多数毒性低。

7. Gemini 型表面活性剂

Gemini 型表面活性剂又称双子表面活性剂或称偶联表面活性剂，是近几年较快发展的高效表面活性剂，它是由两个或两个以上的双亲组分，在其极性头基或靠近极性头基烷基链上，由连接基团(spacer groups)通过化学键连接起来的，具有双亲油基—双亲水基结构特征的表面活性剂，如琥珀酸二异辛酯磺酸盐(AOT)、Gem12-2-12、Gem16-6-16 等。Gemini 型表面活性剂分子结构中至少含有两个疏水链和两个亲水基团(离子或极性基团)。

8. Bola 型表面活性剂

Bola 型表面活性剂是疏水链两端各连接一个亲水基团的两亲分子；有阳离子型，也有阴离子型。

Bola 型分子中间的疏水桥链可以是单链、双链或半环形链；也可以是亚甲基或苯基(单苯基或双苯基)。Bola 型分子水溶液表面活性不高，但 Krafft 溶点比较低，溶解度大，已广泛用于形成囊泡、双层脂膜，作为制备不同形态纳米材料软模板。

9. 壳聚糖表面活性剂

高分子表面活性剂同时具有高分子和表面活性剂的优异性能，避免了在复配使用时由于互相作用而产生的不良效果。自 1951 年合成出第一种聚皂类高分子表面活性剂以来，已在洗涤剂、化妆品、乳液聚合、油田驱油等领域得到应用。开发新的高分子表面活性剂，具有原料丰富、环境友好、易为生物降解、于生物相容性好等优点，成为当今高分子表面活性剂研究热点。

甲壳素主要来源于海洋的天然多糖类高分子，是自然界含量仅次于纤维素的第二大可再生资源，具有高分子量、高黏度、无毒、可生物降解、生物相容性好等优点。

6.6.4 胶束和临界胶束浓度

6.6.4.1 表面活性剂溶液的性质

表面活性剂溶液的许多性质随溶液浓度的变化出现转折点。

表面活性剂溶液的表面张力随其浓度增加急剧下降，当浓度达到一定值后，表面张力几乎不再改变，γ-C 关系曲线有一明显的转折点，如图 6-30 中的曲线Ⅲ所示。

又如离子型表面活性剂，在低浓度时的电导率与正常电解质溶液相似，但高浓度时却表现出很大的偏差，如图 6-35 所示，图中 C_{12} 表示十二烷基苯磺酸钠，C_{14} 表示十四烷基苯磺酸钠。其他依数性关系如渗透压、凝固点降低等，也都远比理想溶液的计算值低。此外，还有表面活性剂溶液的去污能力等与浓度的关系都有明显的转折点，而且这些转折点对某表面活性物质是出现在一特定的温度范围内。如图 6-36 所示的是十二烷基硫酸钠水溶液的各种性质随浓度变化的情况，其转折点在 0.008 mol·l^{-1}附近。这说明系统的这些性质与该表面活性剂分子在溶液中的状态有关。

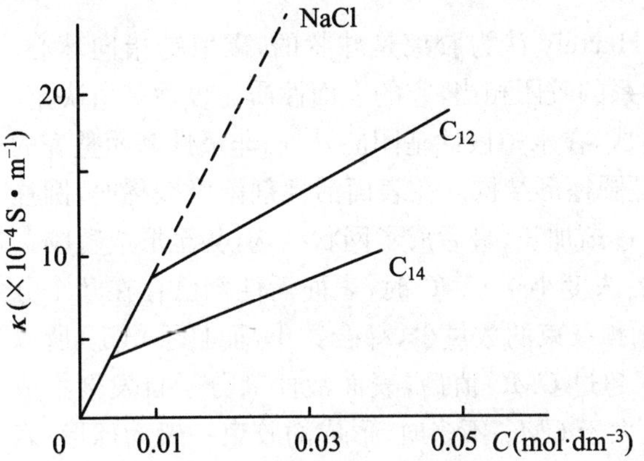

图 6-35 烷基苯磺酸钠水溶液的电导率与浓度的关系

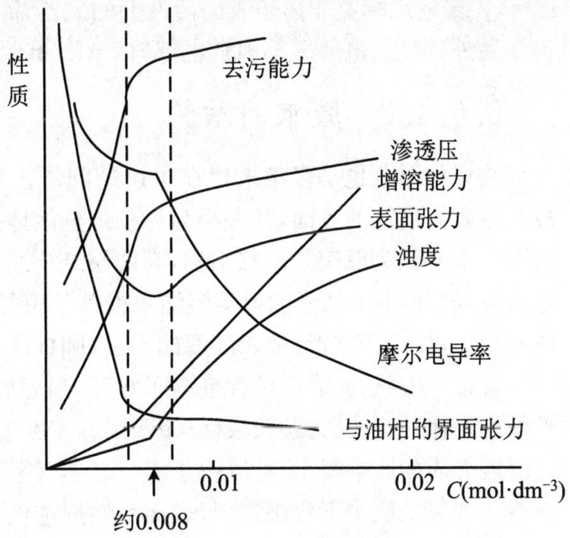

图 6-36 十二烷基硫酸钠水溶液的各种性质与浓度的关系

6.6.4.2 胶束化作用和临界胶束浓度

一般认为，溶液中的表面活性剂超过一定浓度时，其分子或离子会发生缔合形成胶束（也称胶团），此过程称为胶束化过程。溶液性质发生突变时的浓度，即形成胶束时的浓度。因而将形成胶束所需的表面活性剂的最小浓度，称为临界胶束浓度（critical micelle concentration，CMC）。实验表明，表面张力曲线、电导率曲线、渗透压曲线等曲线上的明显转折，都是由表面活性剂形成胶束引起的。

临界胶束浓度是表面活性剂性质的一个重要参数。*CMC* 值的大小与表面活性剂的结构密切相关，其规律如下：

① 疏水基相同时，直链非离子型表面活性剂的 *CMC* 大约比离子型表面活性剂的 *CMC* 小两个数量级。

② 同系物中，无论是离子型的还是非离子型的表面活性剂，疏水基的碳原子数目越多，*CMC* 值就越小。根据经验总结，对于直链的表面活性剂，*CMC* 值与疏水基碳原子数目的关系可由下式表示

$$\lg CMC = A - BN$$

式中，A，B 为常数，N 为碳原子数。根据经验，A 值无一定规律，对于 1－1 价离子型表面活性

剂，B 值为 0.3 左右，而对于非离子型表面活性剂，B 值为 0.5 左右；

③ 疏水基碳碳长度相同而化学组成不同时，*CMC* 值存在显著差别。碳氢表面活性剂的 *CMC* 远大于相同碳链长度的碳氟表面活性剂，一个—CF_2 基团对 *CMC* 的贡献大约相当于 1.5 个—CH_2 基团。

④ 亲水基相同，疏水基碳原子数也相同，疏水基中含有支链或不饱和键时，会使 *CMC* 升高。

⑤ 疏水基相同时，离子型表面活性剂的亲水基团对 *CMC* 值影响较小，同价反离子交换对 *CMC* 影响很小。但二价反离子取代一价反离子，则使 *CMC* 显著降低。

⑥ 聚氧乙烯类非离子表面活性剂的氧乙烯数目增多，使 *CMC* 稍有增大。

另外，温度、电解质等因素也都对 *CMC* 有明显影响。

6.6.4.3 胶束的结构

胶束的形状也是多年来存在争议的问题。Hartely 认为胶束是球状的，碳氢链指向球心，极性基团构成球的表面，其大小与在胶体分散体系的胶团相当，它的表面性质为极性基所决定。而 Mc Bain 认为胶束是层状结构，有两层结构组成，在水中极性基团向外，而非极性基团整齐的定向排列。Debye 从光散射实验结果推断胶束是圆柱形结构。在表面活性剂浓度较稀时，圆柱体比较短，接近于球形，随着浓度的增加，圆柱体逐渐加长，最后成了网状结构，甚至形成凝胶。

现在一般认为，表面活性剂溶于水后，当起始浓度小于 *CMC* 时，表面活性剂已存在几个分子的聚集体，常称其为预胶束(premicelle)。由于预胶束的数量少，缔合数小，而且不稳定，所以对溶液性质的影响很小，可以不予考虑。当浓度超过 *CMC* 值后，表面活性剂分子自发聚集成胶束。如果系统中不含添加剂，表面活性剂浓度大于 *CMC* 不多时，形成的胶束一般为球形；表面活性剂浓度大于 10 倍 *CMC* 时，往往有棒状、盘状等不对称形状的胶束形成。若系统存在添加剂，如无机盐等，即使表面活性剂浓度没有大于 10 倍 *CMC*，有时也可能形成不对称形状的胶束。目前，人们已发现随表面活性剂浓度的增大，不仅有层状、柱状胶束形成而且有蠕虫状胶束等多种聚集体形成，几种常见的表面活性剂聚集体形状如图 6-37 所示。

6.6.4.4 临界胶束浓度的测定

原则上，表面活性剂物理化学性质的突变皆可用来测定 *CMC*。然而，不同性质随浓度的变化有不同的灵敏度与不同的环境条件。因而，利用不同性质和方法测定出的 *CMC* 也有一定的差异，需要加以具体分析。下面简单介绍几种测定 *CMC* 的方法。

1. 表面张力法

表面活性剂溶液表面张力的降低仅出现在浓度小于 *CMC* 以前。当浓度达到 *CMC* 时，溶液内单个分子的浓度保持恒定，表面吸附达到动态平衡，吸附量不再随表面活性剂浓度的增加而增加，表面张力开始平缓下降，在 γ-C 图上出现明显的转折，此点即 *CMC*。此法测出的 *CMC* 均方根误差为 2%～3%。测定时注意要在平衡状态下测定表面张力，否则误差会很大。

2. 电导法

测定表面活性剂水溶液的电导率，作电导率-浓度关系曲线，将转折点两侧直线部分外延，相交点的浓度即为 *CMC*。这是测定 *CMC* 的经典方法，具有简便的优点，但只限用于离子型表面活性剂。此方法对于有较高活性的表面活性剂准确度较高，但对于 *CMC* 较大的表面活性剂灵敏度较差。过量的无机盐存在会大大降低测定灵敏度。

3. 光谱法

利用某些具有光学特性的油溶性物质作为探针来探明溶液中开始大量形成胶团的浓度是此类方法的共同原理。

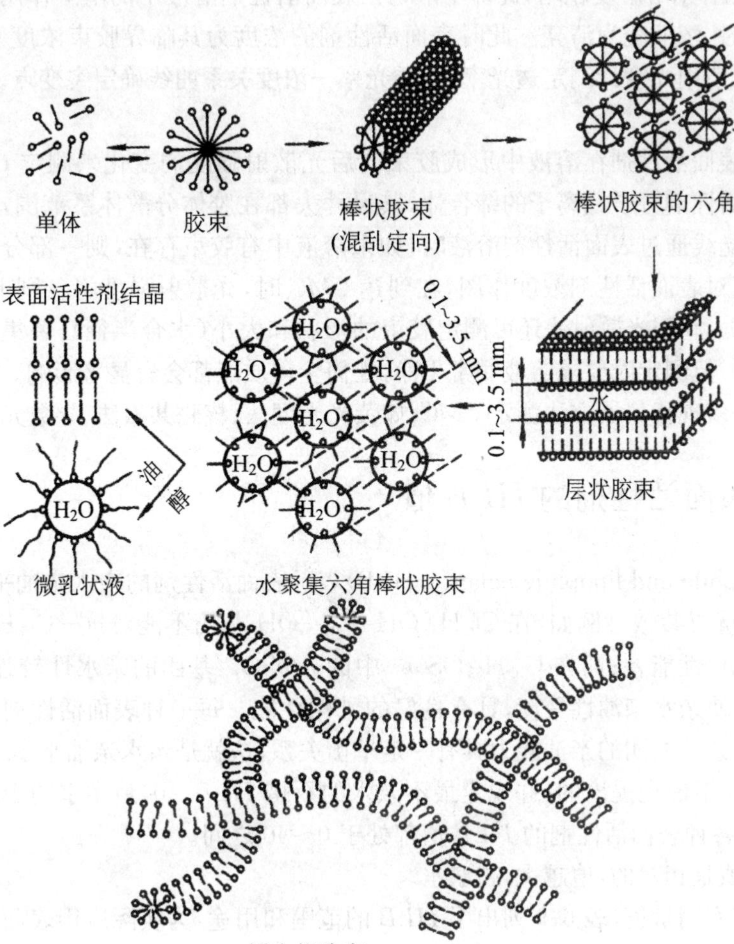

图 6-37 表面活性剂溶液中各种聚集体形状示意图

利用某些染料在水中和在胶团中的颜色有明显差别的性质，采用滴定的方法测定 *CMC*，简便易行。实验时，先在一确定浓度大于 *CMC* 的表面活性剂溶液中，加入很少的染料(一般此种染料的有机离子与表面活性离子的电性相反)，染料即被增溶于胶团中，呈现某种颜色。再用滴定方法以水冲稀此溶液，直至颜色发生显著变化，此时的浓度即为 *CMC*。只要找到合适的染料，此法非常简便。阴离子表面活性剂常用的染料为频哪氰醇氯化物和碱性蕊香红 G；阳离子表面活性剂则常用曙红、荧光黄等。非离子表面活性剂可用频哪氰醇、四碘荧光素、碘、苯并紫红 4B 等。

目前人们又发展了更为灵敏的探针化合物和光谱方法。如芳香族化合物萘、蒽，特别是芘，它们增溶后荧光光谱有明显变化。利用这种特性，不仅可以测定 *CMC*，还可以探知胶束不同部位的微极性，在胶束研究中有重要意义。

4. 增溶法

此法适用可增溶于胶束中的烃类化合物或不溶性染料作为探针化合物，将之加入表面活性剂溶液中，若溶液浓度在 *CMC* 以下，烃类一般不溶或溶解性不随浓度改变，摇动时将出现浑浊；到达 *CMC* 以上，则溶解度剧增，此即不溶物在表面活性剂溶液中的增溶作用。当探针化合物增溶于胶束中时，溶液变为清亮。此时表面活性剂的浓度为其临界胶束浓度 *CMC*。测定时可以目测，也可以使用光度计测定透光率，作透光率—浓度关系曲线确定突变点。

5. 光散射法

此法是利用表面活性剂在溶液中形成胶束前后光散射强度的变化来测定 *CMC* 的。因为胶束是许多表面活性剂分子或离子的缔合体，其尺寸大都在胶体分散体系范围，具有较强的光散射现象。即当光线通过表面活性剂溶液时，如果溶液中有胶束存在，则一部分光被胶束所散射，将散射光强度对表面活性剂浓度作图，在到达 *CMC* 时，光散射强度将急剧上升，因此曲线转折点即为 *CMC*。利用光散射法还可测定胶束的形状和大小（水合半径）、聚集数以及推测胶束上的电荷量等。但测定时要求溶液非常干净，任何尘埃质点都会有显著影响。

目前，还有许多现代仪器方法测定 *CMC*，如荧光光度法、核磁共振法、导数光谱法等。

6.6.5 表面活性剂的 *HLB* 值

HLB（hydrophile and lipophile balance，HLB）表示表面活性剂的亲水亲油平衡，是影响表面活性剂性能的重要参数。例如，在 $C_{16}H_{33}OH$ 中，—OH 基团不能对抗—$C_{16}H_{33}$基团的亲油性（即疏水性），乳化性能差；而在 $C_{16}H_{33}OSO_3^-$ 中的—OSO_3^- 基团的亲水性较强，能与亲油基（即疏水基）对称，使亲水亲油性平衡，具有良好的乳化性能。每一种表面活性剂都有亲水基团的亲水能力，并与亲油基团的亲油能力具有一定平衡关系，这就是亲水亲油平衡。HLB 概念是由 Griffin 在 1949 年最先提出的，并规定最不亲水的石蜡 $HLB=0$，最亲水的十二烷基硫酸钠 $HLB=40$。其他各种表面活性剂的 *HLB* 值都处于 0～40 之间。

显然，*HLB* 值是相对的，值越大，越亲水。

HLB 值很有实用价值，表 6-9 列出了 *HLB* 的范围和用途，为实际应用表面活性剂时的选择提供了参考。

表 6-9 *HLB* 值与用途

HLB	用途	*HLB*	用途
2～3	消泡剂	7～18	O/W 型乳化剂
3～6	W/O 型乳化剂	13～15	洗涤剂
12～15	润湿剂	15～18	增溶剂

6.6.5.1 *HLB* 值的估算方法

1. 基数法

基数法是 Davies 在 1957 年提出来的。此法将表面活性剂分解为一些基团，*HLB* 值的计算公式为

$$HLB = 7 + \sum H - \sum L$$

式中，H 为亲水基团的基数；L 为亲油基团的基数。表 6-10 列出了各种基团的 H 值和 L 值。

表 6-10　H 值和 L 值

亲水基	H	亲油基	L
$—OSO_3Na$	38.7	$—\overset{\vert}{C}H—$	0.475
—COOK	21.7	$—CH_2—$	0.475
—COONa	19.1	$—CH_3$	0.475
$—SO_3Na$	11	═CH—	0.475
酯(失水山梨醇环)	6.8	$—CF_2—$	0.870
—COO(R)	2.4	$—CF_3$	0.870
—COOH	2.1	苯环	1.662
—OH	1.9	$—CH_2CH_2CH_2O—$	0.15
—O—	1.3	$—CH(CH_3)—CH_2—O—$	0.15
—OH(失水山梨醇环)	0.5		
$—(CH_2CH_2O)$	0.33	$—CH_2—CH(CH_3)—O—$	0.15

这种方法适用于计算阴离子型和非离子型表面活性剂的 HLB 值，但对聚氧乙烯醚类的计算结果往往偏低。

【例 6-4】 计算十二烷基磺酸钠的 HLB 值。

解　$HLB = 7 + 11 - 12 \times 0.475 = 12.3$

2. 质量分数法

此方法主要用于估算聚氧乙烯醚类非离子型表面活性剂的 HLB 值，其计算公式为

$$HLB = \frac{M_H}{M_H + M_L} \times 20 = 20W_H$$

式中，M_H 为亲水基团的相对分子质量；M_L 为亲油基团的相对分子质量；W_H 为亲水基团的质量分数。

如 $C_{18}H_{37}O(C_2H_4O)_5H$，其中亲水基 $—O(C_2H_4O)_5H$ 的 $M_H = 237$，而 $—C_{18}H_{37}$ 的 $M_L = 253$，故

$$HLB = \frac{237}{237 + 253} \times 20 = 9.7$$

3. CMC 法

CMC 法是由 Lin 和 Marsgall 提出来的。临界胶束浓度 *CMC* 与 *HLB* 有以下关系

$$HLB = A\ln CMC + B$$

式中，A 与 B 随表面活性剂的类型而异。

4. 多元醇脂肪酸酯的 *HLB* 值的估算

Griffin 在 1950 年提出用酯的皂化值与酸值之比来计算 *HLB* 值：

$$HLB = 20\left(1-\frac{S}{A}\right)$$

式中，S 为酯的皂化值；A 为酯中酸的酸值。

如硬脂酸甘油酯的 $S=161$，$A=198$，其 $HLB=3.8$。

5. 混合表面活性剂的 *HLB* 值

在实际应用中，往往是几种表面活性剂的混合物（或称复配物）。由于 *HLB* 值具有加和性，复配物的 *HLB* 值为其重均值。只要知道每种表面活性剂的 *HLB* 值，就可计算复配物的 *HLB* 值，例如，吐温－80 的 *HLB* 值为 15，司盘的 *HLB* 值为 4.3。若按质量比 7∶3 混合，则复配物的 *HLB* 值为

$$HLB = 15\times 0.7 + 4.3\times 0.3 = 11.79$$

表 6-11 列出了部分常用表面活性剂的 *HLB* 值。

表 6-11 常用表面活性剂的 *HLB* 值

表面活性剂	商品名称	*HLB* 值
油酸		1
失水山梨醇三油酸酯	Span-85	1.8
失水山梨醇硬脂酸酯	Span-65	2.1
失水山梨醇单油酸酯	Span-80	4.3
失水山梨醇单硬脂酸酯	Span-60	4.7
聚氧乙烯月桂酸酯-2	LAE-2	6.1
失水山梨醇单棕榈酸酯	Span-40	6.7
失水山梨醇单月桂酸酯	Span-20	8.6
聚氧乙烯油酸酯-4	OE-4	7.7
聚氧乙烯十二醇醚-4	MOA-4	9.5
二(十二烷基)二甲基氯化铵		10.0
十四烷基苯磺酸钠	ABS	11.7
油酸三乙醇胺	FM	12.0
聚氧乙烯壬基苯酚醚-9	OP-9	13.0
聚氧乙烯十二胺-5		13.0
聚氧乙烯辛基苯酚醚-10	TritonX-100(Tx-10)	13.5
聚氧乙烯失水山梨醇单硬脂酸酯	Tween-60	14.9
聚氧乙烯失水山梨醇单油酸酯	Tween-80	15.0
十二烷基三甲基氯化铵	DTC	15.0
聚氧乙烯十二胺-15		15.3
聚氧乙烯失水山梨醇棕榈酸单酯	Tween-40	15.6
聚氧乙烯硬脂酸酯-30	SE-30	16.0
聚氧乙烯硬脂酸酯-40	SE-40	16.7
聚氧乙烯失水山梨醇月桂酸单酯	Tween-20	16.7

续表

表面活性剂	商品名称	HLB 值
聚氧乙烯辛基苯酚醚-30	Tx-30	17.0
油酸钠	钠皂	18.0
油酸钾	钾皂	20.0
十六烷基乙基吗啉基乙基硫酸盐	阿特拉斯 G263	25～30
十二烷基硫酸钠	AS	40

注：表中化学名称后阿拉伯数字代表氧乙烯基团数。

6.6.5.2 HLB 值的测定

HLB 值也可由实验直接测定，其测定方法有多种，下面简单介绍几种常用的方法。

1. 分配系数法

将水和油(通常用辛烷)放在一起，再加入表面活性剂，当其在油水两相中达到溶解平衡后，分别测定它在两相中的浓度：水相中 C_W、油相中 C_O，然后计算 HLB 值。

$$(HLB-7)=0.36\ln\left(\frac{C_W}{C_O}\right)$$

本法的缺点是在测定的过程中易发生增溶和乳化现象。此法也可在层析板上进行。

2. 气液色谱法

色谱法分离混合物的能力取决于基质(即固定相)对混合物各组分相互作用力的大小，实际上也是其极性大小的反映。若选定一标准混合物，根据基质的分离能力，可以标定基质的极性大小。实际操作时，是以表面活性剂作为基质，涂布在载体柱上，注入等体积的极性与非极性的混合物，一般用乙醇和环己烷，分别测得保留时间 $R_{极性}$ 和 $R_{非极性}$，作为基质的表面活性剂的极性可由该混合物在色谱柱上的保留时间比 ρ 来表征。

$$\rho=\frac{R_{极性}}{R_{非极性}}$$

HLB 值与保留时间比 ρ 之间有下列关系：

$$HLB=A+B\lg\rho$$

ρ 值还与温度有关，一般是采用 00 ℃时的数据。

对于非离子型表面活性剂，如聚氧乙烯脂肪酸醚(平平加类)、壬基酚聚氧乙烯醚(OP 类)等，ρ 与 HLB 值之间有直线关系。

$$HLB=8.55\rho-6.36$$

3. 溶解度估测法

在常温下将表面活性剂溶于水中，观察其在水中的分散状态可粗略估计其 HLB 值，如表 6-12 所示。此法的优点是简单、快速。

表 6-12 表面活性剂在水中分散状态与其 HLB 值

加入水后的状态	HLB 范围	加入水后的状态	HLB 范围
不分散	1～4	较稳定的乳状分散体系	8～10
分散性不好	3～6	半透明或透明分散体	10～13
剧烈振荡后成乳状分散体	6～8	透明溶液	13 以上

值得注意的是,*HLB* 值只能为表面活性剂的选用作参考,而不是唯一的依据。

6.6.6 表面活性剂的应用

表面活性剂的品种繁多,在生产、科研和日常生活中应用极为广泛。如在洗涤剂、化妆品、制药、纺织、化学纤维、制革、食品、塑料、橡胶、金属加工、石油、采矿、建筑等工业部门中以及在化学研究领域中,表面活性剂都起到了极为重要的作用。因此,表面活性剂被形象地比喻为“工业味精”。下面仅就表面活性剂几个方面的应用作简单的说明。

6.6.6.1 润湿作用

表面活性剂分子能定向吸附在固—液界面上,降低固—液界面张力,改善润湿程度。如给植物喷洒农药时,由于植物的叶面是非极性的,所以如果不能被农药液体所润湿,就达不到杀虫效果。若在农药中加入少量的表面活性剂(润湿剂),便可提高药液对植物表面的润湿程度。由于表面吸附作用使农药液滴表面被一层表面活性剂分子所覆盖,且憎水基朝外,使液滴表面成为非极性表面。这样由极性表面变为非极性表面的液滴落在非极性表面的植物叶子上就能铺展开来,待水分蒸发后,在叶子表面上留下均匀的一薄层药剂,从而大大提高了药效。

冶金工业中的浮游选矿,如图 6-38 所示。首先将粗矿磨碎成小颗粒,倾入水池中,结果矿苗颗粒与无用岩石一起沉入水底。在水池中加入合适的表面活性剂(作为捕集剂和起泡剂),矿苗是极性的亲水表面,表面活性剂吸附在矿苗的表面上,极性基朝向矿苗表面,非极性基朝向水中。不断加入表面活性剂,固体表面的憎水性随之增强,最后达到饱和吸附,这时矿苗颗粒相当于一个个非极性憎水颗粒。再从水池底部通入气泡,由于泡内空气的极性小,矿苗颗粒附着在气泡上,随气泡上升到水面。最后在水面上进行收集、灭泡和浓缩。岩石、泥沙等无用物质则留在水底被除去。

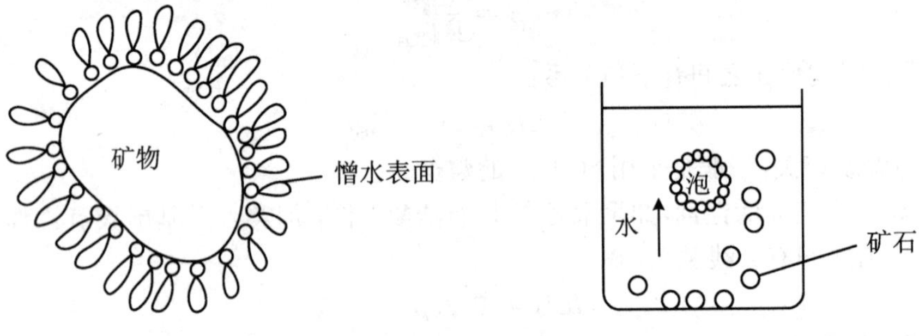

图 6-38 浮游选矿的基本原理

润湿作用广泛应用于药物制剂。表面活性剂作为外用软膏基质使药物与皮肤油脂能很好地润湿,增加接触面积,有利于药物吸收。在片剂中加入表面活性剂可以使药物颗粒表面易被润湿,利于颗粒的结合和压片。

6.6.6.2 增溶作用

室温下苯在水中的溶解度很小,如果在水中加入适当的表面活性剂,苯的溶解度将大大提高,例如,100 mL 含 10%油酸钠的水溶液可溶解苯约 10 mL。许多非极性碳氢化合物在水中的溶解也有类似的现象。表面活性剂的这种作用叫作增溶作用,能够起增溶作用的表面活性剂称为增溶剂,被增溶的有机物称为增溶物。

研究表明增溶作用是通过胶团实现的。当溶液中形成胶团以后,胶团内部相当于非极性“液相”,为非极性有机溶质提供了“溶剂”,可见增溶作用实际上是使增溶物分子溶于胶团内部,而在水中的浓度并没有增加。X射线衍射的结果表明,增溶过程中,球状胶团和棒状胶团的直径变大,层状胶团的厚度变大,这说明以上增溶机理是正确的。

制药工业中常用吐温类、聚氧乙烯蓖麻油等作增溶剂。如维生素 D_2 在水中基本不溶,加入5%的聚氧乙烯蓖麻油类表面活性剂后,溶解度可达 $1.525\ mg \cdot cm^{-3}$。增溶在中药提取物制剂中也有重要意义。一些生理现象也与增溶作用有关,例如,小肠不能直接吸收脂肪,却能通过胆汁对脂肪的增溶而将其吸收。

6.6.6.3 起泡作用

泡沫是气体高度分散在液体中所形成的系统。由于气—液界面张力较大,气体的密度比液体低,气泡很容易破裂。若在液体中加入表面活性剂,再向液体中鼓气就可形成比较稳定的泡沫,这种作用称为起泡,所用的表面活性剂叫作起泡剂。

起泡剂能降低气—液界面张力,使泡沫系统相对稳定,同时在包围气体的液膜上形成双层吸附,如图6-39所示。其中亲水基在液膜内形成水化层,使液相黏度增高,使液膜稳定并具有一定的机械强度。

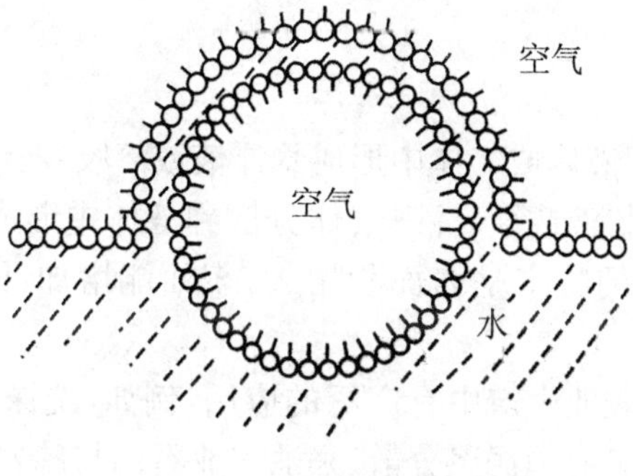

图6-39 表面活性剂的起泡作用

起泡作用常用于泡沫灭火、矿物的浮选分离及水处理工程中的离子浮选。此外,医学上用起泡剂使胃充气扩张,便于X射线透视检查。

有时,泡沫的存在是不利的。例如,医药工业中在发酵或中草药提取、蒸发过程中经常会产生大量泡沫,给生产带来很大的危害,因此,需要进行消泡。消泡有很多种方法。比如,在溶液中加入少量的消泡剂(如乙醚、硅油、异戊醇、辛醇、磷酸三丁酯等)。这些消泡剂阻止泡沫形成牢固的表面膜,且能挤掉原来泡沫上的起泡剂,促使泡沫破灭。

6.6.6.4 洗涤作用

表面活性剂的洗涤作用是一个比较复杂的过程,它与润湿、增溶和起泡等作用都有关。

洗涤作用是将浸在某种介质中的固体表面的污垢去除干净的过程,如图6-40所示。当水中加入洗涤剂后,洗涤剂中的憎水基团吸附在污物和固体表面,从而降低了污物与水及固体与水的界面张力,然后用机械搅拌等方法使污物从固体表面脱落。洗涤剂分子在污物周围形成吸附膜而悬浮在溶液中,洗涤剂分子同时也在洁净的固体表面形成吸附膜而防止污物重新在表面上沉积。

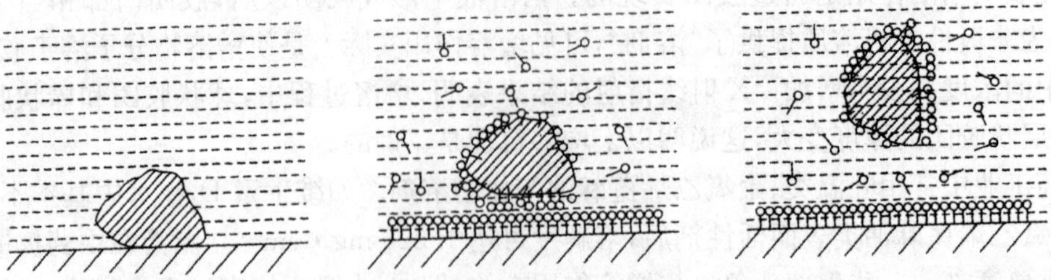

图 6-40 表面活性剂的洗涤作用

最早用作洗涤剂的是肥皂(高级脂肪酸钠盐),肥皂是一种良好的洗涤剂,但在酸性溶液中会形成不溶性脂肪酸,在硬水中会与 Ca^{2+},Mg^{2+} 等离子生成不溶性的脂肪酸盐,降低了去污性能,且污染了织物表面。近十几年来,合成洗涤剂工业迅速发展,用烷基硫酸盐、烷基芳基磺酸盐及聚氧乙烯型非离子表面活性剂等原料制成各种合成的洗涤剂,不仅克服了肥皂的上述缺点,而且去污能力比肥皂强。

合成洗涤剂是以各种表面活性剂和多种助剂复配而成的新型洗涤剂,产品包括合成洗衣粉、洗涤膏和液体洗涤剂等。合成洗涤剂中产量最大的是洗衣粉,发展最快的是液体洗涤剂。液体洗涤剂是 1940 年在美国市场首次出现的,现在该产品主要包括香波、护发素、餐洗液、织物液体洗涤剂、柔软剂等功能性洗涤剂和工业洗涤剂等。

6.6.6.5 分散作用

分散形式包括:固体分散到液体或气体中形成悬浮液或溶胶;液体分散到气体中形成雾;液体分散到另一种液体中形成乳状液或微乳液;气体分散到液体中形成液体泡沫;气体分散到固体中形成固体泡沫。分散过程的特点是表面积增大,表面能增加,因此分散过程属于非自发过程。

分散作用在日常生活和工农业生产中有广泛的应用,例如,洗涤过程中污物从织物表面分散、造纸工业中纸浆分散、陶瓷工业中泥浆分散、采油工业石油与砂岩分散、涂料工业涂料分散、油漆分散、油墨分散、印染工业中染料分散、化妆品原料分散等,都存在分散作用。

一般用 HLB 值在 10～20 的阴离子型表面活性剂和非离子型表面活性剂作分散剂。分散剂的作用是降低固—液、液—液、固—气之间的界面自由能,尽量减少分散过程中的表面能的增大值,使分散容易进行,同时使分散后的粒子(固体或液体)带同样电荷产生静电排斥作用或液膜保护作用,分散后的粒子不再凝聚,起到稳定保护胶体的作用。

造纸工业中纸浆分散剂常用高分子有机分散剂,如聚丙烯酸钠、聚甲基丙烯酸钠、脂肪醇聚氧乙烯醚和烷基酚聚氧乙烯醚等表面活性剂,用量为 0.1%～3.0%。油田钻井和陶瓷工业中泥浆分散剂常用木质素磺酸盐、腐殖酸钠、烷基酚聚氧乙烯醚、脂肪酸聚氧乙烯醚、3,4-二羟基苯丙酸钠、脂肪酸和环烷酸皂类等表面活性剂。稀释分散剂能拆散黏土粒子间形成的空间网状结构,释放自由水,从而使泥浆黏度降低,提高泥浆的润滑性、分散性。涂料分散剂常用二烷基磺酸盐、烷基苯磺酸盐、磺化蓖麻油和烷基酚聚氧乙烯醚等表面活性剂。印染纺织分散剂常用油酸钠、月桂硫酸钠、十二烷基苯磺酸钠、琥珀酸二辛酯磺酸钠和失水山梨醇月桂酸酯等表面活性剂。

与分散剂同时使用的增效助剂中无机物有硅酸钠、碳酸钠、硫酸钠、磷酸钠、三聚磷酸钠,这些助剂可起到降低表面活性剂的临界胶束浓度 *CMC*、防结块、溶液 pH 缓冲、配位高价离子等作用,可使分散粒子荷负电。有机助剂有螯合剂如 EDTA、柠檬酸盐等,以及稳定剂、增白剂等。

6.6.6.6 催化作用

由于表面活性剂形成的胶束有增溶作用,离子型表面活性剂带有不同的电荷可参与静电吸附作用和配位反应,因而胶束可以改变一些化学反应历程,加快或减慢化学反应速率。在表面活性剂的参与下,化学反应得以进行,表面活性剂加快或减慢化学反应速率的现象称为表面活性剂催化作用。

6.6.6.7 增敏作用

表面活性剂的增敏作用是指表面活性剂的加入增加了光度分析、滴定分析、电化学分析、色谱分析和化学发光分析等分析方法的灵敏度现象。阳离子型表面活性剂增敏作用研究得最早,研究也最多,成效也最显著,后来表面活性剂的增敏行为扩大到阴离子型表面活性剂、非离子型表面活性剂和混合表面活性剂。

6.6.6.8 微乳液

微乳液(microemulsion)的概念是舒尔曼(H. Schleman)于 1943 年提出的,这是一种表面活性剂与水、油和助剂按一定比例混合形成的透明或半透明的热力学稳定体系。助剂包括4C～6C短链醇、羧酸或胺。对于双子表面活性剂(Gemini 表面活性剂)如(2-乙基已基)琥珀酸磺酸钠(AOT)和一些非离子表面活性剂,不需要助剂也能形成微乳。

目前,微乳液在日用化学工业、药品方面、石油工业、皮革化学品工业、液膜萃取分离、化学反应、微乳涂料乙基分析化学领域均有非常广泛的应用。

6.6.6.9 囊泡

1965 年英国学者 Bangham 等在用超声波手段将磷脂分散到水中进行电子显微镜观察时发现,磷脂分子分散在水中形成多层囊泡,每层均为脂质的双分子层,囊泡中央和各层之间被水相隔开,双分子层厚度约为 4 nm。他把这种由磷脂形成的具有类似生物膜结构的双分子层小囊泡称作脂质体(liposome)。多种脂质和脂质混合物均可用于制备脂质体,最常用的是磷脂。磷脂包括卵磷脂、脑磷脂、大豆磷脂以及合成磷脂等,主要成分有磷脂酰胆碱(PC)、磷脂酰乙醇胺(PE)、磷脂酰丝氨酸、磷脂酰甘油、磷脂酸等。其结构由一个离子型基团(或是强极性基团)的"极性端"和两条疏水性高级脂肪烃长链组成,在某一特定浓度条件下,其极性端部分与另一分子的极性端相结合,非极性端与非极性端相结合,形成一个稳定的双分子层结构。脂质体重,胆固醇的存在降低了膜中磷脂分子有序排列,增加其流动性;高于相变温度时,胆固醇的存在增加了膜中磷脂分子有序排列,减少膜的流动性。1977 年 Kunitake 等人以双十二烷二甲基溴化铵制得了囊泡,这是首次以合成表面活性剂制得囊泡。之后的研究发现,许多表面活性剂混合体都能形成单层尾对尾排列的密闭双分子层囊泡结构,称为表面活性剂囊泡(vesicle)。目前,脂质体与囊泡在药物载体、化学反应、生物膜研究、基因治疗、CT 影像诊断以及生物传感器等方面均有广泛的应用。

6.6.6.10 液晶

1888 年奥地利植物学家 F. Reinitzer 第一次观察到了苯甲酸胆甾醇酯熔融后的液晶态，第二年 O. Lehmann 观察到同样现象，并将这种物质命名为液晶(liquid crystals)。人们最初研究的主要是小分子单体液晶(nonomer liquid crystals，MLCs)，1923 年 D. Vorlander 发现了聚合物液晶(polymer liquid crystals，PLCs)。液晶是一类在溶液状态和熔融状态下形成的有序流体，它处于液体和晶体之间，称为“中介相”(mesophase)状态或称介晶态的物质。在一定的温度和压力范围内，它既具有流动性、连续性、黏度及形变等流体性质，同时又具有热力学稳定性，相变时有严格确定的焓变和熵变，在物理性质上呈现出晶体的各向异性，具有晶体的热、光、电、磁等物理性质。液晶具有长程有序而短程无序性，即其分子排列存在位置上的无序性和取向上的一维或二维长程有序性，但不存在像晶体那样的空间晶格。

液晶有许多独特的性质，因而在材料领域得到了广泛的应用：如因液晶具有晶体的各向异性性质(立方晶除外)，可用于光学材料；因液晶吸潮率很低，常用于高精度的线路板材料；因液晶的透气性非常低，可用于密封材料等等。

本 章 小 结

1. 界面与表面

相与相间密切接触的过渡区为 $10^{-9}\sim10^{-8}$ m，分子有剩余力。

2. $G_{表}$ 和 γ

$$\mathrm{d}G=-S\mathrm{d}T+V\mathrm{d}p+\gamma\mathrm{d}A+\sum_{\mathrm{B}}\mu_{\mathrm{B}}\mathrm{d}n_{\mathrm{B}}$$

$$\gamma=\left(\frac{\partial G}{\partial A}\right)_{T,p,n}=\left(\frac{\partial G_{表}}{\partial A}\right)_{T,p,n}$$

表面张力垂直作用在单位长度边界上且与表面平行或相切的紧缩力

$$G_{表}=\gamma A$$

3. 弯曲表面现象

(1) 弯曲表面下的附加压力——拉普拉斯方程

$$\Delta p=\frac{2\gamma}{R'}$$

(2) 弯曲表面上的蒸气压——开尔文方程

$$\ln\left(\frac{p_{\mathrm{r}}}{p_0}\right)=\frac{2M\gamma}{RT\rho R'}$$

$$RT\ln\left(\frac{C_{\mathrm{r}}}{C_0}\right)=\frac{2\gamma M}{R'\rho}$$

$$\ln\left(\frac{T_{\mathrm{r}}}{T_0}\right)=-\frac{2\gamma_{(\mathrm{s-l})}M}{R'\rho\Delta H_{\mathrm{m(s\to l)}}}$$

解释：石油“三采”，人工降雨，血液“气塞”，硅胶干燥剂干燥，锄地保墒，液体过热、过冷，溶液过饱和。

4. 固体表面的吸附

(1) 气体在固体表面上的吸附

$$\theta=\frac{ap}{1+ap}$$

$$\frac{p}{V}=\frac{1}{V_{\infty}a}+\frac{p}{V_{\infty}}$$

$$\frac{p}{V(p_0-p)}=\frac{1}{V_{\infty}C}+\frac{C-1}{V_{\infty}C}\cdot\frac{p}{p_0}$$

$$A_{比}=\frac{V_{\infty}}{0.0224}\times\frac{6.626\times10^{23}S_{截}}{m}$$

(2) 液体在固体表面上的吸附

$\theta<90^{\circ}$的称为润湿，$\theta>90^{\circ}$的称为不润湿。

(3) 固体表面在电解质溶液中对正、负离子的吸附——扩散双电层

5. 溶液表面的吸附现象——吉布斯吸附等温式

$$\Gamma=-\frac{C}{RT}\cdot\frac{d\gamma}{dc}\qquad\left(\Gamma=\frac{n_{B}^{表}-n_{A}^{表}\cdot\frac{n_{B}}{n_{A}}}{A}\right)$$

式中，Γ是单位面积的表面层所含溶质的物质的量与溶液本体同量溶剂中所含溶质的物质的量的差值，单位 $mol\cdot m^{-2}$。

6. 表面活性剂及其作用

特点与分类，胶束和临界胶束浓度，HLB 值，应用(在医药、农药、纺织、采矿、石油、食品和民用洗涤等领域的应用)。

本 章 练 习

一、选择题

1. 下列各式中，不属于纯液体表面张力定义式的是(　　)。

A. $\left(\frac{\partial G}{\partial A_S}\right)_{T,p}$　　B. $\left(\frac{\partial U}{\partial A_S}\right)_{T,V}$　　C. $\left(\frac{\partial H}{\partial A_S}\right)_{S,p}$　　D. $\left(\frac{\partial A}{\partial A_S}\right)_{T,V}$

2. 下面关于γ的物理意义中不正确的是(　　)。

A. γ是沿着与表面相切的方向，垂直作用于表面上单位长度线段上的紧缩力

B. γ是恒温、恒压下可逆地增加单位表面积所需的非体积功

C. γ是在一定的温度、压力下，单位表面积中的分子所具有的吉布斯函数值

D. γ是恒温、恒压下增加单位表面积所引起的系统吉布斯函数的增量

3. 定温下，同一液体中形成两个大小不同的气泡的饱和蒸气压 $p_{大}^{*}$与 $p_{小}^{*}$间的关系为(　　)。

A. $p_{大}^{*}\gg p_{小}^{*}$　　B. $p_{大}^{*}\ll p_{小}^{*}$　　C. $p_{大}^{*}=p_{小}^{*}$　　D. 不能确定

4. 球形碳酸氢铵固体在一定温度下的真空容器中分解达平衡

$$NH_4HCO_{3(s)} \rightleftharpoons NH_{3(g)} + H_2O_{(l)} + CO_{2(g)}$$

若保持温度不变，只减小碳酸氢铵固体的颗粒度，该平衡将(　　)。

A. 向左移动　　B. 向右移动　　C. 不移动　　D. 不能确定

5. 溶液的表面张力随着溶液浓度的增大一定(　　)。

A. 增大　　B. 减小　　C. 不变　　D. 不能确定

6. 溶液的表面吸附量 Γ 只能(　　)。

A. 为正值　　B. 为负值　　C. 为零　　D. 不能确定

7. 某物质在水溶液中发生负吸附，该溶液在干净的玻璃毛细管中的高度比纯水在该管中的高度(　　)。

A. 更高　　B. 更低　　C. 相同　　D. 不能确定

8. 在吸附过程中，以下热力学量的变化正确的是(　　)。

A. $\Delta G<0, \Delta H<0, \Delta S<0$　　B. $\Delta G>0, \Delta H>0, \Delta S>0$

C. $\Delta G<0, \Delta H>0, \Delta S>0$　　D. $\Delta G>0, \Delta H<0, \Delta S<0$

9. 朗格缪尔等温吸附公式适用于(　　)。

A. 单分子层吸附　　B. 多分子层吸附

C. 吸附达到平衡　　D. 吸附分子间无相互作用力

10. BET 吸附等温式中 V_m 的物理意义是(　　)。

A. 平衡吸附量　　B. 铺满第一层的吸附量

C. 饱和吸附量　　D. 无明确物理意义的常数

11. 下面关于固体表面吸附热的讨论，正确的是(　　)。

A. 吸附热取值可以为正、也可以为负

B. 两种吸附剂与吸附质之间，随着吸附过程的进行，覆盖度 θ 越大，则吸附热的绝对值越小

C. 物理吸附放出的热量大于化学吸附

D. 吸附热的绝对值越大，吸附作用越弱

12. 某溶液中溶质 B 的浓度为 C_B(表面)$>C_B$(体相)，表明(　　)。

A. $\dfrac{d\gamma}{dC}>0, \Gamma_B>0$　　B. $\dfrac{d\gamma}{dC}<0, \Gamma_B>0$

C. $\dfrac{d\gamma}{dC}<0, \Gamma_B<0$　　D. $\dfrac{d\gamma}{dC}>0, \Gamma_B<0$

13. 下面关于表面活性剂的讨论，不正确的是(　　)。

A. 表面活性剂是能显著地降低水的表面张力的物质

B. 表面活性剂都是由亲水的极性基与憎水的非极性基组成

C. 表面活性剂的浓度超过某一特定值后，将在溶液内部形成胶团

D. 在水中加入表面活性剂时，吸附量 $\Gamma<0$

14. 对朗格缪尔吸附等温式 $\theta=\dfrac{ap}{1+ap}$ 下列说法不正确的是(　　)。

A. 只适用于单分子层吸附

B. p 是吸附达到饱和时气相的压力

C. a 是吸附系数，它的大小表示了吸附速率的快慢

D. 对于一定的吸附系统，当温度升高时，a 值下降

15. 溶液的表面层对溶质发生吸附，当表面浓度小于本体浓度，则(　　)。

A. 称为正吸附，与纯溶剂相比，溶液的表面张力γ降低

B. 称为无吸附，与纯溶剂相比，溶液的表面张力γ不变

C. 称为负吸附，与纯溶剂相比，溶液的表面张力γ升高

D. 称为负吸附，与纯溶剂相比，溶液的表面张力γ降低

16. 在固体表面上对气体吸附的BET公式(　　)。

A. 只能用于单层化学吸附　　B. 只能用于多层物理吸附

C. 能用于单层化学、物理吸附　　D. 能用于多层化学、物理吸附

17. 气体在固体上的吸附服从朗格缪尔吸附等温方程时，饱和吸附量随温度上升而(　　)。

A. 减小　　B. 增大　　C. 不变　　D. 不一定

18. 等温等压下，将一定质量的水由一个大球分散为许多小水滴时，以下的物理量中保持不变的有(　　)。

A. 系统的吉布斯自由能　　B. 表面张力

C. 液体的附加压力　　D. 饱和蒸气压

19. 在一支干净的水平放置的玻璃毛细管中部注入一滴纯水，形成一自由移动的液柱，然后用微量注射管向液柱左侧注入少量KCl水溶液，设润湿性质不变，则液柱将(　　)。

A. 不移动　　B. 向右移动　　C. 向左移动　　D. 无法确定

20. 水在玻璃毛细管中上升的高度反比于(　　)。

A. 空气的压力　　B. 毛细管半径

C. 液体的表面张力　　D. 液体的黏度

21. 微小晶体与普通晶体相比，以下说法中不正确的是(　　)。

A. 微小晶体的蒸气压较大　　B. 微小晶体的熔点较低

C. 微小晶体的溶解度较大　　D. 微小晶体的溶解度较小

22. 对于一理想的水平液面，下列诸量中为零的是(　　)。

A. 表面张力　　B. 表面能

C. 附加压力　　D. 表面分子间作用力

23. 某溶液中的溶质B在固体吸附剂表面吸附达到平衡时，该物质在表面上的化学势与在溶液中的化学势的关系为(　　)。

A. $\mu_{表}=\mu_{液}$　　B. $\mu_{表}<\mu_{液}$　　C. $\mu_{表}>\mu_{液}$　　D. $\mu_{表}$与$\mu_{液}$无关

24. 用最大气泡压力法测定溶液表面张力的实验中，下述对实验操作的规定中，不正确的是(　　)。

A. 毛细管壁必须严格清洗，保证干净

B. 毛细管垂直插入液体内部，每次浸入深度尽量保持不变

C. 毛细管口必须平整

D. 毛细管应垂直放置，管端刚好与液面相切

二、填空题

1. 往水中加入表面活性剂以后，产生________吸附(填“正”“负”)。

2. 气体在固体表面发生等温吸附时ΔS ________0(填“大于”“等于”或“小于”)。

3. 往水中加入表面活性剂以后，$d\gamma/dC$ ________ 0（填"＞""＜"或"＝"）。

4. 已知 20 ℃时水的表面张力为 $7.28\times10^{-2}\ N\cdot m^{-1}$，在此温度和标准压力下将水的表面积可逆地增大 $10\ cm^2$ 时，体系的 ΔG 等于________。

5. 用同一滴管在同一条件下分别滴下同体积的三种液体：水、硫酸水溶液、丁醇水溶液，则它们的滴数多少按顺序为________________________。

6. W/O 型乳化剂的 *HLB* 值范围是________。

7. 将装有润湿性液体的毛细管水平放置，在其右端加热，则管内液体将向________移动（填"左"或"右"）。

8. 兰谬尔吸附等温式所基于的一个假设是________。

三、简答题

1. 比表面功、比表面吉布斯自由能、表面张力三个物理量的意义、量纲、单位何者相同，何者不同？

2. 液体的分子间有作用力，液体表面有表面张力，这两种力有什么区别和联系？

3. 将烧热的针尖插入表面撒有粉笔灰的水中，粉笔灰将迅速四散，为什么？

4. 为什么气泡、小液泡、肥皂泡等都呈圆形？玻璃管口加热后会变得光滑并缩小（俗称圆口），这些现象的本质是什么？

5. 为什么泉水和井水都有较大的张力？当将泉水小心注入干燥杯子时，水面会高出杯面，这是为什么？如果在液面上滴一滴肥皂液，会出现什么现象？

6. 两块平板玻璃在干燥时，叠放在一起很容易分开。若在其间放些水，再叠放在一起，使之分开却很费劲（题图 6-1），这是什么原因？

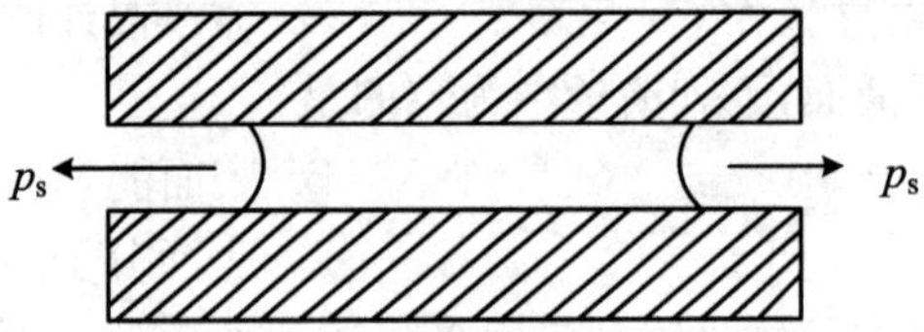

题图 6-1

7. 改变水溶液对固体表面润湿状况的有效办法是什么？简要说明其原理。

8. 在一个底部为光滑平面的抽成真空的玻璃容器中，放有半径大小不等的圆球形汞滴，如题图 6-2 所示，请问：

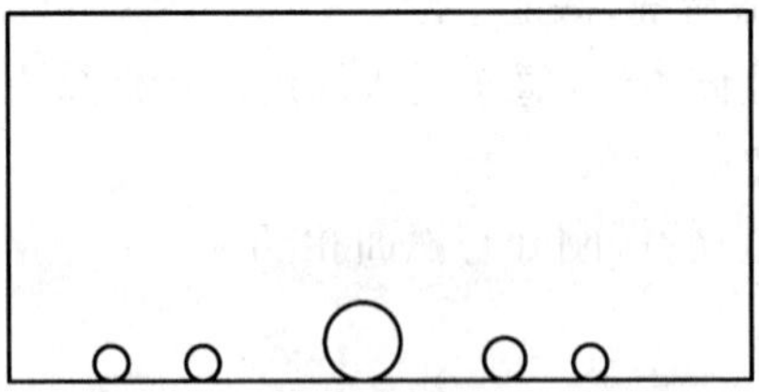

题图 6-2

(1) 经恒温放置一段时间后，系统内仍有大小不等的汞滴共存，此时汞蒸气的压力 p^* 与大

汞滴的饱和蒸气压 $p_{(大)}$、小汞滴的饱和蒸气压 $p_{(小)}$ 存在何种关系？

(2) 经长时间恒温放置，会出现什么现象？

9. 为什么棉质的衣服或纸张等在潮湿的天气也会变潮湿？

10. 在两支水平放置的毛细管中间皆装有一段液体，题图 6-3(a) 管中的液体对管壁完全润湿；题图 6-3(b) 管中的液体对管壁完全不润湿。当在管右端加热时，管中液体各向哪一端流动？

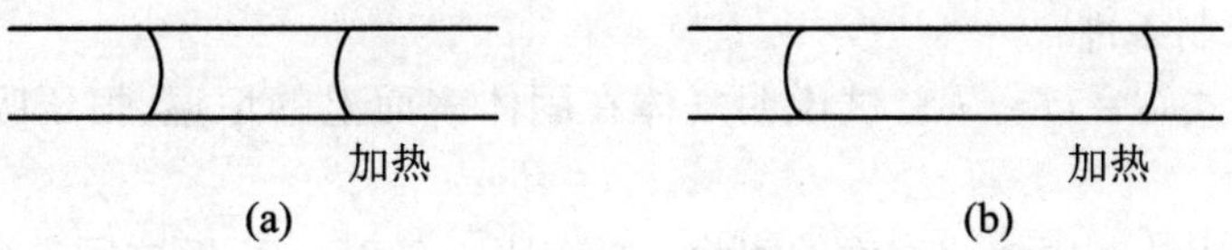

题图 6-3

11. 有两支内径 r 相等，可被水完全润湿的毛细管垂直地插在水中，水在 A 管中上升的高度为 h_1，B 管的上端为向下弯曲的 U 形管，其最高点距水面的高度小于 h_1，如题图 6-4 所示。试问：水能从 U 形管的下端自动地流出吗？若加冲力使 B 管迅速下移，然后再固定不动，水能连续流出吗？

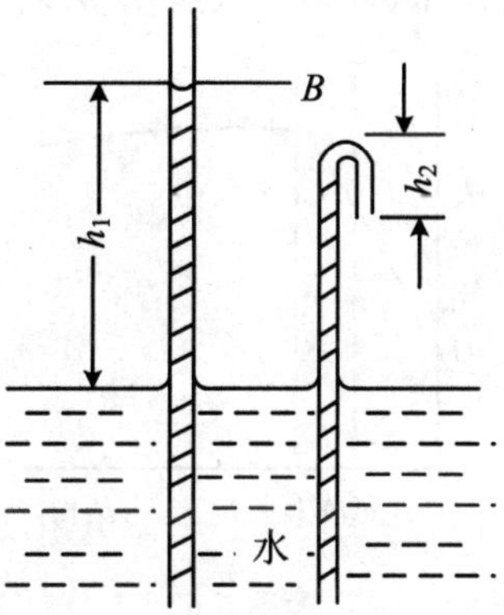

题图 6-4

12. 在半径相同的毛细管下端有两个大小不同的圆球形气泡，如题图 6-5 所示。试问将活塞 C 关闭，将 A 及 B 打开会出现什么现象？

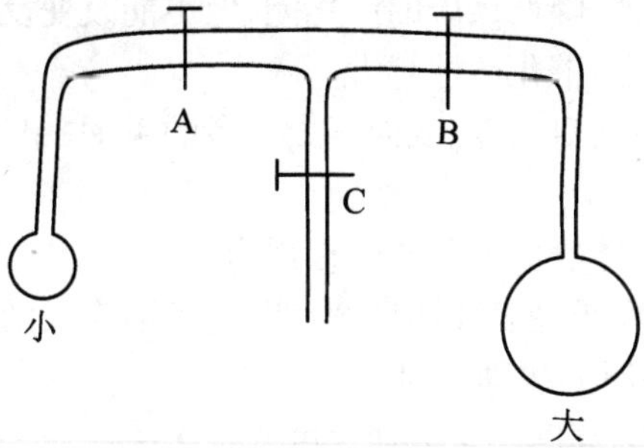

题图 6-5

13. 纯液体、溶液和固体，它们各采用什么方法来降低表面能以达到稳定状态？

14. 人工降雨的原理是什么？

15. 沸石为何能防止暴沸？为什么烧水时不用加沸石，而有机物蒸馏时往往要加入沸石？

16. 如何解释锄地保墒？

17. 油在水面的铺展往往进行到一定程度便不再扩展，为什么？

18. 待粘接的固体表面为什么常需进行粗化处理？

19. 朗格缪尔等温式和 BET 公式之间有什么联系和共同点？

20. 为什么 BET 吸附公式只能应用于临界温度以下的气体，朗格缪尔吸附公式对被吸附气体是否有这个限制条件？

21. 根据定义式 $G=H-TS$，试说明气体在固体表面上的恒温、恒压吸附过程必为放热吸附。

22. 为什么吸附法测固体比表面的实验一般在比压 0.05～0.35 之间进行？

23. 如何从吸附的角度来衡量催化剂的好坏？为什么金属镍既是好的加氢催化剂，又是好的脱氢催化剂？

24. 在水中滴入几滴油，会发现油并不溶于水，而是浮在水面，但如果加入少许水溶性表面活性剂（如吐温－20），油好像溶于水中了，为什么？

25. (1) 参考题图 6-6，简单说明洗衣粉洗衣服的去污作用；

(2) 有些洗衣粉包装袋上印有用量（即多少衣服用多少洗衣粉），为什么？

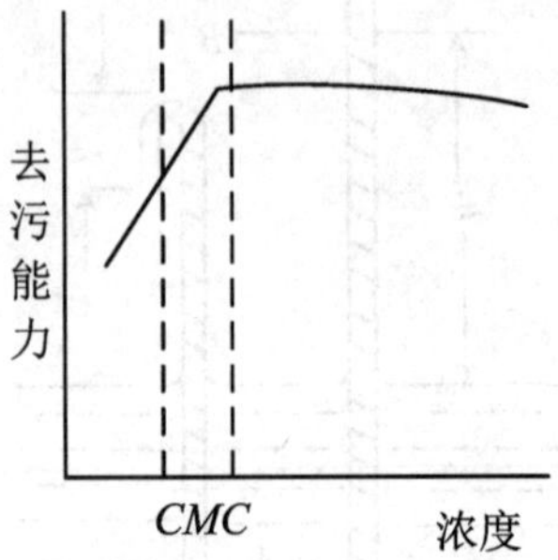

题图 6-6

四、判断题

1. 催化剂能改变反应历程，降低反应的活化能，但不能改变反应的 $\Delta_r G_m$。 （ ）
2. 催化剂的吸附能力越强，催化活性越大。 （ ）
3. 比表面功、比表面吉布斯自由能、表面张力三者的量纲、单位、物理意义完全相同。 （ ）
4. 液体的表面张力，即液体表面的分子间作用力。 （ ）
5. 表面活性剂可以分为离子型表面活性剂和非离子型表面活性剂。 （ ）
6. BET 公式只适用于多层的物理吸附。 （ ）
7. 液体在毛细管中上升的高度与重力加速度基本无关。 （ ）

五、计算题

1. 293 K 时，将 1 g 的水分散成半径 $r=10^{-8}$ m 的小水滴，已知 293 K 时水的密度为 998 $kg \cdot m^{-3}$，

水的表面张力为 $72.8\times10^{-3}\ N\cdot m^{-1}$，试计算：

(1) 分散液滴的总表面积、比表面积；

(2) 该过程中环境至少需做多少表面功？

(3) 若在水中加入少量表面活性剂，环境需做功是增大还是减小？

2. 将苯倒入含乙醇的水溶液中，可形成苯在水中(即O/W)的乳浊液。25 ℃，若将5 mL苯倒入20 mL乙醇水溶液中，形成的乳浊液粒子平均半径为 5×10^{-7} m，苯与此乙醇水溶液之间的界面张力是 $35\times10^{-3}\ N\cdot m^{-1}$，试计算形成乳浊液时体系表面吉布斯自由能的增量(忽略体相的吉布斯自由能变化和混合热)。

3. 在298 K，101.325 Pa下，将直径为 10^{-4} m的毛细管插入水中，需在管内加多大压力才能防止水面上升？若不加额外的压力，让水面上升，达平衡后管内液面上升多高？已知该温度下水的表面张力为 $0.072\ N\cdot m^{-1}$，水的密度为 $1\,000\ kg\cdot m^{-3}$，设接触角为0°，重力加速度 $g=9.8\ m\cdot s^{-2}$。

4. 用一玻璃管吹肥皂泡，在玻璃管中间下接一个U形压力计，压力计中放入适量水，U形压力计一端与玻璃管相接，一端通向大气。当吹出的肥皂泡直径为 5×10^{-3} m时，U形压力计中两臂水柱差为 2×10^{-3} m。若将直径为 1×10^{-4} m的玻璃毛细管插入该肥皂液中，试计算肥皂液将会升高多少。设肥皂液可完全润湿毛细管，且密度与纯水近似相等为 $1\times10^{3}\ kg\cdot m^{-3}$。

5. 在101 325 Pa外压下，100 ℃的某液体产生一个半径为 5×10^{-5} m的小气泡。要求：

(1) 计算小气泡内的压力；

(2) 判断该气泡能否逸出液面。

已知该温度下该液体的表面张力为 $58.5\ mN\cdot m^{-1}$，密度为 $1\,000\ kg\cdot m^{-3}$，饱和蒸气压为102 000 Pa，该液体的摩尔质量为 $30\times10^{-3}\ kg\cdot mol^{-1}$，忽略静压的作用。

6. 已知水在293 K时的表面张力 $\gamma=0.072\,75\ N\cdot m^{-1}$，摩尔质量 $M=0.018\ kg\cdot mol^{-1}$，密度 $\rho=1\times10^{3}\ kg\cdot m^{-3}$。273 K时，水的饱和蒸气压为610.5 Pa，在273～293 K温度区间水的摩尔汽化热 $\Delta_{vap}H_m=40.67\ kJ\cdot mol^{-1}$，求293 K，水滴半径 $r=10^{-9}$ m时水的饱和蒸气压。

7. CO在90 K时候被云母吸附的数据如题表6-1所示(V 值已换算到标准状况)。要求：

题表 6-1

p(Pa)	0.755	1.400	6.040	7.266	10.55	14.12
$V(\times10^{7}\ m^{3})$	1.05	1.30	1.63	1.68	1.78	1.83

(1) 试由朗格缪尔吸附等温式求 V_m 和 a 值；

(2) 计算被饱和吸附的总分子数；

(3) 假定云母的总表面积为 $0.624\ m^2$，试计算饱和吸附时，吸附剂表面上被吸附分子的密度(单位面积上分子数)为多少？此时每个被吸附分子占有多少表面积？

8. 0 ℃时，用 2.964×10^{-3} kg活性炭吸附CO，实验测得当CO分压分别为9 731 Pa及71 982 Pa时，其平衡吸附气体体积分别为 $7.5\times10^{-6}\ m^3$ 和 $38.1\times10^{-6}\ m^3$(已换算成标准状况)，已知活性炭吸附CO符合朗格缪尔吸附等温式，试求：

(1) 朗格缪尔公式中的 a 值；

(2) 当CO分压为53 320 Pa时，其平衡吸附量为多少？

9. 对于微球硅酸铝催化剂，在77.2 K时以 N_2 为吸附质，测得每千克催化剂吸附量(已换算成标准状况)及 N_2 的平衡压力数据如题表6-2所示。

题表 6-2

p(kPa)	8.699	13.64	22.11	29.92	38.91
$V(dm^3 \cdot kg^{-1})$	115.58	126.3	150.69	166.38	184.42

试用 BET 公式计算该催化剂的比表面，已知 77.2 K 时 N_2的饱和蒸气压为 99.13 kPa，N_2分子的截面积 $S=1.62\times10^{-19}\ m^2$。

10. 293.2 K 时，水和汞的表面张力分别为 $0.0728\ N\cdot m^{-1}$和 $0.483\ N\cdot m^{-1}$，而汞和水的界面张力为 $0.375\ N\cdot m^{-1}$，请判断：

（1）水能否在汞的表面上铺展开？

（2）汞能否在水的表面上铺展开？

11. 293.2 K 时，水和苯的表面张力分别为 $0.0728\ N\cdot m^{-1}$和 $0.0289\ N\cdot m^{-1}$，而水和苯的界面张力为 $0.0350\ N\cdot m^{-1}$，请判断：

（1）水能否在苯的表面上铺展开？

（2）苯能否在水的表面上铺展开？

（注：苯和水相互达饱和后，水和苯的表面张力分别为 $0.0624\ N\cdot m^{-1}$和 $0.0288\ N\cdot m^{-1}$）

12. 某棕榈酸（$M=256\ g\cdot mol^{-1}$）的苯溶液，每 1 dm^3 溶液含酸 4.24 g。当把该溶液滴到水的表面，等苯蒸发以后，棕榈酸在水面形成固相的单分子层。如果我们希望覆盖 500 m^2 的水面，仍以单分子层的形式，需用多少体积的溶液？设每个棕榈酸分子所占面积为 $21\times10^{-20}\ m^2$。

13. 298 K 时水和正辛烷的表面张力分别为 $73\ mN\cdot m^{-1}$和 $21.8\ mN\cdot m^{-1}$，水和正辛烷界面的界面张力为 $50.8\ mN\cdot m^{-1}$。试计算：

（1）水和正辛烷间的黏附功 W_{AB}；

（2）水和正辛烷的内聚功 W_{AA}和 W_{BB}；

（3）正辛烷在水上的起始铺展系数 S。

其中，A 为水，B 为正辛烷。

14. 测定活性炭与水的接触角，可采用巴特尔（Bartell）法：将活性炭压制成一个多孔塞，然后将对它完全润湿的苯压出多孔塞，所需压力 $\Delta p_1=6.04\times10^5\ N\cdot m^{-2}$，同样实验将水压出多孔塞所需压力 $\Delta p_2=1.18\times10^6\ N\cdot m^{-2}$。已知 293 K 时苯和水的表面张力分别是 $\gamma_{苯}=28.90\times10^{-3}\ N\cdot m^{-1}$，$\gamma_{水}=72.75\times10^{-3}\ N\cdot m^{-1}$，试计算活性炭与水的接触角。

15. 293.2 K 时，乙醚—水、汞—乙醚、汞—水的界面张力分别为 $0.0107\ N\cdot m^{-1}$，$0.379\ N\cdot m^{-1}$，$0.375\ N\cdot m^{-1}$，在乙醚与汞的界面上滴一滴水，试求其接触角（题图 6-7）。

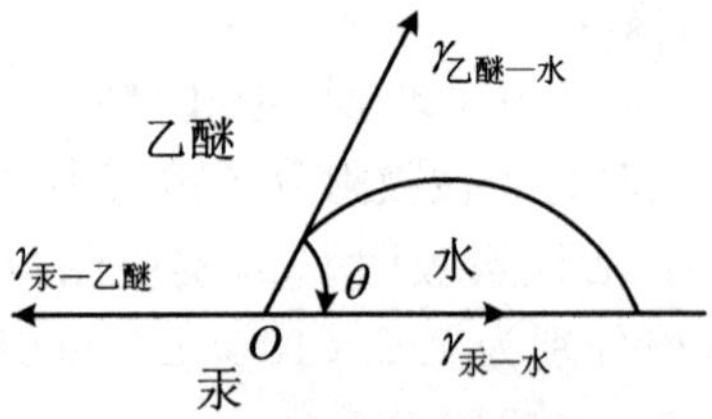

题图 6-7

16. 292.15 K 时，丁酸水溶液的表面张力可以表示为 $\gamma=\gamma_0-a\ln(1+bC)$，式中 γ_0 为纯水的表面张力，a 和 b 皆为常数。要求：

（1）写出丁酸溶液在浓度极稀时表面吸附量 Γ_2 与浓度 C 的关系；

(2) 若已知 $a=13.1\times10^{-3}\ \mathrm{N\cdot m^{-1}}$，$b=19.62\ \mathrm{dm^3\cdot mol^{-1}}$，试计算当 $C=0.200\ \mathrm{mol\cdot dm^{-3}}$ 时的吸附量；

(3) 求丁酸在溶液表面的饱和吸附量 Γ_m；

(4) 假定饱和吸附时溶液表面上丁酸成单分子层吸附，计算在液面上每个丁酸分子的横截面积。

17. 298.2 K 时，乙醇水溶液的表面张力符合下列公式：

$$\gamma = 0.072 - 5.00\times10^{-4}a + 4.00\times10^{-4}a^2$$

式中，a 为活度。试计算 $a=0.500$ 时的表面超额。

六、证明题

试证明：$\left(\frac{\partial U}{\partial A}\right)_{T,p,n}=\gamma-T\left(\frac{\partial \gamma}{\partial T}\right)_{p,A,n}-p\left(\frac{\partial \gamma}{\partial p}\right)_{T,A,n}$。

第 7 章　化学动力学

【设疑】

[1] ^{14}C 法推断考古时代的依据为何？

[2] 铺设花岗岩大理石的房间入住时应注意哪些问题？

[3] 药物标签上注明的有效期是如何确定的？

[4] 喷洒过农药的蔬菜几天后才能食用？

[5] 何为可燃气体的爆炸界限？实际生活工作中如何避免可燃气体的爆炸？

[6] RX 对臭氧层破坏的机理为何？如何防止？

[7] 绿色植物光合作用对人类有何意义？

【教学目的与要求】

[1] 明确反应速率的定义和测定方法。

[2] 了解浓度对反应速率微分方程的确定方法，掌握一级和二级反应动力学方程的特征和有关计算。

[3] 掌握温度对反应速率影响的阿累尼乌斯公式及其与 $\ln\left(\frac{C_{A,0}}{C_A}\right)=akt$ 有关的综合运算。

[4] 了解复合反应，熟悉近似处理法，并能根据反应机理推出实验测定的速率方程。

[5] 了解基元反应的碰撞理论和过渡态速率理论。

[6] 理解催化作用原理，了解复相催化和酶催化反应动力学。

[7] 理解光化学反应基本定律，了解量子产率和光化学反应动力学。

对化学反应我们关心两方面问题，一是反应能量(热效应)、方向和限度。如合成氨($N_2+3H_2\longrightarrow 2NH_3$)，常温常压下放热 92 kJ · mol^{-1}，方向是自发的，限度深，如每年全球生物固氮达 $10^8\sim10^9$ 吨。高温高压(773 K，300 $p^{\ominus}$)下，反应方向也是自发的，但限度浅，如工业固氮 3×10^7 吨(大气中共有 3.86×10^{15} 吨氮。每年还有 $10^6\sim10^7$ 吨氮是通过大气中的光化反应——闪电——转化为硝酸盐的)。

工业固氮成本高，那么人类能否像生物固氮那样在常温常压下进行呢？若能的话，农业生产将会迎来一次革命。但问题的核心是，常温常压下的工业固氮的速率趋于零。而速率与机理正是我们关心的第二个问题，通过浓度、温度、催化剂等对反应速率的影响以及从反应物到产物的具体步骤即机理的研究使反应朝着人们需要的方向进行。如上面讲的常温常压下的工业固氮，找出针对机理中最慢一步的催化剂即可。大多数化工过程都与合成氨反应有着相同的目的——提高单位时间产品的产出率，但也有些反应，如副反应，有害反应如金属腐蚀、意外爆炸、塑料老化、食品变质、人体衰老等则是希望其速率越慢越好。

7.1　反应速率的定义与测定

7.1.1　反应速率的定义

中学化学和绝大多数物理化学教材都用反应物的消耗速率或产物的生成速率表示化学反应速率。但这种方法有很大的局限性：一是仅适用于恒容体系；二是选不同物质表示速率时，其数值不同。为此，国际理论与应用化学协会(IUPAC)定义："反应进度 ξ 随时间的变化率为反应速率"。即

$$\frac{\mathrm{d}\xi}{\mathrm{d}t}=\frac{\mathrm{d}n_{\mathrm{B}}}{\nu_{\mathrm{B}}\mathrm{d}t}$$

单位为 $\mathrm{mol\cdot s^{-1}}$，对均相、复相、流动体系，V 变化与否均适用，且与所选物质无关。IUPAC 物理化学部化学动力学委员会对通常的化学反应，反应速率又定义为单位体积内反应进度随时间的变化率。

$$r=\frac{\mathrm{d}n_{\mathrm{B}}}{\nu_{\mathrm{B}}V\mathrm{d}t}$$

若 V 恒定(密闭容器中的气相反应，体积变化不显著的液相反应)

$$r=\frac{\mathrm{d}C_{\mathrm{B}}}{\nu_{\mathrm{B}}\mathrm{d}t} \tag{7-1}$$

对恒容反应，反应速率 r 与所选择的物质无关，单位是 $\mathrm{mol\cdot m^{-3}\cdot s^{-1}}$。如合成氨反应

$$3H_2+N_2 = 2NH_3$$

$$r=-\frac{\mathrm{d}C_{\mathrm{H_2}}}{3\mathrm{d}t}=-\frac{\mathrm{d}C_{\mathrm{N_2}}}{\mathrm{d}t}=\frac{\mathrm{d}C_{\mathrm{NH_3}}}{2\mathrm{d}t}$$

对于任意反应

$$a\mathrm{A}+d\mathrm{D} = g\mathrm{G}+g\mathrm{H}$$

$$r=-\frac{\mathrm{d}C_{\mathrm{A}}}{a\mathrm{d}t}=-\frac{\mathrm{d}C_{\mathrm{D}}}{d\mathrm{d}t}=\frac{\mathrm{d}C_{\mathrm{G}}}{g\mathrm{d}t}=\frac{\mathrm{d}C_{\mathrm{H}}}{h\mathrm{d}t}$$

对活性表面上的化学反应，如多相催化反应、电极反应，r 是单位面积上 ξ 随时间的变化率

$$r_{\mathrm{A}}=\frac{\mathrm{d}\xi}{A\mathrm{d}t}=\frac{\mathrm{d}n_{\mathrm{B}}}{\nu_{\mathrm{B}}A\mathrm{d}t}$$

IUPAC 建议，称 r_{A} 为表面反应速率，其单位为 $\mathrm{mol\cdot m^{-2}\cdot s^{-1}}$。

7.1.2　反应速率的测定

对任意化学反应

$$a\mathrm{A}+d\mathrm{D} = g\mathrm{G}+h\mathrm{H}$$

1. 实验测出不同时刻反应物或产物的浓度如 C_{A} 或 C_{G}

通常是基于与浓度有线性关系且本身具有加和性的物理量(λ)来间接求反应物或产物的

浓度

$$
\begin{array}{lcccc}
 & aA \quad + & dD \quad = & gG \quad + & hH \\
t=0(\xi=0) & n_{A,0} & n_{D,0} & n_{G,0} & n_{H,0} \\
t=t(\xi) & n_{A,0}-a\xi & n_{D,0}-d\xi & n_{G,0}+g\xi & n_{H,0}+h\xi \\
t=\infty(\xi_{eq}) & n_{A,0}-a\xi_{eq} & n_{D,0}-\xi_{eq}d & n_{G,0}+g\xi_{eq} & n_{H,0}+h\xi_{eq}
\end{array}
$$

则

$$\lambda_0=\lambda_E+\frac{K_A n_{A,0}}{V}+\frac{K_D n_{D,0}}{V}+\frac{K_G n_{G,0}}{V}+\frac{K_H n_{H,0}}{V}$$

即

$$\lambda_0=\lambda_E+\frac{\sum_B K_B n_{B,0}}{V}$$

$$\lambda_t=\lambda_E+\frac{K_A(n_{A,0}-a\xi)}{V}+\frac{K_D(n_{D,0}-d\xi)}{V}+\frac{K_G(n_{G,0}+g\xi)}{V}+\frac{K_H(n_{H,0}+h\xi)}{V}$$

即

$$\lambda_t=\lambda_E+\frac{\sum_B K_B n_{B,0}}{V}+\frac{\sum_B K_B\nu_B\xi}{V}$$

同理

$$\lambda_\infty=\lambda_E+\frac{\sum_B K_B n_{B,0}}{V}+\frac{\sum_B K_B\nu_B\xi_{eq}}{V}$$

λ_E表示环境对物理量λ的贡献,与时间无关,K_B是比例系数。那么

$$\lambda_t-\lambda_0=\frac{\sum_B K_B\nu_B\xi}{V}$$

$$\lambda_\infty-\lambda_0=\frac{\sum_B K_B\nu_B\xi_{eq}}{V}$$

$$\frac{\lambda_t-\lambda_0}{\lambda_\infty-\lambda_0}=\frac{\xi}{\xi_{eq}} \tag{7-2}$$

式(7-2)中ξ_{eq},对可进行到底的反应(A 最少),$t\to\infty$,$n_A=n_{A,0}-a\xi_{eq}=0$,$\xi_{eq}=\frac{n_{A,0}}{a}$。对不可进行到底的反应,可通过$K^{\ominus}$求$\xi_{eq}$。

依此,任意时刻任一参加反应的物质的浓度为

$$C_A=\frac{n_{A,0}-a\left(\frac{\lambda_t-\lambda_0}{\lambda_\infty-\lambda_0}\right)\cdot\xi_{eq}}{V}$$

对可进行到底的反应

$$C_A=\frac{n_{A,0}-a\left(\frac{\lambda_t-\lambda_0}{\lambda_\infty-\lambda_0}\right)\cdot\frac{n_{A,0}}{a}}{V}$$

即

$$C_A = \frac{n_{A,0}}{V}\left(1 - \frac{\lambda_t - \lambda_0}{\lambda_\infty - \lambda_0}\right)$$

$$C_A = C_{A,0}\left(\frac{\lambda_\infty - \lambda_t}{\lambda_\infty - \lambda_0}\right)$$

如通过对乙酸乙酯皂化反应电导率 κ 的测定，可求任意时刻乙酸乙酯皂化的浓度

$$CH_3COOC_2H_5 + OH^- \longrightarrow CH_3COO^- + C_2H_5OH$$

$t=0(\xi=0)$	$C_{A,0}$	$C_{A,0}$	0	0
$t=t(\xi)$	$C_{A,0}-x$	$C_{A,0}-x$	x	x
$t=\infty$	0	0	$C_{A,0}$	$C_{A,0}$

由于 $CH_3COOC_2H_5$ 和 C_2H_5OH 不导电，则

$$\kappa_0 = \kappa_E + K_{OH^-}C_{A,0}$$

$$\kappa_t = \kappa_E + K_{OH^-}(C_{A,0} - x) + K_{CH_3COO^-}\,x$$

$$\kappa_\infty = \kappa_E + K_{CH_3COO^-}C_{A,0}$$

K_{OH^-}，$K_{CH_3COO^-}$ 是与温度、溶剂、电解质性质有关的比例常数，则

$$\kappa_t - \kappa_0 = (K_{CH_3COO^-} - K_{OH^-})x$$

$$\kappa_\infty - \kappa_0 = (K_{CH_3COO^-} - K_{OH^-})C_{A,0}$$

$$\frac{x}{C_{A,0}} = \frac{\kappa_t - \kappa_0}{\kappa_\infty - \kappa_0}$$

$$x = C_{A,0}\,\frac{\kappa_t - \kappa_0}{\kappa_\infty - \kappa_0}$$

2. *C*-*t* 曲线

绘制物质浓度随时间的变化曲线，也称为动力学曲线（图 7-1），从图上求出不同反应时间的速率$\left(\frac{dC}{dt}\right)$（即在时间 t 时作该曲线的切线），就可知道反应在 t 时的速率。在反应开始（$t=0$）时的速率$\left(\frac{dC}{dt}\right)_{t=0}$称为反应的初速率，在研究化学动力学时它是一个较为重要的参数。

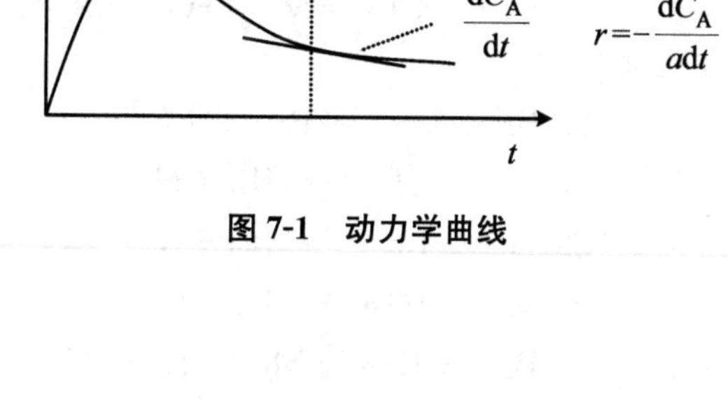

图 7-1　动力学曲线

7.2 浓度对化学反应速率的影响

影响反应速率的因素很多，研究某一因素对反应速率 r 的影响时，总是把其他变量固定。本节先讨论在温度和催化剂等因素均固定的情况下，浓度对反应速率的影响。

7.2.1 基元反应和非基元反应

1. 基元反应

基元反应是最简单的化学反应步骤，是一个或多个化学物种直接作用一步(单一过渡态)转化为反应产物的过程。所有化学反应过程都是经过一个或多个简单的反应步骤(即基元反应)才转化为产物分子的。基元反应为组成化学反应的基本单元。通常反应机理便是研究反应是由哪些基元反应组成的。

2. 非基元反应

与基元反应相对应的概念为非基元反应，如果一个化学反应，总是经过若干个简单的反应步骤，最后才转化为产物分子，这种反应称为非基元反应。

例如，在气相中氢气分别于三种不同的卤素元素(Cl_2，Br_2，I_2)反应，通常把反应的计量式写成：

$$① \ H_2+I_2 = 2HI$$

$$② \ H_2+Cl_2 = 2HCl$$

$$③ \ H_2+Br_2 = 2HBr$$

这三个反应的化学计量式形式相似，但它们的反应历程却大不相同。根据大量的实验结果，H_2 和 I_2 的反应历程如下：

$$④ \ I_2+M = 2I\cdot+M$$

$$⑤ \ H_2+2I\cdot \longrightarrow 2HI$$

H_2 和 Cl_2 的反应历程如下：

$$⑥ \ Cl_2+M = 2Cl\cdot+M$$

$$⑦ \ Cl\cdot+H_2 \longrightarrow HCl+H\cdot$$

$$⑧ \ H\cdot+Cl_2 \longrightarrow HCl+Cl\cdot$$

$$⑨ \ Cl\cdot+Cl\cdot+M \longrightarrow Cl_2+M$$

H_2 和 Br_2 的反应由如下几步构成：

$$⑩ \ Br_2+M = 2Br\cdot+M$$

$$⑪ \ Br\cdot+H_2 \longrightarrow HBr+H\cdot$$

$$⑫ \ H\cdot+Br_2 \longrightarrow HBr+Br\cdot$$

$$⑬ \ H\cdot+HBr \longrightarrow H_2+Br\cdot$$

$$⑭ \ Br\cdot+Br\cdot+M \longrightarrow Br_2+M$$

方程式①，②，③只是表示了这三个反应的总结果，而④～⑭分别代表了三种卤素与 H_2 的反应历程，不是一步能完成的反应。上述反应①～③为非基元反应，而④～⑭为基元反应。

3. 反应分子数

是指在基元反应过程中参加反应的粒子(分子、原子、离子、自由基等)的数目。根据反应分子数可以将化学反应分为单分子反应、双分子反应、三分子反应。

单分子反应：

$$I_2 \longrightarrow 2I$$

双分子反应：

$$N_2O_2 + O_2 \longrightarrow 2NO_2$$

三分子反应：三分子反应是很少见的，因为三个分子在同一时间、同一空间碰撞而发生反应的概率是很小的，如

$$2I + H_2 \longrightarrow 2HI$$

4. 反应机理的分类

(1) 简单反应

一步能够完成的反应叫简单反应。简单反应由一个基元反应组成。质量作用定律可直接用于每一基元反应，而简单反应本身是由一个基元反应组成，故质量作用定律可直接用于简单反应。

(2) 复杂反应

由两个或两个以上的基元反应组成的反应叫复杂反应。不能直接应用质量作用定律，但质量作用定律可直接应用于每一基元反应。

7.2.2　反应速率微分方程

表示反应速率和反应物浓度关系的方程称为速率方程，又称为动力学方程。定温下，化学反应速率与系统中几个或所有组分的浓度密切相关，这种依赖关系必须由实验所确定，反应速率往往是参加反应的物质浓度 C 的某种函数 $r = f(C)$，这种函数关系式称为速率方程。

1. 反应速率微分方程的建立

(1) 质量作用定律

19 世纪中期，G・M・德贝格和 P・瓦格提出：化学反应速率与反应物的有效质量成正比，此即质量作用定律。近代实验证明，质量作用定律只适用于基元反应，因此，该定律可以更严格完整地表述为：基元反应的反应速率与各反应物浓度的幂的乘积成正比，其中各反应物浓度的幂的指数即为基元反应方程式中该反应物化学计量数的绝对值。如对基元反应

$$NO_2 + CO = CO_2 + NO$$

其速率方程式可根据质量作用定律写作

$$r = kC_{NO_2}C_{CO} \tag{7-3}$$

式中，r 为反应速率，k 称为反应的速率常数。

(2) 基元反应

经验证明，基元反应的速率方程比较简单。可由化学反应计量式，据质量作用定律直接写出，如基元反应

$$Cl\cdot + H_2 = HCl + H\cdot$$

$$r = \frac{dC_{HCl}}{dt} = kC_{Cl\cdot}C_{H_2}$$

对于任意一个基元反应

$$aA + dD \longrightarrow gG + hH$$

$$r = -\frac{dC_A}{a dt} = kC_A^a C_D^d$$

(3) 非基元反应

质量作用定律不适用于非基元反应,非基元反应的速率方程往往是一个比较复杂的函数关系,这些关系可通过实验,设计反应历程而获得,如

$$H_2 + I_2 = 2HI$$

$$r = kC_{H_2}C_{I_2}$$

$$H_2 + Cl_2 = 2HCl$$

$$r = kC_{H_2}C_{Cl_2}^{1/2}$$

$$H_2 + Br_2 = 2HBr$$

$$r = \frac{kC_{H_2}C_{Br_2}^{1/2}}{1 + \frac{k'C_{HBr}}{C_{Br_2}}}$$

2. 反应速率微分方程中的两个重要参数——反应级数 n 和速率常数 k

(1) 反应级数

设有一反应(总包反应,或计量反应)$aA+bB \longrightarrow gG+hH$,根据实验确知速率方程为

$$r = kC_A^\alpha C_B^\beta$$

式中,浓度项 C_A,C_B 的方次 α,β 分别称为反应对 A,B 的级数,而 $n=\alpha+\beta$ 称为反应的总级数(级数),如

$$2N_2O_5 \longrightarrow 4NO_2 + O_2$$

$$r = kC_{N_2O_5} \quad (n=1,\text{一级反应})$$

$$2NO_2 \longrightarrow 2NO + O_2$$

$$r = kC_{NO_2}^2 \quad (n = 2,\text{二级反应})$$

$$H_2 + Cl_2 = 2HCl$$

$$r = kC_{H_2}C_{Cl_2}^{1/2} \quad (n = 1.5,1.5\text{ 级反应})$$

$$H_2 + Br_2 = 2HBr$$

$$r = \frac{kC_{H_2}C_{Br_2}^{1/2}}{1 + \frac{k'C_{HBr}}{C_{Br_2}}}$$

该反应对 H_2是一级,而对 Br_2和 HBr 就不具有简单的关系,因此,该反应也就没有简单的总级数,称为无级数反应。

由上可知,反应级数可以为 0、1、2、3、分数、整数、负数等,这都是由实验测定的。所以反应级数由速率方程决定,而速率方程又是由实验确定,决不能由计量方程直接写出速率方程。

(2) 速率常数

速率方程中 k 称为速率常数或比速率,其物理意义为:参加反应的物质浓度均为单位浓度时($1\ \text{mol}\cdot\text{dm}^{-3}$)的反应速率的数值(即 $r=kC_A^\alpha C_B^\beta=k$)或 $k=\frac{r}{C_A^\alpha C_B^\beta}$,$k$ 的大小与反应物的浓度无关,但与反应的本性、温度、溶剂、催化剂等有关;k 的大小可以代表反应的速率,表示反应的

快慢、难易；k 的单位为[浓度]$^{1-n}$×时间$^{-1}$，即$(\mathrm{mol\cdot dm^{-3}})^{1-n}\cdot \mathrm{s^{-1}}$。

7.2.3　化学动力学方程——速率微分方程的特解

化学反应可以分为两大类，一种为反应可进行到底的单向反应，另一种为不可进行到底的，但是 $K^{\ominus}\to\infty$的反应。建立这些反应的速率微分方程之后，可以对其进行不定积分，得到方程的通解；对其进行定积分，便可得到方程的特解。以下主要讨论具有简单级数反应的速率微分方程及其微分方程的特解。反应级数为一级、二级、三级、零级的反应称为简单级数反应，但简单级数反应不一定是简单反应。

1. 一级反应

凡反应速率只与反应物浓度一次方成正比的反应称为一级反应。设某一级反应

$$\begin{array}{llcc} & aA & \longrightarrow & \text{产物} \\ t=0 & C_{\mathrm{A},0} & & 0 \\ t=t & C_{\mathrm{A}} & & x \end{array}$$

$$r=-\frac{\mathrm{d}C_{\mathrm{A}}}{a\mathrm{d}t}=k_1C_{\mathrm{A}}$$

或

$$r=\frac{\mathrm{d}x}{\mathrm{d}t}=k_1C_{\mathrm{A}}$$

定积分

$$-\int_{C_{\mathrm{A},0}}^{C_{\mathrm{A}}}\frac{1}{C_{\mathrm{A}}}\mathrm{d}C_{\mathrm{A}}=\int_0^t ak_1\,\mathrm{d}t$$

$$\ln\left(\frac{C_{\mathrm{A},0}}{C_{\mathrm{A}}}\right)=ak_1t\qquad(\text{或 } C_{\mathrm{A}}=C_{\mathrm{A},0}\mathrm{e}^{-ak_1t})\tag{7-4}$$

式(7-4)所示的一级反应的动力学方程有三个特点：

① $\ln C_{\mathrm{A}}=-ak_1t+\ln C_{\mathrm{A},0}$，$\ln C_{\mathrm{A}}$-$t$ 成直线关系，斜率$=-ak_1$(图 7-2)。

② $k_1=\dfrac{\ln\left(\dfrac{C_{\mathrm{A},0}}{C_{\mathrm{A}}}\right)}{at}$，所以 k_1 的单位为 $\mathrm{s^{-1}}$。

③ 动力学中将反应物消耗了一半所需的时间称为反应的半衰期，用 $t_{1/2}$ 表示

$$t_{1/2}=\frac{1}{ak_1}\ln\left(\frac{C_{\mathrm{A},0}}{C_{\mathrm{A}}}\right)=\frac{1}{ak_1}\ln\left(\frac{C_{\mathrm{A},0}}{\frac{1}{2}C_{\mathrm{A},0}}\right)=\frac{\ln 2}{ak_1}=\frac{0.693}{ak_1}$$

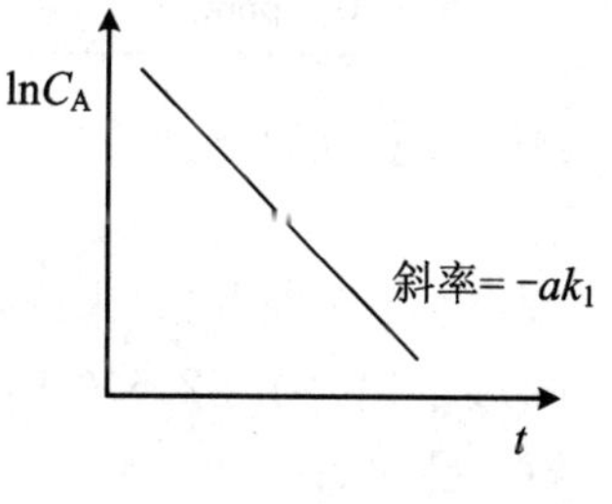

图 7-2　$\ln C_{\mathrm{A}}$ 与 t 的关系曲线

可以看出，一级反应的半衰期与反应物的初始浓度无关。因此，对于一个给定的一级反应，当选用不同的起始浓度时，其半衰期并不改变。

大多数热分解(N_2O_5的热分解)、分子重排(顺丁烯二酸转化为反丁烯二酸)、元素的放射性衰变、蔗糖的水解反应均属于一级反应。

大家知道，^{14}C 除可作标记化合物，用于农业、医药、生物学科研中，以揭示农作物和人体物质代谢过程的规律外，另一主要应用就是在考古学中推测样品年代。因大气受到来自外层空间宇宙射线的冲击，会产生中子，这些中子和大气中 N 原子作用，会生成^{14}C(平均生成速率为

2.2×10^4个原子·m^{-3}·s^{-1})，生成的^{14}C立即与氧结合成$^{14}CO_2$存在于大气中，含^{14}C的$^{14}CO_2$被植物吸收，经过光合作用变成植物机体的组成部分。由于植物进入食物链，最终动物和人体内必含有^{14}C。

生物体内的^{14}C一方面按放射性衰变规律变成普通的N原子，另一方面又同时从大气中不断得到补充，故在活着的生物体内^{14}C含量一般保持不变。生物一旦死亡，与外界物质交换即停止，身体组织内^{14}C不再得到补充，只会按衰变规律减少，其$t_{1/2}=5\,730$年。因此，根据化石标本里^{14}C的减少程度，可推算出生物死亡的年代。除此之外，^{238}U常用于地球的年龄测定，^{60}Co常用于医疗。

【例7-1】 据说从成书于公元1世纪前后的文物死海古书中，取出一小块纸片，测得其中^{14}C与^{12}C的比值是现在活着的植物体内碳同位素比值的0.795倍。试估算这批古书的年龄。

解 由$\ln\left(\dfrac{C_{A,0}}{C_A}\right)=ak_1t$，知$ak_1=\dfrac{\ln2}{t_{1/2}}$，$t_{1/2}=5\,730$，$C_{A,0}=(^{14}C:{}^{12}C)_0$，$C_A=0.795(^{14}C:{}^{12}C)_0$

$$\ln\frac{(^{14}C:{}^{12}C)_0}{0.795\,(^{14}C:{}^{12}C)_0}=\frac{0.6932}{5730}t$$

$$t=1\,896(年)$$

故，这批古书为公元100年前后成书的。

【例7-2】 用浓度为13.4 ppm(1 ppm=百万分之一)敌百虫农药喷洒白菜，若已知$k=0.87\ day^{-1}$。计算在1到10天中，白菜上分别残留的农药量。

解 农药敌百虫代谢符合一级动力学规律

$$\ln\left(\frac{C_{A,0}}{C_A}\right)=0.87t$$

由此可算得如表7-1所示结果。

表7-1

t(day)	0	1	2	3	4	7	10
C_A(ppm)	13.4	5.6	2.4	1.0	0.4	3×10^{-2}	2×10^{-2}

【例7-3】 已知致癌物质二甲基亚硝胺在日光下的分解$t_{1/2}=0.5$ h。在晴天从2.5 μg开始，问：

(1) 经过5.25 h后，未分解的致癌物还有多少？

(2) 当残留物为2.5×10^{-10} g时，日照下需多长时间？

解 已知$t_{1/2}=0.5$ h

$$ak_1=\frac{\ln2}{0.5}$$

(1)
$$\ln\left(\frac{2.5}{C_A}\right)=5.25\times\frac{\ln2}{0.5}$$

$$C_A=1.73\times10^{-3}\ \mu g$$

(2)
$$\ln\left(\frac{2.5\times10^{-6}}{2.5\times10^{-10}}\right)=\frac{\ln2}{0.5}\times t$$

$$t=6.64\ (h)$$

【例7-4】 20世纪60年代日本发现的"骨痛病"病人体内含镉约为500 ppm。镉在生物体内的$t_{1/2}=13$年，体内镉代谢至正常人的4 ppm需要多少年？

解　已知 $t_{1/2}=13$ 年。

$$ak_1=\frac{\ln 2}{13}$$

$$\ln\left(\frac{500}{4}\right)=t\times\frac{\ln 2}{13}$$

$$t=90.5(\text{年})$$

可见“骨痛”将伴其至死。

【例 7-5】　已知某药物分解 30%即告失效。药物溶液的原来浓度为 5 mg · mL^{-1},20 个月后浓度变为 4.2 mg · mL^{-1}。假设此药物分解为一级,问在药物标签上注明使用期应是多少?此药物的 $t_{1/2}$ 是多少?

解

$$\ln\left(\frac{C_{A,0}}{C_A}\right)=ak_1t$$

(1)

$$\frac{\ln 5}{\ln 4.2}=20ak_1$$

$$ak_1=8.72\times10^{-3}\text{月}^{-1}$$

若分解 30%,则

$$C_A=5-30\%\times5=70\%\times5$$

失效时间:

$$\ln\left(\frac{5}{70\%\times5}\right)=8.72\times10^{-3}\times t$$

$$t=40.9(\text{月})$$

即 3.4 年。

(2)

$$t_{1/2}=\frac{\ln 2}{ak_1}=\frac{\ln 2}{8.72\times10^{-3}}=79.5(\text{月})$$

【例 7-6】　在新房装修时,常使用天然大理石和花岗岩石料作为地面和台面材料。但实验表明,天然石料,特别是花岗岩中会释放出一定浓度的放射性气体氡(Rn),而吸入氡气会提高肺癌的发病率。环境卫生标准规定,空气中氡气安全浓度应$\leqslant 7\times10^{-11}$ ppm。氡是放射性元素镭(Ra)的衰变产物之一。镭的半衰期为 1 620 年,氡的半衰期为 3.82 天。

(1) 现有一个容积 30 m^3,室温 20 ℃,氡初始浓度为 20×10^{-11} ppm 的房间。若使该房间的 Rn 达标,这个房间须放置多长时间才能让人入住?

(2) 假如这个房间内放有一块花岗石板,内含 10^{-6} kg 的镭,问生活在此房间的人是否会长期受到伤害?

解　放射性衰变符合 $\ln\left(\frac{C_{A,0}}{C_A}\right)=k_1t$。

(1)

$$t_{1/2}=\frac{\ln 2}{k_1}$$

$$k_1=\frac{\ln 2}{3.82}=0.1815\ \text{d}^{-1}$$

对于含有氡 20×10^{-11} ppm 的房间,要使空气中氡达标,需要:

$$\ln\left(\frac{20\times10^{-11}}{7\times10^{-11}}\right)=0.1815\,t$$

$t=5.79$d,即 6 天后可入住。

(2) 30 m^3房间，在 20 ℃时气体总量是

$$n=\frac{pV}{RT}=\frac{101\,325\times 30}{8.314\times 293}=1\,250\ (\text{mol})$$

镭的安全含量是

$$1\,250\times 7\times 10^{-11}\times 10^{-6}=8.75\times 10^{-14}(\text{mol})$$

已知 Ra ⟶ Rn，1 个镭衰变为 1 个氡，空气中氡的安全值亦是镭的安全值。此时，所需要的时间是

$$\ln\left(\frac{\dfrac{10^{-6}}{226\times 10^{-3}}}{8.75\times 10^{-14}}\right)=\frac{\ln 2}{1\,620}t$$

$$t=41\,462\ (\text{年})$$

即降到安全浓度需要 41 462 年。可见，此房间将长期不能住人。

2. 二级反应

凡反应速率与反应物浓度的二次方(或两种物持浓度的乘积)成正比的反应，称为二级反应。二级反应的形式有两种：

(1) aA ⟶ 产物

$$r=-\frac{dC_A}{a\,dt}=k_2C_A^2$$

$$-\frac{dC_A}{C_A^2}=ak_2\,dt$$

$$\int_{C_{A,0}}^{C_A}-\frac{dC_A}{C_A^2}=\int_0^t ak_2\,dt$$

$$\frac{1}{C_A}-\frac{1}{C_{A,0}}=ak_2t \tag{7-5}$$

式(7-5)所示的二级反应的动力学方程亦有三个特点：

① 由于 $\frac{1}{C_A}-\frac{1}{C_{A,0}}=ak_2t$，所以$\frac{1}{C_A}$-$t$ 呈线性关系，斜率$=ak_2$。

② 半衰期 $t_{1/2}=\frac{1}{ak_2C_{A,0}}$，二级反应半衰期与反应物起始浓度成反比关系。

③ $k_2=\dfrac{\frac{1}{C_A}-\frac{1}{C_{A,0}}}{at}$，所以单位为$(\text{mol}\cdot\text{dm}^{-3})^{-1}\cdot\text{s}^{-1}$或$(\text{mol}\cdot\text{L}^{-1})^{-1}\cdot\text{s}^{-1}$。

(2)	A	+	B	⟶	P
$t=0$	a		b		0
$t=t$	$a-x$		$b-x$		x

$\frac{dx}{dt}=k_2(a-x)(b-x)$

不定积分($a/b\neq$计量比)：

$$\frac{1}{a-b}\ln\left(\frac{a-x}{b-x}\right)=k_2t+\text{常数}$$

定积分($a/b\neq$计量比)：

$$\frac{1}{a-b}\ln\left[\frac{b(a-x)}{a(b-x)}\right]=k_2t$$

【例 7-7】 $HOH_2C\text{-}CH_2Cl_{(l)}+NaHCO_{3\,(aq)}\longrightarrow HOH_2C\text{-}CH_2OH_{(l)}+CO_{2(g)}+NaCl_{(aq)}$ 为二级反应，要求：

(1) 在 335 K 水溶液中，$C_{A,0}=C_{D,0}=1.20\ \mathrm{mol\cdot L^{-1}}$，3.04 h 时 A 的转化率为 95%，求 k；

(2) $C_{A,0}$ 仍为 $1.20\ \mathrm{mol\cdot L^{-1}}$，求 A 的转化率达 99.75% 所需的时间；

(3) 若 $C_{A,0}=1.20\ \mathrm{mol\cdot L^{-1}}$，$C_{D,0}=1.50\ \mathrm{mol\cdot L^{-1}}$，求 A 转化率达 99.75% 所需的时间。

解　$HOH_2C\text{-}CH_2Cl_{(l)}+NaHCO_{3\,(aq)}\longrightarrow HOH_2C\text{-}CH_2OH_{(l)}+CO_{2(g)}+NaCl_{(aq)}$

(1) $a=d=1$，$C_{A,0}=C_{D,0}$，则

$$-\frac{\mathrm{d}C_A}{\mathrm{d}t}=k_2C_A^2$$

$$\frac{1}{C_A}-\frac{1}{C_{A,0}}=k_2t$$

$$\frac{1}{1.2(1-0.95)}-\frac{1}{1.2}=k_2\times 3.04$$

则 $k_2=5.21\ (\mathrm{mol\cdot L^{-1}})^{-1}\cdot\mathrm{h^{-1}}$。

(2)
$$\frac{1}{1.20(1-0.9975)}-\frac{1}{1.20}=5.21t$$

则 $t=63.9$ h。

(3) $C_{A,0}\neq C_{D,0}$，但 $a=d=1$

$$\frac{1}{1.2-1.5}\ln\left[\frac{1.5(1.2-x)}{1.2(1.5-x)}\right]=5.21t$$

则 $t=2.8$ h。

可见，增加另一廉价易得的反应物浓度达相同转化率时，反应时间可大大缩短。

3. 三级反应

凡是反应速率与反应物浓度的三次方成正比的反应，称为三级反应。有下列三种形式：

$$A+B+C\longrightarrow P$$

$$2A+B\longrightarrow P$$

$$3A\longrightarrow P$$

在这里以 $A+B+C\longrightarrow P$ 的形式讨论其速率方程的特解

$$\begin{array}{lcccc} & A\ + & B\ + & C\longrightarrow & P\\ t=0 & a & b & c & 0\\ t=t & (a-x) & (b-x) & (c-x) & x\end{array}$$

$$\frac{\mathrm{d}x}{\mathrm{d}t}=k_3(a-x)(b-x)(c-x)$$

$$=k_3(a-x)^3\qquad (a=b=c)$$

定积分

$$\int_0^x\frac{\mathrm{d}x}{(a-x)^3}=\int_0^t k_3\,\mathrm{d}t$$

则

$$\frac{1}{(a-x)^2}-\frac{1}{a^2}=2k_3t\ 或\ \frac{1}{C_A^2}-\frac{1}{C_{A,0}^2}=2k_3t$$

三级反应($a=b=c$)的特点：

① 若 $a=b=c$，由于 $\frac{1}{(a-x)^2}-\frac{1}{a^2}=2k_3t$ 或 $\frac{1}{C_A^2}-\frac{1}{C_{A,0}^2}=2k_3t$，所以 $\frac{1}{C_A^2}$-t 为线性关系，斜率 $=2k_3$。

② 若 $a=b=c$，则 $x=\frac{a}{2}$ 时，$t_{1/2}=\frac{3}{2k_3a^2}$，即 $t_{1/2}$ 与 a^2 成反比关系。

③ $k_3=\frac{\frac{1}{C_A^2}-\frac{1}{C_{A,0}^2}}{2t}$，$k_3$ 单位为 $(mol \cdot dm^{-3})^{-2} \cdot s^{-1}$。

三级反应为数不多，三级反应很少见的原因是因为 3 个分子同时碰撞的机会不多，目前气相反应中仅知有 5 个反应属于三级反应，而且都和 NO 有关，这 5 个反应分别是两个分子的 NO 与一个分子的 Cl_2，Br_2，O_2，H_2，D_2 的反应，它们分别是：

$$2NO + Cl_2 \longrightarrow 2NOCl$$

$$2NO + H_2 \longrightarrow N_2O + H_2O$$

$$2NO + O_2 \longrightarrow 2NO_2$$

$$2NO + Br_2 \longrightarrow 2NOBr$$

$$2NO + D_2 \longrightarrow N_2O + D_2O$$

溶液中的三级反应为 $FeSO_4$ 的氧化(水中)，Fe^{3+} 与 I^- 的作用等。

4. 零级反应

凡反应速率与反应物浓度的零次方成正比关系的反应，称为零级反应。这类反应大多为气—固复相反应。

	A	$\longrightarrow$	P
$t=0$	a		0
$t=t$	$a-x$		x

$$r=\frac{dx}{dt}=k(a-x)^n$$

定积分

$$\int_0^x \frac{dx}{(a-x)^n}=\int_0^t k dt$$

则

$$x=k_0t \text{ 或 } C_A=C_{A,0}-k_0t \tag{7-6}$$

零级反应的特点：

① $x=k_0t$ 或 $C_A=C_{A,0}-k_0t$，所以 C_A-t(或 x-t)呈线性关系，斜率 $=-k_0$。

② 当 $x=\frac{1}{2}C_{A,0}$ 时，$t_{1/2}=\frac{C_{A,0}}{2k_0}$，即 $t_{1/2}=\frac{a}{2k_0}$，零级反应半衰期与反应物的起始浓度成正比关系。

③ $k_0=\frac{x}{t}=\frac{C_{A,0}-C_A}{t}$，$k_0$ 的单位为 $mol \cdot dm^{-3} \cdot s^{-1}$。

许多表面催化反应属零级反应，如氨气在钨丝上的分解反应：

$$2NH_3 \xrightarrow{W} N_2 + 3H_2$$

氧化亚氮在铂丝上的分解反应：

$$2N_2O \xrightarrow{Pt} 2N_2 + O_2$$

等等。这类零级反应大都是在催化剂表面上发生的，在给定的气体浓度（分压）下，催化剂表面已被反应物气体分子所饱和，再增加气相浓度（分压），并不能改变催化剂表面上反应物的浓度，当表面反应是速率控制步骤时，总的反应速率并不再依赖于反应物在气相的浓度，这样，反应在宏观上必然遵循零级反应的规律。

5. n 级反应

仅由一种反应物 A 生成产物的反应，反应速率与 A 浓度的 n 次方成正比，称为 n 级反应。

$$\begin{array}{lcc} & A & \longrightarrow & P \\ t=0 & a & & 0 \\ t=t & a-x & & x \end{array}$$

$$r=\frac{\mathrm{d}x}{\mathrm{d}t}=k(a-x)^n$$

定积分

$$\int_0^x \frac{\mathrm{d}x}{(a-x)^n}=\int_0^t k\mathrm{d}t$$

$$\frac{1}{n(1-n)}\left[\frac{1}{a^{n-1}}-\frac{1}{(a-x)^{n-1}}\right]=kt$$

当 $a-x=\frac{1}{2}a$ 时

$$\frac{1}{n(1-n)}\times\frac{1}{a^{n-1}}\times\left[1-\frac{1}{\left(\frac{1}{2}\right)^{n-1}}\right]=kt_{1/2}$$

$$t_{1/2}=A\frac{1}{a^{n-1}}=Aa^{1-n}$$

n 级反应的特点：

① $\frac{1}{(a-x)^{n-1}}$ 与 t 呈线性关系。

② 半衰期的表示式为

$$t_{1/2}=A\frac{1}{a^{n-1}}=Aa^{1-n}$$

③ 速率系数 k 的单位为$[\text{浓度}]^{1-n}[\text{时间}]^{-1}$。

7.2.4　反应级数和速率常数的确定

反应级数 n 是动力学一个重要参数。反应级数的确定，可帮助我们确立反应速率方程，了解浓度对反应速率的影响程度。一方面通过调整浓度来控制反应速率；另一方面可帮助我们了解反应机理，了解反应的真实过程。反应级数 n 确定后，就可以进一步求出 k。反应级数的确定主要有以下几种方法。

7.2.4.1　积分法（整数级数）

1. 代入尝试法

将组分浓度（如 C_A）和 t 实验数据代入简单级数反应的速率定积分式中，计算 k 值。若得 k 值基本为常数，则反应为所代入方程的级数。若求得 k 不为常数，则需再进行假设。

2. 作图法

将实验 C_A-t 数据，分别按各级反应相应的特征直线关系作图。如一级反应 $\ln C_A$-t，二级反应$\frac{1}{C_A}$-t，三级反应$\frac{1}{C_A^2}$-t，零级反应 C_A-t 作图等，成直线关系的图所对应的反应级数，即为该反应的级数。

【例 7-8】 乙酸乙酯在碱性溶液中的反应如下：

$$CH_3COOC_2H_5 + NaOH \longrightarrow CH_3COONa + C_2H_5OH$$

在 25 ℃条件下进行反应，两种反应物初始浓度 a 均为 0.064 mol·dm^{-3}。在不同时刻取样 25.00 cm^3，立即向样品中加入 25.00 cm^3，0.064 mol·dm^{-3}的盐酸，以使反应停止。多余的酸用 0.100 0 mol·dm^{-3}的 NaOH 溶液滴定，所用碱液列于表 7-2。

表 7-2

t(min)	0.00	5.00	15.00	25.00	35.00	55.00	∞
V_{NaOH}(cm^3)	0.00	5.76	9.87	11.68	12.69	13.69	16.00

(1) 用尝试法求反应级数和速率常数；

(2) 用作图法求反应级数和速率常数。

解 设 t 时刻已被反应掉的反应物浓度为 x，则此时 NaOH 的浓度为 $a-x$，取样 25.00 cm^3，加入 25.00 cm^3、0.064 mol·dm^{-3}的盐酸，则混合液中含有 HCl 的物质的量为$[0.064-(a-x)]\times 25.00\times 10^{-3}$ mol，因此，中和这些多余的 HCl 需要 0.100 0 mol·dm^{-3}的 NaOH 溶液的体积 V 如表 7-3 所示。

$$V=\frac{[0.064-(a-x)]\times 25.00\times 10^{-3}}{0.1000}=250.0\times x$$

$$x=\frac{V}{250.0}\ (\text{mol}\cdot\text{dm}^{-3})$$

表 7-3

t(min)	0.00	5.00	15.00	25.00	35.00	55.00
x(mol·dm^{-3})	0.000	0.023	0.039	0.047	0.050	0.055
$(a-x)$(mol·dm^{-3})	0.064	0.041	0.025	0.017	0.014	0.009

(1) 尝试法。把得到的数据代入到一级和二级反应的积分方程，得到系列 k 值(表 7-4)：

$$k_1=\frac{1}{t}\ln\left(\frac{a}{a-x}\right)$$

$$k_2=\frac{1}{t}\cdot\frac{x}{a(a-x)}$$

表 7-4

t(min)	0.00	5.00	15.00	25.00	35.00	55.00
x(mol·dm^{-3})	0.000	0.023	0.039	0.047	0.050	0.055
$(a-x)$(mol·dm^{-3})	0.064	0.041	0.025	0.017	0.014	0.009
k_1(min^{-1})	—	0.089 1	0.062 7	0.053 0	0.043 4	0.035 7
k_2(mol^{-1}·dm^3·min^{-1})	—	1.75	1.68	1.73	1.60	1.74

因此，该反应为二级反应，速率常数 k_2 等于

$$k_2=\frac{1.75+1.68+1.73+1.60+1.74}{5}=1.70\ (\text{mol}^{-1}\cdot\text{dm}^3\cdot\text{min}^{-1})$$

(2) 作图法。$\ln(a-x)$-t 成直线关系，斜率为 $-k_1$；$\frac{1}{a-x}$-t 成直线关系，斜率为 k_2（表7-5、图 7-3）。

表 7-5

t(min)	0.00	5.00	15.00	25.00	35.00	55.00
$\ln(a-x)$	−2.75	−3.19	−3.69	−4.07	−4.27	−4.71
$\frac{1}{a-x}$	15.6	24.4	40.0	58.8	71.4	111.1

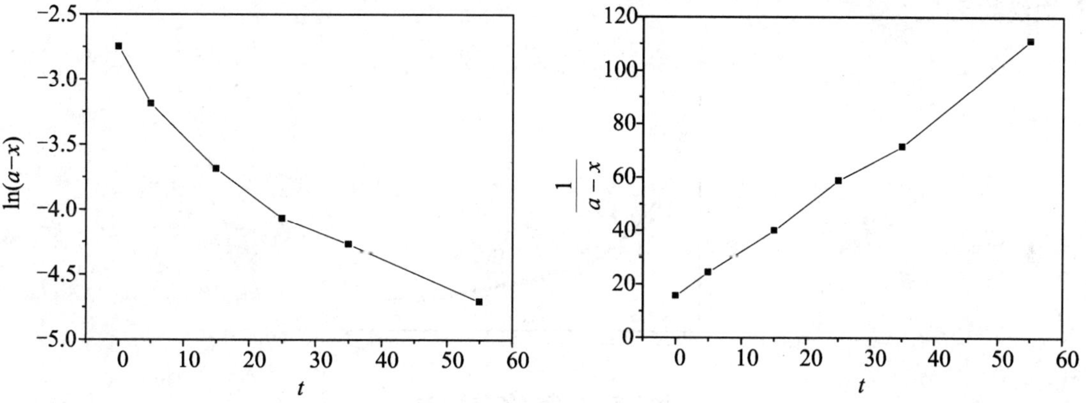

图 7-3

$\frac{1}{a-x}$-t 成直线关系，因此，该反应为二级反应，k_2 为直线的斜率。

7.2.4.2 微分法（整数或分数级数）

$$\begin{array}{lll} & \text{A} \longrightarrow & \text{P} \\ t=0 & C_{\text{A},0} & 0 \\ t=t & C_\text{A} & x \end{array}$$

$$r=-\frac{\mathrm{d}C_\text{A}}{\mathrm{d}t}=kC_\text{A}^n$$

两边取对数

$$\ln r=\ln\left(-\frac{\mathrm{d}C_\text{A}}{\mathrm{d}t}\right)=\ln k+n\ln C_\text{A}$$

① 由于 $\ln r=\ln k+n\ln C_\text{A}$，对 $\ln r\sim\ln C_\text{A}$ 作图（图 7-4），斜率即为 n，可求得 n。

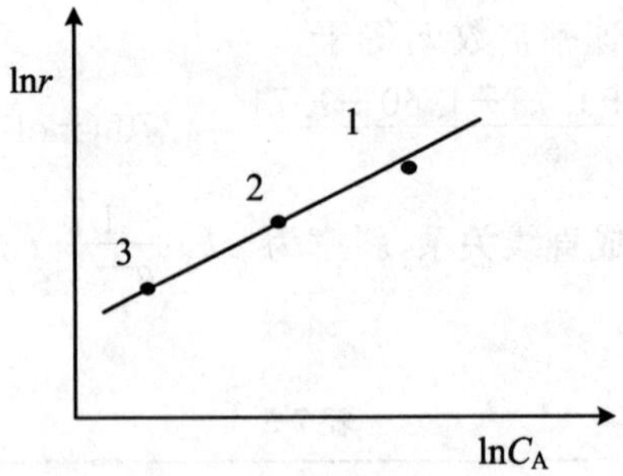

图 7-4 $\ln r$ 与 $\ln C_A$ 的关系曲线

根据实验数据，作 C_A-t 的动力学曲线(图 7-5)；在不同时刻 t，求 $-\frac{dC_A}{dt}$。以 $\ln\left(-\frac{dC_A}{dt}\right)$ 对 $\ln C_A$ 作图。直线的斜率即为 n，截距 $=\ln k$。微分法要作三次图，引入的误差较大，但可适用于非整数级数反应。

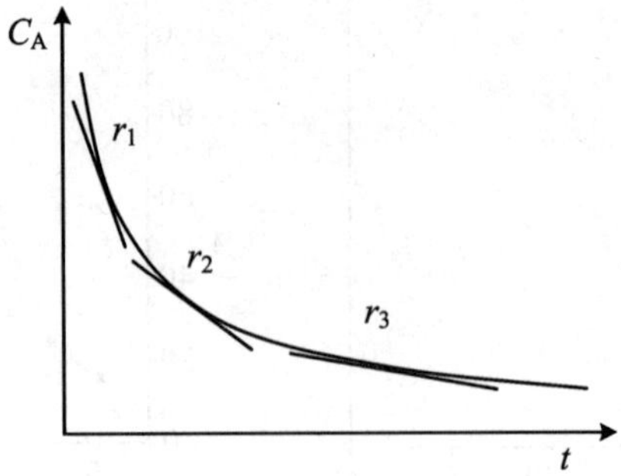

图 7-5 C_A 与 t 的关系曲线

② 以某一起始浓度的反应物进行实验，根据实验数据，作反应物浓度对时间的曲线($C\sim t$)，当反应物浓度为 C_1 时，反应速率为 r_1，当反应物浓度为 C_2 时，反应速率为 r_2，所以有

$$\ln r_1 = \ln k + n\ln C_1$$

$$\ln r_2 = \ln k + n\ln C_2$$

得

$$n = \frac{\lg r_1 - \lg r_2}{\lg C_1 - \lg C_2}$$

③ 对若干个不同初浓度 $C_{A,0}$ 的溶液进行实验，分别作出它们的 C_A-t 曲线(图 7-6)，在每条曲线初浓度 $C_{A,0}$ 处求相应的斜率，其绝对值即为初速率 r_0，然后对 $\ln r_0$-$\ln C_{A,0}$ 作图(图7-7)，由直线的斜率和截距，求得反应级数 n 和速率常数 k。

另外，当反应速率方程为 $r=kC_A^{\alpha}C_B^{\beta}C_C^{\gamma}$ 时，取对数后

$$\lg r = \lg k + \alpha\lg C_A + \beta\lg C_B + \gamma\lg C_C + \cdots$$

可由不同浓度下的反应速率联立方程解得 α,β,γ。也可先保持 B,C 物质浓度不变，改变 A 的起始浓度求出起始浓度下的反应速率 $-\frac{dC_{A,0}}{dt}$，由两组数据求出 α，同理求出 β,γ，则 $n=\alpha+\beta+\gamma$。

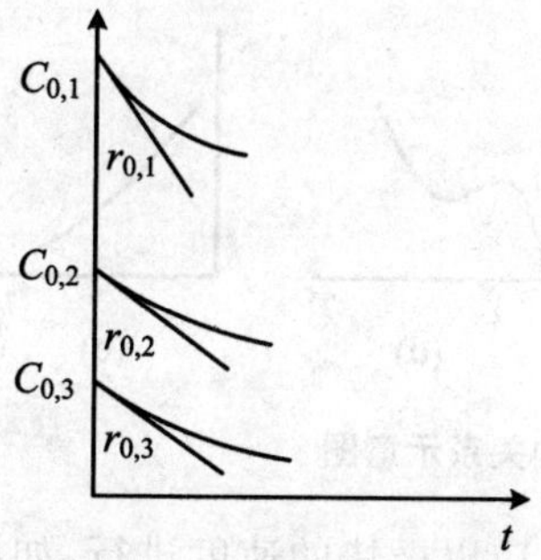

图 7-6　$C_{A,0}$ 与 t 的关系曲线

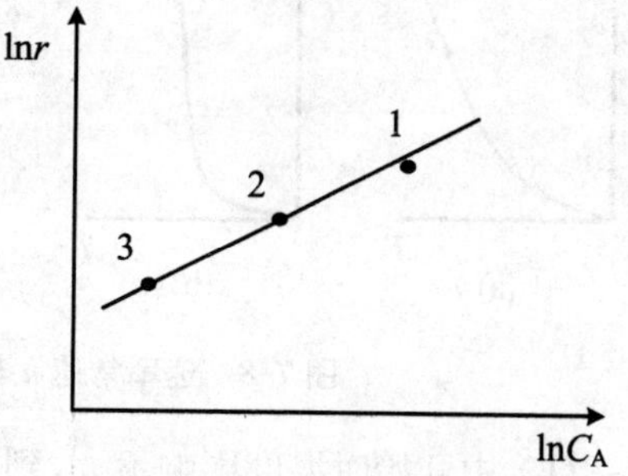

图 7-7　$\ln r$ 与 $\ln C_A$ 的关系曲线

7.2.4.3　半衰期法

用半衰期法求除一级反应以外的其他反应的级数。根据 n 级反应的半衰期通式

$$t_{1/2} = A\,\frac{1}{a^{n-1}}$$

取两个不同起始浓度 a,a' 做实验，分别测定半衰期为 $t_{1/2}$ 和 $t'_{1/2}$，因同一反应，常数 A 相同，所以

$$\frac{t_{1/2}}{t'_{1/2}} = \left(\frac{a'}{a}\right)^{n-1}$$

或

$$n = 1 + \frac{\ln\left(\dfrac{t_{1/2}}{t'_{1/2}}\right)}{\ln\left(\dfrac{a'}{a}\right)}$$

另外，$\ln t_{1/2} = \ln A - (n-1)\ln a$，对 $\ln t_{1/2}$-$\ln a$ 作图，从直线斜率求 n 值。从多个实验数据用作图法求出的 n 值，相当于取了多个实验的平均值，结果更加准确。半衰期法适用于除一级反应外的整数级数或分数级数反应。

7.2.4.4　改变物质数量比例的方法

若速率方程为 $r = -\dfrac{dC_A}{dt} = kC_A^{\alpha}C_B^{\beta}C_C^{\gamma}$，当 B，C 浓度保持不变，改变 A 时：若 C_A, r_1；$2C_A, 4r_1$，则 $\alpha=2$。当 A，C 浓度保持不变，改变 B 时：若 C_B, r_2；$2C_B, 2r_2$，则 $\beta=1$。当 A，B 浓度保持不变，改变 C 时：C_C, r_3；$2C_C, \dfrac{1}{4}r_3$，则 $\gamma=-2$。

7.3　温度对反应速率的影响

温度升高时，反应速度一般增加，但不同类型的反应，温度对反应速度的影响不同，大致可分为下列五种情形(图 7-8)。

图 7-8(a) 中反应速率随温度的升高而逐渐加快，它们之间呈指数关系，这类反应最为常见，称为阿氏型。

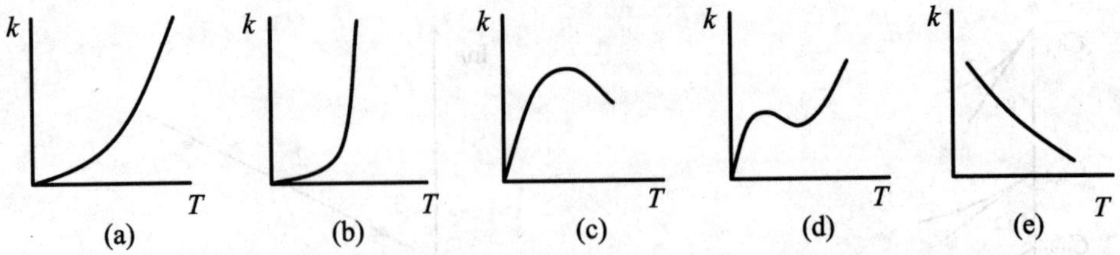

图 7-8　速率常速 k 与反应温度 T 之间的关系示意图

图 7-8(b) 中开始时温度影响不大,到达一定极限时,反应以极快的速度进行,如爆鸣气反应,称为爆炸型。

图 7-8(c) 中反应速率随着温度的升高先增大而后减小,多相催化反应和酶催化反应一般属于这一类型,称为催化型。

图 7-8(d) 中速率在随温度升到某一高度时下降,再升高温度,速率又迅速增加,可能发生了副反应,如碳的氢化反应。

图 7-8(e) 中温度升高,速率反而下降。这种类型很少,如一氧化氮氧化成二氧化氮。

本节主要讨论第一类型的反应,即一般反应的情形。

7.3.1　范特霍夫规则

1884 年,范特霍夫从大量实验总结出:温度每升高 10 ℃,反应速率增加 2～4 倍。据此可估算温度对反应速率影响的程度。

7.3.2　阿累尼乌斯方程

1889 年,阿累尼乌斯研究了不同温度下酸度对蔗糖转化为葡糖和果糖速率的影响,发现 $\ln k$ 对 $\frac{1}{T}$ 作图为一直线,且许多反应的 k-T 之间都有这样关系。据此就提出了著名的阿累尼乌斯方程

$$k = A\mathrm{e}^{-E_a/RT} \tag{7-7}$$

式(7-7)中的 A 为指前因子或频率因子,单位与 k 相同。E_a 为反应的实验活化能或阿累尼乌斯活化能,单位为 $\mathrm{J \cdot mol^{-1}}$。是化学动力学中的一个基本方程,应用非常广泛。

1. 微分式

$$\frac{\mathrm{d}\ln k}{\mathrm{d}T} = \frac{E_a}{RT^2}$$

上式表明 $\ln k$ 随 T 的变化与 E_a 成正比,E_a 越大,$\frac{\mathrm{d}\ln k}{\mathrm{d}T}$ 越大,温度升高,速率常数 k 增加越大。E_a 越小,$\frac{\mathrm{d}\ln k}{\mathrm{d}T}$ 越小,温度 T 升高,速率常速 k 增加,但增加的程度较小。这就是说,活化能越大,反应速率受温度的影响程度就越大。因此,对同时存在几个反应的体系,高温有利于 E_a 大的反应,低温有利于 E_a 小的反应。实际生产上往往就用此原理来选择适宜温度加速主反应、抑制副反应。如反应温度 T 从 273 K 变化到 473 K,对于 $E_a = 150\ \mathrm{kJ \cdot mol^{-1}}$ 的反应

$$\frac{k_{T_2}}{k_{T_1}}=\exp\left[\frac{150\times10^3}{8.314}\left(\frac{1}{273}-\frac{1}{473}\right)\right]=2.8\times10^4$$

速率可提高近 30 000 倍。而对于 $E_a=60\ \text{kJ}\cdot\text{mol}^{-1}$的反应

$$\frac{k_{T_2}}{k_{T_1}}=\exp\left[\frac{60\times10^3}{8.314}\left(\frac{1}{273}-\frac{1}{473}\right)\right]=60$$

速率仅提高 60 倍。

2. 积分式

将微分式不定积分

$$\int \mathrm{d}\ln k=\int\frac{E_a}{RT^2}\mathrm{d}T$$

得

$$\ln k=-\frac{E_a}{RT}+B \tag{7-8}$$

用 $\ln k$-$\frac{1}{T}$作图,可得一条直线,直线斜率$=-\frac{E_a}{R}$,依此可求出活化能 E_a。

将微分式定积分

$$\int_1^2 \mathrm{d}\ln k=\int_{T_1}^{T_2}\frac{E_a}{RT^2}\mathrm{d}T$$

得

$$\ln\left(\frac{k_{T_2}}{k_{T_1}}\right)=\frac{E_a}{R}\left(\frac{T_2-T_1}{T_1T_2}\right) \tag{7-9}$$

将 T_1,T_2及 k_{T_1},k_{T_2},E_a 中的 4 个代入式(7-9)可求出另一个物理量。

【例 7-9】 已知反应

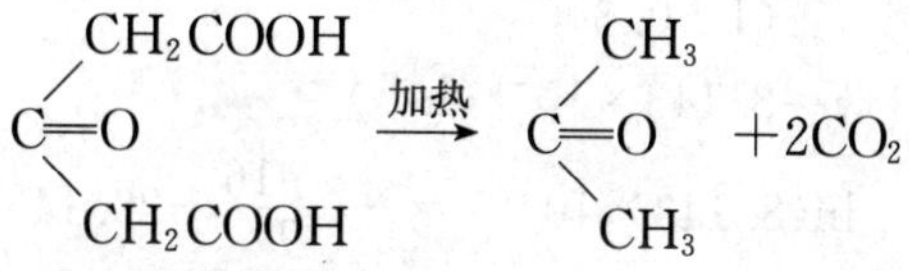

的速率常数 k 在 60 ℃是 $5.48\times10^{-2}\ \text{s}^{-1}$,在 10 ℃时是 $1.080\times10^{-4}\ \text{s}^{-1}$,求:

(1) 反应的 E_a;

(2) k 与 T 关系式;

(3) 使反应在 10 min 内转化率达 90%,应怎样控制温度?

解 (1)

$$\ln\left(\frac{k_{T_2}}{k_{T_1}}\right)=\frac{E_a}{R}\left(\frac{T_2-T_1}{T_1T_2}\right)$$

$$\ln\left(\frac{5.484\times10^{-2}}{1.080\times10^{-4}}\right)=\frac{E_a}{8.314}\left(\frac{333-283}{333\times283}\right)$$

$$E_a=97.73\ (\text{kJ}\cdot\text{mol}^{-1})$$

(2)

$$\ln k=-\frac{E_a}{RT}+B$$

将 $T=283\ \text{K}$,$k=1.08\times10^{-4}\ \text{s}^{-1}$,$E_a=97.73\ \text{kJ}\cdot\text{mol}^{-1}$代入

$$\ln(1.080\times10^{-4})=-\frac{97.73\times10^3}{8.314\times283}+B$$

$B=14.1$,则

$$\ln k = -\frac{97.73\times10^3}{8.314T}+14.1$$

(3)
$$\ln\left(\frac{C_{A,0}}{C_A}\right)=akt$$

$$\ln\left[\frac{C_{A,0}}{(1-0.9)C_{A,0}}\right]=10\times60\times k$$

$$k=3.838\times10^{-3}(\mathrm{s}^{-1})$$

$$\ln(3.838\times10^{-3})=-\frac{97\,730}{8.314T}+14.1$$

T=599 K,即 326 ℃。

【例 7-10】 已知某药品在保存过程中逐渐分解(A ⟶产物),若分解超过 30%,则药品失效。实验测得该药品分解速率常数 k 与 T 的关系为

$$\ln k=-\frac{8\,916}{T}+20.14 \qquad (k\text{ 的单位是 }\mathrm{h}^{-1})$$

求:

(1) 药品在 298 K 下保存的有效期;

(2) 若要使其有效期达 5 年以上,应在多少温度下保存?

解 (1)
$$\ln k=-\frac{8\,916}{298}+20.14$$

$$k=5.66\times10^{-5}(\mathrm{h}^{-1})$$

$$\ln\left[\frac{C_{A,0}}{(1-0.3)C_{A,0}}\right]=5.66\times10^{-5}t$$

t=6 301 h,即 262 天。

(2)
$$\ln\left[\frac{C_{A,0}}{(1-0.3)C_{A,0}}\right]=k\times5\times365\times24$$

$$k=8.143\times10^{-6}(\mathrm{h}^{-1})$$

$$\ln(8.143\times10^{-6})=-\frac{8\,916}{T}+20.14$$

T=280 K,即 7 ℃,在冰箱冷藏箱中保存即可。

7.3.3 活化能 E_a 的物理意义

7.3.3.1 活化能的定义

1889 年阿累尼乌斯认为 E_a 是普通分子变成活化分子所需的能量。因其较含糊,1918 年路易斯认为 E_a 是活化分子具有的最低能量 ε 与反应物分子的平均能量之差。1925 年 Tolman 认为 E_a 是活化分子的平均摩尔能量 E^* 与反应物分子的平均摩尔能量 E 之差,即

$$E_a=E^*-E$$

此外,Tolman 的说法还可从统计理论得到进一步推证

$$E_a=RT^2\frac{\mathrm{d}\ln k}{\mathrm{d}T}=E^*-E$$

需注意的是,所有说法都是对基元反应而言的。亦即,只有基元反应的活化能 E_a 才是活化分子的平均摩尔能量与反应物分子的平均摩尔能量之差。对总包反应,活化能 E_a 没有明确的

含义，而是各基元反应活化能的代数和，一般称其为表观活化能（或实验活化能）。如

$$H_2+I_2 \longrightarrow 2HI$$

反应历程为

(1)　$I_2+M \rightleftharpoons 2I\cdot+M$（快速平衡）

k_1　$E_{a,1}$　A_1

k_{-1}　$E_{a,-1}$　A_{-1}

(2)　$H_2+2I\cdot \longrightarrow 2HI$（慢步骤）

k_2　$E_{a,2}$　A_2

由于 $k_1 C_{I_2} C_M = k_{-1} C_{I\cdot}^2 C_M$，所以

$$C_{I}^2 = \frac{k_1}{k_{-1}} C_{I_2}$$

而

$$r = \frac{dC_{HI}}{2dt} = kC_{H_2}C_{I\cdot}^2 = \frac{k_1 k_2}{k_{-1}} C_{H_2} C_{I_2} = kC_{H_2} C_{I_2}$$

$$k = \frac{k_1 k_2}{k_{-1}} = \frac{A_1 A_2}{A_{-1}} \exp\left(\frac{-E_{a,1}-E_{a,2}+E_{a,-1}}{RT}\right) = A\exp\left(-\frac{E_a}{RT}\right)$$

$$A = \frac{A_1 A_2}{A_{-1}}$$

则 HI 生成反应的表观活化能为

$$E_a = E_{a,1}+E_{a,2}-E_{a,-1}$$

7.3.3.2　正、逆反应活化能与化学反应热效应的关系

对基元反应 $aA+dD = gG+hH$ 来说，达平衡时

$$\frac{k_{正}}{k_{逆}} = \frac{C_G^g C_H^h}{C_A^a C_D^d}$$

若是理想气体基元反应，则由

$$K^{\ominus} = \frac{C_G^g C_H^h}{C_A^a C_D^d}\left(\frac{RT}{p^{\ominus}}\right)^{\sum_B \nu_B}$$

$$K^{\ominus} = \frac{k_{正}}{k_{逆}}\left(\frac{RT}{p^{\ominus}}\right)^{\sum_B \nu_B}$$

两边取对数，并对 T 求导

$$\frac{d\ln K^{\ominus}}{dT} = \frac{d\ln\left(\frac{k_{正}}{k_{逆}}\right)\left(\frac{RT}{p^{\ominus}}\right)^{\sum_B \nu_B}}{dT}$$

则

$$\frac{\Delta_r H_m^{\ominus}}{RT^2} = \frac{E_{a,正}-E_{a,逆}}{RT^2} + \frac{\sum_B \nu_B}{T}$$

即

$$\frac{\Delta_r H_m^{\ominus}}{RT^2} - \frac{RT\sum_B \nu_B}{RT^2} = \frac{E_{a,正}-E_{a,逆}}{RT^2}$$

$$E_{a,正}-E_{a,逆} = \Delta_r H_m^{\ominus} - RT\sum_B \nu_B$$

若是稀溶液中的基元反应，在压力不太大时

$$K^{\ominus}=\frac{C_G^g C_H^h}{C_A^a C_D^d}\left(\frac{1}{C^{\ominus}}\right)^{\sum_B \nu_B}$$

即

$$K^{\ominus}=\frac{k_{正}}{k_{逆}}\left(\frac{1}{C^{\ominus}}\right)^{\sum_B \nu_B}$$

$$\frac{\mathrm{dln}\, K^{\ominus}}{\mathrm{d}T}=\frac{\mathrm{dln}\left[\frac{k_{正}}{k_{逆}}\left(\frac{1}{C^{\ominus}}\right)^{\sum_B \nu_B}\right]}{\mathrm{d}T}$$

$$\frac{\Delta_r H_m^{\ominus}}{RT^2}=\frac{E_{a,正}-E_{a,逆}}{RT^2}$$

$$E_{a,正}-E_{a,逆}=\Delta_r H_m^{\ominus}$$

7.4 复合反应和近似处理法

7.4.1 复合反应

以上讲的化学反应，都是可进行到底的单向反应或 $K^{\ominus}\to\infty$ 。但在实际应用中，常会遇到两个或两个以上的基元反应以各种方式相互联系起来的复合反应。如对峙反应、平行反应、连串反应等。

7.4.1.1 对峙反应

一个反应向正、逆两个方向都能进行，且正逆反应速率大小相当，这类反应称为对峙反应，其类型有 1-1 型对峙反应 $\left(\mathrm{A}\underset{k_{-1}}{\overset{k_1}{\rightleftharpoons}}\mathrm{G}\right)$，1-2 型对峙反应（$\mathrm{A}\Longleftrightarrow\mathrm{G}+\mathrm{H}$），2-2 型对峙反应（$\mathrm{A}+\mathrm{D}\Longleftrightarrow\mathrm{G}+\mathrm{H}$）。这里仅讨论最简单的 1-1 型对峙反应

$$\mathrm{A}\underset{k_{-1}}{\overset{k_1}{\rightleftharpoons}}\mathrm{G}$$

1. 反应速率微分方程

对可进行到底和 $K^{\ominus}\to\infty$ 的反应，只需考虑正向反应速率。但对 $K^{\ominus}$ 不是很大的绝大多数化学反应，其逆反应速率不可忽略。净反应速率，即实验测出的反应速率应是正向反应和逆向反应速率的差值

$$\frac{-\mathrm{d}C_A}{\mathrm{d}t}=k_1 C_A-k_{-1}C_G$$

2. 动力学方程

$$\mathrm{A}\underset{k_{-1}}{\overset{k_1}{\rightleftharpoons}}\mathrm{G}$$

	A	G
$t=0$	$C_{A,0}$	0
$t=t$	C_A	$C_{A,0}-C_A$

$$t=\infty \qquad C_{A,e} \qquad C_{A,0}-C_{A,e}$$

$$-\frac{dC_A}{dt}=k_1C_A-k_{-1}C_G$$

$$-\frac{dC_A}{dt}=k_1C_A-k_{-1}(C_{A,0}-C_A)$$

因为

$$\frac{k_1}{k_{-1}}=\frac{C_{A,0}-C_{A,e}}{C_{A,e}}$$

所以

$$C_{A,0}=\frac{(k_1+k_{-1})C_{A,e}}{k_{-1}}$$

$$-\frac{dC_A}{dt}=(k_1+k_{-1})C_A-(k_1+k_{-1})C_{A,e}$$

即

$$-\frac{dC_A}{dt}=(k_1+k_{-1})(C_A-C_{A,e})$$

分离变量并积分

$$-\int_{C_{A,0}}^{C_A}\frac{dC_A}{C_A-C_{A,e}}=\int_0^t(k_1+k_{-1})dt$$

得

$$\ln\left(\frac{C_{A,0}-C_{A,e}}{C_A-C_{A,e}}\right)=(k_1+k_{-1})t \tag{7-10}$$

对 $K^{\ominus}\to\infty$ 的非单向反应，$C_{A,e}\approx 0$，$k_{-1}\approx 0$，式(7-10)变为

$$\ln\left(\frac{C_{A,0}}{C_A}\right)=k_1t$$

3. 对峙反应的特点

① 以 $\ln(C_A-C_{A,e})$-t 作图可得一条直线，直线的斜率为 $-(k_1+k_{-1})$，结合 k_1，k_{-1} 与 $K^{\ominus}$ 的关系可求出 k_1 与 k_{-1}。

② C-t 曲线如图 7-9 所示。

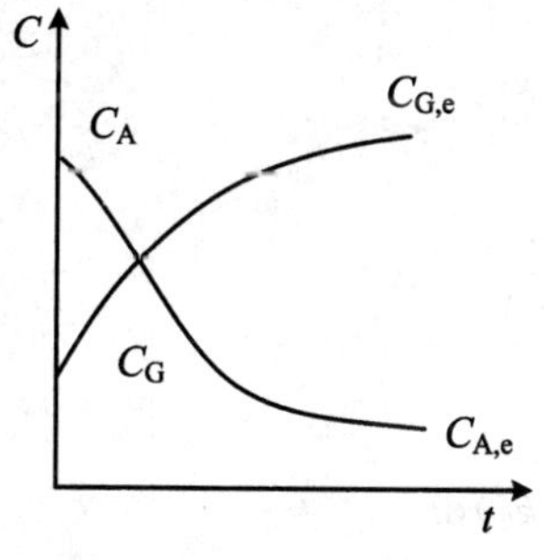

图 7-9　对峙反应中浓度随时间变化的关系图

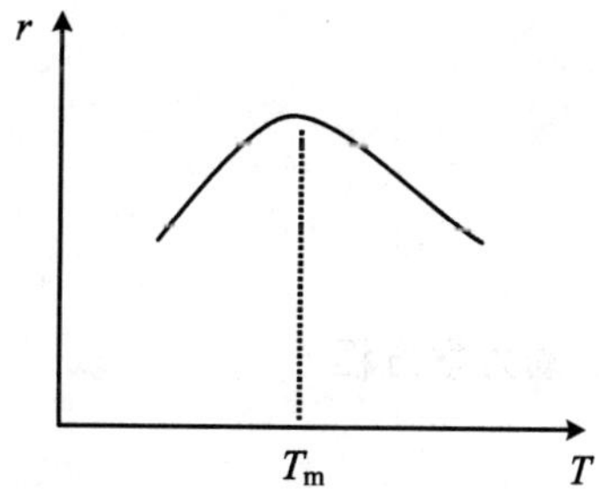

图 7-10

③ 对吸热对峙反应，温度 T 升高，$K^{\ominus}$ 增大，r 增大，只需考虑设备和经济费用即可。对放热对峙反应，温度 T 升高，$K^{\ominus}$ 减小，r 增大，需要选择最佳温度 T_m(图 7-10)。由 $\frac{dr}{dT}=0$，可算出

1-1 级对峙反应的最佳反应温度为

$$T_m = \frac{T_e}{1+\frac{RT_e}{E_{a,正}-E_{a,逆}}}\ln\left(\frac{E_{a,正}}{E_{a,逆}}\right)$$

7.4.1.2 平行反应

反应物同时平行地进行着两个或两个以上不同的反应称为平行反应，这在有机反应中非常普遍，如，甲苯硝化可同时产生邻硝基甲苯、间硝基甲苯、对硝基甲苯。

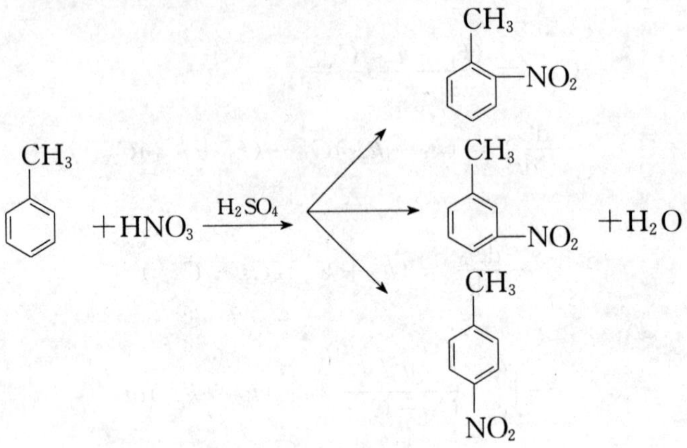

对

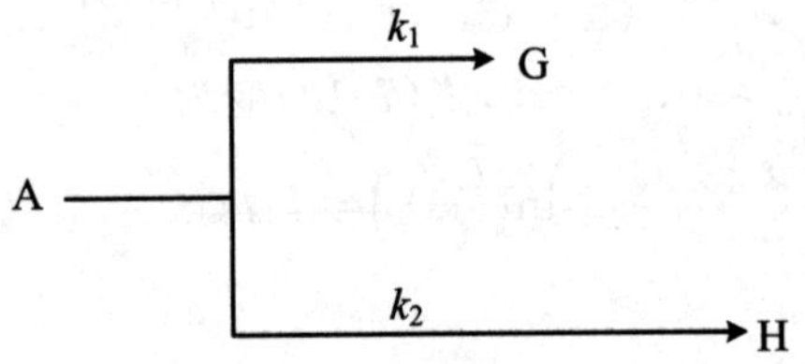

$t=0$	$C_{A,0}$	0	0
$t=t$	C_A	C_G	C_H

1. 速率微分方程

$$-\frac{dC_A}{dt}=k_1C_A+k_2C_A$$

即

$$-\frac{dC_A}{dt}=(k_1+k_2)C_A$$

2. 动力学方程

$$-\int_{C_{A,0}}^{C_A}\frac{dC_A}{C_A}=\int_0^t(k_1+k_2)dt$$

即

$$\ln\left(\frac{C_{A,0}}{C_A}\right)=(k_1+k_2)t$$

或

$$C_A=C_{A,0}\exp[-(k_1+k_2)t]$$

3. 平行反应的特征

(1) 对 $\ln C_A$-t 作图可得一条直线，直线的斜率为 $-(k_1+k_{-1})$ 。

(2) 当各产物的起始浓度为零时，在任一瞬间，各产物浓度之比等于速率常数之比。

$$r_1=\frac{dC_G}{dt}=k_1C_A=k_1C_{A,0}\exp[-(k_1+k_2)t]$$

$$\int_0^{C_G}dC_G=k_1C_{A,0}\int_0^t\exp[-(k_1+k_2)t]dt$$

$$C_G=\frac{k_1C_{A,0}}{k_1+k_2}\{1-\exp[-(k_1+k_2)t]\}$$

同理可得

$$r_2=\frac{dC_H}{dt}=k_2C_A=k_2C_{A,0}\exp[-(k_1+k_2)t]$$

$$\int_0^{C_H}dC_H=k_2C_{A,0}\int_0^t\exp[-(k_1+k_2)t]$$

$$C_H=\frac{k_2C_{A,0}}{k_1+k_2}\{1-\exp[-(k_1+k_2)t]\}$$

则

$$\frac{r_1}{r_2}=\frac{C_G}{C_H}=\frac{k_1}{k_2}$$

目的产品(G 和 H)的含量，取决于 k_1 与 k_2 之比。

(3) 用合适的催化剂可以改变某一反应速率常数，提高主反应产物的产量。高温有利于 E_a 大的反应，低温有利于 E_a 小的反应。

7.4.1.3　连续反应

如果是一个复杂反应，那就要经过几个基元反应才能达到最终产物，其中前一个基元反应的产物为后一个基元反应的反应物，如此连续进行，称这种反应为连续反应。

$$\mathrm{A}\xrightarrow{k_1}\mathrm{G}\xrightarrow{k_2}\mathrm{H}$$

	A	G	H
$t=0$	$C_{A,0}$	0	0
$t=t$	C_A	C_G	C_H

1. 速率微分方程

$$-\frac{dC_A}{dt}=k_1C_A$$

$$\frac{dC_G}{dt}=k_1C_A-k_2C_G$$

$$\frac{dC_H}{dt}=k_2C_G$$

2. 动力学方程

(1) C_A

$$-\int_{C_{A,0}}^{C_A}\frac{dC_A}{C_A}=\int_0^t k_1dt$$

$$\ln\left(\frac{C_{A,0}}{C_A}\right)=k_1t$$

(2) C_G

将$\frac{dC_G}{dt}=k_1C_A-k_2C_G$ 移项有

$$\frac{dC_G}{dt}+k_2C_G=k_1C_{A,0}\exp(-k_1t)$$

如

$$y'+p(x)y=Q(x)$$

通解

$$y=\exp\left[-\int p(x)dx\right]\left[\int Q(x)\exp\int p(x)dxdx+B\right]$$

则有

$$C_G=\exp\left(-\int k_2dt\right)\left[\int k_1C_{A,0}\exp(-k_1t)\exp\left(\int k_2dt\right)dt+B\right]$$

即

$$C_G=\exp(-k_2t)\left[\int k_1C_{A,0}\exp(-k_1t)\exp(k_2t)dt+B\right]$$

$$C_G=\exp(-k_2t)\left[\frac{k_1C_{A,0}}{k_2-k_1}\exp(k_2-k_1)t+B\right]$$

当 $t=0, C_G=0$ 时,解出

$$B=-\frac{k_1C_{A,0}}{k_2-k_1}$$

则 $C_G=\frac{k_1C_{A,0}}{k_2-k_1}[\exp(-k_1t)-\exp(k_2t)]$。

(3) C_H

$$\frac{dC_H}{dt}=\frac{k_2k_1C_{A,0}}{k_2-k_1}[\exp(-k_1t)-\exp(k_2t)]$$

$$\int dC_H=\int\frac{k_2k_1C_{A,0}}{k_2-k_1}[\exp(-k_1t)-\exp(k_2t)]dt$$

$$C_H=\frac{k_2k_1C_{A,0}}{k_2-k_1}\left[\left(-\frac{1}{k_1}\right)\exp(-k_1t)+\left(\frac{1}{k_2}\right)\exp(k_2t)\right]+B$$

$t=0, C_H=0, B=C_{A,0}$

$$C_H=\frac{k_1k_2}{k_2-k_1}C_{A,0}\left[\left(-\frac{1}{k_1}\right)\exp(-k_1t)+\frac{1}{k_2}\exp(-k_2t)\right]+C_{A,0}$$

$$C_H=C_{A,0}\left[1-\frac{k_2}{k_2-k_1}\exp(-k_1t)+\frac{k_1}{k_2-k_1}\exp(-k_2t)\right]$$

3. 连续反应的特征

将 C_A, C_G, C_H 用图形表示出来,得到如图 7-11 所示图形:A 的浓度逐渐降低,G 的浓度先增加后减小,中间出现了极大值,H 的浓度不断增加。

当 G 的浓度有极大值时,$\frac{dG}{dt}=0$,其相应的时间为 t_m,则有

$$\frac{dG}{dt}=\frac{k_1C_{A,0}}{k_2-k_1}(k_2e^{-k_2t_m}-k_1e^{-k_1t_m})=0$$

得

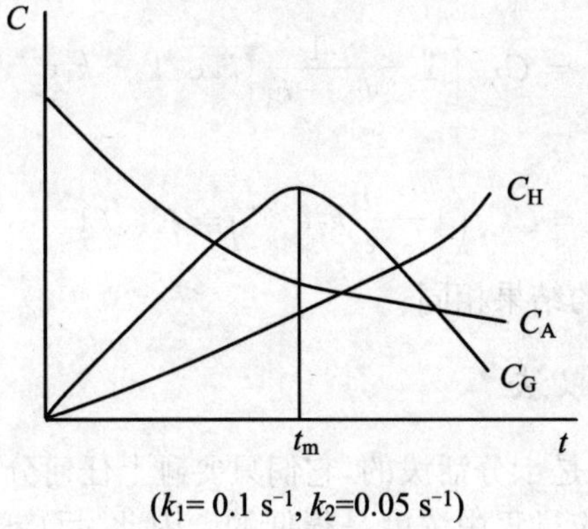

图 7-11　连续反应中浓度随时间变化的关系图

$$t_m = \frac{\ln k_2 - \ln k_1}{k_2 - k_1}$$

$$C_{G_m} = C_{A,0}\left(\frac{k_1}{k_2}\right)^{\frac{k_2}{k_2-k_1}}$$

C_{G_m}显然与$C_{A,0}$以及k_1和k_2的比值有关。如果$k_1 \gg k_2$，原始反应物很快就都转化为G，因而C_{G_m}出现较早，且数值也较大，生成最终产品H的速率主要取决于第二步反应，$C_H = C_{A,0}(1-e^{-k_2 t})$；如果$k_1 \ll k_2$，$C_{G,m}$出现的比较迟，而且数值较小，中间产物G一旦生成立即转化为H，因此，反应的总速率(即生成产物H的速率)取决于第一步，$C_H = C_{A,0}(1-e^{-k_1 t})$。所以连续反应不论分几步完成，都是最慢的一步控制着全局。这最慢的一步称为速率控制步骤，简称速控步，可以用它的速率近似作为整个反应的速率。

7.4.2　近似处理法

近似处理法是处理复合反应速率微分方程最常用的简便方法，虽不太精确，但很实用，甚至可将一些无法求解的速率微分方程简化为一般代数式来求解。

7.4.2.1　速率决定步骤

顾名思义，速率决定步骤是指决定整个反应速率的步骤。该步的速率基本上等于整个反应的速率，简称决速步、速决步或速控步。利用速控步近似，可以使复杂反应的动力学方程推导步骤简化。如上述的连串反应，若$k_1 \ll k_2$，表明第一步最慢，是速控步，则

$$\frac{dC_H}{dt} \approx -\frac{dC_A}{dt} = k_1 C_A$$

则

$$\frac{dC_H}{dt} \approx k_1 C_{A,0} e^{-k_1 t}$$

$$\int_0^{C_H} dC_H = \int_0^t k_1 C_{A,0} e^{-k_1 t} dt$$

则

$$C_H = C_{A,0}(1 - e^{-k_1 t})$$

若先求精确解

$$C_{\mathrm{H}} = C_{\mathrm{A},0}\left[1 - \frac{1}{k_2 - k_1}(k_2 \mathrm{e}^{-k_1 t} - k_1 \mathrm{e}^{-k_2 t})\right]$$

$k_1 \ll k_2$ 时

$$C_{\mathrm{H}} = C_{\mathrm{A},0}\left(1 - \frac{1}{k_2} k_2 \mathrm{e}^{-k_1 t}\right) = C_{\mathrm{A},0}(1 - \mathrm{e}^{-k_1 t})$$

近似处理的结果和精确计算的结果相同

7.4.2.2 稳态近似法

在反应过程中，活性质点是十分活泼的，它们只要碰上任何分子或自由基将立即发生反应，这些反应性很强的粒子在反应过程中浓度是很低的。因此，反应达到稳定状态后，这些活性质点的生成速率与消耗速率近似相等，它们的浓度基本上不随时间变化：

$$\frac{\mathrm{d}C_{\min}}{\mathrm{d}t} = 0 \tag{7-11}$$

对上面所述的连串反应

$$\begin{array}{llll} & \mathrm{A} & \xrightarrow{k_1} \mathrm{G} & \xrightarrow{k_2} \mathrm{H} \\ t=0 & C_{\mathrm{A},0} & \quad 0 & \quad 0 \\ t=t & C_{\mathrm{A}} & \quad C_{\mathrm{G}} & \quad C_{\mathrm{H}} \end{array}$$

若 $k_1 \ll k_2$，即第二步比第一步快得多。说明中间体 G 很活泼，一旦生成就很快反应掉，结果 C_{G} 很小，可认为不随时间变化，即

$$\frac{\mathrm{d}C_{\mathrm{G}}}{\mathrm{d}t} = 0$$

此时 G 处于稳定状态。用此法，可找出不易测定的活泼中间体与反应物间的浓度关系。

$$\frac{\mathrm{d}C_{\mathrm{G}}}{\mathrm{d}t} = 0$$

$$\frac{\mathrm{d}C_{\mathrm{G}}}{\mathrm{d}t} = k_1 C_{\mathrm{A}} - k_2 C_{\mathrm{G}} = 0$$

$$C_{\mathrm{G}} = \frac{k_1}{k_2} C_{\mathrm{A}}$$

$$C_{\mathrm{G}} = \frac{k_1}{k_2} C_{\mathrm{A},0} \mathrm{e}^{-k_1 t}$$

精确解是

$$C_{\mathrm{G}} = \frac{k_1 C_{\mathrm{A},0}}{k_2 - k_1}(\mathrm{e}^{-k_1 t} - \mathrm{e}^{-k_2 t})$$

$k_1 \ll k_2$ 时

$$C_{\mathrm{G}} = \frac{k_1 C_{\mathrm{A},0}}{k_2} \mathrm{e}^{-k_1 t}$$

稳态近似法所得结果与精确计算结果一致，但数学处理却大为简化，对有活泼中间体（如自由基）的反应常用此法。

7.4.2.3 平衡假定近似法

$$\mathrm{A} + \mathrm{B} \underset{k_{-1}}{\overset{k_1}{\rightleftharpoons}} \mathrm{I} \xrightarrow{k_2} \mathrm{P}$$

一般而言，在一个复杂反应的历程中，如果在速率控制步骤前有对峙反应，则在这种情况下，反应物与中间产物的浓度很接近于平衡浓度。因此，可以假定快速平衡存在，即假定

$$\frac{k_1}{k_{-1}} = \frac{C_I}{C_A C_B}$$

因总反应速率 $r=\frac{dC_P}{dt}=k_2 C_I$，所以可得速率方程

$$r = \frac{dC_P}{dt} = k_2 \frac{k_1}{k_{-1}} C_A C_B$$

【例 7-11】　反应 $H_2+I_2 \longrightarrow 2HI$ 的历程为

$$I_2 + M \underset{k_{-1}}{\overset{k_1}{\Longleftrightarrow}} 2I\cdot + M（快速平衡）$$

$$H_2 + 2I\cdot \xrightarrow{k_2,放热} 2HI（慢反应）$$

试用平衡假定推导该反应的速率方程。

解

$$r = \frac{1}{2}\cdot\frac{dC_{HI}}{dt} = k_2 C_{H_2} C_{I\cdot}^2$$

运用平衡假定

$$\frac{C_{I\cdot}^{\ 2}}{C_{I_2}} = \frac{k_1}{k_{-1}} = K$$

得

$$r = k_2 C_{H_2} \cdot K C_{I_2} = k C_{H_2} C_{I_2}$$

【例 7-12】　$A \underset{k_{-1}}{\overset{k_1}{\Longleftrightarrow}} G \xrightarrow{k_2} P$ 如何确定中间产物浓度 C_G 和反应速率方程？用稳态法还是平衡假设？

解　(1) 若 $k_{-1} \gg k_2$，则反应 1 的平衡不受反应 2 的影响。再有 $k_{-1} \gg k_1$，则反应 1 为快速平衡。可用平衡假设

$$C_G = \frac{k_1}{k_{-1}} C_A$$

$$r = \frac{k_1 k_2}{k_{-1}} C_A \qquad （快速平衡）$$

(2) 若 $k_2 + k_{-1} \gg k_1$，即 G 的消耗速率远大于生成速率，G 寿命短，活性大，可用稳态法

$$\frac{dC_G}{dt} = k_1 C_A - k_{-1} C_G - k_2 C_G = 0$$

$$C_G = \frac{k_1}{k_{-1} + k_2} C_A$$

$$r = k_2 C_G = \frac{k_1 k_2}{k_{-1} + k_2} C_A$$

① 当 $k_2 \gg k_{-1}$（同时也就 $k_2 \gg k_1$）时，即反应 2 为快速反应，1 为速控步，则

$$r = \frac{k_1 k_2}{k_2} C_A = k_1 C_A$$

总反应速率取决于速控步 1。

② 当 $k_{-1} \gg k_2$(同时也即 $k_{-1} \gg k_1$)时,即反应 (k_1,k_{-1}) 为快速平衡,则

$$r = \frac{k_1 k_2}{k_{-1}} C_A \quad \text{(同快速平衡假设)}$$

从反应历程推导该反应的速率方程,原则上只需用稳态近似处理法。若具备了平衡态近似法处理条件,则直接采用平衡假定处理法则更为简便。

7.5 反应机理的确定

7.5.1 拟定反应机理的一般方法

1. 初步的观察和分析

观察反应是多相还是均相,是否受光的影响,反应过程有无颜色的变化,反应热如何,有无副产品生成等。据此,有计划有系统地设计、进行实验。

2. 收集定量数据

写出反应的计量方程,测定反应时间与浓度关系,确定反应速率方程、反应级数、常数 k;测定反应速率常数与温度关系,确定反应活化能 E_a;测定有无逆反应、副反应等;用顺磁共振(EPR)、核磁共振(NMR)和质谱等手段测定中间产物的化学组成。

3. 拟定反应机理

根据观察到的事实和收集到的数据,提出可能的反应机理(经验和想象),从反应机理用稳态近似、速控步假设、平衡浓度等近似方法推导速率微分方程,看是否与实验测定的一致。判断所假设的反应历程的合理性,选择最佳反应历程。

7.5.2 拟定反应机理举例

【例 7-13】 乙烷 C_2H_6 热分解反应。以这一石油裂解中的重要反应的历程为例,说明确定反应历程的一般过程。

① 实验事实:

主要分解产物是氢(H_2)和乙烯(C_2H_4),还有少量的甲烷(CH_4),反应温度 550～650 ℃。

主要反应式

$$C_2H_6 \longrightarrow C_2H_4 + H_2 + CH_4\text{(少量)}$$

在较高压力下,符合一级反应速率方程

$$r = -\frac{dC_{C_2H_6}}{dt} = kC_{C_2H_6}\text{(一级反应)}$$

实验测得反应的活化能为 $E_a = 284.5\ \text{kJ} \cdot \text{mol}^{-1}$

通过质谱、红外发光技术等实验技术证明,乙烷的分解过程中有自由基 $\cdot CH_3$ 和 $\cdot C_2H_5$ 生成,而最终产物为 C_2H_4,H_2 及少量的 CH_4。

② 根据实验结果,推测反应历程如下:

$$① \ C_2H_6 \xrightarrow{k_1} 2CH_3 \cdot \qquad 351.5\ kJ \cdot mol^{-1}(吸热)$$

$$② \cdot CH_3 + C_2H_6 \xrightarrow{k_2} CH_4 + C_2H_5 \cdot \qquad 33.5\ kJ \cdot mol^{-1}$$

$$③ \ C_2H_5 \cdot \xrightarrow{k_3} C_2H_4 + H \cdot \qquad 167.5\ kJ \cdot mol^{-1}(吸热)$$

$$④ \ H \cdot + C_2H_6 \xrightarrow{k_4} H_2 + C_2H_5 \cdot \qquad 29.3\ kJ \cdot mol^{-1}$$

$$⑤ \ H \cdot + C_2H_5 \cdot \xrightarrow{k_5} C_2H_6 \qquad 0$$

③ 反应机理的推测既要根据实验事实，又需要经验和想象力。而反应机理是否正确还需验证。

a. 按假设机理求解速率方程，看是否与实验结果一致；

b. 根据各基元反应活化能来估算总的表观活化能是否与实际值一致；

c. 其机理能否说明其他实验事实。

$$r = -\frac{dC_{C_2H_6}}{dt} = k_1C_{C_2H_6} + k_2C_{C_2H_6}C_{CH_3\cdot} + k_4C_{C_2H_6}C_{H\cdot} - k_5C_{C_2H_5\cdot}C_{H\cdot}$$

根据稳定态近似处理法：

$$\frac{dC_{CH_3\cdot}}{dt} = 2k_1C_{C_2H_6} - k_2C_{C_2H_6}C_{CH_3\cdot} = 0 \qquad ①$$

$$\frac{dC_{C_2H_5\cdot}}{dt} = k_2C_{C_2H_6}C_{CH_3\cdot} - k_3C_{C_2H_5\cdot} + k_4C_{C_2H_6}C_{H\cdot} - k_5C_{C_2H_5\cdot}C_{H\cdot} = 0 \qquad ②$$

$$\frac{dC_{H\cdot}}{dt} = k_3C_{C_2H_5\cdot} - k_4C_{C_2H_6}C_{H\cdot} - k_5C_{C_2H_5\cdot}C_{H\cdot} = 0 \qquad ③$$

①+②+③：

$$2k_1C_{C_2H_6} = 2k_5C_{C_2H_5\cdot}C_{H\cdot}$$

$$C_{H\cdot} = \frac{k_1}{k_5} \cdot \frac{C_{C_2H_6}}{C_{C_2H_5\cdot}} \qquad ④$$

$$C_{CH_3\cdot} = 2\frac{k_1}{k_2} \qquad ⑤$$

将式④、式⑤代入式③得方程：

$$C_{C_2H_5\cdot} - \frac{k_1}{k_3}C_{C_2H_6}C_{C_2H_5\cdot} - \frac{k_1k_4}{k_3k_5}C_{C_2H_6}^2 = 0$$

$$C_{C_2H_5\cdot} = C_{C_2H_6}\left[\frac{k_1}{2k_3} + \sqrt{\left(\frac{k_1}{2k_3}\right)^2 + \frac{k_1k_4}{k_3k_5}}\right] \qquad ⑥$$

将式④、式⑤、式⑥代入速率公式，并进行简化处理，则

$$r = \left(\frac{k_1k_3k_4}{k_5}\right)^{1/2}C_{C_2H_6} = kC_{C_2H_6}$$

一级反应，与实验结果符合。

根据假设的反应历程，估计表观活化能

$$E_a - \frac{1}{2}(E_1 + E_3 + E_4 - E_5)$$

$$= \frac{1}{2}(351.5 + 167 + 29.3 - 0)$$

$$= 274\ (kJ \cdot mol^{-1})$$

此值与实验测得的活化能 284.5 kJ · mol^{-1}相当接近。

由于反应级数和活化能的数值都与实验结果大致相符，这表明上述机理在实验的条件下基本上是合理的。

【例 7-14】 链反应。热、光、辐射或其他方法引发，产生活性质点、使反应像链条一样进行。广泛涉及橡胶、塑料、高分子化合物制备、石油裂解等工业。

(1) 直链反应

总包反应

$$H_{2(g)} + Cl_{2(g)} \longrightarrow 2HCl_{(g)}$$

实验测定的速率方程为

$$r = \frac{dC_{HCl}}{2dt} = kC_{H_2}C_{Cl_2}^{1/2}$$

推测的反应机理为

$$① \ Cl_2 + M \xrightarrow{k_1} 2Cl\cdot + M$$

$$② \ Cl\cdot + H_2 \xrightarrow{k_2} HCl + H\cdot$$

$$③ \ H\cdot + Cl_2 \xrightarrow{k_3} HCl + Cl\cdot$$

$$④ \ 2Cl\cdot + M \xrightarrow{k_4} Cl_2 + M$$

由机理推反应速率方程

$$\frac{dC_{HCl}}{dt} = k_2 C_{Cl\cdot} C_{H_2} + k_3 C_{H\cdot} C_{Cl_2}$$

$$\frac{dC_{Cl}}{dt} = 2k_1 C_{Cl_2} + k_3 C_{H\cdot} C_{Cl_2} - k_2 C_{Cl\cdot} C_{H_2} - 2k_4 C_{Cl\cdot}^2 = 0$$

$$\frac{dC_{H}}{dt} = k_2 C_{Cl\cdot} C_{H_2} - k_3 C_{H\cdot} C_{Cl_2} = 0$$

$$2k_1 C_{Cl_2} = 2k_4 C_{Cl\cdot}^2$$

$$C_{Cl\cdot} = \left(\frac{k_1}{k_4} C_{Cl_2}\right)^{1/2}$$

$$\frac{dC_{HCl}}{dt} = 2k_2 C_{Cl\cdot} C_{H_2} = 2k_2 \left(\frac{k_1}{k_4}\right)^{1/2} C_{H_2} C_{Cl_2}^{1/2}$$

$$r = \frac{1}{2} \cdot \frac{dC_{HCl}}{dt} = k_2 \left(\frac{k_1}{k_4}\right)^{1/2} C_{H_2} C_{Cl_2}^{1/2}$$

即

$$r = \frac{1}{2} \cdot \frac{dC_{HCl}}{dt} = kC_{H_2} C_{Cl_2}^{1/2}$$

$$k = k_2 \left(\frac{k_1}{k_4}\right)^{1/2}$$

与实验测定的速率方程一致。

$$E_{(表观)} = E_{a,2} + \frac{1}{2}(E_{a,1} - E_{a,4}) = 24 + \frac{1}{2}(242 - 0) = 145\ (kJ \cdot mol^{-1})$$

与实验值 147 kJ · mol^{-1}非常接近。

(2) 支链反应

为什么纯净的氢气可安静地燃烧，而混有空气的氢气易发生爆炸？

做点燃氢气的实验的关键是点燃氢气前必须检验点燃氢气的纯度。因纯净的氢气可安静地燃烧，而混有空气的氢气易发生爆炸。

因纯净的氢气仅在燃烧的尖嘴口处发生 $H_2+\frac{1}{2}O_2 \longrightarrow H_2O_{(l)}$，与 H_2 接触反应的 O_2 量少，放热少，可及时散发掉，不足以引起热爆炸。而混有空气的氢气，反应 $H_2+\frac{1}{2}O_2 \longrightarrow H_2O_{(l)}$ 在整个体系内都发生，O_2 量大，放热多，来不及散发掉，温度、压强都高。器壁承受不了就爆炸。

那么，混有空气的氢气，$H_2+\frac{1}{2}O_2 \longrightarrow H_2O_{(l)}$ 在整个体系内快速发生引起爆炸的本质原因为何？我们认为其本质原因是一定条件的链反应。

链引发：

$$H_2 \longrightarrow 2H\cdot$$

链传递：

$$H\cdot + O_2 \longrightarrow OH + O\cdot$$
$$O\cdot + H_2 \longrightarrow \cdot OH + H\cdot$$
$$\cdot OH + H_2 \longrightarrow H_2O + H\cdot$$
$$H\cdot + O_2 \longrightarrow HO_2$$
$$HO_2 + H\cdot \longrightarrow H_2O + O\cdot$$

链销毁：

$$2H\cdot \xrightarrow{\text{气相}} H_2$$
$$\cdot OH + H\cdot \xrightarrow{\text{气相}} H_2O$$
$$(H\cdot, OH\cdot, HO_2) \xrightarrow{\text{器壁}} (H_2, O_2, H_2O)$$

混有空气的氢气点燃时，是否发生爆炸取决于一定温度 T 和压力 p 下链传递和链销毁的相对速率。H_2 的爆炸界限为 4%～74%，一定温度下，当压力 p 小、处在爆炸低限(如 4%)以下时，H_2 太少，自由基易扩散到器壁上销毁，H_2 与 O_2 反应慢，无爆炸；当压力 p 大、处在爆炸高限(如 74%)以上时，体系 H_2 多，发生自由基的气相销毁，H_2 与 O_2 之间也不会发生支链反应而爆炸；处在爆炸低限与高限压力之间的氢氧爆炸区时，链传递占绝对优势，自由基大量产生，H_2 与 O_2 之间发生支链反应而爆炸；当压力 p 更大时，体系处于 H_2 与 O_2 反应特有的热爆炸区（放热反应来不及散热，体系迅速升温，导致反应速率呈指数上升，循环往复，发生爆炸反应）(图7-12)。

【例 7-15】 臭氧层空洞的产生机理。离地面 10～50 km 的区域是寒冷、干燥的同温层，其中的臭氧层可防止宇宙射线和紫外光对地球生物的伤害。当某一区域的臭氧含量降低到一定程度，就称之为臭氧空洞。造成臭氧空洞的主要原因是在同温层中发生了以下两类反应。

(1)

$$N_2O \xrightarrow{h\nu} N + NO$$
$$O_3 + NO \longrightarrow NO_2 + O_2$$
$$O + NO_2 \longrightarrow NO + O_2$$

净反应

$$O + O_3 \longrightarrow O_2 + O_2$$

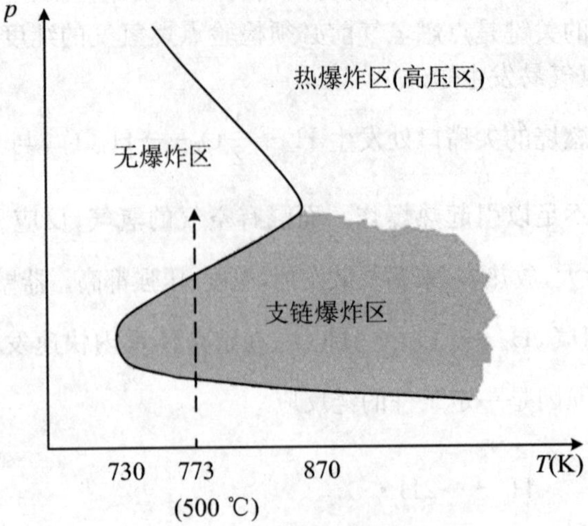

图 7-12 氢气与氧气爆炸区域

(2)

$$CF_2Cl_2 \xrightarrow{h\nu} Cl + CF_2Cl$$
$$O_3 + Cl \longrightarrow ClO + O_2$$
$$O + ClO \longrightarrow Cl + O_2$$

净反应

$$O + O_3 \longrightarrow O_2 + O_2$$

一个氯游离基可使 10 万个臭氧分解；一个溴游离基可使 500 万个臭氧分解。氟利昂和汽车尾气中的氮氧化物类化合物进入同温层后，在紫外光的作用下，产生 NO 和 Cl，作为催化剂将持续不断地破坏臭氧，造成臭氧含量的下降。因此，为了人类的生存必须控制氮氧化合物和氯氟烃的排放。

7.6 催化剂对反应速率的影响

IUPAC 定义：存在极少量就能显著加速反应而其化学性质和数量在反应前后没有改变的物质称为催化剂。而能减慢反应速率并在反应中数量有损耗的物质叫阻化剂，如清除人体垃圾自由基的物质叫防衰老剂，而不应叫负催化剂。

有催化剂参与的化学反应叫催化反应。据催化剂与反应物质的状态，催化反应通常分为均相催化，复相催化和酶催化三大类。此处主要介绍各类催化反应的基本特征和复相催化反应及酶催化反应方面的有关知识。

7.6.1　催化反应的基本特征

7.6.1.1　催化剂加速反应的本质

催化反应的本质是其参加了化学反应，改变了反应机理，降低了反应活化能。这点与之前讲过的浓度、温度对反应速率的影响不一样，因浓度、温度一般不会改变反应机理。

如合成氨反应 $N_2+3H_2 = 2NH_3$，无催化剂时

H—H(键能 436.8 kJ・mol⁻¹)+N≡N(键能 946 kJ・mol⁻¹)⟶HN⟶HNH⟶HNH_2

的活化能 $E_{a,非}=334.9\ kJ\cdot mol^{-1}$，而使用 $Fe(-K_2O-Fe_2O_3)$作为催化剂时，反应机理变为

吸附：

$$H_2+2Fe \longrightarrow 2H-Fe$$
$$N_2+2Fe \longrightarrow 2N-Fe$$

表面反应：

$$N-Fe+HFe \longrightarrow Fe-NH \longrightarrow Fe-NH_2 \longrightarrow Fe-NH_3$$

脱附：

$$Fe-NH_3 \longrightarrow Fe+NH_3$$

活化能降低为 $E_{a,催}=167.4\ kJ\cdot mol^{-1}$。若假设 $A_{非}\approx A_{催}$，则反应速率常数之比在 723 K 时约为

$$\frac{k_{催}}{k_{非}}=\exp\left(\frac{-\dfrac{167.4\times10^3}{8.314}\times723}{-\dfrac{334.9\times10^3}{8.314}\times723}\right)=1.26\times10^{12}$$

相差近 1 260 亿倍。

推广到任一化学反应

$$A+D \longrightarrow P$$

无催化剂时，活化能为 $E_{a,非}$

$$A+D \longrightarrow [A—D] \longrightarrow P$$

有催化剂(Cat)时的反应机理

$$A+Cat \underset{k_{-1}}{\overset{k_1}{\rightleftharpoons}} [A—Cat]$$

$$[A—Cat]+D \xrightarrow{k_2} P+Cat$$

由速控法得

$$\frac{dC_P}{dt}=k_2C_{[A—Cat]}C_D$$

$$C_{[A—Cat]}=\frac{k_1C_AC_{Cat}}{k_{-1}}$$

$$\frac{dC_P}{dt}=\frac{k_1k_2}{k_{-1}}C_{Cat}C_AC_D=kC_AC_D$$

其中

$$k=\frac{k_1k_2}{k_{-1}}C_{\text{Cat}}$$

$$Ae^{\frac{-E_{\text{a},催}}{RT}}=\left(\frac{A_1A_2}{A_{-1}}\right)C_{\text{Cat}}e^{\frac{-(E_{\text{a},1}+E_{\text{a},2}-E_{\text{a},-1})}{RT}}$$

$$E_{\text{a},催}=E_{\text{a},1}+E_{\text{a},2}-E_{\text{a},-1}<E_{\text{a},非}$$

可用图 7-13 表示。

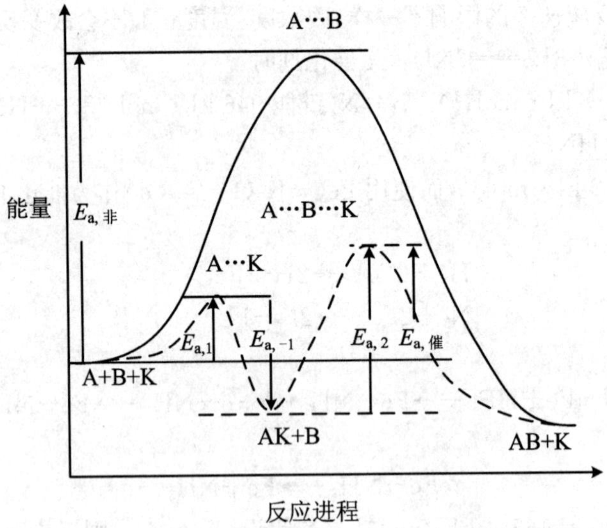

图 7-13 催化反应的活化能与反应的途径

7.6.1.2 催化剂只加速反应

催化剂只加速反应,缩短反应达到平衡的时间,而不能改变反应的方向与限度。

亦就是说,催化剂只能加速 $\Delta_r G_{T,p}<0$ 反应,而对 $\Delta_r G_{T,p}>0$ 的反应希望通过寻求催化剂来改变反应方向的努力是徒劳的。因为催化剂在反应前后化学性质和数量不变

$$反应物+\text{Cat}\longrightarrow产物+\text{Cat}$$

始终态都为催化剂 Cat。不仅 $\Delta_r G_{T,p}$ 与催化剂存在与否无关,反应限度也与催化剂的存在与否无关,催化剂只能使反应快速达到限度,而不能改变 $K^{\ominus}$ 的数值。由此推知,催化剂对正、逆反应是等比例加速的。此推论对寻求优良催化剂有着十分重要的指导意义。

如反应 $CO_{(g)}+2H_{2(g)}=\!=\!=CH_3OH_{(g)}$ 只能在高压下进行,可是在高压下寻求催化剂十分不便。利用此原理,我们可以在常压下寻求催化 CH_3OH 分解的催化剂。只要是催化 $CH_3OH_{(g)}$ 分解的优良催化剂,亦必然是催化 $CH_3OH_{(g)}$ 合成的优良催化剂,事实已完全证实了这点(压强对催化剂活性几乎无影响)。

7.6.1.3 催化剂有选择性

研究浓度、温度、催化剂对反应速率的影响,就是要用这些因素调节反应速率,使反应向人们需要的方向进行。其重要指标就是选择性。

$$选择性=\frac{转化成目的产品的量}{已转化的反应物量}\times100\%$$

选择性越大越好,如反应

$$CH_2=CH_2+O_2\begin{cases}\xrightarrow[K^{\ominus}=1.6\times10^{6}]{(Ag)}CH_2-CH_2\\ \xrightarrow[K^{\ominus}=6.3\times10^{18}]{(PdCl_2)}CH_2CHO\\ \xrightarrow[K^{\ominus}=6.3\times10^{120}]{}CO_2+H_2O\end{cases}$$

7.6.2　复相催化反应

反应物和催化剂处在不同相,反应发生在相界面。如反应

$$SO_2+O_2\xrightarrow{V_2O_5}SO_3$$

$$NH_3+O_2\xrightarrow{Pt-Rh}NO$$

$$N_2+H_2\xrightarrow{Fe-K_2O-Al_2O_3}NH_3$$

和石油裂解等。催化剂为固相,反应物及产物为气相。这种气—固相催化反应的应用最为普遍。此外,还有气—液相、液—固相、气—液—固三相的复相催化反应等。

7.6.2.1　复相催化的几个概念

1. 固体催化剂的活性、稳定性和活性中心

(1) 催化剂的活性 a

活性常定义为

$$a=\frac{k}{A_{0(\text{催化剂比表面积})}}=\frac{m_{\text{product}}}{t\cdot m_{\text{catalyst}}}=\frac{m_{\text{product}}}{t\cdot V_{\text{catalyst}}}$$

a 值越大,活性越高。

(2) 催化剂的稳定性

反映活性 a 与反应时间 t 的关系,称为催化剂的稳定性,如图 7-14 所示,稳定期越长,表示该催化剂的稳定性越好。

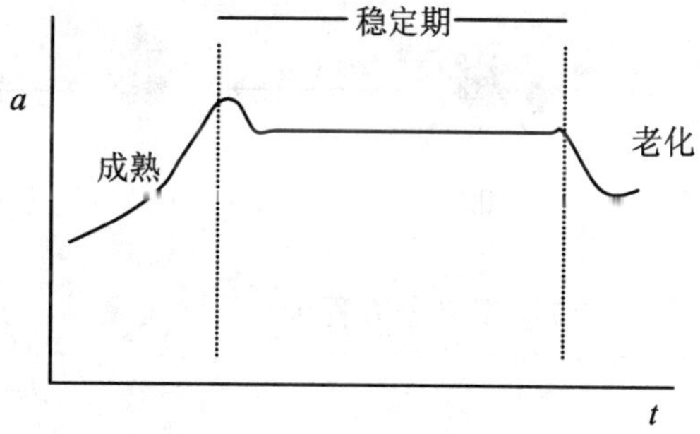

图 7-14　催化剂的稳定性示意图

(3) 催化剂的活性中心

催化剂的活性中心指起催化作用的部位(仅占很小的面积),如反应 $C_2H_4+H_2\longrightarrow C_2H_6$ 的催化剂活性中心仅占面积的 0.2%。

活性中心与某些物质发生强吸附,使催化剂的活性、选择性明显下降或丧失的现象叫催化剂中毒。如合成氨反应中的 H_2S 与 Fe 生成 FeS 使催化剂表面失活,发生催化剂的永久性中毒。H_2O,O_2,CO,CO_2 等暂时性毒物与 Fe 发生弱吸附,用纯净原料气吹扫可使催化剂再生。

7.6.2.2　气—固复相催化动力学

1. 催化步骤

一般机理常包括以下五步(图 7-15):

① 反应物从气相本体扩散到固体催化剂表面；

② 反应物被固体催化剂表面吸附；

③ 反应物在催化剂表面进行化学反应；

④ 产物从催化表面上脱附(或解吸)；

⑤ 产物从催化剂表面扩散到气相本体。

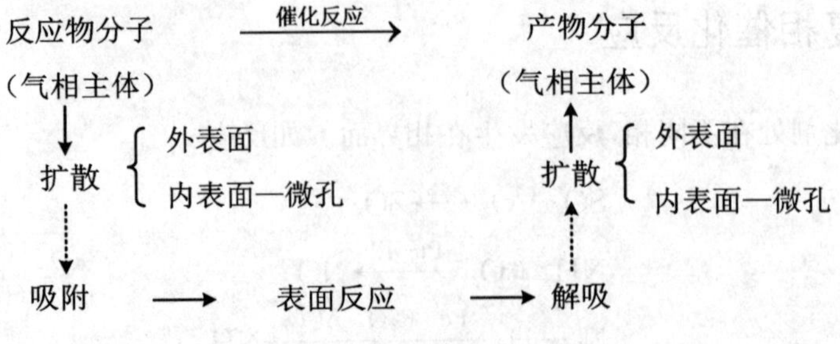

图 7-15

5 个基元步骤既有物理变化也有化学变化，其中①、⑤是物理扩散过程，②、④是吸附与脱附过程，③是表面化学反应过程。每一步都有它们各自的历程和动力学规律。所以研究一个多相催化过程的动力学，既涉及固体表面的反应动力学问题，也涉及吸附和扩散动力学问题。

研究复相动力学的目的是希望在实验的基础上获得复相反应的动力学方程，然后对动力学方程加以说明或解释。动力学方程一方面是探索反应历程的依据，另一方面也是工业上设计反应器的依据。在一连串的步骤中，由于速控步骤不同，速率的表示式也不同。

2. 表面反应为速控步动力学

以反应 A ⟶G 为例，设反应物吸附和产物脱附或解吸都进行得非常快，使得反应的每一瞬间都建立了吸附和脱附的平衡。则多相催化反应速率由表面吸附分子间的化学反应速率所决定(图 7-16)。

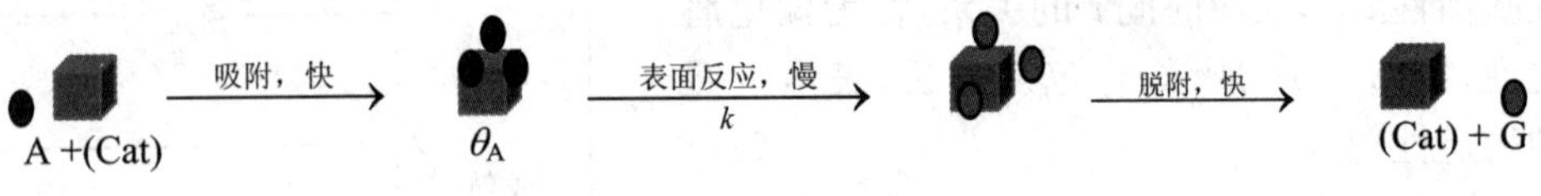

图 7-16

反应速率微分方程为

$$r=-\frac{dC_A}{dt}=k\theta_A$$

由朗格缪尔吸附等温式 A 的吸附浓度

$$\theta_A=\frac{a_A p_A}{1+a_A p_A}$$

有

$$-\frac{dC_A}{dt}=\frac{k a_A p_A}{1+a_A p_A} \tag{7-12}$$

① 当 A 弱吸附(a_A 很小)或 p_A 很小时，$a_A p_A \ll 1$，则 $1+a_A p_A \approx 1$，得

$$-\frac{dC_A}{dt}=k a_A p_A$$

为一级反应。

对理想气体反应来说

$$-\frac{\mathrm{d}C_{\mathrm{A}}}{\mathrm{d}t}=\frac{ka_{\mathrm{A}}C_{\mathrm{A}}}{RT}$$

反应动力学方程为

$$\ln\left(\frac{C_{\mathrm{A},0}}{C_{\mathrm{A}}}\right)=\frac{kta_{\mathrm{A}}}{RT}$$

即

$$\ln\left(\frac{C_{\mathrm{A},0}}{C_{\mathrm{A}}}\right)=k't$$

该式中的 $k'=\frac{a_{\mathrm{A}}}{RT}k$。

② 当A强吸附或 p_{A} 很大时，$1+a_{\mathrm{A}}p_{\mathrm{A}}\approx a_{\mathrm{A}}p_{\mathrm{A}}$，有

$$-\frac{\mathrm{d}C_{\mathrm{A}}}{\mathrm{d}t}=k$$

为零级反应。

反应动力学方程为

$$C_{\mathrm{A},0}-C_{\mathrm{A}}=kt$$

这种情况相当于表面完全为吸附分子所覆盖，总的反应速率与反应物分子在气相中的压力无关，而只依赖于被吸附着的分子的反应速率。

③ 若压力适中，由 $-\frac{\mathrm{d}C_{\mathrm{A}}}{\mathrm{d}t}=\frac{ka_{\mathrm{A}}p_{\mathrm{A}}}{1+a_{\mathrm{A}}p_{\mathrm{A}}}$ 知，反应级数介于0～1之间。

说明在忽略产物吸附的单分子反应中，随着反应物浓度或分压的增加，反应级数可由一级经过分数级而下降到零级。PH_3 在钨固体表面上的分解就属于这种情况。因在883～993 K，0.13～1.3 Pa时，$r=kp_{\mathrm{PH_3}}$，为一级反应。在0～260 Pa时，$r=\frac{kp_{\mathrm{PH_3}}}{1+b_{\mathrm{PH_3}}p_{\mathrm{PH_3}}}$，为分数级反应。在压力为130～660 Pa，$r=k$，为零级反应。

7.6.3 酶催化反应

酶催化反应是一类非常重要的化学反应。没有酶的催化作用就不可能有生命现象。因为常温、常压下以及正常细胞的pH条件下，几乎所有在机体内发生反应的速率都小得可以忽略不计。人体的新陈代谢是显示生命活力的过程，它是借助酶来实现的。据估计人体中约有三万种不同的酶，每种酶都是有机体中某种特定化学反应的有效催化剂，它将食物催化转化，合成蛋白质、脂肪……构成人体的物质基础，同时释放出能量，以满足人体的需要。人患病的本质就是代谢过程失调和紊乱，从催化的观点看，就是作为催化剂的酶缺乏或过剩，如生物体的许多中毒现象均缘于酶活性的丧失，如 CN^- 的剧毒性，在于它与酶分子中的过渡金属离子不可逆地络合，使酶丧失了活性。酶在生产、生活中有广泛的应用，如以发酵制面包、用淀粉生产酒精、用微生物生产抗生素等都需要酶的催化作用。

酶是一类蛋白质大分子，其大小范围为10～100 nm(即 10^{-8}～10^{-7} m)，属于胶体范围。因此酶催化作用介于均相与非均相之间，既可看成是反应物与酶形成了中间化合物，也可看成是

在酶的表面上吸附了底物，然后再进行反应。

7.6.3.1 酶催化反应动力学

Michaelis-Menten，Briggs，Haldane，Henry 等人研究了酶催化反应动力学，提出了如下的反应历程：

$$E + S \underset{k_{-1}}{\overset{k_1}{\rightleftharpoons}} ES$$

$$ES \xrightarrow[\text{慢}]{k_2} E + P$$

他们认为酶(E)与底物(S)先形成中间化合物 ES，中间化合物再进一步分解为产物(P)，并释放出酶(E)，整个反应的速控步为速率慢的第二步。

则其速率微分方程为

$$r = \frac{dC_P}{dt} = k_2 C_{ES}$$

中间物 ES 可用稳态法处理：

$$\frac{dC_{ES}}{dt} = k_1 C_S C_E - k_{-1} C_{ES} - k_2 C_{ES} = 0$$

$$C_{ES} = \frac{k_1 C_S C_E}{k_{-1} + k_2} = \frac{C_S C_E}{K_M}$$

$$K_M = \frac{k_{-1} + k_2}{k_1} \qquad (K_M \text{ 称为米氏常数})$$

$$K_M = \frac{C_S C_E}{C_{ES}} \qquad (K_M \text{ 相当于 ES 的不稳定常数})$$

则

$$r = \frac{dC_P}{dt} = k_2 C_{ES}$$

$$r = \frac{dC_P}{dt} = \frac{k_2 C_S C_E}{K_M}$$

若令酶的原始浓度为 $C_{E,0}$，反应达稳态后，一部分变为中间化合物 ES 的浓度为 C_{ES}，余下的浓度为 C_E，则

$$C_{E,0} = C_E + C_{ES}$$

$$C_E = C_{E,0} - C_{ES}$$

$$C_{ES} = \frac{C_E C_S}{K_M} = \frac{(C_{E,0} - C_{ES}) C_S}{K_M}$$

$$C_{ES} K_M = C_{E,0} C_S - C_{ES} C_S$$

所以

$$C_{ES} = \frac{C_{E,0} C_S}{K_M + C_S}$$

得

$$r = \frac{dC_P}{dt} = k_2 C_{ES} = \frac{k_2 C_{E,0} C_S}{K_M + C_S} \tag{7-13}$$

以 r 为纵坐标，以 C_S 为横坐标作图得图 7-17。

(1) 当 C_S 很大时

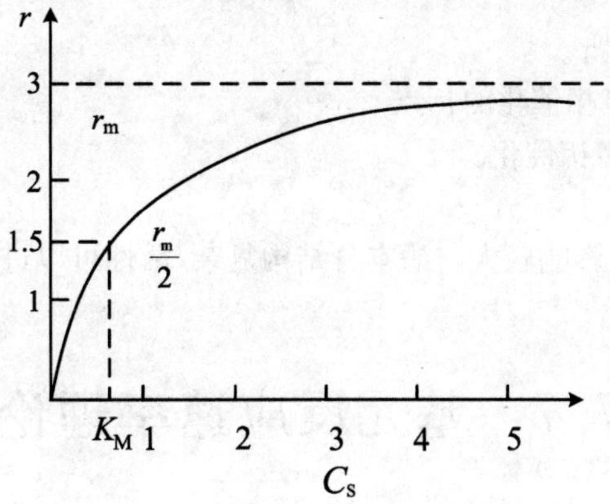

图 7-17　典型的酶催化反应速率曲线

$$C_S + K_M \approx C_S$$
$$r = k_2 C_{E,0}$$

催化反应表现为零级反应，由于基质浓度很大，酶几乎都变为中间产物 ES，此时反应速率趋于最大值 r_m，则

$$r_m = k_2 C_{E,0}$$

(2) 当 C_S 很小时

$$C_S + K_M \approx K_M$$
$$r = \frac{k_2 C_{E,0} C_S}{K_M}$$

催化反应表现为一级反应。

(3) 由于 $r = \frac{k_2 C_{E,0} C_S}{K_M}$，而 $r_m = k_2 C_{E,0}$，两式结合得

$$\frac{r}{r_m} = \frac{C_S}{K_m + C_S}$$

可以看出，当 $r = \frac{1}{2} r_m$ 时，$K_M = C_S$，也就是说，K_M 等于反应达最大反应速率一半时的底物浓度。

将 $\frac{r}{r_m} = \frac{C_S}{K_m + C_S}$ 重排得

$$\frac{1}{r} = \frac{K_M}{r_m} \cdot \frac{1}{C_S} + \frac{1}{r_m}$$

对 $\frac{1}{r}$-$\frac{1}{C_S}$ 作图，得一直线，从斜率和截距可求出 K_M 和 r_m。

7.6.3.2　酶催化反应的特点

(1) 高选择性和单一性

选择性超过任何人造催化剂，如脲酶只能将尿素迅速转化成氨和二氧化碳，而对其他任何反应都没有活性。

(2) 高效率

比人造催化剂的效率高出 $10^8 \sim 10^{12}$ 倍。

(3) 反应条件温和

一般在常温、常压下进行。

(4) 兼有均相催化和多相催化的特点

可以进行均相催化和多相催化。

(5) 反应历程复杂

受 pH、温度、离子强度影响较大。酶本身结构复杂,活性可以进行调节。

7.7 基元反应速率理论

阿累尼乌斯根据实验从宏观角度总结出了化学反应的动力学基本规律,即阿累尼乌斯公式。他认为反应的速率常数与温度的关系决定于活化能和指前因子。但是人们希望能从理论上或微观的角度对公式作出解释,并希望能从理论上预言反应在给定条件下的速率常数。

在化学反应速率理论的发展过程中,先后形成了碰撞理论和过渡状态理论等。碰撞理论是在气体分子运动论的基础上建立起来的,而过渡状态理论是在动力学和量子力学发展中形成的。但到目前为止,现有的速率理论还不能令人满意,目前正在不断发展之中。

7.7.1 碰撞理论

碰撞理论是在接受了阿累尼乌斯活化态、活化能概念的基础上,利用分子运动理论于 1918 年由路易斯建立起来的,并得到后人的不断修正和发展。简单碰撞理论是以硬球碰撞为模型,导出宏观反应速率常数的计算公式,故又称为硬球碰撞理论。

7.7.1.1 基本假设

① 反应物分子要发生反应必须碰撞,反应物分子间的接触碰撞是发生反应的前提。

② 反应物分子间的碰撞并不是都能发生反应的,只有那些能量较高的活化分子在满足一定的空间分布几何条件下的碰撞才能发生反应。

③ 活化分子的能量较普通分子能量高,它们碰撞时,松动并部分破坏了反应物分子中的旧化学键,并可能形成新化学键,从而发生反应。这样的碰撞称为有效碰撞或非弹性碰撞。活化分子愈多,发生化学反应的可能性就愈大。

据假设,当以 $Z_{A,B}$ 表示单位时间、单位体积内 A,B 分子碰撞总数,以 q 代表有效碰撞在总碰撞数 $Z_{A,B}$ 中所占的百分数时,反应速率可表示为

$$r = -\frac{dC_A}{dt} = \frac{Z_{A,B}}{L}q$$

7.7.1.2 速率常数 k 的表达式

1. 分子碰撞频率

由气体分子运动论知,两硬球分子 A 和 B 在单位时间单位体积内的碰撞次数为

$$Z_{A,B} = \pi d_{A,B}^2 \frac{N_A}{V} \cdot \frac{N_B}{V}\sqrt{\frac{8RT}{\pi\mu}}$$

即

$$Z_{A,B}=\pi d_{A,B}^2 L\cdot\frac{\frac{N_A}{L}}{V}\cdot L\cdot\frac{\frac{N_B}{L}}{V}\sqrt{\frac{8RT}{\pi\mu}}$$

即

$$Z_{A,B}=\pi d_{A,B}^2 L^2\sqrt{\frac{8RT}{\pi\mu}}C_A C_B$$

当系统中为同种 A 分子时，其碰撞频率为

$$Z_{A,A}=2\pi d_{A,A}^2 L^2\cdot\left(\frac{N_A}{V}\right)^2\sqrt{\frac{RT}{\pi M_A}}=2\pi d_A^2 L^2\sqrt{\frac{RT}{\pi M_A}}C_A{}^2$$

式中，N_A，N_B为单位体积内 A，B 分子数；$d_{A,B}=r_A+r_B$ 为有效碰撞直径；μ 是 A，B 分子的折合摩尔质量，$\mu=\dfrac{M_A M_B}{M_A+M_B}$；$M_A$，$M_B$ 分别为 A，B 分子的摩尔质量；C_A 和 C_B 分别是 A 与 B 的浓度（单位 $mol\cdot m^{-3}$）。

2. 速率常数 k 推导

设反应

$$A+B\longrightarrow P$$

若每次碰撞都是有效碰撞，则单位体积内 A 分子的消耗速率即为 A，B 分子的碰撞频率

$$-\frac{d\frac{N_A}{V}}{dt}=-\frac{dC_A}{dt}\times L=Z_{A,B}$$

则

$$-\frac{dC_A}{dt}=\frac{Z_{A,B}}{L}=\pi d_{A,B}^2 L\sqrt{\frac{8RT}{\pi\mu}}C_A C_B$$

实际上只有能量大于 E_c 的碰撞才是有效碰撞，则

$$-\frac{dC_A}{dt}=\pi d_{A,B}^2 L\sqrt{\frac{8RT}{\pi\mu}}\exp\left(-\frac{E_c}{RT}\right)C_A C_B$$

与 $-\dfrac{dC_A}{dt}=kC_A C_B$ 比较，得

$$k=\pi d_{A,B}^2 L\sqrt{\frac{8RT}{\pi\mu}}\exp\left(-\frac{E_c}{RT}\right)\tag{7-14}$$

这就是根据简单碰撞理论导出的速率常数计算式。

对同种双分子反应

$$2A\longrightarrow P$$

则

$$-\frac{d\frac{N_A}{V}}{dt}=-\frac{dC_A}{dt}\times L=Z_{A,A}$$

则

$$\frac{dC_A}{dt}=\frac{Z_{A,A}}{L}=2\pi d_A^2 L\sqrt{\frac{RT}{\pi M_A}}C_A^2$$

实际上只有能量大于 E_c 的碰撞才是有效碰撞，则

$$-\frac{dC_A}{dt}=2\pi d_A^2 L\sqrt{\frac{RT}{\pi M_A}}\exp\left(-\frac{E_c}{RT}\right)C_A^2$$

与 $r=-\frac{dC_A}{2dt}=kC_A^2$ 比较,得

$$k=\pi d_A^2 L\sqrt{\frac{RT}{\pi M_A}}\exp\left(-\frac{E_c}{RT}\right) \tag{7-15}$$

3. 反应阈能 (E_c) 与活化能(E_a)及指前因子(A)的关系

将碰撞理论得到的计算速率常数的表达式

$$k=\pi d_{A,B}^2 L\sqrt{\frac{8RT}{\pi\mu}}\exp\left(-\frac{E_c}{RT}\right)$$

$$k=\pi d_A^2 L\sqrt{\frac{RT}{\pi M_A}}\exp\left(-\frac{E_c}{RT}\right)$$

代入阿累尼乌斯微分公式

$$\begin{aligned}E_a&=RT^2\frac{d\ln k(T)}{dT}\\&=RT^2\frac{d\left(\ln 常数+\ln T^{1/2}-\frac{E_c}{RT}\right)}{dT}\\&=RT^2\left(\frac{1}{2T}+\frac{E_c}{RT^2}\right)\end{aligned}$$

有

$$E_a=E_c+\frac{1}{2}RT$$

说明阿累尼乌斯活化能是与温度有关的。

同时,对 A+B ⟶ P,有

$$k=\pi d_{A,B}^2 L\sqrt{\frac{8RT}{\pi\mu}}\exp\left(-\frac{E_a-\frac{1}{2}RT}{RT}\right)$$

即

$$k=\pi d_{A,B}^2 L\sqrt{\frac{8eRT}{\pi\mu}}\exp\left(-\frac{E_a}{RT}\right) \tag{7-16}$$

与 $k=Ae^{-\frac{E_a}{RT}}$ 比较,阿累尼乌斯的指前因子 $A=\pi d_{A,B}^2 L\sqrt{\frac{8eRT}{\pi\mu}}$,与温度有关。

同理,对 2A ⟶ P,亦有

$$k=\pi d_A^2 L\sqrt{\frac{eRT}{\pi M_A}}\exp\left(-\frac{E_a}{RT}\right) \tag{7-17}$$

阿累尼乌斯的指前因子 $A=\pi d_A^2 L\sqrt{\frac{eRT}{\pi M_A}}$,亦与温度有关。

【例 7-16】 在 600 K 时,反应 $2NOCl = 2NO + Cl_2$ 的速率常数 k 值为 60 $(mol\cdot dm^{-3})^{-1}\cdot s^{-1}$,实验活化能为 105.5 $kJ\cdot mol^{-1}$。已知 NOCl 分子直径为 0.283 nm,摩尔质量为 65.5 $g\cdot mol^{-1}$。试计算反应在该温度下的速率常数。

解

$$\begin{aligned}E_c&=E_a-\frac{1}{2}RT\\&=105.5\times10^3-\frac{1}{2}\times8.314\times600=103.0\ (kJ\cdot mol^{-1})\end{aligned}$$

$$k=\pi d_{\mathrm{A}}^{2}L\sqrt{\frac{\mathrm{e}RT}{\pi M_{\mathrm{A}}}}\exp\left(-\frac{E_{\mathrm{c}}}{RT}\right)$$
$$=2\times3.14\times(2.83\times10^{-10})^{2}\times6.022\times10^{23}$$
$$\times\sqrt{\frac{2.718\times8.134\times600}{3.14\times65.5\times10^{-3}}}\exp\left(-\frac{103\,000}{8.314\times600}\right)$$
$$=5.09\times10^{-2}\,(\mathrm{mol^{-1}\cdot m^{3}\cdot s^{-1}})=50.9\,(\mathrm{mol^{-1}\cdot dm^{3}\cdot s^{-1}})$$

4. 对碰撞理论的评价

(1) 成功之处

① 用一个简单而明了的物理图像揭示了反应究竟是如何进行的，从微观上说明了基元反应速率公式的由来和阿累尼乌斯公式成立的原因。

② 碰撞理论对 $\exp\left(-\frac{E_{\mathrm{a}}}{RT}\right)$，$A$，$E_{\mathrm{c}}$ 等都提出了较明确的物理意义。

③ 碰撞理论肯定了 E_{a} 与温度有关，即 $E_{\mathrm{a}}=E_{\mathrm{c}}+\frac{1}{2}RT$。

(2) 不足之处

① 将分子看作没有结构的刚球，模型过于简单粗糙，因而 k 值常与实验结果相差较大。

② 在碰撞理论中，阈能 E_{c} 还必须由实验活化能求得，所以碰撞理论还是半经验的。

7.7.2　过渡态理论

过渡状态理论又称活化络合物理论，该理论是 1935 年爱伦(Eyring)和包兰义(Polanyi)等人在统计力学和量子力学的基础上建立起来的。

1. 基本假设

① 反应物必须通过碰撞形成一种过渡状态，即反应物分子活化形成活化络合物的中间状态，反应物与活化络合物之间能很快达成化学平衡。

② 活化络合物分解为产物的反应为慢反应，是速率控制步骤。

③ 反应物分子间相互作用势能是分子间相对位置的函数，反应物转化为产物的过程是体系势能不断变化的过程。基本假设可表示为

$$\mathrm{A+B{-}C}\overset{K_c^{\neq}}{\rightleftharpoons}[\mathrm{A\cdots B\cdots C}]^{\neq}\xrightarrow[\text{慢}]{\nu^{\neq}}\mathrm{A{-}B+C}$$

2. 势能面和反应途径

反应体系的势能面立体图是反应体系势能 E_{P} 与反应物 A，BC 形成的 AB 化学键距离 r_{AB} 和 BC 间化学键距离 r_{BC} 及 AC 之间距离 r_{AC} 或 A，B，C 夹角∠ABC 的函数

$$E_{\mathrm{p}}=E_{\mathrm{p}}(r_{\mathrm{AB}},r_{\mathrm{BC}},r_{\mathrm{AC}})$$

或

$$E_{\mathrm{p}}=E_{\mathrm{p}}(r_{\mathrm{AB}},r_{\mathrm{BC}},\angle\mathrm{ABC})$$

因此，精确绘制势能面需四维空间。为了能在三维空间描述体系的势能变化，我们研究共线碰撞，即∠ABC－180°，认为中间活化络合物为线型分了。此时

$$E_{\mathrm{p}}=E_{\mathrm{p}}(r_{\mathrm{AB}},r_{\mathrm{BC}})$$

当 A 向 B—C 靠近时，B—C 间化学键变弱 B…C，并逐渐形成 A…B 化学键。

以 r_{AB}，r_{BC} 为平面上两个相互垂直的坐标，E_{p} 为垂直于该平面的第三个坐标时。每给定一

组(r_{AB},r_{BC}),体系就有 E_p 值与之对应,在 E_p—r_{AB}—r_{BC} 三维空间就有一个点来描述这一状态。由于 r_{AB} 和 r_{BC} 不同,E_p 也就不同,在空间上就有高低不等的点,构成一个高低不平的面,这称为反应体系的势能面立体图(图 7-18)。

这个势能面有两个山谷,山谷的谷口分别相应于反应的初态和终态,连接这两个山谷的谷口的山脊顶点是势能面上的鞍点(saddle point),反应物从一侧山谷的谷底,沿着山谷爬上鞍点,这时形成活化络合物,用"≠"表示,然后再沿另一侧山谷下降到另一谷底,形成生成物,其所经路线如图 7-19 中虚线所示。这是一条最低能量的反应途径,称为反应坐标。与坐标原点 O 相对的一侧势能是很高的,分子完全解离为原子(即 A+B+C)的状态 S 点。所以鞍点 Q 与坐标原点 O 和分子完全解离的 S 点相比是势能最低点;而与入口处 R 点和出口处 P 点相比是势能最高点,这就决定了活化络合物既不稳定,又相对稳定的特点。

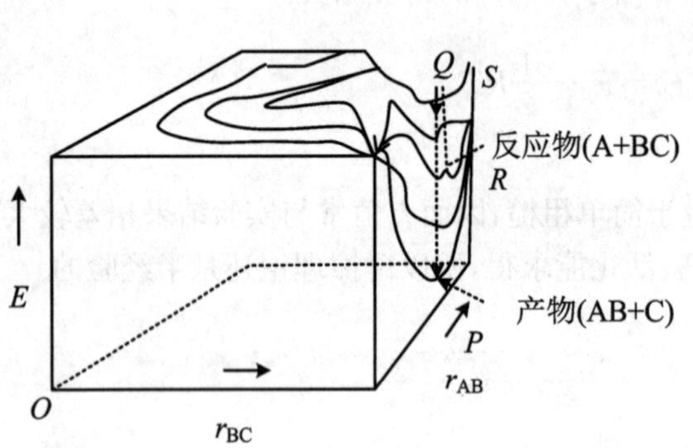

图 7-18 势能面立体图

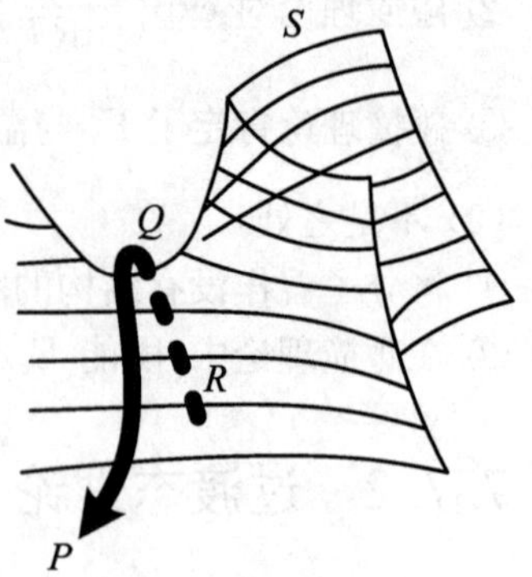

图 7-19 反应途径示意图

若将这一立体图投影到 r_{AB} 和 r_{BC} 平面上,并将势能值相等的点用一曲线连起来,这些曲线就构成了等势能线,就像地图上的等高线一样(图 7-20)。数字愈大,势能愈多。R 为反应物势能点,P 为产物势能点,Q 为活化络合物势能点,O,S 为两个能峰点,所以鞍点 Q 与前后(O,S)相比为最低点,而与左右(R,P)相比为最高点。

以反应坐标为横坐标,以势能为纵坐标,从反应物到产物必须通过鞍点,越过势能 E_b,E_b 是活化络合物与反应物两者最低势能之差值,另外两者零点能的差值为 E_0(图 7-21)。

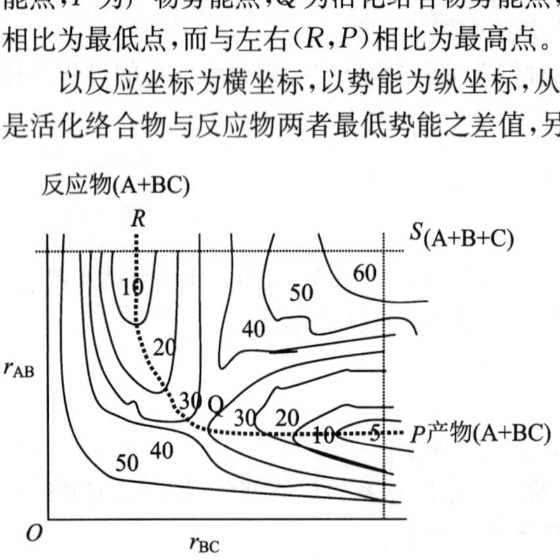

图 7-20 势能面平面投影图

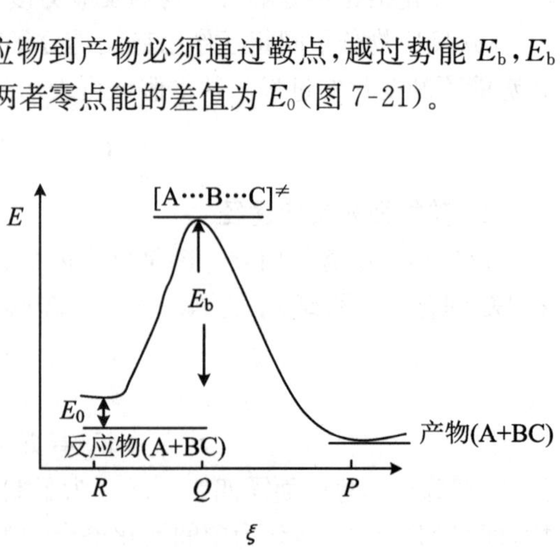

图 7-21 反应途径的势能图

3. 过渡态理论反应速率常数 k 表达式

$$A+B—C \xrightleftharpoons{K_c^{\neq}} [A\cdots B\cdots C]^{\neq} \xrightarrow[\text{慢}]{\nu_{\neq}} A—B+C$$

由上式知，活化络合物 $[A\cdots B\cdots C]^{\neq}$ 为线型三原子分子，平动自由度3个，转动自由度2个，振动自由度是 $3n-5=3\times3-5=4$(个)，它们分别是两个弯曲振动，一个对称伸缩振动和一个不对称伸缩振动。其中，能导致络合物分解的只有不对称伸缩振动，若其振动频率为 $\nu_{\neq}$(次·s^{-1})，则单位时间、单位体积内活化络合物分子分解的速率可表示为

$$-\frac{dC_{[ABC]^{\neq}}}{dt}=\nu_{\neq}[ABC]^{\neq}=\nu_{\neq}C_{\neq}$$

由物理学知，$\nu_{\neq}=\dfrac{RT}{N_0h}$($h$ 为 6.626×10^{-34} J·s，称为普朗克常数)，则

$$-\frac{dC_{[ABC]^{\neq}}}{dt}=\frac{RT}{N_0h}C_{\neq}$$

(1) 对气相反应

因为

$$K^{\ominus}=\prod_B\left(\frac{\gamma_B p_B}{p^{\ominus}}\right)^{\nu_B}$$

$$K_{\neq}^{\ominus}=\left(\frac{\gamma_{\neq}}{\gamma_A\gamma_{BC}\cdots}\right)\left(\frac{C_{\neq}}{C_AC_{BC}\cdots}\right)\left(\frac{RT}{p^{\ominus}}\right)^{1-n}$$

$$C_{\neq}=K_{\neq}^{\ominus}\left(\frac{\gamma_A\gamma_{BC}\cdots}{\gamma_{\neq}}\right)\left(\frac{p^{\ominus}}{RT}\right)^{1-n}C_AC_{BC}\cdots$$

则

$$-\frac{dC_{[ABC]^{\neq}}}{dt}=\frac{RT}{N_0h}C_{\neq}=\frac{RT}{N_0h}K_{\neq}^{\ominus}\left(\frac{\gamma_A\gamma_{BC}\cdots}{\gamma_{\neq}}\right)\left(\frac{p^{\ominus}}{RT}\right)^{1-n}C_AC_{BC}\cdots$$

与

$$-\frac{dC_{[ABC]^{\neq}}}{dt}=kC_AC_{BC}\cdots$$

比较可得

$$k=\frac{RT}{N_0h}K_{\neq}^{\ominus}\left(\frac{\gamma_A\gamma_{BC}\cdots}{\gamma_{\neq}}\right)\left(\frac{p^{\ominus}}{RT}\right)^{1-n}$$

结合

$$\Delta_rG_{m,\neq}^{\ominus}=\Delta_rH_{m,\neq}^{\ominus}-T\Delta_rS_{m,\neq}^{\ominus}=-RT\ln K_{\neq}^{\ominus}$$

得

$$k=\frac{RT}{N_0h}\left(\frac{\gamma_A\gamma_{BC}\cdots}{\gamma_{\neq}}\right)\left(\frac{p^{\ominus}}{RT}\right)^{1-n}\exp\left(\frac{\Delta_rS_{m,\neq}^{\ominus}}{R}\right)\exp\left(-\frac{\Delta_rH_{m,\neq}^{\ominus}}{RT}\right)$$

对于理想气体 $\gamma_A=\gamma_{BC}=\cdots=\gamma_{\neq}=1$，则

$$k=\frac{RT}{N_0h}\left(\frac{p^{\ominus}}{RT}\right)^{1-n}\exp\left(\frac{\Delta_rS_{m,\neq}^{\ominus}}{R}\right)\exp\left(-\frac{\Delta_rH_{m,\neq}^{\ominus}}{RT}\right)$$

当 $n=1$ 时，k 的单位是 s^{-1}；$n=2$ 时，k 的单位是 $mol^{-1}\cdot m^3\cdot s^{-1}$。

(2) 对溶液中的化学反应

压力不太大时

$$K_{\neq}^{\ominus}=\left(\frac{\gamma_{\neq}}{\gamma_A\gamma_{BC}\cdots}\right)\left(\frac{C_{\neq}}{C_AC_{BC}\cdots}\right)(C^{\ominus})^{n-1}$$

$$C_{\neq}=K_{\neq}^{\ominus}\left(\frac{\gamma_{A}\gamma_{BC}\cdots}{\gamma_{\neq}}\right)(C^{\ominus})^{1-n}C_{A}C_{BC}\cdots$$

则有

$$-\frac{dC_{[ABC]^{\neq}}}{dt}=\frac{RT}{N_0h}C_{\neq}=\frac{RT}{N_0h}K_{\neq}^{\ominus}\left(\frac{\gamma_{A}\gamma_{BC}\cdots}{\gamma_{\neq}}\right)(C^{\ominus})^{1-n}C_{A}C_{BC}\cdots$$

与

$$-\frac{dC_{[ABC]^{\neq}}}{dt}=kC_{A}C_{BC}\cdots$$

比较可得

$$k=\frac{RT}{N_0h}K_{\neq}^{\ominus}\left(\frac{\gamma_{A}\gamma_{BC}\cdots}{\gamma_{\neq}}\right)(C^{\ominus})^{1-n}$$

结合

$$\Delta_r G_{m,\neq}^{\ominus}=\Delta_r H_{m,\neq}^{\ominus}-T\Delta_r S_{m,\neq}^{\ominus}=-RT\ln K_{\neq}^{\ominus}$$

得

$$k=\frac{RT}{N_0h}\left(\frac{\gamma_{A}\gamma_{BC}\cdots}{\gamma_{\neq}}\right)(C^{\ominus})^{1-n}\exp\left(\frac{\Delta_r S_{m,\neq}^{\ominus}}{R}\right)\exp\left(-\frac{\Delta_r H_{m,\neq}^{\ominus}}{RT}\right)$$

对于理想溶液和稀溶液中的化学反应 $\gamma_A=\gamma_{BC}=\cdots=\gamma_{\neq}=1$，则

$$k=\frac{RT}{N_0h}(C^{\ominus})^{1-n}\exp\left(\frac{\Delta_r S_{m,\neq}^{\ominus}}{R}\right)\exp\left(-\frac{\Delta_r H_{m,\neq}^{\ominus}}{RT}\right)$$

【例 7-17】 在 600 K 下，已知丁二烯气相二聚反应的 $\Delta_r S_{m,\neq}^{\ominus}=-60.79\ \mathrm{J\cdot mol^{-1}\cdot K^{-1}}$，$\Delta_r H_{m,\neq}^{\ominus}=13.783\ \mathrm{kJ\cdot mol^{-1}}$，求 k。

解
$$\begin{aligned}k&=\frac{RT}{N_0h}\left(\frac{p^{\ominus}}{RT}\right)^{1-n}\exp\left(\frac{\Delta_r S_{m,\neq}^{\ominus}}{R}\right)\exp\left(-\frac{\Delta_r H_{m,\neq}^{\ominus}}{RT}\right)\\&=\left(\frac{8.314\times600}{6.022\times10^{23}\times6.626\times10^{-34}}\right)\times\left(\frac{101\,325}{8.314\times600}\right)^{1-2}\\&\quad\times\exp\left(-\frac{60.79}{8.314}\right)\exp\left(-\frac{13\,787}{8.314\times600}\right)\\&=3\times10^{7}(\mathrm{mol^{-1}\cdot m^3\cdot s^{-1}})\end{aligned}$$

与实验值 $7.5\times10^{7}\ \mathrm{mol^{-1}\cdot m^3\cdot s^{-1}}$ 基本接近。

4. $\Delta_r H_{m,\neq}^{\ominus}$ 与 E_a 的关系

(1) 气相反应

$$\begin{aligned}E_a&=RT^2\frac{d\ln k}{dT}=RT^2\frac{d\ln(\text{常数}\ T^nK^{\ominus})}{dT}\\&=\frac{RT^2\left(\frac{n}{T}+\frac{d\ln K^{\ominus}}{dT}\right)}{dT}\\&=\frac{RT^2(nRT+\Delta_r H_{m,\neq}^{\ominus})}{RT^2}\\E_a&=nRT+\Delta_r H_{m,\neq}^{\ominus}\end{aligned}$$

此时，对理想气体反应来说

$$k=\frac{RT}{N_0h}\left(\frac{p^{\ominus}}{RT}\right)^{1-n}\exp\left(\frac{\Delta_r S_{m,\neq}^{\ominus}}{R}\right)\cdot e^n\cdot\exp\left(-\frac{E_a}{RT}\right)\tag{7-18}$$

(2) 对溶液中化学反应

$$E_a = RT^2 \frac{\mathrm{d}\ln k}{\mathrm{d}T} = RT^2 \frac{\mathrm{d}\ln(\text{常数}\ TK^{\ominus})}{\mathrm{d}T}$$

$$= RT^2\left(\frac{1}{T} + \frac{\mathrm{d}\ln K^{\ominus}}{\mathrm{d}T}\right)$$

$$= \frac{RT^2(RT + \Delta_r H_{m,\neq}^{\ominus})}{RT^2}$$

$$E_a = RT + \Delta_r H_{m,\neq}^{\ominus}$$

此时，对于理想溶液和稀溶液中的化学反应

$$k = \frac{RT}{N_0 h}(C^{\ominus})^{1-n}\exp\left(\frac{\Delta_r S_{m,\neq}^{\ominus}}{R}\right)\cdot e^n \cdot \exp\left(-\frac{E_a}{RT}\right) \tag{7-19}$$

过渡态理论形象地描绘了基元反应历程，原则上可以从原子结构的光谱数据和势能面计算基元反应的速率常数。此外，对阿累尼乌斯的指前因子作了理论说明，认为它与反应的活化熵有关。形象地说明了反应为什么需要活化能以及反应遵循的能量最低原理。但是其引进的平衡假设和速决步假设，并不能符合所有的实验事实。对复杂得多的原子反应，绘制势能面有困难，使理论应用受到一定的限制。

7.8　溶液中的化学反应

在溶液中，溶剂对反应的影响称为溶剂效应。溶液中的化学反应有溶剂对反应的影响（笼效应、溶剂化、极性、催化作用、介电常数、黏度等）、原盐效应等。

7.8.1　溶剂对反应速率的影响

1. 笼效应

在液相中，某一个分子可以看作被由其他分子所组成的“笼子”所包围。该分子朝着这个“笼子”的壁振动了许多次之后，才能“挤过”紧密堆积的周围分子并扩散出笼子。这种现象称为笼效应（图 7-22）。

液体较差的移动性阻碍了反应的两个溶质分子 A 和 B 在溶液中的相遇。但是，一旦 A 和 B 相遇，就会被溶剂分子的“笼”所包围，使它们在相对较长的时间（10 ～100 倍于气体碰撞时间）内靠在一起，可以经历反复多次的碰撞，直到反应分子从笼中挤出。这种 A 和 B 扩散到一起，在笼中多次碰撞的过程称为一次遭遇，一次遭遇要进行100～1 000 次碰撞。远程碰撞次数减少，近远程碰撞次数增加。总碰撞次数未减少。

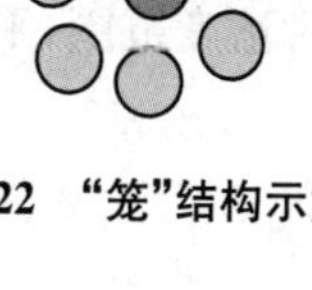

图 7-22　“笼”结构示意图

2. 溶剂化

反应物一般是溶剂化的，溶剂化程度随溶剂不同而改变，这会影响反应速率常数 k。如果反应物溶剂化后能形成比较稳定的溶剂化物，则会增加活化能，降低反应速率。如果溶剂化后能形成一种不稳定的中间化合物，则可使活化能降低，增大反应速率。

3. 溶剂的极性

若生成物的极性比反应物大，则在极性溶剂中反应速率比较大；反之亦然。如 298 K 下，二级取代反应

$$CH_3I + Cl^- \xrightarrow{k_2} CH_3Cl + I^-$$

在不同的酰胺溶剂中，其速率常数各不同（表 7-6）。

表 7-6

溶 剂	$HCONH_2$	$HCONHCH_3$	$HCON(CH_3)_2$
$k_2(dm^3 \cdot mol^{-1} \cdot s^{-1})$	0.000 05	0.000 14	0.4

4. 催化作用

某些溶剂可能对反应有催化作用，不同溶剂中的反应可能有不同的反应历程。

5. 介电常数

溶剂的介电常数对离子参加的反应有影响，溶剂的介电常数越大，离子间的引力愈弱，即介电常数大的溶剂不利于离子间的化学反应。

6. 黏度影响

对于溶液中的快速反应，反应速率受两个反应物分子在溶剂中扩散而彼此遭遇的速率限制，黏度越大，对 k 影响越大。

7. 氢键影响

溶剂和反应物间的氢键影响 k。

7.8.2 原盐效应

稀溶液中，离子强度对反应速率的影响称为原盐效应。20 世纪 20 年代，布耶伦（Bjerram）研究溶液中的离子反应时假设：反应物在转化为生成物之前，要经过一个活化络合物的中间状态，其过程为

$$A^{Z_A} + B^{Z_B} \overset{K_c^{\neq}}{\Longleftrightarrow} [(A\cdots B)^{Z_A+Z_B}]^{\neq} \xrightarrow{k} P$$

利用过渡态理论的热力学处理方法得

$$k \approx \frac{RT}{hL} K_c^{\neq}$$

在通常浓度范围，平衡常数

$$K_a^{\neq} = \frac{\dfrac{C^{\neq}}{C^{\ominus}}}{\dfrac{C_A}{C^{\ominus}} \cdot \dfrac{C_B}{C^{\ominus}}} \frac{\gamma^{\neq}}{\gamma_A \cdot \gamma_B}$$

$$= K_c^{\neq} (C^{\ominus})^{n-1} \cdot \frac{\gamma^{\neq}}{\gamma_A \cdot \gamma_B} \qquad (n \text{ 为反应离子数})$$

$$K_c^{\neq} = K_a^{\neq} (C^{\ominus})^{1-n} \cdot \frac{\gamma_A \cdot \gamma_B}{\gamma^{\neq}}$$

$$k = \frac{RT}{hL} (C^{\ominus})^{1-n} K_a^{\neq} \cdot \frac{\gamma_A \cdot \gamma_B}{\gamma^{\neq}}$$

$$k = k_0 \frac{\gamma_A \cdot \gamma_B}{\gamma^{\neq}} \tag{7-20}$$

式(7-20)中，$k_0 = \frac{k_B T}{h}(C^{\ominus})^{1-n} K_a^{\neq}$，一定温度下为常数。速率常数 k 与活度系数有关，而离子的活度系数又与溶液的离子强度有关。

对式(7-20)取对数

$$\lg\left(\frac{k}{k_0}\right) = \lg\gamma_A + \lg\gamma_B - \lg\gamma^{\neq}$$

结合 D-H 极限公式 $\lg\gamma_i = -Az_i^2\sqrt{I}$，有

$$\lg\left(\frac{k}{k_0}\right) = -A(Z_A^2 + Z_B^2 - (Z_A + Z_B)^2)\sqrt{I}$$

$$\lg\left(\frac{k}{k_0}\right) = 2Z_A Z_B A\sqrt{I} \tag{7-21}$$

以 $\lg\left(\frac{k}{k_0}\right)$ 对 $\sqrt{I}$ 作图，得到 $Z_A Z_B$ 不同值的直线(图 7-23)。

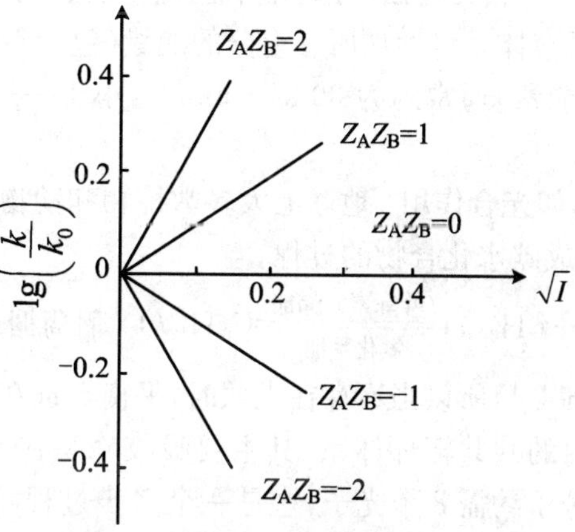

图 7-23　原盐效应

由此可见：

① 在稀溶液中，若反应物之一是非电解质，则 $Z_A Z_B = 0$，原盐效应等于 0。

② 同性离子反应，产生正的原盐效应：反应速率随离子强度 I 增加而增加。

③ 对于异性离子反应，产生负的原盐效应。

④ 在溶液中离子反应动力学研究中，常常加入大量“惰性盐”，以保持在反应过程中离子强度基本不变，从而使活度系数不变，以得到一固定的表观速率常数（k 与溶液离子强度有关）。

7.9　光化学反应

在光的作用下，靠吸收光能供给活化能进行的反应称光化学反应。以前研究的各种反应叫热反应，靠分子间的碰撞供给活化能)。对于波长为 λ 的光子，$\epsilon = h\nu = \frac{h \cdot C}{\lambda}$，相应的能量如表

7-7所示。

表 7-7

λ(nm)	200(UV)	400(可见)	700(红外)	1 000(IR)
ε(eV)	6.2	3.1	1.8	1.2

分子处于高的电子激发态比在电子基态更容易发生化学反应，而一个分子一般至少需要1.5～2.0 eV才能激发到电子激发态，所以对光化学有效的激发光是UV光或可见光(但高密度的红外激光可能使一个分子几乎同时被两个光子击中，也能激发电子引起反应)。

7.9.1 光化学反应特征及其对人类的意义

① 许多(并非所有)光化学反应能使体系朝着自由能 G 增加的方向进行。但一旦切断光源，则反应又自发地向自由能 G 减少的方向进行。

② 光化学反应的选择性比热反应强，可利用单色光将混合物中的某一反应物激发到较高电子状态使其反应。加热反应体系将增加所有组分的能量(包括不参与反应者)。因此，光化学反应的活化能(来源于光子能量)通常约为 30 kJ·mol^{-1}，小于一般的热化学反应活化能 40～400 kJ·mol^{-1}。

③ 对人类的意义重大，如光合作用：地球上大多数植物和动物的生命依赖于光合作用——绿色植物由 CO_2 和 H_2O 合成碳水化合物的过程。

$$6CO_2+6H_2O \underset{\text{氧化释能}}{\overset{\text{(叶绿素),储能}}{\rightleftharpoons}} C_6H_{12}O_6\text{(葡萄糖)}+6O_2$$

反应的 $\Delta_r G^{\ominus}=2\,878$ kJ·mol^{-1}，所以当不存在光照时，平衡点远在左方。绿色植物中的叶绿素含有一个能吸收可见光辐射的共共轭环体系，其主要吸收峰是在 450 nm(蓝)和 650 nm(红)。光合作用每消耗 1 个 CO_2 分子约需 8 个光子，这是一个多步过程，许多细节至今尚未完全清楚理解(人造粮食)。

反应的逆过程可以把能量供给食草性动物、以食草性动物为生的动物(食物链)。光解水制氢、光解有机物与光热疗法均是充满诱惑的研究领域。

7.9.2 光化学反应定律

1. 光化学第一定律

只有被反应分子吸收的光才能(反射、透射光不能)引起分子的光化学反应(对于不同的反应物应注意激发光的波长的选择)。

2. 光化学第二定律

在初级反应中(即光反应历程中的第一步)，吸收一个光子使一个反应分子跃迁到电子激发态——Stark-Einstein 定律(光源强度 10^{14}～10^{18} 光子·s^{-1})。高强度激光(一个分子可吸收 2 个或 2 个以上光子)不适用。

通常 1 mol 光子的能量称为一个“Einstein”，用符号“u ”表示，即

$$u=Lh\nu=\frac{0.119\,7}{\lambda}\ (\text{J}\cdot\text{mol}^{-1}) \qquad (\lambda\text{ 的单位为 m})$$

3. Beer-Lambert 定律

平行的单色光通过一均匀吸收介质时，未被吸收的透射光强度 I_t 与入射光强度 I_0 的关系为

$$I_t = I_0 \exp(-\varepsilon dC)$$

d 为介质厚度，C 为吸收质的物质的量浓度，ε 为摩尔消光系数，其值大小与入射光波长、温度、溶剂等性质有关。

7.9.3　光吸收的结果

1. 分子中的能态

初级过程 $A + h\nu \longrightarrow A^*$（A，$A^*$ 分别表示 A 分子处于电子基态和电子激发态）。大多情况下，电子基态 A 是所有电子自旋都已配对的单重态，由于电子跃迁律 $\Delta S=0$（重态不变），所以电子激发态 A^* 也多是单重态。

分子激发时多重性 M 的定义为

$$M=2S+1$$

式中，S 为电子的总自旋量子数，M 则表示分子中电子的总自旋角动量在 Z 轴方向的多重可能值。

$S=0$，$M=1$，在 Z 轴方向只有一个分量，称为单重态或单线态，即 S 态（图 7-24）。

$S=1$，$M=3$，在 Z 轴方向有 3 个分量，称为激发三重态或多线态，即 T 态（图 7-25）。

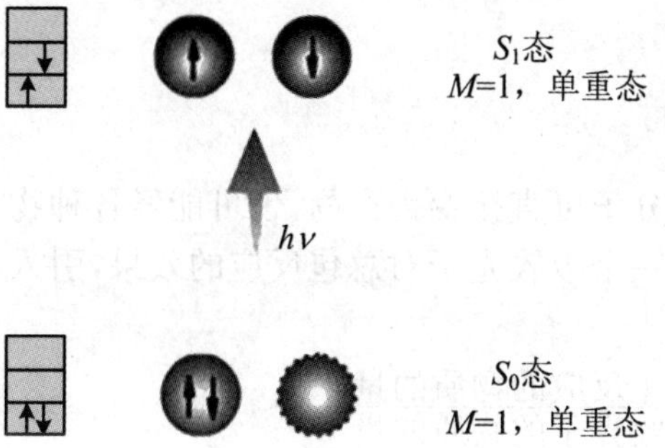

图 7-24　单重态示意图

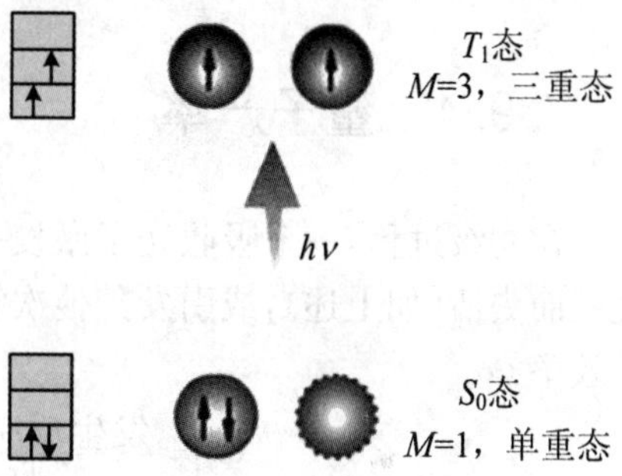

图 7-25　三重态示意图

2. 振动弛豫

受激分子 A^* 常在较高振动能级上形成。分子间碰撞可以把这种额外的振动能转移到其他分子上，使 A^* 失去大部分振动能，这一过程叫振动弛豫。

3. 内部转变

是重态不变的（即多重性相同）的电子能态之间的无辐射跃迁。

4. 系间窜跃

是在不同类重态间（即多重性不同的态间）的无辐射能量转换（也是等能的）。

5. 荧光

当激发分子从激发单重态 S_1 上的某一能态跃迁到基态 S_0 上的某一能态时所发射的辐射称为荧光，这种发射寿命很短，大约只有 10^{-8} s 的数量级，所以一旦切断光源，荧光立即停止。

6. 磷光

当激发分子从 T 态跃迁到 S_0 态时，所发射的辐射称为磷光，它发生在多重性不同态间向

基态的跃迁，磷光发射寿命较长，有时可保持数秒钟。

7. 无辐射失活（淬灭）

A^* 分子经碰撞将电子激发能转移给另一个分子，而回到基态。

$$A^* + M \longrightarrow A + M + \text{热}$$

$$A^* + M \longrightarrow A + M^* \qquad \text{（电子能量转移）}$$

多种光物理过程见图 7-26。

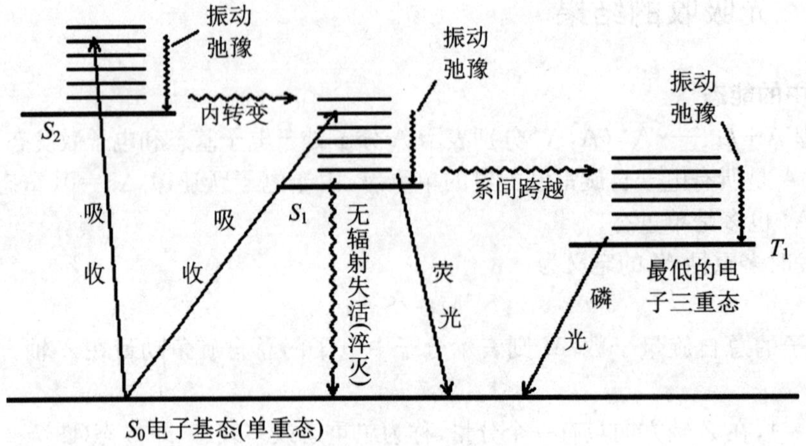

图 7-26　多种光物理过程示意图

7.9.4　量子产率

在初级过程，一个吸收光子激发一个分子。活化分子可直接变为产物，也可能经各种物理过程而失活（如上述），或引发其他次级反应。为衡量一个吸收光子对总包反应的效果，引入量子效率 Φ

$$\Phi = \frac{\text{发生反应的分子数}}{\text{吸收光子数}} = \frac{\text{发生反应的物质的量}}{\text{吸收光子的物质的量}}$$

当 $\Phi>1$，是由于初级过程活化了一个分子，而次级过程中又使若干反应物发生反应；当 $\Phi<1$，是由于初级过程被光子活化的分子，尚未来得及反应便发生了分子内或分子间的传能过程而失去活性。

7.9.5　光化学反应动力学

在光化反应中，初级反应的反应速率一般只与入射光强度有关，而与反应物浓度无关，所以初级光化学反应是零级反应。根据光化学第二定律，则初级反应的速率就等于吸收光子的速率 I_a（即单位时间、单位体积中吸收光子的数目或爱因斯坦数）。若入射光 I_0 没有被全部吸收，而有一部分变成了透射或反射光，当吸收光占入射光的分数为 a 时，$I_a=\alpha I_0$。

【例 7-18】　现有反应 $A_2 \longrightarrow 2A$，反应历程为

(1) $A_2 + h\nu \xrightarrow{I_a} A_2^*$（激发活化）初级过程；

(2) $A_2^* \xrightarrow{k_2} 2A$（离解）次级过程；

(3) $A_2^* + A_2 \xrightarrow{k_3} 2A_2$(淬灭)次级过程。

反应微分方程为

$$r = \frac{1}{2} \cdot \frac{dC_A}{dt} = k_2 C_{A_2^*}$$

由稳态法

$$\frac{dC_{A_2}^*}{dt} = I_a - k_2 C_{A_2^*} - k_3 C_{A_2^*} C_{A_2} = 0$$

$$\Rightarrow C_{A_2^*} = \frac{I_a}{k_2 + k_3 C_{A_2}}$$

代入速率 r

$$r = \frac{1}{2} \cdot \frac{dC_A}{dt} = k_2 C_{A_2^*} = \frac{k_2 I_a}{k_2 + k_3 C_{A_2}}$$

量子产率

$$\Phi = \frac{r}{I_a} = \frac{\frac{1}{2} \cdot \frac{dC_A}{dt}}{I_a} = \frac{k_2}{k_2 + k_3 C_{A_2}} \tag{7-22}$$

讨论：

(1) 若 $k_2 \gg k_3[A_2]$,即离解占绝对优势,忽略淬灭,则 $\Phi=1$；

(2) 若 $k_3[A_2] \gg k_2$,即淬灭占绝对优势,则 $\Phi=\frac{k_2}{k_3 C_{A_2}}$。量子产率与反应物浓度成反比,浓度越大,淬灭概率越大,量子产率越低。

本 章 小 结

1. 反应速率的定义与测定

恒容反应

$$r = \frac{dC_B}{\nu_B dt}$$

物理量(λ)：与浓度有线性关系；本身具有加和性。

2. 浓度对化学反应速率的影响

(1) 微分方程

$$r = -\frac{dC_A}{a dt} = k C_A^{\alpha} C_B^{\beta}$$

$\alpha+\beta=n$。α,β 的数值可为零、分数和整数,而且可正、可负。k 称为反应的速率常数,量纲为[浓度]$^{1-n}$×[时间]$^{-1}$,单位是$(\mathrm{mol \cdot dm^{-3}})^{1-n} \cdot \mathrm{s}^{-1}$。

(2) 积分方程

① 一级反应,$\ln\left(\frac{C_{A,0}}{C_A}\right)=ak_1 t$ 或 $C_A=C_{A,0}e^{-ak_1 t}$。

a. 速率系数 k 的量纲为时间的负一次方；

b. 半衰期 $t_{1/2}=\frac{\ln 2}{k_1}=\frac{0.6932}{k_1}$与反应物起始浓度无关；

c. $\ln C_A$ 与 t 呈线性关系。

② 二级反应，$\frac{1}{C_A}-\frac{1}{C_{A,0}}=ak_2t$。

a. 速率系数 k 的量纲为[浓度]$^{-1}$×[时间]$^{-1}$；

b. 半衰期与起始物浓度成反比 $t_{1/2}=\frac{1}{kC_{A,0}}$；

c. $\frac{1}{C_A}$与 t 呈线性关系。

3. 温度对反应速率的影响

(1) 微分式

$$\frac{\mathrm{d}\ln k}{\mathrm{d}t}=\frac{E_a}{RT^2}$$

(2) 指数式

$$k=A\exp\left(-\frac{E_a}{RT}\right)$$

(3) 积分式

$$\ln k=-\frac{E_a}{RT}+\ln A$$

$$\ln\left(\frac{k_2}{k_1}\right)=-\frac{E_a}{T}\left(\frac{1}{T_2}-\frac{1}{T_1}\right)$$

阿累尼乌斯方程只能用于基元反应或有明确级数而且 k 随温度升高而增大的非基元反应。

4. 复合反应和近似处理法

(1) 对行反应

$$\ln\left(\frac{C_{A,0}-C_{A,e}}{C_A-C_{A,e}}\right)=(k_1+k_{-1})t$$

(2) 平行反应

$$\ln\left(\frac{C_{A,0}}{C_A}\right)=(k_1+k_2)t$$

$$\frac{C_G}{C_H}=\frac{k_1}{k_2}$$

(3) 连串反应

略。

(4) 速率决定步骤

连串反应总速率取决于最慢一步。

(5) 稳态近似法

中间活性中间物浓度不随时间变化。

(6) 平衡假设法

第一步是快速平衡，第二步是慢反应且作为决速步。

5. 反应机理的推测

略。

6. 催化剂对反应速率的影响

存在极少量就能显著加速反应而其化学性质和数量在反应前后没有改变的物质称为催化剂。

(1) 催化反应的基本特征

① 改变了反应机理,降低了反应活化能。

② 催化剂只能加速反应、缩短反应达到平衡的时间,而不能改变反应的方向与限度。

③ 催化剂有选择性。

(2) 催化动力学

① 气—固复相催化:

$$-\frac{dC_A}{dt}=\frac{ka_Ap_A}{1+a_Ap_A}$$

② 酶催化:

$$r=\frac{dC_P}{dt}=k_2C_{ES}=\frac{k_2C_{E,0}C_S}{K_M+C_S}$$

7. 基元反应速率理论

$$k=\pi d_{A,B}^2L\sqrt{\frac{8eRT}{\pi\mu}}\exp\left(-\frac{E_a}{RT}\right)$$

$$k=\pi d_A^2L\sqrt{\frac{eRT}{\pi M_A}}\exp\left(-\frac{E_a}{RT}\right)$$

$$k=\frac{RT}{N_0h}\left(\frac{\gamma_A\gamma_{BC}\cdots}{\gamma_{\neq}}\right)(C^{\ominus})^{1-n}\exp\left(\frac{\Delta_rS_{m,\neq}^{\ominus}}{R}\right)\exp\left(-\frac{\Delta_rH_{m,\neq}^{\ominus}}{RT}\right)$$

$$k=\frac{RT}{N_0h}(C^{\ominus})^{1-n}\exp\left(\frac{\Delta_rS_{m,\neq}^{\ominus}}{R}\right)\exp\left(-\frac{\Delta_rH_{m,\neq}^{\ominus}}{RT}\right)$$

$$k=\frac{RT}{N_0h}\left(\frac{p^{\ominus}}{RT}\right)^{1-n}\exp\left(\frac{\Delta_rS_{m,\neq}^{\ominus}}{R}\right)\cdot e^n\cdot\exp\left(-\frac{E_a}{RT}\right)$$

$$k=\frac{RT}{N_0h}(C^{\ominus})^{1-n}\exp\left(\frac{\Delta_rS_{m,\neq}^{\ominus}}{R}\right)\cdot e\cdot\exp\left(-\frac{E_a}{RT}\right)$$

8. 在溶液中进行的反应

(1) 溶剂对反应的影响

包括笼效应、溶剂化、极性、催化作用、介电常数、黏度等。

(2) 原盐效应

$$\lg\left(\frac{k}{k_0}\right)=2Z_AZ_BA\sqrt{I}$$

9. 光化学反应

在光的作用下,靠吸收光能供给活化能进行的反应称光化学反应。

$$\Phi=\frac{r}{I_a}=\frac{k_2}{k_2+k_3C_{A_2}}$$

本章练习

一、选择题

1. 在恒容条件下，反应 $aA+bB═══eE+fF$ 的速率可用任何一种反应物或生成物的浓度变化来表示，则它们之间的关系为(　　)。

A. $-a\left(\frac{dC_A}{dt}\right)=-b\left(\frac{dC_B}{dt}\right)=e\left(\frac{dC_E}{dt}\right)=f\left(\frac{dC_F}{dt}\right)$

B. $\frac{dC_A}{dt}=\frac{b}{a}\left(\frac{dC_B}{dt}\right)=\frac{e}{a}\left(\frac{dC_E}{dt}\right)=\frac{f}{a}\left(\frac{dC_F}{dt}\right)$

C. $-\frac{f}{a}\frac{dC_A}{dt}=-\frac{f}{b}\left(\frac{dC_B}{dt}\right)=\frac{f}{e}\left(\frac{dC_E}{dt}\right)=\frac{dC_F}{dt}$

D. $-\frac{1}{f}\left(\frac{dC_F}{dt}\right)=-\frac{1}{e}\left(\frac{dC_E}{dt}\right)=\frac{1}{a}\left(\frac{dC_A}{dt}\right)=\frac{1}{b}\left(\frac{dC_B}{dt}\right)$

2. 某反应的速率常数 $k=4.62\times10^{-2}\ \mathrm{min}^{-1}$，又初始浓度为 $0.1\ \mathrm{mol\cdot dm^{-3}}$，则该反应的半衰期为 $t_{1/2}$(　　)。

A. $1/(6.93\times10^{-2}\times0.1^2)$　　B. 15

C. 30　　D. $1/(4.62\times10^2\times0.1)$

3. 放射性 Pb^{201} 的半衰期为 8 h，1 g 放射性 Pb^{201} 在 24 h 后还剩下(　　)。

A. 1/2 g　　B. 1/3 g　　C. 1/4 g　　D. 1/8 g

4. 基元反应的分子数是个微观的概念，其值为(　　)。

A. 0，1，2，3　　B. 只能是 1，2，3

C. 也可能是小于 1 的数　　D. 可正，可负，可为零

5. 基元反应 $H+Cl_2\longrightarrow HCl+Cl$ 反应分子数为(　　)。

A. 1　　B. 2　　C. 3　　D. 不确定

6. 对峙基元反应，在一定条件下达到平衡时，有关描述不正确的是(　　)。

A. $r_+=r_-$　　B. $k_+=k_-$

C. 各物质浓度不再随时间而变　　D. 温度升高，通常 r_+ 和 r_- 都增大

7. 某反应 $A\longrightarrow Y$，若反应物 A 的浓度减为一半，其半衰期也缩少一半，则该反应的级数为(　　)。

A. 0　　B. 1　　C. 2　　D. 3

8. 反应：$A+2B\longrightarrow Y$，若其速率方程可以表示为 $-\frac{dC_A}{dt}=k_AC_AC_B^2$，也可表示为 $-\frac{dC_B}{dt}=k_BC_AC_B^2$，则速率常数 k_A 和 k_B 的关系为(　　)。

A. $k_A=k_B$　　B. $k_A=2k_B$　　C. $2k_A=k_B$　　D. 不能确定

9. 下列关于催化剂特征的描述中，不正确的是(　　)。

A. 催化剂只能改变反应达到平衡的时间，对已达到平衡的反应无影响

B. 催化剂在反应前后自身的化学性质和物理性质均无变化

C. 催化剂不影响平衡常数

D. 催化剂不能实现热力学上不能发生的反应

10. 对于一个化学反应，(　　)反应速率越快。

A. ΔG 越负　　B. ΔH 越负　　C. 活化能越大　　D. 活化能越小

11. 化学反应的过渡状态理论认为(　　)。

A. 反应速率决定于活化络合物的生成速率

B. 反应速率决定于络合物分解为产物的分解速率

C. 用热力学方法可以计算出速率常数

D. 活化络合物和产物间可建立平衡

12. 人类脑电波的发射速率也服从阿累尼乌斯方程，正常状态下能量(相当于活化能)为 50.208 kJ・mol^{-1}，当人体温度由 37 ℃升至 39 ℃，发射速率增加了(　　)。

A. 0.33 倍　　B. 0.13 倍　　C. 1.13 倍　　D. 1.33 倍

13. H_2 和 O_2 反应可产生爆炸，其原因是(　　)。

A. H_2和O_2之比正好为 2 : 1　　B. 直链反应速率快

C. 反应热不能及时传递散走　　D. 支链反应速率快

14. 有两个反应，其速率方程均满足 $r=kC^n$，已知 $k_1>k_2$，且 $c_1=c_2=2$ mol・dm^{-3}时，$r_1<r_2$，则两个反应的级数 (　　)。

A. $n_1>n_2$　　B. $n_1=n_2$

C. $n_1<n_2$　　D. 前三者均有可能

15. 对平行反应 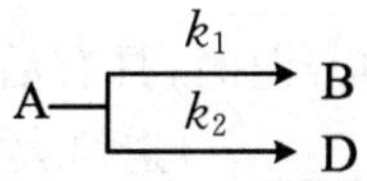 的描述，正确的是(　　)。

A. k_1 和 k_2 的比值不随温度而变

B. 反应物的总速率等于两个平行的反应速率之和

C. 反应产物 B 和 D 的量之比等于两个平行反应的速率之比

D. 达平衡时，正、逆双向的速率常数相等

16. 反应本性、温度、反应途径、浓度与活化能关系正确的是(　　)。

A. 反应途径与活化能无关　　B. 反应物浓度与活化能有关

C. 反应温度与活化能无关　　D. 反应本性与活化能有关

17. 稳态近似法近似地认为(　　)。

A. 中间产物的浓度不随时间而变化

B. 活泼中间产物的浓度基本上不随时间而变化

C. 各基元反应的速率常数不变

D. 反应物浓度不随时间而变化

18. 某一反应在一定条件下的平衡转化率为 25%，当加入合适的催化剂后，反应速率提高 10 倍，其平衡转化率将(　　)。

A. 大于 25%　　B. 小于 25%　　C. 不变　　D. 不确定

19. 反应速率常数随温度变化的阿累尼乌斯经验公式适用于(　　)。

A. 基元反应　　B. 基元反应和大部分非基元反应

C. 对行反应 D. 所有化学反应

20. 对光化反应,下列说法不正确的是( )。

A. 光化反应的各个基元步骤的速率都与光强度有关

B. 光化反应初级过程的量子效率必等于 1

C. 光化反应的活化能来源于光能

D. 光化反应初级过程,1 个光子活化 1 个原子或分子

二、填空题

1. 某反应速率系(常)数为 0.107 min^{-1},则反应物浓度从 1.0 $mol \cdot dm^{-3}$ 变到 0.7 $mol \cdot dm^{-3}$ 与浓度从 0.01 $mol \cdot dm^{-3}$ 变到 0.007 $mol \cdot dm^{-3}$ 所需时间之比为________。

2. 平行反应 $A \begin{cases} \xrightarrow{k_1} Y \\ \xrightarrow{k_2} Z \end{cases}$ 两个反应有相同的级数,且反应开始时 Y,Z 的浓度均为零,则它们的反应速率系(常)数之比 $\frac{k_1}{k_2}=$________。若反应的活化能 $E_1>E_2$,则提高反应温度对获得产物 Y________。(选填有利或不利)

3. A,B 两种反应物浓度之比的对数对时间作图为一直线,则该反应为________级反应。

4. 反应 $A \longrightarrow P$ 的速率系(常)数为 $2.31\times10^{-2}\ dm^3 \cdot mol^{-1} \cdot s^{-1}$,则反应物 A 的初始浓度为 0.1 $mol \cdot dm^{-3}$,则其半衰期为________。

5. 影响反应速率的主要因素有________、________、________。

6. 两个活化能不同的化学反应,在相同的升温区间内升温时,具有活化能较高的反应,其反应速率增加的倍数比活化能较低的反应增加的倍数________。(选填大、小、或相等)

7. 反应 $A+3B \longrightarrow 2Y$ 各组分的反应速率系(常)数关系为 $k_A=$________k_B________k_Y。

8. 化学反应速率作为强度性质,其普遍的定义式是 $r=$________;若反应系统的体积恒定,则上式成为 $r=$________。

9. 任何反应的半衰期都与________有关。

10. 对反应 $A \longrightarrow P$,实验测得反应物的浓度 C_A 与时间 t 呈线性关系,则该反应为________级反应。

11. 对元反应 $A \xrightarrow{k} 2Y$,则 $dC_Y/dt=$________,$-dC_A/dt=$________。

12. 碰撞理论临界能(阈能)E_c(或 E_0)与阿累尼乌斯活化能 E_a 的关系式为________;在________的条件下,可认为 E_a 与温度无关。

13. 质量作用定律只适用于________反应。

14. 过渡状态理论认为反应物必须经过________方能变成产物,且整个反应的反应速率由________所控制。

15. 多相催化反应 $A \longrightarrow$ 产物。产物不吸附,反应物 A 吸附很强,则该反应级数为______级;反应物 A 吸附很弱,则该反应级数为________级。

16. 爆炸有两种类型,即________爆炸与________爆炸。

17. 某反应 $A_2 + B_2 \underset{k_2}{\overset{k_1}{\rightleftharpoons}} 2AB$ 的反应机理为

$$B_2 \underset{k_2}{\overset{k_1}{\rightleftharpoons}} 2B$$

$$A_2 + 2B \xrightarrow{k_2} 2AB$$

(1) 若应用平衡近似法，则可导出其速率方程式为 $\frac{dC_{AB}}{dt}=$ ______；

(2) 若应用稳定近似法，则导出其速率方程为 $\frac{dC_{AB}}{dt}=$ ______。

18. 复合反应 $2A \underset{k_{A,2}}{\overset{k_{A,1}}{\rightleftharpoons}} B \xrightarrow{k_3} Y$，其 $-\frac{dC_A}{dt}=$ ______；$\frac{dC_B}{dt}=$ ______；$\frac{dC_Y}{dt}=$ ______。

19. 活化络合物分子与反应物分子的摩尔零点能之差称为______。

20. 已知反应 $A+B+C \xrightarrow{M} Y+2Z$，M 为催化剂，其反应机理为

(1) $A+B \underset{k_{-1}}{\overset{k_1}{\rightleftharpoons}} F$　　（快）；

(2) $F+M \xrightarrow{k_2} G+Z$　　（慢）；

(3) $G+C \xrightarrow{k_3} Y+Z+M$　　（快）；

则 $\frac{dC_Y}{dt}=$ ______；表现活化能与各步骤活化能 E_1，E_{-1}，E_2 的关系为 $E_a=$ ______。

三、简答题

1. 质量作用定律对于总反应式为什么不一定正确？

2. 一级化学反应 $A \longrightarrow B$ 的半衰期是 10 min，1 h 后 A 遗留的百分数是多少？

3. 某反应物质消耗掉 50% 和 75% 所需的时间分别为 $t_{1/2}$ 和 $t_{1/4}$，若反应对各反应物分别是一级、二级和三级，则 $t_{1/2}:t_{1/4}$ 的值分别是多少？

4. 若定义反应物 A 的浓度下降到初值的 1/e（e 为自然数对数的底）所需时间 τ 为平均寿命，则一级反应的 τ 是多少？

5. 有一平行反应，已知 $E_1>E_2$，若 B 是所需要的产品，从动力学的角度定性地考虑应采用怎样的反应温度？

6. 根据质量作用定律写出下列基元反应速率表达式：

(1) $A+B \longrightarrow 2P$；

(2) $2A+B \longrightarrow 2P$；

(3) $A+2B \longrightarrow P+2S$；

(4) $2Cl+M \longrightarrow Cl_2+M$。

7. 根据碰撞理论，温度增加反应速率提高的主要原因是什么？

8. 化学反应级数和反应分子数有何区别？

9. 确定反应级数有哪些方法？

10. 已知气相反应 $2HI \rlap{=}{=\!=} H_2+I_2$ 之正、逆反应都是二级反应，问正、逆反应速率常数 k_+，k_- 与平衡常数 K 的关系是什么？

四、判断题

1. 平行反应 $\begin{array}{l} A \xrightarrow{1} B \\ A \xrightarrow{2} C \end{array}$，$E_1 > E_2$，为有利于B的生成，可降低温度。（ ）

2. 标准压力，298 K下，某反应的 $\Delta G^{\ominus} < 0$，反应一定能进行。（ ）

3. 双分子的简单反应一定是二级反应。（ ）

4. 一级反应在浓度为A时，其半衰期为1小时，当浓度为B时，其半衰期也为1小时，所以 $C_A = C_B$。（ ）

5. 温度升高，活化分子的数目增多，即活化分子碰撞数增多，反应速率加快。（ ）

6. 化学反应速率取决于活化能的大小，活化能越大，k 越小，活化能越小，k 越小。（ ）

五、计算题

1. C^{14} 放射性蜕变的半衰期为5 730年，今在一考古学样品中测得 C^{14} 的含量只有72%，请问该样品距今有多少年？

2. 在新房装修时，常使用天然大理石和花岗岩石料作为地面和台面材料。但实验表明，天然石料，特别是花岗岩中会释放出一定浓度的放射性气体氡，而吸入氡会提高肺癌的发病率。环境卫生标准规定，空气中氡气安全浓度应 $\leqslant 7\times10^{-11}$ ppm。氡气是放射性镭的衰变产物之一（镭的半衰期为1620年，氡的半衰期为3.82天），请问：

（1）现有一个容积30 m^3，室温20 ℃，氡初始浓度为 20×10^{-11} ppm 。若使该房间的氡浓度达标，这个房间须放置多长时间才能入住？

（2）假如这个房间内放有一块花岗石板，内含 10^{-6} kg 的镭，问生活在此房间的人是否会长期受到伤害？

3. 测得 NO_2 热分解反应的数据如题表7-1所示。

题表 7-1

$C_{A,0}$ ($mol \cdot dm^{-3}$)	0.045 5	0.032 4
$r_{A,0}$ ($mol \cdot dm^{-3} \cdot s^{-1}$)	0.013 2	0.006 5

求该反应的级数。

4. 蔗糖在稀盐酸溶液中按照下式进行水解：

$$C_{12}H_{22}O_{11} + H_2O \xrightarrow{H^+} C_6H_{12}O_6\text{（葡萄糖）} + C_6H_{12}O_6\text{（果糖）}$$

其速率方程为

$$-\frac{dC_A}{dt} = k_A C_A$$

已知，当盐酸浓度为0.1 $mol \cdot dm^{-3}$（催化剂），温度为48 ℃时，$k_A = 0.019\ 3\ min^{-1}$。今将蔗糖浓度为0.02 $mol \cdot dm^{-3}$的溶液2.0 dm^3 置于反应器中，在上述催化剂和温度条件下反应。计算：

（1）反应的初始速率 $r_{A,0}$；

（2）反应到10.0 min时，蔗糖的转化率为多少？

(3) 得到 0.012 8 mol 果糖需多少时间？

(4) 反应到 20.0 min 的瞬时反应速率如何？

5. 某化合物在溶液中分解，57.4 ℃时测得半衰期 $t_{1/2}$ 随初始浓度 $C_{A,0}$ 的变化如题表 7-2 所示。

题表 7-2

$C_{A,0}$(mol · dm^{-3})	0.50	1.10	2.48
$t_{1/2}$(s)	4 280	885	174

试求反应级数及反应速率常数。

6. N_2O 的热分解反应在室温时其半衰期 $t_{1/2}$ 与初始压力 $p_{A,0}$ 成反比，今测得不同温度时的数据如题表 7-3 所示。

题表 7-3

t(℃)	694	757
$p_{A,0}$(kPa)	39.2	48.0
$T_{1/2}$(s)	1 520	212

试推测其反应级数，并求各温度下的反应速率常数及反应的活化能。

7. 蔗糖的转化反应可用旋光仪进行研究，等温下测得溶液的旋光角 α 与时间 t 的关系如题表 7-4 所示。

题表 7-4

t(min)	0	10	20	40	80	180	300	∞
α	6.60	6.17	5.79	5.00	3.71	1.40	0.24	−1.98

已知为一级反应，求反应速率常数。

8. 某分解反应半衰期与起始浓度无关，活化能为 217.57 kJ · mol^{-1}。

(1) 试确定其反应级数；

(2) 若反应在 380 ℃时半衰期为 363 min，则其速率常数为多少？

(3) 若反应在 450 ℃条件下完成 75%，所需要的时间是多少？

9. 乙烯热分解反应 $C_2H_{4(g)} \longrightarrow C_2H_{2(g)} + H_{2(g)}$ 是一级反应。在 1 073.2 K 时，反应经 10 h 有转化率为 50% 的乙烯分解。已知上述反应的活化能为 250.8 kJ · mol^{-1}。欲使 10 s 内有转化率为 60% 的乙烯分解，问温度应控制在多少？

10. 气相反应 $4A \longrightarrow Y + 6Z$ 的反应速率常数 k_A 与温度的关系为

$$\ln\left(\frac{k_A}{\text{min}^{-1}}\right) = -\frac{22\,850}{T} + 22.00$$

且反应速率与产物浓度无关。求：

(1) 该反应的活化能 E_a；

(2) 在 950 K 向真空等容容器内充入 A，初始压力为 10 .0 kPa，计算反应器内压力达 13 .0 kPa 需要的反应时间。

11. 气相反应 $A \longrightarrow Y + Z$ 为一级反应。在 675 ℃下，若 A 的转化率为 0.05，则反应时间

为 19.34 min，试计算此温度下的反应速率常数及 A 的转化率为 50%的反应时间。又 527 ℃时反应速率常数为 $7.78\times10^{-5}\ \text{min}^{-1}$，试计算该反应的活化能 。

12. 某反应在 15.05 ℃时的反应速率常数为 $34.40\times10^{-3}\ \text{dm}^3\cdot\text{mol}^{-1}\cdot\text{s}^{-1}$，在 40.13 ℃时的反应速率常数为 $189.9\times10^{-3}\ \text{dm}^3\cdot\text{mol}^{-1}\cdot\text{s}^{-1}$。求反应的活化能，并计算 25.00 ℃时的反应速率常数。

13. 某药物分解 30%即为失效，若放置在 3 ℃冰箱中保存期为两年。某人购回此药，因故在室温 25 ℃放置了两周，试通过计算说明此药物是否失效。已知该药物分解百分数与浓度无关，且分解活化能为 $E_a=13.00\ \text{kJ}\cdot\text{mol}^{-1}$。

14. 在水溶液中碱与 α-硝基丙烷的反应为二级反应，其反应速率常数($\text{dm}^3\cdot\text{mol}^{-1}\cdot\text{min}^{-1}$)与温度的关系为 $\lg k=-\dfrac{3\,163}{T}+11.899$。试计算该反应的活化能。设碱和 α-硝基乙烷的浓度均为 $0.008\ \text{mol}\cdot\text{dm}^{-3}$，求 10 ℃时的半衰期。

15. 对行反应 $\text{A}\underset{k_{-1}}{\overset{k_1}{\rightleftharpoons}}\text{Y}$，已知 $k_1=0.36\ \text{min}^{-1}$，$k_{-1}=0.11\ \text{min}^{-1}$。若由纯 A 开始，问经过多长时间后，A 与 Y 的浓度相等?

16. 某对行反应 $\text{A}\underset{k_{-1}}{\overset{k_1}{\rightleftharpoons}}\text{Y}$，已知 $k_1=0.006\ \text{min}^{-1}$，$k_{-1}=0.002\ \text{min}^{-1}$，如果反应开始时只有 A，其浓度用 $C_{A,0}$ 表示，问：

(1) 当 A 和 Y 的浓度相等时需要多少时间?

(2) 经 100 min 后，A 和 Y 的浓度各为若干?

17. 反应 $\text{A}\xrightarrow{k_1}\text{B}\xrightarrow{k_2}\text{C}$，其中 $k_1=0.1\ \text{min}^{-1}$，$k_2=0.2\ \text{min}^{-1}$，在 $t=0$ 时，[B]=0，[C]=0，[A]=1 $\text{mol}\cdot\text{dm}^{-3}$。试计算 B 的浓度达到最大的时间 $t_{B,max}$ 为多少。

18. 有两个级数相同的反应其活化能数值相同，但两者的活化熵相差 $60.00\ \text{J}\cdot\text{mol}^{-1}\cdot\text{K}^{-1}$，试比较两反应在 300 K 时的速率常数之比。

六、证明题

1. 对简单反应 $a\text{A}+b\text{B}\longrightarrow g\text{G}+h\text{H}$，试证明：$\dfrac{k_A}{k_B}=\dfrac{a}{b}$。

2. 如果反应物的起始浓度均为 a，反应的级数为 $n(n\neq1)$，证明：半衰期表示式为 $t_{1/2}=\dfrac{2^{n-1}-1}{a^{n-1}k(n-1)}$，$k$ 为速率常数。

3. 乙醛的气相热分解反应为：

$$CH_3CHO\longrightarrow CH_4+CO$$

有人认为此反应由下列几步基元反应构成：

(1) $CH_3CHO\longrightarrow CH_3\cdot+CHO$ $\qquad k_1$

(2) $CH_3\cdot+CH_3CHO\longrightarrow CH_4+CH_3CO\cdot$ $\qquad k_2$

(3) $CH_3CO\cdot\rightarrow CH_3\cdot+CO$ $\qquad k_3$

(4) $2CH_3\cdot\rightarrow C_2H_6$ $\qquad k_4$

试证明此反应的速率公式为

$$\frac{dC_{CH_4}}{dt}=kC_{CH_4}^{3/2}$$

4. 有反应 $C_2H_6+H_2 = 2CH_4$，其反应历程可能是：

① $C_2H_6 = 2CH_3$　K

② $CH_3+H_2 \longrightarrow CH_4+H$　k_2

③ $H+C_2H_6 \longrightarrow CH_4+CH_3$　k_3

设反应①为快速对峙反应，对②③可作稳态近似处理，试证明：

$$\frac{dC_{CH_4}}{dt}=2k_2K^{1/2}C_{C_2H_6}^{1/2}C_{H_2}$$

5. 假设反应　$CO+Cl_2 \rightarrow COCl_2$ 的反应机理为：

① $Cl_2 \underset{k_{-1}}{\overset{k_1}{\rightleftharpoons}} 2Cl$（快）；

② $Cl+CO \underset{k_{-2}}{\overset{k_2}{\rightleftharpoons}} COCl$（快）；

③ $COCl+Cl_2 \underset{k_{-3}}{\overset{k_3}{\rightleftharpoons}} COCl_2+Cl$（慢）；

证明 $\frac{dC_{COCl_2}}{dt}=kC_{CO}C_{Cl_2}^{3/2}$，并指出表观速率常数 k 及表观活化能 E_a 与各基元反应速率常数和活化能之间的关系。

第8章　电　化　学

【设疑】

[1] 当某种心脏病人的心脏起搏器电池“$Zn \mid Zn^{2+}, H^+, H_2O \mid O_2(Pt)$”在 0.8 V,40 μW 条件下的人体内放电,5 g 的 Zn 电极能用多长时间才需再次进行手术更换?

[2] 可逆电池与可逆电极的本质要求有哪些?

[3] 为什么韦斯顿(Weston)电池可以作为测量电池电动势的标准电池使用?

[4] 心电描记器是用来检查人的心脏有无疾病的一种仪器。其功能主要是从人体的特定部位记录下心肌电位改变所产生的波形图像即人们常说的心电图。医生们只要对心电图进行分析便可判断受检人的心跳是否规则,有无心脏肥大、心肌梗死等疾病,其工作原理是什么?

[5] 极化对原电池放电电压和电解池分解电压的影响如何?

[6] 怎样才能避免酸式铅蓄电池的充电爆炸?

[7] 为什么“海上航行的船舶在船底四周镶嵌锌块、石油输油管道每隔一段路与一电源的阴极相连”?

[8] 为什么人的手指触及含羞草时它便“弯腰低头”害羞起来?为什么向日葵金黄色的脸庞总是朝着太阳微笑?为什么捕蝇草会像机灵的青蛙一样捕捉叶子上的昆虫?

【教学目的与要求】

[1] 理解电解质溶液的导电机理和法拉第定律的应用。

[2] 掌握电导、电导率和摩尔电导率的公式、测量和应用以及电解质溶液的 $r_{\pm}$ 与 a 的关系。

[3] 熟悉电池符号与电池反应的互译,掌握可逆电池的条件、E 的意义、测量和计算方法。

[4] 掌握由 E 求 $\Delta G(\Delta H, \Delta S)$ 和平衡常数的有关计算,了解其他有关 E 的应用,由此体会可逆电池的组成以及电动势的测量和计算是电化学的一个基本研究方法。

[5] 了解极化概念、极化产生的原因、超电势、极化曲线以及极化对原电池放电电压和电解池分解电压的影响。

[6] 掌握电解时阴极、阳极反应的次序。

[7] 了解化学电源和金属腐蚀的种类及其防腐方法。

研究化学能与电能之间相互转换的学科叫电化学。我们知道,实现化学能向电能转换的装置叫原电池,如干电池、蓄电池、宇宙飞船用的燃料电池等。电池内的化学反应都是自发的,即 $\left(\frac{\partial G}{\partial \xi}\right)_{T,p} = \sum_{B} \nu_B \mu_B < 0$,如图 8-1 所示。

在 298 K,$p^{\ominus}$下:

$$\left(\frac{\partial G}{\partial \xi}\right)_{T,p} = \Delta_r G_m^{\ominus} + RT\ln\left(\frac{\alpha_{Zn^{2+}}}{\alpha_{Cu^{2+}}}\right) \approx -217.17\ (\mathrm{kJ \cdot mol^{-1}}) < 0$$

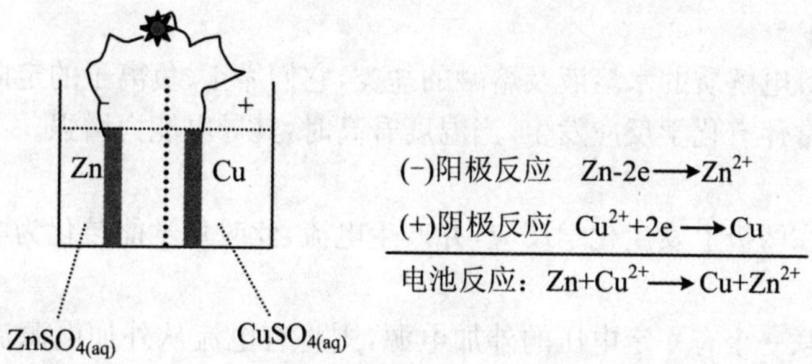

图 8-1　Zn—Cu 原电池

实现电能向化学能转换的装置叫电解池，即$\left(\frac{\partial G}{\partial \xi}\right)_{T,p}=\sum_{B}\nu_B\mu_B>0$，即电池内进行的化学反应都是非自发的，如图 8-2 所示。

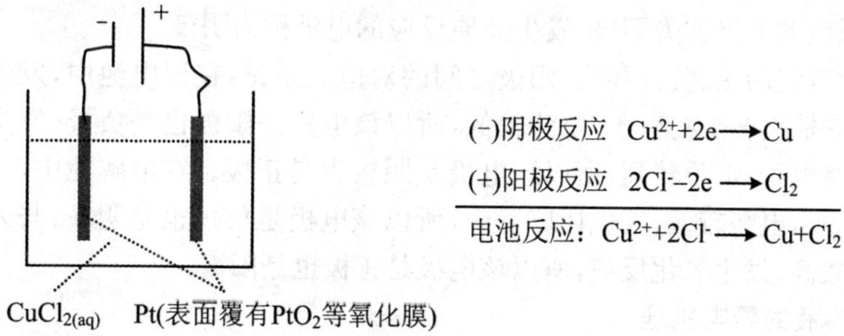

图 8-2　电解池

在 298 K，$p^{\ominus}$下：

$$\left(\frac{\partial G}{\partial \xi}\right)_{T,p}=\Delta_r G_m^{\ominus}+RT\ln\left(\frac{\frac{p}{p^{\ominus}}}{\alpha_{Cu^{2+}}\cdot\alpha_{Cl^-}^2}\right)\approx 197.36\ (\mathrm{kJ\cdot mol^{-1}})>0$$

本章讨论的内容可分为三部分：一是电解质溶液；二是可逆电池电动势及其应用；三是极化和电解时的电极反应。

8.1　电解质溶液

8.1.1　电解质溶液的导电机理和法拉第定律

8.1.1.1　电解质溶液的导电机理

1. 基本概念

(1) 第一类导体

如各种金属及石墨等，它们靠自由电子定向运动而导电，当电流通过这类导体时，温度升高，此外无其他显著变化，并且由于温度升高，自由电子运动受阻而使导电能力下降。

(2) 第二类导体

如酸、碱、盐类等电解质的水溶液及熔融的盐类，它们靠正、负离子的定向运动而导电，当电流通过这类导体时常伴有化学反应发生，当温度升高时，其导电能力增强。

(3) 原电池

电池能自发地在两极上发生化学反应，并产生电流，此时化学能转化为电能。

(4) 电解池

在外电路中并联一个有一定电压的外加电源，则将有电流从外加电源流入电池，迫使电池中发生化学变化，这种将电能转变为化学能的电池称为电解池。

(5) 正极和负极

电势较高的极称为正极，电势较低的极称为负极。电流总是由正极流向负极，电子的流向与之相反。

(6) 阳极和阴极

发生氧化反应的电极称为阳极，发生还原反应的电极称为阴极。

两种电化学装置的正、负极和阴、阳极之间的对应关系是：在原电池中，发生氧化反应的电极是阳极，同时它输出多余的电子，电势较低，所以该电极是阳极也是负极；发生还原反应的电极是阴极，它接受电子，电势较高，所以该电极是阴极也是正极。在电解池中，与外电源负极相接的电极接受电子，电势较低，发生还原反应，所以该电极是负极也是阴极；与外加电源正极相接的电极，电势较高，发生氧化反应，所以该电极是正极也是阳极。

2. 电解质溶液的导电机理

第二类导体中电流的传导是通过离子的定向移动而完成的，阴离子总是移向阳极（不一定是正极），而阳离子总是移向阴极（不一定是负极）。当阴、阳离子分别接近异性电极时，在电极与溶液接触的界面上分别发生电子的交换（包括离子和电极本身发生氧化或还原反应）。整个电流在溶液中的传导是由阴、阳离子的移动而共同承担。

例如，如图 8-3 所示，将两铂金片插入 $CuCl_2$ 水溶液通直流电，这时溶液中的 Cu^{2+} 向阴极移动，Cl^- 向阳极移动，在电极与溶液的界面上（$10^{-9}\sim10^{-8}$ m）发生化学反应。整个电流在溶液中的传导是由 Cu^{2+}、Cl^- 的移动而共同承担的。

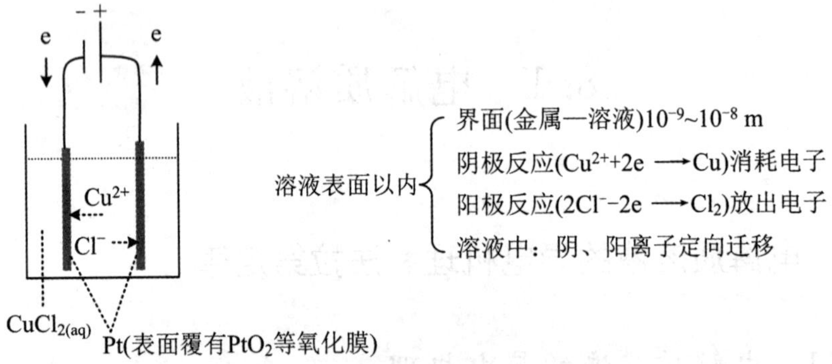

图 8-3 $CuCl_2$ 水溶液的电解池

8.1.1.2 法拉第定律

电流通过电解质溶液时，电极上发生电子得、失的氧化—还原反应。因此，通过的电量 q 与电极反应的物质的量之间必存在一定的关系。现推导如下。

对电极反应：

阴极反应，$\nu_e<0$，$Cu^{2+}+2e \longrightarrow Cu$，$\nu_e=-2$；

阳极反应，$\nu_e>0$，$2Cl^- \longrightarrow Cl_2+2e$，$\nu_e=2$。

当反应进度 $\xi=\dfrac{n_{B(\xi)}-n_{B(0)}}{\nu_B}=\dfrac{n_{e(\xi)}-n_{e(0)}}{\nu_e}$ 时，电量为

$$q = eN_0 \left| n_{e(\xi)} - n_{e(0)} \right|$$

由于

$$\left| n_{e(\xi)} - n_{e(0)} \right| = \left| \frac{\nu_e}{\nu_B} \right| (n_{B(\xi)} - n_{B(0)})$$

即

$$\left| n_{e(\xi)} - n_{e(0)} \right| = \left| \frac{\nu_e}{\nu_B} \right| \frac{W_B}{M_B}$$

则

$$q = eN_0 \left| \frac{\nu_e}{\nu_B} \right| \frac{W_B}{M_B}$$

又由于

$$eN_0 = 1.60219 \times 10^{-19} \times 6.022 \times 10^{23} = 96\,485\ (\mathrm{C \cdot mol^{-1}})$$

用 F 表示，称为法拉第常数，则

$$q = F \left| \frac{\nu_e}{\nu_B} \right| \frac{W_B}{M_B} \tag{8-1}$$

式(8-1)中，M_B 为物质 B 化学式的摩尔质量，ν_e，ν_B 由电极反应确定，相当方便。

如 OH^- 的氧化：

$$2OH^- - 2e \longrightarrow \frac{1}{2}O_2 + H_2O$$

$$OH^- - e \longrightarrow \frac{1}{4}O_2 + \frac{1}{2}H_2O$$

$$4OH^- - 4e \longrightarrow O_2 + 2H_2O$$

$$q = 4F\frac{W_{O_2}}{M_{O_2}}$$

法拉第定律是自然科学中最准确的定律之一，无论是电能转化为化学能，还是化学能转变为电能都可以准确解释。

对于上述公式的几点说明：

① 适用范围：纯离子导体；不受温度、压力、溶剂性质、电解池大小形状限制。

② 电流效率：由于电极上可能有副反应，实际得到的某反应产物的量往往小于由法拉第定律计算得到的值，两者之比值即电流效率。

③ 由于 $F=96\,485\ \mathrm{C\cdot mol^{-1}}$ 值较大，所以用电解法制备、生产时，耗电量很大；反之，用电分析法检测物质时，信号灵敏（n 虽微小，但对应 q 较大）。

【例 8-1】 将 Pt 插入 $ZnSO_{4(aq)}$ 溶液，在 0.75 A 下通电 30 min，当有 0.352 g Zn 在阴极上析出后，还能析出多少克 H_2？

解 通过整个回路的电量是

$$0.75\times30\times60=1\,350\ (\mathrm{C})$$

析出 0.352 g Zn 用去的电量是

$$Zn^{2+}+2e\longrightarrow Zn$$

$$q=F\left|\frac{\nu_e}{\nu_B}\right|\frac{W_B}{M_B}=96\,485\times\left|-\frac{2}{1}\right|\times\frac{0.352}{65.38}=1\,039\ (\mathrm{C})$$

析出 H_2

$$2H^{+}+2e\longrightarrow H_2$$

$$q=F\left|\frac{\nu_e}{\nu_B}\right|\frac{W_B}{M_B}$$

$$1\,350-1\,039=96\,485\times\left|-\frac{2}{1}\right|\times\frac{W_{H_2}}{2}$$

$$W_{H_2}=0.003\,2\ (\mathrm{g})$$

【例 8-2】 在 $10\times10\ \mathrm{cm^2}$ 的 Cu 片上，镀上 0.005 cm 厚的 Ni 层，用 2 A 电流电解得到上述厚度 Ni 层需多长时间。设电流效率为 96%，已知 Ni 的密度为 $8.9\ \mathrm{g\cdot cm^{-3}}$，摩尔质量为 $58.69\ \mathrm{g\cdot mol^{-1}}$。

解

$$Ni^{2+}+2e\longrightarrow Ni$$

$$q=It=F\left|\frac{\nu_e}{\nu_B}\right|\frac{W_B}{M_B}$$

$$2t\times96\%=96\,485\times\left|\frac{-2}{1}\right|\times\frac{10\times10\times0.005\times8.9\times2}{58.69}$$

$$t=15\,250\ (\mathrm{s})=4.24\ (\mathrm{h})$$

8.1.2 电解质溶液导电能力的量度

由中学化学中的“灯泡实验”可知，不同电解质溶液导电能力不同。在生产实际和科学研究中，需对电解质的导电能力进行量度，为此要定义一个能反映电解质溶液导电能力本质的物理量。导电能力的大小取决于电解质溶液本性、电解质的数量、温度和压力等因素。

8.1.2.1 电导 G、电导率 κ 和摩尔电导率 Λ_m 的定义

1. 电导 G

电解质溶液（或熔盐）与金属导体一样，具有一定的电阻。由于 R 是阻滞电流能力的量度，则其倒数 $\frac{1}{R}$ 就反映了导电能力。人们就将 $\frac{1}{R}$ 定义为电导，用 G 表示，即

$$G=\frac{1}{R}$$

电导是电阻的倒数，单位为西门子，用 S 或 Ω^{-1} 表示。

由于 $R=\rho\frac{l}{A}$，因而 G 除与电解质本性、数量、温度和压力有关外，还与 A（测量时所用电极的面积）和 l（电极相距的距离）有关。因此，用 G 比较电解质溶液导电能力的强弱说明不了什么问题，必须考虑其他因素。

2. 电导率 κ

电阻率的倒数 $\frac{1}{\rho}$ 称为电导率，用 κ 表示，即

$$\kappa=\frac{1}{\rho}$$

意指单位面积($1\ m^2$)电极相距单位长度(1 m),即单位体积内电解质溶液所具有的电导(图 8-4)。

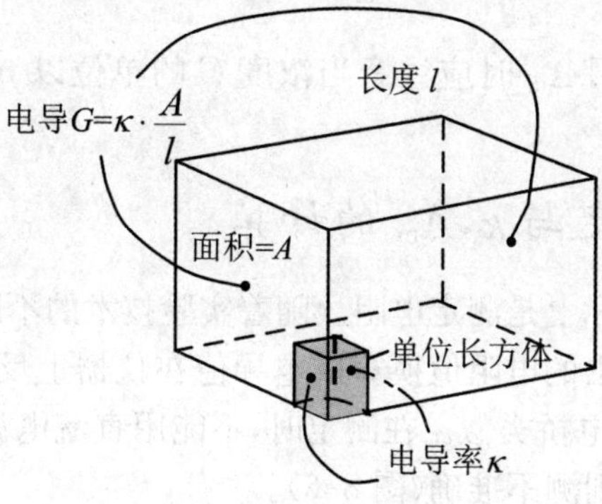

图 8-4　电导率的定义

电导率与 G 的关系是

$$\kappa=\frac{1}{\rho}=\frac{1}{R}\cdot\frac{l}{A}$$

即

$$\kappa=G\cdot\frac{l}{A} \tag{8-2}$$

式(8-2)中的$\frac{l}{A}$称为电导池常数。κ 单位是 $\Omega^{-1}\cdot m^{-1}$ 或 $S\cdot m^{-1}$,仅与电解质本性、数量、温度和压力有关。

对于电解质溶液,由于浓度不同所含离子的数目不同,因而电导率也不同,因此,不能用电导率来比较电解质的导电能力,为此引入摩尔电导率 Λ_m。

3. 摩尔电导率 Λ_m

把含有 1 mol 电解质的溶液置于相距为单位距离(SI 单位用 1 m)的电导池的两个平行电极之间所具有的电导,以 Λ_m 表示(图 8-5)。

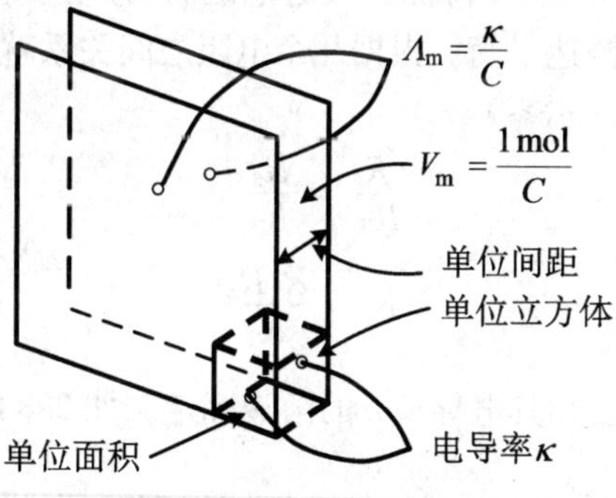

图 8-5　摩尔电导率的定义

由于电解质溶液浓度是 $C_B(mol\cdot m^{-3})$,根据

$$C_B=\frac{n_B}{V}$$

$n_B = 1\ \text{mol}, V = \frac{1}{C_B}\ \text{m}^3$，即有$\frac{1}{C_B}$个单位体积，而每个单位体积电解质溶液的电导是电导率 κ，则 Λ_m 与 κ 间关系应为

$$\Lambda_m = \frac{\kappa}{C_B} \tag{8-3}$$

单位为 $S \cdot mol^{-1} \cdot m^2$。使用 Λ_m 时应注意当浓度 C 的单位以 $mol \cdot dm^{-3}$ 表示时，要换算成 $mol \cdot m^{-3}$ 然后再进行计算。

8.1.2.2 电导测定与 κ, Λ_m 的计算

电导的测定在实验中实际上是测定电阻。随着实验技术的不断发展，目前已有不少测定电导、电导率的仪器，并可把测出的电阻值换算成电导值在仪器上反映出来。其测量原理和物理学上测电阻用的 Wheastone 电桥类似。在测定时，不能用直流电源，因其会在电极附近发生电极反应，改变电解质浓度，R 则测不准确(图 8-6)。

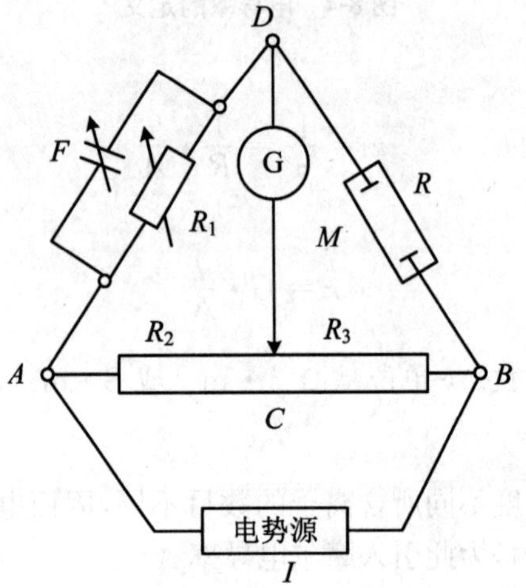

图 8-6 Wheastone 交流电桥法测定电阻

AB 为均匀的滑线电阻，R_1 为可变电阻，并联一个可变电容 F 以便调节与电导池实现阻抗平衡，M 为放有待测溶液的电导池，R 待测。接通电源后，移动 C 点，使线路 DC 中无电流通过。这时 D,C 两点电位降相等，电桥达平衡。根据几个电阻之间关系就可求得待测溶液的电导。

电桥达平衡时(检流计指针示零)

$$\frac{R}{R_1} = \frac{R_3}{R_2}$$

$$R = \frac{R_1 R_3}{R_2}$$

从而 $G = \frac{1}{R}$，$\kappa = G \cdot \frac{l}{A}$ $\left(\frac{l}{A}\right.$由已知其电导率 κ 的溶液标定。如 298 K，$0.02 \times 10^3\ mol \cdot m^{-3}$ 时，KCl 溶液的 $\kappa = 0.276\,8\ S \cdot m^{-1}\left.\right)$；再由 $\Lambda_m = \frac{\kappa}{C_B}$，即可求出浓度为 c_B 的电解质溶液的摩尔电导率 Λ_m。

【例 8-3】 298 K 时，某电导池中盛有 $0.02 \times 10^3\ mol \cdot m^{-3}$ KCl 溶液($\kappa = 0.276\,8\ S \cdot m^{-1}$)，测得电阻为 82.4 Ω。若在同一电导池中盛以 $0.05 \times 10^3\ mol \cdot m^{-3}$ K_2SO_4 溶液，测得电阻为 328 Ω。求 $\frac{l}{A}$，G，κ 和 Λ_m。

解 由$\kappa=G\cdot\dfrac{l}{A}$,得

$$\frac{l}{A}=\kappa R=0.2768\times82.4=22.81\ (\mathrm{m^{-1}})$$

$$G=\frac{1}{R}=\frac{1}{328}=3.0\times10^{-3}(\mathrm{S})$$

$$\kappa=G\cdot\frac{l}{A}=3.0\times10^{-3}\times22.81=6.99\times10^{-3}(\mathrm{S\cdot m^{-1}})$$

$$\Lambda_\mathrm{m}=\frac{\kappa}{C_\mathrm{B}}=\frac{6.99\times10^{-3}}{0.05\times10^{3}}=1.40\times10^{-3}(\mathrm{S\cdot m^2\cdot mol^{-1}})$$

【例 8-4】 某厂生产用水计划取自一口深井,若井水中盐的含量超过 100 ppm(0.01%)就不符合生产要求,需另觅水源。已知井水中盐主要是 NaCl,采样装入电导池中,在 298 K 时测得电阻为1 426 Ω;用同一电导池放入 0.01 mol·$\mathrm{L^{-1}}$ KCl 溶液,同法测得电阻为 251 Ω,其电导率是0.141 14 S·$\mathrm{m^{-1}}$。请你根据以上材料确定这口井是否可用?又已知羊可以饮用含盐量约为 500 ppm(0.05%)的水,如果此处不能建厂,可否改为养羊的牧场(已知$\Lambda_{\mathrm{m,Na^+}}^{\infty}=50.11\times10^{-4}\ \mathrm{S\cdot m^2\cdot mol^{-1}}$,$\Lambda_{\mathrm{m,Cl^-}}^{\infty}=76.34\times10^{-4}\ \mathrm{S\cdot m^2\cdot mol^{-1}}$)?

解 由$\Lambda_\mathrm{m}=\dfrac{\kappa}{C_\mathrm{B}}$知,求井水中盐的浓度$C$,需先求$\Lambda_\mathrm{m}$和$\kappa$。由于水井中盐含量很低,且主要是 NaCl,那么

$$\begin{aligned}\Lambda_\mathrm{m}&\approx\Lambda_{\mathrm{m,NaCl}}^{\infty}=\Lambda_{\mathrm{m,Na^+}}^{\infty}+\Lambda_{\mathrm{m,Cl^-}}^{\infty}\\&=126.45\times10^{-4}(\mathrm{S\cdot m^2\cdot mol^{-1}})\end{aligned}$$

$$\frac{l}{A}=R\kappa=251\times0.14114=35.425\ (\mathrm{m^{-1}})$$

则井水的电导率

$$\kappa=G\cdot\frac{l}{A}=\frac{1}{1426}\times35.426=2.48\times10^{-2}(\mathrm{S\cdot m^{-1}})$$

则

$$C=\frac{\kappa}{\Lambda_\mathrm{m}}\approx\frac{2.48\times10^{-2}}{126.45\times10^{-4}}=1.96\ (\mathrm{mol\cdot m^{-3}})$$

即$C=1.96\times10^{-3}\ \mathrm{mol\cdot L}$,$1.96\times10^{-3}\times58.5\times10^{3}=115$ ppm(0.0115%)(1 L 水中含 1 mg 溶质称为一个 ppm),大于生产用的最高指标 100 ppm(0.01%),但小于 500 ppm(0.05%),可改为养羊的牧场。

【例 8-5】 打算利用原有的一个天然水坑蓄水。已取得下列资料,请你估算一下水坑的容水量。将取自水坑的水样装入某电导池,25 ℃时测得电阻为 9 200 Ω,若把 0.020 mol·$\mathrm{L^{-1}}$ KCl 装入该电导池中在同温下测得电阻为 85 Ω。然后将 0.500 kg NaCl 倒入水坑搅拌均匀后,再取样,同以上办法测得电阻是 7 600 Ω(0.020 mol·$\mathrm{L^{-1}}$ KCl 水溶液的$\kappa=0.2786\ \mathrm{S\cdot m^{-1}}$)。

解 求坑水的电导率$\kappa_{坑}$

$$\frac{l}{A}=\kappa R=0.2786\times85=23.681\ (\mathrm{m^{-1}})$$

$$\kappa_{坑}=G\cdot\frac{l}{A}=\frac{1}{9200}\times23.681=2.574\times10^{-3}(\mathrm{S\cdot m^{-1}})$$

坑水加入 NaCl 后的电导率

$$\kappa=G\cdot\frac{l}{A}=\frac{1}{7600}\times23.681=3.116\times10^{-3}(\mathrm{S\cdot m^{-1}})$$

因加入 NaCl 后增加的电导率是

$$3.116\times10^{-3}-2.574\times10^{-3}=4.52\times10^{-4}(\text{S}\cdot\text{m}^{-1})$$

仍将加入 NaCl 后的坑水近似为无限稀溶液时

$$\begin{aligned}\Lambda_{\text{m,NaCl}}&\approx\Lambda_{\text{m,NaCl}}^{\infty}=\Lambda_{\text{m,Na}^+}^{\infty}+\Lambda_{\text{m,Cl}^-}^{\infty}\\&=126.45\times10^{-4}(\text{S}\cdot\text{m}^2\cdot\text{mol}^{-1})\end{aligned}$$

其浓度为

$$C=\frac{\kappa}{\Lambda_{\text{m}}}\approx\frac{4.52\times10^{-2}}{126.45\times10^{-4}}=4.286\times10^{-2}(\text{mol}\cdot\text{m}^{-3})$$

再由

$$C_{\text{B}}=\frac{n_{\text{B}}}{V}$$

$$V=\frac{n_{\text{B}}}{C_{\text{B}}}=\frac{0.500\times10^3}{4.286\times10^{-2}}=199\ (\text{m}^3)$$

8.1.2.3　κ,Λ_{m} 与 C_{B}的关系

1. 电导率与浓度的关系

强电解质溶液的电导率随浓度的增加(即导电粒子数的增多)而升高(图 8-7),但当浓度增加到一定程度以后,由于正、负离子之间的相互作用力增大,因而降低了离子的运动速度,致使电导率反而下降。所以在电导率与浓度的关系曲线上会出现最高点。

弱电解质溶液的电导率随浓度的变化不显著,因为浓度增加使其电离度减小,所以溶液中离子数目变化不大。

2. 摩尔电导率与浓度的关系

摩尔电导率随浓度的变化与电导率的变化不同,因溶液中能导电的物质都为 1 摩尔,当浓度降低时,由于粒子之间相互作用力减弱,因而正、负离子的运动速度增加,故摩尔电导率增加(图 8-8)。当浓度降低到一定程度之后,强电解质的摩尔电导率值几乎保持不变。

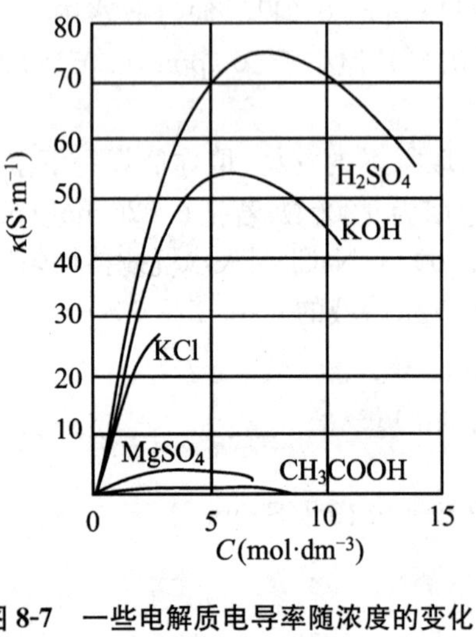

图 8-7　一些电解质电导率随浓度的变化

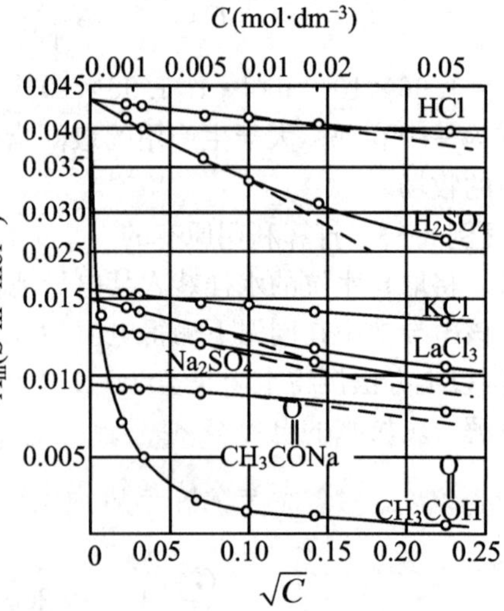

图 8-8　一些电解质在水溶液中摩尔电导率与浓度的关系

科尔劳施(R. Kohlrousch)根据实验结果发现，在浓度极稀时强电解质的 Λ_m 与 $\sqrt{C}$ 几乎呈线性关系，且浓度在 0.01 mol·dm^{-3} 以下时，Λ_m 与 C 之间有如下关系

$$\Lambda_m = \Lambda_m^{\infty}(1-\beta\sqrt{C})$$

式中，β 在一定温度下，对于一定的电解质和溶剂来说是一个常数，将直线外推至与纵坐标相交处即得到溶液在无限稀释时的摩尔电导率 Λ_m^{∞}（又称为极限摩尔电导率或无限稀释摩尔电导率）。

对于弱电解质 HAc、NH_4OH 等直到溶液稀释至 0.005 mol·dm^{-3} 时，Λ_m 与 $\sqrt{C}$ 仍不成直线关系。并且在极稀的溶液中，浓度稍微改变一点，Λ_m 的值可能变动很大，即实验上少许误差对外推求得的 Λ_m^{∞} 值影响很大。从实验值直接求弱电解质的 Λ_m^{∞} 遇到了困难，科尔劳施的离子独立移动定律解决了这个问题。

8.1.2.4 科尔劳施离子独立移动定律——Λ_m^{∞} 的计算

科尔劳施根据大量的实验数据发现了一个规律，即在无限稀释的溶液中，每一种离子独立移动的，不受其他离子的影响，每种离子的摩尔电导率为一定值，而与电解质的种类无关(如 Cl^-，不管在 KCl 溶液还是在 HCl 溶液中，其无限稀释摩尔电导率都是 76.34×10^{-3} S·m^2·mol^{-1})。对电解质 $M_{\nu+}A_{\nu-}$

$$M_{\nu_+}A_{\nu_-} \longrightarrow \nu_+ M^{Z+} + \nu_- A^{Z-}$$

$$\Lambda_m^{\infty} \longrightarrow \nu_+ \Lambda_{m,+}^{\infty} + \nu_- \Lambda_{m,-}^{\infty}$$

式中，$\Lambda_{m,+}^{\infty}$ 为正离子的无限稀摩尔电导率；$\Lambda_{m,-}^{\infty}$ 为负离子的无限稀摩尔电导率。这一公式对强、弱电解质都适用。如 HAc 的 Λ_m^{∞} 即

$$\begin{aligned}\Lambda_{m,HCl}^{\infty} &= \Lambda_{m,H^+}^{\infty} + \Lambda_{m,Cl^-}^{\infty}\\ &= 349.82\times10^{-4} + 40.9\times10^{-4}\\ &= 390.72\times10^{-4}(S\cdot m^2\cdot mol^{-1})\end{aligned}$$

$CuSO_4$

$$\begin{aligned}\Lambda_{m,CuSO_4}^{\infty} &= \Lambda_{m,Cu^{2+}}^{\infty} + \Lambda_{m,SO_4^{2-}}^{\infty}\\ &= 107.2\times10^{-4} + 159.6\times10^{-4}\\ &= 266.8\times10^{-4}(S\cdot m^2\cdot mol^{-1})\end{aligned}$$

除此以外，强电解质的 Λ_m^{∞} 还可用外推法、弱电解质还可用由强电解的 Λ_m^{∞} 间接求之。

【例 8-6】 298 K 时，NH_4Cl，NaOH 和 NaCl 的无限稀释摩尔电导率分别为 1.499×10^{-2} S·m^2·mol^{-1}，2.487×10^{-2} S·m^2·mol^{-1} 和 1.265×10^{-2} S·m^2·mol^{-1}，求 NH_4OH 的无限稀释摩尔电导率。

解 $\Lambda_{m,NH_4OH}^{\infty} = \Lambda_{m,NH_4^+}^{\infty} + \Lambda_{m,OH^-}^{\infty}$

$$\begin{aligned}\Lambda_{m,NH_4OH}^{\infty} &= (\Lambda_{m,NH_4^+}^{\infty} + \Lambda_{m,Cl^-}^{\infty}) + (\Lambda_{m,Na^+}^{\infty} + \Lambda_{m,OH^-}^{\infty}) - (\Lambda_{m,Na^+}^{\infty} + \Lambda_{m,Cl^-}^{\infty})\\ &= \Lambda_{m,NH_4Cl}^{\infty} + \Lambda_{m,NaOH}^{\infty} - \Lambda_{m,NaCl}^{\infty}\\ &= (1.499+2.487-1.265)\times10^{-2}\\ &= 2.721\times10^{-2}(S\cdot m^2\cdot mol^{-1})\end{aligned}$$

8.1.2.5 电解质溶液电导测定的应用

溶液电导数据的应用很广泛，不仅有利于研究电解质溶液的导电性，而且还可直接用来解

决一些化学问题。

1. 求难溶盐的溶解度和溶度积

一些难溶盐如 $BaSO_4$，AgCl 等，在医学上和实验中经常会遇到它们。其中 $BaSO_4$ 是一种造影剂，在做消化道 X 光透视检查之前，病人需要先吞食一定量的 $BaSO_4$，称为钡餐。众所周知，Ba^{2+} 是很毒的。因此，必须了解和测定 $BaSO_4$ 饱和溶液的溶解度，但它在水中的溶解度很小，浓度不能用普通的滴定法测定，但可用电导法测量。步骤大致为：用一已预先测知了电导率 κ_{H_2O} 的高纯水，配制待测难溶性盐的饱和溶液，然后测定此饱和溶液的电导率 $\kappa_{溶液}$，显然测出值是盐和水的电导率之和（这是由于溶液很稀，水的电导率已占一定比例，故不能忽略），$\kappa_{盐}=\kappa_{溶液}-\kappa_{H_2O}$。

由于难溶盐的溶解度很小，溶液极稀，盐又是强电解质，所以 $\Lambda_m=\Lambda_m^\infty$ 依据 $\Lambda_{m(盐)}=\dfrac{\kappa}{C}$，难溶盐的饱和溶液浓度为 $C=\dfrac{\kappa_{盐}}{\Lambda_m^\infty}$，从而可求出难溶盐的溶解度。

【例 8-7】 298 K 时测得 $BaSO_4$ 饱和溶液的电导率为 $4.20\times10^{-4}\ S\cdot m^{-1}$，该温度下水的电导率是 $1.05\times10^{-4}\ S\cdot m^{-1}$。试计算 $BaSO_4$ 在水中的溶解度和 K_{sp}。

解

$$\begin{aligned}\Lambda_{m,BaSO_4}^\infty&=\Lambda_{m,Ba^{2+}}^\infty+\Lambda_{m,SO_4^{2-}}^\infty\\&=127.2\times10^{-4}+159.6\times10^{-4}\\&=286.8\times10^{-4}(S\cdot m^2\cdot mol^{-1})\end{aligned}$$

$$\begin{aligned}\kappa_{BaSO_4}&=\kappa_{溶液}-\kappa_{H_2O}\\&=4.20\times10^{-4}-1.05\times10^{-4}\\&=3.15\times10^{-4}(S\cdot m^{-1})\end{aligned}$$

$$C_{BaSO_4}=\frac{\kappa_{BaSO_4}}{\Lambda_m^\infty}=\frac{3.15\times10^{-4}}{286.8\times10^{-4}}=1.1\times10^{-2}(mol\cdot m^{-3})$$

即 $1.1\times10^{-5}\ mol\cdot L^{-1}$，相当于每升水中溶有 $1.1\times10^{-5}\times137=1.51\times10^{-3}\ g\ Ba^{2+}$。而

$$\begin{aligned}K_{sp}&=\frac{C_{Ba^{2+}}}{C^\ominus}\cdot\frac{C_{SO_4^{2-}}}{C^\ominus}\\&=\left(\frac{1.1\times10^{-5}}{1}\right)^2\\&=1.21\times10^{-10}\end{aligned}$$

2. 水质检验与环境监测

在 298 K 时，$\kappa_{普通蒸馏水}=1\times10^{-3}\ S\cdot m^{-1}$，$\kappa_{重蒸馏水}=\kappa_{去离子水}<1\times10^{-4}\ S\cdot m^{-1}$。由于水本身有微弱的离解：$H_2O\rightleftharpoons H^++OH^-$，故虽经反复蒸馏，仍有一定的电导。理论计算纯水 $\kappa=5.5\times10^{-6}\ S\cdot m^{-1}$。在半导体工业或涉及使用电导测量的研究中，常需高纯度的水（即“电导水”）。这样只要测定水的电导率 κ 就可知道其纯度是否符合要求。常用于对锅炉用水、工业废水、天然水的检验。

3. 计算弱电解质的电离度和离解常数

在弱电解质溶液中，只有已电离的部分才能承担传递电量的任务。无限稀释时的 Λ_m^∞ 反映了该电解质全部电离且离子间没有相互作用时的导电能力，而一定浓度下的 Λ_m 反映的是部分电离且离子间存在一定相互作用时的导电能力。Λ_m 和 Λ_m^∞ 的差别是由两个因素造成的：一是

电解质的不完全离解，二是离子间存在着相互作用力，所以 Λ_m 常称为表观摩尔电导率。若某一弱电解质的电离度较小，电离产生出的离子浓度较低，使离子间作用力可以忽略不计，那么 Λ_m 与 Λ_m^∞ 的差别就可近似看成是由部分电离与全部电离产生的离子数目不同所致，所以弱电解质的电离度可表示为

$$\alpha = \frac{\Lambda_m}{\Lambda_m^\infty}$$

若电解质为 AB 型(即 1-1 型)，电解质的起始浓度为 C，则电离平衡常数

$$K_c = \frac{\dfrac{C}{C^\ominus}\left(\dfrac{\Lambda_m}{\Lambda_m^\infty}\right)^2}{1-\dfrac{\Lambda_m}{\Lambda_m^\infty}} = \frac{\dfrac{C}{C^\ominus}\Lambda_m^2}{\Lambda_m^\infty(\Lambda_m^\infty - \Lambda_m)}$$

此式称为奥斯特瓦尔德定稀释定律。奥氏定律的正确性可以通过实验来验证。实验证明，弱电解质的 α 越小，稀释定律越精确。

4. 电导滴定

在分析化学中常用电导测定来确定滴定的终点，称为电导滴定。当溶液浑浊或有颜色，不能应用指示剂变色来指示终点时，这个方法更显得实用、方便。电导滴定可用于酸碱中和、生成沉淀、氧化还原等各类滴定反应。其原理是：被滴定溶液中的一种离子与滴入试剂中的一种离子相结合生成离解度极小的电解质或固体沉淀，使得溶液中原有的某种离子被另一种离子所替代，因而使电导发生改变。

以强碱(NaOH)滴定强酸(HCl)为例(图 8-9)：在滴加 NaOH 之前，溶液中的电解质全部是 HCl，因 Λ_{m,H^+}^∞ 数值大，H^+ 较多则溶液的电导较高。逐渐加入 NaOH 后，由于 H^+ 与 OH^- 结合生成水，溶液中导电能力强的 H^+ 减少了，而增加了导电能力弱的 Na^+，所以溶液电导逐渐降低，达到滴定终点时溶液电导最低。越过终点后，由于 NaOH 中的 OH^- 存在，并具有较大的导电能力，随着 NaOH 过量程度的增加，电导又急剧升高。

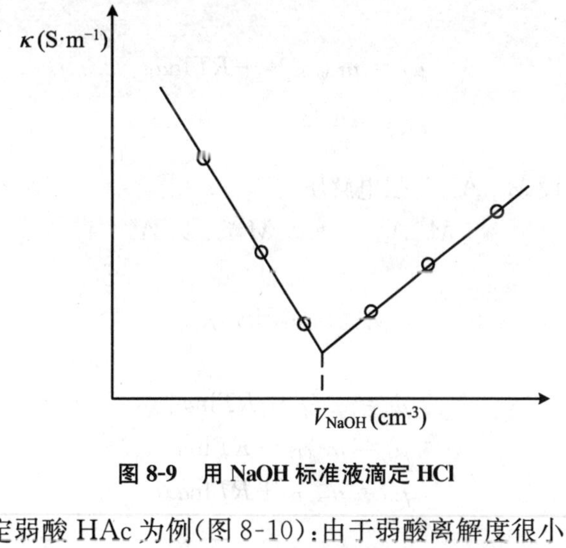

图 8-9　用 NaOH 标准液滴定 HCl

以强碱 NaOH 滴定弱酸 HAc 为例(图 8-10)：由于弱酸离解度很小，故在滴定前电导较低，随着 NaOH 的加入，弱酸被完全离解的盐 NaAc 所代替，电导逐渐升高，达终点后溶液中过量的 NaOH 使电导较快的增加。

以 KCl 滴定 $AgNO_3$ 为例(图 8-11)：

$$KCl + AgNO_3 \longrightarrow AgCl\downarrow + KNO_3$$

滴定过程，部分的 Ag^+ 被 K^+ 取代，Λ_{m,K^+}^{∞} 略大于 $\Lambda_{m,Ag^+}^{\infty}$，因而随着 KCl 的加入，溶液的 κ 会略微增加(但若反应产生两种沉淀，则电导 κ 下降)；等电点后，过量的 KCl 会使溶液的电导率 κ 迅速增加。

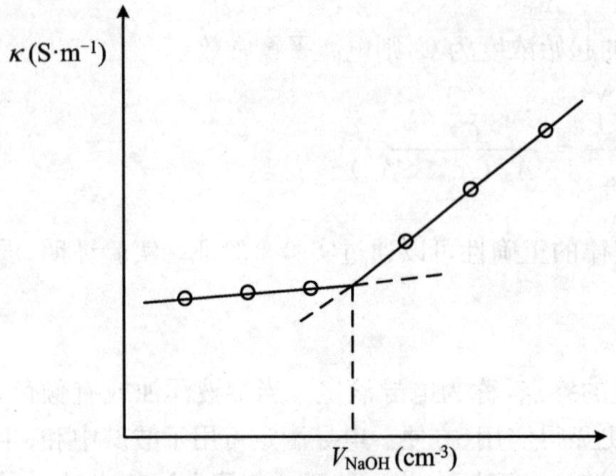

图 8-10　用 NaOH 标准液滴定 HAc

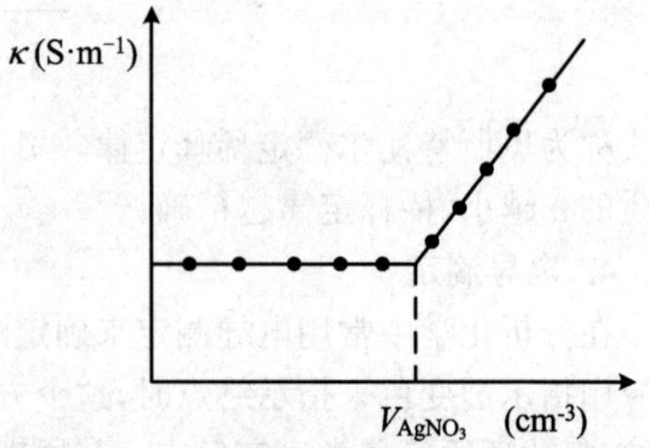

图 8-11　KCl 溶液滴定 $AgNO_3$ 溶液

8.1.3　电解质溶液中溶质化学势表达式与平均活度系数

非电解质：

$$\mu_B = \mu_{B,m,T,p^\ominus}^{\ominus} + RT\ln\left(\frac{\gamma_B m_B}{m_B^\ominus}\right) + \int_{p^\ominus}^{p} V_{B,m}\,dp$$

忽略压力影响时

$$\mu_B = \mu_{B,m,T,p^\ominus}^{\ominus} + RT\ln a_B$$

$$a_B = \frac{\gamma_B m_B}{m_B^\ominus}$$

对电解质溶液不成立！设 $M_{\nu_+}A_{\nu_-}$ 为强电解质。

$$M_{\nu_+}A_{\nu_-} \longrightarrow \nu_+ M^{Z+} + \nu_- A^{Z-}$$

显然

$$\mu_B = \nu_+\mu_+ + \nu_-\mu_-$$

压力不大时

$$\mu_B = \mu_{B(T)}^{\ominus} + RT\ln a_B$$
$$\mu_+ = \mu_{+(T)}^{\ominus} + RT\ln a_+$$
$$\mu_- = \mu_{-(T)}^{\ominus} + RT\ln a_-$$

则

$$\begin{aligned}\mu_B &= \nu_+\mu_+ + \nu_-\mu_- \\ &= (\nu_+\mu_+^\ominus + \nu_-\mu_-^\ominus) + RT\ln(a_+^{\nu_+}\cdot a_-^{\nu_-}) \\ &= \mu_{B(T)}^{\ominus} + RT\ln(a_+^{\nu_+}\cdot a_-^{\nu_-})\end{aligned}$$

即

$$a_B = a_+^{\nu_+} \cdot a_-^{\nu_-}$$

其中

$$a_+ = \frac{\gamma_+ m_+}{m^\ominus}$$

$$a_- = \frac{\gamma_- m_-}{m^\ominus}$$

由于单个离子活度系数 γ_+,γ_- 不可测定,因此,定义了离子平均活度系数 $\gamma_\pm$

$$\gamma_\pm \xlongequal{\text{def}} (\gamma_+^{\nu_+} \gamma_-^{\nu_-})^{\frac{1}{\nu}}$$

式中,$\nu=\nu_+ + \nu_-$,$\gamma_\pm$ 可由多种方法测定。则

$$a_B = (\nu_+^{\nu_+} \nu_-^{\nu_-})\gamma_\pm^\nu \left(\frac{m}{m^\ominus}\right)^\nu \tag{8-4}$$

对 HCl

$$a_{HCl} = 1^1 \times 1^1 \times \gamma_\pm^2 \left(\frac{m}{m^\ominus}\right)^2$$

同理,对 $CaCl_2$

$$a_{CaCl_2} = 4\gamma_\pm^3 \left(\frac{m}{m^\ominus}\right)^3$$

对 $Al_2(SO_4)_3$

$$a_{Al_2(SO_4)} = 2^2 \times 3^3 \times \gamma_\pm^5 \left(\frac{m}{m^\ominus}\right)^5 = 108\gamma_\pm^5 \left(\frac{m}{m^\ominus}\right)^5$$

在压力不大时

$$\mu_B = \mu_{B,T,p^\ominus}^\ominus + RT\ln(\nu_+^{\nu_+} \nu_-^{\nu_-})\gamma_\pm^\nu \left(\frac{m}{m^\ominus}\right)^\nu$$

8.1.4　强电解质溶液理论简介

8.1.4.1　离子强度

从大量实验事实看出,影响离子平均活度系数的主要因素是离子的浓度和价数,而且价数的影响更显著。1921年,路易斯提出了离子强度的概念。当浓度用质量摩尔浓度表示时,离子强度等于

$$I = \frac{1}{2}\sum_B m_B z_B^2 \tag{8-5}$$

式中,m_B 是离子的真实浓度,若是弱电解质,应乘上电离度。

8.1.4.2　德拜-休克尔离子互吸理论

离子氛是德拜-休克尔理论中的一个重要概念。他们认为在溶液中,每一个离子都被反号离子所包围,由于正、负离子相互作用,使离子的分布不均匀。若中心离子取正离子,周围有较多的负离子,部分电荷相互抵消,但余下的电荷在距中心离子处形成一个球形的负离子氛;反之亦然。一个离子既可为中心离子,又是另一离子氛中的一员(图8-12)。

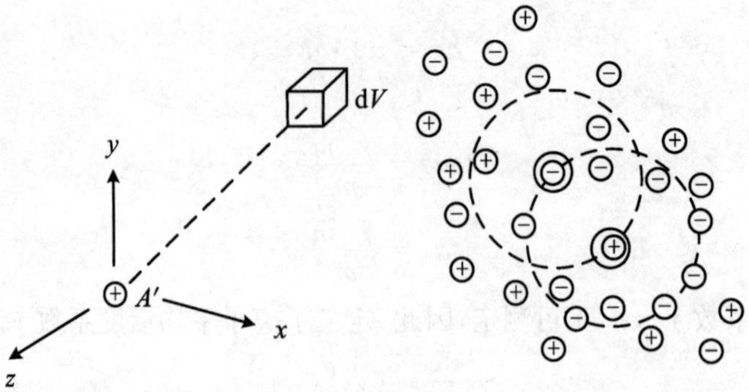

图 8-12 离子氛示意图

德拜-休克尔根据离子氛的概念，引入若干假定，推导出强电解质稀溶液中离子活度系数的计算公式，称为德拜-休克尔极限定律。

$$\lg\gamma_i = -Az_i^2\sqrt{I}$$

式中，Z_i 是 i 离子的电荷，I 是离子强度，A 是与温度、溶剂有关的常数，水溶液的 A 值有表可查。

由于单个离子的活度系数无法用实验测定来加以验证，这个公式实际用处不大。德拜-休克尔极限定律的常用表示式为

$$\lg\gamma_{\pm} = -A\mid z_+ z_- \mid\sqrt{I} \tag{8-6}$$

这个公式只适用于强电解质的稀溶液，离子可以作为点电荷处理的体系。式中，$\gamma_{\pm}$ 为离子平均活度系数，从这个公式得到的 $\gamma_{\pm}$ 为理论计算值。用电动势法可以测定 $\gamma_{\pm}$ 的实验值，用来检验理论计算值的适用范围。

对于离子半径较大，不能作为点电荷处理的体系，德拜-休克尔极限定律公式修正为：在 298 K 的水溶液中

$$\lg\gamma_{\pm} = \frac{-A\mid z_+ z_- \mid\sqrt{I}}{1+\sqrt{I}}$$

8.1.4.3 德拜-休克尔-昂萨格电导理论

弛豫效应：由于每个离子周围都有一个离子氛，在外电场作用下，正负离子作逆向迁移，原来的离子氛要拆散，新离子氛需建立，这里有一个时间差，称为弛豫时间。在弛豫时间里，离子氛会变得不对称(图 8-13)，对中心离子的移动产生阻力，称为弛豫力。这力使离子迁移速率下降，从而使摩尔电导率降低。

电泳效应：在溶液中，离子总是溶剂化的。在外加电场作用下，溶剂化的中心离子与溶剂化的离子氛中的离子向相反方向移动，增加了黏滞力，阻碍了离子的运动，从而使离子的迁移速率和摩尔电导率下降，这种称为电泳效应。

德拜-休克尔-昂萨格考虑弛豫和电泳两种效应，推算出某一浓度时电解质的摩尔电导率与无限稀释时的摩尔电导率之间差值的定量计算公式，称为德拜-休克尔-昂萨格电导公式

$$\Lambda_m = \Lambda_m^{\infty} - (p + q\Lambda_m^{\infty})\sqrt{\frac{C_B}{C^{\ominus}}}$$

式中，p 和 q 分别是电泳效应和弛豫效应引起的使 Λ_m 的降低值。这个理论很好地解释了科尔

劳施的经验式。

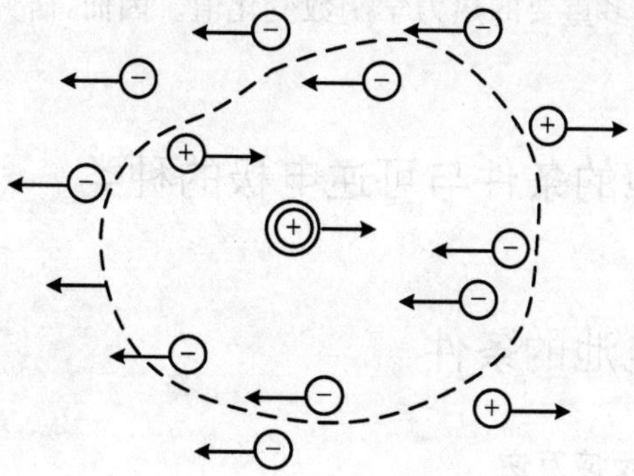

图 8-13　不对称的离子氛

8.2　可逆电池电动势及其应用

在热力学可逆条件下，将化学能转变为电能的原电池叫可逆原电池，或电能转变为化学能的电解池叫可逆电解池。不论是可逆原电池还是可逆电解池，统称为可逆电池。可逆电池正、负极的电势差就定义为电动势，用 E 表示。

由于可逆原电池可最大限度地将化学能转变为电能，可逆电解池所耗电能最小，故 E 可揭示转化的极限。其间关系可作如下推导：

由热力学第二定律知，对于等温、等压的封闭体系，有

$$\Delta_r G_{T,p} = W'_R$$

由物理学知

$$W'_R = -q \cdot E$$

由法拉第定律知

$$q = F\left| n_{e(\xi)} - n_{e(0)} \right|$$

而

$$\left| n_{e(\xi)} - n_{e(0)} \right| = \left| \nu_e \right| \xi$$

若令 $|\nu_e| = Z$（Z 是阴极反应和阳极反应得失电子数的最小公倍数），则

$$W'_R = -ZF\xi E$$

$$\Delta_r G_{T,p} = -ZF\xi E$$

因为

$$\frac{\xi}{\Delta_r G_{T,p}} = \frac{1}{\Delta_r G_{m,T,p}}$$

所以

$$\Delta_r G_{m,T,p} = \frac{\Delta_r G_{T,p}}{\xi} = -ZEF$$

即

$$\Delta_r G_{m,T,p} = -ZEF$$

$\Delta_r G_{m,T,p}$为化学能，而 ZEF 为电能，此式称为桥梁公式。

此外，由 E 还可求出很多重要的热力学函数变化值。因而，研究可逆电池电动势 E 具有重要的理论和实用价值。

8.2.1 可逆电池的条件与可逆电极的种类

8.2.1.1 可逆电池的条件

1. 电池中进行的化学反应互逆

如图 8-14 所示，其中进行的化学反应互逆，即放电（化学反应产生电流）和充电（电流产生化学反应）时进行的反应互逆。

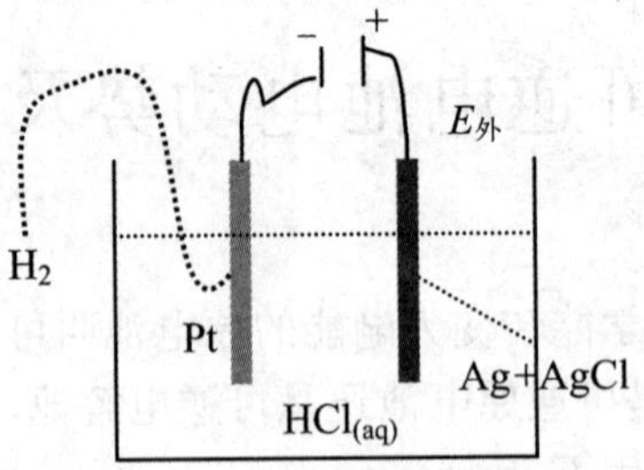

图 8-14 单液电池构成示意图

当 $E>E_外$（放电）时，即为原电池

$$-)\ \frac{1}{2}H_2 - e \longrightarrow H^+$$

$$+)\ AgCl + e \longrightarrow Ag + Cl^-$$

$$\frac{1}{2}H_2 + AgCl \longrightarrow Ag + HCl$$

当 $E<E_外$（充电）时，即为电解池

$$-)\ H^+ + e \longrightarrow \frac{1}{2}H_2$$

$$+)\ Ag + Cl^- - e \longrightarrow AgCl$$

$$HCl + Ag \longrightarrow \frac{1}{2}H_2 + AgCl$$

电极和电池反应互逆。

图 8-15 所示为丹尼尔(Daniell)电池示意图。

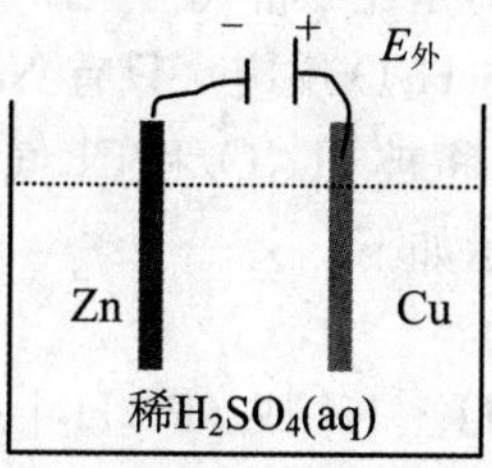

图 8-15 丹尼尔电池

当 $E > E_{外}$(放电)时

$$-)\ Zn - 2e \longrightarrow Zn^{2+}$$
$$+)\ 2H^+ + 2e \longrightarrow H_2$$
$$Zn + 2H^+ \longrightarrow Zn^{2+} + H_2$$

当 $E < E_{外}$(充电)时

$$-)\ 2H^+ + 2e \longrightarrow H_2$$
$$+)\ Cu - 2e \longrightarrow Cu^{2+}$$
$$2H^+ + Cu \longrightarrow H_2 + Cu^{2+}$$

从上述电极反应极其电池反应看到，丹尼尔电池在充放电时，其电极反应及其电池反应不互逆。所以丹尼尔电池是不可逆的。

2. 放、充电电流等于零，即能量可逆

可逆电池在工作时，不论是充电或放电，所通过的电流必须十分微小，以使电池在接近平衡状态下工作。此时，若作为原电池 $E = E_{外} + dE$，它能做出最大有用功，若作为电解池 $E = E_{外} - dE$，它消耗的电能最小。换言之，如果设想能把电池放电时所放出的能量全部储存起来，则用这些能量充电，就恰好可以使体系和环境均恢复原状。

只有同时满足上述两个条件的电池才是可逆电池，即可逆电池在充电和放电时不仅物质转变是可逆的(即总反应可逆)，而且能量的转变也是可逆的(即电极上的正、反向反应是在准平衡状态下进行的)。

8.2.1.2 可逆电极的种类

电池是由电极构成的，据可逆电池的条件，构成可逆电池的电极本身必须首先是可逆的。通常，有可能是可逆电极的物质可分为三类。

1. 第一类——金属电极和气体电极

将金属浸在含有该金属离子的溶液中达到平衡后所构成的电极称为第一类电极。包括金属电极、氢电极、氧电极、卤素电极和汞齐电极等。

符号：金属电极 $M|M^{Z+}_{(aq)}$。

电极反应：

$$M - Ze \longrightarrow M^{Z+} \text{ 或 } M^{Z+} + Ze \longrightarrow M$$

并非所有金属电极都是可逆的，只有放电反应与充电反应互逆的金属电极才是可逆的。

例如："$Na|Na^+$"电极，在水溶液中就不可能是可逆电极。

放电时反应不是 $Na - e \longrightarrow Na^+$，而是 Na 与水反应 $Na + H_2O \longrightarrow NaOH + \frac{1}{2}H_2$。

充电时也不是 $Na^+ + e \longrightarrow Na$，而是比 $\varphi^{\ominus}_{Na^+/Na} = -2.714\ V$ 正的物质得到电子，此外，即使 Na^+ 还原成 Na 也不可能存在，还要与 H_2O 反应。只有 $Na|NaNH_2$ 才是可逆电极。

氢电极、氧电极和氯电极，分别是将被 H_2，O_2 和 Cl_2 气体冲击着的铂片浸入含有 H^+，OH^- 和 Cl^- 的溶液中构成的，可用符号表示如下：

氢电极

$$(Pt)H_2|\ H^+ \text{或}\ (Pt)H_2|\ OH^-$$

氧电极

$$(Pt)O_2|\ OH^- \text{或} (Pt)O_2|H^+$$

氯电极

$$(Pt)Cl_2|\ Cl^-$$

汞齐电极（如钠汞齐电极）：

电极表示式

$$Na^+_{(a_+)}|\ Na(Hg)_{(a)}$$

电极反应

$$Na^+_{(a_+)} + Hg_{(l)} + e^- \longrightarrow Na(Hg)_{(a)}$$

式中，Na(Hg)的活度不一定等于 1，a 值随着 $Na_{(s)}$ 在 $Hg_{(l)}$ 中溶解的量的变化而变化。

总之，一个电极是否可逆要具体问题具体分析。

2. 第二类——微溶盐电极

在金属表面覆盖一薄层该金属的微溶盐，然后浸入与该盐含有相同负离子的盐溶液中。包括难溶盐电极和难溶氧化物电极，如：

$$Ag—AgCl/Cl^- \begin{cases} (\text{阳极})Ag - e + Cl^- \longrightarrow AgCl \\ (\text{阴极})AgCl + e \longrightarrow Ag + Cl^- \end{cases}$$

$$Hg—Hg_2Cl_2/Cl^- \begin{cases} (\text{阳极})2Hg - 2e + 2Cl^- \longrightarrow Hg_2Cl_2 \\ (\text{阴极})Hg_2Cl_2 + 2e \longrightarrow 2Hg + 2Cl^- \end{cases}$$

难溶氧化物电极是在金属表面覆盖一薄层该金属的氧化物，然后浸在含有 H^+ 或 OH^- 的溶液中构成，以银—氧化银电极为例说明。

符号：$OH^-_{(a_-)}|Ag_2O_{(s)}|Ag_{(s)}$ 或 $H^+_{(a_+)}|Ag_2O_{(s)}|Ag_{(s)}$。

相应的电极反应分别为

$$Ag_2O_{(s)} + H_2O + 2e = 2Ag_{(s)} + 2OH^-_{(a^-)}$$

$$Ag_2O_{(s)} + 2H^+_{(a_+)} + 2e = 2Ag_{(s)} + H_2O$$

3. 第三类——氧化—还原电极

又称氧化—还原电极，由惰性金属（如铂片）插入含有某种离子的不同氧化态的溶液中构成电极。例如：$Pt|Fe^{3+},Fe^{2+}$（Pt 表面覆有 PtO_2 等氧化膜）电极反应为

$$Fe^{3+}_{(a_1)} + e^- \longrightarrow Fe^{2+}_{(a_2)}$$

类似的还有 Sn^{4+} 与 Sn^{2+}，$[Fe(CN)_6]^{3-}$ 与 $[Fe(CN)_6]^{4-}$ 等，醌氢醌电极也属于这一类。

上述三类电极的充、放电反应都互为逆反应。用这样的电极组成电池，若其他条件也合适，就有可能成为可逆电池。

8.2.2 电池符号及其与电池反应的互译

8.2.2.1 电池符号

为便于文献记载，有必要用简单的符号表示电池的整体结构。在这方面，通用的惯例有如下几点：

① 以化学式表示电池中的电极组成（注明状态，s，l，g；气体注明压力，溶液注明浓度或活度，“T”和“p”不指明时一般指 298 K 和标准大气压）。

② 电池中的负极写在左边，发生氧化反应；正极写在右边，发生还原反应。

③ 用“|”或“,”或“—”表示不同物质的相界面；“‖”表示已清除了不同溶液间界面电势差的“盐桥”。

④ 气体电极和氧化还原电极要写出导电的惰性电极，通常是铂电极。

例如：

$$(\mathrm{Pt})\,\mathrm{H}_{2(p)}\,|\,\mathrm{HCl}_{(a_{\mathrm{HCl}})}\,|\,\mathrm{AgCl}_{(\mathrm{s})}-\mathrm{Ag}_{(\mathrm{s})}$$

$$(\mathrm{Pt})\,|\,\mathrm{Sn}^{4+}_{(a_{\mathrm{Sn}^{4+}})},\mathrm{Sn}^{2+}_{(a_{\mathrm{Sn}^{2+}})}\,|\,\mathrm{CuSO}_{4(a)}\,|\,\mathrm{Cu}_{(\mathrm{s})}$$

8.2.2.2 电池符号与电池反应互译

欲写出一个电池表示式所对应的化学反应，只需分别写出左侧电极发生氧化作用，右侧电极发生还原作用的电极反应，然后将两者相加即成。书写电极和电池反应时必须遵守物质的量和电量平衡。

例如：

$$(\mathrm{Pt})\,\mathrm{H}_{2(p)}\,|\,\mathrm{HCl}_{(a_{\mathrm{HCl}})}\,|\,\mathrm{AgCl}_{(\mathrm{s})}-\mathrm{Ag}_{(\mathrm{s})}$$

左侧电极

$$\mathrm{H}_{2(p)}\longrightarrow 2\mathrm{H}^+_{(a_+)}+2\mathrm{e}^-$$

右侧电极

$$2\mathrm{AgCl}_{(\mathrm{s})}+2\mathrm{e}^-\longrightarrow 2\mathrm{Ag}_{(\mathrm{s})}+2\,\mathrm{Cl}^-_{(a_-)}$$

电池反应

$$\mathrm{AgCl}+\mathrm{H}_{2(p)}\longrightarrow 2\mathrm{Ag}+2\mathrm{H}^+_{(a_+)}+2\mathrm{Cl}^-_{(a_-)}$$

反过来，由化学反应（若该反应是电池内进行的则叫电池反应）亦可写出其电池符号。将一个化学反应设计成一个电池，有时候并不那么直观，一般来说分为三个环节。

(1) 确定电解质溶液

对有离子参加的反应比较直观，对总反应中没有离子出现的反应，需根据参加反应的物质找出相应的离子。

(2) 确定电极

就目前而言，电极的选择范围就是前面所述的三类可逆电极，所以熟悉这三类电极的组成及其对应的电极反应，对熟练设计电池是十分有利的。

(3) 复核反应

写出所设计电池所对应的反应，并与给定反应相对照，两者一致则表明电池设计成功，若不一致需要重新设计。

例如：将 $Pb+CuSO_4 = PbSO_4+Cu$ 设计成电池。

该反应为一个氧化还原反应，反应中 Pb 被氧化，Cu 被还原。对于这类氧化还原反应，可将其拆分为氧化反应和还原反应，分别作负极和正极的电极反应。然后根据电极反应选择相应的电解质溶液和电极，遵循电池符号的规定，将正负极按照物质相互接触的实际顺序依次写出，便可得设计电池。

氧化反应：

$$Pb-2e+SO_4^{2-} \longrightarrow PbSO_4$$

负极：

$$Pb-PbSO_4|SO_4^{2-}$$

还原反应：

$$Cu^{2+}+2e \longrightarrow Cu$$

正极：$Cu|Cu^{2+}$。

电池符号为

$$(-)Pb-PbSO_{4(s)}|CuSO_{4(a)}|Cu_{(s)}(+)$$

复核反应：

负极：

$$Pb-2e+SO_4 \longrightarrow PbSO_4$$

正极：

$$Cu^{2+}+2e \longrightarrow Cu$$

电池反应：

$$Pb+CuSO_4 = PbSO_4+Cu$$

与给定反应一致，电池设计成功。

例如：将 $AgCl_{(s)} \longrightarrow Ag^+_{(a_1)}+Cl^-_{(a_2)}$ 设计成电池。

此类反应为非氧化还原反应。以产物中的某一物质为目标，设计成一个氧化反应（还原反应），用总反应减去这个反应，得到另外一个还原反应（氧化反应）分别做负极和正极的电极反应，从而寻找出相应的电解质溶液和电极。

氧化反应：

$$Ag-e \longrightarrow Ag^+_{(a_1)}$$

负极：

$$Ag_{(s)}|Ag^+_{(a_1)}$$

总反应减去此反应得到一个还原反应。

还原反应：

$$AgCl_{(s)}+e \longrightarrow Ag+Cl^-_{(a_2)}$$

正极：

$$Ag—AgCl_{(s)}|Cl^-_{(a_2)}$$

电池符号：

$$(-)Ag_{(s)}|Ag^+_{(a_1)}\|Cl^-_{(a_2)}|AgCl_{(s)}-Ag(+)$$

复核反应：

负极：

$$Ag-e \longrightarrow Ag^+_{(a_1)}$$

正极：

$$AgCl + e \longrightarrow Ag + Cl^-_{(a_2)}$$

电池反应：

$$AgCl_{(s)} \longrightarrow Ag^+_{(a_1)} + Cl^-_{(a_2)}$$

与给定反应一致，电池设计成功。

8.2.3 可逆电池电动势 E 的测量及其取号

可逆电池无电流通过时两电极间的电势差称为该电池的电动势。因此，可逆电池的电动势不能直接用伏特计来测量。电位差 U(伏特计读数)和电动势 E 不仅概念不同，数值也不相等。电位差的数值比电动势要低。只有符合下列条件时，U 值才等于 E 值。

设 R_0 为外线路上的电阻，R_i 为电池的内阻，I 为回路中的电流。则根据欧姆定律

$$E = (R_0 + R_i) \times I$$

若只考虑外电路时

$$U = I \times R_0$$

两式相除(I 相同)得

$$\frac{U}{E} = \frac{R_0}{R_0 + R_i}$$

若 R_0 很大时，$R_0 \gg R_i$，则 R_i 值可略去不计，此时 $U \approx E$。

为了达到这个目的，要在外电路上加一个方向相反而电动势几乎相同的电池，以对抗原电池的电动势，使外电路中基本上没有电流通过。其效果相当于在 R_0 为无限大的情形下进行测定，量出的反向电压的数值等于电池电动势。根据上述原理来测定电池电动势的方法称为对消法或补偿法，其电子线路如图 8-16 所示。

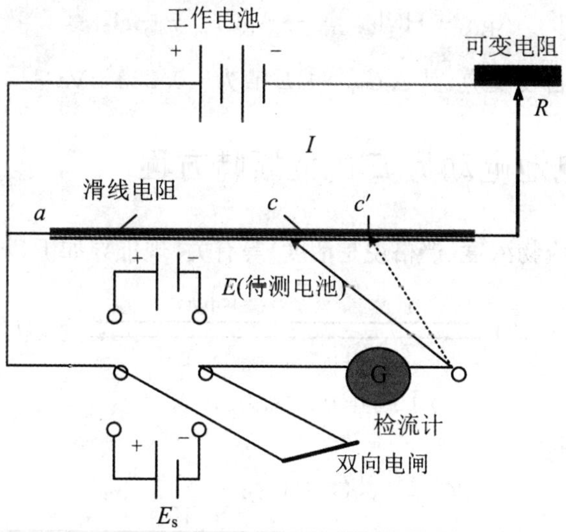

图 8-16 对消法测定电池电动势装置图

标定(调节工作电流 I)：将双向电闸与 E_s 相连，移动触点 c' 至 G 指针指零，则

$$E_s=\frac{I\rho\, l_{ac'}}{A}\qquad (I\text{ 为工作回路的电流})$$

测量：将双向电闸与 E(待测电池)相连，移动触点 c 至 G 指针示零，则

$$E_{\text{待测电池}}=\frac{I\rho l_{ac}}{A}\qquad (I\text{ 为工作回路的电流})$$

则

$$\frac{E_{\text{待测电池}}}{E_s}=\frac{l_{ac}}{l_{ac'}}$$

即

$$E_{\text{待测电池}}=E_s\cdot\frac{l_{ac}}{l_{ac'}}$$

可逆电池电动势的取号：

在实验中使用电位差计来测定可逆电池的电动势 E，实验结果的读数总是正值。根据 $\Delta_r G_m=-ZEF$，$\Delta_r G_m$ 值是可正可负的量，那么 E 值呢?

一般，若按电池表示式所写出的电池反应在热力学上是自发的，即 $\Delta_r G_m<0$，$E>0$，则该电池表示式确实代表一个电池，此时电池能做有用功；若反应非自发，$\Delta_r G_m>0$，则 $E<0$，电池为非自发电池，不能对外做电功。若要正确表示成电池，需将表示式中左右两极互换位置。

例如：$Ag_{(s)}|AgCl_{(s)}|HCl_{(a=1)}|H_{2\,(p^{\ominus})}|Pt$。

左边负极(氧化反应)：

$$Ag_{(s)}+Cl^-_{(a_{Cl^-})}\longrightarrow AgCl_{(s)}+e$$

右边正极(还原反应)：

$$H^+_{(a_{H^+})}+e^-\longrightarrow\frac{1}{2}H_2(p^{\ominus})$$

电池净反应：

$$Ag_{(s)}+HCl_{(a=1)}\longrightarrow AgCl_{(s)}+\frac{1}{2}H_{2\,(p^{\ominus})}$$

此反应为热力学上的非自发反应，其 $\Delta_r G_m>0$，E 值为 $-0.222\,4$ V。

8.2.4 可逆电池电动势 *E* 的能斯特方程

E 与温度、压力、反应物浓度(严格说是活度)等有关，现推导如下：

$$a\text{A}+d\text{D}\xrightarrow[\text{II. 定温、定压下在可逆电池中进行}]{\text{I. 定温、定压下在烧杯中进行}}g\text{G}+h\text{H}$$

状态函数 $dG_{T,p}$ 为一定值，而与 I 或 II 方式无关。

① 只受外压力影响

$$dG=-SdT+Vdp+\sum_B\mu_B dn_B$$

定温、定压下

$$dG_{T,p}=\sum_B\mu_B dn_B$$

即

$$dG_{T,p} = \sum_B \nu_B \mu_B d\xi$$

② 定温、定压下，在封闭体系内将 $dG_{T,p}$ 值可逆地转化为电功。根据热力学第二定律

$$dG_{T,p} = \delta W'_R$$

由物理学和法拉第定律

$$\delta W'_R = -\delta q \cdot E = -d(ZF\xi)E$$

即

$$\delta W'_R = -ZFEd\xi$$

则

$$dG_{T,p} = -ZFEd\xi$$

故

$$\sum_B \nu_B \mu_B d\xi = -ZFEd\xi$$

得

$$E = -\frac{\sum_B \nu_B \mu_B}{ZF}$$

在压力不太大时，$\mu_B = \mu_{B,T}^{\ominus} + RT\ln a_B$

$$a_B = (\nu_+^{\nu_+} \nu_-^{\nu_-})\gamma_\pm^{\nu} \left(\frac{m}{m^{\ominus}}\right)^{\nu}$$

$$E = -\frac{\sum_B \nu_B(\mu_{B,T}^{\ominus} + RT\ln a_B)}{ZF}$$

即

$$E = -\frac{\sum_B \nu_B \mu_{B,T}^{\ominus}}{ZF} - \frac{RT}{ZF}\sum_B \nu_B \ln a_B$$

即

$$E = -\frac{\sum_B \nu_B \mu_{B,T}^{\ominus}}{ZF} - \frac{RT}{ZF}\ln \prod_B a_B^{\nu_B}$$

定义

$$\sum \nu_B \mu_{B,T}^{\ominus} = \Delta_r G_m^{\ominus} = -ZFE^{\ominus}$$

$E^{\ominus}$是标准电动势，等于正负电极的标准电极电势之差，即

$$E^{\ominus} = \varphi_+^{\ominus} - \varphi_-^{\ominus}$$

对

$$aA + dD \longrightarrow gG + hH$$

$$E = E^{\ominus} - \frac{RT}{ZF}\ln\left(\frac{a_G^g a_H^h}{a_A^a a_D^d}\right) \tag{8-7}$$

式(8 7)中的活度 a_B可为任意值，该方程称为能斯特方程，表明了电池的电动势与参与反应的组分活度之间的关系，在电化学中具有广泛的应用。

8.2.5 E 的理论计算

公式

$$E = E^{\ominus} - \frac{RT}{ZF}\ln\left(\frac{a_G^g a_H^h}{a_A^a a_D^d}\right)$$

或

$$E = \varphi_+ - \varphi_-$$

而

$$\text{氧化型} + Ze \longrightarrow \text{还原型}$$

的

$$\varphi = \varphi^{\ominus} - \frac{RT}{ZF}\ln\left(\frac{a_{\text{red}}}{a_{\text{ox}}}\right) \tag{8-8}$$

298 K 下

$$\varphi = \varphi^{\ominus} - \frac{0.05915}{Z}\lg\left(\frac{a_{\text{red}}}{a_{\text{ox}}}\right)$$

【例 8-8】 求 298 K 时，(Pt) $H_{2p^{\ominus}}$ | $HCl_{(1\,mol\cdot kg^{-1})}$ | $AgCl_{(s)}$—$Ag_{(s)}$ 的 E。已知 $\varphi^{\ominus}_{Ag-AgCl/Cl^-} = 0.2225$ V，$\gamma_{\pm} = 0.891$。

解 左边(负极)反应

$$\frac{1}{2}H_2 - e \longrightarrow H^+$$

右边(正极)反应

$$AgCl + e \longrightarrow Ag + Cl^-$$

电池反应

$$\frac{1}{2}H_2 + AgCl \longrightarrow Ag + HCl$$

$$\begin{aligned}
E &= E^{\ominus} - \frac{RT}{F}\ln\left(\frac{a_{Ag}a_{HCl}}{a_{AgCl}a_{H_2}^{1/2}}\right) \\
&= E^{\ominus} - \frac{RT}{F}\ln\left[\frac{a_{Ag}a_{HCl}}{a_{AgCl}\left(\frac{p^{\ominus}}{p^{\ominus}}\right)^{1/2}}\right] \\
&= E^{\ominus} - \frac{RT}{F}\ln a_{HCl} \\
&= \varphi^{\ominus}_{Ag-AgCl/Cl^-} - \varphi^{\ominus}_{H^+/H_2)} - 0.05915\lg a_{HCl} \\
&= 0.2225 - 0.05915\lg\left(\gamma_{\pm}\frac{m}{m^{\ominus}}\right)^2 \\
&= 0.2225 - 0.05915\lg\left(\frac{0.891\times 1}{1}\right)^2 \\
&= 0.2334\ (\text{V})
\end{aligned}$$

或

$$\varphi_{Ag-AgCl/Cl^-} = \varphi^{\ominus}_{Ag-AgCl/Cl^-} - \frac{RT}{F}\ln\left(\frac{a_{Ag}a_{Cl^-}}{a_{AgCl}}\right)$$

$$\varphi_{H^+/H_2} = \varphi^{\ominus}_{H^+/H_2} - \frac{RT}{F}\ln\left(\frac{p_{H_2}}{p^{\ominus}\ a_{H^+}}\right)$$

$$\begin{aligned} E &= \varphi_{Ag-AgCl/Cl^-} - \varphi_{H^+/H_2} \\ &= (0.2225 - 0.05915\lg a_{Cl^-}) - 0.05915\lg a_{H^+} \\ &= 0.2225 - 0.05915\lg a_{H^+}a_{Cl^-} \\ &= 0.2225 - 0.05915\lg a_{HCl} \end{aligned}$$

即

$$E = 0.2225 - 0.05915\lg\left(\gamma_{\pm}\frac{m}{m^{\ominus}}\right)^2$$

即

$$E = 0.2225 - 0.05915\lg\left(\frac{0.809\times 1}{1}\right)^2 = 0.2334\ (\text{V})$$

【例 8-9】 $Pb_{(s)}|Pb^{2+}_{(a=1)} \parallel Ag^{+}_{(a=0.1)}|Ag$

解 左边(负极)反应：

$$\frac{1}{2}Pb - e \longrightarrow \frac{1}{2}Pb^{2+}$$

右边(正极)反应：

$$Ag^+ + e \longrightarrow Ag$$

电池反应：

$$Pb + Ag^+ \longrightarrow \frac{1}{2}Pb^{2+} + Ag$$

$$\begin{aligned} E &= \varphi^{\ominus}_{Ag^+/Ag} - \varphi^{\ominus}_{Pb^{2+}/Pb} - 0.05915\lg\left(\frac{a^{1/2}_{Pb^{2+}}}{a_{Ag^+}}\right) \\ &= (0.799 + 0.126) - 0.05915\lg\left(\frac{1^{1/2}}{0.1}\right) \\ &= 0.866\ (\text{V}) \end{aligned}$$

【例 8-10】 有人设计了以 $Zn \mid Zn^{2+}$ 和 $H^+, H_2O \mid O_2(Pt)$ 为电极的“生物化学电池”，把它埋在人体内作为某种心脏病人心脏起搏器的能源。它依靠人体体液中含有的一定浓度的溶解氧进行工作，在低功率下人体能适应电池工作时 Zn^{2+} 的增加和 H^+ 的迁出。你能写出此电池的负极反应、正极反应、电池符号、电池反应和电池在标准状态的可逆电动势吗？若把上述电池在 0.8 V 和 40 μW 下在人体内放电，试问 5 g 的 Zn 电极能用多长时间才能需要通过进行第二次手术更换？

解 (1) 负极反应：

$$Zn - 2e = Zn^{2+} \qquad (-0.762\ \text{V})$$

正极反应：

$$\frac{1}{2}O_2 + 2H^+ + 2e = H_2O \qquad (1.299\ \text{V})$$

电池结构：$Zn \mid Zn^{2+}, H^+, H_2O \mid O_2(Pt)$。

电池反应：

$$Zn + \frac{1}{2}O_2 + 2H^+ = Zn^{2+} + H_2O$$

电池电动势

$$E^{\ominus}=\varphi^{\ominus}_{O_2,H^+/H_2O}-\varphi^{\ominus}_{Zn^{2+}/Zn}=1.299-(-0.763)=2.06\ (V)$$

(即在标准状态下的可逆电动势)

$$\frac{40\times10^{-6}}{0.8}t=\left|\frac{2}{1}\right|\times\frac{5}{65.37}\times96\,500$$

在上述条件下电极工作的时间 $t=2.95\times10^8$(s)≈9.4(y)。

8.2.6 电池电动势 E 的应用

8.2.6.1 求热力学函数的变化值

1. $\Delta_r G_m$

根据热力学,在等温、等压下的可逆过程,系统吉布斯自由能的减小值等于系统所能做的最大非膨胀功,即可逆电池所能做的电功,因此

$$\Delta_r G_m=-ZFE \tag{8-9}$$

2. $\Delta_r H_m$

将 $\Delta_r G_m=-ZFE$ 代入吉布斯-亥姆霍兹方程

$$\left[\frac{\partial\left(\frac{\Delta G}{T}\right)}{\partial T}\right]_p=-\frac{\Delta_r H_m}{T^2}$$

即

$$\left[\frac{\partial\left(-\frac{ZEF}{T}\right)}{\partial T}\right]_p=-\frac{\Delta_r H_m}{T^2}$$

即

$$ZF\left[\frac{\partial\left(\frac{E}{T}\right)}{\partial T}\right]_p=\frac{\Delta_r H_m}{T^2}$$

即

$$\frac{TZF\left(\frac{\partial E}{\partial T}\right)_p-ZEF}{T^2}=\frac{\Delta_r H_m}{T^2}$$

$$\Delta_r H_m=TZF\left(\frac{\partial E}{\partial T}\right)_p-ZEF \tag{8-10}$$

式(8-10)中的$\left(\frac{\partial E}{\partial T}\right)_p$表示在等压情况下,电池电动势随温度的变化率,称为温度系数。

3. $\Delta_r S_m$

因为

$$\Delta_r G_m=\Delta_r H_m-T\Delta_r S_m$$

即

$$-ZEF=TZF\left(\frac{\partial E}{\partial T}\right)_p-ZEF-T\Delta_r S_m$$

$$\Delta_r S_m = ZF\left(\frac{\partial E}{\partial T}\right)_p \quad (8\text{-}11)$$

【例 8-11】 求 298 K 下，韦斯顿标准电池

$$Cd(Hg)—CdSO_4\cdot\frac{8}{3}H_2O|CdSO_{4(aq)}|Hg_2SO_4—Hg$$

通电 2 F 电量时的 $\Delta_r G_m$，$\Delta_r H_m$ 和 $\Delta_r S_m$。

解 已知韦斯顿标准电池的

$$E=1.018\,145-4.5\times10^{-5}(T-293)$$

298 K 时，$E=1.018$ V

$$\left(\frac{\partial E}{\partial T}\right)_p=-4.5\times10^{-5}(V\cdot K^{-1})$$

依题意（$Z=2$）

$$-)\ Cd(Hg)-2e\longrightarrow Cd^{2+}+Hg$$
$$+)\ Hg_2SO_4+2e\longrightarrow SO_4^{2-}+2Hg$$

$$Cd(Hg)+Hg_2SO_4\longrightarrow CdSO_{4(aq)}+3Hg$$

$$\Delta_r G_m=-ZFE$$
$$=-2\times96\,485\times1.018=-196.443\ (kJ\cdot mol^{-1})$$

$$\Delta_r H_m=TZF\left(\frac{\partial E}{\partial T}\right)_p-ZEF$$
$$=-2\times96\,485\times1.018+2\times96\,485\times298\times(-4.5\times10^{-5})$$
$$=-199.031\ (kJ\cdot mol^{-1})$$

$$\Delta_r S_m=ZF\left(\frac{\partial E}{\partial T}\right)_p=2\times96\,485\times(-4.5\times10^{-5})$$
$$=-8.68\ (J\cdot K^{-1})$$

8.2.6.2 电解质溶液的 $\gamma_\pm$

$\gamma_\pm$ 与电解质种类、浓度、温度有关，如 HCl 溶液的 $\gamma_\pm$ 可通过测定电池电动势 E 来求。

【例 8-12】 求电池(Pt)$H_{2\,p^\ominus}|HCl_{(m)}|AgCl_{(s)}-Ag_{(s)}$ 的电动势 E。

解

$$-)\ \frac{1}{2}H_2-e\longrightarrow H^+$$
$$+)\ AgCl+e\longrightarrow Ag+Cl^-$$

$$\frac{1}{2}H_2+AgCl\longrightarrow Ag+HCl$$

$$E=\varphi_{Ag-AgCl/Cl^-}-\varphi_{H^+/H_2}$$
$$=\varphi^\ominus_{Ag-AgCl/Cl^-}-\varphi^\ominus_{H^+/H_2}-0.05915\lg a_{H^+}a_{Cl^-}$$
$$=\varphi^\ominus_{Ag-AgCl/Cl^-}-\varphi^\ominus_{H^+/H_2}-0.05915\lg a_{HCl}$$
$$=0.222\,5-0.059\,15\lg a_{HCl}$$
$$=0.222\,5-0.059\,15\lg\left(\gamma_\pm\frac{m}{m^\ominus}\right)^2$$

一定温度下，测出不同 m 时的 E，即可求出不同 m 下的 $\gamma_\pm$。如 $m=0.1\ mol\cdot kg^{-1}$，测得 $E=0.352\,3$ V，则 $\gamma_\pm=0.795$，$a_{HCl}=0.795^2\times(0.1/1)^2=0.006\,32$。

8.2.6.3 求难溶盐的活度积 K_{sp}

难溶盐的活度积 K_{sp} 实质就是难溶盐溶解过程的平衡常数，是无量纲量。如果将难溶盐溶解形成离子的变化设计成电池，则可利用两电极的 $\varphi^{\ominus}$ 值求出 $E^{\ominus}$，根据桥梁公式 $\Delta_r G_m^{\ominus} = -ZEF = -RT\ln K^{\ominus}$ 求出 $K^{\ominus}$，便求算出难溶盐的活度积。

【例 8-13】 求算 298 K 时 AgCl 的溶度积 K_{sp}。

解 溶解过程为

$$AgCl_{(s)} \rightleftharpoons Ag^+_{a_{Ag^+}} + Cl^-_{a_{Cl^-}}$$

溶解平衡时

$$K^{\ominus} = \frac{a_{Ag^+} \cdot a_{Cl^-}}{a_{AgCl}} = a_{Ag^+} \cdot a_{Cl^-} = K_{sp}$$

溶解过程对应的电池为

$$Ag_{(s)} \mid Ag^+_{a_{Ag^+}} \mid\mid Cl^-_{a_{Cl^-}} \mid AgCl_{(s)} - Ag_{(s)}$$

$$-)\ Ag - e \longrightarrow Ag^+$$

$$+)\ AgCl + e \longrightarrow Ag + Cl^-$$

$$\overline{AgCl_{(s)} \longrightarrow Ag^+ + Cl^-}$$

查表得：$\varphi^{\ominus}_{Ag-AgCl/Cl^-} = 0.222\,4\ V$，$\varphi^{\ominus}_{Ag^+/Ag} = 0.799\,1\ V$。

$$E^{\ominus} = \varphi^{\ominus}_{Ag-AgCl/Cl^-} - \varphi^{\ominus}_{Ag^+/Ag}$$

$$= 0.222\,4 - 0.799\,1$$

$$= -0.576\,7\ (V)$$

$$\Delta_r G_m^{\ominus} = -ZE^{\ominus}F = -RT\ln K^{\ominus}$$

$$-8.314 \times 298 \ln K^{\ominus} = -1 \times 96\,485 \times (-0.576\,7)$$

$$K^{\ominus} = 1.76 \times 10^{-10}$$

即

$$K_{sp} = K^{\ominus} = 1.76 \times 10^{-10}$$

8.2.6.4 pH 的测定

按定义，一溶液的 pH 是其氢离子活度的负对数，即 $pH = -\lg a_{H^+}$。要用电动势法测量溶液的 pH，组成电池时必须有一个电极是已知电极电势的参比电极，通常用甘汞电极；另一个电极是对 H^+ 可逆的电极，常用的有氢电极和玻璃电极。

1. 氢电极测定 pH

$$(Pt)H_2(p^{\ominus}) \mid 待测液(pH = x) \mid 甘汞电极$$

$$-)\ \frac{1}{2}H_2 - e \longrightarrow H^+$$

$$+)\ Hg_2Cl_2 + 2e \longrightarrow 2Hg + 2Cl^-$$

$$E = \varphi_{甘汞} - \varphi_{H_2} = \varphi_{甘汞} - \frac{RT}{F}\ln \alpha_{H^+}$$

$$= \varphi_{甘汞} + 0.059\,15 pH$$

所以

$$pH = \frac{E - \varphi_{甘汞}}{0.059\,15}$$

测出 E 即可求出 pH。但由于氢电极实际使用有很多不便。例如氢气要极纯，且要维持一定的压力；溶液中不能含氧化剂、还原剂和不饱和有机物。因有些蛋白质，胶体等易在 Pt 上吸附，导致电极不灵敏，不稳定，使实验产生误差，因此很少采用，用得最多的还是复合电极。

2. 玻璃电极测 pH

玻璃电极的主要部分是一个玻璃泡，泡的下半部是对 H^+ 有选择性响应的玻璃薄膜，是在 SiO_2 基质中加入 Na_2O，Li_2O 和 CaO 烧结而成的特殊玻璃膜。泡内装有 pH 一定的 0.1 $mol \cdot L^{-1}$ 的 HCl 内参比溶液，其中插入一支 Ag—AgCl 电极作为内参比电极，这样就构成了玻璃电极(图8-17)。玻璃电极中内参比电极的电位是恒定的，与待测溶液的 pH 无关。玻璃电极之所以能测定溶液 pH，是由于玻璃膜产生的膜电位与待测溶液 pH 有关。当玻璃电极与另一甘汞电极组成电池时，就能从测得的 E 值求出溶液的 pH。

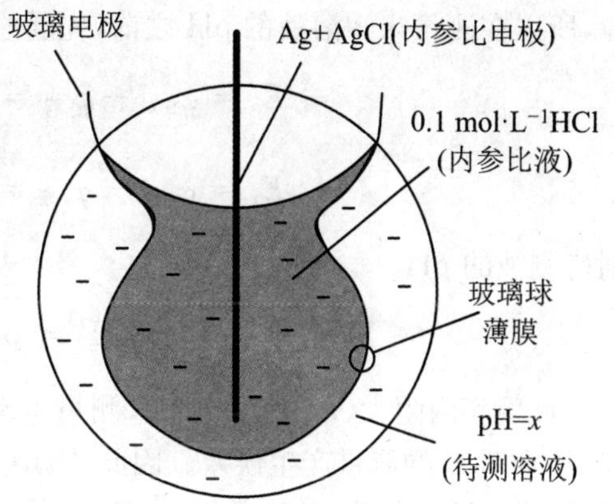

图 8-17　玻璃电极结构示意图

玻璃电极在使用前需浸泡在蒸馏水中 24 小时；事实上，玻璃电极待用时，一直泡在蒸馏水中，使在电极玻璃表面形成(硅酸盐 Na_2SiO_3)"溶胀层"。使用时浸入待测溶液，如图 8-18 所示。

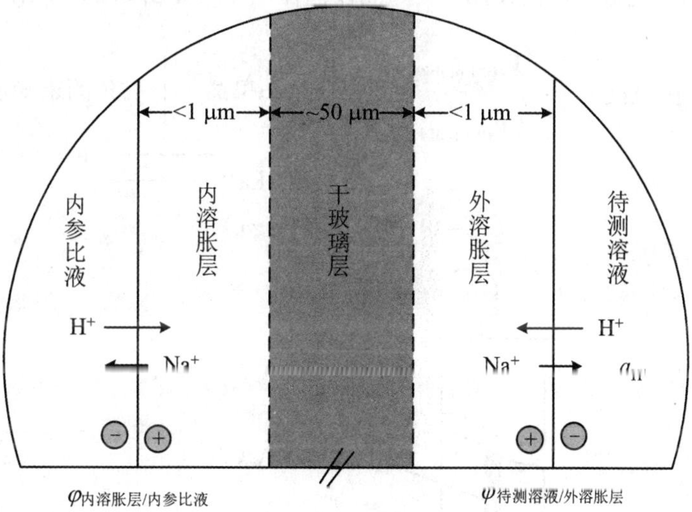

图 8-18　玻璃电极的膜电位

由于溶液(内参比液和待测溶液)中的氢离子分别向内、外溶胀层的扩散，形成了所谓的"膜电位"(包括内、外膜电位)。由于 $\varphi_{内参比电极}$、膜电位 $\varphi_{内溶胀层/内参}$ 为一定值，而膜电位 $\varphi_{待测溶液/外溶胀层}$ 随着待测溶液 H^+ 活度增大，H^+ 向左扩散程度增加，从而使 $\varphi_{玻}$ 增大。

$$\varphi_{玻璃}=\varphi_{内参比电极}+\varphi_{内溶胀层/内参比液}+\varphi_{待测溶液/外溶胀层}$$

其中 $\varphi_{内参比电极}$ 和 $\varphi_{内溶胀层/内参比液}$ 为常数，而

$$\varphi_{玻}=\varphi_{玻}^{\ominus}+\frac{RT}{F}\ln\alpha_{H^+}$$

玻璃电极和甘汞电极及其待测液构成电池：

$Ag_{(s)}—AgCl_{(s)}\,|\,HCl_{(0.1\,mol\cdot kg^{-1})}\,|$玻璃膜$|$待测溶液$\alpha_{H^+}\,|$甘汞电极

$$\varphi_{玻}=\varphi_{玻}^{\ominus}+\frac{RT}{F}\ln\alpha_{H^+}=\varphi_{玻}^{\ominus}-\frac{2.303RT}{F}pH$$

$$E=\varphi_{甘汞}-\varphi_{玻}=\varphi_{甘汞}-\varphi_{玻}^{\ominus}+\frac{2.303RT}{F}pH$$

$\varphi_{甘汞}$已知，而由于不同的玻璃电极，其组成、制作过程、使用状态等差异，使其$\varphi_{玻}^{\ominus}$值各有差异，所以在测量未知溶液的 pH 之前，先通过已知 pH 的标准溶液进行标定。

$$E_s=\varphi_{甘汞}-\varphi_{s玻}=\varphi_{甘汞}-\varphi_{玻}^{\ominus}+\frac{2.303RT}{F}pH_s$$

$$E_x=\varphi_{甘汞}-\varphi_{x玻}=\varphi_{甘汞}-\varphi_{玻}^{\ominus}+\frac{2.303RT}{F}pH_x$$

则待测液的 pH_x

$$pH_x=pH_s+\frac{(E_x-E_s)F}{2.303RT} \tag{8-12}$$

玻璃膜内阻大(10～100 MΩ)，测量电动势 E 时，电流 i 必须很小($i\to 0$)，否则内电阻电位降 iR 会对 E 的测量产生误差。因此，需用电位差计($i=0$)测量电动势 E。此外，玻璃电极耐腐蚀，不受溶液中氧化剂、还原剂干扰，不易污染，响应快，应用广泛。

3. 离子选择性电极

玻璃电极就是一种对 H^+ 具有选择性的电极，离子选择性电极是专门用来测量溶液中某种特定离子浓度的指示电极。广泛使用的是“晶体固体电极”，如图 8-19 所示。

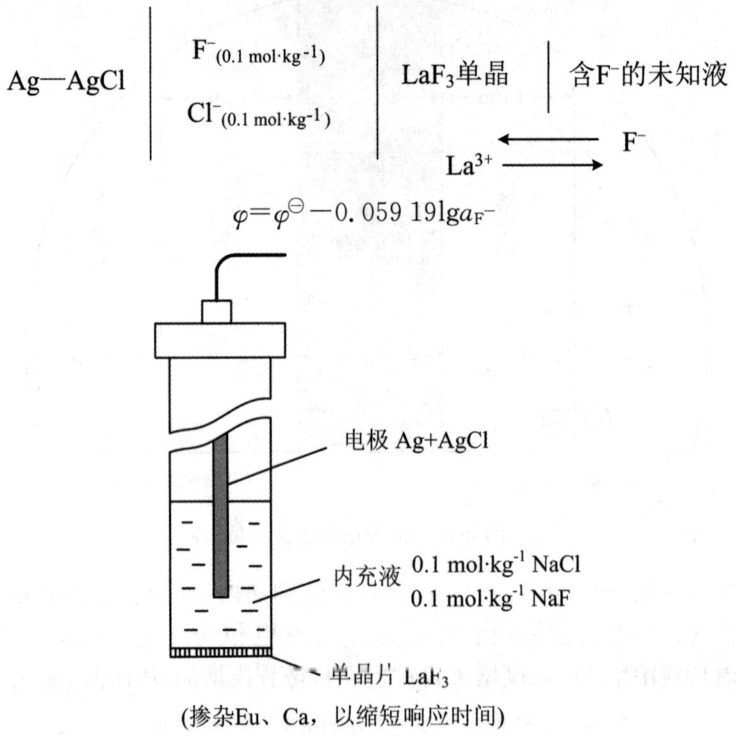

图 8-19 氟离子电极示意图

该电极再与另一参比电极(甘汞电极)组成电池，从测得的 E 值求出 a_{F^-}。同原理，还有 Na^+，K^+，NH_4^+，Ag^+，Tl^+，Li^+，Rb^+，Cs^+等选择性电极。

8.2.6.5 氧化还原方向的判断

判断氧化还原反应的方向,首先要将该反应设计成电池,使电池反应与之完全相同,然后计算该电池的电池电动势,如果 $E>0$,则该反应的正向反应是自发的;$E<0$,则逆反应是自发的。

电极电势的高低,反映了电极中反应物质得到或失去电子能力的大小。电势越高,越容易得到电子;电势越低,则越容易失去电子。如果两种电解质的离子活度相同或相近,则用标准电极电势就可以判断反应的趋势。如果两个标准电极电势相差很大,则可直接使用标准电极电势判断反应的趋势。因为电极电势是由标准电极电势和离子活度两个因素共同决定的,一般情况下,必须用能斯特方程计算。

【例 8-14】 298 K 时,有溶液

(1) $a_{Sn^{2+}}=1.0, a_{Pb^{2+}}=1.0$;

(2) $a_{Sn^{2+}}=1.0, a_{Pb^{2+}}=0.1$。

当将金属 Pb 放入溶液时,能否从溶液中置换出金属 Sn?

解 按题目要求,可判断电池是否为自发电池。

$$Pb_{(s)}\,|\,Pb^{2+}_{a_1}\,\|\,Sn^{2+}_{a_2}\,|\,Sn_{(s)}$$

查表知

$$\varphi^{\ominus}_{Sn^{2+}/Sn}=-0.136\ V$$
$$\varphi^{\ominus}_{Pb^{2+}/Pb}=-0.126\ V$$

(1) 由于 $a_{Sn^{2+}}=a_{Pb^{2+}}=1.0$,而 $\varphi^{\ominus}_{Pb^{2+}/Pb}>\varphi^{\ominus}_{Sn^{2+}/Sn}$,锡电极活泼,所以 Pb 不能置换出溶液中的 Sn。如果组成电池,则 $E<0$。

(2) 当 $a_{Sn^{2+}}=1.0, a_{Pb^{2+}}=0.1$ 时

$$\varphi_{Pb^{2+}/Pb}=\varphi^{\ominus}-\frac{RT}{2F}\ln\left(\frac{1}{a_{Pb^{2+}}}\right)=-0.156\ (V)$$
$$\varphi_{Sn^{2+}/Sn}=\varphi^{\ominus}_{Sn^{2+}/Sn}=-0.136\ (V)$$
$$\varphi_{Sn^{2+}/Sn}>\varphi_{Pb^{2+}/Pb}$$

如果组成电池,则 $E>0$。由此 Pb 可以从溶液中置换出 Sn。

8.3 不可逆电极过程

通过电池的电流为零时,正、负电极电势之差叫电池电动势 E。那么,当通过电池的电流不为零时,各电极电势值怎样呢?实验测得,一定量的电流通过电池时,各电极的电势偏离平衡值,此现象称为极化。

8.3.1 电极极化

一定量电流通过电池时,各电极的电势偏离平衡值的现象称为极化,此时

$$\varphi'\neq\varphi$$

式中,φ 为通过电池电流等于零时的电极电势,即平衡电极电势或可逆电极电势;φ' 为通过电池

的电流不为零时的电极电势,称为极化电极电势、不可逆电极电势或析出电极电势。

常把某一电流密度下的极化电极电势 φ' 与平衡电极电势 φ 之间的差值称为超电势。由于超电势的存在,在实际电解时要使正离子在阴极上析出,外加于阴极的电势须更负于可逆电极电势。要使负离子在阳极析出,外加于阳极电势比可逆电极电势更正一些。

8.3.1.1　极化类型

根据极化产生的原因,通常可以简单地把极化分为浓差极化和电化学极化。并将与之相应的超电势称为浓差超电势和电化学超电势。

1. 浓差极化

当有电流通过电极时,电极附近($10^{-7} \sim 10^{-6}$ m)溶液中某离子浓度由于电极反应而发生变化,本体溶液(指离开电极较远,任一截面均为电中性)中离子扩散的速度又赶不上弥补这个变化,就导致电极附近溶液的浓度与本体溶液间有一个浓度梯度,这种浓度差引起的电极电势偏离平衡值的现象称为浓差极化。此浓度差极化数值与浓度差大小有关,即与搅拌情况、电流密度、温度等因素有关。如图 8-20 所示的 Ag 插入 $AgNO_3$ 溶液中电解。

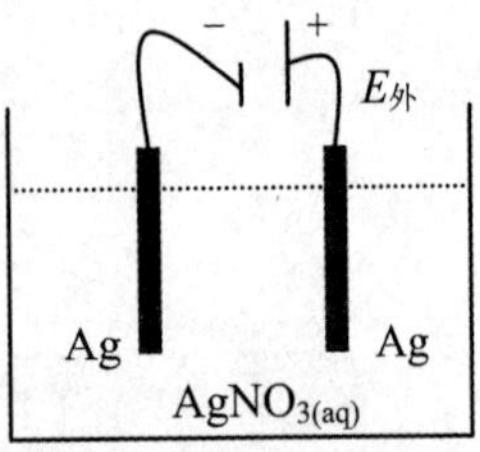

图 8-20　电解池

$$(\text{阴极})-)\ Ag^+ + e \longrightarrow Ag$$

若本体中 Ag^+ 扩散速率小于 Ag^+ 的消耗速率,则 $C_{Ag^+,阴} < C_{Ag^+}$,达稳态时,就相当于 Ag 插入了 $C_{Ag^+,阴}$ 溶液中一样。此时

$$\varphi' = \varphi^{\ominus}_{Ag^+/Ag} + \frac{RT}{F}\ln C_{Ag^+,阴} < \varphi = \varphi^{\ominus}_{Ag^+/Ag} + \frac{RT}{F}\ln C_{Ag^+}$$

$$(\text{阳极})+)Ag - e \longrightarrow Ag^+$$

若 Ag^+ 向本体扩散速率小于 Ag^+ 的生成速率,则 $C_{Ag^+,阳} > C_{Ag^+}$,达稳态时,就相当于 Ag 插入了 $C_{Ag^+,阳}$ 溶液中一样。此时

$$\varphi' = \varphi^{\ominus}_{Ag^+/Ag} + \frac{RT}{F}\ln C_{Ag^+,阳} > \varphi = \varphi^{\ominus}_{Ag^+/Ag} + \frac{RT}{F}\ln C_{Ag^+}$$

阴极上浓差极化的结果是使阴极的电极电势变得比可逆时更小一些。同理可以证明在阳极上浓差极化的结果使阳极电势变得比可逆时更大一些。

2. 电化学极化(或活化极化)

当有电流通过时,由于电化学反应进行的迟缓性造成电极带电程度与可逆情况时不同,从而导致电极电势偏离可逆电极电势的现象,称为活化极化。

阴极:电源供给电子的速率大于电极反应消耗电子的速率,使电极上有电子累积,造成阴极电势更负。

阳极:电源抽取电子的速率大于电极反应产生电子的速率,使电极上电子贫乏,造成阳极电势更正。

不论是浓差极化还是电化学极化,其结果都是使阴极电势更负,阳极电势更正。

8.3.1.2　极化的定量描述——超电势和极化曲线

1. 超电势

在某一电流密度下,实际发生电解的电极电势与平衡电极电势之间的差值称为超电势。阳极上由于超电势使电极电势变大，阴极上由于超电势使电极电势变小。

为使超电势都是正值，阳极的超电势 $\eta_{阳}$ 和阴极的超电势 $\eta_{阴}$ 分别定义为

$$\left.\begin{aligned}\eta_{阴} &= (\varphi_{平} - \varphi_{不可逆})_{阴} \\ \eta_{阳} &= (\varphi_{不可逆} - \varphi_{平})_{阳}\end{aligned}\right\} \tag{8-13}$$

测定超电势实际上就是测定在有电流通过电极时的极化电极电势数值。超电势数值的大小和通过电极的电流密度大小密切相关。因此，通常是由实验测得不同电流密度下的电极电势，作出极化曲线，即可求得某电极在指定电流密度下的超电势。测量电极的超电势，一般采用如图8-21所示装置。

图 8-21 中，电极 1 为研究电极(或待测电极)，电极 2 为辅助电极(一般用 Pt 片)。参比电极支管的尖端拉成直径 1 mm 左右的毛细管，靠近研究电极表面，以减少溶液中的欧姆降(IR)。

极化回路：电解池中面积已知的待测电极 1 和辅助电极 2，经一可变电阻与直流电源联成回路，内有电流计 G 以测量回路中的电流。改变电阻可调节回路中电流的大小，从而调节通过待测电极的电流密度 j。

测量回路：将待测电极与甘汞电极组成一个原电池，接到电位差计上，采用对消法测量该电池电动势。$\varphi_{甘汞}$ 已知，测 E 可算出极化电势 φ'。这种控制电流密度 j，使其分别恒定在不同的数值，然后测定相应的电极电势 φ' 的方法称为恒电流法。把测得的一系列不同电流密度下的电势画成曲线，即得极化曲线。

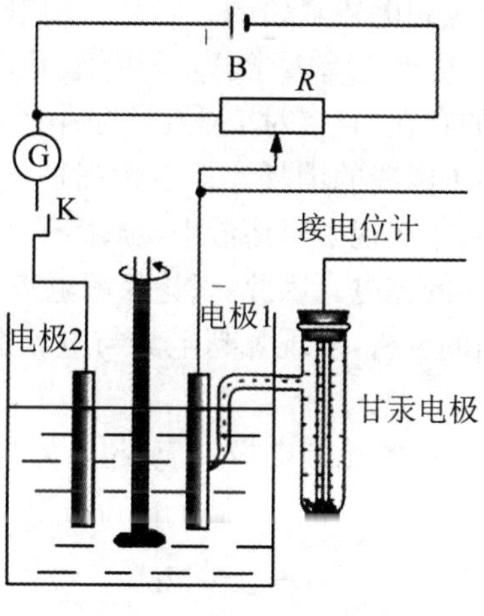

图 8-21 测定超电势的装置

2. 极化曲线

对于电解池，因阳极是正极，阴极是负极，所以阳极电势高于阴极电势，外加电压，即分解电压与电流密度的关系如图 8-22 所示。

由图 8-22 看出，随着电流密度的增大，两电极上的超电势也增大，阳极析出电势变大，阴极析出电势变小，使外加的电压增加，额外消耗了电能。

原电池中，如图 8-23 所示，阴极是正极，阳极是负极，所以阴极电势高于阳极电势，随电流密度增大，由于极化作用，负极(阳极)的电极电势比可逆电势值愈来愈大，正极(阴极)的电极电势比可逆电势值愈来愈小，两条曲线有相互靠近的趋势，原电池的电动势逐渐减少，所做电功则逐渐减小。

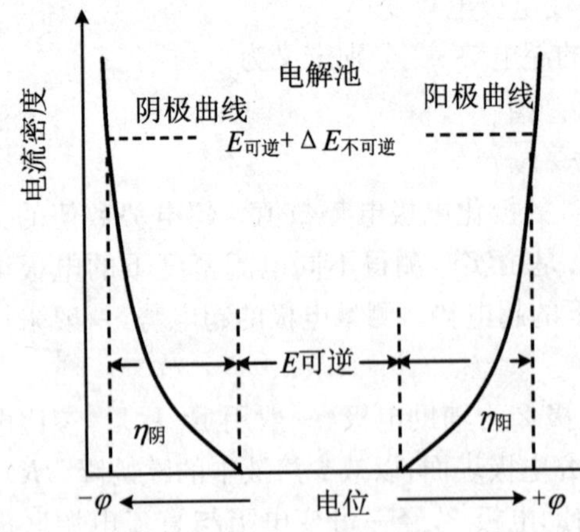

图 8-22 电解池中两电极的极化曲线

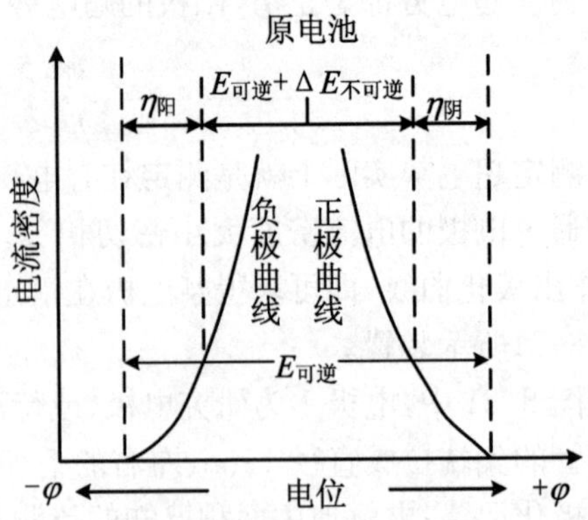

图 8-23 原电池中两电极的极化曲线

从能量消耗的角度看,无论原电池还是电解池,极化作用的存在都是不利的。为了使电极的极化减小,必须供给电极以适当的反应物质,由于这种物质比较容易在电极上反应,可以使电极上的极化减少或限制在一定程度内,这种作用称为去极化作用。这种外加的物质叫作去极化剂。

3. 氢超电势

研究电化学极化是从研究氢超电势开始的。研究氢超电势不仅对电极过程研究的理论发展起了重要的作用,而且对实际生产也有着十分重要的作用。许多电化学工业都和氢在阴极上的析出有联系,由于氢超电势的存在,直接对工业生产发生了利害关系。例如,在电解水制氢和氧时,由于超电势的存在,增加了电能的消耗。但事物都是一分为二的。极谱分析法就是利用氢在汞阴极上有很高的超电势,才实现了对溶液中金属离子的分析测定。又如利用氢在铅上有较高的超电势,可实现铅蓄电池的充电。因此,讨论氢超电势是很有意义的。

根据对很多有关实验数据的分析,发现氢超电势与电流密度,电极材料、电极表面状态、溶液组成、温度等有密切关系。

1905 年,Tafel 发现:对于一些常见的电极反应,超电势与电流密度之间在一定范围内存在如下的定量关系

$$\eta = a + b\ln\frac{j}{j^{\ominus}}$$

式中,j 是电流密度,a 是单位电流密度时的超电势值,与电极材料、表面状态、溶液组成和温度等因素有关,是超电势值的决定因素。b 在常温下一般等于 0.050 V,$j^{\ominus}=1\ \mathrm{A\cdot m^{-2}}$。

另外,金属在电极上析出时超电势很小,通常可忽略不计。而气体,特别是氢气和氧气,超电势值较大。氢气在几种电极上的超电势如图 8-24 所示。

在石墨和汞等材料上,氢超电势很大,而在金属 Pt,特别是镀了铂黑的铂电极上,超电势很小,所以标准氢电极中的铂电极要镀上铂黑。

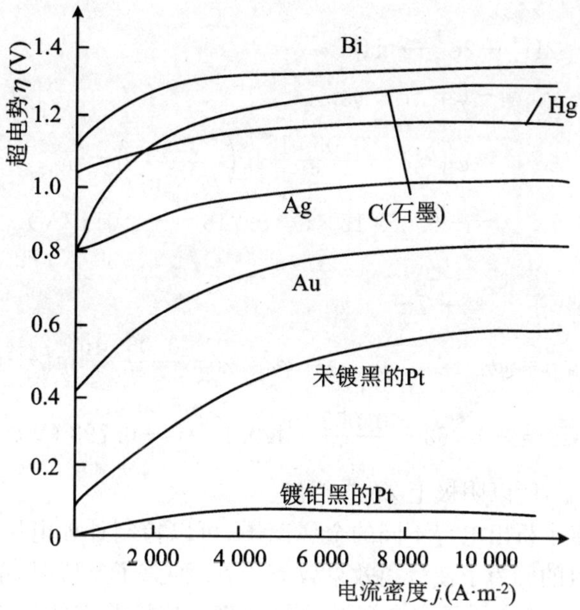

图 8-24 氢在几种电极上的超电势

8.3.2 电解时的电极反应

电解,就是研究电能转化为化学能,发生 $\Delta_r G_m > 0$ 非自发的化学反应。当电解池上的外加电压由小到大逐渐变化时,其阳极电势随之逐渐升高,同时阴极电势逐渐降低。从整个电解池来说,当外加电压达到 $V_{分} = \varphi'_{阳} - \varphi'_{阴} = E + \eta_{阳} + \eta_{阴}$ 时反应开始。从各个电极来说,当阴极电势达到 $\varphi'_{阴} = \varphi_{阴} - \eta_{阴}$,阳极电势达到 $\varphi'_{阳} = \varphi_{阳} + \eta_{阳}$ 时,就会发生相应的电极反应。

所以不仅利用电解法可以制备和精炼许多金属,而且还可以制备某些无机和有机化合物。不仅能控制电位以获得较为纯净的产品,而且还能使原来分步完成的反应在某一中间步骤停止,而得到所需要的产品。

8.3.2.1 阴极反应

阴极反应有重要应用。大家知道,元素周期表中的 109 种元素,除了 17 种非金属元素和 5 种准金属元素外的 87 种元素都是金属元素。自然界除 Au,Pt 等少数贵金属可以以游离态存在外,其余基本上均是以化合物形式分布于岩石、水、生物、大气中。我们可以用热分解法、热还原法以及电解法等获得所需金属。其中,电解法就是使金属离子在阴极上获得电子发生还原反应。那么,什么物质(多为阳离子)先得到电子而还原呢?这正是物理化学要重点讨论的。

从 $V_{分} = \varphi'_{阳} - \varphi'_{阴}$ 知,当 $\varphi'_{阳}$ 一定时,$\varphi'_{阴}$ 越大,$V_{分}$ 就越小。由于外加电压是由小到大的。故对阴极反应来说,$\varphi'_{阴}$ 高者,将优先得到电子。由于 $\varphi'_{阴} = \varphi_{阴} - \eta_{阴}$,可以预见,$\varphi'_{阴}$ 将与电极材料、电流密度、浓度、pH、温度等因素有关。

【例 8-15】 298 K,$p^{\ominus}$,$i = 10\ \mathrm{A \cdot m^{-2}}$ 下,用 Zn 作阴极电解 $a_{Zn^{2+}} = 0.1$ 的 $ZnSO_4$ 水溶液。若 pH=5,问电解时,阴极首先析出何物?

解 $i = 10\ \mathrm{A \cdot m^{-2}}$,$\eta_{H_2(Zn)} = 0.716\ 2\ \mathrm{V}$,$\eta_{Zn(Zn)} \approx 0$

若阴极析出氢

$$2H^+ + 2e \longrightarrow H_2$$

$$\varphi'_{H_2,阴} = \varphi_{H^+/H_2} - \eta_{H_2(Zn)}$$

$$= \varphi^{\ominus}_{H^+/H_2} - \frac{0.059\,16}{2}\lg\left(\frac{p_{H_2}}{p^{\ominus}a^2_{H^+}}\right) - \eta_{H_2(Zn)}$$

$$= -0.059\,15 \times 5 - 0.716 = -1.014\ (V)$$

若阴极析出 Zn

$$Zn^{2+} + 2e \longrightarrow Zn$$

$$\varphi'_{Zn,阴} = \varphi_{Zn^{2+}/Zn} - \eta_{Zn(Zn)} = \varphi^{\ominus}_{Zn^{2+}/Zn} - \frac{0.059\,16}{2}\lg\left(\frac{1}{a_{Zn^{2+}}}\right)$$

$$= -0.763 - \frac{0.059\,16}{2}\lg 0.1^{-1} = -0.793\ (V)$$

因为 $\varphi'_{Zn,阴} > \varphi'_{H_2,阴}$，所以阴极上 Zn 先析出。

如果溶液中含有多个析出电势不同的金属离子，可以控制外加电压的大小，使金属离子分步析出而达到分离的目的。为了使分离效果较好，后一种离子反应时，前一种离子的活度应减少到 10^{-7} 以下，可以认为该离子已完全沉淀(积)出来。这样要求两种离子的析出电势相差一定的数值。

$$M^{z+}_{a_+} + ze^- \longrightarrow M_{(s)}$$

$$\varphi_{M^{z+}|M} = \varphi^{\ominus}_{M^{z+}|M} - \frac{RT}{ZF}\ln\left(\frac{1}{a_{M^{z+}}}\right)$$

两种金属的析出电势之差

$$\Delta\varphi = \frac{RT}{ZF}\ln\left(\frac{a_{M^{z+},1}}{a_{M^{z+},2}}\right)$$

设 $\frac{a_{M^{z+},1}}{a_{M^{z+},2}} = 10^7$，则

$$\Delta\varphi = \frac{RT}{ZF}\ln 10^7$$

则 $Z=1$，$\Delta\varphi > 0.41$ V；$Z=2$，$\Delta\varphi > 0.21$ V；$Z=3$，$\Delta\varphi > 0.14$ V。

【例 8-16】 在 298 K 标准压力下，电解含有 Ag^+ ($a=0.05$)，Fe^{2+} ($a=0.01$)，Cd^{2+} ($a=0.001$)，Ni^{2+} ($a=0.1$)和 H^+ ($a=0.001$)(设 a_{H^+} 不随电解的进行而变化)的混合溶液，又已知氢在 Ag，Ni，Fe，Cd 上的超电势分别为 0.20 V，0.24 V，0.18 V，0.30 V。当外加电压从零开始逐渐增加时，试计算说明在阴极上析出物质的顺序，并说明分离效果。

解 在阴极上可能析出的阳离子的电极电势分别为

$$\varphi_{Ag^+/Ag} = \varphi^{\ominus}_{Ag^+/Ag} + \frac{RT}{F}\ln a_{Ag^+} = -0.799\,4\ V + \frac{RT}{F}\ln 0.05 = 0.722\ (V)$$

$$\varphi_{Fe^{2+}/Fe} = \varphi^{\ominus}_{Fe^{2+}/Fe} + \frac{RT}{2F}\ln a_{Fe^{2+}} = -0.440\,2\ V + \frac{RT}{2F}\ln 0.01 = -0.499\,4\ (V)$$

$$\varphi_{Cd^{2+}/Cd} = \varphi^{\ominus}_{Cd^{2+}/Cd} + \frac{RT}{2F}\ln a_{Cd^{2+}} = -0.403\ V + \frac{RT}{2F}\ln 0.001 = -0.491\,7\ (V)$$

$$\varphi_{Ni^{2+}/Ni} = \varphi^{\ominus}_{Ni^{2+}/Ni} + \frac{RT}{2F}\ln a_{Ni^{2+}} = -0.250\ V + \frac{RT}{2F}\ln 0.1 = -0.279\,6\ (V)$$

$$\varphi_{H^+/H_2} = \varphi^{\ominus}_{H^+/H_2} + \frac{RT}{F}\ln a_{H^+} = -\frac{RT}{F}\ln 0.001 = -0.177\,5\ (V)$$

考虑 H_2 在各电极上的超电势，其实际 H_2 析出电势分别为

$$\varphi_{H^+/H_2(Ag)} = -0.1775 - 0.20 = -0.3775\ (V)$$

$$\varphi_{H^+/H_2(Ni)} = -0.1775 - 0.24 = -0.4175\ (V)$$

$$\varphi_{H^+/H_2(Fe)} = -0.1775 - 0.18 = -0.3575\ (V)$$

$$\varphi_{H^+/H_2(Cd)} = -0.1775 - 0.30 = -0.4775\ (V)$$

根据阴极上析出电势大的先析出的原则，以上各种离子在阴极析出的顺序为：Ag，Ni，H_2，Cd，Fe。其中，Cd 和 Fe 不能很好分离。

反之，若要使两种离子在阴极上同时析出而形成合金，可调整两种离子的浓度比，使其析出电势接近，$\varphi'_{1析出} \approx \varphi'_{2析出}$。例如，在 Cu^{2+}，Zn^{2+} 中加入 CN^-，得到络合离子 $Cu(CN)_3^-$，$Zn(CN)_4^{2-}$，电解可得到黄铜合金。

8.3.2.2 阳极反应

从 $V_{分} = \varphi'_{阳} - \varphi'_{阴}$ 知，当 $\varphi'_{阴}$ 一定时，$\varphi'_{阳}$ 越小，$V_{分}$ 就越小。同样，由于外加电压是由小到大的，故对阳极反应来说，$\varphi'_{阳}$ 小者，将优先失去电子而氧化。一般说来，若阳极材料是 Pt（覆有 PtO_2 等氧化膜）等惰性电极，放电而氧化的多是 OH^-，Cl^-，Br^-，I^- 等；若阳极材料是 Zn，Cu 等金属，既可能是金属也可能是 OH^-，Cl^-，Br^-，I^- 等负离子的氧化。总之，要具体问题具体分析。

【例 8-17】 298 K，$p^\ominus$ 下，用 Cu 插入 $a_{Cu^{2+}} = 0.1$ 的 $CuSO_4$ 溶液中电解（pH=5），阳极何者先氧化？

解 若阳极反应为

$$Cu - 2e \longrightarrow Cu^{2+}$$

$$\varphi'_{阳,Cu} = \varphi_{Cu^{2+}/Cu} + \eta_{Cu(Cu)}$$

$$= \varphi^\ominus_{Cu^{2+}/Cu} - \frac{RT}{2F}\ln\left(\frac{a_{Cu}}{a_{Cu^{2+}}}\right) = 0.337 - \frac{0.05915}{2}\ \lg 0.1 + 0 = 0.307\ (V)$$

若阳极反应为

$$H_2O - 2e \longrightarrow \frac{1}{2}\ O_2 + 2H^+$$

$$\varphi'_{阳,O_2} = \varphi^\ominus_{O_2,H^+/H_2O} - \frac{0.05915}{2}\lg\left[\frac{a_{H_2O}}{a^2_{H^+}\left(\frac{p_{O_2}}{p^\ominus}\right)^{0.5}}\right] + \eta_{阳(O_2)}$$

$$= 1.229 - 0.02958\lg\frac{1}{(10^{-5})^2 \times 1} + 0 = 0.933\ V$$

可见，即使不考虑 O_2 在 Cu 上的超电势，$\varphi'_{阳,Cu}$ 也远小于 $\varphi'_{阳,O_2}$，因此，阳极 Cu 先失去电子而氧化。

【例 8-18】 在 298 K，$p^\ominus$ 下，以 Pt 为阴极，$C_{(石墨)}$ 为阳极，电解含 $CdCl_2$（0.01 mol·kg^{-1}）和 $CuCl_2$（0.02 mol·kg^{-1}）的水溶液。若电解过程中超电压可忽略不计，设活度系数均为 1，试问：

（1）何种金属先在阴极上析出？

（2）当第二种金属析出时至少需加多大电压？

（3）当第二种金属析出时，第一种金属在溶液中的浓度为多少？

解 (1) 查表得到：

$$\varphi^{\ominus}_{Cd^{2+}/Cd}=-0.4026\ \mathrm{V}$$

$$\varphi^{\ominus}_{Cu^{2+}/Cu}=0.3402\ \mathrm{V}$$

$$\begin{aligned}\varphi'_{析,Cd}&=\varphi^{\ominus}_{Cd^{2+}/Cd}-\frac{RT}{2F}\ln\left(\frac{a_{Cd}}{a_{Cd^{2+}}}\right)-\eta_{阴(Cd)}\\&=\varphi^{\ominus}_{Cd^{2+}/Cd}+\frac{2.303\times8.314\times298}{2\times96\,500}\lg a_{Cd^{2+}}-\eta_{阴,Cd}\\&=-0.4026+\frac{0.05915}{2}\lg0.01-0=-0.4618\ (\mathrm{V})\end{aligned}$$

$$\begin{aligned}\varphi'_{析,Cu}&=\varphi^{\ominus}_{Cu^{2+}/Cu}-\frac{RT}{2F}\ln\left(\frac{a_{Cu}}{a_{Cu^{2+}}}\right)-\eta_{阴,Cu}\\&=\varphi^{\ominus}_{Cu^{2+}/Cu}+\frac{2.303\times8.314\times298}{2\times96\,500}\lg a_{Cu^{2+}}-\eta_{阴,Cu}\\&=0.3402+\frac{0.05915}{2}\lg0.02-0=0.2899\ (\mathrm{V})\end{aligned}$$

因为 $\varphi'_{析,Cu}>\varphi'_{析,Cd}$，所以 Cu 先析出。

(2) Cd 开始析出时，$\varphi'_{阴}=\varphi'_{析,Cd}=-0.4618\ \mathrm{V}$，再考虑阳极电势，在阳极，可能发生的反应有

$$H_2O\longrightarrow\frac{1}{2}O_{2(g)}+2e+2H^+$$

设溶液为中性溶液(pH=7)，则

$$\begin{aligned}\varphi'_{析,O_2}&=\varphi^{\ominus}_{H^+/O_2}-\frac{0.05915}{2}\lg\left[\frac{a_{H_2O}}{a^2_{H^+}\left(\frac{p_{O_2}}{p^{\ominus}}\right)^{1/2}}\right]+\eta_{阳(O_2)}\\&=1.229-0.02958\lg\left[\frac{1}{(10^{-7})^2\times1}\right]+0=0.8149\end{aligned}$$

若析出 Cl_2

$$2Cl^-\longrightarrow Cl_{2(g)}+2e$$

$$\varphi'_{析,Cl_2}=\varphi^{\ominus}_{Cl^-/Cl^-}-\frac{0.05915}{2}\lg\left(\frac{a^2_{Cl^-}}{\frac{p_{Cl_2}}{p^{\ominus}}}\right)+\eta_{阳,Cl_2}=1.441\ (\mathrm{V})$$

因为 $\varphi'_{析,O_2}<\varphi'_{析,Cl_2}$，所以在阳极优先析出 O_2，故当 Cd 开始析出时

$$V=\varphi'_{阳}-\varphi'_{阴}=\varphi'_{析,O_2}-\varphi'_{析,Cd}=1.2767\ (\mathrm{V})$$

(3) 当 Cd 开始析出时，$\varphi'_{阴}=\varphi'_{析,Cd}=-0.4618\ \mathrm{V}$，同时

$$\varphi'_{阴}=\varphi'_{析,Cu,终}=0.3402+\frac{0.05915}{2}\lg a_{Cu^{2+},终}$$

所以 $a_{Cu^{2+},终}=7.71\times10^{-28}$，即 $C_{Cu^{2+},终}=7.71\times10^{-28}(\mathrm{mol\cdot kg^{-1}})$。

因此，工业上电解还原氧化法是很有价值的，它不仅可制备极纯净的产品，而且还可通过调节溶液的组成、pH、电极材料、电流密度等条件，来控制还原和氧化反应的次序，获得所需之产品。

8.3.3 化学电源

1799 年，伏特把一块锌板和一块银板浸在盐水里，发现连接两块金属的导线中有电流通

过。于是，他就把许多锌片与银片之间垫上浸透盐水的绒布或纸片，平叠起来。用手触摸两端时，会感到强烈的电流刺激。伏特用这种方法成功的制成了世界上第一个电池——“伏特电堆”。这个“伏特电堆”实际上就是串联的电池组。它成为早期电学实验，电报机的电力来源。1836年，英国的丹尼尔对“伏特电堆”进行了改良。他使用稀硫酸作电解液，解决了电池极化问题，制造出第一个不极化能保持平衡电流的锌—铜电池，1860年，法国的普朗泰发明出用铅做电极的电池。下面列举几种典型的化学电源。

1. 锌锰干电池

锌锰干电池可表示为

$$Zn|NH_4Cl|MnO_2|C$$

电池反应为

$$Zn+2MnO_2+H_2O═══ZnO+2MnOOH$$

锌锰干电池使用历史悠久，其优点是原料易得，制作简单，可以在很广泛的温度范围内使用。

2. 蓄电池

蓄电池主要有三种，即酸式铅蓄电池、碱式Fe—Ni蓄电池和Ag—Zn蓄电池。酸式铅蓄电池发展最早，因此，比较成熟和价廉，缺点是笨重，需严格的保养和维护，且易于损坏。酸式蓄电池可表示为

$$Pb_{(s)}|H_2SO_4(\text{相对密度 }1.22\sim1.28)|PbO_{(s)}$$

其电池反应为

$$PbO_{2(s)}+Pb_{(s)}+2H_2SO_{4(aq)}\underset{\text{充电}}{\overset{\text{放电}}{\rightleftharpoons}}2PbSO_{4(s)}+2H_2O_{(l)}$$

碱式Fe—Ni蓄电池的低温性能好，质量轻，抗震性能较好，维护保养简单，但结构复杂，成本较高。碱式Fe—Ni蓄电池可表示为

$$Fe_{(s)}|KOH(\text{质量分数 }\omega=0.22)|NiOOH_{(s)}$$

其电池反应为

$$Fe_{(s)}+2NiOOH_{(s)}+2H_2O\underset{\text{充电}}{\overset{\text{放电}}{\rightleftharpoons}}Fe(OH)_{2(s)}+2Ni(OH)_{2(s)}$$

Ag—Zn蓄电池能以较大电流放电，抗震性能较好，但成本高，使用寿命短。Ag—Zn蓄电池可表示为

$$Zn_{(s)}|KOH(\text{质量分数 }\omega=0.40)|Ag_2O_{2(s)}$$

其电池反应为

$$Ag_2O_{2(s)}+2H_2O+2Zn_{(s)}\underset{\text{充电}}{\overset{\text{放电}}{\rightleftharpoons}}2Ag_{(s)}+2Zn(OH)_{2(s)}$$

3. 燃料电池

燃料电池(fuel cell)是一种将存在于燃料与氧化剂中的化学能直接转化为电能的发电装置。1938年英国的Grove发明了燃料电池，并用这种以铂黑为电极催化剂的简单的氢氧燃料电池点亮了伦敦讲演厅的照明灯。燃料电池系统的燃料—电能转换效率在45%～60%，而火力发电和核电的效率一般在30%～40%。例如，阿波罗宇宙飞船上的燃料电池由三组碱式氢—氧燃料电池组成，能提供27～31 V的电压，功率为563～1 420 W，其电池反应为

$$H_2+\frac{1}{2}O_2\longrightarrow H_2O$$

燃料电池的效率可表示为

$$热效率=\frac{\Delta_r G_m}{\Delta_r H_m}$$

但目前使用的燃料电池价格昂贵，且腐蚀性强，影响了燃料电池的推广应用。

4. 锂离子电池

锂离子电池是一种充电电池，它主要依靠锂离子在正极和负极之间移动来工作。在充放电过程中，Li^+ 在两电极之间往返嵌入和脱嵌；充电时，Li^+ 从正极脱嵌，经过电解质嵌入负极，负极处于富锂状态，放电时则相反。锂离子电池能量密度大，平均输出电压高。自放电小，每月在10%以下；没有记忆效应；工作温度范围为$-20\sim60$ ℃；循环性能优越，可快速充放电，充电效率高达100%，输出功率大；使用寿命长；没有环境污染，被称为绿色电池。锂离子电池通常正极采用含锂化合物，负极采用碳材料，电解液为锂盐的有机电解液。锂离子电池（以 $C/LiCoO_2$ 电池为例）的电化学表达式如下：

正极

$$LiCoO_2 \rightleftharpoons Li_{1-x}CoO_2 + xLi^+ + xe^-$$

负极

$$6C + xLi^+ + xe^- \rightleftharpoons Li_xC_6$$

总的电池反应

$$6C + LiCoO_2 \rightleftharpoons Li_{1-x}CoO_2 + Li_xC_6$$

8.3.4 电化学合成

电化学合成主要是采用电化学方法合成无机化合物和有机化合物。由于电化学方法制备化学物质不需要另外加入氧化剂或还原剂，可以减少污染；同时，适当地选择电极材料、电解液组成，并通过控制电压或电流，可获得纯净产物，因而，电化学合成是很多无机产品主要的或不可取代的生产方法。

传统的氯碱工业的电化学组成是：阴极为铁丝网，阳极为石墨，并以石棉隔膜将阳极区和阴极区分隔，防止两极产物的混合。

阴极区

$$2H_2O + 2e \longrightarrow 2OH^- + H_2$$

阳极区

$$2Cl^- \longrightarrow Cl_2 + 2e$$

$$4OH^- \longrightarrow O_2 + 2H_2O + 4e$$

例如，安徽某公司依托华东地区最大的盐矿，通过电解 NaCl 制备离子膜烧碱，反应为

$$NaCl + H_2O \xrightarrow{电解} NaOH + \frac{1}{2}H_2 + \frac{1}{2}Cl_2$$

电解过程中的副产物 Cl_2，被用来开发其下游产品 PVC（聚氯乙烯）。该公司建成后具有年产100万吨聚氯乙烯、76万吨烧碱的能力。

有机电化学合成可按电极在反应过程中的作用分为直接电合成和间接电合成。前者是指有机合成反应直接在电极表面发生，后者是指有机合成反应所需的氧化（还原）剂是通过电化学方法获得并可再生循环使用；而有机合成反应仍用一般的化学方法进行。近年有机物的电合成

的研究得很多，如丙烯腈在电解池阴极上加氢还原制成乙二腈（生产尼龙-66的原料）已投入工业生产，反应式为

$$2CH_2{=}CHCN + 2H^+ + 2e^- \longrightarrow CN(CH_2)_4CN$$

又如硝基苯电解制苯胺，其主要步骤为

$$C_6H_5NO_2 \longrightarrow C_6H_5NO \longrightarrow C_6H_5NHOH \longrightarrow C_6H_6NH_2$$

8.3.5 金属的电化学腐蚀与防护

中国航天工业总公司第三十一研究所公布了一组数据，全球每分钟就有1吨钢被腐蚀成为铁锈。据计算每年钢铁腐蚀的经济损失约为10 000亿美元。占各国国民生产总值的2%～4%。在美国，每年因钢铁腐蚀造成的损失就占国民生产总值的3%，大约三分之一的化学设备因局部腐蚀而停工。我国因钢铁腐蚀而造成的经济损失高达2 800亿元人民币，约占国民生产总值GDP的4%，每年约有30%的钢铁因腐蚀而报废。腐蚀给人类造成的损失是惊人的。

1. 金属的腐蚀

指金属或合金与周围接触到的气体或液体进行化学反应而腐蚀损耗的过程。金属腐蚀的本质是金属本身失去电子变成阳离子的过程（发生氧化反应）

$$M - ne^- \longrightarrow M^{n+}$$

根据与金属接触的介质不同分为化学腐蚀和电化学腐蚀。

(1) 化学腐蚀

金属跟接触到的干燥气体（如SO_2，Cl_2，O_2等）或非电解质液体（如石油）直接发生化学反应而引起的腐蚀。金属的这类化学腐蚀主要受温度的影响（如燃气炉的中心部位最容易生锈而罐头放在南极已差不多有90年了，却很少生锈）。

(2) 电化学腐蚀

不纯金属或合金跟电解质溶液接触时，发生原电池反应而引起的腐蚀，比较活泼的金属失去电子被氧化，这种腐蚀叫作电化学腐蚀。

为什么钢铁在干燥的空气中不易生锈，而在潮湿的空气中却易生锈？

钢铁的主要成分是铁，但是含有杂质碳，在潮湿的空气中表面会形成一薄层水膜，水膜中溶解有来自大气中的CO_2，SO_2，H_2S，O_2等气体。因此，会形成电解质溶液，反应式为

$$H_2O \rightleftharpoons H^+ + OH^-$$

$$H_2O + CO_2 \rightleftharpoons H^+ + HCO_3^-$$

钢铁表面在这样的环境中会形成一个原电池，其中Fe为负极，C为正极，发生电化学腐蚀。根据电解质溶液的酸碱性的不同，电化学腐蚀可分为析氢腐蚀和吸氧腐蚀。

当水膜为酸性条件时，发生析氢腐蚀。

负极(Fe)：

$$Fe - 2e^- = Fe^{2+}$$

正极(C)：

$$2H^+ + 2e^- = H_2$$

总反应：

$$Fe + 2H^+ = Fe^{2+} + H_2$$

当水膜为中性或酸性很弱或碱性条件时，发生吸氧腐蚀。

负极(Fe)：

$$2Fe-4e^- = 2Fe^{2+}$$

正极(C)：

$$O_2+2H_2O+4e^- = 4OH^-$$

或

$$O_{2(g)}+4H^++4e^- \longrightarrow 2H_2O$$

总反应：

$$2Fe+O_2+2H_2O = 2Fe(OH)_2$$

或

$$2Fe+O_2+4H^+ = 2Fe^{2+}+2H_2O$$

进一步反应：

$$4Fe(OH)_2+O_2+2H_2O = 4Fe(OH)_3$$

$$2Fe(OH)_3 = Fe_2O_3\cdot xH_2O+(3-x)H_2O$$

二价铁被空气中的氧气氧化成三价铁，三价铁在水溶液中生成$Fe(OH)_3$沉淀，$Fe(OH)_3$又可能部分失水生成Fe_2O_3，所以铁锈是一个由Fe^{2+}，Fe^{3+}，$Fe(OH)_3$，Fe_2O_3等化合物组成的疏松的混杂物质。

含杂质的工业用 Zn 在硫酸中溶解过程如下：

含有杂质(Fe)的金属表面，由于金属和杂质的电势的差异，容易构成以金属和杂质为电极的许多微电池(或局部电池)。氢离子在铁阴极上放电，锌作为阳极不断溶解而受到腐蚀。所以含有铁杂质的粗锌在酸性溶液中，既有化学腐蚀，又有电化学腐蚀，要比纯锌腐蚀得更快(图 8-25)。

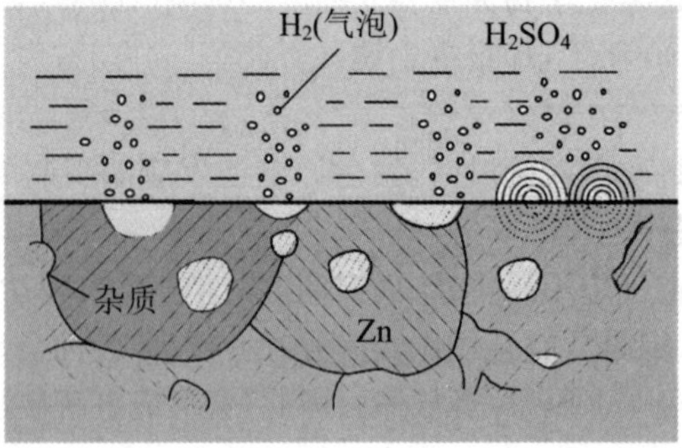

图 8-25 含杂质的工业用 Zn 在硫酸中溶解的示意图

表 8-1 给出了化学腐蚀与电化学腐蚀各自的特点及其相互关系。

表 8-1 化学腐蚀与电化学腐蚀比较

类　型	化学腐蚀	电化学腐蚀
发生的条件	金属与接触物直接反应	不纯金属或合金与电解质溶液形成原电池
电流	无电流产生	有电流产生
本质	金属被腐蚀	较活泼金属被腐蚀
相互关系	两者往往同时发生，但电化学腐蚀更普遍	

2. 金属的防腐

(1) 在金属表面覆盖保护层——电镀、钝化等

电镀是指利用电化学原理，在金属表面沉积一层耐腐蚀金属的方法。电镀层一般是锌、锡、铬、铜、镉等纯金属，抗蚀能力强，镀锌可防止大气腐蚀，且成本低；镀锡常用于食品工业；镀铬可防大气、水、酸、碱腐蚀，并有装饰作用，常用于钟表、日用品等，还可修复磨损零件，提高耐磨性。电镀法的镀层厚度可准确控制，镀层质量好，镀层与基体金属结合牢固，电镀时不需要加热或加热温度不高，但生产率低。电镀法广泛用于轻工、电器、仪表等行业。

钝化是金属由于介质的作用生成的腐蚀产物具有致密的结构，形成一层薄膜，紧密覆盖在金属的表面，改变了金属的表面状态，使金属的电极电位大大向正方向跃变，而成为耐蚀的钝态。这层膜成独立相存在，通常是金属的氧化物。它起着把金属与腐蚀介质完全隔开的作用，防止金属与腐蚀介质接触，从而使金属基本停止溶解形成钝态达到防腐蚀的作用。金属钝化大致有两种方法：化学钝化和电化学钝化。化学钝化是将被保护金属放在具有强氧化性的化学试剂中，如铁、铝在稀 HNO_3 和稀 H_2SO_4 中能很快溶解，但在浓 HNO_3 和浓 H_2SO_4 中溶解现象几乎完全停止。电化学钝化是将被保护金属作为电解池的阳极，插在一定的介质中使之氧化，并采用一定的设备不断使阳极电势升高，极化越来越严重。通过观察其电势随着外加电流密度的变化曲线，当继续增加到一定程度时，电流密度突然下降几乎到零点，这时金属已进入钝化区，这样的金属耐腐蚀性能很好。

(2) 制成合金(不锈钢)

在炼制金属时加入其他组分，改善金属内部组织结构，从而提高耐腐蚀能力。如在炼钢时加入 Mn，Cr 等元素制成不锈钢。

(3) 电化学保护法

电化学保护有牺牲阳极的阴极保护法和外加直流电源的阴极保护法。

牺牲阳极的阴极保护法，又称牺牲阳极保护法。具体方法为：将氧化性较强的金属作为保护极，与被保护金属相连构成原电池，氧化性较强的金属将作为负极发生氧化反应而消耗，被保护的金属作为正极就可以避免腐蚀。因这种方法牺牲了阳极(原电池的负极)保护了阴极(原电池的正极)，因而叫作牺牲阳极(原电池的负极)保护法，如图 8-26 所示。

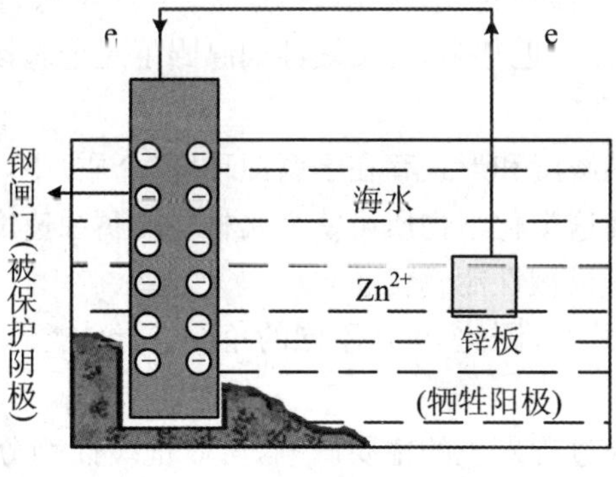

图 8-26 牺牲阳极保护法

具体应用在以下几个方面：

① 埋地管道上防腐层很差或根本没有防腐层的阀门。

② 短套管或覆盖层受到严重破坏的部位。

③ 发生电屏蔽的区域，该区域应经削弱了来自远方外加电流系统的有效电流。

④ 如果在适宜的环境下发生了阳极干扰，牺牲阳极可以用于管线的泄流点上，使流入管道的干扰电流返回干扰电流源。

⑤ 对于埋地结构众多，且复杂的区域，采用外加电流阴极保护而又不对与其相近的结构物产生干扰是非常困难的。对于这种环境下的结构，牺牲阳极法则是比较经济的选择。

⑥ 牺牲阳极被广泛应用于交换器的内壁和其他容器的内壁的保护。防护效果取决于内衬的质量、介质的流动和温度。

⑦ 深海结构物，可用大的牺牲阳极保护水下构件。

⑧ 轮船的尾部和在船壳的水线以下部分，装上一定数量的锌块，来防止船壳等的腐蚀。

外加电流的阴极保护法把要保护的钢铁设备作为阴极，另外用不溶性电极作为辅助阳极，两者都放在电解质溶液里，接上外加直流电源，如图 8-27 所示。通电后，大量电子被强制流向被保护的钢铁设备，使钢铁表面产生负电荷（电子）的积累，只要外加足够大的电压，金属腐蚀而产生的原电池电流就不能被输送，因而防止了钢铁的腐蚀。此法主要用于防止土壤、海水及河水中金属设备的腐蚀。化工厂中盛装酸性溶液的容器或管道，也常用此法。

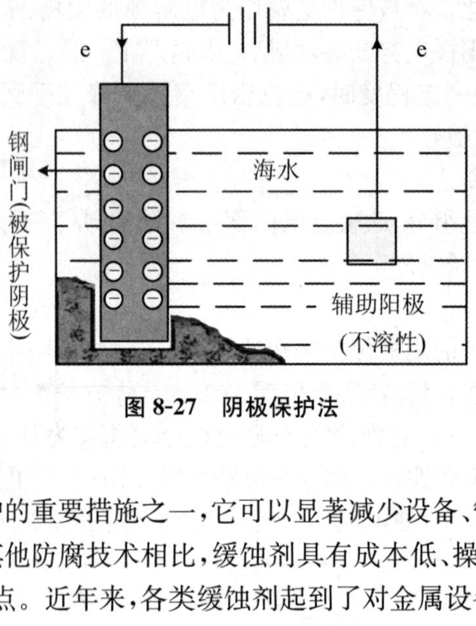

图 8-27 阴极保护法

（4）缓蚀剂的防腐作用

缓释剂是金属腐蚀防护的重要措施之一，它可以显著减少设备、管道等的腐蚀速度，保持金属物理机械性能不变。与其他防腐技术相比，缓蚀剂具有成本低、操作简单、见效快、能保护整个设备、适合长期保护等优点。近年来，各类缓蚀剂起到了对金属设备的防腐作用，延长了设备的使用寿命。

缓蚀剂是一种以适当的浓度和形式存在于腐蚀环境（介质）中，可以防止或减缓腐蚀程度的化学物质。加入微量或少量这类化学物质可使金属材料的腐蚀速度明显降低甚至为零，同时还能保持金属材料原来的物理机械性能不变。

缓蚀剂种类繁多，机理复杂，因此，可从不同的角度进行分类。

① 按作用机理分类。

根据缓蚀剂对腐蚀电极过程发生的主要影响，可以把缓蚀剂分为阳极型缓蚀剂、阴极型缓蚀剂和混合型缓蚀剂。

阳极型缓蚀剂：阳极型缓蚀剂是一种阻滞阳极化学反应过程的作用剂。其作用机理是缓蚀剂的阴离子向金属表面阳极部位迁移并使其表面膜钝化，从而阻滞阳极金属离子的进一步离解，使金属得到防护。例如，在中性介质中使用的铬酸盐、亚硝酸盐等。阳极型缓蚀剂的缺点是当其用量不足时，不能充分覆盖阳极表面，易形成小阳极、大阴极的局部孔蚀。因此，阳极缓蚀剂又有“危险性缓蚀剂”之称。

阴极型缓蚀剂:阴极型缓蚀剂能使电化学反应的阴极过程受到阻滞,从而减缓腐蚀反应的进行。例如,聚磷酸盐、酸式碳酸盐等阴极型缓蚀剂的阳离子能够向金属表面微阴极部位迁移,与阴极反应中产生的氢氧根离子反应,生成微溶的碳酸钙等沉淀膜,从而抵制阴极反应的进一步发生。这类缓蚀剂又称为“安全缓蚀剂”。

混合型缓蚀剂:混合型缓蚀剂既可阻滞阳极反应,又可阻滞阴极反应过程。它们对腐蚀电位的作用不大,但可在较大程度上减小腐蚀电流。

② 按缓蚀剂形成的保护膜特征分类。

按照物理化学机理,以金属表面发生的物理化学变化过程为依据,缓蚀剂可分为氧化膜型缓蚀剂、沉淀膜型缓蚀剂和吸附膜型缓蚀剂三类。

氧化膜型缓蚀剂:氧化膜型缓蚀剂本身是氧化剂或以介质中的溶解氧作氧化剂,使金属表面形成钝态或极薄致密的保护性氧化膜,造成金属离子化过程受阻,从而减缓金属腐蚀。其本身不具有氧化性的那些缓蚀剂,作用机理是使金属表面发生了特征吸附,主要影响电化学腐蚀的阳极过程,使活化—钝化金属的腐蚀电位进入钝化区,从而使金属处于钝化状态,形成钝化膜。氧化膜型缓蚀剂又称为钝化剂。

沉淀膜型缓蚀剂:该类缓蚀剂能与金属的腐蚀产物(Fe^{2+},Fe^{3+})或阴极反应产物(OH^-)进一步发生化学反应,并在金属表面形成防腐蚀的沉淀膜。沉淀膜的厚度一般都比较厚(为几十到上百纳米),致密性和附着力也比钝化膜差。在这种体系中,只要介质中存在着缓蚀剂组分和相应的共沉淀离子,沉淀膜的厚度就不断增加。在水处理技术中常用的有硅酸盐(水解产生SiO_2胶凝物)、锌盐(与OH^-产生沉淀)、磷酸盐类(形成$FePO_4$)等。

吸附膜型缓蚀剂:吸附膜型缓蚀剂能吸附在金属的表面/介质界面上形成致密的吸附层,阻止水分和侵蚀性物质接近金属或者抑制金属的腐蚀过程,起到缓蚀作用。例如,在酸性介质中,氧化物不能稳定存在,则需要某些在金属表面能强烈吸附的物质。这类物质的分子中常含有氮、硫和氧的基团或含有不饱和键的有机化合物(例如,硫脲、喹啉、炔醇等的衍生物)。

③ 其他分类。

缓蚀剂还有其他多种不同的分类方法,如按缓蚀剂成分,又可分为有机缓蚀剂和无机缓蚀剂;按照腐蚀介质的性质,可分为酸性溶液缓蚀剂、中性溶液缓蚀剂、碱性溶液缓蚀剂、有机介质缓蚀剂以及酸性气体缓蚀剂和大气缓蚀剂等。

本章小结

1. 电解质溶液

(1) 电解质溶液的导电机理和法拉第定律

① 电解质溶液的导电机理。

界面(金属—溶液,$10^{-9}\sim10^{-8}$ m):阴极反应($Cu^{2+}+2e\longrightarrow Cu$)消耗电子,阳极反应($Zn-2e\longrightarrow Zn^{2+}$)放出电子。

溶液中:阴阳离子定向迁移。

② 法拉第定律:

$$q=F\left|\frac{\nu_e}{\nu_B}\right|\frac{W_B}{M_B}$$

(2) 电解质溶液导电能力的量度

$$G=\frac{1}{R}\qquad (\text{S 或 } \Omega^{-1})$$

$$\kappa=G\frac{l}{A}\qquad (\Omega^{-1}\cdot \text{m}^{-1} \text{ 或 S}\cdot\text{m}^{-1})$$

$$\Lambda_m=\frac{\kappa}{C_B}\qquad (\text{S}\cdot\text{mol}^{-1}\cdot\text{m}^2)$$

$$\Lambda_m^\infty=\nu_+\Lambda_{m,+}^\infty+\nu_-\Lambda_{m,-}^\infty$$

(3) 电解质溶液中溶质化学势表达式与平均活度系数

$$\gamma_\pm \overset{\text{def}}{=\!=\!=} (\gamma_+^{\nu_+}\gamma_-^{\nu_-})^{1/\nu}$$

$$a_B=(\nu_+^{\nu_+}\nu_-^{\nu_-})\gamma_\pm^\nu\left(\frac{m}{m^\ominus}\right)^\nu$$

$$\mu_B=\mu_{B,T,p^\ominus}^\ominus+RT\ln(\nu_+^{\nu_+}\nu_-^{\nu_-})\gamma_\pm^\nu\left(\frac{m}{m^\ominus}\right)^\nu$$

(4) 强电解质溶液理论简介

$$I=\frac{1}{2}\sum_B m_B z_B^2$$

$$\lg\gamma_\pm=-A\mid z_+z_-\mid\sqrt{I}$$

25 ℃的水溶液中 $A=0.509\ (\text{kg}\cdot\text{mol}^{-1})^{1/2}$。

2. 可逆电池电动势及其应用

(1) 可逆电池的条件与可逆电极的种类

电池中进行的化学反应互逆。

放、充电电流趋于零——能量可逆。

可逆电极分为三类。

(2) 电池符号及其与电池反应的互译

左边电极为负极发生氧化反应,右边电极为正极发生还原反应。

(3) 可逆电池电动势 E 的测量

通过测量回路电流趋于零(对消法)。

(4) 可逆电池电动势 E 的能斯特方程及 E 的理论计算

$$E=E^\ominus-\frac{RT}{ZF}\ln\left(\frac{a_G^g a_H^h}{a_A^a a_D^d}\right)$$

$$E^\ominus=\varphi_+^\ominus-\varphi_-^\ominus$$

$$E=\varphi_+-\varphi_-$$

$$\varphi=\varphi^\ominus-\frac{RT}{ZF}\ln\left(\frac{a_{red}}{a_{ox}}\right)$$

(5) 电池电动势 E 的应用

①

$$\Delta_r G_{m,T,p}=-ZEF$$

$$\Delta_r H_m=TZF\left(\frac{\partial E}{\partial T}\right)_p-ZEF$$

$$\Delta_r S_m = ZF\left(\frac{\partial E}{\partial T}\right)_p$$

$$\Delta_r G_m^{\ominus} = -ZE^{\ominus}F = -RT\ln K^{\ominus}$$

② 电解质溶液的 $\gamma_{\pm}$

$$(Pt)H_2|HCl_{m,p^{\ominus}}|AgCl_{(s)}—Ag_{(s)}$$

$$E = \varphi_{Ag-AgCl/Cl^-} - \varphi_{H^+/H_2} = 0.2225 - 0.05915\lg\left(\gamma_{\pm}\frac{m}{m^{\ominus}}\right)^2$$

③ 难溶盐的活度积 K_{sp}

$$Ag_{(s)}|Ag^+_{(a_{Ag^+})}||Cl^-_{(a_{Cl^-})}|AgCl_{(s)}—Ag_{(s)}$$

④ pH

$$pH_x = pH_s + \frac{(E_x - E_s)F}{2.303RT}$$

3. 不可逆电极过程

(1) 极化

① 极化分类。

a. 浓差极化:离子扩散速度慢引起电极电势改变的极化称为浓差极化。

b. 电化学极化:电化学反应速度慢引起电极电势改变的极化称为电化学极化。

阴极:电源供给电子的速度大于电极反应消耗电子的速度,使电极上有电子累积,造成阴极电势变小。

阳极:电源抽取电子的速度大于电极反应产生电子的速度,使电极上电子贫乏,造成阳极电势变大。

c. 阴极电势变小,$\varphi'_阴 < \varphi_阴$;阳极电势变大,$\varphi'_阳 > \varphi_阳$。

② 极化的定量描述——超电势和极化曲线。

某电流密度 j 下,极化电势 φ' 与其电极电势 φ 之差称为超电势,用 η 表示

$$\eta_阴 = (\varphi_平 - \varphi_{不可逆})_阴$$

$$\eta_阳 = (\varphi_{不可逆} - \varphi_平)_阳$$

原电池放电电压变小

$$V_放 = \varphi'_+ - \varphi'_- = \varphi'_阴 - \varphi'_阳$$

$$V_放 = E - \eta_阴 - \eta_阳$$

电解池分解电压变大

$$V_分 = \varphi'_+ - \varphi'_- = \varphi'_阳 - \varphi'_阴$$

$$V_分 = E + \eta_阴 + \eta_阳$$

(2) 电解时的电极反应

阴极电势 $\varphi'_阴 = \varphi_阴 - \eta_阴$,$\varphi'_阴$ 大者,先得电子还原。

阳极电势 $\varphi'_阳 = \varphi_阳 + \eta_阳$,$\varphi'_阳$ 小者,先失电子氧化。

(3) 化学电源

略

(4) 金属的电化学腐蚀与防护

略

本章练习

一、选择题

1. 298 K 时，当 H_2SO_4 溶液的浓度从 0.01 mol·kg^{-1}增加到 0.1 mol·kg^{-1}时，其电导率 κ 和摩尔电导率 Λ_m 将（　　）。

A. κ 减小，Λ_m 增加　　B. κ 增加，Λ_m 增加

C. κ 减小，Λ_m 减小　　D. κ 增加，Λ_m 减小

2. 在 298 K 的含下列离子的无限稀释的溶液中，离子摩尔电导率最大的是（　　）。

A. Al^{3+}　　B. Mg^{2+}　　C. H^+　　D. K^+

3. 1.0 mol·kg^{-1}的 $K_4Fe(CN)_4$ 溶液的离子强度为（　　）。

A. 15 mol·kg^{-1}　　B. 10 mol·kg^{-1}

C. 7 mol·kg^{-1}　　D. 4 mol·kg^{-1}

4. 在一定温度下对于同一电解质的水溶液，当其浓度逐渐增加时哪个物理量将随之增加（　　）。

A. 在稀溶液范围内的电导率　　B. 摩尔电导率

C. 离子平均活度系数　　D. 电导

5. 质量摩尔浓度为 m 的 $FeCl_3$ 溶液（设其能完全电离），平均活度系数为 $\gamma_\pm$，则 $FeCl_3$ 的活度 α 为（　　）。

A. $\gamma_\pm^4\left(\frac{m}{m^\ominus}\right)$　　B. $4\gamma_\pm^4\left(\frac{m}{m^\ominus}\right)^4$　　C. $4\gamma_\pm\left(\frac{m}{m^\ominus}\right)$　　D. $27\gamma_\pm^4\left(\frac{m}{m^\ominus}\right)^4$

6. 金属与溶液电势差的大小和符号主要取决于（　　）。

A. 金属的表面性质　　B. 溶液中金属离子的浓度

C. 金属与溶液的接触面积　　D. 金属本性和溶液中原有的金属离子浓度

7. 下列电池中，电动势与 Cl^- 的活度无关的是（　　）。

A. $Zn_{(s)}|ZnCl_{2(\alpha)}|Cl_{2p^\ominus}|Pt$

B. $Zn_{(s)}|ZnCl_{2(\alpha_1)}\|KCl_{(\alpha_2)}|AgCl_{(s)}Ag$

C. $Ag_{(s)}|AgCl_{(s)}|KCl_{(\alpha)}|Cl_{2p^\ominus}|Pt$

D. $Pt|H_{2(p^\ominus)}|HCl_{(\alpha)}|Cl_{2p^\ominus}|Pt$

8. 298 K 时，已知 $\varphi^\ominus_{Fe^{3+}/Fe^{2+}}=0.771$ V，$\varphi^\ominus_{Sn^{4+}/Sn^{2+}}=0.150$ V，则反应 $2Fe^{3+}+Sn^{2+}$ ══ $2Fe^{2+}+Sn^{4+}$（所有活度均为 1）的 $\Delta_rG_m^\ominus$ 为（单位是 kJ·mol^{-1}）（　　）。

A. −268.7　　B. −177.8

C. −119.9　　D. 119.9

9. 下列对铁表面防腐方法中属于“电化学保护”的是（　　）。

A. 表面喷漆　　B. 电镀

C. Fe 件上嵌 Zn 块　　D. 加缓蚀剂

10. 电解时，在阳极上首先发生氧化反应的是（ ）。

A. 标准还原电势最大者 B. 标准还原电势最小者

C. 考虑极化后实际析出电势最大者 D. 考虑极化后实际析出电势最小者

11. 以石墨为阳极，电解 $0.01\ \mathrm{mol\cdot kg^{-1}}$ NaCl 溶液，在阳极上首先析出（ ）。已知：$\varphi^{\ominus}_{Cl^-/Cl_2/Pt}=1.36\ \mathrm{V}$，$\eta_{Cl_2}=0$，$\varphi^{\ominus}_{H_2O/O_2/Pt}=1.229\ \mathrm{V}$，$\eta_{O_2}=0.8\ \mathrm{V}$。

A. $Cl_{2(g)}$ B. $O_{2(g)}$

C. $Cl_{2(g)}$ 和 $O_{2(g)}$ 混合气 D. 无气体析出

12. 当发生极化现象时，两电极的电极电势将发生如下变化（ ）。

A. $\varphi_{阳}$ 变大，$\varphi_{阴}$ 变小 B. $\varphi_{阳}$ 变小，$\varphi_{阴}$ 变大

C. 两者都变大 D. 两者都变小

二、填空题

1. 电解池是将________能转化为________能的装置，原电池是将________能转化为________能的装置。

2. 在化学电源中，阳极发生________反应，也叫________极，阴极发生________反应，也叫________极；在电解池中，阳极发生________反应，阴极发生________反应。

3. 德拜-休克尔理论认为，电解质溶液中每一个离子都是被带异号电荷的________所包围。

4. 电解质溶液中离子强度的大小与________和________有关。

5. 在 25 ℃的无限稀水溶液中，摩尔电导率最大的一价负离子是________。

6. 用同一电导池分别测定浓度为 $0.01\ \mathrm{mol\cdot dm^{-3}}$ 和 $0.1\ \mathrm{mol\cdot dm^{-3}}$ 的不同电解质溶液，其电阻分别为 1 000 Ω 和 500 Ω，则它们的摩尔电导率之比为________。

7. 已 $\Lambda_{m,Y_2SO_4}=2.72\times10^{-2}\ \mathrm{S\cdot m^2\cdot mol^{-1}}$，$\Lambda_{m,H_2SO_4}=8.60\times10^{-2}\ \mathrm{S\cdot m^2\cdot mol^{-1}}$，则 $\Lambda_{m,YHSO_4}=$________$\mathrm{S\cdot m^2\cdot mol^{-1}}$。

8. 原电池反应为 $AgCl_{(s)}+I^-=AgI_{(s)}+Cl^-$，其相应的原电池符号为________。

9. 在双液电池中不同电解质溶液间或不同浓度的同种电解质溶液的接界处存在________电势，通常采用加________的方法来减少或消除。

10. 实验室最常用的参比电极为________，其电极表示式为________。

11. 电解时，两种主要的极化现象是________。

12. 在一块铜板上，有一个 Zn 制铆钉，在潮湿空气中放置后，________被腐蚀，而________则不腐蚀。

三、简答题

1. 简述离子独立运动定律。

2. 试写出 NaCl 和 $Al_2(SO_4)_3$ 的平均活度系数与各离子活度系数的关系，并用电解质溶液的质量摩尔浓度和平均活度系数表示它们的电解质溶液活度的关系。

3. 可逆电池的条件是什么？

4. 标准电池主要用途是什么？它的主要优点有哪些？

5. 能否直接用万用表测量溶液的电阻？为什么？

6. 试从产生极化的原因，解释阴极极化和阳极极化的特点。

7. 怎样降低或消除液体接界电势？

8. 在用离子选择性电极测定离子浓度时，加入 TISAB 的作用是什么？

9. 简述自行车的金属部件采用了哪些防护措施。

10. 银器使用时间长以后表面由于形成 Ag_2S 而显得黯淡，如何除去？

四、判断题

1. 金属导体的电阻随温度升高而增大，电解质溶液的电阻随温度升高而减少。（　）

2. 电解池中阳极发生氧化反应，阴极发生还原反应。（　）

3. 离子独立运动定律既可应用于无限稀释的强电解质溶液，又可应用于无限稀释的弱电解质溶液。（　）

4. 在一定温度和较小的浓度情况下，增大弱电解质溶液的浓度，则该弱电解质的电导率增加，摩尔电导率减小。（　）。

5. 盐桥的作用是导通电流和减小液体接界电势。（　）

6. 一个化学反应进行时，$\Delta_r G_m = -220.0\ kJ \cdot mol^{-1}$，如将该化学反应设计成电池，则需要环境对系统做功。（　）

7. 在等温等压下进行的一般化学反应，$\Delta G<0$，电化学反应的 ΔG 可小于零，也可以大于零。（　）

8. 电化学中规定，任意温度下氢电极的标准电极电势恒为零。（　）

9. 金属锌中的杂质铁能加速锌的腐蚀，是因为杂质铁与金属锌易构成微电池。（　）

10. 有机缓蚀剂的主要作用是增大电极极化，而减缓金属腐蚀。（　）

五、计算题

1. 若作为某种心脏病人心脏起搏器能源的“生物化学电池“$Zn \mid Zn^{2+}$ 和 $H^+, H_2O \mid O_2(Pt)$”于 0.8 V 和 40 μW 下在人体内放电。试问 5 g 的 Zn 电极能用多长时间才能需要进行手术更换？

2. 298 K 时，将 20.00 mL 浓度为 $0.1\ mol \cdot dm^{-3}$ 的 NaOH 水溶液盛在一电导池内，测得电导率为 $2.21\ S \cdot m^{-1}$。加入 20.00 mL 浓度为 $0.1\ mol \cdot dm^{-3}$ 的 HCl 水溶液后，电导率下降了 $1.65\ S \cdot m^{-1}$。求：

(1) NaOH 溶液的摩尔电导率；

(2) NaCl 溶液的摩尔电导率。

3. 打算利用一个天然水坑蓄水。已取得下列资料，将取自水坑的水样装入某电导池，25 ℃时测得电阻为 9 200 Ω，若把 $0.020\ mol \cdot L^{-1}$ KCl 装入该电导池中，在同温下测得电阻为 85 Ω；然后将 0.500 kg NaCl 倒入水坑搅拌均匀后，再取样，以同上办法测得电阻是 7 600 Ω（$0.020\ mol \cdot L^{-1}$ KCl 水溶液的 $\kappa = 0.278\ 6\ S \cdot m^{-1}$）。请你估算一下水坑的容水量。

4. 298 K 时，$\Lambda_{m,KAc}^{\ominus} = 0.011\ 44\ S \cdot m^2 \cdot mol^{-1}$，$\Lambda_{m,K_2SO_4}^{\ominus} = 0.030\ 7\ S \cdot m^2 \cdot mol^{-1}$，$\Lambda_{m,H_2SO_4}^{\ominus} = 0.085\ 96\ S \cdot m^2 \cdot mol^{-1}$。请计算该温度下 $\Lambda_{m,HAc}^{\ominus}$。

5. 已知 25 ℃时纯水的离子积 $K_w=1.008\times10^{-14}$,NaOH,HCl 和 NaCl 的 Λ_m^∞ 分别等于 0.024 811 S·m²·mol⁻¹,0.042 616 S·m²·mol⁻¹和 0.012 645 S·m²·mol⁻¹,求 25 ℃时纯水的 Λ_m^∞;将纯水视为一元弱酸,设其初始浓度为 C_{H_2O},求 25 ℃时纯水的电导率 κ。

6. 298 K 时,NaCl,NaOH 和 NH_4Cl 的 Λ_m^∞ 分别为 $108.6\times10^{-4}\ S\cdot m^2\cdot mol^{-1}$,$217.2\times10^{-4}\ S\cdot m^2\cdot mol^{-1}$ 和 $129.8\times10^{-4}\ S\cdot m^2\cdot mol^{-1}$;$0.1\ mol\cdot dm^{-3}$ 和 $0.01\ mol\cdot dm^{-3}$ 的 $NH_3\cdot H_2O$ 的 Λ_m 分别为 $3.09\times10^{-4}\ S\cdot m^2\cdot mol^{-1}$ 和 $9.62\times10^{-4}\ S\cdot m^2\cdot mol^{-1}$,试根据上述数据求 $NH_3\cdot H_2O$ 两种不同浓度的离解度和离解常数。

7. 已知 298 K 时 AgBr 的溶度积 $K_{sp}=6.3\times10^{-13}$,试计算该温度下 AgBr 饱和溶液的电导率

$$\Lambda_{m,Ag^+}^{\ominus}=61.9\times10^{-4}\ S\cdot m^2\cdot mol^{-1}$$
$$\Lambda_{m,Br^-}^{\ominus}=78.1\times10^{-4}\ S\cdot m^2\cdot mol^{-1}$$

8. 有人设计了以"$Zn\mid Zn^{2+}$ 和 H^+,$H_2O\mid O_2(Pt)$"为电极的"生物化学电池",把它埋在人体内作为某种心脏起搏器的能源。它依靠人体体液中含有的一定浓度的溶解氧进行工作,在低功率下人体能适应电池工作时 Zn^{2+} 的增加和 H^+ 的迁出。请写出此电池的负极反应、正极反应、电池反应、电池符号和电池在标准状态的可逆电动势。

9. 将下列过程设计成原电池

(1) $Fe^{2+}+Ag^+ = Fe^{3+}+Ag$;

(2) $Pb+Hg_2SO_4 = PbSO_4+Hg$;

(3) $AgCl = Ag^+ +Cl^-$;

(4) $H_2O = H^+ +OH^-$。

10. 已知 25 ℃,$p^{\ominus}$下,电池

$$(Pt)\mid H_{2(100\ kPa)}\mid HBr_{(m_B=0.001\ mol\cdot kg^{-1})}\mid AgBr_{(s)}-Ag_{(s)}$$

的电动势为 0.428 V。求上述电解质溶液中 HBr 的平均离子活度系数,并与德拜-休克尔极限公式的计算结果比较(已知此温度下 AgBr 的活度积 $K_{sp}=4.79\times10^{-13}$ 以及 $\varphi_{Ag-AgBr/Br^-}=0.0713\ V$)。

11. 计算 298 K 下列电池的电动势:$Ag_{(s)}-AgCl_{(s)}\mid HCl_{(0.1\ m)}\mid H_{2\ 0.1p^{\ominus}}$,Pt,已知 298 K 时 $\varphi^{\ominus}_{Ag^+,Ag}=0.80\ V$,$AgCl_{(s)}$ 在水中的饱和溶液浓度为 $1.245\times10^{-5}\ mol\cdot kg^{-1}$(设活度系数均为 1)。

12. 已知饱和韦斯顿电池的电动势与温度的关系

$$E=1.018\,45\quad 4.05\times10^{-5}(T-293.15)-9.5\times10^{-7}(T-293.15)^2$$

计算在 298.15 K,当电池可逆地产生 2 mol 电子的电荷时,电池反应的电池电动势、电池温度系数及反应的 Δ_rG_m,Δ_rH_m 和 Δ_rS_m(取 $F=96\,500\ C\cdot mol^{-1}$)。

13. 298 K 时,将某可逆电池短路使其放电 1 mol 电子的电量,此时放电的热量恰好等于该电池可逆操作时吸收热量的 40 倍,试计算此电池的电动势是多少?已知此电池电动势的温度系数 $\left(\frac{\partial E}{\partial T}\right)_p$ 为 $1.40\times10^{-4}\ V\cdot K^{-1}$。

14. 298 K 时,电池 $Ag-AgCl\mid HCl_{(m)}\mid Hg_2Cl_2-Hg$ 的 $E=45.5\ mV$,温度系数 $\left(\frac{\partial E}{\partial T}\right)_p=0.338\ mV\cdot K^{-1}$。求当 298 K 电池放电 1 F 时,电池反应和电池反应的 Δ_rG_m、Δ_rH_m 和 Δ_rS_m。

15. 298 K 时,电池 $Pb\mid PbSO_{4(s)}\mid Na_2SO_4\cdot10H_2O$ 饱和溶液$\mid Hg_2SO_{4(s)}\mid Hg$的电动势为

0.964 7 V，电动势的温度系数为 $1.74\times10^{-4}\ V\cdot K^{-1}$。

(1) 写出电池反应；

(2) 计算 $z=1$ 时该反应的 $\Delta_r G_m$，$\Delta_r H_m$，$\Delta_r S_m$ 以及电池恒温可逆放电时该反应过程的 Q_r。

16. 将下列反应 $Sn^{2+}_{\alpha_{Sn^{2+}}}+Pb^{2+}_{\alpha_{Pb^{2+}}}\longrightarrow Sn^{4+}_{\alpha_{Sn^{4+}}}+Pb_{(s)}$ 设计为原电池，计算 298 K 时电池反应的 $\Delta_r G^m$ 和平衡常数 $K^\ominus$。(已知 $\varphi^\ominus_{Sn^{4+}|Sn^{2+}|Pt}=0.15\ V$，$\varphi^\ominus_{Pb^{2+}|Pb}=-0.13\ V$)。

17. 有以下电池：

$$Pt|H_{2(p=100\ kPa)}|HCl_{(m=0.1\ mol\cdot kg^{-1})}|AgCl_{(s)}|Ag$$

已知 298 K 时，$\varphi^\ominus_{Ag-AgCl/Cl^{-1}}=0.222\ 1\ V$，$(\partial E/\partial T)_p=-4.02\times10^{-4}\ V\cdot K^{-1}$；

$0.1\ mol\cdot kg^{-1}$ 的 HCl 水溶液中平均离子活度因子 $r_\pm=0.796$。要求：

(1) 写出电极反应和电池反应；

(2) 计算 298 K 时电池的电动势 E 及反应的 $K^\ominus$，$\Delta_r H_m$ 和 $\Delta_r S_m$；

(3) 问上述反应在确定浓度的条件下，在恒压无非体积功的反应器中进行和在电池中可逆地进行时吸放的热量各为多少？

18. 写出下列电池 $Pb_{(s)}|Pb^{2+}_{(\alpha_{Pb^{2+}}=0.01)}\parallel Cl^-_{(\alpha_{Cl^-}=0.5)}|Cl_{2(p^\ominus)}$，$Pt_{(s)}$ 的电极反应和电池反应，并计算 298 K 时电池的电动势 E，$\Delta_r G_m$ 以及 $K^\ominus$，并指明电池反应能否自发进行已知 $\varphi^\ominus_{Pb^{2+}/Pb}=-0.13\ V$，$\varphi^\ominus_{Cl^-/Cl_2}=1.36\ V$。

19. 电池 $Ag|AgCl_{(s)}|KCl_{(m)}|Hg_2Cl_{2(s)}|Hg_{(l)}$ 的电池反应为

$$Ag+\frac{1}{2}Hg_2Cl_2\longrightarrow AgCl_{(s)}+Hg_{(l)}$$

已知 298 K 时，此电池反应的焓变 $\Delta_r H_m$ 为 $5\ 435\ J\cdot mol^{-1}$，各物质的规定熵数据如下：

物质	Ag	$AgCl_{(s)}$	$Hg_{(l)}$	$Hg_2Cl_{2(s)}$
$S^\ominus_m(J\cdot K^{-1}\cdot mol^{-1})$	42.7	96.2	77.4	195.6

试计算该温度下电池的电动势 E 及电池电动势的温度系数 $\left(\frac{\partial E}{\partial T}\right)_p$。

20. 电池 $Sb_{(s)}$，$Sb_2O_{3(s)}$ pH=3.98 的缓冲溶液‖饱和甘汞电极，298 K 时测得电池电动势 $E_1=0.230\ V$；若果将 pH=3.98 的缓冲溶液换为待测 pH 的溶液，298 K 时测得电池电动势 $E_2=0.345\ V$，试计算待测溶液的 pH。

21. 有一土壤溶液，用醌氢醌电极和标准 $AgCl_{(s)}$，$Ag_{(s)}$ 电极组成电池，并用盐桥隔开，测得电池电动势为 0.18 V，测定时用醌氢醌电极作正极，298 K 时 $\varphi^\ominus_{AgCl/Ag/Cl^-}=0.22\ V$，$\varphi^\ominus_{醌氢醌^-}=0.699\ V$。要求：

(1) 写出电池表示式以及电池放电时的电极反应和电池反应；

(2) 计算土壤溶液的 pH。

22. 298 K，101.325 kPa 时，用 $Pb_{(s)}$ 电极来电解 H_2SO_4 溶液($0.10\ mol\cdot kg^{-1}$，$\gamma_\pm=0.265$)。若在电解过程中，把 Pb 作为阴极，甘汞电极($C_{KCl}=1.0\ mol\cdot kg^{-1}$)作为阳极组成原电池，测得其电动势 E 为 1.068 5 V。试求 $H_{2(g,101\ 325\ Pa)}$ 在铅电极上的超电势(只考虑一级电离，已知 $\varphi^\ominus_{Hg_2Cl_2/Hg}=0.280\ 2\ V$)。

23. 在 298 K，$p^\ominus$ 压力时，电解某一含 Zn^{2+} 溶液，希望当 Zn^{2+} 浓度降低至 $1\times10^{-4}\ mol\cdot kg^{-1}$ 时，依然不会有 $H_{2(g)}$ 析出，试问溶液的 pH 应该控制在多少(已知 $H_{2(g)}$ 在 $Zn_{(s)}$ 上的超电势为 0.72 V，设此值与溶液浓度无关。离子活度系数均视为 1，$\varphi^\ominus_{Zn^{2+}/Zn}=-0.763\ V$)？

24. 在 298 K 时，有一含 Zn^{2+}，Cd^{2+} 的浓度均为 $0.1\ mol\cdot kg^{-1}$ 的溶液，用电解沉积的方法

把它们分离，试问：

(1) 哪一种金属首先在阴极析出(用未镀铂黑的铂作阴极，氢气在铂上的超电势为 0.6 V，在镉上的超电势为 0.8 V)？

(2) 第二种金属开始析出时，前一种金属剩下的浓度为多少(设活度系数为 1)？

25. 在 298 K 和 $p^{\ominus}$，用铁 $Fe_{(s)}$ 为阴极，$C_{(石墨)}$ 为阳极，电解 6.0 $mol \cdot kg^{-1}$ 的 NaCl 水溶液(pH=7)。若 $H_{2(g)}$ 在铁阴极上的超电势为 0.20 V，而 $O_{2(g)}$ 在石墨阳极上的超电势很大，故在阳极上是 $Cl_{2(g)}$ 的析出，设 $Cl_{2(g)}$ 超电势可忽略不计。试说明阴极上首先发生什么反应并计算至少需加多少电压，电解才能进行(已知 298 K 时：$\varphi^{\ominus}_{Na^+/Na}=-2.714$ V；$\varphi^{\ominus}_{Cl_2/Cl^{-1}}=1.3595$ V，设活度因子均为 1)？

第9章　胶体化学

【设疑】

[1] 为什么在晴朗的白昼天空呈现蔚蓝色而黄昏时太阳是鲜红色？为什么用来警示的交通信号均设置为红色？

[2] 怎样确定陶瓷涂层的时间？

[3] 如何计算 PM2.5 在大气中下降 5 cm 所需的时间？

[4] 若将 KI 溶液和 $AgNO_3$溶液混合，所得溶胶的表面一定带有正电荷吗？

[5] 热力学电位和胶体的 ζ 电动电势有什么关系？

[6] 卤水点豆腐的科学内涵是什么？

【教学目的与要求】

[1] 了解分散体系的分类与特征。

[2] 掌握溶胶的制备和净化。

[3] 理解溶胶的动力、光学和电学性质。

[4] 掌握胶团的双电层结构和 ζ 电动电势。

[5] 理解溶胶稳定性与聚沉作用——DLVO 理论。

胶体化学是研究胶体分散系统的科学，是物理化学的一个重要组成部分。胶体系统的重要特点之一是具有高度的分散性和巨大的表面积。任何表面在通常情况下实际上都是界面，在任何两相界面上都可以发生复杂的物理或化学现象。

胶体化学是一门古老而又年轻的科学。胶体化学的形成可以追溯到史前祖先的陶器制造。汉朝时已经能够利用纤维造纸，后汉时又发明了墨。其他如做豆腐、乳酪、馒头、墨汁、颜料等在我国都有悠久的历史，这些制作过程都与胶体化学密切相关。胶体化学的系统研究则起始于19 世纪中叶。1856 年，法拉第首次由氯化金水溶液还原制得红宝石色的金溶胶，并根据能够溶解金的试剂也能使金溶胶脱色的事实，指出金溶胶是由高度分散的金颗粒所形成。当加入少量电解质，金溶胶逐渐由红变蓝，法拉第认为这是由颗粒变大所致。胶体名词的第一次提出则可以追溯到 1861 年，其创始人是英国科学家格雷厄姆(Graham)。格雷厄姆最早将分子运动论应用于液体分散系，并系统研究了不同物质在水中的扩散系数和结晶速度后提出了胶体的概念，并对胶体进行了大量的实验研究，他根据实验现象将物质分为两类：一类叫作晶体，另一类叫胶体。但后来许多学者通过实验证明这种分类是不科学的，因为任何典型的晶体物质在一定条件下均可以制成胶体分散系统。例如，氯化钠是典型的离子晶体，在水中可以形成溶液，而在苯或乙醇中则可以分散形成胶体。由此人们才进一步认识到胶体是物质以一定分散程度存在的一种状态，而不是一种特殊的物质。格雷厄姆还创立了利用渗析以分散不溶解物质的方法，例如普鲁士蓝不溶于水但溶于草酸，通过渗析除去草酸，可得到透明的普鲁士蓝水溶胶。后来在1869 年，发现了丁达尔效应，可以区别溶胶和溶液。1903 年齐格蒙第(R. Zigmondy)和西登托夫(H. Siedentopf)进一步发明了超显微镜,可以直接观察胶体粒子的运动。1907年奥斯特瓦尔德(Ostwald W)创刊《胶体化学与工业》杂志,标志着一个独立的学科正在形成。

胶体现象非常复杂,且有其自己独特的规律性,它和许多科学领域、国民经济的各个部门以及日常生活都有着密切的联系,无论是在工农业生产,还是在日常生活的衣、食、住、行等各个方面,都会遇到各种与胶体化学有关的问题。如分析化学中的吸附指示剂、离子交换,物理化学中的成核作用、过饱和,生物化学和分子生物学中的电泳、膜现象,化学工业中的催化剂、洗涤剂、润滑剂、黏合剂,环境科学中的气溶胶、泡沫、污水处理,日用品中的牛奶、啤酒等。要特别提及的是,胶体化学与石油化工的关系尤为密切,从石油、天然气的地质勘探、钻井、采油、储运,到石油炼制和油品的再加工,都要用到胶体化学的原理和方法。因此,掌握胶体化学知识对指导工农业生产和开展科学研究具有重要意义。

9.1 分散体系的分类及其特性

9.1.1 分散体系的分类

一种或几种物质以一定的分散程度分散在另一种物质中所形成的系统称为分散系统。其中,被分散的物质称为分散相或分散质,处于不连续状态。而用来分散分散相或分散质的物质称为分散介质或分散剂,它呈连续分布状态。分散相和分散介质均可以是固态、液态或气态。分散系统可以是均匀的单相系统,也可以是不均匀的多相系统。例如,空气就是一个均相的气态分散系统。氯化钠水溶液就是一个均相的液态分散系统;而$Fe(OH)_3$和牛奶中的分散相分别是固态和液态,分散介质都是液态,它们都属于不均匀的多相分散系统。

分散体系可以根据分散相和分散介质的聚集状态不同进行分类。按照分散相和分散介质的聚集状态不同可以将分散体系分为八种类型,如表9-1所示。

表9-1 按分散相和分散介质的聚集状态分类

分散相	分散介质	名 称	实 例
气	液	泡沫	肥皂泡沫、灭火泡沫
液	液	乳状液	牛奶、含水原油
固	液	溶胶、悬浮液	金溶胶、油漆、泥浆
气	固	固体泡沫	泡沫塑料、浮石、面包
液	固	凝胶	珍珠、蛋白石
固	固	固溶胶	有色玻璃、合金
液	气	气溶胶	云、雾
固	气	气溶胶	烟、粉尘

分散体系也可以根据分散相粒子的大小不同来进行分类(表9-2)。按照分散相粒子的大小不同,可以将分散系统分为粗分散体系、胶体分散体系和分子分散体系。

粗分散体系是指分散相粒子的粒径大于100 nm的分散体系。它包括悬浮液、乳状液、泡沫、粉尘等。在粗分散体系中分散相和分散介质之间有明显的相界面，是多相分散体系；分散相粒子由于粒径大易于自动发生聚集而与分散介质分开，表现为热力学不稳定系统，系统看上去不透明、浑浊，分散相粒子不能透过滤纸。

表 9-2 按分散相粒子大小分类

类型		分散相粒径(nm)	特征	实例
粗分散体系	悬浊液 乳浊液 泡沫	>100	多相，热力学不稳定系统，扩散慢或不扩散、不能透过半透膜，不渗析，在显微镜下可见	浑浊泥水、牛奶、豆浆
胶体分散体系	溶胶	1～100	多相，热力学不稳定系统，扩散慢、不能透过半透膜，不渗析，在显微镜下可见	金溶胶、$Fe(OH)_3$溶胶
分子分散体系	分子溶液 离子溶液	<1	均相，热力学稳定系统，扩散快、能透过半透膜，渗析，在显微镜下不可见	氯化钠、蔗糖水溶液

分子分散体系是指分散相粒子以分子、原子或离子的形式均匀地分散在分散介质中形成的体系，在该体系中分散粒子的粒径小于 1 nm，这种系统有时也称为真溶液。它可以分为固态溶液、液态溶液和气态溶液（即混合气体）。很显然分子分散体系为均相分散体系，溶质、溶剂之间不存在相界面，且不会自动分离成两相，表现为热力学稳定系统，系统看上去透明，溶质扩散速度快，溶质和溶剂均可透过半透膜。

胶体分散体系主要是指分散相粒子的粒径在 1～100 nm 之间的高度分散的溶胶体系。它是由许多原子或分子（通常 10^3～10^6个）组成的有界面的粒子，由于分散相粒子很小，且分散相与分散介质之间有很大的相界面、很高的表面吉布斯自由能，因而溶胶是热力学不稳定系统。溶胶所具有的多相性、高分散性和热力学不稳定性特征决定了它具有许多不同于真溶液和粗分散系统的性质。

9.1.2 胶体分散体系的基本特性

胶体分散体系具有以下三个基本特性。

1. 高分散性

胶体分散系统中的分散相粒子的粒径在 1~100 nm 之间，这一特有的分散程度使得分散相粒子不能被肉眼或普通显微镜所分辨，以至于许多溶胶被误以为是真溶液，但是它并不是均相的真溶液，而是具有很大相界面的高分散性系统。

2. 多相性

在胶体分散系统中，分散相粒子是由很大数目的分子或离子组成的聚合体，其结构较为复杂，虽然用肉眼或普通显微镜观察时，这种系统是貌似真溶液的透明系统，但实际上分散相与分散介质之间具有明显的相界面。因此，胶体分散系统是多相系统，具有超微的不均匀性。

3. 聚结不稳定性

由于分散相粒子的粒径小，系统表面积大，表面吉布斯自由能高，粒子之间有自动相互聚结以降低表面吉布斯自由能的趋势，即具有聚结不稳定性，这意味着胶体分散系统是一个热力学上的不稳定系统，处于不稳定状态的分散相粒子易于聚结成大粒子而聚沉。因此，胶体分散系统中除了分散相和分散介质以外，还需要第三种物质(通常是少量的电解质)作为稳定剂起着保护粒子的作用，电解质中的离子被吸附在胶核的表面并形成双电层结构，由于带电和溶剂化作用，胶体粒子才能相对稳定地存在于分散介质中。

9.2　溶胶的制备与净化

9.2.1　溶胶的制备

溶胶形成的必要条件是它的分散相粒子的大小应落在胶体分散系统的范围之内，同时系统在适当的稳定剂存在下应具有足够的稳定性。溶胶粒子的大小在1～100 nm范围内，比分子大得多，而比通常的晶粒、粉末等小得多，这就决定了它的制备方法有两大类：一是分散法，即直接将大块(或粗颗粒)物质粉碎成小颗粒，并使之分散于介质中；二是凝聚法，即将分子(原子或离子)等凝聚成胶体颗粒。

9.2.1.1　分散法

分散法是利用机械设备，将粗分散的物料分散成高分散的胶体。

1. 研磨法

即机械粉碎法，这种方法通常适用于脆而易碎的物质，对于柔韧性的物质必须先硬化后再分散。通常可以先在球磨机中对分散相粒子进行粗磨，然后再用胶体磨等进行细磨，将粒子粉碎。胶体磨的形式很多，其粉碎能力因构造和转速不同而异。图9-1为盘式胶体磨的结构示意图。两片靠得很近的磨盘是用很坚硬耐磨的钨合金制成的，上下两磨片反方向运转，其转速可达到每分钟一两万转。将分散相、分散介质从空心轴A处加入，流向高转速的磨盘B，转轴A本身带有与B转向相反的磨盘C，在BC之间有狭小的细缝，分散相在这里受到强大的应切力而被粉碎。为了提高研磨效率，防止极小颗粒的聚结，一般将稳定剂和物料一起加入研磨，或加溶剂冲稀使胶体得到稳定。胶体磨已经广泛应用于工业生产，它可以用来研磨颜料、药物、大豆、干血浆等，例如，铂重整催化剂载体Al_2O_3在成球前，必须将它的滤饼磨成胶浆。除了胶体磨外，气流粉碎机也是一种重要的设备，它可用来制备1 μm以下的超细粉末。目前已经使用气流粉碎机来粉碎药物、化工原料和各种填料，其优点是可以避免湿法研磨后干燥过程中分散相粒子发生二次凝聚现象。

2. 超声分散法

即用超声波(频率大于16 000 Hz)所产生的能量来进行分散。实验室通常使用的超声波发生器的频率在10^6 Hz左右，它的作用是将频率为10^6 Hz的高频电流通过两个电极，石英片立即发生相同频率的机械振荡，产生的高频机械波经油及容器传入试管，对被分散的物质产生巨大的撕碎力，从而使分散相均匀分散在介质中形成溶胶或乳状液。由于超声波分散法制得的溶胶或乳状液特别纯净，因此，实验室常采用这种方法来制备胶体分散系统。

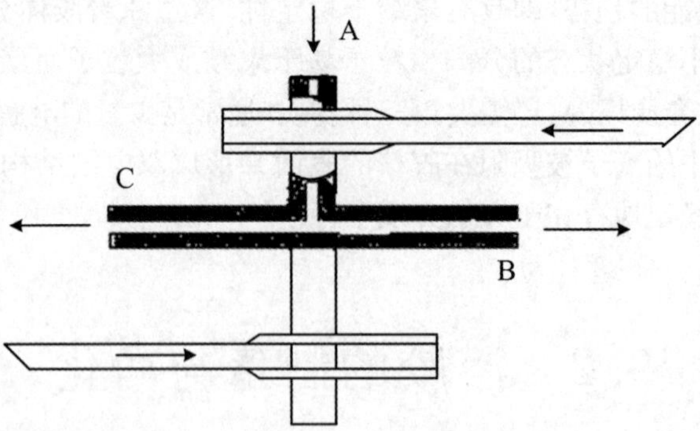

图 9-1 盘式胶体磨

3. 电弧法

该法主要用于制备金属(如 Au,Ag,Pt,Hg 等)水溶胶。其方法是以欲分散的金属为电极,浸在不断冷却的水中,水中加入少量 NaOH,外加 20～100 V 直流电源,调节两电极间的距离使之产生电弧。在电弧的作用下电极表面的金属汽化,遇水冷却而凝结成胶粒,此法实际上是分散法的延伸,包括了分散和凝聚两个过程,所加 NaOH 是稳定剂,用以使溶胶稳定。

4. 胶溶法

亦称为解胶法。它不是使粗颗粒分散成溶胶,而只是把暂时聚集在一起的胶体粒子重新分散而形成溶胶。许多新鲜的沉淀除去过多的电解质,再加入少量稳定剂(此处又称为胶溶剂,应选用与胶体粒子有相同组分的离子)后,则又可以制成溶胶,利用这种方法使沉淀转化成溶胶的过程称为胶溶作用,例如,以下各反应。

$$Fe(OH)_3\text{(新鲜沉淀)}\xrightarrow{\text{加 }FeCl_3}Fe(OH)_3\text{(溶胶)}$$

$$AgCl\text{(新鲜沉淀)}\xrightarrow{\text{加 }AgNO_3\text{ 或 }KCl}AgCl\text{(溶胶)}$$

$$SnCl_4\xrightarrow{\text{水解}}SnO_2\text{(新鲜沉淀)}\xrightarrow{\text{加 }K_2Sn(OH)_6}SnO_2\text{(溶胶)}$$

需要注意的是胶溶作用只发生于新鲜沉淀,若粒子经老化(或称为陈化)变成了大粒子就不能再分散了。

9.2.1.2 凝聚法

与分散法相反,凝聚法是由分子(或原子、离子)的分散状态凝聚为胶体分散状态的一种方法。高度分散的憎液溶胶一般由凝聚法得到。这种方法的特点是先制成难溶物的分子分散的过饱和溶液,再使之相互结合成胶体粒子而得到溶胶。按照过饱和溶液的形成过程,又可将该法分为两类。

1. 化学凝聚法

通过化学反应(如复分解反应、水解反应、氧化还原反应等)使生成物呈现过饱和状态而生成溶胶。因此,凡是能生成不溶物的复分解反应、水解反应、氧化还原反应等皆可用于制备溶胶。

(1) 复分解反应

制备硫化砷溶胶就是利用复分解反应的一个典型例子。将 H_2S 通入足够稀释的 As_2O_3 溶液中,则可以得到高分散的硫化砷溶胶,其反应如下:

$$As_2O_3+3H_2S \longrightarrow As_2S_3+3H_2O$$
$$AgNO_3+KCl \longrightarrow AgCl+KNO_3$$
$$4FeCl_3+3K_4[Fe(CN)_6] \longrightarrow Fe_4[Fe(CN)_6]_3+12KCl$$

(2) 水解反应

铁、铝、铬、铜、钒等金属的氢氧化物溶胶可以通过其盐类的水解而制得。例如，把几滴$FeCl_3$溶液加入到沸腾的蒸馏水中，则发生如下反应：

$$FeCl_3+3H_2O(\text{热}) \longrightarrow Fe(OH)_3+3HCl$$

(3) 氧化还原反应

贵金属的溶胶可以通过氧化还原反应来制备。例如，可以通过如下反应得到金溶胶和银溶胶：

$$2HAuCl_4(\text{稀溶液})+3HCHO(\text{少量})+11KOH \xrightarrow{\text{加热}} 2Au+3HCOOK+8KCl+8H_2O$$
$$6AgNO_3+C_{76}H_{52}O_{46}(\text{单宁})+3K_2CO_3 \longrightarrow 6Ag+C_{76}H_{52}O_{49}+6KNO_3+3CO_2$$

硫溶胶可以通过一些氧化还原反应来制备，例如：

$$SO_2+2H_2S \longrightarrow 3S+2H_2O$$
$$Na_2S_2O_3+2HCl \longrightarrow S+H_2O+2NaCl+SO_2$$

化学凝聚法的特点是不需外加稳定剂，只需反应物中某种电解质适当过量即可，并在溶胶生成后除去过多的电解质即可得到稳定的胶体。但是离子的浓度对溶胶的稳定性有着直接的影响，电解质浓度太大，反而会引起胶体粒子的聚沉(coagulation)。例如，将 H_2S 通入 $CdCl_2$ 溶液中，CdS 会沉淀析出而不会形成溶胶，这是由于反应中生成的 HCl 是强电解质，它破坏了 CdS 溶胶的稳定性。在定量分析和科学研究中，为了防止溶胶的形成，可以加入电解质或加热使溶胶聚沉，并生成较大颗粒的沉淀。

2. 物理凝聚法

利用适当的物理过程(如蒸气凝聚法、更换溶剂法等)可以使某些物质凝聚形成胶体粒子。

(1) 蒸气凝聚法

罗金斯基和沙尔尼科夫设计了一种仪器，可以制得碱金属的有机溶胶，其结构如图 9-2 所示。图中的 2,4 两管分别盛有需要加以分散的物质(如金属钠)和作为分散介质用的液体(如苯)。将此两物质蒸发，同时在被液态空气所冷却的容器 5 的表面上凝聚，这种凝聚是在高度真空中进行的。在容器 5 的外壁上覆盖的有机"冰"是含有胶体钠的固态苯，一旦将液态空气从容器 5 中移走，这种"冰"就熔化为液体流入支管 3 中，从而形成钠在苯中的溶胶。这两种物质的蒸气同时在器壁上经受剧烈冷却是这种方法的重要特点。用这种方法制得的溶胶似乎没有加入任何稳定剂，实际上在制备过程中少量的碱金属已经成为金属氧化物，它们充当着稳定剂的作用。

(2) 过饱和法

改变溶剂或用冷却的方法使溶质的溶解度降低，由于过饱和，溶质从溶剂中分离出来凝聚成溶胶。例如，取少量的硫溶于酒精后加入水中，由于溶剂的改变，硫在水中的溶解度变小生成白色浑浊的硫溶胶。用此法可制得难溶于水的树脂、脂肪等水溶胶，也可用于制备难溶于有机溶剂的物质的有机溶胶。

最简单的冷却法制备溶胶的例子是用冰急骤冷却苯的饱和水溶液，或用液态空气冷却硫的酒精溶液，前者得到苯的水溶胶，后者得到的是硫的醇溶胶。

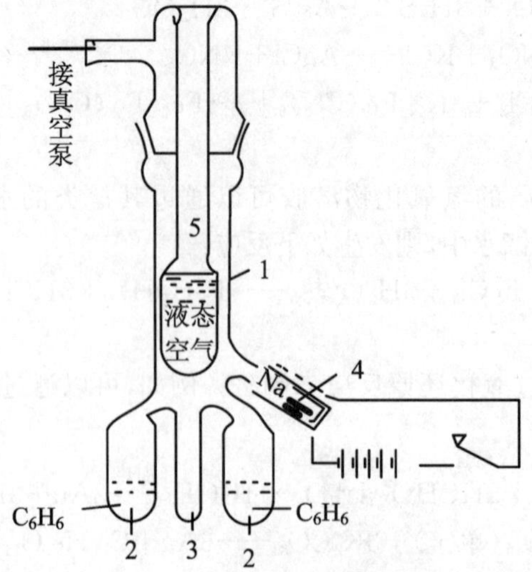

图 9-2 蒸气凝聚法结构示意图

9.2.2 溶胶的净化

在制得的溶胶中常含有一些电解质，通常除了形成胶团所需要的电解质以外，过多的电解质存在反而会破坏溶胶的稳定性，因此，必须将溶胶净化。常用的净化方法有渗析法、超过滤法和离子交换树脂法等。

1. 渗析法

由于溶胶粒子不能通过半透膜，而分子、离子能通过，所以利用半透膜可以除去过多的电解质和杂质，这种净化方法称为渗析法。具体操作是将待净化的溶胶放入装有半透膜的容器中（常见的半透膜有羊皮纸、动物膀胱膜、硝酸纤维、醋酸纤维等），半透膜的外面放置溶剂。由于膜内外电解质和杂质的浓度不同，膜内的离子或其他能透过半透膜的小分子迁移至膜外，通过不断更换膜外溶剂，则可以逐渐降低膜内电解质和杂质的浓度而达到净化溶胶的目的。在半透膜选择时要注意它不能与溶胶发生化学反应，不生成吸附物，不能溶解于分散介质中。目前医院为了治疗肾衰竭患者的血液渗透仪（即人工肾）就是使血液在体外经过循环渗析除去血液中的代谢废物，然后再输入体内。

在工业上为了提高渗析速度，可以在半透膜的两侧外加一直流电场以加速离子或溶剂化分子的迁移，该法称为电渗析法（图 9-3）。此法特别适用于用普通渗析法难以除去的少量电解质，使用时应注意所施加的电压不宜太高，以免因受热而出现溶胶变质的现象。除此之外增加半透膜两边的浓度差、扩大半透膜的面积或适当提高温度均可以加快渗析的速度，但是升高温度时一定要加以控制，以免高温造成对溶胶的破坏。

2. 超过滤法

该法是利用孔径细小的半透膜在加压或吸滤的情况下使胶粒与分散介质分开，可溶性杂质能透过半透膜而被除去。若把胶粒加到纯分散介质中再进行加压过滤，如此反复进行就可以达到净化的目的。必须注意的是通过超过滤法使得胶粒和分散介质分开后，必须立即将胶粒再分散到纯分散介质中，以避免老化而得不到溶胶。若在半透膜的两侧加上电极，施以直流电场，将电渗析和超过滤两种方法结合起来使用,则可大大提高过滤效率,此法称为电超过滤法。超过滤法中所用的半透膜可按待分离的胶粒大小选用滤纸、纺织品、动物膀胱膜以及素烧陶瓷等。为了使半透膜能承受一定压力,可将它们紧贴在细密的不锈钢丝网或其他多孔性支持物上。根据半透膜的孔眼大小,通过更换不同孔径的滤膜,用超过滤法不仅可以分离溶胶中的胶粒和介质,而且可以分离出多分散系统中不同胶粒大小的多级粒子。

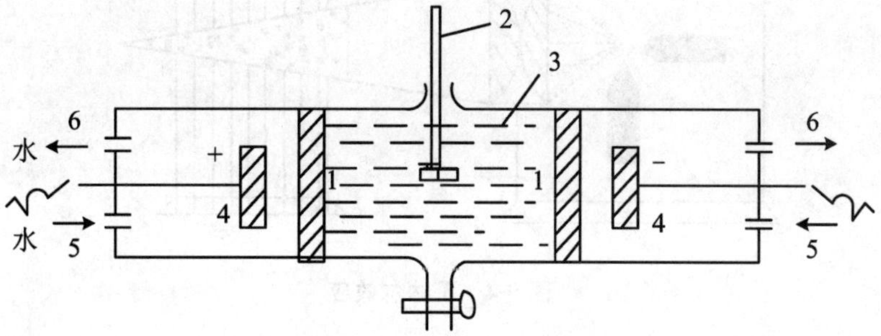

图 9-3 电渗析法示意图

1-半透膜;2-搅拌器;3-溶胶;4-电极;5,6-进出水管

渗析法和超过滤法不仅可以提纯溶胶,而且在工业上可用于污水处理、海水淡化及水的纯化等。在生物化学和微生物学中常用超过滤法测定蛋白质分子、酶分子以及病毒细菌分子的大小。在医药工业中常用来去除中草药中的植物蛋白、淀粉、多聚糖、树胶等高分子杂质,从而提取有效成分制成针剂。人们还利用渗析和超过滤原理,用人工合成的高分了膜(如聚丙烯腈薄膜、醋酸纤维素膜、铜氨膜等)制成人工肾,帮助肾功能衰竭的患者去除血液中的毒素和水分,用于严重肾脏病患中的"血透"方法就是基于这种原理让患者的血液在体外通过装有特制膜的装置循环从而将血液中的有害物质和多余水分除去。

9.3 溶胶的性质

9.3.1 溶胶的光学性质

溶胶的光学性质是胶粒对光的散射和吸收而产生的,是其高度的分散性和多相的不均匀性特点的反映。胶体具有丰富多彩的颜色,有的溶胶从不同角度观察能显示出不同的绚丽色带,这些光学现象的发现加深和加快了人们对溶胶光学性质的研究。通过这些研究不仅可以帮助人们理解胶体分散系统的一些光学现象,而且在观察胶粒的运动、确定它们的大小和形状等方面也有重要作用。

9.3.1.1 丁达尔效应

1. 丁达尔效应

在暗室中以一束强烈的光线射入溶胶后,在入射光的垂直方向上可以看到一个发光的圆锥体(明亮的光带),这个现象是 1869 年由丁达尔首次发现的,故称为丁达尔效应(图 9-4)。实验研究表明其他分散系统也会产生这种现象,但远不如溶胶显著,因此,丁达尔效应可以作为区别溶胶与真溶液的最简单方法。

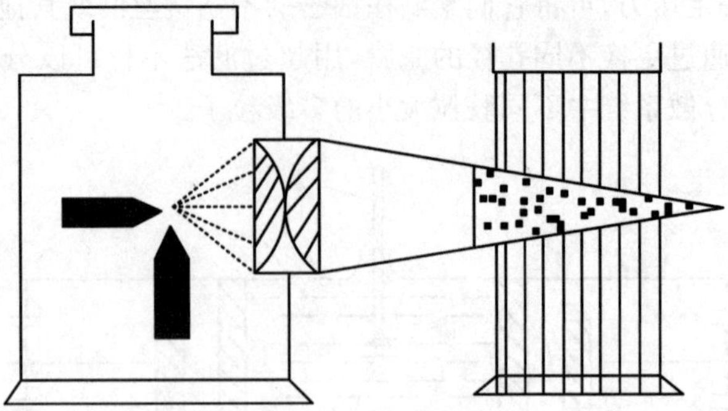

图 9-4 丁达尔效应

溶胶为什么会产生丁达尔效应?简而言之,是胶粒对入射光的散射作用的结果。所谓散射就是在光的前进方向之外也能观察到光的现象。当光线射入分散系统时可能发生三种情况,即发生光的反射或折射、光的散射和光的吸收。当入射光的频率与分子的固有频率相同时,则发生光的吸收;当入射光与系统不发生任何相互作用时,则入射光可以透过;当入射光的波长小于分散相粒子的尺寸时,则入射光发生反射或折射作用;若入射光的波长大于分散相粒子的尺寸时,则入射光发生散射作用。可见光的波长在 400～760 nm,而溶胶粒子的半径一般在 1～100 nm 之间,小于可见光波长,因此,可以发生光的散射作用。

光在本质上是电磁波,其振动频率高达 10^{15} Hz 的数量级,光的照射相当于外加电磁场作用于胶粒,当光波作用到分散介质中小于光波波长的粒子上时,粒子中的电子被迫振动(其振动频率与入射光的频率相等),这样被光照射的微小晶体上的每个分子便以一个次级光源的形式,向各个方向发射与入射光具有相同频率的次级光波,这就是散射光波,也就是我们所观察到的散射光(也称为乳光)。因此,丁达尔效应可以认为是胶粒对光的散射作用的外观表现,丁达尔效应又称为乳光效应,散射光的强度可用瑞利散射公式计算。

2. 瑞利散射公式

1871 年瑞利(Rayleigh)详细研究了丁达尔效应,从电磁理论出发推出了溶胶的光散射公式。对小于光波波长的非导体的球形质点(如硫溶胶),在粒子间距离较远且没有相互作用的条件下,其散射光强度与入射光强度之间的关系为

$$I=\frac{9\pi^2V^2C}{2\lambda^4R^2}\left(\frac{n^2-n_0^2}{n^2+2n_0^2}\right)(1+\cos^2\theta)I_0 \tag{9-1}$$

式中,I_0 为入射光强度;θ 为观察方向与入射光方向的夹角;I 为 θ 方向上、散射距离为 R 处的散射光强度;n,n_0 分别是分散相粒子和分散介质的折射率;C 为数密度,即单位体积溶胶中的粒子数;V 为每个分散相粒子的体积;λ 为入射光波长。该式称为瑞利散射公式。

从瑞利散射公式可以得出以下结论:

① 散射光强度与入射光波长的四次方成反比。即入射光波长越短,散射光越强,当用白光照射溶胶时,其中波长较短的蓝光与紫光将发生较强的散射作用,而波长较长的红光则被透过。若用白光照射溶胶时,侧面的散射光呈蓝紫色,而透射光呈橙红色。利用这一规律即可解释天空的蓝色和日出日落时天空的橙红色现象。汽车在雾天行驶时要求打开黄色灯和旋光仪光源采用钠光灯等也是这个道理。

② 散射光强度与散射相粒子体积的平方成正比。在溶胶粒子小于入射光波长的前提下，粒子越大，散射光强度越大。因此，在其他条件相同的条件下，可从散射光强度的大小判断粒子的大小，若已知相关数据，则可通过散射光强度求出粒子的大小。

在粗分散系统中，由于粒子的线性大小大于可见光波长，故无散射光，只有反射光；在真溶液中，由于分子体积很小，故散射光极弱，不易被肉眼所观察；只有溶胶才具有明显的丁达尔效应。故可依此来鉴别分散系统的种类。

③ 散射光强度与分散相粒子与分散介质间的折光率之差有关。分散相与分散介质的折光率相差越大，散射光越强，所以憎液溶胶的散射光很强，而高分子溶液的散射光微弱。如粒子大小相近的蛋白质溶液与硫溶胶相比，后者的光散射作用显著。

④ 散射光强度与单位体积内胶粒数目成正比。当其他条件均相同时，式(9-1)可以改写为

$$I = K\frac{V^2C}{\lambda^4}$$

式中，$K=\dfrac{9\pi^2}{2R^2}\left(\dfrac{n^2-n_0^2}{n^2+2n_0^2}\right)(1+\cos^2\theta)I_0$；若分散相粒子的密度为 ρ，浓度为 c（以 $kg \cdot dm^{-3}$ 表示），则 $C=\dfrac{c}{V\rho}$；再假定粒子为球形，即以 $V=\dfrac{4}{3}\pi r^3$ 代入上式得

$$I = K\cdot\frac{cV}{\rho\lambda^4} = \frac{Kc}{\rho\lambda^4}\cdot\frac{4}{3}\pi r^3 = K'cr^3 \tag{9-2}$$

即在瑞利散射公式适用的范围内（$r\leqslant 47$ nm），散射光强度与粒子半径的三次方和浓度 c 成正比。

若两溶液的浓度相同，则从式(9-2)可得

$$\frac{I_1}{I_2} = \left(\frac{r_1}{r_2}\right)^3$$

如果两溶胶的粒子半径相同，则从式(9-2)可得

$$\frac{I_1}{I_2} = \frac{c_1}{c_2}$$

由此可见，若用一份已知粒子尺寸或浓度大小并由相同物质所形成的溶胶作对比试验，则可通过测得的散射光强度亦称乳光强度求出另一份溶胶的粒子大小或浓度，根据这一原理可以设计乳光计（或浊度计）用以测定溶胶浓度。

3. 超显微镜的基本原理和粒子大小的测定

人们用肉眼所能辨别的物体的直径最小极限约为 0.2 mm。有了显微镜后能辨别的直径最小极限约为 200 nm，视野扩大了约 1 000 倍。若物体小于 200 nm，则显微镜也无法分辨了。要观察直径在 100 nm 以下的溶胶粒子，需要用超显微镜（ultramicroscope）（图 9-5）。

超显微镜的原理就是用普通显微镜来观察溶胶的丁达尔效应，即用足够强的入射光从侧面照射溶胶，然后在黑暗的背景上进行观察，它是研究胶体化学的一种重要仪器。

普通显微镜之所以观察不到溶胶的微粒，是由于人在入射光的反方向观察时，胶粒的散射光受到透射光的干扰，显得非常微弱，就好像白天看不到天上的星星一样。而超显微镜则是用强光源（常用弧光）照射，在黑暗的视野条件下从垂直于入射光方向上（即入射光侧面）观察。这样就避开了透射光的干扰，所看到的是粒子的散射，只要粒子散射的光线足够强，就可以在整个黑暗的背景下看到一个个闪光的亮点，这好比在黑夜可以观察到满天星斗。

超显微镜大大扩展了人的视野范围，用超显微镜可以观察到光点的半径为 5～150 nm 的粒

子。但是超显微镜只能证实溶胶中存在粒子并观察其布朗运动,所看到的是粒子对入射光散射后所产生的发光点而不是粒子本身。这种光点通常要比粒子本身大很多倍。因此,用超显微镜不可能直接确切看到胶粒的大小和形状,就其实质来讲,超显微镜的分辨率并没有提高。但是

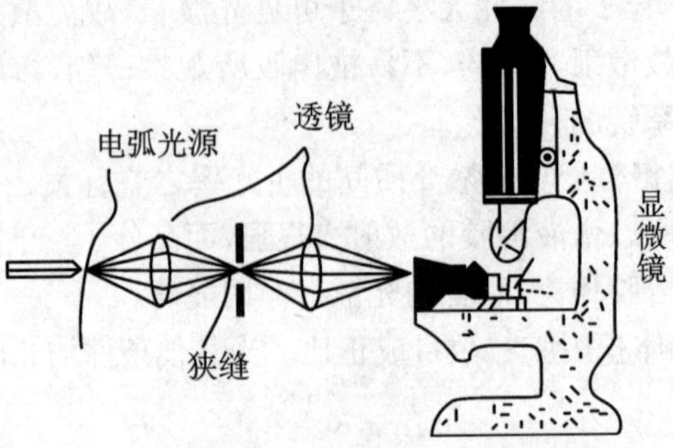

图 9-5 超显微镜示意图

如果引进一些假定,也可以近似地用超显微镜来测定粒子的大小并推断出粒子的形状。设用超显微镜测出体积为 V' 的溶胶中粒子数为 N,而已知分散相的浓度为 C(单位为 $kg \cdot dm^{-3}$),则在所测体积 V' 中,胶粒的总质量为 CV',每个胶粒的质量为 $\frac{CV'}{N}$。设粒子为球形,半径为 r,分散相的密度为 ρ,则可得

$$\frac{CV'}{N} = \frac{4}{3}\pi r^3 \rho$$

$$r = \left(\frac{3}{4} \cdot \frac{CV'}{N\pi\rho}\right)^{\frac{1}{3}}$$

用超显微镜也可以推断粒子的形状。若在视野中看到的"光点"(胶粒的散射光)闪烁不定,时明时暗,则表明粒子为不对称的棒状或片状;如散射光亮度不变,即"光点"不产生闪烁现象,则表明粒子为对称的球形或立方体胶粒。超显微镜也常用来研究胶粒的聚沉过程、沉降速度及电泳现象等。

9.3.2 溶胶的动力学性质

溶胶中的粒子和溶液中的溶质分子一样,总是处在不停地、无规则地运动之中。从分子运动的角度看,胶粒的运动和分子运动并无本质区别,它们均符合分子运动理论,不同的是胶粒比一般分子大得多,所以运动强度较小。这里主要介绍胶粒的布朗运动、扩散和沉降等问题,这些性质都属于溶胶的动力学性质。

9.3.2.1 布朗运动

1827 年英国植物学家布朗(Brown)在显微镜下观察到悬浮在水中的花粉颗粒不断地作不规则运动,不仅可以平移,而且还能转动,后来发现分散介质中的其他微粒,如煤、化石、金属等粉末也有类似的现象。人们把微粒的这种运动称为布朗运动,但在很长一段时间内,这种现象的本质并没有得到阐明。直到 1903 年齐格蒙第(Zsigmondy)发明了超显微镜,通过超显微镜能够清楚观察到比花粉小得多的胶体粒子的布朗运动,即不规则的"之"字形连续运动,如图 9-6(a)所示,并得出重要的实验结论,即粒子越小其布朗运动越剧烈,其运动的剧烈程度不随时间

而改变，但随温度的升高而增加。

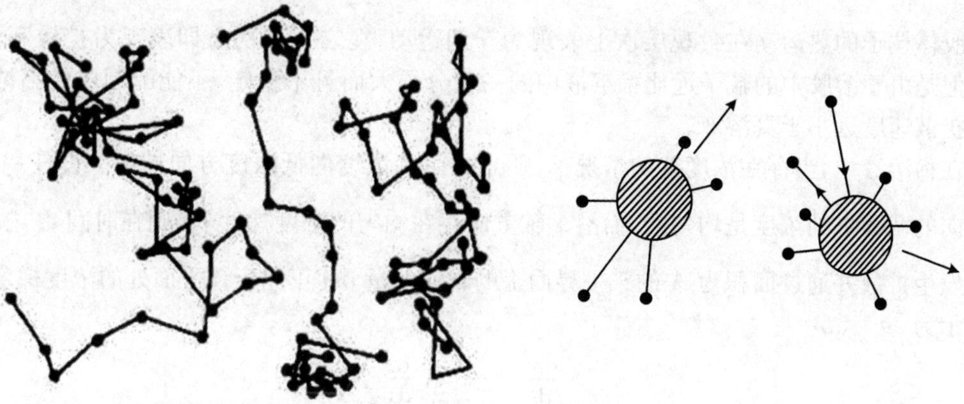

(a) 超显微镜下胶粒的布朗运动　　(b) 胶粒受介质分子冲击示意图

图 9-6 布朗运动

在分散系统中，分散介质分子处于无规则的热运动状态，它们从四面八方连续不断地撞击分散相粒子。对粗分散系统的粒子而言，在某一瞬间可能被数以千万次的撞击，从统计观点来看，向各个方向上所受撞击的概率应当相等，合力为零，所以不能发生位移，即使在某一方向上遭到较多次数的撞击，因其质量较大，难以发生位移而无布朗运动。而对于胶体粒子来说，由于粒径远小于粗分散系统粒了，它们所受到的撞击次数要小得多，在各个方向上所遭受的撞击力完全相互抵消的概率很小，某一瞬间粒子从某一方向得到冲量可以发生位移，即布朗运动，如图 9-6(b)所示。由此可见布朗运动是分子热运动的必然结果，是胶粒的热运动。

爱因斯坦和斯莫鲁霍夫斯基(Smoluchowski)分别于 1905 年和 1906 年从不同角度独立地提出了布朗运动的理论，其基本假定为：每个溶胶粒子的平均动能和液体(分散介质)分子一样，都等于$\frac{3}{2}kT$，因而小粒子的质量小，运动速度就快。胶粒之所以不断改变其运动方向，是因为它不断受到来自不同方向、不同速度的液体分子的冲击，亦即布朗运动的实质来自于质点的热运动。而且他们认为实验中不必考虑质点运动的实际路径和速度，只需测定在指定时间间隔内质点的平均位移，或测定指定位移所需的时间就可以描述粒子的布朗运动。爱因斯坦利用分子运动论的基本概念和公式，并假设胶体粒子为球形，推导出布朗运动的基本公式为

$$\bar{x}=\left(\frac{RT}{L}\cdot\frac{t}{3\pi\eta r}\right)^{1/2} \tag{9-3}$$

式中，$\bar{x}$ 是在一定时间间隔 t 内粒子的平均位移；L 是阿佛伽德罗常数；R 为气体常数；T 为热力学温度；η 为介质的黏度；r 是分散相粒子的半径。此式也称为爱因斯坦—布朗运动公式。

爱因斯坦-布朗运动公式把粒子的位移与粒子的大小、介质的黏度、温度以及观察时间等联系起来，得到了各种实验的验证。例如，珀林(Perrin)在 290 K，用粒子半径为 0.212 μm 的藤黄水溶胶(水的黏度为 0.001 1 Pa·s)进行实验，经 30 s 后，测得粒子在 x 轴方向上的平均位移 $\bar{x}$ 为 $7.09\times10^{-2}\ \mathrm{m\cdot s^{-1}}$，根据式(9-3)计算得到 $L=6.5\times10^{23}\ \mathrm{mol^{-1}}$。斯维德伯格(Svedberg)用超显微镜把半径为 27 nm 和 52 nm 的两种金溶胶粒子摄影在感光片上，测定 $\bar{x}$ 值和曝光相隔时间 t，其计算结果与实验结果相当一致。无论珀林还是斯维德伯格的工作，都证明了爱因斯坦-布朗运动公式的正确性。同时也为分子运动论提供了有力的实验依据，使分子运动论得到直接的实验证明而成为人们普遍接受的理论，这对推动化学和物理学的发展起到了重要作用。

9.3.2.2　扩散

胶体粒子的热运动在微观层次上表现为布朗运动，在宏观层次上即表现为扩散和渗透作用。但是由于溶胶中的粒子远比稀溶液中的一般分子大而且不稳定，不能配制成较高浓度，所以其扩散速度远小于真溶液。

在稀溶液中，当存在浓度差的情况下，质点将由高浓度向低浓度方向扩散。设任一垂直 x 轴方向的截面上的浓度是均匀的，而沿 x 轴方向存在均匀的浓度梯度$\frac{\mathrm{d}c}{\mathrm{d}x}$，则在时间 $\mathrm{d}t$ 内沿 x 轴方向发生扩散并通过面积为 A 的某一界面上的物质的量 $\mathrm{d}m$ 正比于该平面处的浓度梯度，用公式表示为

$$\frac{\mathrm{d}m}{\mathrm{d}t}=-DA\frac{\mathrm{d}c}{\mathrm{d}x}$$

该式称为菲克第一定律(Fick's first law)，$\frac{\mathrm{d}m}{\mathrm{d}t}$表示通过界面 A 的物质的扩散速度；比例系数 D 称为扩散系数(diffusion coefficient)，其物理意义是在单位浓度梯度下，单位时间内通过单位截面积的物质的质量，D 越大，质点的扩散能力越大。式中负号是因为扩散方向与浓度梯度方向相反，表示扩散朝向浓度降低的方向进行。

爱因斯坦通过研究布朗运动推导出扩散系数 D 与质点运动的阻力系数 f 之间的关系为

$$D=\frac{RT}{Lf}$$

式中，R 为气体常数；T 为绝对温度；L 为阿佛伽德罗常数；f 的数值与质点的大小和形状有关。对于球形质点，根据斯托克斯(Stokes)方程式确定阻力系数 f 为

$$f=6\pi\eta r$$

式中，η 为分散介质的黏度；r 为质点半径。所以球形质点的扩散系数与质点半径的关系为

$$D=\frac{RT}{L}\cdot\frac{1}{6\pi\eta r}$$

结合式(9-3)可得

$$D=\frac{\overline{x}^2}{2t}$$

上式称为爱因斯坦-布朗位移方程。爱因斯坦-布朗位移方程给出了一种测定扩散系数的方法，即在一定时间间隔 t 内，观测出粒子的平均位移 $\overline{x}$，就可求出 D 值。进而计算出球形粒子的平均半径

$$r=\frac{RT}{6L\pi\eta D}$$

若已知粒子的密度 ρ，则可以求得一个胶粒的质量

$$m=\frac{4}{3}\pi r^3\rho=\frac{\rho}{162\pi^2}\left(\frac{RT}{L\eta D}\right)^3$$

由此可以计算出溶胶粒子的摩尔质量 M

$$M=mL=\frac{\rho}{162L^2\pi^2}\left(\frac{RT}{\eta D}\right)^3$$

应当注意的是：当溶胶粒子为多级分散时，计算出的半径和摩尔质量分别为粒子的平均半径和平均摩尔质量；如果溶胶粒子是非球形质点，则由 D 计算出的半径为表观半径；在粒子有

溶剂化作用时，计算出的半径为溶剂化粒子的半径。

9.3.2.3 沉降与沉降平衡

溶胶中胶体粒子的密度一般大于分散介质的密度，在重力场作用下，胶体粒子会发生沉降而表现出溶胶的动力不稳定性，其结果使得溶胶下部的浓度增大，上部的浓度减小，即溶胶的均匀性遭到破坏。而溶胶粒子的布朗运动使胶体粒子从下部浓度较大的区域向上部浓度较小的区域扩散，有使系统浓度趋于均匀的倾向。这样沉降与扩散就构成了矛盾的两个方面，使溶胶趋于动力稳定状态。当两种作用的驱动力相等时，粒子在系统中的分布达到平衡而形成一定的浓度梯度，这种状态称为沉降平衡。

达到沉降平衡以后，溶胶粒子的浓度随高度分布的情况可以用高度分布定律来表示。设在截面积为 A 的容器中盛以某种溶胶，其粒子半径为 r(设为球形)，高度以 x 表示，粒子和分散介质的密度分别为 $\rho_{粒子}$ 和 $\rho_{介质}$，N_1 和 N_2 分别为在高度为 x_1 和 x_2 处单位体积溶胶内的粒子数，在高度为 $\mathrm{d}x$ 的一层溶胶中单位体积内粒子的数目为 N，则使粒子沉降的重力为

$$F_{重力} = mg = NA\mathrm{d}x \cdot \frac{4}{3}\pi r^3 \cdot (\rho_{粒子} - \rho_{介质})g$$

而 $\mathrm{d}x$ 层中粒子所具有的扩散力与此处溶胶的渗透力大小相等，方向相反。若引用稀溶液渗透压公式 $\Pi = cRT$(c 为溶质的物质的量浓度)，则扩散力为

$$F_{扩散} = -A\mathrm{d}\Pi = -ART\mathrm{d}c = -ART\frac{\mathrm{d}N}{L}$$

当达到沉降平衡时，这两种力大小相等，则有

$$-RT\frac{\mathrm{d}N}{L} = N\mathrm{d}x \cdot \frac{4}{3}\pi r^3 \cdot (\rho_{粒子} - \rho_{介质})g$$

对上式进行移项积分得

$$\ln\frac{N_2}{N_1} = -\frac{4}{3}\pi r^3(\rho_{粒子} - \rho_{介质})g\frac{L}{RT}(x_2 - x_1)$$

或

$$\frac{N_2}{N_1} = \exp\left[-\frac{4}{3}\pi r^3(\rho_{粒子} - \rho_{介质})g\frac{L}{RT}(x_2 - x_1)\right]$$

上式即为粒子的高度分布公式。它与气体随高度分布的公式完全相同，这也表明气体分子的热运动与胶体粒子的布朗运动在本质上是相同的。

若外加力场很大，或粒子本身较大，粒子的布朗运动会变得非常微弱，粒子的扩散力不足以克服重力的影响，从而会以一定的速度沉降下来。以半径为 r 的球形粒子在重力场中的沉降为例，粒子受重力的作用而下降，在下降的过程中又受到分散介质的阻力(或摩擦力)，当所受重力与阻力大小相等时，粒子以恒定速率下降。沉降时粒子受到的重力为

$$F_{重力} = \frac{4}{3}\pi r^3 \cdot (\rho_{粒子} - \rho_{介质})g$$

所受的阻力为

$$F_{阻力} = f\frac{\mathrm{d}x}{\mathrm{d}t} = 6\pi\eta r\frac{\mathrm{d}x}{\mathrm{d}t}$$

式中，η 为介质的黏度系数；$\frac{\mathrm{d}x}{\mathrm{d}t}$ 为沉降速率。

当粒子以恒定速率沉降时，其 $F_{重力} = F_{阻力}$，则有

$$\frac{4}{3}\pi r^3 \cdot (\rho_{粒子} - \rho_{介质})g = 6\pi\eta r \frac{dx}{dt}$$

$$r = \left[\frac{9\eta\left(\frac{dx}{dt}\right)}{2(\rho_{粒子} - \rho_{介质})g}\right] \tag{9-4}$$

式(9-4)就是球形质点在介质中的沉降公式。根据式(9-4),若已知密度和黏度,则可以从测定的粒子沉降速率$\frac{dx}{dt}$来计算粒子的半径r;反之,若已知粒子的半径,则可以从测定一定时间内下降的距离来计算溶液的黏度η。落球式黏度计就是根据这个原理而设计的。或已知粒子的半径和黏度η,计算下降一定距离所需要的时间,如悬浮在水中的金粒子下降1 cm所需的时间(计算值)见表9-3。

表9-3 悬浮在水中的金粒子下降1 cm所需的时间

粒子半径	时　间
10 μm	2.5 s
1 μm	4.2 min
100 nm	7.0 h
10 nm	29 d
1.5 nm	3.5 a

胶体分散系统由于分散相的粒子很小,在重力场中沉降的速率极为缓慢,以致实际上无法测定沉降速率。若将其置于很大的外加力场中,则可以加速胶粒的沉降。例如,利用超速离心机让粒子在相当于地心引力10^6倍的超离心力作用下达到加速沉降的目的。对于超离心力场,当沉降达到平衡时,扩散力和超离心力相等,只是方向相反,即

$$ART\frac{dN}{L} = NA\,dx \cdot \frac{4}{3}\pi r^3 \cdot (\rho_{粒子} - \rho_{介质})\bar{\omega}^{-2}x$$

式中,$\bar{\omega}$为超离心机旋转的角速度;x为从旋转轴到溶胶中某一截面的距离。整理上式并积分得

$$RT\ln\left(\frac{N_2}{N_1}\right) = \frac{4}{3}\pi r^3(\rho_{粒子} - \rho_{介质})\bar{\omega}^{-2}\frac{L}{2}(x_2^2 - x_1^2)$$

因为$\frac{4}{3}\pi r^3\rho_{粒子}L = mL = M$,所以得

$$2RT\ln\left(\frac{c_2}{c_1}\right) = M\left(1 - \frac{\rho_{介质}}{\rho_{粒子}}\right)\bar{\omega}^{-2}(x_2^2 - x_1^2)$$

$$M = \frac{2RT\ln\left(\frac{c_2}{c_1}\right)}{\left(1 - \frac{\rho_{介质}}{\rho_{粒子}}\right)\bar{\omega}^2(x_2^2 - x_1^2)}$$

式中,M为溶胶胶团的摩尔质量或大分子物质的摩尔质量。利用在超离心力场中的沉降平衡可以测定许多蛋白质的摩尔质量。

9.3.3 溶胶的电学性质

早在1809年俄国科学家卢斯(Рейсс)就发现,在一块湿黏土上插入两只玻璃管,用洗净的细砂覆盖两管的底部,加水使两管的水面高度相等,管内各插入一个电极,接上直流电源(图9-7),经过一段时间后发现:在正极管中,黏土微粒透过细砂层逐渐上升,使水变浑浊,而水层却慢慢下降。与此同时,在负极管中,水不浑浊,但水面逐渐升高。这个实验充分说明,黏土颗粒带负电,在外电场作用下,向正极移动。后来发现任何溶胶中的胶粒都有这样的现象:带负电的胶粒向正极移动,带正电的胶粒向负极移动,这种现象称为电泳(electrophoresis)。在卢斯实验中,水在外加电场作用下,通过黏土颗粒间的毛细通道向负极移动的现象称为电渗(electroosmosis)。大量实验证明,当液体通过其他多孔性物质(如素瓷片、凝胶甚至棉花等)时均有电渗现象产生。

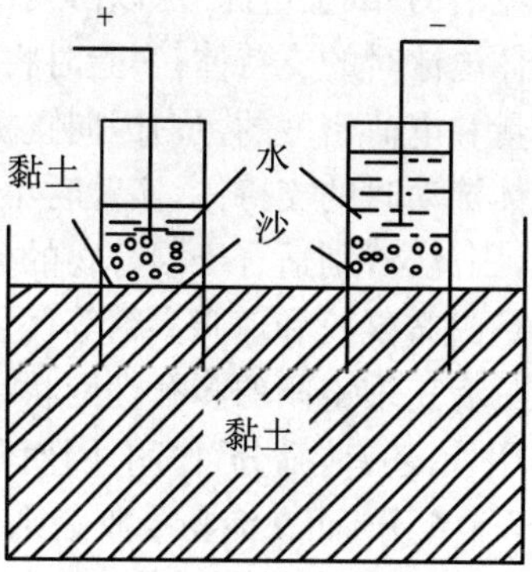

图9-7 卢斯实验

电泳和电渗都是在外加直流电场作用于胶体系统所引起的电动现象。与这些现象相反,若加压迫使液体流过毛细管或多孔性物质,则在多孔塞两端会产生电势差,这种现象称为流动电势(streaming potential)。若使分散相粒子在分散介质中迅速沉降,则在沉降后的两端会产生电势差,这种现象称为沉降电势(sedimentation potential)。

9.3.3.1 电动现象

1. 电泳

在外加电场作用下,胶体粒子在分散介质中做定向移动的现象称为电泳。电泳现象说明溶胶粒子是带电的。图9-8所示的是测定电泳速度的最简单装置。在U形管的两个支管上标有刻度(长度刻度),分散系统通过球形漏斗和测管注入U形管的底部,仔细控制注入量,使页面恰与活塞的上口持平,关闭活塞。在活塞上部注入水或其他辅助溶液,两管液面高度应彼此持平。将电极插入辅助液中,接通电源,开始观察分散系统与辅助液间界面的移动方向和相对速度,以确定分散系统中质点所带电荷的性质和电动电势。有色溶胶可直接观察溶胶的界面移动,无色溶胶可在仪器的侧面用光照射,使之产生丁达尔效应以判定胶粒的移动方向。实验证明,在外电场作用下,胶体粒子的迁移率为$(2\sim4)\times10^{-8}\ m^2\cdot s^{-1}\cdot V^{-1}$,与普通离子的迁移率相近,而溶胶粒子的质量约为一般离子的1 000倍,可见胶体粒子所带电荷的数量也应该是一般离子所带电荷的1 000倍左右。

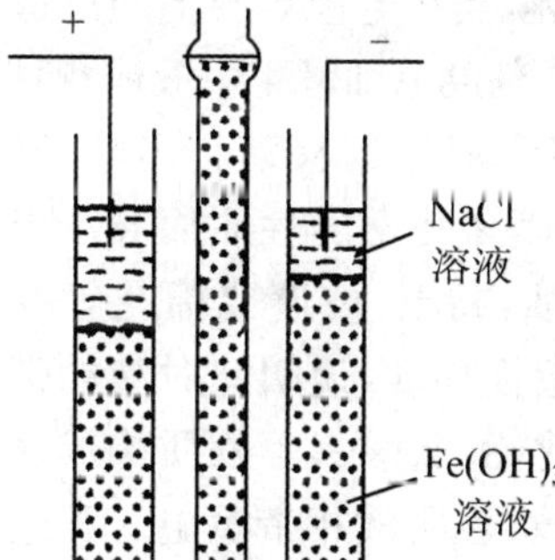

图9-8 电泳实验装置

实验还证明,电泳现象受到溶胶系统中所加入的电解质影响,随着外加电解质浓度的增大,电泳速度会降低甚至变为零,外加电解质还能改变胶体粒子的带电性质。此外影响电泳的因素还有:带电粒子的大小和形状、粒子表面的电荷数目、溶剂中电解质的种类、离子强度、pH、温度以及所加电压等。对于两性电解质如蛋白质，在其等电点处，粒子在外加电场中不移动，不发生电泳现象，而在等电点前后粒子向相反的方向移动。

电泳的应用相当广泛，如石油工业中原油乳状液体系的油水分离，陶瓷工业中高岭土的精炼以及金属表面的电泳涂漆等。生物化学中常用电泳来分离各种氨基酸和蛋白质等，医学上利用血清的"纸上电泳"可以协助诊断患者是否有肝硬化。所谓纸上电泳就是用惰性的滤纸作为胶体电泳时的支持体，实验时将血清样品点在湿的滤纸条上，通电后血清中具有不同相对分子质量和电荷密度的蛋白因向正极泳动速度不同而被分离出来。纸上电泳是用惰性的滤纸作为胶体泳动时的支持体，实验时不仅样品用量少(微量)，而且可避免一般电泳时扩散和对流的干扰，因此，特别适合于混合物的分离和组分含量的测定。近年来已用醋酸纤维膜、淀粉凝胶、聚丙烯酰胺凝胶和琼脂多糖等代替滤纸，以提高分辨能力。特别是利用凝胶作为支持体，由于凝胶具有三维空间的多孔性网状结构，所以混合物中因分子大小和形状不同被分离时除有"电泳"作用外，还有"筛分"作用，因而具有很高的分辨能力。例如，血清在纸上电泳时一般能分辨出6～7个组分，而在淀粉凝胶上则可分离出20～30个组分。目前"凝胶电泳"在医学和生物化学中被广泛应用。例如，临床上用醋酸纤维薄膜代替纸上电泳，不仅对蛋白质的吸附作用小，而且能消除纸上电泳中的"拖尾"现象，染色后背景清晰，分离速度快，对那些病理情况下的微量异常蛋白等物质亦可检测。此外，自20世纪80年代以来以毛细管为分离通道、以高压直流电场为驱动力的高效毛细管电泳得到了迅速发展。毛细管电泳分离技术是电泳与色谱分离技术的统一，因而具有高效、快速、微量、多模式化和自动化等显著特点，已在蛋白质分离、糖分析、手性分离、DNA测序和单细胞分析等方面得到广泛应用。

2. 电渗

在外加电场作用下，分散介质通过多孔膜而移动，即固相不动而液相移动，这种现象称为电渗。用图9-9所示的仪器可以直接观察到电渗现象。图中3为多孔塞(起作用相当于多孔膜)，1、2中盛液体，当在电极5、6上施以适当的外加电压时，从刻度毛细管4中液体弯月面的移动可以观察到液体的移动。实验表明，液体移动的方向因多孔塞的性质而异。当以水为介质，用滤纸、黏土、玻璃或棉花等构成多孔塞时，水向负极移动，说明此时液相带正电荷；而当用氧化铝、碳酸钡等物质构成多孔塞时，水流向正极，表明液相带负电。和电泳作用一样，外加电解质等对电渗速度的影响很大，随着电解质浓度的增加，电渗速度将减小，甚至会改变液体流动的方向。

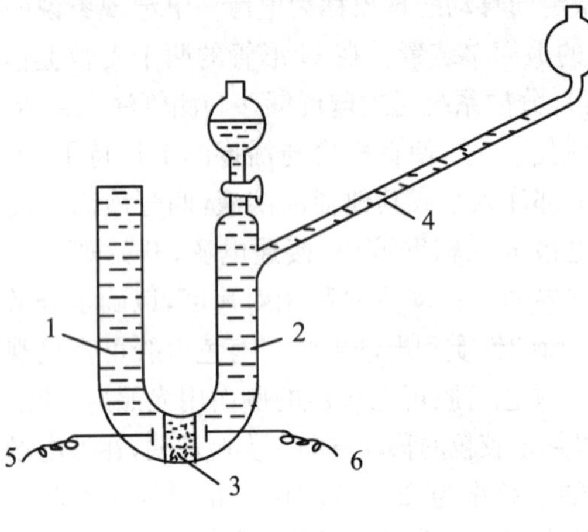

图9-9 电渗管

1,2-盛液管；3-多孔塞；4-毛细管；5,6-电极

电渗作用在科学研究中应用很多，而在生产中应用较少，工业上电渗可用于多孔材料(如黏土等)的脱水、干燥等。

3. 流动电势

在外力作用下，迫使液体通过多孔膜或毛细管定向流动，在多孔膜的两端所产生的电势差，称为流动电势(图9-10)。它可以看成是电渗过程的逆过程。毛细管的表面是带电的，如果外力迫使液体流动,由于扩散层的移动,即液体将双电层的扩散层中的离子带走,因而与固体表面产生电势差,从而产生流动电势。输油管道常因油品流动而产生流动电势,高压下易产生火花。由于此类液体易燃而造成事故,故应采取相应的防护措施,如将油管接地或加入油溶性电解质,增加介质的电导,减小流动电势。运油槽车的下面安装有接地的导电带也是由于这个原因。

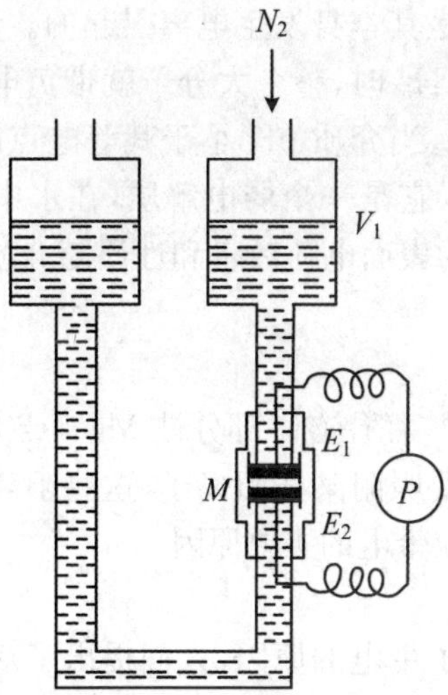

图 9-10 流动电势测量装置示意图

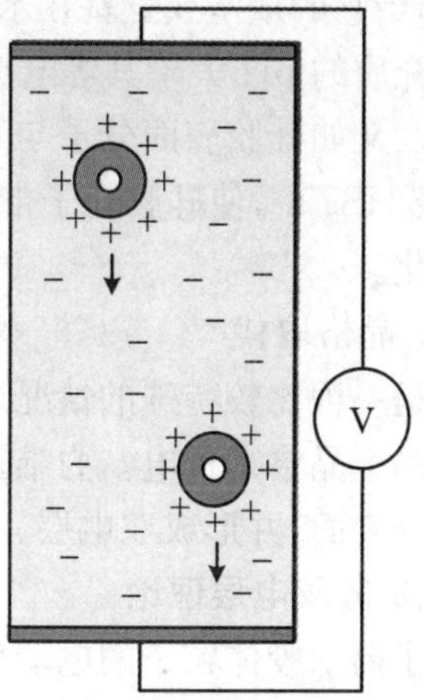

图 9-11 沉降电势示意图

4. 沉降电势

在外力作用下,分散相粒子在分散介质中迅速沉降,在液体介质的表面层与其内层之间会产生电势差,称为沉降电势(图 9-11)。它与电泳过程相反,是由粒子移动产生的电势差,所以沉降电势是电泳的逆过程,电泳是带电粒子在电场作用下作定向移动,是因电而动,而沉降电势是在胶粒沉降时产生的电势,是因胶粒移动而产生电。储油罐中的油经常含有水,由于油的电导率很小,水滴的沉降容易形成很高的沉降电势,甚至达到危险的程度,常采用的解决方法是加入有机电解质,以增大介质的电导。

上述的电泳、电渗以及流动电势、沉降电势等四种电动现象均说明,溶胶粒子和分散介质带有不同性质的电荷。那么溶胶粒子带电的原因是什么?溶胶粒子周围的分散介质中反离子(与胶粒所带电荷符号相反的离子)是如何分布的?电解质是如何影响电动现象的?要弄清楚这些问题,还必须进一步了解扩散双电层理论。

9.3.3.2 扩散双电层理论

1. 胶粒表面电荷的来源

在固—液界面处,固体表面上与其附近的液体内通常会分别带有电性相反、电荷量相同的两层离子,从而形成双电层。在固体表面的带电离子称为定位离子,在固体表面附着的液体中,存在与定位离子电荷相反的离子称为反离子。电动现象的存在说明了胶体质点在液体中是带电的。胶粒表面电荷的来源大致有以下三个方面。

(1) 吸附

胶体粒子有很大的表面,可以通过吸附来降低表面吉布斯自由能,提高溶胶的稳定性。实验表明凡是与溶胶粒子中某一组成相同的离子则优先被吸附。在没有与溶胶粒子组成相同的离子存在时，溶胶粒子一般先吸附水化能力较弱的阴离子，而使水化能力较强的阳离子留在溶液中，这个规则通常称为法扬斯(Fajans)规则。根据这个规则，用 $AgNO_3$ 和 KBr 反应制备 AgBr 溶胶时，若 $AgNO_3$ 过量，则所得胶粒表面由于吸附了过量的 Ag^+ 而带正电荷，若 KBr 过量，则胶粒由于吸附过量的 Br^- 而带负电荷。

(2) 电离

若胶体粒子本身在水中能够电离，则胶粒带电主要是其本身发生电离引起的。例如，蛋白质分子，当它的羧基或氨基在水中电离成—COO^- 或—NH_3^+ 时，整个大分子就带负电荷或正电荷。当介质的 pH 大于其等电点时，蛋白质荷负电；反之，当介质 pH 小于其等电点时，蛋白质荷正电。又如硅胶表面分子与水分子作用生成 H_2SiO_3，它是一个弱电解质，在水中电离生成 SiO_3^{2-} 或 $HSiO_3^-$，使硅胶粒子带负电荷。这类溶胶粒子的表面电荷数量和性质随介质的 pH 变化而变化。

(3) 晶格取代

这是一种比较特殊的情况。例如，黏土晶格中的 Al^{3+} 往往有一部分被 Mg^{2+} 或 Ca^{2+} 取代，从而使黏土晶格带负电。为维持电中性，黏土表面必然要吸附某些阳离子，这些阳离子又因水化而离开表面，并形成双电层。晶格取代是造成黏土颗粒带电的主要原因。

2. 扩散双电层理论

为了揭示胶体粒子的电动现象的本质，解释胶体粒子带电的原因，人们提出了双电层的概念，并从理论上不断完善扩散双电层的模型。下面简单介绍几种具有代表性的双电层模型。

(1) 亥姆霍兹模型

1879 年亥姆霍茨首先提出在固、液两相之间的界面上形成双电层的概念。他认为带电质点的表面电荷(即固体的表面电荷)与带相反电荷的离子(称为反离子)构成平行的两层，称为双电层(electric double layer)，其距离约等于离子半径，正、负电荷分布的情况就如同平行板电容器那样，故称为平板电容器模型(图 9-12)。固体表面与液体内部的电势差称为质点的表面电势 φ_0(即热力学电势)，在双电层内部 φ_0 呈直线下降。在电场作用下，带电质点和溶液中的反离子分别向相反的方向运动，产生电动现象。

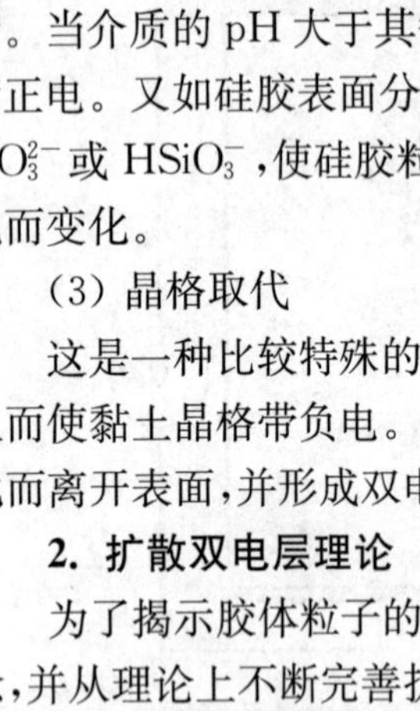

图 9-12 亥姆霍兹模型

平板电容器模型虽然似乎也能解释一些电动现象，对早期电动现象的研究起了一定的作用，但比较简单，其关键问题是忽略了离子的热运动。因此，它不能解释带电质点的表面电势 φ_0 与质点运动时固液两相发生相对移动时边界处于液体内部的电势差——ζ 电势(又称为电动电势)的区别；也不能解释电解质对 ζ 电势的影响。

(2) 古依-查普曼模型

平板电容器模型最大的问题是认为反离子平行地束缚在相邻质点表面的液相中。1910 年前后，古依(Gouy)和查普曼(Chapman)修正了亥姆霍兹模型，提出了扩散双电层模型(图 9-13)。他们认为由于静电引力作用和热运动两种效应的结果，在溶液中与固体表面离子电荷相反的离子只有一部分紧密地排列在固体表面上，另一部分离子与固体表面的距离则可以从紧密层一直分散到本体溶液中。因此，双电层实际上包括了紧密层和扩散层两个部分。扩散层中的离子分布可用布尔兹曼分布公式表示。当在电场作用下，固液之间发生电动现象时，相对移动的滑动面应在双电层内距表面某一距离处。相对运动边界处与溶液本体之间的电势差即为 ζ 电势。可见 ζ 电势与表面电势

φ_0 是不同的，ζ 电势只是表面电势 φ_0 的一部分。随着电解质浓度的增加，或电解质价型增加，双电层厚度减小，ζ 电势也减小。显然 ζ 电势的大小取决于滑动面内反离子浓度的大小。进入滑动面内的反离子越多，ζ 电势越小，反之则越大。

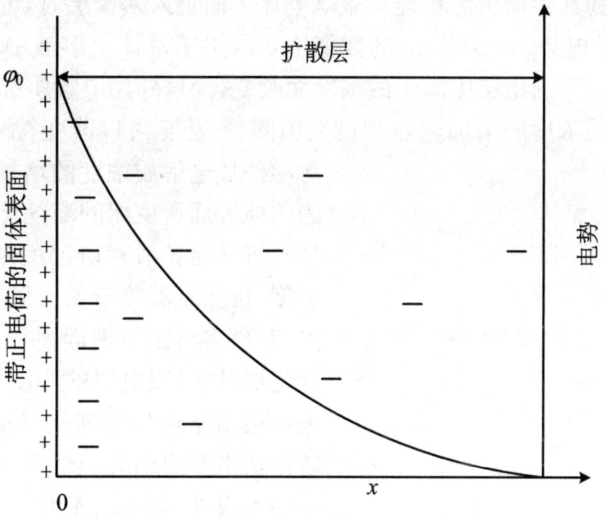

图 9-13 古依-查普曼模型

古依-查普曼的扩散双电层理论正确地反映了反离子在扩散层中分布的情况及相应电势的变化，解释了电动现象，区分了热力学电势与 ζ 电势，并能解释电解质对 ζ 电势的影响。但是它把离子视为点电荷，没有考虑到反离子的吸附，也没有考虑离子的溶剂化，因而未能反映出在质点表面上固定层的存在，对 ζ 电势并未赋予更明确的物理意义，不能解释为什么 ζ 电势可以变号，有时甚至高于热力学电势的问题。

(3) 斯特恩模型

1924 年斯特恩(Stern)对古依-查普曼的扩散双电层理论进行了修正，并提出了一种更加接近实际的双电层模型(图 9-14)。他认为离子是有一定大小的，而且离子与质点表面除了静电引力作用外，还有范德瓦尔斯引力。古依-查普曼的扩散双电层可以分为两层，一层为紧靠粒子表面的紧密层(亦称斯特恩层或吸附层)，其厚度 δ 由被吸附离子的大小决定，为 1～2 个分子层厚，紧密吸附在固体表面上，这种吸附称为特性吸附。在紧密层中，反离子的电性中心构成了所谓的斯特恩面。在斯特恩面内电势变化与亥姆霍兹平板模型相似，电势呈直线下降，由表面的 φ_0 直线下降到斯特恩面的 φ_ζ。由于离子的溶剂化作用，紧密层结合了一定数量的溶剂分子，在电场作用下，它和固

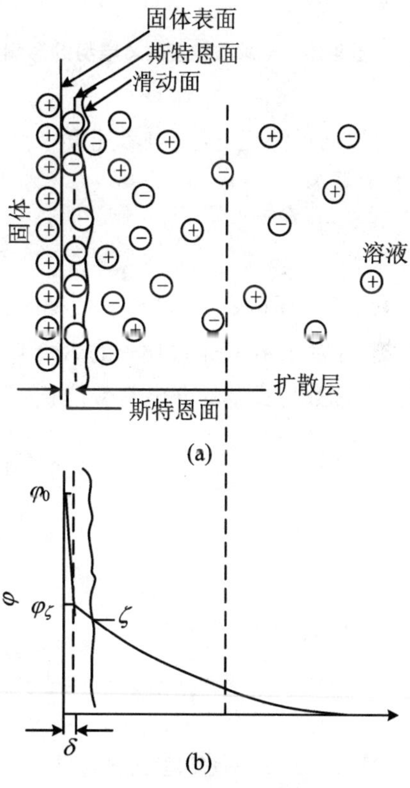

图 9-14 斯特恩模型

体质点作为一个整体一起移动。因此，切动面的位置略比斯特恩层靠内，ζ 电势也相应略低于 φ_δ（如果离子浓度不太高，则可以认为两者是相等的，一般不会引起很大的误差）。当某些高价反离子或大的反离子由于具有较高的吸附能而大量进入紧密层时，则可能使反号。φ_δ 若同号大离子因强烈的范德瓦尔斯引力可能克服静电斥力而进入紧密层时，可使 φ_δ 电势高于 φ_0。

ζ 电势与热力学电势 φ_0 不同，φ_0 的数值主要取决于总体上溶液中与固体成平衡的离子浓度。而 ζ 电势则随着溶剂化层中离子的浓度而改变，少量外加电解质都 ζ 电势的数值会有显著的影响。随着电解质浓度的增加，ζ 电势的数值降低，甚至可以改变符号。图 9-15 给出了 ζ 电势随外加电解质浓度的增加而变化的情形。图中 δ 为固体表面所束缚的溶剂化层的厚度。c_1 为没有外加电解质时扩散双电层的厚度，其大小与电解质的浓度、价数及温度有关。随着外加电解质浓度的增加，有更多与固体表面离子符号相反的离子进入溶剂化层，同时双电层的厚度变薄，ζ 电势降低。当双电层被压缩到与溶剂化层重叠时，ζ 电势可降到 0。若外加电解质中异电性离子的价数很高，或者其吸附能力很强，则在溶剂化层内可能吸附了过多的异电性离子，这样 ζ 电势就改变符号。

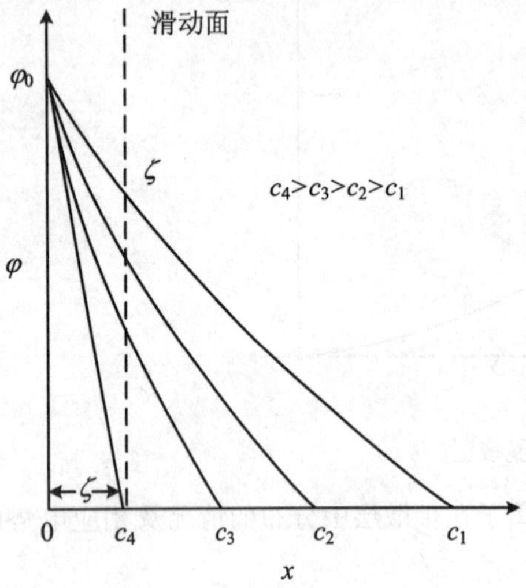

图 9-15　电解质浓度对 ζ 电势的影响

斯特恩模型给出了 ζ 电势明确的物理意义，很好地解释了溶胶的电动现象，并且可以定性地解释电解质浓度对溶胶稳定性的影响，使人们对双电层的结构有了更深入的认识。

溶胶粒子的 ζ 电势与电泳、电渗等现象直接相关，可以通过测定电泳、电渗速度来计算 ζ 电势的数值。溶胶粒子的电泳或电渗速度 u 与 ζ 电势的关系为

$$\zeta=\frac{K\pi\eta u}{\varepsilon_r E}\times 9\times 10^9$$

式中，η 为介质的黏度；E 为电位梯度；ε_r 为介质的相对介电常数；K 是与粒子形状有关的常数，球形粒子的 $K=6$，棒状粒子的 $K=4$。式中，各物理量均采用 SI 单位。相对介电常数 ε_r 为介质的介电常数与真空的介电常数之比，是量纲为 1 的量，而真空介电常数

$$\varepsilon_0=\frac{1}{4\pi\times 9\times 10^9}=8.85\times 10^{-12}(C^2\cdot N^{-1}\cdot m^{-2})$$

则

$$\zeta=\frac{\eta u}{\varepsilon_0\varepsilon_r E}\quad（棒状粒子）\tag{9-5}$$

$$\zeta=\frac{3\eta u}{2\varepsilon_0\varepsilon_r E}\quad（球形粒子）\tag{9-6}$$

9.3.3.3　胶团结构

因为胶粒的大小常在 1～100 nm 之间，故每一个胶粒必然是由许多分子或原子聚集而成

的。根据吸附及扩散双电层理论，可以想象出溶胶的胶团结构。由分子、原子或离子形成的固态颗粒，称为胶核。研究证明，胶核常具有晶体结构，它的表面很大，能够按照法扬斯规则可以从周围的介质中选择地吸附与其组成相同或相近的离子而使之带电。一旦胶核因吸附带电后，介质中的反离子一部分分布在滑动面以内，另一部分成扩散状态分布于介质之中。若分散介质为水，所有的反离子都应当是水化的。滑动面所包围的带电体称为胶体粒子（简称胶粒）。整个扩散层及其所包围的胶体粒子则构成电中性的胶团。

例如，用稀 $AgNO_3$ 溶液和 KI 溶液制备 AgI 溶胶时，由反应生成的 AgI 首先形成不溶性的胶核，若 $AgNO_3$ 过量，按法扬斯规则，胶核易从溶液中选择性地吸附 Ag^+ 而荷正电。留在溶液中的 NO_3^- 离子因受 Ag^+ 的吸引围绕在其周围，一部分紧紧地吸引于胶核近旁，并与被吸附的 Ag^+ 一起组成所谓“吸附层”，而另一部分 NO_3^- 则扩散到较远的介质中形成所谓“扩散层”。胶核与吸附层组成“胶粒”，而胶粒与扩散层中的反离子组成“胶团”。如图 9-16(a)所示，其胶团结构可以表示为

$$[(AgI)_m \cdot nAg^+ \cdot (n-x)NO_3^-]^{x+} \cdot xNO_3^-$$

若是 KI 过量，AgI 胶核表面将吸附 I^- 离子而荷负电，胶团结构为

$$[(AgI)_m \cdot nI^- \cdot (n-x)K^+]^{x-} \cdot xK^+$$

在同一溶胶中，每个固体微粒所含的分子个数 m 可以大小不等，其表面上所吸附的离子个数 n 也不尽相同。在滑动面两侧，过剩的反离子所带的电荷量应与固体微粒表面所带的电荷量大小相等而符号相反，即 $(n-x)+x=n$。KI 为稳定剂的 AgI 溶胶的胶团剖面图如图 9-16(b)所示。图中的小圆圈表示 AgI 微粒；AgI 微粒连同其表面上的 I^- 则为胶核；第二个圆圈表示滑动面；最外层的圆圈则表示扩散层的范围，即整个胶团的大小。

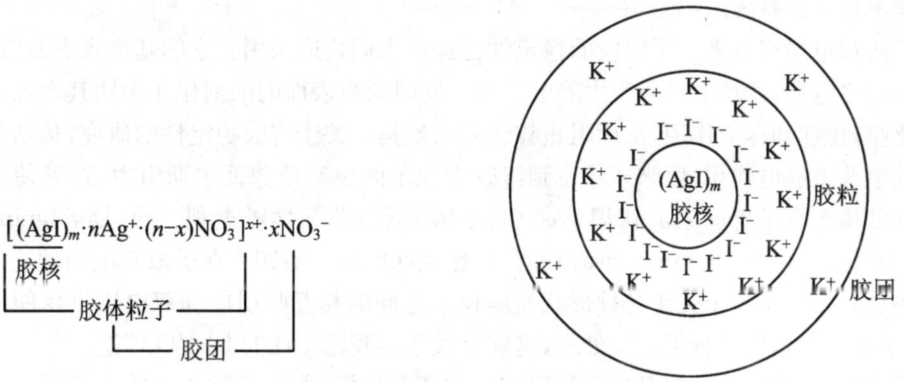

(a)　　(b)

图 9-16　AgI 胶团剖面图

再如 SiO_2 溶胶，当 SiO_2 微粒与水接触时，可生成弱酸 H_2SiO_3，它的电离产物 SiO_3^{2-} 不是全部扩散到溶液中去，而是部分固定在 SiO_2 微粒的表面上，形成带负电荷的胶核，H^+ 则成为反离子。SiO_2 溶胶的胶团结构可表示为

$$[(SiO_2)_m \cdot nSiO_3^{2-} \cdot (n-x)H^+]^{2x-} \cdot 2xH^+$$

黏土胶粒表面上的电荷主要由于晶格取代，因此，由晶格取代引起带电的高岭土的胶团结构可表示为

$$\{[(Al_{3.34}Mg_{0.66})(Si_8O_{20})(OH)_4]_m \cdot (0.66m-x)Na^+\}^{x-} \cdot xNa^+$$

9.4 溶胶的稳定和聚沉

9.4.1 溶胶的稳定性——DLVO 理论简介

溶胶的稳定性是一个具有理论意义与应用价值的课题，历来受到人们的重视。溶胶的稳定性是指其某种性质（如分散相浓度、颗粒大小、系统黏度和密度等）在一定程度的不变性。正是由于这些性质在"一定程度"内的变化不完全相同，就必然对稳定性有不同的理解，溶胶的稳定性包括热力学稳定性、动力学稳定性和聚集稳定性。从热力学稳定性来看，溶胶系统是多相分散系统，有着巨大的界面吉布斯自由能，故在热力学上是不稳定的。从动力学稳定性来看，溶胶系统是高度分散的系统，分散相颗粒粒径小，有强烈的布朗运动，能够克服重力作用而不下沉并保持均匀分散，因此，在动力学上是相对稳定的。从聚集稳定性来看，溶胶系统中含有一定数目的细小胶粒，由于某种原因团聚在一起形成一个大粒子并不再被拆散开，即分散度降低，这时系统的聚集稳定性差；反之，若系统中的细小胶粒长时间不团聚，则系统的聚集稳定性高。稳定的溶胶必须同时具备不易聚沉的稳定性和动力学稳定性。但其中以聚集稳定性更为重要，因为布朗运动固然使溶胶具有动力学稳定性，但也促使粒子之间不断地相互碰撞，如果粒子一旦失去抗聚沉的稳定性，则互碰后就会引起聚集，其结果是粒子增大，布朗运动速度降低，最终也会成为动力学不稳定的系统。

从扩散双电层观点来说明溶胶的稳定性已经被人们普遍采用。它的基本观点是胶粒带电，具有一定的 ζ 电势，使粒子之间产生静电斥力。同时胶粒表面的溶剂化作用使其表面具有弹性的溶剂化膜，也起到斥力作用，从而阻止粒子间的聚集。关于溶胶稳定性的研究，最初只注意到质点上的电荷及静电作用，后来才注意到溶胶中粒子间也有范德瓦尔斯引力，这就使人们对溶胶稳定性的概念有了更深入的认识。20 世纪 40 年代，苏联学者杰利亚金（Derjaguin）和朗道（Landau）以及荷兰学者维韦（Verway）和奥弗比克（Overbeek）四人在扩散双电层理论模型的基础上分别独立提出了一个关于各种形状胶体粒子之间的相互吸引能和双电层排斥能的计算方法，并对溶胶的稳定性进行了定量处理，这就是关于溶胶稳定性的 DLVO 理论。

该理论认为，溶胶在一定条件下是稳定存在还是聚沉，取决于粒子间的相互吸引力和静电斥力。若斥力大于引力则溶胶稳定；反之，则溶胶不稳定。

9.4.1.1 胶粒间的相互吸引

胶粒间的相互吸引在本质上是粒子间的范德瓦尔斯引力。但胶粒是许多分子的聚集体，胶粒间的引力是胶粒中所有分子的引力的总和。一般分子间的引力与分子间距离的 6 次方成反比，而胶粒间的引力与胶粒间的距离的 3 次方成反比，这说明胶粒间有"远距离"的范德瓦尔斯引力，即在比较远的距离时胶粒间仍有一定的引力。

对于大小相同的两个球形粒子之间的相互引力

$$E_A = -\frac{Aa}{12H}$$

式中,a 为球形粒子的半径;H 是两球形粒子间的最短距离;A 称为哈马克(Hamaker)常数,与粒子的性质(如单位体积内的原子数、极化率等)有关,是物质的特征常数,在$10^{-20}\sim10^{-19}$ J之间。式中,负号是因为引力势能规定为负值。

对于两个彼此平行的平板粒子,其引力势能 E_A 为

$$E_A=-\frac{Aa}{12\pi D^2}$$

式中,D 为两极板之间的距离。以上两式均表明,粒子间的引力势能 E_A 随粒子间的距离增大而降低。

以上两式是两个粒子在真空中的引力势能。对于分散在介质中的粒子,A 需要用有效的哈马克常数 A_{121} 代替。对于同一种物质的两个粒子

$$A_{121}=(A_{11}^{1/2}-A_{22}^{1/2})^2$$

式中,A_{11} 和 A_{22} 分别表示粒子和介质本身的哈马克常数。值得注意的是,由于 A 总是为正值,所以 A_{121} 也是正值,这表明介质的存在是粒子彼此间的引力减弱,且介质的性质与分散相质点的性质越接近,粒子间的引力越弱,越有利于溶胶的稳定。

9.4.1.2 胶粒间的相互排斥

根据扩散双电层模型,溶胶中的胶粒是带电的,其四周为离子氛(ionic atmosphere)所包围,如图 9-17(a)所示。图 9-17(a)中胶粒带正电,外圆圈表示正电荷的作用范围。由于离子氛中的反离子的屏蔽作用,胶粒所带电荷的作用不可能超出扩散层离子氛的范围,即图中外圆圈以外的地方不受胶粒电荷的影响。因此,当两个胶粒趋近而离子氛尚未接触时,胶粒间并无排斥作用。当胶粒相互接近到离子氛发生重叠时,如图 9-17(b)所示,处于重叠区域中的离子浓度显然较大,破坏了原来电荷分布的对称性,引起了离子氛中电荷的重新分布,即粒子从浓度较大的重叠区域向未重叠区域扩散,使带正电的胶粒受到斥力而相互脱离。这种斥力是胶粒间距离的指数函数。

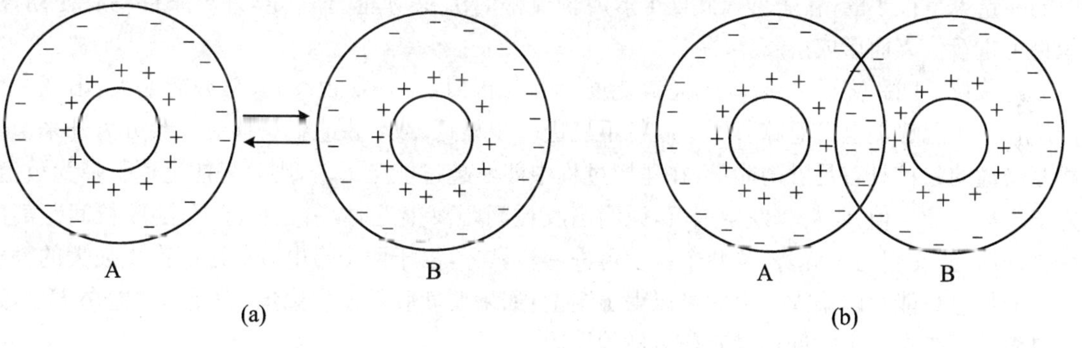

图 9-17 离子氛示意图

对于大小相同的球形粒子,其斥力势能 E_R 为

$$E_R=\frac{64\pi a n_0 kT\nu_0^2}{K^2}\exp(-KH)$$

式中,a 为球形胶粒的半径;K 是常数,其倒数为双电层厚度;H 为两个球形胶粒间的最短距离;ν_0 是与斯特恩面的 φ_δ 有关的物理量。

对于两个平行的等同板状粒子,其斥力势能 E_R 为

$$E_R = \frac{64 n_0 k T \nu_0^2}{K} \exp(-KD)$$

式中，D 为两极板之间的距离。

9.4.1.3 胶粒间的总相互作用能

胶粒间的总相互作用势能 E_T 是斥力势能 E_R 和引力势能 E_A 的加和，即 $E_T = E_R + E_A$，E_R 和 E_A 的相对大小决定了溶胶的稳定性。当 $E_R > |E_A|$ 时，$E_T > 0$，溶胶处于稳定状态；反之 $E_T > 0$，胶粒会因相互吸引而聚集。

图 9-18 给出了胶粒间总势能 E_T、引力势能 E_A 和斥力势能 E_R 随粒子间距离变化的势能曲线。x 表示粒子间的距离，虚线 E_A 和 E_R 分别为引力势能曲线和斥力势能曲线，实线为总势能曲线。由图可见，当胶粒相互靠近时，引力势能增大，因为引力势能是负值，故系统能量降低。斥力势能随粒子间距离减小而增大，系统能量升高。胶粒间相互作用总势能 E_T 与粒子间距离的关系曲线为引力势能与距离的曲线和斥力势能与距离的曲线的叠加。从总势能与粒子间距离的关系曲线可以看出，当两个胶粒相距较远时，离子氛尚未重叠，粒子间“远距离”的引力在起作用，即引力占优势，曲线在横轴以下，总势能为负值；随着胶粒间距离靠近，离子氛重叠，斥力开始起作用，总势能逐渐上升，因此在总势能变化曲线上出现第二最小值，并非所有溶胶皆可出现第二最小值，若粒子的粒径小于 10 nm，即使出现第二最小值，所对应的能量也是很小的，粒子落入此处可形成较疏松的沉积物，但不稳定，外界条件稍有变动，沉积物可重新分离而形成溶胶。

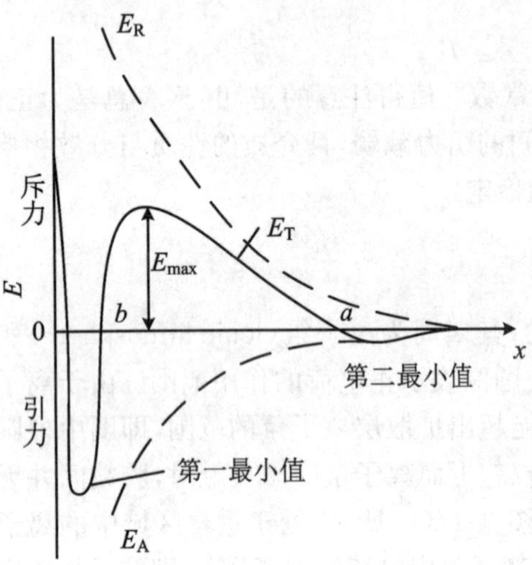

图 9-18 斥力势能、引力势能和总势能的变化关系曲线

随着粒子间距离进一步减小，总势能逐渐变为正值，至一定距离处，总势能最大，出现一个能垒 E_{max}。总势能上升意味着两个胶粒不能进一步靠近，或者说它们碰撞后又会分离开来。若相互碰撞的胶粒具有足够的能量，在碰撞过程中能够越过能垒 E_{max}，则总势能迅速下降为负值，并出现第一最小值，胶粒将发生聚沉，说明当胶粒间距离很近时，引力势能 E_A 随胶粒间距离的变小而激增，使引力占优势，若两个粒子再进一步靠近，由于两个带电胶核之间产生强大的静电斥力而使总势能急剧增大。由此可以得出结论：如果要使胶粒发生聚集，必须通过能垒 E_{max}，这就是溶胶系统在一定时间内具有稳定性的原因。

9.4.1.4 外加电解质对势能曲线的影响

从引力势能和斥力势能的表达式可以看出，外加电解质对溶胶粒子间的引力没有什么影响。但外加电解质可以使扩散层厚度减小，斯特恩面的 φ_ξ 降低，导致系统的斥力势能降低，在引力势能不变的情况下，系统总势能降低，总势能曲线上的能垒降低，当外加电解质浓度达到某一数值时，其势能曲线上的最高点恰好为零，即能垒消失（图 9-19），系统就由稳定状态转变为临界聚沉状态，胶粒将很容易产生聚集而沉淀。此时所用的外加电解质的浓度是使溶胶发生聚沉所需的最低浓度,称为该溶胶的聚沉值。

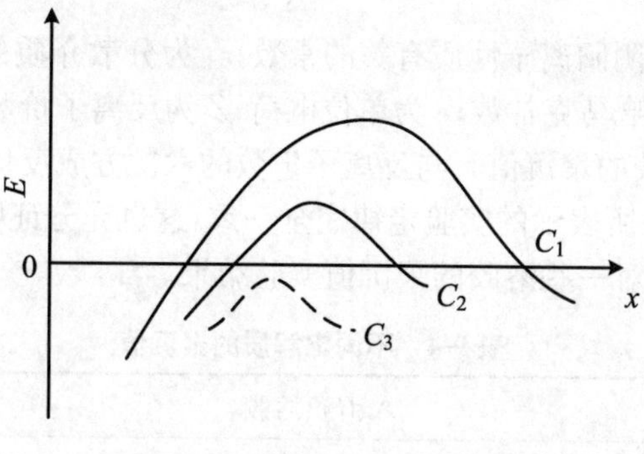

图 9-19 外加电解质浓度对胶体粒子势能的影响

研究溶胶稳定性问题的另一个需要考虑的因素是溶剂化层的影响。胶粒表面因吸附某种离子而带电,且这种离子及其反离子都是溶剂化的,这样在胶粒周围就好像形成了一个溶剂化膜(水化膜)。实验表明,水化膜中的水分子是比较定向排列的,当胶粒彼此接近时,水化膜就被挤压变形,而引起定向排列的引力力图恢复水化膜中水分子原来的定向排列,这样就使水化膜表现出一定的弹性,称为胶粒彼此接近时的机械阻力。另外水化膜中的水较之系统中的"自由水"还有较高的黏度,这也成为胶粒相互接近时的机械障碍。所以胶粒外面的水化膜客观上起了排斥作用,促使溶胶稳定。

综上所述,分散相粒子的带电、溶剂化作用和布朗运动是溶胶能够稳定存在的三个重要原因。因此,中和分散相粒子所带的电荷,降低溶剂化作用,都能够促使溶胶聚沉。

9.4.2 溶胶的聚沉

溶胶的稳定是有条件的,一旦稳定条件被破坏,溶胶中的粒子就合并(聚集)、长大,最后从介质中沉淀出来,这种现象称为溶胶的聚沉(coagulation)。影响溶胶聚沉的因素很多,如加入电解质、加热、辐射、溶胶系统的相互作用等均可影响溶胶的聚沉。

9.4.2.1 电解质对溶胶聚沉作用的影响

适量的电解质对溶胶起到稳定作用。但是如果电解质加入过多,尤其是含高价反离子的电解质的加入,往往会使溶胶发生聚沉。这是因为在溶胶中加入电解质时,电解质中与扩散层反离子电荷符号相同的那些离子将把反离子挤入(排斥)到吸附层,从而减小胶粒的带电量,使 ζ 电势降低,E_R减小,故溶胶易于聚沉。当电解质浓度达到某一数值时,扩散层中的反离子被全部挤入吸附层内,胶粒处于等电状态,ζ 电势为零,胶粒的稳定性最低。如果加入的电解质过量,特别是一些高价离子,则不仅扩散层反离子全部进入吸附层,而且一部分电解质离子也因被胶粒强烈吸引而进入吸附层,这时胶粒又带电,但电性与原来的相反,这种现象称为"再带电",显然再带电的结果使 ζ 电势反号。

电解质对溶胶稳定性的影响不仅取决于其浓度,还与离子价态有关。在浓度相同时,离子价态越高,聚沉能力越大,电解质的聚沉值越小。所谓聚沉值是指能引起溶胶发生明显聚沉所需外加电解质的最小浓度。由 DLVO 理论可以导出电解质对溶胶的聚沉值 c_e和反离子价态 Z 之间的关系为

$$c_e = K\frac{\varepsilon_r^3\ (k_B T)^5}{A^2 e^6 Z^6} \tag{9-7}$$

式(9-7)中,K 为与电解质阴阳离子性质有关的常数;ε_r 为分散介质的介电常数;k_B 为玻尔兹曼常数;T 为绝对温度;A 为哈马克常数;e 为单位电荷;Z 为反离子价数。由式(9-7)可知,当其他条件相同时,电解质对溶胶的聚沉值 c_e 与反离子价数的六次方成反比,这个规律与舒尔茨-哈迪规则(Schulze-Hardy rule)所表示的实验定律完全一致,这也充分证明了 DLVO 理论的正确性。表 9-4 给出了不同电解质对一些溶胶的聚沉值实验结果。

表 9-4 不同电解质的聚沉值 (单位:$mmol\cdot dm^{-3}$)

As_2S_3(负溶胶)		AgI(负溶胶)		Al_2O_3(正溶胶)	
LiCl	58	$LiNO_3$	165	NaCl	43.5
NaCl	51	$NaNO_3$	140	KCl	46
KCl	49.5	KNO_3	136	KNO_3	60
KNO_3	50	$RbNO_3$	126		
KAc	110	$AgNO_3$	0.01		
$CaCl_2$	0.65	$Ca(NO_3)_2$	2.40	K_2SO_4	0.30
$MgCl_2$	0.72	$Mg(NO_3)_2$	2.60	$K_2Cr_2O_7$	0.63
$MgSO_4$	0.81	$Pb(NO_3)_2$	2.43	$K_2C_2O_4$	0.69
$AlCl_3$	0.093	$Al(NO_3)_3$	0.067	$K_2[Fe(CN)_6]$	0.08
$Al_2(SO_4)_3$	0.048	$La(NO_3)_3$	0.069		
$Al(NO_3)_3$	0.095	$Ce(NO_3)_3$	0.069		

根据以上实验结果,可以总结出如下一些规律。

1. 聚沉能力主要取决于与胶粒带相反电荷的离子价数

对于给定的溶胶,异电性离子为一、二、三价的电解质,其聚沉值的比例大约为 100∶1.6∶0.14,亦即为$\left(\frac{1}{1}\right)^6:\left(\frac{1}{2}\right)^6:\left(\frac{1}{3}\right)^6$。结果表明聚沉值与异电性离子价数的六次方成反比,这就是舒尔茨—哈迪规则。因此,对于负溶胶,外加电解质中阳离子价数越高,其聚沉能力越强,聚沉值越低;对于正溶胶,外加电解质中阴离子价数越高,其聚沉能力越强,聚沉值越低。应当指出的是若离子在溶胶粒子表面发生强烈吸附或发生化学反应时,舒尔茨—哈迪规则不能适用。

2. 价数相同的离子聚沉能力也有所不同

对于价数相同的阳离子,由于阳离子的水化能力很强,而且离子半径越小,水化能力越强,故水化层越厚,被吸附的能力越弱,使其进入斯特恩层的数量减少,而使聚沉能力减弱;对于价数相同的阴离子,由于阴离子的水化能力很弱,故阴离子的半径越小,吸附能力越强,聚沉能力越强。根据上述规则,一价阳离子对负溶胶的聚沉能力大小次序为

$$H^+ > Cs^+ > Rb^+ > NH_4^+ > K^+ > Na^+ > Li^+$$

一价阴离子对正溶胶的聚沉能力排列顺序为

$$F^- > IO_3^- > H_2PO_4^- > BrO_3^- > Cl^- > ClO_3^- > Br^- > NO_3^- > I^- > SCN^-$$

这种将带有相同电荷的离子按聚沉能力大小排列的顺序,称为感胶离子序。对于高价离

子，价数的影响是主要的，离子半径大小的影响不明显。应该注意的是，感胶离子序是对无机离子而言的，对有机化合物离子，其聚沉能力比同价无机离子要强得多。

3. 电解质的聚沉作用是阴阳离子共同作用的结果

与胶粒带有相同电荷的同电性离子对溶胶的聚沉作用也有影响，有时甚至影响显著，通常情况下当反离子相同时，同电性离子的价数越高，电解质的聚沉能力越弱。

利用电解质使胶体聚沉的实例很多，在豆浆中加入卤水做豆腐就是一例。豆浆是荷负电的大豆蛋白胶体，卤水中含有 Ca^{2+}，Mg^{2+}，Na^+ 等离子，故能使荷负电的胶体聚沉。又如江海接界处，常有清水与浑水的分界面，这实际上是海水中的盐类对江河中荷负电的土壤胶体聚沉的结果，而小岛和沙洲正是土壤胶体聚沉后的产物。

9.4.2.2 溶胶的相互作用

将两种电性相反的溶胶相混合也能发生相互聚沉作用。溶胶相互聚沉与电解质促使溶胶聚沉的不同之处在于其对两种溶胶的用量比例要求严格。只有其中一种溶胶的总电荷量恰能中和另一种溶胶的总电荷量时才能发生完全聚沉，否则只能发生部分聚沉，甚至不聚沉。表 9-5 是氢氧化铁正溶胶（含 Fe_2O_3 为 3.04 $g \cdot dm^{-3}$）与硫化砷负溶胶（含 As_2S_3 为 2.07 $g \cdot dm^{-3}$）按不同比例相互混合时所观察到的情况。

表 9-5 溶胶的相互聚沉作用

混合量(mL)		现 象	混合后粒子所带电性
Fe_2O_3	As_2S_3		
9	1	无变化	正
8	2	放置一段时间后微显浑浊	正
7	3	立即浑浊发生沉淀	正
5	5	立即沉淀但不完全	正
3	7	几乎完全沉淀	零
2	8	立即沉淀但不完全	负
1	9	立即沉淀但不完全	负
0.2	9.8	只出现浑浊但无沉淀	负

溶胶的相互聚沉作用在土壤学中具有重要意义，一般土壤中存在的胶体物质带有正电性的 Fe_2O_3，Al_2O_3 等和负电性的硅酸、腐殖质等，它们之间的相互聚沉有利于土壤团粒结果的形成。利用明矾净水也是溶胶相互聚沉作用的例子，明矾[$KAl(SO_4)_2 \cdot 12H_2O$]水解生成的 $Al(OH)_3$ 正溶胶与泥水中的 SiO_2 负溶胶相互作用，带异电性的两种胶粒靠静电相互吸引，并中和电量，最后变成大颗粒沉淀下来，从而达到净水的目的。两种不同型号的墨水混合会出现沉淀等也是溶胶相互聚沉的实例。

9.4.3 高分子化合物对溶胶的敏化和保护作用

高分子化合物对溶胶稳定性的影响也具有两重性。一方面若在溶胶中加入一定量的某种高分子化合物溶液，可以显著提高溶胶的稳定性，使再加入少量电解质时不会聚沉，这种作用称为高分子化合物对溶胶的保护作用。这是由于高分子化合物较多时，被吸附的亲液高分子化合物包围住胶粒，使其对介质的亲和能力增强；同时由于高分子化合物吸附层有一定的厚度，胶体粒子在接近时的相互吸引力被大大削弱；高分子化合物的增稠作用也使胶粒间相互碰撞的机会减少，这些都提高了溶胶的稳定性。

另一方面在溶胶中加入少量高分子化合物，有时能明显地破坏溶胶的稳定性，或使电解质的聚沉值显著降低，这种现象称为高分子化合物的敏化作用(sensitization)；或者是高分子化合物直接导致溶胶聚沉，称为絮凝作用(flocculation)，絮凝作用所得沉淀称为絮凝物，促使溶胶发生絮凝的高分子化合物称为絮凝剂(flocculant)。为了说明高分子化合物对溶胶的絮凝作用，莱姆(LaMer)提出了“架桥效应”的概念，认为由于高分子化合物数量少时，无法将胶体颗粒的表面完全覆盖，高分子化合物吸附于溶胶粒子的表面，通过架桥方式将两个或更多的胶粒连在一起，由于大分子的“痉挛”作用，将固体粒子聚集在一起而产生沉淀，直接导致絮凝。

高分子化合物的絮凝作用已经广泛应用于各种工业部门的污水处理和净化，化工操作中的分离和沉淀以及有用矿泥的回收等。与无机聚沉剂相比，高分子化合物的絮凝过程有很多优点，如效率高，一般只需要加入质量分数约为 10^{-6} 的絮凝剂即可有明显的絮凝作用；絮凝物沉淀迅速，通常可在数分钟内完成，并且沉淀物块大而疏松，便于过滤；此外在合适的条件下还可以有选择性絮凝，这对有用矿泥的回收特别有利。

目前市场上出售的絮凝剂最多的是聚丙烯酰胺类，各种牌号标志着它的不同水解度和摩尔质量，适应各种不同的实际需要。这类絮凝剂约占各种絮凝剂总量的 70%。其他絮凝剂有聚氧乙烯、聚乙烯醇、聚乙二醇、聚丙烯酸钠以及动物胶、蛋白质等。

本章小结

1. 分散体系的分类及其特征

溶胶(分散相粒子大小在 1～100 nm)，高分散性、多相性、聚结不稳定性。

2. 溶胶的制备与净化

分散法、凝聚法。

净化：去掉多余的电解质和杂质。

3. 溶胶的光学、动力和电性质

(1) 溶胶的光学性质

$$I=\frac{9\pi^2V^2C}{2\lambda^4R^2}\left(\frac{n^2-n_0^2}{n^2+2n_0^2}\right)(1+\cos^2\theta)I_0$$

$$I=K\cdot\frac{V^2C}{\lambda^4}$$

(2) 动力学性质

$$\bar{x}=\left(\frac{RT}{L}\cdot\frac{t}{3\pi\eta r}\right)^{\frac{1}{2}}$$

$$r=\left[\frac{9\eta\left(\frac{dx}{dt}\right)}{2(\rho_{粒子}-\rho_{介质})g}\right]$$

(3) 电学性质

$$\zeta=\frac{\eta u}{\varepsilon_0\varepsilon_r E}(棒状粒子)$$

$$\zeta=\frac{3\eta u}{2\varepsilon_0\varepsilon_r E}(球形粒子)$$

(4) 胶团结构

$[(AgI)_m\cdot nAg^+\cdot(n-x)NO_3^-]^{x+}\cdot xNO_3^-$；$[(AgI)_m\cdot nI^-\cdot(n-x)K^+]^{x-}\cdot xK^+$。

4. 溶胶的稳定和聚沉

$$c_e=K\frac{\varepsilon_r^3(k_BT)^5}{A^2e^6Z^6}$$

本 章 练 习

一、选择题

1. 丁达尔效应是光射到胶体粒子上所产生的(　　)现象所引起的。

A. 透射　B. 衍射　C. 散射　D. 折射

2. 当分散相粒子具有晶体结构时,用凝聚法制备胶体需掌握的条件是(　　)。

A. 结晶的溶解度大,溶液的过饱和度小

B. 结晶的溶解度小,溶液的过饱和度大

C. 结晶的溶解度大,溶液的过饱和度大

D. 结晶的溶解度小,溶液适度过饱和

3. 为观察个别胶体粒子的大小和形状,须借助于(　　)。

A. 普通显微镜　B. 超显微镜

C. 丁达尔效应　D. 电子显微镜

4. 下列各性质中不属于胶体粒子的动力学性质的是(　　)。

A. 布朗运动　B. 扩散

C. 电泳　D. 沉降平衡

5. 在分析化学上,有两种利用光学性质测定胶体溶液浓度的仪器,一是比色计,另一个是比浊计,分别观察的是胶体溶液的(　　)。

A. 透射光、折射光　B. 散射光、透射光

C. 透射光、反射光　D. 透射光、散射光

二、填空题

1. 胶体分散系统的粒子尺寸为________之间，属于胶体分散系统的有________、________和________。

2. 溶胶的电学性质有：由于外加电场作用而产生的________和________；由于在外加压力或自身重力作用下流动或沉降而产生的________和________。

3. 丁达尔效应是由光的________作用引起的，其强度与入射光的________次方成反比，粒子的半径________入射光波长时可观察到丁达尔效应。

4. 以等体积的 0.08 $mmol \cdot dm^{-3}$ 的 KBr 和 0.10 $mmol \cdot dm^{-3}$ 的 $AgNO_3$ 溶液混合制备 AgBr 溶胶，则该溶胶的胶团结构为________，在 $CaCl_2$，$MgSO_4$，Na_2SO_4 和 $NaNO_3$ 中对该溶胶聚沉能力最强的是________，聚沉值最大的是________。

三、简答题

1. 什么是胶体分散体系？

2. 把人工培育的珍珠长期收藏在干燥箱内为什么会失去原有的光泽？能否再恢复？

3. 为什么日出与日落时太阳均呈红色？

4. 什么是 ξ 电势？如何确定 ξ 电势的正、负号？当无外加电场时，ξ 电势是否一定为零？反之，若 ξ 电势为零，外加电场是否也必然为零？

5. 在两个充满 0.001 $mol \cdot dm^{-3}$ KCl 的溶液的容器之间是一个 AgCl 多孔塞，塞中细孔充满溶液，在两个容器中插入电极通以直流电，试问溶液将向何方移动？当替以 0.1 $mol \cdot dm^{-3}$ 的 KCl 时，加以相同的电压，溶液的流动是加快还是减慢？如果以 $AgNO_3$ 来代替 KCl，则溶液又将如何流动？

6. 试解释下列现象：

(1) 在江海的交界处易形成小岛和沙洲；

(2) 加明矾会使混浊的泥水澄清；

(3) 在适量明胶存在下，加电解质不会使溶胶聚沉。

四、判断题

1. 溶胶是均相系统，在热力学上是稳定的。 (　　)

2. 溶胶粒子因带有同种电荷而相互排斥，因而在一定时间内能稳定存在。 (　　)

3. 利用超显微镜可以直接看到胶体粒子的大小和形状。 (　　)

4. 同号离子对溶胶的聚沉起主要作用。 (　　)

5. 电解质对溶胶的聚沉值与反离子价数的六次方成反比。 (　　)

6. 电解质对溶胶的聚沉值定义与聚沉能力的定义属于同一定义。 (　　)

7. 用电渗析法净化新制备的溶胶时，渗析时间越长所得溶胶越稳定。 (　　)

8. 将大分子溶液加入到溶胶中对溶胶既可以产生保护作用，也可能产生絮凝作用。 (　　)

五、计算题

1. 已知金溶胶中含 $Au_{(s)}$ 微粒的质量体积浓度 $\rho_{Au}=1.00\ kg\cdot m^{-3}$，金原子的半径 $r_1=1.46\times10^{-10}\ m$，纯金的密度 $\rho=19.3\times10^3\ kg\cdot m^{-3}$。假设每个金微粒皆为球形，其半径 $r_2=1.00\times10^{-8}\ m$。试求：

(1) 每立方分米溶胶中含有多少金胶粒；

(2) 每立方分米溶胶中胶粒的总表面积；

(3) 每个胶粒含有多少金原子。

2. 某一溶胶的浓度为 0.2 $mg\cdot dm^{-3}$，分散相密度为 $2.2\times10^3\ g\cdot dm^{-3}$，在超显微镜下，视野中能看到直径 0.04 mm，深度 0.03 mm 的一个小体积，数出此小体积中含有 8.5 个胶体粒子，求粒子半径。

3. 某胶粒的平均直径为 4.2×10^{-9} m，设其黏度为 $\eta=10^{-3}\ Pa\cdot s$，试计算：

(1) 298 K 时胶粒的扩散系数；

(2) 在 1 s 内由于布朗运动，粒子沿 X 轴方向的平均位移。

4. 有一 20 ℃ 的汞溶胶，在某高度及比此高出 0.1 mm 处每毫升中分别含胶粒 386 个及 193 个，已知 $\rho_{Hg}=13.6\times10^3\ kg\cdot m^{-3}$，$\rho_{H_2O}=1\times10^3\ kg\cdot m^{-3}$，粒子为球形，求其平均直径。

5. 若 PM2.5 微粒和空气密度分别按 2.96 $kg\cdot m^{-3}$ 和 1.23 $kg\cdot m^{-3}$、空气黏度 $17.9\times10^{-6}\ Pa\cdot s$。请估算 PM2.5 在大气中下降 5 cm 所需的时间。

6. 已知二氧化硅溶胶形成过程中存在下列反应：

$$SiO_2+H_2O\longrightarrow H_2SiO_3\longrightarrow SiO_3^{2-}+3H^+$$

试写出胶团结构式(标明胶核、胶粒及胶团)，指出二氧化硅溶胶的电泳方向。

7. 由电泳实验测得 Sb_2S_3 溶胶(设为球行粒子)，在电压 210 V 下(两极相距 38.5 cm)，通过电流的时间为 36 min 12 s，引起溶液界面向正极移动 3.20 cm，该溶胶分散介质的介电常数 $\varepsilon_r=81.1$，黏度系数 $\eta=1.03\times10^{-3}\ Pa\cdot s$，试求该溶胶的 ξ 电势。已知相对介电常数 ε_r，介电常数 ε 及真空介电常数 ε_0 间有如下关系：$\varepsilon=4\pi\varepsilon_r\cdot\varepsilon_0$，$\varepsilon_0=8.854\times10^{-12}\ F\cdot m^{-1}$。

8. 某一胶态铋在 20 ℃时的电动电位为 0.016 V，求它在电位梯度等于 1 $V\cdot m^{-1}$时的电泳速度，已知水的相对介电常数 $\varepsilon_r=81$，$\varepsilon_0=8.854\times10^{-12}\ F\cdot m^{-1}$，$\eta=0.0011\ Pa\cdot s$。

9. 已知水和玻璃界面的电势为 0.050 V，试问 25 ℃时，在直径为 1 mm，长为 1 m 的毛细管两端加 40 V 电压，水通过该毛细管的电渗流量是多少？已知水的黏度系数 $\eta=0.001\ Pa\cdot s$，相对介电常数 $\varepsilon_r=80$。

10. 在 3 个烧瓶中分别盛有 0.020 dm^3 的 $Fe(OH)_3$溶胶，分别加入 NaCl，Na_2SO_4，Na_3PO_4 溶液使溶胶聚沉，最少需加入 1.00 $mol\cdot dm^{-3}$的 NaCl 0.021 dm^3、$5.0\times10^{-3}\ mol\cdot dm^{-3}$的 Na_2SO_4 0.125 dm^3 及 $3.333\times10^{-3}\ mol\cdot dm^{-3}$ Na_3PO_4。试计算各种电解质的聚沉值、聚沉能力之比，并指出胶体粒子的带电符号。

模拟试卷(期末)

______学年度第______学期期末考试试卷

______专业(本)______级《物理化学》(下)(时间 120 分钟)

题号	一	二	三	四	五	六	七	八	总分
分值	20	10	10	10	10	40			100
得分									

一、选择题(每小题 1 分,共 20 分)

1. 基元反应 $H+Cl_2 \longrightarrow HCl + Cl$ 反应分子数为(　　)。

A. 1　　B. 2　　C. 3　　D. 不确定

2. 某反应的的速率常数 $k=4.62\times10^{-2}\ \text{min}^{-1}$,其初始浓度为 $0.1\ \text{mol}\cdot\text{dm}^{-3}$,则该反应的半衰期 $t_{1/2}$ 为(　　)。

A. $\dfrac{1}{6.93\times10^{-2}\times0.1^2}$　　B. 15

C. 30　　D. $\dfrac{1}{4.62\times10^{2}\times0.1}$

3. 下列关于催化剂特征的描述中,不正确的是(　　)。

A. 催化剂只能改变反应达到平衡的时间,对已达到平衡的反应无影响

B. 催化剂不影响平衡常数

C. 催化剂在反应前后自身的化学性质和物理性质均无变化

D. 催化剂不能实现热力学上不能发生的反应

4. 对于一个化学反应,(　　)反应速率越快。

A. ΔG 越负　　B. ΔH 越负　　C. 活化能越大　　D. 活化能越小

5. 人类脑电波的发射速率也服从阿累尼乌斯方程,能量(相当于活化能)为 $50.208\ \text{kJ}\cdot\text{mol}^{-1}$,当人体温度由 37 ℃升至 39 ℃,发射速率增加了(　　)。

A. 0.33 倍　　B. 0.13 倍　　C. 1.13 倍　　D. 1.33 倍

6. 反应速率常数随温度变化的阿累尼乌斯经验公式适用于(　　)。

A. 基元反应　　B. 基元反应和大部分非基元反应

C. 对行反应　　D. 所有化学反应

7. 298 K 时,当 H_2SO_4 溶液的浓度从 $0.01\ \text{mol}\cdot\text{kg}^{-1}$ 增加到 $0.1\ \text{mol}\cdot\text{kg}^{-1}$ 时,其电导率 κ 和摩尔电导率 Λ_m 将(　　)。

A. κ减小,Λ_m 增加　　B. κ增加,Λ_m 增加

C. κ减小,Λ_m 减小　　D. κ增加,Λ_m 减小

8. 质量摩尔浓度为 m 的 $FeCl_3$ 溶液(设其能完全电离),平均活度系数为 $\gamma_\pm$,则 $FeCl_3$ 的活度 α 为(　　)。

A. $\gamma_\pm^4\left(\frac{m}{m^\ominus}\right)$　　B. $4\gamma_\pm^4\left(\frac{m}{m^\ominus}\right)^4$　　C. $4\gamma_\pm\left(\frac{m}{m^\ominus}\right)$　　D. $27\gamma_\pm^4\left(\frac{m}{m^\ominus}\right)^4$

9. 298 K 时,已知 $\varphi^\ominus_{Fe^{3+}/Fe^{2+}}=0.771\ V$,$\varphi^\ominus_{Sn^{4+}/Sn^{2+}}=0.150\ V$,则反应 $2Fe^{3+}+Sn^{2+}=\!=\!=2Fe^{2+}+Sn^{4+}$(所有活度均为 1)的 $\Delta_rG_m^\ominus$ 为(　　)$kJ\cdot mol^{-1}$。

A. −268.7　　B. −177.8　　C. −119.9　　D. 119.9

10. 下列对铁表面防腐方法中属于"电化学保护"的是(　　)。

A. 表面喷漆　　B. 电镀

C. Fe 件上嵌 Zn 块　　D. 加缓蚀剂

11. 以石墨为阳极,电解 $0.01\ mol\cdot kg^{-1}$ NaCl 溶液,在阳极上首先析出(　　)(已知 $\varphi^\ominus_{Cl^-|Cl_2|Pt}=1.36\ V$,$\eta_{Cl_2}=0$,$\varphi^\ominus_{H_2O|O_2|Pt}=1.229\ V$,$\eta_{O_2}=0.8\ V$)。

A. $Cl_{2(g)}$　　B. $O_{2(g)}$

C. $Cl_{2(g)}$ 和 $O_{2(g)}$ 混合气　　D. 无气体析出

12. 在吸附过程中,以下热力学量的变化正确的是(　　)。

A. $\Delta G<0,\Delta H<0,\Delta S<0$　　B. $\Delta G>0,\Delta H>0,\Delta S>0$

C. $\Delta G<0,\Delta H>0,\Delta S>0$　　D. $\Delta G>0,\Delta H<0,\Delta S<0$

13. 同种液体相同温度下,弯曲液面的蒸气压与平液面的蒸气压的关系是(　　)。

A. $p_{平}>p_{毛细管中,凹}>p_{凸}$　　B. $p_{凸}>p_{毛细管中,凹}>p_{平}$

C. $p_{凸}>p_{平}>p_{毛细管中,凹}$　　D. $p_{凸}=p_{平}=p_{毛细管中,凹}$

14. 朗格缪尔等温吸附公式适用于(　　)。

A. 单分子层吸附　　B. 多分子层吸附

C. 吸附达到平衡　　D. 吸附分子间无相互作用力

15. 等温等压下,将一定质量的水由一个大球分散为许多小水滴时,以下的物理量中保持不变的有(　　)。

A. 系统的吉布斯自由能　　B. 表面张力

C. 液体的附加压力　　D. 饱和蒸气压

16. 微小晶体与普通晶体相比,以下说法中不正确的是(　　)。

A. 微小晶体的蒸气压较大　　B. 微小晶体的熔点较低

C. 微小晶体的溶解度较大　　D. 微小晶体的溶解度较小

17. 各种运动形式的配分函数中与压力有关的是(　　)。

A. 电子配分函数 q_e　　B. 转动配分函数 q_r

C. 振动配分函数 q_v　　D. 平动配分函数 q_t

18. 丁达尔效应是光射到胶体粒子上所产生的(　　)现象所引起的。

A. 透射　　B. 衍射　　C. 散射　　D. 折射

19. 为直接观察到个别胶体粒子的大小和形状,须借助于(　　)。

A. 普通显微镜　　B. 超显微镜

C. 丁达尔效应　　D. 电子显微镜

20. 下列各性质中不属于胶体粒子的动力学性质的是(　　)。

A. 布朗运动　　B. 扩散

C. 电泳　　D. 沉降平衡

二、填空题(每空 1 分,共 10 分)

1. 依据粒子是否能辨别将系统分为________系统和________系统。

2. 气体在固体表面发生等温吸附时,ΔS ________ 0(填“>”“=”或“<”)。

3. 溶胶的电学性质有:由于外加电场作用而产生的________和________;由于在外加压力或自身重力作用下流动或沉降而产生的________和________。

4. 电解时,两种主要的极化现象是______________________________。

5. 在一块铜板上,有一个锌制铆钉,在潮湿空气中放置后,________被腐蚀,________不被腐蚀。

三、判断题(每小题 1 分,共 10 分)

1. 双分子的简单反应一定是二级反应。　　(　　)

2. 平行反应 $A \xrightarrow{1} B$,$A \xrightarrow{2} C$,$E_1 > E_2$,为有利于 B 的生成,可降低温度。　　(　　)

3. 催化剂能改变反应历程,降低反应的活化能,但不能改变反应的 $\Delta_r G_m$。　　(　　)

4. 一个化学反应进行时,$\Delta_r G_m = -220.0\ \text{kJ} \cdot \text{mol}^{-1}$。如将该化学反应设计成电池,则需要环境对系统做功。　　(　　)

5. 盐桥的作用是导通电流和减小液体接界电势。　　(　　)

6. 金属锌中的杂质铁能加速锌的腐蚀,是因为杂质铁与金属锌易构成微电池。　　(　　)

7. 液体在毛细管中上升的高度与重力加速度基本无关。　　(　　)

8. 最概然分布就是平衡分布。　　(　　)

9. 溶胶是均相系统,在热力学上是稳定的。　　(　　)

10. 电解质对溶胶的聚沉值与反离子价数的六次方成反比。　　(　　)

四、简答题(每小题 5 分,共计 10 分)

1. 硅胶干燥剂干燥样品的原理是什么?

2. 为什么最重要的交通信号均设置为红色?

五、证明题(共 10 分)

反应 $2NO + O_2 \longrightarrow 2NO_2$ 的反应机理如下:

$$NO + NO \underset{k_{-1}}{\overset{k_1}{\rightleftharpoons}} N_2O_2\text{(快)}$$

$$N_2O_2 + O_2 \overset{k_2}{\rightleftharpoons} 2NO_2\text{(慢)}$$

要求:(1) 试用平衡浓度法证明$\frac{d[NO_2]}{dt}=k[NO]^2[O_2]$;

(2) 证明该反应的表观活化能与各步基元反应活化能间的关系为$E=E_1+E_2-E_{-1}$。

六、计算题(每题10分,共40分)

1. 已知某药品在保存过程中会逐渐分解($A \longrightarrow$产物),若分解超30%药品即告失效。实验测得该药品分解速率常数k与T的关系为

$$\ln k=-\frac{8\,916}{T}+20.14(k\text{ 的单位是 }h^{-1})$$

求:

(1) 药品在298 K下保存的有效期;

(2) 若欲使其有效期在3年以上,应在什么温度下保存?

2. 在新房装修时,常使用天然大理石和花岗岩石料作为地面和台面材料。但实验表明,天然石料,特别是花岗岩中会释放出一定浓度的放射性气体氡,而吸入氡会提高肺癌的发病率。环境卫生标准规定,空气中氡气安全浓度应$\leqslant 7\times10^{-11}$。氡气是放射性镭的衰变产物之一。镭的半衰期为1 620年,氡的半衰期为3.82天。

(1) 现有一个容积30 m^3,室温20 ℃的房间,Rn初始浓度为20×10^{-11}。若欲使该房间的氡达标,这个房间须放置多长时间才能入住?

(2) 假如这个房间内放有一块花岗石板,内含10^{-6} kg的镭,问生活在此房间的人是否会长期受到伤害?

3. 有人设计了以$Zn|Zn^{2+}$和$H^+,H_2O|O_2(Pt)$为电极的"生物化学电池",把它埋在人体内作为某种心脏病人心脏起搏器的能源。它依靠人体体液中含有的一定浓度的溶解氧进行工作,在低功率下人体能适应电池工作时Zn^{2+}的增加和H^+的迁出。

(1) 请给出电池符号;

(2) 写出电池反应;

(3) 求出电池在标准状态的可逆电动势;

(4) 若把上述电池在0.8 V和40 μW下在人体内放电,试问5 g的Zn电极能用多长时间才能需要手术更换新电极?

4. 298 K时,电池$Ag—AgCl|HCl_{(m)}|Hg_2Cl_2—Hg$的$E=45.5$ mV,温度系数$\left(\frac{\partial E}{\partial T}\right)_p=0.338$ mV·K^{-1}。求当电池放电1 F时,电池反应的$\Delta_r G_m$,$\Delta_r H_m$和$\Delta_r S_m$。

附　　录

附录 1　一些重要的物理常数

表 F-1　一些重要的物理常数

真空中的光速	$c=2.997\,924\,58\times10^{8}$ m·s^{-1}
电子的电荷	$e=1.602\,177\,33\times10^{-19}$ C
原子质量单位	$u=1.660\,540\,2\times10^{-27}$ kg
质子静质量	$m_p=1.672\,623\,1\times10^{-27}$ kg
中子静质量	$m_n=1.674\,954\,3\times10^{-27}$ kg
电子静质量	$m_e=9.109\,389\,7\times10^{-31}$ kg
理想气体摩尔体积	$V_m=2.241\,410\times10^{-2}$ m^3·mol^{-1}
摩尔气体常数	$R=8.314\,510$ J·mol^{-1}·K^{-1}
阿伏伽德罗常数	$N_A=6.022\,136\,7\times10^{23}$ mol^{-1}
里德堡常数	$R_\infty=1.097\,373\,153\,4\times10^{7}$ m^{-1}
法拉第常数	$F=9.648\,530\,9\times10^{4}$ C·mol^{-1}
普朗克常数	$h=6.626\,075\,5\times10^{-34}$ J·s
玻尔兹曼常数	$k=1.380\,658\times10^{-23}$ J·K^{-1}

注：附录部分表格为便于阅读，对内容以表格线进行了细分。

附录 2　元素的相对原子质量

表 F-2　元素的相对原子质量表

元素		原子序数	相对原子质量	元素		原子序数	相对原子质量
符号	名称			符号	名称		
Ac	锕	89	227.027 8	Ge	锗	32	72.61(2)
Ag	银	47	107.863 2(2)	H	氢	32	72.61(2)
Al	铝	13	26.981 539(5)	He	氦	32	72.61(2)
Ar	氩	18	39.948(1)	Hf	铪	32	72.61(2)
As	砷	33	74.921 59(2)	Hg	汞	80	200.59(2)
Au	金	79	196.966 54(3)	Ho	钬	67	164.930 32(3)
B	硼	5	10.811(5)	I	碘	67	164.930 32(3)
Ba	钡	56	137.327(7)	In	铟	49	114.82(1)
Be	铍	4	9.0121 82(3)	Ir	铱	77	192.22(3)
Bi	铋	83	208.980 37(3)	K	钾	19	39.098 3(1)
Br	溴	35	79.904(1)	Kr	氪	36	83.80(1)
C	碳	6	12.011(1)	La	镧	57	138.905 5(2)
Ca	钙	20	40.078(4)	Li	锂	3	6.941(2)
Cd	镉	48	112.411(8)	Lu	镥	71	174.967(1)
Ce	铈	58	140.115(4)	Mg	镁	12	24.305 0(6)
Cl	氯	17	35.452 7(9)	Mn	锰	25	54.938 05(1)
Co	钴	27	58.933 20(1)	Mo	钼	42	95.94(1)
Cr	铬	24	51.996 1(6)	N	氮	7	14.006 74(7)
Cs	铯	55	132.905 43(5)	Na	钠	11	22.989 768(6)
Cu	铜	29	63.546(3)	Nb	铌	41	92.906 38(2)
Dy	镝	66	162.50(3)	Nd	钕	60	144.24(3)
Er	铒	68	167.26(3)	Ne	氖	10	20.179 7(6)
Eu	铕	63	151.965(9)	Ni	镍	28	58.693 4(2)
F	氟	9	18.998 403 2(9)	Np	镎	93	237.048 2
Fe	铁	26	55.847(3)	O	氧	8	15.999 4(3)
Ga	稼	31	69.723(1)	Os	锇	76	190.2(1)
Gd	钆	64	157.25(3)	P	磷	15	30.973 762(4)

续表

元素		原子序数	相对原子质量	元素		原子序数	相对原子质量
符号	名称			符号	名称		
Pa	镤	91	231.058 8(2)	Sr	锶	38	87.62(7)
Pb	铅	82	207.2(1)	Ta	钽	38	87.62(7)
Pd	钯	46	106.42(1)	Tb	铽	38	87.62(7)
Pr	镨	59	140.907 65(3)	Te	碲	38	87.62(7)
Pt	铂	78	195.08(3)	Th	钍	90	232.038 1(1)
Ra	镭	88	226.025 4	Ti	钛	22	47.88(3)
Rb	铷	37	85.467 8(3)	Tl	铊	22	47.88(3)
Re	铼	75	186.207(1)	Tm	铥	69	168.934 2(3)
Rh	铑	45	102.905 50(3)	U	铀	92	238.028 9(1)
Ru	钌	44	101.07(2)	V	钒	23	50.941 5(1)
S	硫	16	32.066(6)	W	钨	74	183.85(3)
Sb	锑	51	121.757(3)	Xe	氙	54	131.29(2)
Sc	钪	21	44.955 910(9)	Y	钇	39	88.905 85(2)
Se	硒	34	78.96(3)	Yb	镱	70	173.04(3)
Si	硅	14	28.085 5(3)	Zn	锌	30	65.39(2)
Sm	钐	62	150.36(3)	Zr	锆	40	91.224(2)
Sn	锡	50	118.710(7)				

附录 3　元素的离子半径、共价半径和金属半径

表 F-3　元素的离子半径、共价半径和金属半径(Å)

(a,s 表示单键,d 表示双建,t 表示三键)

元素	离子		原子	
	离子电荷	离子半径	共价半径	金属半径
Ac	+3	1.11	/	1.878
Ag	+1 +2	1.26 0.97	1.34	1.444
Al	+3	0.50	1.25	1.431
Am	+3 +4	0.99 0.89	/	1.84
Ar	+1	1.54	1.74	/
As	−3 +3 +5 −1	2.22 0.58 0.47 2.27	(s*) 1.21 (d) 1.11	1.248
At	+7	0.51	/	/
Au	+1 +2 +3	1.37 1.05 0.91	1.34	1.442
B	+1 +3	0.35 0.20	(s) 0.88 (d) 0.76 (t) 0.68	0.83
Ba	+1 +2	1.53 1.35	1.98	2.173
Be	−1 +2	1.95 0.31	0.89	(α) 1.113
Bi	−3 +1 +3 +5	2.13 0.98 0.96 0.74	1.52	1.547
Bk	+2 +3 +4	1.18 0.98 0.87	/	/

续表

元素	离子		原子	
	离子电荷	离子半径	共价半径	金属半径
Br	−1 +5 +7	1.96 0.47 0.39	（s）1.142 （d）1.04	/
C	−4 +4	2.60 0.15	（d）0.67 （t）0.60	/
Ca	+1 +2	1.18 0.99	1.74	（α）1.973 （β）1.939
Cd	+1 +2	1.14 0.97	1.41	1.489
Ce	+1 +3 +4	1.27 1.034 0.92	1.646	1.825
Cl	−1 +5	1.81 0.34	（s）0.99 （d）0.89	/
Cm	+7 +2 +3 +4	0.26 1.19 0.99 0.88	/	/
Co	+2 +3	0.74 0.63	1.16	1.253
Cr	+1 +2 +3 +4 +6	0.81 0.84 0.64 0.56 0.52	1.17	（α）1.249 （β）1.305
Cs	+1	1.69	2.35	2.654
Cu	+1 +2	0.96 0.72	1.17	1.278
Dy	+3	0.91	1.589	1.773
Er	+3	0.88	1.567	1.757
Eu	+2 +3	1.12 0.95	1.850	2.042

续表

元素	离子		原子	
	离子电荷	离子半径	共价半径	金属半径
F	−1 +7	1.36 0.07	(s) 0.64 (d) 0.54	0.717
Fe	+2 +3	0.76 0.64	1.165	(α) 1.241 (γ) 1.289 (δ) 1.27
Fr	+1	1.76	/	2.70
Ga	+1 +3	0.81 0.62	1.25	1.221
Gd	+3	0.94	1.614	1.802
Ge	−4 +2 +4	2.72 0.70 0.53	(s) 1.22 (d) 1.12	/
H	−1 +1	2.08 10^{-5}	0.371	/
He(g)	+1	0.93	/	/
Hf	+4	0.78	1.44	(α) 1.564
Hg	+1 +2	1.27 1.10	1.44	1.60
Ho	+3	0.89	1.580	1.766
I	−1 +5 +7	2.16 0.62 0.50	(s) 1.333 (d) 1.23	2.15
In	+1 +3	1.32 0.81	1.50	1.626
Ir	+2 +3 +4	0.89 0.75 0.64	1.26	1.357
K	+1	1.33	2.025	2.272
Kr(g)	+1	1.69	1.89	/
La	+1 +3	1.39 1.06	1.690	1.877

续表

元素	离子		原子	
	离子电荷	离子半径	共价半径	金属半径
Li	+1	0.68	1.23	1.52
Lu	+3	0.85	1.557	1.734
Md	+2	1.14	/	/
Mg	+1 +2	0.65 0.80	1.36	1.60
Mn	+2 +3 +4 +7	0.80 0.62 0.54 0.46	1.17	(α) 1.24 (γ) 1.366 (δ) 1.334
Mo	+1 +4 +6	0.93 0.66 0.62	1.29	1.362
N	−3 +1 +3 +5	1.71 0.25 0.13 0.11	(s) 0.70 (d) 0.60 (t) 0.55	[N_2 0.549]
NH_4^+	+1	1.43	/	/
Na	+1	0.95	1.57	1.537
$Ne_{(g)}$	+1	1.12	1.31	/
Ni	+2 +3	0.72 0.62	1.31	/
No	+2	1.13	/	/
Np	+3 +4 +5 +6	1.01 0.92 0.88 0.82	/	(α) 1.31 (γ) 1.38 (δ) 1.52
O	−2 −1 +1 +6	1.40 1.76 0.22 0.09	(s) 0.66 (d) 0.55 (t) 0.51	[O_2 60.3]
Os	+2 +3 +4 +6	0.89 0.81 0.65 0.60	1.26	1.34

续表

元素	离子		原子	
	离子电荷	离子半径	共价半径	金属半径
P	−3 +3 +5	2.12 0.42 0.34	(s) 1.10 (d) 1.00 (t) 0.93	黑 1.08 黄 0.93 红 1.15
Pa	+3 +4 +5	1.05 0.96 0.90	/	1.606
Pb	−4 +2 +4	2.15 1.20 0.84	1.54	1.750
Pd	+2 +4	0.86 0.64	1.28	1.376
Pm	+3	0.98	/	1.810
Po	−2 +4 +6	2.30 0.65 0.56	1.53	(α) 1.67 (β) 1.68
Pr	+3 +4	1.01 0.90	1.648	1.828
Pt	+2 +4	0.85 0.70	1.29	1.38
Pu	+3 +4 +5 +6	1.00 0.96 0.87 0.81	/	(γ) 1.51 (δ) 1.64 (ε) 1.58
Ra	+2	1.40	/	2.20
Rb	+1	1.48	2.16	2.475
Re	+4 +6 +7	0.72 0.61 0.60	1.28	1.370
Rh	+2 +3	0.86 0.75	1.25	1.345
Rn	/	/	2.14	/

续表

元素	离子		原子	
	离子电荷	离子半径	共价半径	金属半径
Ru	+3 +4 +8	0.77 0.63 0.54	1.24	1.325
S	−2 −1 +4 +6	1.84 2.19 0.37 0.29	(s) 1.04 (d) 0.94 (t) 0.87	[S_2 0.944] [S_8 1.04]
Sb	−3 +1 +3 +5	2.45 0.89 0.9 0.62	(s) 1.41 (d) 1.31	/
Sc	+3	0.81	1.44	1.606
Se	−2 −1 +1 +4 +6	1.98 2.32 0.66 0.69 0.42	(s) 1.17 (d) 1.07	/
Si	−4 −1 +1 +4	2.71 3.84 0.65 0.41	(t) 1.00	/
Sm	+2 +3	1.11	1.66	1.802
Sn	−4 −1 +2 +4	2.94 3.70 1.02 0.71	(s) 1.40 (d) 1.30	1.405
Sr	+2	1.13	1.92	(α) 2.151 (β) 2.16 (γ) 2.10
Ta	+5	0.70	1.34	1.43
Tb	+3 +4	0.92 0.84	1.592	1.782

续表

元素	离子		原子	
	离子电荷	离子半径	共价半径	金属半径
Tc	+2 +4 +7	0.95 0.72 0.58	(s)1.37	1.358 1.432
Te	−2 −1 +4 +6	2.21 2.50 0.81 0.56	(d)1.27	/
Th	+3 +4	1.08 0.99	/	(α)1.798 (β)1.78
Ti	+1 +2 +3 +4	0.96 0.90 0.77 0.68	1.32	(α)1.448 (β)1.432
Tl	+1 +3	1.44 0.95	1.55	(α)1.704 (β)1.681
Tm	+3 +4	0.87 0.94	1.562	1.746
U	+3 +4 +5 +6	0.88 0.74 0.60 0.59	1.22	1.321
W	+4 +6	0.68 0.65	1.30	1.370
Xe(g)	+1	1.90	2.09	2.18
Y	+3	0.93	1.62	1.81
Yb	+2 +3	1.13 0.86	1.699	1.940
Zn	+1 +2	0.88 0.74	1.25	1.332
Zr	+1 +4	1.09 0.79	1.45	1.60

附录 4 难溶化合物的溶度积常数

表 F-4 难溶化合物的溶度积常数

序号	分子式	K_{sp}	pK_{sp} ($-\lg K_{sp}$)	序号	分子式	K_{sp}	pK_{sp} ($-\lg K_{sp}$)
1	Ag_3AsO_4	1.0×10^{-22}	22.0	29	AuI_3	1.0×10^{-46}	46.0
2	AgBr	5.0×10^{-13}	12.3	30	$Ba_3(AsO_4)_2$	8.0×10^{-51}	50.1
3	$AgBrO_3$	5.50×10^{-5}	4.26	31	$BaCO_3$	5.1×10^{-9}	8.29
4	AgCl	1.8×10^{-10}	9.75	32	BaC_2O_4	1.6×10^{-7}	6.79
5	AgCN	1.2×10^{-16}	15.92	33	$BaCrO_4$	1.2×10^{-10}	9.93
6	Ag_2CO_3	8.1×10^{-12}	11.09	34	$Ba_3(PO_4)_2$	3.4×10^{-23}	22.44
7	$Ag_2C_2O_4$	3.5×10^{-11}	10.46	35	$BaSO_4$	1.1×10^{-10}	9.96
8	$Ag_2Cr_2O_4$	1.2×10^{-12}	11.92	36	BaS_2O_3	1.6×10^{-5}	4.79
9	$Ag_2Cr_2O_7$	2.0×10^{-7}	6.70	37	$BaSeO_3$	2.7×10^{-7}	6.57
10	AgI	8.3×10^{-17}	16.08	38	$BaSeO_4$	3.5×10^{-8}	7.46
11	$AgIO_3$	3.1×10^{-8}	7.51	39	$Be(OH)_2$②	1.6×10^{-22}	21.8
12	AgOH	2.0×10^{-8}	7.71	40	$BiAsO_4$	4.4×10^{-10}	9.36
13	Ag_2MoO_4	2.8×10^{-12}	11.55	41	$Bi_2(C_2O_4)_3$	3.98×10^{-36}	35.4
14	Ag_3PO_4	1.4×10^{-16}	15.84	42	$Bi(OH)_3$	4.0×10^{-31}	30.4
15	Ag_2S	6.3×10^{-50}	49.2	43	$BiPO_4$	1.26×10^{-23}	22.9
16	AgSCN	1.0×10^{-12}	12.00	44	$CaCO_3$	2.8×10^{-9}	8.54
17	Ag_2SO_3	1.5×10^{-14}	13.82	45	$CaC_2O_4\cdot H_2O$	4.0×10^{-9}	8.4
18	Ag_2SO_4	1.4×10^{-5}	4.84	46	CaF_2	2.7×10^{-11}	10.57
19	Ag_2Se	2.0×10^{-64}	63.7	47	$CaMoO_4$	4.17×10^{-8}	7.38
20	Ag_2SeO_3	1.0×10^{-15}	15.00	48	$Ca(OH)_2$	5.5×10^{-6}	5.26
21	Ag_2SeO_4	5.7×10^{-8}	7.25	49	$Ca_3(PO_4)_2$	2.0×10^{-29}	28.70
22	$AgVO_3$	5.0×10^{-7}	6.3	50	$CaSO_4$	3.16×10^{-7}	5.04
23	Ag_2WO_4	5.5×10^{-12}	11.26	51	$CaSiO_3$	2.5×10^{-8}	7.60
24	$Al(OH)_3$	4.57×10^{-33}	32.34	52	$CaWO_4$	8.7×10^{-9}	8.06
25	$AlPO_4$	6.3×10^{-19}	18.24	53	$CdCO_3$	5.2×10^{-12}	11.28
26	Al_2S_3	2.0×10^{-7}	6.7	54	$CdC_2O_4\cdot 3H_2O$	9.1×10^{-8}	7.04
27	$Au(OH)_3$	5.5×10^{-46}	45.26	55	$Cd_3(PO_4)_2$	2.5×10^{-33}	32.6
28	$AuCl_3$	3.2×10^{-25}	24.5	56	CdS	8.0×10^{-27}	26.1

续表

序号	分子式	K_{sp}	pK_{sp} $(-\lg K_{sp})$
57	$CdSe$	6.31×10^{-36}	35.2
58	$CdSeO_3$	1.3×10^{-9}	8.89
59	CeF_3	8.0×10^{-16}	15.1
60	$CePO_4$	1.0×10^{-23}	23.0
61	$Co_3(AsO_4)_2$	7.6×10^{-29}	28.12
62	$CoCO_3$	1.4×10^{-13}	12.84
63	CoC_2O_4	6.3×10^{-8}	7.2
64	$Co(OH)_2$(蓝)	6.31×10^{-15}	14.2
	$Co(OH)_2$（粉红，新沉淀）	1.58×10^{-15}	14.8
	$Co(OH)_2$（粉红，陈化）	2.00×10^{-16}	15.7
65	$CoHPO_4$	2.0×10^{-7}	6.7
66	$Co_3(PO_4)_3$	2.0×10^{-35}	34.7
67	$CrAsO_4$	7.7×10^{-21}	20.11
68	$Cr(OH)_3$	6.3×10^{-31}	30.2
69	$CrPO_4\cdot4H_2O$(绿)	2.4×10^{-23}	22.62
	$CrPO_4\cdot4H_2O$(紫)	1.0×10^{-17}	17.0
70	$CuBr$	5.3×10^{-9}	8.28
71	$CuCl$	1.2×10^{-6}	5.92
72	$CuCN$	3.2×10^{-20}	19.49
73	$CuCO_3$	2.34×10^{-10}	9.63
74	CuI	1.1×10^{-12}	11.96
75	$Cu(OH)_2$	4.8×10^{-20}	19.32
76	$Cu_3(PO_4)_2$	1.3×10^{-37}	36.9
77	Cu_2S	2.5×10^{-48}	47.6
78	Cu_2Se	1.58×10^{-61}	60.8
79	CuS	6.3×10^{-36}	35.2
80	$CuSe$	7.94×10^{-49}	48.1
81	$Dy(OH)_3$	1.4×10^{-22}	21.85
82	$Er(OH)_3$	4.1×10^{-24}	23.39
83	$Eu(OH)_3$	8.9×10^{-24}	23.05
84	FeAsO4	5.7×10^{-21}	20.24
85	$FeCO_3$	3.2×10^{-11}	10.50
86	$Fe(OH)_2$	8.0×10^{-16}	15.1
87	$Fe(OH)_3$	4.0×10^{-38}	37.4
88	$FePO_4$	1.3×10^{-22}	21.89
89	FeS	6.3×10^{-18}	17.2
90	$Ga(OH)_3$	7.0×10^{-36}	35.15
91	$GaPO_4$	1.0×10^{-21}	21.0
92	$Gd(OH)_3$	1.8×10^{-23}	22.74
93	$Hf(OH)_4$	4.0×10^{-26}	25.4
94	Hg_2Br_2	5.6×10^{-23}	22.24
95	Hg_2Cl_2	1.3×10^{-18}	17.88
96	HgC_2O_4	1.0×10^{-7}	7.0
97	Hg_2CO_3	8.9×10^{-17}	16.05
98	$Hg_2(CN)_2$	5.0×10^{-40}	39.3
99	Hg_2CrO_4	2.0×10^{-9}	8.70
100	Hg_2I_2	4.5×10^{-29}	28.35
101	HgI_2	2.82×10^{-29}	28.55
102	$Hg_2(IO_3)_2$	2.0×10^{-14}	13.71
103	$Hg_2(OH)_2$	2.0×10^{-24}	23.7
104	$HgSe$	1.0×10^{-59}	59.0
105	HgS(红)	4.0×10^{-53}	52.4
106	HgS(黑)	1.6×10^{-52}	51.8
107	Hg_2WO_4	1.1×10^{-17}	16.96
108	$Ho(OH)_3$	5.0×10^{-23}	22.30
109	$In(OH)_3$	1.3×10^{-37}	36.9
110	$InPO_4$	2.3×10^{-22}	21.63
111	In_2S_3	5.7×10^{-74}	73.24
112	$La_2(CO_3)_3$	3.98×10^{-34}	33.4
113	$LaPO_4$	3.98×10^{-23}	22.43
114	$Lu(OH)_3$	1.9×10^{-24}	23.72
115	$Mg_3(AsO_4)_2$	2.1×10^{-20}	19.68
116	$MgCO_3$	3.5×10^{-8}	7.46
117	$MgCO_3\cdot3H_2O$	2.14×10^{-5}	4.67
118	$Mg(OH)_2$	1.8×10^{-11}	10.74
119	$Mg_3(PO_4)_2\cdot8H_2O$	6.31×10^{-26}	25.2
120	$Mn_3(AsO_4)_2$	1.9×10^{-29}	28.72
121	$MnCO_3$	1.8×10^{-11}	10.74

续表

序号	分子式	K_{sp}	pK_{sp} ($-\lg K_{sp}$)	序号	分子式	K_{sp}	pK_{sp} ($-\lg K_{sp}$)
122	$Mn(IO_3)_2$	4.37×10^{-7}	6.36	154	$Pu(OH)_3$	2.0×10^{-20}	19.7
123	$Mn(OH)_4$	1.9×10^{-13}	12.72	155	$Pu(OH)_4$	1.0×10^{-55}	55.0
124	MnS(粉红)	2.5×10^{-10}	9.6	156	$RaSO_4$	4.2×10^{-11}	10.37
125	MnS(绿)	2.5×10^{-13}	12.6	157	$Rh(OH)_3$	1.0×10^{-23}	23.0
126	$Ni_3(AsO_4)_2$	3.1×10^{-26}	25.51	158	$Ru(OH)_3$	1.0×10^{-36}	36.0
127	$NiCO_3$	6.6×10^{-9}	8.18	159	Sb_2S_3	1.5×10^{-93}	92.8
128	NiC_2O_4	4.0×10^{-10}	9.4	160	ScF_3	4.2×10^{-18}	17.37
129	$Ni(OH)_2$(新)	2.0×10^{-15}	14.7	161	$Sc(OH)_3$	8.0×10^{-31}	30.1
130	$Ni_3(PO_4)_2$	5.0×10^{-31}	30.3	162	$Sm(OH)_3$	8.2×10^{-23}	22.08
131	α - NiS	3.2×10^{-19}	18.5	163	$Sn(OH)_2$	1.4×10^{-28}	27.85
132	β - NiS	1.0×10^{-24}	24.0	164	$Sn(OH)_4$	1.0×10^{-56}	56.0
133	γ - NiS	2.0×10^{-26}	25.7	165	SnO_2	3.98×10^{-65}	64.4
134	$Pb_3(AsO_4)_2$	4.0×10^{-36}	35.39	166	SnS	1.0×10^{-25}	25.0
135	$PbBr_2$	4.0×10^{-5}	4.41	167	SnSe	3.98×10^{-39}	38.4
136	$PbCl_2$	1.6×10^{-5}	4.79	168	$Sr_3(AsO_4)_2$	8.1×10^{-19}	18.09
137	$PbCO_3$	7.4×10^{-14}	13.13	169	$SrCO_3$	1.1×10^{-10}	9.96
138	$PbCrO_4$	2.8×10^{-13}	12.55	170	$SrC_2O_4\cdot H_2O$	1.6×10^{-7}	6.80
139	PbF_2	2.7×10^{-8}	7.57	171	SrF_2	2.5×10^{-9}	8.61
140	$PbMoO_4$	1.0×10^{-13}	13.0	172	$Sr_3(PO_4)_2$	4.0×10^{-28}	27.39
141	$Pb(OH)_2$	1.2×10^{-15}	14.93	173	$SrSO_4$	3.2×10^{-7}	6.49
142	$Pb(OH)_4$	3.2×10^{-66}	65.49	174	$SrWO_4$	1.7×10^{-10}	9.77
143	$Pb_3(PO_4)_3$	8.0×10^{-43}	42.10	175	$Tb(OH)_3$	2.0×10^{-22}	21.7
144	PbS	1.0×10^{-28}	28.00	176	$Te(OH)_4$	3.0×10^{-54}	53.52
145	$PbSO_4$	1.6×10^{-8}	7.79	177	$Th(C_2O_4)_2$	1.0×10^{-22}	22.0
146	PbSe	7.94×10^{-43}	42.1	178	$Th(IO_3)_4$	2.5×10^{-15}	14.6
147	$PbSeO_4$	1.4×10^{-7}	6.84	179	$Th(OH)_4$	4.0×10^{-45}	44.4
148	$Pd(OH)_2$	1.0×10^{-31}	31.0	180	$Ti(OH)_3$	1.0×10^{-40}	40.0
149	$Pd(OH)_4$	6.3×10^{-71}	70.2	181	TlBr	3.4×10^{-6}	5.47
150	PdS	2.03×10^{-58}	57.69	182	TlCl	1.7×10^{-4}	3.76
151	$Pm(OH)_3$	1.0×10^{-21}	21.0	183	Tl_2CrO_4	9.77×10^{-13}	12.01
152	$Pr(OH)_3$	6.8×10^{-22}	21.17	184	TlI	6.5×10^{-8}	7.19
153	$Pt(OH)_2$	1.0×10^{-35}	35.0	185	TlN_3	2.2×10^{-4}	3.66

续表

序号	分子式	K_{sp}	pK_{sp} ($-\lg K_{sp}$)	序号	分子式	K_{sp}	pK_{sp} ($-\lg K_{sp}$)
186	Tl_2S	5.0×10^{-21}	20.3	193	$ZnCO_3$	1.4×10^{-11}	10.84
187	$TlSeO_3$	2.0×10^{-39}	38.7	194	$Zn(OH)_2$③	2.09×10^{-16}	15.68
188	$UO_2(OH)_2$	1.1×10^{-22}	21.95	195	$Zn_3(PO_4)_2$	9.0×10^{-33}	32.04
189	$VO(OH)_2$	5.9×10^{-23}	22.13	196	α-ZnS	1.6×10^{-24}	23.8
190	$Y(OH)_3$	8.0×10^{-23}	22.1	197	β-ZnS	2.5×10^{-22}	21.6
191	$Yb(OH)_3$	3.0×10^{-24}	23.52	198	$ZrO(OH)_2$	6.3×10^{-49}	48.2
192	$Zn_3(AsO_4)_2$	1.3×10^{-28}	27.89				

附录 5 物质的标准摩尔燃烧焓

表 F-5 物质的标准摩尔燃烧焓(298.15 K)

物质	$\Delta_c H_m^{\ominus}$ (kJ·mol^{-1})	物质	$\Delta_c H_m^{\ominus}$ (kJ·mol^{-1})
$CH_{4(g)}$ 甲烷	−890.31	$C_3H_8O_{3(l)}$ 甘油	−1 664.4
$C_2H_{4(g)}$ 乙烯	−1 410.97	$C_6H_5OH_{(s)}$ 苯酚	−3 063
$C_2H_{2(g)}$ 乙炔	−1 299.63	$HCHO_{(g)}$ 甲醛	−563.6
$C_2H_{6(g)}$ 乙烷	−1 559.88	$CH_3CHO_{(g)}$ 乙醛	−1 192.4
$C_3H_{6(g)}$ 丙烯	−2 058.49	$CH_3COCH_{3(l)}$ 丙酮	−1 802.9
$C_3H_{8(g)}$ 丙烷	−2 220.07	$CH_3COOC_2H_{5(l)}$ 乙酸乙酯	−2 254.21
$C_4H_{10(g)}$ 正丁烷	−2 878.51	$(COOCH_3)_{2(l)}$ 草酸甲酯	−1 677.8
$C_4H_{10(g)}$ 异丁烷	−2 871.65	$(C_2H_5)_2O_{(g)}$ 乙醚	−2 730.9
$C_4H_{8(g)}$ 丁烯	−2 718.60	$HCOOH_{(l)}$ 甲酸	−269.9
$C_5H_{12(g)}$ 戊烷	−3 536.15	$CH_3COOH_{(l)}$ 乙酸	−871.5
$C_6H_{6(l)}$ 苯	−3 267.62	$(COOH)_{2(s)}$ 草酸	−246.0
$C_6H_{12(l)}$ 环己烷	−3 919.91	$C_6H_5COOH_{(s)}$ 苯甲酸	−3 227.5
$C_7H_{8(l)}$ 甲苯	−3 909.95	$CS_{2(l)}$ 二硫化碳	−1 075
$C_8H_{10(l)}$ 对二甲苯	−4 552.86	$C_6H_5NO_{2(l)}$ 硝基苯	−3 097.8
$C_{10}H_{8(s)}$ 萘	−5 153.9	$C_6H_5NH_{2(l)}$ 苯胺	−3 397.0
$CH_3OH_{(l)}$ 甲醇	−726.64	$C_6H_{12}O_{6(s)}$ 葡萄糖	−2 815.8
$C_2H_5OH_{(l)}$ 乙醇	−1 366.75	$C_{12}H_{22}O_{11(s)}$ 蔗糖	−5 648
$(CH_2OH)_{2(l)}$ 乙二醇	−1 192.9	$C_{10}H_{16}O_{(s)}$ 樟脑	−5 903.6

附录 6　物质的热力学数据

表 F-6　物质的热力学数据表

（标准压力为 101.325 kPa）

1. 单质和无机物

物 质	$\Delta_f H_m^\ominus$ (298.15 K) ($kJ \cdot mol^{-1}$)	$\Delta_f G_m^\ominus$ (298.15 K) ($kJ \cdot mol^{-1}$)	$S_m^\ominus$ (298.15 K) ($J \cdot K^{-1} \cdot mol^{-1}$)	$C_m^\ominus$ (298.15 K) ($J \cdot K^{-1} \cdot mol^{-1}$)	$C_{p,m}^\ominus = a + bT + cT^2$（或 $C_{p,m}^\ominus = a + bT + c'T^{-2}$） a ($J \cdot K^{-1} \cdot mol^{-1}$)	$b \times 10^3$ ($J \cdot K^{-2} \cdot mol^{-1}$)	$c \times 10^6$ ($J \cdot K^{-3} \cdot mol^{-1}$)	$c' \times 10^{-5}$ ($J \cdot K \cdot mol^{-1}$)	适用温度范围(K)
Ag	0	0	42.712	25.48	23.97	5.284		−0.25	293～1 234
$Ag_2CO_{3(s)}$	−506.14	−437.09	167.36						
$Ag_2O_{(s)}$	−30.56	−10.82	121.71	65.57					
$Al_{(s)}$	0	0	28.315	24.35	20.67	12.38			273～931.7
$Al_{(g)}$	313.80	273.2	164.553						
Al_2O_3-α	−1 669.8	−2 213.16	0.986	79.0	92.38	37.535		−26.861	27～1 937
$Al_2(SO_4)_{3(s)}$	−3 434.98	−3 728.53	239.3	259.4	368.57	61.92		−113.47	298～1 100
$Br_{2(g)}$	111.884	82.396	175.021						
$Br_{2(g)}$	30.71	3.109	245.455	35.99	37.20	0.690		−1.188	300～1 500
$Br_{2(l)}$	0	0	152.3	35.6					
$C_{(g)}$	718.384	672.942	158.101						
$C_{(金刚石)}$	1.896	2.866	2.439	6.07	9.12	13.22		−6.19	298～1 200
$C_{(石墨)}$	0	0	5.694	8.66	17.15	4.27		−8.79	298～2 300
$CO_{(g)}$	−110.525	−137.285	198.016	29.142	27.6	5.0			290～2 500
$CO_{2(g)}$	−393.511	−394.38	213.76	37.120	44.14	9.04		−8.54	298～2 500

续表

物质	$\Delta_f H_m^\ominus$ (298.15 K) (kJ·mol⁻¹)	$\Delta_f G_m^\ominus$ (298.15 K) (kJ·mol⁻¹)	$S_m^\ominus$ (298.15 K) (J·K·mol⁻¹)	$C_m^\ominus$ (298.15 K) (J·K·mol⁻¹)	$C_{p,m}^\ominus=a+bT+cT^2$(或 $C_{p,m}^\ominus=a+bT+c'T^{-2}$) a (J·K⁻¹·mol⁻¹)	$b\times10^3$ (J·K⁻²·mol⁻¹)	$c\times10^6$ (J·K⁻³·mol⁻¹)	$c'\times10^{-5}$ (J·K·mol⁻¹)	适用温度范围(K)
$Ca_{(s)}$	0	0	41.63	26.27	21.92	14.64			273～673
$CaC_{2(s)}$	−62.8	−67.8	70.2	62.34	68.6	11.88		−8.66	298～720
$CaCO_{3}$(方解石)	−1 206.87	−1 128.70	92.8	81.83	104.52	21.92		−25.94	298～1 200
$CaCl_{2(s)}$	−795.0	−750.2	113.8	72.63	71.88	12.72		−2.51	298～1 055
$CaO_{(s)}$	−635.6	−604.2	39.7	48.53	43.83	4.52		−6.52	298～1 800
$Ca(OH)_{2(s)}$	−986.5	−896.89	76.1	84.5					
$CaSO_{4}$(硬石膏)	−1 432.68	−1 320.24	106.7	97.65	77.49	91.92		−6.561	273～1 373
$Cl^-_{(aq)}$	−167.456	−131.168	55.10						
$Cl_{2(g)}$	0	0	222.948	33.9	36.69	1.05		−2.523	273～1 500
$Cu_{(s)}$	0	0	33.32	24.47	24.56	4.18		−1.201	273～1 357
$CuO_{(s)}$	−155.2	−127.1	43.51	44.4	38.79	20.08			298～1 250
Cu_2O-α	−166.69	−146.33	100.8	69.8	62.34	23.85			298～1 200
$F_{2(g)}$	0	0	203.5	31.46	34.69	1.84		−3.35	273～200
Fe-α	0	0	27.15	25.23	17.28	26.69			273～1 041
$FeCO_{3(s)}$	−747.68	−673.84	92.8	82.13	48.66	112.1			298～885
$FeO_{(s)}$	−266.52	−244.3	54.0	51.1	52.80	6.242		−3.188	273～1 173
$Fe_2O_{3(s)}$	−822.1	−741.0	90.0	104.6	97.74	17.13		−12.887	298～1 100
$Fe_3O_{4(s)}$	−117.1	−1 014.1	146.4	143.42	167.03	78.91		−14.88	298～1 100
$H_{(g)}$	217.4	203.122	114.724	20.80					
$H_{2(g)}$	0	0	130.695	28.83	29.08	−0.84	2.00		300～1 500
$D_{2(g)}$	0	0	144.884	29.20	28.577	0.879	1.958		298～1 500

续表

物 质	$\Delta_f H^{\ominus}_{m}$ (298.15 K) ($kJ \cdot mol^{-1}$)	$\Delta_f G^{\ominus}_{m}$ (298.15 K) ($kJ \cdot mol^{-1}$)	$S^{\ominus}_{m}$ (298.15 K) ($J \cdot K \cdot mol^{-1}$)	$C^{\ominus}_{m}$ (298.15 K) ($J \cdot K \cdot mol^{-1}$)	$C^{\ominus}_{p,m}=a+bT+cT^2$(或 $C^{\ominus}_{p,m}=a+bT+c'T^{-2}$) a ($J \cdot K^{-1} \cdot mol^{-1}$)	$b\times10^3$ ($J \cdot K^{-2} \cdot mol^{-1}$)	$c\times10^6$ ($J \cdot K^{-3} \cdot mol^{-1}$)	$c'\times10^{-5}$ ($J \cdot K \cdot mol^{-1}$)	适用温度范围(K)
$HBr_{(g)}$	−36.24	−53.22	198.60	29.12	26.15	5.86		1.09	298～1 600
$HBr_{(aq)}$	−120.92	−102.80	80.71						
$HCl_{(g)}$	−92.311	−95.265	186.786	29.12	26.53	4.60		1.90	298～2 000
$HCl_{(aq)}$	−167.44	−131.17	55.10						
$H_2CO_{3(aq)}$	−698.7	−623.37	191.2						
$HI_{(g)}$	−25.94	−1.32	206.42	29.12	26.32	5.94		0.92	298～1 000
$H_2O_{(g)}$	−241.825	−228.577	188.823	33.571	30.12	11.30			273～2 000
$H_2O_{(l)}$	−285.838	−237.142	69.940	75.296					
$H_2O_{(s)}$	−291.850	(−234.03)	(39.4)						
$H_2O_{2(l)}$	−187.61	−118.04	102.26	82.29					
$H_2S_{(g)}$	−20.146	−33.040	205.75	33.97	29.29	15.69			273～1 300
$H_2SO_{4(l)}$	−811.35	(−866.4)	156.85	137.57					
$H_2SO_{4(aq)}$	−811.32								
$HSO^-_{4(aq)}$	−885.75	−752.99	126.86						
$l_{2(g)}$	0	0	116.7	55.97	40.12	49.79			298～386.8
$I_{2(g)}$	62.242	19.34	260.60	36.87					
$N_{2(g)}$	0	0	191.598	29.12	26.87	4.27			273～2 500
$NH_{3(g)}$	−46.19	−16.603	192.61	35.65	29.79	25.48		−1.665	273～1 400
$NO_{(g)}$	89.860	90.37	210.309	29.861	29.58	3.85		−0.59	273～1 500
$NO_{2(g)}$	33.85	51.86	240.57	37.90	42.93	8.54		−6.74	
$N_2O_{(g)}$	81.55	103.62	220.10	38.70	45.69	8.62		−8.54	273～500
$N_2O_{4(g)}$	9.660	98.39	304.42	79.0	83.89	30.75		14.90	

续表

物质	$\Delta_f H_m^\ominus$ (298.15 K) ($kJ \cdot mol^{-1}$)	$\Delta_f G_m^\ominus$ (298.15 K) ($kJ \cdot mol^{-1}$)	$S_m^\ominus$ (298.15 K) ($kJ \cdot mol^{-1}$)	$C_m^\ominus$ (298.15 K) ($kJ \cdot mol^{-1}$)	$C_{p,m}^\ominus = a + bT + cT^2$（或 $C_{p,m}^\ominus = a + bT + c'T^{-2}$）				
					a ($J \cdot K^{-1} \cdot mol^{-1}$)	$b \times 10^3$ ($J \cdot K^{-2} \cdot mol^{-1}$)	$c \times 10^6$ ($J \cdot K^{-3} \cdot mol^{-1}$)	$c' \times 10^{-5}$ ($J \cdot K \cdot mol^{-1}$)	适用温度范围(K)
$N_2O_{5(g)}$	2.51	110.5	342.4	108.0					
$O_{(g)}$	247.521	230.095	161.063	21.93					
$O_{2(g)}$	0	0	205.138	29.37	31.46	3.39		−3.77	273～2 000
$O_{3(g)}$	142.3	163.45	237.7	38.15					
$OH^-_{(aq)}$	−229.940	−157.297	−10.539						
$S_{(单斜)}$	0.29	0.096	32.55	23.64	14.90	29.08			368.6～392
$S_{(斜方)}$	0	0	31.9	22.60	14.98	26.11			273～368.6
$S_{(g)}$	124.94	76.08	227.76	32.55	36.11	1.09			273～2 000
$S_{(g)}$	222.80	182.27	167.825					−3.51	
$SO_{2(g)}$	−296.90	−300.37	248.64	39.79	47.70	7.171		−8.54	298～1 800
$SO_{3(g)}$	−395.18	−370.40	256.34	50.70	57.32	26.86		−13.05	273～900
$SO_{4\ (aq)}^{2-}$	−907.51	−741.90	17.2						

2. 有机化合物

在指定温度范围内恒压热容可用下式计算 $C_{p,m}^\ominus = a + bT + cT^2 + dT^3$

物质	$\Delta_f H_m^\ominus$ (298.15 K) ($kJ \cdot mol^{-1}$)	$\Delta_f G_m^\ominus$ (298.15 K) ($kJ \cdot mol^{-1}$)	$S_m^\ominus$ (298.15 K) ($J \cdot K \cdot mol^{-1}$)	$C_m^\ominus$ (298.15 K) ($J \cdot K \cdot mol^{-1}$)	$C_{p,m}^\ominus = \varphi(T)$				
					a ($J \cdot K^{-1} \cdot mol^{-1}$)	$b \times 10^3$ ($J \cdot K^{-2} \cdot mol^{-1}$)	$c \times 10^6$ ($J \cdot K^{-3} \cdot mol^{-1}$)	$d \times 10^{-6}$ ($J \cdot K^{-4} \cdot mol^{-1}$)	适用温度范围(K)
$CH_{4(g)}$	−74.847	50.827	186.30	35.715	17.451	60.46	1.117	−7.205	298～1 500
$C_2H_{2(g)}$	226.748	209.200	200.928	43.928	23.460	85.768	−58.342	15.870	298～1 500
$C_2H_{4(g)}$	52.283	68.157	219.56	43.56	4.197	154.590	−81.090	16.815	298～1 500
$C_2H_{6(g)}$	−84.667	−32.821	229.60	52.650	4.936	182.259	−74.856	10.799	298～1 500
$C_3H_{6(g)}$	20.414	62.783	267.05	63.89	3.305	235.860	−117.600	22.677	298～1 500

续表

物 质	$\Delta_f H_m^\ominus$ (298.15 K) (kJ·mol^{-1})	$\Delta_f G_m^\ominus$ (298.15 K) (kJ·mol^{-1})	$S_m^\ominus$ (298.15 K) (J·K·mol^{-1})	$C_m^\ominus$ (298.15 K) (J·K·mol^{-1})	$C_{p,m}^\ominus=\varphi(T)$ a (J·K^{-1}·mol^{-1})	$b\times10^3$ (J·K^{-2}·mol^{-1})	$c\times10^6$ (J·K^{-3}·mol^{-1})	$d\times10^6$ (J·K^{-4}·mol^{-1})	适用温度范围(K)
$C_3H_{6(g)}$	−103.847	−23.391	270.02	73.51	−4.799	307.311	−160.159	32.748	298～1 500
$C_4H_{6(g)}$ 1,3-丁二烯	110.16	150.74	278.85	79.54	−2.958	340.084	−223.689	56.530	298～1 500
$C_4H_{8(g)}$ 1-丁烯	−0.13	71.60	305.71	85.65	2.540	344.929	−191.284	41.664	298～1 500
$C_4H_{8(g)}$ 顺-2-丁烯	−6.99	65.96	300.94	78.91	8.774	342.448	−197.322	34.271	298～1 500
$C_4H_{8(g)}$ 反-2-丁烯	−11.17	63.07	296.59	87.82	8.381	307.541	−148.256	27.284	298～1 500
$C_4H_{8(g)}$ 2-甲基丙烯	−16.90	58.17	293.70	89.12	7.084	321.632	−166.071	33.497	298～1500
$C_4H_{10(g)}$ 正丁烷	−126.15	−17.02	310.23	97.45	0.469	385.376	−198.882	39.996	298～1 500
$C_4H_{10(g)}$ 异丁烷	−134.52	−20.79	294.75	96.82	−6.841	409.643	−220.547	45.739	298～1 500
$C_6H_{6(g)}$ 苯	82.927	129.723	269.31	81.67	−33.899	471.872	−298.344	70.835	298～1 500
$C_6H_{6(l)}$ 苯	49.028	124.597	172.35	135.77	59.50	255.01			281～353
$C_6H_{12(g)}$ 环己烷	−123.14	31.92	298.51	106.27	−67.664	679.452	−380.761	78.006	298～1 500
$C_6H_{14(g)}$ 正己烷	−167.19	−0.09	388.85	143.09	3.084	565.786	−300.369	62.061	298～1 500

续表

物质	$\Delta_f H_m^\ominus$ (298.15 K) (kJ·mol^{-1})	$\Delta_f G_m^\ominus$ (298.15 K) (kJ·mol^{-1})	$S_m^\ominus$ (298.15 K) (J·K·mol^{-1})	$C_m^\ominus$ (298.15 K) (J·K·mol^{-1})	$C_{p,m}^\ominus=\varphi(T)$ a (J·K^{-1}·mol^{-1})	$b\times10^3$ (J·K^{-2}·mol^{-1})	$c\times10^6$ (J·K^{-3}·mol^{-1})	$d\times10^{-6}$ (J·K^{-4}·mol^{-1})	适用温度范围(K)
$C_6H_{14(l)}$ 正己烷	−198.82	−4.08	295.89	194.93					
$C_6H_5CH_{3(g)}$ 甲苯	49.999	122.388	319.86	103.76	−33.882	557.045	−342.373	79.873	298～1 500
$C_6H_5CH_{3(l)}$ 甲苯	11.995	114.299	219.58	157.11	59.62	326.98			281～382
$C_6H_4(CH_3)_{2(g)}$ 邻二甲苯	18.995	122.207	352.86	133.26	−14.811	591.136	−339.590	74.697	298～1 500
$C_6H_4(CH_3)_{2(l)}$ 邻二甲苯	−24.439	110.495	246.48	187.9					
$C_6H_4(CH_3)_{2(g)}$ 间二甲苯	17.238	118.977	357.80	127.57	−27.384	620.870	−363.895	81.379	298～1 500
$C_6H(CH_3)_{2(l)}$ 间二甲苯	−25.418	107.817	252.17	183.3					
$C_6H_4(CH_3)_{2(g)}$ 对二甲苯	17.949	121.266	352.53	126.86	−25.924	60.670	−350.561	76.877	298～1 500
$C_6H_4(CH_3)_{2(l)}$ 对二甲苯	−24.426	110.244	247.36	183.7					
$HCOH_{(g)}$ 甲醛	−115.90	−110.0	220.2	35.36	18.820	58.379	−15.606		291～1 500
$HCOOH_{(g)}$ 甲酸	−362.63	−335.69	251.1	54.4	30.67	89.20	−34.539		300～700

续表

物 质	$\Delta_f H_m^\ominus$ (298.15 K) (kJ·mol^{-1})	$\Delta_f G_m^\ominus$ (298.15 K) (kJ·mol^{-1})	$S_m^\ominus$ (298.15 K) (J·K·mol^{-1})	$C_m^\ominus$ (298.15 K) (J·K·mol^{-1})	$C_{p,m}^\ominus=\varphi(T)$				
					a (J·K^{-1}·mol^{-1})	$b\times10^3$ (J·K^{-2}·mol^{-1})	$c\times10^6$ (J·K^{-3}·mol^{-1})	$d\times10^{-6}$ (J·K^{-4}·mol^{-4})	适用温度范围(K)
$HCOOH_{(l)}$ 甲酸	−409.20	−345.9	128.95	99.04					
$CH_3OH_{(g)}$ 甲醇	−201.17	−161.83	237.8	49.4	20.42	103.68	−24.640		300～700
$CH_3OH_{(l)}$ 甲醇	−238.57	−166.15	126.8	81.6					
$CH_2COH_{(g)}$ 乙醛	−166.36	−133.67	265.8	62.8	31.054	121.457	−36.577		298～1500
$CH_3COOH_{(l)}$ 乙酸	−487.0	−392.4	159.8	123.4	54.81	230			
$CH_3COOH_{(g)}$ 乙酸	−436.4	−381.5	293.4	72.4	21.76	193.09	−76.78		300～700
$C_2H_5OH_{(l)}$ 乙醇	−277.63	−174.36	160.7	111.46	106.52	165.7	575.3		283～348
$C_2H_5OH_{(g)}$ 乙醇	−235.31	−168.54	282.1	71.1	20.694	−205.38	−99.809		300～1 500
$CH_3COCH_{3(l)}$ 丙酮	−248.283	−155.33	200.0	124.73	55.61	232.2			298～320
$CH_3COCH_{3(g)}$ 丙酮	−216.69	−152.2	296.00	75.3	22.472	201.78	−63.521		298～1 500
$C_2H_5OC_2H_{5(l)}$ 乙醚	−273.2	−116.47	253.1		170.7				290
$CH_3COOC2H_{5(l)}$ 乙酸乙酯	−463.2	−315.3	259		169.0				293

续表

物质	$\Delta_f H_m^\ominus$ (298.15 K) (kJ·mol^{-1})	$\Delta_f G_m^\ominus$ (298.15 K) (kJ·mol^{-1})	$S_m^\ominus$ (298.15 K) (J·K·mol^{-1})	$C_m^\ominus$ (298.15 K) (J·K·mol^{-1})	$C_{p,m}^\ominus=\varphi(T)$ a (J·K^{-1}·mol^{-1})	$b\times10^3$ (J·K^{-2}·mol^{-1})	$c\times10^6$ (J·K^{-3}·mol^{-1})	$d\times10^{-6}$ (J·K^{-4}·mol^{-1})	适用温度范围(K)
$C_6H_5COOH_{(s)}$ 苯甲	−384.55	−245.5	170.7	155.2					
$CH_3Cl_{(g)}$ 氯甲烷	−82.0	−58.6	234.29	40.79	14.903	96.2	−31.552		273～800
$CH_2Cl_{(g)}$ 二氯甲烷	−88	−59	270.62	51.38	33.47	65.3			273～800
$CHCl_{3(l)}$ 氯仿	−131.8	−71.4	202.9	116.3					
$CHCl_{3(g)}$ 氯仿	−100	−67	296.48	65.81	29.506	148.942	−90.713		273～800
$CCl_{4(l)}$ 四氯化碳	−139.3	−68.5	214.43	131.75	97.99	111.71			273～330
$CCl_{4(g)}$ 四氯化碳	−106.7	−64.0	309.41	85.51					
$C_6H_5Cl_{(l)}$ 氯苯	116.3	−198.2	197.5	145.6					
$NH(CH_3)_{2(g)}$ 二甲胺	−27.6	59.1	273.2	69.37					
$C_5H_5N_{(l)}$ 吡啶	78.87	159.9	179.1		140.2				293
$C_6H_5NH_{2(l)}$ 苯胺	35.31	153.35	191.6	199.6	338.28	−1 068.6	2 022.1		278～348
$C_6H_5NO_{2(l)}$ 硝基苯	15.90	146.36	244.3		185.4				293

附录 7 不同温度下水的表面张力

表 F-7 不同温度下水的表面张力

t(℃)	σ($\times10^{-3}$ N·m^{-1})	t(℃)	σ($\times10^{-3}$ N·m^{-1})
0	75.64	21	72.59
5	74.92	22	72.44
10	74.22	23	72.28
11	74.07	24	72.13
12	73.93	25	71.97
13	73.78	26	71.82
14	73.64	27	71.66
15	73.49	28	71.50
16	73.34	29	71.35
17	73.19	30	71.18
18	73.05	35	70.38
19	72.90	40	69.56
20	72.75	45	68.74

附录 8 常见物质表面张力

液体的表面张力 γ,单位为 dyn·cm^{-1},1 dyn·cm^{-1}=1 mN·m^{-1}。对大多数化合物来说,表面张力依赖于温度的变化,可表示为 $\gamma = a - bt$。其中 a,b 是常数,t 是温度(℃)。a,b 的值由表 F-8、表 F-9 给出。

表 F-8 常见无机物的表面张力

分子式	表面张力		分子式	表面张力	
	a(dyn·cm^{-1})	b(dyn·cm^{-1}·℃$^{-1}$)		a(dyn·cm^{-1})	b(dyn·cm^{-1}·℃$^{-1}$)
Ar	34.28	0.249 3	N_2	26.42	0.226 5
$AsBr_3$	54.51	0.104 3	NO	−67.48	0.585 3
$AsCl_3$	41.67	0.097 8	N_2O	5.09	0.203 2
BBr_3	31.90	0.128 0	NOCl	29.49	0.149 3
BF_3	−2.92	0.203 0	NOF	14.00	0.116 5
B_2H_6	−3.13	0.178 5	NO_2F	8.26	0.185 4
Br_2	45.5	0.182 0	O_2	−33.72	0.256 1
BrF_3	38.30	0.099 9	PBr_3	45.34	0.128 3
BrF_5	25.24	0.109 8	PCl_3	31.14	0.126 6
ClF_3	26.9	0.166 0	PI_3	61.66	0.067 71
ClO_3F	12.24	0.157 6	$POCl_3$	35.22	0.127 5
CO	−30.20	0.2073	$PSCl_3$	37.00	0.127 2
$COCl_2$	22.59	0.145 6	S_2Cl_2(二聚物)	46.23	0.146 4
COS	12.12	0.177 9	SF_4	12.87	0.173 4
DH	6.537	0.188 3	SF	5.66	0.119 0
F_2	−16.10	0.164 6	SO_2	26.58	0.194 8
$GaCl_3$	35.0	0.100 0	$SOCl_2$	36.10	0.141 6
HBr	13.10	0.207 9	SO_2Cl_2	32.10	0.132 8
HF	10.41	0.078 67	$SbCl_3$	47.87	0.123 8
H_2O_2	78.97	0.154 9	SbF_5	49.07	0.193 7
H_2S	48.95	0.175 8	SeF_4	38.61	0.127 4
H_2Se	22.32	0.148 2	$SiCl_4$	20.78	0.099 62
H_2Te	29.03	0.261 9	$SiHCl_3$	20.43	0.107 6
Hg	490.6	0.204 9	$SnCl_4$	29.92	0.113 4
IF_5	33.16	0.131 8	UF_6	25.5	0.124 0
Kr	40.576	0.289 0	—	—	—

表 F-9　常见有机化合物的表面张力

名　称	表面张力 a (dyn・cm⁻¹)	表面张力 b (dyn・cm⁻¹・℃⁻¹)	名　称	表面张力 a (dyn・cm⁻¹)	表面张力 b (dyn・cm⁻¹・℃⁻¹)
1,2-乙二胺	44.77	0.139 8	顺-4-甲基环己醇	29.07	0.069 0
1,2-乙二醇	50.21	0.089 0	甲基环戊烷	24.63	0.116 3
乙　苯	31.48	0.109 4	2-甲基吡啶	36.11	0.124 3
2-乙氧基乙醇	30.59	0.089 7	邻甲酚	39.43	0.101 1
乙氧基苯	35.17	0.110 4	间甲酚	38.00	0.092 37
乙基环己烷	27.78	0.105 4	对甲酚	38.58	0.096 2
2,2-(亚乙基二氧基)二乙醇	47.33	0.088 0	甲酰胺	59.13	0.084 2
乙　腈	29.58	0.117 8	甲　酸	39.87	0.109 8
乙酸乙酰甲酯	34.98	0.094 4	甲酸甲酯	28.29	0.157 2
乙酰乙酸乙酯	34.42	0.101 5	甲酸乙酯	26.47	0.131 5
乙酰胺	47.66	0.102 1	甲酸丙酯	26.77	0.111 9
乙　酸	29.58	0.099 4	甲酸丁酯	27.08	0.102 6
乙酸甲酯	27.95	0.128 9	甲　醇	24.00	0.077 3
乙酸乙酯	26.29	0.116 1	丙二酸二乙酯	33.91	0.104 2
乙酸丙酯	26.60	0.112 0	1,3-丙二醇	47.43	0.090 3
乙酸异丙酯	24.44	0.107 2	2-丙炔-1-醇	38.59	0.127 0
乙酸丁酯	27.55	0.106 8	丙　胺	24.86	0.124 3
乙酸戊酯	27.66	0.099 43	异丙胺	19.91	0.097 19
乙酸异戊酯	26.75	0.098 9	异丙基苯	30.32	0.105 4
乙酸酐	35.52	0.143 6	丙烯腈	29.58	0.117 8
乙酸烯丙酯	28.73	0.118 6	2-丙烯-1-醇	27.53	0.090 2
乙　醇	24.05	0.083 2	丙　腈	29.63	0.115 3
乙　醛	23.90	0.136 0	丙　酮	26.26	0.112
二乙胺	22.71	0.114 3	丙　酸	28.68	0.099 3
二乙醚	18.92	0.090 8	丙酸甲酯	27.58	0.125 8
二丁胺	26.50	0.095 2	丙酸乙酯	26.72	0.116 8
二丁基醚	24.78	0.093 4	1-丙醇	25.26	0.077 7
邻二甲苯	32.51	0.110 1	2-丙醇	22.90	0.078 9
间二甲苯	31.23	0.110 4	2,4-戊二酮	33.28	0.114 4
对二甲苯	30.69	0.107 4	戊　烷	18.25	0.110 21
二(2-甲氧基乙基)醚	32.47	0.116 4	1-戊烯	18.20	0.109 9
二甲氧基甲烷	23.59	0.119 9	顺-2-戊烯	19.73	0.117 2
1,2-二甲氧基苯	34.4	0.064 2	反-2-戊烯	18.90	0.099 72
2,2-二甲基丁烷	18.29	0.099 0	戊　腈	29.28	0.093 7

续表

名称	表面张力 a (dyn·cm^{-1})	表面张力 b (dyn·cm^{-1}·℃$^{-1}$)	名称	表面张力 a (dyn·cm^{-1})	表面张力 b (dyn·cm^{-1}·℃$^{-1}$)
2,3-二甲基丁烷	19.38	0.099 98	2-戊酮	24.89	0.065 47
2,3-二甲基丁醇	26.22	0.099 2	3-戊酮	27.36	0.104 7
N,N-二甲基苯胺	38.14	0.104 9	1-戊酸	28.90	0.088 7
二甲基胺	29.50	0.126 5	1-戊醇	27.54	0.087 4
2,3-二甲基戊烷	19.94	0.095 65	2-戊醇	25.96	0.100 4
2,4-二甲基戊烷	20.09	0.097 15	四氢-2-呋喃甲醇	39.96	0.100 8
二丙胺	24.86	0.102 2	1,2,3,4-四氢萘	35.55	0.095 4
二异丙胺	21.83	0.107 7	1,1,2,2-四氯乙烷	38.75	0.126 8
二丙基醚	22.60	0.104 7	四氯化碳	29.49	0.122 4
二异丙醚	19.89	0.104 8	1,1,2,2-四溴乙烷	52.37	0.146 3
二戊基醚	26.66	0.092 5	肉桂酸乙酯	39.99	0.104 5
二异戊醚	24.76	0.087 1	辛烷	23.52	0.095 09
二卞胺	43.27	0.108 6	1-辛烯	23.68	0.095 81
二苯基醚	35.17	0.110 4	辛腈	29.61	0.080 2
1,4-二氧六烷	36.23	0.139 1	1-辛醇	29.09	0.079 5
二硫化碳	35.29	0.148 4	2-辛醇	27.96	0.081 97
1,1-二氯乙烷	27.03	0.118 6	吡啶	39.82	0.130 6
1,2-二氯乙烷	35.43	0.142 8	吡咯	39.81	0.110 0
二(2-氯乙基)醚	40.57	0.130 6	苄基氯	39.92	0.122 7
1,2-二氯丙烷	31.42	0.124 0	庚烷	22.10	0.098 0
1,3-二氯丙烷	36.40	0.123 3	1-庚烯	22.28	0.099 08
间二氯苯	38.30	0.114 7	乳酸乙酯	30.72	0.098 3
对二氯苯	34.66	0.087 9	苯乙腈	44.57	0.115 5
1,2-二溴乙烷	35.43	0.142 8	苯乙酮	41.92	0.115 4
二氯甲烷	30.41	0.128 4	苯甲腈	41.69	0.115 9
二溴甲烷	42.77	0.148 8	苯甲酰氯	41.34	0.108 4
二碘甲烷	70.21	0.161 3	苯甲酸甲酯	40.10	0.117 1
十一碳烷	26.46	0.090 10	苯甲酸乙酯	37.16	0.105 9
十二碳烷	27.12	0.088 43	苯甲酸苄酯	48.07	0.106 5
1-十二烷醇	31.25	0.074 8	苯甲醇	38.25	0.138 1
十三碳烷	27.73	0.087 19	苯甲醛	40.72	0.109 0
1-十三碳烯	28.01	0.088 39	苯胺	44.83	0.108 5
丁二腈,琥珀腈	53.26	0.107 9	苯酚	43.54	0.106 8
1-丁胺	26.24	0.112 2	苯硫醇	41.41	0.120 2
2-丁胺	23.75	0.105 7	苯酸丙酯	36.55	0.106 9

续表

名　称	表面张力 a (dyn·cm⁻¹)	表面张力 b (dyn·cm⁻¹·℃⁻¹)	名　称	表面张力 a (dyn·cm⁻¹)	表面张力 b (dyn·cm⁻¹·℃⁻¹)
异丁胺	24.48	0.109 2	环己烷	27.62	0.118 8
2-丁氧基乙醇	28.18	0.081 6	联环己烷	34.61	0.095 1
丁基苯	31.28	0.102 5	环己胺	34.19	0.118 8
仲丁基苯	30.48	0.097 9	环己烯	29.23	0.122 3
叔丁基苯	30.10	0.098 5	环己酮	37.67	0.124 2
丁基乙基醚	22.75	0.104 9	环己醇	35.33	0.096 6
丁　腈	29.51	0.103 7	环戊烷	25.53	0.146 2
1-丁硫醇	28.07	0.114 2	草酸二乙酯	34.32	0.111 9
2-丁酮	26.77	0.112 2	哌　啶	31.79	0.115 3
丁　酸	28.35	0.092 0	癸　烷	25.67	0.091 97
丁酸甲酯	27.48	0.114 5	1-癸烯	25.84	0.091 90
丁酸乙酯	26.55	0.104 5	1-癸醇	30.34	0.073 24
1-丁醇	27.18	0.089 83	间氟代甲苯	32.31	0.125 7
1-丁醛	26.67	0.092 5	对氟代甲苯	30.44	0.110 9
三乙醇胺	22.70	0.099 2	氟代苯	29.67	0.120 4
1,2,3-三甲苯	30.91	0.104 0	2,2′-氧代二乙醇	46.97	0.088 0
1,2,4-三甲苯	31.76	0.102 5	2-氨基乙醇	51.11	0.111 7
1,3,5-三甲苯	29.79	0.089 66	1-氨基-2-甲基丙烷	24.48	0.109 2
2,2,3-三甲基丁烷	20.70	0.097 26	烯丙胺	27.49	0.128 7
2,2,3-三甲基戊烷	22.46	0.089 50	萘	42.84	0.110 7
2,2,4-三甲基戊烷	20.55	0.088 76	硝基甲烷	40.72	0.167 8
三氟乙酸	15.64	0.084 44	硝基乙烷	35.27	0.125 5
1,1,1-三氯乙烷	28.28	0.124 2	1-硝基-2-甲氧基苯	48.62	0.118 5
1,1,2-三氯乙烷	37.40	0.135 1	1-硝基丙烷	32.62	0.100 9
三溴甲烷	48.14	0.130 8	2-硝基丙烷	32.18	0.115 8
己　烷	20.44	0.102 2	硝基苯	46.34	0.115 7
1-己烯	20.47	0.102 71	邻硝基茴香脑	48.62	0.118 5
己　腈	29.64	0.090 7	2-硫杂丁烷	24.9	23.4
己二腈	47.88	0.097 3	硫杂环戊烷	38.44	0.134 2
1-己醇	27.81	0.080 1	硫酸二甲酯	41.26	0.116 3
马来酸二甲酯	40.73	0.122 0	硫酸二乙酯	35.47	0.097 6
马来酸二乙酯	34.67	0.103 9	喹　啉	42.25	0.106 3
马来酸二丁酯	32.46	0.086 5	DL-α-蒎烯	28.35	0.094 44
五氯乙烷	37.09	0.117 8	L-β-蒎烯	28.26	0.093 43
水杨酸甲酯	42.15	0.117 4	氰乙酸甲酯	41.32	0.107 4

续表

名 称	表面张力		名 称	表面张力	
	a (dyn·cm^{-1})	b (dyn·cm^{-1}·$℃^{-1}$)		a (dyn·cm^{-1})	b (dyn·cm^{-1}·$℃^{-1}$)
水杨酸乙酯	41.00	0.109 1	氰乙酸乙酯	38.80	0.109 2
水杨醛	45.38	0.124 2	氯乙酸	43.27	0.111 7
壬 烷	24.72	0.093 47	1-氯丁烷	25.97	0.111 7
1-壬烯	24.90	0.093 79	2-氯丁烷	24.40	0.111 8
1-壬醇	29.79	0.075 89	邻氯甲苯	34.93	0.108 2
甲 苯	30.90	0.118 9	1-氯-2-甲基丙烷	24.40	0.109 9
邻甲苯胺	42.87	0.109 4	1-氯丙烷	24.41	0.124 6
间甲苯胺	40.33	0.097 9	2-氯丙烷	21.37	0.088 3
对甲苯胺	39.58	0.095 7	3-氯-1-丙烯	25.50	0.094 6
2-甲氧基乙醇	33.30	0.098 4	1-氯戊烷	27.09	0.107 6
甲氧基苯	38.11	0.120 4	氯 仿	29.91	0.129 5
2-甲基丁烷	17.20	0.110 3	氯 苯	35.97	0.119 1
3-甲基丁酸	27.28	0.088 6	邻氯苯胺	42.46	0.086 67
3-甲基丁酸乙酯	25.79	0.100 6	1-氯-2,3-环氧丙烷	39.76	0.136 0
2-甲基-2-丁醇	24.18	0.074 8	邻氯酚	42.5	0.112 2
3-甲基-1-丁醇	25.76	0.082 0	对氯酚	46.0	0.104 9
2-甲基己烷	21.22	0.096 35	1-氯萘	44.12	0.103 5
3-甲基己烷	21.73	0.096 99	溴乙烷	26.52	0.115 9
2-甲基丙基甲酸酯	26.14	0.112 2	1-溴丁烷	28.71	0.112 6
1-甲基丙基乙酸酯	25.72	0.105 4	2-溴丁烷	27.48	0.110 7
2-甲基丙基乙酸酯	25.59	0.101 3	1-溴己烷	29.81	0.096 69
2-甲基-1-丙醇	24.53	0.079 5	邻溴甲苯	36.62	0.099 79
2-甲基戊烷	19.37	0.099 67	1-溴丙烷	28.30	0.121 8
3-甲基戊烷	20.26	0.106 0	2-溴丙烷	26.21	0.118 3
4-甲基戊腈	28.89	0.091 7	溴 苯	38.14	0.116 0
2-甲基-1-戊醇	26.98	0.081 9	1-溴萘	46.44	0.101 8
3-甲基-1-戊醇	26.92	0.078 94	碘代甲烷	33.42	0.123 4
4-甲基-1-戊醇	25.93	0.074 34	碘代乙烷	31.67	0.128 6
2-甲基-2-戊醇	25.07	0.086 06	1-碘代丙烷	31.64	0.113 6
3-甲基-2-戊醇	27.14	0.091 9	2-碘代丙烷	29.35	0.110 7
4-甲基-2-戊醇	24.67	0.082 1	碘代苯	41.52	0.112 3
2-甲基-3-戊醇	26.43	0.091 4	碳酸二乙酯	28.62	0.110 0
3-甲基-3-戊醇	25.48	0.088 8	噻 吩	34.00	0.132 8
甲基环己烷	26.11	0.113 0	糠 醛	46.41	0.132 7
顺-2-甲基环己醇	32.45	0.077 0	磷酸三丁酯	28.71	0.066 6
顺-3-甲基环己醇	29.08	0.062 9	—	—	—

附录9 常用纯液体的电导率

表 F-10 常用纯液体的电导率

液体名称	温度(℃)	电导率 $(S\cdot cm^{-1})$	液体名称	温度(℃)	电导率 $(S\cdot cm^{-1})$
乙基溴	25.0	$<2.0\times10^{-8}$	苯	—	7.6×10^{-8}
乙基碘	25.0	$<2.0\times10^{-8}$	苯乙醚	25.0	$<1.7\times10^{-8}$
亚乙基二氯	25.0	$<1.7\times10^{-8}$	苯甲酸	125.0	3.0×10^{-9}
乙胺	0.0	4.0×10^{-7}	苯甲酸乙酯	25.0	$<1.0\times10^{-9}$
乙酐	0.0	1.0×10^{-6}	苯甲酸苄酯	25.0	$<1.0\times10^{-9}$
乙腈	20.0	7.0×10^{-6}	苯甲醛	25.0	1.5×10^{-7}
乙酯	25.0	$<4.0\times10^{-13}$	苯胺	25.0	2.4×10^{-8}
乙酰乙酸乙酯	25.0	4.0×10^{-8}	苯酚	25.0	$<1.7\times10^{-8}$
乙酰苯	25.0	6.0×10^{-9}	松节油	—	2.0×10^{-13}
乙酰氯	25.0	4.0×10^{-7}	邻甲苯胺	25.0	$<2.0\times10^{-6}$
乙酰胺	100.0	$<4.3\times10^{-5}$	正庚烷	—	$<1.0\times10^{-13}$
乙酰溴	25.0	2.4×10^{-6}	油酸	15.0	$<2.0\times10^{-10}$
乙醇	25.0	1.35×10^{-9}	草酸二乙酯	25.0	7.6×10^{-7}
乙酸	0.0	5.0×10^{-9}	茜素	233.0	1.45×10^{-6}
	25.0	1.12×10^{-8}	吡啶	25.0	$<2.0\times10^{-7}$
乙酸甲酯	25.0	3.4×10^{-6}	氨	−79.0	1.3×10^{-7}
乙酸乙酯	25.0	$<1.0\times10^{-9}$	烯丙醇	25.0	7.0×10^{-6}
乙醛	15.0	1.7×10^{-6}	萘	82.0	4.0×10^{-10}
二乙基胺	−33.5	2.2×10^{-9}	硫	115.0	1.0×10^{-12}
二甲苯	—	$<1.0\times10^{-15}$		130.0	5.0×10^{-11}
二氯化硫	35.0	1.5×10^{-8}		440.0	1.2×10^{-7}
二氯乙酸	25.0	7.0×10^{-8}	硫化氢	B.P.	1.0×10^{-11}
二氯乙醇	25.0	1.2×1^{-5}	硫氰酸甲酯	25.0	1.5×10^{-6}
二硫化碳	1.0	7.8×10^{-18}	硫氰酸乙酯	25.0	1.2×10^{-6}
丁子香酚	25.0	$<1.7\times10^{-8}$	异硫氰酸乙酯	25.0	1.26×10^{-7}
异丁醇	−33.5	8.0×10^{-8}	异硫氰酸苯酯	25.0	1.4×10^{-6}
三甲基氨	25.0	2.2×10^{-10}	硫酰氯 SO_2Cl_2	25.0	3.0×10^{-8}
己腈	25.0	3.7×10^{-6}	硫酸	25.0	1.0×10^{-2}
三氯乙酸	25.0	3.0×10^{-9}	硫酸二甲酯	0.0	1.6×10^{-7}

续表

液体名称	温度(℃)	电导率 (S·cm^{-1})	液体名称	温度(℃)	电导率 (S·cm^{-1})
三氯化砷	35.0	1.2×10^{-6}	硫酸二乙酯	25.0	2.6×10^{-7}
三溴化砷	25.0	1.5×10^{-6}	硝基甲烷	18.0	6.0×10^{-7}
正己烷	18.0	$<1.0\times10^{-18}$	硝基苯	0.0	5.0×10^{-9}
水	18.0	4.0×10^{-8}	硝酸甲脂	25.0	4.5×10^{-6}
水杨醛	25.0	1.6×10^{-7}	硝酸乙酯	25.0	5.3×10^{-7}
壬烷	25.0	$<1.7\times10^{-8}$	邻或对硝基甲苯	25.0	$<2.0\times10^{-7}$
丙腈	25.0	$<1.0\times10^{-7}$	氯	−70.0	$<1.0\times10^{-16}$
丙酮	18.0	2.0×10^{-8}	氯乙醇	25.0	5.0×10^{-7}
	25.0	6.0×10^{-8}	氯乙酸	60.0	1.4×10^{-6}
正丙醇	18.0	5.0×10^{-8}	氯化乙烯	25.0	3.0×10^{-8}
	25.0	2.0×10^{-8}	氯化氢	−96.0	1.0×10^{-8}
异丙醇	25.0	3.5×10^{-6}	氯仿	25.0	$<2.0\times10^{-8}$
正丙基溴	25.0	$<2.0\times10^{-8}$	间氯苯胺	25.0	5.0×10^{-8}
丙酸	25.0	$<1.0\times10^{-9}$	氰	—	$<7.0\times10^{-9}$
丙醛	25.0	8.5×10^{-7}	氰化氢	0.0	3.3×10^{-6}
戊烷	19.5	$<2.0\times10^{-10}$	喹啉	25.0	2.2×10^{-8}
异戊酸	80.0	$<4.0\times10^{-13}$	硬脂酸	80.0	$<4.0\times10^{-13}$
甲苯	—	$<1.0\times10^{-14}$	碘	110.0	1.3×10^{-10}
甲基乙基酮	25.0	1.0×10^{-7}	碘化氢	B. P.	2.0×10^{-7}
甲基碘	25.0	$<2.0\times10^{-8}$	蒎烯	23.0	$<2.0\times10^{-10}$
甲酰胺	25.0	4.0×10^{-6}	蒽	230.0	3.0×10^{-10}
甲醇	18.0	4.4×10^{-7}	溴	17.2	1.3×10^{-13}
甲酸	18.0	5.6×10^{-5}	溴化乙烯	19.0	$<2.0\times10^{-10}$
	25.0	6.4×10^{-5}	溴苯	25.0	$<2.0\times10^{-11}$
对甲苯胺	100.0	6.2×10^{-8}	溴化氢	25.0	8.0×10^{-9}
间甲酚	25.0	$<1.7\times10^{-8}$	煤油	25.0	$<1.7\times10^{-8}$
邻甲氧基苯酚	25.0	2.8×10^{-7}	碳酸二乙酯	25.0	1.7×10^{-8}
甘油	25.0	6.4×10^{-8}	镓	30.0	36,800
甘醇	25.0	3.0×10^{-7}	伞花烃	25.0	$<2.0\times10^{-8}$
石油	—	3.0×10^{-13}	磺酰氯	25.0	2.0×10^{-6}
四氯化碳	18.0	4.0×10^{-18}	糖醛	25.0	1.5×10^{-6}
光气	25.0	7.0×10^{-9}	磷	25.0	4.0×10^{-7}
表氯醇	25.0	3.4×10^{-8}	磷酰氯	25.0	2.2×10

附录10　常用酸、碱、盐溶液的平均活度系数

表 F-11　常用酸、碱、盐溶液的平均活度系数(25.0 ℃)

序号	分子式	溶液浓度(百分比)							
		0.1	0.2	0.3	0.4	0.5	0.6	0.8	1.0
1	$AgNO_3$	0.734	0.657	0.606	0.567	0.536	0.509	0.464	0.429
2	$AlCl_3$	0.337	0.305	0.302	0.313	0.331	0.356	0.429	0.539
3	$Al_2(SO_4)_3$	0.035	0.022 5	0.017 6	0.015 3	0.014 3	0.014 0	0.014 9	0.017 5
4	$BaCl_2$	0.500	0.444	0.419	0.405	0.397	0.391	0.391	0.395
5	$Ba(ClO_4)_2$	0.524	0.481	0.464	0.459	0.462	0.469	0.487	0.513
6	$BeSO_4$	0.150	0.109	0.088 5	0.075 9	0.069 2	0.063 9	0.057 0	0.053 0
7	$CaCl_2$	0.518	0.472	0.455	0.448	0.448	0.453	0.470	0.500
8	$Ca(ClO_4)_2$	0.557	0.532	0.532	0.544	0.564	0.589	0.654	0.743
9	$CdCl_2$	0.228 0	0.163 8	0.132 9	0.113 9	0.100 6	0.090 5	0.076 5	0.066 9
10	$Cd(NO_3)_2$	0.513	0.464	0.442	0.430	0.425	0.423	0.425	0.433
11	$CdSO_4$	0.150	0.103	0.082 2	0.069 9	0.061 5	0.055 3	0.046 8	0.041 5
12	$CoCl_2$	0.522	0.479	0.463	0.459	0.462	0.470	0.492	0.531
13	$CrCl_3$	0.331	0.298	0.294	0.300	0.314	0.335	0.397	0.481
14	$Cr(NO_3)_3$	0.319	0.285	0.279	0.281	0.291	0.304	0.344	0.401
15	$Cr_2(SO_4)_3$	0.045 8	0.030 0	0.023 8	0.020 7	0.019 0	0.018 2	0.018 5	0.020 8
16	CsBr	0.754	0.694	0.654	0.626	0.603	0.506	0.558	0.530
17	CsCl	0.756	0.694	0.656	0.628	0.606	0.589	0.563	0.544
18	CsI	0.754	0.692	0.651	0.621	0.599	0.581	0.554	0.533
19	$CsNO_3$	0.733	0.655	0.602	0.561	0.528	0.501	0.458	0.422
20	CsOH	0.795	0.761	0.744	0.739	0.739	0.742	0.754	0.771
21	CsAc	0.799	0.771	0.761	0.759	0.762	0.768	0.783	0.802
22	Cs_2SO_4	0.456	0.382	0.338	0.311	0.291	0.274	0.251	0.235
23	$CuCl_2$	0.510	0.457	0.431	0.419	0.413	0.411	0.412	0.419
24	$Cu(NO_3)_2$	0.512	0.461	0.440	0.430	0.427	0.428	0.438	0.456
25	$CuSO_4$	0.150	0.104	0.083	0.070	0.062	0.056	0.048	0.042
26	$FeCl_2$	0.520	0.475	0.456	0.450	0.452	0.456	0.475	0.508
27	HBr	0.805	0.782	0.777	0.781	0.789	0.801	0.832	0.871

续表

序号	分子式	溶液浓度(百分比)							
		0.1	0.2	0.3	0.4	0.5	0.6	0.8	1.0
28	HCl	0.796	0.767	0.756	0.755	0.757	0.763	0.783	0.809
29	$HClO_4$	0.803	0.778	0.768	0.766	0.769	0.776	0.795	0.823
30	HI	0.818	0.807	0.811	0.823	0.839	0.860	0.908	0.963
31	HNO_3	0.791	0.754	0.735	0.725	0.720	0.717	0.718	0.724
32	H_2SO_4	0.246	0.209	0.183	0.167	0.156	0.148	0.137	0.132
33	KBr	0.772	0.722	0.693	0.673	0.657	0.646	0.629	0.617
34	KCl	0.770	0.718	0.688	0.666	0.649	0.637	0.618	0.604
35	$KCLO_3$	0.749	0.681	0.635	0.599	0.568	0.541	—	—
36	K_2CrO_4	0.456	0.382	0.340	0.313	0.292	0.276	0.253	0.235
37	KF	0.775	0.727	0.700	0.682	0.670	0.661	0.650	0.645
38	$K_3Fe(CN)_6$	0.268	0.212	0.184	0.167	0.155	0.146	0.135	0.128
39	$K_4Fe(CN)_6$	0.139	0.099 3	0.080 8	0.069 3	0.061 4	0.055 6	0.047 9	—
40	KH_2PO_4	0.731	0.653	0.602	0.561	0.529	0.501	0.456	0.421
41	KI	0.778	0.733	0.707	0.689	0.676	0.667	0.654	0.645
42	KNO_3	0.739	0.663	0.614	0.576	0.545	0.519	0.476	0.443
43	KOH	0.776	0.739	0.721	0.713	0.712	0.712	0.721	0.735
44	KAc	0.796	0.766	0.754	0.750	0.751	0.754	0.766	0.783
45	KSCN	0.769	0.716	0.685	0.663	0.646	0.633	0.614	0.599
46	K_2SO_4	0.436	0.356	0.313	0.283	0.261	0.243	—	—
47	LiAc	0.784	0.742	0.721	0.709	0.700	0.691	0.688	0.689
48	LiBr	0.796	0.766	0.756	0.752	0.753	0.758	0.777	0.803
49	LiCl	0.790	0.757	0.744	0.740	0.739	0.743	0.755	0.774
50	$LiClO_4$	0.812	0.794	0.792	0.798	0.808	0.820	0.852	0.887
51	$LiNO_3$	0.788	0.752	0.736	0.728	0.726	0.727	0.733	0.743
52	LiOH	0.760	0.702	0.665	0.638	0.617	0.599	0.573	0.554
53	Li_2SO_4	0.468	0.389	0.361	0.337	0.319	0.307	0.289	0.277
54	$MgCl_2$	0.528	0.488	0.476	0.474	0.480	0.490	0.521	0.569
55	$MgSO_4$	0.150	0.107	0.087	0.076	0.068	0.062	0.054	0.049
56	$MnCl_2$	0.518	0.471	0.452	0.444	0.442	0.445	0.457	0.481
57	$MnSO_4$	0.150	0.105	0.085	0.073	0.064	0.058	0.049	0.044
58	NH_4Cl	0.770	0.718	0.687	0.665	0.649	0.636	0.617	0.603
59	NH_4NO_3	0.740	0.677	0.636	0.606	0.582	0.562	0.530	0.504
60	$(NH_4)_2SO_4$	0.423	0.343	0.300	0.270	0.248	0.231	0.206	0.189

续表

序号	分子式	溶液浓度(百分比)							
		0.1	0.2	0.3	0.4	0.5	0.6	0.8	1.0
61	NaAc	0.791	0.757	0.744	0.737	0.735	0.736	0.745	0.757
62	NaBr	0.782	0.741	0.719	0.704	0.697	0.692	0.687	0.683
63	NaCl	0.778	0.735	0.710	0.693	0.681	0.673	0.662	0.657
64	$NaClO_3$	0.772	0.720	0.688	0.664	0.645	0.630	0.606	0.589
65	$NaClO_4$	0.775	0.729	0.701	0.683	0.668	0.656	0.641	0.629
66	Na_2CrO_4	0.464	0.394	0.353	0.327	0.307	0.292	0.269	0.253
67	NaF	0.765	0.710	0.676	0.651	0.632	0.616	0.592	0.573
68	NaH_2PO_4	0.744	0.675	0.629	0.593	0.563	0.539	0.499	0.468
69	NaI	0.787	0.751	0.735	0.727	0.723	0.723	0.727	0.736
70	$NaNO_3$	0.762	0.703	0.666	0.638	0.617	0.599	0.570	0.548
71	NaOH	0.764	0.725	0.706	0.695	0.688	0.683	0.677	0.677
72	NaSCN	0.787	0.750	0.731	0.720	0.715	0.712	0.710	0.712
73	Na_2SO_4	0.452	0.371	0.325	0.294	0.230	0.252	0.225	0.204
74	$NiCl_2$	0.522	0.479	0.463	0.460	0.464	0.471	0.496	0.563
75	$NiSO_4$	0.150	0.105	0.084	0.071	0.063	0.056	0.048	0.043
76	$Pb(NO_3)_2$	0.405	0.316	0.267	0.234	0.210	0.192	0.164	0.145
77	RbAc	0.796	0.767	0.756	0.753	0.755	0.759	0.773	0.792
78	RbBr	0.763	0.706	0.673	0.650	0.632	0.617	0.595	0.578
79	RbCl	0.764	0.709	0.675	0.652	0.634	0.620	0.599	0.583
80	RbI	0.762	0.705	0.671	0.647	0.629	0.614	0.591	0.575
81	$RbNO_3$	0.734	0.658	0.606	0.565	0.534	0.508	0.465	0.430
82	Rb_2SO_4	0.451	0.374	0.331	0.301	0.279	0.263	0.238	0.219
83	$SrCl_2$	0.511	0.461	0.442	0.433	0.430	0.431	0.441	0.461
84	$Sr(NO_3)_2$	0.478	0.410	0.373	0.348	0.329	0.314	0.292	0.275
85	$TlClO_4$	0.730	0.652	0.599	0.559	0.527	—	—	—
86	$TlNO_3$	0.702	0.606	0.545	0.500	—	—	—	—
87	UO_2Cl_2	0.539	0.505	0.497	0.500	0.512	0.527	0.565	0.614
88	$UO_2(NO_3)_2$	0.543	0.512	0.510	0.518	0.534	0.555	0.608	0.679
89	UO_2SO_4	0.150	0.102	0.080 7	0.068 9	0.061 1	0.056 6	0.048 3	0.043 9
90	$ZnCl_2$	0.518	0.465	0.435	0.413	0.396	0.382	0.359	0.341
91	$Zn(NO_3)_2$	0.530	0.487	0.472	0.463	0.471	0.478	0.499	0.533
92	$ZnSO_4$	0.150	0.104	0.084	0.071	0.063	0.057	0.049	0.044

附录 11 标准电极电势

表 F-12 标准电极电势

序号	电极过程	$E^{\ominus}$(V)
1	$Ag^{+}+e = Ag$	0.799 6
2	$Ag^{2+}+e = Ag^{+}$	1.980
3	$AgBr+e = Ag+Br^{-}$	0.071 3
4	$AgBrO_3+e = Ag+BrO_3^{-}$	0.546
5	$AgCl+e = Ag+Cl^{-}$	0.222
6	$AgCN+e = Ag+CN^{-}$	−0.017
7	$Ag_2CO_3+2e = 2Ag+CO_3^{2-}$	0.470
8	$Ag_2C_2O_4+2e = 2Ag+C_2O_4^{2-}$	0.465
9	$Ag_2CrO_4+2e = 2Ag+CrO_4^{2-}$	0.447
10	$AgF+e = Ag+F^{-}$	0.779
11	$Ag_4[Fe(CN)_6]+4e = 4Ag+[Fe(CN)_6]^{4-}$	0.148
12	$AgI+e = Ag+I^{-}$	−0.152
13	$AgIO_3+e = Ag+IO_3^{-}$	0.354
14	$Ag_2MoO_4+2e = 2Ag+MoO_4^{2-}$	0.457
15	$[Ag(NH_3)_2]^{+}+e = Ag+2NH_3$	0.373
16	$AgNO_2+e = Ag+NO_2^{-}$	0.564
17	$Ag_2O+H_2O+2e = 2Ag+2OH^{-}$	0.342
18	$2AgO+H_2O+2e = Ag_2O+2OH^{-}$	0.607
19	$Ag_2S+2e = 2Ag+S^{2-}$	−0.691
20	$Ag_2S+2H^{+}+2e = 2Ag+H_2S$	−0.036 6
21	$AgSCN+e = Ag+SCN^{-}$	0.0895
22	$Ag_2SeO_4+2e = 2Ag+SeO_4^{2-}$	0.363
23	$Ag_2SO_4+2e = 2Ag+SO_4^{2-}$	0.654
24	$Ag_2WO_4+2e = 2Ag+WO_4^{2-}$	0.466
25	$Al_3+3e = Al$	−1.662
26	$AlF_6^{3-}+3e = Al+6F^{-}$	−2.069
27	$Al(OH)_3+3e = Al+3OH^{-}$	−2.31
28	$AlO_2^{-}+2H_2O+3e = Al+4OH^{-}$	−2.35
29	$Am^{3+}+3e = Am$	−2.048
30	$Am^{4+}+e = Am^{3+}$	2.60

续表

序号	电极过程	$E^{\ominus}$(V)
31	$AmO_2^{2+}+4H^++3e \rightleftharpoons Am^{3+}+2H_2O$	1.75
32	$As+3H^++3e \rightleftharpoons AsH_3$	−0.608
33	$As+3H_2O+3e \rightleftharpoons AsH_3+3OH^-$	−1.37
34	$As_2O_3+6H^++6e \rightleftharpoons 2As+3H_2O$	0.234
35	$HAsO_2+3H^++3e \rightleftharpoons As+2H_2O$	0.248
36	$AsO_2^-+2H_2O+3e \rightleftharpoons As+4OH^-$	−0.68
37	$H_3AsO_4+2H^++2e \rightleftharpoons HAsO_2+2H_2O$	0.560
38	$AsO_4^{3-}+2H_2O+2e \rightleftharpoons AsO_2^-+4OH^-$	−0.71
39	$AsS_2^-+3e \rightleftharpoons As+2S^{2-}$	−0.75
40	$AsS_4^{3-}+2e \rightleftharpoons AsS_2^-+2S^{2-}$	−0.60
41	$Au^++e \rightleftharpoons Au$	1.692
42	$Au^{3+}+3e \rightleftharpoons Au$	1.498
43	$Au^{3+}+2e \rightleftharpoons Au^+$	1.401
44	$AuBr_2^-+e \rightleftharpoons Au+2Br^-$	0.959
45	$AuBr_4^-+3e \rightleftharpoons Au+4Br^-$	0.854
46	$AuCl_2^-+e \rightleftharpoons Au+2Cl^-$	1.15
47	$AuCl_4^-+3e \rightleftharpoons Au+4Cl^-$	1.002
48	$AuI+e \rightleftharpoons Au+I^-$	0.50
49	$Au(SCN)_4^-+3e \rightleftharpoons Au+4SCN^-$	0.66
50	$Au(OH)_3+3H^++3e \rightleftharpoons Au+3H_2O$	1.45
51	$BF_4^-+3e \rightleftharpoons B+4F^-$	−1.04
52	$H_2BO_3^-+H_2O+3e \rightleftharpoons B+4OH^-$	−1.79
53	$B(OH)_3+7H^++8e \rightleftharpoons BH_4^-+3H_2O$	−0.481
54	$Ba^{2+}+2e \rightleftharpoons Ba$	−2.912
55	$Ba(OH)_2+2e \rightleftharpoons Ba+2OH^-$	−2.99
56	$Be^{2+}+2e \rightleftharpoons Be$	−1.847
57	$Be_2O_3^{2-}+3H_2O+4e \rightleftharpoons 2Be+6OH^-$	−2.63
58	$Bi^++e \rightleftharpoons Bi$	0.5
59	$Bi^{3+}+3e \rightleftharpoons Bi$	0.308
60	$BiCl_4^-+3e \rightleftharpoons Bi+4Cl^-$	0.16
61	$BiOCl+2H^++3e \rightleftharpoons Bi+Cl^-+H_2O$	0.16
62	$Bi_2O_3+3H_2O+6e \rightleftharpoons 2Bi+6OH^-$	−0.46
63	$Bi_2O_4+4H^++2e \rightleftharpoons 2BiO^++2H_2O$	1.593
64	$Bi_2O_4+H_2O+2e \rightleftharpoons Bi_2O_3+2OH^-$	0.56

续表

序号	电极过程	$E^{\ominus}$(V)
65	Br_2(水溶液,aq)$+2e = 2Br^-$	1.087
66	Br_2(液体)$+2e = 2Br^-$	1.066
67	$BrO^- + H_2O + 2e = Br^- + 2OH$	0.761
68	$BrO_3^- + 6H^+ + 6e = Br^- + 3H_2O$	1.423
69	$BrO_3^- + 3H_2O + 6e = Br^- + 6OH^-$	0.61
70	$2BrO_3^- + 12H^+ + 10e = Br_2 + 6H_2O$	1.482
71	$HBrO + H^+ + 2e = Br^- + H_2O$	1.331
72	$2HBrO + 2H^+ + 2e = Br_2$(水溶液,aq)$+ 2H_2O$	1.574
73	$CH_3OH + 2H^+ + 2e = CH_4 + H_2O$	0.59
74	$HCHO + 2H^+ + 2e = CH_3OH$	0.19
75	$CH_3COOH + 2H^+ + 2e = CH_3CHO + H_2O$	−0.12
76	$(CN)_2 + 2H^+ + 2e = 2HCN$	0.373
77	$(CNS)_2 + 2e = 2CNS^-$	0.77
78	$CO_2 + 2H^+ + 2e = CO + H_2O$	−0.12
79	$CO_2 + 2H^+ + 2e = HCOOH$	−0.199
80	$Ca^{2+} + 2e = Ca$	−2.868
81	$Ca(OH)_2 + 2e = Ca + 2OH^-$	−3.02
82	$Cd^{2+} + 2e = Cd$	−0.403
83	$Cd^{2+} + 2e = Cd(Hg)$	−0.352
84	$Cd(CN)_4^{2-} + 2e = Cd + 4CN^-$	−1.09
85	$CdO + H_2O + 2e = Cd + 2OH^-$	−0.783
86	$CdS + 2e = Cd + S^{2-}$	−1.17
87	$CdSO_4 + 2e = Cd + SO_4^{2-}$	−0.246
88	$Ce^{3+} + 3e = Ce$	−2.336
89	$Ce^{3+} + 3e = Ce(Hg)$	−1.437
90	$CeO_2 + 4H^+ + e = Ce^{3+} + 2H_2O$	1.4
91	Cl_2(气体)$+2e = 2Cl^-$	1.358
92	$ClO^- + H_2O + 2e = Cl^- + 2OH^-$	0.89
93	$HClO + H^+ + 2e = Cl^- + H_2O$	1.482
94	$2HClO + 2H^+ + 2e = Cl_2 + 2H_2O$	1.611
95	$ClO_2^- + 2H_2O + 4e = Cl^- + 4OH^-$	0.76
96	$2ClO_3^- + 12H^+ + 10e = Cl_2 + 6H_2O$	1.47
97	$ClO_3^- + 6H^+ + 6e = Cl^- + 3H_2O$	1.451
98	$ClO_3^- + 3H_2O + 6e = Cl^- + 6OH^-$	0.62

续表

序号	电极过程	$E^{\ominus}$(V)
99	$ClO_4^- + 8H^+ + 8e \rightleftharpoons Cl^- + 4H_2O$	1.38
100	$2ClO_4^- + 16H^+ + 14e \rightleftharpoons Cl_2 + 8H_2O$	1.39
101	$Cm^{3+} + 3e \rightleftharpoons Cm$	−2.04
102	$Co^{2+} + 2e \rightleftharpoons Co$	−0.28
103	$[Co(NH_3)_6]^{3+} + e \rightleftharpoons [Co(NH_3)_6]^{2+}$	0.108
104	$[Co(NH_3)_6]^{2+} + 2e \rightleftharpoons Co + 6NH_3$	−0.43
105	$Co(OH)_2 + 2e \rightleftharpoons Co + 2OH^-$	−0.73
106	$Co(OH)_3 + e \rightleftharpoons Co(OH)_2 + OH^-$	0.17
107	$Cr^{2+} + 2e \rightleftharpoons Cr$	−0.913
108	$Cr^{3+} + e \rightleftharpoons Cr^{2+}$	−0.407
109	$Cr^{3+} + 3e \rightleftharpoons Cr$	−0.744
110	$[Cr(CN)_6]^{3-} + e \rightleftharpoons [Cr(CN)_6]^{4-}$	−1.28
111	$Cr(OH)_3 + 3e \rightleftharpoons Cr + 3OH^-$	−1.48
112	$Cr_2O_7^{2-} + 14H^+ + 6e \rightleftharpoons 2Cr^{3+} + 7H_2O$	1.232
113	$CrO_2^- + 2H_2O + 3e \rightleftharpoons Cr + 4OH^-$	−1.2
114	$HCrO_4^- + 7H^+ + 3e \rightleftharpoons Cr^{3+} + 4H_2O$	1.350
115	$CrO_4^{2-} + 4H_2O + 3e \rightleftharpoons Cr(OH)_3 + 5OH^-$	−0.13
116	$Cs^+ + e \rightleftharpoons Cs$	−2.92
117	$Cu^+ + e \rightleftharpoons Cu$	0.521
118	$Cu^{2+} + 2e \rightleftharpoons Cu$	0.342
119	$Cu^{2+} + 2e \rightleftharpoons Cu(Hg)$	0.345
120	$Cu^{2+} + Br^- + e \rightleftharpoons CuBr$	0.66
121	$Cu^{2+} + Cl^- + e \rightleftharpoons CuCl$	0.57
122	$Cu^{2+} + I^- + e \rightleftharpoons CuI$	0.86
123	$Cu^{2+} + 2CN^- + e \rightleftharpoons [Cu(CN)_2]^-$	1.103
124	$CuBr_2^- + e \rightleftharpoons Cu + 2Br^-$	0.05
125	$CuCl_2^- + e \rightleftharpoons Cu + 2Cl^-$	0.19
126	$CuI_2^- + e \rightleftharpoons Cu + 2I^-$	0.00
127	$Cu_2O + H_2O + 2e \rightleftharpoons 2Cu + 2OH^-$	−0.360
128	$Cu(OH)_2 + 2e \rightleftharpoons Cu + 2OH^-$	−0.222
129	$2Cu(OH)_2 + 2e \rightleftharpoons Cu_2O + 2OH^- + H_2O$	−0.080
130	$CuS + 2c \rightleftharpoons Cu + S^{2-}$	−0.70
131	$CuSCN + e \rightleftharpoons Cu + SCN^-$	−0.27
132	$Dy^{2+} + 2e \rightleftharpoons Dy$	−2.2

续表

序号	电极过程	$E^{\ominus}$(V)
133	$Dy^{3+}+3e \rightleftharpoons Dy$	−2.295
134	$Er^{2+}+2e \rightleftharpoons Er$	−2.0
135	$Er^{3+}+3e \rightleftharpoons Er$	−2.331
136	$Es^{2+}+2e \rightleftharpoons Es$	−2.23
137	$Es^{3+}+3e \rightleftharpoons Es$	−1.91
138	$Eu^{2+}+2e \rightleftharpoons Eu$	−2.812
139	$Eu^{3+}+3e \rightleftharpoons Eu$	−1.991
140	$F_2+2H^++2e \rightleftharpoons 2HF$	3.053
141	$F_2O+2H^++4e \rightleftharpoons H_2O+2F^-$	2.153
142	$Fe^{2+}+2e \rightleftharpoons Fe$	−0.447
143	$Fe^{3+}+3e \rightleftharpoons Fe$	−0.037
144	$[Fe(CN)_6]^{3-}+e \rightleftharpoons [Fe(CN)_6]^{4-}$	0.358
145	$[Fe(CN)_6]^{4-}+2e \rightleftharpoons Fe+6CN^-$	−1.5
146	$FeF_6^{3-}+e \rightleftharpoons Fe^{2+}+6F^-$	0.4
147	$Fe(OH)_2+2e \rightleftharpoons Fe+2OH^-$	−0.877
148	$Fe(OH)_3+e \rightleftharpoons Fe(OH)_2+OH^-$	−0.56
149	$Fe_3O_4+8H^++2e \rightleftharpoons 3Fe^{2+}+4H_2O$	1.23
150	$Fm^{3+}+3e \rightleftharpoons Fm$	−1.89
151	$Fr^++e \rightleftharpoons Fr$	−2.9
152	$Ga^{3+}+3e \rightleftharpoons Ga$	−0.549
153	$H_2GaO_3^-+H_2O+3e \rightleftharpoons Ga+4OH^-$	−1.29
154	$Gd^{3+}+3e \rightleftharpoons Gd$	−2.279
155	$Ge^{2+}+2e \rightleftharpoons Ge$	0.24
156	$Ge^{4+}+2e \rightleftharpoons Ge^{2+}$	0.0
157	$GeO_2+2H^++2e \rightleftharpoons GeO$(棕色)$+H_2O$	−0.118
158	$GeO_2+2H^++2e \rightleftharpoons GeO$(黄色)$+H_2O$	−0.273
159	$H_2GeO_3+4H^++4e \rightleftharpoons Ge+3H_2O$	−0.182
160	$2H^++2e \rightleftharpoons H_2$	0.000 0
161	$H_2+2e \rightleftharpoons 2H^-$	−2.25
162	$2H_2O+2e \rightleftharpoons H_2+2OH^-$	−0.827 7
163	$Hf^{4+}+4e \rightleftharpoons Hf$	−1.55
164	$Hg^{2+}+2e \rightleftharpoons Hg$	0.851
165	$Hg_2^{2+}+2e \rightleftharpoons 2Hg$	0.797
166	$2Hg^{2+}+2e \rightleftharpoons Hg_2^{2+}$	0.920

续表

序号	电极过程	$E^{\ominus}$(V)
167	$Hg_2Br_2+2e=2Hg+2Br^-$	0.139 2
168	$HgBr_4^{2-}+2e=Hg+4Br^-$	0.21
169	$Hg_2Cl_2+2e=2Hg+2Cl^-$	0.268 1
170	$2HgCl_2+2e=Hg_2Cl_2+2Cl^-$	0.63
171	$Hg_2CrO_4+2e=2Hg+CrO_4^{2-}$	0.54
172	$Hg_2I_2+2e=2Hg+2I^-$	−0.040 5
173	$Hg_2O+H_2O+2e=2Hg+2OH^-$	0.123
174	$HgO+H_2O+2e=Hg+2OH^-$	0.097 7
175	HgS(红色)$+2e=Hg+S^{2-}$	−0.70
176	HgS(黑色)$+2e=Hg+S^{2-}$	−0.67
177	$Hg_2(SCN)_2+2e=2Hg+2SCN^-$	0.22
178	$Hg_2SO_4+2e=2Hg+SO_4^{2-}$	0.613
179	$Ho^{2+}+2e=Ho$	−2.1
180	$Ho^{3+}+3e=Ho$	−2.33
181	$I_2+2e=2I^-$	0.535 5
182	$I_3^-+2e=3I^-$	0.536
183	$2IBr+2e=I_2+2Br^-$	1.02
184	$ICN+2e=I^-+CN^-$	0.30
185	$2HIO+2H^++2e=I_2+2H_2O$	1.439
186	$HIO+H^++2e=I^-+H_2O$	0.987
187	$IO^-+H_2O+2e=I^-+2OH^-$	0.485
188	$2IO_3^-+12H^++10e=I_2+6H_2O$	1.195
189	$IO_3^-+6H^++6e=I^-+3H_2O$	1.085
190	$IO_3^-+2H_2O+4e=IO^-+4OH^-$	0.15
191	$IO_3^-+3H_2O+6e=I^-+6OH^-$	0.26
192	$2IO_3^-+6H_2O+10c=I_2+12OH^-$	0.21
193	$H_5IO_6+H^++2e=IO_3^-+3H_2O$	1.601
194	$In^++e=In$	−0.14
195	$In^{3+}+3e=In$	−0.338
196	$In(OH)_3+3e=In+3OH^-$	−0.99
197	$Ir^{3+}+3e=Ir$	1.156
198	$IrBr_6^{2-}+e=IrBr_6^{3-}$	0.99
199	$IrCl_6^{2-}+e=IrCl_6^{3-}$	0.867
200	$K^++e=K$	−2.931

续表

序号	电极过程	$E^{\ominus}$(V)
201	$La^{3+}+3e═La$	−2.379
202	$La(OH)_3+3e═La+3OH^-$	−2.90
203	$Li^++e═Li$	−3.040
204	$Lr^{3+}+3e═Lr$	−1.96
205	$Lu^{3+}+3e═Lu$	−2.28
206	$Md^{2+}+2e═Md$	−2.40
207	$Md^{3+}+3e═Md$	−1.65
208	$Mg^{2+}+2e═Mg$	−2.372
209	$Mg(OH)_2+2e═Mg+2OH^-$	−2.690
210	$Mn^{2+}+2e═Mn$	−1.185
211	$Mn^{3+}+3e═Mn$	1.542
212	$MnO_2+4H^++2e═Mn^{2+}+2H_2O$	1.224
213	$MnO_4^-+4H^++3e═MnO_2+2H_2O$	1.679
214	$MnO_4^-+8H^++5e═Mn^{2+}+4H_2O$	1.507
215	$MnO_4^-+2H_2O+3e═MnO_2+4OH^-$	0.595
216	$Mn(OH)_2+2e═Mn+2OH^-$	−1.56
217	$Mo^{3+}+3e═Mo$	−0.200
218	$MoO_4^{2-}+4H_2O+6e═Mo+8OH^-$	−1.05
219	$N_2+2H_2O+6H^++6e═2NH_4OH$	0.092
220	$2NH_3OH^++H^++2e═N_2H_5{}^++2H_2O$	1.42
221	$2NO+H_2O+2e═N_2O+2OH^-$	0.76
222	$2HNO_2+4H^++4e═N_2O+3H_2O$	1.297
223	$NO_3^-+3H^++2e═HNO_2+H_2O$	0.934
224	$NO_3^-+H_2O+2e═NO_2^-+2OH^-$	0.01
225	$2NO_3^-+2H_2O+2e═N_2O_4+4OH^-$	−0.85
226	$Na^++e═Na$	−2.713
227	$Nb^{3+}+3e═Nb$	−1.099
228	$NbO_2+4H^++4e═Nb+2H_2O$	−0.690
229	$Nb_2O_5+10H^++10e═2Nb+5H_2O$	−0.644
230	$Nd^{2+}+2e═Nd$	−2.1
231	$Nd^{3+}+3e═Nd$	−2.323
232	$Ni^{2+}+2e═Ni$	−0.257
233	$NiCO_3+2e═Ni+CO_3^{2-}$	−0.45
234	$Ni(OH)_2+2e═Ni+2OH^-$	−0.72

续表

序号	电极过程	$E^{\ominus}$(V)
235	$NiO_2+4H^++2e \rightleftharpoons Ni^{2+}+2H_2O$	1.678
236	$No^{2+}+2e \rightleftharpoons No$	−2.50
237	$No^{3+}+3e \rightleftharpoons No$	−1.20
238	$Np^{3+}+3e \rightleftharpoons Np$	−1.856
239	$NpO_2+H_2O+H^++e \rightleftharpoons Np(OH)_3$	−0.962
240	$O_2+4H^++4e \rightleftharpoons 2H_2O$	1.229
241	$O_2+2H_2O+4e \rightleftharpoons 4OH^-$	0.401
242	$O_3+H_2O+2e \rightleftharpoons O_2+2OH^-$	1.24
243	$Os^{2+}+2e \rightleftharpoons Os$	0.85
244	$OsCl_6^{3-}+e \rightleftharpoons Os^{2+}+6Cl^-$	0.4
245	$OsO_2+2H_2O+4e \rightleftharpoons Os+4OH^-$	−0.15
246	$OsO_4+8H^++8e \rightleftharpoons Os+4H_2O$	0.838
247	$OsO_4+4H^++4e \rightleftharpoons OsO_2+2H_2O$	1.02
248	$P+3H_2O+3e \rightleftharpoons PH_3(g)+3OH^-$	−0.87
249	$H_2PO_2^-+e \rightleftharpoons P+2OH^-$	−1.82
250	$H_3PO_3+2H^++2e \rightleftharpoons H_3PO_2+H_2O$	−0.499
251	$H_3PO_3+3H^++3e \rightleftharpoons P+3H_2O$	−0.454
252	$H_3PO_4+2H^++2e \rightleftharpoons H_3PO_3+H_2O^-$	−0.276
253	$PO_4^{3-}+2H_2O+2e \rightleftharpoons HPO_3^{2-}+3OH^-$	−1.05
254	$Pa^{3+}+3e \rightleftharpoons Pa$	−1.34
255	$Pa^{4+}+4e \rightleftharpoons Pa$	−1.49
256	$Pb^{2+}+2e \rightleftharpoons Pb$	−0.126
257	$Pb^{2+}+2e \rightleftharpoons Pb(Hg)$	−0.121
258	$PbBr_2+2e \rightleftharpoons Pb+2Br^-$	−0.284
259	$PbCl_2+2e \rightleftharpoons Pb+2Cl^-$	−0.268
260	$PbCO_3+2e \rightleftharpoons Pb+CO_3^{2-}$	−0.506
261	$PbF_2+2e \rightleftharpoons Pb+2F^-$	−0.344
262	$PbI_2+2e \rightleftharpoons Pb+2I^-$	−0.365
263	$PbO+H_2O+2e \rightleftharpoons Pb+2OH^-$	−0.580
264	$PbO+4H^++2e \rightleftharpoons Pb+H_2O$	0.25
265	$PbO_2+4H^++2e \rightleftharpoons Pb^2+2H_2O$	1.455
266	$HPbO_2^-+H_2O+2e \rightleftharpoons Pb+3OH^-$	−0.537
267	$PbO_2+SO_4^{2-}+4H^++2e \rightleftharpoons PbSO_4+2H_2O$	1.691
268	$PbSO_4+2e \rightleftharpoons Pb+SO_4^{2-}$	−0.359

续表

序号	电极过程	$E^{\ominus}$(V)
269	$Pd^{2+}+2e \rightleftharpoons Pd$	0.915
270	$PdBr_4^{2-}+2e \rightleftharpoons Pd+4Br^-$	0.6
271	$PdO_2+H_2O+2e \rightleftharpoons PdO+2OH^-$	0.73
272	$Pd(OH)_2+2e \rightleftharpoons Pd+2OH^-$	0.07
273	$Pm^{2+}+2e \rightleftharpoons Pm$	−2.20
274	$Pm^{3+}+3e \rightleftharpoons Pm$	−2.30
275	$Po^{4+}+4e \rightleftharpoons Po$	0.76
276	$Pr^{2+}+2e \rightleftharpoons Pr$	−2.0
277	$Pr^{3+}+3e \rightleftharpoons Pr$	−2.353
278	$Pt^{2+}+2e \rightleftharpoons Pt$	1.18
279	$[PtCl_6]^{2-}+2e \rightleftharpoons [PtCl_4]^{2-}+2Cl^-$	0.68
280	$Pt(OH)_2+2e \rightleftharpoons Pt+2OH^-$	0.14
281	$PtO_2+4H^++4e \rightleftharpoons Pt+2H_2O$	1.00
282	$PtS+2e \rightleftharpoons Pt+S^{2-}$	−0.83
283	$Pu^{3+}+3e \rightleftharpoons Pu$	−2.031
284	$Pu^{5+}+e \rightleftharpoons Pu^{4+}$	1.099
285	$Ra^{2+}+2e \rightleftharpoons Ra$	−2.8
286	$Rb^++e \rightleftharpoons Rb$	−2.98
287	$Re^{3+}+3e \rightleftharpoons Re$	0.300
288	$ReO_2+4H^++4e \rightleftharpoons Re+2H_2O$	0.251
289	$ReO_4^-+4H^++3e \rightleftharpoons ReO_2+2H_2O$	0.510
290	$ReO_4^-+4H_2O+7e \rightleftharpoons Re+8OH^-$	−0.584
291	$Rh^{2+}+2e \rightleftharpoons Rh$	0.600
292	$Rh^{3+}+3e \rightleftharpoons Rh$	0.758
293	$Ru^{2+}+2e \rightleftharpoons Ru$	0.455
294	$RuO_2+4H^++2e \rightleftharpoons Ru^{2+}+2H_2O$	1.120
295	$RuO_4+6H^++4e \rightleftharpoons Ru(OH)_2^{2+}+2H_2O$	1.40
296	$S+2e \rightleftharpoons S^{2-}$	−0.476
297	$S+2H^++2e \rightleftharpoons H_2S$(水溶液,aq)	0.142
298	$S_2O_6^{2-}+4H^++2e \rightleftharpoons 2H_2SO_3$	0.564
299	$2SO_3^{2-}+3H_2O+4e \rightleftharpoons S_2O_3^{2-}+6OH^-$	−0.571
300	$2SO_3^{2-}+2H_2O+2e \rightleftharpoons S_2O_4^{2-}+4OH^-$	−1.12
301	$SO_4^{2-}+H_2O+2e \rightleftharpoons SO_3^{2-}+2OH^-$	−0.93
302	$Sb+3H^++3e \rightleftharpoons SbH_3$	−0.510

续表

序号	电极过程	$E^{\ominus}$(V)
303	$Sb_2O_3+6H^++6e$ ══ $2Sb+3H_2O$	0.152
304	$Sb_2O_5+6H^++4e$ ══ $2SbO^++3H_2O$	0.581
305	$SbO_3^-+H_2O+2e$ ══ $SbO_2^-+2OH^-$	−0.59
306	$Sc^{3+}+3e$ ══ Sc	−2.077
307	$Sc(OH)_3+3e$ ══ $Sc+3OH^-$	−2.6
308	$Se+2e$ ══ Se^{2-}	−0.924
309	$Se+2H^++2e$ ══ H_2Se(水溶液,aq)	−0.399
310	$H_2SeO_3+4H^++4e$ ══ $Se+3H_2O$	−0.74
311	$SeO_3^{2-}+3H_2O+4e$ ══ $Se+6OH^-$	−0.366
312	$SeO_4^{2-}+H_2O+2e$ ══ $SeO_3^{2-}+2OH^-$	0.05
313	$Si+4H^++4e$ ══ SiH_4(气体)	0.102
314	$Si+4H_2O+4e$ ══ SiH_4+4OH^-	−0.73
315	$SiF_6^{2-}+4e$ ══ $Si+6F^-$	−1.24
316	SiO_2+4H^++4e ══ $Si+2H_2O$	−0.857
317	$SiO_3^{2-}+3H_2O+4e$ ══ $Si+6OH^-$	−1.697
318	$Sm^{2+}+2e$ ══ Sm	−2.68
319	$Sm^{3+}+3e$ ══ Sm	−2.304
320	$Sn^{2+}+2e$ ══ Sn	−0.138
321	$Sn^{4+}+2e$ ══ Sn^{2+}	0.151
322	$SnCl_4^{2-}+2e$ ══ $Sn+4Cl^-$(1 mol/LHCl)	−0.19
323	$SnF_6^{2-}+4e$ ══ $Sn+6F^-$	−0.25
324	$Sn(OH)_3^-+3H^++2e$ ══ $Sn^{2+}+3H_2O$	0.142
325	SnO_2+4H^++4e ══ $Sn+2H_2O$	−0.117
326	$Sn(OH)_6^{2-}+2e$ ══ $HSnO_2^-+3OH^-+H_2O$	−0.93
327	$Sr^{2+}+2e$ ══ Sr	−2.899
328	$Sr^{2+}+2e$ ══ $Sr(Hg)$	−1.793
329	$Sr(OH)_2+2e$ ══ $Sr+2OH^-$	−2.88
330	$Ta^{3+}+3e$ ══ Ta	−0.6
331	$Tb^{3+}+3e$ ══ Tb	−2.28
332	$Tc^{2+}+2e$ ══ Tc	0.400
333	$TcO_4^-+8H^++7e$ ══ $Tc+4H_2O$	0.472
334	$TcO_4^-+2H_2O+3e$ ══ TcO_2+4OH^-	−0.311
335	$Te+2e$ ══ Te^{2-}	−1.143
336	$Te^{4+}+4e$ ══ Te	0.568

续表

序号	电极过程	$E^{\ominus}$(V)
337	$Th^{4+}+4e=Th$	−1.899
338	$Ti^{2+}+2e=Ti$	−1.630
339	$Ti^{3+}+3e=Ti$	−1.37
340	$TiO_2+4H^++2e=Ti^{2+}+2H_2O$	−0.502
341	$TiO^{2+}+2H^++e=Ti^{3+}+H_2O$	0.1
342	$Tl^++e=Tl$	−0.336
343	$Tl^{3+}+3e=Tl$	0.741
344	$Tl^{3+}+Cl^-+2e=TlCl$	1.36
345	$TlBr+e=Tl+Br^-$	−0.658
346	$TlCl+e=Tl+Cl^-$	−0.557
347	$TlI+e=Tl+I^-$	−0.752
348	$Tl_2O_3+3H_2O+4e=2Tl^++6OH^-$	0.02
349	$TlOH+e=Tl+OH^-$	−0.34
350	$Tl_2SO_4+2e=2Tl+SO_4^{2-}$	−0.436
351	$Tm^{2+}+2e=Tm$	−2.4
352	$Tm^{3+}+3e=Tm$	−2.319
353	$U^{3+}+3e=U$	−1.798
354	$UO_2+4H^++4e=U+2H_2O$	−1.40
355	$UO_2{}^++4H^++e=U^{4+}+2H_2O$	0.612
356	$UO_2^{2+}+4H^++6e=U+2H_2O$	−1.444
357	$V^{2+}+2e=V$	−1.175
358	$VO^{2+}+2H^++e=V^{3+}+H_2O$	0.337
359	$VO_2^++2H^++e=VO^{2+}+H_2O$	0.991
360	$VO_2^++4H^++2e=V^{3+}+2H_2O$	0.668
361	$V_2O_5+10H^++10e=2V+5H_2O$	−0.242
362	$W^{3+}+3e=W$	0.1
363	$WO_3+6H^++6e=W+3H_2O$	−0.090
364	$W_2O_5+2H^++2e=2WO_2+H_2O$	−0.031
365	$Y^{3+}+3e=Y$	−2.372
366	$Yb^{2+}+2e=Yb$	−2.76
367	$Yb^{3+}+3e=Yb$	−2.19
368	$Zn^{2+}+2e=Zn$	−0.7618
369	$Zn^{2+}+2e=Zn(Hg)$	−0.7628
370	$Zn(OH)_2+2e=Zn+2OH^-$	−1.249
371	$ZnS+2e=Zn+S^{2-}$	−1.40
372	$ZnSO_4+2e=Zn(Hg)+SO_4^{2-}$	−0.799

附录12　25 ℃时普通电极反应的超电势

表 F-13　25 ℃时普通电极反应的超电势

电极名称	电流密度 i(A·m^{-2})				
	10	100	1 000	5 000	50 000
H_2(1 mol·L^{-1} H_2SO_4溶液)					
Ag	0.097	0.13	0.3	0.48	0.69
Al	0.3	0.83	1.00	1.29	—
Au	0.017	—	0.1	0.24	0.33
Bi	0.39	0.4	—	0.78	0.98
Cd	—	1.13	1.22	1.25	
Co	—	0.2	—	—	—
Cr	—	0.4	—	—	—
Cu	—	—	0.35	0.48	0.55
Fe	—	0.56	0.82	1.29	—
$C_{(石墨)}$	0.002	—	0.32	0.60	0.73
Hg	0.8	0.93	1.03	1.07	—
Ir	0.002 6	0.2	—	—	—
Ni	0.14	0.3	—	0.56	0.71
Pb	0.40	0.4	—	0.52	1.06
Pd	0	0.04	—	—	—
$Pt_{(光滑的)}$	0.000 0	0.16	0.29	0.68	—
$Pt_{(镀铂黑的)}$	0.000 0	0.030	0.041	0.048	0.051
Sb	—	0.4	—	—	—
Sn	—	0.5	1.2	—	—
Ta	—	0.39	0.4	—	—
Zn	0.48	0.75	1.06	1.23	—

续表

电极名称	电流密度 i($A\cdot m^{-2}$)				
	10	100	1 000	5 000	50 000
O_2(1 $mol\cdot L^{-1}$ KOH 溶液)					
Ag	0.58	0.73	0.98	—	1.13
Au	0.67	0.96	1.24	—	1.63
Cu	0.42	0.58	0.66	—	0.79
C(石墨)	0.53	0.90	1.09	—	1.24
Ni	0.35	0.52	0.73	—	0.85
Pt(光滑的)	0.72	0.85	1.28	—	1.49
Pt(镀铂黑的)	0.40	0.52	0.64	—	0.77
Cl_2(饱和 NaCl 溶液)					
C(石墨)	—	—	0.25	0.42	0.53
Pt(光滑的)	0.008	0.03	0.054	0.161	0.236
Pt(镀铂黑的)	0.006	—	0.026	0.05	—
Br_2(饱和 NaBr 溶液)					
C(石墨)	—	0.002	0.027	0.16	0.33
Pt(光滑的)	—	0.002	—	0.26	—
Pt(镀铂黑的)	—	0.002	0.012	0.069	0.21
I_2(饱和 NaI 溶液)					
C(石墨)	0.002	0.014	0.097	—	—
Pt(光滑的)	—	0.003	0.03	0.12	0.22
Pt(镀铂黑的)	—	0.006	0.032		

附录13　常用气体吸收剂

表 F-14　常用气体吸收剂

序　号	气体名称	吸收剂名称	吸收剂浓度
1	CO_2，SO_2，H_2S，PH_3	KOH（氢氧化钾）	颗粒状固体或30%～35%水溶液
		$Cd(CH_3COO)_2 \cdot 2H_2O$（乙酸镉）	80 g 乙酸镉溶于100 mL水中，加入几滴冰乙酸
2	Cl_2和酸性气体	KOH	80 g 乙酸镉溶于100 mL水中，加入几滴冰乙酸
3	Cl_2	KI（碘化钾）	1 $mol \cdot L^{-1}$ KI溶液
		Na_2SO_3（亚硫酸钠）	1 $mol \cdot L^{-1}$ Na_2SO_3溶液
4	HCl	KOH	1 $mol \cdot L^{-1}$ Na_2SO_3溶液
		$AgNO_3$（硝酸银）	1 $mol \cdot L^{-1}$ $AgNO_3$溶液
5	H_2SO_4，SO_3	玻璃棉	—
6	HCN	KOH	250 g KOH溶于800 mL水中
7	H_2S	$CuSO_4$（硫酸铜）	1% $CuSO_4$溶液
		$Cd(CH_3COO)_2$（乙酸镉）	1% $Cd(CH_3COO)_2$溶液
8	NH_3	酸性溶液	0.1 $mol \cdot L^{-1}$ HCl溶液
9	AsH_3	$Cd(CH_3COO)_2 \cdot 2H_2O$	80 g 乙酸镉溶于100 mL水中，加入几滴冰乙酸
10	NO	$KMnO_4$（高锰酸钾）	0.1 $mol \cdot L^{-1}$ $KMnO_4$溶液
11	不饱和烃	H_2SO_4（发烟硫酸）	含20%～25% SO_3的H_2SO_4
		溴溶液	5%～10% KBr溶液用Br_2饱和
12	O_2	P（黄磷）	固体
13	N_2	钡、钙、铈、镁等金属	使用80～100目的细粉

习题解答

绪　论

简答题

答　物理化学是从物理学与化学之间的联系入手，运用物理学的原理和方法研究化学变化本质和规律的学科。其内容主要包括研究"化学变化能量、方向与限度"的化学热力学、研究"化学变化速率与机理"的化学动力学及研究"物质性能与结构间的内在关联"的物质结构三部分。

这一门学科的特点是涉及较多的微分、积分、微分方程和力学、热学、电学、光学等数理知识；很多概念、原理、公式的理解、形成与推导需具备一定深度的哲学与逻辑学修养；是一门具有一定挑战性和较高美誉度的课程。

学习物理化学需要适当温习数学、物理学和哲学、逻辑学相关知识，注意把握预习（除可及时自修一下先引课相关内容外，听课时还可集中精力于某一细节，掌握学习主动权）；听课（物理化学内容严谨、逻辑性强，一旦缺课就不易跟上）；笔记（可使注意力更加集中，再说课堂上也不能百分百搞清楚）；习题（预习后自做相关习题，课后做老师布置的作业，每章结束后做全部习题）；复习（课后及时消化吸收，每章结束及时总结回顾。注重重点公式的物理意义和使用条件及章节之间的来龙去脉。平时不积压问题，考前再全面系统复习。建立"知识框架"）；实验（除可通过实验充分理解用物理学原理与方法研究化学变化本质与规律获取相关知识外，更重要的是能培养实践与创新能力）六个环节。

学习物理化学的用途在于以此培养学生的逻辑思维能力与空间想象力，提高学生用物理化学的观点和方法看待化学、化工问题的能力；物理化学是无机化学、有机化学、分析化学和化工原理、化学工艺学、化学反应工程、化工热力学、化工分离工程、精细化学品化学、材料化学、材料科学基础、无机材料合成等课程的基础与纽带；这门学科是设计新反应、改进旧工艺、确定最佳反应条件，提高产品产量与质量的定量基础，如合成高效低毒农药、抗癌药物（紫杉醇）、防衰老药物以及合成氨、硫酸、石油化工、精细化工等，都必须首先用物理化学解决有关反应的能量、方向、限度及速率和机理；学好物理化学是获取知识、提升素质、培养能力以及就业、考研和科学研究的保障。

第1章

一、选择题

1. C 2. B 3. D 4. B 5. C 6. C

7. A 以冲入容器内的气体为系统，环境对它做功，系统热力学能升高。

8. B 选定留在钢瓶内的气体作为系统，它对冲出去的气体做功，自身热力学能降低。

9. B 理想气体的热力学能(焓)仅是温度的函数，温度升高，热力学能一定增加。

10. B 在绝热刚性容器中不论发生什么变化，只要没有非膨胀功，则 $Q=0, W=0, \Delta U=0$。其相当于是一个隔离系统。但焓不是守恒量，对于气体分子数增加的放热反应，容器中的温度和压力会升高，故 $\Delta H>0$。

二、填空题

1. 相；化学；热；力

2. 不变($Q=0, W=0, \Delta U=0$，则理想气体温度不变)；降低($Q=0, W=0, \Delta U=0$，实际气体膨胀后，分子势能增加，总内能不变，则必然分子动能降低，温度降低)

3. 升高

4. $<$；$<$；$<$

5. A. $>$；$=$；$>$ B. $<$；$>$；$\geqslant$ C. $=$；$>$；$>$ D. $=$；$=$；$=$

注解：

A. 以水为系统，则电炉丝和工作电源为环境，水从电炉丝得到热，$Q>0$，使水的温度升高，但作为环境的工作电源与电炉丝之间的电能的交换是不计的，与系统水无关，所以 $W=0$。

B. 电炉丝从电源得到电功，$W>0$，又把热传给水，$Q<0$。若维持电炉丝温度不变，则 $\Delta U=0$，若电炉丝自身温度略有升高，则 $\Delta U>0$。

C. 这时工作电源为环境，对系统做电功，使水的热力学能增高，所以 $W>0, \Delta U>0$。而系统内部电炉丝传给水的能量是不计的，故 $Q=0$。

D. 这相当于一个隔离系统，热、功的交换都在系统内部进行，这是不能作为热与功来计算的，所以 $Q=0, W=0, \Delta U=0$。

6. $>$；$<$；$<$

注解：可逆绝热膨胀过程体系付出的功大于不可逆绝热膨胀过程。而两过程的 Q 都等于零，因而前一过程中体系内能降低得更多，相应终态气体的温度也低些，所以相应的压力也低些。

7.

题表 1-3 题表 1-1 答案

过程	Q	W	ΔU	ΔH
理想气体自由膨胀	0	0	0	0
理想气体等温可逆压缩	−	+	0	0
理想气体绝热可逆压缩	0	+	+	+
理想气体焦耳-汤姆孙节流过程	0	0	0	0
$H_2O_{(l),373\,K,p^\ominus} \longrightarrow H_2O_{(g),373\,K,p^\ominus}$	+	−	+	+
恒容绝热容器内反应：$H_{2(g)}+O_{2(g)} \longrightarrow 2H_2O_{(l)}$	0	0	0	−
恒容绝热容器内反应：$H_{2(g)}+Cl_{2(g)} \longrightarrow 2HCl_{(g)}$	0	0	0	+
常压下：苯$_{(s),p^\ominus,T_{fus}} \longrightarrow$ 苯$_{(l),p^\ominus,T_{fus}}$	+	−	+	+

三、简答题

1. **答** 体系状态的任意变化叫作过程。描述一个过程，需要指明体系的始、终态和过程进行时的条件。

可逆过程的主要特征是：体系在过程发生的每一时刻均无限接近平衡态，且发生后，按照其反向发生逆转过程，体系和环境均能够复原。

2. **答** 冰箱是不能代替空调的，空调向室外排热，而冰箱压缩机排的热却在室内，时间长了，所耗的电能全部转变成热能，房间的温度不但不会降低，反而会升高。

3. **答** 系统的一些性质其数值仅取决于系统所处的状态，而与系统的历史无关；它的变化量仅取决于系统的始态与终态，而与变化的途径无关。状态函数的特性可描述为：异途同归、值变相等；周而复始、数值还原。在数学上状态函数是单值、连续的可微函数，在状态图上其变化是连续的单值平滑曲线，其环状积分等于零。由于 $C_V=\left(\frac{\partial U}{\partial T}\right)_V=nC_{V,\mathrm{m}}$，$C_p=\left(\frac{\partial H}{\partial T}\right)_p=nC_{p,\mathrm{m}}$，所以 $C_{V,\mathrm{m}}$ 和 $C_{p,\mathrm{m}}$ 均是状态函数。

4. **答** 节流膨胀过程是指在较高压力下的流体（气或液）经多孔塞（或节流阀）向较低压力方向绝热膨胀过程。在这个过程中流体体积增大，压强降低，因而温度降低。所以绝热膨胀经常用于降低气体的温度，可起到冷冻的效应，特征是等焓、压力降低，温度降低、实际气体经节流膨胀后温度下降，理想气体的温度不变。

5. **答** 等温可逆，温度不变，体积变大，压力下降；而绝热过程无法从环境吸热，故体积膨胀所需的功须由气体的温度下降来补偿，导致压力又会因温度降低而减低，故达到相同的温度时，绝热可逆的压力远低于等温可逆，故 AC 线是绝热可逆线，AB 线是等温可逆线。p-V 线下的面积代表体系对环境所做的膨胀功的大小，所以绝热可逆膨胀的功小于等温可逆膨胀功。如果是体积减小的压缩过程则相反，绝热可逆压缩功大于等温可逆压缩功。

推导：根据两条线的斜率 $\left(\frac{\partial p}{\partial V}\right)_T$ 有

等温过程：

$$p_1V_1=p_2V_2=nRT=C(\text{常数})$$

$$\left(\frac{\partial p}{\partial V}\right)_T=-\frac{nRT}{V^2}$$

绝热可逆过程：

$$p_1V_1^\gamma=p_2V_2^\gamma=nRT=C'(\text{常数})$$

$$\left(\frac{\partial p}{\partial V}\right)_T=-\gamma\frac{C'}{V^{\gamma+1}}=-\gamma\frac{pV^\gamma}{V^{\gamma+1}}=-\gamma\frac{pV\cdot V^{\gamma-1}}{V^{\gamma+1}}$$

$$=-\gamma\frac{pV}{V^2}=-\gamma\frac{nRT}{V^2}$$

因为$\gamma>1$,即绝热可逆过程的$\left(\frac{\partial p}{\partial V}\right)_T$值大,斜率大的$AC$线为绝热可逆过程。同样适用于压缩过程。

6. **答**　(1) 摄入的碳水化合物、脂肪和蛋白质分别如下：

$$\text{碳水化合物}=\frac{14\,000\times65\%}{17.15\times98\%}=530\ (\text{g})$$

$$\text{脂肪}=\frac{14\,000\times20\%}{39.5\times95\%}=75\ (\text{g})$$

$$\text{蛋白质}=\frac{14\,000\times15\%}{(23.64-5.44)\times92\%}=125\ (\text{g})$$

(2)

$$10\,460=60\times4.184(T-310)$$

$$T=351.6\ (\text{K})$$

升高了 41.6 ℃。

体表面积

$$0.006\,59\times175+0.012\,6\times60-0.160\,3=1.75\ (\text{m}^2)$$

每天通过体表散失的热量

$$150\times1.75\times24=6\,300\ (\text{kJ})$$

每天需要饮水

$$\frac{10\,460-6\,300}{2\,460}=1.7\ (\text{kg})$$

7. **答**　在正常大气压下,每小时将 400 kg、298 K 的水变成 413 K 的水蒸气(用以加热浴室冷水等),需提供多少热量？为了提供这些热量需多少煤？(计算时假定锅炉不散热,煤的燃烧值为 393.3 $\text{kJ}\cdot\text{mol}^{-1}$),已知 373 K、101.325 kPa 下水的气化热为 40.63 $\text{kJ}\cdot\text{mol}^{-1}$。

可由 $Q_p=\Delta H$ 计算出每小时将 400 kg、298 K 水变成 413 K 水蒸气所需要的热量为 1 032 330 kJ。假设煤含 100%碳且全部燃烧用于水的加热,每小时耗煤量如下：

$$\frac{1\,032\,330}{393.3}\times12\times10^{-3}=31.5\ (\text{kg})$$

每年需煤至少 275 940 kg(约 276 吨)。

8. **答**　每克碳水化合物(葡萄糖、糖和淀粉)完全燃烧放出的能量为 17.15 kJ,每克动物性脂肪完全燃烧放出的能量为 39.5 kJ,每克蛋白质完全燃烧放出的能量为 23.64 kJ。由于食物在人体消化道内不能完全消化吸收,且蛋白质燃烧的产物除水、二氧化碳外,还有尿素、尿酸、肌酐等含氮物质将通过尿液排出体外,而每克蛋白质在体内产生的这些含氮物质如在体外氧弹中继续完全氧化,还可产生 5.44 kJ 的热量。成人碳水化合物供能占总能量供给量的 65%、脂肪占 20%、蛋白质占 15%,吸收率以 98%、95%、92%测算,根据每天需补充热量的值,可以计算出需要摄入的碳水化合物、脂肪和蛋白质的量。

9. **答** 空调或冰箱的节流装置就是内部一根毛细管。冰箱空调一般都是由四大件组成：压缩机、冷凝器、膨胀阀(节流装置)和蒸发器。其工作原理如下：工作时气态制冷剂通过压缩机被压缩成高温高压的气体后，进入冷凝器，冷凝器相当于一个换热设备，将高温、高压的气态制冷剂换热成低温高压的液态制冷剂。液态制冷剂再通过膨胀阀(所谓膨胀阀就是一个节流装置)，因流出膨胀阀的制冷剂受到遏制，因此出来后制冷剂压力降低，温度继续下降(冰箱的膨胀阀一般用毛细管代替，因从大管突然进到小管，同样可以起到节流的效果)成为气液两相，再进入蒸发器，此时的制冷剂再在蒸发器中进行换热汽化，成为高温低压的气态制冷剂回到压缩机进入下一个循环。

10. **答** 估算燃烧和爆炸所能达到的最高温度时，由于反应速度很快，所以可以假设是绝热反应。

四、判断题

1. 对 2. 对 3. 错 4. 对 5. 对 6. 对 7. 错 8. 错 9. 对 10. 对

五、计算题

1. **解** 在热力学第一定律 $\Delta U=Q+W$ 中，吸热 Q 为正，体系对外做功 W 为负，由

$$W=\Delta U-Q=200-40=160\ (\text{J})$$

系统得到 160 J 的功。由

$$\Delta U=W+Q=-10+28=18\ (\text{kJ})$$

系统的热力学能增加 18 kJ。

2. **解** 由公式 $Q_h=C\Delta T_h$ 以及水的热容为 $4.2\ \text{J}\cdot\text{g}^{-1}\cdot{}^\circ\text{C}^{-1}$，可知 $\Delta T_h=1\ {}^\circ\text{C}$。

3. **解** (1) 理想气体等温自由膨胀：

$$\Delta U=0,\quad \Delta H=0,\quad W=0,\quad Q=0$$

(2) 理想气体等温等外压膨胀：

$$\Delta U=0,\quad \Delta H=0$$

功的计算式为

$$W=-p_e\Delta V=-10\times10^3\ \text{Pa}\times1\times10^{-3}\ \text{m}^3=-10\ \text{J}$$

$$Q=10\ \text{J}$$

(3) 也是理想气体等温、等外压膨胀，$\Delta U=0$，$\Delta H=0$，因为始终态体积都不知道，要用理想气体的状态方程式求解：

$$W=-p_e\Delta V=-p_e\left(\frac{nRT}{p_2}-\frac{nRT}{p_1}\right)=-nRT\left(\frac{p_e}{p_2}-\frac{p_e}{p_1}\right)$$

因为 $p_e=p_2=10\ \text{kPa}$，所以

$$W=-(1\times8.314\times300)\times\left(1-\frac{10}{100}\right)=-2.24\ (\text{kJ})$$

$$Q=2.24\ (\text{kJ})$$

(4) 理想气体等温可逆膨胀：

$$\Delta U = 0, \Delta H = 0,$$

$$W = nRT\ln\left(\frac{p_2}{p_1}\right) = 1 \times 8.314 \times 300 \times \ln\left(\frac{10}{100}\right) = -5.74\ (\mathrm{kJ})$$

$$Q = 5.74\ (\mathrm{kJ})$$

4. **解**　(1)

$$Q_p = \int_{T_1}^{T_2} nC_{p,\mathrm{m}}\mathrm{d}T = \int_{T_1}^{T_2} \frac{pV}{RT}C_{p,\mathrm{m}}\mathrm{d}T$$

$$= C_{p,\mathrm{m}} \cdot \frac{pV}{R}\int_{T_1}^{T_2}\frac{\mathrm{d}T}{T} = C_{p,\mathrm{m}} \cdot \frac{pV}{R}\ln\left(\frac{T_2}{T_1}\right)$$

$$= \frac{7}{2}R \times \frac{101\,325 \times 1\,000}{R}\ln\left(\frac{293}{283}\right)$$

$$= 1.23 \times 10^4\ (\mathrm{kJ})$$

(2) 礼堂中在 293 K 和 283 K 时的物质的量 n_1 和 n_2 分别是

$$n_1 = \frac{pV}{RT} = \frac{101\,325 \times 1\,000}{8.314 \times 293} = 41\,594.8\ (\mathrm{mol})$$

$$n_2 = \frac{pV}{RT} = \frac{101\,325 \times 1\,000}{8.314 \times 283} = 43\,064.6\ (\mathrm{mol})$$

41 594.8 mol 的热空气降温到 283 K 放热为

$$Q_p = \Delta H = \int_{293}^{283} nC_{p,\mathrm{m}}\mathrm{d}T = nC_{p,\mathrm{m}}(T_2 - T_1)$$

$$= 41\,594.8 \times \frac{7}{2}R \times (283 - 293)$$

$$= -12\,103.67\ (\mathrm{kJ})$$

$$43\,064.6 - 41\,594.8 = 1\,469.6\ (\mathrm{mol})$$

室外空气进入礼堂吸收的热是

$$Q_p = \Delta H = \int_{273}^{283} nC_{p,\mathrm{m}}\mathrm{d}T = nC_{p,\mathrm{m}}(T_2 - T_1)$$

$$= 1\,469.8 \times \frac{7}{2}R \times (283 - 273)$$

$$= 427.70\ (\mathrm{kJ})$$

导出的热为

$$-12\,103.67 + 427.7 = -11\,675.97\ (\mathrm{kJ})$$

5. **解**　(1) 1 $\mathrm{dm^3}$ 空气的物质的量是

$$\frac{101\,325 \times 1 \times 10^{-3}}{8.314 \times 293} = 0.0416\ (\mathrm{mol})$$

$$\Delta H = \int_{T_1}^{T_2} nC_{p,\mathrm{m}}\mathrm{d}T = 0.041\,6 \times 29.288 \times (310 - 293) = 20.71\ (\mathrm{J})$$

(2) $Q = -20.71 \times 24 \times 60 \times 30 = -894.78\ (\mathrm{kJ})$。

6. **解**　(1) 题设过程可用题图 1-4 表示。

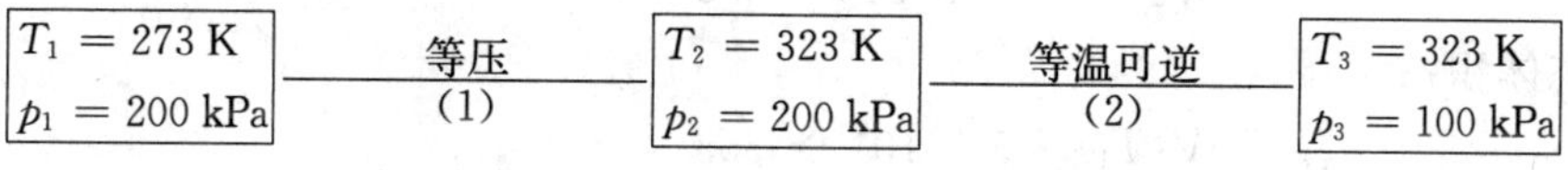

题图 1-4

单原子理想气体：

$$C_{V,\mathrm{m}} = \frac{3}{2}R$$

$$C_{p,\mathrm{m}} = \frac{5}{2}R$$

$$\Delta H_1 = nC_{p,\mathrm{m}}(T_2 - T_1) = 1 \times 2.5 \times 8.314 \times (323 - 273) = 1\,039.3\ (\mathrm{J})$$

$$\Delta H_2 = 0$$

$$\Delta H = \Delta H_1 + \Delta H_2 = 1\,039.3\ (\mathrm{J})$$

$$\Delta U_1 = nC_{V,\mathrm{m}}(T_2 - T_1) = 1 \times 1.5 \times 8.314 \times (323 - 273) = 623.6\ (\mathrm{J})$$

$$\Delta U_2 = 0$$

$$\Delta U = \Delta U_1 + \Delta U_2 = 623.6\ (\mathrm{J})$$

$$W_1 = -p(V_2 - V_1) = -(nRT_2 - nRT_1) = -415.7\ (\mathrm{J})$$

$$W_2 = -\int_{V_2}^{V_1} p\mathrm{d}V = -nRT\ln\left(\frac{V_3}{V_2}\right) = -nRT\ln\left(\frac{p_2}{p_3}\right) = -1\,861.5\ (\mathrm{J})$$

$$W = W_1 + W_2 = -2\,277.2\ (\mathrm{J})$$

$$Q = \Delta U - W = 2\,900.8\ (\mathrm{J})$$

(2) 题设过程可用题图 1-5 表示。

$T_1 = 273$ K, $p_1 = 200$ kPa ——等压 (1)—— $T_2 = 323$ K, $p_2 = 200$ kPa ——等温可逆 (2)—— $T_3 = 323$ K, $p_3 = 100$ kPa

题图 1-5

$$\Delta H_1 = 0$$

$$\Delta H_2 = nC_{p,\mathrm{m}}(T_3 - T_2) = 1 \times 2.5 \times 8.314 \times (323 - 273) = 1\,039.3\ (\mathrm{J})$$

$$\Delta H = \Delta H_1 + \Delta H_2 = 1\,039.3\ (\mathrm{J})$$

$$\Delta U_1 = 0$$

$$\Delta U_2 = nC_{V,\mathrm{m}}(T_3 - T_2) = 1 \times 1.5 \times 8.314 \times (323 - 273) = 623.6\ (\mathrm{J})$$

$$\Delta U = \Delta U_1 + \Delta U_2 = 623.6\ (\mathrm{J})$$

$$W_1 = -\int_{V_1}^{V_2} p\mathrm{d}V = -nRT\ln\left(\frac{V_2}{V_1}\right) = -nRT\ln\left(\frac{p_1}{p_2}\right) = -1\,573.3\ (\mathrm{J})$$

$$W_2 = -p(V_3 - V_2) = -(nRT_3 - nRT_2) = -415.7\ (\mathrm{J})$$

$$W = W_1 + W_2 = -1\,989.0\ (\mathrm{J})$$

$$Q = \Delta U - W = 2\,612.6\ (\mathrm{J})$$

两种途径的始、终态相同，两种途径的 ΔU 和 ΔH 相等，表明此二者是状态函数，与途径无关；而两种途径的 W 和 Q 不同，表明这二者不是状态函数，与途径有关。

7. **解** 理想气体的物质的量：

$$n = \frac{pV}{RT} = \frac{100 \times 10^3 \times 3 \times 10^{-3}}{8.314 \times 293} = 0.123\ (\mathrm{mol})$$

气体的终态体积：

$$V_2 = \frac{V_1 T_1}{T_2} = \frac{3 \times 10^{-3} \times 353}{293} = 3.614 \times 10^{-3}\ (\mathrm{m^3})$$

$$W = -p_{外}\,dV = -p_{外}(V_2 - V_1) = [-100\times10^3\times(3.164-3)\times10^{-3}] = -61.4\ (\mathrm{J})$$

$$\Delta H = \int_{T_1}^{T_2} nC_{p,\mathrm{m}}\mathrm{d}T = \int_{T_1}^{T_2} n\times(27.28+3.26\times10^{-3}T)\mathrm{d}T$$

$$= n\left[27.28(T_2-T_1)+\frac{1}{2}\times3.26\times10^{-3}(T_2^2-T_1^2)\right]$$

$$= 0.123\times\left[27.28(353-293)+\frac{1}{2}\times3.26\times10^{-3}\times(353^2-293^2)\right] = 209.1\ (\mathrm{J})$$

等压过程：

$$Q = \Delta H = 209.1\ (\mathrm{J})$$

$$\Delta U = Q + W = 209.1 - 61.4 = 147.7\ (\mathrm{J})$$

8. **解** (1) 气体始态温度

$$T_1 = \frac{p_1V_1}{nR} = \frac{200\times10^3\times11.2\times10^{-3}}{1\times8.314} = 269.4\ (\mathrm{K})$$

因为 pT=常数，所以 $p_1T_1 = p_2T_2$

终态温度：

$$T_2 = \frac{p_1T_1}{p_2} = \frac{200\times10^3\times269.4}{400\times10^3} = 134.7\ (\mathrm{K})$$

终态体积：

$$V_2 = \frac{nRT_2}{p_2} = \frac{1\times8.314\times134.7}{400\times10^3} = 2.8\times10^{-3} = 2.8\ (\mathrm{dm}^3)$$

(2) 理想气体任何过程，都有 $\Delta U = n\int_{T_1}^{T_2} C_{V,\mathrm{m}}\mathrm{d}T$ 和 $\Delta H = n\int_{T_1}^{T_2} C_{p,\mathrm{m}}\mathrm{d}T$，所以

$$\Delta U = nC_{V,\mathrm{m}}(T_2-T_1) = \left[1\times\frac{3}{2}\times8.314\times(134.7-269.5)\right] = -1\,680\ (\mathrm{J})$$

$$\Delta H = nC_{p,\mathrm{m}}(T_2-T_1) = \left[1\times\frac{5}{2}\times8.314\times(134.7-269.5)\right] = -2\,800\ (\mathrm{J})$$

(3) 因为 pT=常数=K，$p=\frac{K}{T}$，$V=\frac{nRT}{p}=\frac{nRT^2}{K}$，所以 $\mathrm{d}V=\frac{2nRT}{K}\mathrm{d}T$。

将 p 与 $\mathrm{d}V$ 代入 $W = -\int_{V_1}^{V_2} p\mathrm{d}V$，得

$$W = -\int_{T_1}^{T_2}\frac{K}{T}\cdot\frac{2nRT}{K}\mathrm{d}T = -\int_{T_1}^{T_2}2nR\mathrm{d}T = -2nR(T_2-T_1) = 2\,240\ (\mathrm{J})$$

9. **解** (1) $V_1 = \frac{nRT}{p_1} = \frac{1\times8.314\times298}{100\times10^3} = 2.48\times10^{-2} = 24.8\ (\mathrm{dm}^3)$

双原子理想气体：

$$\gamma = \frac{C_{p,\mathrm{m}}}{C_{V,\mathrm{m}}} = \frac{\frac{7}{2}R}{\frac{5}{2}R} = 1.4$$

理想气体绝热可逆过程方程：

$$T_1V_1^{\gamma-1} = T_2V_2^{\gamma-1}$$

氮气的最终温度：

$$T_2 = T_1\left(\frac{V_1}{V_2}\right)^{\gamma-1} = 298\times\left(\frac{24.8}{5}\right)^{\gamma-1} = 565.5\ (\mathrm{K})$$

(2) $N_{2(g)}$的最终压力：

$$p_2 = \frac{nRT_2}{V_2} = 9.40 \times 10^5\,(\mathrm{Pa})$$

(3) 绝热可逆过程的功：

$$W = \Delta U = nC_{V,\mathrm{m}}(T_2 - T_1) = 5.560\,(\mathrm{kJ})$$

10. **解** 单原子理想气体的物质的量：

(1) 等温可逆膨胀：

$$n = \frac{pV}{RT} = \frac{2\,000 \times 10^3 \times 20 \times 10^{-3}}{8.314 \times 298} = 16.144\,(\mathrm{mol})$$

$$\Delta U = 0,\quad \Delta H = 0$$

$$W = -\int_{V_1}^{V_2} p\mathrm{d}V = -nRT\ln\left(\frac{p_1}{p_2}\right) = -119.83\,(\mathrm{kJ})$$

$$Q = -W = 119.83\,(\mathrm{kJ})$$

(2) 绝热可逆膨胀：

单原子理想气体：

$$r = \frac{C_{p,\mathrm{m}}}{C_{V,\mathrm{m}}} = \frac{\frac{5}{2}R}{\frac{3}{2}R} = \frac{5}{3}$$

理想气体绝热可逆过程方程式：

$$T_1^\gamma P_1^{1-\gamma} = T_2^\gamma P_2^{1-\gamma}$$

将数值代入得

$$T_2 = 89.91\,(\mathrm{K})$$

$$\Delta U = nC_{V,\mathrm{m}}(T_2 - T_1) = 16.144 \times 1.5 \times 8.314 \times (89.91 - 298) = -41.90\,(\mathrm{kJ})$$

$$\Delta H = nC_{p,\mathrm{m}}(T_2 - T_1) = 16.144 \times 2.5 \times 8.314 \times (89.91 - 298) = -69.83\,(\mathrm{kJ})$$

$$Q = 0$$

$$W = \Delta U = -41.90\,(\mathrm{kJ})$$

(3) 以 $\delta = 1.3$ 的多方过程可逆膨胀：

$$p_1 V_1^\delta = T_2 P_2^\delta$$

对于理想气体，将 $V = nRT/p$ 代入上式即得 $p_1^{1-\delta} T_1^\delta = p_2^{1-\delta} T_2^\delta$，所以代入数据

$$T_2 = T_1\left(\frac{p_1}{p_2}\right)^{\frac{1-\delta}{\delta}} = 149.27\,(\mathrm{K})$$

$$\Delta U = nC_{V,\mathrm{m}}(T_2 - T_1) = 16.144 \times 1.5 \times 8.314 \times (149.27 - 298) = -29.95\,(\mathrm{kJ})$$

$$\Delta H = nC_{p,\mathrm{m}}(T_2 - T_1) = 16.144 \times 2.5 \times 8.314 \times (149.27 - 298) = -49.91\,(\mathrm{kJ})$$

因为多方过程 $pV^\delta = C$，所以膨胀功为

$$W = -\int_{V_1}^{V_2} p\mathrm{d}V = -\int_{V_1}^{V_2} \frac{C}{V^\delta}\mathrm{d}V = -\frac{C}{1-\delta}\left(\frac{1}{V_2^{\delta-1}} - \frac{1}{V_1^{\delta-1}}\right)$$

$$= \frac{p_2V_2 - p_1V_1}{\delta - 1} = \frac{nR(T_2 - T_1)}{\delta - 1} = -65.55\,(\mathrm{kJ})$$

$$Q = \Delta U - W = 36.6\,(\mathrm{kJ})$$

11. **解** 水在正常沸点下气化，属于等压过程，所以

$$Q_p = \Delta H = n\Delta_{\text{vap}}H_{\text{m}} = 2\times 40.7 = 81.4\ (\text{kJ})$$

$$W = -p_{\text{e}}\Delta V \approx -p_{\text{e}}V_{\text{g}} = -nRT = -2\times 8.314\times 373 = -6.202\ (\text{kJ})$$

$$\Delta U = Q + W = 75.18\ (\text{kJ})$$

12. **解** 过程如题图 1-6 所示。

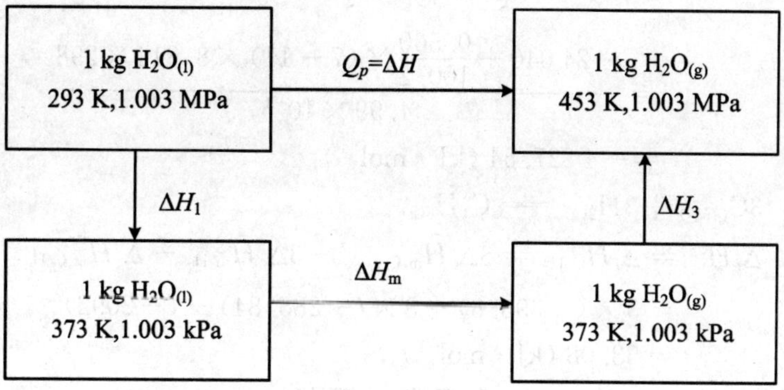

题图 1-6

$$\begin{aligned} Q_p &= \Delta H = \Delta H_1 + \Delta H_2 + \Delta H_3 \\ &= \int_{293}^{373} nC_{p,\text{m},\text{H}_2\text{O}_{(\text{l})}}\,\text{d}T + \Delta H_{\text{m}} + \int_{373}^{453} nC_{p,\text{m},\text{H}_2\text{O}_{(\text{s})}}\,\text{d}T \\ &= \frac{1\times 10^3}{18}\times\Big[75.3(373-293) + 40\,630 \\ &\quad + \int_{373}^{453}(29.16 + 14.49\times 10^{-3}T - 2.002\times 10^{-6}T^2)\text{d}T\Big] \\ &= 2.741\times 10^6\ (\text{kJ}) \end{aligned}$$

13. **解**

$$\begin{aligned} W &= -p\Delta V \approx -pV_{\text{H}_2} = -nRT(\text{忽略液体和固体的体积变化}) \\ &= -1\times 8.314\times 291 = -2.42\ (\text{kJ}) \end{aligned}$$

$$\Delta U = Q + W = -152 - 2.42 = -154.42\ (\text{kJ})$$

系统对外做功为 2.42 kJ，热力学能减少 154.42 kJ。

14. **解**

$$W = \int_1^2 p_{\text{e}}\text{d}V = -p(V_2 - V_1) \approx -pV_2 = nRT = 1\times 8.314\times 1\,200 = -9\,976.8\ (\text{J})$$

$$Q = 180\ (\text{kJ})$$

$$\Delta H = Q_p = Q = 180\ (\text{kJ})$$

$$\Delta U = Q + W = 180\,000 + (-9\,976.8) = 170\,023.2\ (\text{J}) = 170.02\ (\text{kJ})$$

15. **解** 正庚烷的燃烧反应为

$$C_7H_{16(\text{l})} + 11O_{2(\text{g})} =\!=\!= 7CO_{(\text{g})} + 8H_2O_{(\text{l})}$$

0.005 g 正庚烷燃烧反应的反应进度：

$$\xi = \frac{n_{\text{B}} - n_{\text{B},0}}{\nu_{\text{B}}} = \frac{0 - \dfrac{0.5}{100.2}}{-1} = 4.99\times 10^{-3}\,(\text{mol})$$

在弹式量热计中测得的等容燃烧热：

$$Q_V = -8.177 \times 2.94 = -24.04\ (\text{kJ})$$

正庚烷的摩尔燃烧焓：

$$\Delta_r H_m = \frac{\Delta_r H}{\xi} = \frac{Q_p}{\xi} = \frac{Q_V + \Delta n_{(g)} RT}{\xi}$$

$$= \frac{-24\,040 + \frac{0.500}{100.2} \times (7-11) \times 8.314 \times 298}{4.99 \times 10^{-3}}$$

$$= -4\,827.54\ (\text{kJ} \cdot \text{mol}^{-1})$$

16. **解** $3C_{(石墨)} + 3H_{2(g)} = C_3H_{6(g)}$

$$\Delta_r H_m^{\ominus} = \Delta_f H^{\ominus}_{C_3H_6} = 3\Delta_c H^{\ominus}_{m,C(石墨)} + 3\Delta_c H^{\ominus}_{m,H_2} - \Delta_c H^{\ominus}_{m,C_3H_3}$$

$$= 3 \times (-393.8) + 3 \times (-285.84) - (-2092)$$

$$= 53.08\ (\text{kJ} \cdot \text{mol}^{-1})$$

(2) 环丙烷⟶丙烯

$$\Delta_r H_m^{\ominus} = \Delta_f H^{\ominus}_{m,C_3H_4} - \Delta_f H^{\ominus}_{m,C_3H_6} = 20.50 - 53.08 = -32.58\ (\text{kJ} \cdot \text{mol}^{-1})$$

17. **解** (1) 求 $C_2H_{2(g)}$ 的标准摩尔生成热：

$$C_2H_{2(g)} + \frac{5}{2}O_{2(g)} = H_2O_{(l)} + 2CO_{2(g)}$$

$$\Delta_c H^{\ominus}_{C_2H_2(g)} = \Delta_r H_m^{\ominus} = \sum_{B'} \nu_B \Delta_f H^{\ominus}_{B,m}$$

$$= \Delta_f H^{\ominus}_{H_2O_{(l)},m} + \Delta_f H^{\ominus}_{CO_{2(g)},m} - \Delta_f H^{\ominus}_{C_2H_{2(g)},m}$$

$$= (-284.93) + (-393.05) - \Delta_f H^{\ominus}_{C_2H_{2(g)},m}$$

$$= -1\,299.55\ (\text{kJ} \cdot \text{mol}^{-1})$$

$$\Delta_f H^{\ominus}_{C_2H_{2(g)},m} = 621.57\ (\text{kJ} \cdot \text{mol}^{-1})$$

(2) $CaC_{2(s)} + 2H_2O_{(l)} = Ca(OH)_{2(s)} + C_2H_{2(g)}$

$$\Delta_r H_m^{\ominus} = \sum_{B'} \nu_B \Delta_f H^{\ominus}_{B,m}$$

$$= \Delta_f H^{\ominus}_{Ca(OH)_{2(s)},m} + \Delta_f H^{\ominus}_{C_2H_{2(g)},m} - \Delta_f H^{\ominus}_{CaC_{2(s)},m} - \Delta_f H^{\ominus}_{H_2O_{(l)},m}$$

$$= (-987.42) + 621.57 - (-58.99) - (-284.93)$$

$$= -21.93\ (\text{kJ} \cdot \text{mol}^{-1})$$

说明碳化钙与水反应生成乙炔的工段是放热的。

18. **解** 设计如题图 1-7 所示的反应途径。

将 $H_{2(g)}$，$O_{2(g)}$ 和 $H_2O_{(g)}$ 的摩尔等压热容写成表达式 $C_{p,m} = a + bT$，则有

$$\Delta H_m = \int_{T_1}^{T_2} C_{p,m} dT = \int_{T_1}^{T_2} (a + bT) dT = a(T_2 - T_1) + \frac{1}{2} b(T_2^2 - T_1^2)$$

以上 5 个过程的焓变的求算和结果如下：

过程(1)属于简单气体的等压变温过程：

$$\Delta H_{m,1} = \int_{800}^{298} \left(C_{p,m,H_2} + \frac{1}{2} C_{p,m,O_2}\right) dT$$

$$= \left[29.07(298 - 800) + \frac{1}{2} \times 8.36 \times 10^{-4} (298^2 - 800^2)\right]$$

$$+\left[0.5\times36.16\times(298-800)+0.5\times\frac{1}{2}\times8.45\times10^{-4}\times(298^2-800^2)\right]$$

$$=[29.07+0.5\times36.16]\times(298-800)+\frac{1}{2}\times[(8.36\times10^{-4}+0.5\times8.45)\times10^{-4}]\times(298^2-800^2)$$

$$=-24.02\ (\mathrm{kJ\cdot mol^{-1}})$$

过程(2)为 298 K,标准大气压下的化学反应:

$$\Delta_r H^{\ominus}_{m,298\,K}=-285.84\ (\mathrm{kJ\cdot mol^{-1}})$$

过程(3)为液态水 $H_2O_{(l)}$ 的等压变温过程:

$$\Delta H_2=\int_{298}^{373}C_{p,m,H_2O_{(l)}}\,dT=75.26\times(373-298)=5.64\ (\mathrm{kJ\cdot mol^{-1}})$$

过程(4)属于等温等压下的可逆相变:

$$\Delta H_3=\Delta_{vap}H_m=40.65\ (\mathrm{kJ\cdot mol^{-1}})$$

过程(5)属于气态水 $H_2O_{(g)}$ 的等压变温过程:

$$\Delta H_4=\int_{373}^{800}C_{p,m,H_2O_{(g)}}\,dT$$

$$=\left[30.00\times(800-373)+\frac{1}{2}\times10.7\times10^{-3}\times(800^2-373^2)\right]$$

$$=15.49\ (\mathrm{kJ\cdot mol^{-1}})$$

由盖斯定律,反应在 800 K 时的摩尔反应焓变

$$\Delta_r H^{\ominus}_{m,800\,K}=\Delta H_1+\Delta_r H_{m,298\,K}+\Delta H_2+\Delta H_3+\Delta H_4=-248.08\ (\mathrm{kJ\cdot mol^{-1}})$$

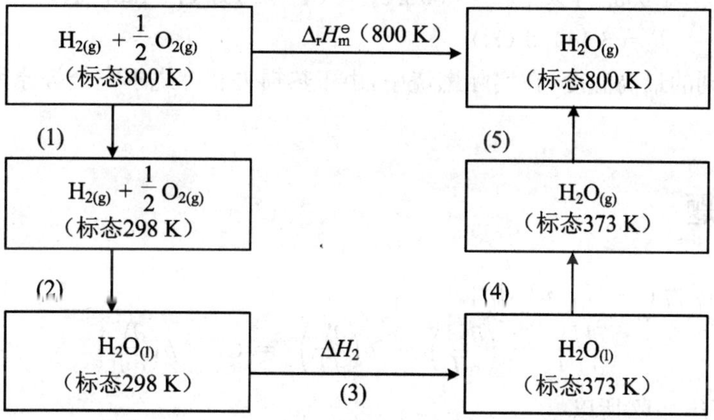

题图 1-7

19. **解** 热机的效率公式:

$$\eta=\frac{-W}{Q}=\frac{T_1-T_2}{T_1}$$

(1) $\eta=\frac{T_1-T_2}{T_1}=\frac{373-313}{373}=16.1\%$

(2) $\eta=\frac{T_1-T_2}{T_1}=\frac{538-313}{538}=41.8\%$

温差越大,理论转换系数越高,做功越多。

20. **解**

$$C_2H_2 + 2.5O_2 + 10N_2\,(298\ \mathrm{K}) \xrightarrow{(1)} 2CO_{2(g)} + H_2O_{(g)} + 10N_{2(g)}\,(T_2)$$

$$\searrow(2) \qquad\qquad\qquad (3)\nearrow$$

$$2CO_{2(g)} + H_2O_{(g)} + 10N_{2(g)}\,(298\ \mathrm{K})$$

因为在空气中燃烧反应,可以认为是等压绝热过程,过程(2)是1 mol乙炔与空气混合,在298 K恒压恒温燃烧,反应焓变为

$$\Delta_r H^{\ominus}_{m,1} = Q_{p,1} = 0$$

$$\Delta_r H^{\ominus}_{m,2} = \sum_{B'} V_B \Delta_f H^{\ominus}_{m,B,298\,K}$$

$$= [2\times(-393.51)+(-241.82)-226.7] = -1\,255.54\ (\mathrm{kJ\cdot mol^{-1}})$$

过程(3)是反应产物以及未参与反应的N_2由298 K升温到T,则

$$\Delta H^{\ominus}_{m(3)} = [\overline{C}_{p,m,H_2O_{(g)}} + 2\,\overline{C}_{p,m,CO_{2(g)}} + 10\,\overline{C}_{p,m,N_{2(g)}}](T-298)$$

$$= (33.58 + 2\times 37.1 + 10\times 29.12)(T-298)$$

$$= 398.98(T-298)\ (\mathrm{J\cdot mol^{-1}\cdot K^{-1}})$$

根据状态函数的性质

$$\Delta_r H^{\ominus}_{m,2} + \Delta H^{\ominus}_{m,3} = \Delta_r H^{\ominus}_{m,1} = 0$$

$$\Delta H^{\ominus}_{m,3} = -\Delta_r H^{\ominus}_{m,2} = 1\,255.54\ (\mathrm{kJ})$$

所以

$$1\,255.54\times 10^{-3} = 398.98\times(T-298)\ (\mathrm{J\cdot mol^{-1}K})$$

$$T = 3\,444.9\ (\mathrm{K})$$

这是燃烧所能达到的最高温度,在实际燃烧中,由于热损失和燃烧不完全等原因,温度不能达到这么高。

六、证明题

1. **证** (1) 因为$U=H-pV$,所以

$$\left(\frac{\partial U}{\partial T}\right)_p = \left(\frac{\partial H}{\partial T}\right)_p - p\left(\frac{\partial V}{\partial T}\right)_p = C_p - p\left(\frac{\partial V}{\partial T}\right)$$

(2) 由$U=H-pV$,所以

$$\left(\frac{\partial U}{\partial V}\right)_p = \left(\frac{\partial H}{\partial V}\right)_p - p$$

由全微分的数学性质$\left(\frac{\partial H}{\partial V}\right)_p = \left(\frac{\partial H}{\partial T}\right)_p\cdot\left(\frac{\partial T}{\partial V}\right)_p$,有

$$\left(\frac{\partial U}{\partial V}\right)_p = \left(\frac{\partial H}{\partial V}\right)_p - p = \left(\frac{\partial H}{\partial T}\right)_p\cdot\left(\frac{\partial T}{\partial V}\right)_p - p = C_p\cdot\left(\frac{\partial T}{\partial V}\right)_p - p$$

2. **证** 因为

$$C_p = \left(\frac{\partial H}{\partial T}\right)_p$$

$$C_V = \left(\frac{\partial U}{\partial T}\right)_V = \left[\frac{\partial(H-pV)}{\partial T}\right]_V = \left(\frac{\partial H}{\partial T}\right)_V - V\left(\frac{\partial p}{\partial T}\right)_V$$

所以

$$C_p - C_V = \left(\frac{\partial H}{\partial T}\right)_p - \left(\frac{\partial H}{\partial T}\right)_V + V\left(\frac{\partial p}{\partial T}\right)_V \tag{1}$$

将 H 写成 T,p 的函数，即

$$H = f(T,p)$$

$$\mathrm{d}H = \left(\frac{\partial H}{\partial p}\right)_T \mathrm{d}p + \left(\frac{\partial H}{\partial T}\right)_p \mathrm{d}T$$

将两边在恒容下对 T 求导，

$$\left(\frac{\partial H}{\partial T}\right)_V = \left(\frac{\partial H}{\partial p}\right)_T \left(\frac{\partial p}{\partial T}\right)_V + \left(\frac{\partial H}{\partial T}\right)_p \tag{2}$$

将式(2)代入式(1)有

$$\begin{aligned} C_p - C_V &= \left(\frac{\partial H}{\partial T}\right)_p - \left[\left(\frac{\partial H}{\partial p}\right)_T \left(\frac{\partial p}{\partial T}\right)_V + \left(\frac{\partial H}{\partial T}\right)_p\right] + V\left(\frac{\partial p}{\partial T}\right)_V \\ &= -\left(\frac{\partial p}{\partial T}\right)_V \left[\left(\frac{\partial H}{\partial p}\right)_T - V\right] \end{aligned}$$

第 2 章

一、选择题

1. C 2. A 3. D 4. C 5. C 6. C 7. A 8. D

二、填空题

1. <;>;<
2. 混乱度；增加
3. $\left(\frac{\partial S}{\partial p}\right)_T = -\frac{nR}{p} < 0$
4. 高
5. 拉乌尔定律；亨利定律；拉乌尔定律
6.

题表 2-6 题表 2-1 答案

过 程	Q	W	ΔU	ΔH	ΔS	ΔA	ΔG
理想气体自由膨胀	0	0	0	0	+	−	−
理想气体等温可逆压缩	−	+	0	0	−	+	+
理想气体绝热可逆压缩	0	−	+	+	0	+	+

续表

过程	Q	W	ΔU	ΔH	ΔS	ΔA	ΔG
理想气体焦耳-汤姆孙节流过程	0	0	0	0	+	−	−
$H_2O_{(l),373\,K,p^\ominus} \longrightarrow H_2O_{(g),373\,K,p^\ominus}$	+	−	+	+	+	−	0
恒容绝热容器内反应：$H_{2\,(g)}+Cl_{2\,(g)} \longrightarrow 2HCl_{(g)}$	0	0	0	+	+	−	−
苯$_{(s),p^\ominus,T_{fus}} \longrightarrow$苯$_{(l),p^\ominus,T_{fus}}$	+	0	+	+	+	−	0

三、简答题

1. **答** 一切隔离系统的熵总是朝着向混乱度高的方向自发进行。

2. **答** 一个远离平衡态的开放系统，借助与环境间不断的物质、能量和信息交换及内部各要素的非线性作用，一旦系统的某个参量的变化达到一定的阀值，通过调控，系统就会自发地由原来的无序或较低有序转变为时空或功能有序或较高有序的状态，即耗散结构。耗散结构高级有序、充满活力和旺盛的生命力、不易因为外界条件的微小变化而消失，是生物、社会等系统发展的必然归缩。在实际工作与生活中，必须把控系统的开放性、远离平衡态，注意不同要素之间非线性作用机制的构建及关键要素的调控，设法降低系统熵产生并吸入足够负熵流。

3. **答** 热射病主要是由于夏季环境温度高，未注意通风，身体产热未能及时有效散失，从环境吸入负熵流抵消机体熵产生而造成的。注意通风降温可避免之。"高山病、潜水病、浴室病"等病症是由于外界温度、压力变化，造成氧气在体液溶解度下降而引起的。注意使环境缓慢变化，让身体适应可避免之。

4. **答** 在煮饺子水中加些许食盐。一是降低沸点避免过分翻滚，二是避免因饺子内部液体渗透压过高而撑破饺皮。

5. **答** 加氯化钙，形成的溶液凝固点降低，能够防止结冰，避免路面出现裂纹。

6. **答** 雪天为防止路面结冰在其上撒盐，作用主要有二：一是如果有部分雪已经融化成雪水，雪水中加盐后会形成 NaCl 溶液，根据稀溶液的依数性，溶液的凝固点与纯雪水相比会更低，更不容易结冰；另一方面，当固态的雪与凝固点低于水的凝固点(0 ℃)的不饱和溶液共存时，固态的雪会被加快融化。所以，下雪天路面上撒盐，有利于加速雪的融化和防止雪水结冰的双重作用。

7. **答** 汽车防冻液是在水中加入了一些能够降低水溶液冰点的物质如有机物乙二醇、二甘醇、酒精等；加入可以防腐的磷酸二氢钠、苯甲酸钠及防垢的苯丙三氮唑、三醇胺等。其凝固点可降低到−60 ～−30 ℃。

8. **答** 人类血液的渗透压正常范围为(710～860 kPa)，与该渗透压值对应的血液中葡糖糖的浓度在 0.3 mol/L 左右，与之相对应的电解质 NaCl 的浓度在 0.15 mol/L 左右。当外界输入到体内的液体浓度高于以上值(即高渗溶液)时，人体细胞中的水会渗出，导致细胞因缺水而收缩；反之，当外界输入到体内的液体浓度低于以上值(即低渗溶液)时，过多的水会进入到人体细胞中使细胞溶胀，发生血栓等病态。所以输液或喝的饮料的浓度需要在合理的浓度范围，即等渗溶液。

9. **答** 当以半透膜隔开纯水与海水时，由于渗透压的存在，纯水会进入到海水中，要想阻止该过程，需要在海水上方加与渗透压相等的压力，当所加的压力大于渗透压时，海水中的水分会倒流，即向纯水一侧渗透。该过程为反渗透过程，可见反渗透能够实现海水的淡化。

10. **答** 不矛盾。在外界供给非体积功的情况下可以进行 $\Delta G_{T,p}>0$ 的非自发的过程。

11. **答** 凉水温度比冻梨或冻肉温度高，冻梨或冻肉解冻从凉水中吸收热量，使冻梨或冻肉解冻。由于含有糖分的冻梨的凝固点低于水的冰点且解冻后的温度仍低于水的冰点，所以冻梨内部解冻了而其表面仍会凝结一层薄冰（冻肉也是如此）。

四、判断题

1. 错

2. 错 应该是“隔离系统，凡熵增加过程都是自发过程”。

3. 错 有例外，如对 277.15 K 的水而言，$\left(\dfrac{\partial V}{\partial T}\right)_p=0$，此时 $C_p=C_V$。

4. 错 应该是“绝热系统或隔离系统达平衡时，熵值最大，等温等压条件下，系统达平衡时自由能最小”。

5. 错 只有偏摩尔吉布斯自由能既是偏摩尔量又是化学势。

6. 错 根据熵增加原理，绝热不可逆过程的 $\Delta S>0$，而绝热可逆过程的 $\Delta S=0$，从同一始态出发，经历一个绝热不可逆过程后的熵值和经历一个绝热可逆过程后的熵值永不相等，不可能达到同一终态。

7. 对 8. 对 9. 错 10. 对

11. 错 食盐水的渗透压是糖水的 2 倍。

12. 错 化学势是强度性质，当 T,p,x 一定时，化学势有定值，与浓度法和标准态的选择无关。

13. 对

五、计算题

1. **解** (1) $\Delta S=\int_1^2\dfrac{\delta Q_R}{T}=nR\ln\left(\dfrac{V_2}{V_1}\right)=1\times 8.314\ln 10=19.14\ (\mathrm{J\cdot K^{-1}})$

(2) $$\Delta S=\int_1^2\frac{nC_{p,\mathrm{He,m}}}{T}\mathrm{d}T=nC_{p,\mathrm{He,m}}\ln\left(\frac{T_2}{T_1}\right)$$

$$=2\times\frac{5}{2}\times 8.314\ln\left(\frac{900}{300}\right)=45.67\ (\mathrm{J\cdot K^{-1}})$$

2. **解** 单原子理想气体 $C_{V,\mathrm{m}}=1.5R$，$C_{p,\mathrm{m}}=2.5R$，则该过程可以设计成两个过程，分别是等压变温和等温变压过程，则熵变为

$$\Delta S=nC_{p,\mathrm{m}}\ln\left(\frac{T_2}{T_1}\right)+nR\ln\left(\frac{p_1}{p_2}\right)$$

$$=5\times 2.5\times 8.314\times\ln\left(\frac{298}{273}\right)+5\times 8.314\times\ln\left(\frac{100}{1\,000}\right)$$

$$=-86.62\ (\mathrm{J\cdot K^{-1}})$$

3. **解** 将容器中的气体作为系统，因为绝热过程的 $Q=0$，环境不对系统做功，$W=0$，所以

$\Delta U=0$。设系统达到平衡时温度为 T,则有

$$n_{Ar}C_{V,Ar,m}(T-300)-n_{N_2}C_{V,N_2,m}(400-T)=0$$

将 $C_{V,Ar,m}=\frac{3}{2}R, C_{V,N_2,m}=\frac{5}{2}R, n_{Ar}=1\ mol, n_{N_2}=2\ mol$ 代入上式得

$$T=376.92\ K$$

混合前 Ar 的体积:

$$V_{Ar}=\frac{n_{Ar}RT_{Ar}}{p_{Ar}}=\frac{1\times 8.314\times 300}{100\times 10^3}=24.94\times 10^{-3}(m^3)$$

混合前 N_2 的体积:

$$V_{N_2}=\frac{n_{N_2}RT_{N_2}}{p_{N_2}}=\frac{2\times 8.314\times 400}{200\times 10^3}=33.26\times 10^{-3}(m^3)$$

混合后总体积:

$$V=V_{Ar}+V_{N_2}=58.20\times 10^{-3}(m^3)$$

混合后的熵变:

$$\Delta S=n_{Ar}C_{V,Ar,m}\ln\left(\frac{T}{T_{Ar}}\right)+n_{Ar}R\ln\left(\frac{V}{V_{Ar}}\right)$$

$$=1\times 8.314\times\left[1.5\times\ln\left(\frac{376.92}{300}\right)+\ln\left(\frac{58.20\times 10^{-3}}{24.94\times 10^{-3}}\right)\right]=9.89\ (J\cdot K^{-1})$$

$$\Delta S_{N_2}=n_{N_2}C_{V,N_2,m}\ln\left(\frac{T}{T_{N_2}}\right)+n_{N_2}R\ln\left(\frac{V}{V_{N_2}}\right)$$

$$=2\times 8.314\times 2.5\times\ln\left(\frac{376.92}{400}\right)+2\times 8.314\times\ln\left(\frac{58.20\times 10^{-3}}{33.26\times 10^{-3}}\right)=6.83\ (J\cdot K^{-1})$$

$$\Delta S=9.89+6.83=16.72\ (J\cdot K^{-1})$$

为自发的不可逆过程。

4. **解** 这是一个绝热恒压过程,该过程由三部分组成:298 K 的水降温,冰的融化和融化了的冰水的升温。

先根据能量守恒,算出系统最终的平衡温度

$$m_{水}C_{p,水}(T-298)=m_{冰}\Delta_{fus}H+m_{冰}C_{p,水}(T-273)$$

$$1\,000\times 4.184\times(T-298)=150\times 333.4+150\times 4.184\times(T-273)$$

求得 $T=284.35$ K。

$$\Delta S=\Delta S_{水降温}+\Delta S_{冰融化}+\Delta S_{冰水升温}$$

$$=m_{水}C_{p,水}\ln\left(\frac{T}{T_{水}}\right)+\frac{m_{冰}\Delta_{fus}H}{T_f}+m_{冰}C_{p,水}\ln\left(\frac{T}{T_{冰水}}\right)$$

$$=1\,000\times 4.184\times\ln\left(\frac{284.35}{298}\right)+\frac{150\times 333.4}{273}+150\times 34.18\times\ln\left(\frac{284.35}{273}\right)$$

$$=12.57\ (J\cdot K^{-1})$$

5. **解** 由 $\Delta S=\int_{T_1}^{T_2}\frac{nC_{p,m}}{T}dT$ 得

$$S^{\ominus}_{m,T_2}-S^{\ominus}_{m,T_1}=\int_{T_1}^{T_2}\frac{nC_{p,m}}{T}dT$$

$$S^{\ominus}_{m,1\,000\ K}=S^{\ominus}_{m,298\ K}+1\times\int_{298}^{1\,000}\frac{22.47+201.8\times 10^{-3}T-63.5\times 10^{-6}T^2}{T}dT$$

$$= 294.9 + 1 \times \left[22.47\ln\left(\frac{1\,000}{298}\right) + 201.8 \times 10^{-3}(1\,000 - 298) - \frac{1}{2} \times 63.5 \times 10^{-6}(1\,000^2 - 298^2)\right]$$

$$= 434.8\ (\mathrm{J \cdot mol^{-1} \cdot K^{-1}})$$

6. **解**

$$\Delta_r S_m^{\ominus} = \sum_B \nu_B S_{B,m}^{\ominus} = S_{m,C_2H_6}^{\ominus} - S_{m,C_2H_2}^{\ominus} - 2S_{m,H_2}^{\ominus}$$

$$= 229.5 - 200.8 - 2 \times 130.6$$

$$= -232.5\ (\mathrm{J \cdot mol^{-1} \cdot K^{-1}})$$

7. **解** (1) 向真空蒸发,外压为零,所以

$$W = -p\Delta V = 0, \quad Q = \Delta U$$

设计如下的可逆过程求 ΔU:

$$苯_{(l),353\,K,101.3\,kPa} \xrightarrow{\text{等温等压可逆蒸发}} 苯_{(g),353\,K,101.3\,kPa}$$

$$\Delta U = n\Delta_{vap}H_m - \Delta(pV) = n\Delta_{vap}H_m - p(V_2 - V_1)$$

$$\approx n\Delta_{vap}H_m - pV_{(g)} = n\Delta_{vap}H_m - nRT$$

$$= 1 \times 30.77 - 1 \times 8.314 \times 10^{-3} \times 353 = 27.84\ (\mathrm{kJ})$$

$$Q = \Delta U = 27.84\ (\mathrm{kJ})$$

(2) 熵和吉布斯自由能都是状态函数,所以

$$\Delta_{vap}S_m = \frac{\Delta_{vap}H_m}{T} = \frac{30.77 \times 10^3}{353} = 87.17\ (\mathrm{J \cdot mol^{-1} \cdot K^{-1}})$$

$$\Delta_{vap}G_m = \Delta_{vap}H_m - T\Delta_{vap}S_m = \Delta_{vap}H_m - T\frac{\Delta_{vap}H_m}{T} = \Delta_{vap}H_m - \Delta_{vap}H_m = 0$$

(3)

$$\Delta S_{环} = \frac{Q_{环}}{T} = -\frac{Q}{T} = -\frac{27.84 \times 10^3}{353} = -78.86\ (\mathrm{J \cdot K^{-1}})$$

(4) 用总熵变可判据该过程的自发性 $\Delta S_{总} = \Delta S + \Delta S_{环} = 87.17 - 78.86 = 8.31\ (\mathrm{J \cdot K})^{-1} > 0$(苯向真空蒸发是自发的不可逆过程)。而不可用吉布斯自由能判据该过程的自发性,因为不满足吉布斯自由能判据所需要的等温等压条件。

8. **解** (1) 设计如下途径(题图 2-1):设水的物质的量为 1 mol。

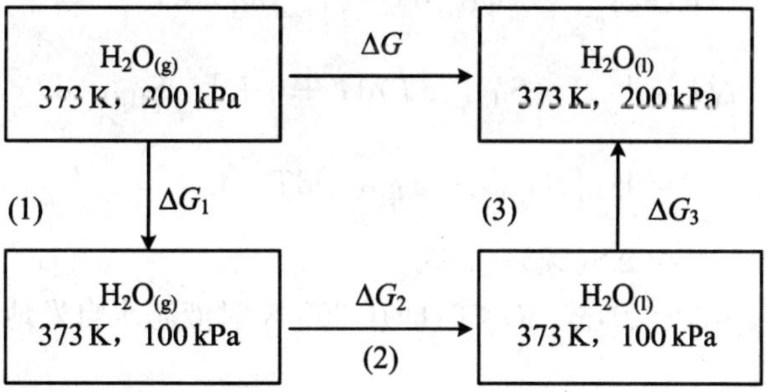

题图 2-1

$$有\ \Delta G = \Delta G_1 + \Delta G_2 + \Delta G_3$$

过程(1)为 $H_2O_{(g)}$ 的等温变压过程,由 $dG = -SdT + Vdp$ 得

$$\Delta G_1 = \int_{p_1}^{p_2} V_{(g)}\,\mathrm{d}p = nRT\ln\left(\frac{p_2}{p_1}\right) = 1\times 8.314\times\ln\left(\frac{100}{200}\right) = -2\,149.7\ (\mathrm{J})$$

过程(2)为等温等压下的可逆相变过程：

$$\Delta G_2 = 0$$

过程(3)为 $H_2O_{(l)}$ 的等温变压过程，由 $\mathrm{d}G=-S\mathrm{d}T+V\mathrm{d}p$ 得

$$\Delta G_3 = \int_{p_2}^{p_1} V_{(l)}\,\mathrm{d}p = V_{m(l)}(p_1 - p_2)$$

$$V_{m,(l)} = \frac{18\times 10^{-3}}{1\,000} = 1.8\times 10^{-5}\ (\mathrm{m}^3)$$

$$\Delta G_3 = 1.8\times 10^{-5}\times(200-100)\times 10^3 = 1.8\ (\mathrm{J})$$

$$\Delta G = \Delta G_1 + \Delta G_2 + \Delta G_3 = -2\,147.9 + 0 + 1.8 = -2\,146.1\ (\mathrm{J}) < 0$$

$H_2O_{(g)}$ 自发的变为 $H_2O_{(l)}$，即 $H_2O_{(l)}$ 比 $H_2O_{(g)}$ 更稳定。

(2) 设计如下途径(题图 2-2)：

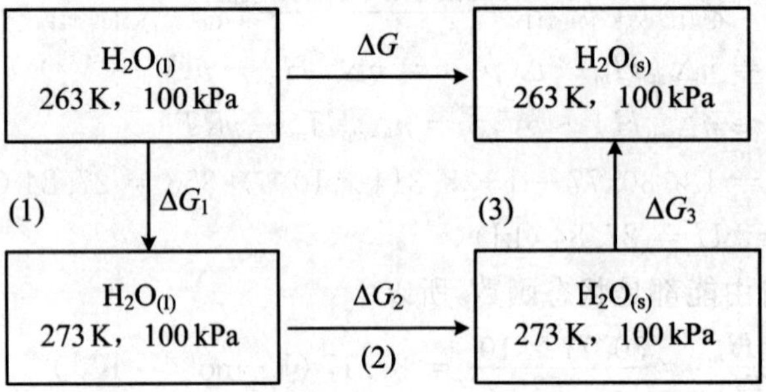

题图 2-2

$$\Delta G=\Delta G_1+\Delta G_2+\Delta G_3$$

过程(1)为 $H_2O_{(l)}$ 的等压变温过程，由 $\mathrm{d}G=-S\mathrm{d}T+V\mathrm{d}p$ 得

$$\mathrm{d}G = -S\mathrm{d}T$$

$$\Delta G_1 = \int_{268}^{273}(-S_{H_2O_{(l)}}\mathrm{d}T)\mathrm{d}T$$

$$\Delta G_2 = 0$$

$$\Delta G_3 = \int_{273}^{268} -S_{H_2O_{(s)}}\,\mathrm{d}T = \int_{268}^{273} S_{H_2O,s}\,\mathrm{d}T$$

$$\Delta G = \int_{268}^{273}(-S_{H_2O_{(l)}}\mathrm{d}T)\mathrm{d}T + 0 + \int_{268}^{273} S_{H_2O_{(s)}}\,\mathrm{d}T$$

$$= \int_{268}^{273}[S_{H_2O_{(s)}} - S_{H_2O_{(l)}}]\mathrm{d}T$$

$$= \Delta S(273-263)$$

由于 $S_{H_2O_{(l)}} > S_{H_2O_{(s)}}$，$\Delta S<0$，故 $\Delta G<0$，即在 263 K 时液态水自发地变为固态冰，即固态冰更稳定。

9. **解** (1) 方法一：利用规定熵和标准摩尔生成焓计算。

$$\Delta_r S_m^{\ominus} = \sum_B \nu_B S_{B,m}^{\ominus} = S_{m,CH_3OH_{(l)}}^{\ominus} - 0.5S_{m,O_2}^{\ominus} - S_{m,CH_4}^{\ominus}$$

$$= 126.8 - 0.5\times 205.138 - 186.264 = -162.033\ (\mathrm{J\cdot mol^{-1}\cdot K^{-1}})$$

$$\Delta_r H_m^\ominus = \sum_{B'} \nu_B \Delta_f H_{B,m}^\ominus = \Delta_f H_{m,CH_3OH_{(l)}}^\ominus - \Delta_f H_{m,CH_4}^\ominus$$

$$= -238.66-(-74.81) = -163.85\ (kJ \cdot mol^{-1})$$

$$\Delta_r G_m^\ominus = \Delta_r H_m^\ominus - T\Delta_r S_m^\ominus = -163.85-298(-162.033)\times 10^{-3} = -115.56\ (kJ \cdot mol^{-1})$$

方法二:利用 $\Delta_f G_m^\ominus$ 来计算 $\Delta_r G_m^\ominus$。

$$\Delta_r G_m^\ominus = \sum_{B'} \nu_B \Delta_f G_{B,m}^\ominus = \Delta_f G_{m,CH_3OH_{(l)}}^\ominus - \Delta_f G_{m,CH_4}^\ominus$$

$$= -166.27-(-50.72) = -115.55\ (kJ \cdot mol^{-1})$$

两种方法求算的 $\Delta_r G_m^\ominus$ 相同,都小于$-40\ kJ \cdot mol^{-1}$,反应(1)的可能性很大。

(2) 方法一:利用规定熵和标准摩尔生成焓计算。

$$\Delta_r S_m^\ominus = \sum_{B} \nu_B S_{B,m}^\ominus = S_{m,CH_3OH_{(l)}}^\ominus - S_{m,C_{(石墨)}}^\ominus - 2S_{m,H_2}^\ominus - 0.5S_{m,O_2}^\ominus$$

$$= 126.8-5.74-2\times 130.684-0.5\times 205.138 = -242.877\ (J \cdot mol^{-1} \cdot K^{-1})$$

$$\Delta_r H_m^\ominus = \sum_{B'} \nu_B \Delta_f H_{B,m}^\ominus = \Delta_f H_{m,CH_3OH_{(l)}}^\ominus$$

$$= -238.66\ (kJ \cdot mol^{-1})$$

$$\Delta_r G_m^\ominus = \Delta_r H_m^\ominus - T\Delta_r S_m^\ominus = -238.66-298(-242.877)\times 10^{-3} = -166.28\ (kJ \cdot mol^{-1})$$

方法二:利用 $\Delta_f G_m^\ominus$ 来计算 $\Delta_r G_m^\ominus$。

$$\Delta_r G_m^\ominus = \sum_{B'} \nu_B \Delta_f G_{B,m}^\ominus = \Delta_f G_{m,CH_3OH_{(l)}}^\ominus$$

$$= -166.27\ (kJ \cdot mol^{-1})$$

两种方法求算的 $\Delta_r G_m^\ominus$ 相同,都小于$-40\ kJ \cdot mol^{-1}$,与反应(1)相比更负,因此该反应的可能性更大。

10. **解** (1) $C_{(石墨)} \longrightarrow C_{(金刚石)}$

$$\Delta_{trs} H_m^\ominus = \Delta_c H_{m,C_{(石墨)}}^\ominus - \Delta_c H_{m,C_{(金刚石)}}^\ominus = 1.89\ (kJ \cdot mol^{-1})$$

$$\Delta_{trs} S_m^\ominus = S_{m,C_{(金刚石)}}^\ominus - S_{m,C_{(石墨)}}^\ominus = -3.26\ (J \cdot mol^{-1} \cdot K^{-1})$$

$$\Delta_{trs} G_m^\ominus = \Delta_{trs} H_m^\ominus - T\Delta_{trs} S_m^\ominus = 2\,861\ (J \cdot mol^{-1})$$

(2) $C_{(石墨)} \longrightarrow C_{(金刚石)}$ 的 $\Delta_{trs} G_m^\ominus$ 正值很大,意味着

$$C_{(金刚石)} \longrightarrow C_{(石墨)}$$

即在此条件下,金刚石可以自发的转化为石墨,石墨更稳定。

(3) 增加压力有利于反应向体积减少的方向进行。由于金刚石的密度大于石墨的密度,金刚石的摩尔体积小于石墨的摩尔体积,所以增加压力有利于石墨向金刚石的转化。由热力学基本微分方程 $dG=-SdT+Vdp$ 可得

$$\left[\frac{\partial(\Delta G)}{\partial p}\right]_T = \Delta V_m$$

$$\int_{\Delta G_{p_1}}^{\Delta G_{p_2}} d(\Delta G_m) = \int_{V_1}^{V_2} \Delta V_m dp$$

又

$$\Delta V_m = V_{m,C_{(金刚石)}} - V_{m,C_{(石墨)}} = \frac{12\times 10^{-3}}{3\,513} - \frac{12\times 10^{-3}}{2\,260} = -1.893\,9\times 10^{-6}\ (m^3 \cdot mol^{-1})$$

欲使石墨向金刚石转化,则

$$\Delta G_{p_2} = \Delta G_{p_1} + \Delta V_{m,p_2-p_1} = 2\,861 - 1.898\,9\times10^{-6}(p_2 - 101\,325) \leqslant 0$$

$$p_2 \geqslant 1.51\times10^{9}\ \text{Pa}$$

或

$$\left(\frac{\partial G}{\partial \xi}\right)_{T,p} = \Delta_r G_m^{\ominus} + \int_{p^{\ominus}}^{p} (V_{C_{(金刚石)}} - V_{C_{(石墨)}})\mathrm{d}p$$

$$= 2\,861 + \left(\frac{12\times10^{-3}}{3\,513} - \frac{12\times10^{-3}}{2\,260}\right)(p - 1.013\,25\times10^{5}) \leqslant 0$$

$$1.898\,9\times10^{-6}(p - 1.01325\times10^{5}) \geqslant 2\,861$$

$$p \geqslant 1.51\times10^{9}\ \text{Pa}$$

所以，压力至少大于 1.51×10^{9} Pa，才能实现石墨向金刚石的转化。

11. 解 (1) 理想气体等温可逆膨胀过程

$$\Delta U = 0,\quad \Delta H = 0$$

$$W = -nRT\ln\left(\frac{V_2}{V_1}\right) = -2\times8.314\times300\times\ln\left(\frac{50}{20}\right) = -4\,570.8\ (\text{J})$$

$$Q = -W = 4\,570.8\ (\text{J})$$

$$\Delta S = \frac{Q}{T} = \frac{4\,570.8}{300} = 15.24\ (\text{J}\cdot\text{K}^{-1})$$

$$\Delta S_{sur} = \frac{-Q}{T} = -\frac{4\,570.8}{300} = -15.24\ (\text{J}\cdot\text{K}^{-1})$$

$$\Delta S_{iso} = \Delta S_{sur} + \Delta S = 15.24 - 15.24 = 0$$

(2) ΔU，ΔH 和 ΔS 的值同等温可逆过程：

$$\Delta U = 0$$

$$\Delta H = 0$$

$$\Delta S = 15.24\ \text{J}\cdot\text{K}^{-1}$$

理想气体真空膨胀：

$$W = 0$$

$$Q = 0$$

$$\Delta S_{sur} = -\frac{Q}{T} = \frac{0}{300} = 0$$

$$\Delta S_{iso} = \Delta S_{sur} + \Delta S = \Delta S = 15.24\ (\text{J}\cdot\text{K}^{-1}) > 0$$

为自发的不可逆过程。

(3) ΔU，ΔH 和 ΔS 的值同等温可逆过程：

$$\Delta U = 0$$

$$\Delta H = 0$$

$$\Delta S = 15.24\ \text{J}\cdot\text{K}^{-1}$$

$$W = -p(V_2 - V_1) = -100\times10^{3}\times(50-20)\times10^{-3} = -3\,000\ (\text{J})$$

$$Q = -W = 3\,000\ (\text{J})$$

$$\Delta S_{sur} = -\frac{Q}{T} = -\frac{3\,000}{300} = -10\ (\text{J}\cdot\text{K}^{-1})$$

$$\Delta S_{iso} = \Delta S_{sur} + \Delta S = 15.24 - 10 = 5.24\ (\text{J}\cdot\text{K}^{-1}) > 0$$

为自发的不可逆过程。

12. **解** 绝热可逆过程,则有

$$Q = 0$$
$$\Delta S = 0$$
$$\Delta S_{sur} = 0$$
$$\Delta S_{iso} = \Delta S + \Delta S_{sur} = 0$$

理想气体绝热可逆过程方程式:

$$T_1^{\gamma} p_1^{1-\gamma} = T_2^{\gamma} p_2^{1-\gamma}$$
$$\gamma = \frac{3.5R}{2.5R} = 1.4$$

所以终态温度为

$$T_2 = T_1\left(\frac{p_1}{p_2}\right)^{\frac{1-\gamma}{\gamma}} = 298 \times \left(\frac{100}{600}\right)^{\frac{-0.4}{1.4}} = 497.22\ (\text{K})$$
$$\Delta U = nC_{V,\text{m}}(T_2 - T_1) = 1 \times 2.5 \times 8.314 \times (497.22 - 298) = 4\,140\ (\text{J})$$
$$W = \Delta U = 4\,140\ (\text{J})$$
$$\Delta H = nC_{p,\text{m}}(T_2 - T_1) - 1 \times 3.5 \times 8.314 \times (497.22 - 298) = 5\,797.3\ (\text{J})$$
$$\Delta A = \Delta(U - TS) = \Delta U - (T_2S_2 - T_1S_1)$$

因为绝热可逆过程是恒熵过程,故 $S_2 = S_1 = nS^{\ominus}_{\text{O}_2,\text{m}}$,所以

$$\Delta A = \Delta U - nS^{\ominus}_{\text{O}_2,\text{m}}(T_2 - T_1)$$
$$= 4\,141 - 1 \times 205.14 \times (497.22 - 298) = -36\,727\ (\text{J})$$
$$\Delta G = \Delta H - nS^{\ominus}_{\text{O}_2,\text{m}}(T_2 - T_1)$$
$$= 5\,797.3 - 1 \times 205.14 \times (497.22 - 298) = -35\,070.7\ (\text{J})$$

13. **解** 甲苯的摩尔质量 $M = 92.14 \times 10^{-3}\ \text{kg} \cdot \text{mol}^{-1}$,将甲苯$_{(g)}$视为理想气体。

$$Q = 92.14 \times 10^{-3} \times 362 = 33.35\ (\text{kJ})$$

$CH_3C_6H_{5(l)}$ 在大气压、沸点条件下蒸发为 $CH_3C_6H_{5(g)}$ 是等温、等压下的过程:

$$\Delta H = Q = 33.35\ (\text{kJ})$$
$$W = -p_{外}(V_{(g)} - V_{(l)}) \approx -p_{外}V_{(g)} = -nRT = -1 \times 8.314 \times 383 = -3.186\ (\text{kJ})$$
$$\Delta U = Q + W = 33.35 - 3.18 = 30.17\ (\text{kJ})$$

在大气压、沸点下的蒸发过程为可逆过程。

$$\Delta S = \frac{Q_R}{T} = \frac{\Delta H}{T} = \frac{33.35 \times 10^3}{383} = 87.08\ (\text{J} \cdot \text{K}^{-1})$$
$$\Delta A = \Delta U - T\Delta S = 30.17 - 383 \times 87.07 \times 10^{-3} = -3.18\ (\text{kJ})$$
$$\Delta G = \Delta H - T\Delta S = \Delta H - T\frac{\Delta H}{T} = \Delta H - \Delta H = 0$$

为自发的可逆过程。

14. **解** 由题设状态方程得

$$p = \frac{RT}{V_\text{m} - \alpha} = \frac{nRT}{V - n\alpha}$$
$$W = -\int_{V_1}^{V_2} p\text{d}V = -\int_{V_1}^{V_2} \frac{nRT}{V - n\alpha}\text{d}V$$
$$= -nRT\ln\left(\frac{V_2 - n\alpha}{V_1 - n\alpha}\right) = -nRT\ln\left[\frac{(V_2 - n\alpha)}{(V_1 - n\alpha)} \cdot \frac{nRT}{nRT}\right]$$

$$=-nRT\ln\left(\frac{p_1}{p_2}\right)=nRT\ln\left(\frac{p_2}{p_1}\right)$$

由 $dU=TdS-pdV$ 得

$$\left(\frac{\partial U}{\partial V}\right)_T=T\left(\frac{\partial S}{\partial V}\right)_T-p$$

又由麦克斯韦关系式

$$\left(\frac{\partial S}{\partial V}\right)_T=\left(\frac{\partial p}{\partial T}\right)_V$$

$$\left(\frac{\partial U}{\partial V}\right)_T=T\left(\frac{\partial p}{\partial T}\right)_V-p$$

又因为

$$\left(\frac{\partial p}{\partial T}\right)_V=\frac{\partial}{\partial T}\left(\frac{nRT}{V-n\alpha}\right)=\frac{nR}{V-n\alpha}$$

所以

$$\left(\frac{\partial U}{\partial V}\right)_T=T\times\frac{nR}{V-n\alpha}-p=p-p=0$$

故该实际气体在等温过程中

$$\Delta U=0$$

$$Q=-W=nRT\ln\left(\frac{p_1}{p_2}\right)$$

$$\Delta H=\Delta U+\Delta(pV)=p_2V_2-p_1V_1=n(RT+ap_2)-n(RT+ap_1)=n\alpha(p_2-p_1)$$

$$\Delta S=\frac{Q_R}{T}=nR\ln\left(\frac{p_1}{p_2}\right)$$

$$\Delta A=\Delta U-T\Delta S=0-nRT\ln\left(\frac{p_1}{p_2}\right)$$

$$\Delta G=\Delta H-T\Delta S=n\alpha(p_2-p_1)-nRT\ln\left(\frac{p_1}{p_2}\right)$$

这是实际气体，其状态方程为 $p(V_m-\alpha)=RT$，当体积有修正项时，表明这种气体分子自身占有的体积不能忽略；压力没有修正项，表明分子之间的相互作用力可以忽略不计，这一点与理想气体相似。所以在等温变化时，热力学能保持不变。但毕竟不同于理想气体，焓变不为零。

15. **解** 反应进度为 1 mol 表示按计量方程进行了一个单位反应(题目 2-3)。

(1) $W=-p_{外}\Delta V\approx -p_{外}V_{(g)}=-nRT=-2\times 8.314\times 600=-9.98\ (\text{kJ})$

$$\Delta_r H^{\ominus}_{m,298\,K}=\sum_{B'}\nu_B\Delta_f H^{\ominus}_{B,m}=-1\,432.68+2\times(-241.82)-(-2\,021.12)$$

$$=104.8\ (\text{kJ}\cdot\text{mol}^{-1})$$

$$\Delta_r S^{\ominus}_{m(298\,K)}=\sum_B\nu_B S^{\ominus}_m=290.39\ \text{J}\cdot\text{K}^{-1}\cdot\text{mol}^{-1}$$

(2) 由 $\int_{T_1}^{T_2}d(\Delta_r H^{\ominus}_{m,m})=\int_{T_1}^{T_2}\Delta C_p dT$

$$\Delta_r H^{\ominus}_{m,600\,K}-\Delta_r H^{\ominus}_{m,m,298\,K}=\int_{298}^{600}\Delta C_p dT$$

$$\Delta C_p=\sum_B\nu_B C_{p,m,B}=C_{p,m,CaSO_4}-2C_{p,m,H_2O}-C_{p,m,CaSO_4\cdot 2H_2O}$$

$$=-19.44\ (\text{J}\cdot\text{K}^{-1}\cdot\text{mol}^{-1})$$

$$\Delta_r H_m \approx \Delta_r H^{\ominus}_{m,600\,K} = 104.8 + (-19.44)\times 10^{-3}(600-298) = 98.93\ (kJ\cdot mol^{-1})$$

由于等压无非体积功过程的 $Q=Q_p=\Delta_r H=98.93$ kJ，则

$$\Delta U_m = \frac{\Delta U}{\xi} = \frac{Q+W}{1} = \frac{98.93-9.98}{1} = 88.95\ (kJ\cdot mol^{-1})$$

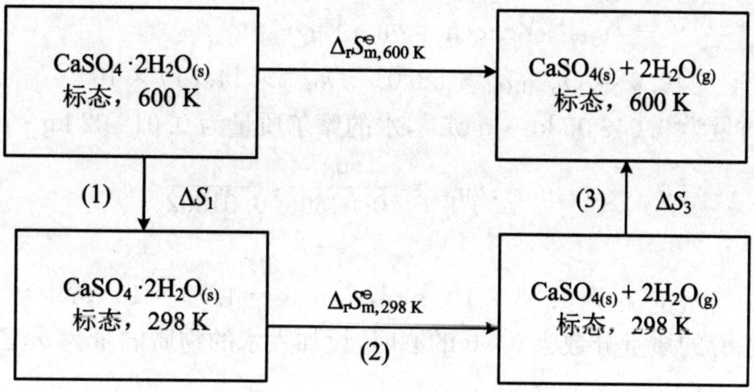

题图 2-3

(3) 因

$$\begin{aligned}\Delta_r S_m \approx \Delta_r S^{\ominus}_{m,600\,K} &= \Delta S_1 + \Delta_r S^{\ominus}_{m,298\,K} + \Delta S_2 \\ &= \int_{600}^{298} \frac{C_{p,m,CaSO_4\cdot 2H_2O_{(s)}}}{T}dT + \Delta_r S^{\ominus}_{m,298\,K} + \int_{298}^{600} \frac{C_{p,m,CaSO_{4\,(s)}} + 2C_{p,m,H_2O_{(s)}}}{T}dT \\ &= \Delta_r S^{\ominus}_{m,298\,K} + \int_{298}^{600}\frac{\Delta C_p}{T}dT \\ &= 290.39 + (-19.44)\ln\left(\frac{600}{298}\right) = 276.79\ (J\cdot K^{-1}\cdot mol^{-1})\end{aligned}$$

$$\Delta A_m = \Delta U_m - T\Delta_r S^{\ominus}_m = 88\,950 - 600\times 276.79 = -77.12\ (kJ\cdot mol^{-1})$$

$$\Delta G_m = \Delta H_m - T\Delta_r S^{\ominus}_m = 98\,930 - 600\times 276.79 = -67.14\ (kJ\cdot mol^{-1})$$

16. **解**　设混合液中水(A)的物质的量为 n_A，甲醇(B)的物质的量为 n_B，则有

$$x_A = \frac{n_B}{n_A+n_B} = 0.3$$

$$n_B = \frac{3}{7}n_A$$

$$V = n_A\overline{V} + n_B\overline{V_B} = n_A\overline{V_A} + \frac{3}{7}n\overline{V_B}$$

$$n_A = \frac{V}{\overline{V_A}+\frac{3}{7}\overline{V_B}} - \frac{1\,000}{17.765+\frac{3}{7}\times 38.632} = 29.14\ (mol)$$

$$n_B = \frac{3}{7}\times 29.14\ (mol) = 12.49\ (mol)$$

需要纯水的体积：

$$V^*_{H_2O} = n_A V_{m,H_2O} = 29.14\times 18.068 = 526.50\ (cm^3)$$

需要甲醇的体积：

$$V^*_{CH_3OH} = n_B V_{m,CH_3OH} = 12.49\times 40.722 = 508.62\ (cm^3)$$

(2) 混合前后的体积变化：

$$\Delta V = 1\,000 - (526.50 + 508.62) = -35.12\ (\mathrm{cm^3})$$

17. **解** 设乙醇质量分数为 0.96 的酒中乙醇及水的物质的量分别为 $n_{C_2H_5OH}$ 和 n_{H_2O} 根据偏摩尔量集合公式有

$$V = n_{C_2H_5OH}\overline{V}_{C_2H_5OH} + n_{H_2O}\overline{V}_{H_2O}$$

$$10.0 = (n_{C_2H_5OH} \times 58.01 + n_{H_2O} \times 14.61) \times 10^{-6}$$

已知乙醇的摩尔质量为 $0.046\,05\ \mathrm{kg \cdot mol^{-1}}$，水的摩尔质量为 $0.018\,02\ \mathrm{kg \cdot mol^{-1}}$，所以

$$n_{C_2H_5OH} : n_{H_2O} = \frac{96}{0.04605} : \frac{4}{0.01802}$$

可解出

$$n_{C_2H_5OH} = 1.68 \times 10^5\ \mathrm{mol}, \quad n_{H_2O} = 1.79 \times 10^4\ \mathrm{mol}$$

当加水调制乙醇的质量分数为 0.56 的酒时，设加入水的物质的量为 x，乙醇的物质的量不变，则

$$1.68 \times 10^5 : (1.79 \times 10^4 + x) = \frac{56}{0.046\,05} : \frac{44}{0.018\,02}$$

$$x = 3.19 \times 10^5\ (\mathrm{mol})$$

加入水的体积为

$$V = xV_{m,H_2O} = 3.19 \times 10^5 \times 18.02 \times 10^{-3} \times \frac{1}{999.1} = 5.75\ (\mathrm{m^3})$$

(2) 乙醇的质量分数为 0.56 的酒体积为

$$V = 1.68 \times 10^5 \times 56.58 \times 10^{-6} + (1.79 \times 10^4 + 3.19 \times 10^5) \times 17.11 \times 10^{-6} = 15.27\ (\mathrm{m^3})$$

18. **解** (1) NaCl 的偏摩尔体积为

$$\overline{V}_B = \left(\frac{\partial V}{\partial n_B}\right)_{T,p,n_A} = \left[\frac{\partial}{\partial n_B}(1\,001.38 + 16.625 n_B + 1.774 n_B^{3/2} + 0.119 n_B^2)\right]_{T,p,n_A}$$

$$= 16.625 + \frac{3}{2} \times 1.774 n_B^{1/2} + 2 \times 0.119 \times n_B$$

因为 $V = n_B\overline{V}_{(B)} + n_A\overline{V_A}$ 所以

$$\overline{V_A} = \frac{V - n_B\overline{V}_B}{n_A} = \frac{1\,001.38 + 16.625 n_B + 1.774 n_B^{3/2} + 0.119 n_B^2}{\frac{1\,000}{18}}$$

$$- \frac{n_B\left(16.625 + \frac{3}{2} \times 1.774 n_B^{1/2} + 2 \times 0.119 \times n_B\right)}{\frac{1\,000}{18}}$$

$$= \frac{1\,001.38 - \frac{1}{2} \times 1.774 n_B^{3/2} - 0.119 \times n_B^2}{55.56}$$

(2) 将 $n_B = 0.5\ \mathrm{mol}$ 代入

$$\overline{V}_{H_2O} = \frac{1\,001.38 - \frac{1}{2} \times 1.774 \times 0.5^{3/2} - 0.119 \times 0.5^2}{55.56} = 18.02\ (\mathrm{cm^3 \cdot mol^{-1}})$$

$$\overline{V}_{NaCl} = 16.625 + \frac{3}{2} \times 1.774 \times 0.5^{1/2} + 2 \times 0.119 \times 0.5 = 19.88\ (\mathrm{cm^3 \cdot mol^{-1}})$$

(3) 无限稀释时，$n_B \to 0$

$$\overline{V}_{H_2O} = \frac{1\,001.38 - \frac{1}{2} \times 1.774 \times 0^{3/2} - 0.119 \times 0^2}{55.56} = 18.02\ (cm^3 \cdot mol^{-1})$$

$$\overline{V}_{NaCl} = 16.625 + \frac{3}{2} \times 1.774 \times 0^{1/2} + 2 \times 0.119 \times 0 = 16.63\ (cm^3 \cdot mol^{-1})$$

19. **解** (1) x 表示液相组成，y 表示气相组成，p_A^*，p_B^* 分别代表 $C_6H_5Cl_{(l)}$ 和纯 $C_6H_5Br_{(l)}$ 的饱和蒸气压。

$$p_{总} = p_A + p_B = p_A^* x_A + p_B^*(1 - x_A) = p_B^* + x_A(p_A^* - p_B^*)$$

液相组成：

$$x_A = \frac{p_{总} - p_B^*}{p_A^* - p_B^*} = \frac{101.325 - 66.10}{125.24 - 66.10} = 0.60$$

$$x_B = 1 - x_A = 0.40$$

(2) 沸腾时气相的组成：

$$y_A = \frac{p_A^* x_A}{p_{总}} = \frac{125.24 \times 0.60}{101.33} = 0.74$$

$$y_B = 1 - y_A = 0.26$$

20. **解** (1) $\alpha_{H_2O} = \frac{p_{H_2O}}{p_{H_2O}^*} = \frac{596.5}{1\,705} = 0.35$

(2) $H_2O_{溶液,288\,K} \longrightarrow H_2O_{纯水,288\,K}$

$$\Delta G = \Delta\mu_{H_2O} = \mu_{H_2O}^* - \mu_{H_2O} = \mu_{H_2O}^* - (\mu_{H_2O}^* + RT\ln a_{H_2O})$$

$$= -RT\ln a_{H_2O} = -8.314 \times 288 \times \ln 0.35 = 2\,513.9\ (J)$$

21. **解** (1) $a_A = \frac{p_A}{p_A^*} = \frac{p_{总}\ y_A}{p_A^*} = \frac{50.66 \times 0.60}{37.33} = 0.814\,3$

$$a_B = \frac{p_B}{p_B^*} = \frac{p_{总}\ y_B}{p_B^*} = \frac{50.66 \times (1 - 0.60)}{22.66} = 0.894\,3$$

(2) $x_A = x_B = \frac{2}{2+2} = 0.5$

$$\gamma_A = \frac{a_A}{x_A} = \frac{0.814\,3}{0.5} = 1.629$$

$$\gamma_B = \frac{a_B}{x_B} = \frac{0.894\,3}{0.5} = 1.789$$

(3) $\Delta_{mix}G_{m,非理想溶液} = RT(n_A\ln a_A + n_B\ln a_B)$

$$= 8.314 \times 300 \times (2 \times \ln 0.814\,3 + 2 \times \ln 0.894\,3) = -1\,582.12\ (J)$$

(4) $\Delta_{mix}G_{m,理想溶液} = RT(n_A\ln x_A + n_B\ln x_B)$

$$= 8.314 \times 300 \times (2 \times \ln 0.5 + 2 \times \ln 0.5) = -6\,915.8\ (J)$$

22. **解** (1) 液相中物质的量分数用 x 表示，气相中物质的量分数用 y 表示。气相中 $C_6H_{6(g)}$ 的分压

$$p_{C_6H_6} = y_{C_6H_6}\, p_{总} = x_{C_6H_6}\, p_{C_6H_6}^*$$

气相的总压：

$$p_{总} = \frac{x_{C_6H_6}\, p_{C_6H_6}^*}{y_{C_6H_6}} = \frac{(1 - 0.038\,5) \times 10.01}{0.095} = 101.31\ (kPa)$$

(2) $HCl_{(g)}$在气相中的分压：

$$p_{HCl} = y_{HCl} p_{总} = (1-0.095) \times 101.31 = 91.69\ (kPa)$$

Henry 系数：

$$k_{x,HCl} = \frac{p_{HCl}}{x_{HCl}} = \frac{91.69}{0.0385} = 2\,381.4\ (kPa)$$

23. **解** $x_{丙烷}=\dfrac{n_{丙烷}}{n_{丙烷}+n_{润滑油}}=\dfrac{\dfrac{0.057}{44}}{\dfrac{0.057}{44}+\dfrac{100-0.057}{300}}=4.298\times10^{-3}$

$$p_{丙烷}=x_{丙烷}\,p^*_{丙烷}=4.298\times10^{-3}\times1\,013.25=4.35\ (kPa)$$

根据 $p_B=x_B p_{总}$，有

$$\frac{V_B}{V}=\frac{n_B}{n}=\frac{p_{丙烷}}{p_{总}}=\frac{4.35}{101.325}=0.0429=4.29\%$$

介于爆炸极限 2.4～9.5(体积比值)。在储罐中丙烷的蒸气压会形成爆炸性的丙烷—空气混合物。

24. **解** (1) $\mu_B=\left(\dfrac{\partial G}{\partial n_B}\right)_{T,p,n_A}=\dfrac{\partial}{\partial n_B}\left[n_A G_{m,A}+n_B G_{m,B}-(0.05774n_A^2+7.950n_B^3+2.385)T\right]_{T,p,n_A}$

$$=G_{m,B}-3\times7.950n_B^2$$

$$=\mu_B^*-23.85n_B^2$$

又因为

$$\mu_B=\mu_B^*+RT\ln a_{x,B}$$

所以

$$RT\ln a_{x,B}=-23.85n_B^2$$

有

$$\ln a_{x,B}=-\frac{23.85\times40^2}{8.314\times1\,000}=-4.5898$$

$$a_{x,B}=0.01015$$

(2) $\gamma_{x,B}=\dfrac{a_{x,B}}{x_B}=\dfrac{0.01015}{\dfrac{40}{5\,000+40}}=1.28$

(3) 视炉渣为理想溶液，则活度等于浓度，即 $a'_{x,B}$(炉渣中)$=x_B=0.001$，金属溶液中 B 的活度 $a_{x,B}$大于炉渣中 B 的活度 $a'_{x,B}$，即金属液中 B 的化学势 μ_B 高于炉渣中 B 的化学 μ'_B。

因为

$$\mu_B=\mu_B^*+RT\ln a_{x,B}$$

$$\mu'_B=\mu_B^*+RT\ln a'_{x,B}$$

$$a_{x,B}>a'_{x,B}$$

$$\mu_B>\mu'_B$$

即物质 B 将从化学势高的一相向化学势低的一相转移，也就是炉渣能除去合金中的一部分 B。

25. **解** $p_A=p_A^*x_A=p_A^*(1-x_B)$

$$x_B=\frac{p_A^*-p_A}{p_A^*}=\frac{58.95-56.79}{58.95}=0.0366$$

$$x_B=\frac{\frac{W_B}{M_B}}{\frac{W_B}{M_B}+\frac{W_A}{M_A}}$$

$$0.0366=\frac{\frac{10}{M_B}}{\frac{10}{M_B}+\frac{100}{74.1}}$$

$$M_B=195.05\ (\mathrm{g\cdot mol^{-1}})$$

26. **解** $\ln a_{H_2O}=\frac{\Delta_{fus}H_m}{R}\left(\frac{1}{T_f^*}-\frac{1}{T_f}\right)$

$$=\frac{601}{8.314}\times\left(\frac{1}{273.15}-\frac{1}{262.5}\right)=-0.0107$$

$$a_{H_2O}=0.9893$$

又

$$x_{H_2O}=\frac{n_{H_2O}}{n_{H_2O}+n_{KCl}}=\frac{\frac{1000}{18.02}}{\frac{1000}{18.02}+3.30}=0.9439$$

所以

$$\gamma_{H_2O}=\frac{a_{H_2O}}{x_{H_2O}}=\frac{0.9893}{0.9439}=1.05$$

27. **解** $\Delta T_f=k_f m_B$

$$m_B=\frac{\Delta T_f}{k_f}=\frac{15.3}{40.0}=0.3825\ (\mathrm{mol\cdot kg^{-1}})$$

由 $m_B=\frac{n_B}{W_A}=\frac{\frac{W_B}{M_B}}{W_A}$

$$M_B=\frac{W_B}{m_B W_A}=\frac{7.02\times10^{-5}}{0.3825\times8.04\times10^{-4}}=228\ (\mathrm{kg\cdot mol^{-1}})$$

C 的原子数：

$$\frac{228\times0.632}{12}=12$$

H 的原子数：

$$\frac{228\times0.088}{1}=20$$

O 的原子数：

$$\frac{228\times0.28}{16}=4$$

所以，该有机物的化学式为 $C_{12}H_{20}O_4$。

28. **解** (1) 由 $\Delta T_f=k_f m_B$，$\Delta T_b=k_b m_B$ 两式相除得

$$\Delta T_b=\frac{k_b}{k_f}\Delta T_f$$

水的凝固点降低常数 $k_f=1.85\ \mathrm{K\cdot mol^{-1}\cdot kg}$；

水的沸点升高常数 $k_b=0.52\ \mathrm{K\cdot mol^{-1}\cdot kg}$。

$$\Delta T_b = \frac{k_b}{k_f}\Delta T_f = \frac{0.52}{1.85}\times(273.15-271.65) = 0.42\ (\mathrm{K})$$

$$T_b = T_b^* + \Delta T_b = 373.15 + 0.42 = 373.57\ (\mathrm{K})$$

(2) $m_B = \dfrac{\Delta T_f}{k_f} = \dfrac{273.15-271.65}{1.86} = 0.81\ (\mathrm{mol\cdot kg^{-1}})$

设溶剂水的质量为W_{H_2O}克，则

$$x_{H_2O} = \frac{n_{H_2O}}{n_{H_2O} + m_B\times\dfrac{W_{H_2O}}{18.02}} = \frac{\dfrac{W_{H_2O}}{18.02}}{\dfrac{W_{H_2O}}{18.02} + 0.81\times\dfrac{W_{H_2O}}{18.02}}$$

$$= \frac{1}{1+0.81} = 0.552$$

$$p_{H_2O} = p_{H_2O}^* x_{H_2O} = 3.178\times 0.552 = 1.754\ (\mathrm{kPa})$$

(3) 稀溶液中

$$n_B = m_B\times\frac{W_{H_2O}}{18.02} = 0.81\times\frac{W_{H_2O}}{18.02}\ (\mathrm{mol})$$

因为是稀溶液，其密度近似等于水的密度，所以W_{H_2O}克的稀溶液的体积为$W_{H_2O}\times 10^{-3}\ \mathrm{m^3}$。

$$\Pi = \frac{n_B RT}{V} = \frac{0.81\times\dfrac{W_{H_2O}}{18.02}\times 8.314\times 298}{W_{H_2O}\times 10^{-3}} = 1.11\times 10^5\ (\mathrm{Pa})$$

29. **解** (1)

$$x_D = \frac{\dfrac{w_D}{M_D}}{\dfrac{w_D}{M_D} + \dfrac{1-w_D}{M_A}} = \frac{\dfrac{0.044}{180}}{\dfrac{0.044}{180} + \dfrac{1-0.044}{18.02}} = 4.61\times 10^{-3}$$

$$x_D = \frac{n_D}{n_A + n_D} = \frac{\dfrac{n_D}{V}}{\dfrac{V\rho - n_D M_D}{VM_A} + \dfrac{n_D}{V}}$$

$$x_D = \frac{C_D}{\dfrac{\rho - C_D M_D}{M_A} + C_D}$$

对稀溶液来说

$$C_D = x_D\frac{\rho}{M_A}$$

$$= 4.61\times 10^{-3}\times\frac{1.015\times 10^3}{18.02\times 10^{-3}}$$

$$= 2.5966\times 10^2\ (\mathrm{mol\cdot m^{-3}})$$

则

$$\Pi = C_B RT = 2.5966\times 10^2\times 8.314\times 300 = 6.476\times 10^5\ (\mathrm{Pa})$$

(2) 水柱产生的压力与渗透压相等时达平衡：

$$\Pi = \rho g h$$

$$h = \frac{\Pi}{\rho g} = \frac{6.476\times 10^5}{1.0\times 10^3\times 9.8} = 66.08\ (\mathrm{m})$$

30. **解** 假定 $NH_{3(g)}$ 在 $CH_3Cl_{(l)}$ 和 $H_2O_{(l)}$ 两个液体中均符合 Henry 定律。

$CH_3Cl_{(l)}$ 溶液中：

$$p_1 = k_{NH_3,CH_3Cl溶液} \cdot C_{NH_3,CH_3Cl溶液}$$

$$k_{NH_3,CH_3Cl溶液} = \frac{p_1}{C_{NH_3,CH_3Cl溶液}} = \frac{4.43}{0.1} = 44.4\ (\mathrm{kPa \cdot mol \cdot dm^{-3}})$$

H_2O 溶液中：

$$p_2 = k_{NH_3,H_2O溶液} \cdot C_{NH_3,H_2O溶液}$$

$$k_{NH_3,H_2O溶液} = \frac{p_2}{C_{NH_3,H_2O溶液}} = \frac{0.0886}{0.05} = 17.732\ (\mathrm{kPa \cdot mol \cdot dm^{-3}})$$

设 $NH_{3(g)}$ 在两个液相中平衡时，液面上 $NH_{3(g)}$ 的分压为 p，则分配系数

$$k = \frac{C_{NH_3,CH_3Cl溶液}}{C_{NH_3,H_2O溶液}} = \frac{\dfrac{p}{k_{NH_3,CH_3Cl溶液}}}{\dfrac{p}{k_{NH_3,H_2O溶液}}} = \frac{k_{NH_3,H_2O溶液}}{k_{NH_3,CH_3Cl溶液}} \times \frac{17.732}{44.3} = 0.40$$

31. **解** (1) 萃取平衡时，两相浓度比即分配系数。用 $1.0\ \mathrm{dm^3}$ 乙醚萃取一次后，水相中剩余物质为 $100-66.7=33.3$ g。所以分配系数为

$$k = \frac{33.3}{66.7} = 0.5$$

(2) 若用 $1.0\ \mathrm{dm^3}$ 乙醚分 10 次萃取，相当于每次用 $0.1\ \mathrm{dm^3}$ 萃取。

$$W_{10} = W\left(\frac{KV_1}{KV_1+V_2}\right)^{10} = 100 \times \left(\frac{0.5\times1.0}{0.5\times1.0+0.1}\right)^{10} = 16.15\ (\mathrm{g})$$

萃取出该物质的量为

$$100 - 16.15 = 83.85\ (\mathrm{g})$$

六、证明题

1. **证** 由热力学基本方程 $\mathrm{d}U = T\mathrm{d}S - p\mathrm{d}V$，等温下对 V 求偏微分

$$\left(\frac{\partial U}{\partial V}\right)_T - T\left(\frac{\partial S}{\partial V}\right)_T - p$$

又由麦克斯韦关系式 $\left(\frac{\partial S}{\partial V}\right)_T = \left(\frac{\partial p}{\partial T}\right)_V$，则有

$$\left(\frac{\partial U}{\partial V}\right)_T = T\left(\frac{\partial p}{\partial T}\right)_V - p$$

已知理想气体的状态方程式为 $pV=nRT$ 则

$$\left(\frac{\partial p}{\partial T}\right)_V = \frac{nR}{V}$$

那么

$$\left(\frac{\partial U}{\partial V}\right)_T - T\left(\frac{\partial p}{\partial T}\right)_V - p = T\frac{nR}{V} - p = 0$$

2. **证** 由热力学基本方程 $\mathrm{d}H = T\mathrm{d}S + V\mathrm{d}p$，等温下两边对 p 求偏微分得

$$\left(\frac{\partial H}{\partial p}\right)_T = T\left(\frac{\partial S}{\partial p}\right)_T + V$$

又由麦克斯韦关系式$\left(\frac{\partial S}{\partial p}\right)_T=-\left(\frac{\partial V}{\partial T}\right)_p$,有

$$\left(\frac{\partial H}{\partial p}\right)_T=V-T\left(\frac{\partial V}{\partial T}\right)_p \tag{1}$$

由实际气体的状态方程 $pV_m=RT+bp$ 整理得

$$V=\frac{nRT}{p}+nb$$

所以

$$\left(\frac{\partial V}{\partial T}\right)_p=\frac{nR}{p}$$

将此式代入式(1),有

$$\left(\frac{\partial H}{\partial p}\right)_T=V-T\left(\frac{\partial V}{\partial T}\right)_p=V-\frac{nRT}{p}=nb$$

$$\Delta H=\int_{p_1}^{p_2}\left(\frac{\partial H}{\partial p}\right)_T\mathrm{d}p=nb(p_2-p_1)$$

3. **证** 由热力学基本方程式 $\mathrm{d}U=T\mathrm{d}S-p\mathrm{d}V$ 得

$$\left(\frac{\partial U}{\partial V}\right)_S=-p$$

$$\left(\frac{\partial U}{\partial S}\right)_V=T$$

由热力学基本方程式 $\mathrm{d}H=T\mathrm{d}S+V\mathrm{d}p$ 得

$$\left(\frac{\partial H}{\partial p}\right)_S=V$$

所以

$$\frac{\left(\frac{\partial U}{\partial V}\right)_S\left(\frac{\partial H}{\partial p}\right)_S}{\left(\frac{\partial U}{\partial S}\right)_V}=\frac{-pV}{T}=-nR$$

4. **证** 由热力学基本方程式 $\mathrm{d}U=T\mathrm{d}S-p\mathrm{d}V$ 得

$$\left(\frac{\partial U}{\partial V}\right)_T=T\left(\frac{\partial S}{\partial V}\right)_T-p$$

根据麦克斯韦关系式$\left(\frac{\partial S}{\partial V}\right)_T=\left(\frac{\partial p}{\partial T}\right)_V$,有

$$\left(\frac{\partial U}{\partial V}\right)_T=T\left(\frac{\partial p}{\partial T}\right)_V-p$$

根据范德瓦尔斯实际气体状态方程

$$\left(p+\frac{n^2\alpha}{V^2}\right)(V_m-nb)=nRT$$

得

$$p=\frac{nRT}{V-nb}-\frac{n^2\alpha}{V^2}$$

则

$$\left(\frac{\partial p}{\partial T}\right)_V=\frac{nR}{V-nb}$$

代入上式,得

$$\left(\frac{\partial U}{\partial V}\right)_T = T\left(\frac{\partial p}{\partial T}\right)_V - p = \frac{nRT}{V-nb} - p = \frac{n^2\alpha}{V^2}$$

5. **证** $C_p - C_V = \left(\frac{\partial H}{\partial T}\right)_p - \left(\frac{\partial U}{\partial T}\right)_V$

又由

$$dH = dU + d(pV)$$

$$\left(\frac{\partial H}{\partial T}\right)_p = \left(\frac{\partial U}{\partial T}\right)_p + p\left(\frac{\partial V}{\partial T}\right)_p$$

代入上式，有

$$C_p - C_V = \left(\frac{\partial U}{\partial T}\right)_p + p\left(\frac{\partial V}{\partial T}\right)_p - \left(\frac{\partial U}{\partial T}\right)_V$$

又由 $U=f(T,V)$，有

$$dU = \left(\frac{\partial U}{\partial T}\right)_V dT + \left(\frac{\partial U}{\partial V}\right)_T dV$$

上式两边在等压条件下同除以 dT，有

$$\left(\frac{\partial U}{\partial T}\right)_p = \left(\frac{\partial U}{\partial T}\right)_V + \left(\frac{\partial U}{\partial V}\right)_T\left(\frac{\partial V}{\partial T}\right)_p \tag{2}$$

将式(2)代入式(1)得

$$C_p - C_V = \left[p + \left(\frac{\partial U}{\partial V}\right)_T\right]\left(\frac{\partial V}{\partial T}\right)_p \tag{3}$$

由热力学基本方程 $dU-TdS\ \ pdV$ 得

$$\left(\frac{\partial U}{\partial V}\right)_T = T\left(\frac{\partial S}{\partial V}\right)_T - p \tag{4}$$

有麦克斯韦关系式

$$\left(\frac{\partial S}{\partial V}\right)_T = \left(\frac{\partial p}{\partial T}\right)_V \tag{5}$$

将式(4)和式(5)式代入式(3)得

$$C_p - C_V = T\left(\frac{\partial p}{\partial T}\right)_V\left(\frac{\partial V}{\partial T}\right)_p$$

6. **证**

$$H = f(T,p)$$

$$dH = \left(\frac{\partial H}{\partial T}\right)_p dT + \left(\frac{\partial H}{\partial p}\right)_T dp$$

节流膨胀后 $dH=0$

$$\mu = \left(\frac{\partial T}{\partial p}\right)_H = -\frac{\left(\frac{\partial H}{\partial p}\right)_T}{\left(\frac{\partial H}{\partial T}\right)_p} = -\frac{1}{C_p}\left(\frac{\partial H}{\partial p}\right)_T$$

$$= -\frac{1}{C_p}\left[\left(\frac{\partial (U+pV)}{\partial p}\right)_T\right] = -\frac{1}{C_p}\left[\left(\frac{\partial U}{\partial p}\right)_T + \left(\frac{\partial pV}{\partial p}\right)_T\right]$$

对于理想气体 $\left(\frac{\partial U}{\partial p}\right)_T=0$，有

$$\left(\frac{\partial pV}{\partial p}\right)_T = \left(\frac{\partial nRT}{\partial p}\right)_T = 0$$

$$\mu = 0, \quad dT = 0$$

由于理想气体 $U=f(T)$，则 $\Delta U=0$。

第3章

一、选择题

1. A 2. C 3. A 4. C 5. A 6. A 7. D

二、填空题

1. 3;$b=2$
2. 3;3;2
3. 1;4;不变;变大
4. 51 $kJ \cdot mol^{-1}$
5. 两个纯组分;恒沸物与一个纯组分

三、简答题

1. **答** 在含有糖的水被冻结时,水先结冰然后含有糖的部分才会结冰;而融化时则相反,是含糖的部分先融化,所以先吃的会觉得很甜,最后吃的会觉得没有味道。

2. **答** 根据不同温度下水的饱和蒸气压表可知,373 K 时水的饱和蒸气压为 101.325 kPa,但低于 101.325 kPa 时水的沸点会降低,所以在青藏高原用一般的电饭锅不能将生米煮成熟饭。

3. **答** 由水的相图可知,将水汽升温超过 674 K,加压超过 2.2×10^7 Pa,然后再降温、降压,可不经过两相平衡态将水汽转变为液态水。

4. **答** 不行。因为市售的 60°烈性白酒,乙醇含量低于共沸组成,经多次蒸馏后,只能得到共沸组成和水而得不到无水乙醇。

5. **答** 氧化铝的熔点很高,电解铝时加入冰晶石作为助熔剂以降低电解时氧化铝熔化的温度以达到节能的效果。

6. **答** 不对。在 2 200 大气压以下,冰的熔点随压力的增大而降低;超过 2 200 大气压后,冰的熔点随压力增加而升高。

7. **答** 水的三相点是指纯水在固、液、气三相同时存在达到平衡时其所对应的状态,温度为 273.16 K,压强为 610.62 Pa。水的冰点是指饱和的空气水溶液在 1 atm 下凝固时对应的状态,温度为 273.15 K,压强为 101 325 Pa。

8. 答:不能。根据相律,$f=C-\Phi+2-b$,$f=1-\Phi+2-0=3-\Phi$,,系统平衡时,$f=0$,则 $\Phi=3$,即硫系统只能是三相平衡系统。

四、判断题

1. 对 2. 错 3. 错 4. 错 5. 错 6. 错 7. 错 8. 错 9. 对 10. 错 11. 错
12. 对 13. 对

五、计算题

1. **解** (1) $S=3, R=1, R'=1, C=3-1-1=1, \Phi=2, f=1-2+2=1$;
(2) $S=3, R=1, R'=0, C=3-1-0=2, \Phi=2, f=2-2+2=2$;
(3) $S=4, R=1, R'=0, C=4-1-0=3, \Phi=3, f=3-3+2=2$;
(4) $S=3, R=1, R'=0, C=3-1-0=2, \Phi=3, f=2-3+2=1$;
(5) $S=2, R=0, R'=0, C=2-0-0=2, \Phi=2, f=2-2+3=3$;
(6) $S=5, R=2, R'=0, C=5-2-0=3, \Phi=1, f=3-1+2=4$。

2. **解** (1) 因为 $f=0, b=1, C=2$,所以

$$\Phi_{\max}=C+2-b-f=2+2-1-0=3$$

又因为 Na_2CO_3 水溶液为一相,冰为一相,即最多可含有一种水合盐。
(2) 因为 $f=0, b=1, C=2$,所以

$$\Phi_{\max}=C+2-b-f=2+2-1-0=3$$

又因为水蒸气为一相,即最多含有两种水合盐。

3. **解** (1) 当 $T=454\ \text{K}, p=101.325\ \text{kPa}$ 时,有

$$\ln\left(\frac{101.325}{101.325}\right)=-\frac{5\,960}{454}+C$$

解得 $C=13.127$。

当 $T=343\ \text{K}$ 时,有

$$\ln\left(\frac{p}{p^{\ominus}}\right)=-\frac{5\,960}{343}+13.127$$

解得 $p=1.448\ \text{kPa}$,即压力最多是 $1.448\ \text{kPa}$。

$$\ln\left(\frac{p}{p^{\ominus}}\right)=-\frac{\Delta_{\text{vap}}H_{\text{m}}}{RT}+C$$

得

$$\frac{\Delta_{\text{vap}}H_{\text{m}}}{R}=5\,960$$

即

$$\Delta_{\text{vap}}H_{\text{m}}=5\,960\times 8.314=49.55\ (\text{kJ}\cdot\text{mol}^{-1})$$

4. **解** 当 $T=373\ \text{K}$ 时,由克拉贝龙-克劳修斯方程得

$$\ln\left(\frac{101.3}{101.3}\right)=-\frac{40.67\times 10^{3}}{8.314\times 373}+C$$

解得 $C=13.11$。

当 $p=66.9\ \text{kPa}$ 时,由克拉贝龙-克劳修斯方程得

$$\ln\left(\frac{66.9}{101.3}\right)=-\frac{40.67\times 10^{3}}{8.314T}+13.11$$

解得 $T=361.7\ \text{K}$。

5. **解** (1) $p=\dfrac{60\times 9.8\times 10^4}{2\times 7.62\times 2.45\times 10^{-3}}=1.57\times 10^8(\text{Pa})$

(2) 由 $p=p^{\ominus}+\dfrac{\Delta H_m}{\Delta V_m}\ln\left(\dfrac{T_2}{T_1}\right)$得

$$1.57\times 10^8=101\,325+\frac{6.01\times 10^3}{\left(\frac{18}{1}-\frac{18}{0.92}\right)\times 10^{-6}}\times \ln\left(\frac{T_2}{273.15}\right)$$

解得 $T_2=262.21\ \text{K}$，即-10.94 ℃。

6. **解** (1) $\lg\left(\dfrac{p}{p^{\ominus}}\right)=\dfrac{-1\,353}{-56.6+273.15}+11.957$

解得 $p=5.12\times 10^5\ \text{Pa}$。

(2) $\lg\left(\dfrac{p}{p^{\ominus}}\right)=-\dfrac{\Delta_{\text{sub}}H_m^*}{\ln 10RT}+\dfrac{C}{\ln 10}$

即

$$\frac{\Delta_{\text{sub}}H_m}{\ln 10R}=1\,353$$

解得 $\Delta_{\text{sub}}H_m=25\,901\ \text{J}\cdot\text{mol}^{-1}$。

所以

$$\Delta_{\text{vap}}H_m^*=\Delta_{\text{sub}}H_m^*-\Delta_{\text{fus}}H_m^*=25\,901-8\,326=17\,575\ (\text{J}\cdot\text{mol}^{-1})$$

对于气液平衡，有

$$\ln\left(\frac{p}{p^{\ominus}}\right)=-\frac{\Delta_{\text{vap}}H_m^*}{RT}+C=-\frac{17\,575}{RT}+C$$

又三相点也满足此方程，将 $T=216.55\ \text{K}$，$p=5.12\times 10^5\ \text{Pa}$ 代入，有

$$\ln\left(\frac{5.12\times 10^5}{p^{\ominus}}\right)=-\frac{17\,575}{8.314\times 216.55}+C$$

解得 $C=22.91$。

所以，有

$$\ln\left(\frac{p}{p^{\ominus}}\right)=-\frac{17\,575}{RT}+22.91$$

将 $p=100\ \text{kPa}$ 代入，得

$$\ln\left(\frac{100\times 10^3}{101\,325}\right)=-\frac{17\,575}{8.314T}+22.91$$

解得 $T=185.5\ \text{K}<216.55\ \text{K}$，即在 100 kPa 下 CO_2 不能以液态存在。

(3) $\ln\left(\dfrac{p}{p^{\ominus}}\right)=-\dfrac{17\,575}{RT}+22.91$

得

$$\lg\left(\frac{p}{p^{\ominus}}\right)=-\frac{918.1}{T}+9.95$$

7. **解** 由题可得

$$11.971-\frac{2\,310}{T}=10.087-\frac{1\,784}{T}$$

解得 $T=279.19\ \text{K}$。

将 $T=279.19\ \mathrm{K}$ 代入上述任一关系式，得 $p=4\,978.11\ \mathrm{Pa}$。

又

$$\lg\left(\frac{p}{p^{\ominus}}\right)=-\frac{\Delta H_{\mathrm{m}}}{\ln 10RT}+\frac{C}{\ln 10}$$

得

$$\Delta_{\mathrm{sub}}H_{\mathrm{m}}=44.22\ (\mathrm{kJ\cdot mol^{-1}})$$

$$\Delta_{\mathrm{vap}}H_{\mathrm{m}}=34.15\ (\mathrm{kJ\cdot mol^{-1}})$$

所以

$$\Delta_{\mathrm{fus}}H_{\mathrm{m}}=\Delta_{\mathrm{sub}}H_{\mathrm{m}}-\Delta_{\mathrm{vap}}H_{\mathrm{m}}=44.22-34.15=10.07\ (\mathrm{kJ\cdot mol^{-1}})$$

由 $\frac{\mathrm{d}p}{\mathrm{d}T}=\frac{\Delta S_{\mathrm{m}}}{\Delta V_{\mathrm{m}}}=\frac{\Delta H_{\mathrm{m}}}{T\Delta V_{\mathrm{m}}}$ 得

$$\Delta S_{\mathrm{m}}=\frac{\Delta H_{\mathrm{m}}}{T}=\frac{10.07\times 10^{3}}{279.19}=36.07\ (\mathrm{J\cdot mol^{-1}\cdot K^{-1}})$$

8. **解** 外压对液体饱和蒸气压的关系为

$$\ln\left(\frac{p_{(\mathrm{g})}}{p_{(\mathrm{g})}^{*}}\right)=\frac{V_{\mathrm{m}}}{RT}(p_{\mathrm{e}}-p_{\mathrm{l}}^{*})$$

有

$$\ln\left(\frac{p_{(\mathrm{g})}}{3\,167.4}\right)=\frac{18\times 10^{-6}}{8.314\times 298}(101\,300-3\,167.4)$$

解得 $p_{(\mathrm{g})}=3\,169.66\ \mathrm{Pa}$。

9. **解** (1) 由题可得

$$27.92-\frac{3\,754}{T}=24.38-\frac{3\,063}{T}$$

解得 $T=195.2\ \mathrm{K}$。

将 $T=195.2\ \mathrm{K}$ 代入上述任一关系式中得 $p=5\,933.9\ \mathrm{Pa}$。

(2) $\Delta_{\mathrm{sub}}H_{\mathrm{m}}=8.314\times 3\,754=31.21\ (\mathrm{kJ\cdot mol^{-1}})$

$\Delta_{\mathrm{vap}}H_{\mathrm{m}}=8.314\times 3\,063=25.47\ (\mathrm{kJ\cdot mol^{-1}})$

$\Delta_{\mathrm{fus}}H_{\mathrm{m}}=\Delta_{\mathrm{sub}}H_{\mathrm{m}}-\Delta_{\mathrm{vap}}H_{\mathrm{m}}=31.21-25.47=5.74\ (\mathrm{kJ\cdot mol^{-1}})$

10. **解** (1) 3 196 kPa。

(2) 由题图 3-1 可知，当外压低于三相点的压力时，液体 CO_2 就不能稳定存在。而空气压力为 101.325 kPa 时，此压力远远低于 517.8 kPa，因此由钢瓶喷出的 CO_2 不可能以液态存在。

(3) CO_2 相图与 H_2O 相图最大的差别是液—固平衡共存线即熔化曲线的倾斜方向不一致：在 H_2O 的相图中熔化曲线向左倾斜，而在 CO_2 相图中熔化曲线向右倾斜。这表明在一定压力范围内，冰的熔点随压力的增大而降低，而固相 CO_2 的熔点随压力的增大而上升。

11. **解** (1) *OA* 表示金刚石与石墨两相平衡线；*OB* 表示石墨与液态碳两相平衡线；*OC* 表示液态碳与金刚石两相平衡线。

(2) *O* 点是金刚石、石墨及液态碳的三相平衡点，$f=0$。

(3) 碳在常温、常压下的稳定状态是石墨。

(4) 由题可知，在 2 000 K 时，石墨变为金刚石是一个放热反应，即 $\Delta H_{\mathrm{m}}<0$。又由碳的相图可知，金刚石与石墨的相变温度随压力变化曲线的斜率为正，即 $\frac{\mathrm{d}p}{\mathrm{d}T}>0$。由克拉贝龙方程，

$\frac{dp}{dT}=\frac{\Delta H_m}{T\Delta V_m}$可知，$\Delta V_m<0$。即 $\Delta V_{m,C_{(金刚石)}}-\Delta V_{m,C_{(石墨)}}<0$，也就是说石墨的摩尔体积大于金刚石的摩尔体积。

12. **解**　　$H_2O_{(s)} \longrightarrow H_2O_{(l)}$

$$p=\rho gh=0.9168\times10^3\times9.8\times400=3\,593\,856\ (\text{Pa})$$

又

$$p=p^{\ominus}+\frac{\Delta H_m}{\Delta V_m}\ln\left(\frac{T_2}{T_1}\right)$$

得

$$3\,593\,856=101\,325+\frac{6003}{\left(\frac{18}{0.9998}-\frac{18}{0.9168}\right)\times10^{-6}}\times\ln\left(\frac{T_2}{273.15}\right)$$

解得 $T_2=272.89$ K，即-0.26 ℃。冰溪的温度为-0.20 ℃，高于冰溪底部冰的熔点-0.26 ℃，有冰熔化为水，因此冰溪可以向山下移动。

13. **解**　(1) K 点代表的总组成为 $x_{CH_3OH}=0.33$；系统为气液两相平衡，平衡相数为两相；L 点为平衡液相，$x_{CH_3OH}=0.15$，G 点为平衡气相，$y_{CH_3OH}=0.52$。

(2) 由题图 3-3(b)可知，馏出液组成为 $y_{CH_3OH}=0.52$，残相组成为 $x_{CH_3OH}=0.15$。经过简单蒸馏，馏出液中甲醇含量比原液高，而残液中的甲醇比原液低；通过一次简单蒸馏不能使甲醇与水完全分开。

(3) 若将(2)所得残液再加热到 91 ℃，则所得的残液组成为 $x_{CH_3OH}=0.07$；与(2)中所得的馏出液相比，甲醇含量又减少了；欲将甲醇水溶液完全分离，可将原液进行多次反复蒸馏或精馏。

14. **解**　(1) 如题图 3-9 所示。

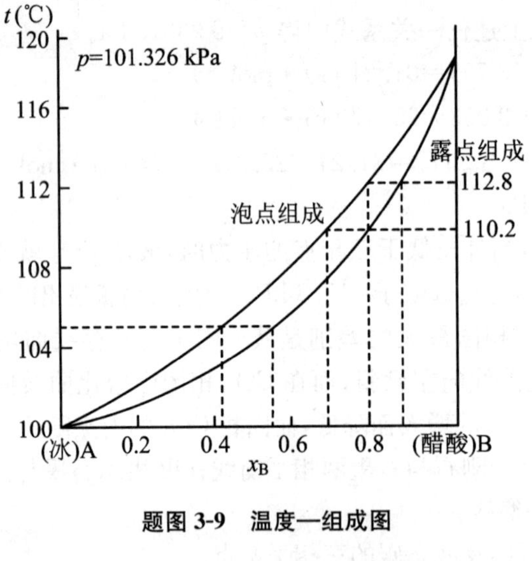

题图 3-9　温度—组成图

(2) 由题图 3-9 可得组成为 $x_B=0.800$ 的液相的泡点为 110.2 ℃、$y_B=0.68$；

(3) 由题图 3-9 可得组成为 $y_B=0.800$ 的气相的露点为 112.8 ℃、$x_D=0.89$；

(4) 由题图 3-9 可得 105.0 ℃时气—液两相的组成为 $x_B=0.560$，$y_B=0.414$；

(5) 系统的总组成为

$$x'_B=\frac{\frac{30\times10^3}{60}}{\frac{30\times10^3}{60}+\frac{9\times10^3}{18}}=0.500$$

系统总量

$$n_{总}=\frac{30\times10^3}{60}+\frac{9\times10^3}{18}=1\,000\ (\mathrm{mol})$$

根据杠杆规则得

$$n_{(l)}(0.500-0.560)=(1\,000-n_{(l)})\times(0.414-0.500)$$

$$n_{(l)}=589.04\ (\mathrm{mol})$$

所以

$$m_{(l)}=589.04\times(0.560\times60+0.414\times18)\times10^{-3}=24.18\ (\mathrm{kg})$$

$$m_{(g)}=39-24.18=14.82\ (\mathrm{kg})$$

15. **解** (1) 如题图 3-10 所示。

(2) 由题图 3-10 可知,最初馏出物的组成为 $x_{CH_3COOC_2H_5}=0.31$,$x_{C_2H_5OH}=0.69$;

(3) 由题图 3-10 可知,馏出物的组成为 $x_{C_2H_5OH}=0.747$;

(4) 蒸馏到最后一滴时,溶液的组成为 $x_{C_2H_5OH}=1$,即纯乙醇;

(5) 蒸发到最后一滴时,$x_{C_2H_5OH}=0.886$;

(6) $x_{C_2H_5OH}=0.462$ 的最低恒沸点混合物和纯乙醇。

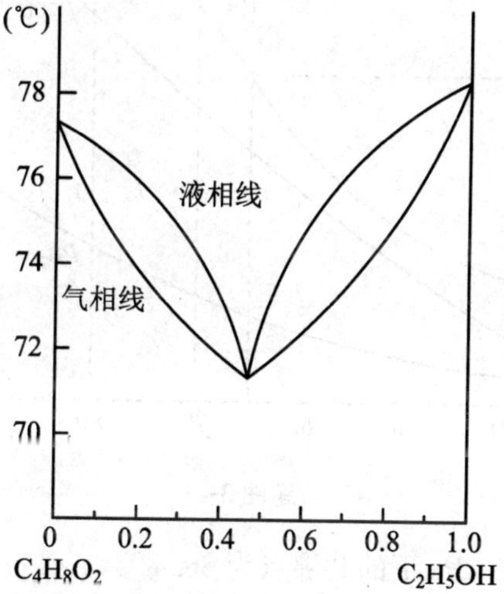

题图 3-10

16. **解** (1) 由题可得,甲苯与水能形成不共溶体系。

甲苯在 80 ℃时的蒸气压:

$$p_{甲苯}=86.0-47.3=38.7\ (\mathrm{kPa})$$

由分压定律可得

$$y_{甲苯}=\frac{p_{甲苯}}{p}=\frac{38.7}{86.0}=0.450$$

即甲苯的物质的量分数为 0.450。

(2) 因为

$$\frac{p_1}{p_2}=\frac{y_1}{y_2}=\frac{n_1}{n_2}=\frac{\frac{m_1}{M_1}}{\frac{m_2}{M_2}}$$

所以

$$m_1=\frac{p_1}{p_2}\cdot\frac{M_1}{M_2}\cdot m_2=\frac{47.3}{38.7}\times\frac{18}{92}\times 100=23.91\ (\text{kg})$$

17. **解** (1) 由两不互溶液体的气液平衡系统，其压力为同温下两纯液体饱和蒸气压之和，即

$$p_{总}=p^*_{H_2O}+p^*_{CCl_4}$$

得题表 3-4、题图 3-11。

题表 3-4

t(℃)	40	50	60	70	80	90
$p_{总}$(kPa)	36.18	54.63	80.02	114.06	159.74	219.7

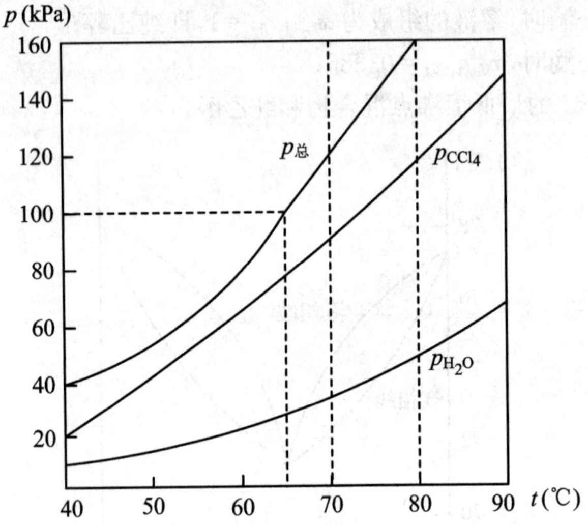

题图 3-11

(2) 系统在外压 101.325 kPa 下的共沸点为 66.4 ℃。

(3) 80 ℃时，$p_A=47.34$ kPa，有

$$y_A=\frac{p_A}{p}=\frac{47.34}{101.325}=0.467$$

所以

$$y_B=1-y_A=0.533$$

(4) 70 ℃时，$p_A=31.16$ kPa 有

$$y_A=\frac{p_A}{p}=\frac{31.16}{101.325}=0.308$$

所以

$$y_B=1-y_A=0.692$$

(5) 上述气体继续冷却到 66.4 ℃时，CCl_4 也凝结成液体。从题图 3-11 中可以看出，66.4 ℃时，$p_B=74.2$ kPa，有

$$y_B=\frac{p_B}{p}=\frac{74.2}{101.325}=0.732$$

所以

$$y_A=1-y_B=0.268$$

18. **解** 必须选定溶液的组成的 w_{CaCl_2} 在 0.6～0.8 之间。今假定选组成为 a 的溶液，从 a 冷却下来与 FD 线相交，当越过 FD 线后便有固相 $CaF_2\cdot CaCl_2$ 析出，溶液组成沿 FD 线改变，待温度降到 GDH 线以上一点点时，将固体从溶液中分离，即可得到纯粹的 $CaF_2\cdot CaCl_2$ 结晶。

19. **解** 解答如题图 3-12、题图 3-13 所示。

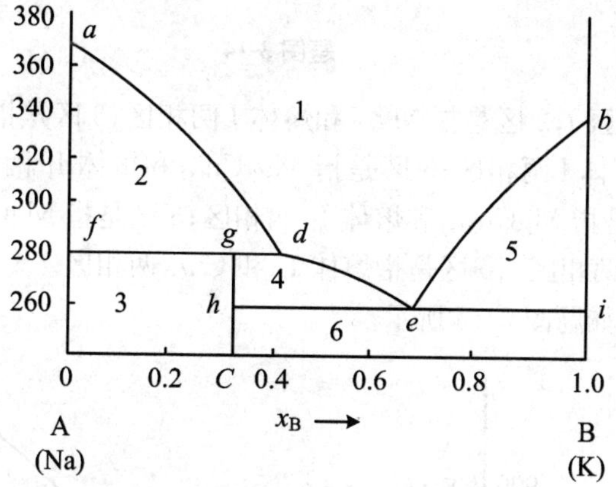

题图 3-12

1 区是指液态单相区，$f=2$；

2 区是指 $Na_{(s)}$ 和液态两相区，$f=1$；

3 区是指 $Na_{(s)}$ 和 $NaK_{(s)}$ 两相区，$f=1$；

4 区是指 $NaK_{(s)}$ 和液态两相区，$f=1$；

5 区是指 $K_{(s)}$ 和液态两相区，$f=1$；

6 区是指 $NaK_{(s)}$ 和 $K_{(s)}$ 两相区，$f=1$。

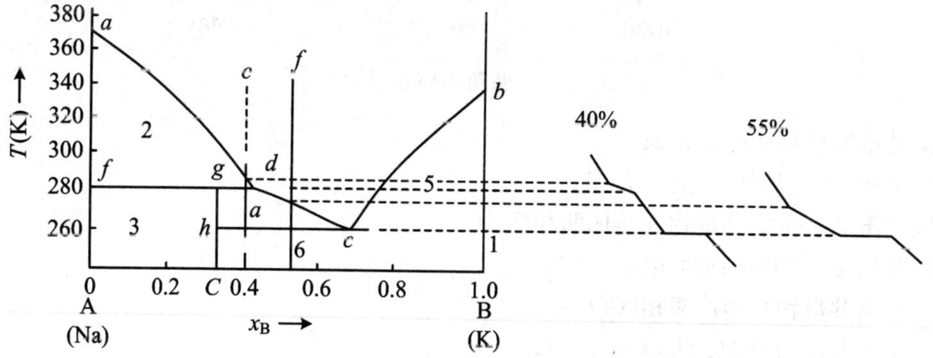

题图 3-13

20. **解** 解答如题图 3-14 所示。

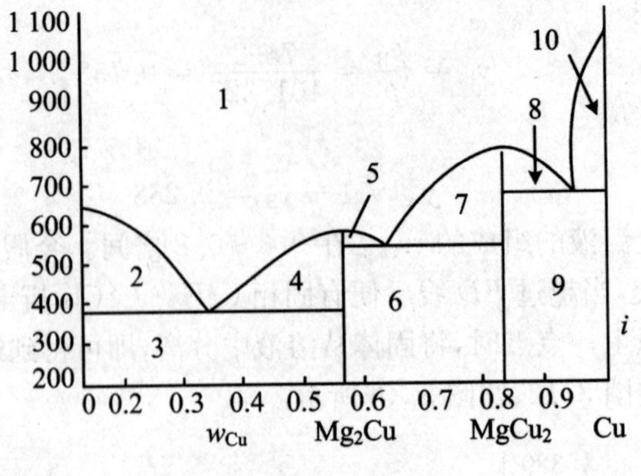

题图 3-14

1 区是指熔体单相区 I；2 区是指 $Mg_{(s)}$ 和熔体 I 两相区；3 区是指 $Mg_{(s)}$ 和 $Mg_2Cu_{(s)}$ 两相区；4 区是指 $Mg_2Cu_{(s)}$ 和熔体 I 两相区；5 区是指 $Mg_2Cu_{(s)}$ 和熔体 I_1 两相区；6 区是指 $Mg_2Cu_{(s)}$ 和 $MgCu_{2\,(s)}$ 两相区；7 区是指 $MgCu_{2\,(s)}$ 和熔体 I_1 两相区；8 区是指 $MgCu_{2\,(s)}$ 和熔体 I_2 两相区；9 区是指 $MgCu_{2\,(s)}$ 和 $Cu_{(s)}$ 两相区；10 区是指熔体 I_2 和 $Cu_{(s)}$ 两相区。

21. **解** (1) 解答如题图 3-15 所示。

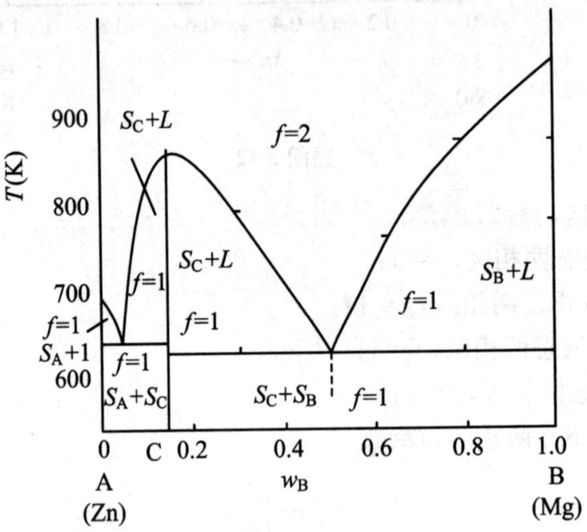

题图 3-15

1 区是指熔体单相区，$f=2$；

2 区是指 Zn 与熔体两相区，$f=1$；

3 区是指 Zn+Mg 共熔物与熔体两相区，$f=1$；

4 区是指 Zn 与共熔物两相区，$f=1$；

5 区是指共熔物与熔体两相区，$f=1$；

6 区是指共熔物与 Mg 两相区，$f=1$；

7 区是指熔体与 Mg 两相区，$f=1$。

(2) 解答如题图 3-16 所示。

质量分数为 0.30 时：

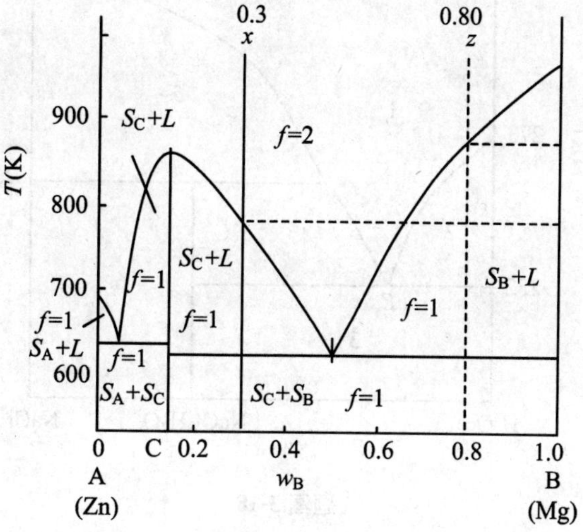

题图 3-16

$x \to x_1$:熔体⟶熔体＋C,$f:2 \to 1$。

$x_1 \to x_2$:熔体＋C⟶熔体＋B＋C,$f:1 \to 0$。

$x_2 \to x_3$:熔体＋B＋C⟶B＋C,$f:0 \to 1$。

$x_3 \to x_4$:B＋C,$f=1$。

质量分数为 0.80 时：

$z \to z_1$:熔体⟶熔体＋B,$f:2 \to 1$

$z_1 \to z_2$:熔体＋B⟶B＋C＋熔体,$f:1 \to 0$

$z_2 \to z_3$:熔体＋B＋C⟶B＋C,$f:0 \to 1$

$z_3 \to z_4$:B＋C,$f=1$。

(3) 解答如题图 3-17 所示。

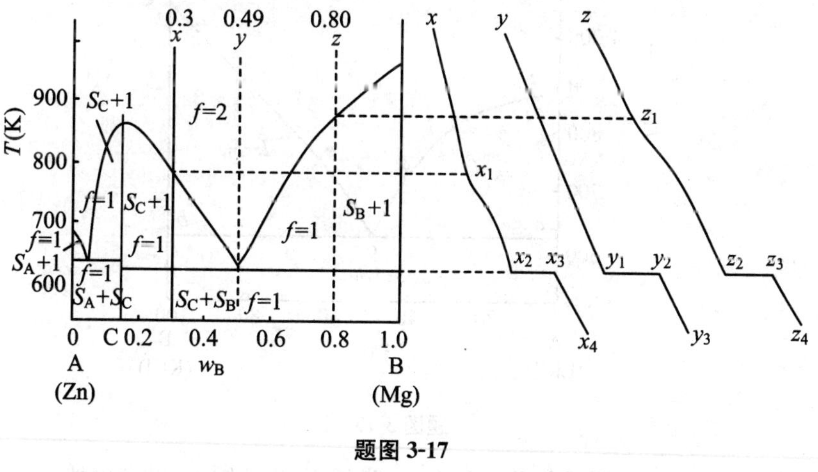

题图 3-17

22. **解**　(1) 解答如题图 3-18 所示。

1 区是指溶液单相区,$f=2$;

2 区是指 $H_2O_{(s)}$ 与溶液两相区,$f=1$;

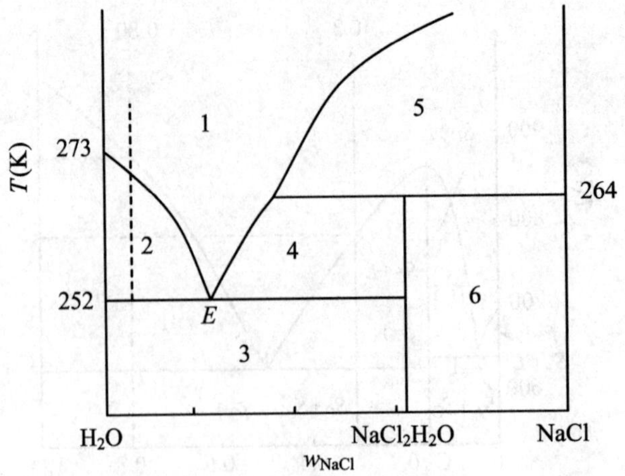

题图 3-18

3 区是指 $H_2O_{(s)}$ 与 $NaCl \cdot 2H_2O_{(s)}$ 两相区，$f=1$；

4 区是指 $NaCl \cdot 2H_2O_{(s)}$ 与溶液两相区，$f=1$；

5 区是指 $NaCl_{(s)}$ 与溶液两相区，$f=1$；

6 区是指 $NaCl \cdot 2H_2O_{(s)}$ 与 $NaCl_{(s)}$ 两相区，$f=1$。

(2) 由相图可知，最低温度是 252 K。

(3) 爱斯基摩人在气温 252 K 至 273.15 K 的季节从海水中取淡水(冰)，因为图中的"2"区为 $H_2O_{(s)}$ 与溶液两相区。根据杠杆原理，得

$$w_{H_2O_{(s)}} \cdot (2.5\% - 0\%) = (1\,000 - w_{H_2O_{(s)}}) \cdot (22.3\% - 2.5\%)$$

解得 $w_{H_2O_{(s)}} = 887.9$ kg，即 1 000 kg 海水能取出淡水的最大量是 887.9 kg。

23. **解** (1) 解答如题图 3-19 所示；

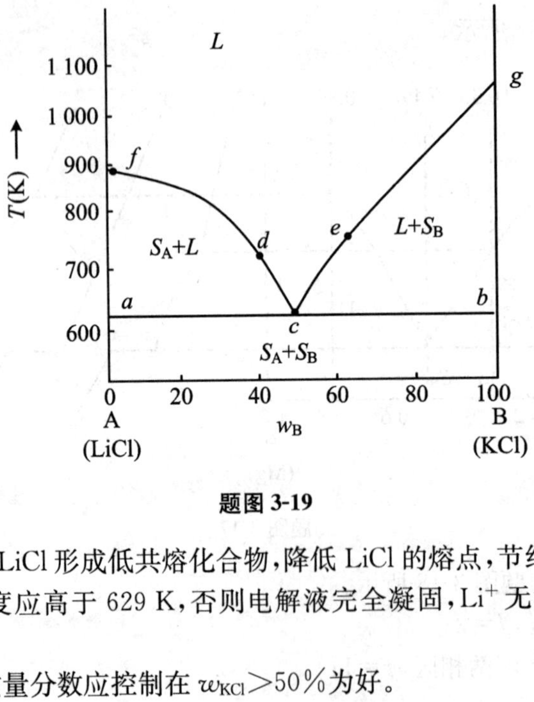

题图 3-19

(2) 加入 KCl 可与 LiCl 形成低共熔化合物，降低 LiCl 的熔点，节约电能；

(3) 电解槽操作温度应高于 629 K，否则电解液完全凝固，Li^+ 无法向阴极移动而析出金属锂；

(4) $KCl_{(s)}$ 加入的质量分数应控制在 $w_{KCl} > 50\%$ 为好。

24. **解** (1) 解答如题图 3-20 所示。

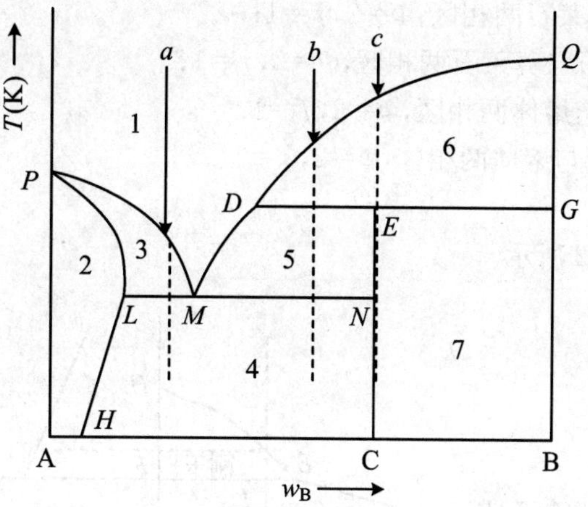

题图 3-20

1 区是指熔化物单相区；

2 区是指固溶体单相区；

3 区是指固溶体与熔化物两相区；

4 区是指固溶体与 C 两相区；

5 区是指熔化物与 C 两相区；

6 区是指熔化物与 B 两相区；7 区是指 B 与 C 两相区。

(2) D 点：$L_D + B \rightleftharpoons C$。

M 点：$L_M \rightleftharpoons C +$ 固溶体。

(3) 如题图 3-21 所示。

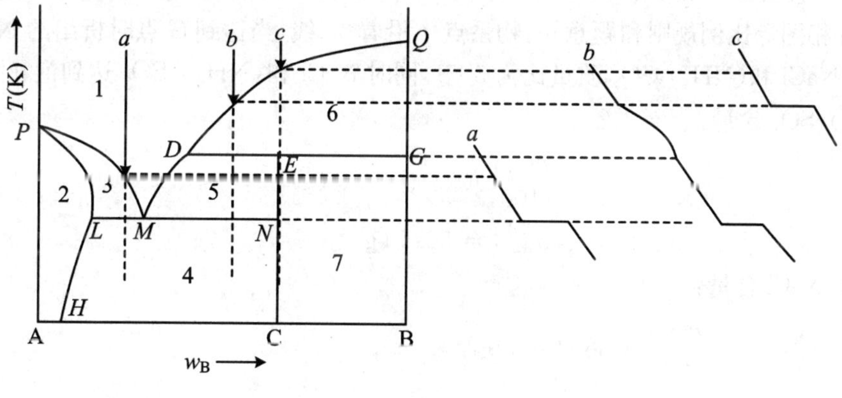

题图 3-21

a：熔化物→固溶体＋熔化物→熔化物＋固熔体＋$C_{(s)}$→固熔体＋$C_{(s)}$

b：熔化物→$B_{(s)}$＋熔化物→熔化物＋$B_{(s)}$＋$C_{(s)}$→＋熔化物＋$C_{(s)}$→固熔体＋熔化物＋$C_{(s)}$→固熔体＋$C_{(s)}$

c：熔化物→$B_{(s)}$＋熔化物→熔化物＋$B_{(s)}$＋$C_{(s)}$→$C_{(s)}$

25. **解** (1) 1 区是指熔体单相区，$\Phi=1, f=2$；

2 区是指刚玉与熔体两相区，$\Phi=2, f=1$；

3 区是指莫莱石与刚玉两相区,$\Phi=2, f=1$;
4 区是指磷石英与莫莱石两相区,$\Phi=2, f=1$;
$ACDB$ 区是指白硅石与莫莱石两相区,$\Phi=2, f=1$;
GCJ 区是指白硅石与熔体两相区,$\Phi=2, f=1$;
$JDIE$ 区是指莫莱石与熔体两相区,$\Phi=2, f=1$。
(2) $OQ : OP$。
(3) 解答如题图 3-22 所示。

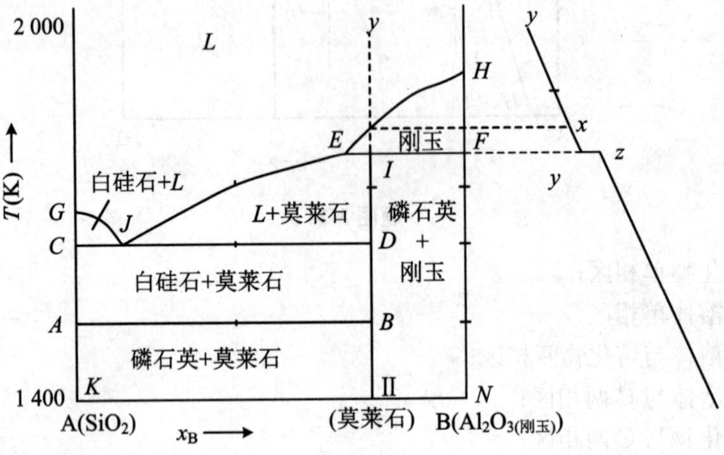

题图 3-22

$x \to y$:熔体⟶熔体+刚玉,f:2→1。
$y \to z$:熔体+刚玉⟶熔体+刚玉+莫莱石,f:1→0。

26. **解** 查表得:NaCl 和$(NH_4)_2SO_4$ 在 298 K 条件下的溶解度分别为 36.2 g 和 76.9 g。根据三组分相图等比例规则和题意知:物系点 f 沿着 fc 线,当达到 G 点时析出的 NaCl 晶体量最大,同时 NaCl 和$(NH_4)_2SO_4$ 质量比为 3∶1,同时 NaCl 和$(NH_4)_2SO_4$ 达到饱和溶液:

$(NH_4)_2SO_4$ 含量:

$$\frac{m_{H_2O}}{100} \times 76.9 = 25\ (\text{g})$$

$$m_{H_2O} = 32.5\ (\text{g})$$

此时溶液中 NaCl 含量:

$$\frac{m_{H_2O}}{100} \times 36.2 = m_{NaCl}$$

$$m_{NaCl} = \frac{m_{H_2O}}{100} \times 36.2 = \frac{32.5}{100} \times 36.2 = 11.8\ (\text{g})$$

$$100 \times (1 - 0.25) = 75\ (\text{g})$$

$$75 - 11.8 = 63.2\ (\text{g})$$

27. **解** (1)
$Aabcd$ 为溶液单相区,$f=3$;
abB 为 B+溶液两相区,$f=2$;
BbD 为 B+D+溶液三相区,$f=1$;

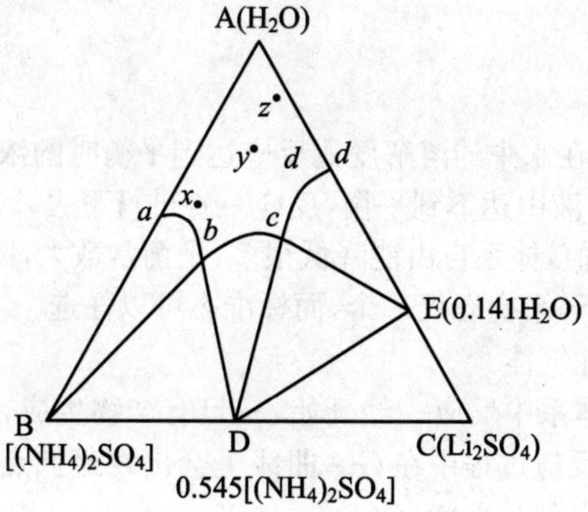

题图 3-15

bcD 为 D+溶液两相区，$f=2$；

cDE 为 D+E+溶液三相区，$f=1$；

cdE 为 E+溶液两相区，$f=2$；

DCE 为 D+C+E 三相区，$f=1$。

(2) 组成为 x 的体系：先析出固体 B[$(NH_4)_2SO_4$]；

组成为 y 的体系：先析出固体 D[$(NH_4)_2SO_4 \cdot Li_2SO_4$]；

组成为 z 的体系：先析出固体 E[$Li_2SO_4 \cdot H_2O$]。

第 4 章

一、选择题

1. B 2. A 3. C 4. B 5. A 6. A 7. C 8. C

二、填空题

1. $y\mu_Y + z\mu_z - a\mu_A - b\mu_B = 0$
2. 加压；降温
3. 温度
4. 升高温度、降低压力
5. >；压力降低，平衡向右移动
6. 9
7. 0；等温等压，不做非体积功

10. $\frac{\mathrm{d}\ln K^{\ominus}}{\mathrm{d}T} = \frac{\Delta_r H_m^{\ominus}}{RT^2}$；吸热；放热

三、简答题

1. **答** 因为沉淀、气体在水中的溶解度比反应达到平衡时的浓度要小得多，产物不断析出(沉淀)，或气体不断放出，溶液中达不到平衡，反应一直进行下去，因而可进行到底。生成水时，由于水的 $\Delta_f G_m$ 是很大的负值，体系自由能降低很多，平衡常数大，因而反应容易进行到底。

2. **答** 因为一定条件下，平衡态仅一个，而标准态可以任选。

3. **答** 压力和增加惰性气体。

4. **答** 因为封闭均相体系中反应一经开始，一旦有产物生成，它就参与混合，产生了具有负值的吉布斯自由能，因而反应过程中在 G-ξ 曲线上会出现最低点，根据等温等压下吉布斯自由能有最低值的原则，最低点就是平衡点。

5. **答** 因为催化反应的本质是催化剂参加了化学反应，改变了反应机理，降低了反应活化能。

6. **答** 因为物质分子在反应过程中不可能总是处于各自的纯态，反应中会发生混合，混合使体系的吉布斯自由能降低，因而反应过程中在 $G\sim\xi$ 曲线上会出现最低值从而达到平衡，使反应不能进行到底。

7. **答** 对指定的化学反应，$K^{\ominus}$ 只是温度的函数。

8. **答** $\left(\frac{\partial G}{\partial \xi}\right)_{T,p}<0$，反应向右进行，且是自发的；$\left(\frac{\partial G}{\partial \xi}\right)_{T,p}>0$，向右进行的反应不能自发进行；$\left(\frac{\partial G}{\partial \xi}\right)_{T,p}=0$，体系达到平衡状态。

9. **答** 已知 $\Delta_r G_m^{\ominus}=-RT\ln K^{\ominus}$。当 $\Delta_r G_m^{\ominus}$ 为一很大的负值时，$K^{\ominus}$ 很大，平衡位置距产物近，反应较完全；当 $\Delta_r G_m^{\ominus}$ 为一很大的正值时，$K^{\ominus}$ 很小，平衡位置距反应物近，反应几乎没有进行。

10. **答** ① 对放热来说 $\Delta_r H_m^{\ominus}<0$，$\frac{\mathrm{d}\ln K^{\ominus}}{\mathrm{d}T}<0$，升高温度 T 时，反应的平衡常数 $K^{\ominus}$ 变小，平衡向反应物方向移动，对正反应不利。对吸热来说 $\Delta_r H_m^{\ominus}>0$，$\frac{\mathrm{d}\ln K^{\ominus}}{\mathrm{d}T}>0$ 升高温度 T 时，反应的平衡常数 $K^{\ominus}$ 变大，平衡向产物方向移动，对正反应有利。

② 对 $\sum_B \nu_B=0$ 的化学反应，压力 p 对平衡无影响。对 $\sum_B \nu_B>0$ 的化学反应，压力 p 升高，$\prod_B x_B^{\nu_B}$ 下降，平衡向左移动。对 $\sum_B \nu_B<0$ 的化学反应，压力 p 升高，$\prod_B x_B^{\nu_B}$ 变大，平衡向右即向生成产物的方向移动。

③ 对 $\sum_B \nu_B=0$ 的理想气体反应，$n_{总}$（含惰性气体）不影响平衡。对 $\sum_B \nu_B>0$ 的理想气体反应，$n_{总}$（含惰性气体）升高，$\left(\frac{p}{n_{总}\,p^{\ominus}}\right)^{\sum_B \nu_B}$ 必下降，$\prod_B x_B{}^{\nu_B}$ 变大，平衡向右进行。对 $\sum_B \nu_B<0$ 的理想气体反应，$n_{总}$（含惰性气体）升高，$\left(\frac{p}{n_{总}\,p^{\ominus}}\right)^{\sum_B \nu_B}$ 必上升，$\prod_B x_B^{\nu_B}$ 变小，平衡向左进行。

四、判断题

1. 错 2. 错 3. 错 4. 对 5. 错 6. 错 7. 错 8. 错 9. 错 10. 对

五、计算题

1. **解** (1) 根据克拉贝龙-克劳修斯方程

$$\ln\left(\frac{p_2}{p_1}\right)=\frac{\Delta_r H_m^{\ominus}}{R}=\frac{1}{T_1}-\frac{1}{T_2}$$

得

$$\ln\left(\frac{p_2}{0.160}\right)=-\frac{60\,688}{8.314}\times\left(\frac{1}{298}-\frac{1}{303}\right)$$

$$p_2=0.24\ (\mathrm{Pa})$$

根据 $pV=nRT$,有

$$m=n\cdot M=M\cdot\frac{pV}{RT}=200.5\times\frac{0.24\times 1}{8.314\times 303}=0.019\ (\mathrm{g})$$

$0.019\ \mathrm{g}>10^{-5}\ \mathrm{g}$,故超过了国家规定的含量。

(2) $$Hg_{(l)}+S_{(s)}=\!=\!=HgS_{(s)}$$

$$\Delta_r G_m^{\ominus}=\Delta_r H_m^{\ominus}-T\Delta_r S_m^{\ominus}=-58.16-(298\times 25.78\times 10^{-3})=-50.48\ (\mathrm{kJ\cdot mol^{-1}})$$

$$\left(\frac{\partial G}{\partial \xi}\right)_{T,p}=\Delta_r G_m^{\ominus}+\int\sum \nu_B V_{B,m}\mathrm{d}p=-50.48\ (\mathrm{kJ\cdot mol^{-1}})<0$$

所以反应能够进行到底,即只要硫黄过量,汞能够被清除干净。

2. **解** (1) 在 298 K,$p^{\ominus}$时

$$H_2S_{(g)}+2Ag_{(s)}=\!=\!=Ag_2S_{(s)}+H_{2(g)}$$

$$\Delta_r G_m^{\ominus}=\Delta_f G_{m,Ag_2S_{(s)}}^{\ominus}-\Delta_f G_{m,H_2S_{(g)}}^{\ominus}=-40.26+33.02=-7.24\ (\mathrm{kJ\cdot mol^{-1}})$$

$$\left(\frac{\partial G}{\partial \xi}\right)_{T,p}=\Delta_r G_m^{\ominus}+RT\ln\left(\frac{\frac{p_{H_2}}{p^{\ominus}}}{\frac{p_{H_2S}}{p^{\ominus}}}\right)+\int_{p^{\ominus}}^{p}(V_{Ag_2S_{(s)}}-V_{Ag})\mathrm{d}p$$

$$\approx -7\,240+8.314\times 298\times\ln\left(\frac{p}{p}\right)$$

$$=7.240\ (\mathrm{kJ\cdot mol^{-1}})<0$$

所以能发生腐蚀。

(2) 若不发生腐蚀,则 $\left(\frac{\partial G}{\partial \xi}\right)_{T,p}=\Delta_r G_m^{\ominus}+RT\ln\left(\frac{\frac{p_{H_3}}{p^{\ominus}}}{\frac{p_{H_2S}}{p^{\ominus}}}\right)+\int_{p^{\ominus}}^{p}(V_{Ag_2S_{(s)}}-V_{Ag})\mathrm{d}p>0$

$$\left(\frac{\partial G}{\partial \xi}\right)_{T,p}=\Delta_r G_m^{\ominus}+RT\ln\left(\frac{\frac{p_{H_2}}{p^{\ominus}}}{\frac{p_{H_2S}}{p^{\ominus}}}\right)+\int_{p^{\ominus}}^{p}(V_{Ag_2S_{(s)}}-V_{Ag})\mathrm{d}p>0$$

$$\left(\frac{\partial G}{\partial \xi}\right)_{T,p}\approx -7\,240+8.314\times 298\times\ln\left[\frac{\frac{(1-x)p}{p^{\ominus}}}{\frac{xp}{p^{\ominus}}}\right]>0$$

$$x < 5.11\%$$

所以只有当 H_2S 的百分数小于 5.11%时才不会发生腐蚀。

3. **解** 由题可得，混合气中 $y_{Ni(CO)_4}=1\times10^{-9}$，$y_{CO}=5\times10^{-3}$，所以

$$\left(\frac{\partial G}{\partial \xi}\right)_{T,p} \approx \Delta_r G_m^{\ominus} + RT\ln\left[\frac{\frac{p_{Ni(CO)_4}}{p^{\ominus}}}{\left(\frac{p_{CO}}{p^{\ominus}}\right)^4}\right] > 0$$

$$-RT\ln 2.0\times10^{-6} + RT\ln\left\{\frac{1\times10^{-9}\times\frac{p}{p^{\ominus}}}{\left[(0.005-4\times10^{-9})\frac{p}{p^{\ominus}}\right]^4}\right\} > 0$$

$$p < 9.28\times10^6 \text{ Pa}$$

故混合气的允许最大总压为 9.28×10^6 Pa。

4. **解** $SO_{2(g)} + \frac{1}{2}O_{2(g)} \longrightarrow SO_{3(g)}$

$$\begin{aligned}\Delta_r G_m^{\ominus} &= \sum_B \nu_B \Delta_f G_{B,m}^{\ominus} = \Delta_f G_{SO_{3(g)},m}^{\ominus} - \Delta_f G_{SO_{2(g)},m}^{\ominus}\\ &= -370.42-(-300.37)\\ &= -70.05\ (\text{kJ}\cdot\text{mol}^{-1})\end{aligned}$$

$$\begin{aligned}\left(\frac{\partial G}{\partial \xi}\right)_{T,p} &= \Delta_r G_m^{\ominus} + RT\ln\prod_B\left(\frac{p_B}{p^{\ominus}}\right)^{\nu_B}\\ &= \Delta_r G_m^{\ominus} + RT\ln\prod_B (C_B)^{\nu_B}\left(\frac{RT}{p^{\ominus}}\right)^{\nu_B}\\ &= \Delta_r G_m^{\ominus} + RT\ln\left(\frac{C_{SO_{3(g)}}}{C_{SO_{2(g)}}C_{O_{2(g)}}^{1/2}}\times\frac{RT}{p^{\ominus}}^{-\frac{1}{2}}\right)\\ &= -70\,500 + 8.314\times298.15\ln\left(\frac{2\times10^{-6}}{2\times10^{-4}\times8^{1/2}}\times\frac{8.314\times298}{101\,325}^{-\frac{1}{2}}\right)\\ &= -79\,443.8\ (\text{J}\cdot\text{mol}^{-1}) < 0\end{aligned}$$

故上述反应能够发生。

5. **解** 由题意得，$\Delta_r G_m^{\ominus}<0$，则有

$$-90.625+0.221T<0$$

解得 $T<410.07$ K。

6. **解** (1) $\Delta_r H_m^{\ominus} = \Delta_f H_{C_2H_{4(s)},m}^{\ominus} + \Delta_f H_{H_2O_{(g)},m}^{\ominus} - \Delta_f H_{C_2H_5OH_{(g)},m}^{\ominus}$

$$=52.3-241.8+235.3=45.8\ (\text{kJ}\cdot\text{mol}^{-1})$$

$$\Delta_r S_m^{\ominus} = S_{C_2H_{4(g)},m}^{\ominus} + S_{H_2O_{(g)},m}^{\ominus} - S_{C_2H_5OH_{(g)},m}^{\ominus} = 219.5+188.7-282.0=126.2\ (\text{kJ}\cdot\text{mol}^{-1})$$

$$\Delta_r G_m^{\ominus} = \Delta_r H_m^{\ominus} - T\Delta_r S_m^{\ominus} = 45.8\times10^3-298\times126.2=8\,192.4\ (\text{kJ}\cdot\text{mol}^{-1})$$

$$K^{\ominus}=\exp\left(-\frac{\Delta_r G_m^{\ominus}}{RT}\right)=\exp\left(-\frac{8\,192.4}{8.314\times298}\right)=3.66\times10^{-2}$$

(2) 由范特霍夫等压方程：

$$\ln\left(\frac{K_2^{\ominus}}{K_1^{\ominus}}\right)=\frac{\Delta_r H_m^{\ominus}(T_2-T_1)}{RT_2T_1}$$

$$\ln\left(\frac{K_2^{\ominus}}{3.66\times10^{-2}}\right)=\frac{45\,800\times(633-298)}{8.314\times633\times298}$$

$$K_2^{\ominus} = 6.49 \times 10^2$$

7. **解** (1) 由题可得

$$\Delta_r H_m^{\ominus} = \Delta_f H_{CH_3OH_{(g)},m}^{\ominus} - \Delta_f H_{CO_{(g)},m}^{\ominus} - 2\Delta_f H_{H_{2(g)},m}^{\ominus}$$
$$= -200.7 + 110.52 - 0$$
$$= -90.18\ (kJ \cdot mol^{-1})$$
$$\Delta_r S_m^{\ominus} = S_{CH_3OH_{(g)},m}^{\ominus} - S_{CO_{(g)},m}^{\ominus} - S_{H_{2(g)},m}^{\ominus}$$
$$= -239.8 - 197.68 - 2 \times 130.68$$
$$= 219.23\ (kJ \cdot mol^{-1})$$
$$\Delta_r G_m^{\ominus} = \Delta_r H_m^{\ominus} - T\Delta_r S_m^{\ominus}$$
$$= -90.18 - 298.15 \times (-219.23 \times 10^{-3}) = -24.82\ (kJ \cdot mol^{-1})$$
$$K^{\ominus} = \exp\left(-\frac{\Delta_r G_m^{\ominus}}{RT}\right) = \exp\left(-\frac{24.82 \times 10^3}{298.15 \times 8.314}\right) = 2.23 \times 10^4$$

(2) 由题可得

$$\ln\left(\frac{K_2^{\ominus}}{K_1^{\ominus}}\right) = \frac{\Delta_r H_m^{\ominus}(T_2 - T_1)}{RT_2T_1}$$
$$\ln\left(\frac{K_2^{\ominus}}{3.66 \times 10^{-2}}\right) = \frac{45\,800 \times (633 - 298)}{8.314 \times 633 \times 298}$$
$$K_2^{\ominus} = 6.49 \times 10^2$$

8. **解** 根据题意当 $T-1\,200$ K 时,有

$$\Delta_r G_m^{\ominus} = 124\,892 - 55T\lg T + 0.026\,15T^2$$
$$= 124\,892 - 55 \times 1\,200\lg 1\,200 + 0.0261\,5 \times 1\,200^2$$
$$= -40\,678\ (kJ \cdot mol^{-}1)$$
$$\Delta_r G_m^{\ominus} = -RT\ln K^{\ominus}$$
$$\ln K^{\ominus} = -\frac{\Delta_r G_m^{\ominus}}{RT} = \frac{-40\,678}{-8.314 \times 1\,200} = -4.08$$
$$K^{\ominus} = 1.69 \times 10^{-2}$$

设平衡时 $CO_{(g)}$ 的物质的量分数为 x

$$C_{(s)} + CO_{2(g)} \xlongequal{} 2CO_{(g)}$$

	$CO_{2(g)}$	$CO_{(g)}$
反应前	1	0
平衡时	$1-\frac{1}{2}x$	x

$$K^{\ominus} = 1.69 \times 10^{-2} = \frac{x^2}{1-\frac{1}{2}x}$$

解得 $x=0.134\,3$。

9. **解** (1) 由题可得

$$\Delta_r H_m^{\ominus} = \Delta_f H_{CO_{2(g)},m}^{\ominus} + \Delta_f H_{MO_{(s)},m}^{\ominus} - \Delta_f H_{MO_{3(s)},m}^{\ominus}$$
$$= -393.5 - 29.00 + 500 = 77.5\ (kJ \cdot mol^{-1})$$
$$\Delta_r S_m^{\ominus} = S_{CO_{2(g)},m}^{\ominus} + H_{MO_{(s)},m}^{\ominus} - H_{MO_{3(s)},m}^{\ominus}$$
$$= 213.0 + 121.4 - 167.4 = 167.0\ (kJ \cdot mol^{-1})$$

$$\Delta_r H_m^\ominus = \Delta_f H_m^\ominus - T\Delta_f S_m^\ominus = (77.5 - 0.167T)\ (\text{kJ} \cdot \text{mol}^{-1})$$

(2) 127 ℃时,有

$$\Delta_r H_m^\ominus = 77.5 - 0.167T = 77.5 - 0.167 \times 400 = 10.7\ (\text{kJ} \cdot \text{mol}^{-1})$$

$$\begin{aligned}\left(\frac{\partial G}{\partial \xi}\right)_{T,p} &= \Delta_r G_m^\ominus + RT\ln\left(\frac{p_{CO_2}}{p^\ominus}\right) + \int_{p^\ominus}^{p} (V_{MO_{(s)}} - V_{MCO_3})\mathrm{d}p \\ &= 10\,700 + 8.314 \times 400 \times \ln\frac{0.01 \times 101\,325}{101\,325} \\ &= -4\,414\ (\text{J} \cdot \text{mol}^{-1}) < 0\end{aligned}$$

即系统中的 $MCO_{3(s)}$ 可以分解为 $MO_{(s)}$ 和 $CO_{2(g)}$。

(3) 要使 $MCO_{3(s)}$ 不分解,需

$$\begin{aligned}\left(\frac{\partial G}{\partial \xi}\right)_{T,p} &= \Delta_r G_m^\ominus + RT\ln\left(\frac{p_{CO_2}}{p^\ominus}\right) + \int_{p^\ominus}^{p} (V_{MO_{(s)}} - V_{MCO_3})\mathrm{d}p \\ &= (77\,500 - 167T) + 8.314T\ln\left(\frac{0.01 \times 101\,325}{101\,325}\right) > 0\end{aligned}$$

$$T < 377.5\ \text{K}$$

10. **解** (1) $Fe_3O_{4(s)} + H_{2(g)} = 3FeO_{(s)} + H_2O_{(g)}$ (1)

$FeO_{(s)} + H_{2(g)} = Fe_{(s)} + H_2O_{(g)}$ (2)

$Fe_3O_{4(s)} + 4H_{2(g)} = 3Fe_{(s)} + 4H_2O_{(g)}$ (3)

由式(1)+3×(2)得式(3),即有

$$\lg K^\ominus = -\frac{5\,622}{T} + 5.382$$

(2) 当 T=1 073 K 时,有

$$\lg K^\ominus = -\frac{5\,622}{1\,073} + 5.382 = 0.142$$

解得 $K^\ominus = 1.387$。

所以

$$\left(\frac{p_{H_2O_{(g)}}}{p_{H_{2(g)}}}\right)^4 = 1.387$$

解得 $p_{H_2O_{(g)}} = 1.085 p_{H_{2(g)}}$。即 $y_{H_2O_{(g)}} = 1.085 y_{H_{2(g)}}$,又 $y_{H_2O_{(g)}} + y_{H_{2(g)}} = 1$,所以 $y_{H_2O_{(g)}} = 0.520\,4$,$y_{H_{2(g)}} = 0.479\,6$。

(3) 在 800 ℃下,查表得

$$C_{p,m}^\ominus, Fe_3O_{4_{(s)}} = 250.41\ (\text{J} \cdot \text{K}^{-1} \cdot \text{mol}^{-1})$$

$$C_{p,m,H_{2(g)}}^\ominus = 30.48\ (\text{J} \cdot \text{K}^{-1} \cdot \text{mol}^{-1})$$

$$C_{p,m,Fe_{(s)}}^\ominus = 45.92\ (\text{J} \cdot \text{K}^{-1} \cdot \text{mol}^{-1})$$

$$C_{p,m,H_2O_{(g)}}^\ominus = 42.24\ (\text{J} \cdot \text{K}^{-1} \cdot \text{mol}^{-1})$$

所以

$$\begin{aligned}\Delta_r H_m^\ominus &= (-1 \times 250.41 - 4 \times 30.48 + 3 \times 45.92 + 4 \times 42.24) \times (1\,073 - 298) \\ &= -50\,847.75\ (\text{J} \cdot \text{mol}^{-1})\end{aligned}$$

$$\Delta_r G_m^\ominus = -RT\ln K^\ominus = -8.314 \times 1\,073 \times \ln 1.387 = -2918.42\ (\text{J} \cdot \text{mol}^{-1})$$

$$\Delta_r S_m^\ominus = \frac{\Delta_r H_m^\ominus - \Delta_r G_m^\ominus}{T} = -\frac{50\,847.75 + 2\,918.42}{1\,073} = -44.67\ (\text{J} \cdot \text{mol}^{-1})$$

11. **解** 令

$$FeO_{(s)}+CO_{(g)} \longrightarrow Fe_{(s)}+CO_{2(g)} \quad (1)$$

$$2CO_{2(g)} \longrightarrow 2CO_{(g)}+O_{2(g)} \quad (2)$$

$$2FeO_{(s)} \longrightarrow Fe_{(s)}+CO_{2(g)} \quad (3)$$

得

$$K_1^{\ominus}=\left(\frac{K_3^{\ominus}}{K_2^{\ominus}}\right)^{\frac{1}{2}}=\left(\frac{2.47\times10^{-13}}{1.4\times10^{-12}}\right)^{\frac{1}{2}}=0.42$$

有

$$FeO_{(s)}+CO_{(g)} \longrightarrow Fe_{(s)}+CO_{2(g)}$$

$t=0$	1	x	0
$t=t$		$x-1$	1

有$\dfrac{1}{x-1}=0.42$,解得 $x=3.38$,即还原 1 mol FeO 需要 3.38 mol CO。

12. **解** $N_2O_4 \longrightarrow 2NO_2$

$1-\alpha \qquad 2\alpha$

$$K^{\ominus}=\frac{\left(\frac{p_{NO_2}}{p^{\ominus}}\right)^2}{\frac{p_{N_2O_4}}{p^{\ominus}}}=\frac{\left(\frac{2\alpha}{1+\alpha}\times\frac{p}{p^{\ominus}}\right)^2}{\left(\frac{1-\alpha}{1+\alpha}\right)\times\frac{p}{p^{\ominus}}}=\frac{4\alpha^2}{1-\alpha}\left(\frac{p}{p^{\ominus}}\right)$$

即

$$K^{\ominus}=\frac{4\alpha^2}{1-\alpha}\left(\frac{p}{p^{\ominus}}\right)$$

因为 N_2O_4 能微量解离成 NO_2,故

$$\alpha \ll 1$$

$$K^{\ominus}=\frac{4\alpha^2}{1-\alpha}\left(\frac{p}{p^{\ominus}}\right)$$

$$\alpha=\frac{1}{2}\sqrt{\frac{K^{\ominus}}{\frac{p}{p^{\ominus}}}}$$

13. **解** 对反应(1)来说,平衡时,有

$$K_1^{\ominus}=\left(\frac{p_{H_2O}}{p^{\ominus}}\right)\left(\frac{p_{CO_2}}{p^{\ominus}}\right)=\frac{1}{4}\left(\frac{p_{H_2O}}{p^{\ominus}}\right)^2$$

$$=\frac{1}{4}\times\left(\frac{3.99}{101.325}\right)^2=3.87\times10^{-4}$$

对反应(2)来说,平衡时,有

$$K_2^{\ominus}=\frac{p_{H_2O}}{p^{\ominus}}=\frac{p_2}{p^{\ominus}}$$

有

$$p_{H_2O}=p_2=6.0528\ \text{kPa}$$

共同平衡时,有

$$K_1^{\ominus}=\left(\frac{p_{H_2O}}{p^{\ominus}}\right)\left(\frac{p_{CO_2}}{p^{\ominus}}\right)=3.87\times10^{-4}$$

$$\left(\frac{p_{H_2O}}{p^{\ominus}}\right)\left(\frac{p_{CO_2}}{p^{\ominus}}\right)=3.87\times10^{-4}$$

$$p_{CO_2}=\frac{3.87\times10^{-4}}{6.0528}\times101.325^2$$

$$=0.6605\ (\text{kPa})$$

平衡压力为

$$p=p_{H_2O}+p_{CO_2}=6.0528+0.6605=6.7133\ (\text{kPa})$$

14. **解** (1) 设乙苯的转化率为 α，有

$$C_6H_5C_2H_{5(g)} \rightleftharpoons C_6H_5C_2H_{3(g)}+H_{2(g)}$$

开始	1	0	0
平衡	$1-\alpha$	α	α

$$n_{总}=1+\alpha$$

$$K^{\ominus}=\left(\frac{\alpha}{1-\alpha}\cdot\frac{p}{p^{\ominus}}\right)\left(\frac{1-\alpha}{1+\alpha}\cdot\frac{p}{p^{\ominus}}\right)=\frac{\alpha}{(1-\alpha^2)}\cdot\frac{p}{p^{\ominus}}$$

当 $p=100$ kPa 时，有

$$1.49=\frac{\alpha^2}{1-\alpha^2}\times\frac{100}{101.325}$$

解得 $\alpha=0.778$。

(2) 由上题可得

$$1.49=\frac{\alpha^2}{1-\alpha^2}\times\frac{10}{101.325}$$

解得 $\alpha=0.969$。

(3)

$$C_6H_5C_2H_{5(g)} \rightleftharpoons C_6H_5C_2H_{3(g)}+H_{2(g)}, H_2O_{(g)}$$

开始	1	0	0	10
平衡	$1-\alpha$	α	α	10

$$n_{总}=11+\alpha$$

$$K^{\ominus}=\frac{\alpha^2}{(1-\alpha)(11+\alpha)}\cdot\frac{p}{p^{\ominus}}$$

有

$$1.49=\frac{\alpha^2}{(1+\alpha)(11+\alpha)}\times\frac{100}{101.325}$$

解得 $\alpha=0.951$。

15. **解** 查表得，298 K 时有如题表 4-4 所示数据。

题表 4-4

	$CaCO_{3(s)}$	$CaO_{(s)}$	$CO_{2(g)}$
$\Delta_f G_m^{\ominus}$ (kJ·mol^{-1})	−1 128.70	−604.2	−394.38
$\Delta_f H_m^{\ominus}$ (kJ·mol^{-1})	−1 206.87	−635.6	−393.511

所以

$$\Delta_r G_m^{\ominus} = \Delta_f G_{m,CO_{2(g)}}^{\ominus} + \Delta_f G_{m,CaO_{(s)}}^{\ominus} - \Delta_f G_{m,CaCO_{3(s)}}^{\ominus} = -394.38 - 604.2 + 1\,128.70$$
$$= 130.12\ (\mathrm{kJ \cdot mol^{-1}})$$

$$K^{\ominus} = \exp\left(-\frac{\Delta_r G_m^{\ominus}}{RT}\right) = \exp\left(-\frac{130.12 \times 10^3}{8.314 \times 298}\right) = 1.55 \times 10^{-23}$$

$$\Delta_r H_m^{\ominus} = \Delta_f G_{m,CO_{2(g)}}^{\ominus} + \Delta_r H_{m,CaO_{(s)}}^{\ominus} - \Delta_f G_{m,CaCO_{3(s)}}^{\ominus} = -393.511 - 635.6 + 1\,206.86$$
$$= 177.759\ (\mathrm{kJ \cdot mol^{-1}})$$

又

$$\ln K^{\ominus} = -\frac{\Delta_r H_m^{\ominus}}{RT} + B$$

代入数据得

$$\ln(1.55 \times 10^{-23}) = -\frac{177.759 \times 10^3}{8.314 \times 298} + B$$

解得 $B=19.23$，即 $\ln K^{\ominus} = -\dfrac{177\,759}{RT} + 19.23$。

当分解压力最小达到大气压力时 $K^{\ominus} = \dfrac{p_{CO_2}}{p^{\ominus}} = 1$，有

$$\frac{177\,759}{8.314T} + 19.23 = 0$$

解得 $T=1\,111.84\ \mathrm{K}$。

16. **解** (1) 令

$$H_{2(g)} + FeO_{(s)} = Fe_{(s)} + H_2O_{(g)} \quad (1)$$
$$2H_2O_{(g)} = 2H_{2(g)} + O_{2(g)} \quad (2)$$

由式(1)+式(2)得

$$2FeO_{(s)} = 2Fe_{(s)} + O_{2(g)} \quad (3)$$

即

$$K_3^{\ominus} = \frac{p_{O_2}}{p^{\ominus}} = (K_1^{\ominus})^2 \times K_2^{\ominus}$$

$$K_1^{\ominus} = \frac{p_{H_2O}}{p_{H_2}} = \frac{x_{H_2O}}{x_{H_2}} = \frac{1-0.54}{0.54} = 0.851\,9$$

所以

$$p_{O_2} = (K_1^{\ominus})^2 \times K_2^{\ominus} \times p = 0.851\,9^2 \times 3.4 \times 10^{-13} \times 100 = 2.468 \times 10^{-11}\ (\mathrm{kPa})$$

即 FeO 的分解压为 2.468×10^{-11} kPa。

(2) 令

$$FeO_{(s)} + CO_{(g)} = Fe_{(s)} + CO_{2(g)} \quad (1)$$
$$2CO_{(g)} = 2CO_{(g)} + O_{2(g)} \quad (2)$$
$$2FeO_{(s)} = Fe_{(s)} + O_{2(g)} \quad (3)$$

得

$$K_1 = \left(\frac{K_3}{K_2}\right)^{\frac{1}{2}} = \left(\frac{0.851\,9^2 \times 3.4 \times 10^{-13}}{1.4 \times 10^{-12}}\right)^{\frac{1}{2}} = 0.42$$

有

$$FeO_{(s)} + CO_{(g)} \rightleftharpoons Fe_{(s)} + CO_{2(g)}$$

$t=0$ 　　1 　　x 　　0

$t=t$ 　　　　$x-1$ 　　1

有$\frac{1}{x-1}=0.42$，解得 $x=3.38$，即还原 1 mol FeO 需要 3.38 mol CO。

17. **解** $K_1^{\ominus}=\dfrac{\dfrac{p_{H_2}}{p^{\ominus}}\left(\dfrac{p_{O_2}}{p^{\ominus}}\right)^{\frac{1}{2}}}{\dfrac{p_{H_2O}}{p^{\ominus}}}=\dfrac{2.21\times10^{-4}\times\left(\dfrac{2.21\times10^{-4}}{2}\right)^{\frac{1}{2}}}{1}=2.32\times10^{-6}$

$K_2^{\ominus}=\dfrac{\dfrac{p_{CO}}{p^{\ominus}}\left(\dfrac{p_{O_2}}{p^{\ominus}}\right)^{\frac{1}{2}}}{\dfrac{p_{CO_2}}{p^{\ominus}}}=\dfrac{4.8\times10^{-4}\times\left(\dfrac{4.8\times10^{-4}}{2}\right)^{\frac{1}{2}}}{1}=7.44\times10^{-6}$

$K_3^{\ominus}=\dfrac{K_1^{\ominus}}{K_2^{\ominus}}=\dfrac{2.32\times10^{-6}}{7.44\times10^{-6}}=0.311\,8$

18. **解** $K^{\ominus}=\exp\left(-\dfrac{\Delta_r G_m^{\ominus}}{RT}\right)=\exp\left(-\dfrac{-2\times228.59\times10^3}{8.314\times298}\right)=1.38\times10^{80}$

假设每 100 mol 原料气中含有氢气 99.5 mol、氧气 0.5 mol，反应达平衡时，氧气剩余 n mol

$$2H_{2(g)} + O_{2(g)} \rightleftharpoons 2H_2O_{(g)}$$

开始 　　99.5 　　0.5 　　0

平衡 　　$98.5+2n$ 　　n 　　$1-2n$

$$n_{总}=99.5+n$$

$$K^{\ominus}=\frac{\left(\dfrac{p_{H_2O}}{p^{\ominus}}\right)^2}{\left(\dfrac{p_{H_2}}{p^{\ominus}}\right)^2\cdot\dfrac{p_{O_2}}{p^{\ominus}}}=\frac{x_{H_2O}^2}{x_{H_2}^2\cdot x_{O_2}}=\frac{\left(\dfrac{1-2n}{99.5+n}\right)^2}{\left(\dfrac{98.5+2n}{99.5+n}\right)^2\times\dfrac{n}{99.5+n}}$$

$$=\left[\frac{(1-2n)^2\cdot(99.5+n)}{(98.5+n)}\right]\cdot n=1.38\times10^{80}$$

解得 $n\approx7.3\times10^{-83}\ll1\times10^{-6}$，即反应后氢气的纯度可以达到要求。

19. **解** 设计过程如题图 4-1 所示，查表得

$$\Delta_f G^{\ominus}_{m,C_2H_5OH_{(l)}}=-174.36\ (kJ\cdot mol^{-1})$$

$$\Delta_f G^{\ominus}_{m,C_2H_{4(g)}}=68.157\ (kJ\cdot mol^{-1})$$

$$\Delta_f G^{\ominus}_{m,H_2O_{(l)}}=-237.142\ (kJ\cdot mol^{-1})$$

所以

$$\Delta G_1=\Delta G_2+\Delta G_3+\Delta G_4=0+RT\ln\left(\frac{533}{7\,599}\right)+0=-6.58\ (kJ\cdot mol^{-1})$$

$$\Delta_f G^{\ominus}_{m,C_2H_5OH_{(aq)}}=\Delta G_1+\Delta_f G^{\ominus}_{m,H_2O_{(l)}}=-6.58-174.36=-180.94\ (kJ\cdot mol^{-1})$$

$$\Delta_f G_m^{\ominus}=\Delta_f G^{\ominus}_{m,C_2H_5OH_{(aq)}}-\Delta_f G^{\ominus}_{m,H_2O_{(l)}}-\Delta_f G^{\ominus}_{m,C_2H_{4(g)}}$$

$$=-180.94+237.142-68.157=-11.955\ (kJ\cdot mol^{-1})$$

所以

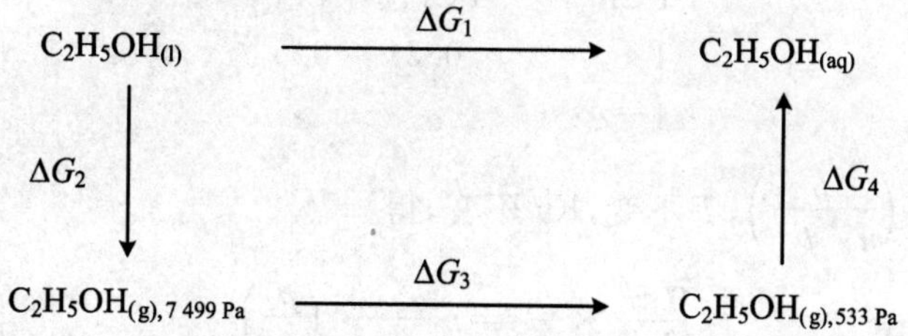

题图 4-1

$$K^{\ominus}=\exp\left(\frac{\Delta_{r}G_{m}^{\ominus}}{RT}\right)=\exp\left(-\frac{-11.955\times10^{3}}{8.314\times298}\right)=124.62$$

20. **解** 假设每 100 mol 的原料中含有二氧化硫 6 mol、氧气 12 mol，有

	$SO_{2(g)}+\frac{1}{2}O_{2(g)}$		$= SO_{3(g)}$	惰性气体
开始	6	12	0	82
平衡	1.2	9.6	4.8	82

$n_{总}=97.6$

$$K^{\ominus}=\frac{\left(\frac{p_{SO_3}}{p^{\ominus}}\right)^{2}}{\frac{p_{SO_2}}{p^{\ominus}}\cdot\left(\frac{p_{O_2}}{p^{\ominus}}\right)^{\frac{1}{2}}}=\frac{x_{SO_3}}{x_{SO_2}\cdot x_{O_2}^{\frac{1}{2}}}=\frac{\frac{4.8}{97.6}}{\frac{1.2}{97.6}\times\left(\frac{9.6}{97.6}\right)^{\frac{1}{2}}}=12.75$$

所以

$$\Delta_{r}G_{m}^{\ominus}=-RT\ln K^{\ominus}=-8.314\times T\ln12.75=-21.16T$$

又

$$\Delta_{r}G_{m}^{\ominus}=\Delta_{r}H_{m}^{\ominus}-T\Delta_{r}S_{m}^{\ominus}$$

即

$$-21.16T=-98.86\times10^{3}+94.03T$$

解得 $T=858$ K。

21. **解** (1) $PCl_{5(g)}=PCl_{3(g)}+Cl_{2(g)}$

	1	0.5	0.5
	$1-\alpha$	α	α

由 $K^{\ominus}=\frac{n_{PCl_3}n_{Cl_2}}{n_{PCl_5}}\left(\frac{p}{n_{总}\ p^{\ominus}}\right)$，$T$ 不变，$K^{\ominus}$ 不变，有

$$\frac{(0.5)^{2}}{0.5}\times\left(\frac{p_{1}}{n_{1}}\right)^{1}=\frac{\alpha^{2}}{1-\alpha}\times\left(\frac{p_{2}}{n_{2}}\right)^{1}$$

又 $PV=nRT$，即 $\frac{P}{n}=\frac{RT}{V}$，得

$$0.5\times\frac{RT_{1}}{V_{1}}=\frac{\alpha^{2}}{1-\alpha}\cdot\frac{RT_{2}}{V_{2}}$$

代入 $V_{1}=1\ dm^{3}$，$V_{2}=2\ dm^{3}$，$T_{1}=T_{2}$，得

$$0.5RT=\frac{\alpha^{2}}{1-\alpha}\cdot\frac{RT}{2}$$

解得 $\alpha=0.62$，所以此情况下 $PCl_{5(g)}$ 的离解度增大

(2)
$$PCl_{5(g)} \rightleftharpoons PCl_{3(g)} + Cl_{2(g)}$$
$$\begin{array}{ccc} 1 & 0.5 & 0.5 \\ 1-\alpha & \alpha & \alpha \end{array}$$

由 $K^{\ominus}=\frac{n_{PCl_3}n_{Cl_2}}{n_{PCl_5}}\left(\frac{p}{n_{总}\,p^{\ominus}}\right)$，$T$ 不变，$K^{\ominus}$ 不变，得

$$\frac{0.5^2}{0.5}\times\frac{p_1}{n_1}=\frac{\alpha^2}{1-\alpha}\cdot\left(\frac{p_2}{n_2}\right)^1$$

又 $PV=nRT$，即 $\frac{P}{n}=\frac{RT}{V}$，得

$$0.5\times\frac{RT_1}{V_1}=\frac{\alpha^2}{1-\alpha}\cdot\frac{RT_2}{V_2}$$

代入 $V_1=1\ dm^3$，$V_2=2\ dm^3$，$T_1=T_2$，得

$$0.5RT=\frac{\alpha^2}{1-\alpha}\cdot\frac{RT}{2}$$

解得 $\alpha=0.62$，所以此情况下 $PCl_{5(g)}$ 的离解度增大。

(3)
$$PCl_{5(g)} \rightleftharpoons PCl_{3(g)} + Cl_{2(g)}$$
$$\begin{array}{ccc} 1 & 0.5 & 0.5 \\ 1-\alpha & \alpha & \alpha \end{array}$$

由 $K^{\ominus}=\frac{n_{PCl_3}n_{Cl_2}}{n_{PCl_5}}\left(\frac{p}{n_{总}\,p^{\ominus}}\right)$，$T$ 不变，$K^{\ominus}$ 不变，得

$$\frac{0.5^2}{0.5}\cdot\left(\frac{p_1}{n_1}\right)^1=\frac{\alpha^2}{1-\alpha}\cdot\left(\frac{p_2}{n_2}\right)^1$$

又 $PV=nRT$，即 $\frac{P}{n}=\frac{RT}{V}$，得

$$0.5\times\frac{RT_1}{V_1}=\frac{\alpha^2}{1-\alpha}\cdot\frac{RT_2}{V_2}$$

代入 $V_1=1\ dm^3$，$V_2=2\ dm^3$，$T_1=T_2$，得

$$0.5=\frac{\alpha^2}{1-\alpha}$$

解得 $\alpha=0.5$，即此情况下 $PCl_{5(g)}$ 的离解度不变。

(4) 设通入氯气的物质的量为 n mol。

$$PCl_{5(g)} \rightleftharpoons PCl_{3(g)} + Cl_{2(g)}$$
$$\begin{array}{cccc} 1 & 0 & 0 & n_{总,1}=1.5 \\ 1-\alpha & \alpha & \alpha+n & n_{总,2}=1+\alpha+n \end{array}$$

由 $\frac{p_1V_1}{p_2V_2}=\frac{n_{总,1}RT_1}{n_{总,1}RT_2}$，$V_1=V_2=1\ dm^3$，$T_1=T_2$，得

$$\frac{101.325\times1}{202.65\times1}=\frac{1.5}{1+\alpha+n}$$

解得 $\alpha+n=2$。

由 $K^{\ominus}=\frac{n_{PCl_3}n_{Cl_2}}{n_{PCl_5}}\cdot\frac{p}{n_{总}\,p^{\ominus}}$，$\frac{P}{n}=\frac{RT}{V}$，得

$$0.5=\frac{2\alpha}{1-\alpha}$$

解得 $\alpha=0.2$，即此情况下 $PCl_{5(g)}$ 的离解度减小。

22. **解** (1) $NH_4HS_{(s)} \rightleftharpoons NH_{3(g)} + H_2S_{(g)}$

平衡 33.3 kPa 33.3 kPa

$$K^{\ominus} = \frac{p_{NH_3}}{p^{\ominus}} \cdot \frac{p_{H_2S}}{p^{\ominus}} = \frac{33.3}{101.325} \times \frac{33.3}{101.325} = 0.108$$

$$NH_4HS_{(s)} \rightleftharpoons NH_{3(g)} + H_2S_{(g)}$$

平衡 p $p+39.99$

$$K^{\ominus} = \frac{p}{p^{\ominus}} \cdot \left(\frac{p+39.99}{p^{\ominus}}\right) = 0.108$$

$$p = 18.85\ (\text{kPa})$$

所以

$$p_{总} = p + (p+39.99) = 18.85 + (18.85+39.99) = 77.69\ (\text{kPa})$$

(2) 若要使反应向形成 $NH_4HS_{(s)}$ 的方向进行，需

$$\left(\frac{\partial G}{\partial \xi}\right)_{T,p} = \Delta_r G_m^{\ominus} + RT\ln\left(\frac{p_{NH_3}}{p^{\ominus}}\right)\left(\frac{p_{H_2S}}{p^{\ominus}}\right) - \int_{p^{\ominus}}^{p} V_{NH_4HS_{(s)}}\,dp$$

$$\approx -8.314\times 298\times \ln 0.108 + 8.314\times 298\times \ln\left(\frac{6.666}{p^{\ominus}}\right)\left(\frac{p_{H_2S}}{p^{\ominus}}\right) > 0$$

$$\left(\frac{6.666}{p^{\ominus}}\right)\left(\frac{p_{H_2S}}{p^{\ominus}}\right) > 0.108$$

解得 $p_{H_2S} > 166.34$ kPa。

所以需加至少 166.34 kPa 的 $H_2S_{(g)}$ 才能形成 $NH_4HS_{(s)}$。

23. **解** $H_{2(g)} + I_{2(g)} \rightleftharpoons 2HI_{(g)}$

开始 7.94 5.3 0

平衡 $(7.94-x)$ $(5.3-x)$ $2x$

$$K^{\ominus} = \frac{(2x)^2}{(7.94-x)(5.3-x)} = 50.1$$

解得 $x=4.74$ mol。

平衡时 HI 的物质的量为

$$n = 2\times 4.74 = 9.48\ (\text{mol})$$

24. **解** 过程如题图 4-2 所示。

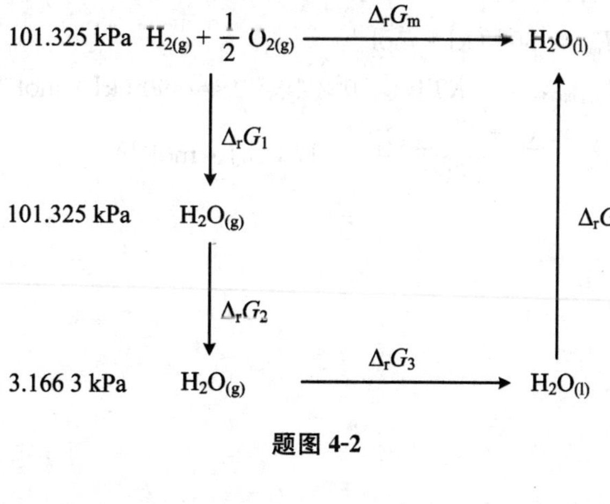

题图 4-2

$\Delta_r G_1 = \Delta_r G_m^{\ominus} = -228.5\ (\mathrm{kJ \cdot mol^{-1}})$

$\Delta_r G_2 = nRT\ln\left(\frac{p_2}{p_1}\right) = 1 \times 8.314 \times 298 \times \ln\left(\frac{3.1663}{101.325}\right) = -8.587\ (\mathrm{kJ \cdot mol^{-1}})$

$\Delta_r G_3 = 0\ (\mathrm{kJ \cdot mol^{-1}})$

$\Delta_r G_4 = 0\ \mathrm{kJ \cdot mol^{-1}}$

$\Delta_r G_m = \Delta_r G_1 + \Delta_r G_2 + \Delta_r G_3 + \Delta_r G_4 = -228.5 + (-8.587) = -237.087\ (\mathrm{kJ \cdot mol^{-1}})$

25. **解** (1) $$\left(\frac{\partial G}{\partial \xi}\right)_{T,p} = \Delta_r G_m^{\ominus} + RT\ln\left[\frac{\frac{p_{CH_4}}{p^{\ominus}}}{\left(\frac{p_{H_2}}{p^{\ominus}}\right)^2}\right] - \int_{p^{\ominus}}^{p} V_{C_{(s)}}\,\mathrm{d}p$$

$$\approx 19\,397 + 8.314 \times 1\,000 \times \ln\left[\frac{\frac{0.1p^{\ominus}}{p^{\ominus}}}{\left(\frac{0.8p^{\ominus}}{p^{\ominus}}\right)^2}\right]$$

$$= 3\,963.73\ (\mathrm{J \cdot mol^{-1}}) > 0$$

甲烷不能形成。

(2) $$\left(\frac{\partial G}{\partial \xi}\right)_{T,p} = \Delta_r G_m^{\ominus} + RT\ln\left[\frac{\frac{p_{CH_4}}{p^{\ominus}}}{\left(\frac{p_{H_2}}{p^{\ominus}}\right)^2}\right] - \int_{p^{\ominus}}^{p} V_{C_{(s)}}\,\mathrm{d}p$$

$$\approx 19\,397 + 8.314 \times 1\,000 \times \ln\left[\frac{\frac{0.1p}{p^{\ominus}}}{\left(\frac{0.8p}{p^{\ominus}}\right)^2}\right] < 0$$

解得 $p > 162.81\ \mathrm{kPa}$，故压力需增加到 162.81 kPa，合成甲烷的反应才能够进行。

26. **解** $$2CO_{2(g)} \xlongequal{} 2CO_{(g)} + O_{2(g)}$$

平衡 $2-2\alpha$ $\quad 2\alpha \quad \alpha \quad n_{总} = 2+\alpha$

$$K_{1\,000\,\mathrm{K}}^{\ominus} = \frac{\alpha^3}{(1-\alpha)^2(2+\alpha)} = 4.0 \times 10^{-21}$$

$$K_{1\,400\,\mathrm{K}}^{\ominus} = 1.024 \times 10^{-12}$$

$$\ln\left(\frac{1.024 \times 10^{-12}}{4.0 \times 10^{-12}}\right) = \frac{\Delta_r G_m^{\ominus}}{R} \cdot \left(\frac{1}{1\,000} - \frac{1}{1\,400}\right) = 19.36$$

$$\Delta_r H_m^{\ominus} = 563\ (\mathrm{kJ \cdot mol^{-1}})$$

$$\Delta_r G_{m,1\,000\,\mathrm{K}}^{\ominus} = -RT\ln(4.0 \times 10^{-21}) = 390\ (\mathrm{kJ \cdot mol^{-1}})$$

$$\Delta_r S_m^{\ominus} = \frac{\Delta_r H_m^{\ominus} - \Delta_r G_m^{\ominus}}{1\,000} = 173\ (\mathrm{kJ \cdot mol^{-1}})$$

第5章

一、选择题

1. D 2. C 3. B 4. D 5. D 6. A 7. B 8. A 9. C 10. C 11. D 12. C 13. D 14. D 15. C 16. D 17. D 18. D 19. A 20. B 21. C

二、填空题

1. $J \cdot K^{-1}$
2. 独立子;相依子
3. 定域子;离域子
4. $q = \sum_i g_i e^{-\varepsilon_i/kT}$
5. $A = -kT\ln\left(\frac{q^N}{N!}\right)$
6. 振动;转动
7. 振动
8. 2

三、简答题

1. **答** 对于由大量独立子构成的系统，当达到平衡态时，尽管严格的最概然分布出现的概率很小，但是如果考虑一定的误差，则那些非常接近最概然分布的各种分布，它们出现的概率之和已非常接近1。因此最概然分布能够代表一切可能的分布，从而可以说平衡分布就是最概然分布。

2. **答** 单原了没有振动和转动，所以配分函数可分解为电子与平动配分函数的乘积，即

$$q = q_e q_t$$

$$q_t = \sum_i g_{i,t}\exp\left(\frac{-\varepsilon_{i,t}}{kT}\right) = \left(\frac{2\pi mkT}{h^2}\right)^{3/2} V$$

$$q_e = \sum_i g_{e,i}\exp\left(-\frac{\varepsilon_{e,i}}{kT}\right) = g_{e,o}\exp\left(-\frac{\varepsilon_{e,0}}{kT}\right) = g_{e,o} = 2J + 1$$

三、判断题

1. 错 2. 错 3. 错 4. 对 5. 对 6. 错 7. 错 8. 对 9. 错 10. 对

四、计算题

1. **解** $S=k\ln\Omega$

$$S_2-S_1=k\ln\left(\frac{\Omega_2}{\Omega_1}\right)$$

$$\ln\left(\frac{\Omega_2}{\Omega_1}\right)=\frac{0.418}{1.38\times10^{-23}}=3.03\times10^{22}$$

$$\frac{\Omega_2}{\Omega_1}=2.068\times10^{23}$$

$$\frac{\Delta\Omega}{\Omega_1}=\frac{\Omega_2-\Omega_1}{\Omega_1}=\frac{\Omega_2}{\Omega_1}-1=2.068\times10^{23}-1$$

$$\approx2.068\times10^{23}$$

2. **解** (1)

$$\Delta S_{\text{mix}}=k\ln\left(\frac{\Omega_2}{\Omega_1}\right)$$

则

$$\frac{\Omega_2}{\Omega_1}=\exp\left(\frac{\Delta S_{\text{mix}}}{k}\right)=e^{-3.835\times10^{23}}$$

(2)

$$\Omega_1=\exp\left(\frac{\Delta S_{\text{mix}}}{k}\right)\approx0$$

3. **解** 基态为能量零点,其他运动形式配分函数无影响。

(1) $$\frac{N_1}{N}=\frac{e^{-E_1/RT}}{e^{-E_0/RT}+e^{-E_1/RT}}=\frac{\exp\left(-\frac{400\,000}{8.314\times300}\right)}{1+\exp\left(-\frac{400\,000}{8.314\times300}\right)}=2.2\times10^{-70}$$

(2) $$\frac{N_1}{N}=\frac{e^{-E_1/RT}}{e^{-E_0/RT}+e^{-E_1/RT}}=\frac{\exp\left(-\frac{400\,000}{8.314T}\right)}{1+\exp\left(-\frac{400\,000}{8.314T}\right)}=0.1$$

$T=2.2\times10^4\ K$

4. **解** (1) $$\frac{N_1}{N_2}=\frac{g_1e^{-\varepsilon_1/kT}}{g_2e^{-\varepsilon_2/kT}}=\frac{3}{5}\exp\left(-\frac{6.1\times10^{-21}-8.4\times10^{-21}}{1.38\times10^{-23}\times300}\right)=1.046$$

(2) $$\frac{N_1}{N_2}=\frac{g_1e^{-\varepsilon_1/kT}}{g_2e^{-\varepsilon_2/kT}}=\frac{3}{5}\exp\left(-\frac{6.1\times10^{-21}-8.4\times10^{-21}}{1.38\times10^{-23}\times3000}\right)=0.634$$

5. **解** $$\frac{N_0}{N_1}=\frac{1}{3\cdot\exp\left(-\frac{2.05\times10^{-22}}{1.38\times10^{-22}\times100}\right)}=1:2.59$$

$$\frac{N_1}{N_2}=\frac{3}{5\cdot\exp\left[\frac{(2.05-4.10)\times10^{-22}}{1.38\times10^{-22}\times100}\right]}=0.696$$

$N_0:N_1:N_2=1:2.59:3.72$

6. **解** 由波尔兹曼分布定律得

$$\frac{N_1}{N_2}=\frac{g_1e^{-\varepsilon_1/kT}}{g_2e^{-\varepsilon_2/kT}}=\frac{1\times(2\times5+1)\cdot e^{\frac{-5\Theta_v}{2T}-5\times6\times\frac{\Theta_r}{T}}}{1\times(2\times2+1)\cdot e^{\frac{-3\Theta_v}{2T}-2\times3\times\frac{\Theta_r}{T}}}=0.040\,7$$

7. **解**　(1) $q=\sum_i g_i \mathrm{e}^{-\varepsilon_i/kT}=g_0\mathrm{e}^{-\varepsilon_0/kT}+g_1\mathrm{e}^{-\varepsilon_1/kT}=1+2\mathrm{e}^{-\varepsilon/kT}$

(2) $\dfrac{N_1}{N_0}=\dfrac{g_1\mathrm{e}^{-\varepsilon_1/kT}}{g_0\mathrm{e}^{-\varepsilon_0/kT}}=2\mathrm{e}^{-1}=0.735\,8$

(3) $U=RT^2\left(\dfrac{\partial \ln q}{\partial T}\right)_{V,N}=RT^2\left[\dfrac{\partial \ln(g_0\mathrm{e}^{-\varepsilon_0/kT}+g_1\mathrm{e}^{-\varepsilon_1/kT})}{\partial T}\right]_{V,N}$

$$=RT^2\left[\frac{\partial \ln(1+2\mathrm{e}^{-\varepsilon/kT})}{\partial T}\right]_{V,N}=RT^2\frac{2\mathrm{e}^{-\varepsilon/kT}}{1+2\mathrm{e}^{-\varepsilon/kT}}\cdot\frac{\varepsilon}{kT^2}$$

$$=RT^2\frac{2\mathrm{e}^{-kT/kT}}{1+2\mathrm{e}^{-kT/kT}}\cdot\frac{kT}{kT^2}$$

$$=\frac{2\mathrm{e}^{-1}}{1+2\mathrm{e}^{-1}}RT$$

$$=\frac{0.735\,8}{1+0.735\,8}\times 8.314\times 298.15=1\,051\ (\mathrm{J\cdot mol^{-1}})$$

或 1 mol 气体分子数为:L,$N_1+N_0=L$,$N_1=\dfrac{0.735\,8}{1+0.735\,8}L$

$$U=N_0\varepsilon_0+N_1\varepsilon_1=N_1\varepsilon_1=\frac{0.735\,8}{1+0.735\,8}LkT=0.423\,9RT=1\,051\ (\mathrm{J\cdot mol^{-1}})$$

8. **解**　(1) 振动各能级简并度均为 1,由题意可得

$$\Theta_{\mathrm{v}}=\frac{h\nu}{k}=\frac{6.626\times10^{-34}\times6.99\times10^{13}}{1.3806\times10^{-23}}=3\,355$$

$$\frac{N_{v=1}}{N_{v=0}}=\frac{\mathrm{e}^{-3\Theta_{\mathrm{v}}/2T}}{\mathrm{e}^{-\Theta_{\mathrm{v}}/2T}}=\mathrm{e}^{-\Theta_{\mathrm{v}}/T}=0.26$$

$$T=2\,490\ (\mathrm{K})$$

(2) $E_{\mathrm{t}}=\dfrac{3RT}{2}$,$E_{\mathrm{r}}=RT$

(2) 平动、转动服从能量均分原理

$$U_{\mathrm{t}}=\frac{3}{2}RT$$

$$U_{\mathrm{r}}=RT$$

$$U_{\upsilon}=RT^2\left(\frac{\partial \ln q_{\upsilon}}{\partial T}\right)_{V,N}=RT^2\left(\frac{\partial \ln\dfrac{\mathrm{e}^{-\Theta_{\mathrm{r}}/2T}}{\mathrm{e}^{-\Theta_{\mathrm{r}}/T}}}{\partial T}\right)_{V,N}$$

$$=R\Theta_{\mathrm{r}}\frac{\mathrm{e}^{-\Theta_{\mathrm{r}}/T}}{1-\mathrm{e}^{-\Theta_{\mathrm{r}}/T}}+R\frac{\Theta_{\mathrm{r}}}{2}$$

$$=3\,355R\exp\frac{\left(-\dfrac{3\,355}{2\,490}\right)}{\left(1-\dfrac{3\,355}{2\,490}\right)}+\frac{3\,355}{2}R=2\,587R$$

$$\frac{U_{\upsilon}}{U_{\mathrm{t}}+U_{\mathrm{r}}+U_{\upsilon}}=\frac{2\,587R}{\dfrac{3}{2}\times2\,490R+2\,490R+2\,587R}\times100\%=31.5\%$$

9. **解**　(1) 单原子 Ar 理想气体运动包含核、电子和平动,其分子配分函数为

$$q=\sum_i g_{n,i}\mathrm{e}^{-\varepsilon_{n,i}/kT}\sum_i g_{\mathrm{e},i}\mathrm{e}^{-\varepsilon_{\mathrm{e},i}/kT}\left(\frac{2\pi mkT}{h^2}\right)^{3/2}V$$

对于本题，设部分分子中电子最高处于第一激发态，体系的温度为 T、体积为 V，则

$$q=g_{n,0}\exp\left(-\frac{\varepsilon_{n,0}}{kT}\right)\left[g_{e,0}\exp\left(-\frac{\varepsilon_{e,0}}{kT}\right)+g_{e,1}\exp\left(-\frac{\varepsilon_{e,1}}{kT}\right)\right]\left(\frac{2\pi mkT}{h^2}\right)^{3/2}V$$

$$=\left[1+2\exp\left(-\frac{\varepsilon}{kT}\right)\right]\left(\frac{2\pi mkT}{h^2}\right)^{3/2}V$$

(2) $$\frac{N_1}{N}=\frac{2\exp\left(-\frac{\varepsilon}{kT}\right)\left(\frac{2\pi mkT}{h^2}\right)^{3/2}V}{\left[1+2\exp\left(-\frac{\varepsilon}{kT}\right)\right]\left(\frac{2\pi mkT}{h^2}\right)^{3/2}V}=0.0133=1.33\%$$

(3) $$A_{离域}=-kT\ln\frac{q^N}{N!}$$

298.15 K，1 $p^{\ominus}$下 Ar 气体的核和电子运动均处于基态，则

$$q=g_{n,0}\exp\left(-\frac{\varepsilon_{n,0}}{kT}\right)g_{e,0}\exp\left(-\frac{\varepsilon_{e,0}}{kT}\right)\left(\frac{2\pi mkT}{h^2}\right)^{3/2}V$$

$$S_{\mathrm{Ar,m}}=R\left[\ln g_{\mathrm{n},0}\exp\left(-\frac{\varepsilon_{\mathrm{n},0}}{kT}\right)g_{\mathrm{e},0}\exp\left(-\frac{\varepsilon_{\mathrm{e},0}}{kT}\right)\left(\frac{2\pi mkT}{h^2}\right)^{3/2}\left(\frac{RT}{p^{\ominus}}\right)N^{-1}+\frac{5}{2}\right]$$

$$=R\left[\ln 1\times\exp\left(-\frac{0}{kT}\right)\times 1\times\exp\left(-\frac{0}{kT}\right)\left(\frac{2\pi mkT}{h^2}\right)^{3/2}\left(\frac{RT}{p^{\ominus}}\right)N^{-1}+\frac{5}{2}\right]$$

$$=8.314\left\{\ln\left[\frac{2\times 3.142\times\frac{40\times 10^{-3}}{6.022\times 10^{23}}\times 1.38\times 10^{-23}\times 298.15}{(6.626\times 10^{-34})^2}\right]^{3/2}\right.$$

$$\left.\times\frac{8.314\times 298.15}{101\,325}\times(6.022\times 10^{23})^{-1}+\frac{5}{2}\right\}$$

$$=126.05\ (\mathrm{J\cdot K^{-1}\cdot mol^{-1}})$$

10. **解** 对于单原子理想气体而言，其亥姆霍兹自由能的统计热力学表达式为

$$-A=k_{\mathrm{B}}T\ln\frac{q^N}{N!}=(N\varepsilon_{\mathrm{n},0}+N\varepsilon_{\mathrm{e},0})-Nk_{\mathrm{B}}T\ln(g_{\mathrm{n},o}\cdot g_{\mathrm{e},o})$$

$$-Nk_{\mathrm{B}}T\ln\frac{2\pi mkT^{3/2}}{h^2}-Nk_{\mathrm{B}}T\ln V+Nk_{\mathrm{B}}T\ln N-Nk_{\mathrm{B}}T$$

又对于理想气体，有

$$V=\frac{Nk_{\mathrm{B}}T}{P}$$

则，化学势

$$\mu=\left(\frac{\partial A}{\partial T}\right)_{T,V}$$

$$=(\varepsilon_{\mathrm{n},0}+\varepsilon_{\mathrm{e},0})-k_{\mathrm{B}}T\left[\ln(g_{\mathrm{n},0}+g_{\mathrm{e},0})+\ln\left(\frac{2\pi mk_{\mathrm{B}}T}{h^2}\right)^{3/2}+\ln k_{\mathrm{B}}T-\ln p\right]$$

单原子理想气体沙克尔-特鲁得公式：

$$S=\left(\frac{\partial A}{\partial T}\right)_{V,N}=NK_{\mathrm{B}}\left[\ln(g_{\mathrm{n},0}\cdot g_{\mathrm{e},0})+\ln\left(\frac{2\pi mk_{\mathrm{B}}T}{h^2}\right)^{3/2}+\ln V-\ln N+\frac{5}{2}\right]$$

即

$$S=NK_{\mathrm{B}}\left[\ln(g_{\mathrm{n},0}\cdot g_{\mathrm{e},0})+\ln\left(\frac{2\pi mk_{\mathrm{B}}T}{h^2}\right)^{3/2}+\ln\frac{NK_{\mathrm{B}}T}{P}-\ln N+\frac{5}{2}\right]$$

对于 1 mol 气体，$N=L$ 则摩尔熵

$$S_m = R\left[\ln(g_{n,0}\cdot g_{e,0})+\ln\left(\frac{2\pi mk_B T}{h^2}\right)^{3/2}+\ln\frac{RT}{P}-\ln L+\frac{5}{2}\right]$$

11. **解** $p=-\left(\frac{\partial A}{\partial V}\right)_{T,N}=\left[\frac{\partial\left(kT\ln\frac{q^N}{N!}\right)}{\partial V}\right]_{T,N}=NkT\left(\frac{\partial \ln q}{\partial V}\right)_{T,N}$

$$=\left\{\frac{\partial\left(kTN\ln\left[g_{n,0}\exp\left(-\frac{\varepsilon_{n,0}}{kT}\right)g_{e,0}\exp\left(-\frac{\varepsilon_{e,0}}{kT}\right)\left(\frac{2\pi mkT}{h^2}\right)^{3/2}V\right]-kT\ln N!\right)}{\partial V}\right\}_{T,N}$$

$$=kTN\left(\frac{\partial \ln V}{\partial V}\right)_{T,V}=\frac{kTN}{V}$$

对 1 mol 理想气体，有

$$pV_m = RT$$

即

$$pV = nRT$$
$$U = A + TS$$
$$U=-kT\ln\frac{q^N}{N!}+T\left[k\ln\frac{q^N}{N!}+kNT\left(\frac{\partial \ln q}{\partial T}\right)_V\right]$$
$$=-kT\ln\frac{q^N}{N!}+kT\ln\frac{q^N}{N!}+kNT^2\left(\frac{\partial \ln q}{\partial T}\right)_V$$

即

$$U=kT^2N\left(\frac{\partial \ln q}{\partial T}\right)_{N,V}$$

$$U=kT^2N\left\{\frac{\partial\left[\ln g_{n,0}\exp\left(-\frac{\varepsilon_{n,0}}{kT}\right)g_{e,0}\exp\left(-\frac{\varepsilon_{e,0}}{kT}\right)\left(\frac{2\pi mkT}{h^2}\right)^{3/2}V\right]}{\partial T}\right\}_{N,V}$$

$$=N(\varepsilon_{n,0}+\varepsilon_{e,0})+\frac{3}{2}kTN$$

当取 $\varepsilon_{n,0}$ 和 $\varepsilon_{e,0}$ 为能量零点时

$$U-\frac{3}{2}kTN$$

12. **解** 令振动基态能级能量为零求熵

$$q_v=\frac{1}{1-e^{-x}},x=\frac{h\nu}{kT}$$

$$S_{m,v}=NkT\frac{\partial \ln q_v}{\partial T}+Nk\ln q_v$$

$$=RT\frac{\partial}{\partial T}\left[-\ln(1-e^{\frac{-h\nu}{kT}})\right]+R\left[-\ln(1-e^{-x})\right]$$

$$=-RT\frac{1}{1-e^{-x}}(-e^{-x})\cdot\frac{h\nu}{k}\cdot\frac{1}{T^2}-R\ln(1-e^{-x})$$

$$=R\cdot\frac{x}{e^x-1}-R\ln(1-e^{-x})$$

$$x=\frac{h\nu}{kT}=1.439\cdot\frac{\nu}{T}$$

由题所给数据，可得 $x_1=\frac{1.439\times1\,337}{298.15}=6.458$

$$x_2=x_3=3.219$$

$$x_4=11.337$$

将以上数据代入熵的统计力学表达式，可得各振动频率对熵的贡献，四者之和即为摩尔振动熵，$S_{m,v}=24.233\ \mathrm{J\cdot K^{-1}\cdot mol^{-1}}$。

13. **解** 已知 $V=10^{-3}(\mathrm{m^3})$；$r=1.093\times10^{-10}(\mathrm{m})$；$\nu=7.075\times10^{13}(\mathrm{s^{-1}})$

$$m=\frac{14.00\times2\times10^{-3}}{6.023\times10^{23}}=4.65\times10^{-26}(\mathrm{kg})$$

$$kT=1.380\,6\times10^{-23}\times298\approx10^{-21}(\mathrm{J})$$

约化质量：

$$\mu=\frac{m}{2}=2.32\times10^{-26}(\mathrm{kg})$$

转动惯量：

$$I=\mu r^2=2.32\times10^{-26}\times(1.093\times10^{-10})^2=2.77\times10^{-46}(\mathrm{kg\cdot m^2})$$

对于平动：

$$\Delta\varepsilon_t=\frac{h^2}{8mV^{2/3}}=\frac{(0.626\,2\times10^{-34})^2}{8\times4.65\times10^{-26}\times(10^{-3})^{2/3}}\approx10^{-40}(\mathrm{J})$$

所以 $\Delta\varepsilon_t\approx10^{-19}kT$。

转动：

$$\Delta\varepsilon_r=\frac{h^2}{8\pi^2I}=\frac{(0.626\,2\times10^{-34})^2}{8\times3.14\times2.77\times10^{-46}}\approx10^{-23}(\mathrm{J})$$

所以 $\Delta\varepsilon_r\approx10^{-2}\,kT$。

振动：

$$\Delta\varepsilon_v=h\nu=6.626\,2\times10^{-34}\times7.075\times10^{13}\approx10^{-20}(\mathrm{J})$$

所以 $\Delta\varepsilon_v=\approx10\,kT$。

14. **解** I_2 振动能级是非简并能级，有

$$h\nu=\Delta\varepsilon=0.426\times10^{-20}(\mathrm{J})$$

所以，I^2 分子的振动特征温度为

$$\Theta_v=\frac{h\nu}{k}=\frac{\Delta\varepsilon}{k}=308.5\,(\mathrm{K})$$

$T=300$ K 时，I_2 分子的振动配分函数为

$$q_v=\frac{1}{e^{\frac{\Theta_v}{2T}}-e^{-\frac{\Theta_v}{2T}}}=\frac{1}{e^{\frac{308.5}{2\times300}}-e^{-\frac{308.5}{2\times300}}}=0.930\,9$$

$$q_v^0=e_e^{\frac{\Theta_v}{2T}}\cdot q_v=0.930\,9\times e^{\frac{308.5}{2\times300}}=1.557$$

15. **解** (1) HBr 分子的转动惯量为

$$I=ur^2=\frac{m_1\cdot m_2}{m_1+m_2}\cdot r^2=\frac{\frac{1.008}{6.023\times10^{23}}\times\frac{79.91}{6.023\times10^{23}}}{\frac{1.008}{6.023\times10^{23}}+\frac{79.91}{6.023\times10^{23}}}\times(1.414\times10^{-8})^2$$

$$=3.304\times10^{-40}=3.304\times10^{-47}(\mathrm{kg\cdot m^2})$$

$$\Theta_r = \frac{h^2}{8\pi^2 Ik} = 12.2\ (\text{K})$$

(2) 在 298.15 K 时，HBr 的转动配分函数为

$$q_r = \frac{T}{\Theta_r} = \frac{298.15}{12.2} = 24.43$$

$$\frac{N_i}{N} = \frac{g_i \cdot e^{-\varepsilon_i/kT}}{q} = \frac{3 \times e^{-2\times\frac{12.2}{298.15}}}{24.43} = 0.113 = 11.3\%$$

(3) $S_{m,r} = R\ln q_r + \dfrac{U_{m,r}}{T} = R\ln 24.43 + R = 34.9\ (\text{J}\cdot\text{K}^{-1}\cdot\text{mol}^{-1})$

16. **解**　一般化学反应中，核运动总处于基态，且原子核不发生变化，NO 的核运动基态能级简并度为 1，故核运动对熵的贡献为零，取 $\varepsilon_0=0$ 有

$$q_1 = g_0 + g_1 e^{-\varepsilon_1/kT} = 2 + 2\times e^{-\frac{2.473\times10^{-21}}{1.3806\times10^{-23}\times298.15}} = 2 + 1.097 = 3.097$$

$$U_{m,e} = \frac{1.097}{3.097}\times 2.473\times10^{-21}\times N_A = 527.6\ (\text{J}\cdot\text{mol})\quad \text{（基态能级能量为零）}$$

$$S_{m,e} = R\ln q_e + \frac{U_{m,e}}{T} = R\ln 3.097 + \frac{527.6}{298.15} = 11.168\ (\text{J}\cdot\text{K}^{-1}\cdot\text{mol}^{-1})$$

$$S_{m,1} = R\left[\frac{3}{2}\ln M_r + \frac{5}{2}\ln T - \ln\left(\frac{p}{p^{\ominus}}\right) - 1.165\right] = 151.159\ (\text{J}\cdot\text{K}^{-1}\cdot\text{mol}^{-1})$$

$$S_{m,r} = R\ln q_r + R = R\left[\ln\left(\frac{T}{\Theta_r}\right)+1\right] = 8.314\times\left[\ln\left(\frac{298.15}{2.42}\right)+1\right] = 48.336\ (\text{J}\cdot\text{K}^{-1}\cdot\text{mol}^{-1})$$

令

$$x = \frac{\Theta_v}{T} = \frac{2\,690}{298.15} = 9.022\,3$$

$$S_{m,v} = R\cdot\frac{x}{e^x - 1} - R\ln(1-e^{-x}) = 8.314\times\left[\frac{9.022\,3}{e^{9.022\,3}-1} - \ln(1-e^{-9.022\,3})\right]$$

$$= 0.010\ (\text{J}\cdot\text{K}^{-1}\cdot\text{mol}^{-1})$$

$$S_m = S_{m,e} + S_{m,1} + S_{m,r} + S_{m,v}$$

$$= 11.168 + 151.159 + 48.336 + 0.010 = 210.67\ (\text{J}\cdot\text{K}^{-1}\cdot\text{mol}^{-1})$$

17. **解**　$S^{\ominus}_{t,m,298\,K} = \dfrac{3}{2}\times 8.314\ln 38 + 108.848 = 154.2\ (\text{J}\cdot\text{K}^{-1}\cdot\text{mol}^{-1})$

$$S^{\ominus}_{r,m} = R\left[1+\ln\left(\frac{T}{\sigma\Theta_r}\right)\right] = \left[1+\ln\left(\frac{298}{2\times1.24}\right)\right] = 48.13\ (\text{J}\cdot\text{K}^{-1}\cdot\text{mol}^{-1})$$

$$S^{\ominus}_{v,m} = \frac{U^{\ominus}_{v,m}}{T} + R\ln q^0_v = \frac{R\cdot\dfrac{\Theta_v}{T}}{e^{\frac{\Theta_v}{T}}-1} - R\ln(1-e^{\frac{\Theta_v}{T}})$$

$$\frac{\Theta_v}{T} = \frac{1\,284}{298} = 4.309$$

$$S^{\ominus}_{v,m} = \frac{8.314\times4.309}{(e^{4.309}-1)} - 8.314\times\ln(1-e^{-4.309}) = 0.600\,9\ (\text{J}\cdot\text{K}^{-1}\cdot\text{mol}^{-1})$$

$$S_m = 154.2 + 48.1 + 0.600\,9 = 202.9\ (\text{J}\cdot\text{K}^{-1}\cdot\text{mol}^{-1})$$

18. **解**　(1) $C_{V,t} = \dfrac{3}{2}R$

$$C_{V,r} = R$$

$$C_{V,\mathrm{v}}=R\times\frac{\mathrm{e}^x x^2}{(\mathrm{e}^x-1)^2}=0.613\,8R$$

（这里 $x=\frac{\Theta_\mathrm{v}}{T}=\frac{801.3}{323}=2.480$）

$$C_{V,\mathrm{m}}=C_{V,\mathrm{t}}+C_{V,\mathrm{r}}+C_{V,\mathrm{v}}=3.114R=25.89\ (\mathrm{J\cdot K^{-1}\cdot mol^{-1}})$$

(2) $C_{V,\mathrm{m}}=\frac{3}{2}R+\frac{2}{2}R+(3n-5)R=3.5R=29.1\ (\mathrm{J\cdot K^{-1}\cdot mol^{-1}})$

(3) 323 K 时，振动态没有全部开放。振动对 C_V 的贡献尚未达到最大值。能量均分原理中振动对 C_V 的贡献是 $(3n-5)R$，对 Cl_2 气而言，$(3n-5)R=R$，是指高温下，振动态全部开放时的贡献，在高温下：

$$x=\frac{\Theta_\mathrm{v}}{T}\ll 1$$

则

$$\frac{R\times(\mathrm{e}^x x^2)^2}{\mathrm{e}^x-1}\approx R$$

19. **解** N_2 与 CO 的标准摩尔熵相差约 6 $\mathrm{J\cdot K^{-1}\cdot mol^{-1}}$，产生此差别的原因主要是两者的分子对称性不一样所致。N_2 是同核双原子分子，对称因子 $\sigma=2$，CO 是异核双原子分子，对称因子 $\sigma=1$，在相同环境条件下，CO 的转动运动以及微观状态数比 N_2 多一倍，而熵与微观运动状态数之间的关系 $S=k\ln\Omega$，当 Ω 值大时，S 值也大，因此 CO 的熵值较大。因分子对称性而产生的熵值差为 $\Delta S_\mathrm{m}=S_{\mathrm{m,CO}}-S_{\mathrm{m,N_2}}=R\ln2=5.76\ (\mathrm{J\cdot K^{-1}\cdot mol^{-1}})$，此值与 6 $\mathrm{J\cdot K^{-1}\cdot mol^{-1}}$ 相当接近，说明以上分析是正确的。

20. **解** (1) $m_{O_2}=\frac{32\times10^{-3}}{6.023\times10^{23}}=5.313\times10^{-26}\,(\mathrm{kg})$

$$V=\frac{RT}{p^\ominus}=\frac{8.314\times298}{101\,325}=0.024\,45\ (\mathrm{m^3})$$

$$q_\mathrm{t}=\left(\frac{2\pi mkT}{h^2}\right)^{3/2}V=\left[\frac{2\times3.142\times5.313\times10^{-26}\times1.38\times10^{-23}\times298}{(6.626\times10^{34})^2}\right]^{3/2}\times0.024\,45$$

$$=4.29\times10^{30}$$

(2)

$$q_\mathrm{r}=\frac{8\pi mIkT}{\sigma h^2}$$

$$I=\mu r^2=\frac{m_{O_2}}{2}r^2$$

$$=\frac{16\times10^{-3}}{2\times6.023\times10^{23}}\times(1.207\times10^{-10})^2$$

$$=1.935\times10^{-46}\,(\mathrm{kg\cdot m^2})$$

$$q_r=\frac{8\pi mIkT}{2h^2}=71.6$$

(3)

$$q_\mathrm{e}=g_{\mathrm{e},0}\,\mathrm{e}^{-\varepsilon_{\mathrm{e},0}/kT}=3\mathrm{e}^{-0/kT}=3$$

(4)

$$S^\ominus_{\mathrm{m(O_2)}}=S_{\mathrm{m,e}}+S_{\mathrm{m,r}}+S_{\mathrm{m,t}}$$

$$S_{\mathrm{m,e}}=Nk\ln g_{\mathrm{e},0}=R\ln3=9.13\ (\mathrm{J\cdot mol^{-1}\cdot K^{-1}})$$

$$A_{\mathrm{m,r}}=-NkT\ln q_\mathrm{r}=-RT\ln\left(\frac{8\pi mIkT}{\sigma h^2}\right)$$

$$S_{m,r}=-\left(\frac{\partial A_{m,r}}{\partial T}\right)_{V,N}$$

$$S_{m,r}=R\left[\ln\left(\frac{8\pi mIkT}{\sigma h^2}\right)\right]^{3/2}V+\frac{5}{2}\times 8.314$$

$$=R\ln 4.29\times 10^{30}+\frac{5}{2}R$$

$$S_{m,t}=152.0\ \mathrm{J\cdot mol^{-1}\cdot K^{-1}}$$

$$S^{\ominus}_{m,O_2}=S_{m,e}+S_{m,r}+S_{m,t}$$

$$=(9.13+43.73+152.0)$$

$$=204.8\ (\mathrm{J\cdot mol^{-1}\cdot K^{-1}})$$

第 6 章

一、选择题

1. B 2. C 3. A 4. B 5. D 6. D 7. A 8. A 9. A 10. B 11. B 12. B 13. D 14. C 15. C 16. B 17. C 18. B 19. C 20. B 21. D 22. C 23. A 24. B

二、填空题

1. 正
2. ＜
3. ＜
4. 7.28×10^{-5} J
5. 丁醇水溶液＞水＞硫酸水溶液
6. 3～6
7. 左
8. 单分子层吸附

三、简答题

1. **答** 比表面功是定温、定压和组成不变情况下，增大单位面积环境对系统做的功。比表面吉布斯自由能是定温、定压和组成不变情况下，增大单位面积系统吉布斯自由能的增量。两者单位相同，均为 $\mathrm{J\cdot m^{-2}}$。表面张力是定温、定压和组成不变情况下，作用于液体表面任意单位长度线段，方向是该线段法线方向、界面相切，指向液体侧的界面收缩力，单位是 $\mathrm{N\cdot m^{-1}}$。比表面功、比表面吉布斯自由能是从热力学角度定义的，而表面张力是从力学角度定义的。三种的量纲相同，均为 $\mathrm{N\cdot m^{-1}}$，数值相同。

2. **答** 液体无论是在表面还是在本体相，液体分子间都存在范德瓦尔斯力（色散、诱导、极化等作用）、根据自身性质还可能存在静电力、氢键等各类作用力。它是液体表面张力的由来。液体表面张力是处于气液界面的液体分子，因周围环境不同，致使来自液体内部分子的引力作用要强于气相分子的作用力，其受到的作用力不平衡，液体表面分子必然要向内收缩，体积和表面积减小。表面张力只存在两相界面，其数值不仅与液体的本性有关，还与气体的性质有关。

3. **答** 烧热的针尖插入水中，加热周围的水，形成从针尖到外围的温度梯度。温度升高，表面张力下降。针尖周围水表面的表面张力发生变化，低温处表面张力更大，使得表面水分子向针尖外围运动，并带动粉笔灰向外运动。从分子运动论角度，热针尖加入的水分子运动速度更大，净作用是向低温方向扩散（热流方向），并带动粉笔灰运动。

4. **答** 气泡、小液泡、肥皂泡等都呈圆形是来自表面张力，表面张力使得液体界面收缩，相同量液体圆心和球形的表面积最小，各处曲率半径相同，附加压力一致。加热玻璃管口至熔融状态，内部分子不再维持在局部范围内，可以自由运动，同时因为表面张力作用，使得管口变得光滑，表面积缩小。

5. **答** 泉水和井水中含有更多的电解质，液体内部的作用力更大，表面张力更大，从而增大了接触角，使水面高出杯面。滴一滴肥皂液，表面张力下降，接触角减小，液面的高度将降低，杯口水覆盖更大面积，或会使水沿杯沿流下。

6. **答** 水能润湿玻璃，在两块平板玻璃间放些水，平面玻璃间的水周边形成凹形液面，在该凹形液面处形成指向外侧气相的附加压力，使两块玻璃很难分开。从界面张力角度看，当拉开玻璃板时，原张力平衡被打破，气液界面和固液界面角度增大，固气界面方向的表面张力净作用力不为0，将阻碍玻璃继续拉开。

7. **答** 可以通过改变水溶液或固体表面的性质来改变水溶液对固体表面的润湿性。可以通过表面张力和接触角间关系（杨氏方程）或吉布斯自由能来分析。如水溶液加入表面活性剂，水溶液表面张力降低，接触角减小，增进润湿。对固体表面粗糙化处理，增强固体表面和水溶液作用，一般而言，原亲水的更加亲水，原疏水的更加疏水。通过表面微加工技术还可以做到使亲水表面转变为疏水表面（凹槽中有空气，形成复合接触）。利用化学手段在表面接枝与水溶液相亲或相疏的分子，可增强或降低润湿状态。无论何种状况，在定温、定压下都是有利于形成吉布斯自由能最低的状态。

8. **答** （1）根据开尔文方程，$p_{小} > p^* > p_{大}$；

（2）小的汞滴消失（因饱和蒸气压高，无法维持平衡，逐渐蒸发掉），仅剩一个大汞滴。

9. **答** 由于棉质的衣服或纸张是多孔性材料的，比表面积大，由于春天空气湿度大，容易吸附空气中水蒸汽，造成感觉湿漉漉的。

10. **答** 加热使得液体的表面张力下降，玻璃管内径增大，附加压力减小。

（a）管中液体向左移动；

（b）管中液体向右移动。

11. **答** （1）不能。毛细管内的水因附加压力作用将在管内上升至一定高度（h_1）。尽管B管开口据水平液面高度小于h_1，但水无法流出。要想B管水流出，其管口液面必将经历凹形液面曲率半径由小变大，至水平液面再到凸形液面的转化过程。实际上，当B管口凹形液面曲率半径大至使得液体升高到该管口高度时，管口液面将不再变化。

（2）不能。当B管迅速下移时，平衡被打破，管口的液面将发生变化。即便有液体流出，当B管固定不动后，该流动不可继续，必然达到新的平衡。

12. **答** 小气泡变小至(几乎)消失,大气泡增大。小气泡附加压力大,大气泡附加压力小,因此小气泡内气体压力更大,气体向大气泡流动。小气泡收缩至管口,但其曲率半径与大气泡一致时停止。

13. **答** 界面系统通过降低表面积和表面张力来降低系统的表面吉布斯自由能。纯液体可以通过缩小表面积,溶液通过缩小表面积和调节表面组成,固体可以通过吸附来降低表面能。

14. **答** 云是由水气凝结而成,虽然云层中的饱和蒸气压大于同温度下地面饱和蒸气压,但依然小于形成液滴的小水滴所需的饱和蒸气压,而无法凝结下雨。人工降雨(人工增雨)就是通过一定的手段在云层中播散碘化银、干冰等物质(也称为催化剂)从而达到降雨目的。一是人工播撒物质增加云中的凝结核粒径和数量,有利水气粒子凝聚;二是改变云中的温度有利于气体对流,降低水的饱和蒸气压,形成冰晶等。当空气中的上升气流承受不了增大的水气粒子时,便产生了降雨。

15. **答** 溶液的饱和蒸气压大于气泡的压力,才会发生沸腾现象。而气泡中的液体饱和蒸气压更小,附加压力更大。要想形成气泡必然要更高温度。即新(气)相难以形成,会发生过热现象,并极易产生暴沸。沸石属于多空物质,其中含有大量气体,加热过程中气体逸出,使得形成的气泡体积足够大,暴沸现象大大降低。普通水并不纯净,它含有一定的杂质,同时也溶解了一定量的空气,温度升高空气溶解度下降,空气逐渐从水中逸出,这些都可作为新相种子,因而不用加沸石。有机物(试剂)一般都比较纯净,保存过程中隔离空气,溶解的空气量非常少。另外,有机物易燃易爆,多数有机物的沸点远比水的沸点高,一旦暴沸则会带来更大的危险,因而在蒸馏过程中往往要加入沸石。

16. **答** 天旱时,农民通过锄地可保持土壤水分,称为锄地保墒。锄地可以切断地表的毛细管,防止土壤中的水分沿毛细管上升到地表面挥发。此外,水在毛细管中呈凹液面,其饱和蒸气压小于水平面的,锄地可切断的毛细管又易于使大气中的水气凝结,增加土壤水分。

17. **答** 油在水面铺展过程,可用铺展系数 $S=\gamma_{水}-\gamma_{油}-\gamma_{油-水}$ 来描述,当 $S>0$ 时,铺展过程便可自动进行。如果两个液体完全不互溶,则铺展过程中界面张力 γ 不变,S 为定值,只要铺展开始能够进行,就能持续进行下去,直到形成表面单分子膜;然而,多数"油"与水之间并非完全不互溶,在铺展过程中,随着"油"、水分子在一定程度上的相互渗入,界面张力逐渐改变,当 $S<0$ 时,铺展便不能进行。

18. **答** 对待黏物的固体表面做粗化处理,增大了固体的实际黏接面积,增强了黏接固体与胶黏剂间相互作用,增大了胶黏剂对固体表面的润湿程度,增强了黏接的机械强度。

19. **答** 朗格缪尔吸附等温式是在假定固体表面均匀,发生单分子层吸附,吸附质分子间无相互作用,一定条件下吸附和脱附能达到平衡下推导的。BET 吸附则是对朗格缪尔吸附假设中的单分子层吸附进行改进,认为吸附质分子因范德瓦尔斯作用,形成多层吸附。朗格缪尔吸附的其他假设予以保留。因此朗格缪尔吸附等温式和 BET 吸附等温式间有一定的联系。朗格缪尔公式是单参数公式,而常规的 BET 公式是双参数公式。引入吸附层数限制后,BET 公式为三参数公式。令吸附层数为 1 时,BET 公式可简化为朗格缪尔公式。

20. **答** BET 公式适用于多层物理吸附,吸附质分子之间的相互作用为短程范德瓦尔斯作用,吸附过程类似于气体液化。临界温度以上的气体不能液化,因此,BET 吸附公式只能应用于临界温度以下的气体。朗格缪尔吸附适用于单分子层吸引,描述化学吸附过程。化学吸附中,吸附质和吸附剂间作用为化学键力,温度对化学键力没有影响。

21. **答** 固体表面吸附是自发过程,定温、定压下 $\Delta G_{T,p,\mathrm{abs}}<0$,被吸附分子运动范围由空间

变为表面,混乱度降低,$\Delta S_{T,p,\mathrm{abs}}<0$。利用 $\Delta G=\Delta H-T\Delta S$,得 $\Delta H_{T,p,\mathrm{abs}}<0$,即吸附过程中放热。

22. **答** 当比压小于 0.05 时,无法在固体表面形成多层吸附,大于 0.35 时,由于形成毛细凝聚现象,因此测试固体表面积时比压必须在 0.05~0.35 之间。

23. **答** (1) 使用固体催化剂的多相催化过程,反应发生于固体表面,因此催化剂需要对反应物有一定的吸附作用,但过强的吸附致使产物分子无法从催化剂表面脱附,致使反应中心被覆盖。因此催化剂需要具有适中的吸附性能。

(2) 催化剂降低了反应的活化能,其结果是正逆反应均被加速。

24. **答** 表面活性剂的憎水基团吸附在油滴表面,亲水基团在外侧,形成一层吸附膜,使得油溶于水中。这就是表面活性剂的增溶作用。

25. **答** (1) 洗衣粉的去污过程比较复杂,与润湿、增溶和起泡等作用有关。洗衣粉憎水基团吸附在污物和衣服表面,降低污物与水以及衣服与水的界面张力,再利用机械搅拌方法使污物从衣服表面脱落。洗衣粉分子在污物周围形成吸附膜悬浮在溶液中或由气泡带到水面。另外,洗衣粉分子还要在衣服表面形成吸附膜,防止被污物重新占据。

(2) 洗衣粉去污能力与洗衣粉的浓度有关,在其 *CMC* 浓度范围内这一能力达到最大,这就是洗衣粉包装袋上标注的用量。

四、判断题

1. 对 2. 错 3. 错 4. 错 5. 错 6. 对 7. 错

五、计算题

1. **解** (1) 1 g 水的体积为

$$V_1=\frac{W}{\rho}=\frac{1\times10^{-3}}{998}=1.00\times10^{-6}\,(\mathrm{m^3})$$

小水滴的体积为

$$V_{\text{小水滴}}=\frac{4}{3}\pi r_2^3$$

小水滴的面积为

$$S_{\text{小水滴}}=4\pi r_2^2$$

分散的小水滴的个数为

$$N=\frac{V_1}{V_{\text{小水滴}}}$$

分散后液滴的总面积:

$$S_2=NS_{\text{小液滴}}=4\pi r_2^2\cdot\frac{V_1}{\frac{4}{3}\pi r_2^3}=\frac{3V_1}{r_2}=\frac{3\times1\times10^{-6}}{1\times10^{-8}}=300\ (\mathrm{m^2})$$

比表面积:

$$S_{\text{比}}=\frac{S_2}{W}=\frac{300}{1\times10^{-3}}=3\times10^5\,(\mathrm{m^2\cdot kg^{-1}})$$

(2) $W=\Delta G_{\mathrm{A}}=\int_{A_1}^{A_2}\gamma\mathrm{d}A=\gamma(A_2-A_1)\approx\gamma A_2=72.8\times10^{-3}\times300=21.8\ (\mathrm{J})$

(3) 加入表面活性剂溶液的表面张力降低,环境做功减小。

2. **解** 乳状液粒子的体积为

$$V_{粒子}=\frac{4}{3}\pi r_2^3$$

乳状液粒子的面积为

$$S_{粒子}=4\pi r_2^2$$

分散的乳状液粒子的个数为

$$N=\frac{V}{V_{粒子}}$$

分散后乳状液粒子的总面积:

$$S_2=NS_{小液滴}=4\pi r_2^2\cdot\frac{V}{\frac{4}{3}\pi r_2^3}=\frac{3V}{r_2}=\frac{3\times5\times10^{-6}}{5\times10^{-7}}=30\ (\mathrm{m}^2)$$

$$\Delta G_{\mathrm{A}}=\int_{A_1}^{A_2}\gamma\mathrm{d}A=\gamma(A_2-A_1)\approx\gamma A_2=35\times10^{-3}\times30=1.05\ (\mathrm{Pa})$$

3. **解** (1) 防止液面上升,施加的压力为

$$\Delta p=\frac{2\gamma\cos\theta}{R}=\frac{2\times0.072\cos0^\circ}{0.5\times10}=2\,880\ (\mathrm{J})$$

(2) $h=\dfrac{\Delta p}{(\rho_{(\mathrm{l})}-\rho_{(\mathrm{g})})g}\approx\dfrac{\Delta p}{\rho_{(\mathrm{l})}g}=\dfrac{2\,880}{1\,000\times9.8}=0.294\ (\mathrm{m})$

4. **解** 肥皂液可完全润湿毛细管,接触角为 0°。肥皂泡直径为 5×10^{-3} m,附加压力为与 U 形压力计值(液柱高度差 h_1)相等,即

$$\frac{2\times2\gamma_{肥皂液}\cos\theta}{R_1}=\rho h_1 g \tag{1}$$

将直径为 1×10^{-4} m 的玻璃毛细管插入该肥皂液中,有

$$(\rho_{肥皂液}-\rho_{(\mathrm{g})})h_2=\frac{2\gamma_{肥皂液}\cos\theta}{R_2}$$

气体密度可以忽略,即

$$\rho_{肥皂液}h_2 g\approx\frac{2\gamma_{肥皂液}\cos\theta}{R_2} \tag{2}$$

由式(1)和式(2)得

$$h_2=h_1\cdot\frac{R_1}{2R_2}=h_1\cdot\frac{D_1}{2D_2}=2\times10^{-3}\times\frac{5\times10^{-3}}{2\times1\times10^{-4}}=0.05\ (\mathrm{m})$$

5. **解** (1) 小气泡内的压力是外压(P_0)和弯曲液面施加的附加压力的加和,即

$$P=P_0+\Delta P=P_0+\frac{2\gamma}{R'}=101\,325+\frac{2\times58.85\times10^{-3}}{5\times10^{-5}}=103\,679\ (\mathrm{Pa})$$

(2) 如果该气泡能逸出液面,则该液泡的饱和蒸气压需大于该气泡的压力。

该气泡的饱和蒸气压为可由开尔文公式计算,即

$$RT\ln\left(\frac{p_{\mathrm{r}}}{p_0}\right)=\frac{2\gamma M}{\rho R'}$$

即

$$p_r = p_0 \exp\left(\frac{2\gamma M}{\rho R' RT}\right)$$
$$= 101\,325 \times \exp\left[\frac{2 \times 58.85 \times 10^{-3} \times 30 \times 10^{-3}}{1\,000 \times (-5 \times 10^{-5}) \times 8.314 \times 373}\right]$$
$$= 101\,323\ (\text{Pa})$$

$p > p_r$,故而该气泡不能逸出。

6. **解** 293 K 水的饱和蒸气压可由克拉贝龙-克劳修斯方程计算,即

$$\ln\left(\frac{p_2}{p_1}\right) = \frac{\Delta H_m (T_2 - T_1)}{RT_2 T_1}$$

即

$$p_{293\,K} = p_{273\,K} \exp\left[\frac{\Delta H_m (T_2 - T_1)}{RT_2 T_1}\right]$$
$$= 610.5 \times \exp\left(\frac{40.67 \times (293 - 273)}{8.314 \times 293 \times 273}\right)$$
$$= 2\,074.3\ (\text{Pa})$$

293 K 时,半径 $r = 10^{-9}$ m 水滴的饱和蒸气压可由开尔文公式计算,即

$$p_r = p_{293\,K} \exp\left(\frac{2\gamma M}{\rho R' RT}\right)$$
$$= 2\,074.3 \times \exp\left(\frac{2 \times 0.072\,75 \times 0.018}{1\,000 \times 10^{-9} \times 8.314 \times 293}\right)$$
$$= 6\,078.4\ (\text{Pa})$$

7. **解** (1) 利用朗格缪尔吸附等温式的线性化公式 $\frac{p}{V} = \frac{p}{V_m} + \frac{1}{aV_m}$,借助 Excel 或 Origin 等软件,回归 p/V 对 p 线性公式,获取斜率和截距。线性公式为

$$\frac{p}{V} = 5.248 \times 10^6 p + 4.013 \times 10^6$$
$$V_m = 1.905 \times 10^{-7}\ \text{m}^3, a = 1.308$$

(2) 标准状况下,吸附 CO 的摩尔数:

$$n = \frac{pV}{RT} = \frac{101\,325 \times 1.905 \times 10^{-7}}{8.314 \times 273} = 1.112 \times 10^{-5}\ (\text{mol})$$

吸附总分子数目为

$$1.112 \times 10^{-5} \times 6.022 \times 10^{23} = 6.697 \times 10^{18}$$

(3) 吸附分子密度为

$$\frac{6.697 \times 10^{18}}{0.624} = 1.073 \times 10^{19}\ (\text{m}^{-2})$$

每个分子占据的表面积为

$$S_{截} = \frac{0.624}{6.697 \times 10^{18}} = 9.318 \times 10^{-20}\ (\text{m}^2)$$

8. **解** 对朗格缪尔吸附等温式 $V = V_m \cdot \frac{ap}{1+ap}$ 进行变形得

$$\frac{V_m}{V} = \frac{1}{ap} + 1$$

分别将分压和吸附体积代入,联立方程,解出

$$a = 7.89 \times 10^{-6} (\text{Pa}^{-1})$$

$$V_m = 1.05 \times 10^{-4} (\text{m}^3)$$

(2) $V = V_m \cdot \dfrac{ap}{1+ap} = 1.05 \times 10^{-4} \times \dfrac{7.89 \times 10^{-6} \times 53\,320}{1+7.89 \times 10^{-6} \times 53\,320} = 3.11 \times 10^{-5} (\text{m}^3)$

或

$$\frac{V}{m} = \frac{3.11 \times 10^{-5}}{2.964 \times 10^{-3}} = 1.05 \times 10^{-2} (\text{m}^3 \cdot \text{kg}^{-1})$$

9. **解** 根据 BET 线性化公式

$$\frac{p}{V(p_0 - p)} = \frac{1}{V_\infty C} + \frac{(C-1)}{V_\infty C} \cdot \frac{p}{p_0}$$

通过表格数据，获取$\dfrac{p}{V(p_0-p)}$和$\dfrac{p}{p_0}$，利用 Excel 或 Origin 进行线性拟合，获得的线性公式为

$$\frac{p}{V(p_0 - p)} = 0.008\,65 \times \frac{p}{p_0} + 4.302 \times 10^{-5}$$

即

$$\frac{C-1}{V_\infty C} = \frac{1}{V_\infty} - \frac{1}{V_\infty C} = 0.008\,652\ (\text{kg} \cdot \text{dm}^{-3})$$

$$\frac{1}{V_\infty C} = 4.302 \times 10^{-5} (\text{kg} \cdot \text{dm}^{-3})$$

将上面两式相加获得：$V_\infty = 115.0\ (\text{dm}^3 \cdot \text{kg}^{-1})$。

该催化剂的比表面为

$$\begin{aligned} A_{\text{比}} &= nLS = \frac{pV_\infty}{RT} LS \\ &= \frac{101\,325 \times 115.0 \times 10^{-3}}{8.314 \times 273.15} \times 6.022 \times 10^{23} \times 1.62 \times 10^{-19} \\ &= 5.01 \times 10^5 (\text{m}^2 \cdot \text{kg}^{-1}) \end{aligned}$$

10. **解** (1) 水在汞表面铺展单位面积的吉布斯变化为

$$\Delta G_{\text{铺},T,p} = \gamma_{\text{汞—水}} + \gamma_{\text{水}} - \gamma_{\text{汞}} = 0.375 + 0.0728 - 0.483 = -0.035\,2\ (\text{N} \cdot \text{m}^{-1}) < 0$$

能铺展。

(2) 汞在水表面铺展单位面积的吉布斯变化为

$$\Delta G_{\text{铺},T,p} = \gamma_{\text{汞—水}} + \gamma_{\text{汞}} - \gamma_{\text{水}} = 0.375 + 0.483 - 0.072\,8 = 0.785\ (\text{N} \cdot \text{m}^{-1}) > 0$$

不能铺展。

11. **解** 因缺乏苯和水相互达饱和后，富水相和富苯相的界面张力，本题不考虑苯和水达到饱和时的铺展情况。

(1) 水在苯表面铺展单位面积的吉布斯变化为

$$\begin{aligned} \Delta G_{\text{铺},T,p} &= \gamma_{\text{苯—水}} + \gamma_{\text{苯}} - \gamma_{\text{水}} = 0.035\,0 + 0.028\,9 - 0.072\,8 \\ &= -0.008\,9\ (\text{N} \cdot \text{m}^{-1}) < 0 \end{aligned}$$

能铺展。

(2) 苯在水表面铺展单位面积的吉布斯变化为

$$\begin{aligned} \Delta G_{\text{铺},T,p} &= \gamma_{\text{苯—水}} + \gamma_{\text{水}} - \gamma_{\text{苯}} = 0.035\,0 + 0.072\,8 - 0.028\,9 \\ &= 0.078\,9\ (\text{N} \cdot \text{m}^{-1}) > 0 \end{aligned}$$

不能铺展。

12. **解** 铺满水面需要的棕榈酸量为

$$n=\frac{500}{LS}=\frac{500}{6.022\times 10^{23}\times 21\times 10^{-20}}=0.003\,95\ (\text{mol})$$

需要的溶液体积为

$$V=\frac{nM}{4.24}=\frac{0.003\,95\times 256}{4.24}=0.238\ (\text{dm}^3)$$

13. **解** (1) $W_{AB}=\gamma_{水}+\gamma_{正辛烷}-\gamma_{水—正辛烷}=(73+21.8-50.8)=44\ (\text{mN}\cdot\text{m}^{-1})$

(2) $W_{AA}=2\gamma_{水}=2\times 73=146\ (\text{mN}\cdot\text{m}^{-1})$

$W_{BB}=2\gamma_{正辛烷}=2\times 21.8=43.6\ (\text{mN}\cdot\text{m}^{-1})$

(3) $S=\gamma_{正辛烷}-\gamma_{正辛烷\text{-}水}-\gamma_{水}=21.8-50.8-73=-102\ (\text{mN}\cdot\text{m}^{-1})$

14. **解** 苯完全润湿的活性炭，其接触角为 0°。相同活性炭，其孔道半径 R 相同，有

$$\Delta p_1=\frac{2\gamma_{苯}\cos\theta}{R}=\frac{2\gamma_{苯}\cos 0^\circ}{R}=\frac{2\gamma_{苯}}{R}$$

$$\Delta p_2=\frac{2\gamma_{水}\cos\theta}{R}$$

两式相除，得

$$\cos\theta=\frac{\Delta p_2\gamma_{苯}}{\Delta p_1\gamma_{水}}=\frac{1.18\times 10^6\times 28.90\times 10^{-3}}{6.04\times 10^5\times 72.75\times 10^{-3}}=0.776$$

$$\theta=0.682\ 弧度=39.1^\circ$$

15. **解** $\gamma_{汞—乙醚}=\gamma_{汞—水}+\gamma_{乙醚—水}\cos\theta$

$$\cos\theta=\frac{\gamma_{汞—乙醚}-\gamma_{汞—水}}{\gamma_{乙醚—水}}=\frac{0.379-0.375}{0.010\,7}=0.374$$

$\theta=1.188$ 弧度$=68.0^\circ$。

16. **解** (1) 由 $\gamma=\gamma_0-a\ln(1+bc)$，得

$$\frac{\mathrm{d}\gamma}{\mathrm{d}c}=-\frac{ab}{1+bc}$$

带入吉布斯吸附等温式，得

$$\Gamma_2=-\frac{C}{RT}\cdot\frac{\mathrm{d}\gamma}{\mathrm{d}c}=\frac{C}{RT}\cdot\frac{ab}{1+bc}$$

(2) $$\Gamma_2=\frac{C}{RT}\cdot\frac{ab}{1+bc}=\frac{0.200\times 10^3\times 13.1\times 10^{-3}\times 19.62\times 10^{-3}}{8.314\times 292.15\times(1+19.62\times 10^{-3}\times 0.200\times 10^3)}$$
$$=4.298\times 10^{-6}\ (\text{mol}\cdot\text{m}^{-2})$$

(3) $bc\to\infty$ 时的吸附量为饱和吸附量，即

$$\Gamma_m=\lim_{bc\to\infty}\frac{C}{RT}\cdot\frac{ab}{1+bc}=\frac{a}{RT}$$

即

$$\Gamma_m=\frac{a}{RT}=\frac{13.1\times 10^{-3}}{8.314\times 292.15}=5.393\times 10^{-6}\ (\text{mol}\cdot\text{m}^{-2})$$

(4) 每个丁酸分子的截面积

$$S_{截}=\frac{1}{\Gamma_m L}=\frac{1}{5.393\times 10^{-6}\times 6.022\times 10^{23}}=3.079\times 10^{-19}\ (\text{m}^2)$$

17. **解** 由

$$\gamma = 0.072 - 5.00 \times 10^{-4} a + 4.00 \times 10^{-4} a^2$$

得

$$\frac{d\gamma}{da} = -5.00 \times 10^{-4} + 8 \times 10^{-4} a$$

在 $a = 0.500$ 时的值为

$$\frac{d\gamma}{da} = -5.00 \times 10^{-4} + 8 \times 10^{-4} \times 0.500 = -1.00 \times 10^{-4}$$

$$\Gamma_2 = -\frac{a}{RT} \cdot \frac{d\gamma}{da} = -\frac{0.500}{8.314 \times 298.2} \times (-1.00 \times 10^{-4})$$

$$= 2.017 \times 10^{-8} (\text{mol} \cdot \text{m}^{-2})$$

六、证明题

证 根据热力学基本公式

$$dU = TdS - pdV + \gamma dA + \sum_B \mu_B dn_B$$

得

$$\left(\frac{\partial U}{\partial A}\right)_{T,p,n} = T\left(\frac{\partial S}{\partial A}\right)_{T,p,n} - p\left(\frac{\partial V}{\partial A}\right)_{T,p,n} + \gamma \qquad (1)$$

另据

$$dG = -SdT + Vdp + \gamma dA + \sum_B \mu_B dn_B$$

得麦克斯韦关系式：

$$\left(\frac{\partial S}{\partial A}\right)_{T,p,n} = -\left(\frac{\partial \gamma}{\partial T}\right)_{p,A,n} \text{和} \left(\frac{\partial V}{\partial A}\right)_{T,p,n} = \left(\frac{\partial \gamma}{\partial p}\right)_{T,A,n}$$

代入式(1)得证。

第 7 章

一、选择题

1. C　2. B　3. D　4. B　5. B　6. B　7. A　8. C　9. B　10. D　11. B　12. B　13. D　14. C　15. B　16. D　17. B　18. C　19. B　20. A

二、填空题

1. 1∶1
2. C_y/C_x；有利
3. 2

4. 433 s
5. 温度;浓度;催化剂
6. 大
7. 1/3;1/2
8. $d\xi/dt$; $d\xi/Vdt$
9. 反应速率常数
10. 0
11. $2kC_A$;kC_A
12. $E_a=E_c+\frac{RT}{2}$;$E_c\gg\frac{RT}{2}$
13. 基元
14. 活化络合物;活化络合物分解为产物的反应
15. 0;1
16. 支链;热
17. $\frac{2k_1k_2}{k_{-1}}\cdot C_{A_2}C_{B_2}$; $\frac{2k_1k_2}{k_{-1}+k_2C_{A_2}}\cdot C_{A_2}C_{B_2}$
18. $2k_{A,1}C_A^2-2k_{A,2}C_B$; $k_{A,1}C_A^2-k_{A,2}C_B-k_3C_B$; k_3C_B
19. 势能垒
20. $\frac{k_1k_2}{k_{-1}}\cdot C_AC_BC_M$;$E_1+E_2-E_{-1}$

三、简答题

1. **答** 质量作用定律仅适用于基元反应。总反应式包含多个基元反应,其反应速率方程无法通过化学计量式写出。对于同一计量式的总反应而言,反应条件不同,该反应的反应速率方程也不相同。

2. **答** 一级反应有,$\ln\left(\frac{C_{A,0}}{C_A}\right)=kt=\frac{\ln2}{t_{1/2}}\cdot t$。设1 h后A的遗留分率为$x$,则

$$\ln\left(\frac{C_{A,0}}{xC_{A,0}}\right)=\frac{\ln2}{t_{1/2}}\cdot t$$

即

$$-\ln x=\frac{\ln 2}{10}\times 60$$

解得$x=0.016$。即1 h后A物质遗留1.6%。

3. **答** 对于一级反应

$$\ln\left(\frac{C_{A,0}}{C_A}\right)=kt$$

$$\ln\left[\frac{C_{A,0}}{(1-0.5)C_{A,0}}\right]=kt_{1/2}$$

得$t_{1/2}=\frac{\ln2}{k}$。

$$\ln\left[\frac{C_{A,0}}{(1-0.75)C_{A,0}}\right]=kt_{1/4}$$

得 $t_{1/4}=\frac{\ln 4}{k}$。

对于二级反应，有

$$\frac{1}{C_A}-\frac{1}{C_{A,0}}=kt$$

$$\frac{1}{(1-0.5)C_{A,0}}-\frac{1}{C_{A,0}}=kt_{1/2}$$

得 $t_{1/2}=\frac{1}{kC_{A,0}}$。

$$\frac{1}{(1-0.75)C_{A,0}}-\frac{1}{C_{A,0}}=kt_{1/4}$$

得 $t_{1/4}=\frac{3}{kC_{A,0}}$。

对于三级反应，有

$$\frac{1}{C_A^2}-\frac{1}{C_{A,0}^2}=2kt$$

$$\frac{1}{(1-0.5)C_{A,0}^2}-\frac{1}{C_{A,0}^2}=2kt_{1/2}$$

得 $t_{1/2}=\frac{1}{2kC_{A,0}^2}$。

$$\frac{1}{(1-0.75)C_{A,0}^2}-\frac{1}{C_{A,0}^2}=2kt_{1/4}$$

得 $t_{1/3}=\frac{3}{2kC_{A,0}^2}$。

4. **答**　对于一级反应，有

$$\ln\left(\frac{C_{A,0}}{C_A}\right)=kt$$

依题意有

$$\ln\left(\frac{C_{A,0}}{\frac{C_{A,0}}{e}}\right)=k\tau$$

则 $\tau=1/k$。

5. **答**　对于平行反应，升高温度对活化能高的反应有利。如果 B 是 E_1 活化能对应的反应，则升高温度。如果是 E_2 活化能对应的反应，则降低温度。

6. **答**　这些基元反应速率方程分别是

$$r=kC_AC_B$$

$$r=kC_A^2C_B$$

$$r=kC_AC_B^2$$

$$r=kC_{Cl}^2$$

7. **答**　根据碰撞理论，温度影响主要在两个方面。一是温度升高，增大碰撞频率，是构成阿累尼乌斯方程的指前因子；二是温度影响有效碰撞，增大温度有效碰撞概率增大，该部分是构成阿累尼乌斯方程的指数项的核心。

8. **答** 反应级数和反应分子数属于不同范畴概念。反应级数主要是针对宏观总反应而言，它是反应速率方程中各反应物浓度的幂指数和，其数值可以是整数、分数甚至无法表示为具体数值。反应分子数是基元反应中反应物的分子数，其取值仅为 1,2,3。

9. **答** 确定反应级数主要有积分法、微分法、半衰期法和改变物质量比例法。积分法仅适用于整数级数，其他方法可以适用于整数和分数级数。

10. **答** $r_+ = k_+ C_{HI}^2, r_- = k_- C_{H_2} C_{I_2}$

平衡时，正逆反应速率相等，即

$$k_+ C_{HI}^2 = k_- C_{H_2} C_{I_2}$$

有$\dfrac{C_{H_2} C_{I_2}}{C_{HI}^2} = \dfrac{k_+}{k_-} = K$。

四、判断题

1. 错 2. 错 3. 错 4. 错 5. 对 6. 错

五、计算题

1. **解** 据题意

$$C_A = 72\% C_{A,0}$$

C^{14}放射性蜕变反应为一级反应，即

$$\ln\left(\frac{C_{A,0}}{C_A}\right) = kt = \frac{\ln 2}{t_{1/2}} \cdot t$$

$$\ln\left(\frac{1}{0.72}\right) = \frac{\ln 2}{t_{1/2}} \cdot t$$

解得 $t = 2\ 716$ 年。

2. **解** 放射性衰变符合 $\ln\left(\dfrac{C_{A,0}}{C_A}\right) = k_1 t$。

(1) $t_{1/2} = \dfrac{\ln 2}{k_1}$

$$k_1 = \frac{\ln 2}{3.82} = 0.181\ 5\ \mathrm{d}^{-1}$$

对于含有 20×10^{-11}氡的房间，要使空气中氡达标，需

$$\ln\left(\frac{20 \times 10^{-11}}{7 \times 10^{-11}}\right) = 0.181\ 5t$$

$t = 5.79$ d，即 6 天后可入住。

(2) 30 m^3 房间，在 20 ℃时气体总量是

$$n = \frac{pV}{RT} = 101\ 325 \times \frac{30}{8.314} \times 293 = 1\ 250\ (\mathrm{mol})$$

氡的安全含量是 $1\ 250 \times 7 \times 10^{-11} \times 10^{-6} = 8.75 \times 10^{-14}$ mol。

已知由镭变为氡，1 个镭衰变为 1 个氡，空气中氡的安全值亦是镭的安全值。此时所需要

的时间是

$$\ln\left(\frac{\dfrac{10^{-6}}{226\times 10^{-3}}}{8.75\times 10^{-14}}\right)=\frac{\ln 2}{1\ 620}\cdot t$$

$$t=41\ 462\ (\text{年})$$

即降到安全浓度需要 41 462 年。可见,此房间将长期不能住人。

3. **解** 设反应为 n 级,则 $r=kC_A^n$,两种不同初始浓度有

$$n=\frac{\ln\left(\dfrac{r_1}{r_2}\right)}{\ln\left(\dfrac{C_{A,1}}{C_{A,2}}\right)}$$

代入两种不同初始值,有

$$n=\frac{\ln\left(\dfrac{0.013\ 2}{0.006\ 5}\right)}{\ln\left(\dfrac{0.045\ 5}{0.032\ 4}\right)}=2.086\approx 2$$

该反应为二级反应。

4. **解** 由反应速率常数单位知为一级反应

(1) $r=k_A C_A=0.019\ 3\times 0.02=3.86\times 10^{-4}\ (\text{mol}\cdot\text{dm}^{-3}\cdot\text{min}^{-1})$

(2)
$$\ln\left(\frac{C_{A0}}{C_A}\right)-\ln\left[\frac{1\times C_{A,0}}{(1-x)C_{A,0}}\right]=0.019\ 3\times 10$$

$$x=17.6\%$$

(3) 果糖浓度为

$$C=\frac{0.012\ 8}{2}=0.006\ 4\ (\text{mol}\cdot\text{dm}^{-3})$$

$$\ln\left(\frac{C_{A,0}}{C_A}\right)=\ln\left(\frac{0.02}{0.02-0.006\ 4}\right)=0.0193\times t$$

$$t=20\ (\text{min})$$

(4)
$$\ln\left(\frac{C_{A0}}{C_A}\right)=\ln\left(\frac{0.02}{C_A}\right)=0.0193\times 20$$

$$C_A=0.013\ 6\ (\text{mol}\cdot\text{dm}^{-3})$$

$$r=k_A C_A=0.019\ 3\times 0.013\ 6=2.62\times 10^{-4}\ (\text{mol}\cdot\text{dm}^{-3}\cdot\text{min}^{-1})$$

5. **解** 对于 n 级反应,半衰期与反应物初始浓度(a)间的关系为 $t_{1/2}=Ca^{1-n}$,则对于同一反应物,两种不同初始浓度下,有

$$n=1-\frac{\ln\left(\dfrac{t_{1/2,1}}{t_{1/2,2}}\right)}{\ln\left(\dfrac{a_1}{a_2}\right)}$$

本题利用 3 个浓度值,计算 3 个 n 并求平均:

$$n_1=\frac{1-\ln\left(\dfrac{4\ 280}{885}\right)}{\ln\left(\dfrac{0.50}{1.10}\right)}=3.00$$

$$n_2=\frac{1-\ln\left(\frac{4\,280}{174}\right)}{\ln\left(\frac{0.50}{2.48}\right)}=3.00$$

$$n_3=\frac{1-\ln\left(\frac{885}{174}\right)}{\ln\left(\frac{1.51}{2.48}\right)}=3.00$$

反应级数为3。

6. **解** 由N_2O的热分解反应半衰期与初始压力成反比，表明该分解反应为二级反应。则

$$t_{1/2}=\frac{1}{kC_{A,0}}$$

或

$$t_{1/2}=\frac{1}{kp_{A,0}}$$

694 K时反应速率常数为

$$k_{694\,K}=\frac{1}{t_{1/2}p_{A,0}}=\frac{1}{1\,520\times 39.2}=1.678\times 10^{-5}(s^{-1}\cdot kPa^{-1})$$

757 K时反应速率常数为

$$k_{757\,K}=\frac{1}{t_{1/2}p_{A,0}}=\frac{1}{212\times 48.0}=9.827\times 10^{-5}(s^{-1}\cdot kPa^{-1})$$

代入

$$\ln\left(\frac{k_2}{k_1}\right)=-\frac{E_a}{R}\left(\frac{1}{T_2}-\frac{1}{T_1}\right)$$

即

$$\ln\left(\frac{9.827\times 10^{-5}}{1.678\times 10^{-5}}\right)=-\frac{E_a}{8.314}\times\left(\frac{1}{757}-\frac{1}{694}\right)$$

解得$E_a=122.543\ kJ\cdot mol^{-1}$。

7. **解** 蔗糖水解反应是一级反应，则$\ln\left(\frac{C_{蔗糖,0}}{C_{蔗糖}}\right)=kt$，其可以化为

$$\ln(\alpha_t-\alpha_\infty)=-kt+\ln(\alpha_0-\alpha_\infty)$$

利用Excel或Origin等软件，回归$\ln(\alpha_t-\alpha_\infty)$对$t$的线性方程为

$$\ln(\alpha_t-\alpha_\infty)=-0.005\,3t+2.156$$

因此，反应速率常数为$k=0.005\,3\ min^{-1}$。

8. **解** (1) 半衰期与起始浓度无关，反应为一级反应。

(2) $k=\frac{\ln 2}{t_{1/2}}=\frac{\ln 2}{363}=1.91\times 10^{-3}(min^{-1})$

(3) $\ln k=-\frac{E_a}{RT}+c$，将活化能以及380 ℃速率常数代入，得

$$\ln(1.91\times 10^{-3})=-\frac{217.57\times 10^3}{8.314\times(380+273.15)}+c$$

得$c=33.81$，即

$$\ln k=-\frac{26\,169}{T}+33.81$$

利用该公式可得 450 ℃时的速率常数:

$$\ln k = -\frac{26\,169}{450 + 273.15} + 33.81$$

$$k = 0.092\,8\ \text{min}^{-1}$$

由 $\ln\left(\frac{C_{A,0}}{C_A}\right)=kt$,有

$$\ln\left(\frac{1}{1-0.75}\right) = 0.092\,8t$$

得 $t=15$ min。

9. **解** $\ln\left(\frac{C_{A,0}}{C_A}\right)=kt$

$$\ln\left[\frac{1\times C_{A,0}}{(1-0.5)C_{A,0}}\right]=k\times 10\equiv k\times 10\times 3\,600$$

$$k=6.93\times 10^{-2}(\text{h}^{-1})=1.93\times 10^{-5}(\text{s}^{-1})$$

$$\ln\left[\frac{1\times C_{A,0}}{(1-0.6)C_{A,0}}\right]=k\times 10$$

$$k=9.16\times 10^{-2}(\text{s}^{-1})$$

$$\ln\left(\frac{k_2}{k_1}\right)=-\frac{E_a}{R}\left(\frac{1}{T_2}-\frac{1}{T_1}\right)$$

$$\ln\left(\frac{9.16\times 10^{-2}}{1.93\times 10^{-5}}\right)=-\frac{250.8\times 1\,000}{8.314}\times\left(\frac{1}{T_2}-\frac{1}{1\,073.2}\right)$$

$$T_2=1\,535.7\ (\text{K})$$

10. **解**

(1) 由 $E_a/R=22\,850$,得 $E_a=189.97\ \text{kJ}\cdot\text{mol}^{-1}$。

(2) 950 K 时的反应速率常数为

$$\lg k_A = -\frac{22\,850}{T} + 22.00 = -\frac{22\,850}{950} + 22.00$$

解得 $k_A=0.128$ min。

将气体看作理想气体,体积固定,反应器压力与气体总摩尔数成正比。

对于反应 $4A \longrightarrow Y + 6Z$,可以设初始 A 物质为 a mol,初始压力为 10.0 kPa。反应压力为 13.0 kPa 时,Y 物质为 x mol。体系总摩尔数为 a_0+3x mol。则

$$\frac{a_0 + 3x}{a} = \frac{13.0}{10}$$

$$x = 0.1a_0$$

此时,A 物质的量为

$$a_0 - 4\times 0.1a_0 = 0.6a_0$$

设该反应速率方程式为

$$r = kC_A$$

则

$$\ln\left(\frac{C_{A,0}}{C_A}\right) = \ln\left(\frac{n_{A,0}}{n_A}\right) = akt$$

$$t = \frac{1}{ak}\ln\left(\frac{n_{A,0}}{n_A}\right) = \frac{1}{4\times 0.128}\ln\left(\frac{a_0}{0.6a_0}\right) = 1\ (\text{min})$$

注:在实际中需注意速率方程式写法。如果该题给出 $r_A \equiv -\dfrac{dC_A}{dt} = kC_A$,则时间为 4 min。

11. **解** (1) $\ln\left(\dfrac{C_{A,0}}{C_A}\right) = kt$

$\ln\left[\dfrac{1 \times C_{A,0}}{(1-0.05)C_{A,0}}\right] = k \times 19.34$

$k = 2.652 \times 10^{-3}(\text{min}^{-1})$

$\ln\left[\dfrac{1 \times C_{A,0}}{(1-0.5)C_{A,0}}\right] = 2.652 \times 10^{-3} \times t$

$t = 261.37\ (\text{min})$

(2) $\ln\left(\dfrac{k_2}{k_1}\right) = -\dfrac{E_a}{R}\left(\dfrac{1}{T_2} - \dfrac{1}{T_1}\right)$

$\ln\left(\dfrac{7.78 \times 10^{-5}}{2.652 \times 10^{-3}}\right) = -\dfrac{E_a}{8.314} \times \left(\dfrac{1}{527+273.15} - \dfrac{1}{273.15+675}\right)$

$E_a = 150.29\ (\text{kJ} \cdot \text{mol}^{-1})$

12. **解** 将两个温度下的反应速率常数代入

$$\ln\left(\frac{k_2}{k_1}\right) = \frac{E_a}{R}\left(\frac{1}{T_1} - \frac{1}{T_2}\right)$$

$$\ln\left(\frac{189.9 \times 10^{-3}}{34.40 \times 10^{-3}}\right) = \frac{E_a}{8.314} \times \left(\frac{1}{273.15 + 15.05} - \frac{1}{273.15 + 40.13}\right)$$

解得 $E_a = 51.13\ \text{kJ} \cdot \text{mol}^{-1}$。

25.00 ℃时的反应速率常数为 k,则

$$\ln\left(\frac{k}{34.40 \times 10^{-3}}\right) = \frac{51\ 130}{8.314} \times \left(\frac{1}{273.15 + 15.05} - \frac{1}{273.15 + 25}\right)$$

得 $k = 70.12 \times 10^{-3}(\text{dm}^3 \cdot \text{mol}^{-1} \cdot \text{s}^{-1})$。

13. **解** 根据题意知该反应为一级反应,有

$$\ln\left(\frac{C_{A,0}}{C_A}\right) = k_1 t$$

即

$$\ln\left(\frac{1}{0.7}\right) = k_1 \times 2 \times 365$$

$$k_1 = 4.886 \times 10^{-4}(\text{d}^{-1})$$

根据阿累尼乌斯公式:

$$\ln\left(\frac{k_2}{k_1}\right) = \frac{E_a}{R}\left(\frac{1}{T_1} - \frac{1}{T_2}\right)$$

$$\ln\left(\frac{k_2}{4.886 \times 10^{-4}}\right) = \frac{13\ 000}{8.314} \times \left(\frac{1}{276.15} - \frac{1}{298.15}\right)$$

$$k_2 = 7.42 \times 10^{-4}(\text{d}^{-1})$$

设药品已分解 x,则

$$\ln\left(\frac{1}{1-x}\right) = k_2 t$$

$$\ln\left(\frac{1}{1-x}\right) = 7.42 \times 10^{-4} \times 14$$

$$x = 0.011 = 1.1\%$$

所以药品没有失效。

14. **解**　(1) $\lg k = -\frac{3\,163}{T} + 11.899$

转化为

$$\ln k = -\ln 10 \times \frac{3\,163}{T} + \ln 10 \times 11.899$$

$$= -\frac{7\,283.077}{T} + 27.398$$

由$\frac{E_a}{R} = 7\,283.077$，得 $E_a = 60.551\ \mathrm{kJ \cdot mol^{-1}}$。

(2) 10 ℃时的速率常数：

$$\ln k = -\frac{7\,283.077}{283.15} + 27.398$$

$$k = 5.346\ (\mathrm{dm^3 \cdot mol^{-1} \cdot min^{-1}})$$

其半衰期为

$$t_{1/2} = \frac{1}{kC_{A,0}} = \frac{1}{5.346 \times 0.008} = 23.4\ (\mathrm{min})$$

15. **解**　由速率常数单位知，对行反应的反应级数均为一级。

$$-\frac{dC_A}{dt} - k_1 C_A \quad k_{-1} C_Y$$

即

$$-\frac{dC_A}{dt} = (k_1 + k_{-1}) C_A - k_{-1} C_{A,0}$$

解得

$$\ln\left(\frac{C_{A,0}}{C_A}\right) = (k_1 - k_{-1})t + \frac{k_{-1} \cdot \frac{C_{A,0}}{C_0}}{k_1 - k_{-1}}$$

A 与 Y 的浓度相等表示 A 浓度要降低一半，则

$$t = \frac{\ln 2}{k_1 - k_{-1}} - \frac{k_{-1} C_{A,0}}{(k_1 - k_{-1})^2}$$

$$t = \frac{\ln 2}{0.36 - 0.11} - \frac{0.11 \times 1}{(0.36 - 0.11)^2} = 1.01\ (\mathrm{min})$$

16. **解**　对峙反应达到平衡时，正逆反应速率相等，即

$$k_1 C_{A,e} = k_{-1} C_{Y,e}$$

$$k = \frac{C_{Y,e}}{C_{A,e}} = \frac{k_1}{k_{-1}} = 3$$

而 $C_{A,e} = C_{A,0} - C_{Y,e} = C_{A,0} - 3C_{A,e}$

即

$$C_{A,e} = \frac{C_{A,0}}{4}$$

$$C_{Y,e} = \frac{3C_{A,0}}{4}$$

(a) 由对峙反应：

$$\ln\left(\frac{C_{A,0}-C_{A,e}}{C_A-C_{A,e}}\right)=(k_1+k_{-1})t$$

$$\ln\left[\frac{C_{A,0}-\dfrac{C_{A,0}}{4}}{\dfrac{C_{A,0}}{2}-\dfrac{C_{A,0}}{4}}\right]=(0.006+0.002)t$$

$$t=137\ (\text{min})$$

(b)
$$\ln\left[\frac{C_{A,0}-\dfrac{C_{A,0}}{4}}{C_A-\dfrac{C_{A,0}}{4}}\right]=(0.006+0.002)\times 100$$

$$C_A=0.587C_{A,0}=0.012\ (\text{mol}\cdot\text{dm}^{-3})$$

$$C_Y=0.008\ (\text{mol}\cdot\text{dm}^{-3})$$

17. **解**　(1) B 浓度达到最大时间为

$$t_{B,\max}=\frac{\ln\left(\dfrac{k_2}{k_1}\right)}{k_2-k_1}=\frac{\ln\left(\dfrac{0.2}{0.1}\right)}{0.2-0.1}=10\times\ln 2=6.93\ (\text{min})$$

18. **解**　根据过渡态理论公式

$$k=\frac{k_BT}{h}(C^{\ominus})^{-1}\exp\left(\frac{\Delta S_{\neq}^{\ominus}}{R}\right)\exp\left(-\frac{\Delta H_{\neq}^{\ominus}}{RT}\right)$$

$$\frac{k_1}{k_2}=\exp\left(\frac{\Delta S_{\neq(1)}^{\ominus}-\Delta S_{\neq(2)}^{\ominus}}{R}\right)=\exp\left(\frac{60.00}{8.314}\right)=1.36\times 10^3$$

六、证明题

1. **证**　$r=-\dfrac{1}{a}:\dfrac{dC_A}{dt}=-\dfrac{1}{b}:\dfrac{dC_B}{dt}=kC_A^{n_1}C_B^{n_2}$

则对于 A 物质，有

$$-\frac{dC_A}{dt}=akC_A^{n_1}C_B^{n_2}=k_AC_A^{n_1}C_B^{n_2}$$

其中，$k_A=ak$，同样，对于 B 物质，分别是

$$-\frac{dC_B}{dt}=bkC_A^{n_1}C_B^{n_2}=k_BC_A^{n_1}C_B^{n_2}$$

其中，$k_B=bk$，则

$$\frac{k_A}{k_B}=\frac{ak}{bk}=\frac{a}{b}$$

2. **证**　设 n 级反应为

$$\begin{array}{lccc} & A & \xrightarrow{k} & P \\ t=0 & a & & 0 \\ t=t & a-x & & x \end{array}$$

$$\frac{dx}{dt}=k(a-x)^n$$

$$\int_0^x \frac{dx}{(a-x)^n} = \int_0^t k dt$$

$$\frac{1}{1-n}\left[\frac{1}{a^{n-1}} - \frac{1}{(a-x)^{n-1}}\right] = kt \quad (n \neq 1)$$

$x=a/2$ 得时间为半衰期，即

$$t_{1/2} = \frac{1}{1-n}\left[\frac{1}{a^{n-1}} - \frac{1}{\left(a-\frac{a}{2}\right)^{n-1}}\right]\frac{1}{k} = \frac{2^{n-1}-1}{a^{n-1}k(n-1)}$$

3. **证** 仅第 2 个基元反应有甲烷生成，即

$$\frac{dC_{CH_4}}{dt} = k_2 C_{CH_3\cdot} C_{CH_3CHO} \tag{1}$$

对自由基利用稳态近似假设，即

$$\frac{dC_{CH_3\cdot}}{dt} = k_1 C_{CH_3CHO} - k_2 C_{CH_3\cdot} C_{CH_3CHO} + k_3 C_{CH_3CO\cdot} - 2k_4 C^2_{CH_3\cdot} = 0 \tag{2}$$

$$\frac{dC_{CH_3CO\cdot}}{dt} = k_2 C_{CH_3\cdot} C_{CH_3CHO} - k_3 C_{CH_3CO\cdot} = 0 \tag{3}$$

(2)+(3)得

$$k_1 C_{CH_3CHO} - 2k_4 C^2_{CH_3\cdot} = 0$$

即

$$C_{CH_3\cdot} = \left(\frac{k_1}{2k_4}\right)^{1/2} C^{1/2}_{CH_3CHO} \tag{4}$$

将(4)代入(1)得

$$\frac{dC_{CH_4}}{dt} = k_2 C_{CH_3\cdot} C_{CH_3CHO} = k_2 \left(\frac{k_1}{2k_4}\right)^{1/2} C^{3/2}_{CH_3CHO}$$

$$\frac{dC_{CH_4}}{dt} = k C^{3/2}_{CH_3CHO}$$

其中，$k=k_2\left(\frac{k_1}{2k_4}\right)^{1/2}$。

4. **证** 第 2 和第 3 个基元反应产生甲烷，即

$$\frac{dC_{CH_4}}{dt} = k_2 C_{CH_3\cdot} C_{H_2} + k_3 C_H C_{C_2H_6} \tag{1}$$

利用稳态近似

$$\frac{dC_H}{dt} = k_2 C_{CH_3\cdot} C_{H_2} - k_3 C_H C_{C_2H_6} = 0 \tag{2}$$

反应①为快速对峙反应，则

$$K = \frac{C^2_{CH_3\cdot}}{C_{C_2H_6}} \tag{3}$$

将(2)代入(1)得

$$\frac{dC_{CH_4}}{dt} = k_2 C_{CH_3\cdot} C_{H_2} + k_3 C_H C_{C_2H_6} = 2k_2 C_{CH_3\cdot} C_{H_2} \tag{4}$$

将(3)代入(4)得

$$\frac{dC_{CH_4}}{dt} = 2k_2 C_{CH_3\cdot} C_{H_2} = 2k_2 K^{1/2} C^{1/2}_{C_2H_6} C_{H_2}$$

5. **证** ③为慢反应，则

$$\frac{\mathrm{d}C_{\mathrm{COCl_2}}}{\mathrm{d}t}=k_3C_{\mathrm{COCl}}C_{\mathrm{Cl_2}} \tag{1}$$

由①，得

$$k_1C_{\mathrm{Cl_2}}=2k_{-1}C_{\mathrm{Cl}}^2 \tag{2}$$

即

$$C_{\mathrm{Cl}}=\left(\frac{k_1}{2k_{-1}}\right)C_{\mathrm{Cl_2}}^{1/2} \tag{3}$$

由②得

$$k_2C_{\mathrm{Cl}}C_{\mathrm{CO}}=k_{-2}C_{\mathrm{COCl}} \tag{4}$$

将(3)代入(4)整理得

$$C_{\mathrm{COCl}}=\frac{k_2}{k_{-2}}\left(\frac{k_1}{2k_{-1}}\right)^{1/2}C_{\mathrm{Cl_2}}^{1/2}C_{\mathrm{CO}} \tag{5}$$

将(5)代入(1)得

$$\frac{\mathrm{d}C_{\mathrm{COCl_2}}}{\mathrm{d}t}=\frac{k_2k_3}{k_{-2}}\left(\frac{k_1}{2k_{-1}}\right)^{1/2}C_{\mathrm{CO}}C_{\mathrm{Cl_2}}^{3/2}=kC_{\mathrm{CO}}C_{\mathrm{Cl_2}}^{3/2}$$

其中

$$k\equiv\frac{k_2k_3}{k_{-2}}\left(\frac{k_1}{2k_{-1}}\right)^{1/2}$$

分别代入阿累尼乌斯方程变形式

$$\ln k_i=\ln A_i-\frac{E_{\mathrm{a},i}}{RT}$$

则

$$\ln A-\frac{E_{\mathrm{a}}}{RT}=\ln\left(\frac{A_2A_3}{A_{-2}}\right)\left(\frac{A_1}{2A_{-1}}\right)^{1/2}-\frac{\frac{E_{\mathrm{a},1}}{2}+E_{\mathrm{a},2}+E_{\mathrm{a},3}-E_{\mathrm{a},-2}-\frac{E_{\mathrm{a},-1}}{2}}{RT}$$

有

$$E_{\mathrm{a}}=\frac{1}{2}E_{\mathrm{a},1}+E_{\mathrm{a},2}+E_{\mathrm{a},3}-E_{\mathrm{a},-2}-\frac{1}{2}E_{\mathrm{a},-1}$$

其中

$$k\equiv\frac{k_2k_3}{k_{-2}}\left(\frac{k_1}{2k_{-1}}\right)^{1/2}$$

分别代入阿累尼乌斯方程变形式 $\ln k_i=\ln A_i-\frac{E_{\mathrm{a},i}}{RT}$，则

$$\ln A-\frac{E_{\mathrm{a}}}{RT}=\ln\left(\frac{A_2A_3}{A_{-2}}\right)\left(\frac{A_1}{2A_{-1}}\right)^{1/2}-\frac{\frac{E_{\mathrm{a},1}}{2}+E_{\mathrm{a},2}+E_{\mathrm{a},3}-E_{\mathrm{a},-2}-\frac{E_{\mathrm{a},-1}}{2}}{RT}$$

有

$$E_{\mathrm{a}}=\frac{E_{\mathrm{a},1}}{2}+E_{\mathrm{a},2}+E_{\mathrm{a},3}-E_{\mathrm{a},-2}-\frac{E_{\mathrm{a},-1}}{2}$$

第8章

一、选择题

1. D 2. C 3. B 4. A 5. D 6. D 7. C 8. A 9. C 10. D 11. A 12. A

二、填空题

1. 电;化学;化学;电
2. 氧化;负;还原;正;氧化;还原
3. 离子氛
4. 离子浓度;离子价态
5. OH^-
6. 5
7. 5.66×10^{-2}
8. $Ag—AgI_{(s)}|I^-\|Cl^-|AgCl_{(s)}—Ag$
9. 接界;盐桥
10. 甘汞电极;$Hg_{(l)}—Hg_2Cl_{2(s)}|Cl^-$
11. 浓差极化;电化学极化
12. 锌制铆钉;铜板

三、简答题

1. **答** 在无限稀释的溶液中,每种离子独立移动、不受其他离子影响。即,每种离子的摩尔电导率为一定值,而与电解质的种类无关。

2. **答** ① $\gamma_{\pm,NaCl}=(\gamma_{Na^+}^1\gamma_{Cl^-}^1)^{1/2}$

$\gamma_{\pm,Al_2SO_3}=(\gamma_{Al^{3+}}^3\gamma_{SO_3^{2-}}^2)^{1/5}$

② $a_{NaCl}=1^1\times1^1\times\gamma_\pm^2\left(\frac{m_{NaCl}}{m^\ominus}\right)^2=\gamma_\pm^2\left(\frac{m_{NaCl}}{m^\ominus}\right)^2$

$$a_{Al_2(SO_3)_3}=2^2\times3^3\times\gamma_\pm^5\left(\frac{m_{Al_2(SO_3)_3}}{m^\ominus}\right)^5=108\gamma_\pm^5\left(\frac{m_{Al_2(SO_3)_3}}{m^\ominus}\right)^5。$$

3. **答** 可逆电池的条件有二:一是电池中进行的化学反应互逆,二是放、充电电流等于零,即能量可逆。

4. **答** 镉汞韦斯顿标准电池主要用途是用来标定测量电池电动势电位差计测量回路的工作电流的。其主要优点是其电池电动势相当稳定[$E=1.018\,145-4.5\times10^{-5}(T-293)$],且镉汞齐中含Cd质量分数为5%～14%,常温下正好处于固熔体与熔体两相平衡区,温度一定时,

Cd的浓度保持一定。

5. **答** 不能。因为用万用表直接测量溶液电阻时，有直流电流通过电极，会导致电极附近发生电极反应，改变电解质浓度，使 R 测不准确。

6. **答** 由于离子扩散和电化学反应的迟缓性，阴极极化将使其电势变得更负，阳极极化将使其电势变得更正。

7. **答** 液体接界电势通常是由相互接触的不同溶液或相同溶液但浓度不同时产生的，为了降低或消除其接界电势可用正负离子迁移数相同或相近的溶液如 KNO_3 溶液来达到目的。

8. **答** TISAB叫作总离子强度调节缓冲溶液，由固定离子强度、保持液接电位稳定的离子强度调节剂、起pH缓冲作用的缓冲剂、掩蔽干扰离子的掩蔽剂组成。其组成一般为NaCl 0.1 mol·L^{-1}，HAc 0.25 mol·L^{-1}，NaAc 0.75 mol·L^{-1}，$Na_3C_6H_5O_7\cdot 2H_2O$（柠檬酸钠）0.001 mol·L^{-1}，pH=5.0，总离子强度为1.75。其中NaCl是离子强度调节剂，HAc—NaAc是缓冲溶液，$Na_3C_6H_5O_7\cdot 2H_2O$ 是掩蔽剂，掩蔽其他离子。

9. **答** 龙头部分镀铬、钢丝部分镀锌，其他部分有烤蓝（在钢铁表面生成一定厚度和强度的致密的氧化层，主要成分 Fe_3O_4）、烤漆、涂机油或凡士林等。

10. **答** 银器长时间使用后，易与空气中的 O_2，H_2S（人和动物的粪便经过细菌分解后会产生大量硫化氢、植物体中的蛋白质腐败后也产生硫化氢，另外人的汗水中也含有硫）生成 Ag_2O [$Ag+0.5O_2 = Ag_2O$（黑色）]并进一步生成 Ag_2S[$4Ag+2H_2S+O_2 = 2Ag_2S$（黑色）$+2H_2O$]。可利用电化学原理除去。方法是在一铝制容器中盛些盐水，然后把该银器浸入，并与锅底接触，放置一段时间，黑色即可褪去。该装置构成的原电池的负极是铝易失电子（$Al-3e^- = Al^{3+}$）、正极是银，正极发生还原反应，Ag_2S 获得电子生成Ag与硫离子，电极反应式为 $3Ag_2S+6e^- = 6Ag+3S^{2-}$。铝离子与硫离子发生水解反应反应式生成氢氧化铝与硫化氢气体，总反应方程式为 $2Al+3Ag_2S+6H_2O = 2Al(OH)_3\downarrow+6Ag+3H_2S\uparrow$。

四、判断题

1. 对 2. 对 3. 对 4. 对 5. 错 6. 错 7. 错 8. 对 9. 对 10. 对

五、计算题

1. **解** $\dfrac{40\times10^{-6}}{0.8}t=\left|\dfrac{2}{1}\right|\times\dfrac{5}{65.37}\times96\,500$

在上述条件下工作的时间 $t=2.95\times10^8$(s)≈9.4(y)。

2. **解** (1) $\Lambda_{NaOH}=\dfrac{\kappa_{NaOH}}{C_{NaOH}}=\dfrac{2.21}{0.1\times10^3}=2.21\times10^{-4}(S\cdot m^2\cdot mol^{-1})$

(2) $\Lambda_{NaCl}=\dfrac{\kappa_{NaCl}}{C_{NaCl}}=\dfrac{2.21-1.65}{0.1\times10^3}=5.6\times10^{-5}(S\cdot m^2\cdot mol^{-1})$

3. **解** 求坑水的电导率 $\kappa_{坑}$：

$$\frac{l}{A}=\kappa R=0.2786\times85=23.681\ (m^{-1})$$

$$\kappa_{坑}=G\cdot\frac{l}{A}=\frac{1}{9\,200}\times23.681=2.574\times10^{-3}(S\cdot m^{-1})$$

坑水加入 NaCl 后的电导率

$$\kappa = G \cdot \frac{l}{A} = \frac{1}{7\,600} \times 23.681 = 3.116 \times 10^{-3}\,(\mathrm{S \cdot m^{-1}})$$

因加入 NaCl 后增加的电导率是

$$3.116 \times 10^{-3} - 2.574 \times 10^{-3} = 4.52 \times 10^{-4}\,(\mathrm{S \cdot m^{-1}})$$

仍将加入 NaCl 后的坑水近似作无限稀溶液时，有

$$\begin{aligned}\Lambda_{\mathrm{m,NaCl}} \approx \Lambda_{\mathrm{m,NaCl}}^{\infty} &= \Lambda_{\mathrm{m,Na^+}}^{\infty} + \Lambda_{\mathrm{m,Cl^-}}^{\infty} \\ &= 126.45 \times 10^{-4}\,(\mathrm{S \cdot m^2 \cdot mol^{-1}})\end{aligned}$$

其浓度为

$$C = \frac{\kappa}{\Lambda_{\mathrm{m}}} \approx \frac{4.52 \times 10^{-2}}{126.45 \times 10^{-4}} = 4.286 \times 10^{-2}\,(\mathrm{mol \cdot m^{-3}})$$

再由

$$C_{\mathrm{B}} = \frac{n_{\mathrm{B}}}{V}$$

$$V = \frac{n_{\mathrm{B}}}{C_{\mathrm{B}}} = \frac{0.500 \times 10^3}{4.286 \times 10^{-2}} = 199\,(\mathrm{m^3})$$

4. **解** $\Lambda_{\mathrm{m,HAc}}^{\ominus} = \frac{1}{2}(2\Lambda_{\mathrm{m,KAc}}^{\ominus} + \Lambda_{\mathrm{m,H_2SO_4}}^{\ominus} - \Lambda_{\mathrm{m,K_2SO_4}}^{\ominus})$

$= \frac{1}{2}(2 \times 0.011\,44 + 0.085\,96 - 0.030\,7)$

$= 0.039\,07\,(\mathrm{S \cdot m^2 \cdot mol^{-1}})$

5. **解** (1) $\Lambda_{\mathrm{m,H_2O}}^{\infty} = \Lambda_{\mathrm{m,NaOH}}^{\infty} + \Lambda_{\mathrm{m,HCl}}^{\infty} - \Lambda_{\mathrm{m,NaCl}}^{\infty}$

$= 0.024\,811 + 0.042\,616 - 0.012\,645$

$= 0.054\,782\,(\mathrm{S \cdot m^2 \cdot mol^{-1}})$

(2) $H_2O \longrightarrow H^+ + OH^-$

$K_{\mathrm{w}} = 1.008 \times 10^{-14} = C_{2\mathrm{H_2O}}$

$C_{\mathrm{H_2O}} = 10^{-7}\,(\mathrm{mol \cdot dm^{-3}}) = 10^{-4}\,(\mathrm{mol \cdot m^{-3}})$

由 $\Lambda_{\mathrm{m}} = \frac{\kappa}{C_{\mathrm{B}}}$ 得

$$\begin{aligned}\kappa = \Lambda_{\mathrm{m}}^{\infty} C_{\mathrm{B}} &= 0.054\,782 \times 1 \times 10^{-4} \\ &= 5.478\,2 \times 10^{-6}\,(\mathrm{S \cdot m^{-1}})\end{aligned}$$

6. **解** (1) $\Lambda_{\mathrm{m,NH_3 \cdot H_2O}}^{\infty} = \Lambda_{\mathrm{m,NaOH}}^{\infty} + \Lambda_{\mathrm{m,NH_4Cl}}^{\infty} \quad \Lambda_{\mathrm{m,NaCl}}^{\infty}$

$= (217.2 + 129.8 - 108.6) \times 10^{-4}$

$= 238.4 \times 10^{-4}\,(\mathrm{S \cdot m^2 \cdot mol^{-1}})$

(2) $$NH_3 \cdot H_2O \longrightarrow NH_4^+ + OH^-$$

$0.1\ \mathrm{mol \cdot dm^{-3}}$时解离度

$$\alpha = \frac{\Lambda_{\mathrm{m}}}{\Lambda_{\mathrm{m}}^{\infty}} = \frac{3.09 \times 10^{-4}}{238.4 \times 10^{-4}} = 1.296\%$$

$$\begin{matrix} NH_3 \cdot H_2O & \longrightarrow & NH_4^+ & + & OH^- \\ c(1-\alpha) & & c\alpha & & c\alpha \end{matrix}$$

$$K^{\ominus}=\frac{\left(\frac{c\alpha}{C^{\ominus}}\right)^2}{\frac{c(1-\alpha)}{C^{\ominus}}}=\frac{\alpha^2}{1-\alpha}\cdot\frac{c}{C^{\ominus}}$$

$$=\frac{0.01296^2}{1-0.01296}\times 0.1=1.702\times 10^{-5}$$

$0.01\ mol\cdot dm^{-3}$时解离度

$$\alpha=\frac{\Lambda_m}{\Lambda_m^{\infty}}=\frac{9.62\times 10^{-4}}{238.4\times 10^{-4}}=4.035\%$$

$$NH_3\cdot H_2O\longrightarrow NH_4^+ + OH^-$$

$$c(1-\alpha)\qquad c\alpha\qquad c\alpha$$

$$K^{\ominus}=\frac{\left(\frac{c\alpha}{C^{\ominus}}\right)^2}{\frac{c(1-\alpha)}{C^{\ominus}}}=\frac{\alpha^2}{1-\alpha}\cdot\frac{c}{C^{\ominus}}$$

$$=\frac{0.04035^2}{1-0.04035}\times 0.01=1.696\times 10^{-5}$$

7. **解** $\Lambda_{m,AgBr}^{\infty}=\Lambda_{m,Ag^+}^{\infty}+\Lambda_{m,Br^-}^{\infty}$

$=(61.9+78.1)\times 10^{-4}$

$=140\times 10^{-4}(S\cdot m^2\cdot mol^{-1})$

$$AgBr\longrightarrow Ag^+ + Br^-$$

$$c-x\qquad x\qquad x$$

$$K_{sp}=x^2$$

$$x=(6.3\times 10^{-13})^{1/2}=7.937\times 10^{-7}(mol\cdot dm^{-3})$$

由 $\Lambda_m=\dfrac{\kappa}{C_B}$,得

$$\kappa=\Lambda_m^{\infty}C_B=140\times 10^{-4}\times 7.937\times 10^{-4}$$

$$=1.111\times 10^{-5}(S\cdot m^{-1})$$

8. **解** $-)Zn-2e\longrightarrow Zn^{2+}$

$+)\frac{1}{2}O_2+2H^+ +2e\longrightarrow H_2O$

$Zn+\frac{1}{2}O_2+2H^+\longrightarrow Zn^{2+}+H_2O$

$Zn|Zn^{2+},H^+,H_2O|O_2(Pt)$

电池电动势 $E^{\ominus}=\varphi^{\ominus}_{O_2,H^+/H_2O}-\varphi^{\ominus}_{Zn^{2+}/Zn}=1.299-(-0.763)=2.061\ V$

9. **解** (1) $(Pt)|Fe^{2+},Fe^{3+}\|Ag^+|Ag_{(s)}$;

(2) $Pb-PbSO_4(s)|SO_4^{2-}|Hg_2SO_4-Hg_{(l)}$;

(3) $Ag|Ag^+\|AgCl-Ag$;

(4) $(Pt)H_2|H^+\|OH^-|H_2(Pt)$。

10. **解** (1) $-)\frac{1}{2}H_2-e\longrightarrow H^+$

$+)AgBr+e\longrightarrow Ag+Br^-$

$$\frac{1}{2}H_2+AgBr\longrightarrow HBr+Ag$$

$$E=E^{\ominus}=\frac{RT}{ZF}\ln\left(\frac{a_{Ag}a_{HBr}}{a_{H_2}^{1/2}a_{AgBr}}\right)$$

$$E=(\varphi^{\ominus}_{Ag-AgBr/Br^-}-\varphi^{\ominus}_{H^+/H_2})-0.059\,15\ln\gamma_{\pm}^2\left(\frac{m_{HBr}}{m^{\ominus}}\right)^2$$

$$0.428=0.071\,3-0-0.059\,15\ln\gamma_{\pm}^2\left(\frac{0.001}{1}\right)^2$$

$$\gamma_{\pm}=0.966$$

(2)

$$K_{sp}=4.79\times10^{-13}=x^2$$

$$x=6.92\times10^{-7}(\text{mol}\cdot\text{dm}^{-3})$$

$$m_B=\frac{C_B}{\rho_0}=\frac{6.92\times10^{-7}\times10^{-3}}{1\,000}$$

$$=6.92\times10^{-7}(\text{mol}\cdot\text{kg}^{-1})$$

$$I=\frac{1}{2}\sum_B m_B z_B^2=\frac{1}{2}(6.92\times10^{-7}\times1^2+6.92\times10^{-7}\times1^2)$$

$$=6.92\times10^{-7}$$

与由 D-H 公式

$$\ln\gamma_+=-A|z_+z_-|\sqrt{I}$$

$$\ln\gamma_{\pm}=-0.509|1\times(-1)|\sqrt{6.92\times10^{-7}}$$

$$\gamma_{\pm}=0.999$$

得出的结果差不多。

11. **解** (1)

$$-)Ag+Cl^--e\longrightarrow AgCl$$

$$+)H^++e\longrightarrow\frac{1}{2}H_2$$

$$Ag+HCl\longrightarrow AgCl+\frac{1}{2}H_2$$

$$K_{sp,AgCl}=\left(\frac{1.245\times10^{-5}}{1}\right)^2=1.55\times10^{-10}$$

$$\varphi^{\ominus}_{Ag-AgCl/Cl^-}=\varphi^{\ominus}_{Ag^+}+0.059\,15\log a^{\ominus}_{Ag^+}$$

$$=\varphi^{\ominus}_{Ag^+}+0.059\,15\log\left(\frac{\gamma_{Ag^+}m_{Ag^+}}{m^{\ominus}}\right)$$

$$=0.8+0.059\,15\log\left(\frac{1\times\frac{1.55\times10^{-10}}{1}}{1}\right)$$

$$=0.219\,8\ (\text{V})$$

$$E=E^{\ominus}+\frac{RT}{ZF}\ln\left(\frac{a_{Ag}a_{HCl}}{a_{H_2}^{1/2}a_{AgCl}}\right)$$

$$E=(\varphi^{\ominus}_{H^+/H_2}-\varphi^{\ominus}_{Ag-AgCl/Cl^-})+\frac{RT}{F}\ln\left[\frac{\gamma_{\pm}^2\left(\frac{m_{HCl}}{m^{\ominus}}\right)^2}{\left(\frac{0.1p^{\ominus}}{p^{\ominus}}\right)^{1/2}}\right]$$

$$E = -0.219\,8 + 0.059\,15 \ln\left[\frac{1^2 \times \left(\frac{0.1}{1}\right)^2}{\left(\frac{0.1}{1}\right)^{\frac{1}{2}}}\right]$$

$$= -0.37\ (\mathrm{V})$$

12. **解** $E = 1.018\,45 - 4.05\times10^{-5}(T-293.15) - 9.5\times10^{-7}(T-293.15)^2$

$= 1.018\,45 - 4.5\times10^{-5}(298.15-293.15) - 9.5\times10^{-7}(298.15-293.15)^2$

$= 1.018\,45 - 0.001\,25 - 0.000\,0275$

$= 1.017\,17\ \mathrm{V}$

$\left(\frac{\partial E}{\partial T}\right)_p = -4.5\times10^{-5} - 2\times9.5\times10^{-7}(T-293.15)$

$= -4{,}5\times10^{-5} - 9.5\times10^{-6}$

$= -5.45\times10^{-5}\ (\mathrm{V\cdot K^{-1}})$

$\Delta_r G_m = -ZFE = -2\times96\,500\times1.017\,17 = -196.313\ (\mathrm{kJ\cdot mol^{-1}})$

$\Delta_r H_m = -ZFE + ZFT\left(\frac{\partial E}{\partial T}\right)_p$

$= -2\times96\,500\times1.017\,17 + 2\times96\,500\times298.15(-5.45\times10^{-5})$

$= -199.449\ (\mathrm{kJ\cdot mol^{-1}})$

$\Delta_r S_m = ZF\left(\frac{\partial E}{\partial T}\right)_p$

$= 2\times96\,500\times(-5.45\times10^{-5})$

$= -8.685\ (\mathrm{J\cdot mol^{-1}\cdot K^{-1}})$

13. **解** 依题意有

$Q_{放} = 40Q_r$

$-\Delta_r H_m = -\left[-ZFE + ZFT\left(\frac{\partial E}{\partial T}\right)_p\right] = 40ZFT\left(\frac{\partial E}{\partial T}\right)_p$

$E = 41T\left(\frac{\partial E}{\partial T}\right)_p$

$= 41\times298\times1.4\times10^{-4}$

$= 1.710\,5\ (\mathrm{V})$

14. **解** (1) $Ag + \frac{1}{2}Hg_2Cl_2 \longrightarrow AgCl + Hg$

(2) $\Delta_r G_m = -ZFE = -1\times96\,500\times45.5\times10^{-3} = -4.391\ (\mathrm{kJ\cdot mol^{-1}})$

$\Delta_r H_m = -ZFE + ZFT\left(\frac{\partial E}{\partial T}\right)_p$

$= -1\times96500\times45.5\times10^{-3} + 1\times96500\times298(0.338\times10^{-3})$

$= 5.329\ (\mathrm{kJ\cdot mol^{-1}})$

$\Delta_r S_m = ZF\left(\frac{\partial E}{\partial T}\right)_p$

$= 1\times96\,500\times(0.338\times10^{-3})$

$= 32.617\ (\mathrm{J\cdot mol^{-1}\cdot K^{-1}})$

15. **解** (1) $Pb_{(s)} + Hg_2SO_{4(s)} \longrightarrow PbSO_{4(s)} + 2Hg_{(l)}$

(2) $\Delta_r G_m = -ZFE = -1\times 96\,500\times 0.964\,7 = -93.093\ (\text{kJ}\cdot\text{mol}^{-1})$

$$\Delta_r H_m = -ZFE + ZFT\left(\frac{\partial E}{\partial T}\right)_p$$
$$= -1\times 96\,500\times 0.964\,7 + 1\times 96\,500\times 298\times 1.74\times 10^{-4}$$
$$= -88.090\ (\text{kJ}\cdot\text{mol}^{-1})$$

$$\Delta_r S_m = ZF\left(\frac{\partial E}{\partial T}\right)_p$$
$$= 1\times 96\,500\times (1.74\times 10^{-4})$$
$$= 16.791\ (\text{J}\cdot\text{mol}^{-1}\cdot\text{K}^{-1})$$

$$Q_r = TZF\left(\frac{\partial E}{\partial T}\right)_p$$
$$= 298\times 1\times 96\,500\times (1.74\times 10^{-4})$$
$$= 5.003\ (\text{kJ})$$

16. **解** $(\text{Pt})\,|\,Sn^{2+}, Sn^{4+}\,\|\,Pb^{2+}\,|\,Pb_{(s)}$

$$\Delta_r G_m^{\ominus} = -ZFE^{\ominus} = -ZF(\varphi^{\ominus}_{Pb^{2+}/Pb} - \varphi^{\ominus}_{Sn^{4+}/Sn^{2+}})$$
$$= -2\times 96\,500\times (-0.13 - 0.15)$$
$$= 54.04\ (\text{kJ}\cdot\text{mol}^{-1})$$

$$\Delta_r G_m^{\ominus} = -RT\ln K^{\ominus}$$

$$\ln K^{\ominus} = -\frac{\Delta_r G_m^{\ominus}}{RT}$$

$$\ln K^{\ominus} = -\frac{54\,040}{8.314\times 298}$$

$$K^{\ominus} = 3.37\times 10^{-10}$$

17. **解** (1) $-)\ \frac{1}{2}H_2 - e \longrightarrow H^+$

$+)\ AgCl + e \longrightarrow Ag + Cl^-$

$\frac{1}{2}H_2 + AgCl \longrightarrow Ag + HCl$

(2) $E = E^{\ominus} - \dfrac{RT}{ZF}\ln\left(\dfrac{a_{Ag}a_{HCl}}{a_{H_2}^{1/2}a_{AgCl}}\right)$

$$E = (\varphi^{\ominus}_{Ag-AgCl/Cl^-} - \varphi^{\ominus}_{H^+/H_2}) - 0.059\,15\ \ln\gamma_{\pm}^2\left(\frac{m_{HCl}}{m^{\ominus}}\right)^2$$

$$E = (0.222\,1 - 0) - 0.059\,15\ \ln 0.796^2\left(\frac{0.1}{1}\right)^2$$

$$E = 0.352\,1\ (\text{V})$$

$$\Delta_r G_m^{\ominus} = -ZFE^{\ominus} = -RT\ln K^{\ominus}$$

$$\ln K^{\ominus} = \frac{ZF}{RT}(\varphi^{\ominus}_{Ag-AgCl/Cl^-} - \varphi^{\ominus}_{H^+/H_2})$$

$$\ln K^{\ominus} = \frac{1\times 96\,500}{8.314\times 298}\times (0.222\,1 - 0)$$

$$K^{\ominus} = 5.71\times 10^3$$

$$\Delta_r H_m = -ZFE + ZFT\left(\frac{\partial E}{\partial T}\right)_p$$

$$=-1\times 96\,500\times 0.352\,1+1\times 96\,500\times 298\times(-4.02\times 10^{-4})$$
$$=-45.537\ (\mathrm{kJ\cdot mol^{-1}})$$

$$\Delta_r S_m = ZF\left(\frac{\partial E}{\partial T}\right)_p$$
$$=1\times 96\,500\times(-4.02\times 10^{-4})$$
$$=-38.79\ (\mathrm{J\cdot mol^{-1}\cdot K^{-1}})$$

(3) 在恒压无非体积功的反应器中进行：

$$Q_R = \Delta_r H = -45.537\ (\mathrm{kJ})$$

在电池中可逆地进行时放的热量为：

$$Q_r = \Delta_r H - W'_r = \Delta_r H - ZFE$$
$$=-45.537-1\times 96\,500\times 0.352\,1\times 10^{-3}$$
$$=-79.514\ (\mathrm{kJ})$$

18. **解** $-)Pb-2e\longrightarrow Pb^{2+}$

$+)Cl_2+2e\longrightarrow 2Cl^-$

$Pb+Cl_2\longrightarrow Pb^{2+}+2Cl^-$

$$E=E^{\ominus}-\frac{RT}{ZF}\ln\left(\frac{a_{Pb^{2+}}a_{Cl^-}^2}{a_{Pb}a_{Cl2}}\right)$$

$$E=(\varphi^{\ominus}_{Cl_2/Cl^-}-\varphi^{\ominus}_{Pb^{2+}/Pb})-\frac{0.059\,15}{2}\times\ln\left(\frac{a_{Pb^{2+}}a_{Cl^-}^2}{\frac{p_{Cl_2}}{p^{\ominus}}}\right)$$

$$=[1.36-(-0.13)]-\frac{0.059\,15}{2}\times\ln\left(\frac{0.5\times 0.01^2}{\frac{p^{\ominus}}{p^{\ominus}}}\right)$$

$$=1.558\ (\mathrm{V})$$

$$\Delta_r G_m=-ZFE=2\times 96\,500\times 1.558=-300.694\ (\mathrm{kJ\cdot mol^{-1}})$$

$$\Delta_r G_m^{\ominus}=-ZFE^{\ominus}=-RT\ln K^{\ominus}$$

$$\ln K^{\ominus}=\frac{ZF}{RT}(\varphi^{\ominus}_{Cl_2/Cl^-}-\varphi^{\ominus}_{Pb^{2+}/Pb})$$

$$\ln K^{\ominus}=\frac{1\times 96\,500}{8.314\times 298}\times[1.36-(-0.13)]$$

$$K^{\ominus}=1.60\times 10^{25}$$

反应是自发的。

19. **解** $\Delta_r S_m^{\ominus}=\sum_B \nu_B S_B^{\ominus}=S^{\ominus}_{AgCl}+S^{\ominus}_{Hg}-S^{\ominus}_{Ag}-\frac{1}{2}S^{\ominus}_{Hg_2Cl_2}$

$$=96.2+77.4-42.7-\frac{1}{2}\times 195.6$$
$$=33.3\ (\mathrm{J\cdot K^{-1}\cdot mol^{-1}})$$
$$\approx\Delta_r S_m$$

$$\Delta_r S_m=ZF\left(\frac{\partial E}{\partial T}\right)_p$$

$$\left(\frac{\partial E}{\partial T}\right)_p=\frac{\Delta_r S_m}{ZF}=\frac{33.3}{1\times 96\,500}$$

$$=3.45\times10^{-4}(\text{V}\cdot\text{K}^{-1})$$

$$\Delta_r H_m=-ZFE+ZFT\left(\frac{\partial E}{\partial T}\right)_p$$

$$5\,435=-1\times96\,500E+1\times96\,500\times298\times3.45\times10^{-4}$$

$$E=0.046\,5\text{V}=46.5\text{ mV}$$

20. **解** (1) $Sb+\frac{3}{2}H_2O-3e\longrightarrow\frac{1}{2}Sb_2O_3+3H^+$

$$\varphi_{Sb_2O_3/Sb}=\varphi^{\ominus}_{Sb_2O_3/Sb}+\frac{RT}{3F}\ln a^3_{H^+}$$

$$=\varphi^{\ominus}_{Sb_2O_3/Sb}-\frac{RT}{F}\text{pH}$$

$$Hg_2Cl_2+2e\longrightarrow2Hg+2Cl^-$$

(2) 电池电动势 $E=\varphi_{甘汞}-\left(\varphi^{\ominus}_{Sb_2O_3/Sb}-\frac{RT}{F}\text{pH}\right)$，即

$$E=\varphi_{甘汞}-\varphi^{\ominus}_{Sb_2O_3/Sb}+\frac{RT}{F}\text{pH}$$

则

$$E_S=\varphi_{甘汞}-\varphi^{\ominus}_{Sb_2O_3/Sb}+\frac{RT}{F}\text{pH}_S$$

$$E=\varphi_{甘汞}-\varphi^{\ominus}_{Sb_2O_3/Sb}+\frac{RT}{F}\text{pH}$$

$$\text{pH}=\frac{E-E_S}{2.303\times\frac{RT}{F}}+\text{pH}_S$$

$$=\frac{0.345-0.230}{2.303\times8.314\times\frac{298}{96\,500}}+3.98$$

$$=5.92$$

21. **解** (1) $Ag-AgCl|NaCl_{(m)}\|$土壤溶液,$Q\cdot Q_{H_2}|(Pt)$

$-)Ag+Cl^--e\longrightarrow AgCl$

$+)C_6H_4O_2$(醌)$+2H^++2e\longrightarrow C_6H_4(OH)_2$(氢醌)

$2Ag+2Cl^-+C_6H_4O_2$(醌)$+2H^+\longrightarrow2AgCl+C_6H_4(OH)_2$(氢醌)

(2) $E=\varphi_{Q/Q_{H_2}}-\varphi^{\ominus}_{Ag-AgCl/Cl^-}$

$$=\varphi^{\ominus}_{Q/Q_{H_2}}+\frac{RT}{2F}\ln a^2_{H^+}-\varphi^{\ominus}_{Ag-AgCl/Cl^-}$$

即

$$E=\varphi^{\ominus}_{Q/Q_{H_2}}-\frac{2.303RT}{F}\text{pH}-\varphi^{\ominus}_{Ag-AgCl/Cl^-}$$

$$0.18=0.699-0.059\,15\text{pH}-0.22$$

$$\text{pH}=5.05$$

22. **解** $Pb|H_2SO_4(0.10\text{ mol}\cdot\text{kg}^{-1},\gamma_\pm 0.265)\|KCl(1.0\text{ mol}\cdot\text{kg}^{-1})|Hg_2Cl_2-Hg$

$$E=\varphi_+-\varphi_-$$

$$=\varphi_{甘}-(\varphi_{H^+/H_2}-\eta_{H_2/Pb})$$

$$=\varphi_{甘}-\left(\varphi^{\ominus}_{H^+/H_2}+\frac{0.059\,15}{2}\ln a^2_{H^+}-\eta_{H_2/Pb}\right)$$

$$1.068\,5=0.280\,2-0.059\,15\ln 0.265\times\frac{0.1}{1}+\eta_{H_2/Pb}$$

$$\eta_{H_2(Pb)}=0.695\ (V)$$

23. **解** $Zn^{2+}+2e\longrightarrow Zn$

$$\varphi'_{Zn}=\varphi^{\ominus}_{Zn^{2+}/Zn}+\frac{0.059\,15}{2}\times\ln a_{Zn^{2+}}$$

$$=-0.763+\frac{0.059\,15}{2}\times\ln\left(\frac{1\times1\times10^{-4}}{1}\right)$$

$$=-0.881\,3\ (V)$$

$2H^+ +2e\longrightarrow H_2$

$$\varphi'_{H_2}=\varphi^{\ominus}_{H^+/H_2}+\frac{0.059\,15}{2}\times\ln a^2_{H^+}-\eta_{H_2/Zn}$$

$$-0.881\,3\geqslant-0.059\,15pH-0.72$$

$$pH\geqslant2.73$$

24. **解** (1) 即使不考虑超电势

$$Zn^{2+}+2e\longrightarrow Zn$$

$$\varphi^{\ominus}_{Zn}=\varphi^{\ominus}_{Zn^{2+}/Zn}+\frac{0.059\,15}{2}\times\ln a_{Zn^{2+}}$$

$$=-0.763+\frac{0.059\,15}{2}\times\ln\left(1\times\frac{0.1}{1}\right)$$

$$=-0.792\,6\ (V)$$

$$Cd^{2+}+2e\longrightarrow Cd$$

$$\varphi^{\ominus}_{Cd}=\varphi^{\ominus}_{Cd^{2+}/Zn}+\frac{0.059\,15}{2}\times\ln a_{Cd^{2+}}$$

$$=-0.403+\frac{0.059\,15}{2}\times\ln\left(1\times\frac{0.1}{1}\right)$$

$$=-0.432\,5\ (V)$$

也是Cd先析出。

(2) 当Zn析出，阴极电势达到$-0.792\,6$ V时

$$-0.792\,6=-0.403+\frac{0.059\,15}{2}\times\ln a_{Cd^{2+}}$$

$$a_{Cd^{2+}}=6.71\times10^{-14}$$

25. **解** 阴极上首先发生$2H^+ +2e\longrightarrow H_2$反应，而不可能发生$Na^+ +e\longrightarrow Na$。因为

$$\varphi'_{H_2}=\varphi^{\ominus}_{H^+/H_2}+\frac{0.059\,15}{2}\times\ln a^2_{H^+}-\eta_{H_2/Zn}$$

$$=-0.059\,15pH-0.20$$

$$=-0.059\,15\times7-0.20$$

$$=-0.614\ (V)$$

而$Na^+ +e\longrightarrow Na$，故

$$\varphi'_{Na}=\varphi^{\ominus}_{Na^+/Na}+0.059\,15\ln a_{Na^+}$$

$$=-2.714+0.059\,15\times\ln\left(\frac{6}{1}\right)$$
$$=-2.668\ (\mathrm{V})$$

且 Na 也会瞬间与 H_2O 反应掉。

此时，外加电压

$$V_{分}=\varphi'_{+}-\varphi'_{-}$$
$$=\varphi'_{Cl_2}-\varphi'_{H_2}$$
$$=1.359\,5-(-0.614)$$
$$=1.973\,5\ (\mathrm{V})$$

第9章

一、选择题

1. C 2. D 3. B 4. C 5. D

二、填空题

1. 1～100 nm；液溶胶；固溶胶；气溶胶
2. 电泳；电渗；流动电势；沉降电势
3. 散射；四；小于
4. $[(AgBr)_m\cdot nAg^+\cdot(n-x)NO_3^-]^{x+}\cdot xNO_3^-$；$Na_2SO_4$；$CaCl_2$

三、简答题

1. 答　胶体分散体系分散相粒子的半径在 1～100 nm 之间的体系。

2. 答　珍珠是一种胶体分散体系，其分散质是液态水，而分散介质则主要为由蛋白质组成的胶质体。将珍珠长期置于干燥箱中，由于珍珠内的水分挥发到干燥箱中并被干燥剂吸收，从而导致珍珠的透光率减少，珍珠失去光泽。由于该过程是一热力学不可逆的过程，因此，珍珠无法恢复原来的光泽。

3. 答　太阳初升和西沉时，阳光通过比中午较厚的空气层。阳光通过空气时，空气分子对阳光有散射作用，空气分子对不同色光的散射作用是不同的，波长越短的光受到的散射作用越大，紫、蓝等较短波长的光，被空气分子散射得多，红光的波长最长，最容易发生衍射现象，被散射得也最少，所以射到地面来的红光最多，因此太阳看起来呈红色。

4. 答　滑动面与溶液本体之间的电势差称为 ζ 电势。ζ 电势的正负取决于胶体所带电荷的符号，胶体带正电荷时 $\zeta>0$，胶体带负电荷时 $\zeta<0$。当无外加电场时，ζ 电势不一定为零；反之，若 ζ 电势为零，外加电场也不一定为零。

5. **答** 在多孔的 AgCl 表面上，选择性吸附 KCl 溶液中的 Cl^-，使毛细孔表面带负电荷，则溶液带正电荷，在外加电场的作用下，溶液将向负极流动。当 KCl 浓度增达到 $0.1\ mol \cdot dm^{-3}$，将有较多的 K^+ 进入紧密层，使多孔的 AgCl 表面所带的负电荷减少，电动电势 ζ 降低，由电渗公式可知，溶液的流动速度变慢。如以 $AgNO_3$ 代替 KCl，则多孔的 AgCl 表面选择性吸附 Ag^+，使毛细孔表面带正电荷，而 NO_3^- 则扩散在溶液中，使溶液带负电荷，在外加电场的作用下，溶液将向正极流动。

6. **答** (1) 这是胶体的聚沉现象。胶体稳定的原因是胶粒带有某种相同的电荷互相排斥，胶粒间无规则的布朗运动也使胶粒稳定。胶体聚沉的原理就是中和胶粒的电荷。江中有大量沙子形成类似胶体性质的液体，而海水中有大量的电解质，能减少或中和原来胶粒所带电荷，加快胶粒的热运动以增加胶粒的结合机会，使胶粒聚集而沉淀下来，由于粒子的布朗运动，在相互碰撞时，就可以聚集起来。迅速沉降，所以在河流入海处易形成沙洲。

(2) 明矾水溶液中，它组成中的 Al^{3+} 可以部分水解，形成 $Al(OH)_3$ 胶体。其中 $Al(OH)_3$ 胶粒有很大的表面积，而且带有正电荷，可以吸附泥水中的杂质颗粒。在吸附了一定数量之后，$Al(OH)_3$ 会发生聚沉(形成了沉淀)，同时沉淀了杂质，所以水澄清了。

(3) 这种作用称为大分子的保护作用，其原因是大分子覆盖了胶粒的表面层，防止胶粒间或胶粒与电解质离子间的直接接触，起到了稳定和保护作用。

四、判断题

1. 错 2. 对 3. 错 4. 错 5. 对 6. 错 7. 错 8. 对

五、计算题

1. **解** (1) 每个胶体的质量

$$W = V\rho = \frac{4}{3}\pi r^3 \rho$$

$$= \frac{4}{3}\pi(1.00 \times 10^{-8})^3 \times 19.3 \times 10^3 == 8.085 \times 10^{-20}\,(\mathrm{kg})$$

则每 1 立方分米溶胶中含有胶粒数量为

$$\frac{V\rho_{Au}}{W} = \frac{10^{-3} \times 1}{8.084 \times 10^{-20}} = 1.24 \times 10^{16}\,(\text{个})$$

(2) $A_{总}$ = 每个胶粒面积×每立方分米溶胶中胶粒个数

$$=4\pi r_2^2 \times 1.24 \times 10^{16} = 15.5\ (\mathrm{m}^2)$$

(3) $$\frac{V_{金微粒}}{V_{金原子}} = \frac{\frac{4}{3}\pi r_2^3}{\frac{4}{3}\pi r_1^3} = \frac{(1.00\times10^{-8})^3}{(1.46\times10^{-10})^3} = 321\,322$$

2. **解** $r = \left(\frac{3}{4}\frac{cV'}{N\pi\rho}\right)^{1/3}$

$$r = \left[\frac{3}{4} \times \frac{0.2\times10^{-3}\pi\,(0.02\times10^{-3})^2\times0.03\times10^{-3}}{8.5\pi\times2.2\times10^3}\right]^{1/3}$$

$$=4.58\times10^{-8}\,(\mathrm{m})$$

3. **解** (1) 由爱因斯坦公式得

$$D=\frac{RT}{L}\cdot\frac{1}{6\pi\eta r}=\left[\frac{8.314\times 298}{6.022\times 10^{23}}\times\frac{1}{\frac{6\times 3.142\times 10^{-3}\times 4.2\times 10^{-9}}{2}}\right]$$

$$=1.04\times 10^{-10}(\text{m})$$

(2) 由爱因斯坦-布朗位移方程 $D=\frac{(\bar{x})^2}{2t}$ 得

$$\bar{x}=\sqrt{2tD}=\sqrt{2\times 1\times 1.04\times 10^{-10}}=1.43\times 10^{-5}(\text{m})$$

4. **解** 由沉降分布公式

$$\frac{N_2}{N_1}=\exp\left[-\frac{4}{3}\pi r^3(\rho_{粒子}-\rho_{介质})g\cdot\frac{L}{RT}(x_2-x_1)\right]$$

$$\frac{193}{386}=\exp\left(-\frac{4}{3}\times 3.142r^3(13.6\times 10^3-1\times 10^3)\times 9.8\times\frac{6.022\times 10^{23}}{8.314\times 298}\times 0.1\times 10^{-3}\right)$$

$$-1.257\times 10^{24}r^3=\ln\left(\frac{193}{386}\right)$$

$$r=8.20\times 10^{-9}(\text{m})$$

5. **解** 当 PM2.5 即 2.5 μm 粒子以恒定速率沉降时

$$r=\left[\frac{9\eta\left(\frac{\mathrm{d}x}{\mathrm{d}t}\right)}{2(\rho_{粒子}-\rho_{介})g}\right]^{-\frac{1}{2}}$$

$$t=\frac{9\eta x}{2(\rho_{粒子}-\rho_{介})gr^2}$$

$$t=\frac{9\times 17.9\times 10^{-6}\times 5\times 10^{-2}}{2(2.96-1.23)\times 9.8\left(\frac{2.5}{2}\times 10^{-6}\right)^2}$$

$$=3.041\times 10^4(\text{s})$$

$$=8.45(\text{h})$$

6. **解** (1) $[(SiO_2)_m\cdot nSiO_3^{2-}\cdot 2(n-x)H^+]^{2x-}\cdot 2xH^+$;

(2) 溶胶电泳方向胶粒带负电,向正极方向运动。

7. **解** 对球形粒子

$$\zeta=\frac{3\eta u}{2\varepsilon_0\varepsilon_r E}$$

$$\zeta=\frac{3\times 1.03\times 10^{-3}\times\frac{3.2\times 10^{-2}}{2172}}{2\times 81.1\times 8.854\times 10^{-12}\times\frac{210}{38.5\times 10^{-2}}}$$

$$=5.811\times 10^{-2}(\text{V})$$

$$=58.11(\text{mV})$$

8. **解** 设胶态铋为球形粒子

$$\zeta=\frac{3\eta u}{2\varepsilon_0\varepsilon_r E}$$

$$0.016=\frac{3\times 0.0011u}{2\times 81\times 8.854\times 10^{-12}\times 1}$$

$$u=6.954\times 10^{-9}(\text{m}\cdot\text{s}^{-1})$$

$$= 6.954\ (\mathrm{nm \cdot s^{-1}})$$

9. **解** 设胶态铋为球形粒子

$$\zeta = \frac{3\eta u}{2\varepsilon_0 \varepsilon_r E}$$

$$0.050 = \frac{3 \times 0.001u}{2 \times 80 \times 8.854 \times 10^{-12} \times \frac{40}{1}}$$

$$u = 9.44 \times 10^{-7}\ (\mathrm{m \cdot s^{-1}})$$

电渗流量

$$F = \pi r^2 u = 3.142\left(\frac{1 \times 10^{-3}}{2}\right)2 \times 9.44 \times 10^{-7}$$

$$= 7.42 \times 10^{-13}\ (\mathrm{m^3 \cdot s^{-1}})$$

10. **解** (1) 各电解质的聚沉值

NaCl:

$$\frac{1.00 \times 0.021}{0.020 + 0.021} = 512 \times 10^{-3}\ (\mathrm{mol/L})$$

Na_2SO_4:

$$\frac{5.0 \times 10^{-3} \times 0.125}{0.125 + 0.020} = 4.31 \times 10^{-3}\ (\mathrm{mol/L})$$

Na_3PO_4:

$$\frac{3.333 \times 10^{-3} \times 0.0074}{0.0074 + 0.020} = 0.90 \times 10^{-3}\ (\mathrm{mol/L})$$

(2) 聚沉能力之比

$$\mathrm{NaCl} : \mathrm{Na_2SO_4} : \mathrm{Na_3PO_4} = \frac{1}{512} : \frac{1}{4.31} : \frac{1}{0.90} = 1 : 119 : 569$$

(3) 胶体粒子带正电。

参 考 文 献

[1] 傅献彩,沈文霞,姚天扬,等. 物理化学[M]. 5 版. 北京:高等教育出版社,2006.

[2] 胡英,物理化学[M]. 6 版. 北京:高等教育出版社,2014.

[3] 胡英. 物理化学参考[M]. 北京:高等教育出版社,2003.

[4] 天津大学物理化学教研室. 物理化学[M]. 6 版. 北京:高等教育出版社,2017.

[5] 天津大学物理化学教研室. 物理化学解题指南[M]. 3 版. 北京:高等教育出版社,2018.

[6] 韩德刚,高执棣,高盘良. 物理化学[M]. 2 版. 北京:高等教育出版社,2011.

[7] 印永嘉,奚正楷,张树永. 物理化学简明教程[M]. 4 版. 北京:高等教育出版社,2009.

[8] 高盘良. 物理化学学习指南[M]. 2 版. 北京:高等教育出版社,2009.

[9] 刘国杰,黑恩成. 物理化学导读[M]. 北京:高等教育出版社,2008.

[10] WHITTAKER A G, MOUNT A R, HEAL M R. Physical Chemistry[M]. 北京:科学出版社,2001.

[11] ATKINS P, DE PAULA J. Atkins' Physical Chemistry[M]. 7th ed. New York: Oxford University Press, 2006.

[12] MORTIMER R G. Physical Chemistry[M]. 3rd ed. San Diego: Elsevier Academic Press, 2008.

[13] 程守洙,江之永. 普通物理学[M]. 6 版. 北京:高等教育出版社,2006.

[14] 张令芳. 物理化学教学中是否一定要定义 $a(\pm)$[J]. 大学化学,1998,3(4):29-30.

[15] 葛秀涛. Daniell 电池的电池反应可逆吗[J]. 大学化学,1993,8(5):46.

[16] 葛秀涛. 铂作为不溶性阳极时也存在着溶解的可能[J]. 大学化学,1996,11(5):49-50.

[17] 葛秀涛. 关于汞齐电极的电极电势和可逆性[J]. 大学化学,2001,16(6):56-57.

[18] 葛秀涛. 论化学反应 Gibbs 自由能变的几个问题. 阜阳师范学院学报,1994,2(1):15-23.

[19] 葛秀涛,范少华. 由 $\Delta_f G_{B,m}^{\ominus}$(或 $\Delta_f H_{B,m}^{\ominus}$)求 $\Delta_r G_m^{\ominus}$(或 $\Delta_f H_m^{\ominus}$)公式的正确推导[J]. 阜阳师范学院学报,1996,8(3):8-9.

[20] 葛秀涛. 对热力学判据的一些看法[J]. 安庆师范学院学报,1996,2(3):48-50.

[21] 葛秀涛. 铅酸蓄电池可逆性的热力学分析[J]. 安庆师范学院学报,2002,8(1):83-84.

[22] 葛秀涛,章守权,冯剑,等. 在物理学基础上改革物理化学课程体系与教学内容[J]. 淮南师范学院学报,2012,3(14):77-80.

[23] 葛秀涛,李永红,冯剑,等. 应用型高校应用化学本科专业核心课程的研究[J]. 滁州学院学报,2012,14(5):85-90.

[24] 刘国杰,史济斌. 关于教材中热力学第二定律的若干逻辑问题[J]. 大学化学,2016,31(2):34-37.

[25] 郝京诚. "基础学科拔尖学生培养试验计划"中的物理化学教学[J]. 大学化学,2016,31(6):10-15.

[26] 王新平. 关于物理化学课程基本内容教学改革的建议[J]. 大学化学,2016,31(8):8-12.

[27] 肖赛君,刘健,尹振兴,等. 关于弯曲界面气液两相相平衡化学势相等热力学判据的讨论[J]. 大学化学,2016,31(12):73-78.

[28] 孙文东. ΔG 判据与 $\Delta_r G_m$ 判据的区别[J]. 大学化学,2015,30(5):52-54.

[29] 郭余年,程铁欣. 关于平衡态热力学常见过程的定义[J]. 大学化学,2014,29(2):72-77.

[30] 黑恩成,刘国杰. 对浓度限制条件 R' 的几点看法[J]. 大学化学,2013,28(4):64-66.

[31] 陈良坦.热力学平衡中的假想态浅议[J].大学化学,2012,27(3):59-61.

[32] 张树永,侯文华,刁国旺.高等学校化学类专业物理化学相关教学内容与教学要求建议[J].大学化学,2017,32(2):9-18.

[33] 李云霞.物理化学理论体系中的几种基本研究方法[J].大学化学,2017,32(8):78-84.

[34] 杨笑春,沈玉龙,刘立华,等.成果导向教育在物理化学教学中的应用[J].大学化学,2018,33(10):58-61.